atende às demandas de melhor representatividade dessa organização do espaço.

Essa nova leitura da urbanização envolve fluxos e circulação em várias escalas, enquanto antes a urbanização era associada ao aumento de população nas cidades, que ocorria devido ao êxodo rural. O IBGE nota ainda que não existe uma única teoria que abarque a complexidade do fenômeno urbano. A rede urbana vem sendo caracterizada pelo IBGE, Instituto de Pesquisa Econômica Aplicada (Ipea) e Núcleo de Economia Social, Urbana e Regional (Nesur) da Unicamp, sendo a urbanização uma síntese da ação econômica como a grande indutora das transformações territoriais, com atividades econômicas como as industriais e a agropecuária, associadas à magnitude do fenômeno contemporâneo. Pois segundo a ONU (UN-Habitat), 70% da população mundial viverá em área urbana em 2050. Assim, vale a pena entender cada concentração, principalmente porque há uma contínua expansão urbana nas grandes aglomerações existentes, com o surgimento de novos arranjos populacionais.

Para Dematteis (1996, apud IBGE, 2015), deve-se compreender o modelo mediterrâneo tradicional, em que a cidade transborda para além das muralhas, transformando a paisagem do campo, que ainda mantém as atividades rurais, ou o modelo anglo-saxão, com o surgimento da classe média e seus automóveis, em que a cidade se expande na forma de uma mancha de óleo transformando o campo e recriando seus elementos urbanos. Esses modelos possuem variações regionais.

Nas urbanizações, de um modo geral, pode-se identificar algumas de suas estruturas mais importantes, como uma grelha com praças e ruas; o centro de distribuição; algumas interações fortes, formando uma comunidade natural, seus corredores principais e usos do solo, mostrando o contraste entre os assentamentos informais, ao lado de outros formais. Mas não é simplesmente identificar a estrutura da urbanização. É mais do que isso: é preciso poder se apoiar em uma estrutura administrativa da cidade, como a Prefeitura, para se reconhecer as características do local e depois poder colocar em execução determinadas propostas de organização do território, que podem até vir a afetar a estrutura existente, melhorando-a.

Ora, segundo Fabris (2012), a administração pública é formada por políticos e técnicos, que precisam responder a pressões pontuais reativamente para poderem atender a suas comunidades, sendo talvez a construção civil a maior força que, com seus empreendimentos, "empurra" o crescimento populacional, impacta o meio ambiente, seja para uma ocupação esparsa ou compacta, dando uma peculiaridade ao seu espaço assim criado. E as políticas públicas, embora quase sempre acabem chegando atrasadas, procuram imprimir uma característica peculiar à urbanização, de modo que as pessoas possam vivenciar seu espaço, reconhecê-lo, podendo até modificá-lo; isso muitas vezes é realizado completamente pelo mercado imobiliário, que acaba dando forma à urbanização (Fabris, 2012), de acordo com as decisões dessa mesma população, na respectiva comunidade, cada qual obedecendo regras de ocupação do espaço e de construção de seu município. Pode-se observar, no Quadro 1, apresentado a seguir, como organizar um bairro sustentável.

Quadro 1 – Recomendações para um bairro sustentável

• Verificar os limites do bairro, aqueles em que se pode caminhar, numa área identificada, com foco e nó de comércio e com prioridades para renovação.
• Identificar um cruzamento-chave, que possa se tornar um ponto focal para a construção de novas edificações de uso misto, para complementar o bairro existente.
• Construir 200 m² de lojas de bairro.
• Reconhecer e projetar diferentes tipos de unidades residenciais, apartamentos (condomínios), unidades residenciais sobre as lojas, edifícios baixos de apartamentos e sem recuos laterais e a densidade se concentrando junto a determinada rua.
• Implantar ou reconhecer novos parques como espaços abertos à distância, a serem percorridos a pé em poucos minutos a partir das residências. Pelo menos um parque com recursos de drenagem urbana em local de alta visibilidade.
• Programar um esquema de compartilhamento de automóveis em local visível, adjacente a novas construções de uso misto.
Para o transporte público
• Implantar um corredor de transporte público planejado para atender ao percurso residência/trabalho.
• Ter uma agência regional de transporte público.
• Atender às densidades mínimas demandadas pelo transporte público: 17,5 unidades de habitação/ha, densidade das vias para 37,5 ou mais unidades de habitação/ha.
• Organizar as densidades em alinhamentos propostos para parada de transporte público.
Urbanismo sustentável
O urbanismo sustentável é o que tem um bom sistema de transporte público, com possibilidade de deslocamento a pé, integrado com edificações e infraestrutura de alto desempenho.

Fonte: Farr (2013, p. 77).

O ESPAÇO NO TEMPO: ANTECEDENTES

Com essas qualidades, a urbanização foi lentamente se formando no tempo. Há estudiosos que pesquisam os primeiros estabelecimentos humanos remontando ao período Paleolítico até 10.000 anos a.c., seguidos pela idade Neolítica e pela idade do Bronze, iniciadas nos anos 3.500 e 3.000 a.C., e assim continuando, durante cerca de 2.000 anos. Segundo Morris (1972), nesse último período é que se estabeleceram as primeiras civilizações humanas.

Com a vida em cidades, desenvolveu-se a civilização característica de certos povos, suas técnicas, relações sociais, crenças e relações artísticas[1]. Observa-se assim que a civilização aponta para um estágio de desenvolvimento cultural da população de uma cidade. Essa civilização pode ser influenciada por muitos fatores, como recursos naturais e clima, liderança e acumulação de riqueza, bem como possuir conhecimentos úteis, sejam militares, sejam de engenharia e administração ou ainda relativos à agricultura. Como lembrança dos períodos arcaicos tem-se os ritos da civilização dos sumérios e dos acádios na Mesopotâmia. Os sumérios ocuparam o território aproveitando áreas de alagamentos perto dos rios Tigre e Eufrates, para atividades agrícolas. Construíram 12 cidades e uma cidade-Estado, que eram governadas por um sacerdote e um conselho de anciãos. Houve uma sucessão de dominações, como a dos gutis, povos asiáticos em Ur, a dos elamitas, conforme aponta Souza (Mundo Educação, s.d.; Brasil Escola, s.d.).

Com os sumérios assiste-se a uma revolução urbana, pois desenvolveram a roda; suas cidades tinham um núcleo urbano e cercavam as terras para cultivo. Em cada polo urbano havia o controle de um sacerdote e um conselho de anciões, como anteriormente mencionado. Os sumérios eram comerciantes e seu comércio era controlado pela escrita cuneiforme; tinham uma literatura rica, incluindo fábulas e provérbios. Ocorreram muitas batalhas entre esses povos até que o rei acadiano Sargão I promoveu a unificação dessa porção centro-sul da Mesopotâmia (Brasil Escola, s.d.).

Com essas modificações da urbanização, alterou-se também a atuação humana, voltando-se para o trabalho. A frase bíblica "É preciso trabalhar para comer, ganharás o pão com o suor de teu rosto", como referida por Bauman (2003, p. 14), mostra que precisaram se dedicar ao trabalho, sugerindo que havia uma comunidade mais antiga, enquanto surgia uma comunidade moderna em ascensão, ou seja, um agrupamento humano autossuficiente para atender às necessidades das pessoas, mas também para vivenciar um trabalho que mostrava a inevitabilidade dos limites sociais à liberdade humana. Nessa comunidade as massas são preguiçosas e pouco inteligentes, enquanto a classe dos senhores (patrões) impunham o trabalho nesse jogo social, em que as regras da vida civilizada os levavam a enfrentar novos alvos, a serem

---

[1] <http://www.suapesquisa.com/o_que_e/civilizacao.htm>

removidos em seu progresso rumo à liberdade (Bauman, 2003, p. 27). Bauman fala ainda em dois pesos e duas medidas, pois vê as massas como preguiçosas e observa que não ouvem a voz da razão e são dependentes das classes que controlam o trabalho com coerção, na forma do moderno capitalismo que em ambos os casos mostra que a civilização permitia que cada um fosse livre para fazer o que quisesse.

No entanto, os limites de liberdade que aceitavam, conduziam a uma ordem em que obedeciam porque valia a pena pagar o preço. Com o tempo, "a emancipação de alguns exigia a supressão de outros. E foi isso exatamente que ocorreu: esse acontecimento entrou para a história com o nome um tanto eufemístico de 'revolução industrial,' (Bauman, 2003, p. 30). Desse modo foi que as massas saíram da velha rotina e foram espremidas na nova do chão de fábrica, tendo que desempenhar as tarefas que lhe eram atribuídas. Segundo Weber (apud Bauman, 2003), esse foi "o ato constitutivo do capitalismo moderno, [com] a separação entre os negócios e o lar, [...] [que] libertou as ações voltadas para o lucro [significando] uma verdadeira emancipação" (Bauman, 2003, p. 32-33). E o capitalismo moderno passou a significar "o começo de uma grande expansão de autoafirmação individual, [...] [embora] a maioria viria a ser submetida a uma rotina diferente (p. 32-33).

Pode-se observar ainda que ao longo do tempo as áreas urbanizadas ganharam novas formas e, com as possibilidades de trabalho, passaram a atrair mais e mais pessoas para viverem nas cidades. Assim, a urbanização se espraia e aumenta sua ocupação no solo. Mas essa urbanização também pode ser vista pela publicação de Sica (1979), mostrando um trabalho que se estende por mais de dois séculos, decisivamente importante para nossa civilização, pois inclui todo o espaço mundial diretamente relacionado com o modo de produção capitalista, podendo até ser considerado parte de um trabalho coletivo, com diversos autores, que gradualmente vão mostrando a evolução da realidade urbana, um "trabalho ao qual concorrem ao mesmo tempo obras teórico-críticas, monografias especializadas e obras de síntese" (Sica, 1979). Segundo esse autor, é preciso considerar a estrutura física existente e a evolução contínua da infraestrutura, a rede viária e principalmente a gestão político-administrativa da cidade. Essa infraestrutura passa a se constituir como a base da urbanização.

Assim é que se estuda a "cidade moderna ao vivo, da reprodução dos fenômenos urbanos resultantes do capitalismo industrial e as leis espaciais de sua refuncionalização estrutural e crescimento [...] incluindo o desenvolvimento das ideologias, [...] a partir da observação dos fatos urbanos [...]. A cidade e as formas da paisagem humanizada são um potente acumulador de fatos naturais e materiais, de cunho cultural" (Sica, 1979, p. VIII-IX). Segundo Sica:

> [...] a perspectiva ideológica de um papel determinante da arquitetura e do controle do espaço urbano e territorial acompanha o tema da construção da cidade, desde a revolução industrial até hoje: da expressão da arquitetura radical do periodo *Settecento* à cidade alternativa dos utopistas, à formação da disciplina urbanística, ao princípio como proposta de desenvolvimento (1979, p. IX).

Assim, a urbanização é o estudo desse fenômeno que mostra como se construíram as cidades e que forças sociais ocorreram para a sua formação.

URBANIZAÇÃO EM SUA FORMA CONTEMPORÂNEA

Como se observa, a urbanização veio acontecendo paulatinamente e a cidade, segundo Mumford, "é o ponto de máxima concentração do vigor e da cultura de uma comunidade, [...] com proveito tanto em eficiência como em significação social. A Cidade [constituída pela urbanização] acaba por se transformar no drama ativo de uma sociedade plenamente diferenciada e consciente de si mesma" (1961, p. 13).

O lugar de todos na cidade

> é a forma e o símbolo de um conjunto integrado de relações sociais [...], [como mostra esse autor]. Nela, os bens da civilização encontram-se multiplicados e diversificados; é aí que a experiência humana toma forma de sinais exequíveis, de símbolos, de padrões de conduta, de sistemas de ordem. [E assim], acaba por transformar-se no drama ativo de uma sociedade plenamente diferenciada e consciente de si mesma (1961, p. 13).

E por isso mesmo, como expõe esse autor, as cidades são um produto do tempo. É visível, pois os edifícios, os monumentos e as vias públicas deixam suas marcas na impressão que produzem nos homens e nos espaços dos homens. E graças à preservação, enfrenta o desafio do tempo, como diz Mumford (1961), pois os hábitos e os valores passam, com o caráter de sua geração. Nessa estruturação complexa de tempo e de espaço e ainda com a divisão do trabalho e com as distintas aptidões humanas, as cidades se mostram com uma qualidade única de atender às necessidades sociais do homem, com seus meios de expressão e costumes. Destaca-se também, segundo esse autor, que há uma participação coletiva nessa experiência, transformando os ritos da aldeia, do bairro, da cidade, de modo a difundir a experiência humana de viver em áreas urbanizadas, sofrendo todas as pressões dos desejos da vida urbana, em situações de mercado, como agente do capitalismo, com o empréstimo de dinheiro junto aos bancos, pondo o capital a circular nesse processo de comércio e produção (Mumford, 1961, p. 15). Desse modo, a cidade registra o domínio da cultura de uma época, revelando-se como a maior obra de arte do homem. É assim um "órgão especializado de transmissão social [...], imbuida da herança cultural, que é a marca da civilização. (p. 17).

Com isto, a cidade não é permanente e por vezes precisa ser renovada. No entanto, se a cidade não perdura, a vida sim é capaz de renascer, crescer e renovar-se, como mostra Mumford (1961, p. 22); e as descobertas na arte de traçar as cidades, especialmente em seu traçado higiênico, meramente recapitulam, de acordo com as próprias necessidades sociais, os lugares comuns em que ocorreu a sadia prática do saneamento, preservando a população local (p. 24) de várias doenças, principalmente daquelas transmitidas pela água.

Havia ainda o costume de defender a cidade com muralhas, separando os espaços de moradia de suas imediações, como aponta Pirene (apud Morris, 1972). A manutenção dos muros era feita juntamente com a provisão de instrumentos de guerra, objetivando a defesa e proteção de seus habitantes. Também em algumas cidades se estabelecia o comércio internacional e a muralha se revelava então um bom princípio de defesa. É essa muralha que por vezes lembrava aos cidadãos seus direitos e os de sua comunidade, bem como sua parte na defesa, como um privilégio e como um dever: o direito de protegê-los como cidadãos (Harvey, 1911, apud Morris, 1974). Observa-se assim que havia uma gestão local, em que aqueles que cuidavam das áreas urbanizadas, seu entorno ou nas cidades propriamente, tratavam de implementar uma "gestão urbanizada" do local, porque era necessária para a proteção da população, seja contra guerras, seja contra doenças e pestes que se espalhavam rapidamente.

O aumento da população e da riqueza se transforma com o:

> comércio e as atividades civilizadoras, [típicas da] urbanização, [que] passam pela época das invasões, [em tempos] em que florescem as técnicas de manufatura e decoração de vidros [...], [em que] as mercadorias de luxo se introduzem no comércio internacional, em que havia a grande feira, geralmente levada a efeito uma vez por ano. (Mumford, 1961, p. 27-28)

Muito em razão desse comércio internacional a peste se espalhou no velho mundo através do século XIV. Assim, pode-se analisar a rota da seda, por exemplo, mercadoria de luxo, indo de porto em porto, passando por roedores e pequenos insetos que transmitiam os bacilos da doença, mesmo por meio do lixo, infecção e regurgitação de material infectado (Bernstein, 2008, p. 130-151), como a praga de Atenas do ano 430 a.C., que matou um quarto do exército. Pode-se ver a extensão dessa praga no mundo, na rota do comércio, que deu origem à conhecida *Idade das Trevas,* atingindo até o Islã, segundo o autor, até então protegido pelo clima desértico, hostil ao rato transmissor. Houve sucessivas epidemias, como em 622, em Constantinopla, e os árabes provaram esse acesso à Europa, mas também sucumbiram e o bacilo se espalhou até os portos de mar da Índia e da China. Essa praga é uma doença do comércio. Mas a praga demorou para ganhar os roedores da Europa, talvez porque primeiro a praga de Justiniano se espalhou pelas cidades do norte da Europa, depois ficou nas rotas do Mediterrâneo e o rato negro ainda não tinha se expandido muito além do litoral do Mediterrâneo, não chegando aos portos do Atlântico. Mas no século XIV a praga alcançou o continente e a rota da seda foi reaberta. Junto com esse comércio da seda vinda da China, vieram também ratos e insetos (baratas e pulgas) nos pelos de camelos e dos cavalos de guerra. E assim o bacilo se espalhou, continuando sua jornada devastadora, tendo sido a Europa receptora desses bacilos durante a praga de Justiniano. Algumas comunidades pequenas foram totalmente apagadas, enquanto muitas grandes cidades praticamente escaparam da praga. Veneza perdeu um terço de seus habitantes, entre os anos 1575 e 1577 e de novo entre 1630 e 1631 (Bernstein, 2008, p. 143). Assim, o prejuízo foi em vidas humanas e em comércio, vale dizer, o dinheiro envolvido nessas trocas comerciais. Mas com o tempo o bacilo ficou menos mortal para muitas espécies, desde 1346: cachorros, gatos e passarinhos que morriam junto com os humanos no século XIV não mais estavam suscetíveis a esses bacilos. Talvez isso tenha também ocorrido em menor grau com ratos e humanos. Mas essa não é toda a história, segundo Bernstein (2008, p. 150-151).

O desaparecimento da praga na Inglaterra, seguindo o grande incêndio de Londres em 1666, dá a pegada principal. As casas de tijolo que substituíram as estruturas de madeira cobertas de palha eram menos hospitaleiras para os ratos e pequenos insetos (baratas e pulgas). Com a escassez de madeira na Europa, aumentou-se o uso do tijolo e assim aumentou a distância entre ratos e humanos, interrompendo a transmissão da doença. Ainda, o moderno saneamento do século XX, as precauções sanitárias e os antibióticos funcionaram como uma camada de isolamento, protegendo a humanidade.

O comércio tem sua função produtiva de distribuir a produção de certa áreas, mas também teve a função de distribuir as doenças que dizimaram a população de muitos locais, a *Yersinia Pestis*. Esse bacilo ficou muito tempo em reservatório, em animais, enquanto a população cronicamente se infestou de roedores, como mostra Bernstein (2008). A peste negra se espalhou quando as pessoas caçavam animais doentes. Dessa forma, em vários locais do mundo, essa doença alcançou a população tanto nos reinos antigos como modernos.

Nas cidades muradas era possível adotar higiene e saúde para sua população, porém, embora fosse cercada pela muralha, havia uma parte de campo aberto, o que contribuía para a saúde da cidade (Mumford, 1961, p. 52-53). Muitas famílias tinham jardins privados e cuidavam deles, bem como grandes quintais atrás das casas, hortas e pomares. Também a caça e a pesca eram praticadas e a cidade mostrava então seu caráter rural, gerando salubridade, ainda que rude, pois as medidas sanitárias ainda eram insuficientes (p. 55).

A ecologia urbana era entendida como "o respeito pela natureza [formando] um alicerce intelectual e emocional, [em que] todos podem se basear, [...] [como um modo de proteção] da poluição e da degradação do meio ambiente" (Bernardin, 2015, p. 9).

Muitas mudanças aparecem rapidamente, enquanto sistemas naturais se degradam – seca, diminuição da biodiversidade, mudanças climáticas, locais não poluídos desaparecem, entre outras mudanças. Não só a ecologia das áreas naturais, mas também das construídas, passa a ser importante, embora se fale pouco de cidades e em geral de regiões urbanas em sua importância para a ecologia. Como compreender os padrões e os processos dessas áreas urbanas? Segundo Forman, "Ecologia é o estudo de organismos interagindo com o meio ambiente" e ambiente é compreendido como o ambiente físico dominado pelo ar, água e solo (não o construído com edifícios e vias). Assim, a ecologia urbana estuda as interações de organismos, estruturas construídas e o ambiente físico, onde as pessoas estão concentradas (Forman, 2014, p. 3). Dessa maneira, a urbanização é o campo maior para os estudos de ecologia urbana, podendo-se incluir ainda as cidades, os bairros e o respectivo padrão espacial.

Segundo Forman (2014), Platão, no século IV a.C., dizia que quando uma cidade alcança 50 mil habitantes, já era suficiente: uma nova cidade deve ser fundada. Esse nível de medida também podia ser pensado como uma cidade média de 50 mil habitantes. Porém, com o tempo, a cidade média atingiu 250 mil habitantes, e mais adiante 500 mil habitantes. O fato é que essa medida passa a afetar a distribuição da população na cidade, seus serviços de distribuição de água, consumo de energia e criação de gases de efeito estufa, entre outros. Mas na realidade, as cidades não vivem em limites ambientais precisos. Quando se fala em urbanização espraiada, esses limites urbanos não estão regulados pelos governos, da mesma forma quando se fala em ocupação de baixa densidade de habitações espalhadas. Ao se falar em área urbanizada ou mesmo área urbana, pode-se estar falando em bairros, metrópoles, megalópoles, região urbana ou um grande desenvolvimento habitacional. Assim, uma cidade pode ser relativamente grande.

O processo de urbanização acaba levando o crescimento para as periferias, cujo ritmo de crecimento acaba por conformar pequenas e médias cidades ligadas a um centro mais importante, o centro metropolitano. Desse modo se organizam muitos espaços para a classe trabalhadora, numa periferia sem infraestrutura. Isso acaba por estrangular o crescimento, pois a população precisa se urbanizar, isto é, ter acesso a infraestrutura de transporte, saúde pública e educação. Essa rede de serviços urbanos e infraestrutura urbana precisa qualificar as áreas ocupadas por população de baixa renda familiar. A urbanização sem esses equipamentos torna-se profundamente desigual, separando uma parte bem provida, como o centro, e uma periferia pobre sem acesso tanto a esses equipamentos como a emprego e ainda habitando moradias precárias. Por isso, tem-se visto que subsistemas urbanos procuram articular suas ações em associações de municípios, assim como em programas específicos de conjuntos de edifícios, com saúde, saneamento e construção de estradas ligando os núcleos urbanos nascentes a vilas e cidades da região, pois dependem de formas interurbanas de cooperação e interação administrativa e econômica com as principais cidades existentes (Forman, 2014).

Para se caracterizar melhor a urbanização, reúne-se no Quadro 2 os padrões espaciais da urbanização. São destacados os fluxos de movimentos, especialmente horizontais, agrupando fluxos humanos e fluxos horizontais com movimentos feitos por humanos, e também outras rotas de fluxos de água, de sedimentação e dispersão da migração. Pretende-se reunir os principais momentos de fluxos naturais e de movimentos ao redor das cidades, procurando ligar os *habitats* urbanos e os usos do solo.

Pode-se ainda focalizar os padrões de fluxo e movimento apresentados no Quadro 3, descrevendo os fluxos e as principais características da urbanização, variando em direção a rotas, taxas, quantidade e distância. Explicitam-se

Quadro 2 – Padrões espaciais da urbanização

Princípios:
FLUXOS E MOVIMENTOS: no entorno, são universais e nunca param. Os processos em áreas urbanas não param, sendo fluxos, movimentos e transporte pelo espaço, principalmente alguns VERTICAIS, incluindo a chuva, a evapotranspiração, quedas de árvores e sucessão ecológica.
FLUXOS HORIZONTAIS: alguns fluxos e movimentos basicamente são feitos pelos humanos, como bicicleta, veículos motores, trens, transmissão elétrica, encanamentos de água, esgoto e óleo. Muitos processos humanos são relativamente em linhas retas. Estradas retas tem duas vantagens teóricas: eficiência por ir daqui para lá; e proteção da matriz de degradação pelo transporte. Fluxos horizontais naturais e movimentos acontecem em áreas urbanas em todo lugar: vento, poeira e transporte gasoso, escoamento na superfície da água, subsuperfície e fluxos de água no solo, polinização, dispersão de sementes, lençol de fluxo de água, erosão, sedimentação, movimentos dos peixes e animais catadores, dispersão e migração. Diferentes fluxos humanos guiados, rotas dos processos naturais assustadoramente curvilineares. Fluxos de água no chão podem ser um pouco curvos, enquanto o animal catador e disperso usualmente traça rotas muito cheias de voltas e o sistema retilíneo tende a ter fluxos retos naturais e movimentos ao redor das cidades.
SUMÁRIO: fluxos e movimentos descrevem essencialmente como a área urbana trabalha com interações que ligam as conexões e os processos que ligam os *habitats* urbanos e os usos do solo, sob três perspectivas: 1) fluxos e padrões de movimento; 2) movimentos de animais e plantas; 3) fluxos de sistema e ecossistema.

Fonte: Forman (2014, p. 65-90).

Quadro 3 – Padrões de fluxo e de movimento

Há quatro tipos básicos de fluxos de movimentos nas áreas urbanas: fluxos de ar; fluxos de água; locomoção de pessoas; e movimentos usando motor a energia externa. Esses fluxos carregam energia, materiais e objetos. Os itens transportados variam em direção, rota, taxa, quantidade e distância carregada.
Além disso, os fluxos de ar são baseados em diferenças de energia na atmosfera, isto é, de quente para frio, para esfriar as áreas. STREAMLINE AIRFLOW se movimenta em camadas paralelas, levemente. TURBULENT AIRFLOW (EDDIES = CORRENTE CIRCULAR DE ÁGUA) característica de movimento do vento movendo-se através do conjunto de casas, como, por exemplo, três árvores separadas e edifícios. VORTEX AIRFLOW é típico da formação de um cilindro, produzido pelo vento, como ocorre num telhado plano. As brisas, devido a diferenças de temperatura numa escala local, também são importantes nas áreas urbanas. Ar quente normalmente sobe para as camadas mais altas sobre a cidade nas noites quietas. Ar fresco nas montanhas e fluxos das montanhas ladeira abaixo à noite, forçando o ar quente do vale a subir verticalmente. Uma brisa na costa vinda do mar ocorre no começo do outono, quando a água está mais quente do que a terra. Similarmente, uma brisa da costa na primavera se movimenta da terra mais quente para o mar mais frio.

Fonte: Forman (2014, p. 65).

os fluxos de ar e suas características, mostrando fluxos turbulentos e também fluxos tipo brisa urbana. Esse movimento de ar mostra áreas urbanas e como o ar nelas se movimenta.

Esses movimentos ou fluxos de ar e de água são básicos e pode-se verificar que ocorrem muitas vezes em cenários como os aqui descritos: "Os organismos que persistem e prosperam precisam estar pré-adaptados à presença humana, ser capazes de ajustar o comportamento ou a fisiologia, ou evoluir com rapidez suficiente para se reproduzir" (Adler; Tanner, 2015, p. 45). O "desenvolvimento econômico e social leva a um processo de sucessão" de um lado e de outro, nesse movimento, "as áreas urbanas produzem resíduos sob a forma de lixo e esgoto que, depois de vários graus de tratamento, retornan aos corpos d'água e à terra, geralmente longe da própria cidade" (Adler; Tanner, 2015, p. 45). Observa-se assim que a ecologia urbana vem de fato ocorrendo e, segundo Adler e Tanner (2015, p. 42-43), as soluções genéticas evoluem quando uma espécie tem de enfrentar novos problemas e assim as ideias ecológicas estão permitindo que a seleção natural ocorra e que o novo ambiente evolua em caminho separado, buscando novas previsões específicas quanto às alterações a abranger.

Em muitas dessas aglomerações urbanas que vieram se desenvolvendo, pode-se considerar assentamentos humanos construídos especialmente para parcelas da população, em geral situadas em áreas periféricas. Constitui-se então uma parte nova da cidade, que possa até considerar medidas de credenciamento, como as do Selo Azul da Caixa, em que as construções devem buscar a sustentabilidade, podendo, a partir de 53 critérios de avaliação receber uma avaliação Bronze, conforme os critérios obrigatórios avaliados; avaliação Prata, se tiverem sido avaliados os critérios obrigatórios mais 6 critérios de livre escolha; e avaliação Ouro, se tiverem sido avaliados os critérios obrigatórios mais 12 critérios de livre escolha. Com essas avaliações, as edificações e o espaço resultante poderão ser cada vez mais sustentáveis (Vanderley; Racne, 2010). Desse modo consegue-se uma urbanização mais sustentável, com o uso de recursos naturais na construção de habitações. Pensa-se com isso reduzir o custo de manutenção dos edifícios e os gastos mensais das famílias. Muitos efeitos têm essas novas construções sustentáveis, como o uso de aquecimento solar da água, medições individualizadas de água e gás, eficiência energética, usando equipamentos economizadores de luz, entre outros. De um lado pode-se estar diante de um empreendimento que passa a valer mais, porém levando o morador a querer vender seu imóvel, apesar de o contrato com o órgão de governo não permitir. Com a venda não permitida, ele acaba recebendo o dinheiro, mas volta a ser um desabrigado. De outro lado, espera-se que esse morador migrante possa entender que a casa é seu investimento para a família; e esse é seu ponto de chegada. Ele deixa de ser o pobre que não tem um lar e passa a ser parte de uma primeira forma de classe média na cidade, sua cidade de chegada, como mostra Saunders (2012): é nessa cidade de chegada classe-média que o morador põe um fim à sua migração rural-urbana.

Por outro lado, parece que "o respeito pela natureza forma um alicerce intelectual e emocional sobre o qual todos podem se basear [...], parece que todos os partidos políticos têm pressa de 'reciclar' as ideias ecológicas, e tem--se formado um *pensamento ecológico único* do qual ninguém se dá conta e o qual tampouco ninguém contesta. Um discurso onipresente vem monopolizando as mídias, lugar do pensamento público, e uma nova ideologia parece estar emergindo" (Bernardin, 2015, p. 9-10).

Nascem assim ideias diferentes, em que os setores da sociedade acabam por impor seu controle indireto, seja relacionado com a economia, seja com benefícios de saúde, educação, lazer e transporte, entre outros, levando mesmo a uma subversão da ecologia. Destacam-se, conforme Bernardin (2015, p. 10), a necessidade de *modificar os valores, atitudes e comportamentos*, com o apoio de publicações oficiais de organizações internacionais. Com isso, a educação precisa agora "modificar os valores, atitudes e comportamentos". Esse é então um processo revolucionário aceito pela sociedade, na medida em que é conduzido por instituições internacionais, em todo o mundo, em que os governos nacionais acabam sendo os executantes das diretivas escolhidas em escala mundial e adaptadas às condições locais (Bernardin, 2015, p. 10-11). Ocorre, portanto, uma revolução, a revolução do globalismo.

Na urbanização, destaca-se que "a história do urbanismo, em termos globais, é levada a registrar sobretudo aquelas transformações que atuam por saltos estruturais, por revoluções, por contraposições" (Sica, 1979, p. VIII). E continua esse autor, "em um outro nível, aquele da gestão político-administrativa da cidade, nas suas relações com os componentes econômicos, quase impossível de se definir, senão nas grandes linhas, pois se refere à lógica das diferentes políticas dos grupos e das classes sociais presentes". Mais ainda, "estudar a cidade moderna significa colher ao vivo, da reprodução alargada dos fenômenos urbanos e do capitalismo industrial, de um lado, as leis espaciais da sua formação [...], de sua refuncionalização estrutural e [de outro] as relações de produção, e destas, com a propriedade do solo e com a ordenação político-administrativa." (Sica, 1979, VIII-IX).

Mumford adiciona que:

todas as fases da vida no campo contribuem para a existência das cidades [...]. As cidades são um produto do tempo. São os moldes dentro dos quais a existência dos homens se resfria e condensa, dando forma duradoura, por via da arte, a momentos que, de outra forma, findariam com os vivos e não deixariam atrás de si meios de renovação e de participação mais ampla. (1961, p. 14)

Já Bernardin destaca que:

respeito à natureza forma um alicerce intelectual e emocional sobre o qual todos podem se basear. Pouco a pouco, acobertados por um discurso de proteção à natureza, [...] os setores da sociedade vêm impor-se um controle indireto [...]. Não se estaria testemunhando a subversão da verdadeira ecologia? [...]; há em ação uma revolução pedagógica que se desdobra hoje sobre o planeta [...]; com o objetivo dos sistemas educativos atuais, não mais de prover [apenas] uma formação intelectual, mas de modificar os valores, atitudes e comportamentos de proceder a uma revolução psicológica e sociológica, que não encontre resistência entre as elites, pertençam estas à direita ou à esquerda. Para tanto, são utilizadas técnicas de manipulação psicológica e sociológica. [...]. É um processo concebido por instituições [...] que se inscrevem no processo globalista de tomada de poder em escala global, pelas organizações internacionais. (2015, p. 10)

Desse modo, pode-se perguntar o que é globalismo?
Bernardin traz que:

A Nova Ordem Mundial marca o triunfo absoluto do liberalismo sobre seu inimigo, o comunismo. Mas, como os comunistas asseguraram a perenidade da Revolução, no contexto dessa convergência, que pareceu realizar-se em benefício exclusivo do capitalismo? E qual o objetivo real desses agentes? O surgimento do globalismo capitalista, como parece emergir atualmente? Ou, num primeiro momento, a criação de órgãos de governo mundiais que só revelam sua verdadeira natureza, uma vez que seus poderes estejam definitivamente assegurados? (2015, p. 13)

Assim é que, num primeiro momento, "a nova ideologia deverá aproveitar também as lições da experiência soviética". [...] O caos aparente que resultará deverá ser controlado, sistematizando os modos de governo utilizados nas democracias ocidentais. Essa nova ideologia não poderá provocar a desunião dos povos e das elites e as organizações internacionais privilegiarão – e já privilegiam – a abordagem sistêmica. (Bernardin, 2015, p. 12-13)

A ideologia ecológica preenche essas condições sem exceção. Ela visa provocar uma mudança de paradigma (Bernardin, 2015, p. 13), ampliando a visão cristã para uma visão holística, que coloca a humanidade como parte da cadeia evolutiva e transforma a ecologia em problemas globais e sistêmicos que precisam, portanto, de um governo global para sua resolução.

O homem como indivíduo apaga-se diante dos imperativos de uma gestão sustentável do planeta. Essa revolução cultural convoca uma nova civilização de retorno à origem. A demografia exige controle e as atividades econômicas, que pesam sobre o ecossistema terrestre, devem ser submetidas à regulamentação (Bernardin, 2015, p. 13). Assim, essa revolução ecológica mostra dois fenômenos importantes deste século, "a desaparição do comunismo e a emergência da Nova Ordem Mundial, surgindo como um totalitarismo planetário inédito, [...] típico das ideias que circulam nos meios globalistas" (Bernardin, 2015, p. 15).

Mas, vale ressaltar, num segundo momento, que a "cada buraco na camada de ozônio, e ainda, efeito estufa, redução da biodiversidade, esgotamento de recursos naturais [...]" (Bernardin, 2015, p. 14), cada um desses aspectos é considerado uma temível armadilha midiática, num elemento central de um discurso totalitário" (Bernardin, 2015, p. 14).

Num terceiro momento, Bernardin trata das "consequências dessa revolução ecológica, que são alvo de pesquisas de instituições internacionais." Para esse autor, "a revolução ecológica em curso faz a síntese entre o liberalismo, o comunismo e o humanismo maçônico que encontra sua fonte nos mistérios antigos e no culto à natureza" (Bernardin, 2015, p. 14).

A URBANIZAÇÃO E AS NECESSIDADES HUMANAS

A urbanização é o resultado das atividades das pessoas interagindo no meio ambiente. Pode-se tomar como base as necessidades humanas, como água, comida, abrigo e saúde. Para satisfazer essas necessidades é preciso com energia e com a influência do clima exercer suas implicações, sejam elas positivas ou negativas, como coloca Forman (2014). No entanto, para satisfazer cada uma dessas necessidades é preciso contar com proteção contra vizinhos agressivos, bem como a favor da manutenção da qualidade das águas, envolvendo provavelmente reservatórios. A urbanização então deve proteger essa comunidade, em geral, uma vila que com o tempo vai se tornar uma cidade e mais ainda formar metrópoles e megalópoles.

A urbanização leva a aumentar a concentração humana nesses locais e daí se pode estender e ocupar áreas agricolas para cultivo alimentar e também para comércio com outros povoados. Para tanto, as comunidades humanas necessitam de transporte que atenda a todos, ou seja, transporte público, que lhes permita se conectar com outros grupos humanos. A área urbana cresce com implicações para os padrões sociais e econômicos, mas também para o meio ambiente, demandando soluções para os problemas decorrentes. Os padrões sociais focalizam grupos de pessoas e suas interações e ainda os arranjos espaciais de suas urbanizações. Segundo Forman (2014, p. 16-30), destacam-se nesses casos as atividades desenvolvidas pela família, tanto em sua habitação como fora dela, em jardins, cortando grama, brincando com as crianças. Além da residência, as pessoas encontram amigos, almoçam juntos, descansam, entre outras atividades. No entanto, Bernardin (2015) observa que as pessoas interagem em grupos de todo tipo, desenvolvendo atividades no bairro, ou no governo local, participam de encontros de grupos sociais, interagem com as pessoas para diferentes finalidades. Criam assim o arranjo de seus espaços na urbanização em que vivem. E podem também planejar esses espaços, conforme as distintas interações sociais, tendendo a formar comunidades estáveis e aumentando o sentido de comunidade e de interação social.

É interessante destacar aspectos da interação social no inverno, na Grã--Bretanha:

> a energia gratuita do sol entra, por efeito estufa, pelos vidros das portas do jardim-de-inverno voltado para o sul (hemisfério norte) e fica retida, sendo armazenada nas pesadas paredes termoacumuladoras do recinto e liberada lentamente por radiação ao longo de toda a noite, o que garante uma temperatura estável. Este processo de coleta, armazenamento e liberação de energia térmica feito pela própria estrutura das edificações é totalmente passivo, ou seja, não requer qualquer dispêndio de energia por parte dos usuários (Roaf; Crichton; Nicol, 2009. p. 60).

Juntamente com a imigração em massa, as catástrofes e a urbanização mal administradas afetaram muita gente; para melhor, quando inclusão social, ou para pior, quando associadas às misérias humanas, como comenta Saunders (2012). Isso ocorre porque "muito das mudanças e descontinuidades não estão sendo vistas. [...] não compreendemos essa migração porque não sabemos como olhá-la. Não temos lugar, nem nome para esse local de nosso novo mundo" (Saunders, 2012, p. 2). A urbanização permitiu que a economia não estagnasse e que as pessoas pudessem escolher se voltavam ou não para sua cidade; os mais espertos conseguem novas oportunidades (Saunders, 2012, p. 47), como conseguiram os moradores mais fortes do que o restante da população urbana, pois a chegada é um investimento caro (Saunders, 2012, p. 55). Porém, a cidade de chegada muitas vezes é uma favela, mas o migrante pode colocar filho na escola, economizar e um dia fazer sua própria moradia. Como conta Saunders, o migrante da cidade de chegada não se considera pobre, mas uma pessoa bem-sucedida que está passando por um período de pobreza, talvez por uma geração. A cidade de chegada deve criar membros de classe média, ou seja, famílias que ganhem o suficiente e economizem para iniciar seu negócio. E a presença de classe média eleva o padrão de vida para aqueles vizinhos que permanecem pobres. Também a cidade de chegada é um final da migração rural-urbana (Saunders, 2012, p. 274).

CONSIDERAÇÕES FINAIS

Como se vê ao longo deste texto, as urbanizações podem ser consideradas como embriões de cidades, pois acumulam conhecimento, refletem sua cultura e hábitos de vida. E nesse sentido têm espaço para aceitar um projeto de habitação sustentável.

Isso porque, na medida em que reflete uma diminuição de consumo de recursos naturais, são usados o conforto térmico solar e dispositivos para controle do gasto de energia, seja nas habitações, seja nas áreas de iluminação pública, com lâmpadas econômicas ou no aquecimento solar da água do banho. Mais ainda, cuidando dos gastos de água, incluindo equipamentos controladores de uso, entre outros, cuidando dos espaços verdes, desde o controle de grandes florestas como de pequenas áreas.

Com isso, evitam-se não só desperdícios, como também estipêndios com manutenção, pois estão sendo utilizados os serviços do ambiente natural.

A utilização desses conhecimentos pressupõe transformações, como anteriormente mencionado, com mudanças de valores e comportamentos, que exigem uma nova cidadania, pautada em princípios desenvolvidos por uma educação transformadora que considere essenciais o equilíbrio ambiental, a justiça social, a viabilidade econômica e o respeito à cultura das sociedades, ou seja, a sustentabilidade de um desenvolvimento que ofereça qualidade de vida e o bem-estar às populações e seus entornos.

REFERÊNCIAS

ADLER, F. R.; TANNER, C. J. *Ecossistemas Urbanos: princípios ecológicos para o ambiente construído*. Trad. Maria Beatriz de Medina. São Paulo: Oficina de Textos, 2015, p. 45.

BAUMAN, Z. *Comunidade: a busca por segurança no mundo atual*. Trad. Plínio Dentzien. Rio da Janeiro: Zahar, 2003, p. 14.

BERNARDIN, P. *O Império Ecológico ou A subversão da ecologia pelo globalismo*. Trad. Diogo Chiuso e Felipe Lesage. Campinas, SP: Vide Editorial, 2015,

BERNSTEIN, W. J. *A Splendid Exchange: How Trade Shaped the World*. New York: Atlantic Monthly Press, 2008.

BRASIL ESCOLA. Disponível em: brasilescola.uol.com.br/historiag/sumerios-acadios.htm. Acesso em: 07 jun. 2016.

BRUNA, G. C.; BARBOSA, A., No Mundo da Urbanização. In: PHILLIPI JR, A. e REIS, L. B. (Orgs.). *Energia e Sustentabilidade*. Barueri: Manole, 2016, p. 725-778.

CIVILIZAÇÃO. Disponível em: http://www.suapesquisa.com/o_que_e/civilizacao.htm. Acesso em: 11 mai. 2016.

FABRIS, V. 2012. Disponível em: http://www.abrasel.com.br/atualidade/entrevistas/2300-so--ha-solucao-com-a-cidade-compacta.html. Acesso em: 11 mai. 2016.

FARR, D. *Urbanismo Sustentável: desenho urbano com a natureza*. Trad. Alexandre Salvaterra. Porto Alegre: Bookman, 2013.

FORMAN, R. T.T. *Urban Ecology. Science of Cities*. Cambridge, UK: Cambridge University Press, c. 2014.

[IBGE] INSTITUTO BRASILEIRO DE GEOGRAFIA E ESTATISTICA, 2015. Disponível em: www.ibge.gov.br/apps/arranjos_populacionais/2015/pdf/publicação.pdf. Acesso em: 22 jul. 2016.

MORRIS A. E. J. *History of Urban Form. Prehistory to the Renaissance*. New York: John Wiley & Sons, 1972.

MUMFORD, L. *A Cultura das Cidades*. Belo Horizonte: Editora Itatiaia, 1961 [c.1938].

MUNDO EDUCAÇÃO. Disponível em: mundoeducacao.bol.uol.com.br/historiageral/sumerios-acadios.htm. Acesso em: 07 jun. 2016.

NAÇÕES UNIDAS. Disponível em: http://nacoesunidas.org/acao/meio-ambiente. Acesso em: 24 abr. 2016.

RAINER S. G. Disponível em: brasilescola.uol.com.br/historiag/sumerios-acaduis.htm. Acesso em: 07 jun. 2016.

ROAF, S.; CRICHTON, D.; NICOL, F. *A Adaptação de Edificações e Cidades às Mudanças Climáticas. Um guia de sobrevivência para o século XXI*. Trad. Alexandre Salvaterra. Porto Alegre: Bookman, 2009.

SAUNDERS, D. *Arrival City. How the largest migration in History is reshaping our world*. New York: Vintage Books, 2012.

SICA, P. *Storia dell'urbanisitica. I. Il Settecento*. Roma: Editori Laterza, 1979.

URBANIZAÇÃO. Disponível em: brasilescola.uol.com.br/brasil/urbanizacao.htm. Acesso em: 03 abr. 2016.

[UNRIC] CENTRO REGIONAL DE INFORMAÇÕES DAS NAÇÕES UNIDAS. Disponível em: www.unric.org. Acesso em: 15 jul. 2016.

VANDERLEY, M. J.; RACNE, T. A. P. (Coords.) *Selo Azul da Caixa: boas práticas para habitação mais sustentável*. São Paulo: Páginas & Letras, 2010

2 | Critérios de justiça para o planejamento urbano: reconhecimento, redistribuição e representação

José Henrique de Faria
Economista, UFPR

Valdir Fernandes
Cientista social, UTFPR

INTRODUÇÃO

Conceitualmente, o planejamento urbano é um processo aberto, multi, inter e transdisciplinar, que envolve diversas disciplinas e campos de conhecimento, bem como depende fundamentalmente da participação social (Paklone, 2011), pois sua prática se expressa tanto nas políticas públicas como na gestão das cidades.

Contraditoriamente, a realidade das cidades brasileiras demonstra empiricamente que as práticas de planejamento urbano no Brasil têm excluído de seus processos as amplas camadas da população, na medida em que essas não são devidamente representadas amiúde nas suas etapas de definição, elaboração, implementação e avaliação. A representação política formal por parte do poder legislativo local, embora esteja ao abrigo institucional, não se constitui em uma prática inclusiva por não refletir as particularidades requeridas pelo planejamento e pelas políticas públicas urbanas. Ao contrário, o Planejamento Urbano tem favorecido os grupos sociais economicamente privilegiados por meio de:

- Leis de ocupação do espaço urbano que viabilizam ricos condomínios horizontais e verticais, expulsando para regiões demarcadas e periféricas a população de baixa renda, os trabalhadores do setor industrial, do comércio e de serviços.
- Distribuição estratégica de postos de saúde, escolas e outros equipamentos urbanos em regiões demarcadas de exclusão/inclusão (guetos sociais), segundo o perfil dos moradores.

- Construção de moradias populares que reproduzem e/ou instituem os guetos sociais.

- Criação de sistemas públicos de transporte urbano que mantêm e viabilizam os guetos sociais e preservam a ocupação dos espaços privilegiados pelos grupos economicamente favorecidos.

Nesse sentido, o Planejamento Urbano tem se caracterizado por uma concepção elitista de cidade, com áreas centrais privilegiadas e áreas periféricas desfavorecidas em relação a serviços e infraestrutura, beneficiando a especulação imobiliária e a distribuição social excludente do espaço. Segundo Rolnik (2002, p. 53-61), esta é "uma característica comum a todas as cidades brasileiras, independentemente de sua região, história, economia ou tamanho".

O Plano Diretor da Cidade, que nesse contexto, por sua normatização, poderia ser um instrumento democrático de gestão urbana, tem se mostrado muito mais uma formalidade administrativa do que uma forma efetiva de participação popular na administração das cidades. As políticas públicas de educação, saúde, transporte/mobilidade, emprego, moradia e segurança, por seu turno, têm se restringido a uma forma tecnocrática de gestão que reforça a relação desequilibrada entre as áreas ditas nobres e as periféricas.

Essas características revelam a necessidade de um modelo de Planejamento Urbano que leve em conta critérios de justiça social na gestão das cidades, o que remete à seguinte questão: de que forma o Planejamento Urbano, materializado pelos planos diretores de cidade, pode ser definido, elaborado, implementado, acompanhado e avaliado de forma socialmente inclusiva e democrática, a partir de critérios de justiça?

Critérios de justiça, definidos inicialmente por Nancy Fraser (2008a; 2008), têm por base:

- O reconhecimento social como forma de integração plena na sociedade.
- A redistribuição isonômica, igualitária e justa da riqueza material enquanto resultado da produção de suas condições de existência.
- A representação política paritária nas esferas de decisão como forma de pertencimento social e como procedimentos que estruturam os processos públicos de confrontação.

Trata-se, portanto, de uma análise direcionada à teoria crítica do Planejamento Urbano, a partir de um de seus instrumentos mais importantes do ponto de vista da participação da sociedade, o Plano Diretor da Cidade. Tal proposta consiste em examinar em profundidade, segundo as três categorias de análise explicitadas, planos diretores de cidade em que a diversidade dos casos aliada a um contexto político e econômico bastante dinâmico mostram não ser mais pertinente que as pesquisas se concentrem em apenas um tipo de modelo. O que está em jogo é a emancipação social, a qual está relacionada com diversos aspectos da vida cotidiana contemporânea. Esses aspectos demandam a ampliação das bases teóricas de investigação.

TRÊS CATEGORIAS PARA ANÁLISE DO PLANEJAMENTO URBANO

A categoria "luta pelo reconhecimento" foi proposta por Hegel (1770-1831) desde os chamados "escritos de Jena", estudos realizados entre 1801 e 1806, período em que residia e lecionava nessa cidade (Kojeve, 2002). É dessa fase que vêm as ideias que estão sendo atualizadas e reintroduzidas no debate filosófico e das ciências sociais para explicar as origens dos conflitos sociais.

Assim, o tema do reconhecimento tem ocupado um lugar de destaque na filosofia desde que Hegel, ao interpretar o conflito como mecanismo de transformação social na construção de uma sociedade em que as relações sociais são mais estruturadas, introduz a categoria do respeito e do reconhecimento intersubjetivo como o motor desses conflitos.

Para Hegel, a consciência-de-si existe em e para si na medida e pelo fato de que ela existe para outra consciência-de-si; isto é, ela só existe enquanto entidade reconhecida (Hegel, 2008). Essa categoria reaparece em diversas interpretações hegelianas, como as análises de inspiração freudiana, na medida em que estas entendem que para haver consciência-de-si, é preciso que haja desejo. Baseado na ideia de que a consciência-de-si é desejo em geral (Hegel, 2008), essas interpretações psicanalíticas sugerem que, fundamentalmente, o desejo é o desejo do outro, isto é, desejo de reconhecimento.

O sujeito somente existe enquanto é reconhecido pelo outro. Neste aspecto, destacam-se os trabalhos de Lacan (1966) e Enriquez (1974). Lacan, em especial, é bastante fiel à dialética hegeliana, mais propriamente em sua conferência sobre o estado do espelho como formador da função do Eu, na qual centra toda a dramática individual no "desejo do outro".

Essa categoria analítica hegeliana foi retomada recentemente pela terceira geração da Escola de Frankfurt, por meio do filósofo e sociólogo Axel Honneth (2009), que postula uma investigação empírica no campo da sociologia do reconhecimento; do filósofo político canadense Charles Taylor (2005; 2000), que busca na filosofia histórica as bases do reconhecimento social como o vínculo fundamental entre os sujeitos; e de Nancy Fraser (Fraser; Honneth, 2003), cientista política norte-americana que se dedica aos estudos dos movimentos sociais e dos conflitos políticos. Honneth (2009) conclui que existem três formas de reconhecimento: do amor, do direito e da solidariedade. Essas formas estruturam "dispositivos de proteção intersubjetivos que asseguram as condições de liberdade externa e interna, das quais depende o processo de uma articulação e de uma realização espontânea de metas individuais de vida" (p. 274). Entretanto, apenas dois dos três padrões de reconhecimento encerram o potencial de um desenvolvimento normativo mais amplo. Apenas "a relação jurídica [e] a comunidade de valores estão abertas a processos de transformação no rumo de um crescimento de universalidade ou igualdade" (p. 274). Para Honneth, portanto, a redistribuição é derivada do reconhecimento.

Todavia, em uma crítica correta e pertinente feita a Axel Honneth e à sua concepção de reconhecimento como categoria moral, em um debate de grande profundidade, Nancy Fraser (Fraser; Honneth, 2003) apresenta uma proposta dualista, na qual reconhecimento e redistribuição são duas categorias irredutíveis entre si. Essa concepção de Fraser recebeu uma crítica de Iris Young (1990), que a considerou distributivista. Entretanto, posteriormente a essas duas categorias analíticas, Fraser (2008a; 2008b) adiciona a da luta pela representação política, em uma perspectiva tridimensional. Fraser insiste em que os conflitos sociais não podem ser explicados apenas a partir da luta pelo reconhecimento social, mas igualmente por meio da luta pela redistribuição da riqueza material produzida pela sociedade e pela representação paritária nas esferas de decisão. Essas três formas, para Fraser, correspondem a três dimensões da justiça: cultural (reconhecimento); econômica (redistribuição); e política (representação). Assim, do ponto de vista analítico, emergem três categorias: reconhecimento social; redistribuição igualitária da riqueza material; e representação paritária nas esferas de decisão.

Uma vez apresentadas sumária e introdutoriamente as três categorias, serão desenvolvidas em seguida, tendo como orientação o Planejamento Urbano em termos de uma democratização da gestão de políticas públicas urbanas. Essas categorias analíticas representam o que se chama aqui de Critérios de Justiça para o Planejamento Urbano Democrático e Social. A proposta que se desenvolve neste capítulo é a de que a edificação teórica do processo de Planejamento Urbano para a gestão de políticas públicas democráticas pelos sujeitos sociais coletivos deve, portanto, guiar-se por três categorias de análise, descritas a seguir:

- Redistribuição igualitária da riqueza material, que corresponde à dimensão econômica.
- Reconhecimento social, que corresponde à dimensão cultural.
- Representação paritária nas esferas de decisão, que corresponde à dimensão jurídico-política.

Nesse sentido, a questão que emerge é se essas categorias analíticas podem ser úteis para o estudo do Planejamento Urbano Democrático em termos de uma Gestão Pública e de políticas públicas socialmente vinculadas. Esse texto pretende sugerir a utilidade dessas categorias por dois motivos não excludentes: primeiro, porque delimitam o campo empírico do Planejamento Urbano ao materializar o sujeito coletivo no plano do grupo social (reconhecimento e realização), bem como as formas de organização e de gestão de políticas públicas e de sua prática coletiva (redistribuição e representação); segundo, porque também delimitam o plano epistemológico, metodológico e teórico daí decorrente.

Para desenvolver a discussão sobre os critérios de justiça e para que se possa fazê-lo adequadamente, este estudo inicia por precisar o conceito de grupos sociais, de maneira a delimitar o campo das práticas sociais coletivas na elaboração do Planejamento Urbano e na gestão de políticas públicas. Em seguida, trata da necessidade de definir a tridimensionalidade das categorias analíticas e, na sequência, apresenta cada uma das dimensões, as quais correspondem, como já indicado, aos critérios de justiça para a democratização do Planejamento Urbano e das políticas públicas.

GRUPOS SOCIAIS: SUJEITOS COLETIVOS DO PLANEJAMENTO URBANO

Os grupos sociais configuram-se nas relações de pertencimento no território, a uma classe ou a uma demanda social específica. Trata-se de grupos organizados, formal ou informalmente, nas instâncias econômica, social, jurídica, política ou cultural. Aqui se encontram os movimentos sociais organizados (de maneira não formal, tais como os que se manifestaram recentemente no Brasil em torno dos problemas de transportes, educação, saúde, segurança pública etc.), as categorias ditas funcionais (professores, metalúrgicos, bancários etc.) ou os grupos formais que se organizam a partir de determinadas demandas (associações de moradores, associações de pais e alunos, organizações de defesa da preservação ambiental, movimento dos sem-teto etc.), entre outros.

Assim, a concepção de grupo social que corresponde aos conceitos de reconhecimento social, redistribuição material e representação política paritária é aquela que considera que a definição de um grupo social é dada pela existência de um projeto social comum. Entende-se por projeto comum tanto o desejo inerente ao reconhecimento social, à redistribuição material e à representação política, que caracteriza o grupo social e o diferencia, ainda que não manifestado explicitamente no e por esse grupo, como a aceitação da legitimidade do lugar que este grupo ocupa na esfera da produção das condições materiais de existência e do direito que possui à apropriação do que produz, à territorialidade que, segundo Fernandes et al. (2012), remete à integração de uma área efetivamente ocupada pela população, pela economia, pela produção e o comércio, bem como pelos transportes e a fiscalização, na qual se dão as relações e onde se produz uma identidade. O projeto social comum, portanto, pode ser potencial ou efetivo.

- Projeto social comum potencial: é o que se apresenta como inerente à constituição do grupo social. Não se trata de um projeto pré-categórico ou idealizado, de um projeto em si mesmo, mas de uma construção de caráter não manifesto ou que ainda não desenvolveu totalmente suas condições de plenitude quanto à sua forma de atividade prática.
- Projeto social comum efetivo: é todo empreendimento, plano ou esquema organizado de ação coletiva que não apenas possui um propósito político (nos planos econômico, jurídico-político propriamente dito, cultural e/ou ideológico) a ser realizado, como é explicitamente manifesto (projeto para o grupo) como orientador das ações do grupo. Neste caso, a intenção organizada de realizar um interesse comum aos sujeitos que constituem o grupo materializa-se na forma de prática política.

O conceito de grupo social refere-se à condição de o grupo ser portador de um projeto social e, portanto, difere dos conceitos de grupo operativo, grupo de trabalho, agrupamento ou associação de indivíduos com finalidades temporárias, passageiras, sem propósito político. Esse conceito de grupo social, que compreende empreendimentos associativos com finalidade política (associações de moradores, desempregados, sem-teto, ambientais etc.), também difere das chamadas organizações formais, tais como sindicatos, partidos políticos, empresas, associações empresariais, clubes associativos, órgãos públicos, organizações não governamentais (ONG) e demais empreendimentos formais, pois estas não são instâncias grupais de análise, mas organizacionais. Essas instâncias organizacionais devem estar plenamente incluídas na análise da participação na elaboração do Planejamento Urbano e na Gestão de Políticas Públicas, mas é também necessário considerar que, no interior das organizações, existem grupos sociais distintos (Faria, 2009).

Nem todo grupo social é constituído por sujeitos que possuem a mesma relação de pertença com uma classe social específica. Essa dificuldade, nestes termos, é em princípio de natureza política e não de coerência teórica ou epistemológica. Contudo, o problema político não é mero detalhe na produção teórica. A teoria deve ter uma finalidade concreta de orientar a prática política, já que se baseia em sua análise crítica. O que se denomina por práxis, portanto, não pode ser uma questão coadjuvante em uma análise crítica porquanto o compromisso político da teoria crítica é com os sujeitos sociais e com os mecanismos de resistência e de oposição ao modelo de política dominante. O grupo social, como campo eleito de investigação, precisa ele mesmo ser delimitado, de forma que a heterogeneidade de sua composição não comprometa a direção política da teoria crítica da sociedade. A seletividade do objeto "grupo social" não só a partir da condição de classe de seus componentes, que certamente tem um significado metodológico e teórico que é preciso explicitar, mas também a partir da exclusão territorial no contexto das cidades, que é, talvez, a mais significativamente representativa da atualidade, bem como a partir de pautas de grupos, tais como questões de gênero, ambientais, dentre outras. Não se trata apenas de um corte técnico do campo empírico, mas de uma delimitação teórica e política desse campo, pois refere-se a uma teoria crítica da sociedade contemporânea e igualmente a uma teoria engajada na luta pela emancipação dos sujeitos e por uma sociedade inclusiva voltada à gestão social democrática.

Retomando as categorias de análise do reconhecimento social, da redistribuição material e da representação política no sentido expresso anteriormente, é também importante considerar os sujeitos excluídos da comunidade política e social. A segregação produzida nas cidades, ao colocar as classes de baixa renda nas periferias, impõe a essas classes um custo maior de serviços como transporte, saúde e lazer. Essas populações são duplamente penalizadas, primeiramente pela condição econômica e social e posteriormente pelo maior custo de serviços de pior qualidade. Portanto, é preciso levar em conta que, no estudo destes grupos sociais, não se pode desconsiderar a possibilidade da heterogeneidade de suas demandas, tampouco desprezar as dificuldades de sua organização política. Isso porque esses também são grupos que lutam pelo reconhecimento de suas condições de existência, pela garantia da distribuição da riqueza material economicamente mais justa e de um nível de representação política que permita o estabelecimento de critérios de justiça.

Essa luta se desenrola no interior do sistema político dominante, podendo ser inclusive à sua revelia, quer como resistência, quer como oposição ou ainda como ação em paralelo, visando superá-lo. Do ponto de vista da teoria crítica da sociedade, as categorias analíticas do reconhecimento social, da redistribuição da riqueza material produzida e da representação política paritária se apresentam no campo das possibilidades de avanço nas investigações sobre as relações de poder do ponto de vista do conjunto da sociedade. O argumento que se desenvolve aqui recorre àquele proposto por Fraser (2008a; 2003), segundo o qual os sujeitos coletivos lutam por um lugar na sociedade, na qual tenham reconhecimento, acesso isonômico à riqueza e voz política.

Essa é, em suas três dimensões, a luta contemporânea que se dá no âmbito do sistema político e que repercute no Planejamento Urbano, devendo responder a três questões fundamentais para o propósito deste estudo:

- Qual o lugar dos movimentos e dos grupos socialmente incluídos ou excluídos do e pelo sistema político dominante na organização da sociedade no Planejamento Urbano?
- Como tratar os movimentos sociais que desenvolvem uma ação coletivista de gestão social para prover suas condições objetivas e subjetivas de existência em oposição ao sistema político dominante no âmbito do Planejamento Urbano?
- Como se processam, no Planejamento Urbano, as lutas políticas por processos alternativos de gestão e de relações interpessoais que se baseiem em procedimentos democráticos e que valorizem a condição humana, a justiça, a solidariedade e a não-discriminação?

A TRIDIMENSIONALIDADE DAS CATEGORIAS DE ANÁLISE DO PLANEJAMENTO URBANO

Como indicado anteriormente, a proposta que se faz aqui é a de repensar o processo de formulação do Planejamento Urbano, democrático e social, e da gestão das políticas públicas a partir de três categorias de análise, às quais correspondem três dimensões. Por que se utilizar dessas categorias na contemporaneidade? Em primeiro lugar, devemos utilizá-las em razão da falência dos modelos e das crenças em modelos alternativos para o sistema de capital no atual ordenamento jurídico-político, ideológico e econômico (Fraser, 1997, p. 1-3). A deslegitimação e o colapso do chamado socialismo real e dos arranjos institucionais que pudessem viabilizar formas não capitalistas de produção transformaram substancialmente os meios de enfrentamento, abrindo espaço para a assimilação das lutas dos trabalhadores pelo sistema de capital, inclusive por meio da criação e do incentivo aos chamados empreendimentos sociais.

Em segundo lugar, porque existe um hiato na gramática das demandas sociais por reconhecimento, demandas econômicas por redistribuição e demandas políticas por representação. Hiato este que precisa ser preenchido pelo Planejamento Urbano, pois as demandas expressas por diferentes grupos sociais visando à igualdade dos direitos e condições de vida em sociedade apontam para o declínio da identidade política de classe (declínio da democracia) e do imaginário político por justiça social.

Esse declínio tem consequências políticas importantes, pois no lugar da luta de classes aparecem os grupos sociais delas desvinculados que lutam tanto por seus interesses jurídico-políticos, econômicos e ideológicos quanto pela dominação cultural. Dessa forma, a oposição a esse sistema econômico-social passa a ser reduzida:

- No lugar dos conflitos de classes aparecem as lutas isoladas e sazonais pela melhor distribuição da riqueza.
- No lugar da luta pela igualdade, a isonomia e a emancipação social, aparecem as lutas eruptivas pelo reconhecimento.
- No lugar da participação plena, paritária e democrática do conjunto da sociedade na definição do seu projeto coletivo, surgem as lutas oportunistas pelo direito à representação política.

Isso implica na ruptura entre a política econômica e cultural e a política social, com o eclipse desta por aquela (Fraser, 1997, p. 2). Entretanto, continua a autora, a oposição entre a luta social e a cultural, entre o reconhecimento e a redistribuição, constituem falsas antíteses.

Em terceiro lugar, porque o ressurgimento do liberalismo, em sua forma neoliberal perfeitamente adaptada ao capitalismo totalmente flexível (Faria, 2009), promove o incremento da mercantilização das relações sociais, reduzindo as proteções fundamentais aos sujeitos coletivos (saúde, educação, segurança, transporte, infraestrutura urbana e rural), retirando as possibilidades de uma vida digna a bilhões de pessoas em todo o mundo.

Em quarto lugar, porque enquanto uns defendem o reconhecimento social como se a luta pela justiça redistributiva e pela representação paritária não fossem relevantes, outros, baseados no declínio do igualitarismo econômico, desejam recolocar tão somente as classes sociais no centro da vida em sociedade (Fraser, 1997, p. 3). Tudo ocorreria como se a luta contra o racismo, o preconceito e a discriminação de gênero e opção sexual fossem meramente culturais e não tivessem qualquer relação com a redistribuição da riqueza material, o reconhecimento social e a representação paritária. Esses constructos colocam em lados opostos política de classe e identidade política, política social e política cultural, redistribuição e reconhecimento.

Essas razões que levam à adoção das categorias analíticas não pretendem esgotar os argumentos em sua defesa. Tais dimensões são expostas a seguir com o objetivo de explicitar, no plano conceitual, o que se encontra no plano empírico das categorias. Antes, contudo, de prosseguir na exposição, é fundamental esclarecer quatro pontos dessa discussão que dizem respeito exatamente aos condicionantes epistemológicos, metodológicos e teóricos das categorias.

O primeiro ponto, como não poderia deixar de ser, refere-se ao método. As distinções analíticas que se seguem, mais precisamente entre reconhecimento social, redistribuição material e representação política encontram-se no plano do real concreto estritamente ligadas, imbricadas, sem distinção prática. Contudo, como indica Fraser, "propósitos heurísticos, distinções analíticas são indispensáveis. Apenas abstraindo a complexidade do mundo real pode-se divisar um esquema conceitual que possa iluminá-lo" (2008b, p. 13). Ainda para Fraser (p. 16), a

> distinção entre injustiça econômica e injustiça cultural é analítica. Na prática, ambas estão entrelaçadas. Mesmo a mais material instituição econômica tem uma dimensão cultural constitutiva, irredutível [...]. Reciprocamente, mesmo a mais discursiva prática cultural tem uma dimensão político-econômica constitutiva, irredutível.

Longe de serem duas esferas hermeticamente separadas, essas dimensões estão imbricadas, de modo que se reforçam dialeticamente.

O segundo ponto refere-se ao fato de que a condição para um grupo social ser reconhecido não implica necessariamente sua adesão ao modelo econômico, jurídico-político, social, cultural ou psicossocial que o reconhece, ou seja, a luta pelo reconhecimento não se trava nos termos dos grupos sociais ou da classe social dominante. O reconhecimento não implica que o grupo social seja reconhecido como uma parte, mesmo que excluída, daquele que reconhece (como ele mesmo), mas que seja reconhecido como seu contrário com direito à plena existência (como o outro).

O terceiro ponto refere-se ao fato de que a redistribuição da riqueza material socialmente produzida não significa necessariamente uma inserção do grupo social ao sistema econômico dominante como parte inerente dele, ainda que com uma condição periférica. Também não significa que a distribuição ocorra apenas nas atividades produtivas do tipo não capitalistas. Trata-se de distribuir o conjunto da riqueza material produzida tanto nas atividades de produção não capitalistas como naquelas produzidas pelo sistema de capital, mas não nos termos deste. O fato de que sob o sistema de capital a riqueza material seja produzida pelo trabalhador, que dela não se apropria (estranhamento), não deve implicar em sua não redistribuição sob o argumento da manutenção ou reprodução de tal sistema.

Ao contrário, não se trata de uma conciliação entre capital e trabalho, mas do estabelecimento de um modo de redistribuição da riqueza material socialmente produzida na direção oposta à acumulação do capital. Aqui também é necessariamente imperativo desmitificar a ideologia capitalista da liberdade, da democracia liberal e dos direitos iguais como promotores da distribuição da riqueza, do reconhecimento social e da representação parlamentar. Distribuição da riqueza não é distribuição de renda. O Planejamento Urbano pode direcionar a distribuição da riqueza por meio de investimentos públicos isonômicos em educação, saúde, transporte e infraestrutura urbana.

O quarto ponto refere-se ao fato de que a participação paritária dos grupos sociais nos processos de decisão que lhes dizem respeito não significa a adoção, por estes, das regras impostas pelos grupos sociais ou pela classe social dominante. Não se trata somente de questionar a efetividade da democracia representativa no asseguramento da justiça social ou nos impedimentos da apropriação privada dos recursos públicos: desde o seu início a democracia representativa se caracterizou exatamente pelas formas mais explícitas ou sofisticadas, segundo o ordenamento legal ou não, de distribuição de privilégios. Trata-se de assegurar o direito à participação paritária nas decisões em todas as esferas da vida social nos termos definidos direta e democraticamente pelo sujeito coletivo. Ou seja, significa o controle social irrestrito de todas as atividades públicas.

Examinaremos a seguir cada uma das categorias mencionadas, submetendo-as até onde é possível a um escrutínio crítico, identificando suas dimensões emancipatórias e integrando-as em um modelo simples de análise do real concreto.

A REDISTRIBUIÇÃO IGUALITÁRIA DA RIQUEZA MATERIAL COLETIVAMENTE PRODUZIDA: DIMENSÃO ECONÔMICA DA ANÁLISE

O ponto de partida para o aprofundamento da reflexão sobre a dimensão econômica é reconhecer a relação que se estabelece entre as unidades produtivas e o modo de produção. Seja qual for a natureza social específica da unidade produtiva, deve-se reconhecer que ela se constitui no interior de um determinado modo de produção – e não a par dele –, seja com a finalidade de reprodução desse sistema, seja como mecanismo de resistência a ele. Nesse sentido, a análise deve partir da compreensão dos elementos fundamentais do modo de produção capitalista para estabelecer categorias gerais sobre o nível econômico.

Tendo em vista a tendência do sistema de capital à concentração da riqueza e dada sua lógica de exploração daqueles que diretamente a produzem, a análise da distribuição igualitária da riqueza material coletivamente produzida não deve simplesmente tratar da repartição da renda, tampouco ocupar-se da valorização da utopia liberal de que é possível estabelecer uma partilha justa da riqueza sob esse modo de produção. Essa categoria deve considerar não apenas as formas como a renda social é redistribuída, mas igualmente as formas de propriedade, as relações de troca das mercadorias (produtos e serviços), a organização, os processos e as relações de trabalho, bem como o acesso aos bens de infraestrutura social urbana (educação, saúde, saneamento, segurança, moradia, entre outros). A análise dessa categoria não deve pressupor igualmente um pleito a favor de um modo pós-capitalista de produção, ainda que essa seja a condição histórica de tal projeto. Trata-se de analisar a ocorrência ou não de uma justiça distributiva tanto nas condições de reprodução e de acumulação capitalista como nas das forças coletivas organizadas de resistência ou de enfrentamento dos processos de exclusão social pelo sistema de capital. As possibilidades concretas, nesse sentido, encontram-se no desenvolvimento, mesmo que primário, das formas de transição.

Por conseguinte, não se pretende estabelecer aqui um quadro teórico apriorístico que tenha por consequência a constatação de características capitalistas ou anticapitalistas em quaisquer organizações que venham a ser analisadas. A divisão social do trabalho, o grau de desenvolvimento das forças produtivas, a mercantilização da força de trabalho, a apropriação por parte do Estado sem a devida devolução na forma de seguridade social em sentido amplo, entre outros, são aspectos que acarretam consequências concretas aos processos particulares de produção, os quais se apresentam de formas diversas em diferentes estágios de evolução. Sob o sistema de capital, de fato, o processo produtivo autonomizado apresenta um caráter social das condições de trabalho que independem dos trabalhadores que, quando subsumidos ao capital, participam desse processo, mas não o dominam. As características sociais do trabalho separam-se do trabalhador e aparecem incorporadas ao capital com condições dadas e sem possibilidade de serem por ele alteradas. Além disso, o capitalismo reproduz essas condições que obrigam o trabalhador assalariado a submeter-se a ele, criando novas configurações de vida social.

A análise do Planejamento Urbano, portanto, deve questionar a propriedade legal e real dos meios de produção; o controle por parte dos produtores diretos sobre os meios e processos de trabalho; e a participação destes nos processos de tomada de decisão em todos os níveis da organização produtiva, ou seja, desde os aspectos estritamente operacionais até os níveis econômicos e estratégicos (Faria, 2004). Isso significa considerar necessariamente que o desenvolvimento das forças produtivas (as tecnologias, a ciência, os conhecimentos, a qualificação, entre outros elementos) deve ser incorporado à discussão sobre a repartição da riqueza como parte dialeticamente constitutiva e não ser repudiado por se tratar de um processo que se desenvolveu sob o sistema de capital. Em outros termos, é necessário incorporar, em vez de repudiar, o que de melhor os produtores (trabalhadores diretos e trabalhadores intelectuais) lograram desenvolver no interior do sistema de capital, ainda que tal desenvolvimento tenha se voltado contra sua emancipação por força da lógica do modo dominante de produção.

A categoria da redistribuição envolve, de acordo com Fraser (2008b, p. 17), redistribuição dos rendimentos, reorganização da divisão do trabalho, subordinação dos investimentos a um processo democrático de tomada de decisão e transformação das estruturas básicas da economia. Tais questões não se referem naturalmente à construção de um imaginário socialista, mas a um projeto de transformação que permita acentuar as contradições do sistema de capital. Para Fraser, isso poderia envolver a revalorização ascendente de identidades desrespeitadas e os produtos culturais de grupos excluídos. Também poderia envolver reconhecimento e valorização positiva da diversidade cultural. Mais radicalmente ainda, poderia envolver a total comunicação entre os sujeitos, de forma que se alteraria a percepção coletiva que todos têm de si mesmos. Assim, toda medida que repara uma perda redistributiva ou que restabelece uma relação econômica pressupõe uma concepção subjacente de reconhecimento social. É nesse sentido que as reivindicações pela redistribuição muitas vezes reclamam a abolição de arranjos econômicos que sustentam a especificidade de determinados grupos sociais, como é o caso, por exemplo, da demanda, de grupos feministas, pela abolição da divisão sexual do trabalho ou da organização do trabalho baseada em gênero.

De fato, ainda de acordo com Nancy Fraser, o gênero possui uma dimensão político-econômica, constituindo-se em um princípio estruturador básico da política econômica (2008b, p. 23). De um lado, o gênero estrutura a divisão fundamental entre o pagamento de trabalho "produtivo" e o não pagamento de trabalho "reprodutivo" e doméstico, atribuindo às mulheres uma responsabilidade primária por este último. De outro lado, o gênero também estrutura a divisão do trabalho pago entre a alta remuneração, dominada pelos homens nas unidades produtivas e nas ocupações profissionais, e a baixa remuneração, dominada pelas mulheres (*pink-collor*) nas ocupações de serviços domésticos. O resultado é uma estrutura político-econômica que gera modos específicos de exploração, marginalização e privação baseados em gênero.

O mesmo dilema, de acordo com Fraser, pode ser encontrado na luta contra o racismo, a qual se assemelha à questão do gênero na estrutura político-econômica (2008b, p. 25-26). A "raça" também estrutura a divisão capitalista do trabalho revelando a baixa remuneração, o baixo *status*, a atividade subalterna, o *trabalho sujo* e as ocupações domésticas executadas desproporcionalmente por afrodescendentes, e a alta remuneração, o alto status, o *white-collar* e as ocupações profissionais, técnicas e de gestão, exercidas desproporcionalmente por brancos. A "raça", na medida em que é mantida uma herança histórica, estrutura o acesso ao mercado de trabalho constituindo uma parcela significativa de "negros e pardos"[1] como supérfluos, lumpemproletários, subclasses, indignos, inclusive pela não inserção desses trabalhadores no sistema de exploração da força de trabalho pelo capital.

O RECONHECIMENTO SOCIAL: DIMENSÃO SOCIOCULTURAL DA ANÁLISE

O tema do reconhecimento social é resgatado na discussão contemporânea em razão da emergência dos movimentos sociais que ultrapassam a tradicional divisão de classes, contemplando questões como gênero, preconceito, desemprego, direitos sociais urbanos, educação, saúde pública, segurança, moradia,

---

[1] Os termos "negro", "pardo" e "mulato" são utilizados largamente em estatísticas por órgãos públicos e privados. "Pardo" significa "branco sujo, escurecido" e "mulato" é derivado de "mula", denominação do cruzamento de jumento e égua ou cavalo e jumenta. São expressões racistas.

infraestrutura urbana e rural, sustentabilidade socioambiental, entre muitas outras. A centralidade das lutas sociais desloca-se do conflito de classes conduzido historicamente pelos movimentos de trabalhadores, estabelecendo uma nova agenda de enfrentamentos, inclusive envolvendo o Estado em sentido amplo, quando este se torna meio de enriquecimento e usurpação do direito coletivo. Isso não implica o desaparecimento das classes sociais e dos conflitos fundamentais que possuem existência real no modo de produção capitalista, mas indica que as lutas alcançam outras dimensões que necessitam ser compreendidas em uma perspectiva crítica. Não significa também propor um esquema normativo, programático e totalizador abrigado nas denominações de desconstrução, reformismo, pós-modernismo ou teoria da complexidade.

Como sugere Fraser (1997, p. 4), não se trata igualmente da proposição de um novo projeto para o socialismo, mas de conceber alternativas para o atual estágio da sociedade que possam oferecer uma base de discussão para uma política progressiva de superação do sistema de capital.

Honneth (1991), recorrendo a Hegel, trata o reconhecimento como uma luta social na qual os conflitos são atribuídos a "impulsos morais" e não a motivos de autoconservação, como defendiam Hobbes e Maquiavel. Honneth (2007b) procura reatualizar a filosofia do direito de Hegel, a qual toma por base no desenvolvimento do tema do reconhecimento. Ao considerar então a "luta por reconhecimento" como categoria analítica, Honneth (1991) tenta integrar a teoria do poder de Foucault à teoria da ação comunicativa de Habermas, entendendo que estas são capazes de preencher o "déficit sociológico" contido nas teorias de Adorno e Horkheimer. A intenção de Honneth (1991) é definir um esquema conceitual que permita analisar as "estruturas de dominação social", e como nem as teorias foucaultianas, com suas deficiências normativas, nem as habermasianas, com seu nível de abstração, preenchem os requisitos de sua definição, Honneth resgata a teoria de Hegel. Adiante, Honneth (2009), ao expor as três teses do modelo de Hegel, explicita que o conceito hegeliano possui uma tradição metafísica, um "fundamento meramente especulativo" (Honneth, 2009, p. 121), motivo pelo qual buscará na psicologia social de Mead a base empírica que permita "traduzir a teoria hegeliana da intersubjetividade em uma linguagem teórica pós-metafísica" (Honneth, 2009, p. 123).

Apesar da tentativa de Honneth em dar uma inflexão empírica à sua proposta, o grau de abstração que toma conta de sua análise o coloca no mesmo plano metafísico que critica em Hegel. O recurso a Mead não soluciona o problema que Honneth coloca acerca da fundamentação empírica, exatamente porque o resultado de sua elaboração é uma tipologia de padrões de formas de reconhecimento intersubjetivo: amor, direito e solidariedade. Esses padrões, como se pode deduzir de seus próprios argumentos (Honneth, 2009, p. 276-279), estão preenchidos de incertezas e de especulação, seja quando Honneth busca na psicanálise o "equilíbrio tenso entre fusão e delimitação do ego" para tratar da individualidade amorosa sem angústia, seja quando estabelece uma relação de dependência entre a autorrealização e o "pressuposto social da autonomia juridicamente assegurada", seja quando afirma que "o padrão de reconhecimento de uma solidariedade social [...] só pode nascer das finalidades partilhadas em comum [as quais] estão submetidas às limitações normativas", ou seja, a solidariedade depende da solidariedade normativamente limitada.

Não se pode deixar de observar, a respeito da proposta de Honneth, que as mudanças na estrutura e as normativas somente podem ocorrer pela ação coletivamente organizada dos membros dos grupos ou das classes sociais. Assim, é apenas com o assentimento do coletivo, solidamente suposto, que o sujeito coletivo pode estabelecer uma relação de pertença que viabilize e legitime as transformações. Os sujeitos coletivos que lutam por mudanças nas regras precisam antes reconhecê-las como tais, bem como suas motivações, os interesses que expressam, os acordos e as articulações que as viabilizaram. Se a ação transformadora se efetiva é porque os sujeitos não se submetem, ainda que reconheçam as regras. A questão mal resolvida na abordagem de Honneth, ao colocar o conflito social como objeto de uma teoria crítica da sociedade e a luta pelo reconhecimento como sua gramática, insere uma diferença fundamental entre ser reconhecido pela conformação às regras e às normas definidas pela sociedade na interpretação dos interesses dominantes e ser reconhecido por admitir a existência das regras, mas lutar contra elas para transformá-las. Embora Honneth se empenhe na análise da emancipação da dominação apresentando um modelo de compreensão da realidade social, não apresenta uma análise capaz de estabelecer uma dialética entre reprodução e subversão, manutenção e transformação, garantia e eliminação, ampliação e liquidação.

Nancy Fraser chega ao tema do reconhecimento social justamente no debate com Honneth (Fraser; Honneth, 2003). Partindo também da discussão com Foucault e Habermas, Fraser critica a ambos: Foucault por sua rejeição a padrões normativos, ou seja, a regras que possam estabelecer direções ou encaminhamentos, o que impediria que sua crítica pudesse resultar em uma ação política emancipatória; Habermas, entre outras críticas, porque ocultaria as relações de dominação ao invés de revelá-las. Nesse debate, Fraser pretende resgatar o imaginário socialista, considerando que a justiça somente pode ser entendida em uma perspectiva dualista, articulando reconhecimento e redistribuição.

A luta pelo reconhecimento, na perspectiva de Fraser tornou-se rapidamente a forma paradigmática do conflito político do século XX.[2] As demandas pelo reconhecimento das diferenças fazem as lutas dos grupos sociais se mobilizarem sob as bandeiras da nacionalidade, eticidade, raça, gênero e opção sexual. Nesses "conflitos pós-socialistas",[3] a identidade de grupos sociais suplanta os interesses de classe como o principal meio de mobilização política. A dominação cultural suplanta a exploração como a injustiça fundamental e o reconhecimento cultural toma o lugar da redistribuição socioeconômica como medida de injustiça e objetivo de luta política. A luta pelo reconhecimento, no entanto, ocorre em um mundo de exacerbada desigualdade material, o que significa que o desafio de desenvolver uma teoria crítica da sociedade requer o entendimento de que a justiça deve contemplar a articulação entre redistribuição econômica, reconhecimento social e representação política. Para Fraser, portanto, uma política de reconhecimento que falhe no que diz respeito aos direitos humanos, por exemplo, é inaceitável mesmo que promova igualdade social. É exatamente nesse ponto em que se estabelece o confronto entre a concepção tridimensional e a concepção centrada no monismo moral que reside a principal controvérsia entre Fraser e Honneth (2003), respectivamente, que mais de perto interessa ao presente estudo.

De fato, para Honneth (Fraser; Honneth, 2003; Honneth, 2009) o reconhecimento é uma categoria moral fundamental, enquanto a redistribuição, em termos de ideal socialista, é apenas uma subvariante do reconhecimento. Para Fraser (Fraser; Honneth, 2003; Fraser, 1997), a redistribuição não pode se subordinar ao reconhecimento, pois ambas são categorias equivalentes, ou seja, uma não existe sem a outra. A perspectiva dualista de Fraser, portanto, é contraposta à concepção de monismo normativo de Honneth.

Os debates que se seguiram à análise de Fraser levaram-na a retomar o tema do reconhecimento em outros estudos (2002a; 2000), abandonando a primeira versão em que o reconhecimento é tratado de acordo com um modelo de identidade para abordá-lo como *status*, até porque Fraser introduzirá a questão da globalização em suas considerações (2004; 2002b). No modelo de *status*, as dimensões se relacionam com diferentes aspectos da ordem social, de forma que o reconhecimento se refere ao *status* da sociedade (grupos de *status*), enquanto a redistribuição refere-se à estrutura econômica (propriedade, mercado, trabalho, riqueza). Embora tenha introduzido a

---

[2] Este parágrafo é uma tradução livre de Fraser (2008, p. 11-13)
[3] Fraser (1997) chama de "pós-socialista" a ideologia (neo)liberal que proclama que o socialismo fracassou e que se vive hoje em "outro tipo de sociedade" (pós-socialista).

questão da representação no início dos debates (Fraser, 2004; 2002; Fraser; Honneth, 2003), é, contudo, em uma análise mais extensa que Fraser (2008) revisa as suas teorias de reconhecimento e redistribuição e introduz definitivamente esse terceiro elemento à sua reflexão da teoria crítica. A representação, para Fraser, corresponde à dimensão política.

Para ela, na perspectiva do pluralismo analítico, redistribuição, reconhecimento e representação são dimensões irredutíveis da justiça e não devem ser subordinadas à categoria do reconhecimento (2008, 1997).

Como observa Silva, ainda que as teorias de Fraser, Taylor e Honneth tenham se originado com a finalidade de "articular uma gramática comum para os conflitos sociais associados aos novos movimentos sociais", é Fraser quem lamenta "o abandono das reivindicações socialistas por igualdade social e sua substituição pela política de diferença", mudança esta que coincidiu "com o discurso da direita contra os direitos sociais" (2008, p. 118). Para Fraser (2000), o "modelo da identidade", que equipara identidade e reconhecimento, é problemático não apenas teórica como politicamente, na medida em que fortalece a reificação das identidades dos grupos, deslocando para um plano secundário a luta por redistribuição.

Estabelecendo agora a relação da categoria do reconhecimento social com a dimensão sociocultural, que contempla também o nível ideológico, pode-se seguir uma linha argumentativa diversa daquela proposta por Honneth (2009). A dimensão sociocultural relaciona-se com a superestrutura construída a partir das relações de produção no sentido da sua institucionalização, tendo como suporte um sistema de ideias capaz de conferir legitimidade às ações de um determinado sistema econômico. Isso acontece ao mesmo tempo no âmbito do Estado e de seus aparelhos como no das organizações em geral (Pagès et al., 1993), ou seja, de todo aparato normativo de uma sociedade. Assim, o nível político recobre o jurídico.

O nível do controle político-ideológico está diretamente relacionado com as relações de dominação, que, em última instância, visam legitimar e garantir a permanência e reprodução das relações de posse e poder. Em unidades organizacionais, esse processo é realizado mediante o despotismo, a hierarquia, a disciplina, a alienação, entre outros, elementos presentes, mesmo que implicitamente, nas teorias de gestão (Faria, 2004, v. II). Para Mészáros, ao fazer uso da noção de "trabalho livre contratual", o "capital é absolvido do peso da dominação forçada, já que a 'escravidão assalariada' é internalizada pelos sujeitos trabalhadores e não tem de ser imposta e constantemente reimposta externamente a eles sob a forma de dominação política, a não ser em situações de grave crise" (2002, p. 102).

O nível político relaciona-se com o campo jurídico, pois a divisão do processo de trabalho e a apropriação dos resultados têm implicações jurídicas no que se refere às instâncias normativas e legais das relações de produção. No nível político-ideológico, a estrutura da objetividade econômica precisa contar com uma estrutura de poder que lhe corresponda, já que demanda articulações entre ambas as estruturas, as quais determinam duplamente, pois enquanto os elementos no nível econômico remetem às relações de propriedade e de posse, os elementos do nível político-ideológico remetem às relações de dominação, as quais devem garantir a permanência e a institucionalização daquelas, daí porque se tratam de relações de poder (Faria, 2004, p. 98).

A ideologia opera no nível objetivo e subjetivo, consistindo no conjunto de teses explicitamente enunciadas e no conjunto de induções subjacentes (Enriquez, 1997). Desse modo, ela modela as representações conscientes que os atores sociais têm do sentido de sua ação, fazendo racionalizarem parte de seus desejos inconscientes. Chauí (1992; 1982, p. 78) argumenta que a ideologia "não é um processo subjetivo consciente, mas um fenômeno objetivo e subjetivo involuntário produzido pelas condições objetivas da existência social dos indivíduos". Ademais, a ideologia é responsável por constituir os indivíduos concretos em sujeitos (Althusser, 1980, p. 96), sujeitos esses de um imaginário social instituído.

Além de suas funções de interpretação e distorção da realidade e de integração e redução dos conflitos anteriormente expostas, a ideologia também motiva, visto que compromete. Ela mobiliza os sujeitos de tal forma que se empenhem em realizá-la por meio de sua ação. Da mesma forma, a ideologia é movida pelo desejo de demonstrar que o grupo que a professa tem razão de ser. Isso explica, em parte, o caráter reprodutor da ideologia que, interiorizada,

> produz consciências falantes, sujeitos que, encontrando no sentido recebido os meios de domínio simbólico, sentem sua vivência ideológica como a sua verdade; ela gera o acordo entre os sujeitos no terreno do simbólico, o acordo vivo entre as consciências que julgam conciliadas com a sua própria linguagem. (Ansart, 1978, p. 213)

A REPRESENTAÇÃO PARITÁRIA: DIMENSÃO JURÍDICO-POLÍTICA DA ANÁLISE

Como já abordado em outro estudo acerca da democratização da gestão (Faria, 2009), é necessário, de pronto, estabelecer algumas condições do que se entende por representação paritária. Tal representação necessita valorizar a participação coletiva dos membros dos grupos ou classes sociais no processo decisório, enfatizando a partilha das responsabilidades em todas as instâncias ou fases do processo. A representação paritária tem como pressuposto básico o estabelecimento de relações de igualdade na medida em que rompe o processo de alienação, expande e estimula a difusão do conhecimento, além de destruir a estrutura social verticalmente hierarquizada, de forma que todos se tornem conscientes de sua responsabilidade para com o sucesso ou insucesso da ação.

A supressão da estrutura hierárquica preconiza o desenvolvimento de habilidades criativas nos sujeitos, além de habilitá-los a tomar suas próprias decisões, eliminando estruturas piramidais impostas. Tal objetivo não implica a instalação do caos, como argumentam os adeptos da necessidade de uma organização social burocrática para a viabilização da vida em sociedade. Pelo contrário, diz respeito muito mais a uma rede de relações baseada no desejo de cada sujeito individual ou coletivo fazer da organização um produto da discussão, das decisões e do controle do conjunto de seus membros.

Supressão da hierarquia, colaboração/cooperação entre setores de produção econômica e social, participação direta e efetiva, democratização das decisões, defesa de interesses sociais comuns e compartilhados, autocontrole do processo de trabalho pelos produtores diretos, autogestão da organização coletivista de trabalho, colaboração no planejamento e na execução dos projetos sociais, partilha das responsabilidades em todas as instâncias, preservação e valorização do trabalho coletivo, todas essas questões, entre outras, caracterizam a representação paritária dos sujeitos nas esferas de decisão.

A participação paritária dos sujeitos nas decisões coletivas deve considerar o grau de controle que os sujeitos possuem sobre quaisquer decisões em particular, as questões sobre as quais essas decisões são tomadas e o nível político no qual as questões objetos de tais decisões são definidas. Nesse sentido, o acesso e o domínio das informações relevantes para que o processo de decisão paritária possa se efetivar é uma condição elementar para que a participação seja qualificada. Assim, é necessário não apenas disponibilizar o acesso à informação, mas que esta informação esteja disponibilizada de modo a conceder condições mínimas para que os sujeitos possam dela se apropriar (Vargas de Faria, 2003).

A participação paritária não deve desconsiderar a garantia de que uma democracia representativa, com dispositivos permanentes de controle, pode ser fundamental para a existência de uma autoadministração ou autogestão, e que a democracia participativa constitua um recurso para a introdução da democracia direta onde ela for viável, ou seja, na base de todo o processo.

Pode-se, dessa forma, desenvolver um sistema representativo de novo tipo, caracterizado pelo controle permanente dos representantes por parte dos representados e pela não-separação entre o lugar da legislação (lugar normativo), o lugar coletivo e público[4] da execução (lugar administrativo-operativo, composto por agências, aparelhos, departamentos, repartições, unidades funcionais, organizações produtivas e sociais etc.) e o lugar do julgamento dos conflitos (lugar judicial), criando um regime de assembleia.

A superação do estranhamento (alienação) é fundamental para a conquista de uma democracia participativa paritária que, embora não supere a representação, possa atuar com a finalidade de transformar os lugares administrativos-operativos, normativos e judiciais em instâncias efetivamente públicas e sociais, evitando que assuntos coletivos se convertam em corpos estranhos à sociedade e que esses corpos estranhos sejam os determinantes da vida em sociedade.

Conforme exposto anteriormente, Nancy Fraser (2008a) propõe uma teoria tridimensional da justiça, contemplando as dimensões do reconhecimento, da redistribuição e da representação.

> O significado mais geral de justiça é a paridade de participação. De acordo com essa interpretação democrática radical do princípio de igual valor moral, a justiça requer acordos sociais que permitam a todos participar como pares na vida social. Superar a injustiça significa desmantelar os obstáculos institucionalizados que impedem a alguns participar em igualdade com outros, como sócios com pleno direito na interação social. (p. 39)

Fraser argumenta que as pessoas podem ver-se impedidas de participar plenamente em razão de estruturas econômicas que lhes neguem os recursos necessários para interagir em condições de igualdade. Daí decorre uma injustiça distributiva ou uma má distribuição da riqueza. Nesse caso, o problema encontra-se na estrutura de classes da sociedade. As pessoas também podem ver-se impedidas de interagir em condições de paridade por hierarquias institucionalizadas, de valor cultural, que lhes negam a posição adequada. As pessoas sofrem de uma desigualdade de *status* ou um reconhecimento falido. Nessa situação, o problema é da ordem do *status* que corresponde à dimensão cultural.

---

[4] Público no sentido de Estado (enquanto forma organizada da sociedade), não de Governo (enquanto gestão do Estado).

Embora a estrutura de classes e a ordem de *status* não se reflitam mutuamente com nitidez na sociedade capitalista contemporânea, ambas interagem. De qualquer forma, Fraser assegura que nem a primeira (redistribuição) nem a segunda (reconhecimento) dimensão podem se reduzir a efeitos secundários, acessórios ou a epifenômenos uma da outra. (2008a, p. 40)

A terceira dimensão de justiça, para Fraser, é a política (p. 41). Fraser salienta, todavia, que distribuição e reconhecimento são também questões políticas, pois sofrem a rejeição e o peso do poder. Assim, o sentido de política que Fraser defende "remete à natureza da jurisdição do Estado e das regras de decisão com que se estrutura a confrontação". O político "fornece o cenário em que se desenvolvem as lutas pela distribuição e pelo reconhecimento". A dimensão política, portanto, indica quem está incluído ou excluído do círculo dos que têm direito à redistribuição e ao reconhecimento, como se levantam e se arbitram as reivindicações e o que está na agenda das decisões.

A dimensão política está centrada em questões de pertença e de procedimento, o que remete à discussão para o problema da representação e, portanto, das regras de decisão e das condutas que estruturam os processos públicos de confrontação. Se a paridade participativa nas decisões se constitui em uma justiça política, a mesma defronta-se com obstáculos que se encontram na constituição da sociedade. Nesse sentido é que Fraser distingue dois níveis de representação falida ou de injustiça política (2008a, p. 44-47). A primeira injustiça política é chamada por ela de "representação falida político-ordinária", que indica que as regras de decisão política negam injustamente a indivíduos que pertencem a uma comunidade a oportunidade de participar plenamente do processo sem distinção.

Fraser chama a segunda injustiça política de "desdemarcação", "desmoldagem" ou "desenquadramento",[5] que diz respeito ao aspecto político de delimitação (demarcação) de fronteiras. A injustiça ocorre quando as fronteiras se traçam de maneira que os sujeitos são injustamente excluídos em absoluto das possibilidades de participar nos confrontos de justiça que lhes competem. Trata-se da injusta delimitação da demarcação da referência política, do panorama social e politicamente criado.

---

[5] O termo "*misframing*", a princípio, poderia ser traduzido por mau enquadramento ou "desdemarcação", desmoldagem ou "desenquadramento". Desmoldar significa desfazer o molde ou desfazer o modo particular como as coisas são concebidas. Fraser considera que isso é a injusta delimitação da demarcação política. Para a compreensão da concepção de Fraser, portanto, parece ser mais adequado utilizar as expressões desdemarcação (não obstante seja um neologismo) ou demarcação, no sentido indicado.

A delimitação da demarcação, ao contrário de ter uma importância marginal, é uma das decisões políticas com muitas consequências, pois pode excluir aqueles que não pertencem à comunidade ou grupo social do universo dos que têm direito de serem considerados integrantes desses coletivos, ou seja, a delimitação da demarcação define os politicamente incluídos e excluídos. Fraser (2008a, p. 51) chama a atenção para o fato de que uma política de representação deve ir além da tomada de posição contra as duas formas de injustiça: deve também aspirar "democratizar o processo de estabelecimento da demarcação", da "fixação de fronteiras". Uma política de representação, para se considerar paritária, deve definir quem são os sujeitos da justiça e qual a demarcação apropriada para manifestar explicitamente a divisão oficial do espaço político de forma a impedir que os desfavorecidos sejam obstruídos no enfrentamento das forças que os oprimem em suas reivindicações.

Por fim, Fraser (2008a, p. 124-129) indica que existem três princípios disponíveis para a avaliação das demarcações políticas, no que se refere a quem deve ser incluído na representação paritária:

1. Princípio da condição de membro: propõe resolver as discussões sobre quem apela para critérios de pertencimento político (cidadania, nacionalidade compartilhada, projetos comuns). Ao definir a delimitação da demarcação com base no pertencimento político, esse princípio tem a vantagem de fundar-se em uma realidade institucional, a qual é também sua debilidade, pois facilita a ratificação da xenofobia excludente dos privilegiados e poderosos.

2. Princípio do humanismo: propõe resolver disputas relativas a quem apela a critérios que remetem ao ser humano, enquanto sujeitos que possuem em comum as características distintivas da humanidade (autonomia, racionalidade, linguagem, capacidade de aprender, sensibilidade, condições de distinção da boa e má moral). Ao delimitar a fixação das demarcações a partir do conceito de ser humano, esse princípio é um freio crítico aos nacionalismos excludentes, mas sua elevada abstração é também uma debilidade, pois desconsidera as relações sociais e históricas e concede de forma indiscriminada posição social a todos a respeito de tudo.

3. Princípio de todos os afetados: propõe resolver as disputas sobre quem apela às relações sociais de interdependência, de forma que os sujeitos se submetam à justiça em razão das coimbricações em uma rede de relações causais. Esse princípio tem o mérito de elaborar uma verificação crítica sobre a qualidade dos membros das coletividades tendo em vista as re-

lações sociais. Ao conceber as relações de modo objetivo em termos de causalidade, entrega a definição de sujeito à ciência social dominante. Além disso, esse princípio é vítima do "efeito borboleta" em que tudo e todos são afetados por tudo e por todos, tornando-se incapaz de identificar as relações sociais moralmente relevantes.

Para superar os problemas desses três princípios, Fraser propõe o que chama de princípio de todos os sujeitos.

De acordo com esse princípio, todos aqueles que estão sujeitos a uma determinada estrutura de governança [gestão] estão em posição moral de serem sujeitos de justiça com relação a tal estrutura. Nessa perspectiva, o que converte o conjunto de concidadãos em sujeitos de justiça não é a cidadania compartilhada, tampouco a posse comum de uma personalidade abstrata, nem o próprio fato da interdependência causal, mas sim a sua sujeição conjunta a uma estrutura de governança, que estabelece as regras básicas que regem a sua interação. Para qualquer estrutura de governança desse tipo, o "princípio de todas as disciplinas" corresponde ao alcance de âmbito moral com o da sujeição a essa estrutura. (2008a, p. 126-127)

O princípio proposto por Fraser oferece uma norma crítica para julgar as (in)justiças das demarcações. Dessa maneira, uma questão está justamente demarcada se e somente se todos e cada um dos submetidos à(s) estrutura(s) de governança que regula(m) as áreas relevantes de interação social recebem igual consideração. Não é necessário que os sujeitos sejam membros formalmente credenciados da referida estrutura, mas que estejam sujeitos a ela. Dada a complexidade da organização social contemporânea, é necessário distinguir os muitos sujeitos de acordo com distintas finalidades e objetivos, indicando quando e onde aplicar uma demarcação ou outra e, portanto, quem tem direito de participar paritariamente com quem em determinadas situações, ocasiões ou em determinados casos.

PLANEJAMENTO URBANO, RECONHECIMENTO SOCIAL, REDISTRIBUIÇÃO MATERIAL E REPRESENTAÇÃO PARITÁRIA

A análise da gestão social não pode ser realizada de forma disciplinar, na medida em que demanda um conjunto de conhecimentos oriundos de diversas disciplinas ao mesmo tempo. Também não pode ser apenas multidisciplinar, pois demanda forte interação entre conhecimentos e métodos a partir da natureza do fenômeno, o que caracteriza uma análise interdisciplinar. Desse modo, no sentido da temática abordada aqui, pode-se iniciar pela questão fundamental do processo de gestão social: quais as aspirações do sujeito coletivo no campo da sua inserção na vida em sociedade?

De acordo com os argumentos desenvolvidos até aqui, os sujeitos coletivos aspiram ser socialmente reconhecidos, politicamente representados, economicamente recompensados e emocionalmente realizados. O Quadro 1 ilustra esquematicamente esse fenômeno interdisciplinar.

Quadro 1 – Aspirações do sujeito coletivo do trabalho na vida em sociedade.

O que o sujeito coletivo do trabalho aspira ser	Categorias de análise correspondentes	Elementos constitutivos das categorias de análise
Socialmente reconhecido	Reconhecimento social	• Objetivação normativa • Inserção nos espaços coletivos de poder (relação de pertença) • Definição de um projeto social comum
Economicamente recompensado	Redistribuição da riqueza material	• Distribuição igualitária da riqueza • Acesso aos bens públicos e à infraestrutura urbana e social • Retribuição justa pelo trabalho realizado • Acesso aos resultados da produção social
Politicamente representado	Representação política paritária	• Acesso às esferas públicas de decisão • Práticas políticas coletivas • Inserção na gramática do conceito de justiça

Estudos realizados no campo empírico das formas alternativas de gestão (Faria, 2009) indicaram que existem experiências diferenciadas de enfrentamento e de resistência aos modelos de gestão burocráticos (heterogestão), especialmente quando se trata de participação popular na elaboração, definição, implantação, acompanhamento e avaliação de políticas públicas urbanas. O espaço urbano é, do ponto de vista da gestão social, visível ao exercício da cidadania. Tais estudos permitem afirmar que não há democratização efetiva da gestão sem o envolvimento pleno dos sujeitos no processo social, direta ou indiretamente, ou seja, não há uma gestão efetivamente social sem a participação coletiva nos processos de decisão. Como afirmam Fernandes e Sampaio:

Trata-se de um conhecimento que os atores constroem a partir da percepção particular de sua realidade, trazendo à tona aspectos e peculiaridades muitas vezes não acessíveis aos pesquisadores externos. Ao mesmo tempo, a partir da valorização desses atores e do resgate da sua identidade constrói-se um novo tipo de cidadania baseada na participação engajada (2006, p. 18).

O problema que se pode colocar aqui é como desenvolver uma gestão democrática ou participativa em uma sociedade complexa. Como bem descrevem Giaretta et al. (2012), em uma sociedade complexa, em especial no contexto urbano, as condicionantes da participação são inúmeras e em muitos casos indefinidas, dificultando a efetividade de processos participativos.

Nem todas as formas de gestão participativa são democráticas, mesmo entre muitas daquelas que se autodenominam "autogeridas" (Faria, 2009). O problema colocado para o presente estudo é, portanto, organizar a compreensão do campo empírico da participação social na gestão pública a partir das categorias de análise em sua tridimensionalidade. Considera-se que as dimensões aqui propostas são abstrações do real condensadas em categorias analíticas, ou seja, é um recurso de análise inspirado na realidade enquanto síntese de múltiplas contradições. Assim, as considerações empreendidas adiante pretendem orientar e organizar a apreensão da realidade estudada como realidade pensada.

Algumas relações sociais que têm como propósito buscar contrapor-se à forma de organização comandada por um modelo heterogerido têm sido uma alternativa a esse modelo, mas atuam nos limites impostos por ele, como a experiência do Orçamento Participativo (Alves, 1980; Genro; Souza, 2001; Pires, 2001; Sánchez, 2002). A construção de relações sociais emancipatórias nessas condições não pode pretender ser a expressão dominante de uma mudança social qualitativa, mas uma construção contraditória de mudanças quantitativas que, como tal, necessita se desenvolver e ampliar para romper historicamente as estruturas dentro das quais se expande. Por seu turno, a gestão pública social, por meio de práticas ditas participativas, de programas de governança social e de projetos de sustentabilidade socioambiental, procura apresentar-se como uma "nova economia" ou como "economia criativa".

Pelo menos três pontos distinguem a gestão social da gestão burocrática formal dita participativa e colaborativa da "nova economia":

1. A "outra economia". O surgimento de iniciativas de caráter participativo não constitui por si só outra economia. Uma economia de novo tipo precisaria estabelecer novos parâmetros de forma a constituir um novo

modo de vida social que resolva a questão do reconhecimento social dos cidadãos como grupos emancipados, que distribua a riqueza material de forma justa e igualitária (não se trata de distribuição de renda individual, mas de distribuição da riqueza na forma de investimentos públicos de caráter social), que os sujeitos sociais se realizem plenamente do ponto de vista emocional.

2. A gestão social da vida coletiva. A utilização dos conceitos de gestão pública participativa, associações de equipes colaborativas, grupos comunitários de trabalho, gestão pública interativa, entre outros, desconsideram as formas de gestão social da vida em sociedade. As regras de gestão das políticas públicas que se apoiam na participação, no envolvimento e no comprometimento dos sujeitos sociais não significam que haja respeito à realização emocional desses sujeitos, não significam a existência de uma gestão pública pelo menos democrática, tampouco significam que haja o reconhecimento da inserção social tanto na produção como na distribuição da riqueza material.

3. A solidariedade. O fato de os sujeitos sociais viverem em uma comunidade que se constitui com base na cooperação social não significa que eles serão automaticamente capazes de desenvolver e manter laços de solidariedade uns com os outros. É necessário que haja um vínculo entre os sujeitos, um projeto social comum. À medida que um conjunto de pessoas se une por algo em que acredita de forma plena e tem o profundo desejo de sua concretização, estão criadas as condições de elaboração e concretização de um projeto social comum.

Desse modo, é necessário sempre muito cuidado com os atrativos oferecidos pelas políticas públicas denominadas participativas, que prometem finalmente a consideração com os sujeitos sociais como merecedores de respeito e de justiça efetiva, mas oferecem restrições no acesso ao planejamento urbano, exclusão dos divergentes, injúrias e discriminação.

Três questões emergem sobre as denominadas gestões sociais participativas:

1. Há o reconhecimento social de seus participantes como grupos autônomos?

2. Há uma forma igualitária de distribuição da riqueza material decorrente das intervenções políticas?

3. Há acesso isonômico aos processos decisórios que se referem à discussão, definição, formulação, implantação, acompanhamento e avaliação de políticas públicas urbanas?

CRITÉRIOS DE JUSTIÇA EM PLANEJAMENTO URBANO DEMOCRÁTICO E SOCIAL: CONSIDERAÇÕES FINAIS

Tendo em vista as questões levantadas ao longo dessas reflexões sobre os critérios de justiça, já se pode esboçar uma definição do que pode ser um Planejamento Urbano Democrático e Social.

Planejamento Urbano Democrático e Social é a prática política da razão coletiva de uma comunidade organicamente constituída, que concebe e executa, fundamentando e legitimando o ordenamento de seu fazer. Nesse sentido, refere-se a um processo que envolve todas as instâncias da Gestão Pública Urbana, mobilizando-a em todos os níveis, das políticas macrossociais às atividades operacionais e a partir da plena integração entre setores, áreas e grupos de trabalho, visando a atingir objetivos que promovam o desenvolvimento social sustentável. Ao mesmo tempo, exige a participação efetiva da sociedade organizada, pois se trata fundamentalmente de um processo e, como tal, uma atividade dinâmica que, a partir de diagnóstico apropriado e da explicitação de princípios, busca definir objetivos e/ou resultados a serem alcançados, bem como encaminhar a operacionalização das metas e atividades a serem desenvolvidas, os recursos a serem empregados, os prazos a serem observados e os sistemas de avaliação que permitirão atingi-los e/ou atualizá-los nas condições propostas. O Planejamento Urbano Democrático e Social atua não apenas do ponto de vista da Gestão Pública, mas das políticas públicas.

Desse modo, entende-se por política pública urbana democrática aquela que se encontra sob o comando dos sujeitos sociais (cidadãos), os quais têm responsabilidades ou interesses recíprocos no processo de produção da vida em sociedade e se solidarizam a partir de um vínculo social comum, tendo em vista a obtenção de uma condição de emancipação com base no reconhecimento social de si pelos outros, pela redistribuição igualitária da riqueza material produzida coletivamente e pela participação paritária nas diversas instâncias de decisão.

A solidariedade e os vínculos sociais comuns não significam a produção de consensos, mas referem-se à capacidade de estabelecer um projeto coletivo que respeite as diferenças e contradições como constitutivas de uma vida social. A política pública urbana, nessa dimensão, deve se estruturar sob uma base que valorize a participação coletiva de seus membros no processo decisório, enfatize o controle pelos membros do processo de produção de políticas públicas, a colaboração e a solidariedade quanto aos seus projetos e resultados, e estabeleça como princípio a partilha das responsabilidades em todas as instâncias ou fases do processo.

Dessa forma, não se constituem políticas públicas urbanas democráticas aquelas que adotam ou apresentam:

- Dilema entre o que se chama de falta de interesse e o que se chama de inacessibilidade às informações.
- Concentração de poder de decisão em estrutura formal.
- Ausência de integração entre definição, implantação, acompanhamento e avaliação.
- Forma burocrática de organização social.
- Controle hierárquico a serviço da gestão pública.
- Incompatibilidade entre comprometimento com o projeto social comum e autonomia dos sujeitos do grupo social.
- Determinação externa de procedimentos segundo a lógica do sistema político dominante, em vez de uma construção coletiva.

É condição primordial para o estabelecimento de um Planejamento Urbano Democrático e Social e de suas correspondentes políticas públicas urbanas democráticas que haja um permanente questionamento acerca da forma pela qual são organizadas as relações de poder, de maneira a se garantir a justiça nos processos de reconhecimento social dos grupos autônomos e emancipados; a distribuição igualitária da riqueza coletivamente produzida; e a participação paritária nos processos de decisão. Compreender as situações objetivas e subjetivas pelas quais os sujeitos coletivos produzem suas condições de vida em sociedade revela muito acerca das probabilidades de consolidação de um Planejamento Urbano Democrático e Social voltado à Gestão Pública (administração da cidade) e às políticas públicas urbanas democráticas.

REFERÊNCIAS

ALTHUSSER, L. *Ideologia e aparelhos ideológicos de estado*. Porto: Presença, 1980.

ALVES, M.M. *A força do povo*: democracia participativa em Lajes. São Paulo: Brasiliense, 1980.

ANSART, P. *Ideologias, conflitos e poder*. Rio de janeiro: Zahar, 1978.

CHAUÍ, M. *O que é ideologia*. São Paulo: Brasiliense, 1982.

CHAUÍ, M. Público, privado e despotismo. In: NOVAES, A. (org.). *Ética*. São Paulo: companhia da Letras, 1992.

ENRIQUEZ, E. *Organização em análise*. Petrópolis: Vozes, 1997.

FARIA, J.H. de. *Economia política do poder*. 3 v. Curitiba: Juruá, 2004.

_____. *Gestão participativa*: relações de poder e de trabalho nas unidades produtivas. São Paulo: Atlas, 2009.

FERNANDES, V. et al. Metodologia de avaliação estratégica de processo de gestão ambiental municipal. *Saúde e Sociedade* (USP Impresso), 2012, v. 21, p. 128-143.

FERNANDES, V.; SAMPAIO, C.A.C. Formulating local knowledge-based development strategies. *RAE Eletrônica* (Online), 2006, v. 5, p. 1.

FRASER, N. A justiça social na globalização: redistribuição, reconhecimento e participação. *Revista Crítica de Ciências Sociais*, (63):7-20, out. 2002b.

_____. *Adding insult to injury.* Londres: Verso, 2008b.

_____. *Escalas de justicia.* Barcelona: Herder, 2008a.

_____. *Justice interruptus: critical reflections on the "post socialist" condition.* Nova York: Routledge, 1997.

_____. Recognition, redistribution and representation in capitalist global society: an interview. *Acta Sociologica*, 2004, v. 47, n. 4, p. 274-382.

_____. Redistribuição ou reconhecimento? Classe e status na sociedade contemporânea. *Interseções*, 2002a, v. 4, n. 1, p. 7-32.

_____. Rethinking recognition. *New Left Review*, 2000, n. 3, p. 107-120.

FRASER, N.; HONNETH, A. *Redistribution or recognition?* A political-philosophical exchange. Londres: Verso, 2003.

GIARETTA, J. B. Z.; FERNANDES, V.; PHILIPPI JR., A. Desafios e condicionantes da participação social na gestão ambiental municipal no Brasil. *Organizações & Sociedade* (Online), 2012, v. 19, p. 527-550.

GENRO, T.; SOUZA, U. de. *Orçamento participativo:* a experiência de Porto Alegre. São Paulo: Perseu Abramo, 2001.

HEGEL, G.F. *Fenomenologia do espírito.* Petrópolis: Vozes, 2008.

HONNETH, A. *Disrespect: the normative foundations of critical theory.* Malden: Polity Press, 2008a.

_____. *Luta por reconhecimento: a gramática social dos conflitos sociais.* São Paulo: 34, 2009.

_____. *Reificación: un studio en la teoria del reconocimiento.* Buenos Aires: Katz, 2007b.

_____. *Sofrimento de indeterminação.* São Paulo: Singular/Esfera Pública, 2007a.

_____. *The critique of power:* reflective stages in a critical social theory. Cambridge: MIT Press, 1991.

_____. A. Trabalho e reconhecimento: tentativa de uma redefinição. *Civitas*, 2008b, v. 1, n. 8, p. 46-67.

KOJEVE, A. *Introdução à leitura de Hegel.* Rio de Janeiro: Contraponto/EDUERJ, 2002.

LACAN, J. Le Stade du miroir comme formateur de la fonction du JE. In: *Écrits.* Paris: Seuil, 1966.

MÉSZÁROS, I. *Para além do capital.* São Paulo: Boitempo, 2002.

NOVAES, A. (Org.) *Ética.* São Paulo: Companhia das Letras, 1992.

PAGÈS, M. et al. *O poder das organizações:* a dominação das multinacionais sobre os indivíduos. São Paulo: Atlas, 1993.

PAKLONE, I. Conceptualization of visual representation in urban planning. *Limes*, 2011, v. 4, n. 2, p. 150-161.

PIRES, V. *Orçamento participativo:* o que é, para que serve, como se faz. São Paulo: Manole, 2001. Publicação original: Presença, 1980.

ROLNIK, R. É possível política urbana contra a exclusão? In: *Serviço Social e Sociedade*, 2002, v. 72, p. 53-61.

SÁNCHEZ, F.R. *Orçamento participativo:* teoria e prática. São Paulo: Cortez, 2002.

SILVA, J.P. da. *Trabalho, cidadania e reconhecimento.* São Paulo: Annablume, 2008.

TAYLOR, C. *Argumentos filosóficos.* São Paulo: Loyola, 2000.

_____. *As fontes do self:* a construção da identidade moderna. 2.ed. São Paulo: Loyola, 2005.

VARGAS DE FARIA, J.R. Organizações coletivistas de trabalho: autogestão nas unidades produtivas. Dissertação de Mestrado. Curitiba: UFPR/PPGADM, 2003.

YOUNG, I.M. *Justice and the politics of difference.* Princeton (EUA): Princeton, 1990.

3 | Nexos de sustentabilidade urbana e perspectivas ampliadas de políticas públicas

Leandro Luiz Giatti
Biólogo, USP

Alberto Matenhauer Urbinatti
Sociólogo, USP

Ana Maria Bedran Martins
Advogada, USP

INTRODUÇÃO

O avanço de um pensamento crítico para o reconhecimento da complexidade dos problemas socioambientais contemporâneos, entre inúmeros desafios, aponta para a necessidade de se compreender e interagir com os recursos ecossistêmicos, de modo a considerar as dinâmicas interdependentes associadas às cadeias de produção e oferta de recursos essenciais à inclusão social e melhoria da qualidade de vida da população global. Nesse contexto, os recursos hídricos, por exemplo, não podem continuar a ser compreendidos e geridos de forma setorial pois, de modo imperativo, devem ser considerados dentro de lógicas não apenas multiescalares, como devem ser associados a contingências sobre outras cadeias de provimentos essenciais aos humanos. Esse olhar para a perspectiva de formas intrínsecas de escassez encontra uma proposta analítica e de intervenção correspondente quanto ao nexo *água*, *energia* e *alimentos*, uma racionalidade emergente e uma perspectiva pragmática para o enfrentamento dos atuais dilemas da sustentabilidade global.

De fato, essa proposta surge de preocupações objetivas quanto à forma como a água se coloca no centro de dinâmicas cadeias de inter-relações, envolvendo também energia e alimentos, relação analítica que tem como circunstância seminal uma série de encontros ocorridos no âmbito do Fórum Econômico Mundial desde o ano de 2008 (WEF, 2011). Mas para a concepção deste capítulo, não basta apenas buscar o desenvolvimento de uma racionalidade do nexo sem que haja a devida consideração de que seus componentes correlacionados, ou seja, água, energia e alimentos são recursos essenciais ao desenvolvimento humano e à mitigação das profundas iniquidades e injustiças socioambientais (Hoff, 2011).

Com isso, torna-se relevante uma constante reflexão quanto ao provimento conjunto de água, energia e alimentos, ao passo que as respectivas cadeias de produção acumulam significativas compensações (*trade-offs*), que caracterizam, por exemplo, a necessidade de busca de otimização conjunta de cadeias, sinergias e, em primeira análise, o avanço para conceitos de eficiência que não podem mais ser tratados de forma setorial.

Para ilustrar as interdependências nesse sentido, devemos considerar que para se gerar energia, há elevada demanda por água, seja na forma de uso consultivo ou não consultivo, havendo muitas vezes processos que resultam na poluição dos recursos hídricos. Na produção de alimentos, é sempre marcante a demanda por água e energia, ambas em várias etapas da cadeia, como no cultivo, na higienização, no transporte, no processamento e até mesmo na comercialização. Da mesma forma, a coleta e o abastecimento público de água acarretam elevado consumo de energia. Com esses breves exemplos, têm-se a constante relação ou mesmo a competição entre a oferta dos recursos dentro de contextos marcados pela escassez, colocando-se dessa forma a água como uma questão central. De fato, algo relevante a se considerar é que as cadeias de produção e provimento dos recursos água, energia e alimentos são em regra setoriais, ou seja, tradicionalmente compartimentadas e geridas sem a devida atenção aos contingenciamentos intersetoriais (Hoff, 2011). Esses pontos de intersecção e respectivas compensações são, portanto, elementos cruciais ao desenvolvimento e aplicação de uma racionalidade do nexo (Giatti et al., 2016).

Entretanto, algo muito importante a se considerar é que essa racionalidade não deve ser encarada meramente como uma questão de busca de sofisticação técnica, apenas por uma reengenharia das cadeias. Realmente, para que a proposta do nexo não se finde apenas como um modismo, há de se considerar a necessidade de se deslocar o discurso do nexo de um ponto de vista factual para uma questão de participação e corresponsabilização de atores sociais. Com isso, a abordagem do nexo água, energia e alimentos deve adquirir um essencial aporte a partir das ciências sociais, possibilitando novas racionalidades e abordagens interdisciplinares e intersetoriais. Desse modo, emerge um novo desafio ao demandar o diálogo entre os distintos contextos de governança, que implicam tanto as limitações, enquanto recursos, como a questão das injustiças e a necessidade de se envolver múltiplos atores sociais e partes interessadas com a escassez (Cairns; Krzywoszynska, 2016).

Neste capítulo, ao abordarmos o nexo água, energia e alimentos aplicado a contextos urbanos, considera-se as políticas públicas enquanto ações governamentais com a perspectiva de atuar sobre questões e contingências da sociedade, reconhecidamente relevantes e caracterizadas como agenda e especialmente (Agum et al., 2015; Souza, 2006) capazes de interagir de forma intersetorial e multinível (Stoker, 1998; Hooghe; Marks, 2003; Rhodes, 2006; Papadopoulos, 2008; Corfee-Morlot et al., 2009; Newig; Fritsch, 2009), sendo essas duas últimas características essenciais para possibilitar ganhos sistêmicos ou sinergias quanto ao nexo. Assim, o objetivo deste texto é, por meio de uma abordagem crítica e conceitual, explorar o conceito inovador do nexo água, energia e alimentos aplicado à gestão urbana, tendo como questão pragmática o potencial intersetorial de determinadas políticas públicas.

MEGACIDADES EM CONTEXTOS METROPOLITANOS: DESAFIOS E OPORTUNIDADES

Historicamente, as cidades enfrentaram inúmeros problemas com seus serviços sanitários, que culminaram no aumento das taxas de mortalidade associadas aos ambientes urbanos. Algum tempo foi preciso para que decisões nesses ambientes fossem tomadas a fim de dar conta da intensa migração da população do meio rural para o urbano. Somente no século XX é que as cidades, principalmente as de países com maior desenvolvimento econômico, melhoraram qualitativamente serviços e facilidades oferecidas aos habitantes (Caldwell; McMichael, 2002). No entanto, a partir dos anos de 1950, com a intensificação da urbanização e com o processo de globalização, novos paradigmas surgiram para as cidades e os desafios foram ampliados.

Nota-se que o crescimento populacional acelerado contribuiu para profundas transformações na forma, na estrutura e na organização das cidades, que passaram a seguir tendências cada vez mais globais, proliferando espaços metropolitanos a partir da expansão espacial e descentralizada (Leichenko; Solecki, 2006). É a partir desse crescimento de cidades centrais além de seus limites originais, transformando-se em sistemas complexos e interdependentes de questões sociais, econômicas, ambientais e políticas, que ocorre o processo de metropolização (Klink, 2008).

No caso brasileiro, tendo em vista o crescimento das cidades, os governos militares da década de 1970 inauguraram nove regiões metropolitanas, na busca por uma espécie de centralização autoritária que, anos mais tarde, a Constituição Federal de 1988 (CF/88) combateria, ao atribuir grande autonomia às cidades (Maricato, 2011). Na década de 2000, o enfoque nas cidades teve ainda mais destaque com a aprovação do Estatuto da Cidade, em 2001, e com a criação do Ministério das Cidades em 2003. No entanto, existem inúmeras dificuldades históricas dos governos de cidades metropolitanas em avançar para uma governança integrada de fato, o que motivou Erminia Maricato a cunhar o termo *metrópoles desgovernadas.*

Somente depois de anos de debates, em janeiro de 2015 foi aprovado o Estatuto da Metrópole pelo Governo Federal brasileiro (Brasil, 2015). Nele ficou estabelecido que as regiões metropolitanas terão até 2018 para estruturar planos integrados de governança para os próximos anos. Até o presente momento, os estudos sobre regiões metropolitanas no Brasil se depararam com diversos desafios de compreensão das continuidades e descontinuidades no processo de governança, o que pode ser minimizado com diretrizes mais claras para o futuro. Em meio a cenários incertos, surge a premissa de que a criação de alternativas intersetoriais mais eficientes para o futuro desses grandes aglomerados urbanos é de extrema urgência para que as populações vivam com alguma margem de segurança (Urbinatti, 2016).

Em muitas das regiões metropolitanas, é comum que a cidade central seja uma megacidade. Segundo a definição da Organização das Nações Unidas (ONU), são consideradas megacidades aquelas com população acima de 10 milhões de habitantes. Atualmente, são mais de vinte ao redor do planeta. De forma evidente, o estilo de vida consolidado nesses centros é um fator alarmante, que pode explicar em grande medida a aceleração das mudanças climáticas. As megacidades estão em posição de destaque pelo fato de abrigarem uma intensa concentração de pessoas e consequentemente aumentarem com força a geração de gases do efeito estufa (GEE). Assim, apresentam diversas vulnerabilidades em relação à mudança do clima num futuro próximo, enfrentando problemas ambientais como escassez de energia, de água e de alimentos. Além disso, a vulnerabilidade ambiental será ainda mais acentuada nas megacidades dos países considerados emergentes, visto que experimentaram um crescimento desordenado, que criou cinturões de pobreza com qualidade precária em serviços ambientais (Saldiva; Coelho, 2014).

Nesse contexto, parte-se da premissa de que tanto as regiões metropolitanas como as megacidades podem ser enquadradas em processos passíveis de comparação, como a consideração de que devem enfrentar pelo menos dois desafios comuns: o da degradação ambiental e o do aumento da tensão urbana provocado pela crescente desigualdade entre seus moradores (Ferreira, 2004). Ambos os desafios acentuam ainda mais as vulnerabilidades socioambientais e dificultam a criação de resiliência, bem como a diminuição das iniquidades.

Como mostrou Jennifer Robinson (2002; 2006), termos como *megacidades, cidades globais, cidades do terceiro mundo*, entre outros, que demarcam certas espacialidades ou potenciais econômicos, poderiam ser substituídos por *ordinary cities* ou, em tradução livre, *cidades comuns*. Apesar de reafirmar o uso da terminologia *megacidade* neste capítulo, a proposição dessa autora parece valiosa pelo fato de possibilitar a referência global de cidades que evidencia desafios comuns, mas marcados por suas próprias complexidades, diversidades, vulnerabilidades e capacidades de resiliência. Isso quer dizer que as megacidades, quando encaradas como cidades comuns, estariam situadas no bojo de diferentes escalas, ao mesmo tempo lidando com questões globais, nacionais e locais.

Alguns argumentos de Ulrich Beck podem ser associados a esse debate. Ao estudar fenômenos cosmopolitas como os riscos, o autor propõe uma espécie de ajuste no conceito de globalização. O primeiro argumento de Beck é o de que a globalização não trata somente do que é global, mas também das localidades. Assim, o segundo argumento identifica que deveria ser considerada uma espécie de "global internalizado" nos níveis de menor escala. Nesse sentido, não haveria necessidade de pesquisar o global no seu todo, mas sim de organizar uma nova proposição de empirismo historicamente sensível sobre as consequências ambivalentes da globalização em redes transnacionais de investigação e multilocais (Beck, 2002). Portanto, sob essa ótica, eleger como objeto de estudo o nexo urbano em uma megacidade em qualquer parte do globo terrestre significa o desafio de lidar com problemas de alta complexidade que possibilitam o conhecimento de como as questões globais se manifestam em níveis locais e vice-versa.

Especificamente nos estudos sobre o nexo entre água, energia e alimentos, essa relação de escalas se torna tanto evidente como complexa, na medida em que dificilmente sabemos a origem exata de cada serviço que abastece o nível local, pois, na maioria das vezes, estamos tratando de cadeias globais. Ao mesmo tempo, a governabilidade do nexo urbano está relacionada com as características locais de cada região do planeta. E dessa forma cabe principalmente aos atores locais a garantia da sustentabilidade urbana necessária para a qualidade de vida das populações em um contexto de mudança no clima.

Por fim, a partir de uma autorreflexão fundamentada no local é possível contextualizar percepções de problemas que transcendem escalas e conectam as pessoas às causas globais, como os riscos inerentes à modernidade (Beck,

1997). Assim, as megacidades, lócus contemporâneo e polarizador de dinâmicas econômicas e sociais, emergem como recorte territorial de grande relevância nesse processo reflexivo, mesmo porque é a partir delas que amplas redes e conexões convergem globalmente. Afinal, as cidades por si, são categoricamente insustentáveis, demandando constantemente aportes de insumos, energia, tecnologias e competências, também gerando amplas externalidades e dinamizando suas áreas de influência para muito além de seus limites territoriais próximos (Martinez-Allier, 2007; Ravetz, 2000).

GOVERNANÇA MULTINÍVEL DO NEXO

Com a intensificação das intervenções antrópicas no nosso planeta nos últimos séculos, as relações socioespaciais se tornaram tão complexas quanto os riscos produzidos nesse processo. Grande parte desses riscos não se caracteriza mais na forma de eventos localizados, mas sim como fenômenos globais, com destaque para o protagonismo dos problemas ambientais nas décadas mais recentes (Beck, 1992; Hogan; Marandola Jr., 2007). Assim, a garantia de serviços fundamentais para a vida terrestre como água, energia e alimentos passa a ser enquadrada como risco futuro – ou nem tanto –, caracterizada pela interdependência de escalas e dos próprios componentes do que vem sendo chamado de nexo urbano ou nexo de água, energia e alimentos.

Por se tratar de uma incerteza em longo prazo, tem-se discutido mais recentemente maneiras inteligentes de considerar a interdependência desses serviços no processo de governança, pois um processo de gestão integrada em ambientes urbanos é indispensável para a economia e tem motivado reformas que buscam maior eficiência e sustentabilidade nas decisões (Hussey; Pittock, 2012). Entre essas reformas, pode-se considerar a transição gradual para inovações tecnológicas, reciclagem e saneamento adequados, redução do desperdício, entre outros (Hoff, 2011). Essas transições têm o potencial de inaugurar condições mais facilitadas para uma governança urbana resiliente frente aos riscos e impactos climáticos, podendo reduzir as emissões de GEE e também as vulnerabilidades de sistemas sociais e ecológicos nas cidades (Martins; Ferreira, 2011). Portanto, isso quer dizer que a consideração de um nexo urbano no processo de governança pode ser uma importante maneira de lidar com os desafios climáticos globais.

O termo governança é polissêmico e não se pretende aqui uma revisão sistemática e demorada do conceito. De maneira geral, os aspectos principais que diferem governança e governança multinível de "governo" estão relacionados com a inserção de atores não governamentais como, por exemplo, os setores privados, as ONG, entre outros, no processo de formulação e implementação de políticas públicas. Além disso, são consideradas as interfaces entre os níveis transnacional, nacional, regional e local como elementos desafiadores à sustentabilidade, impondo conexões e interdependências transescalares ou multinível (Stoker, 1998; Hooghe; Marks, 2003; Rhodes, 2006; Papadopoulos, 2008; Corfee-Morlot et al., 2009; Newig; Fritsch, 2009). Em enfoques para níveis locais de pesquisa e análise de políticas do urbano, Marques (2013; 2016) aponta que o uso do termo governança pode se tornar um pouco generalizado e, portanto, teria mais sentido a consideração de *padrões de governança*. Outro termo bastante disseminado nesse contexto é o de *governabilidade* que, segundo Lefèvre (2008), pode ser pensado como a capacidade de manter as disfunções sobre controle na condução de direções desejadas e, mais do que isso, pode ser o estado de um território no qual podem ser produzidas políticas públicas e ações coletivas visando à resolução de problemas e o desenvolvimento do território. Em última instância, a questão que permeia a ideia de governança, independentemente do conceito ou nome atribuído a ela, parece ser a de quem governa o quê e de que modo o faz (Le Galés, 2011). Evidentemente, não são perguntas de fácil resolução, pois dependem de uma série de investigações sobre as relações dos diversos atores nos arranjos definidores de políticas públicas.

Considera-se aqui a concepção de governança como uma possibilidade de distintos atores sociais, inclusive aqueles em situação de exclusão e vulnerabilidade socioambiental, terem representação em processos decisórios, inaugurando relações de corresponsabilização entre esferas governamentais e da sociedade civil frente aos recursos, sempre na busca por situações de aprendizagem social capazes de incorporar outras práticas de interesse e novos potenciais de gestão e eficiência (Jacobi; Sinisgalli, 2012).

A proposta de cidades mais eficientes e com equidade garantida nos processos decisórios traz a necessidade de discussão dos potenciais de resiliência que elas terão daqui para frente em relação aos riscos globais. Por definição, resiliência urbana é a capacidade de um sistema social ou ecológico de absorver perturbações, mantendo a mesma estrutura de base em funcionamento, incluindo a capacidade de auto-organização e a capacidade de se adaptar naturalmente ao estresse e às mudanças (IPCC, 2007). Portanto, uma cidade resiliente é aquela que se mostra preparada para os impactos atuais e futuros das alterações no clima, limitando sua gravidade e sendo dotada das melhores possibilidades para reestabelecer sua integridade (Banco Mundial, 2011; Kay et al., 1999). É nesse sentido que as instituições, as infraestruturas e os serviços das cidades devem ser planejados e geridos visando o melhor desempenho possível antes, durante e depois da ocorrência de eventos climáticos extremos (Siebert, 2013).

Ao se pensar sobre os padrões de governança para a resiliência, nota-se que os desafios do nexo urbano entre água, energia e alimento estão entre os imperativos mais urgentes da política internacional, que compreendem diversas visões sobre como acontecerão catástrofes e quais as ferramentas científicas e políticas para dar conta desses agravos e, mais do que isso, estão conectados com uma série de possibilidades de escolhas carregadas de valores e permeadas por vários setores (Stirling, 2015). Sobrepondo esse debate com o das mudanças climáticas, apesar dos variados esforços de um acordo internacional entre nações, podem ser notados interesses diversificados entre esses atores – e, muitas vezes, conflitantes –, o que configura muito mais um regime complexo de governança das mudanças climáticas do que uma governança global integrada (Keohane; Victor, 2010).

Desse modo, ressalta-se que o discurso da sustentabilidade deve incidir sobre as cidades, de modo a conceber dois contextos relevantes: em primeiro lugar, consta a perspectiva da conexão local-global e a magnitude e interdependência do urbano quanto aos fenômenos que condicionam os limites globais e os riscos da modernidade; em segundo lugar, vale ressaltar a necessidade de questionar como os fenômenos contemporâneos estão impactando o meio urbano em seu próprio território. Ou seja, a contextualização que se coloca como pertinente acarreta um olhar para fora e outro para as dinâmicas internas das cidades. Internamente, há grande importância em se buscar a adequação entre uma ampla variedade de medidas e resoluções de conflitos com o objetivo de melhorar a qualidade de vida e reduzir as iniquidades na saúde das populações urbanas. Pode resultar dessa perspectiva a conjugação de ações com logros em ambas as situações. Alguns exemplos nesse sentido são assinalados por Kjellstrom et al. (2007): abastecimento de água, coleta e tratamento de esgotos e manejo de resíduos sólidos colocam-se como ações de interesse direto à mitigação de profundas iniquidades em áreas urbanas periféricas e degradadas; acesso e disponibilidade de transporte público concretiza a oportunidade de redução de poluição atmosférica e, portanto, de exposição a riscos à saúde; o provimento de oferta de alimentos de melhor qualidade nutricional associados a cadeias produtivas mais sustentáveis, da mesma forma, otimiza a relação com as contingências de recursos, ao passo que promove a saúde da população.

Esses exemplos, sinteticamente, assinalam possibilidades de fortalecimento de sinergias entre o nexo água, energia e alimentos, ao mesmo tempo em que conectam os dois contextos assinalados no que respeita às cidades, em analogia com as crises globais e a própria busca de melhores condições de vida e saúde em seus próprios territórios (Figura 1). Sem embargos os exemplos acima caracterizam medidas essenciais da gestão ambiental urbana, portanto, qual seria a novidade de se trabalhar com a perspectiva de nexos de sustentabilidade urbana? A inovação está na interação necessária em se ponderar tecnicamente os *trade-offs* (compensações) entre as cadeias de água, energia e alimentos e de se ampliar as estruturas de governança essenciais para dialogar entre os distintos setores implicados.

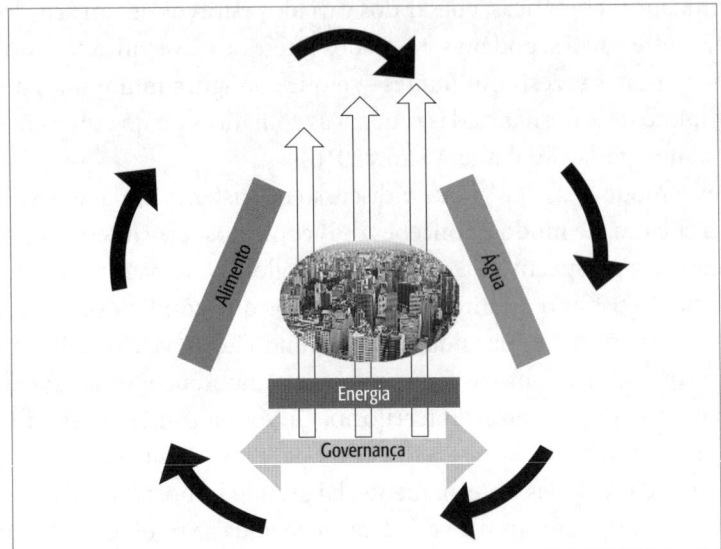

Figura 1 – Proposta para compreensão da sinergia entre o nexo água, energia e alimentos.

Fonte: Giatti, Urbinatti e Bedran-Martins, 2017.

Excelentes decisões e gestão no campo dos recursos hídricos podem representar um elevado ônus, em razão das contingências em termos de energia ou de produção de alimentos. Assim, em cada contexto em que se pretende aplicar uma racionalidade do nexo torna-se necessário conhecer bem quais as possibilidades e contingências. Por exemplo, em determinado contexto urbano em que ocorre elevada pressão ou escassez por energia, o tratamento de esgotos em nível terciário e de maior eficiência pode exacerbar excessivamente as contingências energéticas (Walker et al., 2014). Com isso, tem-se a necessidade de ponderações quanto ao imperativo da eficiência intersetorial e a necessária busca de sinergias entre distintas cadeias, o que implica a ampliação de diálogo e o peso de decisões mais reflexivas. É nesse sentido que deve haver maior dedicação quanto ao debate e a racionalidade do nexo, em que as ciências sociais e respectivas abordagens devem contribuir para aprofundamentos em torno do reconhecimento de conflitos e estabelecimentos de novos arranjos de poder (Cairns; Krzywoszynska, 2016).

Se de um lado os desafios da governança já são dados e conhecidos dentro de dinâmicas setoriais, de outro, a busca por estruturas de governança intersetorial, como na demanda de interdependências do nexo, parece dificultar ainda mais a busca por alternativas viáveis, dado o crescente número de conflitos possíveis quando se elencam as contingências entre as cadeias de provimento de água, energia e alimentos. Contudo, apesar das dificuldades e desafios para integrações necessárias, é de se considerar que arranjos mais diversos e robustos em prol da governança podem ser provedores de contextos mais favoráveis e adaptativos em meio a perturbações. Ou seja, a diversidade de situações e de busca de soluções pode ser vista como uma negação a modelos hegemônicos e monolíticos, dinamizando assim estruturas mais amplas e reflexivas no sentido de interagir e influenciar arenas políticas e também propicia maior protagonismo para atores não governamentais. De fato, não é possível estabelecer receita milagrosa para tão elevado grau de complexidade, porém cabe considerar estruturas de retroalimentação em processos de governança que possam aprofundar questões fundamentais, até mesmo em concepções e valores quanto ao que é passível de alguma governabilidade (Pahl-Wostl, 2009).

Assim, corroboramos a ideia de um aprofundamento na governança que seja capaz de promover estudos e diálogos rompendo a base setorial convencional com que as distintas cadeias são normalmente tratadas (Hoff, 2011). A possibilidade de avanços nesse sentido pode trazer relevantes contribuições para a reinvenção da política na busca por uma modernidade reflexiva, mais comprometida com os desafios da crise ecológica global. Esse contexto contemporâneo também apresenta a relevante contribuição de um processo subpolítico, em que a sociedade civil conduz a emergência de problemas e possíveis equacionamentos direcionados a agendas políticas ou ao protagonismo mais ativo em novas estruturas de governança (Beck, 1997; Pahl-Wostl, 2009).

Avançando em um sentido mais pragmático, encontramos nas proposições de Giddens (2010) alguns elementos que preconizam a convergência entre decisões de distintos setores que podem contribuir para o equacionamento de medidas voltadas à complexidade das mudanças climáticas globais. Desse modo, políticas climáticas e energéticas devem convergir, assim como se deve buscar convergência entre os campos político e econômico. A título de ilustração, uma decisão associável à postura de mitigação, como a taxação de combustíveis fósseis, pode reverter compensações às iniciativas dirigidas à adaptação, seja pela busca de alternativas de uso de energia renovável, seja pelo próprio direcionamento à redução das vulnerabilidades. Para esse autor, embora a adaptação às mudanças climáticas possa parecer desprezada mediante a importância e desenvoltura das ações de redução de emissões, essa frente vem se constituindo de maneira proativa em diálogo direto com os diagnósticos de vulnerabilidade, estes, por sua vez, correspondentes aos riscos e respectiva percepção.

Conforme já assinalado, a abordagem do nexo água, energia e alimentos se acopla à necessária redução das iniquidades e a uma racionalidade capaz de reduzir as compensações entre esses setores, corroborando para um olhar mais integrado sobre a escassez e, em consequência, buscando a redução das vulnerabilidades que caracterizam quadros sensíveis frente aos riscos das mudanças climáticas globais e suas consequências. Para isso, portanto, deve--se buscar o aprimoramento de modelos de governança bastante sofisticados, que possam contribuir com decisões capazes de transcender setores e ampliar as possibilidades de efeitos positivos em distintas cadeias.

Refletir sobre a perspectiva de consequências ampliadas de políticas públicas nesse sentido remete ao senso de que certas políticas e respectivas ações podem ter a propriedade de estabelecer ciclos virtuosos e capazes de gerar benefícios intersetoriais e processos de retroalimentação, bem como funcionar como indutores de situações positivas. Em contraponto, a ideia de *ampliação* de consequências negativas já pode ser considerada bem conhecida, por exemplo, nas circunstâncias em que determinados desastres potencializam seus efeitos de forma sistêmica e gradativa, como em acidentes industriais ampliados (Porto; Freitas, 2003). Do mesmo modo, os próprios impactos associáveis às mudanças climáticas na forma de efeitos regionais também são vistos a partir de cadeias que se ampliam, havendo a clara noção de que um evento agudo como um desastre climático afeta algumas milhares de pessoas, ao passo que suas consequências podem reverberar de forma deletéria, estendendo-se em escala espacial e temporal, atingindo até mesmo milhões de pessoas (Hales et al., 2004).

Em análise, o estabelecimento de políticas e decisões tomadas a partir de uma megacidade como São Paulo pode acarretar benefícios positivos e abranger distintas cadeias, tais como as de água, energia e alimentos, bem como mobilizar diferentes escalas temporais e espaciais na perspectiva de interação multinível.

ADAPTAÇÃO, CAPACIDADE DE ADAPTAÇÃO E MITIGAÇÃO EM UM CONTEXTO DE MUDANÇAS CLIMÁTICAS

Nos últimos anos, a possibilidade de eventos extremos mais frequentes como resultado das mudanças climáticas tem alimentado novos caminhos de investigação para compreender e lidar com a vulnerabilidade dos sistemas humanos e sociais em relação a esses eventos (Lemos et al., 2013). Como a adaptação torna-se proeminente nas agendas sociais dos governos, é preciso entender melhor os fatores que aumentam ou restringem a sua capacidade adaptativa ou a capacidade de diferentes sistemas e agentes de responder e se recuperar de impactos climáticos (Eakin; Lemos, 2006; Wilbanks; Kates, 2010).

A combinação das alterações do clima, com ausência ou pouca frequência de chuvas, acompanhadas de altas temperaturas e taxas de evaporação, pode levar a um agravamento, por exemplo, das condições de acesso à água potável (Marengo et al., 2011), ou seja, a variabilidade e a mudança climática ameaçam intensificar as dificuldades de acesso à água (Marengo et al., 2011), o que será sentido de maneira desproporcional pela população mais vulnerável (Eakin; Lemos, 2006; Wilbanks; Kates, 2010; Lemos et al., 2012).

A vulnerabilidade aos efeitos do clima pode ser definida como "conjunto de características de uma pessoa ou grupo que determina a sua capacidade de antecipar, sobreviver, resistir e recuperar-se dos impactos dos fatores climáticos de perigo" (Blaikie et al., 1994, apud Confalonieri, 2008, p. 324). A aplicação do conceito de vulnerabilidade é fundamental para o mapeamento das populações que estão mais sujeitas a serem atingidas e consequentemente para a tomada de decisão acerca de medidas de adaptação ou proteção da população contra os efeitos deletérios do clima.

O IPCC define vulnerabilidade como "o grau de suscetibilidade de indivíduos ou sistemas ou de incapacidade de resposta aos efeitos adversos da mudança climática, incluindo-se a variabilidade climática e os eventos extremos". Ainda na visão do IPCC, a vulnerabilidade será resultante da relação entre as variáveis exposição, sensibilidade e capacidade adaptativa (2001).

A capacidade adaptativa é definida por um conceito dinâmico influenciado por decisões feitas no passado com relação a um risco futuro e incerto (Lemos et al., 2013). Ela afeta a vulnerabilidade por meio da modulação da exposição e sensibilidade e influencia tanto os elementos biofísicos como os sociais de um sistema. Ela é importante para o sistema e os atores que o constituem por modular ações adaptativas em curto prazo, a fim de manter o *status quo* e, em longo prazo, facilitar transições e transformações. As adaptações em longo prazo são dirigidas para uma situação mais desejável frente ao risco, como a melhoria da qualidade de vida e a habilidade de recuperação após um evento (Lemos et al., 2013; Eakin et al., 2014), ou seja, é a capacidade do sistema de se ajustar às mudanças climáticas para modular os possíveis danos (Bedran-Martins, 2016).

A capacidade adaptativa atua na redução da vulnerabilidade de determinadas regiões quando influencia positivamente na sensibilidade, ou seja, quando os recursos disponíveis em um sistema, como aumento de renda, acesso a educação e saúde e acesso a capital social aumentam, permitindo que esse sistema seja mais resistente aos efeitos negativos causados por eventos climáticos (Lemos et al., 2013). Bedran-Martins (2016), ao analisar a agricultura familiar no semiárido nordestino, por exemplo, enfoca famílias que estão abaixo da linha de pobreza com capacidade limitada ou quase nula de buscarem meios para sair desse estado, ficando presas a um ciclo vicioso. A autora argumenta que a pobreza e a própria vulnerabilidade tornam mais difícil a recuperação da qualidade de vida inicial antes de um impacto e a adaptação aos eventos climáticos extremos.

Nos últimos anos, estudiosos têm se esmerado na compreensão da capacidade de adaptação às mudanças climáticas (Moser, 1998; Klein et al., 2005; Ojima, 2009; Engle, 2011; Brown et al., 2011), o que tem motivado a proposição de novas abordagens teórico-analíticas (Di Giulio et al., 2016). Em Di Giulio et al. (2016), as autoras apresentam três perspectivas que têm gerado bastante discussão no campo das dimensões humanas das mudanças climáticas, como:

1. Capacidades genéricas *versus* capacidades específicas (Lemos et al., 2013; Sharma; Patwardhan, 2008; Eakin et al., 2014; Wilbanks; Kates, 2010; Engle, 2011).
2. Adaptação sustentável (Brown, 2011; Barnett; O'Neill, 2010; Juhola et al., 2016; Eriksen et al., 2011; Agrawal; Lemos, 2015).
3. Trajetórias de adaptação (Denton et al., 2014).

Todas essas iniciativas reforçam a necessidade de se olhar outros fatores, considerando principalmente a realidade brasileira (Di Giulio et al., 2016). Embora a mudança climática represente uma ameaça grave e emergente, as vulnerabilidades são geralmente sintomas de profunda desigualdade socioeconômica e política que historicamente caracterizaram seus sistemas sociais e políticos (Lemos et al., 2013). Em outras palavras, além de especificamente mitigação e gestão do risco climático, a construção da capacidade adaptativa exigirá uma combinação de políticas e intervenções que também fomentam o desenvolvimento, reforçam o acesso institucional e levam em consideração a desigualdade estrutural que perpetua a vulnerabilidade (Lemos et al., 2007). Embora as medidas de mitigação almejem a construção da resiliência a nível local e individual (Dawson, 2007; Martins; Ferreira, 2010), essas intervenções e políticas necessariamente precisarão acontecer nos diferentes níveis de governo e em diferentes setores (Adger et al., 2005; Wilbanks; Kates, 2010).

INICIATIVAS CONVERGENTES AO NEXO URBANO NA MEGACIDADE DE SÃO PAULO

A megacidade de São Paulo é um dos principais centros econômicos, financeiros e políticos da América do Sul e uma das cidades brasileiras mais atuantes no cenário global. Não é à toa o lema inserido no brasão, "*Non ducor, duco*" ("Não sou conduzido, conduzo") (Urbinatti, 2016). Desde o século XIX, a cidade mostra seu protagonismo por meio da economia cafeeira e da sua atividade intelectual e política, principalmente a partir da inauguração da Faculdade de Direito no Largo São Francisco. A partir dos anos de 1950, a população de São Paulo passou de 2 para 3,5 milhões, a partir de intensas migrações para a região por conta da expansão industrial.

Atualmente, a complexidade da cidade de São Paulo fica evidente em sua população: são aproximadamente 11,5 milhões de habitantes em 1.530 km² de área do município, podendo, portanto, ser considerada megacidade. Ao ampliar o enfoque para a Região Metropolitana de São Paulo (RMSP), são cerca de 20,5 milhões de habitantes e 39 municípios (Seade, 2015). A crescente urbanização das periferias e sua relação com as mudanças no clima possibilitam cenários que consideram eventos com enormes volumes de precipitações de chuva que ocorrerão com mais frequência no futuro. Vale lembrar que a megacidade de São Paulo tem aproximadamente 30% de sua população (quase 3 milhões de pessoas) vivendo em habitações precárias, que ocupam quase sempre áreas ilegais, demonstrando uma concentração de áreas de risco nesses locais (Nobre et al., 2010).

Em sequência, serão apresentadas algumas políticas e ações conduzidas na cidade de São Paulo que contribuem para ilustrar sobre a aplicabilidade de uma racionalidade do nexo água, energia e alimentos.

Política Municipal de Mudanças Climáticas

A inserção da temática das mudanças climáticas na agenda governamental da Prefeitura Municipal de São Paulo (PMSP) iniciou-se em 2003, com a adesão do município ao International Council for Local Environment Initiative (Iclei) (Campos et al., 2015). Em 2007, São Paulo passou a integrar o grupo das Grandes Cidades Líderes pelo Clima (C40 Cities Groups) (Back, 2012), que reúne cidades engajadas na redução das emissões de gases de efeito estufa e na mitigação dos riscos climáticos (C40 Large Cities Climate Summit) que, em conjunto com o Centro de Estudos em Sustentabilidade da Fundação Getulio Vargas e com o apoio do Programa das Nações Unidas para o Meio Ambiente (Pnuma), foi a primeira estratégia de um governo local na América Latina. Com a formulação e implementação da Política Municipal de Mudança do Clima (PMMC) – Lei n. 14.993, de 5 de junho de 2009 –, a cidade de São Paulo foi pioneira no enfrentamento dessa questão, antes da lei estadual e da lei federal de mudança climática (Landin; Giatti, 2014). Essa ação foi importante, tendo em vista que as regiões urbanas e especialmente as megacidades, como no caso a cidade de São Paulo, têm papel fundamental na mitigação e adaptação às mudanças climáticas (Cortese, 2013). A PMMC tem como eixos de estratégias transporte, gerenciamento de resíduos, uso do solo, energia, construção sustentável e saúde (Cortese, 2013; Back, 2012; Furriela, 2011).

A PMMC foi criada com objetivos amplos, direcionados à mitigação da emissão de gases de efeito estufa, adaptação de ecossistemas e enfoques na sustentabilidade (São Paulo, 2009). Entre os aspectos da PMMC que mais se destacaram está a definição da meta de redução de 30% das emissões de GEE para o ano de 2012. Infelizmente, a meta instituída não foi alcançada e as emissões no período estipulado na lei aumentaram em 4% (Di Giulio et al., 2017). Por outro lado, ressalta-se que a referida política possibilitou uma oportunidade significativa de, por meio de medidas adaptativas, favorecer abordagens intersetoriais e importantes protagonismos, como o do Setor Saúde, que ampliou seus horizontes iniciais associados ao controle da poluição atmosférica, conquistando espaço para dialogar com prevenção e promoção da saúde de forma congruente com outras políticas anteriormente estabelecidas (Landin; Giatti, 2014).

Na gestão 2013-2016 da cidade de São Paulo (prefeito Fernando Haddad), várias medidas foram colocadas em prática com o objetivo de melhoria da qualidade de vida da população, tais como aumento do número de ciclovias, ciclorrotas e ciclofaixas e ampliação expressiva de faixas exclusivas de ônibus, medidas essas voltadas como incentivo ao uso de transportes alternativos aos automóveis. Portanto, se por um lado as metas específicas da PMMC foram pouco cumpridas, por outro lado a cidade incluiu novas ações na direção de uma mobilidade urbana mais sustentável que contribuem com menos emissões de GEE.[1]

Com as eleições municipais no final de 2016, ocorreu a troca de gestão, e uma das grandes preocupações consistia em saber se a nova gestão estaria comprometida em cumprir as metas previstas na PMMC. A gestão 2017-2020 da cidade de São Paulo (prefeito João Dória) traz em seu plano de governo[2] a proposta da criação de programa para redução do uso do combustível fóssil, atendendo ao disposto na lei que instituiu a PMMC, para ampliar a oferta de transporte coletivo e estimular o uso de meios de transporte com menor potencial poluidor e emissor de gases de efeito estufa, porém indica que não pretende continuar a política de seu antecessor em relação às ciclovias.

Em entrevista dada ao *site* Eletrabus,[3] o então secretário do Verde e do Meio Ambiente de São Paulo, Gilberto Natalini, afirmou que a Prefeitura está comprometida em cumprir as metas previstas na PMMC e que irá renovar a frota municipal de ônibus, com a adoção de veículos como os elétricos e hídricos. Ele reconhece que a meta estipulada pela lei de remover até 2018 os mais de 14 mil ônibus que circulam na cidade de São Paulo foi extremamente ousada e se mostra praticamente impossível de ser alcançada nesse espaço de tempo. Conforme o secretário, novas metas serão estipuladas em prazo a ser definido. Uma primeira ação importante foi a retomada, no mês de março de 2017, do Comitê de Mudança do Clima instituído em 2009 e que na última gestão havia ficado inativo.

Pretende-se aqui reforçar a importância de ações concretizadas a partir de uma lei como a PMMC, na medida em que é capaz de mobilizar diferentes setores da administração pública, tais como secretarias, coordenadorias, subprefeituras, conselhos, entre outros, bem como diferentes setores da so-

---

[1] O Ibope realizou uma pesquisa no ano de 2014, divulgando que o uso de bicicletas em São Paulo aumentou em 50% de 2013 para 2014, passando de aproximadamente 171 mil usuários para 261 mil. A pesquisa divulgou que 88% da população entrevistada aprovou a implementação de ciclovias e 90% apoiou a criação de faixas exclusivas para ônibus. Disponível em: http://sao-paulo.estadao.com.br/noticias/geral,em-sao-paulo-numero-de-ciclistas-cresce-50-em-1-ano,1562460. Acesso em: 29 mar. 2017.

[2] Disponível em: http://estaticog1.globo.com/2016/10/26/proposta_governo1471620086520.pdf. Acesso em: 29 mar. 2017.

[3] Disponível em: http://www.eletrabus.com.br/2017/02/16/secretario-reafirma-compromisso-com-frota-verde-de-onibus-em-sp/. Acesso em: 29 mar. 2017.

ciedade civil. Ela pode ser encarada como um importante exemplo, assim como é o próprio tema das mudanças climáticas, de transversalidade de setores que apresentam grande potencial para considerar de forma sinérgica os serviços de água, energia e alimentos na megacidade de São Paulo.

Para reforçar essa afirmação, seguem alguns princípios da lei que são convergentes com a consideração de uma governança multinível e sinérgica para a intersetorialidade do nexo urbano:

- **Título I, Seção I, art. 1º, VII**: "abordagem holística, levando-se em consideração os interesses locais, regionais, nacional e global e, especialmente, os direitos das futuras gerações".

- **Título I, Seção II, art. 2º, XVI**: "serviços ambientais: serviços proporcionados pela natureza à sociedade, decorrentes da presença de vegetação, biodiversidade, permeabilidade do solo, estabilização do clima, água limpa, entre outros".

- **Título I, Seção III, art. 3º, XIII**: "formulação, adoção, implantação de planos, programas, políticas, metas visando à promoção do uso racional, da conservação e do combate ao desperdício da água e o desenvolvimento de alternativas de captação de água e de sua reutilização para usos que não requeiram padrões de potabilidade".

- **Título II, art. 4º**: Objetivo:

  A Política Municipal de Mudança do Clima tem por objetivo assegurar a contribuição do Município de São Paulo no cumprimento dos propósitos da Convenção Quadro das Nações Unidas sobre Mudança do Clima, de alcançar a estabilização das concentrações de gases de efeito estufa na atmosfera em um nível que impeça uma interferência antrópica perigosa no sistema climático, em prazo suficiente a permitir aos ecossistemas uma adaptação natural à mudança do clima e a assegurar que a *produção de alimentos* não seja ameaçada e a permitir que o desenvolvimento econômico prossiga de maneira sustentável.

- **Título IV, Seção II, *Energia***:

  I – criação de incentivos, por lei, para a geração de energia descentralizada no Município, a partir de fontes renováveis; II – promoção de esforços em todas as esferas de governo para a eliminação dos subsídios nos combustíveis fósseis e a criação de incentivos à geração e ao uso de energia renovável; III – promoção e adoção de programas de eficiência energética e energias renováveis em edificações, indústrias e transportes; IV – promoção e adoção de programa de rotulagem de produtos e processos eficientes, sob o ponto de vista energético e de mudança do clima; V – criação de incentivos fiscais e financeiros, por lei, para pesquisas relacionadas à eficiência energética e ao uso de energias renováveis em sistemas de conversão de energia; VI – promoção do uso dos melhores padrões de eficiência energética e do uso de energias renováveis na iluminação pública.

Uma releitura quanto às diretrizes de mitigação de emissão de gases de efeito estufa e de adaptação frente às ameaças das mudanças climáticas permite identificar a coerência e a potencialidade de uma política originalmente intersetorial e capaz de gerar *feedbacks* em distintas escalas, convergindo, portanto, com a perspectiva do nexo água, energia e alimentos, enquanto um novo direcionamento para se refletir quanto à sustentabilidade urbana.

Agricultura urbana em hortas comunitárias

No ano de 2004, a organização Cidades Sem Fome começou a atuar na cidade de São Paulo. O projeto desenvolvido consiste na criação de hortas comunitárias nos bairros de Cidades Tiradentes, São Mateus, Itaquera e São Miguel Paulista. Esses bairros estão situados na Zona Leste da capital, onde vivem 3,3 milhões de pessoas em condições precárias de moradia e com muitos subempregos. O objetivo da organização foi e continua sendo a integração social de grupos vulneráveis, buscando promover inclusão social por meio da horticultura e melhorar qualitativamente a alimentação das crianças e dos adultos.

Os projetos da organização Cidades Sem Fome reúnem até o momento 25 hortas comunitárias em terrenos públicos e particulares, incluindo 115 pessoas que passaram a trabalhar como agricultores urbanos. A partir do trabalho dessas pessoas e suas famílias, garante-se a subsistência de 650 pessoas aproximadamente. Além disso, 48 cursos de capacitação profissional foram organizados, ensinando técnicas de produção de alimentos orgânicos em áreas urbanas para mil pessoas e também mostrando meios para a comercialização de seus produtos.[4]

Segundo um dos idealizadores do projeto, Hans Temp, em visita guiada às hortas comunitárias realizada em 18 de novembro de 2017, o problema para a deficiência da agricultura urbana em cidades como São Paulo não está na falta de espaços, mas sim na falta de incentivo do poder público de parcerias adequadas para que novos projetos aconteçam. Foi justa-

---

[4] Dados divulgados pelo site oficial da organização Cidades Sem Fome, disponível em: https://cidadessemfome.org/pt-br/#projekt_gg. Acessado em: 30 mar. 2017.

mente por essa falta de incentivo que o projeto foi buscar parcerias por conta própria.[5]

Boa parte dessas hortas comunitárias foi construída em terrenos cedidos pela distribuidora de energia AES Eletropaulo (Figura 2), responsável pelo abastecimento da cidade de São Paulo. Essa parceria foi muito importante para que as hortas ganhassem doações de sementes e agricultores interessados em assumir o plantio. Nesse sentido, ainda que não seja uma grande iniciativa de intersetorialidade sob a ótica do nexo de sustentabilidade, há uma sinergia que se forma entre setores inicialmente distantes, que a partir de um acordo simples de uso de áreas abandonadas situadas embaixo das linhas de transmissão de energia passaram a se ajudar simultaneamente. Esse exemplo evidencia que, ao tratar de iniciativas para a sustentabilidade, muitas das ações importantes podem acontecer fora das arenas tradicionais de decisões políticas, tais como as prefeituras, as câmaras ou os conselhos, mas a partir de relações entre cidadãos, movimentos sociais, ONG e empresas, evidenciando potenciais de solução de problemas a partir de uma governança multinível.

Programa de alimentação escolar da cidade de São Paulo

Com referência às diretrizes do Programa Nacional de Alimentação Escolar (Brasil, 2009), constituiu-se no município de São Paulo o Programa de Alimentação Escolar, que por meio de uma proposta paulatina e focada na sustentabilidade, amplia o repertório alimentar de crianças, valorizando e favorecendo o uso de alimentos naturais, em consonância com uma orientação de redução da utilização de alimentos industrializados. Circunstancialmente, essa abordagem sobrepõe um paradigma que por convenção se constituía na compra de grandes lotes de alimentos, majoritariamente ultraprocessados, de custo mais reduzido e de elevado valor calórico. Assim, busca-se nova orientação, com foco na melhoria da qualidade nutricional conjugada à ampliação da aquisição de produtos oriundos da agricultura familiar, favorecendo inclusive a oferta de alimentos orgânicos.

---

[5] Informação concedida pessoalmente em encontro presencial.

Figura 2 – Horta comunitária embaixo das linhas de transmissão de energia na Zona Leste de São Paulo.

Fonte: Urbinatti, 2016.

Este programa, dentro de amplo conjunto de ações que vão desde as compras públicas até o processo de preparação de alimentos na escola, permite e motiva uma reflexão no âmbito da comunidade educacional, sobrelevando questões que envolvem o alimento, sua produção e respectivos impactos na saúde humana e no ambiente. Em um extremo desse conjunto de ações situam-se as chamadas públicas, dirigidas a associações ou cooperativas de agricultores familiares norteadas por critérios de sustentabilidade e pela proximidade com a região produtora, até mesmo favorecendo a produção advinda de assentamentos de reforma agrária, quilombolas e indígenas. No outro extremo, está o âmbito da escola, em que se busca a introdução de gêneros alimentícios que destoam do paradigma convencional, assim oferecendo, por exemplo, mandioca, farinha de mandioca, fubá, suco de laranja integral, banana, frutas cítricas e arroz parbolizado. Além disso, o alimento se converte em tema das atividades educativas e de projetos que envolvem os estudantes e as merendeiras, que por sua vez passam a ser mais valorizadas em sua autonomia e proatividade. Exemplo disso é o prêmio "Educação além do prato", que foi instituído em 2014 com a participação de mais de 8 mil merendeiras que se empenharam em suas comunidades escolares na criação de receitas criativas e sustentáveis.

As dimensões que iniciativas como essas podem alcançar dão indicativos do poder de políticas públicas em grandes cidades: as escolas municipais de São Paulo atendem a quase 1 milhão de estudantes e servem cerca de 2 milhões de refeições por dia; apenas em 2015, as cozinhas escolares do município receberam mais de 6 mil toneladas de alimentos produzidos a partir de agricultura familiar; entre 2012 e 2014, 1.282 famílias de produtores rurais foram envolvidas; apenas em 2015, quase 2 mil toneladas de arroz orgânico foram distribuídas (Haddad, 2016).

CONSIDERAÇÕES FINAIS

Muitos autores da atualidade passaram a discutir sobre como a ciência tem lidado com os problemas contemporâneos e com as incertezas que surgem constantemente. Entre os exemplos de contribuições teóricas relevantes que são fundamentais nesse contexto estão a própria teoria da sociedade mundial de risco proposta por Beck (2008; 1992), as análises sobre a pós-modernidade de Harvey (1992) e Jameson (2006), os fenômenos híbridos apontados por Latour (1994) e a ciência pós-normal de Funtowicz e Ravetz (1997). De maneira geral, o ponto de conexão entre a maioria desses autores é o questionamento do papel da ciência em meio aos fenômenos de alta complexidade, que se intensificaram a partir da segunda metade do século XX. Frente às insuficiências de métodos mais tradicionais, a integração de diferentes saberes, ainda que de forma incipiente, tem conquistado bastante importância nas agendas de pesquisa e tem criado caminhos inovadores para lidar com as incertezas. Não obstante, entende-se aqui que a racionalidade do nexo urbano é um desses caminhos inovadores.

As políticas e ações apresentadas em referência ao município de São Paulo corroboram com a necessária busca de sinergia entre os componentes do nexo água, energia e alimentos. Todavia, resta o desafio de se integrar essa concepção ao planejamento das ações e também a uma perspectiva analítica em referência à possível performance na redução de compensações e de contingências nas respectivas cadeias interdependentes. Para além dessas questões mais técnicas de planejamento e desempenho, permanece também a questão fundamental de se promover as robustas estruturas de governança necessárias a uma racionalidade do nexo urbano de sustentabilidade.

Pela natureza dos exemplos trazidos neste texto, e principalmente tendo como ponto de partida a PMMC, cogita-se o desafio da eficiência intersetorial e de seus desdobramentos transescalares, ou seja, sob uma lógica multinível. Com isso, também se sobreleva a aplicabilidade desse raciocínio sobre uma megacidade como São Paulo, que sofre consequências e tem seu quadro de vulnerabilidade relacionado com o crescimento desordenado, com significativa falta de planejamento, degradação ambiental, exclusão social, além dos desafios marcantes da sociedade contemporânea, como a escassez hídrica, falta de saneamento e uso e acesso a serviços públicos.

Se por um lado, esse quadro de governança orientado pelo nexo se complexifica, por outro, a forma de explorar a diversidade de situações e a busca de soluções integradas pode ampliar a versatilidade das estruturas mediante os desafios contemporâneos. A quebra do paradigma da ação setorial e a inclusão de distintos atores clamam pelo potencial de políticas capazes de transversalizar e gerar ganhos em distintas dimensões e escalas, propiciando a ampliação de seus efeitos positivos. A questão da escolha pragmática de determinadas opções com potencial sinergético sobre o nexo pode concretizar ganhos distintos, rompendo com um discurso utópico e colocando claramente o cenário de diversidade de soluções e inter-relações positivas.

Com isso, pretende-se considerar que essa análise permite um olhar diferenciado sobre processos que vêm ocorrendo com a implementação de políticas públicas e ações de potencial intersetorial e multinível, ou seja, aplicar uma leitura à luz do nexo água, energia e alimentos sobre políticas e ações que remetem à adaptação e mitigação, o que permite uma nova ótica: a análise à luz da racionalidade do nexo, considerando que o paradigma inovador das interdependências água, energia e alimentos se impõe e sobreleva a premissa de busca por eficiência intersetorial e transescalar.

AGRADECIMENTOS

Os autores agradecem o apoio da Fapesp (Projeto Temático de pesquisa ResNexus – Proc. n. 2015/50132-6; Bolsa de pós-doutorado – Proc. n. 2016/17874-1) e ao CNPq (Bolsa de produtividade em pesquisa – Proc. n. 308256/2015-8).

REFERÊNCIAS

ADGER, W. N.; VINCENT, K. Uncertainty in adaptive capacity. *Compte Rendus Geosci*, n. 337, p. 399-410, 2005.

AGRAWAL, A.; LEMOS, M. C. Adaptive development. *Nature Climate Change*, n. 5, p. 185-187, 2015.

AGUM, R.; RISCADO, P.; MENEZES, M. Políticas públicas: conceitos e análise em revisão. *Revista Agenda Política*, v. 3, n. 2, p. 12-42, 2015.

BACK, A.G. Política paulistana de mudança climática: *agenda-setting* e desenvolvimento político-institucional. 2012. Disponível em: <http://www.anppas.org.br/encontro6/anais/ARQUIVOS/GT11-794-493-20120621193331.pdf. Acesso em: 15 jan. 2018.

BARNETT, J.; O'NEILL, S. Maladaptation. *Global Environmental Change*, v. 20, p. 211-213, 2010.

BECK, U. *Risk society: towards a new modernity*. Beverly Hills: Sage, 1992.

_____. A reinvenção da política: rumo a uma teoria de modernização reflexiva. In: BECK, U.; GIDDENS, A.; LASH, S. *Modernização reflexiva:* política, tradição e estética na ordem social moderna. São Paulo: Editora da Unesp, 1997, p. 11-71.

_____. World at risk: the new task of critical theory. *Development and Society*, v. 37, n. 1, p. 1-21, 2008.

BEDRAN-MARTINS, A. M. B. *Avaliação dos impactos de políticas públicas de transferência de renda na qualidade de vida no semiárido nordestino face às mudanças climáticas.* 2016. Tese (Doutorado). Programa de Pós-Graduação em Saúde Pública, Faculdade de Saúde Pública, Universidade de São Paulo (FSP-USP). São Paulo, 2016.

BLOOM, G.; EDSTRÖM, J.; LEACH, M.; et al. Health in a dynamic world. *STEPS Working Paper 5*. Brighton (Inglaterra): STEPS Centre, 2007.

BRASIL. Lei n. 11.947, de 16 de junho de 2009. Dispõe sobre o atendimento da alimentação escolar e do Programa Dinheiro Direto na Escola aos alunos da educação básica; altera as Leis ns. 10.880, de 9 de junho de 2004; 11.273, de 6 de fevereiro de 2006; 11.507, de 20 de julho de 2007; revoga dispositivos da Medida Provisória n. 2.178-36, de 24 de agosto de 2001, e a Lei n. 8.913, de 12 de julho de 1994; e dá outras providências. *Diário Oficial da União*, Poder Executivo, Brasília, DF, 17 jun. 2009. Seção 1, p. 2.

_____. Lei n. 13.089, de 12 de janeiro de 2015. Institui o Estatuto da Metrópole, altera a Lei n. 10.257, de 10 de julho de 2001, e dá outras providências. Poder Executivo, Brasília, DF. Disponível em: <http://www.planalto.gov.br/ccivil_03/_Ato2015-2018/2015/Lei/L13089.htm>. Acesso em: 20 mar. 2017.

BROWN, K. Sustainable adaptation: an oxymoron? *Climate and Development*, n. 3, p. 21-31, 2011.

_____; WESTAWAY, E. Agency, capacity, and resilience to environmental change: lessons from human development, well-being, and disasters. *Annual Review of Environment And Resources*, n. 36, p. 321-342, 2011.

CAIRNS, R.; KRZYWOSZYNSKA, A. Anatomy of a buzzword: the emergence of "the water--energy-food nexus" in UK natural resource debates. *Environmental Science & Policy*, n. 64, p. 164-170, 2016.

CALDWELL, B.; MCMICHAEL, T. Cities: are they good for health? The implications of continuing urbanisation for human well-being. *IHDP Update – Urbanisation: cities and health*, 2002.

CAMPBELL-LENDRUM, D.; CORVALÁN, C. Climate change and developing-country cities: implications for environmental health and equity. *Journal of Urban Health: Bulletin of the New York Academy of Medicine*, v. 84, n. 1, 2007.

CAMPOS, P. P. S. *Gestão integrada de políticas públicas relacionadas às mudanças climáticas na Região Metropolitana de São Paulo.* 2014. Tese (Doutorado). Programa de Pós-Graduação em Saúde Pública. Faculdade de Saúde Pública, Universidade de São Paulo (FSP-USP). São Paulo, 2014.

CONFALONIERE, U. E. C. Mudança climática global e saúde humana no Brasil. *Parcerias Estratégicas*, n. 27, 2008.

CORFEE-MORLOT, J. et al. Cities, Climate Change and Multilevel Governance. *OECD Environmental Working Papers*, n. 14. Paris: OECD Publishing, 2009.

CORTESE, T. T. P. *Mudanças climáticas na cidade de São Paulo:* avaliação da política pública municipal. 2013. Tese (Doutorado). Programa de Pós-Graduação em Saúde Pública, Faculdade de Saúde Pública, Universidade de São Paulo (FSP-USP). São Paulo, 2013.

DAWSON, R. Reengineering cities: a framework for adaptation to global change. *Philosophical Transactions of the Royal Society A*, v. 365, p. 3.085-3.098, 2007.

DENTON, F. et al. Climate-resilient pathways: adaptation, mitigation, and sustainable development. In: *Climate change 2014:* impacts, adaptation, and vulnerability. Part A: Global and sectorial aspects. Contribution of Working Group II to the Fifth Assessment Report of the Intergovernmental Panel on Climate Change, p. 1.101-1.131, 2014.

DI GIULIO, G. M. et al. Mainstreaming climate adaptation in the megacity of São Paulo, Brazil, *Cities*, v. 72, part b, p. 237-244. DOI: 10.1016/j.cities.2017.09.001.

_____; BEDRAN-MARTINS, A. M.; LEMOS, M. C. Adaptação climática: fronteiras do conhecimento para pensar o contexto brasileiro. *Estudos Avançados*, v. 30, n. 88, p. 25-41, 2016. doi: 10.1590/S0103-40142016.30880004.

EAKIN, H.; LEMOS, M. C. Adaptation and the state: Latin America and the challenge of capacity-building under globalization. *Global Environmental Change*, v. 16, n. 1, p. 7-18, 2006.

EAKIN, H.; LEMOS, M. C.; NELSON, D. R. Differentiating capacities as a mean to sustainable climate change adaptation. *Global Environmental Change*, n. 27, p. 1-8, 2014. doi: 10.1016/j.gloenvcha.2014.04.013.

ENGLE, N. L. Adaptive capacity and its assessment. *Global Environmental Change*, v. 21, p. 647-656, 2011.

ERIKSEN, S. et al. When not every response to climate change is a good one: identifying principles for sustainable adaptation. *Climate Develop.*, v. 3, p. 7-20, 2011.

FERREIRA, L. C. Cidades, sustentabilidade e risco. *Desenvolvimento e Meio Ambiente*, n. 9, p. 23-31, 2004.

FUNTOWICZ, S.; RAVETZ, J. Ciência pós-normal e comunidades ampliadas de pares face aos desafios ambientais. *História, Ciências, Saúde-Manguinhos*, Rio de Janeiro, v. 4, n. 2, 1997.

FURRIELA, R. B. *Limites e alcances da participação pública na implantação de políticas subnacionais em mudança climática e o município de São Paulo.* 2011. Tese (Doutorado). Escola de Administração de Empresas de São Paulo, Fundação Getulio Vargas (FGV Eaesp). São Paulo, 2011.

GIATTI, L. L. et al. O nexo água, energia e alimentos no contexto da Metrópole Paulista. *Estudos Avançados*, v. 20, n. 88, p. 43-51, 2016.

GIDDENS, A. *A política da mudança climática.* Rio de Janeiro: Zahar, 2010.

HARVEY, D. *A condição pós-moderna.* São Paulo: Loyola, 1992.

HOFF, H. Understanding the nexus, background paper for the Bonn 2011 Conference. In: *The water, energy and food security nexus: solutions for the green economy.* Estocolmo: SEI, 2011, p. 52.

HOOGHE, L.; MARKS, G. Unraveling the central state, but how? Types of multi-level governance. *American Political Science Review*, v. 97, n. 2, 2003.

HUSSEY, K.; PITTOCK, J. The energy-water nexus: managing the links between energy and water for a sustainable future. *Ecology and Society*, v. 17, n. 1, p. 31, 2012. doi: 10.5751/ES-04641-170131.

[IPCC] INTERGOVERNMENTAL PANEL ON CLIMATE CHANGE. *Climate change: impacts, adaptation and vulnerability.* Genebra/Suíça, 2001.

_____. Summary for policymakers. In: PARRY, M. L. et al. (Eds.). *Climate change 2007: impacts, adaptation and vulnerability.* Contribution of Working Group II to the Fourth Assessment Report of the Intergovernmental Panel on Climate Change. Cambridge (Reino Unido): Cambridge University, 2007.

JALAL, K. F. *Sustainable development, environment and poverty nexus.* Filipinas: Asian Development Bank, 1993.

JAMESON, F. *A virada cultural:* reflexões sobre o pós-modernismo. Rio de Janeiro: Civilização Brasileira, 2006.

JUHOLA, S. et al. Redefining maladaptation. *Environmental Science and Policy,* v. 55, p. 135-140, 2016.

HADDAD, A. E. (Org.). *São Paulo carinhosa:* o que grandes cidades e políticas intersetoriais podem fazer pela primeira infância. São Paulo: Secretaria Municipal de Cultura, 2016.

KAY, J. J.; REGIER, H. A.; BOYLE, F. G. An ecosystem approach for sustainability: addressing the challenge of complexity. *Futures,* v. 31, n. 7, p. 721-742, 1999.

KEOHANE, R.; VICTOR, D. The regime complex for climate change. *Harvard Project on International Climate Agreements,* Discussion Paper 10-33, jan. 2010.

KJELLSTROM, T. et al. Urban environmental health hazards and health equity. *Journal of Urban Health,* v. 84, n. 1, p. i86-i96, 2007.

KLEIN, R.; SCHIPPER, E.; DESSAI, S. Integrating mitigation and adaptation into climate and development policy: three research questions. *Environmental Science & Policy,* n. 8, p. 579-588, 2005.

KLINK, J. Recent perspectives on metropolitan organization, functions and governance (Cap. 3). In: ROJAS, E.; CUADRADO- ROURA, J. R.; GÜELL, J. M. F. (Orgs.). *Governing the metropolis:* principles and cases. Washington: Inter-American Development Bank/David Rockefeller Center for Latin American Studies/Harvard University. 2008.

LANDIN, R.; GIATTI, L. L. Política de mudança do clima no município de São Paulo, Brasil: reflexividade e permeabilidade do Setor Saúde. *Ciência & Saúde Coletiva,* v. 19, n. 10, p. 4.149-4.156, 2014. doi: 10.1590/1413-812320141910.08972014.

LATOUR, B. *Jamais fomos modernos:* ensaio de antropologia assimétrica. Rio de Janeiro: 34, 1994.

LE GALÉS, P. Urban policies in Europe: what is governed? In: BRIDGE, G.; WATSON, S. (Orgs.). *The New Blackwell Companion to the City.* Oxford: Blackwell, 2011.

LEFÈVRE, C. Democratic governability of metropolitan areas: international experiences and lessons for Latin American cities (Cap. 4). In: ROJAS, E.; CUADRADO-ROURA, J. R.; GÜELL, J. M. F. (Orgs.). *Governing the metropolis:* principles and cases. Washington: Inter-American Development Bank/David Rockefeller Center for Latin American Studies/Harvard University, 2008.

LEICHENKO, R.; SOLECKI, W. *Global cities and local vulnerabilities in urbanization and global environmental change:* an exciting research challenge. IHDP-Update, 2006.

LEMOS, M. C. et al. Building adaptive capacity to climate change in less developed countries. *Climate Science for Serving Society,* p. 437-457, 2013.

_____. Developing adaptation and adapting development. *Ecology and Society,* v. 12, n. 26, 2007.

LEMOS, M. C.; KIRCHHOFF, C. J.; RAMPRASAD, V. Narrowing the climate information usability gap. *Nature Climate Change,* v. 2, n. 2, p. 789-794, 2012.

MARANDOLA JR., E. Tangenciando a vulnerabilidade. In: HOGAN, D. J.; MARANDOLA JR., E. *População e mudança climática:* dimensões humanas das mudanças ambientais globais. Campinas: Núcleo de Estudos de População (Nepo), Unicamp; Brasília: UNFPA, 2009.

MARENGO, J. et al. *Riscos das mudanças climáticas no Brasil:* análise conjunta Brasil-Reino Unido sobre os impactos das mudanças climáticas e do desmatamento na Amazônia. Brasil/

Reino Unido: Instituto Nacional de Pesquisas Espaciais (Inpe)/Met Office Hadley Centre (MOHC), 2011.

MARICATO, E. Metrópoles desgovernadas. *Estudos Avançados,* v. 25, n. 71, 2011.

MARQUES, E. C. L. Government, political actors and governance in urban policies in Brazil and São Paulo: concepts for a future research agenda. *Brazilian Political Science Review,* v. 7, n. 3, 2013.

_____. *Notas sobre a política e as políticas do urbano no Brasil.* Série textos para discussão. São Paulo: Centro de Estudos da Metrópole, 2016.

MARTINEZ-ALLIER J. *O ecologismo dos pobres.* São Paulo: Contexto, 2007.

MARTINS, R. D. A. Uma revisão crítica sobre cidades e mudança climática: vinho velho em garrafa nova ou um novo paradigma de ação para a governança local? *Revista de Administração Pública,* v. 45, n. 3, p. 611-641, 2011.

MARTINS, R. D. A.; FERREIRA, L. C. Enabling climate change adaptation in urban areas: a local governance approach. *INTERthesis,* v. 7, n. 1, p. 241-275, 2010.

MOSER, C. O. N. The asset vulnerability framework: reassessing urban poverty reduction strategies. *World Development,* v. 26, n. 1, 1998, p. 1-19.

NEWIG, J.; FRITSCH, O. Environmental governance: participatory, multi-level – and effective? *Environmental Policy and Governance,* n. 19, p. 197-214, 2009.

OJIMA, R. Perspectivas para a adaptação frente às mudanças ambientais globais no contexto da urbanização brasileira: cenários para os estudos de população. In: HOGAN, D. J.; MARANDOLA JR., E. *População e mudança climática:* dimensões humanas das mudanças ambientais globais. Campinas: Núcleo de Estudos de População (Nepo), Unicamp; Brasília: UNFPA, 2009.

PAHL-WOSTL, C. A conceptual framework for analyzing adaptive capacity and multi-level learning processes in resource governance regimes. *Global Environmental Change,* v. 19, p. 354-365, 2009.

PAPADOPOULOS, Y. Accountability and multi-level governance: more accountability, less democracy? *Revised version of a paper presented at the "Connex" workshop on Accountability.* Florença: European University Institute, 2008.

PORTO, M. F. S.; FREITAS, C. M. Vulnerability and industrial hazards in industrializing countries: an integrative approach. *Futures,* v. 35, p. 717-736, 2003.

RASUL, G.; SHARMA, B. The nexus approach to water-energy-food security: an option for adaptation to climate change. *Climate Policy,* apr. 2015.

RAVETZ, J. *City region 2020:* integrating planning for a sustainable environment. Londes: Earthscan Publications, 2000.

ROBINSON, J. Global and world cities: a view from off the map. *International Journal of Regional Research,* v. 26, p. 531-54, 2002.

_____. *Ordinary cities:* between modernity and development. Londres: Routledge, 2006, 218p.

SALDIVA, P.; COELHO, M. Aquecimento global e seus efeitos para a saúde na cidade de São Paulo (Cap. 4). In: PHILIPPI JR., A. (Coord.); CORTESE, T. T. P.; NATALINI, G. (Orgs.). *Mudanças climáticas:* do global ao local. Barueri: Manole, 2014.

[SEADE] FUNDAÇÃO SISTEMA ESTADUAL DE ANÁLISE DE DADOS. *Sistema Seade de Projeções Populacionais,* 2015. Disponível em: <http://produtos.seade.gov.br/produtos/projpop/index.php>. Acesso em: 16 set. 2015.

SHARMA, U.; PATWARDHAN, A. An empirical approach to assessing generic adaptive capacity to tropical cyclone risk in coastal districts of India. *Mitigation and Adaptation Strategies for Global Change,* n. 13, p. 819-831, 2008.

SIEBERT, C. Mudanças climáticas e resiliência urbana. *Encontros Nacionais da ANPUR, ST4*: meio ambiente, reprodução social e consumo, desenvolvimento, planejamento e governança, v. 15, 2013.

SOUZA, C. Políticas públicas: uma revisão da literatura. *Sociologias*, v. 8, n. 16, p. 20-45, 2006.

STIRLING, A. *Developing 'Nexus Capabilities'*: towards transdisciplinary methodologies. Rascunho para o ESRC Nexus Network *workshop*, University of Sussex, 29-30 jun. 2015.

STOKER, G. Public-private partnerships and urban governance. In: PIERRE, J. (Org.) *Partnerships in urban governance*: European and American perspectives. Nova York: Palgrave, 1998.

URBINATTI, A. M. *Respostas aos desafios das mudanças climáticas em níveis locais*: os casos de São Paulo e Pequim. 2016. Dissertação (Mestrado). Instituto de Filosofia e Ciências Humanas da Universidade Estadual de Campinas (IFCH-Unicamp). Campinas, 2016.

WALKER, R.V. et al. The energy-water-food nexus: strategic analysis of technologies for transforming the urban metabolism. *Journal of Environmental Management*, v. 141, p. 104-105, 2014.

[WEF] WORLD ECONOMIC FORUM (Waughray, D. Ed). Water security: the water-food-energy-climate nexus. Summary. Washington: Island Press, 2011. Disponível em: <http://www3.weforum.org/docs/WEF_WI_WaterSecurity_WaterFoodEnergyClimateNexus_2011.pdf>. Acesso em: 3 ago. 2016.

WILBANKS, T. J.; KATES, R. W. Beyond adapting to climate change: embedding adaptation in responses to multiple threats and stresses. *Annals of the Association of American Geographers* v. 100, p. 719-728, 2010.

Cultura, quarto pilar do desenvolvimento sustentável: de objeto de consumo a instrumento de política pública para regeneração das cidades

4

Paulo Tadeu Leite Arantes
Arquiteto, Universidade Federal de Viçosa, UFV

DESENVOLVIMENTO: UM CONCEITO PLURAL

A economista britânica Joan Robinson costumava comparar desenvolvimento a um elefante: difícil de definir, mas muito fácil de reconhecer. Difícil de definir por ser um fenômeno de natureza social cercado de controvérsias, particularmente no que diz respeito às suas diversas formas de concepção. Fácil de reconhecer quando percebido como resultado de qualquer processo que promova mudanças positivas em determinada coletividade humana.

Ao afirmar que o desenvolvimento "não se presta para ser encapsulado em fórmulas simples", Sachs (2004, p. 25) nos lembra de que sua multidimensionalidade e complexidade explicam seu caráter fugidio, mesmo considerando "que seus conceitos tenham evoluído durante os anos, incorporando experiências positivas e negativas, refletindo as mudanças nas configurações políticas e as modas intelectuais".

Para Celso Furtado,

> Quando a capacidade criativa do homem se volta para a descoberta de suas potencialidades, e ele se empenha em enriquecer o universo que o gerou, produz-se o que chamamos de desenvolvimento (1998, p. 47).

Entrar, pois, no âmago deste tema é sem dúvida uma tarefa tão estimulante quanto desafiadora, tendo em vista a diversidade de nuances que o adjetivam, tornando praticamente impossível explicitá-lo na plenitude, apartado de cada um de seus inúmeros significados.

Não faz parte, entretanto, dos objetivos deste capítulo, abarcar toda a extensão e diversidade desses conceitos ou mesmo mergulhar mais fundo em cada um, sempre em constantes processos de rupturas e realinhamentos.

O que se objetiva aqui é tão somente lançar luzes sobre o tema do desenvolvimento, em particular sobre o desenvolvimento sustentável, e mostrar de forma sucinta como se deu a inclusão da cultura enquanto quarto pilar do seu já consagrado tripé: econômico, social e ambiental.

Os documentos oficiais de referência que irão balizar este esforço são:

- Relatório Nossa Diversidade Criativa.
- Agenda 21 da Cultura.
- Declaração Universal sobre a Diversidade Cultural, todos chancelados pela Unesco.
- Documento de Orientação Política, aprovado pelo Bureau Ejecutivo de Ciudades y Gobiernos Locales Unidos (CGLU) intitulado "A Cultura como Quarto Pilar do Desenvolvimento Sustentável".

Complementa a discussão sobre o conceito expandido do desenvolvimento sustentável aquele que o considera um processo de expansão de liberdades reais desfrutado pelas pessoas para levar a cabo tudo aquilo que por uma razão ou outra for de grande valia para elas.

Como aplicação prática dessa mais recente abordagem de desenvolvimento, será apresentado um processo de regeneração/reinvenção urbana que tem a cultura como seu eixo estruturador. Organizado na forma de um movimento colaborativo,[1] esta inciativa vem transformando uma pequena cidade do sul de Minas Gerais, por meio de um conjunto de ações e intervenções, cujo objetivo é estabelecer conexões entre as diversas potencialidades humanas, econômicas e culturais da cidade, visando a melhoria da qualidade de vida de sua população e, com isso, promover o desenvolvimento local.

Abordar o tema desenvolvimento sustentável com a inclusão da cultura justifica-se, não apenas por se conviver com uma degradação ambiental que parece não ter fim, mas principalmente pelo reconhecimento que hoje se tem da importância da diversidade cultural nos processos de transformação da realidade urbana e social, conforme previsto no artigo 3 da Declaração Universal sobre a Diversidade Cultural da Unesco.[2] Esse mesmo artigo, ao enfa-

---

[1] Disponível em: http://cidadecriativacidadefeliz.com.br/.

[2] "Art. 3 – A diversidade cultural, fator de desenvolvimento: A diversidade cultural amplia as possibilidades de escolha que se oferecem a todos; é uma das fontes do desenvolvimen-

tizar que a "diversidade cultural amplia as possibilidades de escolha", nos remete ao tema do desenvolvimento, visto como um processo essencialmente de expansão das liberdades reais de que as pessoas desfrutam, conforme defende o prêmio Nobel de Economia de 1998, Amartya Sen.

Isso posto e considerando que a cultura encontra-se hoje no centro dos debates contemporâneos sobre identidade, coesão social e desenvolvimento, no âmbito de uma economia fundada no conhecimento, sem perder de vista a importância de se garantir a liberdade de escolha das pessoas, chega-se às seguintes questões:

- Como a cultura deixou de ser vista como um mero objeto de consumo para se tornar um instrumento de política pública, com especial aplicação em projetos de regeneração urbana?
- Qual o papel da cultura enquanto a quarta variável da sustentabilidade?
- Como cultura e eliminação das privações de liberdade combinados podem contribuir para a ampliação do significado do desenvolvimento sustentável, antes definido pelo seu clássico tripé: ambiental, social e econômico?

São indagações instigantes que nos levam a refletir sobre qual desenvolvimento se quer, pode-se ou deve-se seguir.

Dessa forma, muito mais do que respondê-las, pretende-se trazer novos ingredientes para fomentar um debate ainda incipiente sobre essas recentes contribuições ao tema do desenvolvimento sustentável, discussão essa, por sinal, longe ainda de ser consensual e conclusiva.

DESENVOLVIMENTO COM CRESCIMENTO

Entre os vários conceitos de desenvolvimento, recorrer à Economia do Desenvolvimento, disciplina surgida nas primeiras décadas do pós-guerra, período também conhecido como a Era de Ouro do capitalismo, é um recorte temporal apropriado para introduzir e contextualizar historicamente a temática eleita para este capítulo.

Os fundamentos da Economia do Desenvolvimento saíram dos estudos e pesquisas de autores que ficaram consagrados como: Rosenstein-Rodan (1969), Ragnar Nurkse (1957), Walter Rostow (1978), Artur Lewis (1969),

---

to, entendido não somente em termos de crescimento econômico, mas também como meio de acesso a uma existência intelectual, afetiva, moral e espiritual satisfatória".

Hirschmann (1961), Gunnar Myrdal (1961), entre tantos outros que influenciaram não apenas uma geração de estudiosos desse tema, como também de *policy makers* mundo afora.

Fruto de um estreito "economismo", conforme critica Sachs (1986), o desenvolvimento visto pela perspectiva do crescimento econômico tinha como pressuposto estimular o crescimento rápido das forças de produção, de modo que os ganhos conseguidos pudessem ser estendidos, de forma mais ou menos espontânea, a todos os domínios da atividade humana.

O desenvolvimento econômico teve seu auge nas décadas de 1950 e 1960, mas não resistiu à primeira crise do petróleo, em 1973, a mais drástica desde a quebra da bolsa de Nova York, ocorrida em 1929. Suas consequências foram de uma magnitude tal que alteraram de forma irreversível não apenas as transações entre os (poucos) países produtores do ouro negro e os (muitos) consumidores, como também interrompeu abruptamente um ciclo virtuoso de crescimento material em dezenas de países ocidentais, iniciado com o final da Segunda Grande Guerra.

Entretanto, ao transformar o petróleo em um instrumento de pressão política, essa crise teve papel destacado no redesenho da geopolítica e da economia global posta em prática nos anos seguintes. Para países periféricos, como o Brasil, o estrago provocado por essas mudanças foi ainda maior, particularmente com relação aos impactos sobre seu crescimento econômico, impondo um longo ciclo de dificuldades econômicas marcado pela combinação perversa de hiperinflação com estagnação.

A despeito da enorme repercussão que tiveram as questões relacionadas com esse desarranjo nas economias em praticamente todos os países, o foco deste estudo recai sobre outro aspecto igualmente importante: as mudanças do padrão tecnológico de produção e seus impactos, seja no processo de crescimento dos países, seja na formatação de uma nova maneira de viver.

Segundo o pensamento desenvolvimentista vigente a partir do final da Segunda Guerra Mundial, o progresso material e o crescimento econômico, este último via crescimento da renda *per capita*, seriam os caminhos mais seguros para se chegar a uma melhoria dos padrões sociais.

Por essa lógica, acreditava-se que qualquer incremento da variável renda *per capita* traria como reflexo direto uma expansão do consumo que, por seu turno, provocaria uma imediata elevação do patamar de satisfação das pessoas, algo por sinal nunca alcançado, entre outros motivos, pela imensa desigualdade de acesso a um pujante, mas extremamente concentrado, progresso tecnológico.

Com a frustração pelo malogro da crença de que, ao consolidar o crescimento das forças de produção, o desenvolvimento se estenderia a todos os domínios das atividades humanas, fica uma provocação feita por Landes (1998): porque os países pobres ainda são pobres e porque países ricos continuam tão ricos?

Na tentativa de respondê-la, esse mesmo autor lembra que a riqueza hoje acumulada pela maioria dos países desenvolvidos tem suas raízes na Revolução Industrial, mais precisamente a partir de inovações que foram determinantes para estabelecer uma nova maneira de viver.

O economista norte-americano Robert J. Gordon (2016), um estudioso do tema, no seu mais recente trabalho, concentrou sua atenção nos impactos sobre o cotidiano das pessoas de uma miríade de invenções que vieram à tona a partir dessa revolução. Para ele, o período compreendido entre 1870 a 1970 foi o mais inovador da história da humanidade, razão pela qual ele o chama de "século especial", tendo em vista não apenas a diversidade, mas principalmente a simultaneidade das inovações ocorridas ao longo desse período.

Em sua pesquisa, ele mostra como uma avalanche de novidades, ou melhor, como a combinação delas foi capaz de provocar uma reação em cadeia tal que modificou definitivamente a maneira de lidar com questões relativas a transporte, informação, comunicação, alimentação, vestuário, tratamentos de doenças, habitação e trabalho; transformações essas que foram cruciais para definir o atual padrão de vida moderna, alterando definitivamente a experiência humana.

Landes (1998) destaca duas dessas inovações que combinadas foram fundamentais no processo de plasmar um novo estilo de vida: o barateamento do processamento do algodão, após a invenção do tear mecânico, combinado com a fabricação em massa do sabão feito de óleos vegetais. Muito mais do que o mérito de cada uma dessas façanhas, foi a combinação delas que fez toda a diferença, na medida em que permitiram ao homem comum daquela época adquirir pela primeira vez roupas de baixo, outrora conhecidas como "roupas brancas", porque eram feitas de linho, um tecido lavável, mas ao alcance apenas de pessoas abastadas, que o usavam junto à pele.

Não foi por outro motivo que a introdução de tecidos mais em conta para esse tipo de confecção possibilitou a um amplo segmento da sociedade adquirir não apenas o hábito de lavar suas roupas em casa, como também o de tomar banho. Muito embora naquela época banhar-se fosse algo visto como um sinal de sujeira, a maior e mais eficaz higiene pessoal refletiu em um aumento considerável da expectativa de vida, notadamente naqueles países que primeiro tiveram acesso não só a essas medidas, mas a uma infinidade de outras inovações tecnológicas que vieram na esteira dessa revolução, conforme conclui Landes (1998).

Assim, não obstante os notáveis avanços da medicina no mesmo período, a disseminação de hábitos de higiene, e aí se inclui ter água limpa e corrente em casa, um sistema de esgotamento sanitário, um destino para o lixo e tantos outros hábitos, que combinados pesaram mais nos quesitos qualidade de vida e longevidade do que os remédios citados com o mesmo propósito.

Esse fato confirma como uma vigorosa e ascendente expansão tecnológica, acompanhada do acesso facilitado a um extraordinário desenvolvimento científico, levada a cabo pelos países nos quais essa revolução se fazia presente, contribuiu para que os mesmos países pudessem, cada vez mais, acumular riquezas.

Em igual período, os países subdesenvolvidos, por não disporem das mesmas condições que seus pares desenvolvidos, continuaram mergulhados em uma situação de atraso, seja na produção de novos conhecimentos, seja no domínio de novas tecnologias, impactando dramaticamente a capacidade de cada um para gerar e distribuir riqueza.

Esse é apenas um entre vários exemplos que ilustram como os avanços ocorridos na chamada era industrial repercutiram no padrão de vida das pessoas.

Em contrapartida, ao mesmo tempo em que uma parte privilegiada da humanidade se esbaldava no desfrute de um conforto nunca antes conseguido, que se tornou real após a superação da velocidade do cavalo pela velocidade do trem, aumentava a distância entre os países que tinham na indústria e no domínio das novas tecnologias seus principais diferenciais competitivos e aqueles ainda não industrializados e, por conseguinte, muito limitados para competirem em um novo tabuleiro de disputas.

Essas disparidades, entretanto, não impediram que alguns países periféricos, mesmo sem ter pleno acesso a esses novos condicionantes do desenvolvimento, conseguissem melhorar sensivelmente seus índices de qualidade de vida.

Todavia, isso não excluiu uma considerável ampliação da distância entre centro e periferia, conforme reconhece Landes (1998, p. xix):

> Vivemos num mundo de desigualdade e diversidade. Este mundo está dividido, *grosso modo* (grifo do autor), em três espécies de nações: aquelas em que as pessoas gastam rios de dinheiro para não ganhar peso, aquelas em que as pessoas comem para viver e aquelas cuja população não sabe de onde virá a próxima

refeição. Essas diferenças se fazem acompanhar de acentuados contrastes nas taxas de doença e expectativa de vida.

Muito embora o curso da história tenha mostrado de forma inquestionável que crescer por si só não é determinante para se conseguir a equiparação entre todos, observa-se nos dias que correm uma postura ainda muito alinhada aos fundamentos do desenvolvimento como crescimento econômico tanto por parte de governos como de órgãos multilaterais, que continuam batendo nessa tecla mesmo sabendo que agindo dessa maneira estão contribuindo para a elevação do grau de degradação dos atuais ecossistemas e do consequente aumento da poluição.

Na próxima abordagem, ao incorporar uma visão sistêmica da realidade, o desenvolvimento passa a ser compreendido não apenas por uma, mas por três dimensões: a ambiental, a econômica e a social.

Nessa nova visão, o crescimento econômico deixa de ser a preocupação central para dar lugar a questões relacionadas com os impactos sobre a natureza decorrentes de uma gigantesca ampliação na oferta de produtos, combinada com um consumismo exacerbado, tal como hoje se verifica.

Com isso, perde força a visão de que crescer é condição necessária e também suficiente para se atingir o tão sonhado desenvolvimento pleno, conforme foi tenazmente defendida pelos que acreditavam ser o crescimento econômico a melhor estratégia para que um país, não importa se desenvolvido ou subdesenvolvido, pudesse atingi-lo.

DESENVOLVIMENTO COM SUSTENTABILIDADE

Ao longo das décadas de 1970 e 1980, a ameaça de uma crise ambiental sem precedentes na história da humanidade deixava de ser enredo de uma ficção catastrofista do planeta para se tornar realidade.

Mudar a maneira de ver e agir sobre o meio ambiente assumiu uma abrangência global como reação à forma predatória e irresponsável de lidar com essas condutas praticadas indistintamente por todos os países, independentemente do grau de desenvolvimento de cada um até aquele momento.

As tentativas de reverter um iminente caos ambiental vieram à tona na década de 1960, em plena vigência do modelo de desenvolvimento via crescimento econômico, por meio de iniciativas isoladas, em contraponto a uma discreta ou mesmo inexistente conscientização por parte das pessoas, das empresas ou mesmo dos governos com relação à magnitude dos riscos a que a humanidade estava se expondo.

O Clube de Roma, concebido pelo industrial italiano Aurelio Peccei e pelo cientista escocês Alexander King, em 1966, foi uma das primeiras ações nessa direção. Ao reunir pessoas ilustres para debater assuntos diversos relacionados com política, economia internacional e sobretudo meio ambiente, seus organizadores pretendiam fomentar uma discussão sobre a importância de se lidar com esse tema de forma transversal, algo ainda muito distante das agendas empresariais, institucionais ou mesmo governamentais.

Em 1972, um relatório intitulado "Os Limites do Crescimento", elaborado por uma equipe do MIT, coordenada por Dana Meadows e contratada por esse clube, veio a público e ganhou visibilidade para além do continente europeu, ao provocar uma discussão sobre a urgência de se pensar um novo modelo de desenvolvimento, no caso, um modelo que contemplasse questões relacionadas com a sustentabilidade.

Quatro anos mais tarde, com o cenário internacional ainda sob o impacto da crise de 1973, o III Relatório do Clube de Roma (1976) é publicado e foi considerado uma das primeiras tentativas de estimular essa discussão, além dos limites do clube. Nele, foi esboçado um roteiro para ligar o tema das disparidades econômicas com a questão ambiental, profetizando enfaticamente que: "muito antes de esgotarmos os limites físicos do nosso planeta ocorrerão graves convulsões sociais provocadas pelo grande desnível existente entre a renda dos países ricos e dos países pobres".

Até aqui ainda não se empregava o termo "desenvolvimento sustentável" que, segundo Álvarez (2008), apareceria pela primeira vez em 1981, no bojo de um manifesto do partido ecológico da Grã-Bretanha, escrito por Lester Brown, intitulado "Building a Sustainable Society".

A Carta de Ottawa de 1986, lançada durante a realização da Conferência de Ottawa, foi outra investida nessa direção e sua importância histórica se justifica por ter estabelecido cinco requisitos para se alcançar o desenvolvimento sustentável, a saber:

1. Integração da conservação e do desenvolvimento.
2. Satisfação das necessidades básicas humanas.
3. Alcance de equidade e justiça social.
4. Provisão da autodeterminação social e da diversidade cultural.
5. Manutenção da integração ecológica.

Chama a atenção nessa carta o fato de ser a primeira vez em que não se menciona apenas o tripé social (alcance de equidade e justiça social), econômico (satisfação das necessidades básicas humanas) e ambiental (manutenção da integração ecológica), que mais tarde iria distinguir o desenvolvimento sustentável, mas também confere destaque à cultura (provisão da autodeterminação social e da diversidade cultural).

O desenvolvimento passou a ser oficialmente adjetivado como sustentável a partir de 1988, com a publicação do relatório sobre as mudanças climáticas intitulado "Nosso Futuro Comum", elaborado pela Comissão Mundial para o Meio Ambiente e Desenvolvimento (CMMAD), vinculada à ONU.

Sua importância pode ser medida por ter incluído nas agendas governamentais de mais de uma centena de países questões relativas à sustentabilidade, vistas segundo três perspectivas interdependentes, quais sejam, a física/ambiental (ecológica), a econômica (de durabilidade ao longo do tempo) e a social (inclusiva). A expectativa era de que essas três perspectivas se tornassem condições obrigatórias para se chegar a um mundo "vivível, viável e justo".

Seu conteúdo não aborda exclusivamente a questão ambiental, mas também a social, principalmente no que se refere ao uso da terra, sua ocupação, suprimento de água, abrigo e serviços sociais, educativos e sanitários, além da administração do crescimento urbano, dando origem a uma abordagem sistêmica do desenvolvimento, até então inexistente.

Vislumbrava-se, a partir de sua publicação, a possibilidade de transformar o conteúdo desse relatório na espinha dorsal de uma política econômica global, comprometida em atender as demandas atuais sem comprometer as futuras gerações, bem como catalisar um processo de desenvolvimento em favor da maior parcela da população no mundo: os mais pobres, tal como ratificado quatro anos mais tarde na Conferência "Rio 92", por meio da Agenda 21.

Apesar de não definir claramente quais seriam as necessidades do presente nem as do futuro, esse relatório chamou a atenção do mundo sobre a necessidade de encontrar novas formas de desenvolvimento econômico, sem a redução dos recursos naturais e sem danos ao meio ambiente, por sinal, algo em total oposição a tudo que estava em curso até então, no âmbito do desenvolvimento. Além disso, definiu três princípios básicos a serem cumpridos: desenvolvimento econômico, proteção ambiental e equidade social.

Mesmo considerando o avanço ao incluir uma visão integrada da realidade, esse documento não ficou livre de críticas por apresentar como principal causa da situação de insustentabilidade do planeta o descontrole populacional e a miséria dos países subdesenvolvidos, colocando como fator secundário a poluição ocasionada nos últimos anos pelos países desenvolvidos, fenômeno decorrente de um avassalador progresso tecnológico em curso.

A despeito de todas críticas, trata-se de um documento de referência mundial ou, como muitos preferem considerá-lo, uma resposta para a humanidade perante o agravamento de uma crise social e ambiental que vinha assolando o planeta desde a segunda metade do século XX.

Os maiores diferenciais do relatório consistiram em oferecer uma compreensão mais ampla da realidade de um planeta em estado de choque, ao mesmo tempo em que propiciou uma nova forma de entendimento da intricada teia de relações que perpassa suas três dimensões, e a defesa intransigente de uma visão de "desenvolvimento sustentável" como caixa de ressonância de anseios coletivos, como democracia e liberdade.

É consensual, no entanto, o reconhecimento obtido com relação ao acerto dessa nova forma de lidar com temas relativos ao desenvolvimento. Isso, inclusive, motivou uma corrente de pensadores a considerá-lo uma Nova Economia do Desenvolvimento, na qual o discurso da sustentabilidade evidencia que as disfunções sociais e econômicas estariam muito mais distantes de se dissiparem do que previa o modelo de desenvolvimento baseado exclusivamente no crescimento econômico.

Trilhando esse mesmo percurso de busca de estratégias que pudessem assegurar a todos melhores condições de vida e partindo da constatação de que, nos países ditos desenvolvidos, as pessoas incontestavelmente têm muito mais chances e opções do que as pessoas nos países em desenvolvimento, emerge uma visão de desenvolvimento focada na ampliação das possibilidades de escolha e das oportunidades de expansão das potencialidades humanas, por sinal, algo que depende de fatores socioculturais como saúde, educação, comunicação, direitos e principalmente liberdade, conforme se verá a seguir.

DESENVOLVIMENTO COM LIBERDADE

Para o economista indiano e ganhador do prêmio Nobel de 1998 Amartya Sen, era equivocada a visão de desenvolvimento enquanto crescimento. Para ele, desenvolvimento não deve ser confundido com o crescimento rápido das forças de produção, bem como é falaciosa a crença de que os ganhos materiais decorrentes desse crescimento seriam estendidos espontaneamente a todos os domínios da atividade humana, dois pilares do modelo desenvolvimentista baseado no crescimento econômico. Para este autor, "o desenvolvimento é essencialmente um processo de expansão das liberdades reais de que as pessoas desfrutam" (Sen, 2015).

O desenvolvimento, na visão de Sen (2015), se resume na eliminação das privações de liberdade que limitam as escolhas e as oportunidades para que as pessoas possam exercer ponderadamente sua condição de agentes livres e sustentáveis.

Nesse caso, a liberdade não pode ser vista apenas como um dos fins primordiais do desenvolvimento, mas como algo que capacita os indivíduos a moldarem seus próprios destinos de forma a ajudarem uns aos outros e, com isso, atingir a tão sonhada inclusão social, o desejável bem-estar econômico e a inadiável preservação dos recursos naturais.

Entre as privações de liberdade, prossegue Sen, estão a pobreza e a tirania, a carência de oportunidades econômicas, a destituição social sistemática, a negligência dos serviços públicos e a intolerância ou interferência exercida pelos estados repressivos.

Dessa forma, ao reescrever as relações entre a riqueza proporcionada pelas atividades econômicas e as pessoas ou mais especificamente a liberdade que cada um de nós precisa ter para viver como bem desejar, Sen revolucionou o conceito de desenvolvimento.

Ao colocar a liberdade no centro, ele assim procedeu apoiado em duas razões:

1. *A razão avaliatória* (a avaliação do progresso tem de ser feita verificando se houve aumento das liberdades das pessoas) e
2. *A razão da eficácia* (a realização do desenvolvimento depende inteiramente da livre condição de agente das pessoas, [que] precisam observar as relações empíricas relevantes, em particular as relações mutuamente reforçadoras entre liberdades de tipos diferentes. (Sen, 2015, p. 17, grifo do autor)

Por liberdade, ele entende ser o reconhecimento da heterogeneidade de seus componentes não apenas parte constitutiva do desenvolvimento, mas também um instrumento para se chegar a esse fim. A partir dessa visão, ele define que a liberdade não é apenas o fim último da vida econômica, mas a forma mais eficaz de viabilizar o bem-estar geral.

Incorpora-se a essa definição de liberdade, segundo Sen, dimensões que se inter-relacionam, como a liberdade política, as facilidades econômicas, as oportunidades sociais, a transparência e a segurança.

A efetividade instrumental da liberdade diz respeito ao fato de que desfrutá-la em qualquer de suas dimensões pode contribuir significativamente para conquistá-la em outras dimensões, de igual valor. No caso da liberdade de escolha, são as capacidades de cada indivíduo que permitirão a cada um fazer suas próprias escolhas, dentro daquilo que querem e valorizam.

Esses são os argumentos que utiliza para defender o desenvolvimento enquanto um enriquecimento da vida humana por meio da expansão das capacidades de cada indivíduo. É isso, conclui, exatamente o que assegurará às pessoas a liberdade para escolher entre diferentes formas de pensar e consequentemente de viver.

Uma outra dimensão da restrição de liberdade por ele abordada tem a ver com o que chamou de "poder esmagador da cultura e do estilo de vida ocidentais para solapar modos de vida e costumes sociais tradicionais" (Sen, 2015, p. 308). Sua preocupação, caso isso consiga materializar-se, é com a ameaça que poderia representar a todos que se preocupam com o valor da tradição e dos costumes culturais nativos.

No próximo tópico, será discutido o papel da cultura como o quarto pilar do desenvolvimento, momento em que será retomada essa teoria, afinal, não faz sentido sobrelevar a importância da cultura e da diversidade cultural no âmbito do desenvolvimento sustentável se ela vier apartada da remoção das restrições de liberdade.

DESENVOLVIMENTO COM CULTURA

Com certo atraso, a cultura muito recentemente passou a ser considerada parte essencial ou componente básico do desenvolvimento, sem a qual nenhum crescimento é válido e nenhum desenvolvimento é ético.

Nesse sentido, conforme já mencionado, quando a ênfase do desenvolvimento era dada pelo crescimento econômico, sua aferição, como não poderia ser diferente, vinha da apuração de índices exclusivamente econômicos, obtidos por meio de uma contabilidade segundo a qual os fatores culturais eram vistos como obstáculos ao próprio desenvolvimento.

Para Álvarez (2008, p. 32), "as nações que ainda traziam as sequelas da colonização eram acusadas de possuir traços culturais que contrariavam os mandamentos da produtividade, de certa forma inferindo que seriam elas próprias culpadas de seu atraso material". Segundo ainda essa mesma autora, organizações de peso como a ONU, por exemplo, comungavam desse mesmo pensamento, conforme não deixa dúvida este texto de 1951, extraído de seus arquivos:

Há um sentido no qual o progresso econômico acelerado é impossível sem ajustes dolorosos. As filosofias ancestrais devem ser erradicadas: as velhas instituições sociais têm que ser desintegradas; os laços de casta, credo, ou raça devem ser rompidos; e as grandes massas de pessoas incapazes de seguir o progresso deverão ver frustradas as suas expectativas de uma vida cômoda. Muito poucas comunidades estão dispostas a pagar o preço do progresso. (Álvarez, 2008, p. 32)

Essa "assepsia cultural" em prol de um irrefreável aumento de produtividade e da acumulação de capital, conforme era defendida pelos apologistas do crescimento econômico, foi colocada em prática do Ocidente capitalista até a China comunista. Em todos os lugares por onde passava, tradições e crenças eram varridas em nome da produtividade, conclui essa mesma autora.

A conscientização de que as dimensões culturais da vida humana são mais essenciais do que o crescimento econômico, cujo cerne, segundo esse pensamento, não está no ser humano e muito menos no aumento da qualidade de vida, sublinha o equívoco que é acreditar em uma visão de desenvolvimento incapaz de perceber que a maioria das pessoas priorizam tudo aquilo que oferece a elas uma maior liberdade de viver, segundo seus próprios valores.

Com efeito, se tudo aquilo que outorgamos valor contribui para formar a nossa cultura, reduzi-la a uma posição subalterna de simples catalisadora do desenvolvimento econômico é hoje inaceitável.

Passando aos dias atuais, foram notórios os esforços para rever a importância da cultura até conseguir o seu reconhecimento como o quarto pilar do desenvolvimento sustentável, conforme será apresentado a seguir.

Em busca de uma necessária, mas sempre adiada, simbiose entre cultura e desenvolvimento

Em 1994, o então primeiro ministro da Austrália, Paul Keating, no seu profético discurso de lançamento de um ambicioso projeto nacional intitulado "Creative Nation", em uma tradução livre, afirmou o seguinte:

Essa política cultural é também uma política econômica. Cultura cria riqueza. Conforme já foi amplamente divulgado, nossas indústrias culturais geram 13 bilhões de dólares por ano. Cultura emprega. Cerca de 336.000 australianos são empregados em indústrias relacionadas com a cultura. Cultura agrega valor, faz uma contribuição essencial para a inovação, *marketing* e *design*. O nível de nossa criatividade determina de forma substancial a nossa capacidade de adaptação a novos imperativos econômicos. É uma exportação valiosa em si mesma e um acompanhamento essencial para a exportação de outras mercadorias. Ela atrai turistas e estudantes. É essencial para o nosso sucesso econômico.[3]

Chama a atenção nesse discurso o arrojo e a determinação de um governante que, preocupado em proteger as singularidades de seu país e ao mesmo tempo definir novos rumos para a economia nacional, recorre à cultura como a pedra de toque de uma ousada ação governamental.

Atribuir à cultura o eixo propulsor de um projeto de transformação daquele país implicava reconhecer o seu caráter dual, ou seja, de ser ao mesmo tempo uma atividade simbólica e econômica, algo absolutamente incomum para uma política dessa natureza.

Sobre a questão da dualidade da cultura, Reis (2012, p. 19) mostra que, do ponto de vista antropológico, ao abarcar conhecimento, arte, crenças, lei, moral, costumes e todos os hábitos e aptidões adquiridos pelo ser humano, a cultura pode ser considerada o "amálgama e o diapasão da sociedade". Essa seria, conforme conclui, a Cultura com "C" maiúsculo.

Reis (2012) afirma em um sentido mais estrito haver a cultura com "c" minúsculo que, por sua vez, refere-se aos produtos, serviços e manifestações culturais que trazem em si uma expressão simbólica da cultura em sentido amplo. Ou seja, é aquela que, ao integrar a arena econômica, adquire caráter dual, simbólico e econômico e como tal tem potencial para gerar riqueza, emprego, renda e agregação de valor.

Foi essa a cultura enaltecida pelo dirigente australiano no seu plano para conter a hegemonia dos chamados imperativos econômicos globalizantes que marcaram a década de 1990.

Sobre a relação cultura e globalização, Furtado (1998) já alertava ser este último um processo por natureza destruidor dos patrimônios culturais locais, em prol do favorecimento à penetração indiscriminada de produtos

---

[3] "This cultural policy is also an economic policy. Culture creates wealth. Broadly defined, our cultural industries generate 13 billion dollars a year. Culture employs. Around 336,000 Australians are employed in culture-related industries. Culture adds value, it makes an essential contribution to innovation, marketing and design. The level of our creativity substantially determines our ability to adapt to new economic imperatives. It is a valuable export in itself and an essential accompaniment to the export of other commodities. It attracts tourists and students. It is essential to our economic success". *Creative nation: Commonwealth cultural policy*. Out. 1994. Disponível em: http://apo.org.au/resource/creative-nation-commonwealth-cultural-policy-october-1994. Acessado em: 18 jul. 2016.

culturais criados em outras realidades, o que, na sua visão, obstaculiza tremendamente uma comunidade para atingir seu pleno desenvolvimento.

Esse tipo de ameaça à cultura local não é, todavia, de todo nova.

Quem havia percebido isso muito antes de sua atual configuração foi o canadense Marshall McLuhan (1911-1980) ao reconhecer, ainda nos anos de 1960, que um processo de "retribalização" estava tomando forma, no qual as barreiras culturais, étnicas, geográficas, entre outras, seriam relativizadas, tornando inevitável uma homogeneização sociocultural em escala planetária.

Diante dessa constatação e para explicar como tudo isso se configuraria no espaço, ele criou a expressão "aldeia global", um conceito revolucionário e ao mesmo tempo polêmico, centrado nos valores culturais que os meios de comunicação de massa passaram a exercer sobre as sociedades, impactando o modo de vida das pessoas em qualquer parte do planeta.

Resumindo, McLuhan acreditava que o mundo estava virando um único lugar, no qual as ações sociais e políticas poderiam ter início simultaneamente e em escala global, e as pessoas seriam guiadas por ideais comuns aos de uma "sociedade mundial", o que poderia significar o desaparecimento das singularidades de cada sociedade.

Em que pese as inúmeras controvérsias e os acalorados debates que rodeiam essa visão de mundo, o reconhecimento de uma fantástica evolução dos meios de comunicação, em associação a um desenvolvimento exponencial da ciência computacional, interferiram e continuam interferindo dramaticamente na forma de viver, de produzir, de gerar valores, enfim, de estabelecer contatos entre as pessoas, não importa em que lugar estejam.

Na sequência, após advento da internet em meados da década de 1990, o conceito da aldeia global ganha novos significados com o surgimento da sociedade em rede, conforme mostra Castells (1999, p. 505), ao afirmar que "estávamos entrando em uma nova era, a era da informação, marcada pela autonomia da cultura, *vis-à-vis* as bases materiais da nossa existência".

Se para McLuhan o mundo estava se transformando em um único lugar, para Castells, era cada lugar que estava se tornando um mundo. Essa visão, na verdade, confirma uma mudança de paradigma das comunicações, em curso naquela época, ou seja, de um sistema de comunicação de um para muitos para um sistema de muitos para muitos. Expoentes da comunicação de um para muitos, como o rádio e a televisão, perderam espaço para a comunicação produzida por muitos e para muitos, cujo protagonista é a internet, na medida em que transformou a tela do computador em uma janela que permite, entre tantas outras coisas, não apenas ver, mas principalmente interagir em tempo real com qualquer pessoa de qualquer lugar do planeta.

Vive-se, portanto, um momento da história da humanidade em que, segundo Castells (1999, p. 504), "a informação representa o principal ingrediente de nossa organização social, e os fluxos de mensagens e imagens entre as redes constituem o encadeamento básico de nossa estrutura social".

Retomando o tema da globalização, agora na visão de Sen (2015, p. 308), encontra-se um alerta que em larga medida pode ter sido a luz amarela que acendeu para o governo australiano, motivando seus líderes a lançar uma ofensiva contra os efeitos perversos desse fenômeno quando esse autor afirma de forma categórica não haver a menor possibilidade de escapar das ameaças que sofrem as culturas nativas no mundo globalizante de hoje. Solução que não está disponível é a de deter a globalização do comércio e das economias, pois é difícil resistir às forças do intercâmbio econômico e da divisão do trabalho em um mundo competitivo impulsionado pela grande revolução tecnológica, que confere à tecnologia moderna uma vantagem economicamente competitiva.

Para esse autor, o poder esmagador que a cultura e o estilo de vida ocidentais têm para solapar modos de vida e costumes sociais tradicionais exacerbou-se de tal forma que, na sua visão de mundo, "o sol nunca se põe no império da Coca-Cola e da MTV". Para Sen (2015, p. 308), "é uma ameaça realmente grave para todos aqueles que se preocupam com o valor da tradição e dos costumes culturais nativos".

Voltando à Austrália, a estratégia escolhida por Paul Keating para conter o processo de aniquilamento da cultura australiana então em marcha, tinha na dualidade do conceito da cultura e no estímulo à criatividade do seu povo os fios condutores para levar aquele país a um novo ciclo de desenvolvimento, estruturado em dois grandes eixos: o resgate da identidade cultural do povo australiano e a inserção de sua economia no mundo globalizado.

O legado dessa política pode ser considerado positivo,[4] na medida em que ela mudou não apenas a maneira como os nativos daquele país se viam, como também o seu lugar no mundo. De forma ainda mais notável, ao reformular suas indústrias culturais em termos econômicos, os instrumentos previstos por essa política foram certeiros no alargamento do conceito de cultura para além dos limites de uma elite da grande arte.

---

[4] Paul Keating's Creative Nation: a policy document that changed us. Disponível em: http://theconversation.com/paulkeatings-creative-nation-a-policy-document-that-change-d-us-33537. Acessado em: 25 jul. 2016.

Resumindo, foi por meio das ações previstas pelo Creative Nation que se conseguiu mudar até mesmo a linguagem usada para falar sobre a Austrália, sua cultura e suas expressões artísticas. Sem dúvida, um ganho extraordinário para aquele país, até então caricaturizado como terra de cangurus e bumerangues.

Ainda sobre essa experiência, pode-se medir sua importância tanto pelos resultados conseguidos internamente como por ter servido de inspiração, três anos após o seu lançamento, para outro programa: o "Creative Britain", que se transformou no principal argumento de campanha do então candidato trabalhista ao cargo de primeiro-ministro do Reino Unido, Tony Blair, nas eleições de 1997.

Vencido o pleito, Blair não hesitou em colocar em prática as propostas contidas nesse plano, que previam transformar o país berço da Revolução Industrial e da Economia Industrial na mais criativa nação do planeta, berço agora de uma nova economia que faz a interface entre tecnologia, criatividade e cultura: a Economia Criativa.

De fato, ao reunir atividades que geram valor e riqueza não mais a partir da atividade industrial, mas do conhecimento e da criatividade, recursos intangíveis que nunca se esgotam, a Inglaterra reencontrou sua posição de liderança como referência mundial neste novo e promissor ciclo econômico.

Esse breve resgate histórico de uma iniciativa governamental exitosa, tendo a cultura como principal instrumento de uma política voltada para promover o desenvolvimento de *uma* nação, demonstra o *enorme* potencial da característica dual da cultura (simbólica e econômica), como foi nesse caso, para se tornar a pedra de toque de uma desejada, mas sempre adiada, simbiose entre cultura e desenvolvimento.

Em contrapartida, a inclusão da cultura em consonância com a expansão das liberdades reais amplia e atualiza o conceito de desenvolvimento sustentável diante dos desafios que, diuturnamente, são trazidos por uma sociedade ainda mais complexa e mutante do que aquela na qual esse conceito foi forjado, cerca de três décadas atrás.

Desenvolvimento sustentável com cultura e ampliação de liberdade

Passados quase trinta anos desde a publicação do relatório "Nosso Futuro Comum", afiançado cinco anos mais tarde pela Cúpula da Terra na Rio 92, que consagrou as três dimensões do desenvolvimento sustentável como pautas obrigatórias para o desenvolvimento local, nacional e global, chegou-se à conclusão de que essas dimensões não mais davam conta da intricada complexidade do mundo contemporâneo.

Mesmo considerando que nos fundamentos do desenvolvimento sustentável preconizados por esse relatório, a preocupação com a cultura já se fazia presente, a ela não foi dado o mesmo grau de relevância atribuído às dimensões econômica, social e ambiental.

O relatório "Nossa Diversidade Criativa", elaborado em 1996 pela Comissão Mundial para Cultura e Desenvolvimento da Unesco, presidida pelo peruano Javier Pérez de Cuéllar, foi um dos primeiros passos de uma caminhada para reposicionar a cultura não apenas como um componente estratégico do desenvolvimento, mas como sua finalidade última. No prólogo desse relatório, o presidente desta comissão reconhece a inadiável necessidade de rever o conceito de desenvolvimento, então em voga, ao afirmar:

> [...] o desenvolvimento não pode mais ser visto como um caminho único, uniforme, linear porque, isso, inevitavelmente, elimina a diversidade cultural e experimentação, bem como limita, de forma irremediável, a capacidade criativa da humanidade, face ao seu valioso passado e imprevisível futuro.

Mais à frente, ele reconhece que finalmente havia chegado o momento de unir cultura e desenvolvimento, da mesma maneira que já se tinha unido, com sucesso, meio ambiente e desenvolvimento.

Estavam, portanto, lançadas as sementes que começariam a germinar dois anos mais tarde, no seio do Plano de Ação de Estocolmo, de 1998, no qual ficava nítida a preocupação de relacionar cultura e desenvolvimento, ao explicitar que "o desenvolvimento sustentável e o auge da cultura são mutuamente dependentes".

Em 2001, sob a justificativa de a cultura ser determinante na forma de atuar das pessoas, estejam onde estiverem, a Conferência Geral da Unesco proclamou a Declaração Universal sobre a Diversidade Cultural. Nos seus 12 artigos, reafirma-se que a cultura deve ser considerada o conjunto dos traços distintivos espirituais e materiais, intelectuais e afetivos que caracterizam uma sociedade ou um grupo social e abrange, além das artes e das letras, os modos de vida, as maneiras de convívio, os sistemas de valores, as tradições e as crenças.

Em 2004, reunidos em Barcelona, cidades e governos locais do mundo, a Unesco e a Cúpula Mundial sobre Desenvolvimento Sustentável, todos comprometidos com os direitos humanos, a diversidade cultural, a sustentabilidade, a democracia participativa e a criação de condições para a paz, aprovaram a Agenda 21 da Cultura, documento orientador das políticas públicas de cultura, como contribuição ao desenvolvimento cultural da humanidade.

Seis anos mais tarde, em 2010, na cidade de Chicago, o Bureau Ejecutivo de Ciudades y Gobiernos Locales Unidos (CGLU),[5] aprovou um documento de orientação política intitulado: "A Cultura como Quarto Pilar do Desenvolvimento Sustentável", oficializando, dessa forma, a sua elevação ao mesmo grau de relevância das outras três dimensões do desenvolvimento sustentável.

De acordo com esse documento, a relação entre cultura e desenvolvimento sustentável acontece segundo um duplo enfoque. O primeiro enfoque tem a ver com o desenvolvimento de setores culturais próprios, como patrimônio, criatividade, indústrias culturais, arte, turismo cultural, entre outros.

O segundo enfoque reconhece a cultura como componente indissociável de qualquer política pública, particularmente daquelas relacionadas com educação, economia, ciência, comunicação, meio ambiente, coesão social e cooperação internacional.

Esse documento mostra que não basta superar os desafios de natureza econômica, social ou ambiental para que se possa chegar a um patamar mais elevado de sustentabilidade. Criatividade, conhecimento e diversidade, por estarem intrinsecamente relacionados com o desenvolvimento humano com liberdade, são tão essenciais quanto as três dimensões que formam o clássico tripé da sustentabilidade.

Esse texto ainda chama a atenção, tomando como pano de fundo a simbiose cultura e desenvolvimento, para a urgência de se fazer uma reconfiguração da governança, em todos os níveis (local, estadual e nacional), no que tange ao seu objetivo principal, saindo de cena a busca exclusivamente da prosperidade econômica, marcante no século passado, para dar espaço às ações que visam garantir uma sociedade saudável, segura, tolerante, livre e criativa.

Isso muda radicalmente a postura dos governos, notadamente dos governos locais, aos quais é reservado não apenas o papel de agentes de promoção de um modelo de desenvolvimento preocupado em "garantir o atendimento, não apenas das necessidades do presente sem comprometer a capacidade das gerações futuras de satisfazer suas próprias necessidades", conforme é amplamente conhecido por essa definição extraída do Relatório Brundtland, como também assegurar acesso universal à cultura e suas manifestações, concomitantemente com a defesa dos direitos dos cidadãos à liberdade de expressão e acesso à informação e seus recursos.

---

[5] "La cultura es el cuarto pilar del desarrollo sostenible". Disponível em: http://www.agenda21culture.net/images/a21c/4th-pilar/zz_Cultura4pilarDS_esp.pdf. Acessado em: 21 jul. 2016.

Chegou-se, enfim, à conclusão de que as questões que envolvem a relação entre cultura e desenvolvimento no mundo hoje, considerando a importância que têm, exigem ser tratadas com a mesma prioridade concedida às três dimensões originais do desenvolvimento sustentável, assim como não se pode descartar o enorme potencial desse quarto pilar para construir conexões e estabelecer fortes complementaridades com as outras dimensões do desenvolvimento.

Um exemplo prático de como a cultura pode de fato estabelecer conexões e complementaridades vigorosas em prol de uma transformação de uma cidade e, com isso, promover um realinhamento do seu desenvolvimento será mostrado no tópico a seguir.

Colaboração como meio, felicidade como fim: relato de um movimento de transformação de uma cidade pela cultura

O protagonismo das cidades em um mundo com mais da metade de sua população vivendo em áreas urbanas não mais se discute, afinal as pessoas sempre sentiram a necessidade de fazer contatos, de estar em multidões de variedades, de mudanças e de transformações.

Sem pessoas não existe cidade. Por outro lado, sem transformação ela não sobrevive, não evolui, podendo, inclusive, ir a falência ou mesmo sucumbir. Detroit, por exemplo, a outrora meca da indústria automobilística norte-americana, que chegou a ser a quarta maior do país, ao ver sua população reduzir para menos da metade em consequência do colapso de seu pujante parque industrial, não teve outra alternativa senão pedir, em 2013, a sua concordata.

Nas raízes da crise que esta cidade vem enfrentando, a dificuldade para se reinventar tem uma importância que não pode ser desconsiderada.

Se Detroit ainda ressente das consequências desta crise e, somente agora começa a empreender ações de transformação mais consistentes, o mesmo não acontece em Santa Rita do Sapucaí, uma cidade com cerca de 40 mil habitantes, situada no sul de Minas Gerais, cuja economia local baseia-se em um cluster eletroeletrônico. Ao perceber que para sobreviver é necessário transformar-se, seus gestores iniciaram, coincidentemente em 2013 (ano da decretação da falência de Detroit), seu processo de reinvenção. A estratégia adotada foi promover uma ampla articulação das forças locais em torno do Movimento Cidade Criativa, Cidade Feliz, cujo eixo motriz é a cultura nas suas mais diversas manifestações.

Para melhor compreender como surgiu esse movimento e como ele está transformando a cidade, é preciso revisitar três momentos marcantes de sua história.

O primeiro deles foi a inauguração, em 1959, da primeira escola técnica de eletrônica da América Latina, a ETE, uma iniciativa vanguardista conduzida por uma filha da cidade conhecida como Sinhá Moreira, que marca a chegada da tecnologia na cidade. Alguns anos mais tarde, em 1965, com a fundação de um instituto de ensino superior, o Instituto Nacional de Telecomunicações (Inatel), também pioneiro na sua área, esse pequeno e bucólico lugarejo que até então vivia de uma economia exclusivamente agropastoril dá início a um novo ciclo urbano ao assumir as feições de uma cidade estudantil e tecnológica. Com essas duas instituições em pleno funcionamento, consolidava-se uma nova vocação da cidade, qual seja, a de ser um centro formador de mão de obra para grandes empresas, situadas fora de seus limites territoriais.

A hegemonia desse novo formato de cidade foi abruptamente interrompida no início dos anos de 1980, em consequência de uma drástica redução na oferta de empregos para os jovens que lá se formavam. Mas foi a mesma década perdida, que ceifou centenas de postos de trabalho, a grande responsável para que a cidade pudesse entrar no seu segundo ciclo de transformação: o de cidade empreendedora.

Essa segunda transformação veio como resposta à seguinte indagação de suas lideranças: se não havia trabalho nos grandes centros, porque não encorajar e apoiar esses novos profissionais a criarem aqui seus próprios empregos?

Responder a essa questão significava reconhecer que as dificuldades que liquidaram os empregos viraram uma oportunidade para que esses jovens pudessem passar de futuros empregados, conforme vinha acontecendo até aquele momento, a donos de seus próprios negócios, a serem criados na cidade.

Saindo do plano das ideias para a ação, em menos de três décadas a cidade viu seu parque empresarial passar de nenhuma empresa de tecnologia no início dos anos de 1980 para as atuais 153, a maioria no segmento de eletrônica e telecomunicações, que em 2016 faturaram cerca de R$ 2,7 bilhões, empregam cerca de 10 mil pessoas e exportam para 40 países. São números robustos que nivelam o "Vale da Eletrônica", como a cidade é hoje conhecida, com outros centros de alta tecnologia mundo afora.

O sucesso da iniciativa deveu-se em larga medida ao alto espírito de colaboração entre esses novatos empreendedores, que não se viam como concorrentes, mas sim como parceiros de um mesmo ideal aliados às duas instituições de ensino e pesquisa locais. Esse compartilhamento de ideias, de espaços e até mesmo de equipamentos foram fundamentais para estruturar as primeiras empresas que ali surgiram.

Após décadas de grande crescimento a partir da segunda transformação, sentiu-se uma sensível diminuição do espírito inovador local. Para uma cidade que já tinha vivenciado duas grandes transformações, o marasmo que tomava conta tanto da classe empresarial como do governo local começou a incomodar. Sentia-se falta de algo mais inspirador, mais provocador, mais transformador, tal como aconteceu nos dois momentos já citados.

Inconformados com essa situação, alguns segmentos, com destaque para o governamental, começaram a se movimentar em busca de novas alternativas para revigorar e movimentar a cidade. Após uma análise preliminar, concluiu-se que desta vez a transformação não seria puxada por realizações tangíveis, como foram as escolas e as novas empresas, mas sim por ações sobre as próprias pessoas, enquanto futuros agentes da sua transformação e de seu desenvolvimento.

O público-alvo da nova iniciativa seria os empreendedores que foram atraídos em função das condições diferenciadas oferecidas pela cidade oferecia para a implantação de empresas de base tecnológica. Essas pessoas formavam uma classe diferenciada de trabalhadores, composta em grande parte por pequenos empresários que, por sua vez, tinham novas expectativas, novas demandas com relação ao cotidiano, não captadas pelos radares dos administradores locais, como por exemplo ter uma vida cultural mais rica, mais movimentada e com mais opções de lazer.

O não-atendimento a essas questões estava na raiz de uma fuga de talentos que começava a ganhar corpo, liderada principalmente por profissionais ligados à economia criativa, um mercado de trabalho até então inexistente na cidade. Esse foi o quadro que, em 2013, emoldurou sua terceira transformação: a de se tornar uma cidade criativa com vida cultural ativa e diversificada.

Segundo Charles Landry:

> Para ser criativa uma cidade hoje requer milhares de mudanças de mentalidade, de forma a criar as condições para que as pessoas possam se tornar agentes de mudança, em vez de vítimas dela, vendo a transformação como uma experiência vivenciada, não como um evento que não irá se repetir.[6]

---

[6] Disponível em: http://charleslandry.com/. Acessado em: 8 jun. 2017.

Para colocar em marcha essas transformações, cultura e lazer foram eleitos como prioridades na pauta de preocupações locais, de modo a criar as condições para que se pudesse oferecer não apenas as atividades de fruição há muito demandadas, mas também diversificar a atividade econômica local, por meio do estímulo ao surgimento de negócios, dessa vez ligados a uma nova economia: a economia criativa.

Previa-se, também, que o sucesso dessa empreitada estava condicionado ao enfrentamento de duas questões inadiáveis:

1. a reversão de uma progressiva perda da autoestima e do sentimento de pertencimento das pessoas com relação à cidade e
2. a urgência de se criar um senso coletivo e colaborativo capaz de estabelecer conexões e laços de interdependência entre pessoas, e entre elas e a cidade, algo que estava em declínio em função de uma crescente apatia da população com relação ao futuro da cidade.

O ponto de partida para iniciar essa ação transformadora foi mobilizar as pessoas para o enfrentamento das duas questões, tarefa assumida pelo Movimento Cidade Criativa, Cidade Feliz.

Configurado como um ecossistema criativo e colaborativo, ele nasce inovador ao adotar um modelo de governança aberto e distribuído, sem depender de uma chancela oficial ou qualquer outro tipo de condução personalizada.

Essa forma incomum de organização tem possibilitado a consolidação de um ambiente de diálogo entre culturas diferentes, até então inexistente na cidade, e de uma visão de futuro que considera a cultura e o estímulo à criatividade os elementos propulsores de um projeto de transformação da cidade que vem sendo construído de forma coletiva, cujos objetivos são elevar a qualidade de vida local e ampliar as possibilidades de escolha das pessoas.

Iniciado em novembro de 2013, no formato de um festival que reunia cultura, criatividade, arte e inovação, com apenas 1 semana de duração, a primeira edição funcionou como um projeto piloto para testar a reação e o nível de engajamento da população à novidade. Embora o envolvimento tenha ficado abaixo do que se esperava, foi muito útil como parâmetro para se planejar o próximo festival.

Na sua segunda edição, em 2014, com mais gente engajada, fluiu melhor a percepção de sua importância para restabelecer o sentimento de pertencimento e ampliação do senso coletivo, o que motivou estendê-lo para um mês. O sucesso foi tamanho que se decidiu propor uma agenda de atividades a serem oferecidas ao longo do ano, não mais somente no mês em que o festival é realizado.

Nesse novo formato, talentos reprimidos ganharam um espaço para mostrar seu valor, seja nas artes, seja no teatro ou na música. O Rock de Rua, por exemplo, uma atividade que nasceu no segundo festival, tem hoje uma agenda anual. Com foco em *rock* autoral, oferece uma oportunidade rara para que bandas da cidade ou de fora possam mostrar seus trabalhos em praça pública. Os resultados alcançados até agora não se resumem a mais uma atração musical na cidade. Já se tem um ganho no âmbito econômico, na medida em que está transformando Santa Rita do Sapucaí em um polo de produção de música autoral. Prova disso é a recente inauguração de um escritório do Ecad[7] em Pouso Alegre, cidade vizinha a Santa Rita do Sapucaí.

Esse é só um exemplo, entre tantas outras atividades em andamento que confirmam a revolução do conceito de cidadania em curso na cidade por meio do empoderamento das pessoas e da ocupação criativa dos espaços públicos. O aprendizado que essa experiência tem trazido não deixa dúvida: quanto mais pessoas empoderadas, maior é o sentimento de pertencimento. E sentindo-se mais pertencidas, as pessoas se transformam e, transformadas, transformam uma cidade.

No seu terceiro ano, em 2015, sentiu-se a necessidade de sublinhar a importância do festival em uma perspectiva mais ampla de transformação cultural e criativa da cidade.

Diversificar ainda mais o seu conteúdo passou a ser o maior desafio, missão assumida pelos novos líderes empoderados, que resultou em uma estratégia bastante ousada na sua organização: "mesclar combinações e provocações".

Combinar é, por exemplo, unir teatro, dança e música (tanto clássica como popular), como foi feito na releitura de *Hair*, um musical consagrado, que foi produzida, dirigida e estrelada por moradores da cidade, que fecharam o evento de forma apoteótica.

Não apenas *Hair*, mas o que se fez ao longo do mês de sua realização foi unir palestra e música, empreendedorismo e arte, filosofia e tantas outras combinações criativas.

---

[7] Escritório Central de Arrecadação e Distribuição (Ecad): escritório privado brasileiro responsável pela arrecadação e distribuição dos direitos autorais das músicas aos seus autores. É uma instituição privada criada pela Lei n. 5.988/73 e mantida pela Lei n. 9.610/98.

Provocar é basicamente desafiar o tradicional, como foi o caso do Vale Music, um evento de *jazz* e *blues* presente desde a primeira edição dos festivais que, nesta edição, foi desafiado a trazer conteúdos em forma de palestras e *workshops*. Reformatado, teve uma repercussão inimaginável, mesmo considerando uma expectativa inicial contida do seu potencial para tirar as pessoas de casa e levá-las para a praça. Bem ao contrário dessa previsão, o público foi recorde, não apenas de santa-ritenses, como também de fora, movimentando bares, restaurantes e hotéis, o que enriqueceu as mudanças até então focadas somente em ações de dentro para fora.

Mas a maior provocação ficou com o Startup Z, um *startup weekend* voltado para o público infanto-juvenil, o primeiro com esse formato de que se tem conhecimento, envolvendo cerca de 300 crianças com idades entre 11 e 15 anos, em 2 dias de intensas atividades. Como resultado, cujo formato prioriza o lúdico, 27 ideias foram selecionadas, das quais 11 tiveram seus planos de negócio concluídos, sendo três escolhidos para participar de um processo de pré-incubação em uma das três incubadoras da cidade. Foi um sucesso avassalador que abriu caminho para que os jovens participantes pudessem mostrar o quanto eles podem interferir no modo de pensar de pais e professores.

Com um ritmo alucinante de atividades, a população local passou a perceber que algo muito diferente estava acontecendo e que não se podia mais assistir a tudo isso sem se envolver ativamente.

No fundo, o que se tem feito é uma perturbação no espaço dos iguais, a casa, que agora se vê ameaçada pela concorrência do espaço dos diferentes, as ruas e as praças.

Os impactos de toda esta inquietação já são perceptíveis com a incorporação de novos comportamentos:

- No resgate do sentimento de pertencimento, quando alguém, espontaneamente, diz que está contagiado pelo movimento e se propõe a fazer algo diferente na sua área de atuação.
- Nos novos negócios criativos, como é o caso de uma produtora de eventos e uma companhia de teatro, ambas nascidas por influência desse movimento.
- Nos bares e restaurantes, que refazem constantemente seus cardápios após os festivais gastronômicos.
- Na reversão do processo de saída das pessoas, que vem gradativamente perdendo força para outro processo, no sentido inverso, impulsionado pela descoberta da cidade por aqueles que chegam atraídos por alguma atividade desse movimento.

- No crescimento exponencial de atividades ligadas à economia criativa.
- Em uma maior oferta de eventos culturais, artísticos e de lazer, até então ausentes no cotidiano da cidade.

Em 2016, ao perceber que 1 mês para a realização do festival não seria suficiente para acomodar o volume de atividades previstas, a decisão foi de estendê-lo.

Com 2 meses de duração, no festival, que funciona como um catalizador das ideias que fundamentam o movimento, duas inovações se destacam.

A primeira é uma reformatação do Vale Music que a partir de agora passa ser exclusivamente autoral. Com isso, pretende-se consolidar uma vocação nascente na cidade de se tornar um polo de música autoral, iniciada a partir do sucesso do Rock de Rua, conforme já mencionado.

A segunda é o Hack Town,[8] um evento inspirado no SXSW,[9] realizado anualmente em Austin (Texas, EUA), que decorreu do Movimento Cidade Criativa, Cidade Feliz. Organizado segundo um formato incomum, tem como proposta a realização de 150 eventos entre palestras, painéis, *workshops*, *meetups* e *shows* que acontecem simultaneamente em um final de semana. A expectativa era de atrair cerca de 1.500 pessoas das mais diferentes regiões do país e do exterior. Embora a procura tenha ultrapassado o previsto, o total de participantes teve que ser contido nesse número pela impossibilidade de se conseguir acomodações para todos. Na versão 2017, a iniciativa, ampliada para 4 dias, com uma programação que previa a realização de cerca de 200 atividades, o número de participantes chegou a 2000, consolidando o evento como um dos mais inovadores e criativos do país

Os desafios são imensos, as dificuldades constantes, mas as conquistas, por menores que sejam, fazem valer a pena todo o esforço até agora despendido. Sabe-se, todavia, que ainda há muito chão pela frente, mas, em um balanço preliminar, quatro argumentos fazem crer que é um caminho sem volta.

O primeiro argumento tem a ver com uma mudança na governança local, por meio do fortalecimento da união entre poder público, instituições e o meio empresarial como algo imprescindível para garantir a evolução da cidade rumo a um estágio mais criativo, mais inovador e, por que não, com mais felicidade.

---

[8] Disponível em: http://hacktown.com.br/.
[9] Disponível em: https://www.sxsw.com/.

O segundo argumento é a convicção de que são as conexões que mudam uma cidade. Conexões entre passado e presente, público e privado, centro e periferia, clássico e popular, entre tantas outras que hoje fazem parte do cotidiano de Santa Rita do Sapucaí.

O terceiro argumento é o de que conexões são feitas por pessoas, mas por pessoas movidas por um senso não apenas coletivo, mas sobretudo colaborativo.

O quarto e último é o reconhecimento de que pessoas são indivíduos em constante movimento. Nesse particular, o segredo está em como perceber o sentido desse movimento e interferir, quando for o caso, de modo a orientá-lo, rumo a um novo patamar de consciência coletiva, de cooperação e consequentemente de felicidade.

CONSIDERAÇÕES FINAIS

A primeira e mais óbvia conclusão a que se chega após as considerações sobre esse "paquidérmico animal de Joan Robinson" é a confirmação das facilidades que se têm para identificá-lo e o enorme desafio que é defini-lo.

Aprofundar nessa definição não era, contudo, uma meta deste capítulo, que ficou contido em mostrar como o conceito de desenvolvimento evoluiu, tomando como marco inicial sua dimensão centrada no crescimento econômico e finalizando com a recente abordagem que inclui a cultura como o quarto pilar do já consagrado tripé econômico, social e ambiental.

Isso nos obrigou em boa hora a trilhar o mesmo e sinuoso caminho percorrido por um irrefreável progresso material, decorrente de uma evolução tecnológica sem precedentes na história da humanidade, iniciada com a Revolução Industrial e acelerada a partir de meados do século passado.

Sob a égide do crescimento econômico, trecho inicial desta retrospectiva, é notória a constatação do quanto esse progresso material impactou a vida das pessoas, tornando-a muito mais confortável, segura e repleta de recursos tecnológicos que permitiram correr mais rápido do que um cavalo, dispor de radares de comunicação mais eficientes do que os morcegos e, por que não, aproximar nossa longevidade a de uma tartaruga.

Por outro lado, ficou claro também que o desenvolvimento, visto por essa ótica, ao render-se equivocadamente a um estreito "economismo", tornou-se refém de uma crença que defendia o crescimento rápido das forças de produção, como de fato aconteceu, como condição necessária e ao mesmo tempo suficiente para estender seus benefícios a todos os domínios da atividade humana, o que de fato não ocorreu, entre outros motivos, pelas enormes diferenças entre os estágios de desenvolvimento em que os países se encontravam naquele momento.

Prosseguindo com a mudança de abordagem do crescimento econômico para o sustentável conseguiu-se, conforme foi apresentado, um significativo ganho qualitativo, na medida em que o desenvolvimento passou a ser visto segundo uma visão sistêmica, conforme sugerido pelo Relatório Brundtland, responsável também por essa nova nomenclatura. Abordar o tema da sustentabilidade pela perspectiva de um conceito sistêmico de desenvolvimento era, naquele momento, crucial para enfrentar o caos ambiental que começava a tomar conta do planeta, da Patagônia ao Tibete.

Ainda com relação a essa nova abordagem, apurou-se que o desenvolvimento sustentável, tal como proposto por esse relatório, não mais conseguia responder às demandas oriundas de uma avalanche de transformações que não param de surgir. E a dimensão que não se fazia presente na sua modelagem original, na extensão e intensidade desejadas era a cultura.

Atualizar, portanto, o conceito de cultura, até então considerada uma atividade supérflua e restrita a um público elitizado, era impostergável. Afinal, a cultura é hoje um ingrediente essencial na construção de lugares e na comunidade, assegurando-lhe, portanto, um indiscutível protagonismo na cena urbana contemporânea; a urgência dessa atualização conta com a corroboração do Diretor de Regeneração e Parcerias Comunitárias da Tate Modern Londres, Donald Hyslop (2014, p. 123), ao afirmar que "a cultura é um ingrediente essencial na construção de lugares e na comunidade. Como todos os bons ingredientes, precisa fazer parte de uma receita balanceada para ser aproveitada ao máximo.".

Verificou-se também que não bastava considerar a cultura como fator de desenvolvimento, era necessário e urgente dar a ela o mesmo relevo dispensado às dimensões social, ambiental e econômica, o que veio a público por meio do Documento de Orientação Política intitulado "Cultura como Quarto Pilar do Desenvolvimento Sustentável", aprovado pelo CGLU, instância internacional que agrupa cidades, organizações e redes que trabalham na relação entre políticas culturais locais e desenvolvimento sustentável. Essa entidade, ao ratificar o papel da cultura como um dos elementos essenciais de transformação da realidade urbana e social, sinaliza para o mundo a necessidade imperiosa de dar a devido importância à centralidade da relação entre cultura, cidade e desenvolvimento nas políticas públicas, portanto, virando a página da cultura como a dimensão esquecida do desenvolvimento.

Depreende-se dessa ratificação que o não-reconhecimento da dimensão cultural cria sérios obstáculos para se chegar a um desenvolvimento sustentável com paz e bem-estar.

Concluiu-se também que, independentemente do adjetivo, não mais se admite definir o desenvolvimento sem levar em conta seus dois imperativos éticos: a sustentabilidade ambiental e a sustentabilidade cultural.

O primeiro imperativo ético consiste na sustentabilidade ambiental porque não há como tolerar ações ambientalmente destrutivas, seja sobre os sistemas de sustentação da vida, enquanto provedores de recursos, seja sobre os sistemas recipientes para disposição de resíduos, sob o risco de inviabilizar a própria existência humana, caso não se respeite os limites e as restrições de uso de cada sistema.

O segundo imperativo ético, sustentabilidade cultural, se justifica simplesmente porque a cultura passou a ser a finalidade última do desenvolvimento.

Ainda ao longo desse percurso, ao abordar o desenvolvimento segundo a perspectiva da expansão das liberdades reais das pessoas, dois aspectos sobrelevam. O primeiro tem a ver com a ampliação de liberdade por envolver tanto os processos que permitem a liberdade de ações e decisões como as oportunidades reais que as pessoas têm, considerando as circunstâncias pessoais e sociais de cada indivíduo.

O segundo refere-se a outros questionamentos, como o relativo às condições para que as pessoas possam realizar todo o seu potencial e enriquecer suas vidas por meio da expansão de suas capacidades, algo que não foi explicitado no texto em razão de sua complexidade e abrangência.

Tais considerações, ainda que não tenham sido mais aprofundadas, nos levam a concluir que essa visão expandida do desenvolvimento sustentável é sem dúvida a mais adequada para enfrentar os desafios e as adversidades que o mundo de hoje apresentam.

Um exemplo que tem a cultura como instrumento de transformação/regeneração de uma cidade foi incluído com o objetivo de mostrar como transformar esse discurso em ações concretas.

Chama a atenção, na experiência apresentada, a incrível capacidade de promover uma "saudável agitação" pelo movimento descrito em uma pequena cidade. A explicação para tudo isso está na conexão dos valores e das diversas potencialidades humanas, econômicas e culturais existentes na cidade em torno de objetivos comuns, algo absolutamente incomum, assim como é também incomum ouvir do vice-prefeito dessa cidade, prof. Wander Chaves, no final do festival de 2016, o seguinte desabafo:

O CCCF[10] contagiou o mês todo. Perdemos o controle no bom sentido! Seu modelo diferenciado de governança, totalmente distribuído e sem uma liderança isolada nos faz sentir que estamos na contramão do Brasil!

Isso é algo que revigora e faz acreditar que esse pode ser um caminho a ser percorrido por qualquer cidade, desde que se tenha a grandeza e a compreensão, como teve esse vice-prefeito, de apostar em iniciativas que não resultem em uma placa de inauguração ou em uma lei a ser enviada para a Câmara, mas no enorme potencial da cultura enquanto instrumento de política urbana para promover o empoderamento e a retomada do sentimento de pertencimento das pessoas, ponto de partida para que se possa instalar um novo modelo de desenvolvimento local e sustentável, onde a cultura deixa de ser mero objeto de consumo para se tornar de fato um instrumento de política pública para regeneração das cidades.

REFERÊNCIAS

ÁLVAREZ, V.C. *Diversidade Cultural e livre-comércio:* antagonismo ou oportunidade? Brasília: UNESCO/IRBr, 2008.

ARGAN, G.C. *História da arte, como história da cidade.* São Paulo: Martins Fontes, 2014.

CANEPA, C. *Cidades Sustentáveis:* o município como lócus da sustentabilidade. São Paulo: RCS, 2007.

CASTELLS, M. *A sociedade em rede.* São Paulo: Pioneira, 1999.

[CMMAD] COMISSÃO MUNDIAL SOBRE MEIO AMBIENTE E DESENVOLVIMENTO. *Nosso futuro comum.* 2.ed. Trad. Our common future. 1.ed. 1988. Rio de Janeiro: Editora da FGV, 1991.

CUÉLLAR, J.P. de. *Nossa diversidade criativa.* Relatório da Comissão Mundial para Cultura e Desenvolvimento. Unesco, 1996.

DE FRANCO, A. *Pobreza & desenvolvimento local.* Brasília: AED, 2002.

FURTADO, C. *O capitalismo global.* São Paulo: Paz e Terra, 1998.

GOLDENSTEIN, L.; ROSSELLÓ, P. (Orgs.). *Regeneração urbana através da cultura funciona?* São Paulo: British Council, 2014.

GORDON, R.J. *The rise and fall of American growth.* Princeton: Princeton University Press, 2016.

GREFFE, X. *A economia artisticamente criativa.* São Paulo: Iluminuras, 2015.

HYSLOP, D. Tate Modern: os desafios e estratégias de um processo contínuo de revitalização. In: GOLDENSTEIN, L.; ROSSELLÓ, P. (Orgs.). *Regeneração urbana através da cultura funciona?* São Paulo: British Covacil, 2014, p. 123.

LANDES, D.S. *A riqueza e a pobreza das nações:* porque algumas são tão ricas e outras tão pobres. Rio de Janeiro: Campus, 1998.

---

[10] Sigla do Movimento Cidade Criativa, Cidade Feliz (CCCF), de Santa Rita do Sapucaí.

MEADOWS, D.L. et al. *Limites do crescimento:* um relatório para o Projeto do Clube de Roma sobre o dilema da humanidade. São Paulo: Perspectiva, 1972.

REIS, A. C. F. *Cidades criativas:* da teoria à prática. São Paulo: SESI-SP, 2012.

SACHS, I. *Desenvolvimento includente, sustentável, sustentado.* Rio de Janeiro: Garamond, 2004.

_____. *Estratégias de transição para do século XXI: desenvolvimento e meio ambiente.* São Paulo: Studio Nobel/FUNDAP, 1993.

_____. *Espaços, tempos e estratégias de desenvolvimento.* São Paulo: Vértice, 1986.

SEN, A. *Desenvolvimento como liberdade.* São Paulo: Companhia das Letras, 2015.

VEIGA, J.E. da. O Brasil rural ainda não encontrou seu eixo de desenvolvimento. *Estudos avançados,* 2001, v. 15 n. 43.

Sites consultados:

APO. http://apo.org.au/node/29704.

Cidade Criativa, Cidade Feliz: Festival de Criatividade e Inovação. Disponível em: http://cidadecriativacidadefeliz.com.br/. Acesso em: 26 set. 2017.

Creative Nation: Commonwealth Cultural Policy Oct. 2014. Disponível em: http://pandora.nla.gov.au/pan/21336/20031011-0000/www.nla.gov.au/creative.nation/contents.html. Acesso em: 26 set. 2017.

Hack Town 2017. Disponível em: http://hacktown.com.br/. Acesso em: 26 set. 2017.

La cultura es el cuarto pilar del desarrollo sostenible. Disponível em: http://www.agenda21culture.net/images/a21c/4th-pilar/zz_Cultura4pilarDS_esp.pdf. Acesso em: 21 jul. 2016.

O Brasil rural ainda não encontrou seu eixo de desenvolvimento. Disponível em: http://www.scielo.br/scielo.php?script=sci_arttext&pid=S0103-40142001000300010. Acesso em: 26 set. 2017.

Paul Keating's Creative Nation: a policy document that changed us. Disponível em: http://theconversation.com/paul-keatings-creative-nation-a-policy-document-that-changed-us-33537. Acesso em: 25 jul. 2016.

SXSW. Disponível em: https://www.sxsw.com/. Acesso em: 26 set. 2017.

5 | Saúde urbana e sustentabilidade em tempos de globalização

Helena Ribeiro
Geógrafa, Universidade de São Paulo

Discutir cidades sustentáveis em escala global pressupõe analisar o que acontece no mundo na atualidade. De fato, o fenômeno de urbanização e suas mazelas se inserem em um contexto muito mais amplo do que a área urbana propriamente dita. Desde 2008, a maior parte da população do mundo já era urbana, com aproximadamente 3,5 bilhões de habitantes segundo as Nações Unidas. Para 2050, a previsão é de que 66% da população mundial viva em cidades (Chan; Solheim; Taalas, 2017), ou seja, de cada 3 habitantes do globo, 2 vivam em cidades. A urbanização acelerada vem ocorrendo acompanhada de um processo de deterioração das condições de vida e de um maior distanciamento entre as camadas mais pobres e ricas da população, da degradação das moradias e da infraestrutura, do aumento da segregação e da exclusão social. Assim, a qualidade de vida nas cidades será determinante para a qualidade de vida humana no planeta. Em contraponto, as cidades vêm apresentando liderança na resolução dos problemas de desenvolvimento, bem como problemas ambientais cruciais para o futuro, como o enfrentamento das mudanças climáticas, a melhoria da saúde pública e da segurança alimentar (WHO/Habitat, 2015).

A Agenda de 2030 da Organização das Nações Unidas (ONU) dá continuidade à Agenda de 2000, que havia estabelecido os Objetivos do Milênio até 2015, ampliando seus objetivos, colocando-os em novo marco temporal, e os intitula Objetivos do Desenvolvimento Sustentável (ODS). Entre os 17 ODS, há uma ênfase maior na sustentabilidade urbana. Além disso, os ODS incorporaram a equidade como um valor central para atingir suas metas (WHO/Habitat, 2015).

SAÚDE URBANA

O termo saúde urbana vem se popularizando nos últimos anos. Ele se refere à saúde do assentamento urbano em termos de seu funcionamento como comunidade e como ecossistema ou mesmo à saúde da população humana que habita esse ecossistema urbano, incluindo a disponibilidade e o acesso aos serviços de saúde (Hancock, 2008). Em 2002, foi criada a International Society for Urban Health (ISUH), na New York Academy of Medicine, em Nova York, uma organização não governamental voltada a construir o campo da saúde urbana por meio da organização anual de congressos internacionais para discutir questões de saúde nas cidades do mundo e fazer avançar seu referencial teórico e conceitual, dentro de um escopo internacional.

O conceito de saúde urbana se ampara também naquele de Determinantes Sociais de Saúde (DSS), divulgados na Conferência da Organização Mundial da Saúde (OMS), em Alma-Ata, em 1978, que os considerou um dos pilares da atenção primária à saúde e os definiu como as causas sociais, econômicas e políticas subjacentes à má saúde.

No entanto, só em 2007 foi criada pela OMS uma comissão de DSS. Estes possuem dimensões inter-relacionadas, que partem do contexto estrutural socioeconômico e político da sociedade.

Há três tipos de fatores que determinam padrões de exposição e de vulnerabilidade diferenciados para as populações:

1. Fatores de vida material: habitação, trabalho, alimentação, saneamento, ambiente etc.
2. Fatores psicossociais e comportamentais.
3. Fatores biológicos (incluindo genéticos).

Para lidar com estes fatores, há diferentes tipos de políticas públicas em níveis global e local:

- Políticas públicas que abordam a estratificação social, a fim de diminuir as iniquidades, mitigando seus efeitos.
- Políticas públicas desenhadas em nível intermediário para reduzir a exposição ou vulnerabilidade das populações mais desfavorecidas.
- Políticas públicas que reduzem as consequências desiguais do estado de saúde ou fazem sua compensação na esfera social ou econômica.

Além disso, no enfoque dos determinantes de saúde, há conceitos intrínsecos à saúde e segurança humanas que transcendem a visão tradicional. Por trás dos determinantes econômicos, sociais e ambientais há uma visão de direitos civis e de justiça.

SAÚDE URBANA E SAÚDE AMBIENTAL

O conceito de saúde urbana se desenvolveu no contexto de acelerada urbanização mundial e da necessidade de se estudar a cidade como um objeto complexo. A determinação social das doenças agora se encontra relacionada com novas formas de adaptação aos ambientes produzidos, em função de um significativo crescimento daqueles que habitam as cidades. O modo de vida urbano coloca o organismo humano em um estado de predisposição latente frente a inúmeras patologias relacionadas com esse modo de viver. A ocorrência de doenças está associada a atributos dos indivíduos, assim como a propriedades do agregado desses indivíduos (composição da população) e a características do ambiente físico e social (Proietti; Caiaffa, 2005). As condições de saúde estão relacionadas com a estratificação por idade, sexo e distribuição espacial.

As discussões sobre como o viver nas cidades e/ou o processo de urbanização podem influenciar a saúde humana ganharam destaque entre os organismos internacionais de saúde e as pesquisas acadêmicas em geral. Segundo Proietti e Caiaffa (2005, p. 941), a "saúde urbana" é um conceito e objeto em construção. "A saúde urbana incorpora outra dimensão: o papel do ambiente físico e social do 'lugar' (o contexto) em moldar a saúde das pessoas". Caiaffa et al. (2015) afirmam que a saúde urbana pode ser considerada um ramo da saúde pública que estuda os fatores de riscos das cidades, seus efeitos sobre a saúde e as relações sociais urbanas. Assim, há uma estreita relação entre os conceitos de saúde urbana e saúde ambiental.

A população urbana está mais vulnerável em todas as cidades, considerando a complexidade de fatores que determinam e/ou influenciam sua saúde ou doença. Referindo-se ao contexto, segundo a OMS, cerca de um quarto da responsabilidade global pelas doenças pode ser atribuído ao meio ambiente em modificação.

O editorial do Bulletin of the World Health Organization (Chan; Solheim; Taalas, 2017, p. 95-92) reforça que anualmente quase 12,6 milhões de pessoas morrem de doenças associadas a riscos ambientais, tais como a poluição do ar, das águas ou do solo e as mudanças climáticas (p. 2), representando uma em cada quatro mortes no mundo. Segundo os autores, os riscos ambientais à saúde, como muitos dos desafios mundiais atuais, são muito complexos e interconectados para serem enfrentados por soluções simplistas, de curto prazo e de atores individuais.

Estes foram os motivos da formulação da Agenda 2030 para o Desenvolvimento Sustentável, adotada por todos os países. Ela representa um plano de desenvolvimento global, uma oportunidade única para ações coerentes e de longo prazo, a ser adotada por todas as sociedades.

As ações planejadas visam à redução e prevenção de riscos, bem como a promoção de estilos de vida e ambientes saudáveis, dentro do contexto dos determinantes sociais e ambientais da saúde. Assim, estão inseridas em uma repolitização das questões de saúde, pois buscam integrar a atenção médica e o combate às causas do adoecimento.

Entretanto, em um contexto de competição por recursos naturais e de poluição que atravessa fronteiras políticas, toda saúde urbana é global. Alguns exemplos podem ser lembrados: brinquedos produzidos em determinado país, com componentes tóxicos como chumbo são vendidos em quase todo o mundo, onde ficam seus componentes após o descarte do objeto; alimentos produzidos e colhidos em alguns locais com emprego de pesticidas e modificações genéticas são servidos em mesas ao redor do globo; resíduos sólidos frequentemente são transportados de um país a outro; e a poluição gerada em um lugar se dispersa por ar, água e solo para locais distantes, com consequências inesperadas. Portanto, os desafios da saúde urbana são muito amplos e exigem aberturas a novas abordagens e a diferentes escalas de atuação.

Como o assunto da saúde urbana é complexo e de vastíssimo escopo, neste capítulo vamos nos restringir a alguns temas ainda pouco estudados e que, a nosso ver, merecem atenção.

O enfoque será mais propositivo, tentando indicar alguns possíveis caminhos para melhorar a saúde urbana, com o pressuposto de que intervenções no espaço urbano podem contribuir para uma cidade mais saudável, e mais, que intervenções no espaço urbano podem minimizar iniquidades ambientais e aumentar a justiça ambiental e social.

SAÚDE URBANA E CIDADES SAUDÁVEIS COMO PROGRAMAS DA ORGANIZAÇÃO MUNDIAL DE SAÚDE

Outro conceito relacionado com a saúde nas cidades é o de cidade saudável, adotado e difundido pela OMS.

Uma cidade saudável é aquela que continuamente está criando e melhorando seus ambientes físico e social e expandindo os recursos da comunidade, que permitam à população se apoiar mutuamente para desempenhar todas as funções da vida em seu potencial máximo. (WHO, Health Promotion 1998, tradução livre da autora)[1]

A OMS criou o Programa Cidades Saudáveis em 1986, ao qual diversas cidades do mundo aderiram. Segundo documento de criação do programa, ele constitui uma iniciativa de desenvolvimento internacional que visa colocar a saúde no topo da agenda dos tomadores de decisão a fim de promover estratégias locais abrangentes para a proteção da saúde e para o desenvolvimento sustentável. Suas principais características são:

- Participação da comunidade e seu empoderamento.
- Parcerias intersetoriais.
- Equidade dos participantes.

Assim, ser uma cidade saudável depende não só da infraestrutura presente, mas sobretudo do compromisso de melhorar o ambiente urbano e do desejo de forjar as necessárias conexões, nas arenas políticas, econômicas e sociais.

As primeiras cidades a iniciar programas de cidades saudáveis localizavam-se nos países mais desenvolvidos, como Canadá, Estados Unidos, Austrália e algumas nações europeias. Só a partir da década de 1990 é que algumas cidades de países em desenvolvimento adotaram esses programas. Atualmente, mais de mil cidades no mundo desenvolvem estratégias individuais de cidades saudáveis. Os objetivos de uma cidade saudável, segundo a OMS, são:

- Criar um ambiente que garanta saúde a seus habitantes.
- Garantir o alcance de uma boa qualidade de vida.
- Prover saneamento básico e atender às necessidades de higiene.
- Suprir acesso a cuidados de saúde.

---

[1] "A healthy city is one that is continually creating and improving those physical and social environments and expanding those community resources which enable people to mutually support each other in performing all the functions of life and developing to their maximum potential".

O Programa Cidades Saudáveis tem como foco os governos municipais, para que desenvolvam um plano de saúde municipal como modelo para melhorar a consciência dos problemas ambientais e de saúde em escolas, locais de trabalho e mercados, entre os provedores de serviços de saúde e organizações similares, de modo a melhorar os determinantes de saúde. No entanto, ainda não se tem uma avaliação do êxito desse movimento, em que pese representar um passo importante para a conscientização dos planejadores urbanos sobre os efeitos das intervenções locais na saúde (Galea; Vlahov, 2010).

Em relação à saúde urbana, só recentemente a Organização Panamericana de Saúde (Paho, 2011), braço das Américas da OMS, lançou uma Estratégia e um Plano de Ação.

No preâmbulo desse plano de ação para a saúde urbana, o documento menciona que o crescimento urbano não planejado e insustentável coloca pressão nos serviços básicos, tornando impossível aos governos atender às necessidades básicas de uma população diversa, com diferentes hábitos, estilos de vida e dinâmicas. Continua indicando que os riscos estão relacionados com fatores ambientais, sociais e epidemiológicos, desastres e violência. E ainda o crescimento populacional aumentou as iniquidades no interior das cidades, com grandes cinturões de pobreza e bairros pobres em que predominam habitações precárias, sem oportunidades de emprego, segurança e saneamento básico. Assim, apesar da redução da pobreza urbana, em geral, o número de pobres ainda é muito alto.

Verifica-se pelo anteriormente descrito que o termo saúde urbana apresenta uma conotação mais política e forte do que o de cidade saudável e reforça ações mais amplas e intersetoriais em prol da sociedade, mais do que responsabilidades individuais de vida saudável, além de reconhecer a diversidade de moradores urbanos.

O Plano de Ação para a Saúde Urbana (2011), proposto pela Organização Panamericana de Saúde, indica as seguintes ações:

- Assumir a promoção da saúde e a garantia de bem-estar a pessoas de todos os níveis sociais.
- Adaptar os serviços para atender à dinâmica e às necessidades de uma população urbana diversa.
- Aumentar as políticas e intervenções baseadas em evidências e melhorar as capacidades humanas e financeiras.
- Defender a equidade em saúde e bem-estar da população urbana como objetivos a serem atingidos em responsabilidade compartilhada por

governos locais, nacionais, instituições acadêmicas, setor privado, organizações não governamentais e sociedade civil.

São objetivos do plano de ação em saúde urbana:

- Elaborar políticas em saúde urbana.
- Adaptar serviços de saúde para a promoção da saúde e para ampliar a cobertura.
- Criar normas que incentivem a saúde e estratégias para uma governança participativa.
- Aumentar redes nacionais e regionais para o desenvolvimento urbano saudável.
- Fortalecer o conhecimento, a capacidade e a conscientização para responder aos desafios da saúde urbana (Paho, 2011).

No entanto, há diversas e inconsistentes definições do que é urbano e do que é urbanização (Galea; Vlahov, 2010), uma vez que as cidades não são homogêneas, pois representam habitats humanos extremamente diversos. Mesmo internamente, as cidades apresentam feições bastante diversas, que vão de áreas elegantes e sofisticadas a bairros sem arruamento ou infraestrutura de saneamento. Isso obviamente torna complexa a tarefa de avaliar os efeitos da urbanização na saúde.

Além disso, há diversas definições do que é urbano ao redor do mundo. Dos 228 países registrados pela ONU, cerca da metade usa definições administrativas, 51 se baseiam no tamanho e na densidade, 30 usam atividade econômica, 22 não têm definição do que é urbano e 8 países, de tamanho reduzido, consideram a totalidade de sua população.

As características físicas dos ambientes urbanos podem afetar a saúde de diferentes maneiras, e constituem as preocupações tradicionais da saúde ambiental (Galea; Vlahov, 2010).

A RELAÇÃO ENTRE MUDANÇAS CLIMÁTICAS, ÁREAS VERDES/NATURAIS E A SAÚDE URBANA: EXEMPLO

Um dos grandes temas que tem motivado o desenvolvimento da saúde urbana é o das mudanças climáticas, que vêm afetando a saúde e o bem-estar das populações nas cidades de modo crescente nos últimos anos. Assim, será tomado este como um exemplo para discussão.

As mudanças climáticas globais vêm sendo causadas por gases emitidos por atividades humanas e processos naturais, os chamados gases de efeito estufa, que inibem a reirradiação do calor solar para as altas camadas da atmosfera. A supressão de vegetação natural e atividades agropecuárias são outros fatores desencadeadores das mudanças na atmosfera. Em áreas urbanizadas, o processo pode ser bastante agravado pelas mudanças que acontecem no clima local, em decorrência da própria urbanização, que enseja a formação de ilhas de calor urbanas. Segundo Frumkin (2010), todos os resultados desencadeados por mudanças climáticas têm impactos à saúde: temperaturas extremas; episódios críticos de chuvas abundantes; aumento do nível do mar; secas; aumento da temperatura dos oceanos; e episódios como furacões e tormentas. Esses impactos têm efeitos diretos e indiretos, como a exacerbação da ilha de calor urbana e de ondas de calor, inundações, tormentas, furacões, deslizamentos de terra, incêndios relacionados com as secas, efeitos na produção de alimentos, efeitos na qualidade do ar (aumento de emissões de complexos orgânicos voláteis – COV – e de formação de ozônio, além de crescimento de pólen, com temperaturas mais altas). Há também constatação e previsão de aumento de enfermidades transmitidas por vetores, como malária e outras arboviroses cujos vírus se multiplicam com mais rapidez com o aumento de temperatura (dengue, zika, chikungunya, encefalite, vírus do Nilo), além de enfermidades transmitidas por roedores, ligadas a fortes precipitações (hantavírus e leptospirose).

Efeitos potenciais à saúde podem variar de sintomas subclínicos ou incômodos a um aumento nas taxas de morbidade e mortalidade. Pessoas saudáveis têm extraordinária capacidade de adaptação a condições atmosféricas extremas. Mas há grupos de risco que possuem capacidade limitada de adaptação aos estresses do clima: idosos, gestantes, crianças, pacientes cardíacos, asmáticos etc.

Muitas das doenças crônico-degenerativas também têm determinantes ambientais, como alguns tipos de câncer relacionados com a crescente quimificação dos ambientes e dos alimentos, e doenças relacionadas com poluição em diferentes meios. Além disso, há doenças cujas causas são comuns à degradação do ambiente e que poderiam ter diminuídas suas incidências com o enfrentamento de suas causas. São as doenças causadas pelo excesso de consumo e pelo sedentarismo, como obesidade, diabetes, doenças circulatórias, entre outras.

Assim, em um contexto de determinantes sociais e ambientais de adoecimento, faz mais sentido enfrentar as causas das doenças do que trabalhar com os desfechos de saúde ou com a adaptação às mudanças climáticas e seus efeitos deletérios. Há intervenções urbanas que poderiam minimizar alguns aspectos negativos das mudanças climáticas e impactar positivamente a saúde urbana. Como o escopo das intervenções pode ser bastante amplo, vamos nos restringir em apresentar alguns exemplos de introdução, recuperação e manutenção de áreas verdes urbanas e sua relação benéfica com a saúde.

Em termos ecológicos, áreas verdes prestam os seguintes serviços ambientais, que são a fonte de toda a vida no planeta:

- Serviços de suporte, constituídos por processos naturais que condicionam a existência dos demais serviços: ciclagem de nutrientes; formação do solo; produção primária.
- Serviços reguladores, determinados por processos naturais que afetam as condições ambientais que, por sua vez, controlam a vida humana: a purificação da água; a regulação do clima; a proteção contra inundações e deslizamentos de terra; e a prevenção de doenças.
- Serviços de provisão, relacionados com o fornecimento de bens pelos ecossistemas: alimentos; água doce; madeiras e fibras; combustível.
- Serviços culturais: relacionados com os benefícios estéticos, espirituais, educacionais e recreativos oferecidos pelos ecossistemas (Rares; Brandimarte, 2014).

Em termos de prevenção e tratamento de doenças, além desses serviços ambientais, áreas verdes fornecem fármacos derivados de plantas e animais, que têm sido largamente utilizados pela medicina tradicional e servido de matéria-prima à indústria farmacêutica, permitindo seu fantástico desenvolvimento e sua forte dependência na medicina ocidental.

O foco do presente capítulo é a relação das áreas verdes e naturais com a saúde e o bem-estar humanos.

ÁREAS VERDES/NATURAIS; SAÚDE E BEM-ESTAR HUMANOS

Bem antes de se falar das mudanças climáticas e da necessidade de se manter e se reintroduzir áreas verdes em ambientes urbanos, já havia uma vasta literatura a respeito dos benefícios das áreas verdes à saúde.

Há longo histórico de estudo dessa conexão benéfica do mundo natural à saúde e ao bem-estar na filosofia, na arte e na cultura popular. Os pensadores românticos dos séculos XVIII e XIX reconheciam a relação orgânica entre o ambiente natural e a humanidade, que podia ser compreendida por meio de sentimentos e da intuição. Autores como Rousseau e Thoreau são exemplos desta visão. Thoreau enfatizava a importância de se manter espaços naturais intocados para a contemplação e o resgate da essência do ser humano (Pelicioni, 2002).

No século XIX, John Muir, famoso naturalista e preservacionista norte-americano, responsável pela criação do Parque Nacional de Iosemite em 1890, escreveu "a natureza é uma necessidade, e os parques e reservas nas montanhas são úteis não só como fontes de madeira e rios, mas como fontes de vida" (Placa afixada no Parque Nacional de Iosemite).

Mais recentemente, o desenvolvimento científico aliado a novas técnicas de pesquisa têm demonstrado com evidências as relações entre áreas verdes e saúde em cidades.

No Brasil, recente artigo de Amato-Lourenço et al. (2016) discute o papel da cobertura vegetal e de áreas verdes para a saúde nas metrópoles. Define a infraestrutura verde como uma rede de espaços verdes interconectados que conservam valores naturais de um ecossistema e que provêm benefícios às populações humanas, podendo ser composta por parques, florestas, praças, hortas comunitárias e outras formas de paisagens naturais públicas e privadas, além de arborização urbana e tetos verdes. O artigo faz uma revisão de publicações em que foram ressaltados os efeitos positivos do contato com áreas verdes em relação a aumento da longevidade, prevenção de doenças cardiovasculares e de obesidade, melhoria da saúde mental e da qualidade do sono, recuperação de doenças e desfechos de natalidade (p. 113).

Em uma revisão de literatura, Amato-Lourenço et al. (2016) apresentam estudos que destacam diferentes aspectos pelos quais as áreas verdes são salutogênicas:

- Pelos serviços ecossistêmicos que provêm.
- Pela regulação térmica, ao diminuir a temperatura pela evapotranspiração e produção de sombras.
- Pela melhora no escoamento superficial das águas de chuva, diminuindo seu impacto no solo e enchentes.
- Pela modulação de doenças infecciosas transmitidas por vetores, afetando seu desenvolvimento.
- Pela contribuição para melhoria da qualidade do ar em sua função de filtro e absorção de poluentes particulados e gases e, indiretamente, ao reduzir a temperatura atmosférica e a reação de gases.
- Ao reduzir ruídos e o consequente estresse psicossocial.

- Ao promover valorização imobiliária.
- Ao fornecer alimentos (hortas e pomares urbanos) e pólen para animais e insetos.

Por conta de todos esses benefícios elencados, inúmeros estudos epidemiológicos e experimentais têm demonstrado possível associação entre existência de infraestrutura verde e efeitos benéficos à saúde.

Os principais benefícios à saúde relatados por Amato-Lourenço et al. (2016, p. 117-119), a partir de estudos realizados por outros pesquisadores entre moradores de áreas próximas a espaços verdes e frequentadores de parques são:

- Diminuição de transtornos mentais comuns.
- Progresso no desenvolvimento cognitivo e atenção de crianças.
- Menor prevalência de sobrepeso e obesidade em escolares.
- Melhor integração social e longevidade em idosos.
- Redução de taxas de mortalidade não acidental, após acidente vascular cerebral e por doenças respiratórias.
- Diminuição da morbidade percebida.
- Menor risco de morbidade cardiovascular e de diabete melito.
- Diminuição da prevalência de asma em crianças.
- Associação negativa entre proximidade de espaços verdes e baixo peso ao nascer.
- Melhor desenvolvimento fetal.

Os autores ressaltam, no entanto, que a maioria dos estudos é europeia ou norte-americana e que os benefícios das áreas verdes à saúde são multifatoriais e ainda não foram bem esclarecidos.

Assim, serão explorados a seguir alguns aspectos de bem-estar e saúde mental ainda menos descritos na literatura.

O conceito de bem-estar (*wellness*) expressa diferentes significados em sua compreensão. Tem sido relacionado com a cultura, o estilo de vida, o equilíbrio do corpo e a espiritualidade, a aproximação com a natureza, entre outros. Entre os objetivos do desenvolvimento sustentável na Agenda da Organização das Nações Unidas para 2030 destaca-se o Objetivo 3: a garantia de vidas saudáveis e do bem-estar em todas as idades. Em decorrência, apesar de ser um conceito polissêmico e de diferentes percepções, todos os países do mundo estão procurando elencar os elementos que o constituem (Ribeiro; Vasconcellos; Ventura, 2016).

Frumkin (2010), em seu capítulo *Contacto con la naturaleza: ¿un beneficio para la salud?*, relaciona uma série de trabalhos científicos que evidenciaram os benefícios do contato com a natureza para a saúde, destacando o campo da psicologia ambiental, que demonstra alguns efeitos positivos de áreas verdes para a saúde e o bem-estar.

Ainda segundo Frumkin (2010), a afinidade com a natureza é resultado da evolução humana. Essa afinidade contribuiu para a sobrevivência do ser humano, pois fortalece suas habilidades perceptivas e de expressão, sua imaginação, seu juízo moral e outros atributos. De acordo com o autor, a evidência de que o contato com a natureza pode ser benéfico à saúde se dá ao menos em quatro aspectos: fauna, flora, paisagens e experiências com a natureza.

Kaplan (1983 apud Frumkin, 2010) ponderava que encontramos tranquilidade em certos ambientes naturais, que proporcionam uma sensação relaxante, reparadora e inclusive curativa porque o contato com a natureza é um componente importante de nosso bem-estar. Em outro estudo, Kaplan (1982 apud Frumkin, 2010) reporta que a atenção dirigida a alguma atividade por muito tempo leva à fadiga mental, resultando em perda de memória, diminuição da habilidade de concentrar-se, impaciência e frustrações nas relações interpessoais. Sugere que o contato com a natureza pode ser restaurador ao renovar a atenção e melhorar as habilidades cognitivas.

Frumkin (2010) destaca também trabalho de Kuo e Taylor (2004), que verificou que, segundo os pais, áreas verdes melhoram sintomas de transtorno de *déficit* de atenção em crianças em comparação a ambientes internos construídos.

Outra pesquisa interessante relatada, de Wells e Evans (2003), demonstra que crianças que vivem em lugares com áreas verdes (inclusive vistas da janela) reagem melhor a eventos estressantes na vida.

Plantas e flores acalmam e relaxam a mente; a jardinagem e a horticultura são importantes em asilos e tratamentos psiquiátricos, pois têm efeitos terapêuticos; vegetação em prisões proporciona efeito calmante para os detentos e diminui a ocorrência de episódios violentos (Lewis, 1996; Mattson, 1992 apud Frumkin, 2010).

Frumkin (2010) relata adicionalmente diversas experiências de episódios de recuperação da saúde, indicando que jardins têm efeitos terapêuticos para acidentados e vítimas de acidentes vasculares cerebrais.

Nas cidades, áreas verdes propiciam benefícios sociais, como os relatados por Kuo (2001) e Kuo e Sullivan (2001a e 2001b), que compararam projetos de urbanização em áreas urbanas marginalizadas e verificaram que moradores de conjuntos habitacionais arborizados têm níveis mais baixos de crimes, agressão e violência e níveis mais altos de autodisciplina. Concluem que mesmo formas simples de contato com a natureza, como a arborização fora dos edifícios, podem oferecer benefícios aos moradores.

Nessa lógica, Kondo, South e Branas (2015) defendem que os ambientes cotidianos têm uma forte, duradoura e potencial influência na saúde e na segurança, pois fatores ambientais afetam comportamentos e estados de saúde, enquanto o acesso desigual a ambientes saudáveis contribui para as iniquidades em saúde. Defendem que as intervenções urbanas baseadas em criação de espaços verdes representam instrumentos poderosos de promoção da saúde. Contrariamente, defendem que há evidências de que bairros deteriorados, com imóveis vazios e abandonados, pichações e lixo jogado nas ruas, proporcionam sentimentos de insegurança, ansiedade, raiva e depressão, representando possíveis danos à saúde mental de seus moradores. Justificam que residentes que experimentam medo ou emoções negativas em relação ao bairro em que moram são mais sujeitos a estresse crônico ou desregulado. Os autores relatam também estudos que acharam associação entre a existência de propriedades vazias e indicadores negativos de saúde pública, incluindo taxas de mortalidade por dependência de drogas, gravidez na adolescência, doenças sexualmente transmissíveis, mortalidade prematura e doenças cardiovasculares (Kondo et al., 2015, p. 802). Defendem que a substituição de imóveis vagos e abandonados por áreas verdes em várias cidades tem demonstrado prevenir e mitigar o estresse, a ansiedade e a depressão, melhorando níveis de saúde mental, além de aumentar a frequência de atividade física e prover espaço de interação e compartilhamento, promovendo o capital social e a coesão. Por fim, defendem que a mitigação da temperatura atmosférica promovida pela vegetação também pode ser uma forma de reduzir a criminalidade.

Portanto, intervenções para mitigar mudanças climáticas, como reintrodução e manutenção de infraestrutura verde em cidades possuem cobenefícios variados, complexos e interligados, que ainda carecem de estudos para busca de evidências em nosso País e em muitas cidades do mundo globalizado, em que o fenômeno de urbanização é tão diverso.

Segundo Girardi (2016), em 2015, a OMS junto com a Convenção sobre Diversidade Biológica (CDB) da ONU lançaram o documento *Conectando prioridades globais: biodiversidade e saúde humana*, uma compilação de centenas de estudos que demonstram os grandes benefícios da biodiversidade à saúde humana nas mais diversas escalas geográficas. Um dos argumentos é que a presença de parques com vegetação, especialmente em áreas urbanas, é um incentivo à atividade física e colabora com a saúde mental, ao promover relaxamento e bem-estar, constituindo importante fator de saúde pública. Por essa razão, o tema foi um dos focos da Habitat III, reunião da ONU sobre urbanização que ocorreu em Quito, em outubro de 2016.

CONSIDERAÇÕES FINAIS

Este é um tema de estudo ainda incipiente no âmbito da saúde ambiental, mas que vem ganhando relevância no campo da saúde urbana e que apresenta grande potencial para subsidiar o planejamento de intervenções nas cidades.

Há necessidade de se estudar medidas da relação entre áreas verdes, saúde e segurança para melhorar evidências, sobretudo em cidades tropicais e subtropicais, onde as temperaturas são naturalmente elevadas e agravadas pelo efeito da ilha de calor, além das imensas desigualdades na distribuição de parques e áreas verdes. Ações públicas baseadas no coletivo são menos dependentes de comportamentos individuais para promover saúde e segurança e, portanto, podem ter mais chances de sucesso, além de beneficiar um número maior de pessoas.

A análise de custo-benefício pode demonstrar que a introdução de áreas verdes pode produzir benefícios que compensem os gastos com o processo de implantação (Kondo; South; Branas, 2015). No entanto, é preciso prevenir um processo de *gentrifica*ção do bairro após a intervenção, evitando a expulsão da população moradora, fato que neutralizaria os objetivos de se obter menor iniquidade ambiental e em saúde.

Portanto, os programas visando a construção de cidades sustentáveis exigem estudos interdisciplinares, com planejamento feito por profissionais de urbanismo, arquitetura, geógrafos, ecólogos, cientistas sociais e de saúde pública e saúde ambiental.

REFERÊNCIAS

AMATO-LOURENÇO, L. F. et al. Metrópoles, cobertura vegetal, áreas verdes e saúde. *Estudos Avançados*, v. 30, n. 86, 2016, p. 113-130.

CAIAFFA, W.; FRICHE, D. Urban Health: landmarks, dilemmas, prospects and challenges. *Cadernos de Saúde Pública*, n. 31, Supl. S5-S6, 2015.

CHAN, M.; SOLHEIM, E; TAALAS, P. Working as one UN to address the root environmental causes of ill health. Editorials. *Bulletin World Health Organization*, v. 95, n. 2. Disponível em: <http://www.who.int/bulletin/volumes/95/1/16-189225>. Acesso em: 15 jan. 2017.

FRUMKIN, H. Contacto con la naturaleza: ¿un beneficio para la salud? In: _____. (Ed.) *Salud ambiental de lo global a lo local.* Washington: Organización Panamericana de la Salud, 2010.

GALEA, S.; VLAHOV, D. Urbanización. In: FRUMKIN, H. (Ed.) *Salud ambiental de lo global a lo local.* Washington: Organización Panamericana de la Salud, 2010.

GIRARDI, G. Parques são agora "receita de saúde". *O Estado de São Paulo*, Metrópole, p. A26, 9 out. 2016.

KONDO, M. C.; SOUTH, E. C.; BRANAS, C. C. Nature-based strategies for improving urban health and safety. *Journal of Urban Health*, v. 92, n. 5, 2015.

KUO, E. E. Coping with poverty: impacts of environment and attention in the inner city. *Environment and Behavior*, v. 33, n. 1, p. 5-34, 2001.

KUO, E. E.; SULLIVAN, W. C. Aggression and violence in the inner city: effects of environment via mental fadigue. *Environment and Behavior*, v. 33, n. 4, p. 543-571, 2001a.

_____. Environment and crime in the inner city: does vegetation reduce crime? *Environment and Behavior*, v. 33, n. 3, p. 343-367, 2001b.

PELICIONI, A. F. *Educação ambiental:* limites e possibilidades de uma ação transformadora. 2002. Tese (Doutorado). Faculdade de Saúde Pública, Universidade de São Paulo (FSP-USP). São Paulo, 2002.

PROIETTI, F.; CAIAFFA, W. Forum: o que é Saúde Urbana? *Cadernos de Saúde Pública*, v. 21, n. 3, p. 940-941, 2005.

RARES, C. S.; BRANDIMARTE, A. L. O desafio da conservação de ambientes aquáticos e manutenção de serviços ambientais em áreas verdes urbanas: o caso do Parque Estadual da Cantareira. *Ambiente e Sociedade*, v. XVII, n. 2, 2014.

RIBEIRO, H.; VASCONCELLOS, M. P.; VENTURA, D. Ideas of wellness in Brazil: a concept under deliberation. In: [RIS] Research and Information System for Developing Countries. *Health, nature and quality of life.* Towards BRICS Wellness Index. Nova Délhi: 2016. Disponível em: <http://www.ris.org.in>. Acesso em: 22 nov. 2016.

[WHO] WORLD HEALTH ORGANIZATION; UN HABITAT. *Global report on Urban health.* Equitable, healthier cities for sustainable development. Genebraa: WHO/UN Habitat, 2016. Disponível em: <http://www.who.int>. Acesso em: 20 set. 2016.

Perfil de saúde da população de Lisboa e fatores que a influenciam | 6

Paula Santana
Geógrafa, Universidade de Coimbra

Ângela Freitas
Geógrafa, Universidade de Coimbra

Cláudia Costa
Geógrafa, Universidade de Coimbra

Ricardo Almendra
Geógrafo, Universidade de Coimbra

INTRODUÇÃO

O perfil de saúde da população deve ter em consideração não só os resultados em saúde (mortalidade e morbidade), mas também os fatores que influenciam a sua distribuição – os determinantes da saúde (econômicos, sociais e ambientais). O seu conhecimento pode apoiar a tomada de decisão informada, desde a formulação de políticas promotoras de saúde até a ação direcionada a áreas de intervenção prioritária (WHO, 2010; Kindig, 2007; Kindig et al., 2003).

Os governos locais podem desempenhar um papel de catalisador na promoção da saúde da população (Aked et al., 2010; Collins, 2009; Marmot et al., 2008), atuando nos determinantes sociais e ambientais (Braveman et al., 2014 ; Marmot, 2010; WHO-CSDH, 2008), não só por meio da ação enquadrada pelas suas competências e atribuições tradicionais (p. ex., ação social, habitação, ambiente, mobilidade, transportes, ordenamento do território), mas sobretudo pela proximidade com a comunidade e pela capacidade de desenvolver ações articuladas com outros setores (p. ex., saúde), agentes e *stakeholders* (Loureiro et al., 2015; WHO, 2012). Em Portugal, o envolvimento dos municípios nas questões tradicionalmente atribuídas ao setor da saúde está longe da expressão que assume em outros países, com implicações no desenho das políticas, na governança e na intervenção direta (Loureiro et al., 2013). O movimento das cidades saudáveis, criado pela Organização

---

[1] Baseado em Santana e Freitas (2015) e Santana et al. (2017).

Mundial da Saúde (OMS) em 1992, preconiza a definição de estratégias locais, suscetíveis de favorecer a obtenção de ganhos em saúde, com base em um modelo de governança participativa e com uma abordagem baseada nos determinantes sociais, econômicos e ambientais da saúde (Kickbush et al., 2008; Tsouros, 1995). Em Portugal, apenas 11% dos municípios (correspondendo a 34) integra a Rede Portuguesa das Cidades Saudáveis.

A capacitação dos municípios na avaliação do impacto das políticas locais na saúde, adequando assim as intervenções (respostas) às necessidades reais da população, assume maior relevância em contextos de crise econômico-financeira. Nesse âmbito, as autarquias colocam as seguintes questões: como avaliar a saúde da população tendo em conta múltiplas dimensões, diferentes pontos de vista e objetivos? Quais as áreas de intervenção prioritárias? Como prever e potencializar os impactos positivos e mitigar os impactos negativos das políticas locais na saúde?

O Projeto GeoHealthS,[2] coordenado pela Universidade de Coimbra e desenvolvido entre 2012 e 2015, teve como principal objetivo a avaliação holística da saúde da população portuguesa, em 1991, 2001 e 2011, por meio da construção, aplicação e disponibilização de um índice de saúde da população (municípios de Portugal continental). O Índice de Saúde da População (Ines), uma medida compreensiva e multidimensional, agrega duas grandes componentes de avaliação da saúde da população: os resultados em saúde e os determinantes da saúde. Os resultados em saúde permitem avaliar o estado de saúde coletivo (físico, mental e de bem-estar) e são medidos de forma indireta (*proxies*), nomeadamente pela severidade e frequência da doença e/ ou morte. Os determinantes da saúde representam os fatores contextuais, definidos como condições do ambiente (social, econômico e físico) que influenciam direta e/ou indiretamente os resultados em saúde, bem como a sua distribuição. A saúde da população residente nos municípios do continente é avaliada em seis dimensões, que correspondem a grandes áreas de preocupação com a saúde (socioeconômica, de ambiente físico, de estilo de vida, de cuidados de saúde, de mortalidade e de morbilidade), e em 43 critérios de avaliação, aos quais estão associados um ou mais indicadores que descrevem o desempenho dos municípios em cada critério (Santana, 2015).

---

[2] Projeto GeoHealthS – *Geografia do Estado de Saúde – Uma aplicação do Índice de Saúde da População nos últimos 20 anos*, cofinanciado pela Fundação para a Ciência e Tecnologia (PTDC/CS-GEO/122566/2010) e pelos Fundos Feder, por meio do programa Compete (Programa Operacional Fatores de Competitividade), coordenado por Paula Santana. Para mais informações sobre o projeto: <http://www.uc.pt/fluc/gigs/GeoHealthS>.

Partindo da análise do Ines, o presente trabalho tem como principais objetivos:

- Caraterizar a saúde da população do município de Lisboa de forma global, por dimensão e por critério de avaliação.
- Identificar as principais áreas de preocupação para a saúde nesse município.
- Potenciais áreas de intervenção prioritária no âmbito da promoção da saúde.

ENQUADRAMENTO SOCIODEMOGRÁFICO DO MUNICÍPIO DE LISBOA

O município de Lisboa localiza-se na Área Metropolitana de Lisboa (Figura 1). Segundo o Instituto Nacional de Estatística (INE), em 2015, a população residente estimada correspondia a 504.471 (230.627 homens e 273.844 mulheres) e a densidade populacional era de 5.042 habitantes por km². A totalidade da população reside em zonas predominantemente urbanas (INE, 2014).

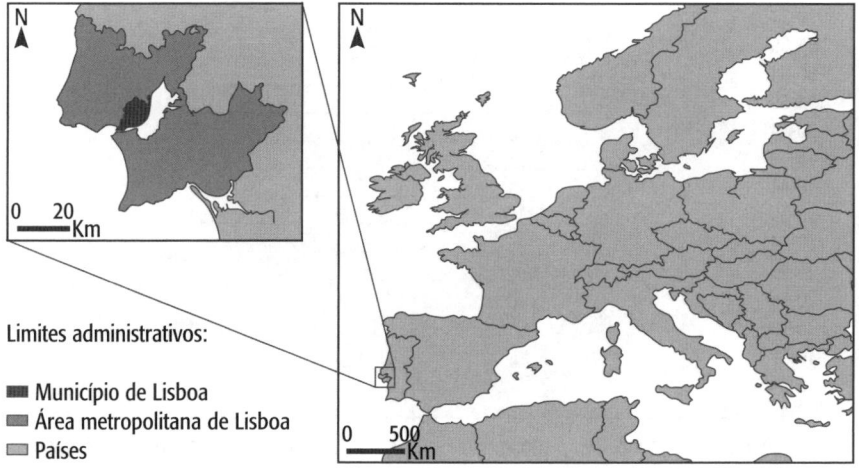

Figura 1 – Enquadramento geográfico do Município de Lisboa e da Área Metropolitana de Lisboa.

Fonte: elaborado a partir de DGT, Carta Administrativa Oficial de Portugal (2015), e Eurostat Geographical Information and Maps.

Indicadores demográficos e sanitários

A saúde da população não pode ser analisada fora do contexto demográfico em que se insere, sendo necessário perceber como a estrutura da população tem evoluído e se alterado ao longo do tempo. Nas últimas duas décadas, o município de Lisboa registou um decréscimo de 23% na população residente, passando de 656.002 habitantes em 1991 para 504.471 habitantes em 2011. A observação da pirâmide etária do município (Figura 2) evidencia o gradual envelhecimento da população, caracterizado pelo aumento do número de indivíduos com mais de 65 anos (12,6%) e a diminuição significativa do número de indivíduos com menos de 20 anos (31,4%). Essa situação reforça o peso da população idosa (65 anos ou mais) na população total (28,3%) em relação aos jovens (0-14 anos), que correspondem a 18,9% da população.

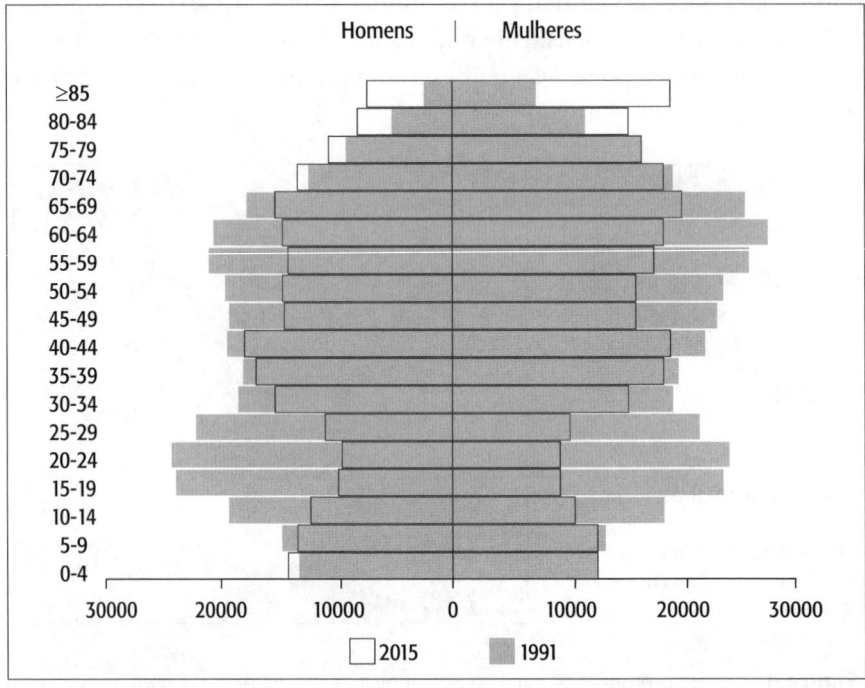

Figura 2 – Pirâmide etária da população residente no município de Lisboa em 1991 e 2015.

Fonte: elaborado a partir de INE, Censos 1991 e INE, estimativas e projeções da população 2015.

O aumento da expectativa de vida é um dos aspectos relevantes na evolução da população residente. Entre 1999-2003 e 2011-2015, a expectativa de vida ao nascer aumentou em ambos os sexos (Tabela 1), com maiores ganhos na população masculina (5,9 anos) do que na população feminina (5,4 anos). Apesar desse fato, a diferença entre homens e mulheres continua elevada (passa de 8,5 em 1991 para 8,0 anos em 2015).

Tabela 1 – Esperança de vida (em anos) ao nascer, aos 40, 65 e 80 anos, do município de Lisboa, em 1999-2003 e 2011-2015.

	Nascença		40 anos		65 anos		80 anos	
	H	M	H	M	H	M	H	M
1999-2003	71,3	79,8	34,9	41,7	15,6	19,6	7,4	8,7
2011-2015	77,2	85,2	38,8	46,1	18,9	23,8	9,5	12,2

Fonte: elaborado a partir de INE (2017).

A maior longevidade da população associada ao aumento substancial da população residente com mais de 65 anos e a diminuição da população jovem (grupo etário dos 0 aos 14 anos) reflete-se por um lado em maiores índices de dependência de idosos e de envelhecimento e, por outro lado, em menores índices de dependência de jovens (Tabela 2). Entre 1991 e 2011, o município de Lisboa passou respectivamente de 138,2 para 197,5 idosos para cada 100 jovens, ultrapassando a média nacional (125,8).

Tabela 2 – Evolução de alguns indicadores demográficos e sanitários do município de Lisboa.

Indicador	1991	2001	2011	Variação (%) 1991-2011
Índice de dependência de idosos (n.)[a]	29	37,1	43,9	51,4
Índice de dependência de jovens (n.)[b]	21	18,8	22,3	6,2
Índice de envelhecimento (n.)[c]	138,2	197,5	197,1	42,6
Taxa de mortalidade prematura (n. por 100.000 habitantes)[d]	546,0	494,3	337,5	-38,2
Taxa de mortalidade infantil (n. por 1.000 nascidos)[e]	12,1	5,9	3,8	-68,6

(continua)

Tabela 2 – Evolução de alguns indicadores demográficos e sanitários do município de Lisboa. (*continuação*)

Indicador	1991	2001	2011	Variação (%) 1991-2011
Taxa de incidência de HIV-Aids (n. por 100.000 habitantes)[f]	33,4	78,9	54,7	63,6
Taxa de incidência de tuberculose (n. por 100.000 habitantes)[g]	35,4	62,0	50,5	42,7
Proporção de nascidos com baixo peso ao nascer (tempo completo) (%)[h]	4,5	4,0	3,8	-16,5
Proporção de nascidos com menos de 37 semanas de gestação (%)[i]	4,2	6,5	8,6	103,8

[a] Número de habitantes com idade igual ou superior a 65 anos por 100 habitantes em idade ativa (idade entre 15 e 64 anos), em 1991, 2001 e 2011; [b] Número de habitantes com idade inferior a 15 anos por 100 habitantes em idade ativa (idade entre 15 e 64 anos), em 1991, 2001 e 2011; [c] Número de habitantes com idade igual ou superior a 65 anos por 100 habitantes com idade inferior a 15 anos, em 1991, 2001 e 2011; [d] Número de óbitos com idade inferior a 70 anos por 100.000 habitantes, registrados nos períodos de 1989-1993, 1999-2003 e 2006-2010; [e] Número de óbitos de crianças com idade inferior a 1 ano por 1.000 nascidos, registrados nos períodos de 1989-1993, 1999-2003 e 2007-2011; [f] Número de novos casos de HIV (Vírus da Imunodeficiência Humana) notificados por 100.000 habitantes, nos períodos de 1991-1995, 1999-2003 e 2007-2011; [g] Número de novos casos de tuberculose notificados por 100.000 habitantes, nos períodos de 1992-1996, 2000-2004 e 2006-2010; [h] Número percentual de nascidos com gestação superior a 37 semanas e baixo peso ao nascer (peso inferior a 2.500 g), registrados nos períodos de 1989-1993, 1999-2003 e 2007-2011; [i] Número percentual de nascidos com gestação inferior a 37 semanas, registrados nos períodos de 1989-1993, 1999-2003 e 2007-2011.

Fonte: elaborado a partir de INE, Estimativas da População Residente, Óbitos Gerais e Nascidos. Para mais informações sobre os metadados, *v.* Santana (2015).

Relativamente à morbidade, destaca-se o aumento da taxa de incidência da tuberculose, de 35,4 novos casos por 100.000 habitantes em 1992-1996 para 50,5 por 100.000 habitantes em 2006-2010. Em sentido oposto verificou-se no mesmo período um aumento considerável no número de novos casos por HIV-Aids (de 33,4 para 54,7 novos casos por 100.000 habitantes), valores que poderão estar também relacionados com a melhoria na eficácia dos sistemas de notificação e diagnóstico a partir da década de 1990 (Santana, 2014). Nos indicadores associados à morbidade neonatal, observa-se um aumento percentual no número de nascidos prematuros (passando de 4,2 para 8,6% entre 1989-1993 e 2007-2011) (Tabela 2).

No quinquênio de 2011-2015, verifica-se que as doenças do aparelho circulatório são a principal causa de morte da população residente no município de Lisboa, sendo responsáveis por 434 óbitos por 100.000 habitantes, seguidas pelos tumores malignos (354 óbitos por 100.000 habitantes) (Figura 3). Analisando a evolução das principais causas de morte nos últimos 20 anos, observam-se diminuições importantes das doenças do aparelho circulatório e digestivo, respectivamente 37 e 20%. Em sentido contrário, verifica-se um aumento da mortalidade por tumores malignos, doenças do aparelho respiratório e doenças endócrinas, nutricionais e metabólicas, respectivamente 12, 41 e 8%.

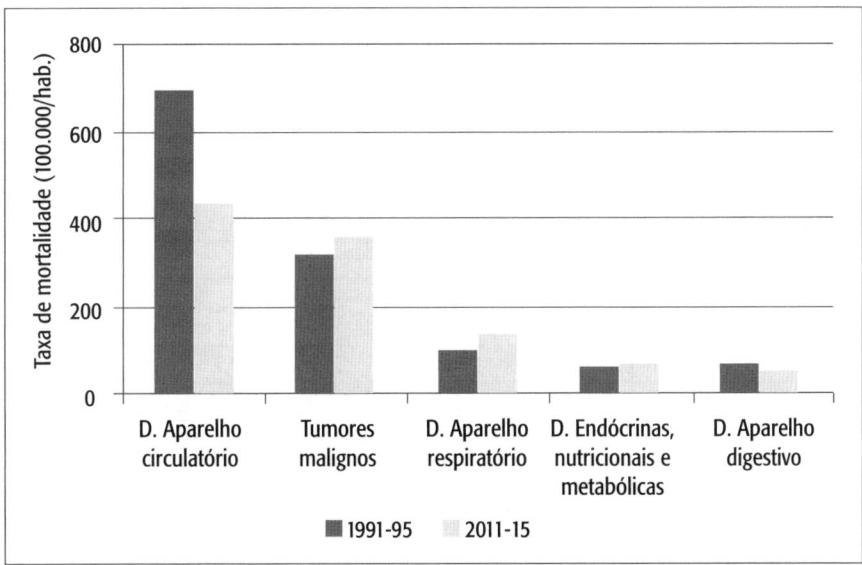

Figura 3 – Principais causas de morte no município de Lisboa.

Fonte: elaborado a partir de INE, Óbitos por Causa de Morte e Estimativas da População Residente.

Indicadores socioeconômicos, ambientais e de cuidados de saúde

As condições do ambiente econômico, social e ambiental do município afetam os resultados em saúde da população que nele reside. A Tabela 3 apresenta um conjunto de indicadores relativos ao município de Lisboa, selecionados por influenciarem positiva ou negativamente a saúde, nomeadamente o emprego, o nível de escolaridade, a equidade e o apoio social, as condições da habitação, a segurança, a cobertura de infraestruturas básicas e o acesso, oferta e utilização de cuidados médicos.

Tabela 3 – Indicadores socioeconômicos, ambientais e de cuidados de saúde do município de Lisboa e de Portugal Continental, em 1991 e 2011.

Indicador	Lisboa		Média (PT)*	
	1991	2011	1991	2011
Taxa de abandono escolar (%)	5,2	1,7	13,5	1,6
Proporção de população residente com o ensino superior concluído (%)	11,8	33,6	2,0	10,1
Taxa de analfabetismo (%)	5,7	3,2	16,6	8,3
Taxa de desemprego (%)	7,3	12,9	6,5	12,5
Beneficiários de Rendimento Mínimo Garantido (RMG)/Rendimento Social de Inserção (RSI) (n. por 1.000 habitantes em idade ativa)	13,1[a]	77,1	72,5[a]	61,2
Beneficiários de pensão de invalidez e pensão social de invalidez (n. por 1.000 habitantes em idade ativa)	80,8	52,9	74,7	71,8
Proporção de idosos que vivem sós (%)	23,1	26,9	18,9	20,1
Proporção de famílias monoparentais (%)	8,3	21,3	6,1	12,6
Taxa de abstenção eleitoral nas eleições autárquicas (%)	46,5[b]	49,5[c]	32,7[b]	36,4[c]
Acidentes de viação (n. por 1.000 habitantes)	22,1	12,7	14,3	10,6
Crimes violentos (n. por 100.000 habitantes)	2.203	2.345	152	224
Proporção de alojamentos sobrelotados (%)	20,4	12,1	19,5	8,9
Proporção de alojamentos sem condições sanitárias (sem sanitário e chuveiro ou ducha) (%)	2,2	0,1	15,7	0,7
Duração média dos movimentos pendulares (minutos)	28,0	23,0	16,8	17,5
Proporção de população residente coberta por sistema público de abastecimento de água potável (%)	98,7	100[c]	78,8	94,2[c]
Proporção de população residente coberta por sistema público de drenagem de águas residuais (%)	94,3	100[c]	62,4	78,3[c]
Concentração média anual de partículas PM_{10} ($\mu g/m^3$)	41,7[d]	32,4	36,8[d]	23,6
Proporção de resíduos sólidos urbanos cujo destino é a valorização (%)	88,9[e]	94,3	8,9[e]	20,5
Proporção de nascidos de mães adolescentes (idade inferior a 20 anos) (%)	11,8	5,9	15,4	6,0
Consultas de Medicina Geral e Familiar (MGF) (n. por habitante)	2,6	2,0	2,7	2,8

(continua)

Tabela 3 – Indicadores socioeconômicos, ambientais e de cuidados de saúde do município de Lisboa e de Portugal Continental, em 1991 e 2011. (*continuação*)

Indicador	Lisboa		Média (PT)*	
	1991	2011	1991	2011
Consultas de saúde materna (n. por nascido)	3,9[b]	5,1	4,3[b]	7,2
Farmácias (n. por 1.000 habitantes)	0,5	0,5	0,3	0,4
Acessibilidade geográfica aos Cuidados de Saúde Primários, ponderada pela distribuição da população residente (minutos)	5,1	5,2	16,9	11,3
Médicos a serviço nos Cuidados de Saúde Primários (n. por 1.000 habitantes)	0,8	0,8	0,7	0,7
Enfermeiros a serviço nos Cuidados de Saúde Primários (n. por 1.000 habitantes)	0,7	0,6	0,8	1,0
Acessibilidade geográfica aos hospitais da rede de referenciação hospitalar do Serviço Nacional de Saúde (SNS), ponderada pela distribuição da população residente (minutos)	8,5	13,5	30,9	27,5
Camas nos hospitais da rede de referenciação hospitalar do Serviço Nacional de Saúde (SNS) (n. por 100.000 habitantes)	1.359[f]	1.045	247[f]	237
Médicos a serviço nos hospitais da rede de referenciação hospitalar do Serviço Nacional de Saúde (SNS) (n. por 100.000 habitantes)	9,0[f]	11,3	0,7[f]	1,4

[a] Valores referentes a 1998; [b] valores referentes a 1993; [c] valores referentes a 2009; [d] valores referentes a 2003; [e] valores referentes a 2002; [f] valores referentes a 1994.

Fonte: Projeto GeoHealthS. Para mais informações sobre os metadados, *v.* Santana (2015).

Entre 1991 e 2011, registraram-se variações positivas nos indicadores de escolaridade: a população com ensino superior completo passou de 11,8 para 33,6% e as taxas de abandono escolar e de analfabetismo diminuíram consideravelmente (66,9 e 43,1%, respectivamente). Relativamente ao emprego, o município acompanha a tendência negativa dos restantes municípios portugueses, com o aumento no número de desempregados em 20 anos (de 7,3 para 12,9%). O número de habitantes a receber apoio social do Estado por 1.000 habitantes em idade ativa (beneficiários de rendimento mínimo garantido/rendimento social de inserção) aumentou significativamente. No domínio da participação social, destaca-se o aumento da taxa de abstenção eleitoral nas últimas eleições autárquicas (de 46,5 para 49,5%), apresentando um valor bastante alto relativamente à média do continente. A criminalidade também aumentou, com o número de crimes registrados entre 1991 e 2011 apresentando valores muito superiores à média do continente. A evolução em sentido positivo dos acidentes de transporte com vítimas ocorridos em território municipal (de 22,1 para 12,7 acidentes por 1.000 habitantes, respectivamente em 1991 e 2011) não impede que Lisboa continue a apresentar valores superiores à média nacional em 2011 (valor do continente: 10,6/1.000 habitantes).

As condições de habitação melhoraram, não só em termos de condições sanitárias (diminuição de 94,6% na proporção de alojamentos sem sanitário e sem banho) e de lotação (redução para metade na proporção de alojamentos superlotados) como também de acesso a infraestruturas básicas de água potável e de saneamento (em 2011, 99 e 94% da população estava coberta por sistema público de abastecimento de água potável e de drenagem de águas residuais, respectivamente).

Em termos ambientais, e apesar de se verificar uma evolução positiva nos últimos 20 anos, persistem os problemas relacionados com a qualidade do ar (alta concentração média anual de PM_{10}: 36,8 μg/m³). Em sentido oposto, o tratamento de resíduos urbanos (94,3% dos resíduos têm como destino a valorização) apresenta valores muito elevados, afastando-se bastante da média dos municípios do continente em 2011.

Na oferta e no acesso aos cuidados de saúde, o município de Lisboa mantém o número de médicos a serviço nos Cuidados de Saúde Primários e a boa acessibilidade geográfica a esses equipamentos. Verificou-se o aumento no número de consultas de saúde materna. Em sentido oposto, houve diminuição do número de consultas com o médico de família, a acessibilidade geográfica aos cuidados hospitalares e o número de enfermeiros a serviço nos cuidados de saúde primários.

O ÍNDICE DE SAÚDE DA POPULAÇÃO

O Ines é uma medida multidimensional, abrangente e consistente do perfil de saúde da população portuguesa e dos fatores que a influenciam e constitui-se como uma ferramenta de apoio à decisão política a nível municipal.

O Ines compreende uma abordagem sociotécnica que combina a metodologia multicritério (Measuring Attractiveness by a Categorical Based Evaluation Technique – Macbeth) com métodos participativos: envolveu peritos de diferentes áreas disciplinares, representantes de diversas instituições nacionais (p. ex., Ministério da Saúde, Ministério do Ambiente e Ordenamento do

Território) e regionais (p. ex., Administrações Regionais de Saúde) que participaram em painéis Delphi e em conferências de decisão.

A construção do Ines seguiu um processo metodológico organizado em várias fases:

- Identificação e seleção dos indicadores que permitem caraterizar a saúde da população (Santana et al., 2015).
- Recolhimento, construção e análise de indicadores à escala municipal (Freitas; Costa, 2015).
- Desenvolvimento do modelo multicritério para determinar o valor da saúde dos municípios – atividades de estruturação e de avaliação (Rodrigues et al., 2014; Rodrigues, 2014).
- Aplicação do índice aos municípios de Portugal continental em três momentos temporais – 1991, 2001 e 2011 (Santana, 2015).
- Disponibilização gráfica dos resultados na plataforma WebSIG <http://saudemunicipio.uc.pt/> (baseada em sistemas de informação geográfica), que permite visualizar, analisar e comparar de forma interativa os resultados do índice em escala municipal.

Os resultados do Ines permitem avaliar a saúde da população de cada município, tendo em conta os seguintes *outputs*:

- Perfil de desempenho dos critérios de avaliação.
- Valor em cada critério de avaliação.
- Valor em cada dimensão e áreas de preocupação.
- Valor global da saúde da população.

Dimensões de avaliação e critérios de avaliação

O Ines incorpora dois grandes componentes de avaliação da saúde da população: os resultados em saúde e os determinantes da saúde. Esses componentes integram seis dimensões (duas de resultados em saúde e quatro de determinantes da saúde) que correspondem a grandes áreas de preocupação para a saúde da população e a áreas de intervenção política com potenciais impactos na saúde da população. As dimensões agregam 43 critérios de avaliação, pelos quais a saúde da população é avaliada (Figura 4). A esses critérios estão associados 45 indicadores, que descrevem o desempenho dos municípios em cada critério.

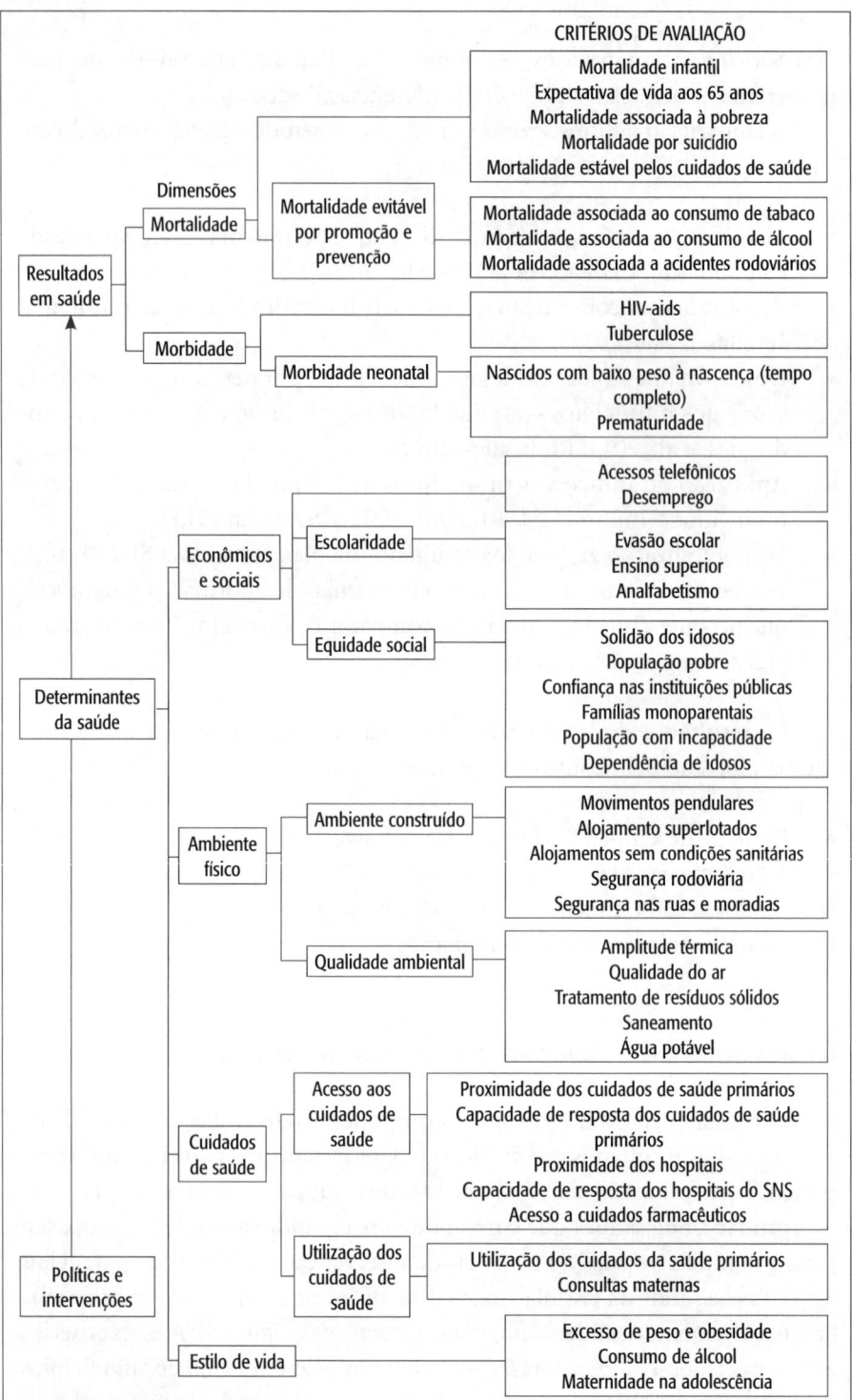

Figura 4 – Estrutura do Índice de Saúde da População.
Fonte: Santana et al. (2015).

A seleção desses indicadores obedeceu a um processo participativo (técnica Delphi), com um painel multidisciplinar de peritos, constituído pelos investigadores, consultores científicos e representantes das instituições participantes no Projeto GeoHealthS (Santana et al., 2015). Foram levados em consideração os seguintes critérios de seleção:

- Relevância do indicador para a avaliação da saúde da população.
- Qualidade da informação do indicador, incluindo a disponibilidade e fiabilidade dos dados para o período (1991, 2001 e 2011) e desagregação geográfica dos dados (município).

A AVALIAÇÃO DA SAÚDE DA POPULAÇÃO DO MUNICÍPIO DE LISBOA

No município de Lisboa, o Ines melhorou acompanhando a tendência dos municípios localizados na faixa litoral ocidental, passando de um valor global de 727,5 em 1991 para 815 em 2011 (variando entre 0 e 1.000; quanto maior o valor, maior o contributo no sentido positivo para a saúde da população). No entanto, continua a posicionar-se ligeiramente abaixo do valor de referência, ou seja, abaixo do valor da média dos desempenhos dos 278 municípios de Portugal continental (Figura 5).

A avaliação da saúde da população em cada dimensão entre 1991 e 2011 revela que as dimensões de mortalidade, morbidade e ambiente físico melhoraram, aproximando o valor do município de Lisboa ao valor da média dos desempenhos dos municípios de Portugal continental em 2011 (Figuras 6A, 6B e 6D). No caso da mortalidade, os ganhos em saúde foram obtidos com o aumento da expectativa de vida aos 65 anos e a diminuição das mortes evitáveis, sensíveis ao acesso aos cuidados de saúde e sensíveis à prevenção primária e promoção da saúde (relativas ao consumo de álcool, tabaco, acidentes rodoviários e mortalidade infantil) e mortalidade associada à pobreza. A dimensão da morbidade melhorou em razão da diminuição da incidência de HIV-Aids e tuberculose. Na dimensão de ambiente físico, os melhores valores são os de cobertura de infraestruturas básicas de água potável e de saneamento.

Em sentido oposto, pioraram os valores nas dimensões econômica e social e estilo de vida (Figuras 6C e 6F). O município de Lisboa piorou o seu desempenho, estando em 2011 abaixo da referência no que se refere às famílias monoparentais, solidão de idosos, população pobre, desemprego e confiança nas instituições públicas. As variações registradas na dimensão dos cuidados de saúde entre 1991 e 2011 foram sutis.

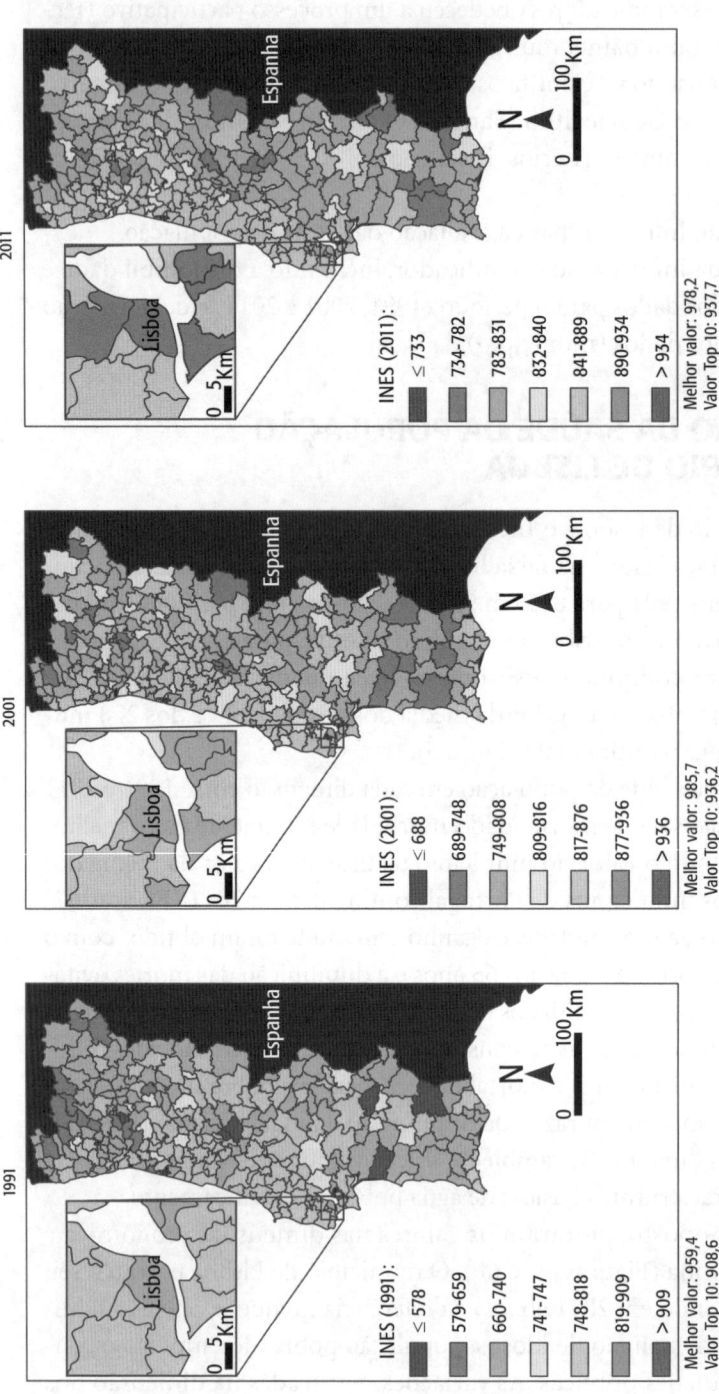

Figura 5 – Índice de Saúde da População (Ines) nos municípios de Portugal continental em 1991, 2001 e 2011.

Nota: os resultados da aplicação do Ines aos 278 municípios foram cartografados em sete classes, tendo por base os dois níveis de referência do ano em análise: i) valor Top10 (valor da média dos 10% melhores desempenhos) e ii) valor de referência (valor da média dos desempenhos). As classes do topo e da base correspondem assim aos municípios que contêm respectivamente os valores mais elevados e mais baixos, de forma a assegurar uma leitura mais eficaz dos melhores e dos piores valores de saúde da população. A classe intermediária contém o valor de referência. O intervalo restante foi subdividido em classes iguais.

Fonte: Santana et al. (2015).

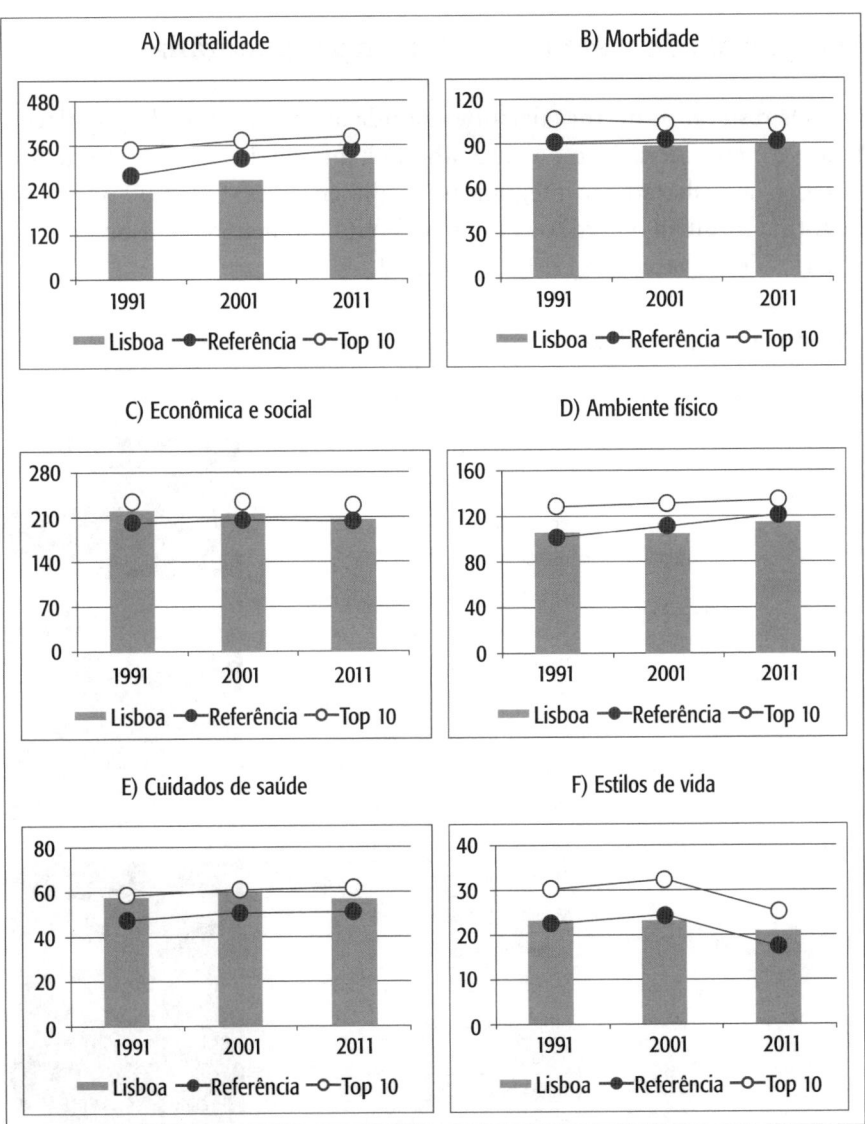

Figura 6 – Valor de saúde da população do município de Lisboa nas dimensões que integram o Índice de Saúde da População, em 1991, 2001 e 2011.

Nota: a Referência corresponde ao valor da média dos desempenhos no ano em análise; o Top10 corresponde à média dos 10% melhores desempenhos (dos municípios) no ano em análise. Quanto maior o valor, maior o contributo no sentido positivo para a saúde da população.

Fonte: Santana et al. (2015).

Perfil de saúde e áreas de intervenção prioritária

Os resultados do Ines permitem ainda avaliar a saúde da população tendo em consideração o desempenho dos municípios do continente nos critérios de avaliação que integram as seis dimensões. O Quadro 1 apresenta de forma intuitiva o perfil de desempenho do município de Lisboa nos 43 critérios de avaliação em 1991, 2001 e 2011.

Quadro 1 – Perfil de desempenho do município de Lisboa nos critérios de avaliação que integram o Índice de Saúde da População em 1991, 2001 e 2011.

	Dimensão	Critério de avaliação*	1991	2001	2011
Determinantes da saúde	Econômica e social	Acessos telefônicos			
		Evasão escolar			
		Ensino superior			
		Analfabetismo			
		Desemprego			
		Solidão dos idosos			
		População pobre			
		Confiança nas instituições públicas			
		Famílias monoparentais			
		População com incapacidade			
		Dependência de idosos			
	Ambiente físico	Alojamentos superlotados			
		Alojamentos sem condições sanitárias			
		Movimentos pendulares			
		Segurança rodoviária			
		Segurança nas ruas e moradias			
		Amplitude térmica			
		Água potável			
		Saneamento			
		Qualidade do ar			
		Tratamento de resíduos sólidos			
	Estilo de vida	Excesso de peso e obesidade			
		Consumo de álcool			
		Maternidade na adolescência			

(continua)

Quadro 1 – Perfil de desempenho do município de Lisboa nos critérios de avaliação que integram o Índice de Saúde da População em 1991, 2001 e 2011. (*continuação*)

Dimensão		Critério de avaliação*	1991	2001	2011
Determinantes da saúde	Cuidados de saúde	Utilização dos cuidados de saúde primários			
		Consultas maternas			
		Acesso a cuidados farmacêuticos			
		Proximidade dos cuidados de saúde primários			
		Capacidade de resposta dos cuidados de saúde primários			
		Proximidade dos hospitais do SNS			
		Capacidade de resposta dos hospitais do SNS			
Resultados em saúde	Morbidade	HIV-Aids			
		Tuberculose			
		Nascidos com baixo peso ao nascer (tempo completo)			
		Prematuridade			
	Mortalidade	Mortalidade infantil			
		Expectativa de vida aos 65 anos			
		Mortalidade associada ao consumo de tabaco			
		Mortalidade associada ao consumo de álcool			
		Mortalidade associada a acidentes rodoviários			
		Mortalidade associada à pobreza			
		Mortalidade por suicídio			
		Mortalidade evitável pelos cuidados de saúde			

* Aos 43 critérios de avaliação estão associados 45 indicadores, que descrevem o desempenho do município em cada critério. Para mais informações, *v.* Santana e Freitas (2015).

| Piores valores do critério[ano] | Valor de referência do critério[ano] | Melhores valores do critério[ano] |

Nota: em cada critério, foi efetuada a classificação do município tendo em consideração o seu posicionamento em relação à referência de cada ano (1991, 2001 e 2011). A referência corresponde ao valor da média dos desempenhos dos 278 municípios do continente. Neste sentido, a análise da classificação do município em cada critério não deverá ser diacrônica.

Fonte: Projeto GeoHealthS (2015).

Apesar da variação dos valores da saúde da população residente em Lisboa revelar uma tendência de evolução positiva, a aplicação do Ines ao município de Lisboa permitiu identificar em 2011 um conjunto de "sinais de alerta" nos resultados em saúde e determinantes da saúde, correspondentes aos piores valores registrados nos critérios de avaliação (Quadro 1).

Nos determinantes da saúde, o Ines permite colocar em evidência problemas que, correspondendo a potenciais áreas de intervenção, se consubstanciam como relevantes para a obtenção de ganhos em saúde (Quadro 2). Nesse sentido, para melhorar a saúde dos residentes em Lisboa, as intervenções devem atuar sobre os problemas identificados ao longo deste texto. Destaque no grupo dos determinantes econômicos e sociais da saúde para ações/medidas nos domínios da:

- Promoção do exercício da cidadania para o combate à elevada taxa de abstenção eleitoral nas eleições autárquicas.
- Reforço da coesão social para a melhoria das condições de vida da população idosa e outros grupos vulneráveis (famílias monoparentais, população em risco de pobreza e exclusão social).
- Promoção do emprego e do empreendedorismo.

Quadro 2 – Objetivos de políticas para promover a equidade em saúde no município de Lisboa por dimensão de avaliação em 2011.

	Dimensão	Objetivos de política
Determinantes da saúde	1 – Econômica e social	1.1 Reforçar o apoio social às famílias monoparentais 1.2 Incrementar o apoio aos idosos que vivem sós 1.3 Inserir socialmente as famílias e indivíduos com baixos rendimentos que necessitam de apoio do Estado 1.4 Promover o emprego e o empreendedorismo 1.5 Promover a confiança nas instituições públicas e a participação eleitoral
Determinantes da saúde	2 – Ambiente físico	2.1 Promover a segurança nas ruas e moradias 2.2 Melhorar a qualidade do ar, por meio de medidas que se traduzam na diminuição da concentração de partículas PM_{10} 2.3 Promover a segurança rodoviária e a qualidade das vias, sinalização etc. 2.4 Melhorar as condições de oferta e de utilização dos transportes públicos 2.5 Promover o acesso à habitação e melhorar as condições habitacionais, prevenindo a superlotação
	3 – Cuidados de saúde	3.1 Aumentar a atração aos CSP e, por essa via, aumentar o número de consultas de medicina geral e familiar e de saúde materna nos cuidados de saúde primários

Nota: a identificação das principais necessidades de saúde tem por base os critérios de avaliação em que o município de Lisboa apresenta pior desempenho, ou seja, tem os valores mais baixos e simultaneamente mais distantes dos respectivos valores de referência.

Fonte: Projeto GeoHealthS (2015).

Na dimensão de ambiente físico, considerando o contributo negativo para a saúde da população, destacam-se os desempenhos do município no critério da má qualidade do ar, da insegurança rodoviária e da insegurança nas ruas e moradias como principais áreas de preocupação. No sentido de aumentar a equidade em saúde, foram identificados os seguintes objetivos:

- Melhorar a qualidade do ar, por meio de medidas que se traduzam na diminuição da concentração de partículas PM_{10}.
- Promover a segurança rodoviária e a qualidade das vias, sinalização etc.
- Promover a segurança nas ruas e moradias.

Nos cuidados de saúde, as intervenções/ações devem ser direcionadas para o consumo de cuidados de saúde primários (CSP), nomeadamente pela consolidação da rede de centros de saúde e da educação para a saúde e prevenção de doenças.

CONSIDERAÇÕES FINAIS

Os fatores contextuais, definidos como as condições do ambiente (social, econômico e físico) influenciam fortemente a saúde da população. Esse fato ficou demonstrado no projeto de investigação (GeoHealthS) que serviu de base ao texto que agora se apresenta. Partindo da análise do Ines, um instrumento de avaliação holística desenvolvido no âmbito do projeto GeoHealthS,[3] a saúde da população do município de Lisboa foi avaliada de forma global em seis dimensões (socioeconômica, ambiente físico, cuidados de saúde, estilo de vida, mortalidade e morbidade) e em 43 critérios de avaliação.[4]

No município de Lisboa, o índice de saúde da população melhorou, acompanhando a tendência dos municípios localizados na faixa litoral ocidental, passando de um valor global de 727,5 em 1991 para 815 em 2011. Pode-se concluir que essa tendência resulta da dinâmica observada durante as últimas décadas, caracterizada pela contínua atração da população ao litoral e pela densificação da construção e de atividades econômicas nas áreas metropolitanas, nomeadamente na área metropolitana de Lisboa.

Com sinal positivo, destacam-se os ganhos obtidos nas dimensões de mortalidade, morbidade e ambiente físico. Esses ganhos devem-se principal-

---

[3] Mais informações disponíveis em: <http://www.uc.pt/fluc/gigs/GeoHealthS>.
[4] Mais informações disponíveis em: <http://saudemunicipio.uc.pt>.

mente ao aumento da expectativa de vida, à redução da mortalidade evitável (p. ex., mortalidade associada ao consumo de tabaco) e ainda à melhoria das condições do ambiente construído (p. ex., condições sanitárias).

Paradoxalmente, ou talvez não, se se considerar os impactos combinados da urbanização e do envelhecimento, Lisboa (dos municípios mais densamente povoados) registra valores de saúde inferiores ao valor de referência nos 3 anos em análise. Em 2011 persistem sinais de alerta nos resultados em saúde relativos à mortalidade evitável (associada ao consumo de tabaco, à pobreza, ao acesso aos cuidados de saúde e por suicídio) e nos determinantes ambientais relacionados com a segurança nas ruas e moradias, a qualidade do ar e os movimentos pendulares.

A aplicação do Ines ao município de Lisboa revelou que os determinantes responsáveis pelos piores desempenhos do município são de largo espectro: evidenciam-se os critérios que retratam a fragilidade/vulnerabilidade da população, especialmente da solidão de idosos, a população afetada pela má qualidade do ar, pela insegurança nas casas e moradias, pela baixa utilização dos centros de saúde e que revela baixa confiança nas instituições públicas (medida pela abstenção eleitoral). Nesse sentido, as políticas devem atuar no reforço da coesão social, na melhoria da qualidade do ambiente urbano e no incremento da oferta, acesso e utilização dos cuidados de saúde primários.

A evidência apresentada contribui não só para o conhecimento mais aprofundado e holístico da evolução da saúde da população do município de Lisboa e dos fatores que a afetam, positiva e negativamente, nas últimas duas décadas, mas também para a identificação de potenciais áreas de intervenção prioritária relacionadas com os diversos domínios de intervenção municipal.

Agradecimentos

Desenvolvido no âmbito do Projeto GeoHealthS – Geografia do Estado de Saúde – Uma aplicação do Índice de Saúde da População nos últimos 20 anos. Este trabalho foi financiado pelo Fundo Europeu de Desenvolvimento Regional (FEDER) através do Programa Operacional Fatores de Competitividade (COMPETE) e do Programa Operacional Competitividade e Internacionalização (COMPETE 2020) e por Fundos Nacionais através da Fundação para a Ciência e a Tecnologia (FCT), no âmbito dos projetos PTDC/CSGEO/122566/2010 e POCI-01-0145-FEDER-006891. Contou com a participação de um grupo extenso e multidisciplinar de peritos de várias instituições públicas da Administração Central e Regional e hospitais e o envolvimento de investigadores e consultores científicos de várias instituições de investigação científica, com destaque para o Instituto Superior Técnico (Mónica Oliveira, Carlos Bana e Costa e Teresa Rodrigues), aos quais se agradece o contributo prestado na construção do modelo multicritério de avaliação da saúde.

REFERÊNCIAS

AKED, J.; MICHAELSON, J.; STEUR, N. *The role of local government in promoting wellbeing, local government improvement and development*. Reino Unido, 2010.

BRAVEMAN, P.; GOTTLIEB, L. The social determinants of health: it's time to consider the causes of the causes. *Public Health Reports*, v. 129, n. 2, p. 19-31, 2014.

COLLINS, P. *Exploring the roles of urban municipal governments in addressing population health inequities*: prescriptions, capacities and intentions. 2009. Tese (Doutorado). Simon Fraser University. Canadá, 2009.

[INE] INSTITUTO NACIONAL DE ESTATÍSTICA. *Tipologia de Áreas Urbanas (TIPAU)*. Relatório Técnico. Lisboa: INE, 2014.

KICKBUSH, I.; MCCANN, W.; SHERBON, T. Adelaide revisited: from healthy public policy to Health In all Policies. *Health Promotion International*, v. 23, n. 1, 2008.

KINDIG, D. A. Understanding Population Health Terminology. *The Milbank Quarterly*, v. 85, n. 1, p. 139-161, 2007.

KINDIG, D. A.; STODDART, G. What is population health? *American Journal of Public Health*, n. 93, p. 366-369, 2003.

LOUREIRO, A. et al. O papel dos municípios na promoção da saúde na Amadora, Lisboa, Mafra e Oeiras. In: SANTANA, P. (Ed.). *Território e saúde mental em tempos de crise*. Coimbra: Imprensa da Universidade de Coimbra/Universidade de Coimbra, 2015, p. 147-170. doi: 10.14195/978-989-26-1105-1_11.

LOUREIRO, I.; MIRANDA, N.; PEREIRA MIGUEL, J. Promoção da saúde e desenvolvimento local em Portugal: refletir para agir. *Revista Portuguesa de Saúde Pública*, v. 31, n. 1, p. 23-31, 2013.

MARMOT, M. Fair society, healthy lives. *The Marmot Review*, 2010.

_____ et al. Close the gap in a generation: health equity through action on the social determinant of health. *Lancet*, v. 372, n. 9.650, p. 1.661-1.669, 2008. doi: 10.1016/S0140-6736(08)61690-6.

RODRIGUES, T. C. The MACBETH approach to health value measurement: building a population health index in group processes. *Procedia Technology*, n. 16, p. 1.361-1.366, 2014.

_____ et al. Metodologia de apoio multicritério à construção do INES (Índice do Estado de Saúde). In: SANTANA, P.; NOSSA, P. (Coord.). *A geografia da saúde no cruzamento de saberes*. Coimbra: Grupo de Investigação em Geografia da Saúde/CEGOT, 2014.

SANTANA, P. *A geografia da saúde da população*. Evolução nos últimos 20 anos em Portugal continental. Coimbra: CEGOT, Universidade de Coimbra, 2015. doi: 10.17127/cegot/2015/GS.

_____. A saúde dos portugueses. In: SIMÕES, J.; CORREIA DE CAMPOS, A. (Eds.) *40 anos de abril na saúde*. Coimbra: Almedina, 2014.

_____. Introdução à geografia da saúde: território, saúde e bem-estar. Coimbra: Imprensa da Universidade de Coimbra, 2014.

_____. Poverty, social exclusion and health in Portugal. *Social Science and Medicine*, n. 55, p. 33-45, 2002.

SANTANA, P.A.; FREITAS, A. A saúde da população. Enquadramento teórico e metodológico. In: SANTANA, P. (Ed.). *A geografia da saúde da população.* Evolução nos últimos 20 anos em Portugal Continental. Coimbra: CEGOT/Universidade de Coimbra, 2015, p. 9-17. doi: 10.17127/cegot/2015.GS.1.

SANTANA, P.A. et al. Avaliação multidimensional da saúde da população: o caso do município de Estarreja. In: PIRES, S. et al. (Coords.) *Indicadores de Desenvolvimento Sustentável:* instrumentos estratégicos e inovadores para municípios sustentáveis – o caso de Estarreja. Aveiro (Portugal): Instituto Jurídico da Universidade de Aveiro, OHMI – Estarreja, 2017, p. 218-237.

_____. Evaluating population health: the selection of main dimensions and indicators through a participatory approach. *European Journal of Geography*, v. 6, n. 1, p. 51-63, 2015.

SANTANA, P.A.; FREITAS, A.; ALMENDRA, R. Índice de saúde da população nos últimos 20 anos. In: SANTANA, P. (Ed.). *A geografia da saúde da população.* Evolução nos últimos 20 anos em Portugal continental. Coimbra: CEGOT/Universidade de Coimbra, 2015, p. 81-106. doi: 10.17127/cegot/2015.GS.3.

TSOUROS, A. The WHO Healthy Cities Project: state of the art and future plans. *Health Promotion International,* v. 10, n. 2, p. 133-141, 1995.

[WHO] WORLD HEALTH ORGANIZATION. *Equity, social determinants and public health programmes.* WHO, 2010. 298p.

_____. *Health 2020:* a European policy framework supporting action across government and society for health and well-being. Copenhagen: WHO EU Region, 2012.

[WHO-CSDH]. WORLD HEALTH ORGANIZATION - COMMISSION ON SOCIAL DETERMINANTS OF HEALTH. *Closing the gap in a generation:* health equity through action on the social determinants of health. Relatório final da Commission on Social Determinants of Health (WHOCSDH, Trans.). In: MARMOT, M. (Ed.). Genebra: WHO, 2008.

Do plano à quadra: desafios urbanísticos e ambientais na gestão da cidade. O caso de São Paulo

7

Renato Luiz Sobral Anelli

Arquiteto e urbanista, Instituto de Arquitetura e Urbanismo, USP

INTRODUÇÃO

"O caminho até a padaria é fundamental".[1] Ao proferir essa afirmação em uma de suas primeiras manifestações públicas como Secretário Municipal de Desenvolvimento Urbano de São Paulo em 2013, Fernando de Mello Franco criou uma boa imagem da abrangência de objetivos a que se dedicaria nos anos seguintes. As revisões do Plano Diretor Estratégico, da Lei de Zoneamento (Lei de Ocupação e Uso do Solo), dos Planos Regionais e do Código de Obras deveriam abranger todas as escalas da cidade e atingir o espaço imediato da vida cotidiana das pessoas. Entre a declaração e as ações a que se dedicou, fica claro que o problema não se limita à calçada próxima a sua moradia, entendida como uma das primeiras mediações entre o espaço privado da casa e as várias gradações do espaço público urbano. A frase pressupõe que exista uma padaria dentro de uma distância de caminhada da residência, afirmando implicitamente que é necessário que os serviços estejam localizados próximos à habitação. Como isso não ocorre em regiões de uso do solo monofuncional, portanto, trata-se de um problema da alçada do planejamento urbano.

A proximidade entre a casa e os serviços, no caso a padaria, na feliz imagem de Mello Franco, dispensa a obrigatoriedade dos deslocamentos motorizados, reduzindo a poluição e induzindo as pessoas a uma caminhada, leve atividade física que também traz benefícios. Pode propiciar o encontro com

---

[1] Entrevista com o Secretário Municipal de Desenvolvimento Urbano de São Paulo, arquiteto e urbanista Fernando de Mello Franco (Carvalho, 2016).

vizinhos, rompendo o isolamento individual e estimulando a sociabilidade. Sugere enfim um tipo de vida urbana que apesar de estar presente em alguns setores da cidade, parece destinado à extinção, pois a cultura da "cidade dos muros" (Caldeira, 2000) aponta para a direção oposta. Reverter esse processo é um objetivo político antes de mais nada e exige novas estratégias para os conhecimentos disciplinares envolvidos no planejamento e na gestão urbanas.

Apesar de propiciada pela atual legislação federal a partir do Estatuto da Cidade, a introdução de um novo modelo conceitual de cidade mais democrática, inclusiva e socialmente justa ainda coloca desafios nas várias escalas de governança até chegar a transformar a vida cotidiana das pessoas. Pensar de modo articulado a escala da cidade, com seus milhões de habitantes, a escala do bairro, com seus milhares de moradores, chegando ao quarteirão multifuncional – com habitação, comércio e serviços juntos – representa uma mudança considerável nas práticas de planejamento e gestão urbana brasileiras. Maior desafio ainda é a incorporação de novas agendas ambientais nessa pauta, como se vê neste trabalho.

As reflexões aqui apresentadas são formuladas a partir do campo da arquitetura e do urbanismo, estabelecendo conexões com outras disciplinas que agem na configuração da cidade. Destacam-se as redes de infraestruturas urbanas de mobilidade e de macrodrenagem por seu papel estrutural em tal configuração. Se a primeira rede é considerada "fator decisivo na estruturação do espaço urbano" por Villaça (2001, p. 13), a segunda, ao remeter aos cursos d'água como parte da geomorfologia das cidades, encontra nos estudos de geógrafos como Aziz Ab'Saber (1957) e Juergen Langenbuch (1971) explicações que ecoam até hoje nos estudos de urbanistas. Ainda que esses geógrafos já apontassem há anos para a intrínseca relação dos caminhos existentes no território paulistano com a sua geomorfologia, são mais recentes as pesquisas que identificam a intencionalidade da sobreposição da rede viária à rede hídrica (Gronstein, 2001; Meyer; Gronstein; Biderman, 2004; Franco, 2005). Sobreposição viabilizada pelas técnicas de engenharia e promovida por políticas públicas de saneamento, tais como o Programa Nacional de Saneamento (Planasa), da década de 1970, e continuada a partir de 1987 pelo Programa de Canalização de Córregos e Construção de Vias de Fundo de Vale na Região Metropolitana de São Paulo (Procav) (Travassos, 2010, p. 24), sem que as consequências para a macrodrenagem fossem corretamente consideradas.

A transformação de várzeas em área urbanizada visou a exploração imobiliária máxima do solo existente, reunindo as áreas necessárias aos fluxos de transporte e de águas a um só canal, com as menores dimensões de largura permitidas pelas técnicas de canalização. A partir da implantação desses programas, a estruturação urbana pelo sistema viário passou a seguir a forma dos cursos d'água existentes de acordo com a lógica do saneamento básico e não dos planos de mobilidade (Meyer; Gronstein; Biderman, 2004, p. 86-89). Como resultado, há extensas áreas edificadas sujeitas a enchentes e grande parte delas próximas aos principais corredores viários. Desse modo, a ocupação do solo e a distribuição de seus usos concentram importantes problemas ambientais e sociais em longos corredores que se distribuem pela cidade em forma de rede.

As características de tais áreas são heterogêneas. Quando permitida pela legislação, a concentração de serviços e comércio nas proximidades de avenidas de grande movimento faz parte da dinâmica de transformação dos usos nos bairros. Contudo, se a avenida é construída sobre ou às margens de cursos d'água sujeitos a alagamentos, as enchentes contribuem para sua desqualificação e desvalorização. Nessas áreas, quando se deseja estimular a maior densidade de ocupação, os planos devem associar a mobilidade urbana aos planos das redes de infraestrutura de macrodrenagem. Com características diversas a essa, as favelas construídas em áreas junto a córregos – em geral áreas remanescentes de retificações ou destinadas a sistemas de lazer – acrescentam o aspecto de vulnerabilidade social ao tema, vinculando a infraestrutura de macrodrenagem aos planos de habitação social.

O trabalho aqui apresentado procura relacionar a qualidade de vida na escala da quadra e do bairro a essas duas redes de infraestrutura de escala metropolitana, primeiro identificando a construção dessa relação na história recente da cidade, em seguida explorando as eventuais potencialidades abertas pela nova legislação urbanística elaborada entre 2013 e 2016, que procurou associar o uso e a ocupação do solo à rede de transporte público de média e alta capacidade prevista para os próximos quinze anos. Por último, são apresentadas pesquisas aplicadas desenvolvidas sob a direção deste autor, que procuram explorar novas formas urbanas, na escala dos quarteirões, que conjuguem positivamente as diretrizes de melhoria da mobilidade urbana, recuperação dos recursos hídricos e incremento do uso misto.

PROJETOS E PLANOS URBANOS

Breve histórico da relação entre projetos locais e planos urbanos em São Paulo

O sistema radio-concêntrico do Plano de Avenidas elaborado pelo engenheiro-arquiteto Prestes Maia (1930) estruturou o crescimento de São Paulo, desde sua implantação até a década de 1970, quando a malha direcional ortogonal do Plano de Vias Expressas proposto pela Empresa Municipal de Urbanização (Emurb) (1972) passou a orientar uma grande parte das obras do viário estrutural. Se considerarmos que o Plano de Avenidas tinha como base a estrutura radial de antigas estradas transformadas em avenidas já no início do século XX, esse sistema de caráter radio-concêntrico foi capaz de suportar o veloz crescimento de uma cidade que passou de 240 mil habitantes em 1900 para 8,5 milhões em 1980, quando então a expansão já tinha transbordado os limites do município e criado a gigantesca conurbação da Região Metropolitana de São Paulo, então com 12.588 mil habitantes.

A estrutura viária era sintonizada à concepção de cidade mononuclear, com um centro consolidado, densamente habitado, verticalizado, dotado das melhores redes de infraestruturas e uma periferia que se expandia velozmente por meio de assentamentos precários, sem infraestrutura e serviços, que recebia os intensos fluxos migratórios. Antigos núcleos coloniais vizinhos tornaram-se bairros importantes, conferindo espontaneamente algo de uma estrutura polinuclear à cidade. Em 1958, quando a cidade estava ultrapassando a marca de 4 milhões de habitantes, o estudo Estrutura Urbana da Aglomeração Paulistana (Sagmacs; Comissão, 1958) revelou um complexo sistema de hierarquias e interdependências entre os bairros, abrangendo São Paulo e algumas cidades vizinhas. A oposição entre o modelo de cidade polinuclear propugnado pelo engenheiro-arquiteto Anhaia Mello como alternativa ao modelo mononuclear de expansão ilimitada defendido por Prestes Maia mostrava-se em parte superada, pois ambas estruturas coexistiam. O retorno deste à gestão da prefeitura em 1961 permitiu-lhe novo empenho na implantação das vias do seu plano, já no formato de vias expressas.

Os dois principais planos da gestão do prefeito seguinte, Faria Lima (1965-1968), a proposta de rede metroviária e o Plano Urbanístico Básico (PUB) do município de São Paulo foram realizados em paralelo. A rede metroviária foi concebida pelo consórcio Hochtief Montreal Deconsult (HMD), atendendo as demandas existentes com o objetivo de atrair os usuários de automóveis (Moura, 2016) e não por acaso manteve a estrutura radio-concêntrica do Plano de Avenidas.

O PUB, desenvolvido por um consórcio internacional que reunia profissionais oriundos da Sagmacs e de empresas de consultoria estrangeiras, incorporou a rede metroviária da HMD a uma rede mais ampla, agregando um sistema de vias expressas concebido como malha ortogonal direcional, então considerada mais adequada para os processos de descentralização que abrangessem toda a Região Metropolitana de São Paulo (RMSP). Identificou e selecionou um conjunto de núcleos urbanos para que fossem transformados em subcentros enquanto propôs o adensamento da ocupação ao longo das linhas de transporte de massas. Modelos de urbanização para essas faixas de adensamento foram concebidos de modo esquemático, mas suficiente para induzir o desenvolvimento de projetos urbanos locais nas áreas em que as linhas de metrô seriam construídas.

Importante destacar que tanto o Plano de Avenidas (Figura 1) de Prestes Maia quanto o PUB e a rede metroviária procuraram relacionar as diferentes escalas, ou seja, a urbana/metropolitana com a urbana/local.

Figura 1 – Estudo para um plano de avenidas para a acidade de São Paulo. Francisco Prestes Maia (1896-1965). Secção Plano de Avenidas.
Fonte: Maia (1930).

Os primorosos desenhos do Plano de Avenidas antecipavam a volumetria das quadras, o gabarito e o perfil dos prédios, o projeto das vias e viadutos. Os perfis transversais das vias "arteriais de 1ª Classe" definiam as faixas de tráfego, com corredor central para ônibus ou bonde, o desenho das calçadas, com mobiliário, iluminação pública, arborização e infraestrutura subterrânea, além de incluir a possibilidade de um futuro metrô, também subterrâneo. Os gabaritos dos edifícios lindeiros propunham o afastamento dos últimos andares em relação ao alinhamento, servindo-se de esquemas comparativos entre perfis de ruas medievais, "Renascença Americana", "Método Francês" e "Moderna Ideia Americana".

Portanto, mesmo que motivado pela infraestrutura de mobilidade urbana, o plano trazia uma concepção geral de cidade e a partir dela oferecia a orientação para os projetos locais, de edifícios, quadras e vias. Os desenhos configuravam um modelo de cidade a ser seguido, ainda que os projetos implantados pelo poder público fossem apenas os viários. Mesmo não sendo um plano urbano completo como o realizado por Agache para o Rio de Janeiro na mesma época, é possível aplicar a ele a mesma observação de Underwood (1991) para o plano francês: as perspectivas não tinham a intenção de antecipar a forma final da cidade, mas de afirmar um programa urbano completo, como a demonstração de uma hipótese de urbanismo, a da Sociedade Francesa de Urbanistas.

No caso do PUB, essa relação foi mais esquemática, cabendo posteriormente à Emurb a realização dos planos e projetos na escala local (Figura 2). Para a comparação deste estudo, podem ser enfocados os projetos para as áreas remanescentes das desapropriações realizadas para a construção das linhas Norte-Sul e Leste-Oeste do metrô. A desapropriação essencial para a construção da linha era ampliada para perímetros maiores com o objetivo de permitir a elaboração de planos visando controlar as transformações que ali ocorreriam. Vários tipos de planos foram elaborados, como por exemplo a proposta para a região da estação Santana da linha Norte-Sul, em que se previa o remembramento de lotes nas quadras, a fim de estimular uma nova relação entre os edifícios e o espaço público urbano. A criação de áreas verdes e a permeabilidade no interior das quadras, a concentração dos acessos de veículos, o estímulo a edifícios de uso misto, tudo apontava para valores urbanos que eram experimentados em projetos pontuais e que poderiam se generalizar para toda a cidade, passíveis de serem associados à implantação da infraestrutura de mobilidade urbana em franca expansão.

Os dois casos – Plano de Avenidas e PUB/Emurb – oferecem elementos para a reflexão sobre as dificuldades de articulação entre as diferentes escalas de plano e projeto urbano. Mais ainda, o desenvolvimento no tempo desses dois casos permite refletir sobre os desafios de gestão para sua implementação e manutenção de coerência entre as escalas.

O Plano de Avenidas teve forte impacto de destruição do tecido urbano do centro antigo e do centro novo da cidade. A primeira fase de sua implantação foi favorecida por ocorrer durante a ditadura do Estado Novo, durante a gestão do próprio Prestes Maia (1938-1945) como prefeito nomeado pelo governador interventor, Ademar de Barros. Nesse período, o projeto viário

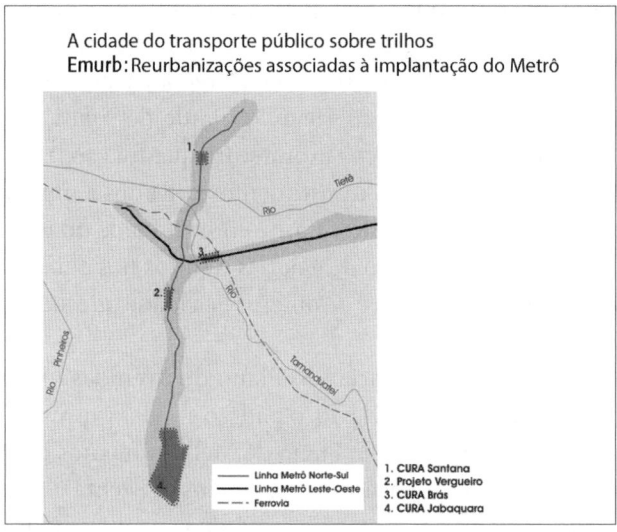

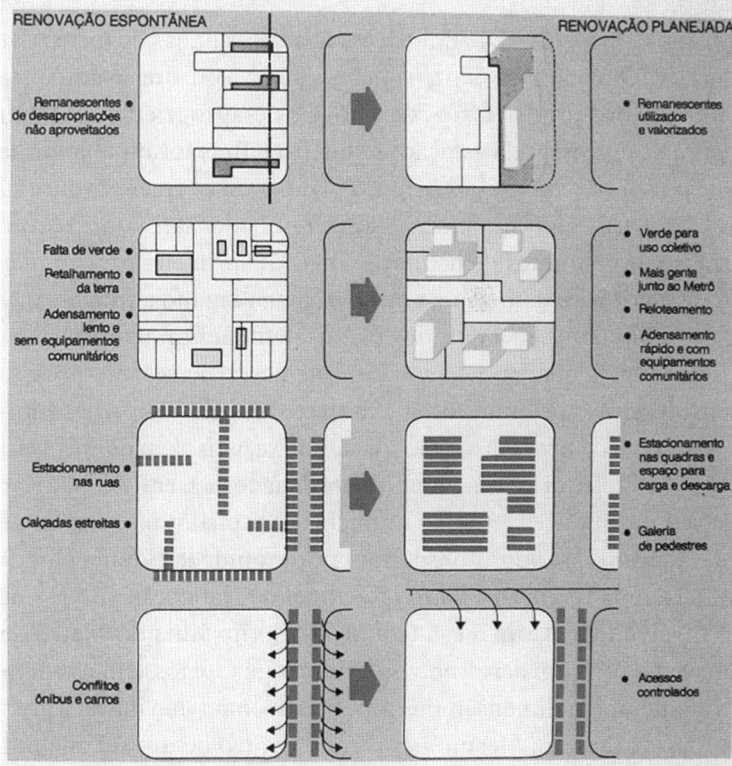

Figura 2 – Plano Santana Emurb.
Fonte: Biblioteca SP Urbanismo. Prefeitura Municipal de São Paulo.

seguiu parcialmente o proposto pelo plano, enquanto a arquitetura dos edifícios construídos nas novas avenidas assumiu as feições da arquitetura moderna, com obras de Vital Brazil, Rino Levi, Gregory Warchavichik, Jacques Pilon e, pouco mais tarde, de Franz Heep, Abelardo de Souza, Oscar Niemeyer, Salvador Candia e outros. Uma arquitetura que foi capaz de adequar as demandas por rentabilidade dos investimentos privados a uma inserção urbana inovadora, criando uma interessante continuidade do espaço público ao interior das quadras, por meio de galerias e pátios nos andares inferiores. Uma tipologia de integração entre arquitetura e cidade que até hoje se oferece como exemplar.

A segunda fase de implantação do Plano de Avenidas foi pautada por uma nova referência de projeto viário, o padrão de vias expressas segregadas do tecido urbano introduzido pela Plano de Melhoramentos de Robert Moses/IBEC (1949-1950). A interação entre edifícios e sistema viário estrutural foi abandonada, isolando as vias por meio de ruas marginais ou taludes ajardinados.

Os planos e projetos PUB/Emurb associados às linhas de metrô tiveram pouco sucesso. O plano para Santana ficou restrito à quadra 46 em função da reação judicial dos proprietários de imóveis desapropriados. Também os planos para os entornos da estação Vergueiro e Brás foram abandonados, ainda que por outros motivos. Apenas o plano para as áreas envoltórias das estações Jabaquara e Conceição chegaram a resultados satisfatórios, com alta concentração de conjuntos de habitação social na primeira e o complexo de edifícios de escritórios associado a um parque na segunda. Interessante observar que as diretrizes originais dos planos definiam características para o projeto na escala da quadra e do edifício, que deveriam ser interpretadas no seu desenvolvimento pelos arquitetos contratados pelos empreendedores.

A articulação de níveis de gestão foi complexa, pois além de envolver duas instituições da Prefeitura Municipal – Coordenadoria Geral de Planejamento (Cogep), Emurb e Metrô (então municipal), os planos para Santana, Brás e Jabaquara foram inseridos no programa Comunidade Urbana para Recuperação Acelerada (Cura) do Banco Nacional de Habitação (BNH), envolvendo o nível federal. Com a estatização da Companhia do Metrô de São Paulo um novo nível foi acrescentado. Ainda que este fosse mais adequado para o tratamento da dimensão metropolitana, então inevitável, a gestão se tornava mais complexa. Mesmo ocorrendo dentro de um regime político autoritário, que se supõe mais homogêneo no alinhamento das orientações políticas dos vários níveis de governo e mais efetivo na implantação de seus projetos, a despeito das reações locais, os projetos foram sustados por decisão judicial, no caso de Santana ou por mudança de prioridade de uma gestão para a outra no caso do Brás.[2]

A pauta de política urbana mudou radicalmente com a redemocratização brasileira e a Constituição Federal de 1988. O fechamento do BNH em 1986 tornou-se um marco simbólico do abandono dos grandes planos e valorização de projetos locais, de pequena escala, nos quais a participação popular tornou-se uma meta essencial a ser alcançada no processo. A situação econômica do país fez o resto, reduzindo a capacidade de investimento público em grande escala. Ainda são raros os estudos que enfoquem as coincidências da ação por mais democracia nas decisões urbanas, e sua estratégia de aproximação a segmentos locais da sociedade, com o desmonte das políticas e instituições de planejamento urbano e regional ocorrido a partir da redemocratização do país.[3]

Contudo, cabe destacar que, apesar de conduzidas no contexto e diante dos limites de um regime autoritário, as poucas experiências de articulação entre as escalas local e metropolitana realizadas no período anterior foram pioneiras na tentativa de controlar o impacto de grandes redes de infraestrutura nas áreas por elas servidas. Conduzidos pelo conceito do *genius loci* pós-moderno e da pequena escala, a arquitetura e o projeto urbano (ou desenho urbano, conforme ficou comum no Brasil, fruto de uma tradução livre do conceito de *urban design*) da década de 1990 deixaram as redes de infraestrutura a cargo dos projetistas especializados, abandonando o pouco de interação interdisciplinar que havia sido conquistada nos anos anteriores.

Tal movimento não foi uniforme. Nesse mesmo período, vários estudos procuraram entender as qualidades de certos edifícios modernos. A revisão da história da arquitetura revalorizou para novas gerações de arquitetos edifícios modernos que apresentavam uma forte interação com o tecido urbano circundante, enfraquecendo a aplicação no Brasil do argumento pós-moderno europeu, que relacionava a urbanidade positiva de suas cidades com a arquitetura oitocentista. Dos primeiros estudos sobre as galerias no centro novo de São Paulo até certa unanimidade ser criada ao redor do Conjunto Nacional de David Libeskind, já nos primeiros anos deste século, produziu-se um interessante exame sobre as vantagens de uma arquitetura que apostou na alta densidade para a indução de uma rica vida urbana pública ao nível do solo (Xavier,

---

[2] *V.* depoimento Nestor Goulart Reis Filho ao autor em 2 jul. 2007.

[3] A construção de uma oposição entre participação popular e planejamento urbano e regional é objeto de estudo de Ana Paula Koury e Fernando Lara, projeto de pesquisa em andamento com apoio da Fapesp.

2007). Portanto, não foi por acaso que o exemplo do Conjunto Nacional foi recorrentemente utilizado como argumento favorável às propostas da revisão do Plano Diretor Estratégico de São Paulo a partir de 2013, sendo explicitamente citado como modelo "perfeito" pelo secretário Fernando de Mello Franco em entrevista (Geraque e Gallo, 2013). Sua associação aos eixos de transporte público de massas marca uma retomada da estratégia conjunta similar proposta pelo PUB e desenvolvida pela Emurb na década de 1970.

As contribuições específicas do processo de revisão do Plano Diretor Estratégico e da Lei de Zoneamento (2013--2016) à relação entre planos gerais e projetos locais

Desde o início do processo de revisão do Plano Diretor Estratégico (PDE), a Secretaria Municipal de Desenvolvimento Urbano (SMDU) procurou construir um modelo semelhante aos corredores de atividades múltiplas do PUB. O incremento do uso dos transportes públicos de massa, de alta e média capacidades, seria feito pela maior densidade da ocupação das áreas próximas às linhas e estações. Entretanto, o formato da rede não foi predefinido a partir de um modelo geométrico ideal, mas deduzido das análises da estrutura urbana real da cidade, abrangendo a situação existente, os eixos em implantação e os projetados e planejados. Incorporou-se à rede de transporte público de média e alta capacidade, planejada para ser atingida nos quinze anos seguintes, reunindo as linhas de metrô e trem (de gestão estadual) e os corredores de ônibus (de gestão municipal).

Diferentemente do PUB, os estudos conduzidos pela SMDU procuraram estabelecer diretrizes claras para os projetos na escala local. Vários conceitos foram introduzidos e transformados em instrumentos indutores de novas qualidades espaciais e arquitetônicas. Entre eles destacam-se dois conceitos que impactam diretamente nos projetos locais na escala das quadras.

O primeiro é a Quota Ambiental, instrumento no qual projetos para lotes acima de 500 m² necessitam incorporar dispositivos mitigadores de impacto, sugeridos pela lei de zoneamento, até atingirem uma determinada pontuação. Trata-se de disposições arquitetônicas e paisagísticas, tais como permeabilidade da área não construída, construção de reservatórios de águas pluviais, plantio de árvores, jardins verticais e tetos verdes, de modo a amenizar a contribuição do empreendimento para enchentes e formação de ilhas de calor.[4]

---

[4] V. http://gestaourbana.prefeitura.sp.gov.br/marco-regulatorio/zoneamento/entenda--o-zoneamento/. Acesso em: 6 ago. 2016.

O segundo conceito consiste em parâmetros e instrumentos que visam estimular projetos que interajam mais abertamente com os espaços públicos ou mesmo que acrescentem espaços para o uso público. O objetivo é restringir a criação de condomínios e outras formas de segregação espacial, bastante comuns nas cidades brasileiras. Define o limite de 20.000 m² para o tamanho máximo dos lotes e quadras, acima do qual o projeto é tratado como parcelamento de gleba e exige a doação de áreas verdes e institucionais. Além de criar tais barreiras ao autoisolamento em meio ao espaço urbano, a lei de zoneamento cria conceitos novos, como o de fachada ativa e fruição pública (Figura 3), ambos visando maior integração entre edifícios e espaço urbano ao seu redor.

Como modo de testar tais concepções antes da finalização da lei de zoneamento, profissionais e universidades foram chamadas a experimentá-las em situações-tipo e pequenos setores urbanos reais. Em 2014, o concurso nacional "Ensaios Urbanos: Desenhos para o Zoneamento de São Paulo"

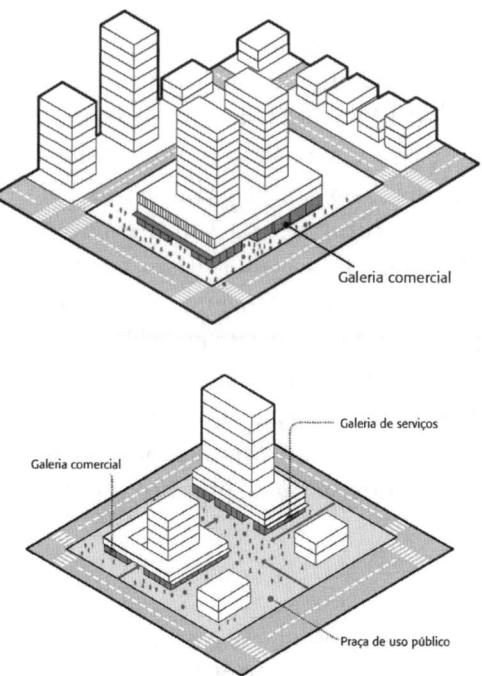

Figura 3 – Modelo de fachada ativa e fruição pública.
Fonte: Gestão Urbana. Disponível em http://gestaourbana.prefeitura.sp.gov.br/novo-pde-fachada-ativa-fruicao-publica-e-cota-parte-maxima/.

permitiu que profissionais urbanistas de todo o país estudassem as propostas em debate e explorassem as potencialidades de seus instrumentos para a configuração dos projetos urbanos locais.[5] Os profissionais propuseram diversas alternativas e complementações aos instrumentos, parte delas incorporada ao projeto de lei. Pouco depois, no segundo semestre de 2014, por meio do Ateliê Ensaios Urbanos, foi a vez de equipes de estudantes universitários explorarem tais instrumentos, coordenados por seus professores, visando o aprimoramento do projeto de lei.

As várias escalas urbanas, desde a escala metropolitana até as do projeto dos edifícios, foram articuladas e exploradas de modo a se realimentarem. As aplicações experimentais forneceram subsídios para o ajuste dos parâmetros urbanísticos da Lei de Zoneamento, aferindo os instrumentos de regulação propostos em cada situação. As próprias categorias dos concursos deixaram claros os objetivos: os estudos de configuração dos Corredores Urbanísticos e das modalidades de Uso Misto, as especificidades dos Lotes e Quadras de Grandes Dimensões e ainda os modos de induzir a uma melhor Fruição Pública das quadras. Assim, foram propostas novas tipologias de quadras a partir de um amplo leque de possíveis combinações de instrumentos.

Este pesquisador participou desse processo coordenando alunos de graduação do Instituto de Arquitetura e Urbanismo da Universidade de São Paulo (IAU-USP) no Ateliê Ensaios Urbanos (Figura 4).[6] Entre as três situações estudadas, destaca-se para o tema deste capítulo a situação da região da avenida Inajar de Souza, na Zona Norte.[7] Nela foi explorada a situação de adensamento do Eixo de Estruturação da Transformação Urbana Existente e Prevista em área de topografia acidentada, com fundo de vale impermeabilizado de modo irreversível. Coerentemente com a preocupação levantada no início deste capítulo, ou seja, o impacto das redes de mobilidade nos cursos d'água em área urbana, o objetivo foi ajustar instrumentos de regulação dos projetos arquitetônicos na região para que pudessem contribuir na retenção das águas pluviais geradas pela impermeabilização atualmente existente, além de a própria conter a contribuição do próprio empreendimento.

---

[5] V. http://gestaourbana.prefeitura.sp.gov.br/concurso-nacional-ensaios-urbanos-desenhos-para-o-zoneamento-de-sao-paulo/. Acesso em: 6 ago. 2016.

[6] A participação do IAU-USP foi organizada como disciplina optativa durante o segundo semestre de 2014, coordenada pelos professores Sarah Feldman, Marcel Fantin e Renato Anelli.

[7] Equipe composta pelos alunos Anna Berestetska, Gabriela Oliveira, Geovana Rodrigues Duarte, Jessica Komori, Murilo Silveira Arruda e Patrícia Peruchi.

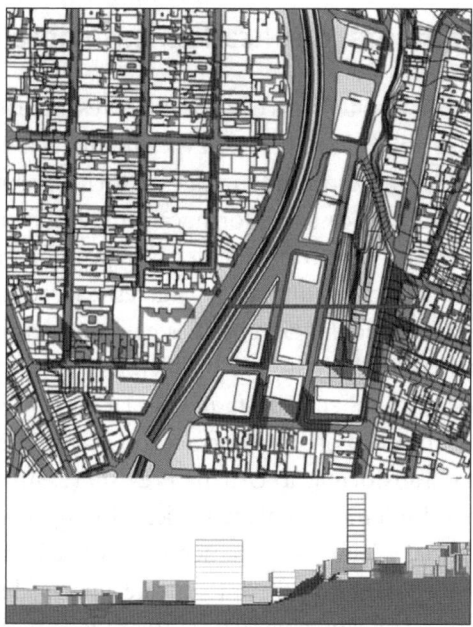

Figura 4 – Projeto Ateliê Ensaios Urbanos.
Fonte: Proposta de alunos do IAU-USP para a região da Avenida Inajar de Souza. Ateliê Ensaios Urbanos (2014).

O estudo parte do princípio de que a gravidade da recorrência de enchentes nesse fundo de vale exige medidas dispersas por toda a bacia, sendo necessário que cada quadra dê sua contribuição para a retenção dos picos de águas pluviais. Para isso, a equipe propôs que a pontuação da Quota Ambiental incorporasse dois parâmetros: a doação de áreas frontais dos projetos para a construção de valetas drenantes e a obrigatoriedade do terreno em declive de criar 15% de áreas verdes, com dispositivos de retenção e infiltração das enxurradas do lote e das ruas a montante. Os estudos de projeto realizados pelos alunos exploraram diferentes tipos de quadras existentes na região escolhida. Combinaram-se os parâmetros propostos pela equipe a outros já definidos pela prefeitura, tais como o da fruição pública, que induz a abertura dos grandes lotes para passagens de pedestres e áreas de estar.

Nesses primeiros ensaios projetuais, fica clara a enorme potencialidade da relação entre escalas de projeto presentes no PDE e na nova Lei de Zoneamento. Os indicadores numéricos que compõem os instrumentos urbanísticos da Lei de Zoneamento perderam sua usual abstração e passaram a ter papel mais ativo na configuração da forma urbana, induzindo a criação de situações nas quais "o caminho até a padaria é fundamental".

Algumas experimentações acadêmicas sobre o tema

Em paralelo às análises teóricas e históricas apresentadas acima, este autor realiza uma pesquisa aplicada de caráter experimental, baseada no grupo Arqbras do IAU-USP.[8] Se a pesquisa teórica e histórica permite uma reflexão sobre o tema como um processo de formação no tempo, a pesquisa experimental aplicada oferece a oportunidade de concepção de novos caminhos. A seguir será apresentado um conjunto de atividades realizadas entre 2013 e 2016 na bacia do córrego Lajeado, no extremo Leste do município de São Paulo. O objetivo dessas atividades é identificar problemas e potencialidades de ação urbanística na área, com especial destaque para a coincidência dos traçados de um Eixo de Estruturação da Transformação Urbana Prevista (atual Zona de Estruturação da Transformação Urbana Prevista (Zeup) na Lei de Zoneamento) com as áreas lindeiras ao córrego Lajeado, ocupadas por Zonas Especiais de Interesse Social (Zeis) e assentamentos informais em áreas de risco.

Os trabalhos se apoiam no princípio de que a partir de um determinado recorte especial é possível conceber ações integradas no campo das infraestruturas de mobilidade urbana, macrodrenagem, recuperação ambiental e habitação social. Para isso é necessária a construção de novos parâmetros de projeto na escala local, da rua, da quadra e de setores do bairro, escala na qual se manifestam claramente os conflitos entre as diretrizes das diferentes políticas públicas. Se um projeto pode enfrentar tais conflitos, buscando a possibilidade de coexistência de diferentes instrumentos e parâmetros, a cultura arquitetônica e urbanística das últimas décadas seguiu caminho contrário, desvalorizando a atividade projetual.

Já foi observado por alguns autores que a "desespacialização" do urbanismo a partir dos anos de 1970 foi um fenômeno responsável pela perda de importância do projeto no enfrentamento dos efeitos sociais da pobreza e da informalidade (Fiori; Brandão, 2010, p. 183). A crítica a uma certa prepotência da arquitetura moderna em sua aposta no projeto como capaz de resolver o problema da habitação social em massa resultou na predominância de uma posição oposta, antiprojetual, que torna raras as oportunidades para articulações entre as várias escalas de projeto e as políticas públicas sociais e urbanas. Para os autores, o sucesso de programas como Favela-Bairro, no Rio de Janeiro, deveu-se à capacidade em articular as múltiplas escalas e especialidades de planos e projetos em um recorte espacial específico.

---

[8] Projeto de pesquisa "Redes de Infraestrutura como Estratégia Urbanística" em desenvolvimento no Grupo Arqbras e apoiado pelo CNPq desde 2005 em diferentes modalidades.

Os conflitos entre a recuperação das Áreas de Preservação Permanente (APP) dos córregos urbanos e a remoção e reassentamento de moradores que vivem em situação de risco ilustra um certo impasse. Em São Paulo, apesar da existência de programas de Urbanização de Favela, de Intervenções em Áreas de Risco e de Parques Lineares (todos municipais) e de Córrego Limpo (estadual), sua articulação para intervenções que restituam a vegetação nas Áreas de Preservação Permanente é bastante limitada e claramente prejudicada pela falta de capacidade dos poderes executivos na coordenação de projetos (Anelli, 2015, p. 75-76).

Portanto, o ambiente acadêmico é propício para estudos de casos e simulações de planos e projetos articulando diretamente as áreas de conhecimento, sem se restringir às repartições setoriais responsáveis por políticas públicas.

O conflito entre o adensamento dos Eixos de Estruturação da Transformação Urbana (EETU) do PDE e as diretrizes de macrodrenagem e recuperação dos cursos d'água por eles abrangidos foi identificado pelo autor junto à SMDU em 2013.[9] Ao longo do segundo semestre desse ano, em conjunto com pesquisadores de Engenharia Ambiental da Escola de Engenharia de São Carlos (EESC) da USP,[10] foram analisadas as sobreposições da rede hídrica da Zona Leste e a rede de mobilidade urbana de média e alta capacidade, referência básica aos EETU do PDE.

Como fruto dessa análise, foi possível selecionar uma área para estudo de caso, a se realizar no "*Workshop* Estudos Urbanos: novas linhas de mobilidade", em março de 2014, com a participação de professores e estudantes de graduação e pós-graduação de Arquitetura e Urbanismo do IAU-USP, de Engenharia Ambiental da EESC, também da USP, da Universidade HafenCity de Hamburgo (HCU) e profissionais da SMDU da Prefeitura Municipal de São Paulo (PMSP).[11]

---

[9] A reunião de apresentação preliminar das diretrizes ocorreu no dia 19 de julho de 2013, no Edifício Martinelli em São Paulo, e dela participaram, além do autor, vários importantes intelectuais atuantes no campo do Urbanismo, tais como Jorge Wilheim, Flavio Vilaça, Sarah Feldman, Silvana Zioni, entre outros.

[10] Projeto "Requalificação urbanística e ambiental de bacias e córregos em área urbana", Pró-Reitoria de Cultura e Extensão da USP em parceria com o professor doutor Marcelo Montaño do Departamento de Hidráulica e Saneamento da EESC. Reuniu os alunos de graduação em Engenharia Ambiental Guilherme Eduardo Destro, Aline de Borgia Jardim e Rayane Subtil Leite e a aluna de graduação em Arquitetura e Urbanismo Soyani Tardiolli de Figueiredo.

[11] O evento realizado entre 18 e 26 de março de 2014 contou com o apoio do Centro Alemão de Ciência e Inovação São Paulo como parte do ano Alemanha-Brasil. Foi dirigido pelos professores Renato Anelli (IAU-USP), Marcelo Montaño (EESC-USP), Luciana Schenk (IAU-USP), Michael Koch (HCU) e Martin Kohler (HCU). Os estudantes de graduação da HCU participaram dentro do programa Unibral-Capes-Daad.

Durante duas semanas foram realizadas visitas, estudos, diretrizes e propostas para a bacia do córrego do Lajeado na Zona Leste. O *workshop* foi marcado pelo reconhecimento do forte impacto do corredor urbano planejado para ser construído na avenida Dom João Neri, via que segue paralela ao córrego, na meia encosta. A previsão de desapropriação de cerca de 1.100 edificações gerou o questionamento pelos participantes da real necessidade dessa infraestrutura de mobilidade. Apenas após se realizarem as análises dos padrões de deslocamentos dos moradores da região na pesquisa de origem--destino do Metrô (2007) foi possível entender que a falta de capacidade de mobilidade da população a exclui do acesso a empregos de qualidade situados em outras regiões. Ou seja, a infraestrutura de mobilidade é essencial para a melhoria das condições sociais locais, uma vez que não há planos para a ativação de polos de geração de renda no bairro em escala suficiente para tornar desnecessário o deslocamento cotidiano (Anelli; Santos, 2014).

A aceitação da infraestrutura do corredor de ônibus exigiu a avaliação do seu impacto e a previsão de medidas para a mitigação dos efeitos negativos do ponto de vista econômico, social e ambiental. Uma das equipes seguiu metodologia da Engenharia Ambiental e elaborou uma complexa matriz relacionando os projetos e seus efeitos ao longo do tempo, apresentando um conjunto de ações em várias áreas, essenciais para minimizar o impacto negativo de cada um deles. A complexidade da matriz contrasta dramaticamente com a fragmentação e fragilidade das instituições de gestão pública para efetivar uma proposta como essa.

Os instrumentos propostos no PDE foram avaliados na sua capacidade de articular os planos de mobilidade urbana, áreas de risco e habitação social, os quais se sobrepõem quase aleatoriamente em várias áreas da bacia por meio das Zeis e Zeup. Optou-se por considerar que um dos instrumento propostos no PDE, a Área de Estuturação Local (AEL) seria o mais adequado como modo de elaboração de um plano articulador das diferentes políticas públicas a partir do recorte de uma bacia hidrográfica. A própria escolha da unidade da bacia hidrográfica implica a priorização da questão ambiental e hídrica, pois a bacia do Lajeado atravessa duas subprefeituras, Itaim Paulista e Guaianases, ultrapassando os limites do município de São Paulo em direção a Ferraz de Vasconcelos. O instrumento de projeto AEL deveria enfrentar essa diversidade de inserção administrativa que inside sobre a bacia hidrográfica, articular as diferentes subprefeituras e prefeituras e encontrar uma forma de institucionalizar sua elaboração e tomada de decisões.

Constatou-se o descompasso temporal entre os projetos e planos. O tempo de elaboração do plano para a AEL corresponderia ao tempo previsto inicialmente para a implantação do corredor de ônibus com a extensa área de desapropriação prevista. Ou seja, o plano que deveria integrar a infraestrutura ao bairro seria realizado posteriormente à sua construção. Depois se veria que a falta de previsão de medidas atenuadoras do impacto das desapropriações gerou movimentos sociais locais contrários ao projeto do corredor, com grande receptividade pelos setores de oposição ao governo municipal.

No *workshop* foi realizado um primeiro recorte espacial para o desenvolvimento de um projeto de intervenção integrada. Escolheu-se o setor no qual a avenida Dom João Neri atravessa o córrego. Os estudos identificaram ali as áreas de favela em zona de risco às margens do córrego e as áreas passíveis de receberem lagoas de retenção dos picos de cheia. O projeto aplicou o princípio de conjugar as remoções das ocupações em áreas de risco e de preservação permanente às desapropriações para a construção do corredor de ônibus, gerando área suficiente para a renaturalização da APP e o reassentamento dos moradores. A liberação de terrenos seria decorrente da verticalização das novas edificações, aplicando as diretrizes de adensamento da Zeup e das Zeis (Figura 5).

Surgiram então os primeiros desenhos, ainda que esquemáticos, de uma nova forma de cidade, em que infraestruturas de mobilidade urbana de massa e de macrodrenagem são articuladas com as quadras de uso misto, abrigando serviços, comércio e habitação social, e a recuperação de vegetação ciliar nas margens do curso d'água.

O *workshop* Estudos Urbanos teve vários desdobramentos no ensino de graduação no IAU-USP, em pesquisas de mestrado e Iniciação Científica e em outro convênio de colaboração internacional.

A primeira pesquisa acadêmica dedicada ao estudo dos temas levantados no *workshop* foi feita no programa de mestrado científico do Resource Efficiency in Architecture and Planning (Reap) da Universidade HafenCity de Hamburgo. A aluna de arquitetura da HCU Paula Saldaña Fernandez realizou sua dissertação de mestrado intitulada "Introducing Water Sensitive Design into Bus Rapid Transit Infrastructure systems – Case study: Itaim Paulista-Eastern Region 2, São Paulo", sob orientação do Prof. Dr. Eng. Wolfgang Dickhaut e coorientação deste autor. Após aprofundar a análise da área e simular a macrodrenagem da bacia, a pesquisadora procurou aplicar as ferramentas de projeto em uso para a área afetada pelo corredor de ônibus. Diferentes tipos de dispositivos, como lagoas e trincheiras de retenção e infiltração foram propostas para as áreas abertas pelas desapropriações, articuladas ao reassentamento dos moradores afetados.

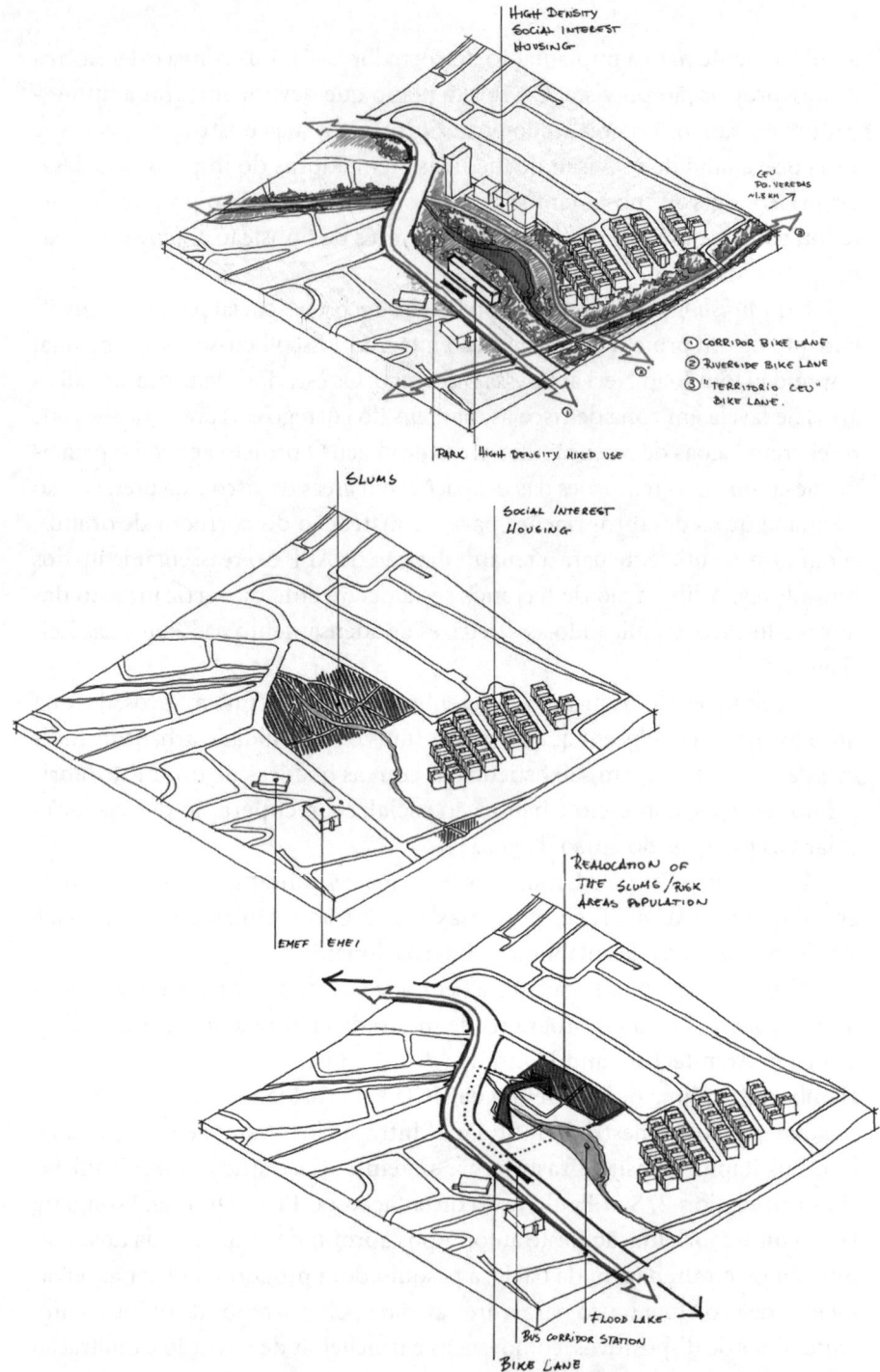

Figura 5 – Croqui do *workshop* Estudos Urbanos.
Fonte: Acervo pessoal do autor.

A análise aprofundada a partir da construção de um banco de dados geoinformacional[12] sobre a bacia hidrográfica do Lajeado foi organizada em três vetores. O primeiro relacionou os padrões de deslocamento em relação à disponibilidade de equipamentos públicos, de lazer, educação e saúde. O segundo vetor traçou o perfil da população, as características de seus domicílios e da dinâmica imobiliária. O terceiro, por fim, analisou os principais aspectos do meio físico.

O trabalho confirmou alguns aspectos das pesquisas conduzidas por Eduardo Marques e Renata Bichir (2002) sobre as periferias paulistanas, nos quais é revelado que a presença de serviços e infraestrutura instalados nessas regiões foi crescente desde a década de 1970, com incrementos fortes em governos democráticos, mas não apenas neles. A relação entre a força política de pressão dos setores organizados e a estruturação dos bairros periféricos é clara no estudo citado, desacreditando o estereótipo das periferias completamente desassistidas.

A pesquisa georreferenciada conduzida por Fantin demonstra que a distribuição de equipamentos de educação e saúde na bacia do Lajeado é razoavelmente equilibrada, podendo ser fruto de processo semelhante. Mas a distribuição de renda apresenta relações diretas com o melhor acesso à mobilidade e com o distanciamento do fundo do vale. O mapa de distribuição de empregos realizado pelo Cadastro Geral de Empregados e Desempregados (Caged) de 2013 mostra a ausência de oferta de emprego expressiva na bacia, corroborando com a hipótese levantada no *workshop* Estudos Urbanos, na qual a proximidade com a oferta de meios de mobilidade eficientes é um fator facilitador do acesso ao emprego de qualidade e, por consequência, à melhor renda. Por outro lado, a distribuição de renda na bacia hidrográfica também confirma a relação entre a proximidade às áreas de risco de enchentes no fundo do vale e a concentração das mais baixas rendas.

Os dados distribuídos no espaço revelam uma complexidade nas relações entre as condições sociais dos moradores e a ocupação da bacia, de difícil apreensão sem estudos aprofundados (Figura 6). É repleta de riscos de interpretações a visitantes, como o público de *workshops* de pequena duração, que pode facilmente se perder na aparente confusão da área. Em um segundo *workshop*, realizado em 2015 com a participação de estudantes da Universi-

---

[12] A bacia do Lajeado em São Paulo foi o primeiro recorte de pesquisa à disciplina "Geotecnologias aplicadas ao planejamento do território: habitação, mobilidade urbana e meio ambiente", sob responsabilidade dos professores Marcel Fantin e Renato Anelli, no IAU-USP, primeiro semestre de 2015.

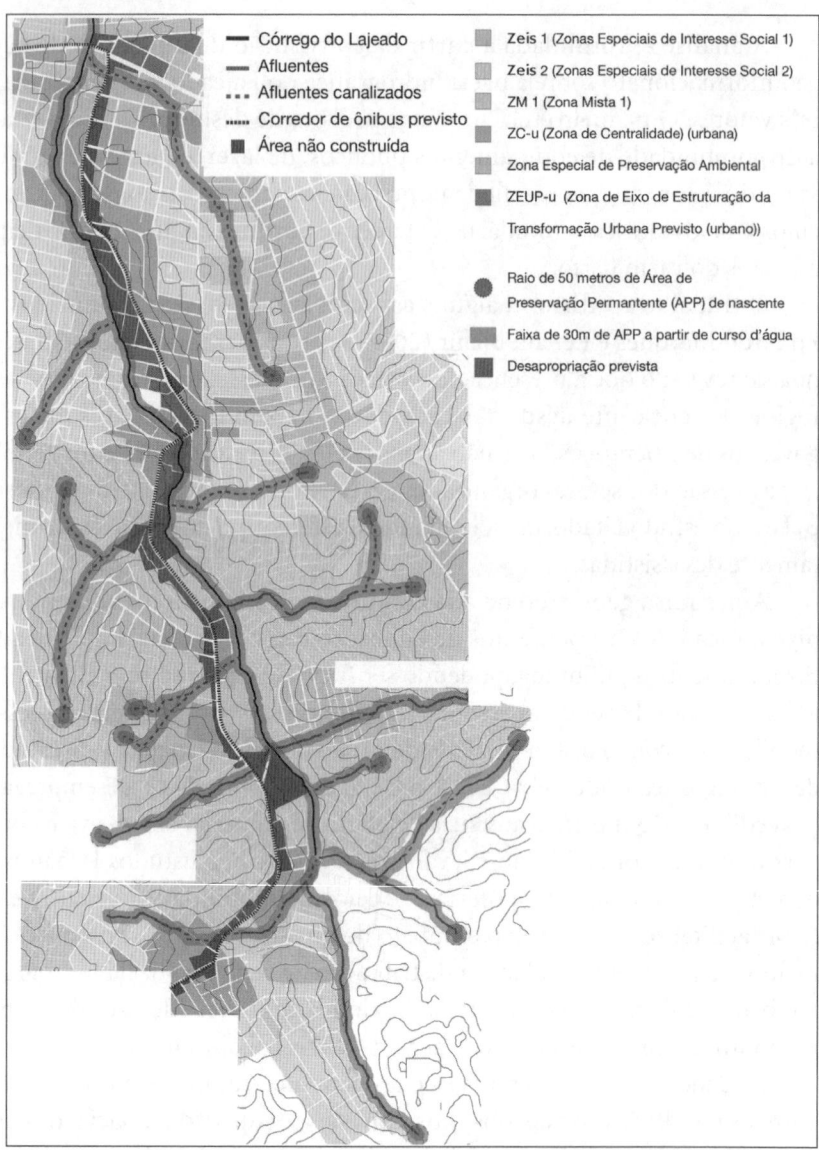

Figura 6 – Distribuição de Zeup, Zeis etc. na Bacia do Lajeado.

dade do Texas em Austin, a presença de estudantes de arquitetura brasileiros que residem na bacia hidrográfica foi de suma importância. Em uma das reuniões do ateliê após a visita da área, um dos alunos moradores não teve nenhuma inibição em contestar, em bom inglês, o aluno estrangeiro que via "favela" em todos os lugares e afirmar "meu bairro não é favela! A favela é apenas uma parte do meu bairro".

As pesquisas de Iniciação Científica de Gabriela Oliveira Santos (Fapesp) e Priscilla Emi Kakazu (Pibic-CNPq) aprofundaram a abordagem experimental do mestrado de Fernandez, procurando simular projetos de quadras e edificações adequados aos parâmetros da Lei de Zoneamento para as áreas escolhidas. Foram definidas novas áreas de intervenção na bacia para servirem como casos-tipo.

A aluna Oliveira Santos selecionou como área de projeto uma gleba afastada do fundo do vale, um antigo sítio que abriga a nascente de um pequeno córrego tributário ao Lajeado e uma considerável área verde de mata preservada. A aluna Kakazu escolheu, por sua vez, dois trechos no fundo do vale, nos quais as desapropriações decorrentes da implantação do corredor de ônibus atingiriam a Área de Preservação Permanente (APP) do Lajeado.

Os projetos seguiram as diretrizes gerais definidas anteriormente, de combinação de infraestrutura não agressiva com projetos urbanísticos e arquitetônicos. Ambos foram beneficiados pela experiência de intercâmbio internacional das duas pesquisadoras, de onde trouxeram informações e exemplos que contribuíram para suas propostas.[13]

O projeto de Oliveira Santos (Figura 7) concentra as intervenções nas bordas da área de preservação existente no centro da gleba, criando com isso um perímetro de áreas para transições controladas. A ocupação das bordas superiores acolhe dispositivos de retenção das enxurradas e dissipação das energias a montante da nascente e da mata, amortecendo seu impacto. A ocupação da borda inferior, entre a mata e o corredor de ônibus, abriga dispositivos que retêm a própria contribuição de águas pluviais do conjunto construído. O projeto desenvolvido pela aluna é de uso misto, com térreos comerciais e de serviço e habitação nos andares superiores. A forma dos edifícios foi concebida para que os volumes se acomodem à declividade da topografia, evitando excessivos movimentos de terraplenagem.

Observe-se que, apesar da liberação de espaços abertos, a densidade demográfica resultante prevista seria de 254 hab/ha, superior à constatada na vizinhança, atualmente entre 114 e 204 hab/ha em uma malha urbana compacta, sem espaços livres. O estudo demonstra que a diretriz de adensamento do PDE pode ser aplicada com resultados ambientais positivos, mas que para isso é necessário um novo padrão de forma urbana na escala local.

---

[13] Por meio de Bolsa de Estágio de Pesquisa no Exterior da Fapesp, a aluna Oliveira Santos aprofundou a colaboração com a HCU e o grupo de pesquisa REAP em Hamburgo. A aluna Kakazu havia realizado intercâmbio com a École Nationale Supérieure d'Architecture de Paris-Belleville (ENSAPB), realizando projetos similares nas disciplinas de graduação.

Figura 7 Projeto de reurbanização de afluente do córrego Lajeado, Itaim Paulista. Iniciação Científica (Fapesp) de Gabriela Oliveira Santos, IAU USP, 2016.

Os projetos de Kakazu criam um sistema de transição entre o corredor de ônibus e a APP no fundo do vale. A drenagem superficial se distribui entre biovaletas, jardins de chuva, alagado construído, lagoa pluvial e barragens, um conjunto de dispositivos explorados por Fernandez em seu mestrado (2015) e por outros pesquisadores brasileiros (Cormier; Pellegrino, 2008), seguindo especificações técnicas do manual ABC Water Design Guidelines de Cingapura (2011). O sistema se distribui pelos espaços livres e jardins entre as edificações, subdividindo os volumes de retenção até se concentrar em pequenas lagoas pluviais junto às APP. O espaço para acolher esses dispositivos foi criado pela concentração das habitações, serviços e atividades em edifícios verticalizados, seguindo os novos Coeficientes de Aproveitamento (CA) propostos pela Lei de Zoneamento para essas áreas. Assim, no projeto situado na Zeis 1, o CA atingiu 1,76, dentro da faixa entre o básico 1 e o máximo 2,5. No projeto na Zeup, o CA atingiu 1,32, dentro da faixa entre o básico 1 e o máximo 2.

A situação de transição entre o corredor de ônibus e a área renaturalizada da APP é reconhecida nas diretrizes do projeto dos edifícios. O nível da avenida se estende livre entre as habitações elevadas do solo e os estacionamentos no subsolo, formando um terraço na altura das copas das árvores no nível da APP. Ali se aplicam os princípios de fruição pública e de fachada ativa do PDE, intensificando a urbanidade dos espaços abertos junto às áreas de comércio e serviços. Em contraste, o parque linear que segue o curso do rio alguns metros abaixo pôde ter um tratamento de recomposição intensa da vegetação das margens na APP, área em que a autora propôs novas lagoas e barragens de retenção. Nos trechos entre as APP e os edifícios, o parque acolhe áreas de lazer e esporte.

Os projetos confirmam que o problema ambiental nas cidades necessita ser tratado de modo abrangente, como uma questão de urbanismo que se estende para as áreas de arquitetura e paisagismo, incorporando técnicas de engenharia de sistemas construtivos e infraestrutura. A abordagem fragmentada, usual na formação profissional e na gestão pública é claramente insuficiente.

Ambos os estudos oferecem subsídios para uma forma de cidade em que o urbanismo viabiliza a recuperação de ecossistemas junto aos cursos d'água, trazendo o desafio ambiental para os interstícios do tecido urbano.

Se em pouco tempo de experimentações projetuais é possível atingir tal qualidade de projeto local, as perguntas necessárias são: por qual motivo eles não se efetivam com frequência? Por quais motivos os projetos desse tipo são tão raros no Brasil?

Se esse questionamento esteve presente desde o primeiro *workshop*, os debates realizados em uma nova parceria de colaborações acadêmicas foram bastante elucidativos. O objetivo de investigar os processos de tomada de decisão política que cercam os projetos urbanos foi o mote da colaboração com a professora Ana Paula Koury, da Universidade São Judas, e o professor Fernando Lara, da University of Texas em Austin, formalizada no convênio "Planning and Participation: a new agenda for urban and environmental policies in Brazil", com apoio da Fapesp.[14] A cooperação visou discutir de modo abrangente a oposição criada historicamente no Brasil entre as concepções de planejamento técnico urbanístico e as posições defensoras de ampla participação popular nas decisões de políticas públicas. Enquanto as primeiras entraram em descrédito nos anos finais da ditadura, a segunda conquistou progressiva hegemonia no processo de redemocratização do País, resultando na sua institucionalização por meio do Estatudo da Cidade em 2001.

Em dois *workshops* realizados em Austin e em São Paulo, o tema pôde ser aprofundado, recebendo a contribuição de outros pesquisadores das instituições participantes. O segundo *workshop* da série, realizado na Universidade São Judas em 2016, foi denominado Planning by Conflicts e utilizou o caso da bacia do Lajeado para a discussão do tema proposto. Além da contribuição de vários pesquisadores convidados, o *workshop* contou com a presença de

---

[14] Do convênio participaram ainda os professores Steven Moore, de Austin, e Marcelo Montaño, da EESC-USP.

agentes do debate urbano, vários deles atuantes e residentes na região de estudo. Dirigentes e técnicos da Subprefeitura do Itaim Paulista, da SMDU e da Secretaria de Transportes, responsáveis pelo PDE e pelos projetos dos corredores de ônibus, opositores e defensores locais das políticas urbanas da prefeitura, organizados em ONGs e meios de comunicação.

CONSIDERAÇÕES FINAIS

Ainda que contido, por tratar-se de um espaço sem poder de decisão, o debate entre as partes revelou a enorme dificuldade de construção de um campo comum de posições. Por um lado, a oposição às remoções de ocupações em áreas de risco é alimentada pelo modo como essa prática se efetiva atualmente, associada à implantação de grandes projetos de infraestrutura sem grandes cuidados com o reassentamento dos removidos.[15] Por outro, o jornalista da Central Leste de Notícias sustentou posição extremamente crítica às desapropriações causadas pelos projetos dos corredores de ônibus nas avenidas Marechal Tito e Dom João Neri. Apresentou a posição de movimentos de moradores e comerciantes locais que defendem a opção da transferência do corredor da Dom João Neri para o fundo do vale, em obra associada à canalização do córrego do Lajeado. Essa proposta foi incorporada pelos vereadores de oposição na forma de um projeto de emenda à lei que regula as desapropriações dos corredores.[16] Observe-se que os procedimentos para contratação das obras desse e de outros corredores de ônibus foram paralisados pela PMSP em julho de 2015, após sua supensão pelo Tribunal de Contas do Município por acusação de sobrepreços nos editais de licitação.

Enquanto o traçado proposto pelo executivo municipal opta pela enorme quantidade de desapropriações para preservar o fundo do vale, sendo portanto mais coerente com a agenda ambiental atual, o único movimento local de

---

[15] O grupo de pesquisa Observatório das Remoções reúne os principais exemplos e debates. Disponível em: https://www.observatorioderemocoes.fau.usp.br/category/posts/. Acesso em: 24 nov. 2017.

[16] A proposta chegou a ser transformada em projeto de instrumento legal pela Câmara Municipal, emenda à Lei n. 16.020, de 2 de julho de 2014, que regula as desapropriações para construção dos corredores de ônibus em vários bairros da cidade de São Paulo. Disponível em: http://itaimpaulista.com.br/portal/index.php?secao=news&id_noticia=2513&subsecao=4. Acesso em: 24 nov. 2017.

O projeto de emenda à lei pode ser encontrado em http://www.mariocovasneto.com.br/wp-content/uploads/2014/06/SUBSTITUTIVO-AO-PL-17_14_versão-final.pdf. Acessado em: 24 nov. 2017.

moradores e comerciantes defende a opção mais costumeira na cidade, de forte impacto negativo ao meio ambiente. A integração entre obras viárias e canalizações de cursos d'água dentro da APP está ainda forte no repertório popular e político da cidade. Incentivada pelas políticas públicas municipais e estaduais durante as décadas de 1970 e 1980, conforme explanado no início deste texto, não é diretamente associada às desastrosas enchentes que causa durante as chuvas de verão. Pelo contrário, apresentam-se como opção consolidada de urbanização e modernidade. Opções como as desenvolvidas em pesquisas e *workshops* aqui relatados não encontram respaldo no repertório político corrente, sendo vistas com desconfiança quando apresentadas.

Apesar dos avanços técnicos e da capacidade projetual em conceber formas urbanas adequadas às novas agendas ambientais, parece impossível romper o círculo vicioso causado por um senso comum adepto às obras de infraestrutura destruidoras do ambiente.

Em artigo recente, este autor levanta a hipótese de que a maior intensidade e repetição dos eventos extremos decorrentes das mudanças climáticas, como a escassez hídrica e as chuvas de alta intensidade, pode forçar à mudança de paradigmas. O relato de Moore (2007) sobre o caso da cidade de Austin revela que a cidade passou a adotar uma nova postura de projetos de infraestrutura urbana somente após a cidade enfrentar graves crises de erosões decorrentes do solo arenoso. Foi necessária a ameça de colapso para que houvesse mudança de prática, sendo que hoje a cidade é marcada pela presença de dispositivos de drenagem com técnicas *water sensitive* integradas ao paisagismo. Será que também precisaremos avançar ainda mais em direção ao colapso para mudarmos os paradígmas de projeto urbano dominantes nas nossas cidades?

REFERÊNCIAS

AB'SABER, A. N. *Geomorfologia do sítio urbano de São Paulo*. 1957. Tese (Doutorado). Faculdade de Filosofia, Letras e Ciências Humanas, Universidade de São Paulo (FFLCH-USP), São Paulo, 1957.

ANELLI, R. L. S. Uma nova cidade para as águas urbanas. *Revista Estudos Avançados*, n. 29, p.69-84, 2010.

ANELLI, R. L. S.; SANTOS, A. L. Corredores ambientais urbanos: desafios para o desenvolvimento do Plano Diretor Estratégico de São Paulo, articulando as escalas metropolitana, regional e local. In: Anais do *III Encontro da Associação Nacional de Pesquisa e Pós-Graduação em Arquitetura e Urbanismo*, São Paulo, 2014.

BICHIR, R.; MARQUES, E. C. Investimentos públicos, infraestrutura urbana e produção da periferia em São Paulo. *Espaço & Debates*, n. 42, p. 9-30, 2002.

CALDEIRA, T. P. R. *Cidade de muros: crime, segregação e cidadania em São Paulo.* São Paulo: 34; Edusp, 2000.

CARVALHO, M. C. Secretário de SP diz que habitação social é prioridade e defende o enterramento dos fios. *Folha de S. Paulo,* Cotidiano, 8 fev. 2013. Disponível em: http://www1.folha. uol.com.br/cotidiano/2013/02/1227957-secretario-de-sp-diz-que-habitacao-social-e-prioridade-e-defende-o-enterramento-de-fios.shtml. Acesso em: 10 maio 2016.

CINGAPURA. *ABC Waters Design Guidelines.* 2. ed. Cingapura: PUB, 2011.

CORMIER, N. S.; PELLEGRINO, P. R. M. Infra-estrutura verde: uma estratégia paisagística para a água urbana. *Paisagem e Ambiente,* n. 25, 2008.

FERNANDEZ, P. S.. *Introducing water sensitive design into traffic infrastructure systems:* Case study: Itaim Paulista Bus Corridor, São Paulo. 2015. 100 f. Dissertação (Mestrado). Urban Design, Hafencity University, Hamburgo, 2015.

FIORI, J.; BRANDÃO, Z. Spacial strategies and urban social policy: urbanism and poverty reduction in favelas of Rio de Janeiro. In: HERNANDEZ, F.; KELLET, P.; ALLEN, L. (Orgs.). *Rethinking the informal city:* critical perspectives from Latin America. New York/Oxford: Berghahn, 2010, p. 181-206.

FRANCO, F. M. *A construção do caminho:* a estruturação da metrópole pela conformação técnica das várzeas e planícies fluviais da bacia de São Paulo. 2005. Tese (Doutorado). Faculdade de Arquitetura e Urbanismo, Universidade de São Paulo (FAU-USP), São Paulo, 2005.

GERAQUE, E; GALLO, R. Plano Diretor exige lojas em prédios perto de corredores. *Folha de S. Paulo,* 26 ago. 2013.

LANGENBUCH, J. R. *Estruturação da Grande São Paulo:* estudo de geografia urbana. Rio de Janeiro: Fundação IBGE, 1971.

GROSTEIN, M. D. Metrópole e expansão urbana: a persistência de processos "insustentáveis". In: Metrópole, transformações urbanas. *São Paulo em Perspectiva,* v. 15, n. 1, 2001.

MAIA, F. P. *Estudo de um plano de avenidas para a cidade de São Paulo.* São Paulo: Melhoramentos, 1930.

MOORE, S. A. *Alternative routes to the sustainable city:* Austin, Curitiba, and Frankfurt. Lanham (EUA): Lexington, 2007.

MOURA, G. J. C. *Diferenças entre a retórica e a prática na implantação do Metrô em São Paulo.* 2016. Tese (Doutorado). Faculdade de Arquitetura e Urbanismo, Universidade de São Paulo (FAU-USP), São Paulo, 2016.

[SAGMACS] SOCIEDADE PARA ANÁLISES GRÁFICAS E MECANOGRÁFICAS APLICADAS AOS COMPLEXOS SOCIAIS; COMISSÃO DE PESQUISA URBANA DA PREFEITURA DE SÃO PAULO. Estrutura Urbana da Aglomeração Paulistana. São Paulo: 1958.

TUCCI, C. Águas urbanas. *Revista Estudos Avançados USP,* n. 22, p. 97-112, 2008.

UNDERWOOD, D. Alfred Agache, French sociology, and modern urbanism in France and Brazil. *Journal of the Society of Architectural Historians,* v. 50, n. 2, p.130-166, 1991.

VILLAÇA, F. *Espaço intra-urbano no Brasil.* São Paulo: Nobel/Fapesp/Lincoln Institute, 2001.

XAVIER, D. *Arquitetura metropolitana.* São Paulo: Annablume, 2007.

Gestão de riscos urbanos e a habitação social no Brasil | **8**

Maria Augusta Justi Pisani
Arquiteta e urbanista, Universidade Presbiteriana Mackenzie, UPM

INTRODUÇÃO

O principal desafio das cidades no século XXI é a gestão competente dos acidentes naturais e de suas consequências danosas. As cidades não podem ser consideradas inteligentes ou sustentáveis se não estiverem preparadas para enfrentar o ciclo dos acidentes naturais, desde suas origens até suas decorrências, pois podem perder em apenas algumas horas parte de suas bases humanas, físicas e econômicas.

Apesar de as cidades representarem pequena parcela do solo terrestre, elas têm sido o local das maiores perdas socioeconômicas com os desastres naturais. Na América do Sul, desde os anos de 1960, a população urbana é superior em números em relação à população rural, fato que fez os ambientes naturais serem gravemente modificados, desencadeando acidentes agravados pelas ações humanas (Nunes, 2015). Acrescenta-se a essa constatação o fato de que a má distribuição de renda faz os mais pobres ocuparem de forma precária as áreas ambientalmente frágeis e se tornarem vulneráveis a todos os tipos de acidentes naturais.

Os registros mundiais elaborados pela EM-DAT (2016) apontam que o ano de 2015 foi dramático se confrontado com os registros acumulados no período de 2005 a 2014, tendo como base as mesmas fontes de informação e o mesmo método de avaliação. Essa comparação é relevante porque demonstra por tipo de acidente que no ano de 2015 advieram mais ocorrências do que a somatória da década anterior. A Tabela 1 a seguir assinala esse episódio:

Tabela 1 – Impactos mundiais por tipo de desastres – do ano de 2015 e do período de 2005 a 2014.

Tipo de desastre	Total de ocorrências		Mortes		Afetados	
	2015	2005-2014	2015	2005-2014	2015	2005-2014
Todos os desastres	346	367	22.773	75.474	98.580.799	173.241.631
Inundações	152	171	3.310	5.934	27.504.253	85.139.394
Tempestades	90	99	996	17.775	10.592.279	34.888.330
Secas	32	15	35	2.030	50.551.354	35.427.852
Escorregamentos	20	17	1.369	923	50.332	299.127
Terremotos e tsunamis	19	25	9.525	42.381	7.166.633	8.401.843
Incêndios florestais	12	9	66	73	494.713	193.534
Temperaturas extremas	11	24	7.346	7.232	1.262.627	8.755.064
Atividades vulcânicas	8	6	0	46	958.592	136.103
Movimento de massa (*Dry*)	2	1	126	23	0	373

Fonte: elaborado a partir de dados da EM-DAT (2016).

Em que pesem as questões das mudanças climáticas e seus períodos históricos, na Tabela 1 podem ser observadas algumas tendências:

- Apenas durante o ano de 2015, o número total de ocorrências aumentou mais do que a somatória histórica, sendo 94,27% do total acumulado em acidentes durante a década anterior. A ocorrência de grandes secas registradas em 2015 subiu em 48,32% em relação às apontadas na década anterior (2004 a 2014).
- O número de pessoas mortas em escorregamentos durante o ano de 2015 é 48,42% maior que o total acumulado na década anterior (2004 a 2014).

Os desastres naturais mais frequentes no território brasileiro são as secas, os escorregamentos ou deslizamentos e as inundações. O cenário que sofre maiores perdas socioeconômicas é o espaço urbano, que cresce em termos de área ocupada e se adensa sem respeitar as suas características físicas e antropogênicas.

Segundo Yominaga, Santoro e Amaral (2009), os escorregamentos têm provocado o maior número de vítimas fatais no Brasil. Em 1967, na Serra das Araras, estado do Rio de Janeiro, e na cidade de Caraguatatuba, estado de São Paulo, escorregamentos e corridas de lama vitimaram mais de 400 pessoas e destruíram centenas de edificações. Porém, o acidente ocorrido no estado do Rio de Janeiro em janeiro de 2011, com mais de 1.000 vítimas fatais, está entre os dez piores deslizamentos do mundo nos últimos 111 anos segundo as estatísticas do Centro para a Pesquisa da Epidemiologia de Desastres, na Bélgica. Foram afetados vários municípios, como Teresópolis, Petrópolis, Nova Friburgo, Sumidouro, São José do Vale do Rio Preto e Bom Jardim.

Convém ressaltar que a prevenção de acidentes e a gestão do território e de políticas de desenvolvimento urbano são atribuições dos municípios, a partir de diretrizes estaduais e federais, como toda a legislação edilícia e urbanística brasileira.

Porque estudar a gestão de risco e as habitações sociais no Brasil? A causa é simples: as áreas ambientalmente frágeis brasileiras, normalmente associadas às encostas íngremes e aos fundos de vale, são deixadas de lado pelas ações do mercado imobiliário ao desenvolver novos loteamentos, sejam predominantemente residenciais ou de outros usos. Esse fato faz os loteamentos regulares e devidamente projetados, que acatam as legislações urbanísticas, serem aprovados pelos órgãos das instâncias competentes e serem construídos por técnicos do setor, ocuparem as glebas mais seguras e guardarem distância das áreas suscetíveis a acidentes naturais. As áreas remanescentes, frequentemente deixadas como áreas verdes e/ou para usos institucionais, acabam sendo o território das ocupações irregulares e precárias. Essas ocupações são preponderantemente para uso habitacional e resultaram a longo prazo no fato de que a maioria das áreas de riscos urbanos no Brasil estão ocupadas por assentamentos habitacionais precários.

ORIGENS DA GESTÃO DE RISCOS NO BRASIL

Na maioria dos países, principalmente nos europeus, o surgimento da Defesa Civil está relacionado com as guerras. A criação das instituições de Defesa Civil tiveram como objetivo prestar assistência às populações atingidas por conflitos e preservar as comunidades devastadas, dando apoio para o restabelecimento das infraestruturas, como saúde, abastecimento, transporte e geração de novos meios econômicos para a recuperação. No Brasil, durante a Segunda Guerra Mundial, em 26 de agosto de 1942, foi criado o Serviço de Defesa Passiva Antiaérea, com supervisão do Ministério da Aeronáutica, com o objetivo de garantir a proteção das populações e dos bens materiais, principalmente para as cidades.

A partir da década de 1940, o governo federal brasileiro adotou algumas medidas para atender calamidades públicas e socorrer populações flageladas, tais como a criação do Departamento Nacional de Obras contra as Secas (DNOCS) (1945); da Superintendência do Desenvolvimento do Nordeste (Sudene) (1959) e a Lei n. 3.742, de 4 de abril de 1960, dispondo sobre o auxílio federal aos estados e municípios em casos de calamidade pública. Na década de 1960, as consequências das fortes chuvas na região Sudeste fizeram a Defesa Civil Brasileira crescer e se estruturar. Os grandes acidentes de deslizamentos ocorridos na Serra das Araras e a catástrofe ocorrida na cidade de Caraguatatuba, já mencionados, foram os deflagradores da criação das Coordenadorias Regionais de Defesa Civil. Em dezembro de 1966 é organizada no antigo Estado da Guanabara a primeira Defesa Civil Estadual do Brasil e nessa época também foram instituídos no Ministério do Interior o Fundo Especial para Calamidades Públicas (Funcap) e o Grupo Especial para Assuntos de Calamidades Públicas (Geacap), com a função de prestar assistência permanente contra as calamidades públicas (São Paulo, 2004, p. 7).

O Sistema Nacional de Defesa Civil foi criado na década de 1980 como instituição gestora para a redução de riscos pelo Decreto n. 97.274, de 16 de dezembro de 1988 e, na década seguinte, foi montado o plano nacional de redução de desastres, que estabeleceu metas e programas para serem atingidos até o ano 2000.

De 1990 a 1999 foi institucionalizado o Decênio Internacional sobre a Redução de Desastres Naturais (Dirdin), cujo escopo era alcançar a redução das perdas que os desastres naturais geravam no País. Nesse contexto, foram reestruturados todos os órgãos federais, estaduais e municipais de Defesa Civil e formaram-se técnicos e gestores em todo o Brasil. Foram elaborados manuais e cursos para os gestores públicos e as agências nacionais de fomento à pesquisa incentivaram essa linha de investigação em todo o sistema de ensino nacional.

No século XXI, os encontros técnicos e científicos sobre as questões da defesa civil nacional são recorrentes e auxiliam a divulgação dos resultados de pesquisas científicas e experiências de campo. Após 2010, foram implantadas várias ações e projetos, tais como o Planejamento Nacional para Gestão de Riscos (PNGR); o Banco de Dados de Registros de Desastres e o Atlas Brasileiro de Desastres Naturais; a Política Nacional de Proteção e Defesa Civil

(PNPDEC) e o Sistema Nacional de Proteção e Defesa Civil (SINPDEC) (Brasil, 2014).

MUDANÇAS NAS POLÍTICAS PÚBLICAS DE GESTÃO DE RISCOS

Deflagrado por pressões sociais após uma série de acidentes de grande vulto no Brasil, como os ocorridos a partir do final do século XX, com predominância nos estados de São Paulo, Rio de Janeiro, Minas Gerais e Santa Catarina, foram conformadas as legislações contemporâneas para a gestão de riscos. Várias associações profissionais e científicas voltadas para os acidentes e suas causas debateram, resultando em uma estrutura institucional e legal (Santos, 2012).

A Lei n. 12.608, de 10 de abril de 2012,[1] instituiu, entre outras, a PNPDEC e se tornou um marco legislativo por implantar condições legais e institucionais para elaboração e execução da gestão de riscos no Brasil. Os avanços da política para a redução de desastres e apoio às populações atingidas se dão nos seguintes aspectos:

- Articulação entre a União, os Estados, o Distrito Federal e os Municípios.
- Abordagem sistêmica das ações em todas as fases do desastre, da prevenção à recuperação.
- Adoção da bacia hidrográfica como unidade de análise das ações de prevenção de desastres.
- Planejamento e ações fundamentados em pesquisas a propósito de áreas de risco e suas recorrências no Brasil (Brasil, 2012).

O progresso na abordagem dessa legislação recente consiste em dar prioridade às ações preventivas relacionadas com a minimização de desastres e a participação da sociedade civil, o que a caracteriza pelo enfoque na prevenção dos acidentes e não apenas na recuperação das áreas e comunidades após o evento. O SINPDEC é constituído pelos órgãos das diversas esferas nacionais

---

[1] A Lei n. 12.608, de 10 de abril de 2012, institui a Política Nacional de Proteção e Defesa Civil (PNPDEC); dispõe sobre o Sistema Nacional de Proteção e Defesa Civil (SINPDEC) e o Conselho Nacional de Proteção e Defesa Civil (CONPDEC); autoriza a criação de sistema de informações e monitoramento de desastres; altera as Leis ns. 12.340, de 1º de dezembro de 2010, 10.257, de 10 de julho de 2001, 6.766, de 19 de dezembro de 1979, 8.239, de 4 de outubro de 1991, e 9.394, de 20 de dezembro de 1996; e dá outras providências (Brasil, 2012).

e pelas entidades públicas e privadas de atuação expressiva em proteção e defesa civil, sob a centralização da Secretaria Nacional de Proteção e Defesa Civil, órgão do Ministério da Integração Nacional:

> Os órgãos setoriais das três esferas de governo compreendem as demais instituições que agem na Defesa Civil. O SINPDEC possui a capacidade de mobilizar a sociedade civil para agir em situação de emergência ou estado de calamidade pública, coordenando o apoio logístico para desencadear as ações de proteção e de defesa civil. (Brasil, 2015, não paginado).

Uma omissão detectada nessas políticas públicas é a falta de posicionamento claro para que as causas sociais sejam atendidas no País, tendo em vista que os acidentes atingem de forma incisiva as classes menos favorecidas.

MARCO DE AÇÃO DE HYOGO 2005-2015

O Marco de Ação de Hyogo (MAH) foi um comprometimento dos governos dos 168 países membros da Nações Unidas para reduzir a vulnerabilidade frente às ameaças de aumento dos desastres naturais. Seu objetivo principal foi o de aumentar a resiliência das comunidades e alcançar até o final de sua implantação, em 2015, a redução das perdas sociais e econômicas ocasionadas pelos desastres naturais. O MAH adotou cinco prioridades para a tomada de decisões e indicações de meios práticos para fortalecer a resiliência das comunidades, dentro dos objetivos mundiais do desenvolvimento sustentável (MAH, 2005).

As cinco prioridades do MAH (2005) são:

1. Garantir que a redução de risco de desastres (RRD) seja uma prioridade nacional e local, com uma sólida base institucional para sua implementação.
2. Identificar, avaliar e observar de perto os riscos dos desastres e melhorar os alertas prévios.
3. Utilizar o conhecimento, a inovação e a educação para criar uma cultura de segurança e resiliência em todos os níveis.
4. Reduzir os fatores fundamentais do risco.
5. Fortalecer a preparação em desastres para uma resposta eficaz em todos os níveis.

Na área de pesquisa e disseminação do conhecimento sobre a redução de riscos de desastres, a criação dos Centros Universitários de Pesquisa em Desastres (Ceped) representa um marco para que esses temas sejam definitivamente incluídos nas diferentes áreas de ensino, pesquisa e extensão. Em 2000, foi criado o Ceped no Estado de Santa Catarina, por meio de uma cooperação técnica entre o Ministério da Integração Nacional, por intermédio da Secretaria Nacional de Proteção e Defesa Civil, da Secretaria Estadual de Defesa Civil do Estado de Santa Catarina e da Universidade Federal de Santa Catarina. Além de fomentar, armazenar e divulgar o acervo sobre os desastres naturais dos últimos 20 anos, o Ceped publicou o primeiro Atlas Brasileiro de Desastres Naturais, com preciosas informações sobre os tipos de acidentes e suas características e efeitos, que cobre os anos de 1991 a 2012, com uma segunda edição que abarca os anos de 2012 a 2014 (Ceped-UFSC, 2015; 2012).

Em 2012, foi criado o Centro de Estudos e Pesquisas sobre Desastres no Estado de São Paulo, por um convênio formado entre a Superintendência de Relações Institucionais da Universidade de São Paulo, o Grupo de Estudos em Segurança Pública, o Ministério da Integração Nacional e a Defesa Civil de São Paulo (Ceped-USP, 2012).

Em dezembro de 2013 foi criado o Ceped no estado do Paraná, vinculado à Universidade Estadual do Paraná (Unespar). O Ceped é um órgão de assessoramento do Sistema Estadual de Proteção e Defesa Civil (SEPDEC), inserindo-se diretamente na estrutura da Casa Militar, relacionando-se também com o Conselho Estadual de Proteção e Defesa Civil (Ceprodec), com a Divisão de Proteção e Defesa Civil (DPDC) e com as Coordenadorias Regionais de Proteção e Defesa Civil (Corpdec). Sua proposta é estimular, agregar e formar uma rede de universidades cooperadas públicas e privadas em torno das necessárias ações para a redução de riscos de desastres, extrapolando o modelo convencional do funcionamento restrito a um departamento ou a apenas uma universidade (Ceped-PR, 2016).

Os Cepeds precisam ser criados e apoiados em todas as regiões do Brasil, para que as pesquisas locais acrescentem novos saberes e informações sobre as especificidades dos riscos de acidentes naturais e que investigações deem aos estudos sociais a mesma importância dada às questões econômicas, políticas, ambientais e espaciais.

No âmbito federal, foi criado em 2011 o Centro Nacional de Monitoramento e Alertas de Desastres Naturais (Cemaden), que tem como missão desenvolver, testar e implementar um sistema de previsão de ocorrência de desastres naturais em áreas suscetíveis de todo o Brasil. Dentro das finalidades do Plano Nacional de Gestão de Riscos e Respostas a Desastres, o Cemaden monitora 957 municípios em todas as regiões brasileiras (em abril de 2016). Esse acompanhamento possui registros de desastres naturais identificados, mapeados e georreferenciados, relacionados com movimentos de massa e processos hidrológicos. Para atender a esses objetivos, foi criada a Sala de Situação, que permite visualizar as condições meteorológicas e ambientais causadoras de desastres em tempo real e, com esses dados, alimentar as previsões e sistemas de informação para que as instituições e a população se preparem para esses eventos. Nela trabalham equipes multidisciplinares, tais como engenheiros, geólogos, hidrólogos, especialistas em desastres naturais e meteorologistas, que analisam as situações climáticas e as áreas de risco de episódios de desastres, podendo alertar os municípios para os riscos de sofrerem algum tipo de acidente (Cemaden, 2016). O Cemaden foi uma ação fundamental para a gestão dos dados que alimentam as ações e os projetos de prevenção de desastres em todo o território brasileiro.

MARCO DE SENDAI PARA A REDUÇÃO DO RISCO DE DESASTRES 2015-2030

Na Terceira Conferência Mundial sobre a Redução do Risco de Desastres, realizada em março de 2015 em Sendai, Miyagi, no Japão, foi elaborado o documento com as ações a serem adotadas a partir de 2015, com o objetivo de completar a avaliação e a revisão da implementação do Marco de Ação de Hyogo, analisar a experiência adquirida com estratégias/instituições e planos regionais e nacionais para a redução do risco de desastres e suas recomendações, bem como determinar formas de revisão periódica da implementação de ações para a redução do risco de desastres. O MAH trouxe progressos no incentivo de pesquisas e divulgação de dados para auxiliar a redução do risco de desastres de diversos tipos. A gestão eficaz dos riscos de desastres contribui para o desenvolvimento sustentável e os países membros da ONU têm reforçado suas capacidades nesse sentido. Para o avanço do conhecimento e da aprendizagem mútua são necessários mecanismos internacionais de consultoria estratégica, coordenação e construção de parcerias para a redução do risco de desastres, como as plataformas regionais e globais para a redução desses riscos e outros fóruns internacionais, regionais e locais.

Durante os anos do MAH, de 2005 a 2015, apesar de todos os esforços mundiais, os desastres continuaram aumentando, tanto em ocorrências como em perdas sociais e econômicas. Nessa década, mais de 700 mil pessoas perderam a vida, mais de 1,4 milhão de pessoas ficaram feridas e cerca de 23 milhões ficaram desabrigadas em consequência de desastres. No total, mais de 1,5 bilhão de pessoas foram afetadas de várias formas por desastres. Mulheres, crianças e pessoas em situação de vulnerabilidade foram afetadas com maior intensidade e a perda econômica foi superior a 1,3 trilhão de dólares. Além desses impactos, entre 2008 e 2012, 144 milhões de pessoas foram deslocadas por catástrofes (Marco de Sendai, 2015).

A partir das análises dos problemas mundiais com os riscos de acidentes naturais e dos avanços obtidos com o Marco de Hyogo, foram estruturados diversos princípios norteadores pelo Marco de Sendai, tais como:

- Cada país tem a responsabilidade de prevenir e reduzir os riscos de desastres, inclusive por meio de cooperação nacional e internacional. Os países em desenvolvimento são capazes de melhorar e implementar políticas e medidas nacionais de redução do risco de desastres, considerando suas conjunturas e aptidões, e essas ações podem ser ampliadas por meio da cooperação internacional sustentável.

- Para a redução do risco de desastres, é necessário que as responsabilidades sejam compartilhadas pelas diversas instâncias dos governos e os diferentes setores da sociedade, de acordo com o sistema de governança local.

- A gestão do risco de desastres é proposta para proteger as pessoas e seus bens e meios de vida, bem como seu patrimônio cultural e ambiental, além de promover e proteger os direitos humanos e o direito ao desenvolvimento.

- A redução do risco de desastres exige engajamento, cooperação e empoderamento de toda a população, especialmente as pessoas mais atingidas e as mais pobres e o trabalho voluntário deve ser organizado e fomentado.

- A redução e a gestão do risco de desastres dependem de organismos de coordenação intra e intersetoriais e com as partes interessadas, exigindo também o esforço das instituições públicas de natureza executiva e legislativa em nível nacional e local e uma articulação das responsabilidades, incluindo os setores público, privado e as universidades, para garantir a comunicação, a parceria e a complementaridade de funções, das responsabilidades e do acompanhamento.

- Além da necessidade da atuação dos governos federais e estaduais em facilitar, orientar e coordenar ações, é indispensável habilitar as autoridades e comunidades locais para reduzir o risco de desastres, inclusive por meio de recursos, incentivos e responsabilidades de tomada de decisão.

■ A redução do risco de desastres requer uma abordagem para várias ameaças e para a tomada de decisões inclusiva e informada sobre os riscos, com base na influência mútua e na divulgação de dados classificados por sexo, por idade e por outras especificidades, sempre atualizados e de fácil acesso e compreensão.

■ O desenvolvimento, o fortalecimento e a implementação de políticas, planos, práticas e mecanismos precisam ser coerentes com as agendas de desenvolvimento e crescimento sustentáveis e com os demais planos de abastecimento, de saúde e segurança, das mudanças climáticas, da gestão ambiental e de redução de risco de desastres.

■ Embora os fatores de risco de desastres possam ser locais, nacionais, regionais ou globais, os riscos de desastres têm características locais e específicas que devem ser analisadas para determinar as medidas de redução do risco de desastres.

■ Abordar os fatores subjacentes de risco de desastres através de investimentos públicos e privados incorporando os riscos gera mais custo-benefício do que dirigir-se na recuperação pós-desastre.

■ Na fase de reconstrução e reabilitação pós-desastre, é fundamental reduzir os riscos de desastres por meio de estratégias de reconstrução mais segura, com a respectiva educação e sensibilização da sociedade sobre o risco de desastres.

■ Para uma gestão eficiente dos riscos de desastres é necessário uma parceria global, com garantia e aumento da cooperação internacional, incluindo o cumprimento dos respectivos compromissos oficiais de auxílio ao desenvolvimento por parte dos países desenvolvidos.

■ Os países em desenvolvimento, especialmente os mais pobres, bem como os países de renda média e outros países que enfrentam desafios específicos de risco de desastres, precisam receber dos países desenvolvidos e parceiros apoio adequado e sustentável, por meio de financiamento, transferência de tecnologia e capacitação, entre outros, considerando suas especificidades e prioridades.

Prioridades de ação

Considerando a experiência adquirida com o Marco de Ação de Hyogo e buscando o resultado e os objetivos esperados, o Marco de Sendai (2015) estabelece as seguintes prioridades:

- Compreensão do risco de desastres. As políticas e práticas para a gestão do risco de desastres devem ser fundamentadas na compreensão clara do risco em todas as suas dimensões de vulnerabilidade, capacidade, exposição de pessoas e bens, características dos perigos e do meio ambiente. Tal conhecimento pode ser empregado para a avaliação de riscos antes dos desastres, para a prevenção e a mitigação destes e para o desenvolvimento e a preparação de todos com respostas eficazes.
- Fortalecimento da governança do risco de desastres. A governança do risco de desastres nos níveis nacional, regional e global tem relevância para a gestão eficaz e eficiente dos riscos de desastres. O conhecimento objetivo e claro dos planos, das competências, da orientação e coordenação, bem como da participação de todas as partes interessadas, possibilitam e fortalecem a governança do risco de desastres.
- Investimento na redução do risco de desastres para a resiliência. Os investimentos públicos e privados na prevenção e na redução de riscos de desastres por meio de medidas estruturais e não estruturais são essenciais para aumentar a resiliência econômica, social, cultural e ambiental das comunidades e dos países.
- Melhoria na preparação para os desastres e para as respostas eficazes na reconstrução e reabilitação das cidades. O crescimento constante do risco de desastres, incluindo o aumento da exposição de pessoas e ativos, combinado com as lições aprendidas com os desastres anteriores, indica a necessidade de reforçar a preparação para as respostas aos eventos, adotando medidas com base na previsão de eventos, integrando a redução do risco de desastres na preparação para resposta e assegurando a capacidade da recuperação eficaz. Nesses aspectos torna-se fundamental promover o empoderamento das mulheres e das pessoas com deficiência para liderar publicamente e promover abordagens de resposta, recuperação, reabilitação e reconstrução com igualdade de gênero e acesso universal.

De modo geral, o Marco de Sendai levanta muitas questões esquecidas pela gestão de território em muitos países, tornando-o um instrumento para aumentar a conscientização pública e institucional, gerando compromisso político, concentrando e catalisando as ações de uma série de partes interessadas em todos os níveis. As experiências adquiridas pela implantação do Marco de Sendai devem aprimorar os instrumentos atuais da gestão de riscos e fornecer subsídios para os próximos encontros mundiais.

Perspectivas na gestão de riscos

No último quarto do século XX e início do século XXI, as formas de encarar a gestão de riscos sofreram algumas mudanças significativas em seu enfoque. Pesquisadores e gestores em todos os continentes contribuíram para essas alterações, marcando a consolidação e o aprofundamento da compreensão da gestão de riscos, porém sempre sob o ponto de vista tecnicista. Ressalta-se que as questões sociais ainda não são abordadas amplamente. Valencio (2014), a partir de pesquisa documental e revisão da literatura, aponta que a Defesa Civil no Brasil sempre empregou uma visão tecnicista e que o sofrimento social multidimensional dos grupos sociais afetados pelos desastres é distante das intenções institucionais.

A pesquisa de Valencio (2014) constatou que a Lei n. 12.608, de 11 de abril de 2012, que cria o Sistema Nacional de Proteção e Defesa Civil molda em seu art. 13 os sistemas de monitoramento e destaca a crença na ciência e na tecnologia como protagonistas na redução de desastres:

> [...] No referido documento, tal sistema visa ao compartilhamento dos dados atualizados para respaldar medidas de prevenção, mitigação, alerta, resposta e recuperação em situações de desastre em todo o território nacional; porém, trata-se tão somente do monitoramento das condições atmosféricas, hidrológicas e da estabilidade dos terrenos sujeitos aos escorregamentos de massa e afins. E, assim, desoladoramente, a análise do contexto social que engendra os processos de vulnerabilização socioambiental fica de fora da informação vista como prioritária para respaldar as estratégias de redução dos desastres. (Valencio, 2014, não paginado)

Alguns fatores colaboraram para a instalação e vigência da visão tecnicista: primeiramente, a própria origem da Defesa Civil no Brasil, que foi vinculada às guerras e aos grandes acidentes denominados naturais, associados a deslizamentos, inundações e secas; em seguida, pode-se citar o fato de que sua gestão e operação têm sido predominantemente efetuadas por militares. Essa perspectiva deve se alterar se as atividades de pesquisa, extensão e ensino incluírem em suas pautas todas as origens dos problemas sociais que deflagram e agravam esses acidentes.

Enquanto as políticas públicas nacionais não elegerem os aspectos sociais de forma prioritária, participativa e efetiva, estas continuarão seguindo apenas parâmetros técnicos e científicos, fator que não favorece a redução de desastres e de vítimas nos acidentes naturais. Atualmente, a ciência e a tecnologia brasileiras já possuem condições favoráveis para:

- Detectar áreas de risco.
- Monitorar eventos hidrometeorológicos.
- Gerir acidentes de grande vulto.
- Disseminar o conhecimento sobre os riscos e seus aspectos físicos e antropogênicos e os meios e instrumentos de prevenção.

Portanto, o que mais se necessita explorar para conhecer e atuar na redução dos acidentes naturais são as condicionantes sociais e os meios de minimizá-las ou erradicá-las.

OS DESASTRES E A HABITAÇÃO SOCIAL

Os desastres nas cidades brasileiras resultam em grande parte do padrão de ocupação do solo e das formas de urbanização do país, mas o fator principal que os deflagram é a vulnerabilização socioambiental dos mais pobres. Os impactos dos desastres seriam menores se a sociedade e os gestores públicos tivessem maior responsabilidade como com os problemas sociais e as formas e técnicas de ocupação do solo, assim também com o monitoramento dessas áreas após intervenções que as deixam mais seguras. É recorrente em todo o território a elaboração de projetos e obras de urbanização, como a realocação de moradores das áreas de alto risco, as contenções, as drenagens e outras intervenções que lhes dão maior estabilidade à ocupação, porém as causas que levaram a essas ocupações não são escancaradas e inseridas nas pautas dessas ações.

Nas últimas décadas, a Prefeitura de São Paulo tem desenvolvido um trabalho sistêmico nas intervenções em favelas, tornando-as lentamente bairros populares da cidade, como é o caso das comunidades de Paraisópolis, Heliópolis e Nova Jaguaré. Pisani (2011) e Fachini (2014) estudam o percurso da favela Nova Jaguaré, na zona oeste da cidade de São Paulo, que sofreu grandes intervenções para eliminar as áreas de risco associadas a escorregamentos, criando espaços públicos de qualidade, circulações, equipamentos públicos e infraestrutura. Depois de entregues todas as obras, alguns espaços públicos foram novamente ocupados. Onde está o problema? Trata-se apenas da falta de gestão com monitoramento? É claro que as respostas não envolvem apenas os aspectos técnicos e de gestão, pois o âmago das ocorrências tem raízes nos problemas sociais e econômicos que essas populações enfrentam. As causas e os efeitos dos problemas sociais criam um ciclo que precisa ser rompido (Figura 1), que abrange as seguintes etapas:

- Os assentamentos precários em áreas ambientalmente frágeis se formam pelas pressões socioeconômicas.

- Os riscos e acidentes ocorrem e, em razão de pressões sociais, os gestores urbanos promovem a urbanização com sua minimização ou eliminação, gerando espaços públicos e obras de infraestrutura.

- Os problemas sociais continuam os mesmos e novas populações se instalam nas áreas que foram deixadas para usos públicos ou adensam as preexistentes em função da segurança que as obras lhes proporcionaram.

- Os velhos ou novos riscos se instalam e mais acidentes ocorrem.

- O ciclo recomeça com a formação de outras invasões das populações que foram removidas e não conseguiram permanecer no local e/ou com as que se deslocaram para a região em busca de melhores condições de vida.

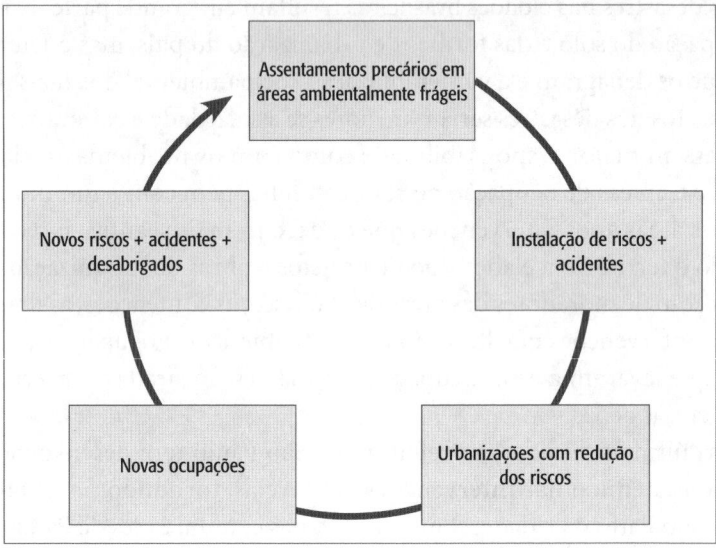

Figura 1 – O ciclo dos acidentes urbanos.

Para a quebra desse ciclo destruidor é necessário entender e combater os processos socioambientais que produzem a precariedade das condições de vida dos grupos sociais empobrecidos, que são os mais vulneráveis aos acidentes; incorporar as estimativas de risco de desastres no planejamento urbano; gerir os assentamentos humanos, em especial as áreas densamente habitadas; urbanizar os assentamentos precários, de forma que eles se tornem seguros e resilientes aos desastres naturais; e que a decisão dos projetos e ações seja feita de forma participativa e democrática.

HABITAÇÃO SOCIAL E OS RISCOS DE INUNDAÇÕES E ESCORREGAMENTOS

A gestão das áreas de risco urbanas possui conexões diretas com as áreas habitacionais, com predominância para as populações de baixa renda, pois a maior parcela das áreas de risco no Brasil é ocupada por moradias. O mapeamento dessas áreas é uma das ferramentas aplicadas pelas prefeituras e faz parte da elaboração das políticas públicas, com ênfase nos seus Planos Diretores. Como exemplo, a Prefeitura da Cidade de São Paulo, uma das mais organizadas nos aspectos de gestão de áreas de risco, elaborou por intermédio do Instituto de Pesquisas Tecnológicas (IPT) o maior trabalho brasileiro de mapeamento e identificou 407 trechos de encostas e fundos de vales de córregos sujeitos a escorregamentos, erosão e inundações. As áreas de risco foram classificadas em: risco baixo (R1); médio (R2); alto (R3) e muito alto (R4) e a ocupação majoritária dessas áreas tem como finalidade a habitação irregular ou regular, totalizando 105 mil unidades habitacionais (São Paulo, 2017).

Quando as áreas de risco são identificadas pelas prefeituras, normalmente já estão ocupadas. O problema aumenta quando as glebas ainda não construídas, normalmente as que foram deixadas de lado pelos processos tradicionais de urbanização, são ofertadas para novas habitações sociais sem os devidos estudos, analisando não só os riscos antes da ocupação, mas também os que virão após as intervenções e os seus reflexos nos processos dos acidentes naturais. Isso é posto porque uma área de fundo de vale que ainda conta com terrenos vazios tem mais permeabilidade e diferentes fluxos das águas superficiais, fatores que serão alterados após as edificações serem realizadas. Esses procedimentos de modificação das bacias hidrográficas antes e depois das construções foram explorados por Tucci (2008), lembrando que no Brasil os processos de escorregamentos e inundações possuem inter-relações por meio das precipitações pluviométricas. Portanto, esses dois acidentes, que são os mais recorrentes em nosso território, podem ocorrer ao mesmo tempo, principalmente em regiões que apresentam encostas adjacentes às áreas de fundo de vale.

Os assentamentos precários, sem projeto e sem responsáveis técnicos, não são as únicas formas de ocupação do território que estão sujeitas a riscos e acidentes. Para atestar que esse fato ainda acontece no século XXI, foram pesquisados eventos com acidentes naturais, vinculados a escorregamentos e inundações nas habitações sociais promovidas pelo Programa Minha Casa Minha Vida (PMCMV) do Governo Federal, além das companhias estaduais e municipais, que também apresentaram diversos problemas de projetos e obras insuficientes para eliminar esses riscos. O PMCMV foi escolhido por ser o maior programa de produção de habitação social registrado no Brasil. Entre muitos casos de conjuntos de interesse social contemporâneos que foram produzidos sem levar em conta todos os riscos de acidentes naturais a que estão suscetíveis, podem ser destacados os seguintes:

A. Os que apresentaram inundações nas áreas condominiais e no interior das habitações:
■ Conjunto Carlos Marighella, construído com verbas federais do PMCMV, no bairro de Itaipuaçu, cidade de Maricá, estado do Rio de Janeiro, teve 700 famílias desabrigadas (G1.Globo, 2016a).
■ Condomínio Parque Valdariosa, o maior empreendimento do PMCMV na Baixada Fluminense, em Queimados, estado do Rio de Janeiro (Veja. com, 2013).
■ Conjunto do PMCMV entregue em maio de 2016, na cidade de Santarém, estado do Pará (G1.Globo, 2016b).
■ Condomínios Santa Lúcia e Santa Helena, do PMCMV, no distrito de Santa Cruz da Serra, cidade de Duque de Caxias, estado do Rio de Janeiro (G1.Globo, 2013).
■ Conjunto Habitacional Adolfina Scheid, do PMCMV, na cidade de Francisco Beltrão, estado do Paraná (Jornal de Beltrão, 2014).

B. Os que apresentaram deslizamentos, desabamentos ou tiveram de ser demolidos em razão de projeto e construção equivocados:
■ Conjunto Habitacional Camargo, em Avaré, estado de São Paulo, da Companhia de Desenvolvimento Habitacional e Urbano do Estado (CDHU) em parceria com a Prefeitura de Avaré, sofreu deslizamentos de terra (Apadep, 2016).
■ Conjunto Habitacional Nossa Senhora das Candeias III, na cidade de Candeias, estado da Bahia, pertencente ao PMCMV, sofreu deslizamentos de terra antes da entrega das habitações para a população (Jornalismo Cidadão, 2014).
■ Conjunto Habitacional Zilda Arns II, do PMCMV, situado no bairro do Fonseca, Niterói, estado do Rio de Janeiro, teve dois blocos de apartamentos demolidos por motivos de ameaça de desabamento. Ironicamente, este conjunto foi destinado às vítimas do deslizamento do Morro do Bumba, na cidade do Rio de Janeiro (UOL Notícias, 2013).
■ Conjunto Dicalino Cabral, na região do Citrolândia, da Cohab de Betin, estado de Minas Gerais, sofreu escorregamentos de solo e desabamento de muros (O Tempo, 2008).

Em pleno século XXI são encontrados tantos registros de inundações e deslizamentos em conjuntos habitacionais construídos pelo poder público brasileiro, constatação que evidencia que as diretrizes técnicas e científicas vastamente divulgadas, contidas em muitas normas técnicas e legislações edilícias e urbanísticas ainda não são integralmente atendidas pelos gestores, projetistas e construtores da habitação social no Brasil. Os casos ora apontados precisam ser estudados acuradamente com o intuito de identificar onde estão e quais são as condicionantes que desencadearam as falhas apresentadas, para que novos projetos sejam elaborados de forma a contemplar todas as demandas a que estão sujeitos.

CONSIDERAÇÕES FINAIS

A sustentabilidade das cidades frente aos desastres naturais é proporcional à disposição de todos os segmentos da sociedade em entender o problema para a tomada de decisões, com o objetivo de minimizar as diferenças sociais e as formas pelas quais os mais pobres conseguem ocupar o território, uma vez que, por motivos socioeconômicos, o fazem em áreas ambientalmente frágeis.

A redução de riscos de desastres é resultante do trabalho contínuo e sistêmico de cidadãos, governos locais, estaduais e federais, centros de ensino e pesquisa, conselhos profissionais, ONGs, organizações governamentais e o setor privado.

A forma de encarar os desastres naturais e suas consequências nas áreas urbanas vem sofrendo reestruturação em função das seguintes condicionantes: o conhecimento técnico e científico cresceu; a composição dos eventos está mais complexa; a gestão dos acidentes está se aprimorando e a participação da população tem aumentado, porém a abordagem frente aos desastres naturais continua sendo tecnicista.

A habitação social é o setor mais atingido pelos acidentes naturais e suas consequências, trazendo grandes perdas socioeconômicas para as cidades. Os novos projetos de edificações carecem de acolher as premissas estabelecidas para sua implantação nos territórios sujeitos a acidentes naturais e a disseminação interdisciplinar e intensiva desses conhecimentos específicos sobre as relações entre acidentes naturais e habitação é um caminho que auxiliará na redução das perdas socioeconômicas advindas desses eventos.

Produzir habitação social em áreas de risco é um procedimento inadmissível para um país que possui farta produção acadêmica e técnica para detectar, analisar e gerir áreas de risco urbanas.

REFERÊNCIAS

[APADEP] ASSOCIAÇÃO PAULISTA DE DEFENSORES PÚBLICOS. Defensoria Pública pede obras contra risco de deslizamento de terras em conjunto habitacional em Avaré. Publicado em: 6 abr. 2016. Disponível em: http://www.apadep.org.br/noticias/defensoria-publica--pede-obras-contra-risco-de-deslizamento-de-terras-em-conjunto-habitacional-em-avare/. Acesso em: 23 jun. 2016.

BRASIL. MINISTÉRIO DA INTEGRAÇÃO NACIONAL. Proteção e Defesa Civil. Organização. Brasília: 20 maio 2015. Disponível em: http://www.mi.gov.br/web/guest/defesa-civil/sinpdec/organizacao. Acesso em: 1 abr. 2016.

_____. Secretaria Nacional de Proteção e Defesa Civil. Histórico da Defesa Civil. Brasília: 3 fev. 2014. Disponível em: http://www.mi.gov.br/historico-sedec. Acesso em: 25 mar. 2016.

BRASIL. Lei n. 12.608, de 10 de abril de 2012. Institui a Política Nacional de Proteção e Defesa Civil (PNPDEC) e outros. Disponível em: http://www.planalto.gov.br/ccivil_03/_Ato2011-2014/2012/Lei/L12608.htm. Acesso em: 1 abr. 2016.

[CEMADEN] CENTRO NACIONAL DE MONITORAMENTO E ALERTAS DE DESASTRES NATURAIS. Municípios monitorados. Disponível em: http://www.cemaden.gov.br/municipiosprio.php. Acesso em: 8 abr. 2016.

[EM-DAT] EMERGENCY EVENTS DATABASE. CENTRE FOR RESEARCH ON THE EPIDEMIOLOGY OF DISASTERS (CRED). Disaster data: A balanced perspective. Bélgica, Cred, n. 41, fev. 2016. Disponível em: http://www.emdat.be/publications. Acesso em: 15 mar. 2016.

FACHINI, L.F.A. Estruturação espacial urbana: favela Nova Jaguaré. Dissertação de Mestrado. São Paulo: Faculdade de Arquitetura e Urbanismo da Universidade Presbiteriana Mackenzie, 2014.

FREITAS, C.M. de et al. Vulnerabilidade socioambiental, redução de riscos de desastres e construção da resiliência: lições do terremoto no Haiti e das chuvas fortes na Região Serrana, Brasil. *Ciência & Saúde Coletiva*, 2012, v. 17, n. 6, p. 1577-1586. Disponível em: https://www.researchgate.net/profile/Jose_Gomes4/publication/225374491. Acesso em: 2 ago. 2016.

G1.GLOBO. Casas alagadas em condomínio após forte chuva em Maricá são saqueadas. Disponível em: http://oglobo.globo.com/rio/casas-alagadas-em-condominio-apos-forte-chuva--em-marica-sao-saqueadas-18786775#ixzz4GTaVCRhs. Acesso em: 10 jul. 2016.

_____. Chuva alaga imóveis no "Minha Casa, Minha Vida" em Santarém, PA. Disponível em: http://g1.globo.com/pa/santarem-regiao/noticia/2016/06/chuva-alaga-imoveis-no-minha-casa-minha-vida-em-santarem-pa.html. Acesso em: 1 ago. 2016.

_____. Condomínio do "Minha Casa, Minha Vida" fica inundado em Caxias, no RJ. Publicado em: 21 mar. 2013. Disponível em: http://g1.globo.com/rio-de-janeiro/noticia/2013/03/condominio-do-minha-casa-minha-vida-fica-inundado-em-caxias-no-rj.html. Acesso em: 29 jul. 2016.

JORNAL DE BELTRÃO. Após alagamentos no conjunto Adolfina Scheid, famílias não voltaram para casa. Publicado em: 15 jul. 2014. Disponível em: http://www.jornaldebeltrao.com.br/noticia/175730/apos-alagamentos-no-conjunto-adolfina-scheid-familias-nao-voltaram-para--casa. Acesso em: 29 jul. 2016.

JORNALISMO CIDADÃO. Candeias: obras do Minha Casa, Minha Vida no bairro da Areia apresentam problemas por conta da chuva. Publicado em: 21 maio 2015. Disponível em: http://jornalismocidadao.com.br/j1/index.php/candeias/item/2174-candeias-obras-do-minha-casa--minha-vida-no-bairro-da-areia-apresentam-problemas-por-conta-da-chuva. Acesso em: 1 ago. 2016.

MARCO DE SENDAI. *Sendai Framework for Disaster Risk Reduction 2015-2030*. Building the Resilience of Nations and Communities to Disasters. Sendai: UNISDR, 2015. Disponível em:

http://www.preventionweb.net/files/43291_sendaiframeworkfordrren.pdf. Acesso em: 25 mar. 2016.

NUNES, L.H. *Urbanização e desastres naturais*. São Paulo: Oficina de Textos, 2015.

[ONU] ORGANIZAÇÃO DAS NAÇÕES UNIDAS. Estratégia Internacional para a Redução de Desastres (EIRD). Marco da Ação de Hyogo (MAH). Genebra (Suíça): ONU. Disponível em: http://www.defesacivil.pr.gov.br/arquivos/File/Marco/MarcodeHyogoPortugues20052015. pdf Acessado em 29 jan. 2017.

O TEMPO. Famílias de conjunto habitacional do Citrolândia temem deslizamento. Publicado em: 15 ago. 2008. Disponível em: http://www.otempo.com.br/o-tempo-betim/fam%C3%A-Dlias-de-conjunto-habitacional-do-citrol%C3%A2ndia-temem-deslizamento-1.22790. Acesso em: 3 ago. 2016.

PISANI, M.A.J. Indústria e favela no Jaguaré: o palimpsesto das políticas públicas de habitação social. *Arquitextos*, abr. 2011. Disponível em: http://www.vitruvius.com.br/revistas/read/arquitextos/11.131/3838. Acesso em: 10 jun. 2016.

SANTOS, A.R. dos. Enchentes e deslizamentos: causas e soluções. In: *Áreas de Risco no Brasil*. São Paulo: Pini, 2012.

[SÃO PAULO] PREFEITURA MUNICIPAL DE SÃO PAULO. Secretaria Municipal de Coordenação das Subprefeituras. Áreas de risco. São Paulo: PMSP, 2017. Disponível em: http://www3. prefeitura.sp.gov.br/saffor_bueiros/FormsPublic/serv2AreasRisco.aspx. Acesso em: 7 out. 2017.

[SÃO PAULO] COORDENADORIA ESTADUAL DE DEFESA CIVIL (CEDEC) SÃO PAULO. O Sistema de Defesa Civil do Estado de São Paulo. Origens, regulamentação e evolução até os dias atuais. In: *Seminário de Planejamento e Gestão Urbana*: prevenindo desastres. São Paulo: CEDEC, 2004, p. 6-24.

TOMINAGA, L.K.; SANTORO, J.; AMARAL, R. (org.). *Desastres naturais*: conhecer para prevenir. São Paulo: Instituto Geológico, 2009.

TUCCI, C.E.M. Águas urbanas. *Estudos Avançados*, 2008, v. 22, n. 63, p. 97-112.

[UFSC/CEPED] UNIVERSIDADE FEDERAL DE SANTA CATARINA/CENTRO UNIVERSITÁRIO DE ESTUDOS E PESQUISAS SOBRE DESASTRES. Atlas brasileiro de desastres naturais 1991 a 2010: volume Brasil. Florianópolis: Ceped, UFSC, 2012.

UOL NOTÍCIAS. Prédios para vítimas de tragédia no Morro do Bumba apresentam rachaduras. Publicado em: 21 mar. 2013. Disponível em: http://noticias.uol.com.br/cotidiano/ultimas-noticias/2013/03/21/predios-para-vitimas-de-tragedia-no-morro-do-bumba-apresentam-rachaduras.htm. Acesso em: 22 jul. 2016.

VALENCIO, N.F.L.S. Desastres: tecnicismo e sofrimento social. *Ciência & Saúde Coletiva*, 2014, v. 19, n. 9, set. p. 3631-44. Disponível em: http://www.scielo.br/scielo.php?script=sci_arttext&pid=S1413-81232014000903631. Acesso em: 2 ago. 2016.

VEJA.COM. Minha Casa Minha Vida: sem drenagem, apartamentos feitos para vítimas da chuva foram alagados. Publicado em: 11 dez. 2013. Disponível em: http://veja.abril.com.br/brasil/minha-casa-minha-vida-sem-drenagem-apartamentos-feitos-para-vitimas-da-chuva-foram-alagados/. Acesso em: 2 jul. 2016.

9 | O impacto da ação imobiliária em seu entorno

Eliane Monetti
Engenheira civil, Escola Politécnica, USP

Este capítulo tem por objetivo discutir a ação imobiliária no ambiente urbano. Inicialmente, buscaremos compreender os propulsores da ação empreendedora e suas limitações, para que seja possível identificar como o embarque de soluções sustentáveis poderá impactar nos elementos que orientam a decisão de investimento dos empreendedores e investidores imobiliários.

Para esses agentes, persiste um ambiente de incerteza em relação ao desempenho que poderá ser alcançado nos negócios, considerando o atendimento a princípios sustentáveis. Possivelmente, somente um maior conhecimento alcançado por meio de pesquisas de comportamento nos mercados é que poderá contribuir para a minimização dessa incerteza, trazendo o conforto requerido por empreendedores em suas decisões de investimento, sendo fundamental que se resgate o estágio atual em que se encontram tais pesquisas, em sua maioria desenvolvidas no ambiente internacional.

Por fim, existe uma preocupação com a questão da sustentabilidade, que impacta não só o empreendimento como o seu entorno e vem sendo contemplada por meio de ações de diferentes organizações setoriais e órgãos internacionais, que procuram orientar as atividades do setor de forma a incorporar tais conceitos não só no ambiente de seus empreendimentos, mas também no de suas organizações.

A AÇÃO DO EMPREENDEDOR NO ESPAÇO URBANO

Diversas são as diretrizes traçadas em diferentes níveis para o desenvolvimento imobiliário nas cidades brasileiras.

A diretriz mais abrangente é de alcance federal e consiste no Estatuto da Cidade (Lei n. 10.257, de 10.7.2001). Nele são estabelecidas diretrizes gerais para a política urbana, contendo orientações para a ação dos empreendedores imobiliários. Essa lei foi modificada pelo denominado Estatuto da Metrópole (Lei n. 13.089, de 12.1.2015), também em nível federal.

Entre outras medidas, a Lei n. 13.089 (Brasil, 2015) institui o Plano de Desenvolvimento Urbano Integrado (PDUI), a ser aprovado mediante lei de nível estadual, atualmente em desenvolvimento por Conselhos formados especificamente para esse fim, que deverão atuar nas áreas de planejamento, mobilidade urbana e sistema viário regional, habitação, saneamento ambiental, meio ambiente, desenvolvimento econômico e atendimento social.

Em nível local, a ação imobiliária é atualmente orientada pelo Plano Diretor Estratégico do Município. A este, em tese, cabe definir as prerrogativas pretendidas para a expansão urbana, seus eixos principais de desenvolvimento, concebidos em consonância com os sistemas de fornecimento de serviços, em especial seu sistema de transportes intra e interurbano. Como consequência, busca-se a racional ocupação de seus espaços, objetivando o bem-estar dos habitantes da localidade, não só considerando a época presente, mas preservando as condições de longo prazo, no sentido de minimizar os impactos às gerações futuras.

Essa intenção sai do campo das ideias, materializando-se no espaço pela ação de dois agentes principais: o poder público e o empreendedor imobiliário.

Em tese, além do arcabouço regulatório e de seus mecanismos de controle, o poder público age na cidade em uma ação redistributiva, devolvendo à cidade os recursos financeiros coletados por meio de taxas e impostos sob a forma de infraestrutura e equipamentos públicos para atender a uma melhoria continuada na qualidade de vida de seus moradores, além de fomentar o desenvolvimento econômico local.

Já os empreendedores imobiliários desenvolvem os espaços nos quais as atividades dos moradores encontrarão abrigo, assumindo riscos pelo desenvolvimento de empreendimentos que, se aceitos pelo público, permitirão que a ação empreendedora seja remunerada pelos riscos incorridos.

Se de um lado cabe aos agentes imobiliários o pleno atendimento às diretrizes impostas pelos planos, de outro lado cabe ao poder público, em especial aos planejadores urbanos, compreender os motores da ação empreendedora e os impactos que determinadas diretrizes acabam impondo à atividade imobiliária. O desconhecimento de tais aspectos pode até mesmo induzir ações que contrariam os objetivos primeiros pretendidos pelos planos.

A dinâmica segundo a qual um empreendedor age está sempre associada ao emprego de recursos financeiros na aquisição dos elementos necessários ao processo de produção, que resultará em um produto que será colocado nesse mercado, permitindo o resgate e a remuneração desses recursos, cujos riscos de colocação, sobretudo na dimensão pretendida, são abraçados pelo empreendedor. Não é diferente quando o empreendedor imobiliário investe recursos necessários ao desenvolvimento de empreendimentos – como aquisição de terreno, desenvolvimento de projetos, aprovações, obras civis, gerenciamento de todo o processo – para, em um momento futuro, os imóveis produzidos poderem ser comercializados por valores superiores àqueles demandados na fase de implantação. Busca semelhante ocorreria se, em vez de comercializar, esses imóveis fossem explorados por ciclos longos, durante os quais se pretende que o capital investido seja devolvido e remunerado.

Essa atividade de empreender na área imobiliária sempre demanda longos prazos, variando conforme a tipologia do imóvel. Quanto à decisão de investimento em um determinado empreendimento, ela é sempre pautada por algumas questões fundamentais – financeira, econômica e de riscos – como se verá a seguir.

Além das restrições ditadas pelas próprias regulamentações nas diferentes esferas – federal, estadual e municipal –, outros aspectos são contemplados nesse momento, como capacidade técnica de produzir ou mesmo a expectativa do mercado em aderir ao empreendimento. Qualquer desajuste nessas questões poderá inviabilizar a proposta de desenvolvimento de um empreendimento, mas, se favoráveis, ainda serão insuficientes para pautar a decisão pelo investimento, que será orientada por aspectos financeiros e econômicos esperados no desenvolvimento do empreendimento, além dos riscos percebidos nessa ação.

Do ponto de vista financeiro, a questão que se coloca é quanto à capacidade do empreendedor em aportar capital, se suficiente para atender à demanda de recursos exigidos para a implantação do empreendimento. Evidente que essa é uma questão relevante, sobretudo porque investimentos interrompidos em empreendimentos não levam a uma condição de resgate desse valor investido em momento futuro, dado que sua inserção de mercado é bastante incerta.

A segunda questão é de caráter econômico. O mercado apresenta inúmeras opções de investimento, cada qual com expectativas diferentes de remuneração. A decisão pelo investimento no empreendimento só ocorre se este apresentar um grau de remuneração compatível com a atividade na visão de cada empreendedor.

Por fim, a terceira questão refere-se ao risco de empreender. Para que a decisão se efetive, é necessário que a imersão no risco se dê em padrões aceitos pelo empreendedor. Nesse caso, ele deverá responder se reconhece e aceita o padrão de risco a que seus investimentos estarão sujeitos ao perder liquidez investindo nesse empreendimento.

A resposta positiva a esse conjunto de questões pode levar à ocorrência do investimento. As respostas a tais questões não trazem qualquer certeza ao investidor, mas apenas o orientam no sentido de que, se determinadas premissas se verificarem na realidade do empreendimento, com a dinâmica e a intensidade esperadas, é possível que os padrões que orientaram a decisão de investimento fiquem preservados.

Isso porque, na ocasião da decisão do investimento, todo o desenrolar da ação no empreendimento ainda se encontra no campo das suposições, que a realidade se incumbirá de mostrar se condizem com o desenrolar dos fatos ou se deles se afastam, podendo alterar os parâmetros que inicialmente orientaram a decisão de investir. As respostas aos quesitos econômico, financeiro e de risco são produzidas por meio de simulação para orientar as decisões de investimento, porém o real desempenho alcançado na ação só será conhecido ao final do empreendimento.

Cabe ao empreendedor, no entanto, monitorar de forma continuada o processo, com o objetivo de procurar manter válidas as premissas que orientaram a decisão de investimento. Durante o desenvolvimento do empreendimento, apenas parte das variáveis permitirá uma ação mais assertiva do empreendedor. Ressalta-se que, frente a muitas delas, ele será passivo, dificultando a correção continuada do processo, com o objetivo de preservar as expectativas de resultado que orientaram a decisão de investimento, mesmo considerando técnicas de planejamento competentes. Os custos envolvidos no processo de produção podem se afastar dos inicialmente concebidos por razões intrínsecas à própria gestão do processo, como perda de produtividade ou desperdício nos materiais empregados nas atividades, enquanto os custos unitários dos diferentes elementos empregados na produção podem se alterar no período contido entre a decisão de investimento (ocasião da construção das expectativas) e sua real aquisição e/ou aplicação no processo de produção, restando ao empreendedor uma postura passiva ou quase reativa. Mesmo procurando se valer de parcerias entre fornecedores, a conjuntura vivida no momento da aquisição desses insumos ou da contratação da mão de obra é que dita os padrões que oneram os custos na implantação. As tentativas na gestão do processo serão centradas na busca para que os custos se reacomodem próximos aos padrões previstos inicialmente. No entanto, quando desvios são reconhecidos, os custos só podem ser contidos por vias de compensação, sempre de alcance limitado ou mesmo podendo provocar algum desajuste na adequação ao público--alvo para o qual o produto foi dirigido, arbitrado na definição inicial do empreendimento.

Mais sensíveis que essas variáveis são aquelas associadas às condições mercadológicas encontradas quando da efetiva colocação do produto, que se refletem tanto nos indicadores econômicos como nos financeiros, sendo esta uma raiz de risco aguda na decisão de investimentos. O padrão de preços aceito pelo mercado nessa data, resultado de pressões da oferta ou demanda na ocasião da colocação do produto, condições conjunturais que afetam o acesso do público-alvo ao produto, disponibilidade de crédito, entre outros, não só afetam o preço como a sua velocidade de colocação, ambos com potencial para subverter os resultados inicialmente esperados.

Análises de risco, usualmente construídas para orientar a decisão de investimento, resultam em um conjunto de informações relativas aos impactos produzidos nos resultados originais quando certas distorções se fizerem presentes. Essas análises têm por objetivo auxiliar o processo de decisão sem contudo limitar o espectro dessas variações.

A escolha do público-alvo de um empreendimento, arbitragem fundamental em seu desenho, é determinante na definição de sua capacidade de geração de receita. Para sua efetivação, será necessário que esse público-alvo reconheça nesse empreendimento um determinado conjunto de atributos que ele perceba como aderente a seus anseios e que ainda tenha capacidade financeira para adquiri-lo. A desconexão entre esse conjunto de atributos e a imagem que o público-alvo constrói para atender a seus anseios ou necessidades tende a afastar esse público, podendo comprometer a capacidade de geração de receita pretendida. Evidente que a restrição derivada pela incapacidade de pagar é ainda mais restritiva.

Nos empreendimentos ditos de base imobiliária, nos quais a geração de renda de longo prazo em padrões estáveis responde pelo retorno dos investimentos, não há também qualquer mecanismo de proteção que possa ser empregado para preservar os padrões de geração de receita incialmente previstos. Isso se verifica nos diferentes segmentos: edifícios de escritórios para locação, *shopping centers*, hotéis, cada um em seu segmento de atuação podendo sofrer perda na geração de receita ditada por conjunturas não favoráveis na fase de operação, tais como superoferta de produtos em determinados mercados, conjuntura macroeconômica desfavorável ao setor, entre outros.

Assim, grande parte da orientação à ação do empreendedor imobiliário está pautada pelo impacto com que uma situação futura desfavorável poderá repercutir na remuneração de seu investimento. Em grande parte, sem que possa tomar atitudes proativas no sentido de desenvolver algum grau de proteção contra tais desajustes, sobretudo no que tange à geração da receita, o resultado do investimento é ainda mais influenciado pelo estado do mercado no momento de sua ocorrência. A venda de unidades residenciais, seja a velocidade com que se coloca o produto no mercado, seja o valor atribuído ao produto nessa data, é influenciada por vetores que o empreendedor tem pouca ou nenhuma capacidade de alterar. Oferta desajustada no segmento, perda de capacidade financeira do comprador na data da aquisição, limitação ou encarecimento do crédito de longo prazo, insegurança quanto à manutenção de empregos e concorrência predatória são todos fatores que podem alterar substancialmente a geração de receita no empreendimento, contra os quais não há proteção possível ao empreendedor.

De forma resumida, esse entendimento de como são orientadas as decisões de investimento[1] constituem pano de fundo às discussões que se seguem, nas quais se procura definir como as decisões quanto ao embarque de itens sustentáveis nos empreendimentos podem afetar as decisões de investimento.

O EMPREENDEDOR IMOBILIÁRIO E A SUSTENTABILIDADE

Dotar empreendimentos imobiliários com atributos sustentáveis, de sorte que não só limitem o emprego de insumos não renováveis, seja em sua implantação, seja em sua operação, mas também minimizem os impactos diretos que sua existência pode provocar em sua vizinhança, é tarefa não trivial.

A dificuldade reside essencialmente no eventual conflito entre o reconhecimento da necessidade de preservação do meio e os vetores orientadores das decisões de investimento no *real estate*.

Galuppo (2010), ao discutir sobre a adoção da opção *green building*[2] por empreendedores, destaca que "[...] o negócio do *real estate* é de capital muito intensivo; por isso, um pré-requisito de um empreendimento de sucesso,

---

[1] Para maior aprofundamento dessa questão, ver Rocha Lima Jr., Monetti e Alencar (2011).

[2] Neste texto, a expressão *green building* será usada em sentido lato, não significando o vínculo a nenhum sistema específico de classificação do edifício.

seja por meio da implantação ou da aquisição de um ativo imobiliário, está na sua capacidade de obter capital". E continua "[...] não é razoável que locadores ou investidores em propriedades tendam a financiar *green buildings* se isto não resultar em benefícios econômicos".[3]

A decisão de incorporar atributos que configurem um empreendimento *green* ocorrerá na medida em que os recursos adicionais demandados em sua implantação ou aquisição encontrem contrapartida em uma "mais-valia" do ativo ou de sua capacidade de gerar renda. Em outras palavras, é dizer que os investimentos adicionais têm de ter lastro, no sentido de que a imobilização adicional de recursos deve produzir um adicional de retorno ou mesmo de sua antecipação, já que, em termos econômicos, tende a produzir efeitos equivalentes.

Uma primeira discussão aponta para questões ainda não devidamente amparadas em medidas reais, como a referente ao crescimento dos custos de implantação quando da adoção de práticas sustentáveis.

O mais evidente está atrelado aos custos diretos de produção decorrentes da introdução de novos sistemas e/ou tecnologias nas edificações, capazes de emprestar-lhes características mais sustentáveis, quais sejam, a redução de consumo de água e de energia, a redução da emissão de poluentes, entre outros.

Enquanto o poder público tem procurado agir no sentido de estimular o emprego de itens sustentáveis nas edificações, usualmente por imposições de desempenho, projetistas e fabricantes têm se debruçado no desenvolvimento de sistemas mais acessíveis e eficazes, às vezes valendo-se de isenções fiscais concedidas pelo poder público, visando à contenção dos custos em sua adoção.

Outro aspecto que pode induzir ao crescimento dos custos está atrelado à introdução de novas práticas e procedimentos e a decorrente perda de produtividade em sua implantação, pelas curvas já conhecidas associadas aos processos de aprendizagem. A introdução de novas formas de fazer, até que se alcance a plena incorporação do conhecimento sobre os processos, resultará em alguma perda de produtividade e consequentemente acarretará aumento dos custos, que alcança todos os níveis da organização, demandando persistência e crença na mudança, como em qualquer outro processo de inovação.

Ressalta-se que o crescimento de custos por si só não inviabiliza a adoção de práticas mais sustentáveis, sobretudo se puder estar atrelado a um cresci-

---

[3] Evidente que tal decisão avança as fronteiras do próprio edifício, mas pode ser lida de forma geral como *adoção de princípios sustentáveis*.

mento ou antecipação de retornos que remunere o acréscimo de investimento. Aliás, este é o grande mote por meio do qual os mais apaixonados argumentam, infelizmente ainda não trazendo argumentos insofismáveis.

Há que se considerar a existência de diferentes agentes, uma vez que o crescimento dos custos onera o empreendedor ou construtor do imóvel, enquanto o ganho operacional premiaria o usuário ou adquirente final do imóvel. O elo faltante é o que eventualmente amarra os ganhos operacionais do usuário à aceitação do aumento nos investimentos adicionais pelos empreendedores, ainda longe de ser uma evidência.

O aspecto a se considerar refere-se à percepção do adquirente ou usuário final de que imóveis dotados de sistemas que permitam economias operacionais estariam necessariamente associados a um valor maior, quando comparados aos equivalentes não dotados de tais sistemas, seja para fins de locação, seja para aquisição.

Essa percepção, mesmo que compreendida, nem sempre é aceita. Nem todos os adquirentes ou locatários estão dispostos a aceitar preços ou locações mais altos sob o argumento da compensação decorrente da operação no longo prazo. Ainda para determinados segmentos, sobretudo no setor residencial e, em especial, nos segmentos de renda média e média-baixa, nem sempre o reconhecimento da ocorrência da mais-valia do imóvel está vinculado à capacidade de pagar por ela.

Em outros setores do *real estate* percebe-se uma maior tendência à adesão a práticas mais sustentáveis pelos usuários. Nos edifícios de escritórios, sobretudo aqueles ocupados por grandes corporações, a preocupação com a sustentabilidade é mais presente, estando incorporada às práticas correntes da empresa, mesmo que não revelem expressivo ganho econômico em sua fase operacional. Também nos *shopping centers* é crescente a adoção de sistemas voltados à economia de recursos como água e energia, bem como de outros sistemas classificados como mais sustentáveis. Uma das razões é o fato de o consumidor final estar mais atento à imagem do empreendimento daí derivada. Do ponto de vista prático, também as contas condominiais, que oneram as despesas mensais dos lojistas, quando reduzidas, tendem a aliviar eventuais pressões de caixa causadas pelo aluguel. Situação equivalente ocorre no setor da hotelaria.

Como síntese, pode-se dizer que, do ponto de vista do empreendedor, o incremento no montante de investimentos pela incorporação de atributos sustentáveis é uma certeza, enquanto a eficácia na geração do crescimento dos retornos na proporção necessária ou mesmo em sua antecipação ainda não é uma garantia.

O desenvolvimento tecnológico deve emprestar parte da solução a essa questão, já que tende a reduzir eventual acréscimo nos investimentos necessários, à medida que tecnologias mais econômicas e eficazes estiverem disponíveis.

De outro lado, a questão cultural tende a se tornar mais presente, possivelmente pelo próprio aprendizado do mercado, mais atento às questões do longo prazo, além de maior consciência quanto à responsabilidade sobre o ambiente. Nessa linha, empreendimentos sustentáveis tenderiam a apresentar maior penetração de mercado, o que em tese poderia representar um ganho de competitividade ou mesmo serem percebidos como detentores de atributos aos quais se aceita agregar valor.

Porém, tal questão ainda não está quantificada. Como apresentado adiante, está em curso um conjunto de pesquisas que vêm procurando, de forma paulatina, trazer luz a essas questões.

Esse aspecto toma vulto ainda maior quando a compensação ao adquirente ou locatário não é mensurável em termos financeiros, mas é aderente a princípios mais amplos, o que impõe a existência de alguns segmentos da sociedade mais conscientes quanto ao bem comum, a despeito de reconhecerem a necessidade de pagar mais por isso.

A adesão a essas práticas deverá se instalar de forma paulatina, crescendo com maior intensidade na medida em que edificações mais sustentáveis tenderão a ser a regra, não a exceção, estabelecendo-se um novo patamar para as referências no mercado.

OS FOCOS DE PESQUISA NA ÁREA

A necessidade de pesquisas com o objetivo de melhor instrumentalizar as decisões de investimento voltadas ao embarque de atributos sustentáveis no ambiente dos empreendimentos vem sendo atendida pela academia em nível internacional.

No ambiente do *real estate*, em especial a American Real Estate Society (ARES) publica desde 2009 o *Journal of Sustainable Real Estate*, considerada referência internacional para pesquisas voltadas para a sustentabilidade no *real estate*, bem como o retrato do estado atual das pesquisas sobre esse assunto.

Conforme já mencionado no tópico anterior, a decisão sobre investimento em *real estate* é pautada em indicadores, sobretudo de caráter econômico. Por essa razão, não é surpresa que a maior quantidade de pesquisas publicadas tem exatamente esse foco, sobretudo no segmento dos edifícios de escritórios. Isso porque esse setor do *real estate* usualmente não encontra a restrição da capacidade de pagamento, sempre relevante no segmento residencial.

Em uma breve verificação das publicações no referido periódico, cerca de 23% dos artigos enfocam exatamente os elementos que alimentam as análises de investimento, quais sejam: o vínculo entre o embarque de atributos sustentáveis ou mesmo de busca de selos de certificação *green*[4], e os indicadores econômicos (rentabilidade), de riscos ou mesmo mercadológicos, como ocupação dos espaços, padrões de locação ou de valor dos ativos.

Nesse conjunto de pesquisas, que empregam extensas bases de dados apenas disponíveis nas economias mais desenvolvidas, são construídas relações entre a sustentabilidade dos edifícios e os indicadores associados, reais ou esperados, para os investimentos no segmento. Experimentados em diferentes *clusters* geográficos, muitas respostas apontaram para forte correlação entre o embarque de elementos sustentáveis e o alcance de maior nível de ocupação dos espaços, dos padrões de aluguel praticados no imóvel ou mesmo de valorização do ativo frente aos equivalentes desprovidos de atributos de sustentabilidade equivalentes.

Quando confrontados com os investimentos demandados em sua implantação, muitos resultados encontrados apontaram para maior rentabilidade ou menor risco do investimento em empreendimentos com atributos sustentáveis, mas tal resposta não foi universal. Em alguns mercados, tal relação favorável não foi verificada. Isso não surpreende, já que o *real estate* é fortemente comandado por características locais e particulares.

Como bem menciona Brandshaw (2006, in Brandshaw, 2011), "[...] o movimento de empreendimentos *green* foi construído em torno de dados de estudos de caso, que possibilitaram predições possíveis, mas incompletas, sobre o desempenho desses empreendimentos nos mercados de *real estate*".

Há que se ter em mente, no entanto, conforme destaca Kalua (2015), que as discussões quanto ao aspecto econômico, ainda que já respondendo por uma certa densidade nas pesquisas, não estão claras, sobretudo em economias menos desenvolvidas.

A continuidade dessas pesquisas, replicadas em diferentes mercados, poderá contribuir para registrar de forma consistente observações que possam

---

[4] As certificações mais frequentes, nesse caso, são pertencentes ao sistema Leadership in Energy and Environmental Design (LEED), outorgadas pelo U. S. Green Building Council (USGBC).

conduzir à associação entre sustentabilidade nos edifícios e melhores respostas para o investimento, mas, para um empreendimento isoladamente, sempre será uma condição particular, o que impede que as conclusões sejam generalizadas.

No segmento dos edifícios de escritórios, sejam eles novos ou retrofitados, soma-se a esse conjunto de pesquisas aquelas voltadas aos usuários, sua percepção quanto aos atributos dos edifícios, além da incorporação dos conceitos de *healthy buildings*, nos quais se reconhece ganho de produtividade nas atividades lá desenvolvidas. Trata-se ainda de um campo novo de pesquisas, mas que tem se mostrado bastante promissor. Esse elemento, mais que uma medida pura de tecnologia embarcada contra o impacto no custo operacional, passa a introduzir uma visão mais ampla, associada à saúde do ambiente interno dos espaços que em algum momento migrará para o valor do ativo, diferenciando-o daqueles que não oferecem os benefícios propiciados pelo ambiente saudável.

Um segundo grupo também expressivo nesse universo de pesquisas refere-se ao segmento residencial. Neste, as pesquisas estão mais concentradas na percepção do residente na redução de custos, sobretudo voltados para eficiência energética,[5] além daqueles aspectos vinculados à localização, seja reduzindo as distâncias para acesso a pé à fonte de serviços (*walkability*), seja no acesso ao transporte coletivo. Há também um número expressivo de pesquisas voltadas para a identificação do impacto nos valores das residências provocados por fatores relacionados com a vizinhança, como qualidade do ar, ruído, contaminação do solo etc. decorrentes da proximidade a vias de transporte, linhas de transmissão e instalações específicas nas quais se praticam as mais variadas atividades.

Convém destacar que, enquanto se observou a ocorrência de pesquisas mostrando o impacto de elementos da vizinhança em indicadores de um dado edifício, sobretudo do ponto de vista mercadológico e o consequente impacto no valor do ativo, nesse universo de pesquisas publicadas no referido periódico não se encontrou nenhuma pesquisa que ilustrasse o impacto de um empreendimento em sua região.

Um terceiro grupo de pesquisas está centrado nas discussões de adoção e disseminação de soluções sustentáveis, em sua maioria orientadas para a normatização adotada por diferentes comunidades, políticas de incentivo e seus padrões de eficácia.

---

[5] Possivelmente em decorrência do fato de que a maior parte das pesquisas é desenvolvida em países nos quais as condições climáticas são mais desafiadoras.

Um quarto grupo tem seu foco não no edifício propriamente dito ou em seus usuários, mas nas empresas que concebem, constroem e comercializam *real estate*, bem como nos investidores e empresas que detêm portfólios de empreendimentos. Nesse grupo, não só são propostas adoções a práticas sustentáveis, mas tratam de mudanças culturais nessas organizações. Nelas, o conceito de sustentabilidade se amplia não só para o que denominam Corporate Social Responsibility (CSR), mas também nas práticas denominadas Environmental, Social and Governance (ESG).

A ampliação do tratamento além das fronteiras do edifício e de seus agentes diretos tem sido menos abordada enquanto tema de pesquisas específicas, mas tem sido o foco de grandes organizações internacionais, interessadas na responsabilidade de seus setores de atuação em problemas de caráter mais amplo.

No ambiente nacional, as pesquisas no campo do *real estate* são mais restritas e vem sendo desenvolvidas no meio acadêmico, em sua maioria voltadas para *cases*, nos quais se procura identificar as relações entre custos demandados na implantação e eventual redução nos custos operacionais durante o uso do imóvel.

OS GRANDES MOVIMENTOS ORIENTADORES DA AÇÃO EMPRESARIAL: CBCS, ONU, FÓRUM ECONÔMICO MUNDIAL

Conforme destacado no tópico anterior, as pesquisas voltadas para o *real estate* sustentável – talvez isso se repita em outros setores – acabam por se concentrar em análises tópicas, focadas em determinados casos.

O entendimento mais amplo, associando-se atitudes setoriais, capazes de conduzir a condutas mais sustentáveis, vincula-se ao que se denominou de práticas ESG, abrigo sob o qual as diretrizes de conduta sustentáveis encontram-se incluídas, inclusive a minimização de impactos na região.

Aqui são destacadas três iniciativas: Conselho Brasileiro da Construção Sustentável (CBCS), Organização das Nações Unidas (ONU) e Fórum Econômico Mundial, descritas a seguir.

A primeira, proposta pelo CBCS, uma organização da sociedade civil de interesse público que desde 2007 atua no sentido de "[...] contribuir para a geração e difusão de conhecimento e de boas práticas de sustentabilidade na construção civil". O Conselho é composto por agentes de diversas origens, como acadêmicos, fabricantes, construtoras, projetistas, representantes do governo, associações e entidades de diferentes segmentos da construção civil de todo o País. Trata-se de "condutas de sustentabilidade no setor imobiliário residencial".

A segunda proposta vem da ONU. Trata-se do "Advancing Responsible Business Practices in Land, Construction and Real Estate Use and Investment", em tradução livre, "Avançando com práticas responsáveis nos negócios envolvendo terras, construção, uso e investimento em *real estate*".

Por fim, a última proposta vem do Fórum Econômico Mundial. Trata-se de uma proposta desenvolvida pelo Council Future of Real Estate and Urbanization, que publicou em 2016 o grupo de recomendações "Environmental Sustainability Principles for the Real Estate Industry" (Princípios de Sustentabilidade Ambiental para a Indústria do Real Estate.).

Os produtos resultantes dessas iniciativas são resumidamente apresentados a seguir.

Condutas de Sustentabilidade no Setor Imobiliário Residencial – CBCS/Secovi-SP

Esse documento é um resultado de uma parceria entre o Comitê Brasileiro de Construção Sustentável (CBCS) e o Sindicato das Empresas de Compra, Venda, Locação e Administração de Imóveis Comerciais e Residenciais de São Paulo (Secovi-SP).

O foco reside nos empreendimentos com fins residenciais e em cada conduta foi identificada a influência entre os demais envolvidos na cadeia imobiliária, no papel de agente realizador, indutor ou apoiador da atividade.

O documento apresenta inicialmente os impactos da cadeia do setor imobiliário residencial e os benefícios alcançados por abraçar os princípios da sustentabilidade, destacando a qualidade ambiental, a qualidade na concepção do projeto, a qualidade de vida e a urbana, além dos benefícios decorrentes da formalidade e legalidade das ações de responsabilidade social.

A evolução dos conceitos de sustentabilidade é apresentada em termos históricos e em especial a sustentabilidade dos espaços urbanos e dos empreendimentos.

A proposta foi desenhada enxergando as relações entre os diferentes *stakeholders* observados no Estado de São Paulo durante todo o ciclo de vida do empreendimento e sua adaptação a outros ambientes não deverá demandar ajustes muito expressivos. Os agentes envolvem os diferentes empreendedores, os partícipes do setor financeiro, bem como projetistas, construtores, empresas de comercialização, administradores de ativos imobiliários, dos condomínios e evidentemente moradores, poder público, concessionárias de serviço público, entidades setoriais, academia e institutos de pesquisa.

É constituído por um conjunto de 40 condutas sugeridas para as empresas atuantes, para o que denominam como espaço urbano (ou municipalidade que abriga o empreendimento) e para o desenvolvimento do empreendimento propriamente dito.

Todas as condutas sugeridas têm suas avaliações nas três dimensões que representam o tripé da sustentabilidade: social, ambiental e econômico.

United Nations Global Compact

Trata-se de um documento produzido pela United Nations Global Compact[6] em parceria firmada com a Royal Institution of Chartered Surveyors (RICS)[7] em 2013, com o objetivo de traçar orientações de conduta para serem abraçadas, apoiadas e seguidas por empresas em suas esferas de influência, em especial por aquelas atuantes nos setores de terras, construção, investimento e uso de *real estate*.

É uma das iniciativas pioneiras de encaminhamento das questões da sustentabilidade corporativa de um setor específico, já que este representa mais de 50% da riqueza global, abriga as mais importantes necessidades humanas e tem o potencial de provocar impactos expressivos na economia local.

Em sua formulação, contou com a participação de empresas de diferentes portes, nacionais e multinacionais, além da sociedade civil, cobrindo diferentes áreas das atividades produtivas do setor, tais como serviços e investimento em *real estate*; construção e desenvolvimento imobiliário; materiais de construção e cadeia de suprimentos; e serviços financeiros.

O ponto de partida foram os dez princípios do UN Global Compact, que representam valores centrais a serem adotados pelas empresas, agrupados em quatro grandes áreas:

1. Direitos humanos.
2. Trabalho.

---

[6] Global Compact é a maior iniciativa corporativa mundial em sustentabilidade, envolvendo mais de 8.000 empresas e 4.000 organizações sem fins lucrativos em 160 países, comprometidas com a internação dos princípios que governam o Global Compact e ações para apoiar as metas das Nações Unidas.

[7] RICS é uma entidade profissional global que congrega mais de 100.000 membros em 146 países.

3. Ambiente.
4. Anticorrupção.

No que tange aos direitos humanos, são dois os princípios:
1. Que a atividade seja exercida no sentido de apoiar e proteger os direitos humanos dentro de padrões reconhecidos internacionalmente.
2. Garantir sua não cumplicidade em abusos relativamente aos direitos humanos.

Quanto ao trabalho, quatro são os princípios:
3. Os negócios devem ser desenvolvidos com apoio à liberdade de associação e ao efetivo reconhecimento do direito coletivo de negociação.
4. Eliminação de todas as formas de trabalhos forçados e compulsórios.
5. Efetiva eliminação do trabalho infantil.
6. Abolição de qualquer forma de discriminação com respeito ao emprego e à ocupação.

A área do ambiente está apoiada em três princípios:
7. Os negócios devem apoiar uma abordagem preventiva às mudanças ambientais.
8. Empreender iniciativas para promover maior responsabilidade ambiental.
9. Estimular o desenvolvimento e a difusão de tecnologias ambientalmente amigáveis.

E finalmente na postura anticorrupção, o princípio:
10. Advoga que os negócios deveriam trabalhar contra corrupção em todas as suas formas, incluindo extorsão e suborno.

Esses princípios são avaliados e desdobrados para todas as etapas do ciclo de vida dos empreendimentos, permeando todos os agentes envolvidos nas diferentes fases – seus interesses, prioridades, riscos e desafios – e considerando os diferentes usos abrigados nos imóveis.

Para cada uma das diferentes fases do ciclo de vida – desenvolvimento, uso e recuperação do *real estate* –, foram identificados cinco temas-chave e como esses temas impactam ou são impactados pelas quatro principais áreas do UN Global Compact. A cada tema-chave foram associados uma ação principal e um conjunto de ações específicas para aquela fase do ciclo de vida, além da identificação da relevância da participação de cada um dos agentes (*stakeholders*) envolvidos – construtores e empreendedores, projetistas e planejadores, investidores, usuários/ocupantes, *facilities managers*, especialistas em demolição e reciclagem.

Como resultado, tem-se um conjunto de recomendações para os diferentes agentes envolvidos que, ao serem atendidas, estariam contribuindo para o alcance das quatro principais áreas do UN Global Compact.

World Economic Forum – Industry Agenda Council on the Future of Real Estate and Urbanization. Environmental Sustainability Principles for the Real Estate Industry

Endossa os princípios contidos no UN Global Compact e propõe um conjunto de cinco princípios fundamentais a serem adotados por empresas atuantes no setor de *real estate* capazes de contribuir para maior resiliência das cidades no combate aos efeitos das variações climáticas e na rápida recuperação desses espaços urbanos.

O documento apresenta inicialmente o impacto provocado pelo setor, sendo grande contribuinte das emissões globais e do uso de recursos não renováveis.

Em seguida, são apresentados os dados de uma pesquisa ampla, desenvolvida junto a empresas de *real estate*, relativamente à adoção de princípios de sustentabilidade, evidenciando que muitas empresas seguem princípios próprios, mesmo que sem coerência ou consistência com suas ações. Em outras, não se encontram princípios gerais, mas o atendimento a métricas específicas, podendo se adaptar a princípios, desde que viáveis e atendam suas necessidades.

Apresentamos a seguir os princípios (UNITED NATIONS Global Compact, 2015), em tradução livre:

1. Incorporar aderência aos melhores padrões de sustentabilidade em todos os aspectos das operações de *real estate*, com a responsabilidade dos mais altos níveis da organização em monitorar e expor o desempenho em sustentabilidade.

2. Assegurar que as decisões no *real estate* contribuam com a melhoria da sustentabilidade ambiental em nível local e urbano, trabalhando de forma cooperativa com locatários, administrações urbanas, planejadores e outros agentes na busca pelo alcance dessas metas.

3. Estar comprometido com a melhoria contínua do desempenho das atividades de construção e desenvolvimento de empreendimentos imobiliários, nas operações de *real estate* e nas políticas de gerenciamento de ativos imobiliários.

4. Acompanhar continuadamente o desempenho ambiental das operações e dos ativos imobiliários, para avaliar a pegada ecológica dessas atividades e a expo-

sição ao risco de desastres naturais, de regulação ambiental e de impactos econômicos derivados de mudanças climáticas.

5. Identificar alvos explícitos para melhoria do desempenho da sustentabilidade ambiental, incluindo especificamente o compromisso com a minimização de emissão dos gases causadores de efeito estufa e o incremento do emprego de recursos renováveis.

CONSIDERAÇÕES FINAIS

O *real estate* é um pujante setor da economia que abarca os negócios associados, direta ou indiretamente, aos ditos bens de raiz.

Como qualquer negócio em uma economia de mercado, suas decisões são pautadas fundamentalmente por fatores econômicos, que orientam as decisões de investimento seja dos seus entes centrais – os empreendedores imobiliários – seja dos outros partícipes na cadeia, como empresas construtoras, projetistas, investidores, financiadores, gestores de propriedade e os próprios usuários dessas edificações.

A incorporação de práticas sustentáveis, apesar de serem alvo de contínuas pesquisas no meio acadêmico, ainda não conseguiu produzir respostas além do ambiente dos próprios casos em que foram ensaiadas.

Parece que, mesmo que repetidas à exaustão, essas pesquisas tópicas não fornecerão resultados capazes de confirmar benefícios nos indicadores dos empreendimentos derivados da assunção de sistemas mais sustentáveis na implantação desses edifícios.

O que se percebe é o crescimento paulatino da demanda de atributos sustentáveis pelos usuários, a despeito de um eventual crescimento nos preços pagos pelas unidades, sobretudo quando o público consumidor se distancia das camadas menos favorecidas da população.

Entretanto, parece promissor o vetor de pesquisas que aponta para elos mais avançados na cadeia, como a produção de edifícios saudáveis, que em médio prazo podem se tornar demanda obrigatória, inicialmente de grandes corporações e posteriormente se expandindo para os demais agentes.

A ação responsável do poder público pode ser fundamental para a adoção de práticas sustentáveis, orientando a ação empresarial por meio de diferentes mecanismos indutores a seu alcance.

Ainda, reforçando esse movimento de agentes no setor, seja de corporações que fazem uso do edifício, seja dos próprios empreendedores, que mesmo pautando suas decisões no ambiente de cada empreendimento por aspectos econômicos, possam incorporar atitudes que transpareçam o respeito à preservação longeva de nossos espaços.

REFERÊNCIAS

BRANDSHAW II, W.B. Creative construction: the capacity for environmental innovation in real estate development firms. *Journal of Sustainable Real Estate*, 2011, v. 3, n. 1, p. 274-311.

BRASIL. Lei Federal n. 10.257, de 10 de julho de 2001. Estatuto da Cidade. Regulamenta os arts. 182 e 183 da Constituição Federal, estabelece diretrizes gerais da política urbana e dá outras providências. Brasília, 10 jul. 2001.

_____. Lei Federal n. 13.089, de 12 de janeiro de 2015. Estatuto da Metrópole. Institui o Estatuto da Metrópole, altera a Lei n. 10.257, de 10 de julho de 2001, e dá outras providências. Brasília, 10 jul. 2001.

[CBCS] CONSELHO BRASILEIRO DE CONSTRUÇÃO SUSTENTÁVEL; [SECOVI-SP] SINDICATO DAS EMPRESAS DE COMPRA, VENDA, LOCAÇÃO E ADMINISTRAÇÃO DE IMÓVEIS COMERCIAIS E RESIDENCIAIS DE SÃO PAULO. *Condutas de sustentabilidade no setor imobiliário residencial*. São Paulo, 90p. Disponível em: http://www.cbcs.org.br/website/condutas-de-sustentabilidade/show.asp?ppgCode=2AF07A75-7E4C-426B-BF7A-C2F925B2B065. Acesso em:14 set. 2016.

CHOI, C. Removing market barriers to green development: principles and action projects to promote widespread adoption of green development practices. *Journal of Sustainable Real Estate*, 2009, v. 1, n. 1, p. 107-138.

CHOI, E. Green on buildings. The effects of municipal policy on green building designations in America's Central Cities. *Journal of Sustainable Real Estate*, 2010, v. 2, n. 1, p. 1-21.

GALUPPO, L.A.; TU, C. Capital markets and sustainable real estate: what are the perceived risk and barriers? *Journal of Sustainable Real Estate*, 2010, v. 2, n. 1, p. 143-59.

[GRESB] GLOBAL REAL ESTATE SUSTAINABILITY BENCHMARK. Disponível em: https://www.gresb.com/. Acesso em:21 set. 2016.

KALUA, A. Economic sustainability of green building practices in least developed countries. *Journal of Civil Engineering Construction Technology*, 2015, v. 6 n. 5, p. 71-79.

ROCHA LIMA JUNIOR, J.; MONETTI, E.; ALENCAR, C.T. *Real Estate: fundamentos para análise de investimentos*. Rio de Janeiro: Elsevier, 2011.

ROHDE, C.; LÜTZKENDORF, T. Step-by-step to sustainable property investment products. *Journal of Sustainable Real Estate*, 2009, v. 1, n. 1, p. 227-240.

UNITED NATIONS GLOBAL COMPACT. Advancing responsible business practices in land, construction and real estate use and investment. *Royal Institution of Chartered Surveyors* (RICS), 2015.

WARREN-MYERS, G. Sustainable management of real estate: is it really sustainability? *Journal of Sustainable Real Estate*, 2012, v. 4, n. 1, p. 177-97.

WORLD ECONOMIC FORUM. World Economic Forum Industry Agenda. Council on the Future of Real Estate & Urbanization. *Environmental sustainability principles for the real estate industry*. Suíça: World Economic Forum, 2016. Disponível em: http://www3.weforum.org/docs/GAC16/CRE_Sustainability.pdf. Acesso em:19 out. 2016.

10 | De cidades desiguais a cidades ideais: possibilidades de regulamentação para empreendimentos imobiliários

Cleverson V. Andreoli
Engenheiro agrônomo, Andreoli Eng. Associados

Letícia Nerone Gadens
Arquiteta, UFPR

Letícia Peret Antunes Hardt
Arquiteta, PUCPR

Fabiana De Nadai Andreoli
Engenheira civil, PUCPR

CONTEXTO URBANO CONTEMPORÂNEO: CIDADES DESIGUAIS?

O crescimento da população humana, associado ao intenso aumento do consumo, determinou novos patamares na demanda de recursos naturais e na geração de resíduos e efluentes, com consequências ambientais deletérias em todo o planeta, sujeitas inclusive a forte tendência de agravamento. O expressivo crescimento da produção de alimentos não foi capaz, contudo, de atender às necessidades básicas de parcela significativa da sociedade. Segundo dados da Organização das Nações Unidas para Agricultura e Alimentação (FAO, 2014), cerca de 1 bilhão de pessoas (quase 14% do total) vivem em situação de insegurança alimentar, ou seja, sem certeza de acesso diário a alimentos adequados. Em uma realidade oposta, apenas 2% da população concentram metade da riqueza mundial (WIDER, 2014), integrando comunidades mais abastadas, com padrões de consumo extremamente elevados, induzindo à superação dos níveis de produção sustentável do planeta. O equacionamento desses desequilíbrios depende pelo menos de três relevantes desafios: a inclusão econômica da maior parte da população, a racionalização das bases de consumo e a proteção dos recursos naturais.

Essa dinâmica também impõe a necessidade de revisão das condicionantes do meio em áreas de crescimento urbano, tanto na perspectiva planetária como na escala local. A qualidade ambiental tem incisiva influência nas condições de vida dos cidadãos. Portanto, qualquer modelo de desenvolvimento deve interpretar as características do ambiente capazes de permitir e de estimular esse processo, respeitando fragilidades físicas, biológicas e antrópicas da região (Hardt, 2006). Os impactos ambientais são cada vez mais determinantes no acelerado processo de urbanização em escala global.

Nesse cenário, embora os impactos climáticos tenham mais visibilidade na imprensa, ampla inserção na opinião pública e, por decorrência, maior espaço na agenda internacional, a perda da biodiversidade já provocou a superação da capacidade de suporte planetário em mais de dez vezes, sendo caracterizada como o principal desafio ambiental da atualidade (Rockström, 2009).

A preservação da diversidade biológica depende da manutenção de áreas naturais contínuas e da garantia do acesso à água. Portanto, o meio rural tem vocação intrínseca muito mais adequada à preservação desses ecossistemas, pois o preço da terra é significativamente menor. Esse fato não isenta a necessidade de definição de políticas de conservação da vida silvestre também no meio urbano, especialmente em regiões endêmicas e em situações de bloqueio entre biomas de importância estratégica. Além disso, várias espécies se adaptaram ao ecossistema urbano, dependendo assim da manutenção de habitats naturais para sua proteção, alimentação e reprodução. A conservação desses locais é também imprescindível para a qualidade de vida das pessoas, pois oferece a possibilidade de contato com a natureza, exercendo mais do que funções paisagísticas e recreacionais, mas a prestação de serviços ecossistêmicos adicionais, tais como o abrandamento climático e a dispersão de cheias. Há ainda a necessidade de manutenção dos remanescentes florestais como reservatórios de carbono fixado (sequestro de carbono), com as cidades assumindo papel relevante dentro das políticas internacionais de emissões. O enfrentamento dessas problemáticas, no entanto, se depara com o acentuado crescimento da população mundial e com sua concentração em grandes centros urbanos, especialmente em países em desenvolvimento (ONU-BR, 2013).

Segundo Tickell (2011), há aproximadamente 12 mil anos a população humana era restrita a cerca de 10 milhões de indivíduos. Com o advento da Revolução Industrial e a consequente expansão urbana, deparava-se com o total de 2 bilhões na década de 1930. Atualmente, essa cifra se situa por volta dos 7 bilhões e as projeções apontam até o ano de 2025 para uma população de 8,5 bilhões de pessoas. O autor também destaca que a cada ano nascem em torno de 90 milhões de pessoas, equivalente ao surgimento de uma nova China a cada 12 anos, alertando para o fato de que as taxas mais elevadas de crescimento ocorreram exatamente nas cidades e apontando as proporções de 29% da população mundial habitando áreas urbanizadas em 1950 e de 50% em 2010 (UNFPA, 2011). Todavia, há que se destacar que a quase totalidade do acréscimo atual ocorre em países com baixo desenvolvimento econômico, justamente aqueles com menor capacidade para enfrentamento dos problemas decorrentes (Tickell, 2011).

Em associação com esse incremento populacional, um dos efeitos mais perversos dos impactos ambientais planetários é o agravamento dos extremos climáticos, que propiciam chuvas e secas mais intensas (IPCC, 2014). O planejamento urbano deve, portanto, considerar prováveis os cenários em que as cheias devem alcançar cotas mais elevadas no terreno, agravando o risco de catástrofes sociais, que a cada ano devem afetar um maior número de pessoas, tanto pelo adensamento de áreas de risco como pela maior abrangência das enchentes. Pela mesma razão, as áreas de instabilidade geológica, localizadas em declives mais acentuados e com formações litológicas mais instáveis deverão apresentar maiores riscos de deslizamentos pelo aumento da intensidade pluviométrica. Frente ao atual período de alteração do comportamento histórico da hidrologia, os modelos hidrológicos baseados na relação entre chuva e vazão precisam ser elaborados considerando a possibilidade de calibração a cada novo evento, de forma a manter os sistemas com previsões atualizadas com as tendências observadas.

Nas cidades brasileiras, o cenário de crescimento populacional também se repete. Em meados do século XX, em associação com o êxodo rural, o País teve alterada a distribuição geográfica de sua população, que passou de rural a predominantemente urbana, o que determinou significativas mudanças da distribuição demográfica no território nacional (Pequeno, 2008). Antes dispersas no espaço rural, muitas pessoas passaram a confluir para as cidades. Resultante de transformações na estrutura produtiva e da concentração de oportunidades de trabalho e de serviços nas áreas urbanizadas, entre outras causas, esse movimento propiciou o crescimento acelerado de regiões metropolitanas, em paralelo à estagnação ou ao esvaziamento de muitos núcleos urbanos não integrantes diretamente do processo de metropolização (Moura; Cintra, 2012).

Impulsionada por um contingente de pessoas de menor renda, essa transição resultou em um modelo espacial de desenvolvimento excludente, na medida em que tal população não foi adequadamente inserida na dinâmica urbanística. Nesse sentido, o crescimento urbano tem sido acompanhado da intensificação de desigualdades. Segundo Rolnik (2008a, s. p.), "o modelo de exclusão territorial que define a cidade brasileira é muito mais do que a expressão das diferenças sociais e de renda, funcionando como uma espécie de engrenagem da máquina de crescimento que, ao produzir cidades, reproduz desigualdades".

Na medida em que são concentrados investimentos em determinadas regiões do território em detrimento de outras, uma das repercussões espaciais desse modelo é a concentração da qualidade urbanística em setores restritos. Tais áreas, de interesse do chamado "mercado" são reguladas por um vasto sistema de normas legais vinculadas a bens, especialmente imóveis. "Os terrenos que a lei permite urbanizar, assim como os financiamentos que a política de crédito imobiliário tem disponibilizado, estão reservados ao restrito círculo dos que possuem recursos e propriedade 'formalizada' da terra em seu nome" (Rolnik, 2008a, s. p.).

De maneira geral, as demais áreas são sujeitas a restrições para a construção impostas pela legislação urbanística ou ambiental, ou não foram disponibilizadas para o mercado formal. Apesar de não existir uma apreciação exata do número total de domicílios situados em ocupações marcadas por alguma irregularidade (assentamentos precários, loteamentos irregulares e parcelamentos clandestinos), é possível afirmar que esse fenômeno atinge parte significativa do território das cidades brasileiras. Essa assertiva é confirmada por informações disponibilizadas pelo Instituto Brasileiro de Geografia e Estatística (IBGE, 2011) de que mais de 11 milhões de pessoas viviam em favelas no início dos anos de 2010.

Nesse sentido, as regras urbanísticas estabelecidas têm por objetivo a construção de uma "cidade formal", também chamada de "cidade legal", cujas premissas estão baseadas na oferta de espaços que visem à qualidade de vida e bem-estar da população (Ghione, 2014). Porém, na realidade, tal processo não é linear, apresentando-se por meio de inúmeras configurações, algumas delas ajustadas à legislação, outras espontâneas, seguindo padrões determinados unicamente pela necessidade básica de moradia. Por esse motivo, acabam por desconsiderar riscos como a instabilidade geológica e a provável ocorrência de cheias, além de indicativos de relevância ambiental, como mananciais hídricos de abastecimento público, componentes de infraestrutura básica e características das habitações.

Excluída dos marcos regulatórios e dos sistemas formais de acesso à moradia, parcela significativa da população encontra alternativa em assentamentos precários, produzidos pelos próprios moradores, muitas vezes com a conivência dos proprietários das glebas e de lideranças políticas locais, em áreas que se encontravam disponíveis e que correspondem com frequência a espaços vetados pela legislação ambiental e urbanística para a expansão do mercado imobiliário formal.

Essas apropriações têm ocorrido em sua maioria sobre espaços frágeis ou inadequados à urbanização, como encostas íngremes e várzeas inundáveis, na sua maioria localizadas em regiões periféricas, caracterizando uma ocupação desprovida de infraestrutura, equipamentos e serviços que caracterizem a urbanidade. Nesse sentido, as cidades brasileiras no século XXI têm se caracterizado pela ilegalidade como regra, como forma de organização da sociedade em contradição à ordem jurídica, política e inclusive urbanística (Fernandes, 2001).

Além disso, os impactos de tal configuração urbana acabam por produzir uma forma de segregação socioespacial que se expressa de um lado pela parcela da população que somente tem acesso à terra informal e, por outro, por estratos populacionais que caracterizam uma autossegregação ao buscar moradia em "lugares seguros e com qualidade ambiental", caracterizados por espaços fechados e exclusivos, com controle de acesso, como no caso dos chamados "condomínios fechados" (Barcellos; Mammarella, 2007).

Trata-se, portanto, de uma resposta da sociedade às dificuldades do Estado em oferecer condições de segurança e de qualidade ambiental. Baltrusis e D'Ottaviano (2009) explicam que esses espaços eram ocupados inicialmente pelas classes média e alta; contudo, atualmente, há grande tendência de oferta de terrenos em condomínios de baixa renda, geralmente localizados a grandes distâncias e com lotes de dimensões cada vez menores.

Essa estrutura territorial, ao mesmo tempo em que é socialmente construída, é determinante para a formação da própria sociedade. Verifica-se, no entanto, que as premissas para a estruturação espacial das cidades brasileiras nem sempre são estabelecidas no âmbito da gestão pública, pois têm sido implementadas ora por intervenções resultantes de um plano pré-estabelecido, ora por ações desvinculadas do planejamento legalmente institucionalizado.

Pode-se se reconhecer uma série de atores nesse processo: por um lado, o Estado busca orientar a organização espacial das cidades; por outro, incorporadores e proprietários de terrenos, interessados no aproveitamento de sua reserva fundiária, respondem a uma demanda crescente da sociedade, produzindo terrenos em condomínios e loteamentos. Ao mesmo tempo, comunidades sociais excluídas procuram áreas de moradia em locais que se encontram à margem do interesse do mercado imobiliário, causando em muitos casos graves problemas ambientais e urbanos, que acabam por afetar toda a sociedade. Cabe destacar que a única forma de reduzir tal pressão no atual quadro de desigualdade social é o desenvolvimento de programas capazes de gerar oferta de espaços para moradias para populações de baixa renda associado a políticas públicas de descentralização.

As principais características comuns às regiões alijadas no processo de desenvolvimento econômico-espacial são as restrições de suscetibilidade física, como existência de altas declividades ou de áreas alagáveis, por exemplo, bem como em circunstâncias de importância biológica, como a presença de cobertura vegetal ou de comunidades faunísticas vulneráveis. Aspectos de conveniência antrópica também podem provocar a exclusão dessas regiões, como no caso de zonas de interesse especial, voltadas à proteção de bacias hidrográficas utilizadas como mananciais de abastecimento, de bens culturais e de recursos econômicos, entre várias outras. Em um duplo sentido de salvaguarda do meio e de defesa do ser humano, a própria legislação ambiental e urbana desvaloriza e inviabiliza a ocupação ordenada de determinadas áreas (Freitas, 2014).

Em tal contexto de conformação dos espaços urbanizados, Silvia e Crispim (2011) destacam a intensificação da degradação ambiental como um dos desafios mais relevantes para a organização das cidades, especialmente no que diz respeito à efetiva conservação de áreas de interesse ambiental. Por trás desse quadro, via de regra, podem ser encontradas regulamentações muito exigentes sob o ponto de vista ambiental e restritivas sob a ótica urbanística, que nem sempre resultam em formas adequadas de uso do solo, mas, ao contrário, expõem essas áreas a ocupações irregulares.

Dessa forma, cada um dos atores intervenientes desempenha um papel, que tem resultado em um ciclo vicioso aparentemente de difícil resolução:

- Por um lado, o Estado, preocupado em assegurar o desenvolvimento urbano sustentável, estabelece uma série de restrições atreladas ao processo de licenciamento para o aproveitamento de áreas com restrições ambientais, alegando ser condição intrínseca para a sua proteção.
- Dessa forma, promotores imobiliários que vislumbravam um potencial construtivo nessas áreas identificam tais restrições como ônus decorrentes da preservação ambiental, inviabilizando o aproveitamento imobiliário.
- Com a consequente desvalorização comercial, não há interesse para investimento no desenvolvimento urbano estruturado desses locais, que acabam ocupados de forma desordenada, não observando as diretrizes

instituídas pelo planejamento urbano, contrariando a sua meta de conservação do meio.

Esse discurso, comum entre promotores imobiliários, tem espacializado seus reflexos no território das cidades. Tal realidade permite a proposição das seguintes reflexões:

- Interpretar a relação estabelecida entre legislação de uso e ocupação do solo e a conservação ambiental, cujos resultados espaciais têm demonstrado a existência de conflitos teóricos e práticos de conciliação difícil, porém não impossível.
- Compreender as possibilidades de efetivação da proteção de áreas de interesse ambiental a partir de diretrizes de planejamento e de medidas de valorização para as mesmas, estimulando seu uso orientado.
- Propor princípios de regulamentação que estimulem práticas sustentáveis, ao mesmo tempo gerando valor para os imóveis, de forma a viabilizar a exigência de contrapartidas ambientais e sociais para a sua utilização, evitando a remanescência de espaços sujeitos a ocupações irregulares.

Verifica-se, portanto, o contraste dentro de uma mesma cidade entre áreas cuja urbanização é produzida de maneira formal, seguindo o ordenamento jurídico urbanístico-ambiental, e outras em que são apropriadas de forma inadequada em resposta a demandas definidas pela dinâmica social, por meio de soluções emergenciais promovidas por populações cujas necessidades não são adequadamente atendidas pelo Estado. Esse processo é permeado por um conjunto de decisões de planejamento urbano e de alternativas de regulamentação do uso e ocupação do solo, cujos resultados espaciais têm enfatizado o fato de que o acesso à habitação não consiste apenas em um problema social, mas é também um dos fatores responsáveis pela própria dinâmica de estruturação do espaço urbanizado.

Nessa conjuntura, considerando que a compreensão da forma urbana envolve múltiplas leituras, propõe-se uma reflexão a partir do contexto contemporâneo apresentado, à luz do que seria uma cidade ideal, a despeito das alusões utópicas a esse termo. Portanto, as reflexões aqui apresentadas não fundamentam-se em uma definição precisa do que seria a "cidade ideal", mas emergem como busca de respostas frente à situação que se apresenta, na qual se faz necessário repensar as formas de atuação sobre o espaço urbano. Nesse sentido, considera-se que, frente à complexidade do fenômeno urbano, uma cidade dita ideal seria capaz de agregar diversidade, pluralidade, equacionamento urbano e ambiental em um cenário de frequentes mudanças e incertezas.

REGULAMENTAÇÃO DO SOLO URBANO: CIDADES PLANEJADAS?

Considerando o contexto brasileiro de urbanização anteriormente apresentado, depreende-se que, a partir do terceiro quartel do século XX, período em que a maior parte da população brasileira passou a viver nas cidades (Pequeno, 2008), foi ampliada a necessidade de instrumentos de planejamento e gestão do território, articulando desenvolvimento das cidades e provisão de componentes de infraestrutura.

No entanto, naquele momento, os processos de planejamento urbano e regional eram em sua maioria pautados pela tecnocracia como forma de gestão. Assim, os instrumentos adotados não privilegiaram o combate às desigualdades, centrando-se em questões estruturais associadas a horizontes distantes, que inviabilizaram a sua implementação (Villaça, 2001). Dessa forma, a ausência de uma política urbana que definisse diretrizes a serem consideradas nos processos de planejamento resultou na configuração espacialmente desorganizada de grandes parcelas das cidades, com fortes disparidades sociais.

De forma contraditória, constata-se à época a existência de uma série de regramentos legais cuja meta principal era justamente voltada à organização espacial das cidades.

> Uma teia invisível e silenciosa se estende sobre o território da cidade: a legislação urbana, coleção de leis, decretos e normas que regulam o uso e ocupação da terra urbana. Mais do que definir formas de apropriação do espaço permitidas ou proibidas, mais do que efetivamente regular o desenvolvimento de cidade, a legislação urbana atua como linha demarcatória, estabelecendo fronteiras de poder (Rolnik, 2008b, p. 2).

Para orientação do desenvolvimento das cidades, a legislação brasileira adota o plano diretor como instrumento básico da política municipal de desenvolvimento urbano. Estabelecido pelo Estatuto da Cidade, por meio da Lei Federal n. 10.257, de 10 de julho de 2001 (Brasil, 2001a), é obrigatório para municípios a partir desta data:

I – com mais de vinte mil habitantes;

II – integrantes de regiões metropolitanas e aglomerações urbanas;

III – onde o Poder Público municipal pretenda utilizar os instrumentos previstos no § 4º do art. 182 da Constituição Federal;

IV – integrantes de áreas de especial interesse turístico;

V – inseridas na área de influência de empreendimentos ou atividades com significativo impacto ambiental de âmbito regional ou nacional;

VI – incluídas no cadastro nacional de Municípios com áreas suscetíveis à ocorrência de deslizamentos de grande impacto, inundações bruscas ou processos geológicos ou hidrológicos correlatos (Brasil, 2001a, art. 41).

No entanto, em alguns estados da federação, como no Paraná, por exemplo, essa obrigatoriedade foi estendida a todos os municípios que desejassem firmar convênios de financiamento para projetos e obras de infraestrutura, de acordo com o prescrito na Lei Estadual n. 15.229, de 25 de julho de 2006 (Paraná, 2006). Por decorrência, 378 das 399 municipalidades no estado (95%) possuem plano diretor aprovado (Storer, 2014).

Entre os instrumentos relacionados com o plano diretor, o zoneamento urbano "é, certamente, o mais difundido [...] e, também, o mais criticado, tanto por sua eventual ineficácia quanto por seus efeitos perversos (especulação imobiliária e segregação socioespacial)" (Carvalho; Braga, 2001, p. 99).

Baseado no princípio funcionalista de organização da cidade, prevê maior ou menor segregação de usos do solo – industrial, comercial e residencial, entre outros. A despeito da inerente intenção de ordenação urbanística compatível com a conservação de áreas de interesse ambiental, na prática se observa a existência de significativas pressões por ocupação desses espaços, contribuindo para o seu processo de degradação (Théry; Landy; Zérah, 2010).

Ocorre, entretanto, que a maior parte dos municípios tem dificuldades na implantação do seu plano diretor, no sentido de traduzir no território as diretrizes nele estabelecidas (Silva; Lopes, s.d.). Os motivos para esses obstáculos são inúmeros, podendo ser destacados desde a insuficiência de estrutura nas prefeituras e o despreparo técnico para acompanhamento dos parâmetros de uso e ocupação do solo até a desarticulação entre órgãos de gerenciamento urbanístico e o desinteresse dos agentes políticos frente a outras demandas, muitas vezes de caráter demagógico. Além disso, embora o Estatuto da Cidade estabeleça que a elaboração do plano diretor deve ser participativa, a gestão democrática com a real participação popular, tanto em sua elaboração como no acompanhamento de sua implementação, tem sido uma das lacunas do processo de planejamento municipal, contribuindo muitas vezes para a ineficiência das diretrizes previstas.

Soma-se a esse contexto a recente aprovação do Estatuto da Metrópole, por meio da Lei Federal n. 13.089, de 12 de janeiro de 2015 (Brasil, 2015), que tem por objetivo estabelecer diretrizes gerais para o planejamento, a gestão e a execução de funções públicas de interesse comum, definindo como recorte territorial de atuação regiões metropolitanas e aglomerações urbanas. Nesse sentido, estabelece a necessidade de previsão de um Plano de Desenvolvimento Urbano Integrado (PDUI), que seria responsável por orientar o planejamento metropolitano, definindo indicações a serem incorporadas nos planos diretores dos respectivos municípios.

Decorridos três anos de sua aprovação, o Estatuto da Metrópole também encontra dificuldades em sua implementação, tendo em vista que, a despeito de ser uma proposta de avanço na gestão das metrópoles brasileiras, há ainda incertezas quanto à sua capacidade de definir um quadro institucional capaz de gestionar a metrópole, caracterizada por sua complexidade e diversidade, e apoiada em um território definido com bases imprecisas e equivocadas por leis estaduais (Ribeiro; Santos Junior; Rodrigues, 2015).

Nesse sentido, a constituição de ações de planejamento em escala urbana e metropolitana encontra desafios emergentes que devem dar respostas mais efetivas à conciliação das diretrizes de ocupação da terra com os requerimentos do ambiente, sem que estes sejam entendidos como ônus, mas sejam interpretados como mecanismos de valorização da paisagem e da qualidade do ambiente e de vida nas cidades (Santos; Hardt, 2013).

É nesse ponto que reside o conflito entre as análises ambiental e urbana, que em conjunto deveriam convergir para uma proposta de desenvolvimento sustentável, mas que têm apresentado formulações teóricas e intervenções práticas que as distanciam entre si. Ao contrário, a harmonização entre a avaliação das características do meio e o planejamento das cidades é condição imprescindível para a garantia da qualidade urbana e para a manutenção dos serviços ambientais, incluindo nesse processo a gestão urbana democrática, responsável pela construção de diretrizes conjuntas com a participação direta da sociedade. A ausência da participação da população nesses processos é a raiz do fracasso de muitos dos planos diretores municipais.

Nesse contexto, torna-se relevante que os instrumentos de planejamento não ignorem as lógicas do mercado, especialmente no que diz respeito à produção formal e informal do tecido urbano. Nos últimos anos, principalmente com o aquecimento da construção civil brasileira e com as linhas de financiamento contempladas no Programa Minha Casa Minha Vida, criado pelo Governo Federal em 2009, verifica-se que houve acréscimo significativo de lançamentos imobiliários (Cardoso; Aragão, 2012). Cabe destacar que a execução desse programa teve como efeito principal a oferta de habitações na faixa de 3 a 10 salários mínimos, enquanto o maior déficit habitacional concentrou-se na faixa de 0 a 3 salários mínimos. Apenas após o lançamento das duas últimas versões do Programa Minha Casa Minha Vida, intitulados fases II e III, a prioridade anteriormente estabelecida sofreu uma recondução, migrando para as faixas de 0 a 3 salários mínimos. No entanto, essa medida ainda não produziu os efeitos esperados, tendo em vista a desaceleração econômica, especialmente da oferta habitacional, nesse período.

As empresas que atuam nesse setor utilizam as taxas de aproveitamento do potencial construtivo como elemento formador do valor do terreno que, relacionado com o custo da construção, constitui o elemento fundamental à viabilização dos empreendimentos. Via de regra, o produto imobiliário é determinante na escolha do local para a implantação do empreendimento, considerando que tal escolha define a sua viabilidade edilícia e comercial. Entre as condições necessárias à concretização de um projeto imobiliário, destacam-se o preço da implantação da infraestrutura, da execução da obra e da aquisição da gleba, que guarda uma proporção de valor mais rentável em áreas com elevado coeficiente de aproveitamento.

Definido o nicho de mercado para comercialização do produto, a incorporadora procura investir em áreas em que existam condições físicas e comerciais favoráveis à sua implantação. É nesse momento que um terreno com necessidade de proteção ambiental é avaliado como oneroso ao empreendedor, uma vez que tais medidas podem reduzir seu potencial construtivo e a capacidade de aproveitamento da área, incidindo sobre o valor líquido vendável do empreendimento. Portanto, um fator relevante de determinação da sua localização e da sua viabilidade comercial é a própria legislação urbanística e ambiental. Obviamente, as restrições ambientais devem ser respeitadas, explorando-se os potenciais de utilização, fazendo da manutenção de áreas naturais um diferencial do empreendimento.

Deve-se destacar que as restrições de uso de determinada região estabelecem um aumento do custo final dos terrenos produzidos, que em última análise será pago pela sociedade. Assim, parâmetros ambientais e urbanísticos têm forte influência nos valores da produção de imóveis e consequentemente reflexos diretos no preço que o consumidor final deverá arcar. Para os empreendedores é fundamental que a regulamentação, independentemente de seu grau de exigência, seja aplicada de forma igualitária, pois critérios diversos desregulam o mercado, elevando os preços daqueles empreendimentos que cumprem rigorosamente as regras estabelecidas.

A partir do entendimento dessas lógicas, pode-se afirmar que a legislação acaba reforçando por vezes a dissociação entre a ocupação formal e o assentamento informal. Ao mesmo tempo em que as normas legais podem criar zonas que estimulem o adensamento – favorecendo a ocupação de glebas com boa capacidade de infraestrutura e incentivando o uso de vazios urbanos –, podem também aumentar a pressão de ocupação sobre áreas de importância ambiental que, por não terem potencial construtivo legal, acabam relegadas à degradação e à ocupação desordenada, em detrimento de uma organização socialmente mais justa do território, em cumprimento à função social da propriedade, prevista na Constituição Federal de 1988 (CF/88) (Brasil, 1988) e ampliada no Estatuto da Cidade (Brasil, 2001a).

Os estudos das relações entre o interesse imobiliário e a legislação urbanística e ambiental devem ser aprofundados, tendo em vista as suas consequências para a sociedade. Por meio da definição de parâmetros, as leis de cunho urbanístico influenciam a produção de terrenos para fins habitacionais, comerciais e industriais e, por decorrência, a estruturação do espaço. Por princípio, o agente imobiliário orienta a sua atuação para aquelas regiões que lhe permitem obter maior lucro (Cota, 2003). Dessa forma, a legislação também pode deslocar investimentos para áreas mais carentes da cidade, considerando sua capacidade de suporte ambiental e ampliando assim o acesso a condições adequadas de moradia para uma parcela maior da população.

Um mecanismo relevante na orientação desses agentes é a definição de densidades de ocupação do solo. Analisando aquelas apropriadas para áreas residenciais urbanas, Jacobs (2011) propõe que sejam interpretadas de acordo com critérios de desempenho, incluindo a diversidade urbanística, não devendo ser determinadas exclusivamente a partir de abstrações, ou seja, é necessário que essas áreas sejam identificadas a partir de indicadores de capacidade de suporte ambiental e de infraestrutura, formatados em conjunto com o potencial construtivo do local. Apesar desse paradigma ter sido originalmente apresentado pela autora há mais de 50 anos, é notável a sua contemporaneidade, tendo em vista que técnicos e cientistas ainda debatem o padrão ideal de ocupação das cidades atuais.

As regulamentações urbanísticas que enfatizam a ocupação do solo em detrimento de outras que priorizam a organização espacial por usos permitem o controle de densidades, redirecionando o adensamento e a distribuição da população pelo espaço. Assim, possibilitam a criação de zonas em que a concentração deve ser estimulada e de outras nas quais deve ser restringida, favorecendo aquelas com boas condições de potencial para uso urbano e de infraestrutura. Vale lembrar que regulações pelo tamanho do lote foram adotadas inicialmente por normas mais antigas, quando o aparato tecnológico ainda não permitia uma avaliação mais precisa das determinantes ambientais e em uma época em que a dinâmica populacional não estabelecia forte pressão sobre as cidades. A adoção de extensos lotes ou de pequenas chácaras era vista como uma alternativa sustentável para a redução da tensão sobre áreas mais frágeis, reduzindo o contingente populacional. A evolução tecnológica permite hoje a utilização de ferramentas de planejamento voltadas para os meios físico e biológico, capazes de mapear com precisão os espaços de maior fragilidade, permitindo uma consistência muito maior aos estudos dos potenciais ambientais para a urbanização, com a necessária integração de conhecimentos técnicos e tecnológicos (Santos; Hardt, 2013).

Além disso, a definição de densidade de ocupação também se relaciona com as porcentagens de impermeabilização do solo, cuja definição pode resultar em impactos diretos ou indiretos nos regimes hidrológicos. A previsão de parâmetros, como a taxa de permeabilidade, agrega o controle de outros critérios como a disponibilidade de áreas verdes e a densidade construtiva e populacional. Nesse sentido, parâmetros como maior verticalização construtiva poderiam inferir menor consumo do solo e consequentemente maior permeabilidade, a despeito de outros debates inerentes, como sua interferência na preservação da paisagem natural e valorização do patrimônio histórico, por exemplo.

Nesse sentido, novas diretrizes de planejamento urbano, pautadas em um regramento jurídico capaz de estabelecer formas de ocupação urbana orientadas por padrões de densidade em vez de parâmetros que utilizam como referência o tamanho do lote, por exemplo, poderiam resultar em respostas mais eficientes à problemática de produção das cidades contemporâneas, na medida em que restrições ambientais poderiam ser compatibilizadas com potenciais construtivos ou acréscimos destes, desde que adequados à capacidade de suporte de determinado local.

A densidade, definida pela relação entre a população residente e uma determinada área, é parâmetro relevante para o adequado dimensionamento das infraestruturas urbanas, equipamentos sociais e serviços públicos. Nesse sentido, contribui para o estabelecimento de ocupações humanas mais sustentáveis à medida que pode maximizar o uso da infraestrutura instalada, diminuindo o custo relativo de sua implantação e evitando a necessidade de expansão de baixa densidade para áreas periféricas.

Dessa forma, a proposição de ocupações urbanas por critérios de densidade permitiria fixar determinado potencial construtivo, mesmo para glebas que tenham restrições ambientais, desde que definidos parâmetros de ocupação articulados com a previsão da melhoria da qualidade ambiental, incluindo preservação da vegetação, áreas de drenagem, entre outros parâmetros. Assim, a implantação de novas ocupações seria avaliada por sua densidade e não a partir de parâmetros fixados em relação ao tamanho do lote, cuja fiscalização é extremamente dificultada, pois os proprietários tendem a aumentar o número de moradias no mesmo terreno para abrigo de familiares ou até mesmo comercializar partes ideais não registradas. O poder público por sua vez não dispõe de meios adequados para coibir tais práticas, tanto por impedimentos técnicos como políticos, pois dificilmente uma ação pública é realmente capaz de retirar moradias já instaladas, especialmente quando ocupadas por populações de baixa renda. A essas dificuldades somam-se os altos custos para a recuperação dos passivos ambientais decorrentes da ocupação.

As regulamentações baseadas em densidade permitem a regulação da carga máxima populacional, possibilitando o conveniente aproveitamento das áreas com maior capacidade de suporte e a ampliação da flexibilidade na definição dos usos do terreno. A associação dessa forma de regramento com a identificação de glebas com maior vocação para utilizações previstas permite a localização de espaços mais frágeis ou importantes ecologicamente a serem conservados. Esse modelo poderá ser aplicado em algumas situações, como as relacionadas com a integração da rede hídrica com remanescentes florestais na formação de corredores de biodiversidade, ampliando o grau de conectividade entre ecossistemas e interligando áreas de preservação permanente (APP), unidades de conservação e outros locais com características naturais preservadas (Anderson; Jenkins, 2006).

Sob o ponto de vista econômico, o empreendedor pode projetar lotes menores, concentrados em determinadas porções do terreno, o que reduz o custo da implantação da infraestrutura quando comparada com um projeto distribuído de forma extensiva por toda a gleba, permitindo assim a oferta de produto mais acessível ao mercado, especialmente para empreendimentos sociais e de baixa renda.

Esses são aspectos interessantes das definições legais, as quais aparentemente deveriam atuar como moldes da cidade ideal ou desejável, com a legalidade urbana organizando territórios. Segundo Rolnik (2008b), as leis discriminam organizações socioespaciais, atuando como fortes pressupostos político-culturais, mesmo quando fracassam na configuração final da urbe.

Vale ressaltar, porém, que regulam apenas uma parcela do espaço urbano, uma vez que a cidade real é resultante das relações que a legalidade estabelece com as lógicas dos mercados imobiliários. No entanto, as regras que estabelecem o que é permitido ou proibido, em termos de produção espacial, delimitam os territórios que se encontram dentro e fora da lei.

A contraposição entre cidades formais e informais, evidenciada pela conformação de loteamentos e condomínios planejados, submetidos às determinações legais, em oposição a determinados setores populares não regulados e em desacordo com a lei, é decorrente das lógicas de mercado, segundo as quais regiões que permitem maior potencial construtivo e consequentemente maior densidade tornam-se mais valorizadas e atraentes, captando investimentos. Se por um lado a legislação garante a adequação de determinados espaços, evitando o adensamento excessivo, por outro, define uma fronteira para além da qual as altas densidades estão sobrepostas com frequência a áreas ambientalmente frágeis, no caso de ocupações informais. Os cenários de margens de rios e locais de alta declividade ocupados por populações de baixa renda são recorrentes nas cidades brasileiras, como resultados de processos de exclusão socioespacial, vinculados diretamente à formação dos preços da terra, decorrentes de limitações legais, urbanísticas e ambientais impostas pela regulamentação. Por sua vez, o mercado formal, que poderia orientar a melhor ocupação dessas áreas, as interpreta como inviáveis por não permitirem um aproveitamento rentável e não atenderem aos critérios definidos pelas regulamentações urbanísticas e ambientais vigentes.

Cabe destacar, porém, que esse panorama não é resultante da falta de normas ou critérios que disciplinem uma ocupação ordenada em um meio ecologicamente equilibrado. Andrade e Romero (2005) destacam que a legislação ambiental brasileira é rigorosa, sendo, no entanto, inaplicável em muitos casos, pela reduzida capacidade de fiscalização dos agentes públicos. Essa limitação pode envolver posturas que vão da simples omissão até a prática da corrupção. Além disso, pelo fato de as parcelas de terra que restam às comunidades de menor renda serem justamente as que não possuem valor no mercado formal, a ação do Estado fica limitada à tentativa de realocação, com grandes dificuldades políticas e alto custo de investimento.

A tendência de evolução dessa legislação é levar em conta os serviços ambientais que seriam garantidos por determinada regulamentação e fazer análises comparativas de custos e benefícios para a sociedade, no caso de a coletividade ter de arcar com os valores decorrentes de padrões urbanísticos mais restritivos. Naturalmente, esse tipo de abordagem, que possibilitaria a adoção de critérios de densidade como parâmetro para novas ocupações urbanas, deve ser realizado de forma integrada com outros instrumentos de avaliação, visando o alcance de padrões que considerem a qualidade ambiental, a viabilidade econômica e a resolução de questões sociais na disputa pelo espaço urbano.

Geralmente, regulamentos mais modernos e eficientes são voltados à definição de metas de densidade e padrões de ocupação a serem alcançados (Santos; Hardt, 2013), permitindo maior flexibilidade de alternativas urbanísticas e de práticas ambientais capazes de fornecer as respostas mais adequadas à realidade das cidades brasileiras. Além disso, podem definir instrumentos de estímulo a posturas sustentáveis, tanto na produção dos terrenos como na implantação das edificações.

A título de exemplificação, a impermeabilização do terreno reduz a infiltração de água no solo, aumentando o escorrimento superficial (Brandão et al., 2006). Esse fenômenno pode ser controlado pelo estabelecimento de limites para áreas impermeáveis a partir de critérios que busquem a manutenção do padrão ambiental antes da implantação do empreendimento. Dessa maneira, o empreendedor pode utilizar sistemas de manejo de águas pluviais em substituição aos tradicionais sistemas de drenagem, possibilitando o uso de reservatórios de regulação de vazão em paralelo a funções de amenização paisagística e de conforto térmico. Também pode adotar sistemas de drenagem permeáveis ou porosos, além de bacias de infiltração e reaproveitamento de água de chuva nas edificações.

Também é possível a implementação de estímulos a processos construtivos sustentáveis. Por exemplo, o aumento da intensidade de utilização de um terreno pode ser compensado pela adoção de adequadas práticas de construção, tais como reúso de água cinza (esgotos domésticos, excluídos os oriundos dos vasos sanitários e das pias de cozinhas); aproveitamento de água da chuva; utilização de materiais considerados "amigáveis" ao ambiente, de origem comprovada; e redução da produção e reciclagem de resíduos gerados nas obras civis. Soma-se a isso a concepção de projetos eficientes em termos energéticos; com aproveitamento de luz solar para iluminação e sistemas naturais de ventilação e insolação para conforto térmico.

Há ainda outras alternativas, como a implantação de projetos de manejo para áreas de conservação ambiental e para espaços urbanos de uso público, financiados por meio de contrapartidas financeiras ou construtivas. Nesse modelo, os empreendedores ficam diretamente responsáveis pela implantação das estruturas de interesse público, em contrapartida à ampliação do potencial construtivo do terreno. Nessa perspectiva, as normas de ordenamento de determinada região podem prever a manutenção de locais de interesse ambiental, estabelecendo formas de apropriação pela sociedade, bem como a produção de espaços de uso coletivo, como parques, áreas de lazer e outros equipamentos urbanos, visando inclusive à prevenção de ocupações irregulares.

Esse tipo de regulamentação precisa, contudo, prever e planejar os investimentos necessários para dar diretrizes claras aos diferentes empreendedores, em direção a um objetivo social comum.

Para a exigência de contrapartidas ambientais e sociais é imprescindível, todavia, que os regulamentos considerem a viabilidade econômica para a futura ocupação dos imóveis. Como as contrapartidas são geralmente proporcionais aos investimentos ou ao potencial construtivo adquirido, é importante que as soluções legais sejam economicamente consistentes. Destaca-se que o custo da qualidade do ambiente é sempre pago pela sociedade. Por essa razão, é fundamental que as análises das medidas conservacionistas observem o retorno em serviços ambientais proveniente da proteção de determinado atributo natural (Motta, 2011). Considerando que a conservação é justificada principalmente como estratégia para melhoria da qualidade de vida, a valoração dos serviços ecossistêmicos deve ser uma prática adotada para a definição do rigor da regulamentação ambiental. Nesse sentido, cabe observar com transparência as limitações da relação entre custos e benefícios, avaliadas a partir de um referencial ético, imprescindível para a gestão adequada das cidades.

A gestão ambiental urbana é regulada por leis federais que disciplinam o uso do solo e a proteção ao meio ambiente. Nessa conjuntura, estão inseridas a Lei de Parcelamento do Solo Urbano (Lei Federal n. 6.766, de 19 de dezembro de 1979), a Política Nacional do Meio Ambiente (PNMA) (Lei Federal n. 6.938, de 31 de agosto de 1981), a Política Nacional dos Recursos Hídricos (PNRH) (Lei Federal n. 9.433, de 8 de janeiro de 1997), o Sistema Nacional de Unidades de Conservação (SNUC) (Lei Federal n. 9.985, de 18 de julho de 2000) e a nova edição do Código Florestal (Lei Federal n. 12.651, de 25 de maio de 2012), além do já citado Estatuto da Cidade (Lei Federal n. 10.257/2001).

De modo geral, tais leis visam à conformação de ambientes equilibrados, estabelecendo normas para que essa meta se torne realidade. A supressão ou alteração de vegetação em espaços protegidos, por exemplo, somente é permitida mediante aprovação das agências ambientais, sendo vetada qualquer utilização que prejudique a sua proteção.

É indiscutível a importância das áreas verdes urbanas, preferencialmente integradas nos limites das APP. Constituindo espaços permeáveis, tais áreas são capazes de – direta ou indiretamente – contribuir com a amenização climática; controle da poluição atmosférica, sonora, hídrica, edáfica e visual; minimização das alterações quantitativas da água e físicas do solo e do subsolo; ampliação da biodiversidade; recomposição da fauna e da flora; e melhoria das condições de conforto ambiental e de eficiência de sistemas de infraestrutura (a exemplo da drenagem urbana) e de serviços sociais (como educação e lazer); com possibilidades de conservação de energia, integração social, redução do estresse e valorização imobiliária, entre vários outros benefícios (Hardt, 2000). Portanto, além da proteção de florestas, suas funções se voltam à manutenção da qualidade ambiental e da vida nas cidades, especialmente no que tange a mananciais de abastecimento hídrico, desde que associadas a condições de manejo que permitam o efetivo cumprimento de suas funções ambientais relacionadas com o ambiente urbano.

Em relação a esse último aspecto, a ocupação desordenada e sobretudo as atividades geradoras de significativas interferências ambientais têm trazido graves consequências às áreas mais frágeis. Segundo Palenzuela (1999), resultam, por exemplo, no aumento da velocidade de escoamento da água pela adoção de medidas de impermeabilização e drenagem urbana e pela redução de locais de infiltração no solo, além do confinamento de rios, com consequentes processos de retirada de matas ciliares, erosão das margens e restrição do espaço natural destinado à vazão de cheias.

No entanto, o Código Florestal (Brasil, 2012), que, entre outras prerrogativas, disciplina a ocupação de APP, é entendido por alguns como um entrave ao desenvolvimento urbano por promover eventuais barreiras físicas, constituindo um limitador na produção imobiliária ao dificultar a ocupação de determinadas glebas (Andrade; Romero, 2005). Esse Código definiu que as mesmas regras aplicadas ao meio rural devem também ser observadas no ambiente urbano, o que é bastante discutível, pois tanto a forma de apropriação e uso do meio como os valores da terra são completamente diferentes. Estabelecer uma legislação que pretenda tratar como iguais situações tão diferentes pode muitas vezes inviabilizar sua aplicação, o que acaba por estimular mais irregularidades. Como resultado, a expansão de assentamentos irregulares tem ocorrido frequentemente sobre essas áreas, comprometendo a sustentabilidade hídrica das cidades, na medida em que promove a poluição e o assoreamento dos cursos d'água.

Tucci e Mendes (2006) definem os rios como sistemas complexos, incluindo o talvegue – espaço geomorfológico de escorrimento – e as áreas de escape – ambientes ripários adjacentes ao anterior, onde são acumulados volumes hídricos nos períodos de cheias, formando as várzeas. Esse excedente hídrico é devolvido aos cursos d'água nos períodos de seca, gerando zonas de amortecimento que regularizam suas vazões naturais, cujas características respondem a vários fatores inerentes à bacia hidrográfica, tais como forma, declividade, uso, manejo, rugosidade e permeabilidade.

A água dos rios tem origem na precipitação atmosférica e na surgência de lençóis subterrâneos. Do volume de água de uma precipitação, parte evapora, parte infiltra no solo e parte escorre superficialmente. Por essa razão, há relação direta entre área de drenagem e vazão do corpo hídrico, chamada de *descarga específica*. Dessa forma, quanto mais próximo o curso d'água estiver de suas cabeceiras, menor a vazão, com o porte do rio ampliando-se proporcionalmente ao aumento da área da bacia, que é mais produtiva em regiões de maior precipitação. Ou seja, áreas de drenagem semelhantes podem apresentar grandes diferenças nas vazões por elas produzidas (Andreoli et al., 2011).

Ainda segundo Andreoli et al. (2011), a forma de uso, manejo e ocupação da bacia hidrográfica, bem como as características geomorfológicas e pedológicas associadas às condições ambientais das vertentes têm grande influência na quantidade de água que escorre, assim como na velocidade de escorrimento superficial, subsuperficial ou subterrâneo. Por essa razão, ambientes em que há remoção da cobertura vegetal e impermeabilização do solo apresentam cotas de enchentes ampliadas. Do mesmo modo, a utilização de várzeas pela urbanização ou por atividades agropecuárias reduz as áreas de amortecimento de cheias, ampliando os limites críticos de vazão e agravando alagamentos e secas, tendo como reflexo direto a redução da disponibilidade hídrica.

O comprometimento da qualidade da água é outro importante fator limitante aos seus usos potenciais. A poluição dos corpos hídricos pode ser causada por lançamentos pontuais de efluentes industriais ou domésticos, assim como pelo aporte difuso de resíduos e sedimentos provenientes da atividade agropecuária e da urbanização. A chuva lava a cidade, o que implica que a sujeira retirada terá o rio como destino.

A ocupação indevida de várzeas também pode submeter pessoas e bens às consequências das cheias. Nessa situação, a população se estabelece em um local que faz parte da dinâmica ecossistêmica do rio e que, em determinado período de recorrência, será inundado, causando graves problemas sociais. Há que se ressaltar ainda a ocupação de áreas de instabilidade geológica, sujeitas a deslizamentos e a processos erosivos, determinando a ocorrência de catástrofes anunciadas (Hupffer et al., 2012). Contudo, resta a premissa de que o poder público deveria monitorar o uso de tais áreas, atuando prioritariamente de maneira preventiva por meio da orientação e da fiscalização e posteriormente de forma mitigadora, a partir da realocação de comunidades sujeitas a riscos axiomáticos.

Entretanto, não se pode mais ignorar o fato de que um número crescente de brasileiros tem tomado parte em processos informais de ocupação do solo urbano como resultado da omissão do poder público e da falta de investimentos em políticas habitacionais. Após a consolidação dessas áreas, o direito de permanência nesses locais é reconhecido, em situações peculiares, pela CF/88 e pelo Estatuto da Cidade (Brasil, 2001a), a partir da regulamentação instituída pela Medida Provisória n. 2.220, de 4 de setembro de 2001 (Brasil, 2001b). Nesse sentido, os programas de regularização fundiária visam materializar tal direito, buscando integrar esses espaços na estrutura formal das cidades. Todavia, cabe o questionamento se essa solução é adequada para o ambiente, em razão da potencial degradação, e para os próprios ocupantes, em função da sua exposição aos riscos dela decorrentes.

Nesses processos, têm-se evidenciado com maior ênfase os conflitos existentes entre questões sociais, urbanísticas e ambientais. Esses embates têm sido respaldados pela insensibilidade de um ator (gestor público) para com as demandas de outro (ocupante irregular) e vice-versa, gerando árduas decisões judiciais, que vão da determinação da remoção de milhares de famílias, em detrimento de suas necessidades de moradia, a outras arbitradas sem maiores preocupações com valores ambientais. Nesse cenário, também é possível citar a insegurança jurídica de proprietários de terrenos sob o risco de invasão, sujeitos ocasionalmente a graves prejuízos.

Essas decisões antagônicas evidenciam uma falsa divergência entre as pressões sociais por espaços de moradia e a necessidade de conservação do meio ambiente, tendo em vista que tanto os recursos naturais como a moradia são valores e direitos sociais constitucionalmente estabelecidos, tendo como raiz conceitual o princípio da função socioambiental da propriedade (Rangel, 2013). O desafio reside, portanto, na compatibilização entre esses dois direitos, ou seja, o que deveria ser feito mediante cenários possíveis e não a partir de visões tecnocráticas ou descoladas da realidade, que não apresentam viabilidade política e econômica de implementação.

Com vistas à implantação de cidades planejadas, é crucial que a gestão pública atue de forma a não mais ignorar as lógicas de construção do espaço urbanizado por meio dos agentes atuantes no mercado imobiliário. Para tanto, é necessário que sejam adotadas medidas para a reversão dos mecanismos que produzem o atual modelo de crescimento urbano, especialmente aqueles que incentivam a leitura de espaços de proteção ambiental como ônus no mercado formal, a ser arcado por um único proprietário em benefício de toda a comunidade, enquanto na esfera informal tais áreas não são consideradas óbices à ocupação. Tais dinâmicas acabam por inviabilizar a aplicação de práticas conservacionistas, tanto de cunho ecológico como de fundamento sustentável, associadas a adequados procedimentos de licenciamento.

PROCESSO DE LICENCIAMENTO URBANO: CIDADES CONTROLADAS?

Um desafio para a reversão do quadro aqui apresentado tem sido a natureza da gestão pública brasileira, tanto do ponto de vista da concepção legal de uso e ocupação da terra como da ótica das questões administrativas de análise e aprovação de empreendimentos de parcelamento do solo.

De um modo geral, as leis urbanísticas e ambientais são complexas e abstratas, dificultando seu entendimento, aplicação e consequente fiscalização por parte do poder público. No Brasil, segundo Villaça (1995), essa legislação tem uma história voltada para a regulamentação da segregação socioespacial, não ultrapassando a tradição do policiamento do uso do solo.

Nesse sentido, a legislação brasileira evoluiu dentro do princípio "comando × controle", considerado ineficiente por Meyer Júnior (2003). Para Quinto Júnior (2003), suas mudanças não incorporaram os instrumentos urbanísticos como procedimentos de regulação de conflitos sociais urbanos. Como consequência, a cidade foi estruturada também como reserva de valor, na medida em que o mercado de terras está voltado aos empreendimentos imobiliários, em detrimento de uma política de regulação social. Ou seja, o mercado imobiliário cria reservas de áreas de interesse para futuros investimentos, o que acaba por interferir na formação dos preços de solo e na distribuição de usos e classes sociais pelo território. Ao mesmo tempo, os proprietários também são vítimas de uma regulamentação que nem sempre leva em conta o direito de propriedade.

Como antes comentado, o Estatuto da Cidade representa um avanço nesse sentido, com a proposição de instrumentos voltados à aplicação da função social da propriedade (Brasil, 2001), já prevista pela CF/88, que definiu o plano diretor como um dos seus instrumentos reguladores (Brasil, 1988). Nesse âmbito, cada município deve ter políticas próprias de uso do solo e de habitação. No entanto, para contribuição com a necessária reversão do quadro permeado por conflitos e pela inaplicabilidade de algumas das diretrizes de planejamento no território, torna-se imperativa a mudança da cultura técnica da legislação urbanística e da gestão urbana no Brasil. Trata-se de um processo complexo, que exige um aprofundamento do debate teórico com base em informações acadêmicas, que analisem a efetividade das diferentes estratégias legais e os seus reflexos ambientais, sociais e econômicos.

Um dos reflexos do agravamento dos problemas das cidades no País consiste no aumento do número de pessoas vivendo em aglomerados subnormais, que passou de 6,5 milhões em 2000 para 11,4 milhões em 2010 (IBGE, 2011), revelando o desafio institucional a ser enfrentado pelos governos federal, estadual e municipal para o atendimento das necessidades habitacionais da população brasileira. Segundo relatório do Instituto de Pesquisas Econômicas Aplicadas (Ipea) (Motta; Pêgo, 2013), diversas análises sobre a ocorrência de áreas de urbanização informal no Brasil e no mundo mostram que a informalidade é proveniente da carência de oferta habitacional destinada aos segmentos de baixa renda, tanto pelos agentes públicos como pela iniciativa privada.

Dessa forma, os processos de licenciamento ambiental e urbanístico desempenham importante papel na viabilização de projetos de desenvolvimento urbano, sobretudo de empreendimentos destinados à habitação de interesse social em regiões metropolitanas, nas quais a concentração populacional é mais expressiva. Busca-se assim a harmonização entre a urbanização e a conservação da qualidade ambiental. Esses processos são de extrema complexidade e dependem de diferentes instâncias de aprovação; portanto, é relevante que sejam pautados em medidas que permitam a agilização e simplificação de suas etapas, sem perder o rigor de avaliação.

O licenciamento ambiental é um instrumento da PNMA (Brasil, 1981). Tem caráter preventivo ou corretivo, autorizando ou não a localização, instalação, operação e ampliação de empreendimentos ou atividades que possam causar degradação ambiental ou que sejam consideradas potencialmente poluidoras. Para aqueles autorizados, também define exigências e condicionantes a serem observadas para minimização dos impactos causados. O processo é realizado por componentes do Sistema Nacional do Meio Ambiente (Sisnama), ou seja, órgãos ambientais da União, dos Estados, do Distrito Federal e dos Municípios.

Alguns instrumentos de planejamento são relevantes para o licenciamento ambiental, tais como o zoneamento ecológico econômico (ZEE), que indica, entre outras informações, áreas próprias para instalação de empreendimentos e aquelas que devem ser conservadas (ACSELRAD, 2000); e o plano diretor, que especifica as diretrizes de ordenamento do território municipal, mediante controle do uso e da ocupação do solo e do parcelamento urbano (Villaça, 1999).

Além dos instrumentos anteriormente citados, cabe citar o Estudo de Impacto de Vizinhança (Eivi), previsto pelo Estatuto da Cidade, na seção XII, definindo como objeto passível de solicitação nos processos de licenciamento. O Eivi é um mecanismo que possibilita estudo detalhado dos impactos do empreendimento em questão, possibilitando a previsão de medidas adequadas a evitar, compensar ou mitigar os efeitos decorrentes da sua execução e implantação. Nesse sentido, é capaz de apreender de forma mais apropriada do que outros instrumentos como o zoneamento, por exemplo, a real interferência urbana e ambiental de determinadas intervenções no território.

Nesse sentido, o licenciamento ambiental para fins urbanísticos é também aplicado para análise e aprovação de empreendimentos imobiliários de grande escala, englobando parcelamentos do solo e regularização fundiária nos casos implantados sem autorização prévia do poder público (Motta; Pêgo, 2013). Além do atendimento à legislação urbana, sobretudo a específica de cada município, é submetido às diretrizes da Resolução n. 237, de 19 de dezembro de 1997, do Conselho Nacional do Meio Ambiente (Conama, 1997).

O principal objetivo desse processo licenciador é exigir dos empreendedores a prevenção, correção, mitigação ou compensação dos impactos gerados pelo parcelamento do solo urbano, garantindo condições adequadas de habitabilidade em consonância com questões ambientais. Entretanto, o que se observa no território das cidades é que o licenciamento, em determinados casos, não tem logrado pleno êxito como mecanismo de prevenção e mitigação de impactos decorrentes da urbanização (Motta; Pêgo, 2013). Apesar das suas limitações, é grande o número de quesitos analisados com vistas à obtenção das licenças ambientais, gerando uma sistemática complexa e exigente. Operando ao largo da legalidade, as ocupações irregulares não respeitam normas legais e procedimentos processuais, localizando-se muitas vezes em áreas de reconhecida fragilidade.

Nesse contexto, Ribeiro (2006) argumenta que o sistema de licenciamento ambiental vigente no Brasil foi idealizado para empreendimentos de grande porte. No entanto, com o passar do tempo, passou a ser aplicado a outros tipos de projetos, gerando uma série de disfunções. O reflexo mais perceptível foi o aumento pela demanda de licenças, cujos processos passaram a ser acumulados nos órgãos ambientais licenciadores, determinando grande morosidade na sua aprovação, incompatível com a dinâmica do mercado e com as necessidades da sociedade. Mesmo diante dos esforços dos técnicos responsáveis pelos procedimentos, o descompasso entre a quantidade de processos e a estrutura disponível, a falta de segurança jurídica para os técnicos e para os órgãos licenciadores quanto à interpretação das normas, além da excessiva burocratização, impedem uma maior celeridade no sistema. Os técnicos dos orgãos públicos são os responsáveis pela aplicação de uma regulamentação complexa, exigente e pouco precisa, que dá margem para diferentes interpretações. Nessas situações, há uma tendência em favor de análises com um viés mais restritivo, como prevenção ao risco de processos de improbidade administrativa. É imprescindível a melhora da qualidade da regulamentação legal, tornando mais precisos os limites e os parâmetros que obrigatoriamente devam ser respeitados e permitindo ao mesmo tempo interpretações que considerem as peculiaridades ambientais, urbanas, econômicas e ambientais dos processos específicos.

Além da geração de irregularidades, a falta de cumprimento às normas urbanísticas tem diversas consequências, como:

papel restrito das diretrizes de planejamento urbano; [...] desequilíbrio na aplicação de investimentos públicos entre regiões centrais e periferias urbanas; e [...] inadequação da legislação frente à capacidade de implantar mecanismos de gestão eficientes para acompanhar e fiscalizar seu cumprimento. Além disso, constituem também fatores determinantes dos processos associados à irregularidade, a insuficiência dos instrumentos disponíveis – ou daqueles que vêm sendo aplicados de fato para modificar práticas geradoras de escassez e especulação com o solo – e a dificuldade em implantar a gestão do uso do solo na escala e na dinâmica necessárias para acompanhar o crescimento e a expansão urbana. (Motta; Pêgo, 2013, p. 13)

Em resumo, os motivos pelos quais o licenciamento não tem sido efetivo na promoção de modelos mais sustentáveis de ocupação do território abrangem desde a ineficiência de procedimentos administrativos até a existência de conflitos entre a complexidade do fenômeno urbano real e as intenções de proteção ambiental. Mesmo com tais limitações, o que é corretamente licenciado em geral não causa problemas relevantes se comparado ao crescimento informal das cidades e à urbanização irregular.

Estudo realizado em parceria entre o Ipea, o Núcleo de Pesquisas em Informações Urbanas da Universidade de São Paulo (Infurb-USP) e uma rede nacional formada por outras oito instituições de pesquisa informa que a necessidade de preservação ambiental tem sido um elemento relevante na definição de padrões de parcelamento, uso e ocupação do solo. Nesse sentido, a inexistência de vários planos de manejo e de procedimentos da sua fiscalização, além da falta de oferta de outras opções habitacionais são assinaladas como razões para o surgimento de ocupações irregulares, com características precárias. "A complexidade dos instrumentos de gestão [...] e a forma como são implementados [...] estimulam a irregularidade. [...] gerando na comunidade falta de confiança na aplicação das leis de um modo geral, contribuindo, assim, para a ilegalidade" (Motta; Pêgo, 2013, p. 12).

Uma das questões a ser enfrentada diz respeito à necessidade de participação dos municípios nos processos de licenciamento ambiental, tendo em vista que é no seu território que se dará a urbanização pleiteada. Cabe ressaltar, entretanto, as dificuldades de gestão a nível local, desde a carência de recursos humanos e financeiros até a precariedade de infraestrutura física, cuja superação exige ações de fortalecimento institucional. Não é apenas nesse contexto que esses mesmos obstáculos são observados. A emissão de licenças urbanísticas no âmbito das prefeituras também se depara com uma série de dificuldades, sobretudo nas cidades com significativo crescimento, cuja estrutura institucional não consegue suprir a demanda por aprovações. Além disso, em regiões metropolitanas, o licenciamento pode envolver órgãos em situações estruturais similares às dos municípios, contribuindo para a morosidade do processo.

Em primeiro lugar, para efetiva implementação de diretrizes legais, é fundamental que as prefeituras sejam capazes de promover o desenvolvimento de estudos técnicos. A escassez de quadros profissionais habilitados é uma realidade nos municípios brasileiros. Portanto, é fundamental a existência de uma política de recursos humanos voltada para a formação de técnicos municipais, com condições para a realização do seu trabalho. Nesse contexto, destaca-se a necessidade de apoio a capacitações e treinamentos específicos, viabilizando a formação de estruturação interna que permita o avanço na carreira. Não obstante, é preciso institucionalizar o Estado, de forma que as mudanças de governo possam ser realizadas sem afetar a continuidade dos processos.

Outra questão relevante diz respeito à clareza e transparência nos processos decisórios. Segundo Gohn (2000), poucos municípios brasileiros possuem conselhos municipais de habitação e de desenvolvimento urbano atuantes. Ademais, a construção dessa participação demanda o engajamento de movimentos sociais. Há ainda vários outros instrumentos para a garantia da transparência, especialmente a informatização dos processos, capaz de ampliar o acesso da sociedade a informações, naturalmente preservando o sigilo daquelas que devam ser protegidas.

Outro aspecto de destaque se refere à morosidade que envolve os procedimentos de licenciamento de parcelamentos do solo urbano. Admite-se que o cenário anteriormente explicitado pode ter seus problemas agravados por condutas e decisões inadequadas, relacionadas com o excesso de burocracia e a exiguidade de prazos para manifestações dos órgãos envolvidos no processo, fazendo-se mister lembrar que esses empecilhos não deveriam influenciar aspectos qualitativos da avaliação.

Segundo dados do IBGE (2002), apenas 109 municípios brasileiros, equivalentes a 2% do total, realizavam licenciamento ambiental no início do século. Em 2008, esse percentual foi elevado a 26% (1.438 municípios). Esse acréscimo pode ser resultante dos esforços de alguns estados para a descentralização do processo, o que ainda não se mostrou eficiente para o seu aprimoramento como um todo (Motta; Pêgo, 2013).

Além disso, é eminente a necessidade de aperfeiçoamento da legislação urbanística e ambiental, de modo a torná-la mais clara e objetiva, evitando interpretações divergentes, que podem resultar em um ambiente de insegurança jurídica para os envolvidos. Nesse sentido, dados da Associação Nacional de Órgãos Municipais de Meio Ambiente (Anamma, 2009) permitem o diagnóstico de que os principais entraves ao processo de licenciamento correspondem à:

- Ampliação da demanda de licenças ambientais em contraposição à insuficiência de capacidade dos órgãos ambientais para análise dos processos.
- Sobrecarga dos órgãos de meio ambiente com novas atribuições de gestão ambiental.
- Reduzida integração com outros instrumentos de gestão e planejamento ambiental.
- Tendência à burocratização do licenciamento, com o fim em si mesmo.

Além disso, Viana (2007) apresenta outras críticas ao processo, envolvendo ausência de padronização de procedimentos, muitas vezes entre técnicos do mesmo órgão; existência de desvirtuamento do princípio da prevenção, considerando que muitos licenciamentos são formalizados quando o empreendimento já se encontra implantado; carência de participação social; e falta de fiscalização no período posterior à emissão da licença.

Também existem críticas gerais provenientes do setor produtivo, que entende que a complexidade e a morosidade do licenciamento prejudicam o desenvolvimento nacional (Anamma, 2009). Essa avaliação é aplicável principalmente aos processos ligados à infraestrutura econômica (rodovias, ferrovias, hidroelétricas, portos, petróleo etc.).

Em entrevista realizada pelo Ipea (Motta; Pêgo, 2013) com técnicos de órgãos licenciadores e empreendedores, verifica-se outra visão das deficiências do processo, centradas sobretudo em aspectos administrativos e logísticos. A pesquisa evidencia que os déficits de infraestrutura daqueles órgãos têm contribuído para a burocracia e a morosidade do licenciamento ambiental para fins urbanísticos.

Para o apropriado controle do território da cidade, há uma série de entraves institucionais a serem vencidos, visando a efetiva aplicação das diretrizes urbanísticas e ambientais previstas em lei. Para a proposição de instrumentos adequados de gestão urbana, deve-se ter clareza dos obstáculos operacionais a serem ultrapassados, dos mecanismos legais a serem aperfeiçoados e das medidas a serem viabilizadas para a mitigação de impactos decorrentes de parcelamento ou regularização da ocupação do solo.

CONSIDERAÇÕES FINAIS

Diante do exposto, é notável que um dos maiores problemas das políticas públicas de gestão territorial reside na efetividade da sua implementação, a qual, no caso específico do desenvolvimento urbano, em especial nos setores de habitação, saneamento ou transportes, está pautada na necessidade de um ambiente legal e normativo eficiente, que englobe as três esferas de governo – federal, estadual e municipal.

Os principais desafios urbanos do país, especialmente representados pela carência habitacional e irregularidade fundiária são decorrentes em parte da inadequação dos instrumentos de planejamento e gestão do uso do solo, que não têm conseguido acompanhar as transformações da realidade das cidades.

Além disso, a constante desconexão entre a abordagem ambiental e a perspectiva urbana tem descaracterizado as condições morfológicas de tecidos urbanizados, pautadas tanto em áreas rigidamente controladas pela legislação, determinando a cidade formal, como aquelas geradas a despeito de qualquer rigor legal, configurando a cidade informal.

Essa realidade não permite que o meio urbanizado seja adequadamente interpretado. O quadro que persiste nas cidades brasileiras, de permanência e ampliação de assentamentos irregulares, particularmente em áreas ambientalmente frágeis, conduz à percepção de que a problemática ambiental nos grandes centros está diretamente relacionada com a questão da moradia, incluindo a falta de alternativas à população de menor renda. Esse panorama não pode mais ser ignorado no âmbito da gestão urbana.

Enquanto as atividades clandestinas não dependem de nenhum processo de análise ambiental e de avaliação urbanística, o licenciamento é exigido para aprovação de loteamentos e condomínios e, dessa forma, mesmo que normalmente eficaz, tem abrangência muito restrita.

De qualquer maneira, a dimensão do problema exige reflexões sobre padrões mínimos de parcelamento, modos de uso da terra, formas de ocupação do solo e parâmetros de adensamento, entre outros atributos, prevendo a distribuição espacial dos ônus das opções adotadas.

Nesse sentido, avanços na legislação urbanística e ambiental devem incorporar o compartilhamento da responsabilidade pela preservação de áreas de interesse ambiental por toda a cidade e não apenas por parcelas únicas de solo, restritas ao lote.

Por sua vez, os princípios de regulamentação devem ser voltados ao estímulo de práticas sustentáveis, evitando pragmatismos reducionistas, de modo a incluir ideias inovadoras nas agendas das gestões municipais, estaduais e federais. A adoção de medidas com efeitos sinérgicos voltados ao controle de alterações climáticas, poluição em suas diversas formas, mudanças quantitativas da água, transformações físicas do solo e do subsolo, redução da diversidade biológica, desconforto ambiental, desperdício de energia e ineficiência de sistemas de infraestrutura e de serviços sociais, entre muitas outras, devem ser pensadas sob o viés da preocupação social, ocasionando consequentemente regulações no mercado imobiliário.

Propostas dessa natureza podem indicar o início da superação da ótica até então recente de que cidade e natureza são antagônicas. Há que se cogitar ao mesmo tempo a inviabilidade de posições radicais preservacionistas e a inadequação daquelas defensoras da urbanização sem restrições.

Assim, com vistas à aproximação da cidade ideal, a resolução dos problemas apontados permeia a necessidade de soluções que articulem alternativas tecnológicas e formas de gestão e produção do espaço capazes de integrar aspectos físico-ambientais, socioeconômicos e político-institucionais.

REFERÊNCIAS

ACSELRAD, H. Zoneamento ecológico-econômico: entre ordem visual e mercado-mundo. In: XIII Encontro Nacional de Estudos Populacionais, *Anais...* Caxambu: Associação Brasileira de Estudos Populacionais – ABEP, 2000. p.1-28.

[ANAMMA] ASSOCIAÇÃO NACIONAL DE ÓRGÃOS MUNICIPAIS DE MEIO AMBIENTE. Descentralização das políticas ambientais e fortalecimento dos municípios para combater os efeitos das mudanças climáticas. In: XIX Encontro Nacional da Anamma, Rio de Janeiro, 2009. *Relatório final de sistematização...* Rio de Janeiro, 2009. s.p.

ANDERSON, A.; JENKINS, C. *Applying nature's design: corridors as a strategy for biodiversity conservation*. New York: Columbia University, 2006.

ANDRADE, L.M.S.; ROMERO, M.A.B. A importância das áreas ambientalmente protegidas nas cidades. In: XI Encontro da Associação Nacional de Pós-Graduação e Pesquisa em Planejamento Urbano e Regional – Enanpur. *Anais...* Salvador, 2005. p.1-20.

ANDREOLI, C.V.; CARNEIRO, C.; GOBBI, E.F. et al. Eutrofização e a estrutura dos estudos. In: CUNHA, C.L.N.; CARNEIRO, C.; GOBBI, E.F.; et al. *Eutrofização em reservatórios: gestão preventiva*. Estudo Interdisciplinar na Bacia do Rio Verde/PR. Curitiba: Editora da UFPR, 2011. p.27-38.

BALTRUSIS, N.; D'OTTAVIANO, M.C.L. Ricos e pobres, cada qual em seu lugar: a desigualdade sócio-espacial na metrópole paulista. *Caderno CRH*, Salvador: Centro de Recursos Humanos da Faculdade de Filosofia e Ciências Humanas da Universidade Federal da Bahia – UFBA, v. 22, n. 55, s.p., 2009. Disponível em: <http://www.scielo.br/scielo.php?pid=S0103-49792009000100008&script=sci_arttext>. Acesso em: 23 set. 2014.

BARCELLOS, T.M.M.; MAMMARELLA, R. *O significado dos condomínios fechados no processo de segregação espacial das metrópoles*. Textos para discussão da Fundação de Economia e Estatística Siegfried Emanuel Heuser, n. 19. Porto Alegre: Secretaria do Planejamento e Gestão, 2007.

BRANDÃO, V.S.; CECÍLIO, R.A.; PRUSKI, F.F.; SILVA, D.D. *Infiltração da água no solo*. 3.ed. Viçosa: Editora da Universidade Federal de Viçosa, 2006.

[BRASIL]. Lei Federal n. 6.766, de 19 de dezembro de 1979. Dispõe sobre o parcelamento do solo urbano e dá outras providências. Diário Oficial da República Federativa do Brasil, Poder Executivo, Brasília/DF, 20 dez. 1979.

_____. Lei Federal n. 6.938, de 31 de agosto de 1981. Dispõe sobre a Política Nacional do Meio Ambiente, seus fins e mecanismos de formulação e aplicação, e dá outras providências. Diário Oficial da República Federativa do Brasil, Poder Executivo, Brasília/DF, 1 set. 1981.

_____. Constituição da República Federativa do Brasil, de 5 de outubro de 1988. Diário Oficial da República Federativa do Brasil, Poder Executivo, Brasília/DF, 5 out. 1988.

_____. Lei Federal n. 9.433, de 8 de janeiro de 1997. Institui a Política Nacional de Recursos Hídricos, cria o Sistema Nacional de Gerenciamento de Recursos Hídricos, regulamenta o inciso XIX do art. 21 da Constituição Federal, e altera o art. 1º da Lei n. 8.001, de 13 de março de 1990, que modificou a Lei n. 7.990, de 28 de dezembro de 1989. Diário Oficial da República Federativa do Brasil, Poder Executivo, Brasília/DF, 9 jan.1997.

_____. Lei Federal n. 9.985, de 18 de julho de 2000. Regulamenta o art. 225, § 1º, incisos I, II, III e VII da Constituição Federal, institui o Sistema Nacional de Unidades de Conservação da Natureza [SNUC] e dá outras providências. Diário Oficial da República Federativa do Brasil, Poder Executivo, Brasília/DF, 19 jul. 2000.

_____. Lei Federal n. 10.257, de 10 de julho de 2001. Regulamenta os arts. 182 e 183 da Constituição Federal, estabelece diretrizes gerais da política urbana e dá outras providências. Estatuto da Cidade. Diário Oficial da República Federativa do Brasil, Poder Executivo, Brasília/DF, 11 jul. 2001a.

_____. Lei Federal n. 12.651, de 25 de maio de 2012. Dispõe sobre a proteção da vegetação nativa; altera as Leis ns. 6.938, de 31 de agosto de 1981; 9.393, de 19 de dezembro de 1996; e 11.428, de 22 de dezembro de 2006; revoga as Leis ns. 4.771, de 15 de setembro de 1965; e 7.754, de 14 de abril de 1989, e a Medida Provisória n. 2.166-67, de 24 de agosto de 2001; e dá outras providências. Diário Oficial da República Federativa do Brasil, Poder Executivo, Brasília/DF, 26 maio 2012.

_____. Lei Federal n. 13.089, de 12 de janeiro de 2015. Institui o Estatuto da Metrópole, altera a Lei n. 10.257, de 10 de julho de 2001, e dá outras providências. Diário Oficial da República Federativa do Brasil, Poder Executivo, Brasília/DF, 13 jan. 2015.

_____. Medida Provisória n. 2.220, de 4 de setembro de 2001. Dispõe sobre a concessão de uso especial de que trata o § 1º do art. 183 da Constituição, cria o Conselho Nacional de Desenvolvimento Urbano (CNDU) e dá outras providências. Diário Oficial da República Federativa do Brasil, Poder Executivo, Brasília/DF, 5 set. 2001b.

CARDOSO, A.L.; ARAGÃO, T.A. A reestruturação do setor imobiliário e o Programa Minha Casa Minha Vida. In: MENDONÇA, J.G.; COSTA, H.S.M. (Orgs.). *Estado e capital imobiliário: convergências atuais na produção do espaço urbano brasileiro.* Belo Horizonte: C/Arte, 2012. p.81-106.

CARVALHO, P.F.C.; BRAGA, R. *Perspectivas de gestão ambiental em cidades médias.* Rio Claro, SP: Laboratório de Planejamento Municipal da Universidade Estadual Paulista, 2001.

[CONAMA] CONSELHO NACIONAL DO MEIO AMBIENTE. Resolução n. 237, de 19 de dezembro de 1997. Regulamenta os aspectos de licenciamento ambiental estabelecidos na Política Nacional do Meio Ambiente. Diário Oficial da República Federativa do Brasil, Poder Executivo, Brasília/DF, 22 dez. 1997.

COTA, D.A. Legislação urbana e capital imobiliário na produção de moradias em Belo Horizonte: um Estudo de caso. In: X Encontro da Associação Nacional de Pós-Graduação e Pesquisa em Planejamento Urbano e Regional – Enanpur. *Anais...* Belo Horizonte, 2003. p.1-16.

[FAO] FOOD AND AGRICULTURE ORGANIZATION OF UNITED NATIONS. *Voices of the hungry.* Disponível em: http://www.fao.org/economic/ess/ess-fs/voices/en/. Acesso em: 30 set. 2014.

FERNANDES, E. Direito urbanístico e política urbana no Brasil: uma introdução. In: FERNANDES, E. *Direito urbanístico e política urbana no Brasil.* Belo Horizonte: Del Rey, 2001. p.11-32.

FREITAS, C.F.S. Ilegalidade e degradação em Fortaleza: os riscos do conflito entre a agenda urbana e ambiental brasileira. *Urbe – Revista Brasileira de Gestão Urbana,* Curitiba: Pontifícia Universidade Católica do Paraná, v. 6, n. 1, s.p., 2014. Disponível em: http://www.scielo.br/scielo.php?pid=S2175-33692014000100009&script=sci_arttext. Acesso em: 23 set. 2014.

GHIONE, R. *Cidade formal e cidade informal.* Disponível em: http://sinarqmg.org.br/500477/. Acesso em: 25 set. 2014.

GOHN, M.G. O papel dos conselhos gestores na gestão urbana. In: RIBEIRO, A.C.T.; TADEI, E. (Orgs.) *Repensando a experiência urbana da América Latina: questões, conceitos e valores.* Buenos Aires: Consejo Latinoameriano de Ciencias Sociales, 2000. p.175-201.

HARDT, L.P.A. Subsídios à gestão da qualidade da paisagem urbana: aplicação a Curitiba – Paraná. Curitiba, 2000. 323f. Tese (Doutorado em Engenharia Florestal). Universidade Federal do Paraná.

_____. Gestão do desenvolvimento metropolitano sustentável. In: SILVA, C.A.; FREIRE, D.G.; OLIVEIRA, F.J.G. *Metrópole: governo, sociedade e território.* Rio de Janeiro: DP&A, 2006. p.157-170.

HARDT, Marlos. Envelopamento vegetal em cânions urbanos: análise da aplicação de superfícies vegetadas em edificações dos setores estruturais de Curitiba, Paraná. 2013. 282f. Dissertação (Mestrado em Gestão Urbana). Pontifícia Universidade Católica do Paraná.

HUPFFER, H.M.; NAIME, R.; ADOLFO, L.G.S.; et al. Responsabilidade civil do Estado por omissão estatal. *Revista Direito GV,* São Paulo: Fundação Getúlio Vargas, n. 15, p. 109-130, 2012.

[IBGE] INSTITUTO BRASILEIRO DE GEOGRAFIA E ESTATÍSTICA. Pesquisa de informações básicas municipais. Rio de Janeiro, 2002.

_____. Pesquisa de informações básicas municipais. Rio de Janeiro, 2011.

[IPCC] INTERGOVERNMENTAL PANEL ON CLIMATE CHANGE. *Climate change 2014: mitigation of climate change.* Cambridge: Cambridge University, 2014.

JACOBS, J. *Morte e vida de grandes cidades*. 3.ed. São Paulo: WMF Martins Fontes, 2011.

MEYER JÚNIOR, V. Novo contexto e as habilidades do administrador. In: MEYER JÚNIOR, V.; MURPHY, P.J. *Dinossauros, gazelas & tigres: novas abordagens da administração universitária*. Um diálogo Brasil e Estados Unidos. 2.ed. Florianópolis: Insular, 2003. p. 173-192.

MOURA, R.; CINTRA, A. População e território: processos recentes de transformação urbana e metropolitana no Brasil. In: XII Seminário Internacional de la Red Iberoamericana de Investigadores sobre Globalización y Território – RII.,*Anais eletrônicos*... Belo Horizonte: Red Iberoamericana de Investigadores sobre Globalización y Território – RII, 2012. s.p. Disponível em: http://www.rii.sei.ba.gov.br/anais/g4/populacao%20e%20territorio%20processos%20 recentes%20de%20transfomacao%20urbana%20%20e%20metropolitana%20no%20brasil. pdf. Acesso em: 24 set. 2014.

MOTTA, D.M.; PÊGO, B. (Orgs.) *Licenciamento ambiental para o desenvolvimento urbano: avaliação de instrumentos e procedimentos*. Rio de Janeiro: Instituto de Pesquisa Econômica Aplicada, 2013.

MOTTA, R.S. Valoração e precificação dos recursos ambientais para uma economia verde. *Política Ambiental*, Belo Horizonte: Conservação Internacional, n. 8, p. 179-190, 2011.

[ONU-BR] ORGANIZAÇÃO DAS NAÇÕES UNIDAS NO BRASIL. População mundial deve atingir 9,6 bilhões em 2050. 2013. Disponível em: http://http://www.onu.org.br/populacao--mundial-deve-atingir-96-bilhoes-em-2050-diz-novo-relatorio-da-onu/. Acesso em: 30 set. 2014.

PALENZUELA, S.R. Modelos e Indicadores para ciudades más sostenibles. Barcelona: Fundació Fòrum Ambiental, 1999. (Taller sobre Indicadores de Huella y Calidad Ambiental Urbana)

PARANÁ. Lei Estadual n. 15.229, de 25 de julho de 2006. Dispõe sobre normas para execução do sistema das diretrizes e bases do planejamento e desenvolvimento estadual, nos termos do art. 141, da Constituição Estadual. Diário Oficial do Estado do Paraná, Poder Executivo, Curitiba, 26 jul. 2006.

PEQUENO, R. Políticas habitacionais, favelização e desgidualdades sócio-espaciais nas cidades brasileiras: transformações e tendências. *Scripta Nova – Revista Eletrônica de Geografia y Ciencias Sociales*, Barcelona: Universidad de Barcelona, XII, n. 270, s.p., 2008. Disponível em: http:// www.ub.edu/geocrit/sn/sn-270/sn-270-35.htm. Acesso em: 25 set. 2014.

QUINTO JÚNIOR, L.P. Nova legislação urbana e os velhos fantasmas. *Estudos Avançados*, São Paulo: Instituto de Estudos Avançados da Universidade de São Paulo, v. 17, n. 47, p. 187-196, 2003.

RANGEL, T.L.V. Anotações ao princípio da função socioambiental da propriedade: a consolidação dos aspectos difusos dos direitos de terceira dimensão no ordenamento brasileiro. Âmbito Jurídico, Rio Grande, XVI, n. 115, s.p., 2013. Disponível em: http://www.ambito-juridico.com.br/site/index.php/?n_link=revista_artigos_leitura&artigo_id=13143&revista_caderno=5. Acesso em: 19 set. 2014.

RIBEIRO, J.C.J. Desafios do licenciamento ambiental. In: Seminário Estadual sobre Licenciamento Ambiental. *Anais eletrônicos*... Belo Horizonte: Associação Mineira de Defesa do Ambiente; Secretaria de Meio Ambiente e Desenvolvimento Sustentável do Estado de Minas Gerais, 2006. p.1-15. Disponível em: http://www.amda.org.br/assets/files/palestr%20Jose%20cçaudio. pdf. Acesso em: 15 ago. 2014.

RIBEIRO, L.C.Q. O desastre do planejamento. *Carta Capital*, São Paulo: Confiança, s.p., 2011. Disponível em: http://www.cartacapital.com.br/sociedade/o-desastre-do-planejamento. Acesso em: 9 set. 2014.

RIBEIRO, L.C.Q.; SANTOS JUNIOR, O.A.; RODRIGUES, J.M. Estatuto da Metrópole: avanços, limites e desafios. *Observatório das Metrópoles*, Rio de Janeiro, s.p., 2015. Disponível em: http:// www.observatoriodasmetropoles.net/index.php?option=com_k2&view=item&id=1148:esta-

tuto-da-metr%C3%B3pole-avan%C3%A7os-limites-e-desafios&Itemid=180&lang=en#.
Acesso em: 13 jun. 2017.

ROCKSTRÖM, J.; STEFFEN, W.; NOONE, K.; et al. A safe operating space for humanity. *Nature*, New York: Macmillan, v. 461, p. 472-475, 2009.

ROLNIK, R. A lógica da desordem. *Le Monde Diplomatique Brasil*, São Paulo: Palavra Livre, s.p., 2008a. Disponível em: http://www.diplomatique.org.br/artigo.php?id=220. Acesso em: 8 set. 2014.

_____. Para além da lei: legislação urbanística e cidadania (São Paulo 1886-1936). In: SOUZA, M.A.A.; LINS, S.C.; SANTOS, M.P.C.; et al. (Orgs.) *Metrópole e globalização: conhecendo a cidade de São Paulo*. São Paulo: Centro de Desenvolvimento Social e Produtivo, 2008b. p.169-202.

SANTOS, C.R.; HARDT, L.P.A. Qualidade ambiental e de vida nas cidades. In: PAVIANI, A.; FRANCISCONI, J.G.M.; GONZALES, S.F.N. (Orgs.). *Planejamento e urbanismo na atualidade brasileira: o objeto, a teoria e a prática*. Brasília/DF: Editora da Universidade de Brasília, 2013. p.151-169.

SILVA, T.M.C.; LOPES, M.A. A difícil implementação dos instrumentos urbanísticos quando da revisão da legislação do uso e ocupação do solo urbano. In: V Congresso Brasileiro de Direito Urbanístico. *Anais...* Manaus: Instituto Brasileiro de Direito Urbanístico, 2008. p.139-149.

SILVIA, V.B.; CRISPIM, J.Q. Um breve relato sobre a questão ambiental. *Revista de Geografia, Meio Ambiente e Ensino – Geomae*, Campo Mourão: Faculdade Estadual de Ciências e Letras de Campo Mourão, v. 2, p. 163-175, 2011.

STORER, C.A. Municípios correm para rever plano diretor: depoimento [set. 2014]. *Gazeta do Povo*, Curitiba, s.p., 2014. Entrevista concedida à Maria Gizele da Silva. Disponível em: http://www.gazetadopovo.com.br/vidaecidadania/conteudo.phtml?id=1497858. Acesso em: 22 set. 2014.

THÉRY, N.A.M.; LANDY, F.; ZÉRAH, M.-H. Políticas ambientais comparadas entre países do sul: pressão antrópica em áreas de proteção ambiental urbanas. *Mercator*, Fortaleza: Universidade Federal do Ceará, v. 9, n. 20, p. 197-215, 2010.

TICKELL, C. Introdução. In: ROGERS, R.; GUMUCHDJIAN, P. *Cidades para um pequeno planeta*. Barcelona: Gustavo Gili, 2001. p.vi-xi.

TUCCI, C.E.M.; MENDES, C.A. *Avaliação ambiental integrada de bacia hidrográfica*. Brasília: Ministério do Meio Ambiente, 2006.

[UNFPA] FUNDO DE POPULAÇÕES DAS NAÇÕES UNIDAS. Relatório sobre a situação da população mundial 2011. Brasília, 2011.

VIANA, M.B. Licenciamento ambiental de minerações em Minas Gerais: novas abordagens de gestão. 2007. 305f. Dissertação (Mestrado em Desenvolvimento Sustentável). Universidade de Brasília, Brasília, 2007.

VILLAÇA, F. A crise do planejamento urbano. *São Paulo em Perspectiva*, São Paulo: Fundação Sistema Estadual de Análise de Dados, v. 9, p. 45-51, 1995.

_____. Dilemas do plano diretor. In: SEIXAS, S.G.; REBOUÇAS, A.C. (Orgs.). *O município no século XXI: cenários e perspectivas*. São Paulo: Centro de Estudos e Pesquisas de Administração Municipal; Fundação Prefeito Faria Lima, 1999. p. 237-247.

_____. *Espaço intra-urbano no Brasil*. 2.ed. São Paulo: Studio Nobel, 2001.

[WIDER] WORLD INSTITUTE FOR DEVELOPMENT ECONOMICS RESEARCH. Research programme. Disponível em: http://www.wider.unu.edu/research/. Acesso em: 30 set. 2014.

11 | Métodos de mensuração de áreas intralotes com função ecológica

Flávia Cristina Osaku Minella
Arquiteta, UTFPR

Eduardo Krüger
Engenheiro civil, UTFPR

INTRODUÇÃO

O rápido crescimento populacional, a densificação urbana e as ações antrópicas têm impactado o meio natural, trazendo prejuízos ao suporte geobiofísico e tornando as cidades cada vez mais vulneráveis a desastres naturais e demais riscos. Visando sobretudo mitigar os efeitos da ocupação do solo segundo processos correntes de urbanização, a infraestrutura verde propõe que os serviços ecológicos sejam restabelecidos por meio da interconexão de fragmentos permeáveis e vegetados (preferencialmente arborizados), formando uma rede multifuncional, que inclui propriedades públicas e privadas (Herzog, 2010; Duarte, 2015). Ademais, as soluções de infraestrutura verde podem contribuir de maneira significativa para a resiliência a catástrofes, devendo estas serem utilizadas de maneira preventiva.

A conservação de áreas verdes proporciona diversos benefícios ambientais, sociais e econômicos, como adaptação e mitigação das mudanças climáticas, aumento da biodiversidade e diminuição de riscos de enchentes, além de oferecer espaços de lazer e recreação para a comunidade.

Note-se, porém, que a infraestrutura verde e as áreas urbanas não são mutuamente excludentes, sendo necessário pensar na forma de distribuição e na quantidade de espaços verdes para que tais benefícios sejam otimizados (Natural Economy Northwest, 2009). O retorno dos investimentos em infraestrutura verde é elevado. Projetos de restauração ecossistêmica indicam uma boa relação custo-benefício, podendo ser considerados investimentos públicos de grande rentabilidade (Nellemann; Corcoran, 2010).

Os parâmetros construtivos presentes na maioria das cidades brasileiras, como taxa de permeabilidade (utilizada para designar a porção de área permeável do lote, composta ou não por vegetação), não garantem a sustentabilidade do espaço. Dessa forma, é preciso garantir a qualidade dos espaços verdes intralote, sendo necessário o desenvolvimento de métodos que avaliem de forma quantitativa os serviços ecossistêmicos e que possam integrá-los no processo de tomada de decisão das questões urbanas (Lakes; Kim, 2012).

Diante da necessidade de adaptação das cidades aos efeitos adversos da urbanização, algumas cidades têm desenvolvido políticas públicas e boas práticas voltadas à sustentabilidade, com a aplicação de metodologias como Biotope Area Factor (BAF) e Green Space Factor (GSF), entre outras. Tais indicadores verdes, como ferramentas do planejamento urbano, pretendem assegurar uma quantidade mínima de cobertura vegetal em lotes públicos e/ou privados, reduzindo assim a quantidade de área impermeável. Essas áreas verdes são estrategicamente incorporadas ao planejamento urbano, permitindo uma reestruturação do mosaico da paisagem.

No tecido urbano, as regiões (ou zonas) diferem entre si na quantidade de cobertura vegetal e o apontamento do que pode ser feito para alcançar um nível satisfatório de área verde pode recair em um processo subjetivo. Nesse sentido, os métodos que permitem uma avaliação quantitativa e com objetivos definidos ganham importância. Apresenta-se neste capítulo uma revisão de alguns métodos que preconizam áreas ecologicamente eficientes em lotes urbanos, os quais são instrumentos regulamentadores de planejamento urbano.

ÍNDICES VERDES

Os métodos de mensuração de áreas verdes intralotes BAF, GSF Malmö, Biotope Area Ratio (BAR), Seattle Green Factor (SGF), Green Infrastructure Score of North West England (GI Score) e GSF Southampton serão doravante denominados índices verdes. Tais índices são bidimensionais (2D), pois consideram a cobertura vegetal ou a projeção da copa da árvore.

Para o cálculo dos índices verdes, inicialmente são atribuídos fatores de ponderação (FP) para todos os tipos de superfícies que compõem um determinado lote, de acordo com a importância do serviço ecossistêmico prestado ou seu valor ecológico (descritos adiante, no item *Sistema de Ponderação*). Assim, cada porção de área do lote deve ser multiplicada pelo FP correspondente.

O respectivo índice é então calculado pela razão entre o somatório total das áreas individuais com função ecológica (incluindo ou não, conforme o caso, telhados ou muros verdes), isto é, áreas com efeito positivo no ecossistema, por área total do lote, segundo a Equação 1:

$$\text{Índices verdes} = \frac{\text{Área das superfícies ecologicamente estáveis}}{\text{Área total do terreno}} = \frac{\sum_{i=1}^{n} A_i\, w_i}{\sum_{i=1}^{n} A_i}$$

Equação 1

Onde: A_i é a área individual e w_i é o coeficiente ou fator de ponderação.

A Equação 1 pode ser aplicada para todos os índices que constam nessa seção, os quais são derivados do BAF, apresentado a seguir.

Biotope Area Factor (BAF)

Berlim (52°31'00" N, 13°23'40" L), capital da Alemanha, é a maior cidade do país (891,69 km²) e a segunda mais populosa, com estimativa de 3,470 milhões de habitantes para o ano de 2014 (Berlim, 2015). Foi implementada em Berlim a primeira iniciativa no mundo direcionada a suprir os déficits de áreas verdes em lotes privados, denominada BAF.

O BAF foi desenvolvido desde os anos de 1980 por uma equipe multidisciplinar, tendo seu uso aprovado em 1994. A metodologia foi integrada ao programa paisagístico, o qual tem como meta a promoção do desenvolvimento urbano de alta qualidade e, para isso, estabelece medidas básicas voltadas à proteção do ecossistema, dos biótopos e espécies, ao aspecto da paisagem e ao uso dos espaços abertos (Cloos, 2004).

O BAF é obrigatório nos 21 distritos (cerca de 16% da área urbana de Berlim) que fazem parte do Plano de Paisagem; no restante, a aplicação da metodologia é voluntária.

Na determinação do BAF de determinada área é estimulada a promoção do desenvolvimento dos biótopos, com a inclusão de todas as potenciais áreas verdes (jardins, telhados, muros e paredes verdes), e consequente redução do impacto ambiental no centro urbano, mesmo mantendo o uso atual da terra (Becker; Richard, 1990).

De forma geral, o objetivo da aplicação da metodologia é subsidiar a melhoria microclimática e atmosférica, a preservação e o desenvolvimento da função do solo no balanço hídrico, a melhoria da qualidade do habitat animal e vegetal, do ambiente residencial e da qualidade de vida humana (Berlim, 2016).

O índice é definido como uma fração da área com cobertura vegetal ou permeável pela área total do lote ou da área considerada na análise.

A definição do BAF alvo está relacionada com o tipo de uso do solo (residencial, comercial e infraestrutural) e se o lote comporta nova edificação ou edificações já existentes. Para o BAF alvo são estabelecidos valores númericos fixos, preestabelecidos, que representam as áreas ecologicamente estáveis. Tais valores, expressos na Tabela 1, variam de 0,30 (mínimo), para usos comerciais e para edificações já existentes, até 0,60 (máximo), para novas unidades residenciais, espaços públicos e escolas, estando em alguns casos relacionado com a taxa de ocupação do lote, definida como a relação percentual entre a projeção horizontal da edificação e a área do lote.

Tabela 1 – Biotope Area Factor alvo para diferentes tipos de uso do solo.

Tipo de uso	Alterações/Reformas		Novos estabelecimentos
	Taxa de ocupação (TO)	BAF alvo	BAF alvo
Unidades residenciais (uso residencial e uso misto sem o uso comercial do espaço aberto)	até 0,37	0,60	0,60
	0,38 até 0,49	0,45	
	acima de 0,50	0,30	
Uso comercial (somente uso comercial e misto com uso comercial dos espaços abertos)	indiferente	0,30	0,30
Utilização típica em áreas-chave (empresas comerciais e instalações de centrais de negócios administrativos e uso geral)	indiferente	0,30	0,30
Instalações públicas (para fins culturais ou sociais)	até 0,37	0,60	0,60
	0,38 até 0,49	0,45	
	acima de 0,50	0,30	
Escolas de ensino geral, centros vocacionais, complexos de educação e serviços de desportos	indiferente	0,30	0,30

(continua)

Tabela 1 – Biotope Area Factor alvo para diferentes tipos de uso do solo. (*continuação*)

Tipo de uso	Alterações/Reformas		Novos estabelecimentos
	Taxa de ocupação (TO)	BAF alvo	BAF alvo
Creches e centros de cuidados	até 0,37	0,60	0,60
	0,38 até 0,49	0,45	
	acima de 0,50	0,30	
Infraestrutura técnica	indiferente	0,30	0,30

Fonte: Becker e Richard (1990).

A metodologia pode ser considerada flexível na medida em que diferentes estratégias podem ser combinadas para que o fator alvo seja alcançado. Becker e Richard (1990) avaliam como relativamente baixa a interferência de tal método no exercício da arquitetura. O ponto fraco do BAF é a indiferença em relação aos diferentes tipos de cobertura vegetal (Lakes; Kim, 2012; Vartholomaios et al., 2013).

Segundo Becker e Richard (1990), ainda que o BAF inclua aspectos qualitativos que descrevem as características do espaço e servem de referência para a geração dos fatores de ponderação, o produto final é um valor quantitativo, portanto não inclui as exigências qualitativas de projeto, como *layout* e composição da paisagem.

O uso do BAF estendeu-se para outros países, como Canadá, Itália, Dinamarca, Finlândia e Porto Rico (Kazmierczak; Carter, 2010).

Malmö's Green Space Factor (GSF Malmö)

Malmö (55°35' N, 13°00' L) é a terceira maior cidade da Suécia. Em 2014, a população estimada era de 317.930 habitantes (Malmö Stad, 2014a). A noroeste do centro da cidade, na região de Västra Hamnen (Porto do Oeste), região com 175 hectares, foi implementado o Green Space Factor (GSF) como ferramenta de planejamento de infraestrutura verde.

Em 2001, foi realizada na cidade a Exposição Europeia de Habitação, referida como Cidade do Amanhã (European Housing Expo, The City of Tomorrow), a qual propiciou a revitalização de Västra Hamnen, transformando essa antiga área portuária industrial em um bairro de uso misto, adensado, com a aplicação de tecnologias e soluções sustentáveis (Austin, 2013).

Com o objetivo central de superar a crise econômica sofrida pelo país em meados dos anos de 1990, foi lançado um plano de desenvolvimento estratégico que englobou: a construção da ponte Öresund (inaugurada em 2000), que passou a fazer uma importante ligação entre Malmö e Copenhagen (Dinamarca); a abertura da Universidade de Malmö em 1998; e a exposição de habitação, pensada para estimular investimentos no setor da construção civil e transformar a identidade da cidade (Anderberg, 2015).

Após 15 anos, o impacto de Västra Hamnen ainda é significativo, servindo como modelo internacional de desenvolvimento urbano sustentável. Isso se deve ao estabelecimento de metas e padrões mínimos para: biodiversidade; qualidade da arquitetura e da paisagem; processos de gestão de energia (diferentes fontes de energia renovável), água e resíduos; e instauração de infraestrutura verde e azul (referente aos sistemas hídrico e de drenagem). Some-se a isso o fato de o processo ter contado com um diálogo multidisciplinar (Dalman et al., 2011).

A primeira fase envolveu a construção do bairro conhecido como Bo01, que serviu de piloto para o desenvolvimento do GSF. Nas etapas subsequentes, os bairros foram denominados de Bo02 (Flagghusen, concluído em 2007) e Bo03 (Fullriggaren, concluído em 2013).

O método GSF foi desenvolvido com base no BAF, mas com uma mudança significativa, pois considera o porte das vegetações utilizadas. Nesse sentido, é possível que camadas distintas de vegetação sejam adicionadas em uma mesma porção de área, gerando um valor de ponderação maior. Por exemplo, uma área coberta por grama e árvores alcança uma pontuação maior do que uma área apenas gramada (ver Tabela 4). No entanto, os benefícios que determinada cobertura vegetal oferece ao ambiente vão além de tal diferenciação. Kruuse (2011) cita que uma área com grama cortada possui a mesma pontuação que uma pradaria, mesmo que esta última suporte maior biodiversidade. Assim, com o objetivo de incluir qualidades com caráter ecológico que não são facilmente padronizadas ou quantificadas (Vartholomaios et al., 2013), foi criado em conjunto com o GSF o Green Points System.

O Green Points System de Bo01 consistia em um *checklist* composto por 35 itens específicos que poderiam favorecer, por exemplo, pássaros e insetos, como também envolviam a parte arquitetônica do empreendimento, com o uso de telhado verde em todas as coberturas, uso de paredes verdes em todas as superfícies verticais etc. Do total de opções que visavam ao aumento da biodiversidade, era necessário escolher dez para serem aplicadas no interior do lote.

Segundo Kruuse (2011), um problema comum enfrentado por planejadores envolvidos com projetos de desenvolvimento de qualidade mais elevada é a falta de recursos para avaliação. Em uma avaliação realizada um ano após a implementação do GSF, foi constatado que a maioria dos empreendimentos alcançou a pontuação mínima de 0,5 no GSF. Na maioria dos casos em que valores ótimos de GSF não foram alcançados (a pontuação mais baixa encontrada foi de 0,24), a vegetação morreu e não foi replantada.

Apesar do esforço em estabelecer um espaço urbano sustentável, o distrito Bo01 recebeu críticas acerca do seu baixo alcance social, além de segregação social decorrente de sua implantação. No período de 2001 a 2007, os preços das unidades habitacionais ali localizadas dobrou de valor (Austin, 2013).

Outro fator criticado foi o não cumprimento das metas inicialmente estabelecidas para eficiência energética, causado em parte pelo fato de os sistemas de geração de energia, tais como painéis solares e coletores, não alcançarem a eficiência prevista (Anderberg, 2015).

Sobre a biodiversidade, há uma dificuldade em mensurar e avaliar tal questão, pois os principais dados disponíveis são baseados em pesquisas realizadas logo após a construção de Bo01, entre 2002 e 2003, que possivelmente não refletem o cenário atual (Barton, 2016).

Na etapa seguinte de Västra Hamnen, o distrito de Flagghusen, somados aos princípios da sustentabilidade, a administração pública procurou reduzir ao máximo os custos das edificações e destinar pelo menos 60% das unidades para locação (Kruuse, 2011). No entanto, mesmo com essa iniciativa, em 2011, o custo para alugar um apartamento em Bo02 era maior do que em qualquer outro bairro de Malmö (Barton, 2016).

Outras mudanças foram relativas ao aumento no número de vagas para estacionamento de veículos (de 0,70 para 0,75 vagas por unidade habitacional, sendo a média para a cidade de 1,1) e à revisão dos métodos de cálculo da utilização de energia, visando atingir metas de eficiência energética mais razoáveis (120 kWh/ m^2 em vez de 105) (Austin, 2013).

O fator mínimo de 0,5 até então estabelecido em Bo01 passou por mudanças na etapa de desenvolvimento de Flagghusen, passando a ser relativo à taxa de ocupação da edificação. Por exemplo, se o edifício ocupava 60% do lote, o GSF alvo era de 0,4 ou 40% (Kruuse, 2011). Nesse sentido, o valor alvo a ser obtido era complementar à taxa de ocupação do terreno.

O Green Points System também sofreu mudanças. Na nova lista constavam opções de biótopos em que pelo menos um deveria ser construído, além de opções de habitação animal ou habitats dos quais três deveriam ser construídos, bem como a exigência de que as espécies de plantas deveriam ser ricas em néctar e/ou bagas, sementes e nozes (Kruuse, 2011), objetivando unicamente a promoção da biodiversidade e desprezando os serviços ecossistêmicos.

Segundo Barton (2016), em uma posterior avaliação feita com os moradores de Bo02, foi constatada uma baixa satisfação dos moradores com os espaços verdes da região. A subordinação à taxa de ocupação tornava o GSF alvo muito flexível. Dessa forma, em 2009, o valor a ser alcançado foi revisado, sendo novamente estabelecido um GSF alvo mínimo de 0,6, e a pontuação dos fatores individuais também foi revista. Desde o piloto em Bo01, o método GSF tem sido aprimorado. Uma das últimas mudanças feitas foi relativa ao sistema de ponderação da vegetação de porte arbóreo e arbustiva.

Atualmente, o método é aplicado como instrumento de planejamento urbano para todas as novas edificações de Malmö e também para a cidade vizinha, Lund.

Biotope Area Ratio (BAR)

Seul (37°34' N, 126°58' L) é a capital e maior cidade da Coreia do Sul, com uma área de 605,21 km² e uma população estimada em mais de 10 milhões de habitantes (Statistics Korea, 2016). Para essa metrópole foi implementado o índice denominado BAR, sendo sua aplicação obrigatória desde 2004 para projetos de infraestrutura e desenvolvimento urbano, bem como projetos de construção civil. O BAR possui o mesmo conceito téorico do BAF, segundo a Equação 1. As mudanças em relação ao BAF referem-se unicamente aos fatores de ponderação mais baixos para o BAR nos seguintes itens: superfícies parcialmente impermeáveis/semi-impermeáveis (sem vegetação), telhado verde e muro verde.

Os valores alvo do BAR foram estabelecidos durante estudo realizado na área metropolitana de Seul, o qual englobou 43 quadras e 20 lotes, sendo dois os critérios que definem os valores alvos: o uso do lote (Tabela 2) ou o zoneamento urbano. Nesse último caso, o BAR deve ser maior do que 0,3 nas áreas exclusivamente residenciais e maior do que 0,2 nas áreas adensadas, como os distritos comerciais ou semirresidenciais (Lakes; Kim, 2012).

Tabela 2 – Biotope Area Ratio alvo para diferentes tipos de construção civil.

Uso do lote	BAR alvo
Habitação regular (área de desenvolvimento < 660 m²)	≥ 0,2
Habitação pública (área de desenvolvimento ≥ 660 m²)	≥ 0,3
Arquitetura regular (négocios, comercial, industrial etc.)	≥ 0,2
Instalações públicas	≥ 0,3
Estabelecimentos de ensino (escolas, universidades etc.)	≥ 0,4
Instalações de área verde e arquitetura	≥ 0,5

Fonte: Seul (2004), citado por Lakes e Kim (2012).

Seattle Green Factor (SGF)

Seattle (47°37'35" N, 122°19'59" O) possui cerca de 370 km² de área e uma população estimada de 662.400 habitantes (Seattle, 2015), sendo a cidade mais populosa do estado norte-americano de Washington.

O SGF foi a primeira iniciativa regulamentada nos Estados Unidos a usar um sistema de pontuação visando adicionar infraestrutura verde em área urbana (Stenning, 2008).

O Plano Integrado de Seattle direcionava e ordenava o crescimento urbano da cidade e, para evitar os potenciais efeitos adversos gerados pelo adensamento urbano, foram desenvolvidas exigências para uma paisagem urbana mais robusta, buscando referência nos antecedentes europeus, mas adaptada ao contexto social e ambiental local (Asla, 2010).

O SGF foi inicialmente implementado para zonas comerciais de Seattle em janeiro de 2007. Em 2009, a ferramenta foi expandida para uso em unidades residenciais. Tal revisão envolveu a mudança no valor da pontuação de alguns elementos e adicionou novas categorias ao sistema de ponderação (Hirst et al., 2008).

As três prioridades básicas do SGF são: habitabilidade, serviços ecossistêmicos e adaptações às mudanças climáticas.

Para as zonas comerciais fora do centro de Seattle, o SGF deve ser aplicado para novos empreendimentos que contenham mais de quatro unidades habitacionais, novos empreendimentos não residenciais com mais de 4.000 pés quadrados (equivalente a 372 m²) e novos estacionamentos com mais de 20 vagas para automóveis.

A zona comercial do centro de Seattle está sujeita apenas à regulamentação anterior a 2006, pois já era previsto que seria difícil que os lotes atingissem as exigências de pontuação (Stenning, 2008).

O SGF mínimo varia de acordo com o zoneamento urbano, de 0,3 até 0,6. No código anterior ao sistema SGF, a pontuação atingida pelas zonas comerciais variava de 0,05 a 0,15. Nesse sentido, a pontuação mínima de 0,3 para zonas comerciais proporciona uma nova configuração na paisagem urbana (Asla, 2010).

No site da prefeitura de Seattle é disponibilizada uma planilha[1] contendo diversas características da paisagem, ponderadas de acordo com a importância da sua função no ecossistema, por exemplo, a área de copa de uma árvore

---

[1] Disponível em: http://www.seattle.gov/dpd/vault/greenfactor/accomplishments/default.htm. Acesso em: 17 jan. 2018.

preservada é multiplicada por um fator de ponderação 0,8, enquanto uma árvore recém-plantada será multiplicada pelo fator 0,4. O total é dividido pelo tamanho do lote, fornecendo então o SGF.

São incentivados usos de pavimentos permeáveis, paredes e telhados verdes e sistemas de biorretenção de águas pluviais.

O SGF conta com iniciativas importantes, como a possibilidade de sobrepor camadas e o crédito adicional dado a quatro ações:

1. Uso de plantas nativas ou tolerantes à seca.
2. Áreas nas quais 50% das necessidades de irrigação venham da coleta de águas pluviais.
3. Visibilidade da paisagem a partir da rua, havendo uma colaboração indireta para a revitalização da paisagem do espaço público.
4. Cultivo de alimentos.

Em avaliação posterior, foi observado que, na primeira geração de projetos pós-implementação do SGF, 75% deles incluíram paredes verdes, 50% telhados verdes, 50% pavimento permeável, e cada projeto tinha pelo menos um dos três elementos (Asla, 2010).

A partir do SGF, outras cidades norte-americanas regulamentaram o Green Factor, como a cidade de Fife (Washington) e Columbia (Missouri).

Green Infrastructure Score (GI Score)

A região de North West England (Noroeste da Inglaterra) reúne os condados de Cheshire, Cumbria, Greater Manchester, Lancashire e Merseyside em uma área de 14,165 km². É a terceira região mais populosa do Reino Unido, com 7,1 milhões de habitantes em 2014 (Office..., 2016).

O GI Score fazia parte do Sustainable Building Policy, mas com a abolição do órgão governamental que o desenvolveu em 2011 (North-West Development Agency – NWDA), o indicador teve seu *status* rebaixado para guia (Vartholomaios et al., 2013).

Quanto à pontuação, o GI Score mínimo, ou valor alvo, era de 0,6 para terrenos vazios. Para terrenos com edificações existentes, o GI Score proposto deveria ser 0,2 acima do valor calculado para a situação existente. Em relação aos fatores de ponderação (ver Tabela 3), para áreas com vegetação em solo conectado ao subsolo e áreas de retenção de água, são dadas as pontuações mais altas (FP = 1,0) e, diferentemente do BAF, a infiltração por águas pluviais não é ponderada.

Em conjunto com o sistema de ponderação que favorece o aumento das superfícies ecologicamente estáveis do lote, foram determinados onze benefícios econômicos relacionados com a infraestrutura verde, denominados GI Interventions:

1. Adaptação e mitigação das alterações climáticas.
2. Crescimento econômico e investimentos.
3. Alívio de inundação e gestão.
4. Saúde e bem-estar.
5. Produtividade do trabalho.
6. Biodiversidade.
7. Valor da terra.
8. Produtos da terra.
9. Qualidade do lugar.
10. Recreação e lazer.
11. Turismo.

Na planilha a ser preenchida (North…, 2018), o usuário deveria identificar quais dos onze benefícios econômicos eram prioridades no planejamento do espaço, assinalar quais intervenções foram escolhidas para maximizar tais benefícios e descrever como foram utilizadas as intervenções. Tal metodologia, ao proporcionar a avaliação da melhor estratégia (ou intervenção escolhida) para alcançar determinada vantagem (econômica, social ou ambiental) ligada ao investimento em infraestrutura verde, auxilia o usuário na tomada de decisão.

Southampton's Green Space Factor (GSF)

Southampton (50°54'25" S, 1°24'17" W) é a maior cidade portuária da costa sul do Reino Unido, com 51,47 km² e uma população estimada em 249.500 habitantes no ano de 2015 (Southampton, 2015).

O GSF Southtampton é resultado direto do projeto The Green and Blue Space Adaptation for Urban Areas and Eco Towns (GRaBS), o qual tinha como objetivo central estimular o uso de infraestrutura verde como ferramenta de adaptação das áreas urbanas aos efeitos das mudanças climáticas, resultando em uma série de recursos, como uma ferramenta de avaliação da vulnerabilidade a risco e uma base de dados contendo estudos de casos que contam a experiência das cidades envolvidas na criação de infraestrutura verde e azul (Southampton, 2013).

O GSF Southtampton tem caráter obrigatório para uma ou mais habitações (novas ou existentes) ou unidades não residenciais que excedam 500 m² e que estejam localizadas na área central da cidade. Para as outras localidades, a aplicação do GSF Southtampton é opcional (Southampton, 2016). Diferentemente dos outros métodos, o GSF² Southampton não valora um índice alvo, mas deve ser provado um aumento do índice quando comparado à situação inicial, sem a aplicação de estratégias voltadas à infraestrutura verde.

A utilização do GSF Southtampton auxilia no preenchimento obrigatório de outros métodos, como o sistema de certificação Building Research Establishment Environmental Assessment Method (BREEAM) (Southampton, 2015).

SISTEMA DE PONDERAÇÃO

No método BAF, as pontuações das categorias (nomeadas de A a H na Tabela 3, e melhor descritas a seguir) foram definidas, segundo Becker (1990), a partir do desempenho de cada área individual, considerando cinco critérios:

1. Eficiência da evapotranspiração.
2. Capacidade de conter poluentes.
3. Habilidade para infiltração e armazenamento da água da chuva.
4. Desempenho das funções do solo.
5. Disponibilidade de uso do espaço como habitat para animais e plantas.

Tais critérios não servem para avaliar a categoria I, incluída no BAF, devendo ser avaliada pelo serviço ecossistêmico prestado.

A condição hídrica das plantas, quando não restringida, permite a evapotranspiração, fenômeno que compreende as perdas associadas de água a partir da transpiração pelas folhas e da evaporação da superfície do solo (Oke, 1987). A taxa de transpiração pelas folhas está relacionada com a quantidade de estômatos na superfície foliar, os quais estão diretamente ligados ao processo de fotossíntese. Durante o dia, ao permitir a passagem de gás carbônico, a umidade no interior das plantas também é exposta, resultando no resfriamento do ar.

---

² Disponível em: https://www.southampton.gov.uk/policies/Green-Space-Factor-guidance-notes-2015.pdf. Acesso em: 17 jan. 2018.

Tabela 3 – Critérios de avaliação para cada categoria segundo o método BAF.

	CATEGORIA	FP (BAF)	Eficiência da evapotranspiração	Capacidade de conter poluentes	CRITÉRIOS Habilidade para infiltração e armazenamento da água da chuva	Desempenho das funções do solo	Disponibilidade como habitat para animais e plantas
A	Superfícies impermeáveis	0,0	Não possui	Não possui	Não possui	Não possui	Não possui
B	Superfícies parcialmente impermeáveis/semi-impermeáveis (sem vegetação)	0,3	Baixa	Não possui	Baixa	Baixo	Baixa
C	Superfícies parcialmente impermeáveis/semi-impermeáveis (com vegetação)/áreas cobertas por cascalho ou areia	0,5	Média	Não possui	Média	Médio	Baixa a média
D	Vegetação sem conexão com o solo raso abaixo	0,5	Média a alta	Baixa a média	Baixa	Baixo	Média
E	Vegetação sem conexão com o solo profundo abaixo	0,7	Alta	Alta	Baixa a média	Baixo a médio	Média a alta
F	Vegetação conectada com o solo abaixo	1,0	Alta a muito alta	Alta	Alta	Alto	Alta
G	Vegetação vertical < 10 m (altura)	0,5	Alta	Alta	Não possui	Não possui	Alta
H	Telhado verde	0,7	Alta	Alta	Baixa a média	Baixo	Alta a muito alta
I	Infiltração de águas pluviais por m² de área de telhado	Não avaliada	Não avaliada	Não avaliada	Não avaliada	Não avaliado	Não avaliada

Fonte: adaptado de Becker (1990)

A tendência é de que, por meio da evapotranspiração, áreas gramadas transformem a energia absorvida em calor latente, havendo reduções do calor sensível da camada de ar adjacente, da temperatura de superfície (especialmente quando comparada às superfícies escuras ou secas) e da radiação de onda longa, à qual os pedestres estão sujeitos (Oke, 1987). Erell et al. (2011) citam que, em pequenas áreas gramadas, com a mistura dos fluxos de ar, o efeito de resfriamento se restringe à camada de ar próxima à superfície. Segundo os mesmos autores, a taxa de evapotranspiração de áreas gramadas de baixa altura varia tipicamente entre 70% a 80% da evaporação de superfícies líquidas.

No período noturno, por não haver fotossíntese, os estômatos das plantas são fechados e não há resfriamento por transpiração, sendo os fatores de maior influência para a determinação do campo térmico das áreas vegetadas as propriedades radiantes e térmicas das superfícies (Erell et al., 2011).

Nota-se que um dos critérios de maior peso na atribuição de pontos do sistema de ponderação do método BAF é a eficiência do processo de evapotranspiração nas plantas. Porém, sob o ponto de vista da melhoria do microclima em dias com temperaturas mais altas, Erell et al. (2011) ressaltam que não é adequado atribuir exclusivamente ao fenômeno da evapotranspiração das plantas a redução da temperatura do ar no ambiente urbano, uma vez que, em razão de a fotossíntese ocorrer principalmente com as folhas expostas à luz solar direta, a maior parte da transferência de vapor é verificada acima do topo das copas das árvores, de forma que o fenômeno de resfriamento pela evapotranspiração teria pouco efeito ao nível do pedestre.

A intensidade do fenômeno da evapotranspiração está relacionada com o tipo e o tamanho da cobertura vegetal, bem como às condições da área cultivada, como a localização e o clima, entre outros fatores.

As plantas, especialmente as de porte arbóreo, também desempenham um importante papel na qualidade do ar. As partículas poluentes da atmosfera podem ser retidas temporariamente nas superfícies foliares ou, por meio da abertura dos estômatos, podem ser dissolvidas nos espaços intercelulares e então são absorvidas, gerando ácidos ou reagindo com as superfícies internas das folhas (Shinzato, 2009). No entanto, Becker (1990) avalia como pouco significativo o efeito de filtragem da poluição através das plantas. A capacidade das árvores em reter poluentes do ar depende das características das folhas e das condições climáticas, como o período de chuvas (Nowak, 1994).

Além da poluição gerada, outra característica comum dos centros urbanos é a impermeabilização do solo, com a supressão das coberturas vegetais para dar lugar a áreas asfaltadas e pavimentadas. A falta de infiltração de água pelo solo prejudica o escoamento superficial, aumentando a velocidade e a quantidade de água que chega aos córregos e rios. Essa situação contribui para a quantidade de poluentes que chega ao sistema público de coleta de águas pluviais, sobrecarregando-o, o que configura um cenário propício a inundações. Dessa forma, o ciclo hidrológico, que compreende os processos de inundações e erosão, é afetado.

O escoamento acelerado das águas pluviais pode ser evitado ou reduzido com a presença de vegetação arbórea, que serve de barreira contra os ventos, e através das raízes, que mantêm a estabilidade do solo, especialmente se a inclinação do terreno for superior a 30% (Mascaró, 1991; Shinzato, 2009).

Os solos com baixo nível de impermeabilização, além de contribuírem com a infiltração das águas pluviais, tornam mais efetivas as funções do solo. Alta concentração de húmus e mínima interferência na estrutura natural do solo são outros fatores que auxiliam um melhor desempenho (Becker, 1990). Entre as funções do solo, destacam-se a filtragem (mecânica) dos compostos sólidos e líquidos, controlando o transporte até o lençol freático, e o tampão (físico-químico), com adsorção dos compostos poluentes e transformação (microbiológica e bioquímica) por meio da alteração e decomposição de compostos orgânicos tóxicos, que são imobilizados no solo, destruídos ou metabolizados (Soltner, 1983).

O último critério que influencia o sistema de ponderação das categorias no método BAF é a disponibilidade ou relevância de determinada área como habitat para animais e plantas. Segundo Becker (1990), nesse item avalia-se apenas se o local é apto como habitat para animais e plantas, sem fazer diferenciação quanto ao tipo de vegetação e o volume dos espaços verdes.

A Tabela 4 contém diferentes tipos de superfície que podem compreender o espaço aberto de um lote, os quais se encontram organizados por categorias. Conforme já mencionado, as categorias A até I são aquelas consideradas no método BAF. A categoria J, após o BAF, foi incluída em todos os demais índices aqui apresentados. A categoria K é exclusiva do método SGF.

Tabela 4 – Fatores de ponderação para as diferentes categorias, considerando os índices BAF, GSF Malmö, BAR, SGF, GI Score e GSF Southampton.

Categoria		Método					
		BAF	GSF Malmö	BAR	SGF	GI Score	GSF Southampton
A	Superfícies impermeáveis	0,0	0,0	0,0	0,0	0,0	0,0
B	Superfícies parcialmente impermeáveis/semi-impermeáveis (sem vegetação)	0,3	0,2	0,2	0,2	0,2	0,2
C	Superfícies parcialmente impermeáveis/semi-abertas (com vegetação) – áreas cobertas por cascalho ou areia	0,5	0,4	0,5	0,5	0,4	0,4
D	Vegetação sem conexão com o solo raso abaixo	0,5	0,7	0,5	0,1	0,4	0,4
E	Vegetação sem conexão com o solo profundo abaixo	0,7	0,9	0,7	0,6	0,6	0,6
F	Vegetação conectada com o solo abaixo	1,0	1,0	1,0		1,0	1,0
G	Vegetação vertical < 10 m (altura)	0,5	0,7	0,3	0,7	0,6	0,6
H	Telhado verde	0,7	0,6	0,5	0,4/0,7 (1)	0,7	0,6/0,7 (1)
I	Infiltração de águas pluviais por m² de área de telhado	0,2	0,2	0,2	1,0	NF	NF
J	Superfícies de água	NF	1,0	0,7/1,0 (2)	0,7	1,0	1,0
K	Sistema estrutural do solo	NF	NF	NF	0,2	NF	NF
	Bônus pra qualidades específicas de vegetação	Não	Não	Não	Sim	Não	Não

(1) Vegetação extensiva/vegetação intensiva.
(2) Sistema artificial/sistema natural.
Fonte: adaptada de Becker e Richard (1990), Kruuse (2011); Lakes e Kim (2012); Aslan (2010), North...(2018) e Southampton (2015).

Na denominação de cada categoria procurou-se seguir aquela estabelecida no método BAF. Em alguns casos, o nome de uma categoria em um método não é o mesmo que o utilizado em outro método. Nessa situação, foram verificadas todas as descrições das categorias (quando havia) nos documentos e planilhas disponíveis, para que fosse possível encontrar as correspondências entre elas.

A seguir, é apresentada uma breve descrição das categorias:

- Categoria A: superfícies impermeáveis. Consideram-se, neste caso, as superfícies impermeáveis ao ar e à água, sem crescimento de plantas (como exemplos, incluem-se superfícies com cobrimento de concreto, asfaltadas, lajes com sub-base sólida etc.). O fator de ponderação é zero em todas as metodologias.

- Categoria B: superfícies parcialmente impermeáveis/semi-impermeáveis (sem vegetação). São consideradas nesta categoria as superfícies permeáveis ao ar e à água, mas que não permitam crescimento de plantas (como exemplos, têm-se acabamentos cerâmicos, pavimentação em mosaico, lajes com sub-base de areia ou cascalho etc.). O fator de ponderação é de 0,3 para o BAF e de 0,2 para todas as demais metodologias. Apenas no SGF é mencionada a altura da camada de substrato, que deve ter entre 15 e 60 cm.

- Categoria C: superfícies parcialmente impermeáveis/semi-impermeáveis (com vegetação)/áreas cobertas por cascalho ou areia. São as superfícies permeáveis ao ar e à água, com infiltração e crescimento de plantas (como exemplo, têm-se cascalho, cobertura de grama, blocos de madeira, pavimentos concretados, porém intertravados com grama/concregrama etc.). O fator de ponderação é de 0,5 para BAF, BAR e SGF e de 0,4 para GSF Malmö, GI Score e GSF Southampton. Ressalta-se que o cascalho é um elemento repetido nas categorias G e H, sendo a altura do substrato o elemento de definição para o fator de ponderação: raso ($FP = 0,2$) ou profundo ($FP = 0,5$). No SGF, a camada de substrato deve ter pelo menos 60 cm.

- Categoria D: vegetação sem conexão com o solo raso abaixo; superfície com vegetação encontrada, por exemplo, sobre garagens subterrâneas. Nessa situação, considera-se que a altura do solo não seria suficiente para conter um elemento arbóreo. A profundidade média do solo é variável em cada método, sendo de até 80 cm para o BAF; 20 a 80 cm para GSF Malmö; até 90 cm para o BAR; até 24 polegadas (61 cm) para o SGF; e até 60 cm para o GI Score e GSF Southampton. Para esta categoria, nota-se uma ampla variação nos FP atribuídos por cada método, desde variações menos impactantes, como observado no SGF (FP = 0,1), até uma pontuação considerável no GSF Malmö (FP = 0,7).

- Categoria E: vegetação sem conexão com o solo profundo abaixo. Assim como na categoria D, esse tipo de superfície pode ser utilizado sobre garagens subterrâneas, mas com uma camada de substrato mais alta. A profundidade do solo está relacionada com o melhor desenvolvimento da cobertura vegetal, incluindo árvores (Becker; Richard, 1990), sendo superior a 80 cm para o BAF e o GSF Malmö; 90 cm para o BAR; 24 polegadas (61 cm) para o SGF; e 60 cm para o GI Score. Os fatores de ponderação variam de 0,6 a 0,9.

- Categoria F: vegetação conectada com o solo abaixo. Superfície disponível para o desenvolvimento da flora e da fauna. O valor 1 do fator de ponderação é significativo e igual para todas as metodologias analisadas, exceto para o SGF. Nesse caso, a descrição das categorias B e C é complementar e apenas denominada "áreas ajardinadas > 24 polegadas".

- Categoria G: vegetação vertical < 10 m (altura). Consideram-se paredes externas, sem janelas, até a altura de 10 m. O fator de ponderação é mais alto no GSF Malmö e no SGF (FP = 0,7). No GI Score e no GSF Southampton, o FP é de 0,6. No BAF, o FP é de 0,5 e o valor de ponderação mais baixo, correspondente a 0,3, é do BAR.

- Categoria H: telhado verde. No BAF e no GI Score, o fator de ponderação é de 0,7, enquanto no GSF Malmö e no BAR, este é de 0,6 e 0,5, respectivamente. Diferente de tais metodologias, no SGF e no GSF Southampton é feita uma diferenciação entre telhados extensivos e intensivos; nesse último, espera-se um aumento das funções ecossistêmicas em razão de uma maior profundidade do solo (Becker, 1990). No SGF, um telhado verde com camada de substrato de 5 até 10 cm possui FP de 0,4, enquanto aquele com espessura de no mínimo 10 cm possui fator de ponderação 0,7. No GSF Southampton, os valores dos FP são de 0,6 e 0,7 para telhados extensivos (altura mínima de 2 cm) e intensivos, respectivamente.

- Categoria I: infiltração de águas pluviais por m^2 de área de telhado. Pontua para cada m^2 de área de telhado, a partir do qual a água é drenada para as superfícies com vegetação existente. Para o BAF, GSF Malmö e BAR, o fator de ponderação é de 0,2. GI Score e GSF Southampton não pontuam nessa categoria. Para o SGF, é considerada a categoria de "facilidades de biorretenção", descritas como áreas ajardinadas que recebem águas pluviais advindas do entorno, que utilizam plantas e o solo preparado para aumentar a infiltração nele, reduzir o escoamento e aumentar sua qualidade, além do efeito de filtro (redução da poluição) (Hirst et al., 2008). Em relação à função ecossistêmica, destaca-se o reabastecimento de água subterrânea de alta a muito alta (Becker; Richard, 1990), além dos benefícios funcionais das facilidades de biorretenção mencionadas acima.

- Categoria J: superfícies de água. No GI Score e no GSF Southampton, a exigência é que os espaços cobertos por água (lagoa, espelho d'água etc.) devem assim permanecer pelo período mínimo de 6 meses para que sejam pontuados. O fator de ponderação é de 1,0 em ambas as metodologias, assim como para o GSF Malmö. No SGF (FP = 0,7), para a contabilização dos pontos, a coleta de águas pluviais deve ser suficiente para abastecer o local em pelo menos 50% do seu fluxo anual, sendo o reservatório mantido por no mínimo 6 meses (Hirst et al., 2008). No BAR há uma diferenciação no que se refere à água poder ou não correr pelo solo abaixo, como uma lagoa natural (FP = 1) ou como uma lagoa artificial (FP = 0,7), respectivamente. O BAF não pontua nessa categoria. No âmbito ecossistêmico, citam-se duas funções principais dessa categoria: fornecer habitat para plantas e animais; e contribuir com o resfriamento local (Hirst et al., 2008).

- Categoria K: Sistema estrutural do solo. Tal categoria está incluída apenas no SGF e possui fator de ponderação de 0,2. Entre as funções no ecossistema cita-se a redução de danos às calçadas, já que contribui com o crescimento das árvores e melhora a infiltração de águas pluviais, se o solo for coberto com um material de revestimento poroso (Hirst et al., 2008).

Entre os benefícios da presença de árvores no meio ambiente, citam-se redução da ilha de calor, resfriamento evaporativo em razão da evapotranspiração, diminuição do escoamento superficial e criação de habitats (Hirst et al., 2008). Evidentemente, quanto maior o porte arbóreo, mais benefícios do ponto de vista do microclima e do conforto térmico são alcançados, quando o desconforto do espaço aberto se dá pela temperatura elevada. No entanto, vale ressaltar que árvores de maior porte geralmente requerem maiores áreas para plantio e exigem mais manutenção comparativamente a árvores de pequeno porte (Hirst et al., 2008).

No método GSF Malmö, a superfície ecologicamente estável ocupada por árvore ou arbusto (em m²) deve ser calculada segundo a Equação 2 (Malmö Stad, 2014b):

superfície ecologicamente estável ocupada por árvore ou
arbusto (GSF Malmö) = n × X × Y

Equação 2

Onde: *n* é o número de árvores ou arbustos; *X* é a altura da árvore madura ou arbusto maduro; e *Y* é a circunferência do tronco ou a altura do arbusto no momento do plantio.

No método GSF Malmö, os fatores de ponderação para árvores e arbustos não seguem valores fixos, sendo obtidos pela combinação da altura esperada da árvore ou arbusto em seu estágio de desenvolvimento completo (variável *X*) e pela circunferência do tronco da árvore ou pela altura do arbusto no momento do plantio (variável *Y*) (Tabela 5).

Por exemplo, em um lote com três árvores com altura média (entre 12 a 18 m) e circunferência do tronco no momento do plantio de 16 a 20 cm, considera-se o seguinte cálculo:

valor total da vegetação (GSF Malmö) = 3 × 8 × 1,6 = 38,4 m²

Tabela 5 – Cálculo do fator de ponderação para árvores no método GSF Malmö.

Fator de ponderação		Altura da árvore madura			
Circunferência do tronco no momento do plantio		> 18 m (alta)	12-18 m (média)	8-12 m (pequena)	< 8 m (muito pequena)
		x = 10	x = 8	x = 6	x = 4
> 25 cm	y = 2,5	25	20	15	10
20-25 cm	y = 2,0	20	16	12	8
16-20 cm	y = 1,6	16	12,8	9,6	6,4
10-16 cm	y = 1,0	10	8	6	4

Fonte: Malmö Stad (2014b).

No cálculo do FP para arbustos considera-se a altura no momento do plantio, bem como a expectiva de altura quando o arbusto estiver no seu estágio de desenvolvimento completo (Tabela 6).

Tabela 6 – Cálculo do fator de ponderação para arbustos no método GSF Malmö.

Fator de ponderação		Altura do arbusto maduro		
Altura do arbusto no momento do plantio		Alto	Médio	Pequeno
		x = 4,0	x = 3,0	x = 2,0
150-200 cm	y = 2,0	8,0	6,0	4,0
100-150 cm	y = 1,5	6,0	4,5	3,0
< 100 cm	y = 1,0	4,0	3,0	2,0

Fonte: Malmö Stad (2014b).

No método SGF, considera-se a Equação 3 para o cálculo da superfície ecologicamente estável ocupada por árvore ou arbusto (em m²).

superfície ecologicamente estável ocupada por árvore ou arbusto (SGF) =
= *n* × *área da copa em projeção* × *FP*

Equação 3

Onde: *n* é o número de árvores ou arbustos e *FP* é o fator de ponderação.

A Tabela 7 contém o cálculo do FP para vegetação no método SGF.

Tabela 7 – Cálculo do fator de ponderação para vegetação no método SGF.

Descrição da vegetação	Área da copa em projeção	FP
Cobertura vegetal ou plantas maduras com menos de 2′ (60,96 cm) de altura	Medida da área	0,1
Plantas maduras com mais de 2′ (60,96 cm) de altura	12 pés² (1,1 m²)	0,3
Árvores de pequeno porte – envergadura do dossel de 8′ (2 m) até 15′ (5 m)	75 pés² (7,0 m²)	0,3
Árvores de pequeno/médio porte – envergadura do dossel de 16′ (5 m) até 20′ (6 m)	150 pés² (13,9 m²)	0,3
Árvores de médio/grande porte – envergadura do dossel de 21′ (6 m) até 25′ (8 m)	250 pés² (23,2 m²)	0,4
Árvores de grande porte – envergadura do dossel de 26′ (8 m) até 30′ (9 m)	350 pés² (32,5 m²)	0,4

(continua)

Tabela 7 – Cálculo do fator de ponderação para vegetação no método SGF.
(*continuação*)

Descrição da vegetação	Área da copa em projeção	FP
Árvores de grande porte preservadas – troncos com mais de 6″ (0,58 m²) do diâmetro a altura do peito (DAP)	20 pés² (1,9 m²)	0,8

Fonte: Seattle (2016).

No SGF, plantas com menos de 2' (60,96 cm) de altura possuem fator de ponderação de 0,1, considerando também a área ocupada pela planta no interior do lote. Nessa metodologia, para cobertura vegetal ou plantas que no seu estágio de desenvolvimento completo atingiram 2' (60,96 cm) de altura, calcula-se 12 pés² (1,1 m²) por planta (FP = 0,3).

Para uma árvore madura ser categorizada como de pequeno porte, a envergadura do dossel deve ter cerca de 8' (2 m) até 15' (5 m), considerando-se 7 m² por cada árvore. Se a envergadura do dossel for superior a 16' (5 m) até 20' (6 m), a árvore é categorizada como de pequeno/médio porte, considerando-se 13,9 m² por cada árvore. Nesses dois casos, o FP é de 0,3.

Para uma árvore madura ser categorizada como de médio/grande porte, a envergadura do dossel deve ter de 21' (6 m) a 25' (8 m), considerando-se 23,2 m² por cada árvore. Ainda nessa metodologia, para uma árvore madura ser categorizada como de grande porte, a envergadura do dossel deve ter 21' (6 m) até 25' (8 m), considerando-se 32,5 m² por cada árvore. Em ambos os casos, o FP é de 0,4.

No SGF, a preservação de árvores de grande porte, com troncos de pelo menos 6" (0,58 m²) do diâmetro a altura do peito (DAP), possui um FP de 0,8, calculando-se 1,9 m² para cada 0,09 m² de diâmetro (ou para cada polegada de diâmetro).

Nos métodos GI Score e GSF Southampton não há diferenciação entre os diferentes portes arbóreos, considerando-se a área de projeção da área da copa (em m²) de cada árvore (Tabela 8). No GI Score considera-se o FP de 0,4. No GSF Southampton, o que diferencia a categorização das árvores é a profundidade do solo, em que árvores em solo raso possuem um FP de 0,6, enquanto árvores em solo profundo possuem um FP de 1,0. Essa última categoria equivale à categoria F (Tabela 4).

Tabela 8 – Cálculo do Fator de Ponderação para vegetação no método GI Score e GSF Southampton.

Categoria	GI Score		GSF Southampton	
	FP	Requisito	FP	Requisito
Arbusto	0,3	Considera-se a área (em m²) ocupada pelos arbustos	0,4	Considera-se a área (em m²) do gramado curto
			0,5	Considera-se a área (em m²) do gramado longo
Árvore	0,4	Considera-se a área de projeção (em m²) da copa de cada árvore	0,6	Considera-se a área de projeção (em m²) da copa de cada árvore
Árvore protegida			NF	

Fonte: adaptada de North...(2018); Southampton (2015).

No GI Score, o FP para arbusto é de 0,3. No GSF Southampton, considera-se os aspectos gramado curto e gramado longo. No primeiro, ocorre maior compactação do solo e pouca infiltração de água, sendo o FP de 0,4. No segundo, considera-se que a possibilidade de uma maior profundidade do solo não é eficaz para uma maior infiltração de água, em razão da densidade radicular das plantas, sendo o FP de 0,5.

CONSIDERAÇÕES FINAIS

Conforme Stenning (2008), os meios tradicionais de controle do espaço urbano enfatizam o que não é permitido e estabelecem limites construtivos, porém o uso de estratégias adequadas de desenho urbano desejado poderia ser alcançado com uma abordagem que especificasse o que pode e deve ser feito para se atingir tal objetivo. Somada a tal abordagem, a grande vantagem dos índices verdes é o estabelecimento de um padrão mínimo de qualidade ambiental.

As análises das metodologias desenvolvidas e/ou adaptadas por cada cidade, considerando os resultados alcançados, quer sejam positivos, quer negativos, são importantes para reproduzir as ferramentas com sucesso em outros contextos.

Em geral, prefeituras das cidades aqui citadas disponibilizam planilhas de fácil preenchimento, nas quais a pontuação total é calculada automaticamente, permitindo que a combinação de diferentes estratégias seja facilmente testada. A equação por trás de tais metodologias apresentadas (Equação 1) é simples e de fácil manuseio.

As experiências nos países em que as ferramentas são utilizadas como instrumento de planejamento urbano mostram a aceitação por parte dos profissionais envolvidos (arquitetos, urbanistas e engenheiros), tornando esta uma prática comum, que começa na concepção do projeto (para um novo empreendimento) e se desenvolve até sua aplicação real.

Para Lakes e Kim (2012), o sucesso da aplicação de indicadores verdes depende principalmente da implementação regulamentada do ponto de vista legal dos indicadores e da existência de dados urbanos confiáveis, sendo a abordagem por sensoriamento remoto uma importante ferramenta no mapeamento, acompanhamento e avaliação do indicador utilizado, uma vez que possibilita a gravação simultânea de dados atualizados de uma área extensa em formato digital, com integração direta em um sistema de informação geográfica. Ressalta-se também a questão da fiscalização, pois a aprovação do empreendimento não garante a execução correta e a manutenção das estratégias propostas.

Outro ponto importante para a eficácia dos métodos é a clareza como são expostos para a comunidade em geral, o que envolve uma explicação objetiva do processo, com a possibilidade de resultados exequíveis e com benefícios diretos bem definidos. Cita-se como exemplo a planilha utilizada como guia do GI Score, uma vez que a exposição dos múltiplos benefícios que uma única estratégia pode alcançar fica evidente ao usuário pelo seu caráter didático.

Os métodos que consideram a vegetação de porte arbóreo no sistema de pontuação têm a vantagem de agregar pontos extras, já que diferentes categorias pontuam para uma mesma área intralote. As árvores, como já mencionado, oferecem diversos benefícios ao meio ambiente, especialmente no que tange aos aspectos microclimáticos e do conforto térmico dos espaços abertos. No entanto, os métodos GSF Malmö, SGF, GI Score e GSF Southampton podem apresentar diferenças significativas no valor alcançado da superfície ecologicamente estável por meio da presença de árvores e arbustos.

Para comparação, são utilizados os dados do estudo de Roman et al. (2009) para obtenção das características morfológicas da árvore caducifólia, espécie *Cordia trichotoma* (popularmente conhecida como louro-pardo), sendo considerados os seguintes valores médios: altura de 13,1 m; DAP de 16,7 cm; diâmetro de copa de 4,1 m; e área de projeção de copa de 14,7 m² (Tabela 9).

Tabela 9 – Cálculo da área de superfície ecologicamente estável para a espécie *Cordia trichotoma*.

Índice	Dados considerados	Área (m²)	FP	Área da superfície ecologicamente estável (m²)
GSF Mälmo	x (12-18 m) × y (circunferência do tronco no plantio 10-16 cm)	8 x 1		8,0
SGF	Envergadura do dossel de 2 m a 5 m	7,0	0,3	2,1
GI Score	Área = diâmetro de copa² π /4	14,7	0,4	5,9
GSF Southampton	Área = diâmetro de copa² π /4	14,7	0,6	8,8

Os valores das superfícies ecologicamente estáveis do louro-pardo para o GSF Malmö, SGF, GI Score e GSF Southampton são: 8,0 m²; 2,1 m²; 5,9 m²; e 8,8 m², respectivamente.

Por apresentar maior fator de ponderação (FP = 0,6), o índice GSF Southampton resultou em uma superfície ecologicamente estável maior, especialmente quando comparado ao índice SGF (FP = 0,3). Isso demonstra que, para os parâmetros utilizados como exemplo, seriam necessárias quatro árvores no método SGF para se alcançar o valor de uma única árvore no método GSF Southampton.

No GSF Malmö, o peso atribuído para vegetação arbórea também é significativo, mas ressalta-se que, diferente das demais metodologias, no GSF Malmö, além do valor alvo a ser alcançado, devem ser cumpridos os Green Points, que consistem em uma lista de exigências voltadas à biodiversidade e serviços ecossistêmicos. Nesse sentido, embora o sistema de ponderação da vegetação arbórea e arbustiva do GSF Malmö seja mais maleável, há algumas exigências pontuais.

No método GI Score, destaca-se a metodologia proposta, que inclui justificativas expressas de maneira qualitativa, para que o usuário demonstre as estratégias aplicadas para se alcançar os benefícios de investimento em infraestrutura verde.

Os processos de desenvolvimento das metodologias poderiam ser mais transparentes. Sabe-se que a partir do BAF, outras cidades adaptaram tal índice para o contexto local. No entanto, não fica evidente quais critérios levam a determinado ajuste no sistema de ponderação, uma vez que os serviços ecossistêmicos são diversos.

Outra questão a ser discutida é que o mosaico da paisagem urbana em uma cidade, por incluir diferentes características, pode exigir demandas distintas em relação às funções do ecossistema. No entanto, ao padronizar o método, tais diferenças podem não expressar de fato a escala de importância de cada categoria para cada situação.

De qualquer maneira, é inegável a contribuição do BAF e de todas as metodologias surgidas a partir dela para a disseminação de infraestruturas verdes urbanas como alternativa de fomento de maior sustentabilidade urbana.

Duas importantes iniciativas, regulamentadas em suas cidades de origem, que utilizaram o BAF como base teórica de desenvolvimento são o Green Plot Ratio (GnPR) e a Quota Ambiental (QA), ambas com importantes diferenças. No GnPR, o principal diferencial em relação a qualquer outra métrica da paisagem intralote é que ele é tridimensional (3D), já que considera o volume da vegetação e, na QA, são adotados parâmetros para melhorar a drenagem urbana, além da promoção da vegetação.

O GnPR, introduzido por Ong (2003), foi adotado pela administração pública da cidade de Cingapura, podendo ser definido pela razão entre a área foliar para um dado lote e a área total do lote ou simplesmente o índice de área folia (IAF) médio para um determinado lote. A QA foi implementada mais recentemente, em 2016, vindo a ser um instrumento integrante da Lei de Parcelamento, Uso e Ocupação do Solo da cidade de São Paulo (Lei n. 16.402/2016), devendo ser aplicado em todas as novas edificações públicas e privadas cujos lotes tenham áreas superiores a 500 m² e para reformas que englobem mais de 20% da área construída (São Paulo, 2016). Essa medida visa a reduzir a sobrecarga nos sistemas de drenagem, por meio do aumento da permeabilidade do solo e da vegetação, impactar positivamente no microclima (redução das ilhas de calor) e contribuir com a qualidade ecossistêmica (biodiversidade).

O objetivo de tornar as áreas ecologicamente estáveis, incluindo o impacto da vegetação, um parâmetro de controle do espaço urbano e suscetível de ser regulamentado como instrumento de planejamento urbano, é um avanço importante para o urbanismo climaticamente responsável, devendo servir de modelo para outras cidades do mundo.

REFERÊNCIAS

[ASLA] AMERICAN SOCIETY OF LANDSCAPE ARCHITECTS. Professional Awards: Seattle Green Factor. 2010. Disponível em: <https://www.asla.org/2010awards/519.html>. Acesso em: 16 nov. 2016.

ANDERBERG, S. Western harbor In Malmö. In: *Review 11. Reinventing planning:* examples from the profession. 2015.

AUSTIN, G. Case study and sustainability assessment of BO01, Malmö, Sweden. *Journal of Green Building*, v. 8, n. 3, p. 34-50, 2013.

BARTON, M. A. *Nature-based solutions in urban contexts. a case study of Malmö, Sweden.* 2016. 69f. Dissertação (Mestrado). Master (Master of Science in Environmental Sciences, Policy & Management), Lund University, University of Manchester, University of the Aegean, Central European University, Lund, Sweden, 2016.

BECKER, G.; RICHARD, M. The biotope area factor as an ecological parameter: principles for its determination and identification of the target. Berlim: Landschaft Planen & Bauen, 1990. Disponível em: <http://www.stadtentwicklung.berlin.de/umwelt/landschaftsplanung/bff/download/Auszug_BFF_Gutachten_1990_eng.pdf>. Acesso em: 16 nov. 2016.

BERLIM (cidade). *Berlin-statistik 2015*. Berlim: Amt für Statistik Berlin-Brandenburg, 2015. Disponível em: <https://www.statistik-berlin-brandenburg.de/produkte/kleinestatistik/AP_kleinestatistik_de_2015_be.pdf>. Acesso em: 8 nov. 2016.

_____. *Biotope Area Factor.* s/d. Disponível em: <http://www.stadtentwicklung.berlin.de/umwelt/landschaftsplanung/bff/index_en.shtml>. Acesso em: 8 nov. 2016.

CLOOS, I. A. *Project celebrates its 25th Birthday:* the landscape programme including nature conservation in Berlin. Berlim: Stadt und Grun, 2004. Disponível em: <http://www.berlin.de/senuvk/umwelt/landschaftsplanung/lapro/download/lapro-25jahre_englisch.pdf>. Acesso em: 16 nov. 2016.

DALMAN, E.; MÅNSSON, M.; HANSSON, L. *"The creative dialogue" for Flagghusen.* Malmö (Suécia): Prefeitura de Malmö, 2011. Disponível em: <http://malmo.se/download/18.24a63bbe13e8ea7a3c699db/1383643945709/The+Creative+dialogue+for+Flagghusen+(2010).pdf>. Acesso em: 16 nov. 2016.

DUARTE, D. O impacto da vegetação no microclima em cidades adensadas e seu papel na adaptação aos fenômenos de aquecimento urbano. Contribuições a uma abordagem interdisciplinar. São Paulo, 2015. 167f. Tese (Livre-docência), Departamento de Tecnologia da Arquitetura da Faculdade de Arquitetura e Urbanismo da Universidade de São Paulo (FAU-USP), 2015.

ERELL, E.; PEARLMUTTER, D.; WILLIAMSON, T. *Urban microclimate:* designing the spaces between buildings. Londres: Earthscan/James & James Science, 2011, 266p.

HERZOG, C. Infraestrutura verde para cidades mais sustentáveis. In: *Teoria e práticas em construções sustentáveis no Brasil:* Projeto CCPS. Rio de Janeiro: Secretaria de Estado do Ambiente do Rio de Janeiro; ICLEI – Governos Locais pela Sustentabilidade, 2010. Disponível em: <https://inverde.files.wordpress.com/2011/05/secao-iv_3_infra_verde_docfinal_rev.pdf>. Acesso em: 16 nov. 2016.

HIRST, J.; MORLEY, J.; BAN, K. *Functional landscapes:* assessing elements of Seattle Green Factor. Seattle: City Department of Seattle, 2008. Disponível em: <http://www.seattle.gov/dpd/cs/groups/pan/@pan/documents/web_informational/dpds021359.pdf>. Acesso em: 16 nov. 2016.

KAZMIERCZAK, A.; CARTER, J. *Adaptation to climate change using green and blue infrastructure.* A database of case studies. Manchester: University of Manchester. 2010. Disponível em: <http://orca.cf.ac.uk/64906/1/Database_Final_no_hyperlinks.pdf>. Acesso em: 16 nov. 2016.

KRUUSE, A. *GRaBS expert paper 6:* the green space factor and the green points system. Londres: The GRaBS project/London, Town and Country Planning Association and GRaBS, 2011. Disponível em: <http://malmo.se/download/18.d8bc6b31373089f7d980008924/1383649554866/greenspacefactor_greenpoints_grabs.pdf>. Acesso em: 16 nov. 2016.

LAKES, T.; KIM, H.-O. The urban environmental indicator "Biotope Area Ratio": an enhanced approach to assess and manage the urban ecosystem services using high resolution remote-sensing. *Ecological Indicators*, v. 13, p. 93-103, 2012.

MALMÖ STAD. Årsavstämning: befolkning. 2014a. Disponível em: <http://malmo.se/downl
oad/18.76b7688614bb5ccea092f8c3/1425313686187/%C3%A5rsavst%C3%A4mning2014_%
C3%A4ndrad3.pdf>. Acesso em: 16 nov. 2016.

_____. *Riktlinjer för Grönytefaktor.* 2014b. Disponível em: <http://malmo.se/download/18.5
a4985371574d2c19f82f9e9/1477570075592/gr%C3%B6nytefaktordec%2B2014.pdf>. Acesso
em: 8 nov. 2016.

NATURAL ECONOMY NORTHWEST. *Putting the green in the grey:* creating sustainable grey
infrastructure. A guide for developers, planners and project managers. Inglaterra: Natural
Economy Northwest. Disponível em: <http://www.greeninfrastructurenw.co.uk/resources/6b4_
Guide_Final_v3.pdf>. Acesso em: 16 nov. 2016.

NELLEMANN, C.; CORCORAN, E. (Eds.). *Dead planet, living planet:* biodiversity and ecosystem
restoration for sustainable development. A rapid response Assessment. Noruega United Nations
Environment Programme/GRID-Arendal, 2010, 111p. Disponível em: <www.unep.org/pdf/
RRAecosystems_screen.pdf>. Acesso em: 16 nov. 2016.

NORTH WEST GREEN INFRASTRUCTURE. Planilha. Disponível em: <http://www.green-
infrastructurenw.co.uk/resources/gi_toolkit.xls>. Acesso em:17 jan. 2018.

OFFICE FOR NATIONAL STATISTICS. *Overview of the UK population:* February 2016. 2016.
Disponível em: <http://www.ons.gov.uk/peoplepopulationandcommunity/populationandmi-
gration/populationestimates/articles/overviewoftheukpopulation/february2016>. Acesso em:
8 nov. 2016.

OKE, T. R. *Boundary layer climates.* 2. ed. Londres: Routledge, 1987, 435p.

ONG, B. L. Green plot ratio: an ecological measure for architecture and urban planning.
Landscape and Urban Planning, v. 63, p. 197-211, 2003.

ROMAN, M.; BRESSAN, D. A.; DURLO, M. A. Variáveis morfométricas e relações interdimen-
sionais para *Cordia trichotoma* (Vell.) Arráb. ex Steud. *Ciência Florestal,* v. 19, n. 4, p. 473-480,
2009.

SÃO PAULO (cidade). *Quota ambiental.* Disponível em: <http://gestaourbana.prefeitura.sp.
gov.br/cota-ambiental-2/>. Acesso em: 8 nov. 2016.

SEATTLE (cidade). *Population & Households Quick Statistics, 2015.* Disponível em: http://www.
seattle.gov/dpd/cityplanning/populationdemographics/aboutseattle/population/default.htm.
Acesso em: 8 nov. 2016.

_____. Planilha. Disponível em: <http://www.seattle.gov/dpd/codesrules/changestocode/
greenfactor/documents/default.htm>. Acesso em: 8 nov. 2016.

SHINZATO, P. *O impacto das vegetações no microclima urbano.* 2009. 173 f. Dissertação (Mestrado). Universidade de São Paulo, São Paulo, 2009.

SOLTNER, D. Les bases de la production végétale – Tome I: Le Sol. Collection Sciences et
Techniques Agricoles. Les Clos Lorelle (França): 1983.

SOUTHAMPTON. *City Centre Action Plan.* Open Space & Green Infrastructure Background
Paper. 2013. Disponível em: <https://www.southampton.gov.uk/policies/Open-Space-and-
Green-Infrastructure-background-paper.pdf>. Acesso em: 8 nov. 2016.

_____. *Green Space Factor Guidance Notes.* 2015. Disponível em: <https://www.south-
ampton.gov.uk/policies/Green-Space-Factor-guidance-notes-2015.pdf>. Acesso em: 8 nov.
2016.

_____. *Mid Year Population Estimate 2015.* Disponível em: <http://www.southampton.
gov.uk/council-democracy/council-data/statistics/mye-southampton.aspx>. Acesso em: 8 nov.
2016.

STATISTICS KOREA. *Current population of the Seoul National Capital Area*. Disponível em: <http://www.index.go.kr/potal/main/EachDtlPageDetail.do?idx_cd=2729>. Acesso em: 8 nov. 2016.

STENNING, E. *An assessment of the Seattle Green Factor:* increasing and improving the quality of urban green infrastructure. 2008. 110f. Dissertação (Mestrado). University of Washington, Seattle, 2008. Disponível em: <http://www.seattle.gov/dpd/cs/groups/pan/@pan/documents/web_informational/dpds021358.pdf>. Acesso em: 8 nov. 2016.

VARTHOLOMAIOS, A. et al. The green space factor as a tool for regulating the urban microclimate in vegetation-deprived Greek cities. In: International Conference on "Changing Cities": Spatial, morphological, formal & socio-economic dimensions. Skiathos Island, Grécia. *Proceedings...* Grécia: Changing Cities, 2013, p. 18-21.

Parques urbanos, paisagens e espaços abertos: a qualidade de vida sustentável nos espaços públicos humanizados

12

Simone Helena Tanoue Vizioli
Arquiteta, Instituto de Arquitetura e Urbanismo, USP

Gilda Collet Bruna
Arquiteta e urbanista, Universidade Presbiteriana Mackenzie, UPM

Juliana Cavalaro Camilo
Arquiteta, Instituto de Arquitetura e Urbanismo, USP

INTRODUÇÃO

Este capítulo insere-se no contexto da sociedade contemporânea, pautada pela velocidade da informação e do consumo, pela ausência de pausas, pelo tempo regido pelo trabalho. Porém, nesse universo complexo é necessário assegurar alguns direitos: o direito à cidade – que está muito longe da liberdade individual de acesso a recursos urbanos –, o direito à qualidade de vida, de morar, de lazer e assegurar um futuro para as sociedades que virão. A transformação da cidade depende inevitavelmente do exercício de um poder coletivo de moldar o processo de urbanização, trata-se da liberdade de construir e reconstruir a cidade (Harvey, 2008). Nesse sentido, este texto aborda o conceito ampliado de sustentabilidade, isto é, procura conciliar e relacionar os aspectos de qualidade ambiental e espacial com os sociais, a fim de cumprir o desafio de atender às expectativas da sociedade sem comprometer o ambiente, mantendo-o sadio para esta e para outras gerações. Toma-se como estudo de caso o Parque da Juventude, tendo como metodologia o *walkthrough* e o registro fotográfico. Pretende-se assim, além de abordar as características ambientais e espaciais, discutir as qualidades humanas dos espaços públicos, por meio da percepção, memória ou apropriação, contribuindo com o desenvolvimento mais sustentável das grandes cidades.

A IMAGEM ALÉM DO REGISTRO DOCUMENTAL: ESPAÇOS PERCEBIDOS E VIVIDOS

Para o alcance dos objetivos deste trabalho, adotou-se como ferramenta metodológica o registro por meio da fotografia associada à percepção do sujeito. Tal escolha deve-se ao fato de que a imagem faz parte da dinâmica da vida social, sendo ela resultado da fotografia apresentada como mensagem, originada e elaborada através do tempo. As imagens têm a capacidade de armazenar informações que só poderão ser desvendadas por um método observacional característico de cada pessoa, percebido pelo olhar humano capaz de desvendar seus signos. As imagens que circulam pelo espaço e pelo tempo nem sempre são apresentadas de forma objetiva, mas carregam em sua estrutura uma riqueza subentendida capaz de despertar significados escondidos. A partir desse primeiro entendimento, são apresentadas ao longo do texto imagens sob um olhar atento, retratando espaços do Parque da Juventude.[1]

As imagens são portadoras de pensamento e como tal possibilitam o pensar. Sendo assim, ao se associarem, são "formas que pensam", que ultrapassam o próprio tempo histórico. Segundo Samain (2012), as imagens pensam e fazem pensar, além de moldarem o próprio olhar: "Somos assim 'observadores' condicionados tanto pelos nossos modos de ver como pela peculiaridade com que as imagens olham para nós" (Samain, 2012, p. 14). Já para Debord (1967, p. 18), "as imagens se tornam motivação de um comportamento hipnótico que se desenvolve como espetacularização do cotidiano [...]. De forma que o mundo real se transforma em simples imagens, as simples imagens tornam-se seres reais e motivações eficientes desse comportamento".

Para além da questão projetual do Parque da Juventude,[2] a imagem da Figura 1 revela uma simbiose entre as diferentes materialidades: as passarelas em aço cortam os antigos muros em blocos de concreto e a natureza do Parque. A imagem traduz a tensão do sujeito do registro, desse diálogo que se inscreve pelo olhar amplamente revelador, e possui um caráter que motiva a inquietação e a busca pela certeza de um espaço desenvolvido pela diversidade de referências que o circundam, mas que na verdade é resultado de um

---

[1] Em 1998 foi realizado o Concurso Nacional de Ideias para o Carandiru, uma parceria entre a Secretaria de Administração Penitenciária e o Instituto dos Arquitetos do Brasil, que previa em seu edital a criação de um parque no local. Em 2002, a área ocupada pela Casa de Detenção já tinha seu futuro certo e viria a se tornar o Parque da Juventude (Hannes, 2014).

[2] Atualmente (2016), as passarelas projetadas para que os visitantes pudessem olhar o Parque de um outro ângulo, revisitando o percurso da guarda nos muros da antiga penitenciária, estão fechadas.

espaço vivenciado e experimentado. Além disso, como a natureza se modifica a cada dia, a imagem nunca mais será a mesma, pois o espaço vive uma constante transformação.

Figura 1 – Materialidades do Parque da Juventude.
Foto: autoras (2016).

O tempo da imagem nunca será o tempo da história. Para Costa,

> o presente é o tempo, não como lugar do reconhecimento do indivíduo, mas como contínuo de estímulos breves. É constituir um campo reflexivo que se dá na dialética entre o imediatamente percebido, as imagens evocadas pelos mitos, utopias e desejos da modernidade e pelas memórias esquecidas com o advento do novo. (2010, p. 134)

Para Warburg (2010), as imagens (se) pensam no tempo. Elas se pensam dentro do tempo, pois todas as imagens são coleções de movimentos e não existem movimentos possíveis sem um tempo que os afiance.

O "tempo" flagrado na imagem da Figura 2 revela uma apropriação do espaço para além de sua destinação original. Os morrotes projetados paisagisticamente por alguns instantes são protagonistas de um momento de felicidade causado pelo uso espontâneo do espaço, um brinquedo natural. Nem todos os espaços públicos, sejam de lazer, sejam de cultura, necessariamente estão condicionados a locais com programas e usos predefinidos. Os sentidos podem ser explorados de muitas formas no ambiente urbano e as operações sensoriais dos usuários imprimem uma identidade deles com o lugar, tornando-o um pouco "seu lugar". Entre as funções sociais do espaço público, tem-se a democracia do espaço e seu uso por todas as classes, por todas as raças.

Figura 2 – Morrotes projetados no Parque da Juventude.
Foto: autoras, 2016.

Essas observações feitas a partir da imagem ilustram uma percepção do espaço urbano e dos sentidos despertados pela ação que a própria imagem carrega. Uma imagem que atesta as necessidades e a importância dos usos habituais dos espaços públicos e reflete um processo de atribuição de sentidos ao ambiente urbano. Nesta relação entre percepção e cidade, a imagem pôde resgatar imaginários com temporalidade, memórias de infância e brincadeiras, reestruturadas e redefinidas de modo que os sentidos presentes e latentes sejam compreendidos, observados por meio da imagem retórica, a fim de estimular a percepção e os usos do ambiente urbano.

Toda imagem é uma memória de memória, uma "sobrevivência, uma supervivência que atravessa o tempo (histórico) e que se nutre de um tempo – passional, pulsional, humano" (Samain, 2012, p. 13). Para Warburg (2010), a imagem é uma formação simbólica que traz a memória de uma origem que a carregou de energia e por meio da qual ela sobrevive nas suas manifestações históricas. Ela está relacionada com uma inscrição emotiva de grande intensidade. Essa grande intensidade pode ser observada nas imagens das Figuras 3 e 4, que estimulam o olhar ao resgatar uma memória presente no imaginário da cidade no momento em que os muros eram um sinônimo de repressão e tristeza.

Figura 3 – Muro do antigo Carandiru.
Foto: Autoras (2016).

Figura 4 – Pilares do antigo Carandiru.
Foto: Autoras (2016).

Segundo Hannes (2014), a intenção do projeto era apagar o traço marcado pela violência e, em troca, oferecer espaços que contemplassem a paz e o bom convívio com os homens e com a natureza. Em seu texto, Hannes apresenta o pensamento da autora do projeto, a arquiteta Rosa Kliass:

> eu senti que o que eu tinha que trazer para lá era o contrário, alegria...lugar de encontro, era exatamente o contrário. E eu fico muito satisfeita porque eu sei que aquele lugar é exatamente isso. Você olha... você vê o muro e não sente que lá trás existe uma penitenciária, porque os fluidos aqui são tão fortes... era isso que eu queria e eu acho que consegui isso; essa é a minha grande vitória no parque do..., que não é o parque do Carandiru, que é o Parque da Juventude, é isso! (2007 apud Hannes, 2014, p. 146)

Os pavilhões do antigo presídio preservam a memória de uma convivência conflituosa e desumana que um dia existiu, mas atualmente deu lugar a um novo projeto que subverteu as más lembranças em função dos novos espaços criados, promovendo qualidade de vida e usabilidade. Os muros, hoje marcados apenas pela existência de suas estruturas, como na imagem, são a memória esvaída da vigilância. De um lado, a prisão, do outro, a cidade. As copas das árvores, os caminhos traçados e a estrutura permanente do muro evidenciam esse horizonte distante criado por esses elementos. Ao observar a janela/abertura formada pelos escombros do antigo presídio, mergulha-se num emaranhado de sensações que vão das antigas memórias de tristeza impregnadas e sinalizadas na construção ao fluir de paz, sossego, quietude, equilíbrio e calma que o novo espaço propaga por quem passa por ele.

As imagens apresentadas retratam o cotidiano e a memória de um espaço antes cárcere, hoje público.

A SUSTENTABILIDADE E O ESPAÇO PÚBLICO

Segundo Agopyan (2011), o desenvolvimento sustentável – que surgiu nos anos 1970, com o nome de ecodesenvolvimento – "tem sido objeto de controvérsias de acordo com as suas definições. Para ser sustentável, o desenvolvimento deve ser economicamente sustentado (ou eficiente), socialmente desejável (ou includente) e ecologicamente prudente (ou equilibrado)" (Romeiro, 2012). Para tanto, nesse contexto, a sustentabilidade está relacionada com os avanços tecnológicos, que permitiram enormes ganhos em termos de qualidade e expectativa de vida para os seres humanos, porém, vem alterando significativamente o equilíbrio do planeta e ameaçando a sobrevivência da espécie; a sua própria sobrevivência depende das alterações decorrentes dos hábitos de consumo e das formas de produção do espaço. Este texto tem como eixo norteador, além da abordagem de Agopyan (2011), englobar o conceito de desenvolvimento sustentável exposto por Bellen (2002), em que a sustentabilidade está relacionada também com outras dimensões, entre elas, as dimensões social e institucional. Nos últimos anos, diferentes sistemas vêm procurando trabalhar com a dimensão humana de forma qualitativa.

Como citado por Araújo (2005), a arquitetura mostra-se mais tolerante com outras formas de projeto, sem seguir um receituário formal e deixando de lado soluções prontas para todas as realidades, sendo sustentável a partir de um diálogo com o contexto urbano e ambiental em que será implantada. Pode-se dizer que um urbanismo sustentável não está alheio aos aspectos do meio biofísico, cultural, econômico e social e não resulta *somente* de estudos técnicos que tenham o objetivo de esgotar os recursos empregados em uma edificação (entenda-se como edificação todo elemento construído, público ou privado, aberto ou fechado, incluindo-se, p. ex., os parques). Ainda segundo Araújo, a arquitetura sustentável deve sustentar quem a habita (ou a utiliza) por meio do reconhecimento e da apreensão da complexidade cultural desses espaços, processo que se dá de forma colaborativa entre arquitetos e usuários, respondendo de forma positiva aos desafios ambientais dessa sociedade.

O Parque da Juventude é uma proposta que vai além da oferta de espaço público de lazer e recreação para a população da cidade, bem como para os moradores da região próxima. É uma proposta significativa e emblemática a partir de uma reestruturação dos espaços, marcados pela memória da antiga Casa de Detenção do Carandiru, uma verdadeira ação de transformação.

As Figuras 5 e 6 provocam o observador por meio de duas imagens distintas. Num primeiro momento (Figura 5), uma diversidade de espécies arbóreas e uma densa vegetação ocupa toda a área que antes abrigava as edificações da penitenciária. Um terreno que teve suas condições originais modificadas, com um extenso gramado, propicia espaços de descanso e contemplação, mantendo o caráter naturalista e oferecendo qualidade de vida aos visitantes do lugar. Além disso, uma rede de caminhos e pontes que perpassam o Córrego Carajás dá acesso a outros setores do Parque. O córrego, por sua vez, corta a paisagem bucólica e contemplativa, dirigindo-se a um segundo momento, para além dos limites do parque (Figura 6), marcado pelo abandono, pelo descaso dos moradores nos arredores, que utilizam o córrego como destino para o esgoto, indicando um local de poluição. A contradição ambiental pode ser notada por um olhar mais atento no lugar: as imagens revelam dois momentos distintos do percurso do Córrego Carajás, da contemplação à poluição, mostrando-se insustentável, nesse local, como uma degradação do meio ambiente.

Esse flagrante traz a questão da sustentabilidade: um período de mudanças na sociedade, passando pelo conhecimento e divulgação dos problemas

Figura 5 – Ao fundo, vista da margem do Córrego dos Carajás no Parque da Juventude, totalmente arborizada. Foto: Autoras (2016).

Figura 6 – Vista de dentro do Parque da Juventude do Córrego dos Carajás – Poluição no limite externo adjacente ao Parque da Juventude. Foto: Autoras (2016).

ambientais globais, pela declaração de intenções transformadoras até a perplexidade e a constatação de "quase paralisia". Nesse sentido, Novaes (2002) destaca: "sabemos a gravidade do que está diante de nós, sabemos o que fazer, mas não conseguimos avançar, imobilizados pela lógica do consumo insustentável e pela globalização avassaladora" (2002, p. 18).

Segundo o documento *Agenda 21 para a construção sustentável* (CIB, 2000), a compreensão da sustentabilidade esteve primeiramente vinculada à preocupação com a escassez dos recursos naturais, especialmente da energia, e com a redução dos impactos sobre o meio ambiente. Há dez anos também já se ressaltava os assuntos mais técnicos da construção, tais como materiais, componentes de edifícios, tecnologias para construção e conceitos de projetos relacionados com energia. Atualmente, a compreensão do significado dos aspectos não técnicos, os chamados aspectos sociais para o desenvolvimento sustentável da construção, vêm se ampliando cada vez mais.

A sustentabilidade econômica e social passou a receber tratamento específico em qualquer definição. "Recentemente, também os aspectos culturais e as implicações do patrimônio cultural do ambiente construído passaram a ser considerados como aspectos proeminentes na construção sustentável" (CIB, 2000, p. 18-19), conforme ilustrado na Figura 7.

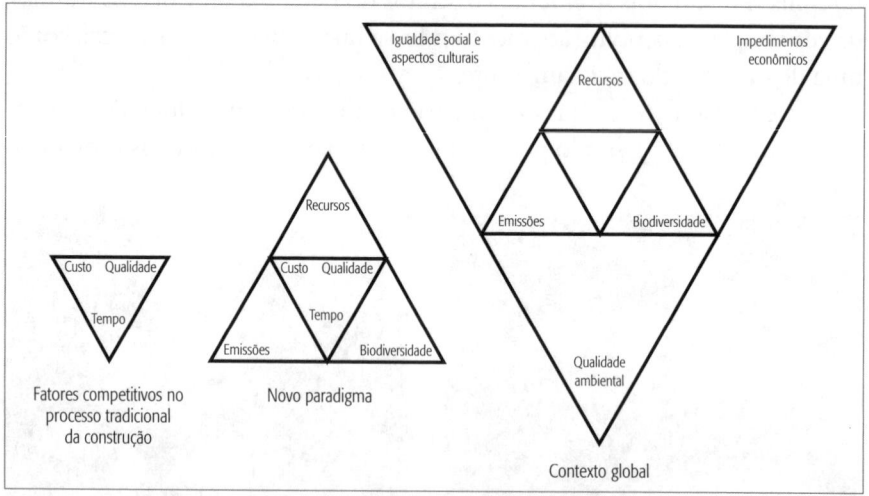

Figura 7 – O novo enfoque da sustentabilidade dentro do contexto global.
Fonte: CIB (2000, p. 42).

Ampliando o conceito de sustentabilidade para além das questões técnicas, como eficiência energética, tem-se o urbanismo sustentável, que segundo Person (2006), refere-se à manutenção e preservação da diversidade de culturas, valores e práticas existentes que integram ao longo do tempo as identidades dos povos. Outros autores, entre eles Silva e Romero (2011), também estudam conceitos contemporâneos na sustentabilidade cultural e social, objetivando a melhoria da qualidade de vida e a redução dos níveis de problemática ambiental. Para eles, deve-se compreender que a noção de sustentabilidade é evolutiva, conforme as relações científicas e tecnológicas de cada época, bem como o surgimento de novas necessidades e demandas humanas, espaciais e ambientais. Nesse contexto, entende-se que o urbanismo sustentável é um conceito em constante ajuste e adequação às necessidades humanas, resultante de experimentos, vivências, pesquisas e interações dos fenômenos socioculturais, econômicos, ambientais e tecnológicos.

A intensa urbanização pós-moderna observada nos últimos anos transformou a paisagem do espaço urbano e do urbanismo posicionando a cidade e suas dinâmicas socioambientais mais inseridas na questão sobre a sustentabilidade. As intervenções ocorridas nos projetos urbanísticos conduziram as cidades e os espaços urbanos a uma intervenção ambiental com a finalidade de apresentar melhores resultados ambientais e socioculturais. No caso do Parque da Juventude, a busca por maior sustentabilidade ambiental fica evidente no projeto de revitalização, com a presença de adensamentos arbóreos, espaços livres para usos coletivos e de circulação, a criação e o estabelecimento de mudanças de usos de alguns espaços já existentes e a revitalização do entorno.

O impacto ambiental e a sustentabilidade são colocados no centro das discussões a respeito desses novos espaços e o reflexo de seus usos para a população que vive no bairro e os visitantes do Parque. É possível observar pela Figura 8 a disponibilidade de vegetação existente e suas conexões com o entorno local. A sustentabilidade presente nos espaços do parque inclina-se em direção ao atendimento da qualidade de vida dos usuários e a uma proposta de urbanismo mais sustentável, como propõe Douglas Farr em seu livro *Urbanismo sustentável: desenho urbano com a natureza* (2013).[3] Segundo o autor, os dez princípios do crescimento urbano inteligente são:

---

[3] O Crescimento Urbano Inteligente se apoia no "movimento ambiental dos anos de 1970 nos Estados Unidos, quando foi criada a Lei da Água Limpa, a Lei do Ar Limpo, a Lei das Espécies Ameaçadas, a Lei da Proteção Ambiental (Nepa), a Lei de Manutenção da Zona Costeira e a Criação da Agência de Proteção Ambiental". (Farr, 2013, p. 14)

Figura 8 – Intervenção ambiental no Parque da Juventude.
Foto: Autoras (2016).

1. Crie uma gama de oportunidades e escolhas de habitação; 2. Crie bairros nos quais se possa caminhar; 3. Estimule a colaboração da comunidade e dos envolvidos; 4. Promova lugares diferentes e interessantes com um forte senso de lugar; 5. Faça decisões de urbanização previsíveis, justas e econômicas; 6. Misture os usos do solo; 7. Preserve espaços abertos, áreas rurais e ambientes em situação crítica; 8. Proporcione uma variedade de escolhas de transporte; 9. Reforce e direcione a urbanização para comunidades existentes; 10. Tire proveito do projeto de construções compactas.

Como adicionar alguns desses princípios e tornar o projeto mais sustentável?

Há tempos o termo *sustentabilidade* abarca um rol de temas que extrapola as questões ambientais no seu *strictu senso*. Falar em qualidade ambiental também é discutir sobre cidadania, igualdade social, oferta de espaços públicos de qualidade, em busca de uma cidade mais sustentável.

Os espaços públicos podem ser projetados, podem ser funcionais, mas deve-se considerar que seu uso efetivo se dá pelo valor a ele atribuído pela sociedade que o utiliza. Os espaços públicos abertos são muito importantes num bairro e numa cidade de modo geral, pois além de melhorar a qualidade de vida do bairro (Farr, 2013, p. 168), promovem melhorias na qualidade do ar, criam espaços sombreados, contribuem para a redução do calor (evapotranspiração) e proporcionam à sociedade um espaço de convivência social. Nesses parques e praças, o percentual de áreas verdes deve ser grande, mas também podem desempenhar outras funções urbanas, como a captação de água pluvial, redução de CO^2, diversidade de espécies de plantas, dar suporte à biofilia e a vistas para o céu. Por isso é comum contar com uma rede de novos parques menores que venha sendo construída aos poucos (Farr, 2013). Dentre as alterações climáticas, pode-se contar com o calor antropogênico, que é

"essencialmente, energia residual da tecnologia humana. Em média, a produção humana de energia em áreas não urbanas é de 0,025 W/m², quase dez mil vezes menor que a incidência de energia solar, mas pula para 7 a 14 W/m² nas áreas residenciais periurbanas e para 20 a 70 W/m² em áreas mais urbanas [...]. A mudança humana do habitat urbano, juntamente com a entrada de energia e a saída atmosférica, interage com as propriedades físicas do calor para criar a Ilha Urbana de Calor" [...] "[Desse modo] a Ilha Urbana de Calor é definida como a diferença de temperatura entre locais urbanos e não urbanos que se pode atribuir a efeitos do ambiente construído, compensando assim diferenças topográficas que talvez existissem antes da chegada dos seres humanos" (Adler; Tanner, 2015, p. 108-109).

Assim como dizem esses autores, cidades que se caracterizam por uma urbanização com maior população, densidade populacional, mais edificações e impermeabilização do solo e redução de áreas verdes tendem a ter ilhas de calor mais pronunciadas.

As metrópoles podem estar sujeitas à formação de uma menor ou maior "ilha urbana de calor", conforme conte com mais ou menos construções, mais ou menos áreas verdes. Para João Carlos Moreira e Eustáquio Sene (2004 apud Magalhães Filho, 2006), a ilha de calor pode ser definida como um fenômeno climático típico de grandes aglomerações urbanas, que também colabora para aumentar os índices de poluição nas zonas centrais da mancha urbana. Enquanto a inversão térmica é um fenômeno natural agravado pela ação humana, aquela é claramente antrópica, ou seja, produzida pelo homem. A ilha de calor é uma das mais evidentes consequências da ação humana como fator climático. Resulta da elevação das temperaturas médias nas áreas urbanizadas das grandes cidades, em comparação com as zonas rurais.

Nesse sentido, os parques são importantes para mitigar as consequências dessas ilhas de calor, pois as variações térmicas entre elas podem chegar a 7 ºC (Magalhães Filho, 2006) e ocorrem basicamente por causa das diferenças de irradiação de calor entre as áreas impermeabilizadas e as áreas verdes, bem como pela maior concentração de poluentes nas zonas centrais, que bloqueiam a irradiação de calor da superfície.

A substituição da vegetação por grande quantidade de casas e prédios, viadutos, ruas e calçadas pavimentadas faz aumentar significativamente a irradiação de calor para a atmosfera. Além disso, nas zonas centrais das grandes cidades, é muito maior a concentração de gases e materiais particulados lançados por veículos. O Parque da Juventude, com sua cobertura verde, tende a diminuir as altas temperaturas.

OS ESPAÇOS PÚBLICOS

Muitos autores têm se preocupado com o futuro dos espaços públicos nas grandes cidades. A maioria refere-se com saudade aos tempos em que a vida social acontecia de fato nos locais públicos abertos, como praças e jardins. Hoje testemunha-se a substituição dos lugares de convívio: os espaços públicos vêm sendo absorvidos pelos espaços privados. As cidades atuais são resultado em sua grande maioria de ocupações densas, com um traçado dividido e desordenado. Nessa configuração, questiona-se: onde estão os espaços públicos? Há uma visível perda da identidade dos centros urbanos, associada à seguinte dialética presente nas cidades contemporâneas: se por um lado, as cidades são marcadas pelo movimento, pela multiplicação dos automóveis, pelo adensamento populacional e pelo aumento das infraestruturas, por outro lado, as cidades presenciam uma redução dos espaços públicos, uma efemeridade do convívio social.

Para Lepetit (2001), existe uma coincidência entre a organização de um território urbano e as características da sociedade que nele habita, uma relação entre a configuração das cidades e a das sociedades citadinas. Durante o século XVIII, estudiosos procuraram mostrar a influência da configuração espacial sobre a felicidade ou a infelicidade dos homens em sociedade. Lepetit ressalta, porém, que a intervenção no espaço nem sempre regula a questão social e que o suposto imediatismo das relações entre espaço e sociedade é improvável.

Pode-se perceber que atualmente há vários tipos de parques públicos, apresentados no livro de Farr (2013):

- Os campos de esportes, como uma área equipada para recreação.
- A área verde comunitária de tamanho médio nos Estados Unidos, usada para recreação em áreas não construídas, com tratamento paisagístico e muito arborizada.
- A praça, como um espaço público do tamanho de uma quadra, com gramados e passeios pavimentados.

- A praça cívica, que é um espaço público para festas cívicas e atividades comerciais, com piso duradouro e área para estacionamento de veículos.
- O jardim comunitário, formado pelo agrupamento de pequenos jardins para cultivos individuais.

Muitas vezes, as associações de bairro fazem a conservação e manutenção, considerando normas que tratem de oferecer uma distância a ser percorrida em até 3 minutos a pé partindo das moradias. A área mínima, segundo Farr (2013), é de pelo menos 650 m², tendo um tamanho médio mínimo de 2.000 m². Os parques devem ser limitados em pelo menos dois lados por vias públicas. À noite, podem ser cercados e fechados por motivos de segurança. Também as superfícies impermeáveis, como nos caminhos pavimentados, "alteram o comportamento da água e da radiação, pois para evaporar a água acumulada nesses percursos impermeáveis é preciso muita energia", como colocam Adler e Tanner (2015).

No Brasil, a Lei n. 6.766/79, que rege o parcelamento do solo urbano, ou seja, disciplina a atividade urbanística voltada ao ordenamento territorial e à expansão da cidade, não fornece a definição de área verde e de lazer. Encontra-se alusão às áreas verdes no art. 180, VII, da Constituição do Estado de São Paulo, que prevê, no estabelecimento de diretrizes e normas relativas ao desenvolvimento urbano, que o Estado e os Municípios assegurarão: "as áreas definidas em projetos de loteamento como áreas verdes ou institucionais não poderão ter sua destinação, fim e objetivos originariamente alterados". É comum também encontrar em leis municipais de uso e ocupação do solo menção a área verde e área de lazer, muitas vezes tratando-as de forma idêntica (Arfelli, s/d).

Observa-se também que as plantas têm papel fundamental, pois

em áreas com muita vegetação, boa parte da água da chuva é usada pelas plantas e perdida para a atmosfera pela transpiração, ou seja, o transporte de água ocorre das raízes para as folhas e, finalmente, para a atmosfera como vapor d'água. Só uma pequena parte dessa água é usada na fotossíntese, e mais de 90% da água evapora para a atmosfera pelos pequenos poros das folhas chamados estômatos, que têm de se abrir para receber o dióxido de carbono.

A Figura 9 ilustra o edifício da Biblioteca São Paulo, situada na entrada do Parque da Juventude, que, embora não seja objeto deste estudo especificamente, contribui para a compreensão do papel da arquitetura na configuração espacial e social do parque. A transformação do espaço do antigo Complexo Penitenciário do Carandiru em um espaço de lazer, educação e cultura permite atualmente configurá-lo como lugar de uso e apropriação pública, com potencialidades transformadoras sobre a sociedade; além disso foi pensado de acordo com as políticas de desenvolvimento sustentável, a fim de promover benefícios e implicações práticas e sociais para qualquer atividade do ambiente e para seus usuários. O prédio possui uma área ampla com iluminação zenital, garantindo uma grande flexibilidade de *layout* interno e a exploração da luz natural. Os terraços do pavimento superior voltados para as fachadas leste e oeste, de maior insolação, foram cobertos por pérgulas fabricadas com laminados de eucalipto de reflorestamento e policarbonato, garantindo um espaço agradável para performances e áreas de estar. Foram implantados mobiliários especiais como mesas para deficientes visuais e mesas ergonômicas para deficientes físicos. Para atender às normas de acessibilidade, os pisos instalados são táteis, os corrimãos contam com duas alturas, além de inscrições em Braile, rampas de acesso e soleiras adequadas.

Figura 9 – Biblioteca São Paulo localizada no Parque da Juventude.
Foto: Autoras (2016).

Em meio à vasta bibliografia sobre o tema, são aqui destacados alguns autores que discutem a relação entre o espaço público e a sociedade: em *O lugar da arquitetura depois dos modernos*, de Otília Arantes (2000), ressalta-se a necessidade de uma reformulação das cidades e da vida coletiva. Em *O declínio do homem público: as tiranias da intimidade* (1988), Richard Sennett afirma que os principais males da sociedade resultam do declínio da vida pública.

Sennett (1988) relata a história dos termos *público* e *privado*, que para ele seria uma chave para compreender essa transformação básica em termos de cultura ocidental. As primeiras ocorrências da palavra *público*, em inglês, identificam o *público* com o bem comum na sociedade. O autor destaca que a oposição entre *público* e *privado* perto do século XVII era matizada de modo mais semelhante ao de seu uso atual. *Público* significava aberto à observação de qualquer pessoa, enquanto *privado* significava uma região protegida da vida, definida pela família e pelos amigos. Os significados atribuídos a *le public* na França mostram algo semelhante. No Renascimento, a palavra era utilizada com um sentido amplo, em termos do bem comum e do corpo político; gradualmente, *le public* foi se tornando também uma região especial da sociabilidade. Para Sennett (1988), quatro são os sinais de que a entrada da personalidade individual na vida pública causa dificuldades: o temor da demonstração involuntária dos próprios sentimentos; a superposição de um imaginário privado inadequado sobre as situações públicas; o desejo de reprimir os próprios sentimentos para se proteger em público; a tentativa de usar a passividade inerente ao silêncio como um princípio de ordem pública.

Mumford (apud Choay, 1979) chama a atenção para a função do espaço público aberto: é preciso dar mais importância à função biológica dos espaços livres, sobretudo nos dias de hoje, em que a cidade está ameaçada pela poluição nuclear e substâncias cancerígenas. Os espaços livres também têm um papel social (Figura 10), frequentemente negligenciado em benefício único de sua função higiênica.

Figura 10 – Área de exercícios no Parque da Juventude, espaço público cumprindo sua função social.
Foto: Autoras (2016).

Refletir sobre a urbanidade e o conceito de espaço público obriga a pensar o espaço como um recurso, um produto e uma prática. Importa igualmente refletir sobre a apropriação e utilização do espaço, a transformação de espaços existentes e a produção de espacialidades inéditas, em correspondência com distintos projetos culturais emergentes e em seu apogeu.

O espaço público foi simultaneamente lugar de encontro, comércio, circulação (Gehl; Gemzoe, 2000) e de representação, mas ao longo do tempo esses usos foram se desequilibrando. Assim, após a segunda Guerra Mundial assistiu-se sobretudo na Europa a uma drástica redução qualitativa e quantitativa da convivência humana no espaço público em razão dos novos critérios urbanísticos, mais benevolentes com a especulação imobiliária – estimulação do investimento e crescimento econômico – e com o uso do automóvel como principal meio de transporte. Paulatinamente foram se perdendo os benefícios do espaço da sociabilidade, do espaço simbólico da coletividade e as possibilidades que um espaço comum oferece como mediador de diferenças socioeconômicas e de oportunidades em uma sociedade cada vez mais competitiva e menos solidária, como a contemporânea (Garcia, 1999).

É muito mais do que um receptáculo e a arquitetura muito mais do que um objeto na espacialidade das nossas cidades. A nova urbanidade, como forma de vida dependente do fluir contemporâneo, carece de um espaço aberto e acessível para a sociabilidade, que se faz e desfaz na deriva dos encontros, das situações e das apropriações transitórias dos seus sujeitos, ou seja, de um espaço que é mais da *urbe* do que da *polis*, tal como defende Delgado (2011), apesar de este ser também o espaço em que "*los individuos y los grupos definen y estructuran sus relaciones con el poder, para someterse a él, pero también para insubordinarse o para ignorarlo mediante todo tipo de configuraciones autoorganizadas*".

A noção de público não é, pois, uma qualidade intrínseca a um espaço, mas sim uma construção social e política que resulta da combinação de vários fatores, nomeadamente dos usos aí confinados; do sentido que é atribuído por um determinado grupo social; da acessibilidade; da tensão entre o estrangeiro/anônimo e o reconhecimento/reencontro; da dialética entre proximidade e distância física e social (Castro, 2002). As Figuras 11 e 12 mostram que os espaços públicos também são palcos de manifestações, sejam elas artísticas, como na Figura 11, sejam de reivindicação, na Figura 12.

Essas manifestações são acontecimentos integradores do processo de urbanização das cidades, bem como de ocupação dos espaços públicos. São resultado da estruturação da sociedade civil e dos espaços. São manifestações que favorecem o fortalecimento das relações sociais e da aproximação entre homem e meio. É uma prática social que se expressa pelo uso dos espaços públicos.

Figura 11 – Manifestações socioculturais no muro próximo à entrada do Parque da Juventude.
Foto: Autoras (2016).

Figura 12 – Manifestações políticas em uma das escolas técnicas estaduais (Etec) do Parque da Juventude.
Foto: Autoras (2016).

Não parece demais insistir que, perante os desafios que hoje se colocam na abordagem dos espaços, é importante relembrar que "o espaço público é um desafio global à política urbana: um desafio urbanístico, político e cultural, referido a toda a cidade" (Castro, 2002). Borja (2000) alerta assim para o fato de que o espaço público, independentemente da escala do projeto urbano, deve ser organizado em um território capaz de suportar diferentes usos e funções e não se ignorar que ele é também espaço de expressão coletiva, da vida comunitária, do encontro, ou seja, uma questão de vontade política e de respeito pelos direitos do cidadão. É ainda um desafio cultural, na medida em que é um dos melhores indicadores dos valores urbanos predominantes.

A humanidade encontra-se em um período de grandes desafios. A melhoria do bem-estar social resultante do crescimento econômico do século XXI está sendo ameaçada pelas mudanças climáticas ocasionadas pela própria ação humana. Segundo Bursztyn, "o pessimismo geral em relação ao futuro guarda estreita relação com o crescente grau de consciência de que a busca do progresso, que se anunciava como vetor da construção de uma utopia de bem-estar e felicidade, revelou-se como ameaça" (2001, p. 11). Nesse sentido, as manifestações, sejam elas sociais, políticas ou culturais, como as presentes nas Figuras 10 e 11, traduzem bem o conceito de espaço público de que Hannah Arendt trata ao dizer que "o espaço público é o espaço da sociedade, o espaço político" (1972, apud Narciso, 2009, p. 272) e nesses contornos é necessariamente um espaço simbólico, pois opõe-se e responde a discursos dos agentes políticos, sociais, religiosos, culturais e intelectuais que constituem uma sociedade. É, portanto, antes de qualquer coisa, um espaço simbólico que requer tempo para se formar, um vocabulário e valores comuns, um reconhecimento mútuo das legitimidades, uma visão suficientemente próxima das coisas para discutir, contrapor, deliberar. Não se decreta a existência de um espaço público da mesma maneira que se organizam eleições. Constata-se a sua existência. O espaço público não é da ordem da vontade. Simboliza simplesmente a realidade de uma democracia em ação ou a expressão contraditória das informações, opiniões, interesses e ideologias.

A noção de espaço político, tal como o trata Arendt (1972, apud Ferreira, 2007, p. 16) deve ser entendida nesse caso como uma das esferas do espaço público em geral, sendo a atividade política uma das possibilidades de sua apropriação coletiva. O entendimento da ação política como a descreve Arendt, ou seja, a forma pela qual o ser humano manifesta a sua capacidade para originar algo, nos leva à compreensão de que a essa ação corresponderia um espaço público por natureza. De suas reflexões depreende-se ainda que esse espaço é ao mesmo tempo resultado da ação política (Ferreira, 2007).

Ainda pode-se dizer que o espaço é constituído por meio das relações sociais, do trabalho e assim o espaço é social. Ele é o receptáculo das ações humanas, de realização do homem, construído através do tempo. À medida que o homem produz, ele produz espaço. O espaço é, com isso, um verdadeiro campo de forças cuja aceleração é desigual, pois os elementos que impõem essa aceleração e que animam as categorias do espaço, como as infraestruturas, as instituições, o meio ecológico e o homem em si o fazem conforme suas necessidades e possibilidades. Esses elementos fazem parte de um objeto de estudo da geografia que deve ser "considerado como um conjunto indissociável de que participa, de um lado, certo arranjo de objetos geográficos, objetos naturais e objetos sociais, e de outro, a vida que os preenche e os anima" (Santos, 1996, p. 26).

Para Ferrara (2007), a compreensão do lazer, da recreação e do ócio como atividades fundamentais para o desenvolvimento humano e complementares ao trabalho e às demais atividades sociais pode garantir ao espaço público uma dimensão mais ampla do que algumas sínteses que visam classificar áreas livres de acordo com sua utilização. A Figura 13 ilustra o lazer no espaço público, por meio de espaços projetados para a recreação coletiva, oportunizado pelos diversos aspectos que a vida urbana pode oferecer.

Figura 13 – Lazer e recreação no Parque da Juventude.
Foto: Autoras (2016).

Nesse universo urbano em que a cidade se insere e se mantém em constante processo de urbanização, percebe-se uma aproximação dos usuários em relação aos usos e apropriações do espaço urbano, voltados ao lazer e à recreação. A vida cotidiana acontece na cidade e é ela quem deve proporcionar condições favoráveis e acessíveis para que em determinado momento o usuário possa conviver e ter experiências urbanas diretamente relacionadas com os usos de seus espaços. O espaço público agrega e oferece a formação de uma cultura, seja ela social ou política, mas que se articule com a formação estrutural e representativa que esse espaço público tende a oferecer, enfim, ele contribui de modo significativo na qualidade de vida do indivíduo. O espaço público é uma garantia dos indivíduos ao direito à cidade.

Em termos de sustentabilidade, destaca-se que a vegetação abundante voltada ao lazer e à recreação – como ocorre nas praças dos exemplos aqui analisados – é mais um passo na eliminação do carbono de efeito estufa, ao mesmo tempo em que melhora o clima, absorvendo calor em suas imediações (Lovins; Cohen, 2013). Embora o verde absorva e use o CO^2 como matéria-prima para a fotossíntese, seria preciso pensar em propostas que reduzam a frota de veículos, reduzindo assim as emissões de gases e contribuindo para a qualidade ambiental.

É possível que em um futuro não muito distante seja necessário ter novos aparelhos de ar-condicionado que contrastem com a redução de "60 bilhões de dólares na redução dos custos de aquecimento". Esse é o panorama que tende a se acentuar com a mudança do clima (Lovins; Cohen, 2013). Desse modo, além da arquitetura, a espacialidade das cidades pode levar a uma nova urbanidade.

Segundo Mendonça (2007), vale ressaltar que as apropriações, mesmo quando intuídas e adaptadas, não implicam necessariamente inadequação ou indícios de marginalidade. Podem ao contrário indicar criatividade, capacidade de melhor aproveitamento das infraestruturas públicas e fornecer subsídios que alimentem o projeto e a construção futura de ambientes dessa natureza.

A imagem da Figura 14 congela três tempos distintos da ocupação urbana: um primeiro momento marcado por um bairro – Santana – que teve um processo de ocupação lento, ficando às margens dos primeiros processos de urbanização da cidade; um segundo momento em que a infraestrutura rasga o cenário, com a passagem do metrô de superfície; e um terceiro, a borda do Parque da Juventude, ainda espraiado, com largas calçadas e seu acesso principal à Biblioteca São Paulo (adjacente ao Parque da Juventude) totalmente aberto ao público, convidando-o a um passeio. Olhando mais atentamente, é possível ainda fazer a leitura pelos usuários presentes na imagem: o pedestre, o automóvel e o metrô.

Esses momentos observados na imagem deixam claro o contraste e a constante mudança do ambiente urbano, produto da materialização das re-

Figura 14 – Ocupação urbana do bairro de Santana, em São Paulo.
Foto: Autoras (2016).

lações sociais que acontecem em determinados momentos da evolução urbana em relação a determinado período de tempo. E nessa irredutibilidade do tempo, o cenário ganha dimensão, tornando-se possível observar as possibilidades de apropriação do espaço relacionadas com o ambiente urbano construído, como também é possível compreender por meio desse espaço as adaptações e aspirações não definidas na construção do ambiente, mas que flagram a vontade e a necessidade dos usuários do lugar. A imagem deixa clara a evolução, alteração e reprodução do espaço urbano e de seus modos de apropriação como resultado da ação humana para a concretização da função social e da relação espaço/homem, permitindo uma continuidade da história e da memória. Pode-se ter claro também que a acomodação a essas novas medidas, relativas às mudanças climáticas, constitui uma maneira de se conformar como uma sociedade sustentável, que procura privilegiar as melhores soluções, nos momentos mais cruciais, buscando mitigar ou se adaptar para enfrentar tempos de seca, inundações e outras catástrofes esperadas num panorama de mudanças climáticas.

As Figuras 15 e 16 evidenciam um contraste do entorno imediato do parque: de um lado, ele é cercado por arranha-céus de alto padrão, representando uma ocupação recente e, do outro lado, ao fundo, é possível identificar um conjunto de habitação social, com suas construções padronizadas. Por meio das duas fotografias, é possível imaginar seus moradores, que assim como suas residências, possuem diferenças, mas que dividem o mesmo espaço público nos finais de semana ou cruzam seus caminhos no cotidiano. A

Figura 15 – Contrastes sociais no entorno do Parque da Juventude – Alto padrão. Foto: Autoras (2016).

Figura 16 – Contrastes sociais no entorno do Parque da Juventude – Habitação social. Foto: Autoras (2016).

qualidade ambiental ideal pode estar nestes detalhes: parques sem distinção de estratos sociais, parques como agregadores de pessoas.

Ao se refletir sobre as diferenças sociais impregnadas nas imagens e claramente observáveis, a primeira observação seria com relação às políticas segregacionistas existentes nesse espaço. Mas num segundo momento observa-se que o uso e a apropriação do espaço público reduzem as barreiras e minimizam as condições sociais por meio da geografia do lugar.

Com relação à questão da sustentabilidade, as imagens revelam que por meio do crescente desenvolvimento urbano ocorrido nas cidades surgem inúmeros problemas de ordem ambiental. Esse crescimento acelerado, concomitante com a falta de planejamento de uso e ocupação adequada do solo, pode acarretar consequências ao ambiente e uma ameaça à qualidade de vida dos moradores.

PERCEPÇÃO, MEMÓRIA E APROPRIAÇÃO

O Parque da Juventude tem espaços que são percebidos pelo usuário e por ele apropriados de diferentes formas. O Parque estimula o sensorial, a memória e, a partir das relações estabelecidas, torna-se um lugar mais humano. Perceber, lembrar e se apropriar pertencem a um mesmo conjunto de ações. Um espaço público de lazer, um percurso, ao ser percebido, carrega consigo lembranças. Segundo Bergson (1990), aos dados imediatos e presentes dos sentidos misturam-se milhares de detalhes de experiências passadas. "Na maioria das vezes, essas lembranças deslocam as percepções reais, das quais não retemos então mais que algumas indicações, simples 'signos' destinados a nos trazerem à memória antigas imagens" (Bergson, 1990, p. 30).

Percepção

Na esfera do campo perceptivo, a relação espaço/homem transforma-se em estreitas relações consideráveis de sensações e imagens com base no meio urbano. Essas relações perceptivas apreendidas pelo sujeito por meio do espaço não apresentam a cidade em sua totalidade, mas entende-se que, a partir do momento em que outros sujeitos compartilham relações e situações comumente experimentadas no mesmo espaço urbano e tempo, vivenciam as mesmas relações e sensações, de maneira a formar suas próprias percepções do espaço e de conceber imagens semelhantes aos demais sujeitos.

Segundo Merleau-Ponty (1994), o processo de percepção do mundo passa a se dar a partir do que os psicólogos chamam de *experience error*, ou seja, "construímos a percepção com o percebido". A questão aqui colocada aponta a substituição da experiência em si pelo uso dos registros de experiências anteriores, conduzindo a uma falta de distinção e compreensão das particularidades, tanto das novas experiências como daquelas passadas. Para compreender a percepção, a noção de sensação é fundamental. A sensação não é nem um estado ou uma qualidade, nem a consciência de um estado ou de uma qualidade, como definiu o empirismo e o intelectualismo. As sensações são compreendidas em movimento: "antes de ser vista, anuncia-se pela experiência de certa atitude de corpo que só convém a ela e com determinada precisão" (Merleau-Ponty, 1994, p. 284).

Para Ferrara (1999), a percepção é uma prática cultural que concretiza certa compreensão da cidade e se apoia, de um lado, no uso urbano e, de outro, na imagem física da cidade, da praça, do quarteirão e da rua, entendidos como fragmentos habituais da cidade. Uso e hábito reunidos criam a imagem perceptiva da cidade, que se sobrepõe ao projeto urbano e constitui o elemento de manifestação concreta do espaço urbano.

Nesse sentido, o elemento que aciona esse contexto é o usuário e o uso é a sua fala, sua linguagem: a transformação da cidade é a história do uso urbano como significado da cidade, sua vitalidade ensina o que o usuário pensa, deseja, despreza, bem como a relação de suas escolhas, tendências e prazeres. A transformação da cidade é a história do uso urbano escrita pelo usuário e o significado do espaço é o desenvolvimento daquela recepção.

Acredita-se que a percepção e a leitura do ambiente urbano como instrumentos de sua interpretação trazem para a ação sobre a cidade parâmetros mais reais enquanto significados do espaço para o usuário. A cidade é um impacto informacional e, assim compreendida, sugere outras atuações intervenientes: uma cidade adequada ao seu uso.

De acordo com a tradição construtiva, a percepção pode ser entendida como um processo de informação por meio de deduções ou construções de significados das sensações presentes e questões relacionadas com a memória. Em uma abordagem mais funcionalista, o processo perceptual é moldado pela necessidade do organismo "em conviver" com o ambiente. Segundo Person (2006), durante os anos de 1960, a percepção passa a ocupar um papel fundamental como instrumento mediador entre o homem e o meio ambiente urbano; as qualidades e as necessidades não são mais consideradas absolutamente consensuais, mas variáveis entre grupos, culturas e época. A percepção ambiental não é somente influenciada pela experiência e pelo passado cultural, mas também por aspirações e expectativas. Há uma simbiose entre o meio ambiente e o indivíduo, um intercâmbio ativo e dinâmico. Nesse sentido, seja um espaço público ou privado, um edifício ou um parque, o espaço não é neutro, mesmo se projetado com fins específicos ele atua tanto sobre os sujeitos que os priorizam como sobre a cidade que os acolhe. São muitas vezes, respostas às ações da sociedade. O comportamento do indivíduo influencia e é também influenciado pelo espaço físico, ampliando ou restringindo determinadas ações e reações.

Memória

As relações afetivas estão relacionadas com a curiosidade pelos lugares de memória.

"A memória é a vida, sempre carregada por grupos vivos e, nesse sentido, ela está em permanente evolução, aberta à dialética da lembrança e do esquecimento, inconsciente de suas deformações sucessivas, vulnerável a todos os usos e manipulações, susceptível de longas latências e de repentinas revitalizações" (Nora, 1993).

A ambiguidade da Figura 17 paira sobre o lembrar ou apagar da memória o que foi um dia o Carandiru. Os pilares e paredes restam como testemunhas da história, entretanto, a vegetação parece querer encobrir as lembranças do passado. Nora (1993) afirma que o sentimento de continuidade torna-se residual aos locais. Há locais de memória porque não há mais meios de memória.

Figura 17 – Lugar de memória, Parque da Juventude.
Foto: Autoras (2016).

A memória é um fenômeno atual, um elo vivido no presente. Para Nora (1993), o que é chamado de memória é a constituição do estoque material daquilo que é impossível lembrar.

Apropriação

As imagens das Figuras 18, 19 e 20 mostram apropriações de espaços não inicialmente projetados para os usos flagrados. Na Figura 18, a cobertura que abriga os passantes em um domingo de sol convida um grupo de jovens escoteiros a se reunirem à sua sombra. Desse fato é possível inferir duas questões: de um lado, a falta de espaços sombreados para reunir coletivos e, por outro, a visibilidade do grupo pelos que passam e cruzam o parque, despertando certa curiosidade que os instiga a parar e observar o coletivo por alguns momentos. Essas espontaneidades transformam tanto o lugar como seus usuários com suas cumplicidades.

Figura 18 – Cobertura presente no Parque da Juventude.
Foto: Autoras (2016).

Figura 19 – Marco do Parque da Juventude.
Foto: Autoras (2016).

Figura 20 – Estacionamento do Parque da Juventude.
Foto: Autoras (2016).

A Figura 19 flagra um grupo de religiosos que adota o sino implantado num patamar mais elevado do Parque como marco de encontro e referencial. Sem a certeza se foi projetado para agregar tais pessoas ao seu redor, o sino passa a ser incorporado pelo grupo como uma peça fundamental.

A Figura 20 reflete possíveis espaços com usos múltiplos: nos dias da semana, o chão liso e cimentado serve aos automóveis como estacionamento e nos finais de semana transforma-se em pista para patinadores, skatistas e aprendizes de ciclistas. Em uma cidade em que faltam espaços de lazer, a apropriação potencializa usos diversos.

A Figura 21 consegue capturar um uso atípico para o espaço projetado. O espaço com resquícios do Carandiru remete num primeiro momento à memória, mas olhando atentamente para a imagem é possível identificar um grupo de jovens reunidos discutindo a organização de um evento festivo, evidente contradição entre a memória do que já foi aquele espaço de segregação e tristeza e outro espaço, de socialização e alegria. O espaço das pretensas "salas", com os desníveis entre as passarelas criadas para o percurso, é um limite entre se esconder e se revelar em meio às árvores.

O espaço é multissensorial, envolve os sentidos olfativos, sonoros, táteis e aciona reações em seu usuário, fazendo-o pensar, refletir e agir sobre ele. O espaço interfere no sujeito assim como o sujeito interfere no espaço e, nessa lógica, qualidades ambientais podem despertar tendências e prazeres, contribuindo para uma melhor qualidade de vida.

Figura 21 – Memória da antiga Casa de Detenção do Carandiru – Parque da Juventude.
Foto: Autoras (2016).

CONSIDERAÇÕES FINAIS

Como é possível entender a ambiguidade que se apresenta entre espaço e tempo e qual é o tempo que existe para o espaço, considerando o mundo contemporâneo? No tempo da informação digital e da efemeridade tem-se o lugar da habitação e da produção, mas qual é o lugar do lazer? Alguns espaços públicos são projetados para atender programas de cultura e lazer, outros estão à espera de serem descobertos por seus usuários. As operações sensoriais dos usuários imprimem uma identidade dos indivíduos com o espaço em que memórias e lembranças criam um sentimento de pertencimento ao lugar.

Este capítulo adotou as imagens como registro de uma percepção individual, convidando o leitor a olhar atentamente para o cotidiano retratado e a se posicionar diante delas. Buscou-se flagrar momentos e características dos lugares, não visíveis à primeira vista, mas que qualificam e interferem de algum modo no comportamento do usuário.

Embora exista uma cumplicidade entre o espaço público e a sociedade, ela nem sempre é percebida, camuflando muitas vezes qualidades ambientais e fenomenológicas que afetam a qualidade de vida do indivíduo. Alguns pontos podem ser destacados a partir dos conceitos e reflexões apresentados ao longo deste texto, uns dotados de obviedades e outros que requerem um olhar mais atento.

A função primeira do Parque da Juventude, apresentado como exemplificação de espaço público, consiste em devolver para a cidade uma área de lazer e cultura, com suas quadras esportivas, equipamentos funcionais e a instalação da Biblioteca São Paulo. Soma-se a essa primeira característica o próprio conceito de parque, em termos paisagísticos e ambientais, com sua massa verde, áreas sombreadas e seus morrotes quebrando a monotonia da paisagem.

Os espaços públicos são um fator de realização de todas as práticas sociais, materializando o potencial configurativo das intenções humanas, bem como configuram espaços únicos, porque são capazes de conceder historicidade às formas físicas. As diferentes formas dos lugares colocam condições que podem ser distintas para a sua apreensão. A forma dos lugares é o meio mais importante de emissão de informações para a realização do conceito do espaço.

Pode-se dizer também que existe um processo que é fruto das relações que se estabelecem no sistema de produção capitalista, na constante busca da geração de mais valia a partir da extração da renda da terra, que ocorre pela simples valorização imobiliária, bem como por uma forçada necessidade de vender o entorno, vender a imagem ou a proximidade de um equipamento urbano, de um parque ou ainda um espaço público, de modo geral.

Os anos de história, formação, ocupação e expansão sempre estiveram relacionados com os investimentos financeiros, gerando uma perda de identidade dos espaços, ou melhor, uma descaracterização cultural, social e política. A obsessão por criar cidades do progresso com vistas à modernidade acabam por tornar-se constituintes de uma cidade segregada, em construção sistemática de espaços que deixam de lado a evolução histórica e dão lugar à espetacularização dos espaços urbanos, sempre voltados aos interesses imobiliários.

Por conta da localização do parque e de seus espaços disponíveis, a população se identifica com o lugar e se apropria daquilo que ele oferece. Essa identificação pode estar relacionada com a história que circunda os eventos ocorridos no entorno, na urbanização e ocupação do bairro e no próprio parque, resgatando os resquícios de memória do lugar, revelando outra dimensão para a relação espaço-tempo.

Conseguir "ver", "ler" um espaço modifica não somente o lugar, mas transforma o sujeito. As apropriações e improvisações dos espaços definem a legitimação do que foi projetado. As experiências do espaço pelos habitantes, passantes ou errantes reinventam os espaços do cotidiano. As particularidades de cada figura singular compõem o conjunto de pluralidades dos acontecimentos da imagem do espaço público aberto. A todo momento, espaços se transformam pelos olhos dos indivíduos. Constroem-se espaços de passagem, fazem-se memórias.

Bem, pode-se fazer uma apropriação do espaço público para finalidades distintas, tomando-o como lugar de reunião e ponto de encontro. Distingue-se essa apropriação para discussão de assuntos locais, mesmo privados, como uma das formas. Outra forma é aquela em que esse tipo de apropriação formata praticamente um seminário ou uma oficina que envolve pessoas de várias partes da cidade e mesmo de outras cidades. O espaço público é sempre bem-vindo por proporcionar um entendimento maior, de muitas pessoas, tratando de questões importantes, seja para uma cidade, seja para uma região, mas é em reuniões desse porte que o espaço público permite formatar distintos modos de agir, necessários para o encaminhamento de questões culturais, programando uma manifestação política de uma política pública que, vindo a ser aplicada, poderá melhorar a compreensão dos espaços livres na cidade e sua contribuição para a sustentabilidade. Afinal, são os espaços verdes públicos que podem captar grande parte do gás carbônico existente no ar e assim contribuir para minorar os efeitos de mudanças climáticas. Nesse sentido, é importante que a população local que usufruirá de melhor atmosfera esteja unânime na decisão de quantas árvores plantar e de que extensão esses parques precisam para poderem de fato contribuir para minorar o peso do gás carbônico na mistura de gases de efeito estufa. Por isso, uma vez tomada uma decisão local de manter um parque com um determinado número de árvores, resta à administração local implementar a decisão. Entretanto, o espaço público pode, com suas árvores, mostrar quanto tempo estão cooperando com o clima, pois o tamanho e a distância das circunferências dos caules das árvores mostram quanto tempo de vida elas têm, ou seja, quanto tempo elas estão cooperando com a humanidade ao minorar a atuação dos gases de efeito estufa e assim com o clima, tornando este planeta mais sustentável.

REFERÊNCIAS

ADLER, F. R.; TANNER, C. J. *Ecossistemas urbanos:* princípios ecológicos para o ambiente construído. São Paulo: Oficina de Textos, 2015.

AGOPYAN, V; JOHN, V. M. *O desafio da sustentabilidade na construção civil.* v. 5. In: GOLDEMBERG, J. (Coord.). Série Sustentabilidade. São Paulo: Blucher, 2011.

ALTMAN, I.; ZUBE, E. H. *Public places and spaces.* Nova York: Plenum, 1989.

ARANTES, F. B. O. *O lugar da arquitetura depois dos modernos.* São Paulo: Edusp, 2000.

ARAÚJO, A. M. *A moderna construção sustentável.* S.d. Disponível em: www.aecweb.com.br/cont/a/a-moderna-construcao-sustentavel_589. Acesso em: 3 jun. 2016.

ARFELLI, A. C. Áreas verdes e de lazer: considerações para sua compreensão e definição na atividade urbanística de parcelamento do solo. *Justitia,* s/d.

BELLEN, H. M. van. *Indicadores de sustentabilidade:* uma análise comparativa. 2002. Tese (Doutorado). Universidade Federal de Santa Catarina (UFRJ). Florianópolis, 2002.

BORJA, J. Fazer cidade na cidade atual. Centros e espaços públicos como oportunidades. In: BRANDÃO, P.; REMESAR, A. (Coords.). *Espaço público e interdisciplinaridade.* Lisboa: Centro Português Design, 2000.

BURSZTYN, M. Ciência, ética e sustentabilidade: desafios ao novo século. In: _____. (Org.). *Ciência, ética e sustentabilidade.* São Paulo: Cortez; Brasília: Unesco, 2001.

CASTRO, A. Espaços públicos, coexistência social e civilidade: contributos para uma reflexão sobre os espaços públicos urbanos. *Cidades – Comunidades e Territórios,* 2002, p. 53-67.

[CIB] CONSELHO INTERNACIONAL DA CONSTRUÇÃO. *Agenda 21 para a construção sustentável.* São Paulo: D.M. Weinstock, 2000.

COSTA, L. B. *Imagem dialética e imagem crítica: – fotografia e percepção na metrópole moderna e contemporânea.* 2010. Tese (Doutorado). Faculdade de Arquitetura e Urbanismo, Universidade de São Paulo (FAU/USP). São Paulo, 2010.

CHOAY, F. *O urbanismo.* São Paulo: Perspectiva, 1979.

DEBORD, G. *A sociedade do espetáculo.* Rio de Janeiro: Contraponto, 1967.

DELGADO, M. *El espacio público como ideología.* Barcelona: Libros de la Catarata, 2011.

FARR, D. *Urbanismo sustentável.* Desenho urbano com a natureza. Tradução: Alexandre Salvaterra. Porto Alegre: Bookman, 2013.

FERRARA, L. A. *Olhar periférico: informação, linguagem, percepção ambiental.* 2.ed. São Paulo: Edusp, 1999.

_____. *Ver a cidade: cidade – imagem – leitura*. São Paulo: Nobel, 1988.

FERREIRA, P. E. B. *Apropriação do espaço urbano e as políticas de intervenção urbana e habitacional no centro de São Paulo*. 2007. Dissertação (Mestrado). Faculdade de Arquitetura e Urbanismo, Universidade de São Paulo (FAU/USP). São Paulo, 2007.

GARCIA, E. La reconquista de Europa. ¿Por qué el espacio público? *Public Space*, n. 16, 1999.

GEHL, J.; GEMZOE, L. *Novos espaços urbanos*. Barcelona: Gustavo Gili, 2000.

GUERREIRO, A. As imagens sem memória e a esterilização da cultura. *Seminário Aby Warburg: Imagem, Memória e Cultura*. Lisboa: 2012. Disponível em: <http://www.porta33.com>. Acesso em: 7 dez. 2017.

[IBGE] Instituto Brasileiro de Geografia e Estatística. Censo Demográfico 2010. 2018. Disponível em: <http://www.censo2010.ibge.gov.br>. Acesso em: 14 jun. 2018.

_____. *IBGE Cidades:* Arenápolis. Disponível em: <http://cidades.ibge.gov.br/xtras/perfil. php?codmun=510130>. Acesso em: 12 ago. 2015.

HANNES, E. O Parque da Juventude: inserção ambiental e sustentabilidade. *LABVERDE*, v. 8, n. 6, p. 141-156, 2014. Disponível em: <http://www.revistas.usp.br/revistalabverde/article/view/83550>. Acesso em: 22 maio 2016.

HARVEY, D.. O direito à cidade. *Lutas Sociais*, n. 29, p. 73-89, jul./dez. 2012.

LOVINS, L. H.; COHEN, B. *Liderança, inovadora e lucrativa para um crescimento econômico sustentável*. São Paulo: Cultrix, 2013.

MENDONÇA, S. M. E. Apropriações do espaço público: alguns conceitos. *Estudos e Pesquisas em Psicologia*, v. 7, n. 2, p. 296-306, 2007.

MERLEAU-PONTY, M. *Fenomenologia da percepção*. São Paulo: Martins Fontes, 1994.

NARCISO, C. A. Espaço público: ação política e práticas de apropriação. Conceito e Procedência. *Estudos e Pesquisas em Psicologia*, v. 9, n. 2, p. 265-291, 2009.

ROMEIRO, R. A. Desenvolvimento sustentável: uma perspectiva econômico-ecológica. *Estudos avançados*, v. 26, n. 74, 2012.

SAMAIN, E. (Org.). *Como pensam as imagens*. Campinas: Editora da Unicamp, 2012.

SANTOS, M. *Espaço e sociedade*. Petrópolis: Vozes, 1979.

_____. *O espaço do cidadão*. São Paulo: Nobel, 1996.

SENNETT, R. *O declínio do homem público:* as tiranias da intimidade. São Paulo: Companhia das Letras, 1988.

SILVA, G. J. A. da; ROMERO, M. A. B. O urbanismo sustentável no Brasil: a revisão de conceitos urbanos para o século XXI. *Vitruvius*, Arquitextos, ano 11, jan. 2011. Disponível em: <http://www.vitruvius.com.br/revistas/read/arquitextos/11.128/3724>. Acesso em: 20 maio 2017.

WARBURG, A. *Atlas mnemosyne*. Madrid: Akal, 2010.

Música urbana | **13**

Helena Rodi Neumann
Arquiteta e urbanista, Universidade
Federal de Mato Grosso do Sul, UFMS

INTRODUÇÃO: DISTINTAS PAISAGENS

Os sentidos são as ferramentas para que o homem consiga perceber o mundo ao seu redor. Na atualidade, vive-se em um momento histórico no qual há o predomínio dos estímulos visuais, que oferecem uma compreensão mais direta do meio e acabam tornando o homem cada vez mais distante da percepção das sensações mais sutis, como as informações sonoras.

O ritmo acelerado da vida contemporânea também colabora no sentido de dificultar a percepção dos sons ao redor, composição que é chamada de "paisagem sonora". São diversos sons, normalmente muito variados, que constituem essa música que nos estimula constantemente, por vezes de forma inconsciente.

Um exemplo significativo é o estado do Ceará, no Nordeste do Brasil. A capital Fortaleza, com 2,6 milhões de habitantes, é toda estruturada no transporte de veículos particulares. Por se tratar de uma cidade litorânea, a brisa do mar é constante. Já no interior do estado, a paisagem do sertão é bem diferente. A falta de água doce castiga a vegetação, o solo e a população. E não muito distante está a serra do Baturité, a 170 quilômetros de Fortaleza, onde a temperatura é dez graus mais baixa, cuja vegetação é mais densa e bem verde o ano todo.

Essas três localidades são relativamente próximas, apenas duas horas de viagem separam ambientes totalmente distintos. Basta mudar a cidade para ter uma percepção completamente diferente do ambiente ao redor. E isso se dá em grande parte porque a composição de sons ambientais se altera.

Na serra, é possível ouvir a riqueza do ambiente natural. Os diversos pássaros cantam, as cigarras, os grilos. Em razão das chuvas um pouco mais frequentes, da altitude de 800 m, da garoa e do orvalho matinal, a umidade relativa do ar é maior, o que faz os sons se propagarem com maior velocidade. A topografia mais irregular, com diversos pequenos morros e vales, impede que o som percorra longas distâncias, oferecendo assim uma sensação mais intimista. A vegetação mais densa e alta completa o cenário, no qual se ouve constantemente o som do vento nas folhas.

A paisagem sonora do sertão é quase oposta, mesmo sendo também natural e bem preservada, ou seja, caracterizada por baixa ação antrópica, que é a interferência do homem no meio. É naturalmente distinta, composta por grandes planícies, em que o som percorre longas distâncias sem encontrar barreiras. O vento também ganha velocidade nessa topografia, mas acaba balançando apenas algumas carnaúbas e outras poucas árvores com pequena copa e folhagem. Os animais também são mais raros, assim como os seus sons, em razão da escassez de alimentos. A sensação térmica muito alta mantém as pessoas no interior das casas, tornando o espaço público esvaziado, quase sem sons e vitalidade durante o dia.

O terceiro caso é a capital do estado, Fortaleza, uma cidade fortemente caracterizada pela segregação espacial de sua malha urbana. Recentemente, foram tomadas algumas medidas para incentivar o uso de transporte não motorizado ou coletivo, como o aumento das ciclovias e a consolidação do primeiro corredor de ônibus Antonio Bezerra-Papicu, porém essas medidas ainda são insuficientes. A cidade é toda estruturada a partir do uso do automóvel e também por isso a poluição sonora é constante.

A estrutura da cidade segue o padrão típico das capitais brasileiras: ocupação radiocêntrica, com grandes avenidas radiais que chegam a um centro que está esvaziado, devido ao forte processo de periferização. Na cidade se escuta o som dos carros, dos ônibus, das motos. Há poucos pedestres na rua, devido ao medo de assaltos e a falta de sombreamento, o que poderia ser amenizado com a arborização urbana.

Existem poucas árvores nas ruas, assim como pássaros. É possível ouvir o latido de cães presos nos apartamentos. Há ainda a cultura do carro de som, também chamado de "paredão", que ocupa as periferias com intensidade. A cidade está cada vez mais barulhenta e distante de sua paisagem natural.

A proposta deste capítulo é explicar como é composta a paisagem sonora de cada ambiente ao redor e como este é determinante na percepção positiva do ambiente urbano pelo homem. A poluição sonora impacta diretamente a qualidade de vida da população e por isso deve ser controlada, mas nem todos os ruídos são ruins, como será visto a seguir, e por isso é preciso aprender a classificá-los. Quais são as particularidades das cidades atuais que determinam essa nova configuração sonora? O ambiente urbano é dos carros. As grandes avenidas, arteriais e coletoras, estabelecem rasgos na malha urbana, que são fontes lineares intensas de ruídos. Além das avenidas, pode-se destacar as linhas de transporte coletivo, com os metrôs, trens e veículos leves sobre trilhos (VLT), sem contar os ônibus em seus corredores ou faixas exclusivas. Todos os ruídos vindos de máquinas costumam ser muito intensos e com baixa informação. Outra fonte de ruído linear importante são as rotas aeroviárias, nas quais os aviões impactam as coberturas das residências em extensas áreas da cidade.

Mas quais são os impactos negativos da poluição sonora? Ruídos muito intensos podem causar danos auditivos e até surdez. Além disso, os danos psicológicos podem ser diversos, uma vez que a tensão prejudica diretamente o sistema nervoso. Os ruídos de baixa frequência conseguem, com suas ondas de grande comprimento, prejudicar o sistema circulatório humano. É o que ocorre quando se sente o corpo vibrar perto de um trio elétrico no Carnaval: parece que é possível sentir a música pulsar no coração e é isso mesmo que acontece.

Segundo LaBelle (2010), a audição é o sentido que estabelece a relação do homem com o espaço. A noção espacial do homem está totalmente vinculada à percepção auditiva, uma vez que o ouvido se sensibiliza por sons vindos de todas as direções. Já a percepção visual se restringe à frente da cabeça, dificultando assim a compreensão do espaço como um todo.

O mecanismo de percepção espacial funciona em duas etapas: primeiro se dá a sensibilização sonora, que em seguida dirige o nosso foco visual. A audição serve como o primeiro alerta para atrair o olhar, assim esses dois mecanismos trabalham juntos constantemente, passando informações do meio para o homem. Muitas vezes o impacto sonoro é inconsciente e por isso pode parecer pouco importante, mas é definitivamente fundamental para a compreensão do espaço.

SONS DA SOCIEDADE

Diversos são os malefícios dos ruídos para o homem, uma vez que não é possível fechar os ouvidos e impedir os estímulos ambientais. Porém, para o espaço da cidade, a poluição sonora é igualmente prejudicial. A paisagem sonora urbana nas metrópoles é tão hostil que as pessoas evitam ocupar o exterior das edificações. Com isso, vão perdendo cada vez mais o interesse pelo espaço público, já que poucos o utilizam. Como afirmado por Neumann, "Esta perda de interesse é muito prejudicial para a cidade, que fica desvalorizada e rebaixada a função apenas de conectar usos cotidianos (trabalho-casa) e deixa de estabelecer pontos de encontro em locais públicos" (2014, p. 122).

A cidade costumava ser o ponto de encontro por excelência. As pessoas se reuniam na praça central da igreja e iam caminhando até o destino. Agora poucos andam pelas calçadas, mais por obrigação do que por prazer.

Os sons da cidade são o retrato sonoro de uma população em uma determinada época da história. Antes da Revolução Industrial não havia meios de transporte motorizados, como carros, ônibus e trens, que são os principais elementos da paisagem sonora urbana contemporânea. Se uma sociedade respeita as regras civis, será por consequência mais silenciosa. Exemplo disso é o grande número de travessias fora da faixa de pedestres no Brasil, que gera um grande aumento no número de buzinas.

As metrópoles brasileiras no geral são caracterizadas por uma forte segregação espacial e social. Segundo LaBelle, o som em meio urbano possui a capacidade fundamental de quebra das delimitações urbanas da cidade: "As ricas ondulações da materialidade auditiva se dedicam para não estabelecer delimitações entre o privado e o público" (2010, XXI).

Em cidades violentas como Fortaleza e São Paulo, nota-se cada vez mais o surgimento de condomínios fechados tanto de residências como de edifícios, devido ao medo de assaltos. Dessa forma, o espaço público fica cada vez mais vazio, o que desqualifica o ambiente urbano. Porém, é de fundamental importância verificar que a poluição sonora não pode ser isolada, ou seja, adentra todos os locais de forma igualitária.

Por essa razão, segundo LaBelle (2010), perceber a cidade por meio de seus sons é uma forma mais democrática de caracterizar o meio urbano. Os ruídos de uma grande avenida arterial vão impactar tanto edifícios de alto padrão como simples casebres.

O som retrata o movimento da cidade, ou seja, a atividade principalmente no espaço público. Bairros de baixa densidade, com lotes vazios e longas calçadas com laterais muradas nunca são convidativas ao pedestre e assim as ruas ficam desertas. Já os bairros com usos diversificados, como naqueles onde há edifícios residenciais com comércios no pavimento térreo e com densidade populacional maior, tornam o espaço público mais vivo, uma vez que o morador pode sair de sua casa a pé para ir à padaria ou à farmácia.

Os sons da cidade, portanto, nem sempre são negativos, podem ser apenas o registro da vitalidade da cidade. Mas então como saber quais os sons indesejados? São sempre aqueles que incomodam alguém ou, de forma mais evidente, incomodam um grupo de pessoas. Porém, esse incômodo muitas vezes não é consciente devido à capacidade de costume e deve ser então verificado por meio do impacto na saúde, por exemplo, na quantidade de estresse causado a certa população.

O ruído é o registro da vitalidade urbana, como defende LaBelle: "O ruído, então, pode ser compreendido não apenas como um sintoma de vulnerabilidade simbólica da desordem teórica mas como a evidência e o catalisador ocasional da mudança cultural dinâmica operativa através dos topos urbanos" (2010, XXII). A paisagem sonora é construída pela dinâmica da própria sociedade e para alterá-la é preciso modificar costumes culturais já arraigados. Não basta apenas legislação, é necessário criar programas de educação ambiental.

O ruído traz consigo a expressividade da liberdade, o que se torna ainda mais evidente quando os ruídos são produzidos no espaço público. Basta dizer que as manifestações e passeatas políticas importantes são feitas nas ruas e que as principais manifestações culturais, como o Carnaval, recebem também seus blocos nas ruas. Quando os sons são produzidos no espaço público possuem um impacto muito mais abrangente, que se relaciona com o poder de atração do som.

Os eventos culturais e as manifestações políticas são importantes para a sociedade, mas não acontecem todos os dias, são esporádicos, de interesse para uma grande parcela da população. Então os ruídos oriundos desses eventos podem ser tolerados. Entretanto, a constante poluição sonora, com a extinção dos sons advindos da paisagem natural, é um problema bem mais grave, apesar de muitas vezes se constituir de sons menos intensos. São sintomas graves de uma sociedade doente, formadas por homens sem tempo para lazer, mas que perdem muito tempo no trânsito, estressados e já não se sensibilizam pelo ambiente ao redor.

Mas quem quer frequentar uma praça vazia, sem barulho algum? Ninguém. As pessoas procuram locais com vitalidade, movimento humano e, portanto, com ruídos, que nesse caso podem ser fundamentais. Por vezes, uma praça da cidade que estava abandonada, sem uso, recebe uma nova forma de ocupação com uma feira de alimentação e assim atrai pessoas para o espaço público, com animação e música. Portanto, os ruídos podem servir para a reinclusão de áreas negligenciadas do espaço urbano.

Ainda segundo LaBelle, "o som cria uma geografia relacional que é na maioria das vezes emocional, controversa, fluida, e que estimula uma forma de conhecimento que se move dentro e fora do corpo" (2010, XXV). Essa geografia relacional se refere ao poder do som de unir as pessoas, devido à proximidade necessária para transmitir uma mensagem falada. A comunicação oral, com o conjunto da fala e audição, é o principal mecanismo de relacionamento com os outros indivíduos, fundamental para o convívio social.

A CALÇADA PÚBLICA

Quando o termo "espaço público" é mencionado, normalmente se pensa no ambiente da rua. Porém, a rua na cidade contemporânea é repleta de carros, motos e ônibus. O espaço por excelência que retrata a vida pública é a calçada. Para LaBelle, esta oferece o real retrato do movimento da cidade, como se vê na Figura 1.

Na calçada o protagonista é o pedestre, com seus movimentos, seus encontros, suas paradas. Cada evento da pessoa na rua gera sons característicos, que vão enriquecendo a paisagem sonora da cidade. O homem pode estar andando para chegar até a padaria, indo rápido para entrar no próximo ônibus, sentar na calçada para conversar com o vizinho, correr para praticar alguma atividade física.

Figura 1 – Sons da calçada.
Foto: Neumann (2014).

Pode-se dizer que de certa forma andar na calçada é exercer sua cidadania. Nesta, todos os homens são iguais, devem agir da mesma forma e têm os mesmos direitos. Talvez seja essa oportunidade de igualdade que afaste muitos do espaço público. A calçada também é o retrato da diversidade social brasileira, já que nela se encontram pessoas de todos os tipos e diferentes classes sociais.

É fundamental avaliar os sons das calçadas para compreender a dinâmica de certa sociedade, por meio da análise da paisagem sonora dos roteiros cotidianos ali estabelecidos. Segundo LaBelle (2010, p. 91), andar na calçada é um movimento de "negociação contínua". Podem ser locais de estar ou passagem, deslocamentos para lazer ou trabalho, desvios de postes, bancas de jornal ou de outras pessoas paradas nos pontos de ônibus.

Todas as calçadas são iguais? Nunca são. Cada uma possui características especiais. Por isso é também um ambiente acústico em evolução, uma vez que é mutável com o passar do tempo. É um espaço fundamental para compreender a realidade de uma cidade. A calçada, como explica LaBelle (2010, p. 92), é a "membrana sonora" entre ruas e prédios . Trata-se de um espaço público de transição, o que pode facilitar a apropriação do espaço pelo homem, que consequentemente terá maior cuidado com a manutenção do local e também a utilizará mais frequentemente.

A triste realidade, porém, é que o pedestre está fugindo das calçadas e dos demais espaços públicos em todas as capitais brasileiras. Como observa LaBelle, "Ser urbano é ter alguma coisa em situação de excesso em vários níveis" (2010, p. 97). A paisagem sonora está muito poluída com informações vazias, tornando-a muito hostil para a longa permanência ou o lazer.

Nesse contexto surgem, como chama LaBelle, os "caminhantes plugados", ou seja, pedestres que utilizam fones de ouvido no espaço público para se proteger da paisagem sonora da cidade e também para poder controlar a música que desejam ouvir, representados na Figura 2. Eles andam como zumbis pelas calçadas, sem perceber a cidade a sua volta, aumentando o índice de atropelamentos, não se relacionando com outras pessoas e por vezes ainda falando sozinhos.

Algumas pesquisas científicas na Europa e nos Estados Unidos buscam formas artificiais de gerar sons no espaço público com uma específica gama de frequências para mascarar os ruídos negativos da cidade e assim resgatar o interesse da população em permanecer nas praças, por exemplo. Uma fonte sonora que demonstrou eficiência foi a fonte de água corrente.

Existem diversos métodos científicos para avaliar os territórios acústicos da cidade, que também podem ser aplicados na análise da qualidade ambiental das calçadas. Um dos mais difundidos é o *Soundwalk*, ou "caminhadas acústicas" em português, no qual a avaliação da paisagem sonora é feita ao longo do percurso. LaBelle observa que "as paisagens estabelecidas pelo som

Figura 2 – "Caminhantes Plugados".
Foto: Neumann (2014).

criam um espaço dinâmico para o aprofundamento do diálogo que ocorre entre o corpo e as regras" (2010, p. 88), ou seja, como o homem se relaciona com o espaço.

OUVIR A CIDADE

Todos acreditam que é possível ver a cidade, porém sempre há dúvida se é possível ouvi-la também. É possível enxergar a luz gerada pelo sol ou em fonte artificial quando atinge uma superfície e em seguida é refletida aos olhos do homem. O mecanismo físico com o som é bem semelhante. A fonte sonora pode sensibilizar diretamente o ouvido humano ou bater sobre alguma superfície e só depois alcançar o ouvinte. Portanto, da mesma forma que é possível ver a cidade, também se pode ouvi-la.

Ao caminhar pela cidade, o pedestre pode ter uma impressão geral do cenário e pode atribuir essa percepção apenas ao olhar, sem perceber os vários sentidos que contribuem para a construção dessa impressão. Em uma mesma rua, com pontos distintos, mas com características gerais similares, o pedestre certamente considerará o ponto com pior qualidade ambiental aquele que for mais ruidoso (Neumann, 2014).

Muitas vezes se pode até misturar os sentidos para tentar descrever um espaço. Quando nos referimos a uma sala "fria e formal", essa afirmação quase nunca se relaciona com a baixa temperatura da sala, e sim à sensação de estar dentro dela. Normalmente, salas com revestimentos rígidos são mais reverberantes, ou seja, o som demora mais para se dissipar e assim tem-se a percepção de que a sala é mais imponente, mas costuma ser muito difícil para o indivíduo diferenciar a fonte de cada sensação, o que requer prática. Existem inúmeras estruturas que sentimos acusticamente. Rasmussen conta: "Recordo dos meus tempos de infância, a passagem abobadada que leva à antiga cidadela de Copenhague. Quando os soldados marchavam através dela com pífaros e tambores, o efeito era aterrorizante. Uma carroça que passasse por ela soava como o ribombar de trovões" (1986, p. 234). A passagem abobadada, provavelmente em pedra, conseguia amplificar os sons ao possibilitar múltiplas reflexões em seu interior. O som tem esse poder de chamar a atenção de todos e ainda de tornar o evento mais importante. Além disso, os eventos sonoros geram sensações que nos impactam de forma tão profunda que conseguem marcar as memórias de infância de forma única.

A forma do espaço interfere diretamente em sua acústica e, portanto, na percepção do usuário em relação à forma. Um bom exemplo são os túneis. É fácil imaginar o som produzido por homens correndo em túneis com certa quantidade de água. Como observa Rasmussen, "O nosso ouvido recebe o impacto do comprimento e da forma cilíndrica do túnel" (1986, p. 235). O som produzido pelo impacto dos pés na água reverbera no interior do espaço sem aberturas.

Como já mencionado, atualmente há o predomínio das sensações obtidas pela visão também em razão do excesso de poluição visual nas cidades. Mas o homem nem sempre foi dominado pela visão. Ong afirma que "a mudança do discurso oral para o escrito foi essencialmente uma transição do espaço sonoro para o visual" (apud Pallasmaa, 2005, p. 24).

Todas as histórias e mensagens importantes eram transmitidas de forma oral e repeti-las diversas vezes a deixavam vivas na memória, uma vez que grande parte da população era analfabeta. Prestava-se muito mais atenção ao que era dito. Após a Revolução Elétrica de 1930, é possível gravar qualquer som para ouvi-lo depois. Assim gradativamente a atenção para aquele momento especial se perde.

O olho recebe informações mais objetivas sobre o espaço, ajuda a organizá-lo, classificá-lo e ordená-lo. Porém, a percepção do espaço vai muito além das impressões diretas e é enriquecida por muitas outras sensações. Como observa Pallasmaa, "a visão nos separa do mundo, enquanto os outros sentidos nos unem a ele" (2005, p. 24). É preciso proximidade para se sensibilizar com um evento sonoro.

O mesmo autor complementa: "A visão isola, enquanto o som incorpora; a visão é direcional, o som é onidirecional. O senso da visão implica exterioridade, mas a audição cria uma experiência de interioridade". Um bom exemplo é o de caminhar pela avenida Paulista, na cidade de São Paulo. Ao estar no topo do espigão, é possível ver as ruas que descem de ambos os lados ao mesmo tempo que se recebe os diversos sons da cidade que vêm de todas as direções. Como uma *overdose* aos sentidos.

Normalmente não se tem consciência da importância da audição na experiência espacial, mas como afirma Pallasmaa, "a audição estrutura e articula a experiência e o entendimento do espaço" (2005, p. 47). O som acaba marcando as transições temporais para as imagens que a visão faz da cidade.

O ouvido tem a capacidade extraordinária de imaginar um volume. A prova disso é quando se ouve uma goteira no interior de uma caverna escura. Não é possível ver, mas sim imaginar a cobertura côncava do espaço.

O som tem um grande poder sobre a imaginação quando se utiliza do repertório individual de lembranças para imaginar uma situação não visível. Um exemplo importante é a cidade à noite. No momento em que se acorda com o barulho de uma ambulância ou uma batida de automóveis, muitas vezes não é possível ver, mas o corpo fica exaltado e a imaginação já especula sobre o ocorrido.

Como descreve Pallasmaa, "Cada cidade tem seu eco, o qual depende do padrão e da escala de suas ruas e dos estilos e materiais dominantes de sua arquitetura" (2005, p. 48). Portanto, é possível diferenciar cada cidade pelos seus sons e essas diferenças aparecem nas paisagens sonoras que as qualificam.

Cidades como Brasília, no perímetro do Plano Piloto, possuem amplos espaços abertos e largas avenidas e por isso não desenvolvem os sons, dando a impressão de uma cidade sempre esvaziada. Espaços mais próximos oferecem uma sensação de maior intimidade ao pedestre e, por consequência, maior conforto no espaço público.

Pallasmaa defende também, assim como LaBelle, que certos ruídos e ecos não devem ser censurados, pois são retratos culturais da vida na cidade. Colocar músicas gravadas em espaços públicos ou *shopping centers* pode eliminar a possibilidade de o ouvinte entrar em contato com o rico volume da acústica urbana.

A primeira medida para a qualificação acústica de uma edificação é isolá-la do ruído externo. Dessa forma, é possível ter a liberdade de criar novos sons da maneira desejada no interior da edificação. Como exemplo, pode-se citar teatros, auditórios e salas para concerto. Mas no âmbito da cidade, o silêncio muitas vezes se relaciona com insegurança e abandono. Por isso, a acústica urbana deve classificar com cuidado quais são seus sons de baixa qualidade.

Para isso, é necessário recorrer à pesquisa de Schafer, que definiu o conceito de paisagem sonora no final da década de 1970. A pesquisa geral de seu trabalho é "qual é a relação entre o homem e os sons do ambiente e o que acontece quando esses sons mudam?" (1977, p. 4). Ou seja, o autor está preocupado com o impacto da paisagem sonora no homem, e também como a mudança do som ambiente pode interferir na qualidade e no modo de vida do homem contemporâneo.

O mesmo autor acredita que, para começar a compreender um cenário sonoro, deve-se percorrer com muita atenção o ambiente, com o intuito de verificar até as fontes sonoras mais sutis. Além disso, é necessário frequentar o local diversas vezes, em horários e dias da semana distintos, a fim de registrar alguns sons que ocorrem de forma mais esporádica. Como Schafer observa, deve-se analisar "os sons que são importantes, quer por causa de sua individualidade, sua intensidade ou sua predominância" (1977, p. 9).

Para classificar de forma adequada os sons presentes em certa paisagem sonora, o autor define quatro categorias centrais: tons principais (*keynote sounds*); alertas sonoros (*signals*); marcos sonoros (*soundmarks*); e sons arquetípicos (*archetypal sounds*). Esses últimos são aqueles que acontecem da mesma forma há anos, portanto são antigos e misteriosos, sempre carregando certo simbolismo do passado.

Keynote é uma palavra utilizada na área da música, que significa a nota que dá o tom fundamental da composição. Essa é a base inicial pela qual a música vai se desenvolver, que apesar da sua relevância, quase sempre passa despercebida por ser mais neutra e por isso não destoa das demais. Por essa razão, traduz-se o conceito de *keynote sounds* como "tons principais". Na acústica urbana, "apesar de que os 'tons principais' nem sempre podem ser ouvidos de forma consciente, o fato de que eles são onipresentes sugere a possibilidade de uma influência profunda e penetrante sobre o nosso comportamento e humor" (Schafer, 1977, p. 9). Os "tons principais" da paisagem são aqueles criados pela paisagem natural, que se relacionam com a geografia e o clima do local específico, como pela água, vento, vegetação e animais.

Os sons da paisagem natural também podem ter significância arquetípica, em razão de se tratarem dos sons mais antigos encontrados em certa localidade e por isso conseguem afetar o modo de vida de uma sociedade. Os sons arquetípicos colaboram para a compreensão de um espaço desconhecido, uma vez que se baseiam em uma referência ou lembrança de uma experiência de vida do indivíduo. Por exemplo, é possível saber exatamente o contexto sonoro de uma praia, mesmo que nunca a tenha visitado, apenas por imagens pré-estabelecidas de outras vivências passadas.

As paisagens sonoras de cidades litorâneas como Fortaleza serão sempre mais parecidas do ponto de vista dos "tons principais", do que em regiões montanhosas, como o Maciço do Baturité, localidade citada anteriormente. Os sons naturais afetam o modo de vida à medida que, quanto mais presentes, significam que o ambiente sofreu menos intervenções do homem e preserva assim as suas características originais, que são mais ricas ao ouvido humano pela diversidade de sons naturais. É uma questão fisiológica humana, ou seja, quanto maior a variedade de sons, mais confortável será para o homem e assim menos estresse este consequentemente terá.

Os *signals*, ou "alertas sonoros", são os sons ouvidos rapidamente, porque estes se destacam dos demais. Os *signals* têm a função de chamar a atenção de forma objetiva, por isso são classificados como alertas sonoros, como sinos, assobios e sirenes. Apesar da compreensão mais imediata, "o alerta sonoro pode com frequência ser organizado em códigos bem elaborados, permitindo mensagens de considerável complexidade para serem transmitidas para aquele que pode interpretá-las" (Schafer, 1977, p. 10).

O conceito de *soundmark*, ou "marco sonoro", é derivado da palavra *paisagem* na língua inglesa (*landmark*) e se refere a um som que apresenta características únicas, por isso deve ter uma classificação especial. Segundo o autor, "uma vez que um 'marco sonoro' foi identificado, este merece ser protegido, porque os marcos sonoros tornam única a experiência sonora da comunidade" (Schafer, 1977, p. 10). Normalmente, os "marcos sonoros" estão relacionados com eventos culturais únicos que ocorrem em certos pontos da cidade, como manifestações de música na praça, sons de um jogo de futebol ou os ruídos de uma feira de rua. São sons gerados por eventos pontuais, que acontecem de forma esporádica, mas sempre em determinado local, e são de conhecimento público.

A definição dos conceitos acima, juntamente com a análise dos detalhes sonoros, servem para compreender a paisagem sonora de forma global, para em seguida determinar quais sons ambientais devem ser controlados e quais devem ser mantidos. É fundamental constatar que a composição sonora é algo controlável e está fortemente conectada com as decisões de projeto tomadas considerando um trecho urbano, e por isso deve ser melhorada.

Como já mencionado, considerando localidades diferentes, nenhuma paisagem sonora consegue ser igual. Cada localidade geográfica tem características singulares em razão das diferenças climáticas. "Toda paisagem sonora natural tem seus 'tons principais', que muitas vezes são tão originais que constituem 'marcos sonoros'" (Schafer, 1977, p. 26). Alguns sons naturais podem ser tão marcantes que caracterizam e tornam o local único, como os sons gerados por cachoeiras ou mesmo por animais como as cigarras, que só ocorrem em certos ambientes.

Deve-se ainda esclarecer que a paisagem sonora do campo possui um ritmo muito diferente da paisagem do espaço urbano. Hoje em dia, ambos os ambientes passaram por grandes ações antrópicas, decorrentes do processo de modernização. O trabalho nas áreas rurais está cada vez mais mecanizado, enquanto as capitais brasileiras estão voltadas para o setor terciário, uma vez que a indústria perdeu sua força econômica inicial. O que Schafer pretende nessa explicação é apresentar conceitos para diferenciar as paisagens sonoras mais calmas, que caracterizavam o ambiente rural, das paisagens urbanas, que estão se tornando cada vez mais ruidosas.

Para explicar essa diferença, o autor estabelece dois conceitos opostos: paisagem sonora *hi-fi* e *lo-fi*. Na primeira, é possível perceber nuances do som, uma vez que o ruído de fundo é baixo. Normalmente a paisagem sonora do campo é mais amena do que a da cidade; a da noite mais calma que a do dia; a dos tempos antigos mais silenciosa que a dos tempos modernos. Como observa Schafer, "na paisagem sonora de *hi-fi*, os sons se sobrepõem menos frequentemente, e por isso há perspectiva – primeiro e segundo plano" (1977, p. 43). Esse fato torna a paisagem muito mais variada e estimulante ao ouvido humano.

Em qualquer ambiente, há variações no nível de ruído equivalente considerando, por exemplo, a mudança do dia para a noite. Porém, quando essa diferença não é muito evidente, ou seja, trata-se de um ambiente sonoramente mais equilibrado, sem ruídos em excesso durante o horário comercial, pode-se classificar como uma paisagem sonora *hi-fi*.

O espaço pode ser compreendido de forma muito mais direta quando há perspectiva, tanto sonora como visual. Um espaço repleto por barreiras físicas não possibilita ao homem a compreensão de seu entorno de forma mais abrangente. Em espaços mais abertos, a percepção sonora também fica mais completa, uma vez que é possível sentir até sons bem distantes. Como explica Schafer, "A cidade abrevia esta facilidade para a audição distante (e visão também) consolidando uma das mudanças mais importantes na história da percepção" (Schafer, 1977, p. 43).

Basta dizer que no ambiente urbano raramente é possível ver a linha do horizonte, o que é bem comum em áreas rurais. É por isso que as pessoas acham tranquilizante admirar o mar em cidades litorâneas, porque esse campo visual amplo traz conforto ao homem. Os grandes edifícios da cidade são os principais responsáveis por limitar a percepção do espaço urbano, por isso é muito importante que o arquiteto tire partido das propostas visuais possíveis em seus projetos urbanísticos, afinal do local onde se enxerga também se recebe som direto.

De forma contrária ao primeiro tipo de paisagem sonora, o autor define a paisagem sonora *lo-fi* quando o nível de intensidade sonora equivalente é muito elevado, o que mascara os sons mais especiais e característicos do ambiente, com capacidade de sensibilizar o homem. Com observa Schafer, "em uma paisagem sonora *lo-fi*, sinais acústicos individuais são obscurecidos em uma densa variedade de sons. O som sutil – como pisadas na neve, um sino de igreja do outro lado do vale ou um animal passando por arbustos – é mascarado pela banda de transmissão de ruído" (Schafer, 1977, p. 43). Devido à poluição sonora, ou seja, ao excesso de ruídos próximos, nada se percebe dons sons gerados no entorno distante. Por isso se perde a noção do distanciamento, uma vez que apenas se ouve os sons de fontes bem próximas.

Um dos grandes problemas acústicos da cidade contemporânea é a falta de perspectiva visual e sonora causada pela grande obstrução das diversas edificações, que resulta em uma percepção espacial incompleta, porque é apenas parcial. Por essa razão, o espaço público é compreendido como "terra de ninguém", e por isso é abandonado. Outro problema de grande relevância são os níveis de ruído muito altos, que mascaram os sons agradáveis à vida cotidiana, como o canto dos passarinhos, que tem a capacidade de aliviar tensões corporais do homem.

Como descreve Schafer, inicialmente "a paisagem sonora original era geralmente calma, mas foi deliberadamente pontuada pela aberração dos ruídos da guerra. A celebração religiosa era outra ocasião para ocorrência altos ruídos" (1977, p. 51). A composição sonora das cidades antigas era muito mais amena e marcada por sons naturais, tanto que os sons da guerra pareciam ainda mais aterrorizantes naquele contexto.

A religião sempre tirou partido do poder do som para comprovar sua conexão com o divino, o sobre-humano. Como acredita o autor, "a palavra de Deus chegou até o homem originalmente através do ouvido, e não do olho. Ao reunir seus instrumentos e fazendo ruídos impressionantes, o homem esperava por sua vez, chegar ao ouvido de Deus" (Schafer, 1977, p. 51).

Como contraponto, a respeito da busca constante por controlar os ruídos da cidade, o próprio Schafer afirma que "Cidades pobres são mais silenciosas do que cidades prósperas" (Schafer, 1977, p. 52). Em meados do século XX, as cidades mais ricas eram as industriais, que certamente eram também as mais ruidosas. Os homens poderosos eram também os que tinham a liberdade de produzir altos sons, facilmente identificados de qualquer parte da cidade. Cidades silenciosas eram as menos produtivas.

A paisagem sonora mudou muito no último século e continuará a se transformar, porque essa é uma característica mutável do meio urbano. Essa característica demonstra que a própria sociedade em si mudou muito, não apresenta os mesmos costumes do passado nem os mesmos hábitos culturais. Schafer defende que se deve tratar o som ambiente da mesma forma que uma composição musical, na qual se busca cada vez mais a obtenção de harmonia, e acredita que se deve "tratar o mundo como uma composição musical macrocósmica" (1977, p. 5) na qual cada fonte sonora sutil deve poder ser ouvida.

COMPORTAMENTO DO SOM

Ao longo deste capítulo, foram citadas diversas fontes de som no meio urbano e os tipos de paisagem sonora que estabelecem. O som é produzido pela fonte, que libera as ondas sonoras no ar e chegam até os ouvidos da população. As ondas sonoras percorrem com mais velocidade meios que são mais densos, por isso é que na água a velocidade do som é maior do que no ar.

O som é produzido pelas fontes sonoras e é liberado no espaço da cidade. Mas depois como é que o som se acaba, ou seja, deixa de ser escutado? Para compreender esse mecanismo na acústica, é necessário verificar as formas de atenuação do som na cidade.

Como referência para descrever esse processo de atenuação em meio exterior, usa-se como base o trabalho de Bistafa (2006), autor do mais completo livro brasileiro de acústica dentro da área de engenharia mecânica. A proposta é apresentar os mecanismos possíveis e fazer uma breve descrição desses mecanismos e das condições e distâncias necessárias para uma atenuação de 5 dB (perceptível). Abaixo discute-se cada forma possível de diminuir o nível sonoro no ambiente da cidade.

A primeira forma de o som diminuir naturalmente é pela própria absorção do ar atmosférico, talvez a forma mais primordial de ocorrência desse mecanismo. A quantidade de absorção varia com o clima da cidade, já que depende da temperatura e da umidade relativa do ar. Para calcular o valor da atenuação atmosférica (A_{atm}) usa-se a fórmula:

$$A_{atm} = \alpha.d/1.000 \text{ dB}$$

Sendo α – coeficiente de atenuação atmosférica em dB por km, na frequência central de cada banda de oitava

d – distância percorrida pelo campo sonoro, em metros

Os valores de α devem ser obtidos em tabelas, conforme apresentado na Tabela 1. Pode-se notar que a atenuação sempre cresce com o aumento da frequência central. Além disso, em uma mesma temperatura, quanto menor a umidade relativa, maior a atenuação. Na realidade, quando mais vapor de água houver no ar, maior a velocidade do som, ou seja, mais facilmente o som se propaga. E por essa razão também perde menos energia, diminuindo a atenuação.

Tabela 1 – Coeficiente de atenuação atmosférica α.

Tempe- ratura (°C)	Umidade relativa (%)	Coeficiente de atenuação atmosférica α (dB/km)							
		Frequência central nominal (Hz)							
		63	125	250	500	1.000	2.000	4.000	8.000
10	70	0,1	0,4	1,0	1,9	3,7	9,7	32,8	117,0
20	70	0,1	0,3	2,8	2,8	5,0	9,0	22,9	76,6
30	70	0,1	0,3	3,1	3,1	7,4	12,7	23,1	59,3
15	20	0,3	0,6	1,2	2,7	8,2	28,2	88,8	202,0
15	50	0,1	0,5	1,2	2,2	4,2	10,8	36,2	129,0
15	80	0,1	0,3	1,1	2,4	4,1	8,3	23,7	82,8
20	20	0,3	0,7	1,4	2,6	6,5	21,5	74,1	215,0
20	50	0,1	0,4	1,3	2,7	4,7	9,9	29,4	104,0
20	80	0,1	0,3	1,0	2,8	5,2	9,0	21,3	68,6

Fonte: Neumann (2014).

Já com uma umidade relativa constante, quanto maior a temperatura, maior também é a atenuação. Na cidade de São Paulo, a temperatura média anual é de 19,25 °C e a umidade relativa média é de 78%, segundo o Departamento Nacional de Meteorologia (2010).

O comportamento do som em meio urbano se deve muito aos materiais que compõem a cidade, característica que varia conforme o país e a cultura analisada. Normalmente, o espaço urbano possui mais superfícies isolantes, como empenas cegas de concreto e o asfalto das ruas, do que solos acusticamente macios. Esse fato aumenta a reverberação urbana, que será vista a seguir, e amplifica os ruídos pela adição de sons indiretos.

É usual analisar a acústica da edificação de forma isolada de seu contexto urbano, ou seja, se importando apenas com a qualidade do espaço interior e não considerando a acústica urbana resultante. Nesse sentido, é comum propor vedações externas muito isolantes para impedir a entrada da poluição sonora nos ambientes internos. Porém, o uso massivo de superfícies rígidas torna a cidade cada vez mais barulhenta, reverberando o ruído intenso gerado principalmente nas ruas, sem propor nenhuma superfície com material capaz de absorver os sons em excesso.

Deve-se buscar propostas a fim de obter qualidade ambiental em meio urbano. A primeira medida é proteger áreas verdes com solos absorvedores e também pensar em soluções como fachadas verdes, que atuam como difusores sonoros além de absorvedores, que evitam a reverberação de fachada.

Outro recurso que ainda é pouco utilizado no Brasil e tem eficiência comprovada é a barreira acústica. Esta pode ser um elemento projetado matematicamente, um anteparo para impedir a propagação sonora. Ao longo de fontes sonoras lineares, como por exemplo nas grandes autoestradas e ferrovias, pode ser um recurso fundamental para proteger acusticamente ocupações próximas com usos sensíveis aos ruídos.

Uma barreira para o som que também considera a qualidade ambiental urbana deve também possuir material absorvedor em pelo menos uma de suas superfícies para evitar reverberações indevidas. Por exemplo, se um túnel não apresentar material absorvedor em sua superfície interna, vai sofrer uma amplificação sonora considerável por se tratar de um espaço fechado com poucas aberturas.

É possível ainda propor outras formas de barreiras para o som. Um método que pode ser econômico e funcional é o aproveitamento da própria topografia original do local. O solo permeável pode funcionar bem em um contexto urbano, porque a primeira camada vegetal é absorvedora e em mais profundidade é uma barreira natural para o som, devido à densidade e espessura do solo.

Nas capitais brasileiras, as barreiras acústicas mais frequentes são os próprios edifícios. Com um planejamento urbano integrado, estes poderiam ser realmente propostos para proteção acústica. Atualmente, porém, utilizando como exemplo a cidade de São Paulo, os edifícios altos são construídos sem grandes restrições quanto à implantação e a situação urbana, afinal a cidade não possui ainda um mapa de ruído da situação atual.

Um edifício com um embasamento comercial no pavimento térreo, que se trata de um uso menos sensível ao ruído, protege acusticamente a torre principal, mais recuada da rua. Um exemplo é o Conjunto Nacional na avenida Paulista em São Paulo. Esse é um recurso interessante do ponto de vista da acústica, porém pouco utilizado nas principais cidades do Brasil.

As edificações também estabelecem uma zona de sombra efetiva, que representa um trecho mais silencioso. Imaginando que uma primeira edificação abrigue um uso menos sensível ao ruído e seja próximo à rodovia, o edifício localizado atrás deste poderia ser residencial. Diversas situações benéficas podem ser planejadas apenas com o devido arranjo dos volumes construídos na cidade.

A maioria das pessoas acredita que a vegetação funciona como uma barreira para o isolamento acústico, mas isso de fato não acontece. O isolamento ocorre em materiais densos, sem buracos ou aberturas. Bastam pequenas passagens de ar, como vãos de esquadrias, para que o som ultrapasse.

Um grande arbusto, com uma folhagem muito densa, pode proporcionar um pequeno isolamento, mas também pode funcionar como um material absorvente por exemplo em relação às folhas ou até mesmo como difusor que tem a função não de concentrar, mas de espalhar o som, que assim consegue atenuar mais rapidamente. Essa difusão dos sons é sempre benéfica considerando a qualidade ambiental da paisagem sonora urbana.

Já no campo da psicoacústica, ou seja, do impacto psicológico do som no homem, a proposta de criar uma barreira visual a possíveis fontes de ruído colabora para incomodar menos. Além disso, deixar um espaço aberto para a vegetação é positivo para a cidade por várias razões ambientais, sociais e até estéticas.

Sempre que possível, o distanciamento das fontes de ruído é um aliado para que a edificação não fique tão exposta aos sons diretos. O melhor benefício de se ter a vegetação entre a fonte sonora e as edificações é o distanciamento que ela estabelece. Sempre que há uma certa distância, o ruído encontra diversas formas de atenuação e têm amenizadas as suas intensidades.

Uma problemática das cidades contemporâneas é a reverberação em espaço aberto, no ambiente da cidade. São muitas superfícies isolantes para inúmeras fontes de ruído intensas. Todas as edificações são projetadas com o propósito de possibilitar o acesso rápido aos eixos de transporte e por isso são implantadas nas proximidades deles, que são fontes de ruído impactantes. Na maioria das vezes, é melhor que o edifício esteja voltado para a lateral ou para o interior do terreno, mas há a tendência natural de colocar usos de destaque com vista para a rua, o que desqualifica muitos ambientes internos.

No século XX, as cidades permitiam distanciamentos da rua ainda menores, quando os edifícios encostavam nas calçadas, formando assim os chamados "desfiladeiros urbanos", segundo Bistafa (2006), ou seja, configuravam o perfil "U" com o leito da rua. O número de fontes de ruído era menor e a população ainda desejava ficar próxima das ruas, que eram locais para socialização.

Apesar de menos agressivo, o perfil em "L" também é um problema se a superfície da edificação for composta por materiais rígidos porque causa reverberação na fachada, conforme o formato e o posicionamento do edifício no lote. Atualmente, os recuos das calçadas são exigidos por lei, porém são muitas vezes insuficientes considerando o porte da via. Para evitar tal situação, deve-se sempre optar por uma vedação isolante, porém com um acabamento externo absorvedor, que ajuda a atenuar as sucessivas reflexões sonoras. Além disso, sempre que possível, é recomendável permitir um generoso distanciamento.

A ventilação é o último mecanismo de atenuação existente, um aspecto natural que também compõe o clima. Os sons da cidade se relacionam muito com as características ambientais do local, embora muitas vezes essas características ambientais estejam modificadas, como por exemplo pela falta de vegetação nativa.

O vento a favor do ouvinte pode amplificar bem pouco o som, porém o vento contra pode diminuir até 35 dB nas altas frequências. Esse fato pode ser ruim acidentalmente, mas também pode ser usado como recurso ambiental para o planejamento urbano. O vento contra pode amenizar uma grande fonte de ruído do tráfego veicular, já que esta gera sons em médias e altas frequências.

Sempre é necessário obter os dados climáticos para a cidade analisada. Cada localidade possui uma carta de ventos predominantes para cada mês do ano. Em São Paulo, segundo o Departamento Nacional de Meteorologia (2010), a primeira predominância é leste durante todo o ano, com 2,5 m/s de velocidade média. A segunda é sul, de outubro a março, com velocidade um pouco superior, de 4 m/s.

Em São Paulo, a indústria costumava ficar exatamente a leste, ao longo do rio Tamanduateí e no ABC. Com vento predominante vindo do leste, o pior local para se instalar um parque industrial é a leste da cidade porque todos os ruídos produzidos irão impactar a cidade, assim como a poluição química do ar.

A primeira medida para a obtenção de qualidade ambiental sonora no espaço da cidade é sempre controlar as fontes de ruídos incomodativas. Uma vez que nada mais pode ser feito nesse sentido, todos esses recursos aqui apresentados para atenuação do som em espaço exterior devem ser levados em consideração.

IMPACTO DO SOM NA PERCEPÇÃO URBANA

Para finalizar este capítulo, são apresentados elementos resultantes de estudos realizados pela autora sobre a paisagem sonora de uma rua em São Paulo (Neumann, 2014).

A proposta da pesquisa foi avaliar a paisagem sonora do local de forma diversificada e abrangente, considerando todos os parâmetros descritos neste capítulo. Para isso, foram utilizadas diferentes formas de avaliação da paisagem sonora, tanto quantitativas quanto qualitativas, como questionários com a população e medições com sonômetros *in loco*.

O questionamento central da pesquisa foi: "A percepção da qualidade urbana é impactada pela quantidade de som?". Para responder essa pergunta foi preciso comprovar primeiro que os ruídos de fato impactam a qualidade ambiental urbana, considerando a percepção da população. Esse fato já pode ser provado pelo primeiro gráfico abaixo, que foi elaborado relacionando duas perguntas da entrevista com a população, nas quais se questiona se a pessoa "vive em um local tranquilo" e depois se "vive em um local silencioso". A partir dessas questões foi possível verificar se os entrevistados associam a tranquilidade da cidade ao silêncio ou, em outras palavras, associam a qualidade urbana à ausência de poluição sonora. Como mostra a Figura 3, praticamente todas as pessoas estabelecem essa relação.

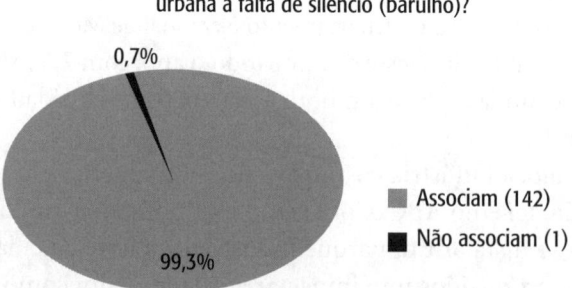

Quantos associam a falta de tranquilidade urbana a falta de silêncio (barulho)?

0,7%

99,3%

■ Associam (142)
■ Não associam (1)

Figura 3 – Relação entre a percepção sonora negativa.
Fonte: Neumann (2014).

Porém, aqui demonstrou-se a percepção sonora urbana com base em uma resposta da população, ou seja, outra percepção. Mas para construir um argumento mais completo, a proposta foi relacionar a percepção com os resultados obtidos com as medições acústicas, ou seja, os níveis de intensidade sonora obtidos em cada ponto do trecho urbano que foi avaliado.

Para investigar o impacto da paisagem sonora na cidade, foi elaborada a Tabela 2, que compara a variação da percepção da população dos parâmetros de qualidade urbana entre o ponto de menor e maior nível de ruído observado, que no caso são a praça Benedito Calixto no sábado, com 69 dBA, e a rua Cristiano Vianna durante a semana, com 89 dBA, respectivamente, sempre considerando os níveis equivalentes (Leq) obtidos.

Tabela 2 – Impacto do ruído na percepção da qualidade urbana.

	Nível de ruído observado (dB)									DELTA	
	69		70	75	75	76	77	78	89		DELTA	
	NA	%							NA	%	NA	%
Natural	20	95							18	72	23	-24
Artificial	1	5							7	28	-23	488
Alegre	21	100							22	88	12	-12
Triste	0	0							3	12	-12	100
Calmo	8	38							2	8	30	-79
Agitado	13	62							23	92	-30	49
Organizado	21	100							21	84	16	-16
Desorganizado	0	0							4	16	-16	100
Seguro	21	100							21	84	16	-16
Inseguro	0	0							4	16	-16	100
Silencioso	2	10							1	4	6	-58
Barulhento	19	90							24	96	-6	6
Muito amigável	1	5							0	0	5	-100
Amigável	21	100							25	100	0	0
Hostil	0	0							0	0	0	–
Muito claro	1	5							1	4	1	-16
Claro	21	100							25	100	0	0
Escuro	0	0							0	0	0	–

Fonte: Neumann (2014).

Sobre cada parâmetro que qualifica o espaço urbano, foram relacionados os números de avaliações positivas e negativas, que completam a coluna "NA". Em seguida, calculou-se a porcentagem que equivale a cada resposta. Com isso, foi possível calcular o delta, ou seja, a variação de percepção positiva entre as avaliações feitas nos dois pontos mais extremos de nível de ruído urbano. Considerando a variação da percepção entre o ponto menos e o mais ruidoso, nota-se: "Aumento de 488% na classificação do ambiente urbano como 'artificial'; aumento de 100% na classificação do ambiente urbano como 'triste, desorganizado e inseguro'; e o aumento de 49% na classificação do ambiente urbano como 'agitado'" (Neumann, 2014).

CONSIDERAÇÕES FINAIS

Essa pesquisa confirma a hipótese de que a percepção da qualidade urbana é realmente impactada pela intensidade do som. Ou seja, o homem percebe a cidade de forma diferente quando os sons negativos estão em excesso. A poluição sonora não gera apenas impactos na saúde humana, mas pode colaborar muito para o descaso e o esvaziamento do espaço público.

REFERÊNCIAS

BISTAFA, S.R. *Acústica aplicada ao controle de ruído*. São Paulo: Blucher, 2006.
LABELLE, B. *Acoustic Territories:* Sound culture and everyday life. Berlim: Continuum, 2010.
NEUMANN, H.R. *Qualidade Ambiental Urbana:* A paisagem sonora da rua Teodoro Sampaio, em São Paulo. São Paulo, 2014. Dissertação (Mestrado). FAU/Universidade Presbiteriana Mackenzie.
PALLASMAA, J. *Os olhos da Pele – A arquitetura e os sentidos*. Porto Alegre: Bookman, 2005.
RASMUSSEN, S.E. *Arquitetura vivenciada*. São Paulo: Martins Fontes, 1986.
SCHAFER, R.M. *The Soundscape*. Vancouver: Destiny Books, 1977.

PARTE II

Desenvolvimento Urbano Sustentável

Agenda 2030: ética e responsabilidade socioambiental na gestão das cidades do futuro

14

Ana Carla Bliacheriene
Advogada, EACH e FMRP, USP

INTRODUÇÃO

As cidades já são o destino e o habitat de grande parte da humanidade. Espera-se que até 2050 a população urbana mundial alcance o dobro da população atual, tornando o tema da urbanização um dos mais importantes do século XXI, quando se estima que cerca de 70% da população mundial viverá nas cidades. Hoje, a Organização das Nações Unidas (ONU) considera que sejamos 50% de humanos urbanos. O processo de urbanização terá ainda maior impacto em países pobres ou em desenvolvimento, marcados pela desigualdade social e por uma relação predatória com o meio ambiente.[1] Desde 2001, a ONU promove conferências para discutir um tema que entendem de grande relevância e urgência a ser enfrentado no século XXI: a rápida urbanização e seu impacto em comunidades, cidades, economias, mudanças climáticas e políticas públicas (UN-Habitat, 2017a, 2017b). Nesse

---

[1] Reafirmamos todos os princípios da Declaração do Rio sobre Meio Ambiente e Desenvolvimento, incluindo o princípio de responsabilidades comuns mas diferenciadas, conforme estabelecido no princípio 7. 19. Reconhecemos que, ao implementar a Nova Agenda Urbana, deve-se prestar atenção especial em abordar os desafios de desenvolvimento urbano únicos e emergentes que enfrentam todos os países, em particular os países em desenvolvimento, incluindo os africanos, os países menos desenvolvidos, os países em desenvolvimento sem litoral e os pequenos Estados insulares em desenvolvimento, bem como os desafios específicos enfrentados pelos países de renda média. Atenção especial também deve ser dada aos países em situação de conflito, bem como aos países e territórios sob ocupação estrangeira, países em situação de pós-conflito e países afetados por desastres naturais e provocada pela ação humana (UN-Habitat, 2017a, p. 9). (tradução livre da autora)

cenário, temas como ética e sustentabilidade surgem como de trato emergente.

Pensar a cidade como um organismo vivo, não só como infraestrutura, nos desafia a analisar e questionar o modelo de tomada de decisão urbana (governança), bem como a maneira pela qual se modelam e administram as cidades, se implantam e controlam as políticas públicas locais. Assim, a participação social, a transparência das informações públicas e o modelo adotado para a gestão administrativa influenciam diretamente no tipo de cidade que teremos ou seremos.[2]

A quarta Revolução Industrial tem apresentado desafios e causado certo assombro a todos. Não tem sido diferente com cientistas políticos, técnicos e gestores que se veem diuturnamente confrontados em suas certezas. Os modelos de interação social e de gestão das cidades, construídos a partir da Revolução Francesa, estão sendo desconstruídos paulatinamente pelas novas tecnologias.

Talvez seja difícil perceber que aquilo que se tinha como mais novo e revolucionário em administração pública e democracia deite suas raízes no final do século XVIII, mais precisamente na Revolução Francesa e na Independência dos Estados Unidos. Que mal há nisso? Nenhum, desde que se saiba avançar e compreender que se está diante de tempos disruptivos, que representam um salto de grande impacto, rompem barreiras ou paradigmas, inclusive os de ordem política, aqueles relativos à *polis*.

O Estado que concentra ou regula exclusivamente a informação e sua circulação, que só conhece o modelo hierárquico de decisão e gestão (*top-down*), ineficiente, não responsivo, obscuro, burocrático (no mau sentido do termo) e que padece de pouca ou nenhuma credibilidade pública não é mais placidamente aceito pela nova geração de cidadãos, que passa horas de suas vidas em seus *smartphones* – *online* e *offline* –, que produz e difunde informação e

---

[2] A Nova Agenda Urbana apresenta uma mudança de paradigma baseada na ciência das cidades; estabelece padrões e princípios para o planejamento, construção, desenvolvimento, gestão e melhoria das áreas urbanas ao longo de seus cinco principais pilares de implementação: políticas urbanas nacionais, legislação e regulamentação urbana, planejamento e projeto urbano, economia local e finanças municipais e implementação local. É um recurso para todos os níveis de governo, de nacional para local, para organizações da sociedade civil, o setor privado, grupos constituintes e para todos os que chamam os espaços urbanos do mundo de "casa" para realizar essa visão. A Nova Agenda Urbana incorpora um novo reconhecimento da correlação entre boa urbanização e desenvolvimento. Sublinha as ligações entre a boa urbanização e a criação de emprego, oportunidades de subsistência e melhoria da qualidade de vida, que devem ser incluídas em todas as políticas e estratégias de renovação urbana. Isso também destaca a conexão entre a Nova Agenda Urbana e a Agenda 2030 para o Desenvolvimento Sustentável, especialmente a Meta 11 sobre cidades e comunidades sustentáveis (UN-Habitat, 2017a, p. iv). (tradução livre da autora)

conhecimento, não é mais mero expectador e consumidor, e descobriu que muito pode ser resolvido acionando-se algumas poucas teclas do seu próprio aparelho celular. Mais do que isso, descobriu que muito do que se imaginava que só o Estado poderia fazer pela população pode ser feito pelo próprio indivíduo ou por outros meios, mais efetivos e econômicos.

Essa nova lógica requer inevitavelmente grandes transformações na teoria e nas práticas das organizações públicas, na estrutura organizacional dos órgãos públicos, na gestão de pessoas e do mercado de trabalho para o setor público, na missão, visão, valor e objetivos da administração pública. Mas não para por aí. Outra área que necessitará passar por uma verdadeira revolução é o Direito, uma vez que guarda um caráter de norma ética de uso coletivo e compulsório.

A solução está na adoção massiva de instrumentos colaborativos e participativos de tecnologia da informação como ponte capaz de reatar os laços entre indivíduo, sociedade, Estado, gestores, legisladores e o Poder Judiciário. Para isso, é necessário que o gestor da vez adote a transparência ativa, com ampla abertura dos dados públicos à sociedade. Assim, acolhe-se a inovação social para que haja diagnósticos mais precisos dos problemas das cidades, para que as soluções fluam de maneira não hierarquizada, mas em regime de cooperação com o cidadão e não de cima para baixo. Para que o controle seja mais efetivo, nasce a administração pública horizontal e o cidadão digital, em contraposição ao cidadão analógico, que tinha na administração pública vertical seu correlato institucional de Estado.

O novo modelo de Estado e de cidades que se desenha para o século XXI deverá ter espaço amplo, permanente e irrestrito para participação e colaboração social, promovendo o empoderamento das pessoas por meio da transparência ampla e ativa de dados públicos, responsividade e *accountability* permanentes. As pessoas devem ser instadas a desenvolver seus talentos para a solução dos seus problemas individuais e coletivos. Eis a missão do novo Estado: ser uma usina, uma plataforma permanente de inovação e promotora de parcerias, não uma elite dominante que esconde e controla os dados públicos e faz escolhas por todos. Esse Estado, moldado no século XVIII, não mais é efetivo nem aceitável.

Não se trata de corrigir o modelo existente, mas de aprender com suas limitações e acertos e construir o novo, dando o necessário salto de grande impacto, rompendo as barreiras e os paradigmas atuais da gestão e dos gestores públicos.

As últimas eleições presidenciais e municipais no Brasil e também no mundo demonstraram um grande rompimento entre o discurso de validade do Estado, da credibilidade dos políticos e do sistema partidário vigente. Demonstram claramente o que pensam os eleitores sobre o abismo ético forjado na estrutura da política e da gestão pública mundo afora.

Não bastasse isso, para além do dito amadurecimento das instituições democráticas no País, as frequentes manifestações no Brasil desde 2013, alimentadas pelas redes sociais, demonstram a existência de ações individuais e coletivas próprias, no sentido de que o foco migra da liderança carismática do gestor público para a liderança social difusa, embora organizada coletivamente diante de propósitos comuns (Bittencourt, 2016).

O papel do gestor deixa de ser o de eleger e executar o interesse público relevante a ser atendido para ser o de quem mantém canais abertos à oitiva social e decide de forma transparente o que é ou não passível de realização imediata, a partir da infraestrutura, normas e orçamentos disponíveis. O eleito deve estar preparado para assumir o papel de grande mediador social e de gestor de projetos coletivamente concebidos a partir de uma plataforma pública e transparente de dados. A agenda é coletiva, o programa é coletivo, o projeto é técnico e a execução é do gestor diretamente ou em colaboração com o mercado ou os próprios cidadãos, sob o olhar atento do controle social e dos controles institucionais.

Surge uma nova lógica, ainda não vista nos últimos 200 anos (que consolidou o modelo atual e já decadente de Estado). Essa nova lógica nos apresenta à economia colaborativa, por meio de plataformas colaborativas, inovação econômica e social extrema. Esse novo individualismo não é o individualismo clássico de mercado, mas um tipo de individualismo colaborativo. Embora isso possa soar contraditório e mesmo estranho, surge um individualismo social. Trata-se de individualismo, pois o Estado assume um papel de gestor de decisões que o indivíduo tomou num contexto colaborativo da *polis*. O conceito de "uma pessoa, um voto" reinventa-se na forma de "uma pessoa, um voto, uma voz permanentemente sendo ouvida, um controle que não cessa na cooperação permanente". A participação deixa de ser quadrienal para se tornar permanente. É a democracia *online*.

Nesse contexto, para além de uma ética individual, nasce uma nova ética coletiva, colaborativa, participativa e que implica em responsabilidade ampla sobre a vida nas cidades, inseparável da ideia de sustentabilidade. Não há cidades inteligentes, humanas e saudáveis sem que se preconize a sustentabilidade.

Uma das faces dessa ética coletiva seria a adoção de outra ética socioambiental como pilar inalienável das cidades do presente e, para além, das cidades do futuro.

A Nova Agenda Urbana da ONU – que acolhe a Agenda para o Desenvolvimento Sustentável de 2030, especialmente no seu objetivo 11 (tornar as cidades e os assentamentos humanos inclusivos, seguros, resilientes e sustentáveis) – espera esse movimento dos gestores locais. Outros objetivos também têm dimensões urbanas importantes e devem ser considerados e direcionados para garantir e sustentar sua realização, que deve ser materializada por práticas de gestão, participação social e políticas públicas que se consolidem em programas e projetos nas cidades. São exemplos desses objetivos, com forte dimensão urbana local: ODS 1 (eliminação da pobreza); ODS 5 (igualdade de gênero); ODS 8 (crescimento econômico sustentado e emprego); ODS 10 (redução das desigualdades); ODS 12 (consumo e produção sustentáveis); ODS 13 (combater as mudanças climáticas e seus impactos); ODS 15 (proteger os ecossistemas terrestres e a biodiversidade); ODS 16 (promover sociedades pacíficas e inclusivas para o desenvolvimento sustentável, proporcionar o acesso à justiça para todos e construir instituições eficazes, responsáveis e inclusivas em todos os níveis); e ODS 17 (fortalecer os meios de implementação e revitalizar a parceria global para o desenvolvimento sustentável).

O compromisso assumido pelos signatários da Nova Agenda Urbana da ONU é o de trabalhar para uma mudança de paradigma urbano, de forma a:

(a) planejar, financiar, desenvolver, governar e gerenciar cidades e assentamentos humanos, reconhecendo o desenvolvimento sustentável urbano e territorial como essencial para a realização do desenvolvimento sustentável e da prosperidade para todos; (b) reconhecer o papel de liderança dos governos nacionais, conforme apropriado, na definição e implementação de políticas e políticas urbanas inclusivas e efetivas para o desenvolvimento urbano sustentável e as contribuições igualmente importantes dos governos subnacionais e locais, bem como da sociedade civil e outras partes interessadas relevantes, de forma transparente e responsável; (c) adotar abordagens sustentáveis, centradas nas pessoas, adaptadas à idade e ao gênero para o desenvolvimento urbano e territorial implementando políticas, estratégias, desenvolvimento de capacidades e ações em todos os níveis, com base em fatores fundamentais de mudança, incluindo: (i) desenvolver e implementar políticas urbanas ao nível apropriado, inclusive em parcerias locais e multinacionais, construir sistemas integrados de cidades e assentamentos humanos e promover a cooperação entre todos os níveis de governo para permitir a realização de um desenvolvimento urbano integrado sustentável; (ii) reforço da governança urbana, com instituições e mecanismos sólidos que capacitam e incluem as partes interessadas urbanas, bem como controles e equilíbrios adequados, proporcionando previsibilidade e coerência nos planos de desenvolvimento urbano para permitir inclusão social, crescimento econômico sustentado, inclusivo e sustentável e proteção ambiental; (iii) revitalizar o planejamento e o projeto urbano e territorial a longo prazo e integrado, a fim de otimizar a dimensão espacial da forma urbana e produzir os resultados positivos da urbanização; (iv) apoiar quadros e instrumentos de financiamento efetivos, inovadores e sustentáveis, que possibilitem o fortalecimento das finanças municipais e dos sistemas fiscais locais, a fim de criar, sustentar e compartilhar o valor gerado pelo desenvolvimento urbano sustentável de forma inclusiva. (UN-Habitat, 2017a, p. 8)

É nesse contexto que este texto aborda os modelos de gestão pública e os modelos de cidades, a partir da perspectiva das *smart cities*,[3] bem como a governança e a participação social nos espaços urbanos, como condição *sine qua non* para a implantação de uma ética socioambiental que dê conta da exigência da garantia da sustentabilidade nas cidades do futuro, atendendo ao que preconizam os objetivos da Agenda da ONU para o Desenvolvimento Sustentável (ODS) de 2030.

MODELOS APLICÁVEIS À GESTÃO PÚBLICA

A responsabilidade socioambiental está intimamente ligada à implementação de políticas públicas fundadas no compromisso ecológico e nos pilares da sustentabilidade. Entretanto, a implementação de políticas públicas, bem como o desenvolvimento e acompanhamento de todo o seu ciclo, que vai da formulação da agenda política à avaliação e retroalimentação das políticas públicas implantadas, dependem dos modelos de gestão e de Estado adotados.

Já os modelos de Estado vigentes têm seu suporte na constituição política do país em análise. A Constituição Federal de 1988 (CF/88) talhou um Estado republicano, federativo, presidencialista e democrático. A partir dessas quatro palavras, detentoras de conteúdo semântico próprio no mundo da política, foram construídas as estruturas políticas e organizacionais de Estado e do governo brasileiros, bem como os organogramas e estruturas organizacionais

---

[3] Tema que foi também acolhido pela Nova Agenda Urbana da ONU: "66. We commit ourselves to adopting a smart-city approach that makes use of opportunities from digitalization, clean energy and technologies, as well as innovative transport technologies, thus providing options for inhabitants to make more environmentally friendly choices and boost sustainable economic growth and enabling cities to improve their service delivery" (UN-Habitat, 2017a, p. 19).

dos órgãos e dos poderes estatais, nos diversos níveis da Federação (União, Estados, Municípios e Distrito Federal). Para alterar isso, não basta a escolha de um gestor ou um desejo popular, é necessário mover o Poder Constitucional Reformador Originário (ou seja, nova Assembleia Nacional Constituinte) ou o Poder Reformador Derivado (Congresso Nacional, por meio de Emendas à Constituição). É um processo lento e que pressupõe grande debate social.

Quanto ao modelo de gestão, este é mais fácil de ser manejado, porque há maior flexibilidade de escolha do gestor, pois ainda que preso ao princípio da legalidade tem grande margem de discricionariedade para escolher como trabalhar. Naquilo que houver impedimento legal, há a possibilidade menos rígida de alteração de leis infraconstitucionais e uma grande margem regulatória por meio de decreto ou ordem do Poder Executivo, que não dependem da anuência ou colaboração do Poder Legislativo.

É na área da gestão que há grande espaço para a formulação e implementação de políticas públicas de caráter socioambiental, fundadas no princípio diretriz da sustentabilidade. É também no campo da gestão que a ética social e política precisa ser redescoberta e reaplicada, promovendo uma reconexão e reformulação do pacto social, que une e fornece o senso de pertencimento entre o cidadão e o Estado. O político, o gestor e os burocratas são sujeitos mediadores dessa relação de troca, que deve favorecer uma relação ganha-ganha, para que seja factível e duradoura, sem rompimento do tecido social. São apenas mais um dos sujeitos do processo político, que não podem se sobrepor em importância ou valoração em relação ao cidadão.

Há várias formas de se modelar, implantar e avaliar políticas públicas. Essa variedade técnica de modelos está diretamente ligada aos modelos de gestão pública que, por sua vez, também encontram raízes no modelo jurídico de Estado, acolhido nos textos constitucionais. Conforme já abordado em revisão da literatura (Bliacheriene, 2016), adota-se nesse texto a teoria de Bresser-Pereira (1998), para quem há três formas de administrar o Estado, tais quais: a patrimonialista, a burocrática e a gerencial, acrescida da teoria de Denhardt e Denhardt (2007) que apresenta, para além dos modelos já referidos, o modelo da gestão social.

A gestão patrimonialista se caracterizaria pela imediata direção do soberano sobre a administração pública, constituída por funcionários permanentes, pagos pelo tesouro público, para cobrar impostos, executar obras públicas e assegurar a defesa contra o inimigo externo (Amaral, 1998). A decisão se centralizaria na figura do soberano ou, nos casos pregressos de Atenas e Roma, seria partilhada com órgãos colegiados. A cadeia de comando e controle do Estado em relação ao povo é a base do sistema. Há confusão entre o patrimônio pessoal do governante e do erário público. A separação romana entre o patrimônio do soberano (*fiscus Caesaris*) e da *res pública* (*aerarium populi romani*) foi a gênese de um regime protetivo próprio do interesse público, favorecendo o controle externo e a responsabilização dos gestores perante algumas instituições, o que foi replicado nos modelos de gestão que lhe sucederam. O modelo romano estabeleceu as bases institucionais do governo representativo, fortalecendo especialmente a casa legislativa e os métodos organizacionais de gestão.

A queda do Império Romano gerou a desorganização dos mecanismos de administração pública, da soberania, da centralização da imposição tributária e das relações entre súditos e reis, que só foram retomadas com a formação dos Estados absolutistas (sécs. XII a XVI) e dos Estados nacionais liberais (século XVIII e seguintes).

Com o fortalecimento dos Estados absolutistas são construídas as bases modernas das teorias da administração pública. Já os Estados liberais, após a Revolução Francesa, estabeleceram as garantias das liberdades e da igualdade formal, a supremacia da lei, a proteção da propriedade privada e lançaram as bases da teoria dos direitos fundamentais e do direito administrativo como verdadeiras zonas de exclusão da atuação do Estado em relação ao indivíduo e ao cidadão.

As inovações trazidas por esses dois eventos históricos, no entanto, não foram suficientes para extinguir o modelo patrimonialista de gestão e somente no século XIX houve a clara separação entre o Estado e o mercado, com o desenvolvimento de um modelo teórico que apartava o público do privado e o político do administrador público. Essa foi a gênese das reformas burocráticas e da administração burocrática europeia, que se disseminaram pelas estruturas organizacionais dos Estados no mundo ocidental.

A administração burocrática e seu modelo de gestão correlato fundamentam-se na "centralização das decisões, hierarquia, no princípio da unidade de comando, na estrutura piramidal de poder, nas rotinas rígidas, no controle passo a passo dos procedimentos administrativos – processos de contratação de pessoal, de compras, de atendimento a demandas dos cidadãos" (Bresser-Pereira, 1998, p. 48). A agenda política, que gera a política pública, centraliza-se no político eleito, fortemente influenciado pelos relatórios técnicos da burocracia e o ciclo da política pública é dominado pelo corpo burocrático. O cidadão é visto como destinatário e cliente da política pública ou do serviço público, pouco interferindo em sua formulação e aplicação.

Esse segundo modelo de gestão pública, a gestão burocrática, encontra espaço pelo fato de a Revolução Francesa não ter eliminado a gestão patrimonialista do Estado monárquico e absolutista, validando o monopólio político da burguesia no poder por meio do voto censitário (Giannini, 1991, p. 67). Esse modelo, fortemente arraigado na atuação do Estado brasileiro desde a década de 1930, concentra sua ação na obediência do princípio da legalidade estrita, na cadeia de comando e controle, centralização e hierarquização da organização administrativa do Estado (Castro, 2008, p. 26-27).

Duas revoluções industriais, duas guerras mundiais e crises cíclicas do capitalismo convergiram para o nascimento dos Estados interventores e sociais, que assumem o dever de prestações positivas e mais efetivas aos cidadãos, ampliando a geração dos direitos fundamentais e favorecendo a implantação de uma série de políticas públicas e de leis protetoras dos indivíduos, mas também de direitos difusos e transindividuais, nos quais se alocam o direito a viver e usufruir de um meio ambiente saudável, íntegro e de fruição possível às gerações futuras.

Os direitos transindividuais, de fruição coletiva, passam a exigir decisões coletivas. Essa foi uma parte da gênese teórica para a legitimação da participação social mais ativa na agenda política, que geraria essas políticas públicas, bem como em todo o seu ciclo de formulação, implementação, avaliação e controle. Isso refletiu significativamente nos textos constitucionais, bem como nos tratados internacionais sobre meio ambiente e mudanças climáticas na segunda metade do século XX.

Após um longo período de crescimento das funções do Estado e da superestimação do Poder Executivo em detrimento do Poder Legislativo, impulsionado por necessidades econômicas, estratégicas e sociais, a partir da inspiração da teoria intervencionista de Keynes, sobreveio na década de 1990 um esforço para reinventar o governo (Pires, 2007, p. 32).

O terceiro modelo de gestão pública é então o da gestão gerencial ou nova gestão pública, fomentada e formulada pelos teóricos do Banco Mundial, Banco Interamericano de Desenvolvimento (BID) e ONU, que promoveram a migração do tema do ajuste estrutural e macroeconômico das nações da década de 1980 para a reforma administrativa da década de 1990 (Passador, 2012; Paula, 2005a, 2005b; Bresser-Pereira, 1998, 2001).

A reforma gerencial não foi adotada em um padrão teórico e prático único pelos países que a ela aderiram, mas todos buscaram alcançar maior flexibilidade de atuação dos administradores públicos para superar os pressupostos da hierarquia e da autoridade rígidas (Kettl, 2006, p. 80). Uns mais, outros menos, os países que adotaram esse modelo como Grã-Bretanha, Nova Zelândia, Austrália, Estado Unidos, Brasil, Chile, México, entre outros, visavam em linhas gerais a:

- Reestruturação do funcionalismo dos serviços públicos.
- Evitar os custos sociais da manutenção de um setor público ineficiente.
- Implementar políticas públicas a partir da definição de objetivos claros para os representantes das agências governamentais, criando condições para a responsabilização desses órgãos pelo cidadão.
- Criação de grandes sistemas de informação para mensuração e avaliação de custos e resultados e sistemas de pagamento dependentes de desempenho.
- Procedimentos orçamentários descentralizados.
- Melhoria da responsabilização (*accountability*) dos serviços públicos.
- Equidade de acesso aos serviços públicos para os cidadãos.
- Estímulo do diálogo social.

O fato é que a pressão para a participação social ampla tornou-se crescente, incessante e irreversível desde o final do século XX até os nossos dias. Isso impactou diretamente no nascimento do quarto e último modelo de gestão a ser apresentado: o da gestão societal ou novo serviço público.

Esse modelo surge como alternativa teórica à gestão gerencial e caracteriza-se, entre outras coisas, pelo fato de o cidadão estar ao centro de todas as decisões e demandas do Estado. Emergiu tanto da teoria de acadêmicos como da prática de administradores. Não é desconstrutiva das grandes linhas do modelo de gestão gerencial, ao contrário, visa ao seu aprimoramento. Tem como precursores contemporâneos, entre outros, a teoria da cidadania democrática e o modelo de comunidade e sociedade civil (Denhardt; Denhardt, 2000).[4]

Ainda conforme Denhardt e Denhardt (2000), caracterizam a teoria do novo serviço público:

- Servir ao invés de dirigir.
- O interesse público é o auxílio e a ajuda ao cidadão e não um produto em si fornecido pelo Estado.

---

[4] O papel da administração pública seria o de ajudar a criar e apoiar a comunidade, num sentido de que as decisões locais tomem cada vez mais uma dimensão legitimadora das demandas sociais. Para isso, é necessária a criação e o fortalecimento de entidades mediadoras que simultaneamente deem vazão aos desejos e interesses dos cidadãos e forneçam experiências para o melhor preparo deles para a ação num sistema político maior e plurissubjetivo. Coletivamente, esses grupos se caracterizam como a sociedade civil, em que pessoas trabalham seus interesses pessoais no contexto da comunidade (Bliacheriene, 2016, p. 54; Denhardt; Denhardt, 2000, p. 552-553).

- Pensar estrategicamente e agir democraticamente.
- Servir cidadãos, não clientes.
- *Accountability* não é simples.
- Valorizar as pessoas, não apenas a produtividade.
- Valorizar a cidadania e o serviço público acima do empreendedorismo.

As duas últimas teorias da gestão pública, gerencial e societal, buscaram recuperar a autoridade do governo fortalecendo os laços de credibilidade e participação sociais. Mas vale observar que essa separação didática de modelos não aponta para uma ruptura ou uma sucessão de modelos de gestão pública, mas sim uma quebra do ciclo inercial do modelo anteriormente instalado, que passou a sofrer interferências, deixou para trás determinadas práticas de gestão e passou a acolher o que melhor se adequasse ao novo estágio de desenvolvimento e de agenda política, aproveitando-se o que pudesse ser adotado daquilo que já havia sido implantado até então.

No Brasil, é possível reconhecer práticas de gestão típicas dos quatro modelos ainda vigentes. Daí a importância do fortalecimento da participação social e dos modelos de gestão que a acolhem, quando pugna pela implantação da responsabilidade socioambiental e da implementação de políticas públicas baseadas no princípio da sustentabilidade.

Entretanto, o modelo de gestão patrimonialista, absolutamente intolerável, ainda deita fortes raízes nas práticas brasileiras de administração pública e não pode ser eficazmente combatido apenas com a dura aplicação da lei, mas têm na teoria e na prática da ética política e social fortes antagonistas, que fortalecem a posição da sociedade. A crescente demanda por participação social, associada ao funcionamento das instituições de controle externo, tem trazido o apelo à prática ética na gestão pública como foco central no refazimento dos laços de confiança e legitimidade entre políticos, gestores e cidadãos.

Tendo abordado a evolução dos modelos de gestão pública e suas fronteiras, cabe refletir como a literatura tem abordado as expectativas para a modelagem das estruturas estatais locais, ou seja, as cidades, para o século XXI. Se não são mais aceitáveis a perpetuação da gestão estatal exclusivamente hierárquica centralizadora das decisões, obscura, com rotinas rígidas e controles desproporcionais aos procedimentos administrativos, também não são aceitáveis cidades que tenham infraestrutura, fluxo, sistemas de mobilidade, qualidade de vida e ambiental e distribuição do território urbano baseados nessa mesma lógica.

Modelo de gestão, modelagem das cidades e de seu *modus vivendi* estão intimamente conectados. É na tentativa de pontuar o que se espera das cidades inteligentes, humanas, saudáveis e sustentáveis que temas como participação, ética e sustentabilidade serão abordados nos próximos tópicos.

CIDADES DO FUTURO E AS NOVAS TECNOLOGIAS PARA A INTERAÇÃO DO CIDADÃO E A *POLIS*

A Agenda 2030 para o Desenvolvimento Sustentável pretende, pela primeira vez ser verdadeiramente universal e enfatiza o ponto em que todos precisam fazer sua parte: os governos, o setor privado e a sociedade civil, tornando claro o papel das pessoas que devem estar no centro do processo decisório (UN-Habitat, 2017b, p. 2). Segundo o documento, devem ser estabelecidas as prioridades das políticas públicas e das ações nos níveis global, regional, nacional, subnacional e local (cidades) e os governos e todas as outras partes interessadas, relevantes em cada país, devem participar do processo.

Nesse sentido, é importante encontrar caminhos para que haja coexistência sustentável e harmônica entre ser humano e meio ambiente natural e artificial nas cidades. O fenômeno já referido da crescente urbanização mundial aponta para uma urgência no repensar das estruturas das cidades, bem como sua caracterização como ambiente de interações políticas, econômicas e sociais: a *polis*.

Esse é um tema mais do que interdisciplinar, transdisciplinar. É tema que interessa às engenharias, à política, ao direito, aos economistas, filósofos, geógrafos, urbanistas, ecologistas, profissionais da saúde etc. Como já referido, a cidade é um tecido social vivo e tem se colocado cada vez mais no centro da discussão política mundial.

É nas cidades que se vive, usufrui de direitos, políticas e serviço públicos. Que se faz vibrar o pulso das relações econômicas efetivas. É nas cidades que se produzem o conhecimento e a literatura como forma de disseminação das ideias e avanços. Não é sem sentido a afirmação de que se os séculos XIX e XX foram os séculos do Estado-nação, o século XXI será o século das cidades (De Paula, 2018).

Cresce o movimento mundial para a criação de um órgão internacional, equivalente ao fórum parlamentar das cidades, para discutir os problemas locais (*urbe*) e seus impactos para a humanidade (*orbe*). O Fórum Mundial de Prefeitos de 2017, em sua oitava edição, na cidade de Suzhou na China, regularmente se reúne para discutir melhores práticas e compartilhar inovações urbanas que visem a promover cidades mais habitáveis, humanas e sustentáveis.

Da mesma forma, a agência da ONU para as cidades (UN-Habitat) promove desde 2001 o World Urban Forum. Na edição de 2018, tratou das *smart cities* e o crescimento do desenvolvimento de tecnologias para urbanização sustentável, entre outros temas.

As cidades (meio ambiente artificial político e de infraestrutura) estabelecem a conexão mais íntima entre os cidadãos e o Estado (meio ambiente artificial político) e também entre o cidadão e o meio ambiente natural. É o espaço mais próximo para se diagnosticar as necessidades públicas, as demandas sociais e ambientais, desenvolver modelos, prever e combater crises de diversos matizes, inclusive as ambientais.

A recente e crescente ideia das cidades inteligentes (*smart cities*), embora não tenha um conteúdo semântico uníssono na literatura, já conta com diversos estudos sobre o tema desde 1998, quando a expressão foi originalmente adotada em um artigo científico (Anthopoulos, 2015).

Essa expressão tem sido adotada para referir-se à adoção de soluções de tecnologia da informação (uma vez que se está em plena vigência da quarta Revolução Industrial) para enfrentar os problemas complexos, multifatoriais e multidimensionais das cidades. Fala-se em cidades digitais, inteligentes, inovadoras, criativas, humanas, saudáveis e sustentáveis (Anthopoulos, 2015). É nesse último contexto, o de cidades humanas, saudáveis e sustentáveis, que se adota a semântica para *smart cities* neste capítulo.

Os diferentes significados conferidos à expressão *smart city* na literatura demonstram a complexidade dos problemas e as diversas soluções para as cidades. Não se deve olvidar que, além de um conceito de cidade, a expressão *smart city* também se tornou a marca que por vezes é usada para venda de produtos de TI aos governos e em outras situações essa expressão é empregada por governos como um sinal exitoso de sua eficiência na gestão. Todo cuidado é pouco nessas duas situações, que podem desqualificar a ideia, bem como induzir gestores e cidadãos a erro. Atualmente, esse é um tema nascido na academia que chama a atenção de governos, organizações públicas internacionais e grandes corporações da indústria de TI, estas que contam com departamentos grandes e complexos para desenvolvimento e venda desses produtos e serviços (Anthopoulos, 2015).

Um dos pilares relevantes para as cidades do futuro é o modelo de governança, ou seja, de como se tomam decisões e consequentemente de como se adotam políticas públicas nas cidades. A ideia de governança participativa e de alocação do gestor e do político tão somente como um dos agentes desse processo decisório, e não o mais importante, não o que decidirá exclusivamente por todos, tem sido uma das tônicas para as cidades humanas, saudáveis e sustentáveis que buscam soluções tecnológicas para promover essa interação.

A cidade precisa transformar o governo em um caminho significativo de conexão entre todos os agentes, a fim de que participem das mudanças nos processos de gestão, estruturas e regulação, pois só assim uma iniciativa de implantação de uma *smart city* pode ser bem-sucedida e ter um bom impacto social. Todo e qualquer esforço para que as cidades se tornem inteligentes só faz sentido quando se conciliam componentes tecnológicos e sociais. Essas cidades não precisam investir necessária e prioritariamente em tecnologias emergentes, mas desenvolver estratégias inovadoras para alcançar um governo mais ágil e resiliente, que proveja informação, serviços e estruturas aos cidadãos. Uma *smart city* pressupõe governo inteligente (*smart government*) e gestão inteligente (*smart management*). O governo inteligente pressupõe o uso de sofisticados instrumentos da tecnologia da informação para integrar dados, inteligência, processos, instituições e infraestrutura física, a fim de resolver os problemas complexos das cidades (Gil-Garcia, 2015; Newsom, 2014; Campbell, 2012).

Nas áreas de meio ambiente e sustentabilidade, essa cadeia de soluções se ajusta perfeitamente com o modelo de governança participativa e de ampla participação social.

Como referido por Gil-Garcia (2015), o desenvolvimento das *smart cities* requer consideração às pessoas envolvidas, à natureza do problema, à tecnologia disponível, à capacidade organizacional e às ferramentas e técnicas disponíveis para entender e resolver o problema.

As cidades precisarão atuar em cooperação, por meio de políticas públicas conjuntas ou ao menos coordenadas, principalmente nos casos em que sejam fronteiriças ou dentro de uma certa região impactada por questões comuns de ordem social ou ambiental. Além disso, deverão buscar na troca de experiências e de melhores práticas a resposta para muitas das necessidades de seus cidadãos. As soluções e ações locais geram impactos globais. Uma característica desses novos tempos é a de que a interdependência entre as cidades deve ser uma realidade, a despeito das barreiras políticas estatais, típicas dos sécs. XIX e XX, fundadas no conceito de soberania, que já se vê desafiado pela tecnologia da informação.

Desafios como mudanças climáticas, mobilidade, poluição, provimento de serviços públicos universais (saúde, educação, segurança e moradia), acolhimento de imigrantes e refugiados (oriundos de conflitos ou problemas climáticos) devem ser tratados de forma coletiva, a partir da adoção das melhores práticas e de instrumentos tecnológicos, implantando soluções eficientes e eficazes, de forma a minorar os aspectos negativos que o histórico de urbanização descontrolada tem ocasionado à humanidade.

Nesse processo, espera-se que o centro de poder flua do Estado à sociedade civil. A sociedade deve assumir um papel de protagonismo tanto nas decisões das políticas públicas como na agenda política, chegando ao controle dos resultados. O Estado colocado como o único capaz de prover de forma coletiva as necessidades sociais se mostra incipiente diante das novas possibilidades e avanços tecnológicos alcançados pela humanidade (Goldsmith; Crawford, 2014).

Certamente, o Estado ainda desempenha um papel importante de organização de políticas públicas universais no fornecimento de determinados serviços. Porém, o Estado deverá abrir espaço para uma ampliação da participação social no processo decisório e de controle dos resultados das políticas públicas. A transparência e o acesso à informação transformam-se na grande arma para se alcançar o poder (temporal, social, econômico) e atualmente ocupam um espaço relevante, competindo com o espaço clássico das armas e acumulação de riquezas. Não obstante isso, ainda que essas últimas ainda sejam importantes para o domínio das sociedades, sozinhas são incipientes se desacompanhadas do poder da informação e da inovação.

Esse descritivo, embora possa parecer assustador num primeiro contato, demonstra claramente que o momento histórico de transição de modelos está em um momento disruptivo. Momento similar foi vivenciado pela humanidade na transição da Era Medieval para a Era Moderna, com a primeira e a segunda Revoluções Industriais (Brynjolfsson, McAfee, 2016; Frey; Osborne, 2013).

Disso decorre o fenômeno mundial de aumento da necessidade de financiamento dos governos locais, ao tempo em que se exige mais eficiência econômica das gestões, ou seja, fazer mais com menos recursos. Essas duas situações (menos dinheiro circulando e mais demandas por políticas públicas universais e equalizantes) inspiram mudar o foco do Estado para a cidadania, favorecer a transparência e qualificar a gestão para uma ampla participação social. Isso tem sido nomeado como empoderamento social. Esses tempos disruptivos também são tempos de neologismos.

A transformação digital das cidades, decorrente dos avanços tecnológicos, pode ser utilizada para promover equidade e ofertas isonômicas de oportunidades aos cidadãos, com impactos diretos na redução da desigualdade e na degradação ambiental. As novas tecnologias, quando aplicadas à gestão pública e às cidades, podem favorecer a participação social, a transparência e o aprofundamento da democracia participativo-deliberativa.

No aspecto econômico, pressupõe um modelo de desenvolvimento e de economia plural e colaborativo altamente favorecido pela inovação tecnológica. Fenômenos como o da *uberização* da economia e economia em rede têm sido estudados pelos desafios que apresentam ao modelo econômico clássico, baseado no individualismo solitário e no consumo de bens e serviços. Nesse contexto, cresce vertiginosamente no mercado de serviços a ideia de que a posse de bens como repositório de sucesso possa ser substituída pela ideia de fruição de uma experiência.

Isso é uma revolução na economia e nas políticas de desenvolvimento econômico das cidades, pois o bem valorado no mercado transita de uma *coisa* para um serviço e o verbo *consumir* é ressignificado para *vivenciar uma experiência*.

Essa mudança de padrão de consumo pode ser um elemento importante para a reconciliação do homem das cidades com o meio ambiente, considerando as externalidades negativas do processo produtivo capitalista clássico – que a cadeia do processo produtivo, ainda baseada no forte consumo e na lógica do *ter* e do *acumular* – pode promover.

Nesse contexto, alguns sistemas são quebrados e surgem novas cadeias de valor econômico. A ideia da experiência no contexto da nova economia digital mapeia os comportamentos e o consumo dos clientes no contexto social, bem como do cidadão no contexto das cidades e do Estado. Há perspectivas de que nos próximos anos *softwares* irão dizimar indústrias pautadas em modelos produtivos tradicionais, decorrentes da segunda parte da terceira Revolução Industrial, assim como os celulares superaram a gigante Kodak (Susskind; Susskind, 2015).

A lógica axiológica ou ética, ainda que não propositalmente, está encontrando seu espaço nas leis de mercado (oferta, procura e escassez). Em outros termos, a base do capitalismo – consumo, individualismo solitário e propriedade – encontra concorrência com as ideias de serviço, cooperação e experiência, o que amplia o ambiente de negócios e principalmente as possibilidades de inovação, em que a lógica axiológica compete com a lógica técnico-utilitarista.

A desmaterialização do consumo, que transforma tudo em serviços, impacta diretamente no uso e consumo dos recursos naturais, além de afetar as possíveis externalidades (positivas ou negativas) nos sistemas ambientais. Espera-se que a utilização em larga escala e doméstica da impressão 3D modifique a demanda e as necessidades de parques industriais, com possibilidade de redução do consumo de matérias-primas naturais, bem como a redução de externalidades negativas (poluição ambiental) no processo produtivo e nas plantas industriais vigentes.

No aspecto de diagnósticos voltados aos gestores públicos, bem como à ampliação do autoatendimento e do atendimento remoto, tecnologias como *big data, analytics, block chain, smart grid*[5] e inteligência artificial podem colaborar na obtenção de informações relevantes, promover a participação ativa dos cidadãos, além de contribuir para a implementação de modelos de cooperação público-privado. São mecanismos efetivos para mapeamento, diagnóstico e desenho colaborativo de políticas públicas, inclusive daquelas voltadas à proteção do meio ambiente natural e artificial.

No que concerne às políticas públicas de caráter universal, como educação, saúde e segurança, as *e*-plataformas ou plataformas governamentais digitais[6] são importantes ferramentas para o barateamento de custos, a ampliação e a melhoria na eficiência da cobertura, assim como a ampliação da participação social nos seus desenvolvimentos e acompanhamento (Schönberger; Lazer, 2007).

Na saúde, por exemplo, com o aumento dos custos da saúde pública em proporção superior ao aumento da capacidade produtiva das nações, a adoção de novas tecnologias pode colaborar com maior eficiência (mais entrega com menos custos) e ampliação da atuação em modelos públicos preventivos (já comprovadamente mais baratos) em detrimento dos curativos de alto custo. Para materializar o modelo preventivo de saúde pública, a adoção de uma ética socioecológica amplificada por um processo educativo efetivo é ponto crucial e será adjuvante na adoção massiva de *smart grid* como meio da integração inteligente de dispositivos conectados nos campos de uso racional de recursos naturais nas áreas de água, saneamento, energia e mobilidade urbana.

A ideia de que robôs substituiriam seres humanos não é mais uma ficção para muitos setores produtivos, inclusive no Brasil. Nas áreas do agronegócio e da indústria automobilística pode-se ver a mecanização e a alta tecnologia dominando o processo produtivo dos parques industriais. Além disso, os modelos de inovação em inteligência artificial dispensarão nos próximos anos vários empregados dos setores de serviços que atuam em áreas de checagem ou atividades repetitivas. Profissionais liberais clássicos, como médicos e advogados, já encontram parceria e competição de mercado com a adoção da inteligência artificial para execução de tarefas repetitivas ou para auxílio em diagnósticos. Vivenciam-se tempos disruptivos, que requerem soluções e

---

[5] Expressões da TI sem tradução adequada para o português.

[6] Expressões *e*-governo, *e*-plataforma, *e*-democracia estão sendo utilizadas em textos acadêmicos referindo-se à noção de governo 4.0, baseado nas novas tecnologias.

respostas inovadoras, além de um fortíssimo suporte nos axiomas e nos valores da ética e da sustentabilidade.

Políticas públicas para educação demandarão formação e treinamento de novas competências profissionais para a utilização dessas novas tecnologias, ampliando assim a possibilidade de empregabilidade num contexto em que já se vislumbra a extinção de várias profissões atuais, para as quais as universidades continuam formando quadros. Assim como aconteceu com as corporações de ofício da Idade Média, a partir da introdução da máquina a vapor na primeira Revolução Industrial, tem-se como certo que muitas profissões de hoje serão extintas num horizonte de 20 anos (Brynjolfsson; McAfee, 2016; Frey; Osborne, 2013).

Nesse contexto, a sociedade também se caracteriza como uma sociedade digital, participativa e atuante, em contraposição a uma sociedade analógica, passiva e dependente do Estado hierarquizado.

NOVAS TECNOLOGIAS E ÉTICA SOCIOECOLÓGICA

Ao afirmar que a crise da relação da espécie humana com a natureza no mundo contemporâneo é uma questão de ordem ética, em que contexto isso ocorreria? A teoria geral da ética, que se pretende atemporal, posto que fundada em valores e princípios universais que perpassam a noção de tempo e espaço se materializa com a *práxis* desses princípios e valores num determinado tempo, espaço e sociedade organizada, no campo da moral (face prática da ética) e eventualmente também encontra reflexos no direito quando adotada textualmente nos códigos normativos (Mascaro, 2014; Abbagnano, 1998). Antes mesmo de se disseminarem os princípios e valores éticos entre os humanos, somos chamados a repensar a ética da relação do homem com o bioma e a desbravar uma nova fronteira da ética e da interação entre homem e máquina, considerando os avanços na área de inteligência artificial.

Os avanços tecnológicos que levaram o homem a romper as barreiras da genética e da neurociência também impõem desafios, com a possibilidade de formação de uma humanidade geneticamente modificada e híbrida por meio dos avanços na área da inteligência artificial, que podem levar a uma interação como jamais vivenciada entre homem e máquina. Já existem alguns protótipos em andamento nas áreas de próteses e suporte de auxílio a sequelas neurológicas, por meio de bioengenharia e neurociência (Harari, 2016).

Quais os impactos éticos e socioecológicos que essas novas fronteiras do conhecimento impõem? Escrever sobre o futuro nunca foi aceito pela academia como tecnicamente correto. Os cientistas observam os fatos, analisam se houve repetição de um padrão, descrevem esses padrões, cunham leis e eventualmente sugerem modificações: assim se produz a ciência. O desafio é manter ou adequar esse método técnico-utilitarista da ciência em tempos de quebra de paradigmas sem comprometer, com isso, o rigor científico da pesquisa.

A ética, quando revestida da deontologia, assim como o direito, insta a pensar o mundo normatizado do *dever ser*. Como exemplo, toma-se um princípio ético dito universal de que a vida humana deve ser respeitada e protegida. Esse princípio está espelhado nas constituições e legislações de vários países de todo o mundo. Mas há uma variação grande de como os sistemas jurídicos e as comunidades desses países lidam com a execução da pena de morte, aborto, eutanásia, bem como as medidas tomadas para a preservação do meio ambiente. Não há dúvida de que a garantia ao direito à vida perpassa todos esses temas, mas como esse direito deverá ser tratado pelo Estado? Aí está a importância da diferenciação entre a ética socioecológica e sua moral correlata.

A interpretação do princípio ético e sua transposição em uma prática representa um tempo e um lugar, representa o quanto uma sociedade organizada tolera ou estimula determinadas práticas. Isso tem impacto direto na agenda e nas políticas públicas do Estado, inclusive naquelas relativas ao meio ambiente. Além disso, tem impacto nos modelos de desenvolvimento econômico e social a serem adotados, regulados e subsidiados financeiramente. Tem impacto na aproximação ou distanciamento que a espécie humana estabeleça em relação ao *oikos* (do grego, casa).

A partir do pensamento dos autores Hans Jonas (2006) e Alvin Goldman (2015), discorre-se sobre a necessidade de uma nova ética socioecológica a ser adotada para as cidades do futuro, recentemente cunhadas *smart cities*.

Classicamente, estabeleceu-se como era cognitiva o momento em que o *Homo sapiens* dominou a produção de códigos escritos para a transmissão de seu pensamento. Isso representou, junto à revolução agrícola e ao domínio do uso do fogo, um imenso avanço para a preservação e a vida social da espécie, como também aumentou suas possibilidades de domínio do meio ambiente que o rodeava. Atualmente, tem-se denominado era cognitiva os avanços tecnológicos e científicos alcançados pela descoberta e ampla utilização de tecnologias da informação e da engenharia genética com as quais a espécie *Homo sapiens* tem podido intervir e domesticar diversas espécies.

O professor israelense Yuval Harari (2015) descreveu esses avanços como uma transição do *Homo sapiens* para o que designou *Homo deus*, diante das implicações que tais descobertas têm gerado e poderão gerar nas relações entre os humanos e entre estes e o ecossistema a seu redor, destacando a possibilidade do surgimento de uma humanidade híbrida (meio homem, meio máquina), considerando os avanços da genética, da neurociência e da inteligência artificial.

O autor destaca que se de um lado todo esse avanço tem potencial para reduzir drasticamente doenças e desigualdades sociais, erradicar miséria, fome e analfabetismo, reverter e evitar desastres ambientais, de outro lado também pode criar uma era de hegemonia de povos, de novas tecnologias, com possibilidades destrutivas e contrárias a um processo de redenção da humanidade e do seu *oikos*.

Nessa nova era cognitiva, a humanidade pode se deparar com efeitos indesejáveis ou externalidades negativas, como o aumento das desigualdades, o irreversível desequilíbrio ambiental, os perigos da manipulação genética humana e não humana, a cessação prática da fruição de direitos humanos fundamentais como as liberdades individuais, a extinção de postos de trabalho, de culturas e modos tradicionais de vida.

Se os impactos *a priori* são ainda imensuráveis, já somos capazes de, olhando para o passado, predizer os comportamentos possíveis de grupos dominantes de certas tecnologias. É possível também preconceber que as leis e instituições estatais existentes não sejam suficientes para conter os abusos da quarta Revolução Industrial. Por isso a importância de apresentar o axioma, a ética e a moral socioecológica como absolutamente essenciais para trilhar um rumo satisfatório para a convivência entre homem e *oikos* nesses tempos disruptivos.

A tradicional busca do prazer e a fuga da dor, que tanto inspiraram a ética clássica, parecem encontrar seu ponto final ao confrontá-la com o puro hedonismo capitalista, que nos conclama a consumir infinitamente para alcançar felicidade e afastar a dor. Em outros termos, esse modelo é inconciliável com a sobrevivência da humanidade e com um dos mais importantes postulados éticos: a preservação da vida humana, para que cada indivíduo usufrua do que seja "bom" e "justo".

Como solução viável pode-se buscar a adoção ampla de uma macroética, defendida por Hans Jonas (2016) como uma ética da responsabilidade, como define em seu livro disruptivo *O princípio da responsabilidade: ensaio de uma ética para a civilização tecnológica* (1979), em que busca uma ética a partir de um ponto de vista ontológico que combate fortemente a lógica tecnicista formuladora dos padrões éticos, morais e políticos até o final do século XX.

Outra possibilidade conjunta para contornar as externalidades negativas e privilegiar os valores, bem como o axioma, na sociedade tecnológica, é ampliar o controle e a participação/cooperação social, inclusive no que respeita aos achados científicos ou verdades científicas. Sob essa ótica, o consenso científico, inclusive o de caráter ambiental, não seria suficiente por si só para pautar as condutas da sociedade, sem que passasse pelo crivo do controle social, que pressupõe a transparência de métodos, técnicas, controles e resultados.

Segundo Hans Jonas (2016), a compreensão tradicional de que o consenso científico, fundado na lógica técnico-instrumental, é a mais eficaz para se alcançar a verdade filosófica, fundante da ética ontológica e deontológica, também funcionando como um instrumento de poder e da escolha da lógica axiológica e, portanto, da ética, mais conveniente para validar os comportamentos científico e social "desejáveis". Sob esse jaez, o consenso científico difundido também se colocaria como um instrumento de poder. Hans Jonas (2006, p. 35-36) alerta para o fato de que a ética presente e disseminada, que suporta inclusive os códigos deontológicos profissionais e as pesquisas científicas vigentes, é eminentemente antropocêntrica, para a qual a atuação sobre objetos não humanos não forma um domínio eticamente significativo, o que tem moldado entre outras coisas a relação dos humanos com todos os seres vivos não humanos e com o meio ambiente.

A ética socioecológica vigente, embora venha sendo lentamente instada a reinventar-se, ainda é antropocêntrica e assume parcos avanços socioambientais sob as bases das lógicas majoritárias da satisfação e preservação da espécie humana, que lida com a preservação do *oikos* na medida suficiente e necessária para alcançar a finalidade da satisfação da raça humana.

Ou seja, para Jonas, a ética antropocêntrica acolheria um universo moral que consiste no contemporâneo e seu horizonte futuro limita-se à extensão do tempo de vida da geração presente, para a qual há pouco ou nenhum espaço para a empatia, tão defendida por Goldman (1993).

Se a ética procura o bem, o bom, o verdadeiro e o justo, a macroética da responsabilidade deveria ter como meta alcançar não só o bem humano, mas também o bem das coisas extra-humanas, indo além da eliminação da iniquidade social, caminhando para a consolidação de uma nova ética socioambiental que imponha ao homem se colocar como mais um dos elementos do ecossistema maior. Nesse contexto, a desigualdade social deixa de fazer sentido e a relação harmônica dos seres humanos, com seus pares não humanos, torna-se intuitiva e mandatória.

O *Homo faber* de Hans Jonas (2006), também chamado de *Homo deus* por Yuval Harari (2015), colocou-se acima do *Homo sapiens*, uma vez que a tecnologia assumiu um significado ético por ter ocupado lugar central na subjetividade e na finalidade da vida humana, conforme assevera Jonas (2006), já que a lógica técnico-utilitarista não atende às necessidades fundamentais humanas que transitam do capitalismo acumulativo e consumista para o capitalismo dos serviços e da experiência. A técnica teria invadido o espaço do agir essencial humano, devendo a moralidade igualmente invadir a esfera do produzir, do gerir, da *polis*, dos quais foi mantida afastada, e deve fazê-lo pela via das políticas públicas, da regulação, da participação social. Aí restaria um espaço e um papel relevantes ainda reservados ao Estado, com sua nova missão para o século XXI. Como anteriormente referido, caberia ao Estado ser mediador social e operar como usina de talentos e inovação, fruto da cooperação e participação sociais.

Alvin Goldman (1993) destaca que as teorias na área da ciência cognitiva têm sido fundamentais para várias áreas do conhecimento, especialmente para a filosofia e a epistemologia. Há aspectos importantes da teoria da ética, mais especificamente da ética prática (teoria moral), que também são objeto de análise da ciência cognitiva. Pensar como a linguagem ética preenche o conteúdo semântico de palavras como "bom", "certo" e "justo" deve remeter à análise do que uma determinada sociedade/comunidade associa mentalmente a elas, bem como se essas representações são determinadas no contexto cultural ou se talvez decorrem de estruturas inatas. Disso decorre que um conteúdo socioambiental uníssono é inviável no conjunto das nações e por vezes nos governos locais, mas nada impede que se busquem padrões mínimos de consenso.

Outro aspecto abordado pelo autor diz respeito ao papel dos Estados e preferências hedônicas na teoria ética. As teorias morais invocam regularmente noções como "felicidade", "bem-estar", "utilidade", "preferência-satisfação" como determinantes críticos para aferir a justiça das ações e das políticas sociais. Torna-se relevante compreender os determinantes desses estados emocionais.[7]

Por fim, Goldman (1993) aborda os mecanismos ou processos psicológicos que podem desempenhar um papel importante no sentimento moral e

---

[7] Em que medida, por exemplo, a sua felicidade é afetada pela comparação de sua própria condição com a dos outros ou pela comparação do seu presente com sua condição passada? As respostas a essas questões têm um impacto sobre a medida em que a prosperidade econômica ou outros recursos substantivos determinam níveis de felicidade (Goldman, 1993).

na escolha moral. O autor destaca a atenção dedicada pelos teóricos da ética ao processo de raciocínio ou a deliberações práticas, enquanto ressalta a importância do fenômeno da empatia para a motivação das pessoas a agirem com benevolência ou altruísmo, bem como influenciar na concepção de um código moral adequado.

Quanto ao conteúdo semântico valorativo das palavras nos campos da ética e da moral, Goldman (2003) alerta que, não obstante algumas áreas da filosofia baseadas na tradição platônica confiram às palavras definições rigorosas, *condições individualmente necessárias e conjuntamente suficientes para a aplicação da palavra*, conhecida como ciência cognitiva da *visão clássica* dos conceitos, esta foi desafiada pelo trabalho coletivo de psicólogos, linguistas e filósofos, que obtiveram um achado experimental no qual as pessoas ordenam as instâncias de conceitos a partir de uma classificação mental daquilo que seja típico ou representativo daquele conceito, assim como do que considerem atípico. Para realizar essa classificação seria necessário recuperar a memória individual e coletiva, capaz de gerar uma visão ligeiramente diferente dos conceitos, que serão tão mais frequentes quanto mais presentes e perceptíveis na memória de uma coletividade.

Ao analisar as condicionantes das questões relacionadas com a utilidade, bem-estar e os estados hedônicos, o autor destaca que as teorias morais modernas reservam um local de destaque para esses conceitos e percepções: "As ações moralmente boas ou as políticas sociais são amplamente consideradas como aquelas que promovem o bem-estar geral ou incentivam uma distribuição adequada do bem-estar" (Goldman, 2003, p. 345). No entanto, destaca que é necessário apresentar melhores medidas do que seria esse almejado bem-estar. Pesquisadores das ciências sociais desenvolveram indicadores sociais subjetivos para aferir o quanto os entrevistados estariam satisfeitos com sua vida como um todo e em vários domínios específicos, mas esses indicadores teriam se mostrado insuficientes, uma vez que testes da neurociência recente apontariam que os eventos presentes são mais salientes em nossa memória do que eventos pretéritos, influenciando nas sensações trazidas ao momento da pesquisa.

Observou-se ainda uma discrepância entre escolhas e julgamentos de fatos, o que levaria ao questionamento de qual seria a medida correta ou apropriada para se aferir o bem-estar. Haveria evidências de que a satisfação relatada pelas pessoas dependeria da sua posição relativa diante dos fatos e não só de sua situação objetiva, além do fato de que as pessoas muitas vezes não possuem valores ou preferências bem definidos. Goldman (2003) destaca que as preferências expressas pelas pessoas não são simplesmente sacadas de alguma lista prévia armazenada na memória, mas são construídas no processo de questionamento interno ou externo a esse indivíduo. Diferentes procedimentos de aliciamento podem gerar diferentes opções, dando origem a escolhas inconsistentes.

Ao aplicar tais ideias ao estudo, pode-se entender que a formulação de uma ética socioambiental após a nova era cognitiva não será asséptica e, portanto, não necessariamente positiva para um bom relacionamento do homem com o meio ambiente e com os seres vivos, uma vez que tem caráter subjetivo e está diretamente relacionada com a posição de cada um diante dos fatos apresentados. Assim, a continuidade da desigualdade social e o modelo econômico baseado fortemente no consumo e nas cidades como pré-requisito de bem-estar, felicidade e sucesso social abrem caminho quase inevitável para a consolidação de uma ética e moral socioecológica que tendem a aceitar essa diferenciação como um aspecto inerente ao jogo, como tem sido até os dias de hoje, mudando-se levemente a linguagem do discurso para algo mais palatável aos novos tempos.

Esse é um grande desafio a ser superado na constituição dos novos modelos de democracia participativa e práticas de gestão horizontalizada. O voto da maioria dos presentes ou da maioria dos participantes de uma determinada consulta parecem não ser suficientes para se aferir o desejo, as ideias e as contradições de uma comunidade na formulação de políticas públicas que atendam a uma ética socioambiental dominante. Distribuição do solo urbano, equidade na aplicação de políticas públicas universais e acesso a bens transindividuais como a água potável são exemplos de temas conflituosos nas cidades e que geram profundas dificuldades para a formulação de consensos éticos socioambientais entre as pessoas envolvidas.

Não é a lei puramente que resolve essas questões. Certamente a lei imporá um consenso majoritário que dificilmente solucionará o conflito ético subjacente. A grande questão consiste em como resolver esses conflitos de natureza ética nas cidades do futuro, quando a crescente urbanização forçará um contato permanente e eventualmente um conflito permanente se não se encontrar na ética socioambiental as saídas adequadas.

Por fim, Goldman (2003) destaca a importância da empatia na influência do comportamento altruísta e dos códigos. Talvez aqui o enfoque do autor seja o que mais se coaduna com o tema central deste capítulo. O autor situa a empatia como o ato de tomar a perspectiva de outra pessoa sob modo afetivo ou emocional, em detrimento do puramente cognitivo, na mesma linha do que Schopenhauer nomeou de compaixão. Se esta for considerada algo genuíno e inerente à vida humana, certamente gerará consequências para a teoria ética descritiva e prescritiva.

Na teoria de Schopenhauer, ética estaria dividida entre os deveres de justiça e filantropia. Os primeiros como deveres negativos, de abstenção e os segundos como deveres positivos, em que compaixão e empatia teriam o papel de influenciar ou criar os códigos morais, operando indiretamente por meio de princípios. Mais vividamente perceptível em Kant, grande parte da teoria ética moderna foi baseada na capacidade humana para a razão – base da ciência, das leis, do direito, ou seja, técnico-utilitarista por essência – e só mais recentemente houve uma tendência a associar as normas morais à emoção e, portanto, a empatia como conexão emocional ao sentimento alheio passa a ser um ponto relevante a ser prospectado quanto aos seus possíveis efeitos para a formulação de uma ética ontológica e universalista que considere o prazer ou a dor de todos de maneira igual e imparcial.

Segundo Goldman (2003), quando há limites à nossa capacidade ativa de empatia e benevolência, as sociedades tendem a desenvolver instituições jurídicas e políticas que sejam suficientemente constrangedoras para moldar e dominar a conduta alheia, conforme desejável. Os modelos de gestão patrimonialista e burocrática vestem bem esse modelo, juntamente com a governança hierárquica e piramidal. Daí a necessidade para o autor de se fazer uma discussão profunda sobre o papel do condicionamento social na relação entre benevolência, empatia e teoria moral.

Não obstante a empatia possa se apresentar também de forma particularista e individual, no sentido de se identificar emocionalmente com mais facilidade ou exclusivamente com os sentimentos daqueles que nos são próximos, os atuais mecanismos de comunicação de massa, fruto da revolução tecnológica, nos impõem considerar próximos mesmo aqueles que estão separados por fronteiras de Estados nacionais. Exemplo disso é a crise migratória atual, em que todos se veem obrigados a encarar face a face os horrores da guerra, seja enviando suprimentos, seja abrindo as fronteiras ou aceitando refugiados.

Se o tema é meio ambiente, as catástrofes ambientais que se seguem não respeitam fronteiras, etnias ou povos. De tempos em tempos, somos forçados a lembrar que somos uma só espécie e que devemos viver em harmonia com várias outras, além do próprio *oikos*. Nesse aspecto, o fenômeno da empatia universal, eminentemente axiológica, tende a gerar efeitos imediatos nos códigos morais e legais das sociedades como uma resposta, técnico-utilitarista ou não, de autopreservação.

ÉTICA E RESPONSABILIDADE SOCIOAMBIENTAL NAS CIDADES DO FUTURO

Na última década do século XX, a ideia de que não haveria como combater a desigualdade social sem considerar os cuidados com o meio ambiente e vice-versa tomou corpo e fez surgir uma literatura mais robusta na área da ética socioambiental que, entre outros objetivos, trata de adotar valores e princípios que atentem para a redução e o controle dos impactos da ação humana sobre o meio ambiente, bem como a conservação da biodiversidade e dos recursos naturais, além da preservação, valorização e respeito às comunidades, saúde e educação como instrumentos da transformação da sociedade e finalmente a adoção da ampla transparência ativa e do diálogo com a sociedade.

A crise ambiental vivida também é uma crise de valores, de modelos de gestão, de cidades e das escolhas políticas da *polis*. É também uma crise de modelo de desenvolvimento econômico e não serão encontradas soluções em uma única área do conhecimento. Junte-se à crise ambiental a crise financeira, que ainda tem seus efeitos em muitos países desde o ano de 2008, o que impacta diretamente na ampliação das iniquidades, no aprofundamento da desigualdade social e das deficiências na prestação de serviços públicos e na formulação de políticas públicas universais em temas sensíveis como os direitos transindividuais e de fruição coletiva.

Nesse contexto, será acertado dividir o mundo entre os que cuidam das questões sociais, geralmente ligados às ciências sociais, e os que cuidam das questões ambientais, ligados às ciências da natureza, entre outras áreas do conhecimento, quando a resposta que se busca deve ser de caráter socioambiental e interdisciplinar? Certamente que não.

Siqueira (2009), ratificando o pensamento de Gómez-Heras (1997), alerta sobre as duas racionalidades que movem a sociedade moderna: a racionalidade técnico-instrumental e a racionalidade axiológica. A primeira, centrada na ciência empírica, na técnica, filha do positivismo do século XIX e que se contrapôs à segunda, dominou o cenário do pensar anterior e buscava na filosofia, não nas técnicas da ciência as respostas para os questionamentos humanos. A contraposição de ambas as vertentes criou um vácuo cognitivo, no qual não foi possível obter uma resposta válida quanto não se trilhasse exclusivamente uma das vertentes (ciência ou filosofia). Assim, ciência e axioma (valor) tornaram-se lados mutuamente excludentes. O problema se apresentou quando a primeira racionalidade recebeu primazia social em relação à segunda. Isso, segundo o autor, levou ao "fascínio técnico-utilitário, à eficácia na ação e ao domínio sobre a natureza", deixando em segundo plano os princípios fundamentais da racionalidade axiológica, que seriam responsáveis por uma "visão mais holística e transcendente do mundo; integração permanente entre o social e o ambiental; equilíbrio das tradições antropocêntricas e cosmocêntricas; o reconhecimento da natureza como sujeito de valores; e a educação ambiental, entre outros" (Siqueira, 2009, p. 32-33).[8]

Em outros termos, o que essa teoria nos sugere com percuciência é que a superação da crise da relação com a natureza no mundo contemporâneo, para a formação de um mundo socialmente mais justo, ecologicamente mais sustentável, conciliador da equidade social e consideração moral dos seres vivos passa por equiparar a racionalidade axiológica/qualitativa à racionalidade técnico-instrumental/quantitativa, bem como compreender a questão ecológica com a complexidade que ela requer, sob pena de perpetuar uma visão insuficiente e fragmentada da realidade socioambiental.[9]

A biodiversidade, ao ser coisificada prioritariamente pela racionalidade utilitarista, deixou de ser tratada como suporte essencial da vida no planeta e passou a ser reserva econômica, política, geoestratégica e elemento pelo qual os países lutam pela posse (e eventualmente pela sua preservação), como mais um bem de valor agregado a ser explorado e consumido, deixando-se de lado o axioma de que somos todos parte de um mesmo bioma.

Disso se vê que a responsabilidade social e a responsabilidade ecológica são temas urgentes e sérios. Implicam a retomada de princípios e valores, a atitude ativa de se elevar padrões econômicos e culturais das cidades, sem esgotar predatoriamente os recursos ambientais. Assim, implica também atitude ativa para elevar os padrões ambientais. Não é algo "da moda", embora esteja "na moda" se apropriar desses temas e de alguns de seus conceitos. É necessário introjetar seus conceitos no modelo de desenvolvimento da sociedade, de gestão e modelagem das cidades e no processo produtivo,

---

[8] "A primeira também foi chamada por Max Weber de racionalidade de resultados e por Habermas de racionalidade técnico-estratégica, com forte acento na dimensão quantitativa; a segunda é a racionalidade axiológica, com um enfoque voltado para os aspectos valorativos e qualitativos" (Siqueira, 2009, p. 32-33).

[9] [...] A ênfase na visão mercadológica e utilitarista que motivam os campos dos saberes práticos (ciências aplicadas) e desestimulam os saberes básicos (ciências puras); a perda de sensibilidade com o mundo circundante, estimulando o individualismo ensimesmado e enfraquecendo as ações solidárias; a construção de um pluralismo cultural construído não com base nos valores solidários, mas inspirados nos radicalismos e dualismos sociais, religiosos e ecológicos [...] (Siqueira, 2009, p. 33).

como também nas relações interpessoais que se desenvolvem no tecido social da *urbe*.

A gestão e o exercício do poder nas cidades estão intimamente ligados à adoção da ética e, por certo, de uma ética socioecológica. O poder, conforme determinam as constituições dos países democráticos, tem a finalidade de servir à sociedade. Dessa forma, os grupos sociais que atuam dentro ou fora da legalidade desenvolvem e aplicam consciente ou inconscientemente um código ético de conduta que poderá ser convergente ou não com aquilo que se entende como ético ou antiético.

Isso se torna muito claro, por exemplo, quando grupos sociais ditos "civilizados" entram em contato com costumes de povos nativos, relativos à iniciação de jovens, o papel da mulher nas sociedades e hábitos alimentares. Não foi sem razão que por muitos séculos essas populações estiveram classificadas como "ignorantes", "bugres", "insipientes", como uma forma de subjugação cultural, mostrando claramente um confronto entre códigos de ética social. Não obstante isso, qual desses agrupamentos humanos seriam mais afeitos a uma ética socioecológica? A resposta não parece ser favorável aos humanos ditos "civilizados" que se amontoam desordenadamente nas cidades.

Em outros termos, todos seguem alguma codificação axiológica intuitiva, de caráter ético, que poderá ou não ser convergente com a codificação axiológica dos indivíduos ao redor (na empresa, no bairro ou nas cidades). Tende-se a classificar como antiética a conduta ética do outro, divergente daquela adotada pelo observador que julga e avalia determinados atos e fatos.

No processo mundial atual de rápida e intensa urbanização, as cidades assumem um grande papel na formação e adoção de um novo *ethos* local, bem como interferem fortemente na composição do *ethos* global.

Em grandes conglomerados urbanos é absolutamente essencial a disseminação da *práxis* (que se situa no campo da moral), da ética, da solidariedade, da honestidade, da coparticipação e da ética socioecológica para o desenvolvimento de cidades inteligentes, humanas, saudáveis e sustentáveis.

A ética se supõe atemporal por se valer de princípios e valores que ultrapassam as práticas de um tempo. As práticas, de fato, seriam uma leitura espaço-temporal daqueles princípios e valores que se pretendem de longa duração e aceitação, que se pretendem atemporais. A ética socioambiental não foge a essa regra, uma vez que é transgeracional.

Assim, nos termos do pensamento de Siqueira (2009), ética socioecológica pode ser entendida como um conjunto de valores, princípios e regras que orientam individual e coletivamente os cidadãos para a tomada de decisão daquilo que se deseja para o futuro ambiental das cidades, como fazer ou adquirir o que se deseja. Isso pode ser feito garantindo-se os direitos fundamentais da dignidade humana e do equilíbrio do meio ambiente, do qual devemos nos reconhecer como parte e não como seus senhores.

A moral socioecológica corresponde naturalmente a um tempo e um lugar e se firma por meio das práticas sociais que se disponham a materializar, dia após dia, princípios e valores, que são os vetores que emanam da ética axiológica.

Além disso, há as normas (leis em sentido material) socioecológicas, que são respostas legisladas do Estado (sociedade juridicamente organizada) para questões socioambientais. Tais normas nem sempre serão suficientes e nem sempre serão convergentes com a ética esperada. Para sua validade, basta que sejam expedidas pela autoridade competente, atendendo à formalidade do tipo normativo e desde que não agridam frontalmente a Constituição ou outras normas que lhe sejam hierarquicamente superiores. Essas normas serão melhores e mais legítimas quando derivarem de ampla participação e cooperação social, pois tendem assim a refletir mais claramente a ética *socioecológica* inspiradora dos valores da sustentabilidade e da *moral ético-ecológica* de um tempo e espaço que delimitam as vocações de um agrupamento social.

O que se passa desde a segunda metade do século XX é que o princípio da universalização de valores tem se tornado um axioma quando o tema são os chamados direitos fundamentais transindividuais – os que atingem a cada um de nós individualmente e a todos ao mesmo tempo, sem que se possa usufruí-lo isoladamente – entre os quais está o direito à sustentabilidade e a um meio ambiente equilibrado.

A garantia dos direitos humanos individuais e transindividuais passou a fazer parte do discurso de uma ética universal no conjunto das nações, com reflexos nos valores e princípios (ética) acolhidos nas sociedades, nas práticas (moral) e nas legislações locais. Não se discute mais sua existência ou validade, mas tão somente o quanto de sua aplicação prática é de responsabilidade dos Estados nacionais, da sociedade e dos indivíduos, bem como quais os atos a serem praticados pelo Estado visando à sua materialização.

Partindo do pressuposto de que o gestor e o político assumem o papel de mediadores das decisões e de executores dos projetos e políticas públicas horizontalmente construídas e implementadas, a ética assume um papel relevante não só para a questão socioambiental, mas também para a ética política e para a ética da gestão, como uma deontologia da atuação do gestor público. Mas se deve ter cuidado para que essa abordagem não coloque o cidadão, como tradicionalmente posto, na condição de expectador, daquele que apenas aguarda que o outro agente atue de acordo com a ética esperada. A adoção da ética na *polis* pressupõe *responsabilidade*. A responsabilidade socioambiental se distribui entre todos os atores da política pública e da *polis*. Não se pode exigi-la exclusivamente de políticos e gestores, por meio do enrijecimento das regras de integridade e *accountability*.

Há também uma responsabilidade socioambiental que é difusa e deve ser assumida pela cidadania. A democracia não é um espaço exclusivo para o exercício de direitos, mas prioritariamente para os deveres de colaboração. Séculos de democracia representativa e pouco participativa geraram um vício social de que um terceiro sujeito (o Estado, o prefeito, o dirigente) seja o responsável exclusivo por apresentar soluções coletivas ou resolver, por meio de atos práticos, um problema que pertence a todos.

Não se pode olvidar o papel das grandes mídias, detectado por Ianni (1999), bem como das mídias sociais, detectado por Bittencourt (2016), para a construção e difusão desses valores comuns. No primeiro caso, Ianni (1999) destacou, com a descrição do seu Príncipe Eletrônico – numa referência ao *Príncipe* de Maquiavel, escrito em 1513 e publicado em 1532, e ao *Príncipe* de Gramsci, de 1926 –, o papel da televisão, das grandes mídias e das agências de notícias, que atuam fortemente para a construção e propagação de ideias e padrões sociais, econômicos, políticos e também ambientais.

Por meio das mídias de massa, as instituições clássicas da política foram paulatinamente substituídas e remodeladas (Ianni, 1999) e a *ágora* sai da praça para as mídias institucionalizadas, reguladas pelo Estado e mantidas pelo modelo de consumo capitalista, que se dispõem a criar as necessidades sociais por meio da propaganda política ou de mercado, o que remunera esse modelo de difusão da informação.

Recentemente, Bittencourt (2016) revisitou a teoria do Príncipe Eletrônico de Ianni (1999) e analisou como as novas tecnologias fragilizaram a mídia tradicional e fortaleceram as mídias alternativas, baseadas no cidadão comum, que deixa de ser consumidor exclusivo de informação e passa a ocupar o papel de produtor e difusor da informação. Isso impacta diretamente a capacidade de criação e difusão de uma nova ética social, o que inclui a nova ética socioambiental. "A internet aparece como fio condutor desse processo. As redes sociais, como espaços privilegiados de uma nova estrutura organizacional da comunicação. Os movimentos e manifestações sociais são a realização empírica de um ativismo virtual e real que se propõe a intervenção na Esfera Pública e na realidade do país" (Bittencourt, 2016, p. 12).

É nesse sentido que se defende, nesse texto, a adoção de uma ética socioambiental de responsabilidade coletiva, em níveis e esferas distintas, e jamais exclusiva daqueles que ocupam as funções de Estado, mas que envolve uma atuação efetiva dos indivíduos e daqueles que partilham da convivência nas cidades. A Agenda para o Desenvolvimento Sustentável de 2030 ratifica esse entendimento por meio de seus ODS, em especial o ODS 11 (tornar as cidades e os assentamentos humanos inclusivos, seguros, resilientes e sustentáveis) e o ODS 16 (promover sociedades pacíficas e inclusivas para o desenvolvimento sustentável, proporcionar o acesso à justiça para todos e construir instituições eficazes, responsáveis e inclusivas em todos os níveis), pois ambos pressupõem uma ampla participação de todos os agentes da *polis* na construção de políticas públicas, na gestão daquelas existentes e no controle dos agentes executores, seja pela via da ética, seja pela via institucional.

CONSIDERAÇÕES FINAIS

A mudança do perfil populacional mundial e o processo de urbanização em curso em todos os continentes implicam a ampliação do consumo de recursos naturais, produção de energia, distribuição espacial e social nas cidades e alta demanda por bens, serviços públicos e recursos naturais. Assume-se o pressuposto de que a crise da espécie humana com o meio ambiente é também uma questão de ordem ética e que sua solução – para além do fortalecimento das instituições estatais e da lei – vai se dar pela adoção de uma ética socioambiental descritiva, ontológica e prescritiva, deontológica, como forma de moldar uma *práxis* (moral) compatível com o equilíbrio necessário para se alcançar a equidade social com a consideração moral de todos os seres vivos, nos termos do que preceitua a Agenda para o Desenvolvimento Sustentável de 2030.

A crescente urbanização gerará forte impacto para os países mais pobres, social e ambientalmente mais vulneráveis. Em paralelo a isso, está em processo uma revolução tecnológica e genética sem precedentes na história da humanidade, que aponta para a necessidade de soluções disruptivas, inclusive de caráter ético. É necessário adotar um novo *ethos*, bem como uma nova *praxis*, que reinventem a relação do *Homo sapiens* com seu *oikos*.

O modelo econômico baseado majoritariamente no processo de consumo excessivo, no não aproveitamento e reaproveitamento dos recursos naturais, amplamente divulgado e estimulado pelas grandes mídias e corporações mundiais, já não se sustenta como única via de redução das desigualdades sociais. Mesmo porque a *práxis* econômica e social resultante das duas primeiras revoluções industriais (carvão/vapor; metalurgia/siderurgia/

química) se mostrou insuficiente para suprir as necessidades humanas mínimas, garantidoras de um padrão de dignidade e equidade para a maior parte dos habitantes do planeta, enquanto criaram mais e mais demandas de consumo.

A terceira e quarta Revoluções Industriais, a computacional e tecnológica, podem apresentar saídas técnicas para melhorar a vida e a gestão das cidades e minorar a crise ambiental pela utilização de novas tecnologias para gerir e preservar biomas e recursos naturais. Mas a mera adoção de novas tecnologias não atua isoladamente.

Nesse contexto, as cidades precisarão atuar em cooperação, por meio de políticas públicas conjuntas ou coordenadas para resolver questões sociais e de gestão ambiental comuns ou similares. Desafios como mudanças climáticas, mobilidade, poluição, provimento de serviços públicos universais (saúde, educação, segurança e moradia), acolhimento de imigrantes e refugiados (oriundos de conflitos ou os refugiados climáticos) devem ser tratados de forma coletiva, a partir da adoção das melhores práticas e de instrumentos tecnológicos que possam replicar no planeta soluções eficientes e eficazes de forma a minorar os aspectos negativos que o histórico de urbanização descontrolada, da forma como feito até aqui, apresentou para a humanidade.

Nesse processo, nos termos do que preconiza a Agenda de Desenvolvimento Sustentável da ONU para 2030, espera-se que a sociedade civil assuma um papel de protagonismo na agenda política, nas políticas públicas e no controle dos seus resultados, cabendo ao Estado o papel de organizador das políticas públicas universais e de fornecimento de determinados serviços, com inovação, ampla transparência e acesso à informação por parte do cidadão.

Nesse sentido, a transformação digital das cidades decorrente dos avanços tecnológicos pode ser utilizada para promover equidade e ofertas isonômicas de oportunidades aos cidadãos, com impacto direto na redução da desigualdade e na degradação ambiental. As novas tecnologias quando aplicadas à gestão pública e às cidades podem favorecer a participação social, com transparência e aprofundamento da democracia participativo-deliberativa.

Se de um lado todo esse avanço tem potencial para reduzir drasticamente as doenças e desigualdades sociais, erradicar a miséria, fome e analfabetismo, reverter e evitar desastres ambientais, também pode criar uma era de hegemonia de povos e de novas tecnologias, com possibilidades destrutivas e contrárias a um processo de redenção da humanidade e do seu *oikos*, o que exige contínua vigilância.

Com isso, a lógica axiológica está encontrando seu espaço junto à lógica técnico-utilitarista. A teoria geral da ética, que se pretende atemporal, posto que fundada em valores e princípios universais e materializada na *práxis* desses princípios e valores num determinado tempo, espaço e sociedade organizada, no campo da moral (face prática da ética).

Como solução viável pode-se defender a adoção ampla da macroética da responsabilidade, que busca uma ética para a civilização tecnológica a partir de um ponto de vista ontológico, combatendo fortemente a lógica tecnicista que moldou os padrões éticos, morais e políticos até o final do século XX. A macroética da responsabilidade deveria ter como meta alcançar não só o bem humano, mas também o bem das coisas extra-humanas, o que inclui, para além da eliminação da iniquidade social, a consolidação de uma nova ética socioecológica, que impõe ao homem se colocar como mais um dos elementos do ecossistema maior. Por fim, destaca-se a empatia como elemento central na formulação dessa nova ética, já que toma a perspectiva de outra pessoa, sob modo afetivo ou emocional, em detrimento do puramente cognitivo, transitando da técnica instrumental-racional-antropocêntrica para a lógica axiológica-emocional-universal.

A ética política e a ética de gestão nas cidades também devem se conectar fortemente com a ideia da adoção ampla de uma nova ética socioambiental. Parte-se do pressuposto de que o gestor e o político assumem o papel de mediadores das decisões e de executores dos projetos e políticas públicas horizontalmente construídas e implementadas. O cidadão então deixa de ser mero expectador. A adoção da ética pressupõe *responsabilidade* que se distribui entre todos os agentes da política pública e da *polis*. Não se pode exigir ética de políticos e gestores apenas por meio do enrijecimento das regras de integridade e *accountability*. A responsabilidade socioambiental é difusa e deve ser assumida pela cidadania, no exercício dos deveres de colaboração, típicos das democracias, embora exista um vício social, quase atávico, de que um terceiro sujeito (o Estado, o prefeito, o dirigente) seja o responsável exclusivo por apresentar soluções coletivas ou resolver, por meio de atos práticos, um problema que pertence a todos.

Nesse contexto e no contexto da Agenda para o Desenvolvimento Sustentável de 2030 é que se propugna pela adoção de uma ética socioambiental e de responsabilidade coletiva, em níveis e esferas distintas, e jamais exclusiva daqueles que ocupam as funções de Estado, mas que envolva uma atuação efetiva dos indivíduos e daqueles que partilham da convivência nas cidades, melhorando a qualidade da gestão participativa e horizontal e das políticas públicas a serem implementadas nas cidades do futuro.

REFERÊNCIAS

ABBAGNANO, N. *História da filosofia.* Lisboa: Editorial Presença, 1998.

AMARAL, D.F. *Curso de direito administrativo.* 3.ed. Coimbra: Almedina, 1998.

ANTHOPOULOS, L.G. Understanding the Smart City Domain. In: RODRÍGUEZ-BOLÍVAR. *Transforming City Governments for Successful Smart Cities.* Switzerland: Springer, 2016.

BITTENCOURT, M. *O Príncipe Digital.* Curitiba: Appris, 2016.

BLIACHERIENE, A.C. *Controle da eficiência do gasto orçamentário.* Belo Horizonte: Fórum, 2016.

BRESSER-PEREIRA, L.C. *Reforma do estado para a cidadania: a reforma gerencial brasileira na perspectiva internacional.* São Paulo: Ed. 34; Brasília: Enap, 1998.

BRYNJOLFSSON, E.; MCAFEE, A. *The second machine age.* 1.ed. W. W. Norton & Company, 2016.

CAMPBELL, T. *Beyond smart cities – how cities network, learn, and innovate.* London, New York: Earthscan, 2012.

CASTRO, R.P.A. *Sistema de controle interno, uma perspectiva do modelo de gestão pública gerencial.* 2.ed. Belo Horizonte: Fórum, 2008.

DENHARDT, R.B.; DENHARDT, J.V. The New Public Service: Serving Rather than Steering. *Public Administration Review.* Arizona State University, v. 60, n. 6, nov./dec. 2000.

GIL-GARCIA, J.R. Foreword. In: RODRÍGUES-BOLÍVAR, M.P. *Transforming city governments for successful smart cities.* Switzerland: Springer, 2015, p. v-vii.

GOLDSMITH, S.; CRAWFORD, S. *The responsive city.* San Francisco: Jossey-Bass, 2014.

DE PAULA, J.A. A ideia de nação no século XIX e o marxismo. Disponível em: http://www. scielo.br/scielo.php?script=sci_arttext&pid=S0103-40142008000100015. Acesso em: 7 ago. 2017.

FREY, C.B.; OSBORNE, M.A. *The future of employment: how susceptible are jobs to computerization?* 2013. Disponível em: http://www.oxfordmartin.ox.ac.uk/downloads/academic/The_Future_of_Employment.pdf. Acesso em: 16 ago. 2017.

GOLDMAN, A.I. Ethics and Cognitive Science. *Ethics*, n. 103 jan. 1993, p. 337-360. University of Chicago Press. Disponível em: http://www.journals.uchicago.edu/t-and-c. Acesso em: 7 ago. 2017.

GÓMEZ-HERAS, J.M. *Ética del médio ambiente.* Madri: Tecnos, 1997.

HARARI, Y.N. *Sapiens – Uma breve história da Humanidade.* São Paulo: L&PM Editores, 2015.

_____. *Homo Deus – Uma breve história do Amanhã.* São Paulo: Cia das Letras, 2016.

IANNI, O. O Príncipe Eletrônico. *Perspectivas.* São Paulo, n. 22, 1999, p. 11-29.

[IEA-USP]. INSTITUTO DE ESTUDOS AVANÇADOS – UNIVERSIDADE DE SÃO PAULO. Dossiê Nação Nacionalismo. *Revista de Estudos Avançados*, vol. 22, n. 62, São Paulo, jan./ apr. 2008. Disponível em: http://dx.doi.org/10.1590/S0103-40142008000100015. Acessado em: 3 jan. 2018.

JONAS, H. *O princípio responsabilidade: ensaio de uma ética para a civilização tecnológica.* Tradução de Danilo Marcondes. Rio de Janeiro: Ed. da PUC Rio, 2006.

KETTL, D.F. A Revolução Global: Reforma da Administração do Setor Público. In: BRESSER PEREIRA, L.C.; SPINK, P.K. (Org.). *Reforma do Estado e Administração Pública Gerencial.* Tradução Carolina Andrade. 7.ed. Rio de janeiro: FGV, 2006, p. 75-122.

MASCARO, A.L. *Filosofia do direito e filosofia política – a justiça é possível.* São Paulo, Atlas, 2004.

NEWSOM, G. *Citizenville – How to take town square digital and reinvent government.* New York: Penguin Books, 2014.

PASSADOR, C.S. Observações sobre Educação no Campo e Desenvolvimento no Brasil. Tese de livre-docência. Faculdade de Economia, Administração e Contabilidade/USP, 2012.

PAULA. A.P.P. Administração pública brasileira entre o gerencialismo e a gestão social. *Revista de Administração de Empresas*, São Paulo, v. 45, p. 37-53, jan./mar. 2005a.

_____. *Por uma nova gestão pública – limites e potencialidades da experiência contemporânea.* Rio de Janeiro: FGV, 2005b.

PIRES, V. Controle social da administração pública: entre o político e o econômico. In: GUEDES, Á.M.; FONSECA, F. (Orgs.). *Controle social da Administração Pública, Cenário, Avanços e Dilemas no Brasil.* São Paulo: Cultura Acadêmica; Oficina Municipal; Rio de Janeiro: FGV, 2007, p. 17-42.

RODRÍGUES-BOLÍVAR, M.P. *Transforming city governments for successful smart cities.* Switzerland: Springer, 2015.

SIQUEIRA, J.C. Ética *sócioambiental.* Rio de Janeiro: PUC-Rio, 2009. Disponível em: http://www.editora.vrc.puc-rio.br/media/ebook_etica_socioambiental.pdf. Acesso em: 2 ago. 2017.

SCHÖNBERGER, V.M.; LAZER, D. *Governance and information technology – from electronic government to information government.* Cambridge: MIT Press, 2007.

SUSSKIND, R.; SUSSKIND, D. *The future of the professions: how technology will transform the work of human experts.* OUP Oxford, 2015.

UN-HABITAT. New Urban Agenda English 2017. Disponível em: http://habitat3.org/wp-content/uploads/NUA-English.pdf. Acesso em: 3 jan. 2018.

_____. Cities 2030, cities for all: implementing the new urban agenda. *Concept paper.* 2017b. Disponível em: http://wuf9.org/wp-content/uploads/WUF9-concept-paper.pdf. Acesso em: 3 jan. 2018.

15 | Normalização técnica para cidades e comunidades sustentáveis

Iara Negreiros
Engenheira civil, Escola Politécnica, USP

Alex Kenya Abiko
Engenheiro civil, Escola Politécnica, USP

INTRODUÇÃO

Enquanto o desafio do desenvolvimento sustentável é global, as estratégias para alcançá-lo inúmeras vezes passam pelas comunidades e pelas cidades, ou seja, pela escala local. Estratégias da comunidade necessitam refletir o contexto, condições prévias, prioridades e necessidades, particularmente no ambiente social. Foram citados, por exemplo, igualdade social, identidade e tradições culturais, patrimônio, saúde pública, segurança, conforto e infraestrutura social (ISO, 2016).

De fato, cidades podem auxiliar a aliviar a crescente pressão no ambiente e nos recursos naturais causada pela urbanização por meio do desenvolvimento de políticas holísticas e integradas (ISO, 2016). Portanto, políticas integradas para melhoria da qualidade de vida se fazem cada vez mais necessárias (United Nations, 2014). Os planos de longo prazo nas cidades requerem métodos de planejamento integrado que conciliem a natureza multissetorial dos desafios urbanos. Uma vez que as regiões metropolitanas e a maioria das cidades não conseguiram criar uma visão e um plano de desenvolvimento urbano inclusivo e sustentável de longo prazo, elas talvez precisem de um incentivo para fazê-lo. Tal estímulo poderia partir de fundos que contemplassem os custos de implantação de estruturas adequadas de governança regional e local, leis de reurbanização e capacitação para planejamento integrado (Belsky, 2012).

Além disso, os recursos naturais são finitos e o modo como são utilizados atualmente não pode ser sustentado infinitamente. A adequação do meio urbano frente ao aumento de população, consumo crescente e diminuição de recursos é um desafio a ser enfrentado, pois não é uma tarefa simples alterar a estrutura urbana consolidada enquanto se respeita a cultura e as especificidades naturais e sociais da área a ser adaptada. Existe, no entanto, um empecilho para que os ambientes urbanos sejam adaptados. Sendo os processos de urbanização dessas áreas complexos, compreender como adaptar as cidades e a infraestrutura urbana é essencial para facilitar mudanças nos sistemas e atingir a sustentabilidade (Dixon; Eames, 2013).

O meio urbano é intrincado e de difícil entendimento, o que dificulta a formulação e implantação de medidas que contribuam para melhoria em sua infraestrutura e maior sustentabilidade. É complexo perceber as relações entre seus componentes e depreender quais são os seus principais problemas e necessidades. As tecnologias emergentes e inovações institucionais e sociais criam um modo de entender essas relações e problemas, e o progresso pode ser alcançado por meio do entendimento de como isso pode impactar e auxiliar na compreensão dos sistemas urbanos, sendo primordial que se foque em tais aspectos e em suas interdependências. Faz-se necessário então haver um modo de maior compreensão do espaço urbano e das relações mantidas entre seus elementos. Um conhecimento mais profundo colaboraria para uma abordagem estratégica melhor coordenada e planejada (Dixon; Eames, 2013).

Isso posto, a gestão das cidades requer uma abordagem sistêmica e integrada, pautada na sustentabilidade, que seja capaz de captar as relações entre os diferentes âmbitos que interagem no município: econômico, cultural, social, ecológico, tecnológico, tributário, demográfico, entre outros. Os planos de gestão precisariam envolver os diversos órgãos municipais relacionados com esses temas e realizar uma análise integrada das informações. O planejamento urbano estratégico e integrado, baseado em uma abordagem sistêmica e participativa deveria considerar assim a execução dos projetos sob uma visão de curto, médio e longo prazos, a fim de assegurar sua continuidade, especialmente das obras de infraestrutura, que normalmente tomam mais tempo. Também deveria estabelecer metas parciais que possam ser monitoradas publicamente ao longo do tempo, propiciando uma rápida análise sobre o caminho a percorrer até a meta do cenário futuro, de longo prazo.

SISTEMAS DE INDICADORES DE SUSTENTABILIDADE URBANA

Melhorar a qualidade, eficiência e eficácia das operações e serviços de uma cidade depende da sua habilidade de mensurá-las. O desenvolvimento de métricas para a cidade enfrenta vários desafios. O primeiro deles é a seleção e a definição das métricas e o segundo desafio é a adoção e utilização dessas métricas por um grande número de cidades (Fox, 2015).

Uma das características do planejamento urbano integrado é possuir um conjunto de metas e medidas claramente definido para monitoramento. Para tal, o uso de indicadores de sustentabilidade urbana é necessário, na intenção de realizar o diagnóstico atual da área urbana, para assim definir metas mensuráveis e que permitam, aliás, melhor estruturar investimentos públicos. A proposta é que padrões sustentáveis de desenvolvimento, que considerem aspectos ambientais, econômicos, sociais, éticos e culturais, sejam aplicados. Para isso, "torna-se necessário definir indicadores que mensurem, monitorem e avaliem esses padrões sustentáveis, para nortear nossos rumos" (Louette, 2007, p. 1).

Uma das áreas críticas da sustentabilidade de uma cidade é a infraestrutura urbana. Serviços de energia, transporte, disposição de resíduos, abastecimento de água e tratamento de esgotos são elementos-chave da infraestrutura urbana, que estão diretamente envolvidos no paradigma da sustentabilidade. Embora esses serviços sejam gerenciados pela administração pública municipal, a colaboração e o comprometimento da sociedade são elementos críticos e necessários para assegurar a sustentabilidade em ambientes urbanos. Assim, a integração de processos cooperadores em planejamento urbano é um dos principais desafios na direção do desenvolvimento urbano sustentável. A elaboração de uma abrangente série de indicadores de sustentabilidade para a infraestrutura urbana não é só uma maneira de ter melhor informação para atingir a melhor definição de objetivos do plano e seu acompanhamento, mas também deve ser uma tarefa que envolva participação dos cidadãos e entre instituições em sua gestão (Cedano; Martinez, 2010).

Segundo Cedano e Martinez (2010) e Malheiros et al. (2012, p. 8), nos últimos 20 anos ocorreu um trabalho extenso em indicadores urbanos, com "uma significativa profusão de modelos de suporte para análise dos indicadores de sustentabilidade". Os esforços das organizações internacionais consistiram na identificação de indicadores e índices que comparam a situação de diferentes cidades e no acompanhamento dos objetivos comuns na intenção de melhorar a qualidade de vida. Porém, de forma geral, "foram construídos para atender cenários específicos de tomada de decisão, cuja replicabilidade em diferentes realidades deve ser analisada com o devido cuidado" (Malheiros et al., 2012, p. 8).

Paralelamente, além do ganho de conscientização sobre desenvolvimento sustentável, a proliferação de sistemas de indicadores também apresenta inúmeros desafios. Diante de tantos sistemas propostos ou em uso e cada um deles com diferentes objetivos, metas e definições de desenvolvimento sustentável, constata-se a dificuldade de entender a tendência mais ampla em termos nacionais. Um sistema que estivesse estritamente vinculado a prioridades nacionais claras traria melhores resultados. Porém, apesar dessas limitações, extensas pesquisas e discussões envolvendo a comunidade acadêmica, lideranças de movimentos sociais e profissionais de outras áreas propiciaram a evolução do trabalho analítico a respeito dos indicadores de desenvolvimento sustentável, conferindo-lhes maior refinamento e resultando em um campo sólido de conhecimento sobre o tema (Birch; Lynch, 2012).

Segundo a International Organization for Standardization (ISO) (2013), o número de conferências e seminários internacionais dedicados a cidades e comunidades sustentáveis, verdes, resilientes ou inteligentes e o número de declarações, diretrizes, relatórios e outras publicações crescem exponencialmente. Mas todos concordam em afirmar que:

- É urgente a elaboração de abordagens de desenvolvimento sustentável para e em comunidades.

- Em razão da falta de harmonização, partes interessadas geralmente recorrem a várias diretrizes, melhores práticas ou ferramentas de classificação. O custo financeiro relacionado é significativo e não é compensado por um aumento correspondente em eficiência (ISO, 2013).

Segundo Malheiros et al. (2012), um dos fatores-chave na viabilização de bons indicadores de sustentabilidade é o estabelecimento de sistemas de monitoramento que viabilizem a coleta de dados com qualidade, regularidade e acesso pelos diferentes atores envolvidos na tomada de decisão. Outro desafio a ser trabalhado é a viabilização de sistemas de indicadores para as diferentes escalas de gestão – do local ao global. Esses sistemas devem individualmente atender especificidades locais, captando esforços e medindo o desempenho de cada unidade. Ao mesmo tempo, é preciso identificar indicadores que possam comparar unidades, criando uma nova unidade de análise – regional ou global. A questão da institucionalização desses indicadores talvez seja um dos pilares ainda mais fragilizados, pois dependem de que as estruturas de governança – pública e privada – se tornem mais robustas, mais comprometidas e mais transparentes. Assim, a questão dos indicadores de sustentabilidade deve ser uma ferramenta presente e constante nos processos decisórios. E além disso, é necessário que se construam indicadores de automonitoramento dos sistemas gestores, em uma perspectiva de aprendizado contínuo, de melhoria progressiva, que responda às complexas redes de decisão política nos diferentes níveis de atuação.

A partir de indicadores de sustentabilidade urbana identificados em Holden (2013), Louette (2007), Malheiros et al. (2012), ISO (2014) e outros, 186 sistemas de indicadores foram pesquisados, identificando-se as seguintes características, quando disponíveis: instituição de origem, país de origem, data de criação, modelo matemático e variáveis envolvidas. Desses, 39 deles foram analisados com profundidade (Kühl et al., 2015).

Destacam-se alguns indicadores inseridos nessa vasta lista. Um deles é o *Green City Index* Europeu, que pode ser entendido como Índice de Cidade Verde, que avalia 16 indicadores quantitativos e 14 qualitativos. A metodologia para a Europa foi adaptada para outros índices regionais, levando-se em conta ponderações e particularidades dos indicadores locais, e já foi aplicada em 120 cidades no mundo, inclusive Belo Horizonte, Brasília, Curitiba, Rio de Janeiro e São Paulo (Siemens, 2012). Outro destaque é o trabalho de Leite (2012), com os Indicadores de Sustentabilidade no Desenvolvimento Imobiliário Urbano, que observou que algumas questões foram tratadas pela grande maioria das referências, demonstrando sua importância, e definiram nove temas agregadores dos 176 indicadores de sustentabilidade urbana. A pesquisa de Holden (2013) mostra que a operacionalização de uma política de sistemas de indicadores de sustentabilidade é possível por meio do Leadership in Energy and Environmental Design for Neighborhoods (LEED-ND), que pode ser entendido como Liderança em Projeto Energético e Ambiental para Bairros, no contexto de múltiplos níveis de governança. O Natural Resources Defense Council (NRDC) (2011) apresenta um Guia de Melhorias para Bairros Existentes, afirmando que a proposta básica do LEED-ND é avaliar ou certificar uma nova urbanização, mas também pode ser utilizado para guiar o planejamento e o investimento em bairros existentes.

Na intenção de analisar as variáveis matemáticas internas envolvidas em cada sistema de indicadores urbanos, os indicadores mais conceituais, que não possuem modelagem matemática, foram excluídos do estudo, tais como: Princípios de Bellagio (Canadá), Dashboard of Sustainability (DS) (Canadá e outros países), Social Footprint (EUA e Holanda), OECD Environmental Indicators, entre outros. Excluíram-se também aqueles cujas informações relevantes não estavam disponíveis ou estavam em linguagem de difícil tradução (p. ex., finlandês). Essa análise não teve a pretensão de cobrir a totalidade dos indicadores de sustentabilidade ambiental existentes internacionalmente, mas tão somente analisar os temas mais relevantes, levando em conta a complexidade de utilização, bem como a facilidade de compreensão dos indicadores selecionados. Assim, identificados os 39 sistemas indicadores de sustentabilidade urbana, foram elaborados alguns gráficos estatísticos para verificar algumas informações e características relevantes, a fim de analisar sua importância e assim expor melhor seus significados.

A Figura 1 representa a proporção das variáveis envolvidas, os "subindicadores", que compõem matematicamente o sistema de indicadores de sustentabilidade urbana nas grandes áreas-pilares da sustentabilidade. Nota-se uma proporção maior do pilar das questões ambientais (56%) e proporções menores dos demais pilares: sociais (23%), econômicos (11%) e de governança (10%).

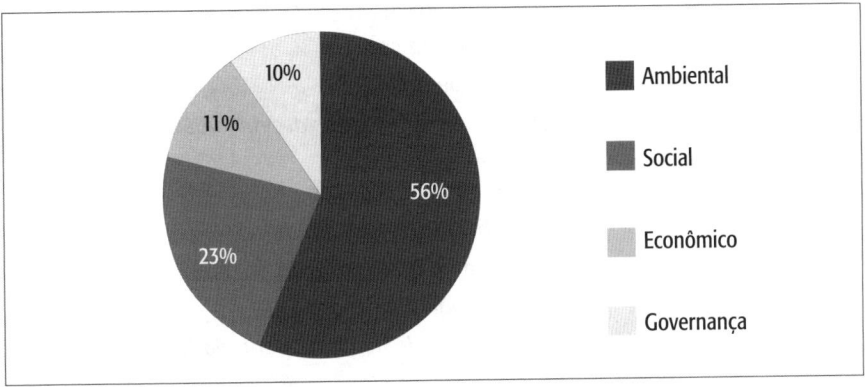

Figura 1 – Proporção das variáveis envolvidas.
Fonte: Kühl, Negreiros e Abiko (2015).

A Tabela 1 lista as 30 variáveis envolvidas mais utilizadas, independentemente da classificação da variável nas áreas da sustentabilidade (ambiental, social, econômica e de governança). Nota-se que as ambientais (destacadas em itálico) são as que mais se sobressaem.

Tabela 1 – As 30 variáveis envolvidas mais utilizadas nos sistemas de indicadores analisados.

Ranking	Número de indicadores que utilizam a variável	Variável envolvida
1º	23	*Concentração de nitrogênio no ar (óxidos de nitrogênio)*
	23	*Concentração de ozônio no ar*
	23	Número de habitantes

(continua)

Tabela 1 – As 30 variáveis envolvidas mais utilizadas nos sistemas de indicadores analisados. *(continuação)*

Ranking	Número de indicadores que utilizam a variável	Variável envolvida
4°	22	*Emissão de dióxido de carbono*
5°	20	*Concentração de enxofre no ar (dióxido de enxofre)*
6°	19	*Concentração de CO$_2$ atmosférico*
	19	*Porcentagem de esgoto tratado*
	19	Renda anual média por educação e gênero
	19	Taxa de escolarização
10°	18	*Consumo de água*
	18	*Consumo de substâncias destruidoras da camada de ozônio*
	18	*Destino de lixo adequado*
	18	*Disponibilidade de água potável*
	18	*Proporção de áreas cobertas por florestas*
15°	17	*Consumo anual de energia*
	17	*Concentração de materiais particulados*
17°	16	*Concentração de chumbo no ar*
	16	*Concentração de monóxido de carbono no ar*
	16	Expectativa de vida
	16	*Geração de resíduos*
21°	15	Mortalidade infantil
22°	13	*Presença de coliformes fecais em água doce*
	13	*Níveis de oxigênio dissolvido na superfície das águas*
	13	Proporção de emprego para a população
	13	Produto interno bruto (PIB)
	13	Divisão modal de transporte de passageiros
27°	12	*Desperdício de água*
	12	*Tratamento de dejetos*
	12	Taxa de desemprego por gênero, idade e cor de pele
30°	11	*Diferença anual da cobertura florestal*
	11	*Participação de fontes renováveis na oferta de energia*
	11	Proporção da população vivendo abaixo da linha de pobreza nacional

Fonte: Kühl et al. (2015).

Em contraponto à existência de diversas correntes de pensamento envolvidas no estudo de indicadores de sustentabilidade urbana, criando assim um grande número de caminhos a serem seguidos, verifica-se uma convergência em algumas variáveis adotadas em seus modelos. Essa etapa do trabalho contribuiu para compreender a origem e avaliar a importância de cada indicador analisado, evidenciando que os estudos e usos mais atuais dos indicadores de sustentabilidade mostram a formação de conceitos e índices bastante peculiares.

NORMALIZAÇÃO TÉCNICA PARA CIDADES E COMUNIDADES SUSTENTÁVEIS

Seja em nível local, regional ou nacional, em países desenvolvidos ou em desenvolvimento, em áreas urbanas ou rurais, comunidades, partes interessadas, seus fornecedores e prestadores de serviços necessitam de diretrizes para melhorar sua resiliência e sustentabilidade. Em um contexto de crescimento populacional global, rápido aumento da urbanização, escassez de recursos e mudanças climáticas, provavelmente essas necessidades não só permanecerão, como também se tornarão cada vez mais incontornáveis (ISO, 2013).

Isso posto, em novembro de 2013 foi criado o Technical Committee, ou Comitê Técnico 268, da International Organization for Standardization ISO/TC 268, *Sustainable cities and communities*, ou Cidades e comunidades sustentáveis. O escopo desse comitê consiste na normalização técnica do tema e inclui o desenvolvimento de requisitos de sistema de gestão, estruturas, instruções, métodos e ferramentas relevantes para auxiliar comunidades de todos os tipos e tamanhos, partes interessadas, fornecedores e prestadores de serviços a se tornarem mais sustentáveis e resilientes ao longo de seu ciclo de vida e a demonstrarem seus resultados obtidos nesse sentido (ISO, 2013).

Segundo a ISO (2013), o ISO/TC 268 tem por objetivo o desenvolvimento de uma abordagem integrada, holística e intersetorial para que comunidades, suas subdivisões e partes interessadas possam traduzir em sistemas de diretrizes, métodos de apoio e ferramentas personalizadas para suas próprias características e necessidades, levando em conta as especificidades do território ao qual pertencem. Isso pode contribuir em vários aspectos nos níveis local, regional e global, listados a seguir em ordem alfabética (não em ordem de relevância):

- Aumento da capacitação e governança participativa.
- Aumento de resiliência às consequências das mudanças climáticas.
- Educação.
- Eficiência econômica e sustentabilidade fiscal.
- Envolvimento das partes interessadas.
- Gestão de riscos naturais, industriais e tecnológicos.
- Integração das minorias.
- Integração social e coesão da comunidade.
- Melhoria da segurança e saúde no trabalho.
- Mitigação e adaptação de emissões de gases de efeito estufa.
- Promoção da cultura e patrimônio.
- Proteção e uso sustentável da biodiversidade e dos serviços ecossistêmicos.
- Qualidade dos empregos.
- Redução da pobreza.
- Resiliência aos impactos negativos ambientais e sociais.

Tendo em vista a lista de objetivos, é importante notar a semelhança com vários Objetivos de Desenvolvimento Sustentável (ODS), revelando que o ISO/TC 268 tem a intenção de contribuir com os ODS por meio de seu trabalho de normalização (ver item 4).

Frequentemente, há confusão por conta de uma vasta gama de documentos de referência em desenvolvimento sustentável, de metodologias e ferramentas de avaliação, especialmente pelo acesso limitado a detalhes do sistema pelas autoridades da cidade e partes interessadas. Portanto, um dos principais benefícios de um processo ISO aberto e transparente é permitir que representantes das cidades participem da elaboração de normas e colaborem com suas próprias experiências e contribuições para que ferramentas úteis e globalmente relevantes para sustentabilidade e resiliência de comunidades e cidades possam ser criadas (ISO, 2013).

Pode-se questionar se o trabalho do ISO/TC 268 contribui para aliviar ou para aumentar a atual proliferação de documentos de referências ou ferramentas de avaliação. A expectativa é de promover consenso internacional em princípios gerais e em suas aplicações a vários tipos de comunidades urbanas (ISO, 2013).

A série proposta de normas internacionais a serem elaboradas pelo ISO/TC 268 pretende promover o desenvolvimento, implementação, avaliação e melhoria contínua de abordagens holísticas e integradas para desenvolvimento sustentável e resiliência de comunidades. As normas irão auxiliar as comunidades a atender as suas necessidades, a desenvolver a colaboração de todos os envolvidos em seu respectivo nível de responsabilidade e a comunicar seu desempenho. A série prevista de normas internacionais do ISO/TC 268 objetiva facilitar o desenvolvimento de estratégias eficientes e coerentes, promovendo a comunicação e colaboração entre as partes interessadas, proporcionando o surgimento de novas comunidades sustentáveis e resilientes e contribuindo para desenvolver as existentes. Consequentemente, pretende-se que comunidades se tornam capazes de conceber políticas, programas e especificações relacionadas com objetivos de desenvolvimento sustentável que elas próprias adotem, alinhadas com políticas públicas e em conformidade com a legislação, e de estabelecer sistemas de monitoramento relativos a um conjunto de metas de sustentabilidade segundo princípios "do berço ao túmulo" (ISO, 2013).

Desde sua criação, o ISO/TC 268 já publicou três normas técnicas ISO, as primeiras da organização voltadas exclusivamente às cidades, a saber:

- ISO 37120:2014 – Sustainable development of communities – Indicators for city services and quality of life, ou Desenvolvimento sustentável de comunidades – Indicadores para serviços urbanos e qualidade de vida (ISO, 2014).
- ISO 37101:2016 – Sustainable development in communities – Management system for sustainable development – Requirements with guidance for use, ou Desenvolvimento sustentável em comunidades – Sistema de gestão para desenvolvimento sustentável – Requisitos com orientação para uso (ISO, 2016a).
- ISO 37100:2016 – Sustainable cities and communities – Vocabulary, ou Cidades e comunidades sustentáveis – Vocabulário (ISO, 2016b).

Além das já publicadas, há uma série de normas técnicas em desenvolvimento pelo ISO/TC 268, a saber:

- ISO 37104 – Guidance for practical implementation in cities, ou Desenvolvimento sustentável em comunidades – Diretrizes para implementação prática em cidades.
- ISO 37105 – Descriptive framework for cities and communities, ou Cidades e comunidades sustentáveis – Estrutura descritiva para cidades e comunidades.
- ISO 37106 – Guide to establishing strategies for smart cities and communities, ou Cidades e comunidades sustentáveis – Diretrizes para estabelecimento de modelos operacionais de cidades inteligentes para comunidades sustentáveis.

- ISO 37122 – Indicators for Smart Cities, ou Desenvolvimento sustentável de comunidades – Indicadores para cidades inteligentes.
- ISO 37123 – Indicators for Resilient Cities, ou Desenvolvimento sustentável de comunidades – Indicadores para cidades resilientes.

No Brasil, em outubro de 2015, foi criada pela Associação Brasileira de Normas Técnicas (ABNT), a Comissão de Estudo Especial de Desenvolvimento sustentável em comunidades, de mesmo número 268 do ISO/TC, pois se trata de uma comissão espelho, nos moldes da ABNT, ou seja, reflete o estudo e a eventual adoção das publicações do ISO/TC 268 para o país. Em um processo multidisciplinar e participativo, a ABNT/CEE-268 publicou em janeiro de 2017 a norma técnica ABNT NBR ISO 37120 (ABNT, 2017) e trabalha atualmente na adaptação técnica à realidade brasileira de duas outras normas já publicadas pela ISO, a ISO 37100:2016 e a ISO 37101:2016.

A ABNT NBR ISO 37120:2017 – Desenvolvimento sustentável de comunidades – Indicadores para serviços urbanos e qualidade de vida, é a primeira norma brasileira para indicadores urbanos. Trata-se de uma norma ISO de referência, delineando medidas-chave para avaliar a prestação de serviços de uma cidade e a qualidade de vida, com a intenção de auxiliar gestores municipais, políticos, pesquisadores, empresários, urbanistas, *designers* e outros profissionais a se concentrarem em questões-chave e a colocar em prática políticas para cidades mais habitáveis, tolerantes, sustentáveis, resilientes, economicamente atraentes e prósperas (ISO, 2013).

Os indicadores incluídos na norma ABNT NBR ISO 37120:2017 podem ajudar as cidades a avaliar o seu desempenho e medir o seu progresso gradativamente, com o objetivo final de melhorar a qualidade de vida e a sustentabilidade. A abordagem uniforme da norma permite que as cidades comparem a sua posição em relação a outras cidades e essa informação pode, por sua vez, ser usada para identificar as melhores práticas e aprender mutuamente (ABNT, 2017). Cabe salientar que essa norma não traz valores de referência, tampouco metas para serem seguidas.

A ABNT NBR ISO 37120:2017 define e estabelece os métodos de mensuração de um abrangente conjunto de indicadores que permite que uma cidade, independentemente do seu tamanho, possa monitorar e medir seu desempenho social, econômico e ambiental em relação a outras cidades (ABNT, 2017). Essa norma pode ser usada por "qualquer cidade, municipalidade ou governo local que intencione medir o seu desempenho de forma comparável e verificável, independentemente do tamanho e localização" (ABNT, 2017, p. 1).

O termo "cidade" é definido pela ABNT NBR ISO 37120:2017 como "comunidade urbana sob uma delimitação administrativa específica, normalmente referida como uma municipalidade ou um governo local" (ABNT, 2017, p. 1). O termo "comunidade", por sua vez, é definido como grupo de pessoas com um arranjo de responsabilidades, atividades e relações, sendo que, em muitos contextos, mas não todos, uma comunidade é definida por uma delimitação geográfica (ISO, 2016b).

A ABNT NBR ISO 37120:2017 apresenta 17 seções que dividem, ao todo, 100 indicadores, sendo 46 considerados essenciais e 54 de apoio, conforme pontuados na Tabela 2. Além desses, há 39 indicadores de perfil, que servem para caracterizar a cidade.

Tabela 2 – Temas e quantidade de indicadores da ABNT NBR ISO 37120:2017.

Seção	Tema	Indicadores essenciais	Indicadores de apoio
5	Economia	3	4
6	Educação	4	3
7	Energia	4	3
8	Meio ambiente	3	5
9	Finanças	1	3
10	Resposta a incêndio e emergências	3	3
11	Governança	2	4
12	Saúde	4	3
13	Recreação	0	2
14	Segurança	2	3
15	Habitação	1	2
16	Resíduos sólidos	3	7
17	Telecomunicações e inovação	2	1
18	Transporte	4	5
19	Planejamento urbano	1	3
20	Esgotos	5	0
21	Água e saneamento	4	3
	Total	**46**	**54**

A partir da publicação da ABNT NBR ISO 37120:2017, foi realizada uma comparação com os indicadores da norma e os demais sistemas de indicadores de sustentabilidade urbana mencionados anteriormente. Primeiramente, tomando as 30 principais variáveis nos 39 sistemas de indicadores de sustentabilidade urbana analisados (ver Tabela 1), a proporção média dessas variáveis é de 48%, ou seja, a cada 100 variáveis em cada sistema de indicadores, 48 fazem parte dessas 30 mais importantes ou principais. Essa proporção se verifica na ABNT NBR ISO 37120:2017, uma vez que 46% dos seus indicadores são considerados essenciais.

Comparando-se as 30 variáveis principais da pesquisa com os 100 indicadores da ABNT NBR ISO 37120:2017, observam-se 27 coincidências. Portanto, nota-se que, entre as variáveis mais utilizadas, há uma forte correlação com aquelas que foram escolhidos pela ABNT NBR ISO 37120:2017.

Enquanto se espera que uma padronização internacional colabore para retificar a falta de consenso em diretrizes para sustentabilidade em comunidades, convém esclarecer que pensar globalmente e agir localmente deve ser priorizado frente a pensar localmente e agir globalmente. Tendo isso em vista, soluções em sustentabilidade para preservação e melhoria do ambiente natural e humano e o desempenho de serviços disponíveis e qualidade de vida em comunidades, mesmo que se mantenham competitivos, eficazes e economicamente eficientes, serão bastante diferentes ao redor do mundo, dependendo de suas respectivas condições econômicas, climáticas e culturais (ISO, 2013).

Como qualquer publicação, há críticas positivas, mas também ressalvas à norma ISO 37120:2014. Segundo Fox (2015), a norma tem o seu mérito por duas razões. Primeiro, ela seleciona um conjunto de indicadores entre milhares existentes para mensurar o desempenho de uma cidade. Em segundo lugar, a norma proporciona definições mais precisas desses indicadores do que as disponíveis anteriormente. A expectativa é de que as cidades, ao adotarem a norma, sejam capazes de comparar seu desempenho baseado em métricas que são consistentemente interpretadas e aplicadas.

Acredita-se que aspectos objetivos e relevantes foram razoavelmente observados pela norma, mas não os aspectos auditáveis, representativos estatisticamente, comparáveis, efetivos, consistentes e sustentáveis ao longo do tempo. A razão para isso é simples: somente os valores dos indicadores são relatados e não os dados a partir dos quais eles derivam. Pode-se apenas saber que o valor de um indicador da cidade difere ao longo do tempo ou em comparação com outras cidades, mas não se pode saber o porquê dessa diferença (Fox, 2015).

Todavia, segundo Marsal-Llacuna (2017), a ISO iniciou os trabalhos de normalização abrangendo predominantemente os aspectos ambientais e econômicos da sustentabilidade. Ainda que alguns aspectos sociais da sustentabilidade sejam levados em conta na ISO 37120:2014, a sustentabilidade social exige uma abrangência maior da normalização por duas razões principais. A primeira razão é a de que o cidadão deve estar no centro de qualquer estratégia da cidade, de forma que a sustentabilidade social seja cuidadosamente estudada, totalmente levada em consideração e preservada por meio das normas. A segunda razão consiste no fato de que os aspectos de sustentabilidade social já abordados pela ISO 37120:2014 correspondem somente aos temas relativos a aspectos tangíveis. Entretanto, aspectos intangíveis da sustentabilidade social não são levados em conta e devem ser considerados, assim como normas devem ser desenvolvidas para apoiar as respectivas políticas sociais (Marsal-Llacuna, 2017).

A norma técnica ABNT NBR ISO 37120:2017 reflete diferenças entre os indicadores importantes para os países desenvolvidos e aqueles em desenvolvimento, o que traz a questão da dificuldade de definição de um sistema global único, amplamente aceito. O enfoque político e social da ISO, com variáveis que avaliam o poder de voto e a participação de gêneros e classes diferentes em eleições, por exemplo, podem não ser suficientes para abarcar a questão sociocultural da sustentabilidade.

As variáveis ambientais da ABNT NBR ISO 37120:2017 são também em menor número do que em outros sistemas de indicadores de sustentabilidade urbana, o que pode ser explicado pela abordagem em relação às cidades já construídas e a vida nessas cidades, deixando de lado atividades que possam ser necessárias nesses locais, mas que tragam prejuízos para locais distantes, como, por exemplo, a desertificação e o esgotamento de recursos não renováveis.

AGENDA 2030 PARA O DESENVOLVIMENTO SUSTENTÁVEL

Segundo o PNUD (2015a), a Agenda 2030 para o Desenvolvimento Sustentável, adotada em setembro de 2015 em cúpula que reuniu chefes de Estado e de governo do mundo todo, traz 169 metas, que especificam 17 Objetivos de Desenvolvimento Sustentável (ODS), a saber:

- Objetivo 1: Acabar com a pobreza em todas as suas formas e em todos os lugares.
- Objetivo 2: Acabar com a fome, alcançar a segurança alimentar, a melhoria da nutrição e promover a agricultura sustentável.

- Objetivo 3: Assegurar uma vida saudável e promover o bem-estar para todos, em todas as idades.
- Objetivo 4: Assegurar a educação inclusiva, equitativa de qualidade e promover oportunidades de aprendizagem ao longo da vida para todos.
- Objetivo 5: Alcançar a igualdade de gênero e empoderar todas as mulheres e meninas.
- Objetivo 6: Assegurar a disponibilidade e a gestão sustentável da água e saneamento para todos.
- Objetivo 7: Assegurar o acesso confiável, sustentável, moderno e a preço acessível à energia para todos.
- Objetivo 8: Promover o crescimento econômico sustentado, inclusivo e sustentável, o emprego pleno e produtivo e o trabalho decente para todos.
- Objetivo 9: Construir infraestruturas resilientes, promover a industrialização inclusiva e sustentável e fomentar a inovação.
- Objetivo 10: Reduzir a desigualdade dentro dos países e entre eles.
- Objetivo 11: Tornar as cidades e os assentamentos humanos inclusivos, seguros, resilientes e sustentáveis.
- Objetivo 12: Assegurar padrões de produção e de consumo sustentáveis.
- Objetivo 13: Tomar medidas urgentes para combater a mudança do clima e seus impactos.
- Objetivo 14: Conservar e promover o uso sustentável dos oceanos, dos mares e dos recursos marinhos para o desenvolvimento sustentável.
- Objetivo 15: Proteger, recuperar e promover o uso sustentável dos ecossistemas terrestres, gerir de forma sustentável as florestas, combater a desertificação, deter e reverter a degradação da terra e deter a perda da biodiversidade.
- Objetivo 16: Promover sociedades pacíficas e inclusivas para o desenvolvimento sustentável, proporcionar o acesso à justiça para todos e construir instituições eficazes, responsáveis e inclusivas em todos os níveis.
- Objetivo 17: Fortalecer os meios de implementação e revitalizar a parceria global para o desenvolvimento sustentável.

A Comissão Estatística das Nações Unidas iniciou um processo para o desenvolvimento de uma estrutura global de indicadores para os 17 ODS e as 169 metas. A Comissão aprovou um conjunto preliminar de 241 indicadores em março de 2016, baseado no trabalho da Inter-Agency and Expert Group on SDG Indicators (IAEG-SDGs) (2016). Com menos de 15 indicadores ainda não classificados (correspondente a 6% do total de 241 indicadores), a IAEG-SDGs dividiu os demais 226 indicadores em três níveis, a saber:

I. compreende 98 indicadores (41% do total de 241 indicadores), para os quais métodos estatísticos foram acordados e dados globais são regularmente disponíveis.

II. 50 indicadores (21%), com métodos estatísticos claros, mas poucos dados disponíveis.

III. 78 indicadores (32%), que não possuem padrões ou métodos acordados, tampouco dados.

O número de 241 indicadores surpreende, não só pelo volume, mas por alguns deles serem inéditos. Por comparação, os Objetivos de Desenvolvimento do Milênio (ODM) utilizaram 60 indicadores globalmente compatibilizados e mesmo esse limitado número de indicadores não foi totalmente implementado em todos os países até 2015. Portanto, levará tempo para se obter de uma estrutura de indicadores ODS amplamente suportada por dados abrangentes, operacionalizados pelas agências nacionais de estatística. Enquanto isso, se fazem necessárias mensurações provisórias para auxiliar países na operacionalização dos ODS e na identificação de prioridades para suas primeiras ações (SDSN, 2016).

Especificamente no caso de cidades, o United Nations Human Settlements Programme (UN-Habitat), ou Programa das Nações Unidas para Assentamentos Humanos, associa a Agenda 2030 a uma nova agenda urbana global, com as seguintes características (UN-Habitat, 2016):

- Deve ser ambiciosa, com visão de futuro e fortemente focada na solução de problemas.
- Convém que tenha meios claros de implementação.
- Adote uma abordagem para a cidade como um todo.
- Proponha estratégias e ações concretas para a cidade como um todo.
- Crie uma relação mutuamente reforçada entre urbanização e desenvolvimento.
- Sustente uma mudança de paradigma.
- Elabore um ativo conjunto de estratégias.
- Transforme a urbanização em uma ferramenta de desenvolvimento.
- Constitua uma estrutura de cooperação.
- Transmita um senso de urgência.

De fato, o senso de urgência pode ser percebido no fato de que as atuais gestões municipais, de 2017 a 2020, representam 4 anos dos 14 que restam até 2030, horizonte dos ODS. Como Nação e Estado são unidades mais abrangentes, faz-se necessário desagregar os ODS para o nível dos municípios já na gestão atual, o que traz questões de territorialização, identidades, nível de desagregação, entre outras.

Com o horizonte parcial de 2020, é importante destacar a Meta 17.18:

> até 2020, reforçar o apoio ao desenvolvimento de capacidades para os países em desenvolvimento [...], para aumentar significativamente a disponibilidade de dados de alta qualidade, atuais e confiáveis, desagregados por renda, gênero, idade, raça, etnia, status migratório, deficiência, localização geográfica e outras características relevantes em contextos nacionais. (PNUD, 2015a)

Cabe salientar que o monitoramento dos ODS, que envolvem simultaneamente vários temas, demanda uma diversa gama de indicadores. Isso resulta em referências cruzadas de indicadores e metas, ou seja, para uma meta há vários indicadores, e um indicador pode se referir a várias metas ao mesmo tempo.

Ao mesmo tempo, indicadores e metas são importantes instrumentos de planejamento e de participação da sociedade civil. Para tanto, os ODS proporcionam um aprofundamento da cultura de metas e indicadores e envolvem uma fundamental metodologia de fortalecimento destes. No acompanhamento e monitoramento da Agenda 2030, entretanto, há a necessidade de enfatizar as tendências, sejam de melhoria, sejam de retrocesso, e de monitorar políticas e desafios políticos, não somente valores medidos. A análise estatística deve ser complementada, não substituída, por avaliações qualitativas.

O desenvolvimento de capacidades é uma das grandes virtudes da Agenda 2030, pois de fato promove o conhecimento sobre o desenvolvimento sustentável, seja pela tomada de consciência sobre a vastidão das deficiências das atuais métricas, seja pela falta de articulação e intersetorialidade de políticas e de integração de agências e setores da sociedade civil. No mínimo, os ODS proporcionam um olhar mais amplo para o atendimento de metas e geram uma multiplicação de práticas sociais para engajamento na direção do desenvolvimento sustentável.

Análise Comparativa: a ABNT NBR ISO 37120:2017 e os Objetivos de Desenvolvimento Sustentável

Apesar de serem desenvolvidos para diferentes razões e objetivos, indicadores são ferramentas importantes no processo de diagnóstico de sustentabilidade urbana do momento atual de uma cidade. Como visto anteriormente, indicadores como os propostos na ABNT NBR ISO 37120:2017 são medidas quantitativas, qualitativas ou descritivas definidas para uso presente no monitoramento e avaliação do desempenho geral de uma comunidade ou uma cidade. Os indicadores de sustentabilidade podem ser utilizados separadamente ou em conjunto, mas a experiência demonstrada na literatura prova que há mais eficácia quando são avaliados conjuntamente (Malheiros et al., 2012; Cedano; Martinez, 2010).

Por outro lado, os 17 Objetivos de Desenvolvimento Sustentável (ODS) determinam ambiciosos objetivos nas três dimensões do desenvolvimento sustentável – desenvolvimento econômico, inclusão social e sustentabilidade ambiental, fundamentados por boa governança. Medidas e dados sólidos são críticos para transformar os ODS em ferramentas práticas para solução de problemas por:

■ Mobilização de governos, academia, sociedade civil e empresas.

■ Fornecer um painel para monitorar o processo e assegurar responsabilidades.

■ Servir como um instrumento de gestão para as transformações necessárias para alcançar os ODS em 2030.

Assim, foi realizada uma análise comparativa cruzada entre os 100 indicadores da ABNT NBR ISO 37120:2017 e indicadores das metas dos ODS. Porém, como já foi mencionado, os indicadores das metas dos ODS foram definidos somente em março de 2016, em parte, pela Comissão Estatística das Nações Unidas. Até o presente momento, os indicadores propostos para os ODS ainda não se encontram globalmente acordados e também não se referem a indicadores de cidades, sendo referenciados muitas vezes a valores de âmbito nacional.

A pesquisa bibliográfica realizada auxiliou nesse processo de análise comparativa cruzada, fazendo uso de alguns trabalhos e programas que, por sua vez, já realizaram uma análise e um direcionamento às metas dos ODS. Dessa forma, foram levados em conta o Índice e os Painéis ODS, da Sustainable Development Solutions Network (SDSN) (2016), bem como os Indicadores do Programa Cidades Sustentáveis (Rede Nossa São Paulo, 2012 e 2016).

A SDSN, ou Rede de Soluções em Desenvolvimento Sustentável, foi criada em 2012 como uma iniciativa global das Nações Unidas na intenção de mobilizar mundialmente especialistas técnicos e científicos para promover soluções práticas para o desenvolvimento sustentável, inclusive o projeto e a implementação dos ODS. O relatório publicado pela SDSN (2016) oferece um primeiro olhar do chamado SDG Index, ou Índice ODS, com Painéis ODS que abrangem 149 dos 193 países-membros das Nações Unidas, que possuem adequada cobertura de dados. Cabe enfatizar que os Índices e Painéis ODS não são os instrumentos oficiais de monitoramento dos ODS, o que lhes confere importantes limitações e ressalvas, mas são baseados sempre que possível nos indicadores ODS oficiais, na intenção de permitir que os países diagnostiquem em que ponto estão em 2016 em relação ao cumprimento dos ODS.

O Programa Cidades Sustentáveis lançou em maio de 2016 o Guia Gestão Pública Sustentável (GPS), que tem por objetivo contribuir com o treinamento de gestores municipais e organizações da sociedade civil para implementar planos e indicadores de metas direcionadas ao desenvolvimento sustentável. A plataforma do Programa Cidades Sustentáveis é baseada em tecnologias de *software* livre e de dados abertos e seu treinamento é oferecido sem custo para os municípios e organizações da sociedade. O Guia GPS traz ainda um conjunto de conceitos, ferramentas, metas, indicadores e práticas exemplares de políticas públicas em diversas cidades do mundo para que a gestão pública municipal possa se aperfeiçoar e avançar em planejamentos inovadores e sintonizados com os ODS (Rede Nossa São Paulo, 2016). Dos 260 indicadores do Programa Cidades Sustentáveis, gestão 2017-2020, 45 apresentam correspondência com a ABNT NBR ISO 37120:2017.

Isso posto, foi realizada uma análise cruzada entre os indicadores da ABNT NBR ISO 37120:2017 e seus possíveis objetivos e metas sob o ponto de vista dos ODS. A pesquisa bibliográfica realizada auxiliou nesse processo e foram levadas em conta as seguintes publicações:

- Os 100 indicadores da ABNT NBR ISO 37120:2017 (ABNT, 2017).
- Os indicadores do Programa Cidades Sustentáveis, gestão 2013-2016 (Rede Nossa São Paulo, 2012).
- Os indicadores do Programa Cidades Sustentáveis, gestão 2017-2020 (Rede Nossa São Paulo, 2016).
- Os indicadores das metas dos ODS previstos inicialmente para o Brasil (PNUD, 2015b).
- Os indicadores do Índice ODS (SDSN, 2016).

Assim, elaborou-se uma planilha com todos os dados cruzados. Nessa análise, o objetivo foi não arbitrar nenhuma meta, ou seja, adotar valores já correlacionados nas publicações existentes, que foram objeto de análise, listadas acima. Porém, algumas discrepâncias entre adoção de um valor ou outro foram observadas nas diferentes publicações, o que gerou a ordem abaixo de preferência para adoção do valor da meta:

- Valores numéricos da meta ODS (por exemplo, indicador "mortalidade infantil").

- Valores numéricos provenientes da 21ª Conferência do Clima (COP-21), ou da Organização Mundial da Saúde (OMS), citados no Programa Cidades Sustentáveis.

- Valores numéricos da SDSN (2016) – correspondentes à melhor meta, de 100.

Analisando a planilha resultante, foram identificados quais indicadores não possuem uma meta ou valor de referência numérico definido. Assim, excluíram-se algumas metas, aquelas que não podem ser traduzidas numericamente, cujo texto contém expressões como: "reduzir significativamente", "aumentar substancialmente", "dobrar a taxa global de melhoria da eficiência energética" (PNUD, 2015b), entre outros.

Dessa forma, foram excluídos todos os indicadores da Seção 9 – "Finanças", da ABNT NBR ISO 37120:2017, pois não possuem meta ODS numérica, somente uma meta 17.1, que diz "fortalecer a mobilização de recursos internos, inclusive por meio do apoio internacional aos países em desenvolvimento, para melhorar a capacidade nacional para arrecadação de impostos e outras receitas" (PNUD, 2015b). Igualmente, foram excluídos todos os indicadores da Seção 10 – "Resposta a Incêndios e Emergências" da mesma norma, pois as metas trazem o texto "reduzir significativamente" (PNUD, 2015b), e também da Seção 11 – "Governança", que mencionam "garantir a participação plena e efetiva".

Por não possuírem meta ODS correlata, todos os indicadores da Seção 13 – "Recreação", da ABNT NBR ISO 37120:2017, foram igualmente excluídos. Quase todos, exceto um, da Seção 18 – "Transportes", também foram excluídos, pela mesma razão, bem como a meta 11.2, cujo texto é "proporcionar o acesso a sistemas de transporte" (PNUD, 2015b).

Todavia, vários indicadores das Seções 6 – "Educação", 20 – "Esgotos" e 21 – "Água e Saneamento" da ABNT NBR ISO 37120:2017 trazem a respectiva meta ODS de proporcionar "acesso universal" (PNUD, 2015b) aos serviços, o que foi traduzido numericamente como 100% da população.

Os indicadores da ABNT NBR ISO 37120:2017 resultantes, com as respectivas metas ODS, estão na Tabela 3, a seguir. A análise cruzada de indicadores da ABNT NBR ISO 37120:2017 e metas ODS resultou em 32 indicadores, sendo 23 deles essenciais e 9 de apoio. A seleção de determinados indicadores não exclui a existência de outros, devendo ser levado em conta o fato de que são muitas as fontes de dados e que algumas das principais referências utilizadas nessa pesquisa trazem compilações oriundas de diversas fontes. Ao mesmo tempo, quanto mais se aumenta o nível de detalhe da análise, torna-se mais difícil sustentar uma pauta idealizada e genérica de objetivos, principalmente do ponto de vista urbano e da aplicabilidade na cidade real.

Tabela 3 – Indicadores da ABNT NBR ISO 37120:2017 e respectivas metas ODS.

Tema/Indicador da ISO 37120				Meta ODS			
Seção	N.	Tipo	Descrição	N.	Ano	Valor	Fonte
5 Economia	5.1	Essencial	Taxa de desemprego da cidade	8.5	2030	0,8%	Índice ODS (SDSN, 2016)
	5.3	Essencial	Porcentagem da população abaixo da linha de pobreza	1.1	2030	0%	Índice ODS (SDSN, 2016)
6 Educação	6.1	Essencial	Porcentagem da população feminina em idade escolar matriculada em escolas	4.1	2030	100%	Índice ODS (SDSN, 2016)
	6.2	Essencial	Porcentagem de estudantes com ensino primário completo	4.1	2030	100%	Índice ODS (SDSN, 2016)
	6.3	Essencial	Porcentagem de estudantes com ensino secundário completo	4.1	2030	100%	Índice ODS (SDSN, 2016)
	6.5	Apoio	Porcentagem de população masculina em idade escolar matriculada em escolas	4.1	2030	100%	Índice ODS (SDSN, 2016)
	6.6	Apoio	Porcentagem de população em idade escolar matriculada em escolas	4.1	2030	100%	Índice ODS (SDSN, 2016)
	6.7	Apoio	Número de indivíduos com ensino superior completo por 100.000 habitantes	4.3	2030	45,4%	Índice ODS (SDSN, 2016)
7 Energia	7.2	Essencial	Porcentagem de habitantes da cidade com fornecimento regular de energia elétrica	7.1	2030	100%	Índice ODS (SDSN, 2016)
	7.4	Essencial	Porcentagem da energia total proveniente de fontes renováveis, como parte do consumo total de energia da cidade	7.2	2030	47%	Índice ODS (SDSN, 2016)
8 Meio ambiente	8.1	Essencial	Concentração de material particulado fino (PM 2.5)	11.6	2030	0%	Índice ODS (SDSN, 2016)
	8.3	Essencial	Emissão de gases de efeito estufa medida em toneladas *per capita*	9.1	2030	Reduzir em 43% (Brasil)	COP-21 (Rede Nossa São Paulo, 2016)
	8.4	Apoio	Concentração de NO_2 (dióxido de nitrogênio)	11.6	2030	< 40 µg/m³	OMS (Rede Nossa São Paulo, 2012)
	8.5	Apoio	Concentração de SO_2 (dióxido de enxofre)	11.6	2030	< 20 µg/m³	OMS (Rede Nossa São Paulo, 2012)
	8.6	Apoio	Concentração de O_3 (ozônio)	11.6	2030	< 100 µg/m³	OMS (Rede Nossa São Paulo, 2012)

(continua)

Tabela 3 – Indicadores da ABNT NBR ISO 37120:2017 e respectivas metas ODS. (continuação)

Seção	N.	Tipo	Descrição	N.	Ano	Valor	Fonte
			Tema/Indicador da ISO 37120			**Meta ODS**	
12 Saúde	12.2	Essencial	Número de leitos hospitalares por 100.000 habitantes	3.8	Não tem	2,5 a 3 por 1.000 hab	OMS (Rede Nossa São Paulo, 2012)
	12.3	Essencial	Número de médicos por 100.000 habitantes	3.8	Não tem	6,3 por 1.000 hab	Índice ODS (SDSN, 2016)
	12.4	Essencial	Taxa de mortalidade de crianças menores de 5 anos a cada 1.000 nascidos vivos	3.2	2030	< 25	Própria Meta 3.2 (PNUD, 2015a)
14 Segurança	14.2	Essencial	Número de homicídios por 100.000 habitantes	16.1	Não tem	0	Índice ODS (SDSN, 2016)
15 Habitação	15.1	Essencial	Porcentagem da população urbana morando em favelas	11.1	2030	0%	Própria Meta 11.1 (PNUD, 2015a)
	15.2	Apoio	Número de sem-teto por 100.000 habitantes	11.1	2030	0	Própria Meta 11.1 (PNUD, 2015a)
16 Resíduos	16.2	Essencial	Total de coleta de resíduos sólidos municipais per capita	12.5	2030	0,1 kg/ano	Índice ODS (SDSN, 2016)
17 Telecomunicações	17.1	Essencial	Número de conexões de internet por 100.000 habitantes	9.c	2020	100%	Índice ODS (SDSN, 2016)
	17.2	Essencial	Número de conexões de telefone celular por 100.000 habitantes	9.c	2020	100%	Índice ODS (SDSN, 2016)
18 Transporte	18.8	Apoio	Mortalidades de trânsito por 100.000 habitantes	11.2	2030	2,1	Índice ODS (SDSN, 2016)
19 Planej. urbano	19.1	Essencial	Áreas verdes (hectares) por 100.000 habitantes	11.7	2030	> 12m²	OMS (Rede Nossa São Paulo, 2012)
20 Esgotos	20.1	Essencial	Porcentagem da população da cidade atendida por sistemas de coleta e afastamento de esgoto	6.2	2030	100%	Programa Cidades Sustentáveis (Rede Nossa São Paulo, 2012)
	20.2	Essencial	Porcentagem do esgoto da cidade que não recebeu qualquer tratamento	6.3	2030	0%	Programa Cidades Sustentáveis (Rede Nossa São Paulo, 2012)
21 Água e saneamento	21.1	Essencial	Porcentagem da população da cidade com serviço de abastecimento de água potável	6.1	2030	100%	Própria Meta 6.1 (PNUD, 2015a)
	21.2	Essencial	Porcentagem da população da cidade com acesso sustentável a uma fonte de água adequada para consumo	6.1	2030	100%	Própria Meta 6.1 (PNUD, 2015a)

(continua)

Tabela 3 – Indicadores da ABNT NBR ISO 37120:2017 e respectivas metas ODS. (*continuação*)

Tema/Indicador da ISO 37120				Meta ODS			
Seção	N.	Tipo	Descrição	N.	Ano	Valor	Fonte
21 Água e saneamento	21.3	Essencial	Porcentagem da população da cidade com acesso a saneamento melhorado	6.2	2030	100%	Índice ODS (SDSN, 2016)
	21.5	Apoio	Consumo total de água *per capita* (L/dia)	6.1	2030	> 110 L/dia	Programa Cidades Sustentáveis (Rede Nossa São Paulo, 2012)

Fonte: Elaboração própria a partir de ABNT NBR ISO 37120 (ABNT, 2017), Rede Nossa São Paulo (2016, 2012), PNUD (2015b) e SDSN (2016).

O número reduzido de indicadores pode ser explicado pelas dificuldades em transpor metas globais, muitas vezes qualitativas e intangíveis, em metas desagregadas nos municípios ou até mesmo em bairros e comunidades, com valores numéricos passíveis de se mensurar. A qualquer momento pode-se incluir outros indicadores dentre os recortados da ABNT NBR ISO 37120:2017, para que sejam atribuídas metas numéricas, seja pela gestão municipal, seja pela revisão e atualização das dinâmicas de publicações sobre o tema de metas e indicadores ODS.

Faz-se necessário um monitoramento mínimo desses 32 indicadores da tabela anterior, pois, ainda que o município tenha atingido a meta de alguns deles no momento atual, as populações e contextos podem ser alterados e o indicador pode eventualmente se distanciar novamente da meta.

Adicionalmente, os indicadores não necessariamente são mensurados e apresentados no âmbito do município como um todo, mas sim levantados setorialmente, na escala intraurbana de comunidades, bairros ou distritos. Essa prática torna interessante a análise das desigualdades territoriais e das metas atingidas em determinadas áreas da cidade, mas não em outras.

A periodicidade de levantamento dos valores dos indicadores também é importante. Como a ABNT NBR ISO 37120:2017, principalmente em conjunto com a ISO 37101:2016, visa a melhoria contínua dos serviços urbanos, não é interessante utilizar somente os valores obtidos nos censos, realizados a cada 10 anos no Brasil. Faz-se necessário o monitoramento dos indicadores em frequência maior, entre os censos, principalmente os 32 da tabela anterior, que possuem respectiva meta ODS, na intenção de direcionamento para os ODS e a Agenda 2030. Uma análise de tendência dos valores dos indicadores, na intenção da melhoria contínua, só pode ser realizada mediante um levantamento de série histórica mínima dos valores.

CONSIDERAÇÕES FINAIS

A despeito da complexidade de abordagens mais abrangentes e integradas, a aplicação de indicadores normalizados constitui uma importante base de informação para apoio à decisão, proporcionando visão mais completa e global do diagnóstico atual e das metas de futuro existentes e, consequentemente, tomadas de decisão mais conscientes no que respeita a identificação das prioridades das intervenções na cidade, possibilitando o desenvolvimento de planos de ação de longo prazo.

Ainda que o sistema de indicadores da norma técnica ABNT NBR ISO 37120:2017 possa vir a ser utilizado com vistas à visibilidade da cidade e/ou sua projeção internacional por meio da "etiqueta" recebida por um questionável sistema de certificação, entende-se que a estruturação de indicadores proposta pela norma pode trazer vantagem efetiva para a gestão municipal, possibilitando o diagnóstico da situação atual da cidade e direcionando a transição para sua visão de futuro. Sem a pretensão de questionar quais indicadores são mais ou menos adequados à sustentabilidade urbana, os 100 indicadores da ABNT NBR ISO 37120:2017 foram aqui apresentados e analisados por conta da reconhecida e ampla aceitação global de uma norma da série ISO.

Cabe mencionar ainda que a Agenda 2030, com os ODS, apesar de ambiciosa, ao mesmo tempo incentiva um processo participativo em termos de formulação de política global, proporcionando ações coletivas para cumprir suas metas e propiciando um processo de capacitação dos diversos atores envolvidos.

A cidade que pretende buscar sua melhoria contínua deveria assegurar não somente a sustentabilidade ambiental e econômica, mas também a sustentabilidade social, por meio da preservação do direito à cidade a seus cidadãos, sobretudo por meio de políticas sociais. E essa é a responsabilidade de instituições de normalização na elaboração de normas e métricas que mensurem o desempenho com relação à sustentabilidade.

Cabe mencionar o grande dinamismo dos temas envolvidos, o que confere dificuldade em manter a atualidade das publicações relacionadas, extremamente frequentes, com novidades a cada mês. Exemplos disso são os novos sistemas de indicadores de sustentabilidade urbana que surgem frequentemente, normas novas para cidades, que estão sendo desenvolvidas e serão em breve publicadas, e os indicadores envolvidos para mensuração dos ODS da Agenda 2030, que ainda não estão globalmente definidos. Faz-se necessário acompanhar atentamente novas publicações e manter a revisão bibliográfica como uma atividade constante ao longo do processo da pesquisa neste relevante tema.

REFERÊNCIAS

[ABNT] ASSOCIAÇÃO BRASILEIRA DE NORMAS TÉCNICAS. ABNT NBR ISO 37120:2017 Desenvolvimento sustentável de comunidades: indicadores para serviços urbanos e qualidade de vida, 18 jan. 2017.

BELSKY, E.S. Planejamento para o desenvolvimento urbano inclusivo e sustentável. In: *Estado do mundo 2012:* rumo à prosperidade sustentável. Salvador: Worldwatch Institute, 2012. p. 43-59.

BIRCH, E.L.; LYNCH, A. Mensuração de desenvolvimento urbano sustentável nos Estados Unidos. In: *Estado do mundo 2012: rumo à prosperidade sustentável.* [s.l: s.n.]

CEDANO, K.; MARTINEZ, M. Consensus indicators of sustainability for urban infrastructure. In: IEEE International Symposium on Sustainable Systems and Technology (ISSST), *Anais...*, 2010. Disponível em: http://ieeexplore.ieee.org/xpls/abs_all.jsp?arnumber=5507705. Acesso em: 19 maio 2016.

DIXON, T.; EAMES, M. Scaling up: the challenges of urban retrofit. *Building Research & Information*, 2013, v. 41, n. 5, p. 499-503.

FOX, M.S. The role of ontologies in publishing and analyzing city indicators. *Computers, Environment and Urban Systems*, nov. 2015, v. 54, p. 266-279.

HOLDEN, M. Sustainability indicator systems within urban governance: usability analysis of sustainability indicator systems as boundary objects. *Ecological Indicators* , set. 2013, v. 32, p. 89-96.

[IAEG-SDGS]. Introduction to Provisional Tiers of Global SDG Indicators. In: Third Meeting of the Inter-agency and Expert Group on Sustainable Development Goal Indicators. Cidade do México, mar. 2016. Disponível em: http://unstats.un.org/sdgs/files/meetings/iaeg-sdgs-meeting-03/3rd-IAEG-SDGs-presentation-UNSD--Introduction-to-indicator-tiers.pdf. Acesso em: 12 abr. 2016.

[ISO] INTERNATIONAL ORGANIZATION FOR STANDARDIZATION. *Business Plan: ISO/ TC 268:* Sustainable development in communities, 14 nov. 2013. Disponível em: http://isotc. iso.org/livelink/livelink/fetch/2000/2122/687806/ISO_TC_268__Sustainable_development_ in_communities_.pdf?nodeid=16488152&vernum=-2. Acesso em: 20 ago. 2015.

_____. *ISO 37120:2014:* Sustainable development in communities – Indicators for City Services and Quality of Life, 15 maio 2014.

_____. *ISO 37101:2016:* Sustainable development in communities – Management system for sustainable development – Requirements with guidance for use, 11 jul. 2016.

KÜHL, F.M.; NEGREIROS, I.; ABIKO, A. Análise de indicadores de sustentabilidade urbana relevantes ao retrofit urbano. In: *Anais de Trabalhos Estendidos e Resumos [do] IV Workshop Interdisciplinar de Pesquisa em Indicadores de Sustentabilidade (WIPIS)*, 2015. Concepción, Chile: UDEC/USP/UP, 2015. Disponível em: http://www.eula.cl/doc/Anais_WIPIS%202015_com%20ISBN.pdf. Acesso em: 7 dez. 2017.

LEITE, C. Indicadores de desenvolvimento urbano sustentável. In: *São Paulo:* em busca da sustentabilidade. São Paulo: Edusp/Pini, 2012, p. 54-69.

LOUETTE, A. *Indicadores de nações:* uma contribuição ao diálogo da sustentabilidade. São Paulo: Willis Harman House, 2007.

MALHEIROS, T.F.; COUTINHO, S.M.V.; JR, A. Desafios do uso de indicadores na avaliação da sustentabilidade. In: *Indicadores de sustentabilidade e gestão ambiental.* Barueri: Manole, 2012, p. 1-29.

MARSAL-LLACUNA, M.L. Building universal socio-cultural indicators for standardizing the safeguarding of citizens? Rights in smart cities. *Social Indicators Research*, 2017, v. 130, n. 2, p. 563-579.

[NRDC] NATURAL RESOURCES DEFENSE (US). *A citizen's guide to LEED for neighborhood development:* how to tell if development is smart and green, 2011. Disponível em: https://www.nrdc.org/sites/default/files/citizens_guide_LEED-ND.pdf. Acesso em: 17 out. 2013.

[PNUD] PROGRAMA DAS NAÇÕES UNIDAS PARA O DESENVOLVIMENTO. *Transformando nosso mundo:* a agenda 2030 para o desenvolvimento sustentável, 2015a. Disponível em: www.pnud.org.br/Docs/Agenda2030completo_PtBR.pdf. Acesso em: 7 dez. 2017.

_____. Acompanhando a Agenda 2030 para o desenvolvimento sustentável: subsídios iniciais do Sistema das Nações Unidas no Brasil sobre a identificação de indicadores nacionais referentes aos objetivos de desenvolvimento sustentável. Brasília: PNUD, 2015b.

REDE NOSSA SÃO PAULO. *Programa Cidades Sustentáveis:* metas de sustentabilidade para os municípios brasileiros (indicadores e referências), 2012. Disponível em: http://www.cidadessustentaveis.org.br/downloads/publicacoes/publicacao-metas-de-sustentabilidade-municipios-brasileiros.pdf. Acesso em: 3 out. 2013.

_____. *Programa Cidades Sustentáveis:* Guia GPS – Gestão Pública Sustentável, 2016. Disponível em: www.cidadessustentaveis.org.br/arquivos/gestão-pública-sustentável.pdf. Acesso em: 7 dez. 2016.

[SDSN] SUSTAINABLE DEVELOPMENT SOLUTIONS NETWORK. *SDG Index & Dashboards:* Global Report, jul. 2016. Disponível em: <http://sdgindex.org/download/>. Acesso em: 7 dez. 2017.

SIEMENS, A.G. *The Green City Index:* A summary of the Green City Index research series, 2012. Disponível em: http://www.siemens.com/entry/cc/features/greencityindex_international/all/en/pdf/gci_report_summary.pdf. Acesso em: 10 jul. 2013.

[UN-HABITAT] UNITED NATIONS HUMAN SETTLEMENTS PROGRAMME. *World Cities Report 2016:* Urbanization and Development: Emerging Futures, 2016. Disponível em: http://wcr.unhabitat.org/wp-content/uploads/sites/16/2016/05/WCR-%20Full-Report-2016.pdf. Acesso em: 13 jul. 2016.

[UN] UNITED NATIONS. *World urbanization prospects: the 2014 revision:* highlights. [s.l: s.n.]

16 | Conflitos ambientais urbanos, vulnerabilidades e desigualdades

Henri Acselrad
Economista, Universidade Federal do Rio de Janeiro

INTRODUÇÃO

O que poderia justificar para fins analíticos a conceituação de uma dimensão especificamente ambiental do urbano? Tal como se coloca, essa pergunta visa por certo uma elaboração no campo teórico para além dos usos sociais correntes que associam empiricamente o meio ambiente das cidades às problemáticas do saneamento, da poluição do ar, da água e do solo. Mas o que unificaria tais problemáticas tão díspares entre si? Certos autores apontam para o fato de que teria havido, por meio do processo de ambientalização dos problemas das cidades, uma ampliação do debate urbano convencional (Metzger, 1996), que passou a incorporar aspectos físico-químicos e biológicos antes pouco significativos nos debates sobre o mundo urbano. O mesmo teria ocorrido também com a adoção de uma abordagem temporalizada remetendo à duração de alguns elementos pertinentes à sustentabilidade do ambiente das cidades. Por essas vias, a discussão foi dirigindo seu foco para o modo como, nas cidades, se consomem, se transformam e se deterioram os bens coletivos, como água, ar, solo, segurança, meio arquitetural e saúde.

A esse debate associa-se frequentemente a noção de risco. Trata-se de um risco urbano considerado socialmente construído, por meio do qual se tem vinculado o processo de degradação ambiental, com seus efeitos probabilísticos indesejáveis à transformação dos modos de produzir e consumir bens coletivos. Assim, o risco atribuído à degradação ambiental decorreria dos modos de apropriação e uso dos bens coletivos, a saber, daqueles caracterizados por apresentarem uma condição especificamente não mercantil. Ao incidir, porém, de forma socialmente diferenciada, esse risco teria sua distribuição regulada pela estrutura econômica e pela desigualdade do poder político vigente entre os diferentes grupos sociais. A segregação residencial sustentada em grande parte pela operação do mercado de terras, por exemplo, aparece como uma das condições explicativas da reprodução das desigualdades ambientais. Uma geografia social do poder político estaria assim fazendo os moradores de "zonas de sacrifício" – áreas onde se superpõem carências e fatores de agravo ameaçando seus habitantes – terem menor capacidade de influenciar o Estado e consequentemente de rejeitar a colocalização de práticas espaciais geradoras de risco e as áreas de moradia popular. As decisões de localização de instalações perigosas obedeceriam em grande parte, estima-se, ao critério do nível diferencial esperado de resistência política por parte dos grupos sociais potencialmente atingidos (Gould, 2004).

Nunes Coelho (2001) procura por sua vez sublinhar a necessidade de se considerar o ambiente urbano como objeto relacional e processual pertinente às práticas espaciais que interligam processos ecológicos e sociais em mudança, ou seja, aquilo a que Swyngedouw e Heynen (2003) chamam de "socionatureza urbanizada", formada pelos processos de "mudança socioecológica" verificados nas cidades. A problemática do ambiente nas cidades poderia ser vista, portanto, como o conjunto das perturbações que deslocam os processos correntes de mudança socioecológica, ocasionando alterações na própria constituição sempre mutável do espaço urbano. Haveria, porém, que se considerar a diferenciação social no processo de transformação ambiental, posto que os impactos ambientais operam dialeticamente por intermédio de um padrão interno de ordenamento socioespacial, no seio do qual o que favorece um grupo social pode prejudicar outro (Coelho, 2001, p. 35). Ou seja, caberia levar em conta, como sugerem Swyngedouw e Heynen (2003), o fato de que "a mudança socioecológica urbana relaciona-se explicitamente com o padrão espacial de distribuição das amenidades e males ambientais", posto que "os processos socioecológicos estabilizam e instabilizam lugares e grupos sociais, sendo, assim, intrinsecamente conflituais". Por consequência, aquilo que Swyngedouw e Heynen (2003) chamam de "natureza urbanizada" reuniria bens materiais e simbólicos atravessados por conflitos sociais urbanos em torno às condições de seu controle, fazendo da sustentabilidade, por exemplo, "a questão fundamentalmente política de determinar quem ganha e quem perde nos processos de mudança socioecológica" (2001).

Apoiados em Nunes Coelho, pode-se dizer que os impactos ambientais urbanos designam perturbações no processo de mudança socioecológica que alteram o padrão espacial de distribuição social dos recursos e danos ambientais. Associando as considerações de Nunes Coelho à formulação de Metzger, a noção de meio ambiente urbano estaria exprimindo a emergência de riscos urbanos associados à transformação dos modos de produzir e consumir bens coletivos em contextos de padrões socialmente desiguais e conflituais de distribuição de danos e amenidades urbanas. As desigualdades e os conflitos urbanos assim referidos seriam, pois, decorrentes das interações indesejáveis, não mediadas pelo mercado, exercidas entre as práticas espaciais distribuídas e combinadas no espaço das cidades – as assim chamadas externalidades urbanas, tal como formuladas no discurso convencional da economia neoclássica. Por via de consequência, o governo do ambiente urbano teria por sentido a administração dos riscos desigualmente distribuídos decorrentes dos modos dominantes de apropriação dos espaços não mercantis nas cidades; e os propósitos de dar sustentabilidade às cidades se materializariam em esforços correntemente justificados pela pretensão de conectar de modo simbólico áreas particularmente fragmentadas e demarcadas por sua desigualdade ambiental. Como sustenta Peter Brand (2001), a ambientalização do urbano faz parte de uma construção discursiva que não remete apenas à gestão material de ecossistemas, mas se articula com os problemas de governabilidade e legitimidade próprios a tempos de transformação radical da ordem socioespacial. Isso explicaria por que a noção de meio ambiente urbano passou a ser evocada em cidades contemporâneas submetidas à ordem neoliberal, procurando estabelecer continuidades espaço-temporais, coesão, conexão e costura das fraturas sociais, em oposição às dinâmicas fragmentadoras que a cidade empresarial e competitiva tem visivelmente produzido no tecido urbano.

A PROTOAMBIENTALIDADE DO CAPITALISMO INDUSTRIAL E A AMBIENTALIZAÇÃO DO URBANO

Alain Corbin é visto como um dos pioneiros da história social do ambiente urbano. Em sua obra pode-se encontrar elementos para caracterizar *avant la lettre* problemáticas pertinentes ao que hoje se pode considerar a dimensão ambiental do urbano. A pergunta que se faz necessária é a seguinte: se nós sabemos que o capitalismo nasceu com a criação da propriedade privada da terra, o que teria ocorrido por outro lado com os espaços comuns formalmente não mercantis como os da água e do ar? O que nos diz Corbin (1987) é que toda a ansiedade então associada aos supostos males dos miasmas e emanações humanas contrasta com a tolerância dos peritos frente às emanações industriais; que se mostrou grande o otimismo dos sábios e sua confiança na capacidade de o progresso técnico limitar os efeitos indesejáveis das fábricas e manter as indústrias no centro das cidades. A missão dos conselhos de salubridade existentes à época era tranquilizar as ansiedades provocadas pelas pestilências fabris e propiciar quietude às vizinhanças das indústrias, posto que os peritos higienistas eram lentos, desqualificavam a denúncia de incômodos, davam consentimento e praticavam uma espécie de "propedêutica do progresso técnico". Ou seja, o industrialismo nasceu junto com um forte otimismo tecnológico e com posturas das instituições governantes correntes empenhadas em naturalizar aquilo que posteriormente se chamaria de poluição.

Fato é que, em se tratando de relações sociais não amparadas por contrato, o que prevaleceu nesse âmbito foram relações de força, ou seja, o exercício da potência de certos proprietários disporem livremente dos espaços comuns em seu benefício. Ao se mencionarem as ansiedades e inquietudes públicas, evidencia-se o fato de que se tratava por certo de um problema eminentemente político, a saber, o da prevalência de um determinado uso privado dos espaços não mercantis sobre os demais – uma questão política, pois, que foi por muito tempo silenciada. Um ato de força que foi naturalizado, despolitizado.

Dada a nova escala de operação das práticas produtivas e a forma concentrada do exercício do poder de manejo dos espaços e seus recursos, criou-se assim uma divisão social da capacidade das diferentes práticas espaciais se impactarem reciprocamente. As práticas espaciais dominantes da grande indústria e da agricultura comercial em grande escala, por exemplo, impuseram de fato seus usos privados aos espaços comuns do ar e dos cursos hídricos, neles lançando os produtos não vendáveis da produção de mercadorias, impactando e muitas vezes comprometendo o exercício de outras práticas espaciais não dominantes.

A essa configuração pode-se chamar uma "protoambientalidade" do capitalismo, ou seja, um padrão ambiental próprio ao regime de acumulação que começou a operar muito antes que uma questão ambiental propriamente dita tenha sido formulada como um problema público ou mesmo como um problema para o próprio capitalismo, tal como esboçado, por exemplo, pelo professor Pigou em sua economia neoclássica do bem-estar (Pigou, 1932).

É nos anos 1960 que se observa o surgimento de lutas sociais por meio das quais se passa a denunciar como "males ambientais" os processos de dominação de fato dos espaços comuns – nas cidades, mas também fora delas

– que têm sido praticados desde os primórdios do capitalismo, ou seja, a imposição a cidadãos supostamente livres de um consumo forçado de produtos invendáveis da produção mercantil – resíduos sólidos, efluentes líquidos e gasosos. Tentou-se então politizar um debate antes silenciado. No que diz respeito às cidades, dada a densidade de ocupação e os efeitos de proximidade que as caracterizam, cabe a pergunta: em que medida as práticas urbanas são compatíveis entre si ou, ao contrário, comprometem reciprocamente suas respectivas permanências no tempo? A moradia de famílias trabalhadoras em condições saudáveis, por exemplo, não se mostra compatível com fábricas poluidoras situadas nas proximidades. O incentivo à venda de veículos individuais em cidades com trânsito já congestionado mostra-se incompatível com condições de mobilidade urbana aceitáveis e reprodutíveis ao longo do tempo. O número de acidentes de trânsito e a má qualidade do transporte coletivo em deslocamentos longos e inseguros mostram que a mobilidade urbana em tais condições tampouco é reprodutível no tempo. O que é posto em pauta pelos movimentos críticos é, portanto, a compatibilidade ou a incompatibilidade entre as distintas práticas espaciais – as formas de uso e apropriação da cidade e dos recursos urbanos, em particular aqueles que são compartilhados – sejam espaços de ruas e parques, seja o espaço atmosférico ou até mesmo os rios, o espaço visual e o auditivo.

Fato é que essa compatibilidade tem sido ameaçada de modo crescente pela transformação das cidades em espaço de negócios privados, de ganhos especulativos com a terra urbana e de privatização dos recursos comuns. Conforme diz a literatura urbanística, a cidade capitalista contemporânea tornou-se lugar de consumo e de consumo de lugar (Matos, 1997). Por um lado, o espaço urbano foi organizado de modo a favorecer as operações de circulação e compra e venda de mercadorias, ao mesmo tempo em que nele se oferece uma diversidade de localizações, paisagens, topografias físicas e simbólicas que são, de diferentes modos, incorporadas à dinâmica mercantil. Mas hoje se pode talvez acrescentar: a cidade torna-se o lugar do consumismo e do consumismo de lugar. O que isso quer dizer e quais as implicações disso para o compartilhamento da cidade como espaço público?

A CIDADE CONSUMISTA E O CONSUMISMO DE LUGAR NA CIDADE

A passagem do consumo ao consumismo resulta de pelo menos três processos:

1. A construção social das necessidades torna-se uma variável dependente da própria atividade de produção: do esforço de venda – a chamada publicidade comercial – e da disponibilidade de crédito. É por esses meios que a oferta de mercadorias pode ser pensada de modo a produzir sua própria demanda.

2. O sistema de valores se reconfigura de modo a que o padrão de consumo se afirme como signo da posição dos sujeitos no espaço social.

3. A peça publicitária – instrumento da apropriação privada do tempo e do espaço coletivos, capaz inclusive de disseminar diferentes narrativas urbanas para os fins definidos por seus financiadores – assume ela própria a forma de mercadoria. Esse tipo de mercadoria é dotado, ademais, da condição de um produto a cujo consumo todos os sujeitos estão em princípio submetidos compulsoriamente pelo modo como o espaço público é mercantilizado. Ou seja, a cidade torna-se lugar do consumismo forçado inclusive das próprias peças publicitárias.

Como se viu, na formação histórica do capitalismo, a terra tornou-se, por meio dos atos expropriatórios dos cercamentos e de sua transformação em objeto de propriedade privada, uma mercadoria – ou pseudomercadoria, nos termos de Polanyi (1980) –, cuja posse e uso passaram a ser operados pelas forças do mercado. Por sua vez, a poluição, ou seja, o uso privado dos espaços comuns pelas práticas espaciais da grande indústria e da agricultura comercial, com o consumo forçado de rejeitos da produção de mercadorias, sempre foi operada pelo exercício da força direta. O consumo forçado de peças publicitárias, que dissemina o consumismo como modo de vida, é operado por uma combinação de força direta, pela via captura de subjetividades, e força de mercado, pela compra ou locação dos espaços sensorialmente estratégicos da cidade.

Ressalte-se aqui o caráter paradoxal de se pretender (como o faz a teoria microeconômica neoclássica hegemônica) que os consumidores – unidades individuais de escolhas racionais – operem livres escolhas entre consumir ou não, entre consumir o produto *x* ou *y* quando não lhes é dada a liberdade de escolher a respeito do consumo das próprias peças publicitárias que ocupam os espaços visuais e acústicos, dado que essas peças estão em cada ponto das cidades onde a visão e a audição dos indivíduos esteja disponível para sofrer sua ação – sem falar em sua presença mais ou menos subliminar nos produtos da indústria cultural ou nos efeitos de sua ação sobre a própria configuração da forma estética. É paradoxal, a propósito, que não haja, por razões de coerência e adesão ao ideário liberal, o direito inalienável de o indivíduo não ser forçado ao consumo involuntário de peças publicitárias, que têm por finalidade exatamente restringir sua capacidade de livre escolha, por meio de condicionamentos emocionais, expedientes invasivos e biopolíticos, no sentido foucaultiano, hoje baseados nas ditas ciências do *neuromarketing*.

São de dois tipos os mecanismos mobilizados no esforço de venda de modos de vida. Uma publicidade "microeconômica", que procura manipular as decisões individuais de gasto e uma publicidade "macroeconômica", por vezes chamada de institucional, que procura reduzir nos cidadãos sua capacidade crítica em relação aos processos políticos, sejam estes episodicamente eleitorais, sejam relativos à construção da aceitação passiva das decisões de governos e corporações que concorrem para a construção concreta de futuros urbanos. Nesse caso, que corresponde antes à esfera da macroeconomia política, a publicidade não espera provocar nenhum ato de compra, mas sim obter o consentimento frente a decisões que são em geral sujeitas a suspeita – senão, não justificariam tal tipo de dispêndio –, decisões estas tomadas por poderosos atores econômicos ou políticos e portadoras de fortes implicações para terceiros destituídos de poder que não foram consultados nem implicados em tais decisões – a saber, políticas de revitalização/gentrificação e de grandes projetos urbanos, por exemplo.

Ou seja, busca-se restringir o alcance e a vitalidade da esfera pública, inibindo a possibilidade de que certos temas, notícias e questionamentos venham a ser publicizados e problematizados, ao menos na mídia correntemente beneficiada com os recursos de tais anúncios. Fato é que essa publicidade macroeconômica é decisiva para fechar a *cadeia produtiva do estilo de vida dominante nas cidades* – articulando o consumismo "das famílias" ao padrão macroestrutural de utilização do espaço, de seus recursos e das massas de capital em busca de sua rentabilização, disseminando uma determinada concepção do que seja o progresso e o desenvolvimento da nação e das cidades e buscando fazer a atenção da população restringir-se à busca de meios para participar no circuito acelerado do consumismo.

A cidade mostra-se assim como o lugar preferencial da realização do consumismo de bens. Mas cabe sublinhar também que, com o advento do urbanismo competitivo, a cidade se tornou o lugar do consumismo de lugares, por meio das dinâmicas da cidade-espetáculo, dos megaeventos e do esforço de venda operado por imaginadores urbanos, com suas obras e localizações fundadas em um culturalismo de mercado. Ou seja, assim como já se conhecia a experiência de lugares sendo construídos por meio de um esforço de venda microeconômico para fins turísticos, o planejamento estratégico do urbanismo de mercado propõe-se a realizar um esforço de venda macroeconômico dos lugares, fazendo do consumismo de lugares um modo particular de articulação entre o rentismo imobiliário e a competição interurbana por capitais.

Isso porque as reformas neoliberais deram lugar a uma competição interurbana que supõe priorizar medidas que atraiam investimentos privados. Tenta-se, por exemplo, reter as montadoras de automóveis nos territórios nacionais, assim como ativar sua produção; busca-se flexibilizar a legislação urbanística e ambiental para atrair investimentos internacionais em busca de vantagens locacionais que são em grande parte produzidas politicamente; favorece-se a acumulação privada a partir dos negócios especulativos com terra urbana e bens imobiliários. Em consequência dessas priorizações, a localização espacial dos processos de valorização imobiliária tende a afastar moradores das áreas em que se situam seus locais de trabalho e o transporte público, assim como a saúde e a educação, desatendido pelas políticas governamentais, não acompanha esse movimento em termos de cobertura, custo e qualidade de serviço.

Resulta assim um tensionamento de a capacidade do corpo coletivo de trabalho se ajustar – via mobilidade urbana – ao tempo-espaço da produção. Marx chamava a atenção para esse "trabalhador coletivo", reunido em um mesmo lugar, conjugando forças e competências não pagas enquanto corpo coletivo, remunerado somente enquanto unidade individual e disponível gratuitamente, em sua coordenação localizada, à acumulação privada de riqueza. Pode-se dizer o mesmo do esperado agenciamento de todos os indivíduos, dispersos em termos residenciais, de modo a ajustarem-se ao espaço/ tempo próprio da produção. A mobilidade urbana consistiria – em analogia ao trabalhador coletivo – num deslocamento não computado como tempo produtivo, mas que conta efetivamente para o capital como um todo, pelo ajuste espacial que opera entre a moradia dos trabalhadores e as localizações produtivas. A mobilidade, integrando o tempo de não-produção, forma assim parte das dimensões não mercantis que são decisivas para o próprio funcionamento dos negócios.

Ora, o que se tem visto na cidade neoliberal, como lugar do consumismo e do consumismo de lugar, é que a colocação dos negócios privados no posto de comando fez esticar a corda da tolerância do não-mercado às pressões do mercado. Os movimentos sociais que problematizam as condições precárias do transporte urbano exprimem em parte o esgotamento dessa tolerância por parte do trabalhador coletivo, sem que isso seja vislumbrado pelos poderes políticos e econômicos como algo que lhes diga respeito. O Estado reformado – dito neoschumpeteriano, voltado para a criação de condições de atração de investimentos e competitividade – parece recusar-se a desempenhar o papel de capital em geral, que asseguraria a coerência entre a acumulação privada de capitais individuais e a estabilidade da reprodução do capital como um todo. Ou seja, que garantiria saúde, educação e transporte, como condição não mercantil para a produção de riqueza privada. No entanto, vemos que a cidade dos negócios privados tem, ao contrário, promovido uma fuga para adiante, deixando intransitável o espaço urbano como condição geral de produção, ou seja, provedor de requisitos não mercantis básicos para a produção de mercadorias. Inovações técnicas são introduzidas nos veículos automotores particulares de modo que seus motoristas possam se informar a respeito das áreas congestionadas e desviar seu trajeto para outras áreas, ainda não engarrafadas. Faz-se assim do problema de tráfego uma oportunidade de negócios. Do mesmo modo, assinala Ermínia Maricato, o asfalto, com seu forte apelo eleitoral, justifica obras viárias, a despeito dos graves problemas associados à opção pelo rodoviarismo (Maricato, 2008). Como explicar este aparente paradoxo?

A "AMBIENTALIDADE" ESPECÍFICA DO CAPITALISMO LIBERALIZADO DOS ANOS 2000

Há que se tentar melhor entender o modo como as transformações socioespaciais associadas às reformas neoliberais produziram a ambientalidade específica do capitalismo globalizado dos anos 2000, assim como o diagrama de forças que o subentende. O padrão socialmente desigual de distribuição dos custos e dos benefícios dos projetos de desenvolvimento é um elemento explicativo importante dessa ambientalidade da cidade neoliberal. Veja-se: em 1991, um memorando de circulação restrita aos quadros do Banco Mundial trazia a seguinte proposição: "Cá entre nós, não deveria o Banco Mundial estar incentivando mais a migração de indústrias poluentes para os países menos desenvolvidos?".[1] Lawrence Summers, então economista-chefe do banco e autor do referido documento, afirmava que a racionalidade econômica justificava que os países periféricos fossem o destino dos ramos industriais mais danosos ao meio ambiente:

■ Porque os mais pobres em sua maioria não vivem mesmo o tempo necessário para sofrer os efeitos da poluição ambiental.

----

[1] "Let them eat pollution", *The Economist*, 08.02.1992, p.66.

- Porque, na "lógica" econômica, pode-se considerar que as mortes em países pobres têm custo mais baixo do que nos ricos, pois os moradores dos países mais pobres recebem salários mais baixos.

Assim, a racionalidade econômica de Summers procurava justificar a desigualdade ambiental, acionando a lógica de uma espécie de economia política da vida e da morte. Mas se a operação dessa lógica pôde ser efetivamente verificada nos movimentos de deslocalização e relocalização de empreendimentos em escala planetária, faltaria identificar os mecanismos pelos quais esses movimentos foram viabilizados politicamente. Isso nos leva, sem dúvida, à questão do Estado, ou seja, à busca das razões pelas quais o Estado parece não assumir seriamente a questão ambiental, tomando medidas efetivas de prevenção e combate à desigualdade ambiental.

Uma possível explicação estaria na nova geografia histórica do capitalismo liberalizado. Nela ocorre uma reversão da lógica tradicional da competição, ou seja, não é mais o capital que busca vantagens locacionais para sua implantação no espaço, mas as localidades é que oferecem "vantagens competitivas" para atrair investimentos internacionais (Harvey, 1995). Como o fazem? As localidades concorrem entre si oferecendo atrativas vantagens fundiárias, fiscais e regulatórias, flexibilizando leis e normas urbanísticas e ambientais. Ou seja, a competição se dá também pela oferta de "espaços a poluir", assim como áreas urbanas a *gentrificar*, pela remoção eventual de moradores de baixa renda de modo a valorizar o solo e os imóveis urbanos.

Assim, a otimização econômica formulada por Summers requer a otimização das condições políticas – a saber, a disposição de estados nacionais e poderes locais a desregular – e suficiente desorganização política das sociedades locais que as façam propensas a consentir com a atração de atividades danosas (vide a chegada de barcos com carga de lixo químico ou hospitalar, acostando em sucessivos portos dos países periféricos, testando as condições políticas de sua recepção). Tem-se por corolário, portanto, que a obtenção de ganhos de produtividade, tão caros aos estrategistas da competitividade, ocorre ao menos em parte pela construção das condições locacionais que dão aos capitais a capacidade de afetar de forma ambientalmente danosa a terceiros sem ser por eles afetados. Esses terceiros são em regra grupos sociais menos amparados. As relocalizações inigualitárias acontecem assim em todas as escalas, internacionalizando-se com as reformas neoliberais. A desigualdade ambiental que daí resulta mostra-se consequentemente parte integrante da espacialidade do capitalismo liberalizado.

Este é, pois, o "código de circulação" promovido pelos estados reformados: esta mesma expressão – aplicada à circulação de capital e mercadorias – foi usada pelo ideólogo Walter Lippman para definir o papel do estado neoliberal na Conferência de 1938, organizada para rever as bases então supostamente ameaçadas do liberalismo. *Cidade livre* foi o título em francês de seu livro, no qual sublinhava a importância do Estado no estabelecimento das esperadas regras liberais e flexíveis de circulação dos capitais no espaço mundial (Laval; Dardot, 2013). Dadas essas novas regras de circulação dos capitais, a *desigualdade ambiental* resultante exprime o processo de concentração do poder por parte dos agentes das práticas espaciais dominantes, de impactar terceiros – os promotores de práticas espaciais não dominantes – e de não ser por eles impactados. Para isso, justificam no plano discursivo licenças ambientais pouco criteriosas, flexibilização de normas e regressão de direitos, medidas que vão intensificar os processos de vulnerabilização dos grupos sociais menos assistidos.

DESIGUALDADE AMBIENTAL E PROCESSOS DE VULNERABILIZAÇÃO

Numa perspectiva relacional, a condição de vulnerabilidade exprime a desigualdade social na capacidade dos sujeitos se defenderem de agravos. Mas, além de relacional, essa concepção deve ser vista também como processual, ou seja, ao se reconhecer a situação de desigualdade, descobre-se que resulta de processos de vulnerabilização e não de condições estáticas em que indivíduos e grupos ditos vulneráveis se encontram. Identificados esses processos causais, em grande parte de ordem política, o foco deve se dirigir para a percepção da ausência de garantia de direitos por parte do Estado e não apenas para o *déficit* de capacidade de defesa dos próprios sujeitos.

Assim, o que nos cabe identificar são os mecanismos que tornam os sujeitos vulneráveis, mais do que apenas mostrar a sua condição de destituídos da capacidade de se defender. Caberia determinar, pois, os processos decisórios que impõem riscos aos mais desprotegidos – sejam decisões alocativas de equipamentos danosos, sejam escolhas de localização de barragens de rejeitos, sejam dinâmicas inigualitárias do mercado de terras etc. Isso evidencia que a esfera política conta tanto para a promoção como para a superação das desigualdades, à medida que ela intervém na produção ou na viabilização, por ação ou omissão, de processos de vulnerabilização como os anteriormente mencionados. O que se busca focalizar nessa concepção é a proteção social e ambiental dos cidadãos, entendida como uma responsabilidade política dos estados democráticos, na contramão de sua função schumpeteriana-competitiva ora em destaque pela governança neoliberal, em lugar de apenas se buscar medir os *déficits* nas capacidades de autodefesa dos sujeitos.

Quando ocorre a denúncia da vigência de uma proteção desigual, o que se demanda é que se desfaçam os mecanismos de vulnerabilização e que se obtenha do Estado políticas de atribuição equânime de proteção, a saber, de combate aos processos decisórios que, tal como perversamente justificados pela racionalidade de Summers acima exposta, concentram os riscos sobre os menos capazes de se fazer ouvir na esfera pública. Procura-se assim sublinhar algo que é para os últimos devido como um direito e não simplesmente uma carência. Em lugar de apenas procurar dar ao cidadão algo que "ele não tem", aponta-se para os processos por meio dos quais suas capacidades de autodefesa lhes são permanentemente subtraídas. Nesses processos, o desafio é o de buscar identificar o modo como operam as relações desiguais de poder nas dinâmicas espaciais de localização e de mobilidade. Ou seja, em se tratando de política e não de natureza, deverão ser identificados os diagramas de forças que presidem a distribuição desigual das condições de vulnerabilização. A pergunta que nos surge é, pois: quais são as forças relativas em ação no espaço social e de que modo elas concorrem para distribuir desigualmente os riscos?

Os diferentes mapas da desigualdade ambiental conhecidos apontam para a operação de lógicas discriminatórias que fazem coincidir a alocação de fontes de risco e a moradia de grupos étnicos e de baixa renda. Aponta-se a combinação de decisões técnico-produtivas relativas ao mundo das mercadorias, assim como de localização de produtos invendáveis da atividade capitalista e de movimentos de diferenciação do valor da terra. Trata, portanto, de um (mau) encontro entre:

- Uma fonte de risco resultante de decisões quanto a processos técnico-econômicos (em geral, conducentes a riscos tolerados correntemente por agências de regulação ambiental, que definem o que se entende por "poluição legítima") (Acselrad, 2008).
- Uma condição social e racial (em geral tornada visível no espaço público pelos próprios atores em ação).
- Decisões de localização de objetos e atividades, sob regulação complacente das agências governamentais em geral, dados os traços sociorraciais dos grupos mais expostos.
- Decisões conducentes a processos de valorização e desvalorização imobiliária. Algumas pesquisas empíricas permitem acrescentar o fato de que

níveis altos de destituição e desinformação podem levar grupos vulnerabilizados a consentir com a própria imposição de riscos (Acselrad, 2006).[2]

Conjugam-se aqui, pois, dois circuitos de mobilidade distintos: 1) o da mobilidade das fontes de risco, guiado por microdecisões do mercado imobiliário e por políticas governamentais de uso do solo; e 2) o da mobilidade dos habitantes de baixa renda, guiado pela lógica da necessidade, das carências pecuniária e política, que dificultam aos mais pobres o acesso ao mercado habitacional.

CONSIDERAÇÕES FINAIS

A noção de ambientalização aplicada à problemática urbana remete à constituição de um campo semântico no interior do qual a noção de meio ambiente tem sido evocada nas cidades contemporâneas neoliberalizadas para os fins de relegitimar as políticas urbanas em crise, buscando estabelecer coesão e conexão em que as cidades envolvidas na competição interlocal produzam fragmentação. Descentralizar formalmente decisões no espaço social, restaurar e estabelecer permanências no tempo, produzir interação entre as partes (Brand, 2001; Emelianoff, 1995; Healey, 1996) são com frequência os propósitos do discurso ambiental urbano, em uma operação discursiva que busca a unificação simbólica do tecido social das cidades, dada a crescente distribuição desigual da condição de vulnerabilidade.

A condição de vulnerabilidade experimentada por certos grupos sociais resulta por sua vez da subtração de suas condições de resistência à imposição de agravos, quando operam as relações desiguais de poder nas dinâmicas espaciais de localização e de mobilidade. A condição de vulnerabilidade – por certo desigualmente distribuída – exprime o fato de o Estado deixar de assegurar proteção igual para todos os seus cidadãos.

Quando, na cidade, os atores reponsáveis pelas práticas espaciais dominantes conseguem impor riscos ambientais aos sujeitos que desenvolvem práticas espaciais não dominantes e quando certos sujeitos evocam a vigência de desigualdade na garantia estatal de proteção ambiental para os cidadãos,

---

[2] Constata-se que, a partir das condições de destituição em que vivem certas comunidades, a disposição indevida de lixo contaminado, por exemplo, é por vezes aprovada, estimulada e inclusive paga por moradores que, dado o grau de sua destituição de direitos básicos, se mostram desejosos de aterrar mangues, nivelar vias e terrenos.

conflitos ambientais se desencadeiam. A expressão da ausência de acordo entre práticas espaciais nas cidades e a vigência de desigualdade no acesso aos direitos à proteção ambiental por parte do Estado é que dão substância sociológica à noção de *insustentabilidade* urbana. Ou seja, os conflitos ambientais urbanos são a expressão viva da percepção social da irreprodutibilidade de determinadas combinações de práticas espaciais nas cidades, assim como da distribuição desigual dos direitos à proteção ambiental. Sob essa ótica, os conflitos ambientais urbanos poderiam ser vistos por consequência como *indicadores da insustentabilidade das cidades*, assim como o conteúdo da problematização de tal insustentabilidade pelos próprios atores sociais. Esses conflitos podem ser ignorados ou neutralizados, ou então reconhecidos, discutidos e politizados. O tratamento desses conflitos na esfera política poderia ser, dessa perspectiva, o caminho para o alcance de uma sustentabilidade urbana vista desde a perspectiva da democratização das cidades, pois, frente à temporalidade urbana do capital que subordina e normaliza os outros tempos, como afirma o filósofo Walter Benjamin (1997, p. 126), só o tempo dialético da política, que inova e surpreende, pode se opor à destruição da cidade como espaço por excelência da superação da desigualdade na construção coletiva da vida em comum.

REFERÊNCIAS

ACSELRAD, H. Política ambiental e discurso democrático: o caso do Conselho Nacional de Meio Ambiente. In: SILVA, J.O.; PEDLOWSKI, M.A. (Orgs.) *Atores sociais, participação e ambiente*. Porto Alegre: IMED/Da Casa, 2008, p. 13-36.

_____. Tecnologias sociais e sistemas locais de poluição. *Horizontes Antropológicos*, 2006, n. 25, p. 117-138.

BENJAMIN, W. Gesammelte Schriften, v. V, Suhrkamp, apud MATOS, O. *História viajante: notações filosóficas*. São Paulo: Studio Nobel, 1997, p. 126.

BRAND, P. La construción ambiental del bienestar urbano. Caso de Medellín, Colombia. *Economia, Sociedade y Território*, 2001, v. III, n. 9, p. 1-24.

CORBIN, A. *El perfume o el miasma: el olfato y lo imaginario*. México: Fondo de Cultura Económico, 1987.

EMELIANOFF, C. Les villes durables: l'émergence de nouvelles temporalités dans de vieux espaces urbains. *Ecologie Politique*, 1995, n. 13, p. 37-58.

GOULD, K. Classe social, justiça ambiental e conflito político. In: ACSELRAD, H.; HERCULANO, S.; PÁDUA J.A. (Orgs.). *Justiça ambiental e cidadania*. Rio de Janeiro: Relume Dumará, 2004, p. 69-80.

HARVEY, D. L'accumulation flexible par l'urbanisation: réflexions sur le "postmodernisme" dans la grande ville américaine. *Futur antérieur*, 1995, n. 29, p. 121-145.

HEALEY, P. Building sustainable futures in small and medium-sized cities in Europe. In: MEGA, V.; PETRELLA, R. (Eds.). *Utopias and realities of urban sustainable development: new al-*

liances between economy, environment and democracy for small and medium-sized cities, Conference proceedings, 1996, Turin-Barolo, p. 79-88.

LAVAL, C.; DARDOT, P. *La nueva razón del mundo*. Barcelona: Gedisa, 2013.

MARICATO, E. O automóvel e a cidade. *Ciência & Ambiente*, 2008, n. 37, p. 5-12.

METZGER, P. Medio ambiente urbano y riesgos: elementos de reflexión. In: FERNÁNDEZ, M.A. (Org.). *Ciudades en riesgo: degradación ambiental, riesgos urbanos y desastres*. La Red, 1996. Disponível em: http://www.desenredando.org/public/libros/1996/cer/CER_cap03-MAUYR_ene-7-2003.pdf. Acessado em: 31 jul. 2016.

NUNES COELHO, M.C. Impactos ambientais em áreas urbanas: teorias, conceitos e métodos de pesquisa. In: GUERRA, A.J.T.; CUNHA, S.B. (Orgs.). *Impactos ambientais urbanos no Brasil*. Rio de Janeiro: Bertrand, 2001, p. 19-45.

PIGOU, A.C. *The economics of welfare*. Londres: MacMillan, 1932.

POLANYI, K. *A grande transformação*. Rio de Janeiro: Campus, 1980.

SWYNGEDOUW, E.; HEYNEN, N. Urban political ecology, justice and the politics of scale. *Antipode*, 2003, p. 899-918.

Desigualdades sociais urbanas e discriminação no acesso à água | 17

Tadeu Fabrício Malheiros
Engenheiro ambiental, USP

Tiago Balieiro Cetrulo
Engenheiro agrônomo, USP

Aline Doria de Santi
Gestora ambiental, USP

Maria Paula Cardoso Yoshii
Gestora ambiental, USP

Tania Regina Sano Sugawara
Gestora ambiental, USP

Rui Cunha Marques
Engenheiro civil, Universidade de Lisboa

INTRODUÇÃO

Na perspectiva do desenvolvimento sustentável, o desenvolvimento humano está relacionado com a realização do potencial das pessoas de ser e fazer o que elas desejam e sobre a liberdade que elas têm de exercer escolhas reais em suas vidas (SEN, 2001). Quando as pessoas não têm acesso à água potável, suas escolhas e liberdades são restringidas por problemas de saúde, de pobreza e vulnerabilidade (UNDP, 2006). A água é necessária para evitar a morte por desidratação, para reduzir o risco de doenças de veiculação hídrica, para cozinhar e para higiene pessoal e doméstica (Meier et al., 2013).

Uma vez que um dos princípios do desenvolvimento sustentável corresponde a garantir o bem-estar das populações atuais e futuras, a redução da pobreza deve ser um dos focos a ser trabalhado. Porém, deve-se entender que vencer a questão da pobreza perpassa acesso adequado a serviços básicos, especialmente o acesso à água (De Palencia; Pérez-Foguet, 2011). Não é possível desvincular a garantia do acesso à agua potável e as estratégias de inclusão social, uma vez que o acesso à água potável para todos está entre os mais poderosos condutores do desenvolvimento sustentável, pois ele estende as oportunidades, aumenta a dignidade e ajuda a criar um círculo virtuoso de melhoria da saúde e aumento da riqueza para os países (UNDP, 2006).

A eliminação das desigualdades faz sentido econômico e prático. As desigualdades causam conflitos, insegurança, violência e atrasam o desenvolvimento. Experiências de décadas passadas mostraram que a igualdade não é um resultado automático do desenvolvimento, os benefícios alcançados pelos mais ricos não são desfrutados pelos mais pobres de forma natural (OMS; Unicef, 2015).

Entretanto, a escassez de água para as populações marginalizadas não decorre somente da falta de disponibilidade, mas sim das relações de poder, da pobreza e da desigualdade. Em cidades da Ásia, América Latina e África Subsaariana, as partes ricas desfrutam do acesso a mais de 200 litros de água *per capita* por dia a um baixo custo, enquanto moradores das favelas em áreas urbanas e famílias pobres em áreas rurais não conseguem acesso a 20 litros de água *per capita* por dia para satisfazer as necessidades humanas mais básicas (UNDP, 2006). Esse processo é complexo, em que a escassez e a dificuldade de acesso são o resultado de processos e instituições nas quais os pobres levam desvantagens políticas. Os direitos humanos básicos acabam tolhidos por políticas públicas que limitam o acesso às infraestruturas (UNDP, 2006).

Na perspectiva do direito humano à água, os Estados devem garantir água a todos e combater essas relações injustas de poder. Para o planejamento e a execução de estratégias de combate a esse problema é essencial o conhecimento do problema. Sabe-se que o uso de indicadores que se apoiam nas médias não é suficiente para captar o problema e assim outras ferramentas e métodos devem ser empregados para identificar grupos de alto risco. Dessa forma, este capítulo apresenta em sua primeira seção a trajetória do direito à água; posteriormente, são apresentados os princípios norteadores desse direito; a terceira seção destaca a discriminação no direito à água em razão da pobreza, além de explicitar como está a situação no mundo e no Brasil; na seção seguinte são retratadas formas de se encaminhar soluções ao problema e um método para avaliar a situação e a evolução da desigualdade no acesso à água em cidades; por último, são tecidas as considerações finais.

HISTÓRICO DO DIREITO À ÁGUA

A evolução do direito humano à água foi marcada por intrincada transição entre uma responsabilidade implícita para uma obrigação explícita na forma de um direito autônomo.

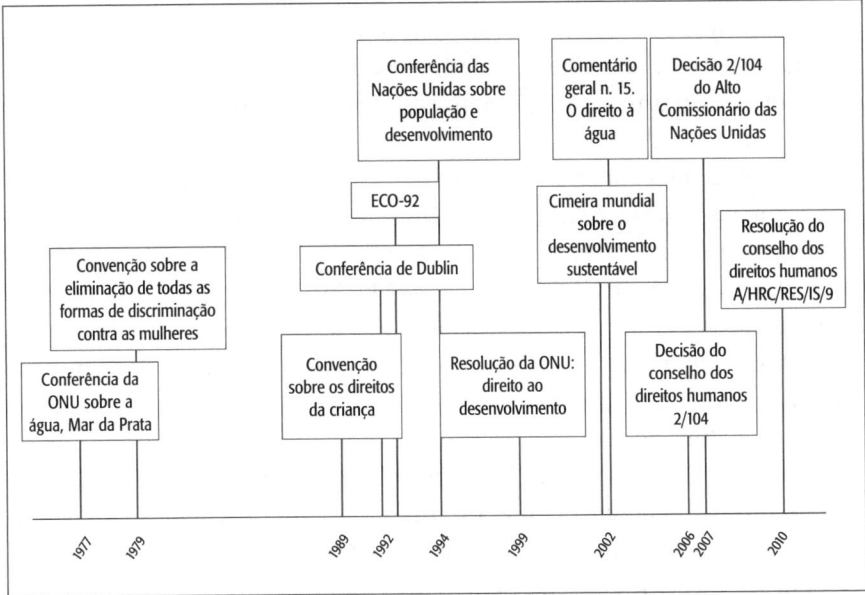

Figura 1 – Marcos importantes na trajetória do direito humano à água.

Fonte: elaborado pelos autores baseado em Salman e McInerney-Lankford (2004); OMS e Unicef (2011); Meier et al. (2013).

O direito humano à água sempre foi tratado de forma não vinculativa juridicamente, como um componente do direito à saúde, e só recentemente alcançou o *status* de um direito humano. Essa trajetória está ilustrada na Figura 1 e no texto a seguir.

A declaração dos direitos humanos proclamou que "toda pessoa tem direito a um padrão de vida capaz de assegurar a saúde e o bem-estar de si mesmo e de sua família". Reforçando esse aspecto, a Organização das Nações Unidas (ONU) também declara que "o gozo do mais alto nível possível de saúde é um dos direitos fundamentais de todo ser humano". Mas apesar de a água ser essencial à saúde, nenhuma atenção foi dada a ela no início do curso dos direitos humanos (Meier et al., 2013; Scanlon et al., 2004).

Somente em 1977 o direito à água foi reconhecido explicitamente pela ONU na Conferência das Nações Unidas sobre a Água, em Mar del Plata. Os delegados abordaram questões de abastecimento de água potável no Plano de Ação e propuseram o que se tornaria a primeira declaração da água como direito humano: "Todos os povos, seja qual for o seu estágio de desenvolvimento e as suas condições sociais e econômicas, têm direito a ter acesso à água potável em quantidade e qualidade suficientes às suas necessidades básicas" (Scanlon et al., 2004).

Nas convenções de 1979, sobre a eliminação de todas as formas de discriminação contra as mulheres, e de 1989, sobre os direitos da criança, a água é referida como um dos direitos que devem ser garantidos a esses grupos (OMS; Unicef, 2011).

Em 1992, duas conferências fizeram referência ao direito humano de ter acesso à água potável, a Conferência Internacional sobre Água e Meio Ambiente, em Dublin, e a Conferência das Nações Unidas sobre o Meio Ambiente e o Desenvolvimento (OMS; Unicef, 2011). Em 1994, o Programa de Ação proveniente da Conferência Internacional das Nações Unidas sobre População e Desenvolvimento afirma que todos os indivíduos têm direito a um nível de vida adequado para si próprio e para as suas famílias, incluindo alimentação, agasalhos, habitação, água e saneamento adequados (OMS; Unicef, 2011).

A Resolução n. 54/175 da Assembleia Geral da ONU, de 1999, que versa sobre o direito ao desenvolvimento, entrelaça o direito à água ao do desenvolvimento (Salman; Mcinerney-Lankford, 2004).

Em setembro de 2002, na Conferência Mundial sobre Desenvolvimento Sustentável, a água foi apresentada como requisito básico para garantir a dignidade humana. Em novembro do mesmo ano, a ONU publicou o Comentário Geral n. 15 sobre o direito à água. O comentário vincula o direito à água ao Acordo Internacional de 1966, nos arts. 11, "direito a um nível de vida adequado", e 12, "o direito ao grau de saúde mais elevado possível". O Comentário Geral n. 15 define obrigações fundamentais do direito à água, proíbe as violações a esse direito e esboça um roteiro político para os Estados implantarem progressivamente o acesso à água (Salman; Mcinerney-Lankford, 2004).

O Conselho dos Direitos Humanos em 2006 pediu ao gabinete do Alto Comissário das Nações Unidas para os Direitos Humanos um estudo detalhado sobre a abrangência e teor das obrigações relacionadas com o acesso equitativo à água. Esse relatório ficou pronto em 2007 com a conclusão de que é chegada a hora de considerar a água potável como um direito humano, definido como "direito a acesso igual e não discriminatório a uma quantidade suficiente de água potável" (Meier et al., 2013).

Em 2010, a Assembleia Geral da ONU, partindo do relatório do Alto Comissário de 2007, declarou a água potável e limpa como um direito humano autônomo sob a lei internacional, portanto, juridicamente vinculativa aos Estados.[1] A Resolução A/HRC/Res/15/9 "O Direito Humano a Água e Esgo-

---

[1] O direito à água e ao esgotamento sanitário torna-se um direito humano igual a todos os outros direitos humanos, implicando natureza judicial e executiva aos Estados Membros.

tamento Sanitário" foi aprovada por uma votação de 122 a 0, com 41 absten-ções. A resolução aprovada "reconhece o direito à água potável e limpa como um direito humano essencial para o pleno gozo da vida e todos os direitos humanos" e

> exorta os Estados e organizações internacionais a fornecer recursos financeiros, capacitação e transferência de tecnologia, por meio de assistência e cooperação internacional, em particular aos países em desenvolvimento, a fim de intensifi-car os esforços para fornecer água potável, segura, acessível e barata para todos. (OMS; Unicef, 2011; Meier et al., 2013)

DIREITO HUMANO E ÁGUA

A igualdade e a não-discriminação são princípios fundamentais dos direitos humanos. A Declaração Universal dos Direitos Humanos preconiza em seu art. 1º que "todos os seres humanos nascem livres e iguais em digni-dade e direitos" e no art. 2º explica que para atingir essa igualdade, a norma de não-discriminação deve ser acolhida: "toda pessoa tem direito a todos os direitos e as liberdades proclamadas na presente Declaração, sem distinção de qualquer espécie, seja de raça, cor, sexo, língua, religião, opinião política, origem nacional ou social, de fortuna, de nascimento ou qualquer outra condição" (ONU, 1948, p. 5)

O Pacto Internacional sobre Direitos Econômicos, Sociais e Culturais e o Pacto Internacional sobre Direitos Civis e Políticos reforçam que os direitos previstos na Declaração Universal dos Direitos Humanos abrangem todos "sem qualquer tipo de discriminação de raça, cor, sexo, língua, religião, polí-tica ou outra opinião, origem nacional ou social, riqueza, nascimento ou qualquer outra condição". As razões proibidas de discriminação são apresen-tadas no Quadro 1 (Satterthwaite, 2012a).

Quadro 1 – Razões proibidas de discriminação no âmbito dos direitos humanos.

• Raça ou cor	• Incapacidade
• Sexo, gênero e identidade de gênero	• Orientação sexual
• Língua	• Religião
• Idade	• Política ou outra opinião
• Status familiar	• Origem social ou nacional

(continua)

Quadro 1 – Razões proibidas de discriminação no âmbito dos direitos humanos. (*continuação*)

• *Status* de saúde	• Etnicidade
• Situação econômica ou social	• Descendência
• Patrimônio ou naturalidade	• Outros *status*

Fonte: Satterthwaite (2012a).

A Assembleia Geral das Nações Unidas e o Conselho de Direitos Humanos das Nações Unidas, ao reconhecer o acesso à água como um direito humano, garantem a não-discriminação para todos os grupos do Quadro 1 (Kayser et al., 2013).[2]

Sendo um direito humano o acesso à água, várias dimensões devem ser consideradas: "a adequação da água precisa ser tratada mediante análise da disponibilidade,[3] qualidade[4] e acessibilidade física[5] e financeira" (CESCR, 2011). No entanto, a partir da perspectiva de uma abordagem baseada nos direitos humanos, deve-se também considerar dimensões tais como igualdade,[6] responsabilidade e participação (Luh; Baum; Bartram, 2013).

Porém, a ONU recomenda que a universalização do direito humano à água deve ser alcançada de forma progressiva (Kayser et al., 2013).[7] O princípio de progressividade reconhece que os Estados podem estar limitados pelas condições prévias e recursos disponíveis e, portanto, o cumprimento é

---

[2] Não-discriminação: princípio legal que proíbe o tratamento menos favorável para indivíduos ou grupos de etnia, sexo, religião, classe social ou qualquer outra condição. No contexto da água, a não-discriminação exige que nenhum grupo tenha um tratamento menos favorável (Satterthwaite, 2012b).

[3] Disponibilidade: cada pessoa deve ter acesso à água para seu uso pessoal ou doméstico de forma suficiente e contínua (CESCR, 2011).

[4] Qualidade: a água para uso pessoal ou doméstico não pode constituir ameaça à saúde, devendo ser livre de microrganismos, substâncias químicas e de riscos radiológicos, ou seja, segura (CESCR, 2011).

[5] Acessibilidade física: A água suficiente e segura deve estar acessível nas imediações dos agregados familiares, sem discriminação (CESCR, 2011).

[6] Igualdade: obrigação juridicamente vinculativa para garantir que todos gozem de seus direitos, independentemente de *status*, raça, sexo, classe, casta, ou outros fatores. No contexto da água, a igualdade exige uma melhoria progressiva para acabar com as diferenças de abastecimento de água entre grupos mais favorecidos e marginalizados (Satterthwaite, 2012b).

[7] Universalização: princípio fundamental de que todos, como seres humanos, têm direitos iguais. No contexto da água, a universalidade requer que os serviços sejam fornecidos a todos, inclusive àqueles mais difíceis de serem alcançados (Satterthwaite, 2012b).

atingido quando um Estado mostra progressos para a realização do acesso universal (Luh; Baum; Bartram, 2013).

Enquanto universalidade consiste em garantir o acesso de todos, a igualdade busca o nivelamento por cima ou trabalho progressivo para melhorar os níveis de serviços de abastecimento de água dos grupos marginalizados. A igualdade pressupõe melhorias graduais para atenuar as diferenças nos níveis de coberturas dos grupos, mas isso não significa que todo mundo deve se beneficiar com as mesmas soluções técnicas ou o mesmo nível de serviço (Satterthwaite, 2012b).

Em suma, o que se busca é a equidade, justiça e respeito à igualdade de direitos de forma progressiva. A equidade é o imperativo moral para desmantelar diferenças injustas. No contexto da água, a equidade requer o foco em grupos marginalizados, especialmente os mais pobres e carentes (Satterthwaite, 2012b).

Porém, no contexto jurídico, a equidade acaba por não ter validade, uma vez que os direitos humanos trabalham com os termos igualdade e não-discriminação (Satterthwaite, 2012a). No entendimento jurídico, o termo equidade refere-se à sensação subjetiva de "justiça" de um determinado tomador de decisões ou analista. Nessa perspectiva, o termo traz riscos reais no âmbito dos direitos humanos (Satterthwaite, 2012a).

Porém, em relação ao direito humano à água, os termos equidade e igualdade têm sido usados como sinônimos ou como termos indissociáveis, sendo o termo "equidade" designado para realçar a importância de se alcançar a meta de universalização. Nesse sentido, em relação aos direitos humanos à água, a equidade pode se entrelaçar à igualdade na obrigação juridicamente vinculativa para garantir a universalização dos serviços de abastecimento de água (Satterthwaite, 2012a).

POBREZA E DISCRIMINAÇÃO NO ACESSO À ÁGUA

Em escala global, a inequidade de acesso à água é um fato bastante marcante. O relatório da OMS e Unicef (2011) evidenciou essa realidade quando todos os países foram comparados quanto à proporção da população que desfrutava de fontes adequadas de água. Essa discrepância está visualmente demonstrada na Figura 2. O estudo de Kirigia e Kirigia (2007) comparando países por classes de renda descobriu que nos países pobres a porcentagem de população urbana sem acesso sustentável a fonte adequada de água é 104 vezes maior do que nos países ricos.

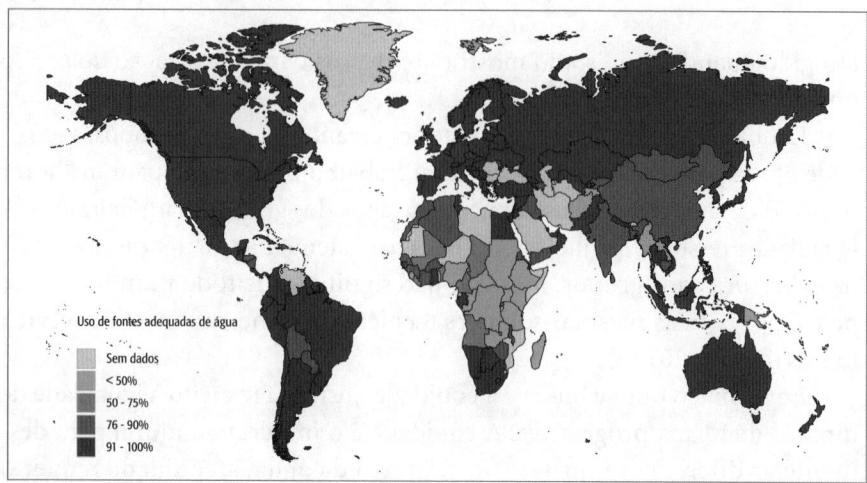

Figura 2 – Utilização mundial de fontes adequadas de água em 2008.
Fonte: OMS e Unicef (2011).

A crise da água é acima de tudo uma crise dos pobres. Um terço das pessoas que não têm acesso à água vive com menos de USD 1,00 por dia e dois terços com menos de USD 2,00 (UNDP, 2006).

A desigualdade no acesso à água também é notada dentro dos países, quando avaliados os grupos de renda. Países que ostentam uma elevada porcentagem de população que utiliza fontes adequadas de água potável, como a Comunidade de Estados Independentes e da América Latina e do Caribe, apresentam disparidades significativas entre os grupos mais ricos e mais pobres, como pode ser visto na Figura 3 (OMS; Unicef, 2011).[8]

Outros trabalhos também apresentaram resultados semelhantes, como o relatório do UNDP (2006), que fez uma análise em 17 países em desenvolvimento e concluiu que a disponibilidade de água para o quintil mais rico foi em média 85%, enquanto no quintil mais pobre a cobertura média foi de 25%. Esse mesmo relatório apresenta que, para um vasto número de países, a razão entre a cobertura dos 20% mais ricos e os 20% mais pobres é de 4:1 ou 5:1.

Alguns dos casos desse relatório estão representados na Figura 4, como o do Peru, em que praticamente toda a população que se encontra entre os 20% mais ricos do país têm acesso à água encanada em suas casas, porém mais de 65% dos que se encontram entre os 20% mais pobres têm de comprar a sua água de caminhões-tanque (UNDP, 2006).

---

[8] Análise realizada através de quintis de renda, ou seja, a população é dividida em 5 classes de renda nas quais cada grupo conta com 20% da população total.

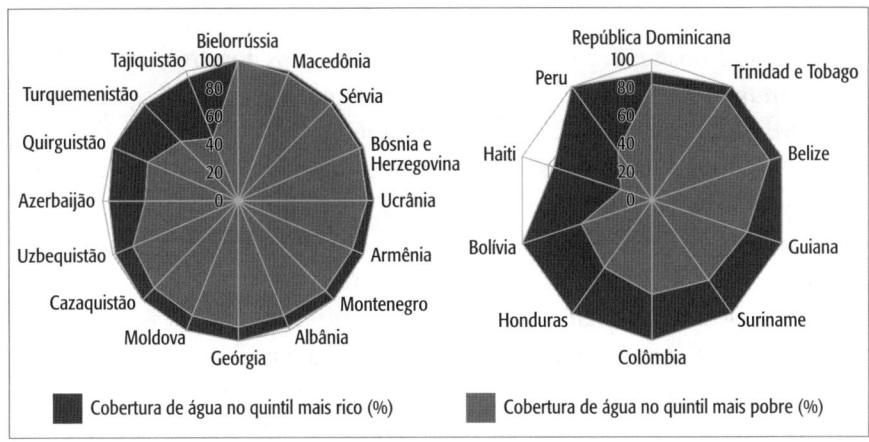

Figura 3 – Diferença entre os 20% mais ricos e os 20% mais pobres na proporção da população que utiliza uma fonte adequada de água potável, para países selecionados na América Latina e no Caribe e na Comunidade de Estados Independentes.

Fonte: OMS e Unicef (2011).

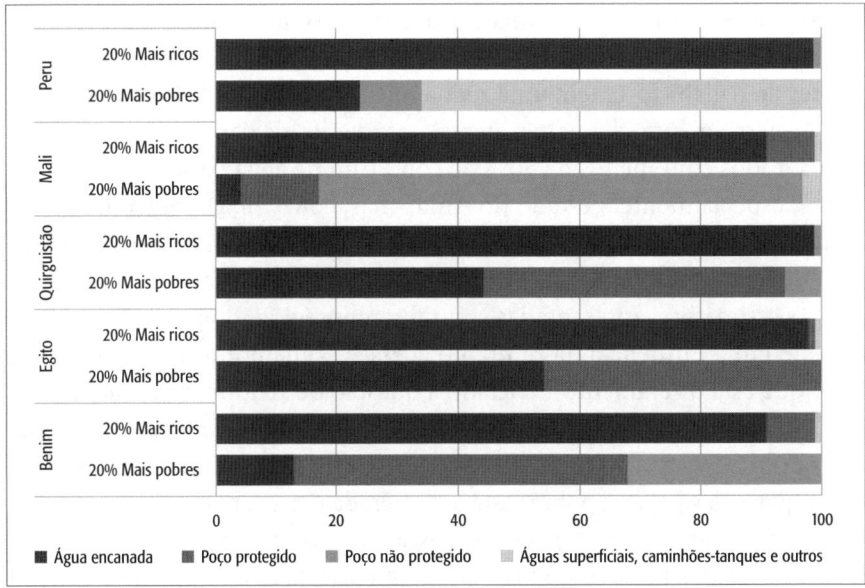

Figura 4 – Diferença entre os 20% mais ricos e os 20% mais pobres na proporção da população que utiliza uma fonte adequada de água potável.

Fonte: UNDP (2006).

É importante destacar que a desigualdade não é restrita apenas ao acesso: em grande parte dos países pobres as pessoas de baixa renda obtêm menos água, água menos segura, e, além disso, pagam alguns dos preços mais elevados do mundo. Exemplos disso são as pessoas que vivem nas favelas da Indonésia, Manila, nas Filipinas, e Nairóbi, no Quênia, as quais pagam de 5 a 10 vezes mais do que as famílias ricas de suas próprias cidades e mais do que a média praticada em Londres e Nova York. Em El Salvador, Jamaica e Nicarágua, as pessoas do quintil de mais pobres gastam 10% de sua renda familiar com água (UNDP, 2006).

No panorama brasileiro, a questão da discriminação no acesso à água em razão da pobreza é grave, pois apesar de as médias apontarem que mais de 91% dos brasileiros contam com fontes adequadas de água (Figura 2), essa realidade é muito diferente quando considerado o quintil mais pobre, no qual somente 68,6% da população conta com fontes adequadas de água[9] (Figura 5).

Para o quintil mais rico, praticamente não há diferença entre as regiões e estados do Brasil, pois quase todos os estados apresentam médias acima de 95%. O mesmo não ocorre para o quintil mais pobre, já que nas regiões Sul e Sudeste a cobertura para esse quintil é de mais de 85% e nas regiões Norte e Nordeste, menor que 60%. Isso provavelmente se deve à diferença de nível de pobreza entre as regiões, uma vez que os 20% mais pobres da região Sul contam com renda mensal *per capita* de R$ 343,00, enquanto os 20% mais pobres da região Norte têm uma renda mensal *per capita* de R$ 113,00.

Negativamente, chamam a atenção os estados do Amazonas, Acre e Roraima, todos com menos de 50% de cobertura de água para o quintil mais pobre, especialmente o estado do Amazonas, com 7%. Do outro lado, São Paulo, Espírito Santo e Rio Grande do Sul se destacam positivamente, todos com uma cobertura acima de 90% para o quintil mais pobre.

As estimativas apresentadas em diferentes regiões do mundo e no Brasil refletem a influência da renda no acesso à água potável. Porém, outro fator que está diretamente associado à questão do rendimento domiciliar e que intervém no acesso a esse serviço é a localização espacial da população mais pobre. De acordo com Albuquerque (2012), na maioria dos países, a maior parte das pessoas pobres está aglomerada em assentamentos informais e favelas, o que dificulta a inserção dessa parcela da população nas estatísticas oficiais dos países em razão da ilegalidade dos assentamentos e acaba promovendo a discriminação e falta de acesso aos serviços de saneamento básico.

---

[9] Análise feita pelos autores considerando acesso adequado à água como: domicílios com abastecimento de água da rede geral, de água de poço, cisterna para armazenamento de água da chuva ou nascente na propriedade.

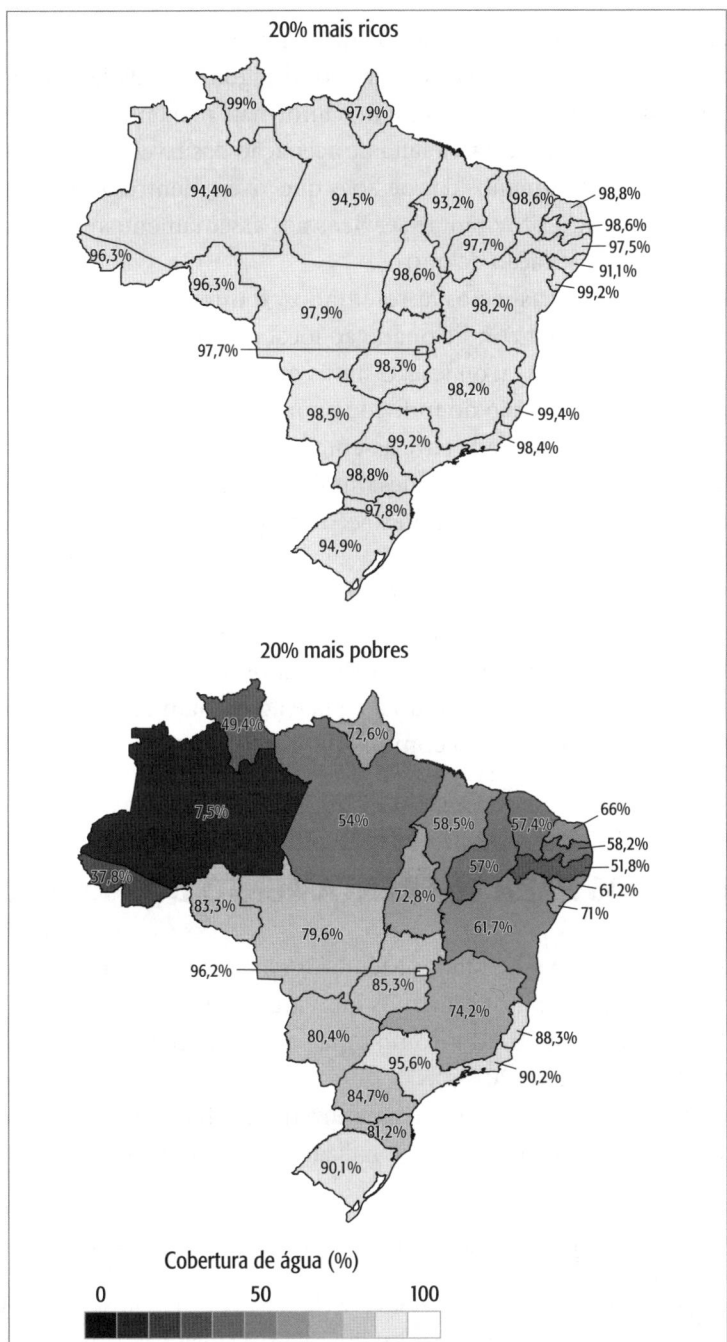

Figura 5 – Cobertura dos serviços de abastecimento de água nos estados brasileiros.

Fonte: elaborado pelos autores com dados do IBGE (2010).

Albuquerque (2012) incita ainda que, apesar de haver razões técnicas[10] para não prover acesso formal aos serviços de água, a verdadeira razão para as pessoas que vivem em assentamentos informais não terem esse acesso é o estado de posse de suas terras, a falta de aceitação das favelas e de reconhecimento dos direitos humanos das pessoas que vivem dentro delas.[11] As autoridades temem que a provisão de serviços aos assentamentos irregulares legitime e estimule a criação de outros.

Não obstante os aspectos apresentados, o direito à água é um direito humano e não pode ser condicionado ao local em que a pessoa vive ou à legalidade da posse de terra, ou seja, o status de ilegal não pode recair sobre o indivíduo. A discriminação do indivíduo com base no lugar em que ele vive é particularmente encontrada para assentamentos informais, uma vez que as prestadoras de serviços e autoridades municipais usam o *status* de ilegalidade dos assentamentos para negar a prestação adequada de serviços de abastecimento de água (Albuquerque, 2012).

É fato que para alguns assentamentos existem impedimentos legais para o atendimento, porém os Estados Membros da ONU "devem enfrentar seus problemas de posse de terra, pois não são isentos da sua obrigação de implementar progressivamente o direito a água e ao esgotamento sanitário para todas as pessoas, começando com os marginalizados e mais vulneráveis" (Albuquerque, 2012, p. 125).

ESTRATÉGIAS PARA ENFRENTAMENTO DO PROBLEMA

Com a obrigação dos Estados Membros em acabar com a discriminação no acesso à água, os direitos humanos individuais da não-discriminação e da igualdade devem ser encarados como uma parte essencial de suas agendas de equidade (Satterthwaite, 2012a).

Porém, é necessário tornar a água um direito humano real, ou seja, os governos devem legitimar e institucionalizar o direito humano à água. Devem

---

[10] Falta de planejamento, ruas estreitas e ambiente perigoso, tornando a prestação de serviço mais complexa.

[11] A questão cerne é como os governos percebem o abastecimento de água, pois dessa visão partirão as políticas públicas na área. A primeira visão é que todos os cidadãos devem gozar do seu direito humano à água, sendo a água tratada como um bem público. Nessa visão, a água não pode ser comercializada como uma *commodity* normal, portanto não pode ser possuída por indivíduos ou empresas privadas. Na outra visão, o abastecimento de água é um serviço pelo qual as pessoas têm de pagar num mercado de demanda e oferta.

preparar planos nacionais apoiados por financiamento e estratégias claras para a superação das desigualdades. O setor privado pode ter o papel de fornecer o acesso, mas o financiamento público é a chave para superar os problemas de falta de acesso de água nas favelas (UNDP, 2006). Dessa forma, a integração das ações é ponto chave no enfrentamento do problema (Guimarães et al., 2016).

Segundo o UNDP (2006), nos últimos anos o debate internacional sobre o direito humano à água tem sido polarizado sobre os papéis adequados dos setores privado e público. Vários países que fizeram concessões para os serviços de abastecimento de água não tiveram o retorno esperado na universalização dos serviços. A experiência desses países aponta para a necessidade de maior cautela, regulação e um compromisso com a equidade nas parcerias público-privadas, sendo mais relevantes os seguintes aspectos:

- O setor de água tem muitas características de um monopólio natural. Se o Estado não contar com uma forte capacidade reguladora para proteger o interesse público, há perigos do abuso monopolista. Em muitos países tem sido difícil estabelecer entidades reguladoras independentes, o que leva à interferência política e a não-prestação de contas.
- Em países em que a falta de acesso está concentrada nas populações pobres, o financiamento público é essencial, independentemente de a operadora ser pública ou privada.
- É importante que os governos incorporem nos contratos com as operadoras os mercados informais de água e o atendimento de assentamentos ilegais e precários.
- Atrelada à realidade de algumas operadoras terem receitas muito baixas para manter um sistema viável, recomenda-se o aumento das taxas de água a valores mais realistas para melhorar a eficiência da gestão.

De maneira geral, alguns princípios devem ser seguidos para melhorar a questão da não-discriminação dos mais pobres no acesso à água (Satterthwaite, 2012b):

- Priorizar o acesso básico.
- Realização progressiva para reduzir as desigualdades.
- Combater as desigualdades espaciais, como aquelas experimentadas por comunidades em áreas rurais remotas e moradores de favelas.
- Concentrar os esforços nas desigualdades, com foco nos mais pobres.

As recomendações oficiais da ONU estão apresentadas no Quadro 2.

Quadro 2 – Recomendações da ONU para os países acabarem com a desigualdade no acesso à água, especificamente em relação à pobreza.

• Ter legislações que obriguem o próprio governo e as operadoras a praticar esse direito	• Promover a governança da água
	• Desenvolver e expandir sistemas de regulação
• Colocar a água como centro da estratégia para redução da pobreza	• Promulgar legislação que empodere as pessoas a pressionar as operadoras
• Aumentar os investimentos específicos para essas áreas	• Desenvolver sistemas regulatórios que sejam eficazes e politicamente independentes, sem interferências dos prestadores de serviços
• Incorporar nos contratos de concessão critérios claros para a equidade e extensão do acesso a preços acessíveis para as famílias pobres	
• Utilizar subsídios cruzados[12]	• Utilizar as tarifas sociais[13]
• Estabelecer metas claras de equidade para as prestadoras e cobrar que elas prestem contas	• Utilizar índices de correção de tarifa pela complexidade social[14]

Fonte: UNDP (2006); Albuquerque (2012).

Para o vencimento da questão do não-acesso à água pelos pobres, qualquer estratégia adotada deve se basear no conhecimento do problema.

AVALIANDO A SITUAÇÃO E A EVOLUÇÃO

Avaliar a situação e a evolução em relação ao direito à água para os mais pobres tem sido o foco de vários trabalhos de organizações internacionais e da comunidade científica. O consenso é que as médias não são capazes de captar o problema e outros métodos devem ser empregados para identificar grupos de alto risco. Dessa forma, o monitoramento pode contribuir para que os formuladores de políticas possam priorizar esforços e recursos. O objetivo central,

---

[12] Os subsídios cruzados transferem recursos de famílias com maior renda para famílias de baixa renda, por meio de preços diferenciados, como na Colômbia ou na Argentina.

[13] Tarifa mais baixa para os pobres subsidiada pelo governo ou como é feito na África do Sul, em que pessoas pobres só começam a pagar pelo serviço de abastecimento de água a partir de 25 litros.

[14] Cada município tem uma complexidade social diferente, portanto é justificada a correção da tarifa baseada nesse fator. Por exemplo, a agência reguladora pode permitir que uma operadora que abastece um município com favelas tenha uma tarifa maior do que outra operando em um município sem favelas.

independentemente da metodologia adotada, é que se possa identificar a discrepância no abastecimento de água entre os pobres e entre aqueles em melhor situação (Giné-Garriga; De Palencia; Pérez-Foguet, 2013).

Dados de renda familiar dos censos demográficos podem ser utilizados para analisar a proporção de famílias de baixa renda, último quintil, que recebem cada nível de serviço (OMS; Unicef, 2011). Análises estatísticas de dispersão podem ser utilizadas, como desvio padrão, coeficiente de Theil (Cullis; Van Koppen, 2007; Kirigia; Kirigia, 2007; Paho, 2007) e índices de igualdade (Satterthwaite, 2012a). Medir a melhoria dos serviços de atendimento específicos para certos grupos, como os pobres, pode contribuir no direcionamento das políticas e agendas de equidade dos governos.

Aqui são retratadas uma nova forma de avaliar a situação e a evolução da desigualdade no acesso à água e uma avaliação da situação para o estado do Amazonas, que apresenta a maior discrepância entre os mais ricos e os mais pobres em relação à cobertura dos serviços de abastecimento de água no Brasil, conforme ilustrado na Figura 5.

A proposta é utilizar a curva de concentração e o índice de concentração, que são métodos bastante comuns na área da saúde.

Na curva de concentração, o eixo das ordenadas representa o percentual cumulativo dos moradores com privação de acesso à água[15] e o eixo das abscissas representa o percentual cumulativo da população, ordenado pela renda. No mesmo gráfico é plotada uma linha de igualdade entre as proporções, formando uma reta. Quanto maior a diferença entre a linha de igualdade e a curva de concentração, maior será a desigualdade no acesso à água entre a parte mais rica da população e a parte mais pobre.

Os gráficos que seguem (Figura 6) apresentam as curvas de concentração da desigualdade na privação de acesso à água ponderada pelas características socioeconômicas da população para todos os municípios do estado do Amazonas.

Pelas curvas de concentração é possível realizar algumas interpretações. A primeira é bastante simples e está relacionada com o nível de desigualdade no acesso à água. Em razão da renda, quanto maior a distância (área) entre a curva de concentração calculada e a linha de igualdade, maior a desigualdade. No caso, municípios como Anori, Itapiranga e Parintins apresentam uma desigualdade acentuada e municípios como Caapiranga, Careiro da Várzea, Lábrea e Tonantins quase não apresentam desigualdade no acesso à água.

---

[15] Privação de acesso à água: moradores que não têm abastecimento de água por rede geral, poço, nascente ou armazenamento de água da chuva por cisterna.

Outra interpretação possível diz respeito à direção da desigualdade. Se a curva de concentração se encontra acima da linha de igualdade, significa que a maior proporção de eventos adversos está entre as pessoas mais pobres. No caso, para todos os municípios, a curva de concentração está acima da linha de pobreza, ou seja, em todos os municípios, a concentração de moradores sem água acumula-se numa faixa de população mais pobre.

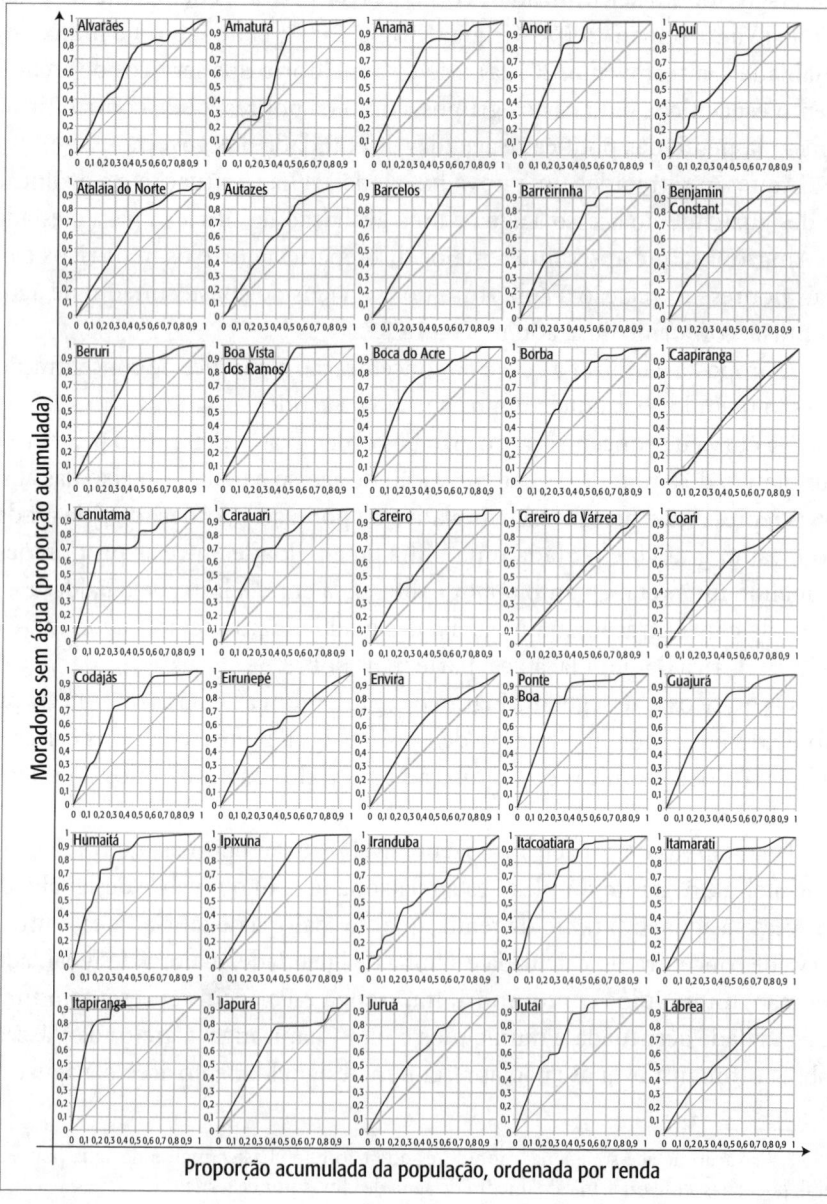

(continua)

(*continuação*)

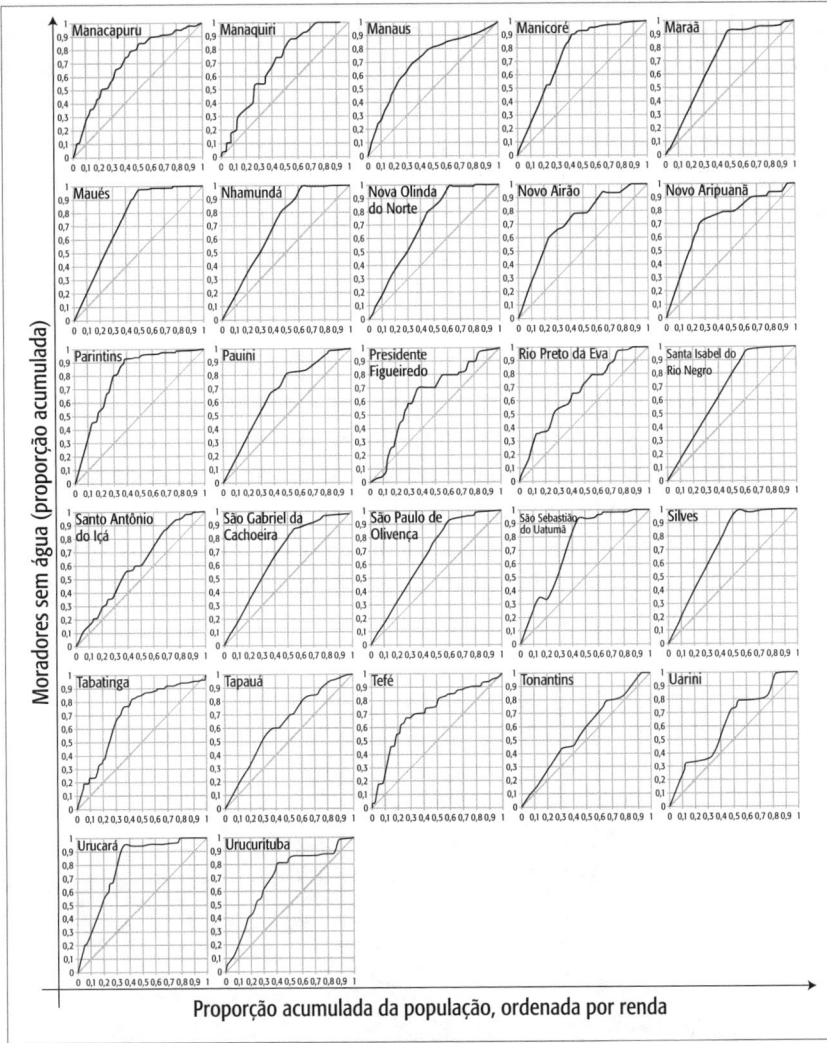

Figura 6 – Curvas de concentração de privação de acesso à água ordenada pela renda em municípios do Amazonas.

Fonte: elaborado pelos autores com dados do IBGE (2010).

Por último, é possível interpretar o gráfico individualmente para se vislumbrar o cruzamento entre as proporções acumuladas de moradores sem água e a população por renda. O exemplo mais típico é o do município de Barcelos, em que exatamente no ponto de inflexão da curva de concentração é possível fazer a leitura: 100% dos moradores sem água estão entre os 60% mais pobres. Alguns exemplos interessantes de alta concentração para o estado do Amazonas: o município de Itapiranga, em que pelo primeiro ponto de inflexão lê-se que 80% dos moradores sem acesso à água estão entre os 20% mais pobres; Parintins, em que 92% dos moradores sem água estão entre os 40% mais pobres; e Urucará, em que 95% dos moradores sem acesso à água estão entre os 35% mais pobres.

Porém, para comparar a desigualdade entre um grande número de regiões geográficas, é possível utilizar um índice de resumo da curva de concentração, o índice de concentração. O índice permite a noção de magnitude e direção da desigualdade, sendo um valor entre -1 e 1. Quanto mais distante de zero, maior a desigualdade. Se for negativo, o índice mostra uma direção de concentração de eventos adversos nos mais pobres e se for positivo, o contrário. Na Figura 7, estão apresentados os índices de concentração de privação de acesso à água para todos os municípios do estado do Amazonas.

Vale notar que o índice serve somente para comparação entre regiões geográficas e que as curvas devem ser observadas para interpretações mais aprofundadas, uma vez que não é somente a área formada entre a curva de concentração e a linha de igualdade que é importante, o formato da curva também é essencial.

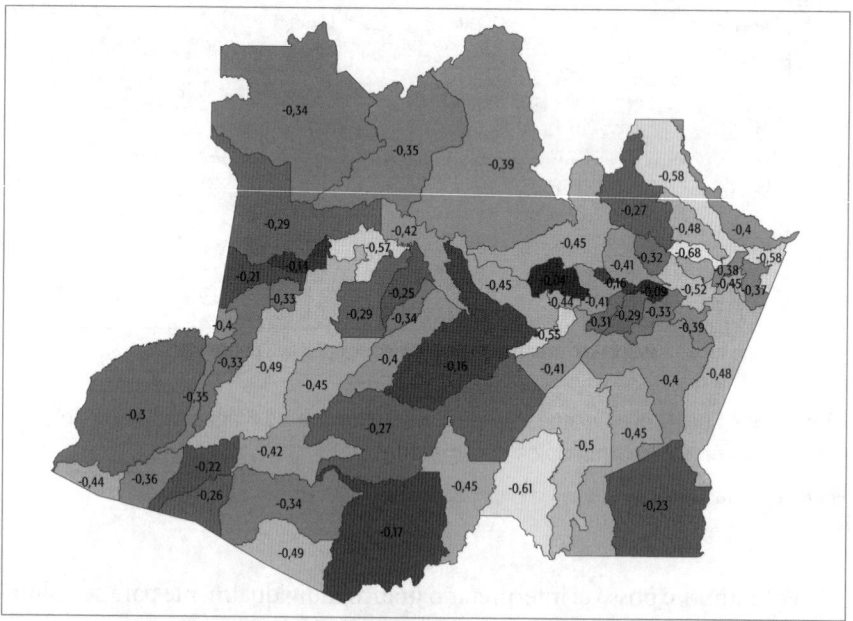

Figura 7 – Índices de concentração de privação de acesso à água por município do estado do Amazonas.

Fonte: elaborado pelos autores.

Analisando os Índices de Concentração para os municípios do Amazonas nota-se que, entre os 62 municípios pertencentes ao Estado, Humaitá, Itapiranga, Parintins, Ucará e Fonte Boa são os que apresentam maior desigualdade no acesso à água. Em contrapartida, Careira da Várzea, Tonantins, Coari, Iranduba e Lábrea destacam-se como os municípios com menor desigualdade entre as faixas de renda no acesso à água.

CONSIDERAÇÕES FINAIS

As discussões acerca da universalização dos serviços de saneamento e garantia de uma vida digna a todos os seres do planeta têm ganhado destaque mundialmente, principalmente no final do século passado e início do século XXI, por exemplo, com os esforços dos Objetivos do Desenvolvimento do Milênio (ODM) e dos Objetivos de Desenvolvimento Sustentável (ODS). Entre os 8 Objetivos e as 18 Metas de Desenvolvimento do Milênio adotados pela ONU está a Meta 7c, que estabelece que todos os países participantes do acordo devem reduzir pela metade até o ano de 2015 a proporção de pessoas sem acesso adequado à água potável e esgotamento sanitário.

Com a premissa de complementar o trabalho iniciado pelos ODM e responder aos novos desafios, a ONU lançou em 2015 os ODS. Entre os ODS está o Objetivo 6, de "assegurar a disponibilidade e gestão sustentável de água e saneamento para todos, tendo como meta alcançar até 2030 o acesso universal e equitativo à água potável, segura e acessível para todos" (ONU, 2015).

No que se refere à água potável, a meta dos ODM em âmbito global, foi alcançada no ano de 2010. Em 2015, esse valor chegou a 91%, o que significa que, no período de 1990 a 2015, 2,6 bilhões de pessoas passaram a ter acesso adequado à água potável em todo o mundo (JMP, 2015). No entanto, apesar de a meta universal de número de pessoas com acesso à água potável ter sido alcançada, segundo o Joint Monitoring Programme for Water Supply and Sanitation (JMP), 663 milhões de pessoas ainda utilizam fontes inadequadas de água (JMP, 2015).

No contexto brasileiro, o cenário do acesso à água potável demonstra que em 1990 78% da população tinha acesso à água potável encanada e segundo o Programa de Monitoramento Conjunto do Fundo da ONU para a Infância e da OMS, em 2012, essa porcentagem aumentou para 92% (JMP, 2014). Nas áreas urbanas, o acesso à água potável aumentou 5% entre 1990 e 2012, totalizando 97% da população com acesso à rede de água. Esses aspectos evidenciam que, no que se refere ao acesso da população à água potável, o Brasil cumpriu a meta nacional estabelecida para 2015.

Apesar da melhoria do desempenho nos indicadores nacionais de acesso à água potável, esses valores mascaram um problema altamente significativo: a disparidade da cobertura dos serviços, quando levada em consideração a heterogeneidade das áreas populacionais, principalmente o problema de baixa cobertura desses serviços em áreas de vulnerabilidade social, como os assentamentos precários (Sabbioni, 2008; CEM, 2013). Esses assentamentos configuram-se em áreas em que os sistemas de água acabam não conseguindo atender a demanda por uma série de fatores, como impedimento de legislação, condições impróprias para implantação de redes de serviços ou mesmo incapacidade financeira para implantação dos equipamentos urbanos necessários (CEM, 2013; Ferreira et al., 2006).

Apesar da universalização do acesso ao saneamento ser um dos princípios fundamentais da Política Nacional de Saneamento Básico (Lei n. 11.445, de 5 de janeiro de 2007), não há indicadores consolidados nos sistemas nacionais que possibilitem monitorar e diagnosticar a desigualdade no acesso entre os setores de uma determinada região.

Esses enfoques demonstram que do ponto de vista global e nacional permanece o desafio da universalização dos serviços de abastecimento de água. O enfrentamento dessa situação demanda que os diversos atores relacionados com o abastecimento de água potável, principalmente as operadoras, agências reguladoras, o governo e a sociedade civil estejam preparados para agir em conjunto e assim fornecer melhores serviços para as populações desfavorecidas, considerando suas especificidades (Murphy et al., 2009; Bakker et al., 2008). A indução de investimentos permanentes em programas de melhoria de infraestrutura visando sanar debilidades é uma responsabilidade compartilhada dos atores principais, ou seja, governo (nos três eixos, federal, estadual e municipal), empresas operadoras e a comunidade.

A avaliação das desigualdades no acesso à água é essencial para diagnosticar e monitorar a situação dos serviços de saneamento, fornecendo respaldo para que os governos municipais, estaduais e federais formulem e implementem políticas públicas de incentivos e desincentivos e direcionem recursos (humanos e financeiros) para as áreas mais críticas, indo ao encontro da universalização progressiva expressa na Política Nacional de Saneamento Básico.

O método exposto neste capítulo fornece um exemplo de diagnóstico da desigualdade no acesso à água potável no estado do Amazonas, explicitando informações que ficam escondidas nos atuais indicadores utilizados, baseados em médias. O método também possibilita avaliar as disparidades intermunicipais e comparar unidades geopolíticas, de forma que os governos possam alocar recursos e estruturas para as áreas prioritárias em que a desigualdade é maior, além de monitorar os avanços em direção à universalização. Essas avaliações são peças chave na melhoria do planejamento da tomada de decisão, para que se consiga alcançar as metas de universalização requeridas pelas comunidades, fundamentadas pelos acordos internacionais e o arcabouço legal existente no Brasil.

Os resultados da avaliação para o estado do Amazonas exprimem que a renda *per capita* é um dos principais fatores de desigualdade no acesso à água. Na perspectiva dos direitos humanos, há várias propostas de soluções, sendo o financiamento público e a integração de ações fatores essenciais para superar os problemas de falta de acesso nas áreas de pobreza. Mas o primeiro passo para o enfrentamento desse problema, inquestionavelmente, é conhecê-lo. Nesse sentido, este capítulo apresenta uma forma de avaliar a situação e o progresso da provisão dos serviços de água para os mais pobres.

AGRADECIMENTO

Agradecemos o apoio para o projeto de pesquisa "*Benchmarking* para universalização dos serviços de água e esgoto nos municípios das bacias hidrográficas dos rios Piracicaba, Capivari e Jundiaí " (processo n. 2015/23382-1) da Fundação de Amparo à Pesquisa do Estado de São Paulo (Fapesp), e as bolsas de pesquisa do Conselho Nacional de Desenvolvimento Científico e Tecnológico (CNPq) e Coordenação de Aperfeiçoamento de Pessoal de Nível Superior (Capes).

REFERÊNCIAS

ALBUQUERQUE, C. *On the right track:* good practices in realising the rights to water and sanitation. Lisboa: Arsar, 2012.
BAKKER, K. et al. Governance failure: rethinking the institutional dimensions of urban water supply to poor households. *World Development*, v. 36, n. 10, p. 1.891-1.915, 2008.
[CEM] CENTRO DE ESTUDOS DA METRÓPOLE. Diagnóstico dos assentamentos precários nos municípios da Macrometrópole Paulista: segundo relatório. São Paulo: CEM/Cebrap/Fundap, 2013.
[CESCR] COMMITTEE ON ECONOMIC, SOCIAL AND CULTURAL RIGHTS. *General Comment n. 15:* the right to water. Site da ONU, 2011. Disponível em: <http://www.refworld.org/docid/4538838d11.html>. Acesso em: 11 nov. 2015.

CULLIS, J.; VAN KOPPEN, B. Applying the Gini coefficient to measure inequality of water use in the Olifants river water management area, South Africa. *Research Report n. 113]*. Colombo (Sri Lanka): International Water Management Institute, 2007, p. 26.

DE PALENCIA, A. J.-F.; PÉREZ-FOGUET, A. Implementing pro-poor policies in a decentralized context: the case of the Rural Water Supply and Sanitation Program in Tanzania. *Sustainability Science*, v. 6, n. 1, p. 37-49, 2011.

FERREIRA, M. P.; DINI, N. P.; FERREIRA, S. P. Espaços e dimensões da pobreza nos municípios do estado de São Paulo: Índice Paulista de Vulnerabilidade Social (IPVS). *São Paulo em Perspectiva*, v. 20, p. 5-17, 2006.

GINÉ-GARRIGA, R.; DE PALENCIA, A.J.-F.; PÉREZ-FOGUET, A. Water – sanitation – hygiene mapping: an improved approach for data collection at local level. *Science of the Total Environment*, v. 463-464, n. 1, p. 700-711, 2013.

GUIMARÃES, E. F.; MALHEIROS, T. F.; MARQUES, R. C. Inclusive governance: new concept of water supply and sanitation services in social vulnerability areas. *Utilities Policy*, v. 41, p. 1-15, 2016.

[IBGE] INSTITUTO BRASILEIRO DE GEOGRAFIA E ESTATÍSTICA. *Censo demográfico 2010*. Disponível em: <http://www.ibge.gov.br/home/estatistica/populacao/censo2010/default.shtm> Acesso em: 4 mar. 2016.

[JMP] JOINT MONITORING PROGRAMME OF WORLD HEALTH ORGANIZATION. Progress in drinking water and sanitation – 2014 Update. Switzerland: World Health Organization, 2014. Disponível em: <http://www.wssinfo.org/>. Acesso em: 24 nov. 2017.

_____. The Millenium Development Goals Report 2015. Switzerland: World Health Organization, 2015. Disponível em: <http://www.wssinfo.org/>. Acesso em: 24 nov. 2017.

KAYSER, G. L. et al. Domestic water service delivery indicators and frameworks for monitoring, evaluation, policy and planning: a review. *International Journal of Environmental Research and Public Health*, v. 10, n. 1, p. 4.812-4.835, 2013.

KIRIGIA, D. G.; KIRIGIA, J. M. Inequalities in selected health-related Millennium Development Goals indicators in all WHO Member States. *African Journal of Health Sciences*, v. 14, n. 3-4, p. 171-186, 2007.

LUH, J.; BAUM, R.; BARTRAM, J. Equity in water and sanitation: developing an index to measure progressive realization of the human right. *International Journal of Hygiene and Environmental Health*, v. 216, n. 1, p. 662-671, 2013.

MEIER, B. M. et al. Implementing an evolving human right through water and sanitation policy. *Water Policy*, v. 15, n. 1, p. 116-133, 2013.

MURPHY, H. M.; MCBEAN, E. A.; FARAHBAKHSH, K. Appropriate technology: a comprehensive approach for water and sanitation in the developing world. *Technology in Society*, v. 31, p. 158-167, 2009.

[OMS] ORGANIZAÇÃO MUNDIAL DA SAÚDE; [UNICEF] UNITED NATIONS INTERNATIONAL CHILDREN'S EMERGENCY FUND. Drinking water equity, safety and sustainability: thematic report on drinking [Joint Monitoring Programme for Water Supply and Sanitation]. Geneva (Switzerland): WHO/UNICEF/UN, 2011, p. 24. Disponível em: <https://data.unicef. org/wp-content/uploads/2015/12/DrinkingWater_Report_31.pdf>. Acesso em: 10 set. 2015.

_____. Ending inequalities: a cornerstone of the post-2015. Site da WHO/UNICEF, 2015. Disponível em: <http://www.wssinfo.org/fileadmin/user_upload/resources/Ending-Inequalities-ENLowRes.pdf>. Acesso em: 10 set. 2015.

[ONU] ORGANIZAÇÃO DAS NAÇÕES UNIDAS. *Objetivos de Desenvolvimento Sustentável (ODS)*. 2015.

_____. Declaração Universal dos Direitos Humanos. 1948. Disponível em: <http://www. onu.org.br/img/2014/09/DUDH.pdf>. Acesso em: 10 set. 2017.

[PAHO] PAN AMERICAN HEALTH ORGANIZATION. *Health in the Americas:* 2007 [Scientific and Technical Publication n. 622]. Washington, D.C.: WHO, 2007.

SABBIONI, G. Efficiency in the Brazilian sanitation sector. *Utilities Policy*, v. 16, p. 11-20, 2008.

SALMAN, S. M. A.; MCINERNEY-LANKFORD, S. *The human right to water:* legal and policy dimensions. Washington, D.C.: World Bank, 2004.

SATTERTHWAITE, M. *Background note on MDGs, non-discrimination and indicators in water and sanitation.* 2012. Disponível em: <http://www.wssinfo.org/fileadmin/user upload/resources/ END-Background-Paper1.pdf>. Acesso em: 25 set. 2015.

SCANLON, J.; CASSAR, A.; NEMES, N. *The human right to water:* legal and policy dimensions. Gland (Switzerland): IUCN/UNDP, 2004, p. 60.

SEN, A. *Development as freedom.* New York: Oxford University Press, 2001.

[UNDP] UNITED NATIONS DEVELOPMENT PROGRAMME. *Beyond scarcity:* power, poverty and the global water crisis [Human Development Report 2006]. New York: United Nations, 2006, p. 440.

18 Sustentabilidade ambiental e mudanças climáticas: desafio para o planejamento urbano das cidades

Ivan Carlos Maglio
Engenheiro civil, Empresa PPA – Política e Planejamento Ambiental Ltda.

Arlindo Philippi Jr
*Engenheiro civil, Instituto de Estudos Avançados
e Faculdade de Saúde Pública, USP*

INTRODUÇÃO

A sustentabilidade ambiental e a manutenção dos recursos naturais em escala planetária são temas que permeiam todos os meios de comunicação social no século XXI. Trata-se de uma questão de vida ou morte para o planeta e por conseguinte para toda a espécie humana.

Nesse cenário de preocupações e incertezas diante do agravamento da crise ambiental, as posições oficiais da Organização das Nações Unidas (ONU), dos governos nacionais e das organizações não governamentais (ONG) manifestadas em inúmeras reuniões internacionais reforça a importância do planejamento como prática racional para a busca da sustentabilidade do planeta e a conservação dos seus recursos naturais.

Destaca-se como principal compromisso da II Conferência das Nações Unidas sobre Meio Ambiente e Desenvolvimento realizada em 1992 (Rio 92) a consagração do paradigma da sustentabilidade e as expectativas de construção de uma nova agenda mundial para romper o ciclo de insustentabilidade do planeta. A partir desse marco, de caráter global, foram reconhecidas a importância e a necessidade de formular práticas locais, capazes de enfrentar as causas da geração de problemas socioambientais, uma vez que grande parte desses problemas ambientais é decorrente da urbanização localizada nos municípios.

No Brasil, entretanto, mais de 25 anos após a realização da Rio-92, permanece o desafio de introduzir democraticamente opções sustentáveis no planejamento urbano e ambiental dos municípios, por meio da formulação de planos urbanos, planos diretores, leis de zoneamento, operações urbanas e outros instrumentos urbanísticos e ambientais.

O desafio torna-se ainda mais concreto e candente na elaboração do plano diretor de desenvolvimento urbano como um instrumento para planejar o futuro da cidade – seja quanto ao modelo urbanístico e ambiental proposto, seja na definição das políticas públicas municipais de desenvolvimento urbano-ambiental.

Vinte anos após a Rio-92, a III Conferência das Nações Unidas sobre Desenvolvimento Sustentável, conhecida popularmente como Rio + 20, também realizada na cidade do Rio de Janeiro em 2012, teve o objetivo de renovar o compromisso com o desenvolvimento sustentável pelas nações signatárias. Mas ao contrário do que se esperava, nessa conferência houve diversas divergências e impasses, principalmente entre os países em desenvolvimento e os países desenvolvidos, que acabaram frustrando as expectativas de que o planeta viesse a se desenvolver de maneira sustentável. O adiamento de decisões práticas sobre a sustentabilidade nessa conferência foi imputado por vários analistas à crise econômica mundial iniciada em 2008, principalmente nos Estados Unidos e na Europa.

Nesse cenário de incertezas sobre o futuro das nações em face da crise econômica global, a partir de 2007 foram prognosticados graves eventos climáticos pelo Painel Intergovernamental sobre Mudança do Clima (IPCC, do inglês Intergovernmental Panel on Climate Change) e também previsões para o Brasil desenvolvidas pelo Instituto Nacional de Ciência e Tecnologia para Mudanças Climáticas (INTC) e o Ministério da Ciência, Tecnologia e Inovação (MCTI à época, hoje MCTIC, que agregou as Comunicações), que reforçaram a importância de se adotar os princípios de sustentabilidade e a resiliência dos conglomerados urbanos, em que cada vez mais se concentram as atividades humanas.

Em 2010, o governo brasileiro estabeleceu sua Política Nacional de Mudanças Climáticas (PNMC, Lei n. 12.187/2009 e Decreto n. 7.390/2010), embora o Brasil não estivesse incluído na lista de países necessários para reduzir suas emissões de gases de efeito estufa (Anexo 1 do Protocolo de Kyoto).[1]

---

[1] O Protocolo de Kyoto é consequência de uma série de eventos iniciados com a Toronto Conference on the Changing Atmosphere, no Canadá (outubro de 1988), seguida pelo IPCC's First Assessment Report em Sundsvall, na Suécia (agosto de 1990), e que culminou com a

A PNMC definiu como compromisso nacional voluntário ações de mitigação das emissões de gases de efeito estufa, com vistas a reduzir entre 36,1 e 38,9% as emissões nacionais de Gases de Efeito Estufa (GEE) projetadas até o ano de 2020, o que equivale a reduzir entre 1,168 milhões e 1,259 milhões de toneladas de CO_2e emitidos (art. 6º do Decreto n. 7.390/2010). Para alcançar esses objetivos, a PNMC estabeleceu os planos de mitigação e adaptação a serem desenvolvidos a nível local, regional e nacional.

De forma ainda mais contundente, o aumento da frequência e intensidade de eventos climáticos extremos vivenciados nos últimos anos em diversas regiões do mundo tiveram sua conexão com as mudanças climáticas confirmadas em 2011 pelo IPCC (2012), atraindo definitivamente a atenção mundial para a gravidade das previsões relacionadas com o tema das mudanças climáticas.

Com essas previsões, cresceu o consenso mundial de que as ações de mitigação já não são suficientes para deter as mudanças climáticas previstas. É preciso que as cidades se tornem mais resilientes aos efeitos das mudanças climáticas e passem a promover ações de adaptação para fazer frente às ameaças do aquecimento global, para gestão e redução dos riscos provenientes dos efeitos adversos das mudanças climáticas a médio e longo prazos nas dimensões social, econômica e ambiental do desenvolvimento urbano.

Como consequência desses estudos, na 21ª Conferência das Partes sobre o Clima da ONU (COP-21, do inglês Conference of the Parties) realizada em dezembro de 2015 em Paris, foi aprovado pelos 195 países participantes o "Acordo de Paris", com o objetivo central de fortalecer a resposta global à ameaça da mudança do clima e de reforçar a capacidade dos países para lidar com os impactos decorrentes dessas mudanças. O compromisso principal do Acordo de Paris é o objetivo final de manter o aumento da temperatura média global em menos de 2 ºC acima dos níveis pré-industriais e de envidar esforços para limitar o aumento da temperatura a 1,5 ºC acima dos níveis pré-industriais.

Para que o Acordo de Paris começasse a vigorar, seu conteúdo e metas foram ratificados pelos 55 países responsáveis por 55% das emissões de GEE. De forma a atingir o objetivo final do acordo, os governos nacionais

---

Convenção – Quadro das Nações Unidas sobre a Mudança Climática (UNFCCC , do inglês United Nations Framework Convention on Climate Change) na Rio-92, no Rio de Janeiro, Brasil (junho de 1992). Também reforça seções da UNFCCC. Discutido e negociado em Kyoto, Japão, em 1997, foi aberto para assinaturas em 16 de março de 1998 e ratificado em 15 de março de 1999. Oficialmente entrou em vigor em 16 de fevereiro de 2005, depois que a Rússia o ratificou em novembro de 2004.

se envolveram na construção de seus próprios compromissos, a partir das chamadas Contribuições Pretendidas Nacionalmente Determinadas (intended Nationally Determined Contribution – iNDC, na sigla em inglês). Por meio das iNDC, cada nação apresentou na Conferência de Paris sua respectiva meta de contribuição para a redução de emissões dos GEE, segundo o que cada governo considerou viável a partir do cenário social e econômico local.

Dessa forma, as metas brasileiras apresentadas deixaram de ser pretendidas e tornaram-se compromissos oficiais e sua iNDC passou a ser uma NDC (Nationally Determined Contribution), concluindo o processo de ratificação do Acordo de Paris sobre Mudanças Climáticas em 12 de setembro de 2016, após a aprovação pelo Congresso Nacional.

As metas do Brasil compromissadas na sua NDC são de reduzir até 2025 as emissões de GEE em 37% abaixo dos níveis de 2005, com uma contribuição indicativa subsequente de reduzir as emissões de GEE em 43% abaixo dos níveis de 2005 até 2030. Para isso, o País se comprometeu a aumentar a participação de bioenergia sustentável na sua matriz energética para aproximadamente 18% até 2030; restaurar e reflorestar 12 milhões de hectares de florestas; bem como alcançar uma participação estimada de 45% de energias renováveis na composição da matriz energética nacional em 2030 (iNDC, 2015).

Em 2015, os países tiveram também uma nova oportunidade de adotar a agenda de desenvolvimento sustentável e chegar a um acordo global sobre as mudanças climáticas. As ações tomadas resultaram na definição dos Objetivos de Desenvolvimento Sustentável (ODS), que se baseiam nos oito Objetivos de Desenvolvimento do Milênio (ODM), definidos pela ONU, pelos governos, sociedade civil e outros parceiros para aproveitar o impulso gerado pelos ODM e levar à frente uma agenda de desenvolvimento pós-2015 mais ambiciosa.

Em particular, entre os ODS destaca-se o Objetivo 11: "Tornar as cidades e os assentamentos humanos inclusivos, seguros, resilientes e sustentáveis". Esse objetivo é justificado pelo fato de que metade da humanidade – 3,5 bilhões de pessoas segundo a ONU – vive atualmente nas cidades e com previsões de que em 2030 quase 60% da população mundial viverá em áreas urbanas.

Em 2015, segundo a ONU, 828 milhões de pessoas residiam em favelas, e esse número continua aumentando. As cidades no mundo ocupam somente 2% do espaço da Terra, mas usam 60 a 80% do consumo de energia e provocam 75% das emissões de carbono na atmosfera. Essa rápida urbanização está exercendo pressão sobre a oferta de água potável, a geração de esgoto, o ambiente e a saúde pública. Em contrapartida, a alta densidade das cidades poderá gerar ganhos de eficiência e inovação tecnológica para reduzir o consumo de recursos e de energia, uma vez que as cidades têm o potencial de dissipar a distribuição de energia ou de otimizar sua eficiência por meio da redução do consumo e adoção de sistemas energéticos verdes.

Com o rápido crescimento da urbanização, aumentam as pressões sobre a biodiversidade e sobre os serviços ecossistêmicos por ela exercidos, a exemplo da produção de alimentos, água, madeira, da purificação do ar, a formação do solo e a polinização.

Diante desse cenário de crescimento da urbanização e de desafios para enfrentar os problemas dela decorrentes, reforça-se a importância de que as cidades brasileiras assumam um papel de protagonismo na implementação de ações sustentáveis e no cumprimento das metas do Acordo de Paris.

A crise ambiental e a necessidade de adaptação, mitigação e ampliação da resiliência aos eventos climáticos nos municípios brasileiros reforçam a necessidade do planejamento urbano, em especial a elaboração dos planos diretores – prevista constitucionalmente no Brasil –, e a adoção de instrumentos de gestão urbana e ambiental para aperfeiçoar seu desenvolvimento urbano.

As grandes cidades brasileiras enfrentam graves problemas socioambientais dos mais variados matizes, mas ainda persistem em incluir, nos seus planos diretores diretrizes urbanísticas e opções de infraestrutura potencialmente causadoras de impactos ambientais, ao reproduzir o modelo de cidades planejadas para o transporte individual e fortemente geradoras de GEE.

As opções de desenvolvimento urbano definidas não vêm sendo respaldadas por avaliações de impactos socioambientais estratégicos, o que tem levado a uma situação em que se constata a elaboração de planos diretores contendo diretrizes incompatíveis com a sustentabilidade ambiental. Em municípios em que já são aplicados instrumentos urbanísticos, como operações urbanas consorciadas, zoneamento territorial e a disciplina de uso e ocupação do solo, verifica-se que ainda se enfrentam conflitos durante a aprovação e operacionalização desses instrumentos quando se trata da prevenção dos impactos ambientais nos seus territórios.

No caso brasileiro, a partir de grandes operações urbanas consorciadas, praticadas desde 1991 em São Paulo e no Rio de Janeiro, surgem conflitos em decorrência de diretrizes urbanísticas potencialmente geradoras de impactos ambientais não mitigados ou indesejáveis.

Como exemplo, cita-se o caso dos adensamentos urbanísticos e populacionais propostos no âmbito das operações urbanas e de propostas de transformações estruturais que em certas circunstâncias podem agravar os indicadores de qualidade ambiental urbana e a emissão de GEE, tais como impactos negativos na qualidade do ar, dificuldade de atender à demanda de abastecimento de água, perda de qualidade da água por ineficiência na estrutura de saneamento e tratamento de esgoto e ausência de sistemas de transporte de alta capacidade nas cidades.

Ao não promover avaliações de capacidade de suporte dos sistemas de transporte e das infraestruturas instaladas ante as transformações urbanas propostas, o comportamento das administrações coloca em risco a já precária mobilidade urbana, em face da insuficiência dos sistemas de infraestrutura já instalados e da excessiva dependência do modelo de transporte rodoviarista, de pessoas e mercadorias fortemente dependentes de veículos alimentados por combustíveis fósseis.

Entretanto, crescem as exigências da sociedade, não só por grupos ambientalistas e movimentos em defesa de bairros, pela despoluição das águas, pelo mapeamento, monitoramento e controle de áreas de risco, proteção e conservação das áreas verdes, ampliação de espaços públicos e recursos naturais existentes nas cidades. Em simultâneo, intensificam-se as exigências de órgãos ambientais estaduais, municipais e do Ministério do Meio Ambiente (MMA) para que os planos diretores municipais estabeleçam ações e diretrizes que considerem a redução dos impactos ambientais e que ampliem a proteção dos recursos ecossistêmicos existentes no ambiente urbano.

Urge buscar um novo paradigma para a sustentabilidade urbana com a adoção, no planejamento urbano, do conceito de cidade compacta, com maior adensamento populacional nos eixos de transporte de massa, com uma gestão equilibrada de atividades de uso do solo, de forma a reduzir os deslocamentos casa-trabalho, o suprimento das necessidades de serviços e alimentos mais próximos às moradias, a existência e manutenção de espaços públicos e áreas verdes e com controle do espraiamento urbano.

Autores como Jacobs (2011), com sua crítica à ideologia urbanística do modernismo e sua separação esquemática dos diferentes usos do solo, bem como ao crescimento vertiginoso do uso do carro que, segundo sua crítica, resultou em cidades sem vida, inseguras e esvaziadas de pessoas; e Gehl (2014), que ressalta a importância de o planejamento urbano resgatar a dimensão humana das cidades para acomodar as pessoas em espaços públicos suficientes e projetados na escala do homem, de forma agradável e segura, sustentável e saudável, delinearam novos caminhos a serem explorados para construir cidades sustentáveis.

ESTATUTO DA CIDADE E NOVAS PERSPECTIVAS PARA O PLANO DIRETOR DE DESENVOLVIMENTO URBANO DAS CIDADES

Após mais de 10 anos de debates e discussões no Congresso Nacional, somente em 2001 foram definidas as questões centrais para a reforma urbana que se consolidou com a aprovação da Lei Federal n. 10.257, de 10 de julho de 2001, conhecida como Estatuto da Cidade.

Nesse processo, os movimentos sociais pela reforma urbana tiveram um papel importante na definição dessa legislação. Previstos pelos arts. 182 e 183 da Constituição Federal de 1988 (CF/88), sua aplicação ainda depende de pressão por parte desses movimentos para que sua participação seja mais efetiva. Na esteira da trajetória dos movimentos sociais e da postura governamental face ao panorama ambiental, foi criado em 2003 o Ministério das Cidades. Sua criação se deu por meio da Medida Provisória n. 103, posteriormente convertida na Lei n. 10.683, de 28 de maio de 2003.

O Ministério das Cidades nasceu com o objetivo de combater as desigualdades sociais, transformando as cidades em espaços mais humanizados, ampliando o acesso à moradia, ao saneamento, ao transporte e à mobilidade urbana. A competência desse Ministério é tratar da política de desenvolvimento urbano e das políticas setoriais de habitação, saneamento ambiental, transporte urbano e trânsito. Sua criação contemplou uma antiga reivindicação dos movimentos sociais de luta pela reforma urbana de dar maior atenção à gestão das cidades.

Com essa nova perspectiva, as decorrências negativas do processo de urbanização são cada vez mais reconhecidas e monitoradas, porém ainda sem as soluções adequadas e em tempo de evitar perdas materiais e humanas. Essas decorrências negativas estão refletidas na piora dos indicadores de qualidade do ar e das águas; pela utilização predatória de áreas de mananciais; pela crescente redução das áreas verdes; pela maior impermeabilização do solo, que causa constantes riscos de enchentes; pelo desmatamento e ocupação irregular de áreas sujeitas a deslizamentos de terra; pelos congestionamentos no trânsito, face às políticas urbanas que não privilegiam a mobilidade urbana por meio do transporte público de massas e que ainda mantêm políticas baseadas no uso do transporte individual motorizado, perpetuando um paradigma de cidades do século passado, em que o espaço público para os cidadãos não era o centro da vida urbana. Esses são apenas alguns dentre outros conflitos socioambientais crescentes e cada vez mais frequentes nas cidades brasileiras.

No caso de São Paulo, ilustrando a situação de muitas cidades do Brasil e do mundo, o agravamento dos índices de qualidade do ar é cada vez mais interdependente do modelo de transporte, que privilegiou o interesse do transporte individual em detrimento do transporte coletivo de alta capacidade (metrô e trens urbanos).

Tal fato demonstra que a ausência de uma política sustentável para o transporte urbano está diretamente relacionada com a falta de qualidade do planejamento urbano praticado na cidade. Com efeito, é notório que não sejam priorizados os investimentos na rede de transportes de grande capacidade e em mobilidade urbana, além de continuar sendo promovida a construção de obras viárias para, num moto contínuo e ineficaz, tentar dar maior vazão ao fluxo de veículos e evitar os congestionamentos constantes e cada vez maiores, sem alterar a base do modelo de transporte urbano existente.

As operações do rodízio urbano planejadas para reduzir a circulação de veículos, implantadas em função da piora dos índices de qualidade do ar durante o inverno, quando a cidade de São Paulo enfrentava o fenômeno das inversões térmicas, passaram então a ser utilizadas de forma contínua e sistemática para reduzir a circulação da frota da cidade que chegou a 7,98 milhões de veículos em 2015.

Os investimentos que o poder público aplica nas cidades por meio dos impostos arrecadados e da venda de direitos de construção para verticalização, com a recuperação da valorização do solo urbano, precisam ser democratizados e resgatados para que os governos municipais possam financiar os setores sensíveis para as populações carentes: meio ambiente, habitação, transportes e infraestrutura urbana, bem como urbanização dos territórios mais excluídos das cidades (moradias subnormais em favelas e cortiços) e construção de moradias de interesse social.

Nesse sentido, uma das questões tratadas no Estatuto da Cidade é o resgate da chamada "mais-valia urbana", decorrente da exploração do solo urbano em áreas com maior capacidade de infraestrutura. Isso se deu com a instituição do instrumento da outorga onerosa do direito de construir adicional. Esse direito também é do interesse do mercado imobiliário para que possa investir em áreas com maior potencial de aproveitamento urbanístico e, ao mesmo tempo, ressarcir o poder público, gerando recursos para investimento em infraestrutura urbana, habitação, transportes e meio ambiente.

Esses temas e vários outros foram objeto de grandes debates e negociações no Congresso Nacional. Empresários do setor da construção civil e do setor imobiliário, agentes públicos e privados, representantes de entidades de classe (tais como arquitetura, urbanismo e engenharia) e urbanistas das universidades brasileiras se engajaram nesse processo de negociação, do qual resultou o Estatuto da Cidade, que elegeu o Plano Diretor de Desenvolvimento Urbano como o principal meio de garantir a aplicação dos princípios e dos instrumentos por ele instituídos nos municípios.

O Estatuto da Cidade determinou o conteúdo mínimo do Plano Diretor e estabeleceu normas para sua elaboração. Entre elas se destacam a necessidade da participação da população na sua elaboração e a definição dos objetivos a serem respeitados pela propriedade urbana, no cumprimento da sua função social e ambiental para a cidade.

O Estatuto da Cidade condicionou o Plano Diretor como orientador da definição das diferentes áreas do município, em que poderá incidir a utilização de cada um dos instrumentos por ele criados para que os municípios possam cumprir a função socioambiental da propriedade urbana e implantar uma política de desenvolvimento urbano. O documento instituiu diversos instrumentos de política urbana, vinculando-os ao Plano Diretor, e também estabeleceu normas para sua elaboração participativa, ou seja, em capítulo específico, tratou da gestão democrática da cidade, da participação da população na definição das políticas públicas e da observância da função social da propriedade.

Entre os novos instrumentos de gestão urbana sobressaem-se: a outorga onerosa de potencial construtivo adicional; a transferência do direito de construir; o parcelamento, edificação ou utilização compulsórios; e a definição de coeficientes de aproveitamento construtivo, os quais requerem a revisão das formas usuais de planejamento e controle do uso do solo e do zoneamento urbano. Uma das principais mudanças ocorridas é a definição do coeficiente de aproveitamento construtivo básico para aplicação em todos os terrenos e lotes e a definição de coeficientes mínimos de aproveitamento para controlar a ociosidade dos terrenos e coeficientes máximos de construção, direitos de construir mediante o pagamento de outorga onerosa.

Pela primeira vez em uma lei urbanística nacional, nas diretrizes para a ordenação e controle do uso do solo, destaca-se a introdução de questões ambientais: poluição e degradação ambiental; o controle do uso excessivo ou inadequado do solo em relação à infraestrutura urbana; a adoção de padrões de produção de bens e serviços e de expansão urbana compatíveis com os limites de sustentabilidade ambiental, social e econômica do município e do território sob sua área de influência (vide art. 2º do Estatuto da Cidade). Atualmente já se pleiteia a inclusão no Estatuto de questões relacionadas com a gestão das águas urbanas, drenagens no lote e eficiência energética das construções, bem como o uso de placas solares e fotovoltaicas para redução do consumo de energia.

Foram igualmente incluídas a preservação, a conservação e a proteção do meio ambiente natural e construído. Além dessas diretrizes e em conjunto com os demais instrumentos de gestão urbana já citados, são também recepcionados e/ou instituídos os instrumentos de gestão ambiental: criação de unidades de conservação; zoneamento ambiental; estudos prévios de impacto ambiental (EIA) e de impacto de vizinhança (Eivi) em âmbito municipal.

Em suma, o Estatuto da Cidade, de um lado, instituiu uma nova política urbana e confirmou que o Plano Diretor não deve se limitar a ser um produto puramente técnico, e sim um instrumento que deve ser elaborado democraticamente, ou seja, com a participação da sociedade civil organizada. Por outro lado, reconhece-se a existência de conflitos e a necessidade de processos de negociação decorrentes de interesses divergentes na cidade.

DESAFIOS NA ELABORAÇÃO E GESTÃO DO PLANO DIRETOR DE DESENVOLVIMENTO ESTRATÉGICO

O grande desafio para a gestão urbana sustentável é que o próprio Plano Diretor, fortalecido pelos instrumentos urbanísticos instituídos pelo Estatuto da Cidade, seja ele mesmo avaliado na sua capacidade de promover a sustentabilidade urbana e não figure apenas como mais um elemento para agravar os impactos ambientais e urbanísticos na cidade.

Destaca-se neste capítulo o estudo do caso recente de São Paulo, que em 2014 aprovou seu novo Plano Diretor Estratégico (PDE) (Lei n. 16.050/2014), e em 2016, a nova Lei de Parcelamento, Uso e Ocupação do Solo (LPUOS – Lei n. 16.402/2016). Nesse contexto, houve a decisão de promover grandes transformações urbanísticas sem contudo comprovar mediante estudos ambientais estratégicos e de capacidade de suporte das infraestruturas instaladas a viabilidade de absorção pelo ambiente urbano das alterações propostas de maneira sustentável.

Com uma política urbana baseada na promoção da mobilidade urbana, o novo Plano Diretor Estratégico (PDE) do município de São Paulo definiu como modelo urbanístico a verticalização e o adensamento populacional no entorno dos eixos de transportes públicos, em faixas de 150 m ao longo de corredores de ônibus segregados e em um raio de 600 m das estações de metrô e trens, permitindo a construção de até quatro vezes o valor da área dos terrenos ali situados, tanto para os eixos de transportes urbanos existentes como para os novos eixos e linhas a serem implantados até 2030, sem limite de alturas máximas para as edificações verticais.

Nos Eixos de Transformação Urbana poderão ser construídas edificações sem limites de gabarito máximo num raio de 400 a 600 m das estações de metrô e trens, dependendo do limite dessa circunferência cortar ou não as quadras, que serão então incorporadas, além de outros critérios de qualificação tanto da edificação que se pretende construir como da mitigação dos impactos da sua inserção naquele território, em volta de estações de metrô, trens, monotrilho, veículo leve sobre trilhos (VLT) e sobre pneus (VLP).

Essa regra instituída no PDE pode ser aplicada em uma área denominada *rede de transformação urbana atual e futura*, que representa, segundo cálculos realizados por meio da ferramenta ArcGis, 80.768.664,90 m², o que corresponde a 5,95%[2] da área do município de São Paulo, considerando somente a área das quadras sem as vias, totalizando uma área total urbanizada de 1.357.471.411,31 m².

A área de influência de cada um desses *eixos* tem porte semelhante às atuais Operações Urbanas, já aprovadas por leis específicas no município, que vêm sendo obrigatoriamente antecedidas por Estudos de Impacto Ambiental (EIA) como condicionantes para sua aprovação. Entretanto, no caso dos Eixos de Transformação Urbana instituídos pelo novo Plano Diretor de 2014, em que serão permitidos o adensamento construtivo e populacional, não houve nenhum tipo de estudo para avaliar os potenciais impactos ambientais decorrentes dessas transformações, bem como, avaliação da capacidade de suporte das redes de infraestrutura de transporte já instaladas para receber o aumento dos fluxos de passageiros. Tampouco foram avaliados os potenciais impactos positivos decorrentes da eventual redução do uso de veículos individuais como meios de transporte em decorrência dessas proposições.

Com essas características, o Plano Diretor liberou cerca de 250 milhões de m² adicionais considerando-se as áreas com permissão para construir até 4 (quatro) vezes a área dos terrenos, visando "orientar a produção imobiliária para as áreas dotadas de sistemas de transportes coletivos, evitando impactos negativos no funcionamento e nos tecidos urbanos de bairros predominantemente residenciais", segundo a exposição de motivos apresentada para o Plano Diretor de 2014. Ou seja, com os objetivos de favorecer a mobilidade urbana e aproximar a relação casa-trabalho dos munícipes, que são conceitos

---

[2] Fonte dos dados: áreas obtidas a partir do programa ArcGIS por meio dos arquivos em SHP disponibilizados pelo *site* Gestão Urbana da Prefeitura de São Paulo. Disponível em: <http://gestaourbana.prefeitura.sp.gov.br/>. Acesso em: 16 abr. 2018.

corretos, admitiu-se uma liberalidade urbanística que poderá trazer graves consequências para a qualidade ambiental e urbana da cidade.

Em plena crise de mobilidade urbana, dada a insuficiência e a saturação de sua rede de transportes de massa, São Paulo pode estar exposta a uma situação de risco ambiental, tendo como "justificativa" o adensamento urbanístico construtivo e populacional ao longo da sua rede de transportes, na medida em que o Plano Diretor não foi acompanhado de estudos de avaliação dos impactos ambientais que tal política poderá acarretar no ambiente urbano e na capacidade de suporte dos sistemas de transporte.

No caso de São Paulo, estes sistemas já se encontram próximos da saturação em razão da escassez de linhas para atendar as demandas existentes. De fato, a cidade de São Paulo conta com uma rede metroviária de 77,5 km em seis linhas, que transportam diariamente 4,4 milhões de pessoas, além de 260 km de vias de trens da CPTM, que transportam 2,8 milhões de passageiros por dia.[3] Ou seja, por meio do fortalecimento de uma visão de cidade pautada na prioridade à mobilidade urbana, o que é um conceito correto, promoveu-se também a possibilidade de ocorrer uma megatransformação urbanística sem as devidas avaliações ambientais e urbanísticas para antever como responderão os territórios afetados e as novas demandas que surgirão sobre a infraestrutura de transportes de massa.

Ainda que o foco na mobilidade esteja em linha com uma medida de adaptação para uma cidade mais compacta e sustentável, os excessos decorrentes das "permissões" ao adensamento construtivo e populacional podem levar a efeitos muito negativos para a integridade ambiental e a qualidade urbana. Em outras palavras, "má adaptação" (*maladaptation*), entendida como o "resultado de uma política ou de uma medida adaptativa intencional que, ao ser implementada, aumenta a vulnerabilidade de determinados grupos sociais (que podem ser o próprio público-alvo de tais medidas, ou atores externos" (Juhola et al., 2016 apud Di Giulio; Martins; Lemos, 2016).

Dessa forma, o PDE estabeleceu um modelo urbanístico que permite construções de edifícios de 30 a 40 andares em áreas completamente díspares do ponto de vista urbanístico e ambiental. Como exemplos podem ser citadas avenidas importantes, como a Heitor Penteado (Linha Verde do Metrô), Senador Vergueiro e Domingos de Morais (Linha Azul), as quais não contêm vias de acesso no seu entorno com dimensões adequadas e apresentam características urbanas constituídas por vilas e vias estreitas, existentes na maioria

---

[3] Disponível em: <http://www.metrocptm.com.br/quando-o-metro-de-sao-paulo-chegara-aos-100-km-de-extensao/>. Acesso em: 8 ago. 2017.

dos bairros paulistanos atravessados por redes de transportes de massa. Ou seja, a medida é permitida sem se condicionar os territórios atingidos a um replanejamento urbanístico, em que ocorrerão os adensamentos construtivos e populacionais permitidos, a título de melhor se aproveitar o uso da infraestrutura de transportes existente ou planejada.

Pelas regras do PDE aprovado anteriormente em 2002, os eixos de transporte já eram considerados "áreas de intervenção urbana", reconhecendo-se a existência de um potencial de maior aproveitamento urbanístico. Entretanto a medida a ser implantada estaria condicionada à aprovação por leis específicas, escalonando-se os trechos que poderão receber essas alterações urbanísticas, caso a caso, com limites territoriais bem delimitados e com as condicionantes de implantação de projetos de urbanização delineadas e compatíveis com o adensamento ou verticalização previstos para cada área. Na forma proposta pelo PDE de 2016, permissiva, automática e sem a correspondente avaliação urbanística, ambiental e com a elaboração de projetos urbanos, tratou-se apenas de uma liberação do adensamento e da verticalização sem precedentes na cidade.

A título de comparação, a Lei n. 13.885 (Lei de Uso do Solo), aprovada em 2004, permitia a construção de 10 milhões de m² de estoque adicional de construções[4] para a verticalização na cidade até a revisão do PDE, prevista para 2006. Esse estoque deveria ser reavaliado periodicamente, mediante estudos urbanísticos e de impacto ambiental, segundo as regras estabelecidas em 2004.

O adicional de construção seria aplicado mediante a compra de potencial construtivo adicional, categorizado acima do Coeficiente Básico 1,0 (de uma vez a área dos terrenos) permitido gratuitamente como um direito, por meio da aplicação da outorga onerosa – contrapartida financeira paga à prefeitura para construir edifícios com um coeficiente de aproveitamento construtivo superior ao Coeficiente Básico estabelecido no zoneamento urbano, para as diferentes regiões da cidade.

Vinculado a esse conceito, havia a aplicação do "Estoque de Potencial Construtivo Adicional"[5] preestabelecido, como um limite construtivo adicional distribuído entre os diferentes distritos da cidade onde estava permitido

---

[4] Valor definido com base no total que havia sido construído na década, entre os anos 1991-2000.

[5] Lei n. 13.430, de 13 de setembro de 2002: "Art. 146 [...] XII – Estoque é o limite do potencial construtivo adicional, definido para zonas, microzonas, distritos ou subperímetros destes, áreas de operação urbana ou de projetos estratégicos ou seus setores, passível de ser adquirido mediante outorga onerosa ou por outro mecanismo previsto em lei".

construir acima do coeficiente básico, até o limite máximo de 4 vezes a área dos terrenos, em regiões com maior capacidade de absorção de construções face à infraestrutura já instalada.

Comparativamente, com o PDE aprovado em 2014 e a LPUOS aprovada em 2016, poderão ser construídos no conjunto dos Eixos de Transformação Urbanos cerca de 200 milhões de m² de potencial construtivo adicional até a revisão do PDE, considerando-se a existência de um coeficiente de aproveitamento médio de 1,5 nos territórios com potencial de transformação, conforme estudos elaborados para o PDE 2014.

Além dos Eixos de Transformação Urbanos, foram criadas pelo PDE e pela LPUOS as chamadas Zonas de Estruturação Metropolitana (ZEM), que compreendem os territórios que configuram o centro metropolitano da cidade de São Paulo e de sua Região Metropolitana, as quais foram reconhecidas pelo PDE como zonas de adensamento e qualificação paisagística localizadas na Macroárea de Estruturação Metropolitana (MEM). Nessas áreas estima-se um potencial construtivo de 53 milhões de m² (nesse caso desconsiderando o coeficiente de aproveitamento médio preexistente, pois são áreas ainda subaproveitadas). No contexto das ZEM situam-se as novas Operações Urbanas Consorciadas (OUC), que demandam a elaboração de EIA e Relatório de Impacto Ambiental (Rima) para sua aprovação.

São números expressivos, levando-se em conta que os lançamentos anuais de imóveis foram nos anos recentes da ordem de 1 milhão de m²/ano (com um recorde em 2008). Há ainda áreas adicionais autorizadas para a verticalização nas chamadas zonas de centralidade localizadas nos centros comerciais de bairros.

O resultado prático desse conjunto de permissões para o adensamento construtivo e populacional autorizado pela legislação urbanística configura-se como uma espécie de cheque em branco, um "liberou geral" para o mercado imobiliário, quando caberia uma disponibilização gradativa de cotas com direitos de construção adicional, de acordo com as necessidades de cada região e sob critérios de planejamento urbano, por meio de aprovações específicas acompanhadas de projetos de intervenção urbana. Essas mudanças provocaram também um efeito nefasto sobre o preço de terrenos e dos pequenos imóveis residenciais e comerciais existentes nos territórios atingidos, que se tornam presa fácil das grandes incorporadoras.

Quem poderá em sã consciência dizer que está a favor da sustentabilidade urbana da cidade quando se promove uma verticalização e um adensamento sem precedentes, sem a devida avaliação dos efeitos ambientais e urbanísticos negativos decorrentes?

Apenas com a implantação dos eixos de transformação urbana previstos no Plano Diretor no entorno das estações de metrô e corredores de ônibus em sistemas de transportes de massa já existentes (primeira etapa), atinge-se automaticamente com a aprovação dessa legislação, os raios de entorno de 65 estações de metrô e dos corredores de ônibus existentes, onde poderão ser construídas edificações sem limites de estoques construtivos adicionais e sem estarem condicionados à elaboração de projetos urbanos e estudos ambientais. Não se levou também em conta que cada um desses modais de transporte possui capacidade de transporte de passageiros limitada.

Dessa forma, territórios e bairros distintos em termos de morfologia urbana e ambiental são tratados com regras iguais. Entretanto, desconsidera-se a existência de vilas, ruas sem saída, terrenos em áreas com alta declividade e áreas com presença de nascentes no interior desses perímetros, desrespeitando princípios ambientais e urbanísticos básicos.

Na cidade de São Paulo, em muitos casos, as linhas de transporte urbano de alta capacidade já estão completamente saturadas, tendo sido desrespeitadas as correlações necessárias entre o adensamento urbanístico e populacional e a capacidade de suporte dessas infraestruturas instaladas. As estimativas não levaram em conta condicionantes ambientais e urbanísticos de nenhum tipo, bem como as necessárias avaliações de impacto ambiental ao projetar megatransformações, a exemplo dos adensamentos populacionais e construtivos propostos para os Eixos de Estruturação da Transformação Urbana.

Os estoques de construção adicional máximos por distrito urbano, que colocavam um limite para as construções, foram abolidos pelo novo PDE, assim como as condicionantes de avaliações ambientais e urbanísticas para a aprovação prévia das Operações Urbanas, que agora podem ser aprovadas por decurso de prazo, caso o poder público não seja capaz de formular os projetos urbanísticos específicos e os estudos ambientais nas datas previstas na Lei do PDE. Esse é um exemplo claro da ausência dos cuidados exigidos para a obtenção de qualidade urbana com sustentabilidade, principalmente em cidades e metrópoles com os comprometimentos de infraestrutura já existentes, como o caso de São Paulo.

Em síntese, os Eixos de Transformação propostos pelo novo PDE têm o mesmo impacto ambiental de várias Operações Urbanas Consorciadas realizadas simultaneamente, desrespeitando-se a legislação ambiental face à exigência de EIA (Resolução Conama n. 1/86 e Lei n. 6.938/81).

A proposta fere também o art. 2° da Lei Federal n. 10.257/2001, inciso VIII, no que se refere à "adoção de padrões de produção e consumo de bens e serviços e de expansão urbana compatíveis com os limites da sustentabilidade ambiental, social e econômica do município e do território sob sua área de influência", uma vez que não há demonstração de capacidade de suporte para a aplicação automática dos instrumentos definidos no Plano Diretor para os Eixos de Transformação Urbana propostos.

A Figura 1 apresenta o Mapa das Zonas Eixos de Estruturação Urbana do projeto de lei de Zoneamento que tiveram origem nos Eixos de Estruturação Urbana definidos no PDE de 2014 (São Paulo – Lei Municipal n. 16.050/2014).

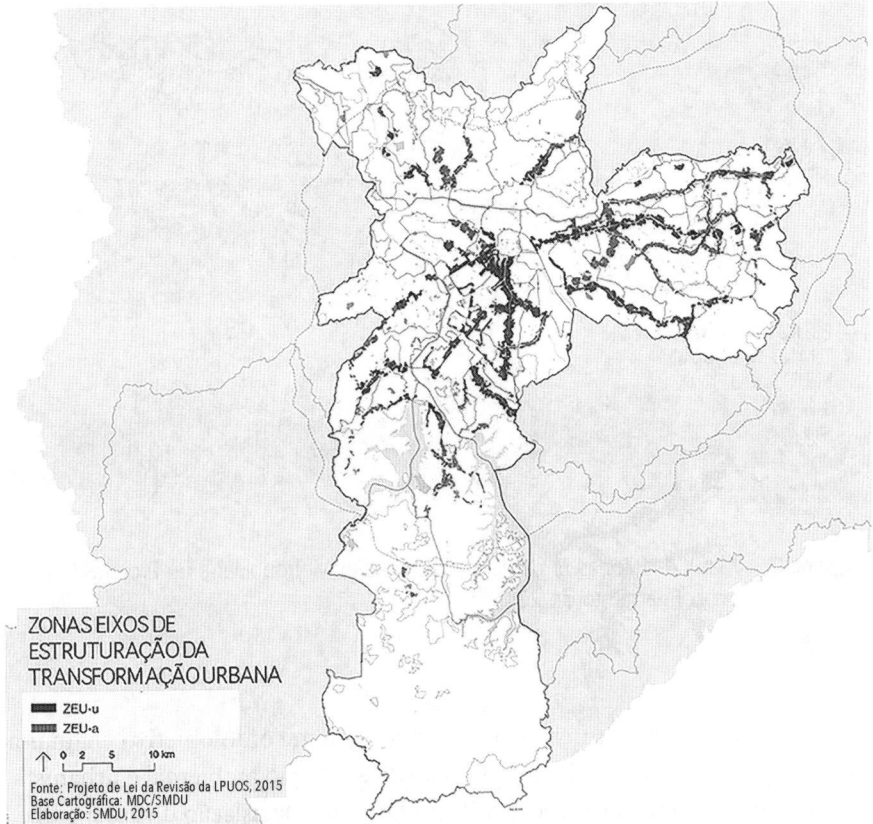

Figura 1 – Zonas Eixos de Estruturação Urbana, Projeto de Lei de Zoneamento, São Paulo (2015).

A Figura 2 apresenta o Mapa das Zonas Eixos de Transformação Metropolitana no Projeto de Lei de Zoneamento de 2015, que tem origem na Macroárea de Interesse Metropolitana definida no PDE 2014 (São Paulo – Lei Municipal n. 16.050/2014).

Figura 2 – Mapa das Zonas Eixos de Transformação Metropolitana no Projeto de Lei de Zoneamento de 2015.

O estudo de caso anteriormente exposto tem como objetivo chamar a atenção para a importância da aplicação da avaliação ambiental e urbanística das proposições, ao formular o Plano Diretor, a legislação de uso e parcelamento do solo e propor transformações urbanísticas no município.

Verifica-se também que, no contexto da gestão do potencial de transformações instituído pela legislação urbanística de São Paulo, seria altamente recomendável a criação de um sistema de monitoramento para avaliação e controle dos impactos negativos observados em função da operação dessa nova legislação, tendo em vista a mitigação dos impactos decorrentes de sua implantação como horizonte de planejamento para 2030, prazo considerado na lei para sua revisão.

MUDANÇAS CLIMÁTICAS E ADAPTAÇÃO NA SUSTENTABILIDADE DAS CIDADES

A proposta de formulação do Plano Nacional de Adaptação à Mudança do Clima (PNA)[6], instituído em maio de 2016, poderá servir como um estímulo para que estados e municípios atentem para a necessidade de investir esforços e recursos em medidas de adaptação às mudanças climáticas no seu planejamento urbano e assim buscar aumentar a sua resiliência aos efeitos adversos (Di Giulio; Martins; Lemos, 2016). O objetivo do PNA é orientar iniciativas para gestão e redução dos riscos provenientes dos efeitos adversos das mudanças climáticas a médio e longo prazo nas dimensões social, econômica e ambiental das políticas de desenvolvimento.

Segundo o IPCC (2014), a "Adaptação à Mudança do Clima é o processo de ajuste ao clima atual ou futuro e seus efeitos. Em sistemas humanos, a adaptação para mitigar, evitar danos ou explorar oportunidades benéficas. Em sistemas naturais, a intervenção humana pode facilitar o ajuste ao clima futuro e seus efeitos".

Apesar das iniciativas dos Ministérios que tratam das áreas de Meio Ambiente e de Ciência e Tecnologia, o planejamento de longo prazo voltado à adaptação climática ainda não ganhou a projeção necessária nas cidades brasileiras. As razões para esse atraso, discutidas na literatura internacional e também presentes na realidade brasileira, estão relacionadas tanto com a complexidade envolvida na adaptação, dadas as incertezas relacionadas com as projeções climáticas, principalmente quanto às possíveis mudanças de precipitação e à mudança na ocorrência ou frequência de eventos extremos (Lindoso, 2015), assim como em face das limitações econômicas, institucionais e políticas que reduzem a capacidade das cidades em prover serviços básicos,

---

[6] O Plano Nacional de Adaptação à Mudança do Clima (PNA) foi instituído em 10 de maio de 2016, por meio da Portaria n. 150, e é um instrumento elaborado pelo governo federal em colaboração com a sociedade civil, setor privado e governos estaduais, que tem como objetivo promover a redução da vulnerabilidade nacional à mudança do clima e realizar uma gestão do risco associada a esse fenômeno.

infraestrutura e suporte às populações e ecossistemas (Darela-Filho et al., 2016; Wise et al., 2014).

A Política Nacional de Mudanças Climáticas (PNMC) (Lei n. 12.187/2009) tem como diretrizes o incentivo e o apoio aos governos regionais, locais, setores produtivos, academia e às ONG para o desenvolvimento e execução de políticas, planos, programas, projetos e ações relacionados com as mudanças climáticas. No entanto, ainda não existe nenhuma obrigatoriedade para que os municípios realizem seus inventários de emissões de GEE e definam estratégias de redução e planos de mitigação, estudos de vulnerabilidade climática e planos de adaptação que orientem as políticas municipais para o enfrentamento da questão das mudanças climáticas.

Mesmo com o reconhecimento da importância do papel dos centros urbanos para a redução das emissões de GEE, o Brasil ainda não definiu uma política pública integrada para garantir ações municipais de mitigação para o cumprimento dos objetivos de redução das emissões de GEE, principalmente decorrentes dos setores de energia, transportes e resíduos sólidos. O desafio é ainda maior no caso de avaliação das vulnerabilidades e da definição de diretrizes, planos e medidas emergenciais para a adaptação climática, para municípios em situação de maior risco a eventos climáticos decorrentes de sua localização em áreas costeiras e/ou sobre áreas sujeitas a chuvas e inundações frequentes ou ainda com períodos de escassez hídrica.

As primeiras iniciativas de controle das mudanças climáticas no ambiente urbano começaram no início da década de 1990, quando várias cidades, principalmente na Europa e na América do Norte, adotaram políticas de mudanças climáticas em suas agendas, com foco nas medidas mitigadoras para reduzir as emissões de GEE (Bulkeley; Broto; Edwards, 2012).

Dubeux e Rovere (2007) discutiram a importância de controlar as emissões de GEE no Rio de Janeiro, concluindo que:

> as atividades de planejamento no nível municipal podem incorporar o problema do efeito estufa em suas variáveis [...]. Esta nova atitude pode contribuir para a questão climática e aumentar os recursos no âmbito do mecanismo de desenvolvimento limpo. Esta receita adicional de projetos de redução de emissões de gases de efeito estufa pode ajudar a controlar a poluição local e alcançar outros tipos de benefícios, como a redução da despesa pública, melhoria do tráfego, redução da poluição atmosférica, entre outros aspectos importantes para a qualidade e vida cotidiana das comunidades.

Bulkeley (2010) menciona que, durante as décadas de 1990 e 2000, o número de cidades preocupadas com as mudanças climáticas cresceu significativamente, principalmente após a Conferência das Nações Unidas sobre Meio Ambiente e Desenvolvimento de 1992. Em seguida, foram formadas importantes organizações locais para abordar questões de mudanças climáticas, incluindo os Governos Locais para a Sustentabilidade (ICLEI, do inglês International Council for Local Environmental Initiatives).

Stern (2006) e IEA (2008) afirmam que as cidades podem ser responsáveis por até 75% das emissões antropogênicas de dióxido de carbono. Essa taxa deve aumentar, uma vez que dois terços da população global deverá morar em áreas urbanas até 2050 (GHGP-GPC, 2014).

Nesse contexto, os municípios brasileiros devem participar mais ativamente no combate às mudanças climáticas, elaborando seus inventários de emissões de gases de efeito estufa e desenvolvendo políticas públicas eficientes para definir e atingir seus objetivos de redução de emissões, possibilitando, dessa forma, que o Brasil cumpra com seu compromisso internacional.

Segundo Carloni (2012), os:

> Inventários de emissões de GEE de cidades podem ser importantes ferramentas para a identificação de oportunidades para implementar políticas públicas e empresariais de redução de emissões. Os resultados do inventário, juntamente com outras informações estatísticas, tais como o crescimento demográfico e econômico e a ocupação e expansão urbana, permitem a elaboração de cenários e, em seguida, a identificação da necessidade de maior ou menor intervenção por parte das autoridades por meio de políticas públicas.

No contexto brasileiro, as cidades de São Paulo e do Rio de Janeiro foram as primeiras a desenvolver ações voltadas para mitigar os impactos das mudanças climáticas no Brasil.

A Política de Mudança do Clima no município de São Paulo. estabelecida em 2009, foi a primeira a fixar uma meta de redução de gases de efeito estufa no Brasil. Para o ano de 2012, definiu-se como meta a redução de 30% das emissões de gases de efeito estufa em relação ao patamar expresso no primeiro inventário realizado em 2005.

A atualização do inventário realizada em 2011 demonstrou um ligeiro aumento nas emissões totais do município em relação a 2003. Os resultados desse segundo inventário municipal demonstram que houve um aumento de 8,7% nas emissões totais de GEE em 2011 em relação a 2003. As emissões do setor de energia representaram 83% das emissões do município, enquanto as emissões do setor de resíduos sólidos representaram 15% das emissões. Das emissões relacionadas com o consumo de energia, o setor de transporte foi o que mais se destacou, sendo responsável por 61% das emissões. O setor de energia, no qual são consideradas as emissões geradas no transporte, geração de energia elétrica, indústria e emissões fugitivas associadas à distribuição de gás natural continua sendo o setor mais representativo e com emissões crescentes desde 2009, chegando próximo a 14.000 Gg CO_2 e em 2011 (SVMA, 2013).

As estratégias de mitigação e adaptação previstas na lei paulistana foram divididas em seis tópicos de abordagem, com as seguintes temáticas: transportes, energia, resíduos sólidos, saúde, construção e uso do solo. Os resultados dos dois inventários realizados indicam a importância do investimento em políticas de transporte sustentável, como transportes de massa e ciclovias e a necessidade de redução do transporte por veículos motorizados.

Em consequência, o Plano de Mobilidade Urbana de São Paulo de 2015 traz também a adoção de instrumentos de desestímulo ao uso do transporte individual, incentivando a mudança de parte das viagens realizadas por automóvel para o transporte público. Essas medidas visam à redução das emissões de poluentes que prejudicam a qualidade do ar, bem como das emissões de GEE, que causam as mudanças globais do clima e são gerados principalmente pelo transporte individual, maior responsável pelo conjunto de emissões, conforme apresentado no diagnóstico do plano (São Paulo, 2015, p. 147).

A realização de um novo inventário no município de São Paulo já está fora do prazo previsto inicialmente para 2017, por meio do qual poderão ser avaliadas a redução das emissões em relação às metas previstas, em função das medidas mitigadoras, bem como as ações realizadas pelo governo municipal entre 2012 e 2016.

No caso do Rio de Janeiro, a Lei Municipal n. 5.248/2011 instituiu a Política Municipal sobre Mudança do Clima e Desenvolvimento Sustentável e estabeleceu metas de redução de emissões de GEE para os anos de 2012 (8%), 2016 (16%) e 2020 (20%).

De acordo com o definido na política municipal de mudança do clima, o inventário municipal de emissões de GEE no Rio de Janeiro deve ser atualizado a cada quatro anos, com a definição de metas de redução de emissões, tendo o ano de 2005 como o ano base para a medição das emissões de gases de efeito estufa.

O primeiro inventário de GEE do Rio de Janeiro foi apresentado em 2000 para mensurar as emissões de GEE em 1990, 1996 e 1998, considerando as emissões de dióxido de carbono (CO_2), metano (CH_4) e óxido nitroso (N_2O).

Esses três principais GEE foram analisados em 2010 no inventário de emissões de 2005 e, em 2012, para os setores de energia; processos industriais e uso do produto (IPPU, do inglês industrial processes and product use); agricultura, silvicultura e outros usos do solo (Afolu, do inglês agriculture, forestry and other land use) e resíduos sólidos.

Segundo Rovere e Carloni, "as emissões evitadas pelas ações do governo da cidade não foram suficientes para garantir uma redução global do nível de emissões de GEE na cidade, que quase duplicou entre 2005 e 2012 (2015, p. 24)". Entre as razões para esse crescimento, segundo esses autores, está o aceleramento da dinâmica econômica a partir de 2009, com a escolha da cidade para sediar os Jogos Olímpicos e Paralímpicos em 2016 e a implantação de uma usina de aço em larga escala a partir do coque (fabricado a partir do carvão) nos limites da cidade no final de 2010. Para 2016 previa-se a diminuição das emissões e o atingimento da meta de redução devido às intervenções de grande escala, como a implantação de corredores de BRT de alta capacidade e a inauguração de um Centro de Tratamento de Resíduos. Esses resultados deverão ser aferidos com a realização de um novo inventário de emissões de GEE.

No inventário de 2012, o Rio de Janeiro utilizou a metodologia do Protocolo Global para levantar suas emissões, calculadas em 22,6 milhões de toneladas de CO_2 equivalentes (Mt CO_2e). Além disso, as estimativas de emissões de 11,6 Mt CO_2 e para 2005 foram revisadas e o plano de mitigação para a redução de emissões foi apresentado para os setores sob responsabilidade municipal: energia, uso do solo (Afolu) e resíduos para os anos de 2016, 2020 e 2025.

Após a realização de três inventários municipais de emissões de GEE, em conformidade com sua Política Municipal sobre Mudança do Clima e Desenvolvimento Sustentável, a cidade do Rio de Janeiro decidiu atualizar periodicamente seus inventários e para isso resolveu implantar um Sistema de Monitoramento de Emissões de GEE, com o objetivo de evoluir no controle dos dados de emissões por meio da elaboração de ferramentas apropriadas para coleta, processamento e armazenamento das informações, além de capacitar suas equipes técnicas para elaborar a atualização periódica de inventários de emissões.

A expectativa é que esse tipo de sistema de monitoramento de informações das emissões de GEE aumente a capacidade dos municípios para a elaboração de seus próprios inventários de emissões, mantendo um alto padrão de qualidade. Espera-se ainda que, após a implantação desses sistemas, os municípios aumentem a frequência de elaboração dos inventários, melhorando o controle sobre suas emissões e a avaliação da eficácia da resposta das políticas públicas de mitigação adotadas.

Nesse contexto poderão ser propostas possíveis correlações a serem realizadas pelo sistema, de modo que a prefeitura ou cada área (secretarias ou *stakeholders*) tenha a possibilidade de acessar gráficos e tabelas que demonstrem seu desempenho a partir da aplicação de ações de mitigação propostas e do acompanhamento das metas definidas em sua política de mudança do clima.

Essa inovação tecnológica deverá ampliar a autonomia das administrações locais e incentivar ações de mitigação e adaptação às mudanças do clima, ampliando as possibilidades do atendimento das metas de redução propostas no Acordo de Paris.

A Cidade do Rio de Janeiro, considerando o enfrentamento da questão climática, lançou em dezembro de 2016 sua Estratégia de Adaptação às Mudanças Climáticas, com a colaboração do Instituto Alberto Luiz Coimbra de Estudos de Pós-Graduação e Pesquisa de Engenharia do Rio de Janeiro (Coppe), da Universidade Federal do Rio de Janeiro (Smac, 2016). Essa iniciativa pioneira no âmbito municipal poderá estimular as demais cidades brasileiras a orientar seu planejamento de longo prazo para a gestão e redução dos riscos provenientes dos efeitos adversos das mudanças climáticas e a adoção de medidas de adaptação às mudanças climáticas na sua política ambiental e urbana.

A estratégia de adaptação do Rio de Janeiro para a construção do Plano de Adaptação segundo a Prefeitura do Rio de Janeiro e o Coppe/UFRJ (Smac, 2016) está baseada em seis eixos estratégicos, a saber:

1. Fortalecer a Capacidade Institucional e Humana.
2. Garantir a conservação e integridade dos ecossistemas e o uso racional e sustentável dos recursos naturais.
3. Fomentar a promoção da saúde da população frente às mudanças climáticas.
4. Conduzir a ocupação e uso do território, de forma a promover a qualidade urbano-ambiental.
5. Garantir a mobilidade urbana sustentável.
6. Garantir o funcionamento das infraestruturas estratégicas sob condições climáticas adversas.

Para cada um desses eixos estratégicos foram definidas iniciativas, atividades, perigo climático associado, direcionamento a locais da cidade, nível de prioridade, e atores a serem envolvidos.

O termo perigo climático foi definido como:

"potencial ocorrência de eventos físicos naturais ou induzidos pelo homem que possam causar perda de vida ou prejuízo, ou outros impactos à saúde, perdas ou danos a propriedades, meios de sobrevivência, prestação de serviços, ecossistemas e recursos ambientais" (Smac, 2016, p. 9).

Os próximos passos que a estratégia de adaptação da cidade do Rio de Janeiro ainda demanda: validar a estratégia pela prefeitura municipal; suprimir lacunas de conhecimento; elaborar o plano de adaptação, protocolo de verificação por especialistas externos; consulta pública, metodologia de monitoramento e avaliação; e estabelecimento do plano de ação, integrando adaptação à mitigação (Plano de Redução de Emissão de Gases de Efeito Estufa G); resiliência e redução de risco de desastres (Smac, 2016, p. 71).

CONSIDERAÇÕES FINAIS

A elaboração de estratégias e planos de adaptação às mudanças climáticas, atendendo às orientações do IPCC em relação à insuficiência da adoção de medidas mitigadoras é um novo passo no planejamento urbano para que as cidades se tornem mais resilientes e para avaliar a vulnerabilidade dos sistemas urbanos em relação aos efeitos adversos das mudanças climáticas.

No contexto de cidades com aumento de suas populações, verifica-se a necessidade imperiosa de combater as precariedades e incongruências advindas de legislações incompatíveis com as demandas da sociedade por sustentabilidade, trazendo à arena de debates maior participação da população, garantindo acesso público a informações fidedignas indispensáveis a tomadas de decisão que contemplem a melhoria da qualidade de vida das pessoas. Cumpre ressaltar que o planejamento urbano e o plano diretor de desenvolvimento urbano das cidades têm no Estatuto da Cidade e nos planos de adaptação às mudanças climáticas um conjunto de diretrizes que oferece condições, quando respeitadas, para a sustentabilidade de seus processos de desenvolvimento urbano e para a proteção de suas populações.

Dessa forma, os desafios maiores estão colocados na existência de equipes qualificadas e competentes para sua elaboração; na vontade política dos governantes de respeitar os interesses maiores da sociedade na busca por melhoria das suas condições de vida; na capacidade da administração pública da cidade de realizar efetiva gestão urbana com base nos princípios da sustentabilidade; e gradual incorporação dos indicadores de sustentabilidade nos processos de controle social exercidos por parcelas mais expressivas da população.

Portanto, será um novo ciclo de planejamento urbano, em que o plano diretor de desenvolvimento urbano das cidades deverá estar estrategicamente alinhado com os planos de mitigação ou de adaptação às mudanças climáticas para a sustentabilidade de seus processos de desenvolvimento urbano e para a proteção de suas populações.

REFERÊNCIAS

BULKELEY, H. Cities and the Governing of Climate Change. Durham. *Annu. Rev. Environ. Resour,* vol. 35, p. 229-253, 2010.

BULKELEY, H.; BROTO, V.; EDWARDS, G. "Towards Low Carbon Urbanism" from Local Environment. In: WHEELER, S.M. BEATLEY, T., *The Sustainable Urban Development Reader.* 3.ed. S. Francisco: Routledge, 2012, p. 101-106.

[BRASIL] Estatuto da Cidade – Lei federal n. 10.257, de 10 de julho de 2001.

_____. Lei n. 12.187, de 29 de dezembro de 2009, que institui a Política Nacional sobre Mudança do Clima – PNMC e dá outras providências. Brasília, 2009.

_____. Decreto n. 7.390, de 9 de dezembro de 2010, que regulamenta os arts. 6º, 11 e 12 da Lei n. 12.187, de 29 de dezembro de 2009, que institui a Política Nacional sobre Mudança do Clima – PNMC, e dá outras providências. Brasília, 2010.

_____. Contribuição Nacionalmente Determinada para Consecução do Objetivo da Convenção-Quadro das Nações Unidas sobre Mudanças do Clima. Brasília, 2015. 10p.

_____. Ministério do Meio Ambiente. Acordo de Paris. Disponível em: http://www.mma.gov.br/clima/convencao-das-nacoes-unidas/acordo-de-paris. Acesso em: 19 jul. 2018.

CARLONI, F.B.B.A. Gestão do inventário e do monitoramento de emissões de gases de efeito estufa em cidades: o caso do Rio de Janeiro. (Tese de Doutorado). Programa de Planejamento Estratégico – Rio de Janeiro: Coppe/UFRJ, 2012. 180p.

DARELA-FILHO, et al. Socio-climatic hotspots in Brazil: how do changes driven by the new set of IPCC climatic projections affect their relevance for policy? Climatic Change, 136, 413–425, 2016. Disponível em: http://dx.doi.org/10.1007/s10584-016-1635-z.

DI GIULIO, G.M.; MARTINS, A.M.B.; LEMOS, M.C. Adaptação climática: Fronteiras do conhecimento para pensar o contexto brasileiro. *Estudos Avançados,* USP, v. 30, n. 88, 2016.

DUBEUX, C.B.S; ROVERE, E.L.L. Local perspectives in the control of greenhouse gas emissions – The case of Rio de Janeiro. *Cities,* v. 24, n. 5, p. 353-364, 2007.

GEHL, J. *Cidade para pessoas.* São Paulo: Perspectiva, 2014.

[GHGP-GPC] GLOBAL PROTOCOL FOR COMMUNITY-SCALE GREENHOUSE GAS EMISSION INVENTORIES. An Accounting and Reporting Standard for Cities. World Resources Institute; C40 Cities – Climate Leadership Group; ICLEI – Local Government for Sustainability. 2014. 176p.

[IEA] INTERNATIONAL ENERGY AGENCY. *World Energy Outlook.* Paris: IEA, 2008.

[IPCC] INTERGOVERNMENTAL PANEL ON CLIMATE CHANGE. Managing the risks of extreme events and disasters to advance climate change adaptation. A special report of working groups I and II of the Intergovernmental Panel on Climate Change. New York: Cambridge University Press, 2012.

JACOBS, J. *Morte e Vida de Grandes Cidades.* São Paulo: Martins Fontes, 2011.

LINDOSO, D. P. (2015). Adaptação à mudança climática: ciência, política e desenvolvimento sustentável. Clima Com Cultura Científica – pesquisa, jornalismo e arte, ano 2, número 2. Disponível em: http://climacom.mudancasclimaticas.net/?p=1967. Acesso em 11 ago. 2015

[ONU] ORGANIZAÇÃO DAS NAÇÕES UNIDAS. Protocolo de Kyoto. Disponível em: http://www.institutoatkwhh.org.br/compendio/?q=node/42. Acesso em: 19 jul. 2018.

[RIO DE JANEIRO] Lei n. 5.248, de 27 de janeiro de 2011. Institui a Política Municipal sobre Mudança do Clima e Desenvolvimento Sustentável, dispõe sobre o estabelecimento de metas de redução de emissões antrópicas de gases de efeito estufa para o Município do Rio de Janeiro e dá outras providências. Rio de Janeiro, Brasil, 2011.

[SMAC] SECRETARIA MUNICIPAL DE MEIO AMBIENTE. Plano de Adaptação da Cidade do Rio de Janeiro às Mudanças Climáticas – Climate Change Adaptation Strategy for the City of Rio de Janeiro. Smac-Coppe/UFRJ, UFRJ. dez. 2016.

[SÃO PAULO] Plano Diretor Estratégico – PDE (Lei n. 16.050/2014). São Paulo, 2014.

_____. Lei de Parcelamento, Uso e Ocupação do Solo – LPUOS – (Lei n. 16.402/2016). São Paulo, 2016.

_____. Plano de Mobilidade 2015. Prefeitura do Município de São Paulo – Secretaria Municipal de Transportes. São Paulo, 2015. p. 147.

STERN, N. Stern review on the economics of climate change. London, HM Treasury/Cabinet Off, 2006. Disponível em: http://www.hm-treasury.gov.uk/sternreview_index.htm. Acesso em: 19 jul. 2018.

[SVMA] SECRETARIA DO VERDE E DO MEIO AMBIENTE DO MUNICÍPIO DE SÃO PAULO. Inventario de Emissões e Remoções Antrópicas de Gases de Efeito Estufa do Município de São Paulo de 2003 a 2009, com atualização para 2010 e 2011 nos setores de Energia e Resíduos. São Paulo, Nov. 2013.

[UN] UNITED NATIONS CONFERENCE ON SUSTAINABLE DEVELOPMENT. Rio+20. Disponível em: https://sustainabledevelopment.un.org/rio20. Acesso em: 19 jul. 2018.

[UN] UNITED NATIONS. Conference of the Parties. Adoption of the Paris Agreement. Disponível em: https://nacoesunidas.org/cop21/. Acesso em: 19 jul. 2018.

_____. The Paris Agreement. UNFCC, 2016. Disponível em: http://unfccc.int/2860.php. Acesso em: 19 jul. 2018.

[UNFCC] UNITED NATIONS FRAMEWORK CONVENTION ON CLIMATE CHANGE. Disponível em: http://unfccc.int/paris_agreement/items/9444.php. Acesso em: 19 jul. 2018.

WISE, R. M., et al. Reconceptualising adaptation to climate change as part of pathways of change and response. Global Environmental Change, 28, 325–336, 2014. Disponível em: http://dx.doi.org/10.1016/j.gloenvcha.2013.12.002.

19 Operações urbanas consorciadas: alternativas para requalificação urbana sustentável

Debora Sotto
Advogada, Procuradora do Município de São Paulo

Arlindo Philippi Jr
Engenheiro civil, Instituto de Estudos Avançados e Faculdade de Saúde Pública, USP

INTRODUÇÃO

O objetivo deste capítulo é demonstrar, a partir da análise crítica de casos ocorridos na cidade de São Paulo, como a Operação Urbana Consorciada, instrumento jurídico-político estruturado pelo Estatuto da Cidade, pode oferecer alternativas à requalificação sustentável de áreas urbanas degradadas ou subaproveitadas. A existência de espaços intraurbanos vazios ou subaproveitados em regiões dotadas de infraestrutura e serviços é um problema global que, a exemplo do restante do mundo, acomete numerosas cidades brasileiras, causando transtornos de ordem econômica, social e ambiental, tais como especulação imobiliária, expansão urbana desordenada, degradação ambiental e exclusão socioespacial (UN-Habitat, 2016, p. 190).

Para tanto, por meio da revisão de textos especializados de diferentes disciplinas, como direito, planejamento urbano e territorial, geografia e arquitetura e urbanismo, bem como do exame da legislação pertinente, de documentos públicos e repositórios oficiais de dados, discorre-se inicialmente sobre a definição e as características da "requalificação urbana" como uma das modalidades possíveis de intervenção urbanística, no intuito de demonstrar que a Operação Urbana Consorciada constitui uma modalidade de requalificação urbana sustentável, juridicamente pautada pela promoção do equilíbrio entre desenvolvimento econômico, inclusão social e qualidade ambiental.

A seguir, examina-se o regime jurídico-institucional da Operação Urbana Consorciada, apontando suas principais características, instrumentos antecedentes, elementos estruturantes, a importância dos Estudos Prévios de Impacto e tendências de implementação do instrumento, colhendo subsídios sobretudo na experiência da cidade de São Paulo.

Ao final, apresentam-se dois breves estudos de caso, selecionados como exemplos ilustrativos das possibilidades de utilização desse importante instrumento de política urbana como um motor de transformações urbanas sustentáveis ainda não integralmente exploradas pelos municípios brasileiros: a Operação Urbana Consorciada Água Branca (EMURB, 2010) e o projeto da Operação Urbana Consorciada Bairros do Tamanduateí (SP-Urbanismo, 2015).

OPERAÇÃO URBANA CONSORCIADA COMO MODALIDADE DE REQUALIFICAÇÃO URBANA

Segundo o § 1º do art. 32 do Estatuto da Cidade (Lei Federal n. 10.257/2001), a Operação Urbana Consorciada é um conjunto de intervenções e medidas coordenadas pelo poder público municipal, com a participação dos proprietários, moradores, usuários permanentes e investidores privados, que tem por objetivo alcançar transformações urbanísticas estruturais, melhorias sociais e a valorização ambiental em uma determinada área da cidade.

Embora o texto do Estatuto da Cidade não faça referência expressa ao termo "requalificação urbana" ao eleger o alcance de "transformações urbanísticas" como objetivo principal do instrumento, indica que a Operação Urbana Consorciada é uma modalidade de intervenção urbanística voltada à promoção da *requalificação urbana* de áreas degradadas ou subutilizadas da cidade.

Entretanto, são muitos os termos utilizados na literatura para designar os planos e projetos urbanísticos voltados ao desenvolvimento de áreas degradadas, envelhecidas ou subocupadas nas cidades contemporâneas: "renovação urbana", "reabilitação urbana", "regeneração urbana", "revitalização urbana", "requalificação urbana", entre outros.

A pergunta preliminar que se coloca é se tais termos são sinônimos, totalmente intercambiáveis, ou se constituem modalidades específicas de intervenções urbanísticas, com traços característicos e tecnicamente distintos. O tema é polêmico por natureza, pois essas intervenções urbanísticas, voltadas à transformação de áreas urbanas, interferem inevitavelmente em disputas – econômicas, sociais, culturais – sobre o território que se pretende transformar.

Como pontuam Moura et al. (2006, p. 17-18), renovação, reabilitação, requalificação urbana e similares são conceitos que incorporam simultaneamente ideias teóricas e propostas de ação sobre a cidade e que surgem em um contexto de embate de interesses. Uma das críticas mais contundentes a intervenções urbanísticas dessa natureza decorre da sua frequente associação a processos de gentrificação e segregação social (Mendes, 2014, p. 490). Por exemplo, nos Estados Unidos, Smith (2002) discorre sobre a associação entre projetos de renovação urbana na cidade de Nova York e gentrificação; na Argentina, Ciccolella (1999) descreve a expulsão da população mais pobre e marginalizada da região renovada de Puerto Madero; na Espanha, Claver (2006) trata da renovação da Ciutat Vella, centro histórico de Barcelona, no contexto de preparação da cidade para os Jogos Olimpícos de 1992 e a decorrente gentrificação, sobretudo no bairro de La Ribera; no Brasil, fala-se de gentrificação nos projetos de requalificação do centro histórico de São Paulo (Alves, 2011), do Parque Histórico do Pelourinho em Salvador (Ribeiro, 2014) e da Zona Portuária do Rio de Janeiro (Nascimento; Silva, 2015).

Não obstante, o pleno aproveitamento da terra urbanizada, servida por infraestrutura e equipamentos públicos, apresenta-se como uma questão central para a sustentabilidade das cidades, conexa à maior eficiência na utilização de recursos e à gestão e planejamento de processos de urbanização socialmente inclusivos e ambientalmente equilibrados.

Desenvolvimento urbano sustentável e cidades sustentáveis

O conceito de desenvolvimento sustentável foi firmado perante a comunidade internacional pelo Relatório "Nosso Futuro Comum", também conhecido como Relatório Brundtland, publicado em 1987 pela Comissão Mundial sobre Meio Ambiente e Desenvolvimento, constituída em 1983 pela Organização das Nações Unidas (ONU) para a formulação de propostas para o futuro da gestão ambiental no mundo.

Segundo o relatório, o desenvolvimento sustentável é um modelo global de desenvolvimento que se propõe a conciliar crescimento econômico, inclusão social e preservação e proteção ambiental, de maneira a prover as necessidades das gerações presentes sem comprometer a sobrevivência das gerações futuras.

O Relatório Brundtland tratou expressamente da questão das cidades em um capítulo especificamente dedicado ao Desafio Urbano. Ali, foram formuladas diversas propostas para a construção de uma gestão urbana sustentável, baseada essencialmente no fortalecimento dos governos locais, na descentralização administrativa e na inclusão social.

Por ocasião da Conferência das Nações Unidas sobre Meio Ambiente e Desenvolvimento (Rio-92), realizada na cidade do Rio de Janeiro no ano de 1992, a Agenda 21, proposta como um Plano Global de Ação voltado à cooperação em matéria de desenvolvimento e meio ambiente, dedicou o Capítulo 7 à questão da sustentabilidade dos assentamentos humanos, elencando oito objetivos essenciais para a gestão urbana sustentável:

1. Moradia adequada para todos (item 7.A.).
2. Gestão (item 7.B.).
3. Planejamento e gestão racionais do uso do solo (item 7.C.).
4. Integração da infraestrutura ambiental (item 7.D.).
5. Política viável de energia e transportes (item 7.E.).
6. Planejamento e gestão nas zonas sujeitas a desastres naturais (item 7.F.).
7. Sustentabilidade da indústria da construção (item 7.G.).
8. Valorização dos recursos humanos e implementação dos meios de desenvolvimento urbano (item 7.H.).

As recomendações da Agenda 21 para os assentamentos humanos foram retomadas e aperfeiçoadas pela Convenção Habitat II, realizada na cidade de Istambul em 1996. Editou-se naquela oportunidade um Plano Global de Ação dedicado à consecução de dois objetivos até 2016: habitação digna para todos e desenvolvimento sustentável dos assentamentos humanos.

Nos termos do item 4 da Agenda Habitat II, o desenvolvimento urbano sustentável deve associar o desenvolvimento econômico à inclusão social e à proteção ambiental, com respeito integral aos direitos humanos e liberdades fundamentais, incluindo o direito ao desenvolvimento e a oferta de meios para a construção de um mundo com mais estabilidade e paz.

A declaração "O futuro que queremos", editada na Conferência das Nações Unidas sobre o Desenvolvimento Sustentável (Rio+20), realizada na cidade do Rio de Janeiro no ano de 2012, também tratou do tema da sustentabilidade dos assentamentos humanos, desta feita já sob a rubrica "Cidades e Assentamentos Humanos Sustentáveis". Nos termos do item 135 do documento, o desenvolvimento urbano sustentável implica a promoção de políticas que apoiem a prestação de serviços sociais e de habitação inclusivos, condições de vida seguras e saudáveis para todos, transporte e energia acessíveis e sustentáveis, espaços urbanos verdes e seguros, água potável e saneamento, boa qualidade do ar, geração de empregos decentes e melhora do planejamento urbano e dos bairros marginais.

Ainda por ocasião da Rio+20, os Estados signatários da declaração "O futuro que queremos" assumiram o compromisso de indicar até o ano de 2015 os Objetivos de Desenvolvimento Sustentável (ODS), a vigorar até o ano de 2030, em substituição aos Objetivos do Milênio (ODM).

Em setembro de 2015, foi editada a Resolução A/RES/70/1 pela Assembleia Geral da ONU, que elegeu 17 ODS, desdobrados em 169 metas integrantes da Agenda 2030 para o Desenvolvimento Sustentável, fixadas de maneira coerente com outros documentos internacionais pertinentes ao tema, entre estes a Agenda de Ação de Addis Abeba (2015), voltada ao financiamento do desenvolvimento sustentável, a Declaração de Sendai (2015), focada na redução de desastres, o Protocolo de Paris (2015), focado no combate às mudanças climáticas, a declaração "O futuro que queremos" (2012) e a Agenda 21 (1992). Entre os ODS eleitos, um refere-se especificamente às cidades. Trata-se do ODS n. 11, que almeja "tornar as cidades e os assentamentos humanos inclusivos, seguros, resilientes e *sustentáveis*".

Mais recentemente, em outubro de 2016, foi aprovada na cidade de Quito, por ocasião da Conferência das Nações Unidas para a Habitação e o Desenvolvimento Urbano Sustentável (Habitat III), uma Nova Agenda Urbana (NAU), a vigorar até 2036, em substituição à Agenda Habitat II e alinhada aos objetivos da Agenda 2030 para o Desenvolvimento Sustentável. A NAU se baseia em uma visão comum, partilhada pelos Estados-signatários, expressa no item 11 do documento: cidades para todos, que sejam justas, saudáveis, acessíveis, resilientes e sustentáveis, capazes de fomentar a prosperidade e a qualidade de vida para todos.

A "cidade sustentável", portanto, é um modelo de planejamento e de gestão urbana construído globalmente, a partir dos documentos internacionais atinentes ao desenvolvimento sustentável. Embora parta de princípios pretensamente universais, suas condições de realização devem ser definidas em escala local, atendendo às especificidades de cada cidade (Drobenko, 2002).

No Brasil, a Constituição Federal de 1988 (CF/88) dedicou um capítulo da Ordem Econômica e Financeira do Estado ao regramento da política urbana brasileira, estabelecendo como seus objetivos, conforme o *caput* do art. 182, a ordenação do pleno desenvolvimento das funções sociais da cidade e a garantia do bem-estar de seus habitantes, segundo as diretrizes estabelecidas por lei federal, no caso, o Estatuto da Cidade (Lei Federal n. 10.287/2001).

A menção à "garantia do bem-estar" dos habitantes das cidades, contida no *caput* do art. 182 da CF/88, remete ao *caput* do art. 225 do texto constitucional, o qual declara o direito de todos ao meio ambiente ecologicamente equilibrado, bem de uso comum do povo e essencial à sadia qualidade de vida, impondo ao poder público e à coletividade o dever de defendê-lo e preservá-lo para as presentes e futuras gerações.

Pelas referências à "sadia qualidade de vida" e às "presentes e futuras gerações", é possível afirmar que referido dispositivo abarca, ainda que implicitamente, o princípio do desenvolvimento sustentável. Mais ainda, é possível afirmar que o "meio ambiente ecologicamente equilibrado" tratado no dispositivo em exame abrange não só o meio ambiente natural como também o meio ambiente artificial, ou construído, de que faz parte o meio ambiente urbano.

Assim a conjugação entre o art. 182, *caput*, e o art. 225, *caput*, da CF/88, permite afirmar que o modelo de desenvolvimento a ser promovido pela política urbana brasileira, por implícita indicação da Carta Magna, é o modelo de desenvolvimento urbano sustentável que se caracteriza pelo equilíbrio entre crescimento econômico, inclusão social e proteção ambiental, de modo a atender às necessidades das gerações presentes sem comprometer a sobrevivência ou o bem-estar das gerações futuras.

Tal opção constitucional pelo modelo do desenvolvimento urbano sustentável foi posteriormente explicitada pelo Estatuto da Cidade, ao indicar como primeira diretriz geral da política urbana brasileira a garantia do direito às cidades sustentáveis (Lei Federal n. 10.287/2001, art. 2º, I), compreendido como o "direito à terra urbana, à moradia, ao saneamento ambiental, à infraestrutura urbana, ao transporte e aos serviços públicos, ao trabalho e ao lazer, para as presentes e futuras gerações".

Requalificação urbana

As intervenções urbanísticas voltadas ao pleno aproveitamento da terra urbanizada foram expressamente contempladas pelos principais documentos internacionais atinentes ao desenvolvimento urbano sustentável como um elemento essencial à construção de cidades sustentáveis.

A Agenda 21, editada na Conferência Rio-92, em seu Capítulo 7, dedicado à Promoção do Desenvolvimento Sustentável dos Assentamentos Humanos, incluiu entre as iniciativas a serem tomadas individualmente pelas cidades para a melhora do meio ambiente urbano a *reabilitação* de antigos prédios, locais históricos e outros elementos culturais (item 7.20, letra *b*).

A Agenda Habitat II, que vigorou de 1996 a 2016, indicou entre as ações pertinentes ao *uso sustentável da terra* o estabelecimento de marcos jurídicos que facilitassem o desenvolvimento e a implementação, nos níveis nacional, subnacional e local, de políticas públicas e planos para o desenvolvimento urbano sustentável e a *reabilitação urbana* (item 113, letra *a*); indicou ainda, entre as ações dos governos voltadas à melhoria das condições de saúde e bem-estar de todas as pessoas, particularmente das que vivem na pobreza, a promoção, quando necessário, do planejamento adequado dos assentamentos humanos, tanto em novos desenvolvimentos como na urbanização, melhoria e *reabilitação de áreas deterioradas* (item 136, letra *i*).

A reabilitação ou renovação de áreas urbanas deterioradas ou subtilizadas também foram expressamente contempladas como elementos integrantes de um adequado planejamento urbano pela NAU, em vigor a partir de 2016. Esta encoraja a adoção de estratégias de desenvolvimento espacial que levem em consideração quando apropriado a necessidade de orientar extensões urbanas, priorizando a *renovação urbana* pelo planejamento para a provisão de infraestrutura e serviços acessíveis e bem conectados, densidades populacionais sustentáveis,[1] desenho urbano compacto e integração de novos bairros no tecido urbano, prevenindo a expansão urbana desordenada e a marginalização (item 52). Adicionalmente, os Estados signatários da NAU assumiram o compromisso de promover extensões e preenchimentos urbanos planejados,[2] priorizando a *renovação, regeneração e retrofitting* de áreas urbanas, conforme apropriado (item 97).

Como se pode observar, a imprecisão terminológica em torno das intervenções urbanísticas voltadas à transformação de territórios degradados,

---

[1] A NAU propõe cidades mais densas (mais habitantes por metro quadrado) como forma de maximizar a utilização da infraestrutura e serviços já disponíveis, minimizar os deslocamentos intraurbanos e otimizar o consumo de energia e recursos naturais. Segundo estudo publicado pelo Urban Land Institute (Clark; Moir, 2015, p. 11), a questão que se coloca às cidades contemporâneas não é propriamente "se se deve densificar", mas sim "como densificar", apontando o estudo citado algumas características do que seria uma "boa densidade": uso misto da terra; conectividade, com boa infraestrutura de mobilidade e comunicação; planejamento; coesão entre necessidades sociais e econômicas; qualidade de vida; espaços públicos de qualidade; projetos construtivos dotados de flexibilidade e incrementabilidade; boas soluções de *design*; eficiência no uso dos recursos naturais e baixo impacto de vizinhança.

[2] Extensões urbanas planejadas são expansões do perímetro urbano programadas segundo um plano urbanístico previamente estabelecido. Preenchimentos urbanos planejados, por sua vez, significam a ocupação ordenada de espaços intraurbanos vazios ou subocupados, aproveitando infraestrutura e serviços urbanos já instalados. Ambos são medidas de planejamento urbano que se contrapõem à expansão urbana desordenada.

envelhecidos ou subutilizados também permeia os documentos internacionais ora examinados. Cumpre desse modo estabelecer algumas definições para a análise a que este estudo se propõe.

Segundo Neto e Serrano (2012, p. 7), "os conceitos de renovação, reabilitação, requalificação e revitalização urbana são abordagens às intervenções em contexto urbano com uma gradação diferenciada, quanto à sofisticação da natureza dos seus objetivos e quadro de intervenção". Assim, de acordo com as definições sistematizadas por esses autores, a *renovação urbana* constitui uma intervenção de âmbito espacial muito localizada, focada na demolição e construção de edificações com novas formas, tipologias ou atividades econômicas; a *reabilitação urbana* tem âmbito espacial localizado e procura habilitar ou readaptar o tecido urbano existente a novas situações e funcionalidades; a *requalificação urbana*, de âmbito espacial localizado, objetiva a melhoria das condições de vida da população, pautando-se pela construção e recuperação de equipamentos e infraestrutura, na valorização do espaço público e na implementação de medidas de dinamização social e econômica; a *revitalização urbana*, por sua vez, desenvolve-se a médio e longo prazo e tem por objetivo restabelecer dinâmicas sociais perdidas na área a ser revitalizada, podendo para tanto lançar mão de iniciativas de renovação, reabilitação e requalificação urbana. Já a *regeneração urbana*, diversamente das demais modalidades, tem como âmbito espacial de intervenção a cidade em seu conjunto, atuando em termos espaciais, econômicos, de infraestrutura, planejamento e gestão, com o objetivo de aumentar a atratividade da cidade como destino de pessoas, investimentos e negócios.

A partir das definições ora propostas, verifica-se que a *requalificação urbana*, por seu foco em melhoria de qualidade de vida, dinamização social e econômica e recuperação de equipamentos, infraestrutura e espaços públicos em uma porção determinada da cidade parece ser a modalidade de intervenção que melhor dialoga com os preceitos da sustentabilidade urbana, pautados pela harmonização do crescimento econômico com inclusão social e melhorias ambientais. Mais ainda, a requalificação urbana parece ser a modalidade de intervenção que melhor se adequa ao quadro jurídico-institucional traçado pelo Estatuto da Cidade para as Operações Urbanas Consorciadas, instrumento de política urbana que tem por objetivo, como já se mencionou, a promoção de transformações urbanísticas estruturais, melhorias sociais e valorização ambiental em uma área determinada da cidade.

OPERAÇÃO URBANA CONSORCIADA COMO INSTRUMENTO DE REQUALIFICAÇÃO URBANA SUSTENTÁVEL

Instrumentos antecedentes às Operações Urbanas Consorciadas na cidade de São Paulo

As Operações Urbanas Consorciadas derivam de instrumentos similares desenvolvidos entre os anos 1980 e 2000 em algumas cidades brasileiras. Entre eles, cumpre destacar dois instrumentos de política urbana desenvolvidos pela cidade de São Paulo nas décadas de 1980 e 1990: as chamadas Operações Interligadas e posteriormente Operações Urbanas.

As Operações Interligadas, instituídas pelas Leis Municipais ns. 10.209/86 e 11.773/95, tinham como principal característica permitir a cessão de parâmetros construtivos acima dos limites legais, por ato do Poder Executivo Municipal, aplicáveis em qualquer lugar da cidade, independentemente da zona de uso, como contraprestação à construção ou ao financiamento de unidades de habitação social pelos particulares participantes (Furtado; Maleronka, 2014, p. 409).

As Operações Interligadas vigoraram até fevereiro de 2000, quando o Tribunal de Justiça do Estado de São Paulo declarou a inconstitucionalidade da Lei Municipal n. 11.773/95, por violação ao princípio da legalidade (alteração de zoneamento por ato infralegal), nos autos da Ação Direta de Inconstitucionalidade (ADIn) n. 007222-30.1997.8.26.0000. A decisão impediu a celebração de novas Operações Interligadas, mas aquelas aprovadas pelo Executivo até a propositura da ADIn foram consideradas válidas.

Entre os diversos empreendimentos aprovados em São Paulo no âmbito das Operações Interligadas, destaca-se a construção do Shopping West Plaza, na zona oeste da cidade, viabilizada por meio do pagamento de contrapartidas de pouco menos de USD 10 milhões em habitações de interesse social (Sandroni, 2004, p. 1).

Diversamente das Operações Interligadas, que podiam incidir sobre qualquer imóvel localizado no território municipal, as Operações Urbanas, desenvolvidas a partir dos anos 1990, tinham por escopo a requalificação urbanística de áreas específicas da cidade, por meio da execução de um plano de intervenções e obras públicas financiado por recursos amealhados com a venda de índices urbanísticos diferenciados (potencial construtivo, gabarito de altura, uso), aplicáveis apenas em imóveis localizados no perímetro da Operação.

A primeira Operação Urbana implementada na cidade de São Paulo foi a Operação Urbana Anhangabaú, instituída pela Lei Municipal n. 11.090/91. Compreendia, nos termos do seu art. 1º,

> um conjunto integrado de intervenções coordenadas pela Prefeitura, através da Empresa Municipal de Urbanização – EMURB (atual SP-Urbanismo), com a participação dos proprietários, moradores, usuários permanentes e investidores privados, visando a melhoria e valorização ambiental da área de influência imediata do Vale do Anhangabaú.

Essa primeira Operação Urbana objetivou recuperar parte dos investimentos públicos realizados para a reurbanização do Vale do Anhangabaú (Jesus, 2013, p. 39), sendo posteriormente absorvida pela Operação Urbana Centro, instituída pela Lei Municipal n. 12.349/97, a qual veio a abranger não só a área do Vale do Anhangabaú, mas todo o centro histórico da cidade. Além da Operação Urbana Centro, foram implementadas mais duas Operações Urbanas no ano de 1995: a Operação Urbana Faria Lima e a Operação Urbana Água Branca, instituídas respectivamente pelas Leis Municipais ns. 11.732/95 e 11.774/95.

De todas as quatro Operações Urbanas implementadas pela cidade de São Paulo nos anos 1990, a Operação Urbana Faria Lima é apontada como a mais bem sucedida, tanto em termos de arrecadação de recursos como em termos de efetiva transformação urbanística da área sob intervenção. Os resultados obtidos, entretanto, foram objeto de críticas contundentes, sobretudo em razão dos graves desequilíbrios sociais e ambientais produzidos pelas intervenções, tais como segregação socioespacial, ultraespecialização de usos em detrimento do uso misto e insuficiência da infraestrutura instalada, sobretudo traçado do sistema viário e sistemas de transporte em relação ao aumento de área construída e de volumetria (Sales, 2005).

Conceito de Operação Urbana Consorciada

Operação Urbana Consorciada (OUC), nos termos do art. 32, § 1º, da Lei Federal n. 10.257/2001 (Estatuto da Cidade), é um conjunto de intervenções e medidas coordenadas pelo poder público municipal, com a participação dos proprietários, moradores, usuários permanentes e investidores privados, com o objetivo de alcançar transformações urbanísticas estruturais, melhorias sociais e valorização ambiental de uma dada área da cidade devidamente delimitada por lei municipal específica, editada por sua vez com fundamento no respectivo Plano Diretor do Município.[3] Trata-se de instrumento urbanístico que visa, em outras palavras, promover a requalificação urbanística sustentável de áreas urbanas degradada ou subaproveitadas, por meio da recuperação de equipamentos, infraestrutura e espaços públicos, da dinamização social e econômica e da promoção da sadia qualidade de vida.

Abrangem-se assim, na configuração essencial deste instrumento urbanístico as dimensões econômica, social e ambiental do desenvolvimento sustentável, modelo de desenvolvimento urbano implicitamente eleito pela CF/88, pela conjugação dos seus arts. 182 – atinente à política urbana –, e 225 – pertinente à política ambiental – e que se caracteriza pela necessária associação entre desenvolvimento econômico, justiça social e proteção do meio ambiente, natural e construído, para as presentes e futuras gerações (Sotto, 2016, p. 76-77).

Elementos-chave das Operações Urbanas Consorciadas

As OUC, tal como estruturadas pelo Estatuto da Cidade, à semelhança das Operações Interligadas e Operações Urbanas implementadas em São Paulo, também se apresentam como *parcerias, concertações* ou *cooperações* entre o poder público e o setor privado (Alfonsin, 2006, p. 293), que se desenvolvem principalmente por meio da venda de parâmetros urbanísticos flexíveis ao setor privado para atrair novos empreendimentos para a região a ser requalificada e ao mesmo tempo propiciar ao poder público municipal os recursos necessários para financiar as intervenções urbanísticas programadas.

Adicionalmente, acresceu o Estatuto da Cidade requisitos estruturais importantes ao novo instrumento, pertinentes à sustentabilidade do plano urbanístico e à participação popular na requalificação urbanística proposta em todas as suas fases: formulação, execução e acompanhamento.

O Estatuto da Metrópole, instituído pela Lei Federal n. 13.089/2015, acrescentou o art. 34-A e parágrafo único ao texto do Estatuto da Cidade, que dispõe sobre as "Operações Urbanas Consorciadas Interfederativas". Estas poderão ser instituídas por leis estaduais específicas nas regiões metropoli-

---

[3] Segundo dispõe o § 1º do art. 182 da CF/88, o Plano Diretor aprovado pela Câmara Municipal é obrigatório, no mínimo, para cidades com mais de 20 mil habitantes, é o instrumento básico da política de desenvolvimento e de expansão urbana. Sua edição é pré-condição para a implementação de diversos instrumentos de política urbana, inclusive as OUC.

tanas ou aglomerações urbanas, com a mesma estrutura e mecanismos da OUC. Essa inovação representa uma oportunidade para a recuperação urbanística dos territórios localizados entre municípios, degradados ou subdesenvolvidos justamente em razão do vácuo gerado pela sobreposição de jurisdições locais.

Nos termos postos pelo Estatuto da Cidade, as OUC trazem como elementos-chave, além da *cooperação* entre o poder público e a sociedade civil, a *participação popular*, sobretudo no controle financeiro dos recursos arrecadados, e a *sustentabilidade* das transformações urbanísticas propostas, que deverão ser pautadas pelo equilíbrio entre crescimento econômico, inclusão social e preservação e proteção do meio ambiente natural e construído.

Todos esses elementos-chave dialogam com diretrizes da política urbana postas pelo Estatuto da Cidade, respectivamente: a cooperação entre governos, iniciativa privada e demais setores da sociedade no processo de urbanização, atendido o interesse social (Lei Federal n. 10.257/2001, art. 2º, III); a isonomia de condições para os agentes públicos e privados na promoção de empreendimentos e atividades relativos ao processo de urbanização social, atendido mais uma vez o interesse social (art. 2º, XVII); a garantia do direito a cidades sustentáveis, compreendido como o direito à terra urbana, à moradia, ao saneamento ambiental, à infraestrutura urbana, ao transporte e aos serviços públicos, ao trabalho e ao lazer para as presentes e futuras gerações (art. 2º, I); e a gestão democrática, por meio da participação da população e de associações representativas dos vários segmentos da comunidade na formulação, execução e acompanhamento de planos, programas e projetos de desenvolvimento urbano (art. 2º, II).

Os elementos-chave expressam-se nos requisitos mínimos que devem compor o Plano da Operação Urbana Consorciada, elencados no art. 33 do Estatuto da Cidade: definição da área a ser atingida; programa básico de ocupação da área; programa de atendimento econômico e social para a população diretamente afetada; finalidades da operação; estudo prévio de impacto de vizinhança; definição da contrapartida a ser exigida dos proprietários, usuários permanentes e investidores privados em função da utilização dos índices urbanísticos flexibilizados; forma de controle da operação, obrigatoriamente compartilhada com representação da sociedade civil e a natureza dos incentivos a serem concedidos aos proprietários, usuários permanentes e investidores privados mediante o pagamento de contrapartidas. Entre os incentivos ou medidas passíveis de previsão na OUC incluem-se a modificação de índices urbanísticos e normas edilícias, considerado o impacto ambiental decorrente, a regularização de edificações e a concessão de incentivos para utilização de tecnologias que visem a redução de impactos ambientais e economia de recursos naturais (Estatuto da Cidade, art. 32, § 2º).

As contrapartidas pagas pelos interessados na forma prevista pela lei municipal específica (em dinheiro, em prestações *in natura* ou em títulos emitidos pelo município, os Certificados de Potencial Adicional de Construção – Cepacs) operam como instrumentos de captação de parte da especial valorização a ser experimentada pelos empreendimentos privados em razão da sua participação na OUC, a chamada "mais-valia urbanística".

Estudo Prévio de Impacto

Importante ressaltar que tanto o Plano da Operação Urbana Consorciada como a composição dos incentivos a serem concedidos aos participantes devem lastrear-se nos achados do Estudo Prévio de Impacto de Vizinhança (Eivi) ou, conforme o caso, Estudo Prévio de Impacto Ambiental (Epia), no intuito de garantir que os valores arrecadados pelas contrapartidas sejam suficientes para financiar a bom tempo as intervenções e obras públicas projetadas, sem que o adensamento construtivo e populacional decorrente supere a capacidade de suporte da infraestrutura e dos equipamentos públicos preexistentes e a instalar. Opera, portanto, o Estudo Prévio de Impacto como uma garantia da sustentabilidade do projeto urbanístico a ser implementado.

A Resolução Conama n. 1/86 exige a realização de Epia para projetos urbanísticos acima de 100 hectares ou em áreas consideradas de relevante interesse ambiental, a critério dos órgãos ambientais estadual e municipal. Adicionalmente, o art. 38 do Estatuto da Cidade esclarece que a elaboração do Eivi não substitui o Epia quando este for exigido pela legislação específica.

O Epia tem por objeto a aferição de quaisquer alterações das propriedades físicas, químicas e biológicas do meio ambiente, causadas por qualquer forma de matéria ou energia resultante das atividades humanas que afetem direta ou indiretamente a saúde, segurança e bem-estar da população; as atividades sociais e econômicas; a biota; as condições estéticas e sanitárias do meio ambiente e a qualidade dos recursos ambientais (Resolução Conama n. 1/86, art. 1º).

O Epia deve contemplar como conteúdo mínimo um diagnóstico ambiental completo da área de influência do projeto; a análise dos impactos ambientais do projeto e de suas alternativas, por meio da identificação, previsão da magnitude e interpretação da importância dos prováveis impactos relevantes, discriminando os impactos positivos e negativos (benéficos e adversos), diretos e indiretos, imediatos e a médio e longo prazos, temporários e permanentes, seu grau de reversibilidade, suas propriedades cumulativas e sinérgicas e a distribuição dos ônus e benefícios sociais; a definição das medidas mitigadoras dos impactos negativos e a elaboração do programa de acompanhamento e monitoramento dos impactos positivos e negativos, com indicação dos fatores e parâmetros a serem considerados (Resolução Conama n. 1/86, art. 6º).

O Eivi por sua vez tem por objeto a aferição dos efeitos positivos e negativos do projeto quanto à qualidade de vida da população residente na área e nas suas proximidades. Seu conteúdo mínimo, fixado pelo Estatuto da Cidade (art. 37), abrange o adensamento populacional esperado; os equipamentos urbanos e comunitários; o uso e ocupação do solo; a valorização imobiliária esperada; a geração de tráfego e a demanda por transporte público; a ventilação e a iluminação; a paisagem urbana e patrimônio natural e cultural.

O Estudo Prévio de Impacto, seja de vizinhança ou ambiental, com as audiências e consultas públicas que obrigatoriamente o integram, é importante ferramenta de participação popular e gestão democrática para a formulação das OUC.

Tal estudo permite, ademais, eleger indicadores a serem posteriormente utilizados no monitoramento da requalificação urbanística, servindo como importante ferramenta de controle da execução da OUC, inclusive no que pertine à fiscalização da destinação e do dispêndio dos recursos arrecadados, os quais só podem ser aplicados em obras e intervenções na própria OUC, sob pena de improbidade do prefeito (Estatuto da Cidade, arts. 33, § 1º e 52, V).

Implementação das Operações Urbanas Consorciadas

Com a edição do Estatuto da Cidade, diversas cidades brasileiras incluíram em seus planos diretores a previsão de realização de OUC em seus territórios. Pesquisa qualitativa realizada pelo Observatório das Metrópoles no ano de 2010, por encomenda do Ministério das Cidades (Santos Jr.; Montandon, 2011, p. 33), constatou que no universo dos 526 planos diretores pesquisados a grande maioria procurou incorporar os conceitos e instrumentos introduzidos pelo Estatuto da Cidade, sendo que 71% dos planos previram normas voltadas à implementação de OUC. No Relatório Perfil dos Municípios Brasileiros 2015 do IBGE constatou-se que, nesse ano, 25,2% dos municípios brasileiros possuíam legislação sobre OUC, 6,6% mais do que no ano de 2013.

Entre as muitas características inovadoras do instituto propostas pelo Estatuto da Cidade, a que tem causado maior repercussão e interesse é a possibilidade de emissão de Cepacs pelos municípios para financiamento das OUC.

A cidade de São Paulo foi a primeira a adotar o mecanismo dos Cepacs por meio da OUC Água Espraiada, instituída pela Lei Municipal n. 13.260/2001. Posteriormente, a OUC Faria Lima também passou a ser financiada pela venda desses títulos, por meio de alterações aprovadas na forma da Lei Municipal n. 13.769/2004, o que permitiu, segundo Biderman et al. (2010, p. 483), que o custo com a ampliação da Avenida Faria Lima – principal intervenção programada no âmbito da OUC – fosse inteiramente recuperado.

Outras cidades também passaram a utilizar os Cepacs, como a cidade do Rio de Janeiro, na OUC Porto Maravilha, instituída pela Lei Complementar Municipal n. 101/2009, e Curitiba, na OUC Linha Verde, instituída pela Lei Municipal n. 13.909/2011.

A emissão de Cepacs permite ao município antecipar o recebimento dos recursos necessários ao desenvolvimento das intervenções previstas na OUC (Maleronka, 2015, p. 84), facilitando o controle do cronograma de desembolsos pelo poder público para execução das obras públicas programadas. Não obstante, essa aproximação entre a política de desenvolvimento urbano e o mercado financeiro, promovida pelos Cepacs, tem sido objeto de severas críticas, alertando para a sobreposição dos interesses do mercado imobiliário aos interesses sociais e ambientais no manejo do instrumento (Stroher, 2017; Cardoso, 2013; Fix, 2007).

Adicionalmente, diversos trabalhos científicos têm alertado para a prevalência dos interesses econômicos na elaboração e implantação das OUC, suplantando as graves necessidades ambientais e sociais que demandaram em primeiro lugar a própria formulação da intervenção urbanística (Siqueira, 2014; Sotto, 2014; Pessoa e Bogus, 2008).

As duas OUC melhor sucedidas até o momento na cidade de São Paulo, tanto do ponto de vista de arrecadação de recursos como de transformação da paisagem urbana são as OUC Faria Lima e Água Espraiada, que promoveram, segundo bem observam Pessoa e Bogus (2008, p. 137), a valorização imobiliária de uma área já valorizada, com substituição da classe média pela classe média alta e favorecimento dos interesses do mercado imobiliário.

Não obstante, tais desvios de implementação resultantes dos embates político-sociais que inevitavelmente permeiam o processo de gestão e planejamento urbano não invalidam, senão reforçam a constatação de que a OUC, tal como estruturada pelo Estatuto da Cidade, configura um instrumento jurídico-político que se destina à promoção da requalificação urbanística sustentável pautada, portanto, pela promoção da qualidade de vida e pelo equilíbrio entre desenvolvimento econômico, inclusão social e proteção do meio ambiente natural e construído.

Como já afirmado em estudo anterior (Sotto, 2016, p. 246-247):

> Se a Operação Urbana Consorciada, a exemplo de outras modalidades de parceria entre setor público e setor privado voltadas à requalificação urbana, será posta a serviço de interesses econômicos de grupos restritos, concentrando recursos públicos em favor da acumulação de capital, ou se contribuirá para a concretização do direito à cidade sustentável para todos, isso depende das decisões, eminentemente políticas, tomadas no processo de elaboração, implementação e controle do planejamento e gestão desse instrumento, daí a extrema importância de se garantir a efetiva participação de todos os atores sociais envolvidos nos processos de tomada de decisão.

De maneira semelhante, Alvim et al. (2011, p. 219) afirmam que:

> A implementação de uma OU [Operação Urbana] implica a definição de um projeto urbano enfatizando o caráter prioritário da regulação pública, submetendo a dimensão privada dos interesses de mercado à natureza pública articuladora dos objetivos físico-territoriais, socioambientais e econômicos, de sorte que se potencialize o seu alcance transformador e redistributivo. A aplicação adequada desse instrumento permitiria ao Estado promover o desenvolvimento ao alcance do poder municipal, transformando áreas urbanas e combatendo a manifestação da exclusão e da desigualdade.

Duas experiências recentes na cidade de São Paulo indicam possíveis alternativas de reequilíbrio na formulação e na implementação do instrumento.

SÃO PAULO: CASOS ILUSTRATIVOS DAS POTENCIALIDADES DA OPERAÇÃO URBANA CONSORCIADA COMO INSTRUMENTO DE REQUALIFICAÇÃO URBANA SUSTENTÁVEL

Operação Urbana Água Branca

A Operação Urbana Água Branca foi instituída na cidade de São Paulo pela Lei Municipal n. 11.774/95 para requalificação urbanística do distrito da

Barra Funda, abrangendo os bairros de Água Branca, Perdizes e Barra Funda,[4] área inserida em sua maior parte na várzea natural do rio Tietê, que apresentava graves problemas de drenagem, além da necessidade de readequação do sistema viário para transposição da ferrovia ali existente.[5] As principais motivações para a formulação da Operação Urbana eram sobretudo de ordem ambiental (sistema viário e drenagem).

O Subsetor C do perímetro da Operação Urbana, correspondente à Orla Ferroviária, apresentava em especial um ponto crítico de alagamento, no cruzamento das avenidas Pompeia e Francisco Matarazzo com a rua Carlos Vicari, em razão da elevada impermeabilização do solo e da sobrecarga e obsolescência do sistema de drenagem nas bacias dos córregos Sumaré e Água Preta. Visando solucionar esse ponto de alagamento, além de outros observados no bairro da Pompeia e arredores, foi incluída no Programa de Obras da Operação Urbana, além da execução de melhoramentos viários e da construção de 630 unidades de habitação de interesse social, a elaboração de um diagnóstico atualizado, bem como a implementação de um programa de revisão dos sistemas de micro e macrodrenagem da área de estudo.

Por se tratar de Operação Urbana formulada antes do advento do Estatuto da Cidade, as obras projetadas seriam financiadas com os recursos de contrapartidas (outorga onerosa) pagas em retribuição à modificação de índices urbanísticos (sobretudo acréscimo de área construída acima do potencial de aproveitamento básico do terreno), da cessão onerosa de espaço público aéreo ou subterrâneo e regularização de edificações, aplicáveis apenas a imóveis localizados no perímetro da Operação Urbana.

A título de ilustração, até a alteração da Operação Urbana Água Branca pela Lei Municipal n. 15.893/2013 foram arrecadados R$ 544.904.426,83.[6] Em contrapartida, o perímetro da Operação Urbana experimentou expressivo adensamento, sobretudo pela construção de empreendimentos residenciais. Não obstante, o Programa de Obras sofreu atrasos significativos, privilegian-

---

[4] Disponível em: <http://www.prefeitura.sp.gov.br/cidade/secretarias/urbanismo/sp_urbanismo/operacoes_urbanas/agua_branca/index.php?p=19589>. Acesso em: 10 set.2017.

[5] Vide a respeito o Estudo de Impacto Ambiental da Operação Urbana Água Branca, disponível em: <http://www.prefeitura.sp.gov.br/cidade/secretarias/meio_ambiente/eia__rimaeva/index.php?p=21045ChromeHTML.ANBIVWJSDTOVNGVDGT2LBVFTAQShellOpenCommand>. Acesso em: 10 set.2017.

[6] SP-Urbanismo (2017). Operação Urbana Água Branca (Lei n. 11.774/95). Resumo da Movimentação até 31.05.2017. Disponível em: http://www.prefeitura.sp.gov.br/cidade/secretarias/upload/desenvolvimento_urbano/sp_urbanismo/AGUA_BRANCA/2017/OUAguaBrancaFinanceiroOutorgaMai17_Publicacao.pdf. Acesso em: 10 set.2017.

do-se as intervenções no viário, de modo que até a atualização da Operação Urbana em 2013, apenas um pequeno trecho das obras de drenagem havia sido executado, permanecendo a maior parte dos recursos arrecadados depositados em conta vinculada à Operação Urbana, administrada pela antiga Empresa Municipal de Urbanização (Emurb), atual SP-Urbanismo.

Em 7 de novembro de 2013, foi editada a Lei Municipal n. 15.893, atualizando a Operação Água Branca para o modelo da OUC nos moldes propostos pelo Estatuto da Cidade. As alterações de regime foram significativas, a ponto de configurar praticamente um novo projeto de requalificação urbana, com modificação de perímetro e subsetores; eleição de novas diretrizes, regras de uso e ocupação do solo e incentivos; incorporação de perímetros de integração (perímetros expandidos ou zonas de amortecimento); introdução do financiamento pela venda de Cepacs e modificações significativas no programa de intervenções, inclusive com a introdução de novas obras, como a implantação de equipamentos sociais e urbanos necessários ao adensamento da região, execução de melhoramentos públicos, sinalização de vias, enterramento de redes e implantação de corredores de ônibus. Apesar das significativas alterações, a melhoria e a ampliação dos sistemas de macro e microdrenagem continuavam a ocupar uma posição central no novo programa de intervenções.

Nesse ínterim, uma ação civil pública,[7] ajuizada pelo Ministério Público do Estado de São Paulo antes mesmo da aprovação do projeto de lei que deu origem à Lei Municipal n. 15.893/2013, veio a ser julgada parcialmente procedente para determinar que os recursos arrecadados sob a égide da Lei Municipal n. 11.774/95 fossem aplicados de forma exclusiva nos objetivos por ela estabelecidos, permanecendo bloqueados até o trânsito em julgado da decisão.

Em sua sentença de procedência parcial, considerou o Juiz da 4ª Vara da Fazenda Pública de São Paulo, Dr. Marcos Pimentel Tamassia, que a Lei Municipal n. 15.893/2013 conferiu tratamento ambíguo aos recursos arrecadados na vigência da Lei Municipal n. 11.774/95, de modo a colocar em risco a execução do seu cronograma de obras específico. Ademais, considerou o magistrado que restou comprovada a inércia do poder público municipal em gerir os recursos já arrecadados na Operação Urbana Água Branca.

A referida sentença foi confirmada pela 6ª Câmara de Direito Público do Tribunal de Justiça do Estado de São Paulo, por votação unânime, em junho de 2015. O acórdão da Apelação,[8] de relatoria da Desembargadora Silvia Meirelles, considerou ter restado "patente a inércia do poder público em

---

[7] Ação Civil Pública n. 0026.856-85.2013.8.26.0053.
[8] Acórdão n. 2015.0000382898.

implementar efetivamente o programa de melhorias chamado Operação Urbana Água Branca", tomando como comprovadas as "inúmeras mazelas que afligem há anos os bairros que deveriam ter sido contemplados com as obras", apontando como exemplo o bairro da Pompeia, "que sofre inundações constantes em virtude das chuvas, ano após ano".

Pende de julgamento o recurso extraordinário interposto pelo Município de São Paulo ao Supremo Tribunal Federal (STF), de modo que não se trata de decisão definitiva, transitada em julgado. Não obstante, o precedente jurisprudencial é de extrema relevância, não só por reafirmar a vinculação do poder público municipal à observância do programa de intervenções integrante do Plano da Operação Urbana, como também por imunizar as ações de cunho ambiental e social integrantes do plano urbanístico contra eventuais pressões econômico-financeiras supervenientes. Em outras palavras, o caso concreto em exame vem justamente confirmar o caráter juridicamente vinculante da sustentabilidade e da participação popular como elementos estruturantes das Operações Urbanas Consorciadas, passíveis, portanto, de tutela jurisdicional.

Operação Urbana Consorciada Bairros do Tamanduateí

O segundo caso concreto que cumpre examinar neste capítulo é o do Projeto da OUC Bairros do Tamanduateí. Trata-se da primeira proposta de OUC formulada na vigência do novo PDE, a partir dos achados produzidos pelos estudos elaborados ainda na vigência do PDE de 2002 para os pré-projetos de duas outras OUC, a Diagonal Sul e a Mooca-Vila Carioca.

A modelagem técnica e jurídica da OUC Bairros do Tamanduateí, construída pelos técnicos da SP-Urbanismo e pela Secretaria Municipal de Desenvolvimento Urbano (SMDU) (atual Secretaria Municipal de Urbanismo e Licenciamento – SMUL) é inovadora: tem como ponto de partida um Projeto de Intervenção Urbana (PIU), com propostas relativas a transformações urbanísticas, ambientais, sociais e econômicas do território, bem como formas de gestão democrática e de financiamento por meio da venda de Cepacs, com implantação a ser coordenada por uma empresa especialmente constituída para esse fim, a Bairros do Tamanduateí S/A (BTSA).

Ainda, o projeto da OUC Bairros do Tamanduateí toma como princípio fundamental a persecução de um modelo específico de sustentabilidade urbana, o da cidade compacta.[9] Dialoga, portanto, com a Política Municipal de

---

[9] Segundo Acselrad (1999, p. 85), a "cidade compacta" é um modelo de desenvolvimento urbano de inspiração europeia que toma a forma urbana (policêntrica em rede) como fator

Mudanças do Clima, aprovada pela Lei Municipal n. 14.933/2009, que adota como diretriz o mesmo conceito de cidade compacta, explicitado como "a distribuição de usos e intensificação do aproveitamento do solo de forma equilibrada em relação à infraestrutura e equipamentos, aos transportes e ao meio ambiente, de modo a evitar sua ociosidade ou sobrecarga e a otimizar os investimentos coletivos" (art. 3º, V).

No que diz respeito ao escopo deste capítulo, cumpre apontar algumas semelhanças significativas entre esse novo projeto de OUC e a OUC Água Branca, a saber: a presença da ferrovia, cindindo áreas industriais e residenciais, e os graves problemas de drenagem na região da bacia do Tamanduateí, com inundações frequentes e significativa degradação ambiental dos rios Tamanduateí, Ipiranga e córregos afluentes.

Ainda, tal como na OUC Água Branca, o projeto Bairros do Tamanduateí pretende incidir sobre um perímetro de adesão, correspondente à orla fluvial e ferroviária, e sobre um perímetro expandido ou zona de amortecimento, abrangendo todos os bairros que se desenvolveram na várzea do rio Tamanduateí: Liberdade, Cambuci, Brás, Belém, Mooca, Ipiranga, Sacomã, Vila Carioca e Vila Prudente. Não obstante as semelhanças, o projeto da OUC Bairros do Tamanduateí supera em muito a OUC Água Branca no que tange ao tratamento dado às questões ambientais, que ocupam uma posição central na requalificação urbanística proposta por essa nova OUC.

As intervenções atinentes à bacia do Tamanduateí, programadas segundo uma estratégia ambiental aprovada junto ao Conselho Municipal do Meio Ambiente e Desenvolvimento Sustentável (Cades) (LAP n. 01/SVMA.G/2015), são ineditamente ambiciosas, abrangendo medidas não estruturais de mitigação de alagamentos; a construção do reservatório Guamiranga, com capacidade de 850.000 m³ na confluência do córrego da Mooca com o Tamanduateí; a implantação de parques lineares nas entradas do córrego Moinho Velho e rio Ipiranga; a abertura de canais de preservação vegetados; a desocupação e recuperação das Áreas de Preservação Permanente (APPs) dos rios Tamanduateí, Ipiranga e Moinho Velho, em associação com parques, áreas verdes e corredores ambientais; e o destamponamento do rio Tamanduateí, substituindo as pistas expressas da Avenida do Estado que correm sobre o canal por um sistema binário conformado por vias abertas nos bairros da Mooca e Cambuci a cada lado do rio (SP-Urbanismo, 2015, p. 3).

---

determinante de sustentabilidade, conjugando a eficiência no uso dos recursos ambientais à qualidade de vida.

O Projeto da OUC Bairros do Tamanduateí foi elaborado por meio de um extenso e polêmico processo participativo iniciado em maio de 2014, que abrangeu a realização de Diálogos Regionais, reunião com segmentos diversos, audiências públicas para apresentação do Epia e da minuta do projeto de lei, reuniões no âmbito do Cades e do Conselho Municipal de Política Urbana (CMPU), além da coleta de manifestações, críticas e sugestões na Minuta Colaborativa publicada no site Gestão Urbana, da PMSP.[10]

Encerrado o processo participativo no âmbito da administração municipal, o projeto de lei foi encaminhado à Câmara Municipal de São Paulo em 15 de dezembro de 2015. Passou por diversas audiências públicas no decorrer do ano de 2016, tendo recebido parecer favorável da Comissão de Constituição, Justiça e Legislação Participativa. No entanto, com a troca da administração municipal em janeiro de 2017, o projeto parece ter perdido impulso: em setembro de 2017, ainda aguardava parecer da Comissão de Política Urbana, Metropolitana e Meio Ambiente.[11] Não há atualmente qualquer previsão quanto ao seu encaminhamento para votação em plenário.

Em sendo eventualmente aprovado o projeto de lei, a implementação dessa nova OUC merecerá receber o acompanhamento cuidadoso de todos os atores envolvidos, em especial a academia, para monitoramento minucioso da implementação de sua estratégia ambiental, de ambição e características inéditas, uma vez que se trata do primeiro projeto de requalificação urbana fundamentalmente estruturado com base na recuperação e renaturalização de rios e córregos urbanos.

CONSIDERAÇÕES FINAIS

As OUC, tal como estruturadas pelo Estatuto da Cidade, são por excelência planos urbanísticos voltados à requalificação sustentável de áreas urbanas degradadas ou subaproveitadas, desenvolvidos mediante a parceria

---

[10] A súmula das contribuições recebidas à minuta colaborativa e a sistematização das contribuições das audiências públicas, minuta colaborativa e demais agendas podem ser consultadas em: <http://gestaourbana.prefeitura.sp.gov.br/wp-content/uploads/2015/08/OU-CBT_ Contribuicoes_Minuta_Colaborativa_2015ago_set.pdf> e <http://gestaourbana.prefeitura.sp.gov.br/wp-content/uploads/2015/10/OUCBT_Contribuicoes_CPMU_2015_Out.pdf>. Acesso em: 10 set.2017.

[11] Disponível em: <http://splegisconsulta.camara.sp.gov.br/Pesquisa/DetailsDetalhado?-COD_MTRA_LEGL=1&ANO_PCSS_CMSP=2015&COD_PCSS_CMSP=723>. Acesso em: 10 set. 2017>.

entre o poder público e o setor privado, tendo como elementos-chave a participação popular e a sustentabilidade, além da cooperação público-privada. Cumpre destacar que, até o momento, as OUC implementadas no País têm privilegiado em larga medida os interesses econômicos, em detrimento das dimensões sociais e ambientais das intervenções. Merecem maior atenção os questionamentos colocados por representações da sociedade civil com relação a procedimentos utilizados em casas legislativas e em instâncias do Poder Executivo, que acabam por desvirtuar objetivos sociais, ambientais e econômicos iniciais de planos diretores, bem como a desatenção de administrações municipais para com o efetivo cumprimento pelos empreendedores das exigências aprovadas para a concessão das respectivas licenças, além da resistência à adoção de princípios e diretrizes de sustentabilidade associados aos ODS da ONU nos processos de gestão das cidades.

Ao mesmo tempo, com raras e honrosas exceções, ainda não se verifica a preocupação das administrações municipais em disponibilizar informações que possibilitem tanto a atuação responsável como o controle social por parte de representantes da sociedade civil. Esse comportamento, contrário aos interesses maiores da sociedade, dificulta a participação popular e acaba por desestimular o engajamento de cidadãos comprometidos com o desenvolvimento da cidade em bases sustentáveis, fundamentais para a melhoria das condições de vida de seus habitantes e de seu bem-estar.

Não obstante, os casos concretos aqui analisados evidenciam que a efetiva participação popular, aliada ao amadurecimento dos quadros técnicos municipais e o fortalecimento institucional dos Conselhos Participativos Urbanos e Ambientais, do Ministério Público e do Poder Judiciário pode contribuir para um reequilíbrio de forças, abrindo caminho para que as OUC possam afirmar-se, definitivamente, como instrumentos de promoção da requalificação urbana sustentável e da melhoria da qualidade de vida nas cidades brasileiras.

Urge, portanto, criar e manter um sistema público de apoio às representações da sociedade civil, em especial aquelas atuantes nos colegiados, contribuindo para a construção de uma participação efetivamente cidadã, que ao exercer seus mandatos fornecerão bases para uma sociedade sustentável.

REFERÊNCIAS

ACSELRAD, H. Discursos da sustentabilidade urbana. *Rev. Bras. Estudos Urbanos e Regionais*, n. 1, mai. 1999, p. 79-90.

ALFONSIN, B. Operações urbanas consorciadas como instrumento de captação de mais-valias urbanas: um imperativo da nova ordem jurídico-urbanística brasileira. In: ALFONSIN, B.; FERNANDES, E. (coords. e coautores). *Direito urbanístico: estudos brasileiros e internacionais.* Belo Horizonte: Del Rey Editora; Lincoln Institute of Land Policy, 2006, p. 293.

ALVES, G. A requalificação do centro de São Paulo. *Estudos Avançados*, v. 25, n. 71, 2011, p. 109-118.

ALVIM, A. et al. Projeto urbano e operação urbana consorciada em São Paulo: limites, desafios e perspectivas. *Cad. Metrop.*, São Paulo, v. 13, n. 25, p. 213-233, jan./jun. 2011.

BIDERMAN, C.; SANDRONI, P.; SMOLKA, M. Intervenciones urbanas a gran escala: el caso de Faria Lima en São Paulo. In: SMOLKA, M.O.; MULLAHY, L. *Perspectivas urbanas: temas críticos en políticas de suelo en América Latina.* Cambridge, MA: Lincoln Institute of Land Policy, 2010.

CARDOSO, I. O papel da Operação Urbana Consorciada do Porto do Rio de Janeiro na estruturação do espaço urbano: uma "máquina de crescimento urbano"? *O Social em Questão*, 2013, ano XVI, n. 29, p. 69-100.

CICCOLELLA, P. Globalización y dualización en la Región Metropolitana de Buenos Aires: Grandes inversiones y reestructuración socioterritorial en los años noventa. *EURE* (Santiago), v. 25, n. 76, p. 5-27, 1999. Disponível em: https://dx.doi.org/10.4067/S0250-71611999007600001. Acesso em: 19 mar. 2018.

CLARK, G.; MOIR, E. *Densiyu: drivers, dividends and debates.* Londres: Urban Land Institute, 2015.

CLAVER, N. A Ciutat Vella de Barcelona: renovação ou gentrificação? In: BIDOU-ZACHA-RIASEN, C. *De volta à cidade: dos processos de gentrificação às políticas de "revitalização" dos centros urbanos.* São Paulo, Annablume, 2006, p. 145-165.

DROBENKO, B. Les Villes Durables. In: Mondialisation et droit de lénvironnement. Université de Limoges – Faculté de Droit et des Sciences Économiques de Limoges. Centre International de Droit Comparé de L'Environnement CIDCE. Escola Superior do Ministério Público da União – ESMPU. Actes du 1er Séminaire International de Droit de l'Environnement: Rio + 10. Rio de Janeiro, 24-26 abr. 2002. p. 145-168.

[EMURB] EMPRESA MUNICIPAL DE URBANIZAÇÃO; WALM ENGENHARIA E TECNOLOGIA AMBIENTAL LTDA. Estudo de Impacto Ambiental – Operação Urbana Água Branca, 2010. Disponível em: http://www.prefeitura.sp.gov.br/cidade/secretarias/meio_ambiente/eia__rimaeva/index.php?p=21045ChromeHTML.ANBIVWJSDTOVNGVDGT2LBVFTAQ-ShellOpenCommand. Acesso em: 10 set. 2017.

FIX, M. *São Paulo cidade global – fundamentos financeiros de uma miragem.* São Paulo: Boitempo; Anpur, 2007.

[IBGE] INSTITUTO BRASILEIRO DE GEOGRAFIA E ESTATÍSTICA. Perfil dos Municípios Brasileiros: 2015. Rio de Janeiro: IBGE, 2016.

JESUS, L. *Operações urbanas na cidade de São Paulo: as normas na produção da metrópole corporativa.* São Paulo: Universidade de São Paulo, 2013.

MALERONKA, C. Projeto e gestão na metrópole contemporânea: um estudo sobre as potencialidades do instrumento "operação urbana consorciada" à luz da experiência paulistana. Tese (Dourado). São Paulo: FAU-USP, 2010.

_____. Intervenção urbana e financiamento. A experiência de São Paulo na recuperação de mais valias fundiárias. *RIURB*, n. 12, ano 7, dez 2015, p. 75- 92.

MALERONKA, C.; FURTADO, F. Concesión onerosa del derecho de construir (OODC por sus siglas en portugués): La experiencia de São Paulo en la gestión pública de las edificabilidades. In: FURTADO, F.; SMOLKA, M.O. Instrumentos Notables de Políticas de Suelo en América Latina. Ecuador: Ministério das Cidades; Lincoln Institute of Land Policy; Banco del Estado Ecuador, 2014, p. 49.

MENDES, L. Gentrificação e políticas de reabilitação urbana em Portugal: uma análise crítica à luz da tese *rent gap* de Neil Smith. *Cad. Metrop.*, São Paulo, v. 16, n. 32, p. 487-511, nov. 2014.

MOURA, D. et al. A Revitalização Urbana. Contributos para a definição de um conceito operativo. *Cidades – Comunidades e Territórios*. dez. 2006, n. 12/13, p. 15-34.

NASCIMENTO, B.; SILVA, W. Zona Portuária do Rio de Janeiro e suas novas territorialidades. *Geo UERJ*, Rio de Janeiro, n. 26, 2015, p. 191-210. Disponível em: doi: 10.12957/geouerj.2015.12570. Acesso em: 19 mar. 2018.

NETO, P.; SERRANO, M. A identidade e a plasticidade territorial e os processos de regeneração urbana. Lisboa: VII Congresso Português de Sociologia, 2012.

PESSOA, L.; BÓGUS, L. Operações urbanas – nova forma de incorporação imobiliária: o caso das Operações Urbanas Consorciadas Faria Lima e Água Espraiada. *Cad. Metrop.*, n. 20, 2º sem. 2008, p. 125-139.

RIBEIRO, D. Reflexões sobre o conceito e a ocorrência do processo de *gentrification* no Parque Histórico do Pelourinho, Salvador – BA. *Cad. Metrop.*, São Paulo, v. 16, n. 32, p. 461-486, nov. 2014. Disponível em: http://dx.doi.org/10.1590/2236-9996.2014-3208. Acesso em: 19 mar. 2018.

SALES, P. Operações Urbanas em São Paulo: crítica, plano e projetos. Parte 2 – Operação Urbana Faria Lima: relatório de avaliação crítica. *Arquitextos*, São Paulo, ano 5, n. 059.12, Vitruvius, abr. 2005.

SANDRONI, P. *La operación interligada West-Plaza: un caso de apropriación de renta en la ciudad de São Paulo*. Curso de Financiamiento de las Ciudades Latinoamericanas con Suelo Urbano. Cambridge-MA: Lincoln Institute of Land Policy, 2004.

SANTOS JR., O.; MONTANDON, D. Os planos diretores municipais pós-estatuto da cidade: balanço crítico e perspectivas. Rio de Janeiro, Letra Capital; Observatório das Cidades: IPPUR/ UFRJ, 2011.

SIQUEIRA, M. Entre o fundamental e o contingente: dimensões da gentrificação contemporânea nas operações urbanas em São Paulo. *Cad. Metrop.*, São Paulo, v. 16, n. 32, p. 391-415, nov. 2014.

SMITH, N. *New Globalism, New Urbanism: Gentrification as Global Urban Strategy*. Antipode, 2002.

SOTTO, D. Las Operaciones Urbanas y el desarollo urbano de la Ciudad de São Paulo: un análisis jurisprudencial. In: IRACHETA, A.; PEDROTTI, C.; WAGNER, R.F. (coord.). *El suelo urbano en Iberoamérica: crisis y perspectivas*. 1.ed. Ciudad de México: El Colégio Mexiquense, D.C., v. 1, 2014, p. 45-70.

SOTTO, D. *Mais-valia urbanística e desenvolvimento urbano sustentável. Uma análise jurídica*. Rio de Janeiro: Lumen Juris, 2016.

SP-URBANISMO. Notas técnicas do PL n. 123/2015. São Paulo: Prefeitura de São Paulo, 2015.

_____. Operação Urbana Água Branca (Lei n. 11.774/95). Resumo da Movimentação até 31 maio 2017. Disponível em: http://www.prefeitura.sp.gov.br/cidade/secretarias/upload/desenvolvimento_urbano/sp_urbanismo/AGUA_BRANCA/2017/OUAguaBrancaFinanceiroOutorgaMai17_Publicacao.pdf. Acesso em: 10 set. 2017.

STROHER, L. Operações urbanas consorciadas com Cepac: uma face da constituição do complexo imobiliário-financeiro no Brasil? *Cad. Metrop.*, São Paulo, v. 19, n. 39, p. 455-477, maio-ago. 2017.

UN-Habitat. Urbanization and Development. Emerging Futures. World Cities Report 2016. Nairobi: UN-Habitat, 2016.

20 | Estudo de Impacto Ambiental (EIA) e Estudo de Impacto de Vizinhança (EIV): uma abordagem comparativa

Ana Luiza Silva Spínola
Advogada e consultora

Elma Nunes Lins Teixeira
Advogada autônoma

INTRODUÇÃO

O Estudo de Impacto Ambiental (EIA) e o Estudo de Impacto de Vizinhança (EIV) constam entre os diversos estudos previstos na legislação ambiental brasileira que visam prever e avaliar possíveis impactos (ambientais ou urbanísticos) causados por atividades ou empreendimentos. Importante destacar que cada um deles possui uma esfera de atuação e abrangência diversa e específica, mas que pode causar certa confusão na sua aplicação prática. Este capítulo tem por objetivo apresentar didática e comparativamente os fundamentos legais de cada estudo, bem como expor algumas especificidades, como o órgão responsável por exigi-los, quem deve apresentar, conteúdo mínimo, responsáveis técnicos e custeio.

ESTUDOS AMBIENTAIS

Segundo a legislação aplicável,

estudos ambientais são todos e quaisquer estudos relativos aos aspectos ambientais relacionados à localização, instalação, operação e ampliação de uma atividade ou empreendimento, apresentado como subsídio para a análise da licença requerida, tais como: relatório ambiental, plano e projeto de controle ambiental, relatório ambiental preliminar, diagnóstico ambiental, plano de manejo, plano de recuperação de área degradada e análise preliminar de risco.[1]

Estudo de Impacto Ambiental (EIA)

A Avaliação de Impactos Ambientais e o Licenciamento/Revisão de atividades efetiva ou potencialmente poluidoras estão classificados como instrumentos da Política Nacional do Meio Ambiente, estabelecidos pelo art. 9º, III e IV, da Lei n. 6.938, de 31 de agosto de 1981.[2]

Nos termos do Princípio 17 da Declaração do Rio sobre Meio Ambiente e Desenvolvimento, documento produzido na Conferência das Nações Unidas (ECO-92), "avaliação do impacto ambiental, como instrumento nacional, *será efetuada para as atividades planejadas que possam vir a ter um impacto adverso significativo sobre o meio ambiente e estejam sujeitas à decisão de uma autoridade nacional competente*" (ONU, 1992, p. 3).

A Constituição Federal (CF) de 1988, ao dispor sobre o meio ambiente, aperfeiçoou esse instrumento, criando o Estudo de Impacto Ambiental ou Estudo Prévio de Impacto Ambiental, considerado requisito para assegurar o direito ao meio ambiente ecologicamente equilibrado. Em outras palavras, o EIA é previsto como um instrumento constitucional preventivo do direito ambiental, exigível no processo de licenciamento ambiental, elaborado antes da instalação de obra ou atividade *potencialmente causadora de significativa degradação do meio ambiente* para analisar sua viabilidade, impactos positivos e negativos, bem como as medidas necessárias para minimizar eventual degradação. Possui como objetivo conciliar o desenvolvimento econômico com a preservação do meio ambiente, conforme prevê o art. 225, § 1º, IV, da CF/88.[3]

---

[1] Art. 1º, III, da Resolução Conama n. 237, de 19 de dezembro de 1997.

[2] Dispõe sobre a Política Nacional do Meio Ambiente, seus fins e mecanismos de formulação e aplicação, e dá outras providências.

[3] "Art. 225. Todos têm direito ao meio ambiente ecologicamente equilibrado, bem de uso comum do povo e essencial à sadia qualidade de vida, impondo-se ao Poder Público e à coletividade o dever de defendê-lo e preservá-lo para as presentes e futuras gerações. § 1º Para assegurar a efetividade desse direito, incumbe ao Poder Público: [...] IV – exigir, na forma da lei, para instalação de obra ou atividade potencialmente causadora de significativa degradação do meio ambiente, estudo prévio de impacto ambiental, a que se dará publicidade".

Esclarece-se que não há definição exata para a expressão *"potencialmente causadora de significativa degradação do meio ambiente"*, pois na instalação de uma atividade sempre ocorrerá alteração adversa das características do meio ambiente.[4]

Contudo, a legislação define impacto ambiental como

qualquer alteração das propriedades físicas, químicas e biológicas do meio ambiente, causada por qualquer forma de matéria ou energia resultante das atividades humanas que, direta ou indiretamente, afetam a saúde, a segurança e o bem-estar da população; as atividades sociais e econômicas; a biota; as condições estéticas e sanitárias do meio ambiente; e a qualidade dos recursos ambientais.[5]

Quem exige e quem deve elaborar o EIA

Por se tratar de um instrumento da política ambiental, o EIA é exigido pelos órgãos ambientais competentes e pelos órgãos setoriais do Sistema Nacional do Meio Ambiente (Sisnama) – órgãos ou entidades estaduais responsáveis pela execução de programas, projetos e pelo controle e fiscalização de atividades capazes de provocar a degradação ambiental.[6]

A licença ambiental para empreendimentos e atividades consideradas efetiva ou potencialmente causadoras de significativa degradação do meio ambiente dependerá de prévio estudo de impacto ambiental (parte técnica do estudo) e respectivo relatório de impacto ambiental (Rima) – relatório do EIA com linguagem mais simples e acessível.[7]

A Resolução Conama n. 1, de 23 de janeiro de 1986,[8] traz em seu art. 2º uma lista exemplificativa das atividades passíveis de EIA,[9] bem como a inclusão trazida pela Resolução Conama n. 5, de 6 de agosto de 1987, em seu artigo 3º.[10]

---

[4] Art. 3º, II, da Lei n. 6.938, de 31 de agosto de 1981.
[5] Art. 1º da Resolução Conama n. 1, de 23 de janeiro de 1986.
[6] Art. 6º, V, da Lei n. 6.938, de 31 de agosto de 1981.
[7] Art. 3º da Resolução Conama n. 237, de 19 de dezembro de 1997.
[8] Resolução Conama n. 1/86, alterada pelas Resoluções ns. 11/86, 5/87 e 237/97.
[9] Como exemplo citamos algumas atividades como estradas de rodagem com duas ou mais faixas de rolamento, ferrovias, portos, aeroportos, oleodutos etc.
[10] "Art. 3º – Que seja incluída na Resolução Conama n. 1/86, a obrigatoriedade de elaboração de Estudo de Impacto Ambiental nos casos de empreendimentos: potencialmente lesivos ao Patrimônio Espeleológico Nacional; [....]".

Considerando que a legislação dispõe de um rol exemplificativo de atividades, cabe ao órgão ambiental, baseado em seu poder discricionário, analisar cada caso em concreto e verificar se as demais atividades ou obras não listadas na legislação estão sujeitas ao EIA, averiguando sempre se a obra ou atividade é potencialmente causadora de significativa degradação do meio ambiente, de acordo com o dispositivo constitucional.

Alguns doutrinadores, como Paulo Affonso Leme Machado, compartilham da mesma opinião:

> Empreendedores e Administração Pública têm na relação do art. 2º da Resolução n. 1/86 – Conama a indicação constitucional de atividades que podem provocar significativa degradação do meio ambiente (art. 225, § 1º, IV, da CF) [...] A Lei n. 6.938/81 já houvera dado à Administração Pública ambiental o direito de exigir a elaboração do Epia [Estudo Prévio de Impacto Ambiental]. A vantagem de se arrolarem algumas atividades no art. 2º obriga também a própria Administração Pública, que não pode transigir, outorgando a licença e/ou autorização sem o Epia. (Machado, 2010, p. 239-40)

No entanto, Édis Milaré entende que "assim é que, dessa aplicação da lei no tempo, alcança-se a conclusão de que os casos exemplificativamente listados na Resolução Conama n. 1/86 só são passíveis de apresentação de EIA/Rima se e quando houver significativa degradação ambiental" (2005, p. 496).

À luz da CF e do rol do art. 2º da Resolução Conama n. 1/86, a jurisprudência majoritária tem se posicionado no sentido de que o desenvolvimento das atividades citadas no dispositivo depende obrigatoriamente de elaboração do EIA/Rima e que todas as demais atividades gozam de presunção relativa de causarem impacto ao meio ambiente, sendo inconstitucional a norma infraconstitucional que dispensar o Epia.[11]

Diretrizes gerais e conteúdo mínimo do EIA

A Resolução Conama n. 1/86, em seu art. 5º, estabelece que

> o estudo de impacto ambiental, além de atender à legislação, em especial os princípios e objetivos expressos na Lei de Política Nacional do Meio Ambiente, obedecerá às seguintes diretrizes gerais: contemplar todas as alternativas tecno-

---

[11] Para mais informações ver: TJRS, AI n. 70.057.893.703/RS, p. 16.6.2014; STF, Pleno, ADIn n. 1086-76/SC, v.u., rel. Min. Ilmar Galvão, j. 1º.8.1994.

lógicas e de localização de projeto, confrontando-as com a hipótese de não execução do projeto; identificar e avaliar sistematicamente os impactos ambientais gerados nas fases de implantação e operação da atividade; definir os limites da área geográfica a ser direta ou indiretamente afetada pelos impactos, denominada área de influência do projeto, considerando, em todos os casos, a bacia hidrográfica na qual se localiza; considerar os planos e programas governamentais, propostos e em implantação na área de influência do projeto, e sua compatibilidade.

Já o art. 6º da Resolução Conama n. 1/86 e o art. 17, § 1º, do Decreto n. 99.274/90[12] estabelecem o conteúdo mínimo para o EIA, quais sejam:

- **Diagnóstico ambiental da área de influência do projeto:** completa descrição e análise dos recursos ambientais e suas interações, tal como existem, de modo a caracterizar a situação ambiental da área antes da implantação do projeto, considerando os meios físico e biológico, ecossistemas naturais e o meio socioeconômico (art. 6º, I, *a*, *b*, *c*, da Resolução n. 1/86).

- **Análise dos impactos ambientais:** identificação, previsão da magnitude e interpretação da importância dos prováveis impactos relevantes, discriminando os impactos positivos e negativos (benéficos e adversos), diretos e indiretos, imediatos e a médio e longo prazo, temporários e permanentes; seu grau de reversibilidade; suas propriedades cumulativas e sinérgicas; a distribuição dos ônus e benefícios sociais (art. 6º, II, da Resolução n. 1/86).

- **Definição das medidas mitigadoras dos impactos negativos, entre elas os equipamentos de controle e sistemas de tratamento de despejos, avaliando a eficiência de cada uma delas** (art. 6º, III, da Resolução n. 1/86): busca-se aqui explicitar as medidas que visam a minimizar os impactos adversos identificados e quantificados no item anterior, as quais deverão ser apresentadas e classificadas quanto: à sua natureza preventiva ou corretiva; à fase do empreendimento em que tais medidas deverão ser adotadas; ao fator ambiental a que se destinam; ao prazo de permanência de suas aplicações; à responsabilidade pela implementação; ao custo. (Milaré, 2005, p. 512)

---

[12] Regulamenta a Lei n. 6.902, de 27 de abril de 1981, e a Lei n. 6.938, de 31 de agosto de 1981, que dispõem, respectivamente, sobre a criação de Estações Ecológicas e Áreas de Proteção Ambiental e sobre a Política Nacional do Meio Ambiente, e dão outras providências.

■ **Elaboração do programa de acompanhamento e monitoramento:** os impactos positivos e negativos, indicando os fatores e parâmetros a serem considerados (art. 6º, IV, da Resolução n. 1/86).

O órgão ambiental que determinar a execução do estudo fixará as diretrizes adicionais e fornecerá as instruções adicionais que se fizerem necessárias, de acordo com as particularidades do projeto e características ambientais da área.[13] Portanto, não restam dúvidas de que tanto os empreendedores como a Administração Pública deverão atender ao conteúdo mínimo do EIA estabelecido na legislação federal.

Responsabilidade do empreendedor/profissionais e custeio do EIA

A Resolução Conama n. 237/97, em seu art. 11, dispõe que os estudos necessários ao processo de licenciamento (entre eles está inserido o EIA) devem ser elaborados por profissionais legalmente habilitados e ainda que estes serão responsáveis pelas informações apresentadas, sujeitando-se às sanções administrativas, civis e penais.

Na esfera administrativa, o empreendedor pode sofrer as sanções previstas no art. 72 da Lei n. 9.605/98 e os profissionais podem responder aos procedimentos específicos nos Conselhos Profissionais da categoria, além de responder perante o Instituto Brasileiro do Meio Ambiente e dos Recursos Naturais Renováveis (Ibama), em função da necessidade de inscrição no Cadastro Técnico Federal de Atividades e Instrumentos de Defesa Ambiental.[14]

Na esfera civil, é cediço que a responsabilidade é objetiva nos casos de danos ao meio ambiente, pois independentemente da existência de culpa, o poluidor é obrigado a indenizar ou reparar os danos causados ao meio ambiente e a terceiros, afetados por sua atividade. Logo, tem-se que o empreendedor é o responsável pelos danos, mas nada obsta de ingressar com ação regressiva em face dos causadores dos danos, em especial aos profissionais que por falha humana ou técnica tenham contribuído para o evento danoso, enquanto na esfera penal, responderão pelos danos ambientais quem de qualquer forma concorre para a prática dos crimes, seja pessoa física ou jurídica.

Assim, considerando que o estudo de impacto ambiental, apesar de realizado por particular, é documento público, integrante de um processo oficial de licen-

---

[13] Parágrafo único do art. 5º e art. 6º da Resolução Conama n. 1/86.
[14] Disciplinado pela Resolução Conama n. 1, de 13 de junho de 1988.

ciamento, as afirmações falsas ou enganosas, a omissão da verdade, a sonegação de informações ou dados técnicos-científicos em relação a ele poderão afrontar o disposto no art. 66 da Lei dos Crimes Ambientais, na medida em que os profissionais técnicos desempenham funções ou atribuições típicas de funcionário público. (Milaré, 2005, p. 510)

Portanto, o estudo tem de apresentar a real situação ambiental do empreendimento, sendo necessário demonstrar fielmente todas as atividades, especificações técnicas e impactos ao órgão público. Em outras palavras, se após a análise técnica realizada pelos profissionais verificar-se que determinado empreendimento não deve ser instalado considerando seus impactos ambientais negativos e não toleráveis, e mesmo ciente dessa constatação elaborar estudo com informações inverídicas a fim ludibriar o órgão ambiental, os responsáveis que subscrevem os estudos responderão nos termos da Lei n. 9.605/98, que disciplina sobre as sanções penais e administrativas derivadas de condutas e atividades lesivas ao meio ambiente, sem mencionar a esfera civil.

Quanto ao custo, a legislação[15] é clara ao dispor que correrão por conta do proponente do projeto todas as despesas e custos referentes à realização do EIA, tais como coleta e aquisição dos dados e informações, trabalhos e inspeções de campo, análises de laboratório, estudos técnicos e científicos e acompanhamento e monitoramento dos impactos, elaboração do Rima e fornecimento de pelo menos 5 (cinco) cópias. Não haveria sentido transferir essa responsabilidade para terceiros, pois o empreendedor é o maior interessado no projeto.

Publicidade e audiência pública

O princípio da publicidade, consagrado no art. 5º, XXXIII, da CF, garante a todos o direito de receber dos órgãos públicos informações de seu interesse particular ou de interesse coletivo ou geral, que serão prestadas no prazo da lei, sob pena de responsabilidade, ressalvadas aquelas cujo sigilo seja imprescindível à segurança da sociedade e do Estado.

A publicidade ao EIA para instalação de obra ou atividade potencialmente causadora de significativa degradação do meio ambiente é exigida constitucionalmente no art. 225, § 1º. O principal objetivo da publicidade do EIA é que a população possa participar das discussões referentes à viabilidade da obra ou atividade a ser licenciada.

---

[15] Resolução Conama n. 1/86, art. 8º; Resolução Conama n. 237/97, art. 11.

De acordo com o art. 10, § 1º, da Lei n. 6.938/81, os pedidos de licenciamento, sua renovação e a respectiva concessão serão publicados em jornal oficial, bem como em periódico regional ou local de grande circulação ou em meio eletrônico de comunicação mantido pelo órgão ambiental competente. A Resolução Conama n. 6/86, que dispõe sobre a aprovação de modelos para publicação de pedidos de licenciamento, traz instruções para a publicação em periódicos, além de determinar que o público tenha notícia acerca da determinação do EIA.[16]

Portanto, verifica-se que a legislação preocupou-se com o fato de que a população tivesse ciência da intenção do empreendedor em licenciar uma obra ou atividade passível do EIA, visando exatamente resguardar a publicidade do ato.

Baseado nos princípios constitucionais mencionados anteriormente é que as Resoluções do Conama ns. 1/86, art. 11, § 2º, e 237/97, art. 3º, determinam a publicidade do EIA e garantem a realização de audiências publicas, quando couber, de acordo com a regulamentação.

Assim, após determinar a execução do EIA e a apresentação do Rima, o órgão estadual competente, o Ibama ou o Município, quando couber, determinará o prazo para recebimento dos comentários a serem feitos pelos órgãos públicos e demais interessados e, sempre que julgar necessário, promoverá a realização de audiência pública (Resolução n. 1/86, art. 11, § 2º).

A Resolução Conama n. 9, de 3 de dezembro de 1987, que regulamenta as audiências públicas, estabelece em seu art. 1º que a finalidade das audiências é expor aos interessados o conteúdo do produto em análise e do seu referido Rima, dirimindo dúvidas e recolhendo dos presentes as críticas e sugestões a respeito.

A audiência pública pode ser convocada quando o órgão de meio ambiente julgar necessário; por solicitação de entidade civil; por solicitação do Ministério Público; ou por solicitação de 50 (cinquenta) ou mais cidadãos.[17]

---

[16] "1. Modelo para publicação de requerimento de licença em periódico (Nome da empresa – sigla) torna público que requereu a (nome do órgão onde requereu a Licença), a (tipo da Licença), para (atividade e local). *Foi determinado estudo de impacto ambiental e/ou não foi determinado estudo de impacto ambiental*. 2. Modelo para publicação de requerimento de licença em diário oficial (Nome da empresa – sigla) torna público que requereu a (nome do Órgão onde requereu a licença), a Licença (tipo de licença), para (atividade e local). *Foi determinado estudo de impacto ambiental e/ou não foi determinado estudo de impacto ambiental*".

[17] Art. 2º da Resolução Conama n. 9/87.

GESTÃO URBANA E SUSTENTABILIDADE

Uma vez solicitada a audiência e não realizada, a licença concedida não terá validade (art. 2º, § 2º).

Verifica-se, portanto, que com base na legislação brasileira não resta dúvida de que a audiência pública, quando cabível, é requisito essencial para a validade da licença ambiental, não podendo o poder público dispensá-la no processo de licenciamento.

As atas das audiências e seus anexos (todos os documentos escritos e assinados que forem entregues ao presidente dos trabalhos durante a seção) servirão de base, juntamente com o Rima, para análise e parecer final do licenciador quanto à aprovação, ou não, do projeto.[18]

Estudo de Impacto de Vizinhança (EIV)

A Constituição Federal, em seus arts. 182 e 183, cria a Política de Desenvolvimento Urbano, regulamentada pela Lei n. 10.257, de 10 de julho de 2001 (Estatuto da Cidade), que estabelece normas de ordem pública e interesse social que regulam o uso da propriedade urbana em prol do bem coletivo, da segurança e do bem-estar dos cidadãos, bem como do equilíbrio ambiental (art. 1º), tendo como objetivo principal ordenar o pleno desenvolvimento das funções sociais da cidade e da propriedade urbana, mediante as diretrizes gerais nela estabelecida (art. 2º).

Nota-se que a função social da propriedade,[19] em prol do desenvolvimento urbano sustentável, prevalece em face do interesse individual dos proprietários. Afinal, busca-se a adequação do empreendimento ao meio ambiente ecologicamente equilibrado, bem como a sadia qualidade de vida.

O Estatuto da Cidade prevê em seu art. 4º alguns instrumentos que serão utilizados para a execução da Política Urbana, entre eles o Epia e o EIV (inciso VI).

O EIV visa avaliar os efeitos positivos e negativos do empreendimento ou atividade quando em construção e em funcionamento, referente à qualidade de vida da população residente na área e em suas proximidades, de acordo com o que determina o *caput* do art. 37 do Estatuto. Em outras pala-

---

[18] Arts. 4º e 5º da Resolução Conama n. 9/87.
[19] Sobre a aplicação prática do conceito de "função social da propriedade urbana" e sua evolução incluindo as questões ambientais no direito de propriedade, vide a dissertação de mestrado de Ana Luiza Silva Spínola, intitulada "Evolução do conceito de função socioambiental da propriedade urbana entre 1916 e 2004", defendida em 2005 na Faculdade de Saúde Pública da Universidade de São Paulo (USP).

vras, é um estudo preventivo para exame urbanístico e ambiental, tendo como finalidade evitar o desequilíbrio no crescimento urbano.

Ressalta-se que a limitação da área de vizinhança depende sempre do empreendimento, de sua dimensão e do local de implantação, não sendo possível estabelecer um raio mínimo para a verificação da vizinhança do empreendimento a ser instalado. É certo que os impactos sonoros referentes à instalação de casas de *shows* são totalmente diferentes dos impactos provocados por um hospital.

Quem exige e quem deve elaborar o EIV

O Estatuto da Cidade deixou a cargo do Poder Público Municipal a definição dos empreendimentos e atividades privadas ou públicas em área urbana que dependerão de elaboração de EIV prévio para obter licenças ou autorizações de construção, ampliação ou funcionamento.[20]

Portanto, visando um desenvolvimento sustentável municipal, por meio da solução dos problemas urbanos locais, a regulamentação do EIV é obrigatória para todos os municípios brasileiros, pois somente o poder municipal será capaz de estabelecer atividades ou obras que poderão causar impactos à vizinhança local.

Esse inclusive é o entendimento do Ministério Público Federal (MPF), em sua Informação Técnica n. 156/08 (4ª CCR), de 25 de julho de 2008:

> o município tem autonomia para definir os parâmetros de aplicabilidade do EIV e, dessa forma, determinar ampla gama de empreendimentos e atividades sujeitos ao estudo, estender a análise a elementos não considerados no art. 37, incisos I a VII, que se constituem em fatores de impacto de importância, e, ainda, definir a metodologia do estudo e o procedimento de aprovação. (p. 31)

A Informação Técnica recomenda, ainda,

> aos municípios, exemplificativamente, que sejam sujeitos ao EIV empreendimentos geradores de fluxos importantes de pessoas e veículos, como estações rodoviárias, hipermercados, centros de compras e lazer, hospitais, loteamentos urbanísticos, estádios esportivos, indústrias de médio e grande porte, edifícios comerciais de grande porte, garagens de ônibus, feiras de exposições comerciais,

---

[20] Art. 36 da Lei n. 10.257, de 10 de julho de 2001 (Estatuto da Cidade).

tecnológicas e agropecuárias, linhas e torres de alta tensão, transformadores, torres e estações de telefonia celular, bem como atividades desenvolvidas no meio urbano causadoras de poluição visual, sonora e que causem possíveis emanações químicas e radioativas. Também devem ser considerados os empreendimentos e atividades propostos em área de maior sensibilidade, ou próximos a estas, como os sítios históricos e locais de especial interesse ambiental. (p. 30)

Conteúdo mínimo do EIV

Embora não haja, na legislação federal, dispositivo especificando quais as atividades e/ou obras passíveis de EIV (por se tratar de um aspecto local), o Estatuto da Cidade estabelece as questões mínimas que serão analisadas, ou seja, o poder municipal é obrigado a cumprir o requisito mínimo estabelecido na lei federal, por mais que a regulamentação tenha ficado a seu cargo.

Por se tratar de questões mínimas a serem abordadas no EIV, pode a municipalidade incluir outros requisitos que julgar necessários, pois o rol do art. 37 do Estatuto da Cidade é meramente exemplificativo, a saber:

- **Adensamento populacional (art. 37, I, do Estatuto da Cidade):**

Um dos principais desafios no controle do uso e ocupação do solo passa por estabelecer melhor equilíbrio da ocupação territorial, evitando vazios urbanos e a periferização subutilizada (ou precária) dos serviços urbanos. Certamente o objeto de análise do impacto de vizinhança se refere ao adensamento que gera sobrecarga à infraestrutura, mas também aos incômodos da maior animação urbana, com suas movimentações e fluxos (quer por população provisória originária de atividades de serviços ou comércios; quer por acréscimo de população permanente decorrente do uso residencial). (MPF, 2008, p. 18)

Pode ser exigida, no caso de adensamento populacional, a implantação de áreas verdes, escolas, creches ou algum outro equipamento comunitário, postos de trabalho dentro do empreendimento ou iniciativas de recolocação profissional para os afetados (Polis, 2001, p. 199).

Um exemplo sobre a análise do EIV pela população ocorreu no caso de um conjunto de edifícios construído no bairro Alto de Pinheiros, na cidade de São Paulo, em que a sociedade de amigos do bairro protestou contra o empreendimento, sob a alegação de que o projeto popularizaria a região, conseguindo a redução do número de unidades e o aumento de sua metragem (Polis, 2001).

- **Equipamentos urbanos e comunitários (art. 37, II):** a Lei n. 6.766/79 (Lei de Parcelamento do Solo), define como urbanos os equipamentos públicos de abastecimento de água, serviços de esgotos, energia elétrica, coleta de águas pluviais, rede telefônica e gás canalizado e como comunitários os equipamentos públicos de educação, cultura, saúde, lazer e similares (art. 4º, § 2º, e art. 5º, parágrafo único).

  O EIV abordará a necessidade de instalar ou aumentar os equipamentos urbanos e comunitários, de acordo com o empreendimento (atividade ou obra) e o adensamento populacional.

- **Uso e ocupação do solo (art. 37, III):** deve-se demonstrar que o empreendimento é compatível com o uso do solo estabelecido em lei municipal, verificando-se os usos previstos para o entorno.

  ao correto diagnóstico do uso e ocupação do solo estão atrelados todos os demais tópicos de análise exigidos para elaboração de EIV, de forma que constitui uma das mais importantes fases para subsidiar o desenvolvimento do projeto (MPF, 2008, p. 21).

- **Valorização imobiliária (art. 37, IV):** deve-se inserir no EIV um tópico específico sobre uma possível valorização imobiliária que o empreendimento a ser instalado trará na região, verificando-se o cumprimento da função social da propriedade. Entende-se que

  mais um importante aspecto da verificação do cumprimento da função social da propriedade, a valorização imobiliária, especialmente a decorrente do investimento público ou da sua regulação (capacidade construtiva), tem no impacto de vizinhança um instrumento capaz de avaliar se o investimento público e valorização privada estão em conformidade com o princípio da redistribuição da renda urbana e do uso social. (MPF, 2008, p. 23)

  Ressalta-se ainda que

  nem sempre a valorização imobiliária é um impacto positivo. Se, por um lado, o aumento do preço dos imóveis é de interesse dos proprietários, ainda que venha significar maiores impostos, por outro pode expulsar a população tradicional menos favorecida e modificar abruptamente o perfil social e as características culturais da vizinhança. A especulação imobiliária é um dos fatores mais perversos e eficientes de segregação social. (MPF, 2008, p. 24)

- **Geração de tráfego e demanda por transporte público (art. 37, V):** deverá ser abordada a geração de tráfego e a demanda por transporte público do entorno do empreendimento, bem como possíveis medidas a serem tomadas. Itens como sinalização, instalação de semáforos, paradas de ônibus, implementação de novas linhas de transporte público, estacionamentos, alargamentos de ruas e acessibilidade para veículos e pedestres devem estar inclusos.

  A dimensão desse impacto depende sempre da atividade a ser desenvolvida pelo empreendimento. Aliás, os impactos não são apenas em função da geração de tráfego, mas principalmente pelos incômodos para a adaptação da acessibilidade local.

- **Ventilação e iluminação (art. 37, VI):** trata-se aqui de analisar se o empreendimento será construído de forma a garantir que a passagem de ar e luz entre eles e as edificações próximas sejam suficientes, por se tratar de uma questão de qualidade de vida dos seres humanos.

  O EIV deve avaliar se o projeto arquitetônico e urbanístico incorporou os princípios da bioclimatologia. Ainda que as normas do Código de Obras e Edificações permita a livre locação do edifício no terreno, admitindo posicionamento e gabarito que venham a prejudicar a insolação e ventilação dos terrenos vizinhos, certamente a análise do EIV indicará a melhor disposição da edificação no lote, consideradas a orientação mais favorável e a menor interferência nas edificações adjacentes. (MPF, 2008, p. 27-8)

- **Paisagem urbana e patrimônio natural e cultural (art. 37, VIII):** deve-se verificar a

  compatibilidade do empreendimento com a paisagem urbana, com as atividades humanas exercidas no local e/ou com a volumetria e características dos edifícios vizinhos. Deve demonstrar que a dimensão do empreendimento não é impactante à paisagem, à medida que não interfere na sua legibilidade, nem representa um elemento obstaculizador, impedindo a visibilidade a partir de pontos de observação próximos, bem como não se constitui barreira aos ventos e sombreamento nos arredores [...]. Tratando-se de núcleos históricos, há que se atentar não apenas aos impactos diretos, visíveis, sofridos pelos bens tombados, mas de que forma os desdobramentos impactantes representariam risco à preservação da memória. Eis uma tarefa difícil, pela sutileza de ambas as partes, pois o desdobramento de um impacto pode não deixar claro o causador do dano inicial e a definição da memória renderia páginas de argumentações e seus rebatimentos. (MPF, 2008, p. 28)

Analisando os requisitos mínimos exigidos na legislação federal, verifica-se que, a depender do empreendimento, o EIV poderá exigir

alterações no projeto, como diminuição de área construída, reserva de áreas verdes ou de uso comunitário no interior do empreendimento, alterações que garantam para o território do empreendimento parte da sobrecarga viária, aumento no número de vagas de estacionamento, medidas de isolamento acústico, recuos ou alterações na fachada, normatização de área de publicidade do empreendimento etc. [...]. (Polis, 2001, p. 199)

Deve-se ainda levar em conta impactos ambientais, como impermeabilização excessiva do terreno, aumento de temperatura; impactos paisagísticos sobre morros, dunas, vales, vista para frentes de água; impactos econômicos, sobre o comércio e serviços locais ou pequenos agricultores; e impactos sociais, como perda de empregos ou renda e sobrecarga de equipamentos públicos (Polis, 2001).

Publicidade e audiência pública

O Estatuto da Cidade traz como uma das diretrizes para a execução da política urbana a audiência do Poder Público municipal e da população interessada nos processos de implantação de empreendimentos ou atividades com efeitos potencialmente negativos sobre o meio ambiente natural ou construído, o conforto ou a segurança da população (art. 2º, XIII).

Baseado nessa diretriz é que o parágrafo único do art. 37 desse Estatuto dispõe que os documentos integrantes do EIV ficarão disponíveis para consulta no órgão competente do Poder Público municipal por qualquer interessado (art. 38).

A fim de cumprir a publicidade do estudo, espera-se que a municipalidade, ao disciplinar o EIV, regulamente também o conteúdo do relatório do mencionado estudo para que a população tenha facilidade para analisá-lo, pois aquele se trata de estudo técnico, enquanto este se refere a um relatório de fácil compreensão.

Será por meio dessa publicidade que a comunidade interessada poderá manifestar sua posição com relação ao empreendimento a ser instalado, por meio de discussão em audiências públicas sobre os efeitos da implantação da obra ou atividade na localidade, já que os maiores interessados são os próprios moradores da região.

Responsável técnico e custeio do EIV

O Estatuto da Cidade não faz menção quanto a autoria e custeio do EIV, mas o art. 11 da Resolução Conama n. 237/97 estabelece que os estudos ambientais deverão ser feitos por profissionais legalmente habilitados. Portanto, presume-se que o estudo deverá ser elaborado por profissionais qualificados para cada área em análise, respondendo tecnicamente perante o conselho de classe profissional por qualquer erro/omissão, dolo, imperícia, negligência ou imprudência na implantação do empreendimento ou atividade.

Quanto ao custeio, esclarece-se que o proprietário do empreendimento arcará com os custos para a elaboração do estudo, por ser o maior interessado.

Exemplo de município com EIV regulamentado – São Paulo

Antes da edição do Estatuto da Cidade em 2001, a cidade de São Paulo, por meio de sua Lei Orgânica, datada de 5 de abril de 1990, já previa a necessidade de um relatório de impacto de vizinhança para os projetos de implantação de obras ou equipamentos, de iniciativa pública ou privada, que tenham nos termos da lei significativa repercussão ambiental ou na infraestrutura urbana (art. 159). É garantido ainda na legislação a publicidade e a realização de audiência pública.[21]

Somente com o advento do Decreto n. 34.713/94, alterado pelos Decretos ns. 36.613/96 e 47.442/2006, é que o município estabeleceu as modalidades exigíveis do Relatório de Impacto de Vizinhança (Rivi), a depender da área a ser construída e o uso:

- Industrial: igual ou superior a 20.000 m².
- Institucional: igual ou superior a 40.000 m².

---

[21] Art. 159. [...] § 1º Cópia do relatório de impacto de vizinhança será fornecida gratuitamente quando solicitada aos moradores da área afetada e suas associações. § 2º Fica assegurada pelo órgão público competente a realização de audiência pública, antes da decisão final sobre o projeto, sempre que requerida, na forma da lei, pelos moradores e associações mencionadas no parágrafo anterior.

- Serviços/Comércio: igual ou superior a 60.000 m².
- Residencial: igual ou superior a 80.000 m².[22]

Estabelece ainda os casos de dispensa, o conteúdo e os procedimentos do Rivi.

O Plano Diretor, instituído pela Lei n. 16.050, de 31 de julho de 2014,[23] foi mais abrangente quanto à exigência do estudo, pois estabelece em seu art. 151 que a construção, ampliação, instalação, modificação e operação de empreendimentos, atividades e intervenções urbanísticas causadoras de impactos ambientais, culturais, urbanos e socioeconômicos de vizinhança estarão sujeitos à avaliação do EIV e seu respectivo Rivi por parte do órgão municipal competente, previamente à emissão das licenças ou alvarás de construção, reforma ou funcionamento. Dispõe ainda que a lei municipal definirá os empreendimentos, atividades e intervenções urbanísticas públicos ou privados que deverão ser objeto de estudos e relatórios de impacto de vizinhança durante seu processo de licenciamento urbano e ambiental.

Em razão desse dispositivo é que atualmente tramita na Câmara de São Paulo o Projeto de Lei n. 414, de 23 de agosto de 2011, que dispõe sobre o EIV e o respectivo Rivi, em consonância com as diretrizes e normas estabelecidas no Estatuto da Cidade.

O Projeto visa contemplar critérios para definir quais empreendimentos deverão apresentar EIV/Rivi, de acordo com o tipo de atividade, a dimensão, o porte e a natureza da obra ou atividade, a região em que será implantada e seu impacto no entorno, no sistema viário e na infraestrutura existentes, abrangendo tanto o uso residencial como o não residencial.[24]

DIFERENÇAS E SEMELHANÇAS ENTRE O EIV E O EIA

Considerando que os estudos de impacto têm a finalidade de avaliar as dimensões das possíveis alterações que um empreendimento privado ou público pode provocar ao meio ambiente, passamos a expor as semelhanças e diferenças entre o EIV e o EIA.

---

[22] Art. 1º do Decreto n. 34.713/95, alterado pelos Decretos ns. 36.613/96 e 47.442/2006.
[23] Aprova a Política de Desenvolvimento Urbano e o Plano Diretor Estratégico do Município de São Paulo e revoga a Lei n. 13.430/2002.
[24] Disponível em: http://documentacao.camara.sp.gov.br/iah/fulltext/justificativa/JPL0414-2011.pdf. Acessado em: 26 maio 2016.

Semelhanças

O EIA e o EIV são instrumentos da política urbana que contribuem para o planejamento do desenvolvimento sustentável das cidades, concretizando a função social da propriedade urbana mediante o interesse social que regula o uso da propriedade em prol do bem coletivo, da segurança e do bem-estar dos cidadãos, bem como do equilíbrio ambiental. Ambos são estudos ambientais preventivos, que avaliam as dimensões das possíveis alterações que um empreendimento privado ou público pode ocasionar ao meio ambiente, a fim de evitar as consequências lesivas.

Ressalta-se que o objetivo dos estudos é a adequação do empreendimento ao meio ambiente ecologicamente equilibrado, tornando-o compatível com o desenvolvimento das atividades econômicas e sociais.

Outro ponto em que se assemelham é quanto à necessidade de publicidade e de participação popular, pois os estudos e seus documentos permanecem disponíveis para consulta de qualquer interessado nos órgãos públicos, podendo, ou devendo, a população participar da realização das audiências públicas, oportunidade em que haverá exposição aos interessados sobre o conteúdo do produto em análise e do seu referido relatório, dirimindo dúvidas e recolhendo dos presentes as críticas e sugestões a respeito.

Os estudos são elaborados por profissionais habilitados, sendo responsáveis pelas informações técnicas apresentadas, sujeitando-se às sanções cabíveis. Embora sejam estudos públicos, correrão por conta do proponente do projeto todas as despesas e custos referentes à realização dos estudos de impacto ambiental e de vizinhança. Ambos os estudos possuem conteúdo mínimo estabelecidos em legislação federal.

Diferenças

O EIA é elaborado antes da instalação de obra ou atividade potencialmente causadora de significativa degradação do meio ambiente, para analisar a sua viabilidade, impactos positivos e negativos, bem como as medidas necessárias para minimizar eventual degradação, enquanto o EIV visa avaliar os efeitos positivos e negativos do empreendimento ou atividade considerando os recursos naturais, a paisagem urbana, a infraestrutura existente, bem como a qualidade de vida da população residente na área e em suas proximidades.

A Legislação Federal dispõe um rol exemplificativo de obra ou atividade potencialmente causadora de significativa degradação do meio ambiente passível de EIA. Já o Estatuto da Cidade deixou a cargo do Poder Público Municipal definir os empreendimentos e atividades, privadas ou públicas em área urbana que dependerão da elaboração de EIV prévio.

O EIA é exigido pelos órgãos ambientais competentes e pelos órgãos setoriais do Sisnama no processo de licenciamento ambiental, sendo deferido por meio da Licença Prévia de Instalação e de Operação. O EIV é exigido pelo poder municipal para obtenção de licenças ou autorizações de construção, ampliação ou funcionamento de empreendimento/atividade. Deverá o município definir ainda o conteúdo, a metodologia a ser aplicada e a forma de aprovação (a qual órgão deve ser submetido).

O EIA pode ultrapassar a esfera do ambiente municipal, a depender da atividade a ser instalada, enquanto no EIV há a limitação da área de vizinhança, que depende sempre do empreendimento, de sua dimensão e do local de implantação.

HÁ NECESSIDADE DE ELABORAR OS DOIS ESTUDOS?

O Estatuto da Cidade é claro ao dispor que a elaboração do EIV não substitui a elaboração e a aprovação do EIA (art. 38), ou seja, ambos os estudos deverão ser elaborados caso se verifique a necessidade.

Para o doutrinador Édis Milaré, não há duplicidade ou confronto entre os dois instrumentos, tampouco superioridade,

> *pois cada qual tem seu peso próprio e sua esfera específica de alcance e eficácia.* Assim, sempre que um empreendimento acarretar impactos e alterações significativas no meio ambiente, com alcance que ultrapasse os limites locais (municipais) e, ainda, dependendo da natureza e da intensidade desses impactos, o EIA-Rima é indispensável e insubstituível, de modo a exigir, em casos determinados, até mesmo o licenciamento estadual ou o federal. Ou seja, mesmo tendo sido exigido o Estudo de Impacto de Vizinhança, se este não se revelar suficiente para análise dos possíveis impactos, ainda assim pode ser exigido o Estudo de Impacto Ambiental, que é muito mais abrangente. (Milaré, 2005, p. 713, grifo nosso)

Compartilha da mesma posição Maria Luiza Machado Granziera: "esse instrumento da política urbana, objeto do Estatuto da Cidade, não exclui outros instrumentos similares, previstos nas normas ambientais, como, por exemplo, o Estudo de Impacto Ambiental (EIA)" (2009, p. 498) e Frederico Amado:

não tendo o condão de dispensar o EIA por não substituí-lo. Assim, é possível que a construção de determinado empreendimento urbano público ou privado seja procedido de EIA (se puder causar significativa degradação ambiental) e de EIV (se previsto em lei municipal) (2015, p. 505).

Em Ação Civil Pública, ficou clara a necessidade de o poder público apresentar a realização de EIA/Rima, em implantação de empreendimento habitacional no Parque do Guará, por entender insuficiente o relatório de impacto de vizinhança.[25]

Entretanto, Paulo de Bessa Antunes discorda de tal posicionamento:

> penso que o EIV é um instrumento mais do que suficiente para que se avaliem os impactos gerados por uma nova atividade a ser implantada em área urbana – não se tratando de atividade industrial, e que o EIV nada mais é do que um EIA para áreas urbanas e, data vênia, creio ser completamente destituída de lógica ou razão a obrigatoriedade de ambos os estudos. (2004, p. 356)

Discordamos do posicionamento do doutrinador porque, embora os dois estudos estejam relacionados entre si, ambos avaliam especificidades diversas, consoante o anteriormente demonstrado. Ademais, a exceção mencionada "atividade industrial" deveria ser "não se tratando de atividade potencialmente causadora de significativa degradação do meio ambiente", conforme preceito constitucional.

Ambos os estudos de impacto ambiental e de vizinhança são instrumentos da Política Urbana, conforme estabelecido no Estatuto da Cidade.

A municipalidade, ao regulamentar o EIV, não poderia por exemplo dispensá-lo em razão da exigência da elaboração do EIA: embora este seja um estudo bastante abrangente, não analisa todos os aspectos exigidos pelo EIV.

---

[25] "Quanto à alegação de que onde se pretende instalar o novo setor habitacional obedece aos ditames da Lei n. 1.869/98, de que somente o RIVI seria suficiente, a mim não me convence, eis que o novo polo de habitação terá edifícios de até 27 andares, incomum para uma cidade como Brasília, tem características de alta densidade populacional, sendo necessário, a meu sentir, a realização do EIA. Ademais, não é crível que um licenciamento para a instalação de um Parque Aquático possa servir para a implantação de um empreendimento habitacional, porque ambos têm características amplamente divergentes, sendo que não é necessário que seja um *expert* para diferenciar o impacto que um e outro causam ao meio ambiente" (TJDF, 5º Turma Cível, AGI n. 20.020.020.000.545, rel. Asdrubal Nascimento Lima, j. 24.3.2003).

De forma geral, a análise de, ao menos, os itens V, VI e VII são de exclusividade de EIV, por dependerem de projeto detalhado. A abordagem dos demais tópicos de análise do EIV é não apenas cabível, como é própria da fase de estudo preliminar do projeto, sendo, portanto, pertinente sua abrangência também pelo EIA/Rima. Contudo, convém lembrar que, caso o EIA/Rima se proponha a analisar os sete itens, é indispensável que se baseie em projeto em fase avançada de detalhamento; caso contrário, os três últimos não poderão ser convenientemente avaliados. (MPF, 2008, p. 18)

Pode ocorrer de o estudo de impacto ambiental, além de abranger todas as questões que lhe são pertinentes, incluir integralmente o conteúdo do estudo de impacto de vizinhança. Nesse caso, não haverá dispensa de qualquer estudo, o EIA apenas assumirá as razões de análise do EIV.

Entretanto, por estarem submetidos a secretarias diferentes (EIA ao órgão ambiental, seja federal, estadual ou municipal, e o EIV ao poder municipal, por meio da secretaria do urbanismo), será necessário o desmembramento do estudo para que haja a devida análise pelos órgãos competentes.

Eventual lei municipal que determine a substituição do EIV pelo EIA seria inconstitucional e ilegal, por afrontar o art. 24, §§ 1º a 4º, e o art. 225, § 1º, IV, da CF e contrariar o art. 38 da Lei n. 10.257/2001.[26]

CONSIDERAÇÕES FINAIS

Os estudos de impactos não impedem o desenvolvimento das atividades econômicas e sociais, mas visam a adequação do empreendimento ao meio

---

[26] "É que a interpretação literal da Lei Complementar n. 434/99, do Município de Porto Alegre, sugere que o Estudo de Viabilidade Urbanística (EVU) poderia dispensar o Estudo de Impacto Ambiental (EIA) em qualquer hipótese, nos casos de Projetos Especiais. Entretanto, essa leitura do dispositivo da lei municipal autorizaria instituir exceção incompatível com o dispositivo, a esse respeito, na Constituição Federal de 1988, que, em seu art. 225, § 1º, IV, *estabelece o dever do Poder Público de exigir o EIA sempre que configurada a hipótese de obra ou atividade potencialmente causadora de significativa degradação do meio ambiente. Considerando-se a importância do EIA como poderoso instrumento preventivo ao dano ecológico e a consagração, pelo constituinte, da preservação do meio ambiente como valor e princípio, conclui-se que a competência conferida ao Município para legislar em relação a esse valor só será legítima se, no exercício dessa prerrogativa, esse ente estabelecer normas capazes de aperfeiçoar a proteção à ecologia, nunca, de flexibilizá-la ou abrandá-la*" (STF, 2ª Turma, RE n. 396.541-7/RS, rel. Min. Carlos Velloso, j. 14.6.2005, *DJ* 5.8.2005).

ambiente em que se inserem, a fim de evitar a ocorrência de danos irreversíveis e irreparáveis.

Com o incessante crescimento social, econômico e populacional, os estudos prévios ambientais e urbanísticos são essenciais para a sustentabilidade do território e para compatibilizar minimamente as atividades humanas com o meio ambiente natural e construído. É por meio deles que o poder público e a coletividade podem, por meio da previsão, avaliação e mitigação dos impactos negativos, defender e preservar o meio ambiente para as presentes e futuras gerações.

REFERÊNCIAS

ANTUNES, P. DE B. *Direito ambiental*. Rio de Janeiro: Lúmen Júris, 2004.

AMADO, F. *Direito ambiental esquematizado*. 6. ed. São Paulo: Método, 2015.

GRANZIERA, M. L. M. *Direito ambiental*. São Paulo: Atlas, 2009.

INSTITUTO POLIS. *Estatuto da Cidade: guia para implementação pelos municípios e cidadãos*. Brasília: Câmara dos Deputados, 2001.

MACHADO, P. A. L. *Direito ambiental brasileiro*. São Paulo: Malheiros, 2010.

MILARÉ, E. *Direito do ambiente*. São Paulo: Revista dos Tribunais, 2005.

[MPF] MINISTÉRIO PÚBLICO FEDERAL. *Informação Técnica n. 156/08*. Disponível em: <http://4ccr.pgr.mpf.mp.br/institucional/grupos-de-trabalho/encerrados/gt-zona-costeira/docs-zona-costeira/IT_156-08_EIV.pdf >. Acesso em: 26 maio 2016.

[ONU] ORGANIZAÇÃO DAS NAÇÕES UNIDAS. *Declaração do Rio sobre Meio Ambiente e Desenvolvimento*. Disponível em: <http://www.onu.org.br/rio20/img/2012/01/rio92.pdf>. Acesso em: 20 jun. 2016.

Mecanismos legais de participação e a educação ambiental | 21

Mary Lobas de Castro
Bióloga, Universidade de Mogi das Cruzes e Faculdade de Saúde Pública da USP

Maria Cecília Focesi Pelicioni
Assistente social, Faculdade de Saúde Pública da USP

As metrópoles superam diariamente grandes desafios. Para enfrentá-los, é necessário utilizar estratégias políticas, econômicas, socioambientais e estruturais, além de contar com instrumentos de participação da sociedade civil e o consequente exercício do controle social sobre as políticas públicas e de governo.

O processo de urbanização teve início a partir do século XIX, com uma forte pressão sobre os ecossistemas, ocasionando a voracidade da degradação socioambiental e a consequente demanda, cada vez maior, de equipamentos urbanos, redes de energia elétrica, água e esgoto, estradas, transportes, habitação, escolas, hospitais, indústrias, comércio e outros serviços. Com o desenvolvimento rápido e frequentemente sem planejamento adequado, observou-se não só o incremento no impacto ambiental urbano, mas também a incapacidade de manter a qualidade de vida dos moradores das cidades.

OBJETIVOS DE DESENVOLVIMENTO SUSTENTÁVEL

Os desafios econômicos, sociais e ambientais que se colocam para as sociedades levaram a Organização das Nações Unidas (ONU), em conjunto com governos de diversos países e a sociedade civil, a aprovar em 2015 o documento "Transformando Nosso Mundo: a Agenda 2030 para as Nações Unidas e o Desenvolvimento Sustentável", com a proposição dos Objetivos de Desenvolvimento Sustentável (ODS), identificados na Figura 1. Esses desafios integram, portanto, uma nova agenda de desenvolvimento que 193 países se comprometeram a adaptar e adotar, mobilizando governos, empresas e sociedade civil para o cumprimento de uma série comum de 17 objetivos e 169 metas, voltados para a conquista de vida com dignidade e oportunidades para todos (ONU, 2015).

Figura 1 – Objetivos de Desenvolvimento Sustentável.
Fonte: ONUBR. Imagem obtida em: <https://nacoesunidas.org/pos2015/>. Acesso em: 14 jun. 2017.

Os objetivos e metas definidos estimularão a realização de ações para os próximos 15 anos, identificadas pelos países signatários como áreas de importância para a humanidade e para o planeta.

Evidenciando o objetivo 11, que trata de cidades e comunidades sustentáveis, destaca-se que em 2014 54% da população mundial vivia em áreas urbanas, com projeção de crescimento para 66% em 2050. Em 2030 são estimadas 41 megalópoles com mais de 10 milhões de habitantes. As metas aspiram cidades mais inclusivas, seguras e sustentáveis, bem como a preservação da cultura, a redução dos impactos ambientais e o fortalecimento dos espaços de participação para que o indivíduo exerça sua cidadania (ONU, 2015). No contexto desse objetivo 11, a título de ilustração para o escopo deste capítulo, cumpre serem ressaltados os objetivos 4 – educação de qualidade; 3 – saúde e bem-estar; 6 – água potável e saneamento; 13 – ações contra a mudança global do clima; e 17 – parcerias e meios de implementação; como estreitamente conectados à construção, ampliação e consolidação de maior e melhor participação social nos processos de planejamento e gestão urbana sustentáveis.

Os problemas socioambientais no Brasil e no mundo são antigos, graves e complexos, em sua maioria ocasionados pela acelerada expansão urbana que levou a um aumento no consumo de recursos naturais e o consequente desequilíbrio ecossistêmico, social e econômico. O meio ambiente urbano erigido sem planejamento tem tido suas condições ambientais alteradas por ações ou atividades antrópicas e também determinadas por comportamentos inadequados por parte de seus governantes e habitantes.

As cidades transformaram-se em aglomerados adensados, sem identidade, o que tem dificultado o encontro de caminhos para a construção de gestões técnicas e políticas eficazes, bem como a participação popular efetiva para um planejamento eficiente, que reduza ao máximo os impactos gerados. Para Tucci (2008, p. 97),

> o desenvolvimento urbano se acelerou na segunda metade do século XX com a concentração da população em espaço reduzido, produzindo grande competição pelos mesmos recursos naturais (solo e água), destruindo parte da biodiversidade natural. O meio formado pelo ambiente natural e pela população (socioeconômico urbano) é um ser vivo e dinâmico que gera um conjunto de efeitos interligados, que sem controle pode levar a cidade ao caos.

Assim, há que se compatibilizar gestão ambiental com a participação de sujeitos coletivos nos processos decisórios e nos estudos prévios de impacto ambiental. Nesse sentido, a Avaliação de Impacto Ambiental (AIA) como instrumento de gestão ambiental, preventivo e de planejamento, estabelecido pela Resolução Conama n. 1/1986, tem o papel de contribuir como um instrumento participativo de gestão ambiental e de uso do solo, atuando preventivamente no sentido de mitigar potenciais impactos negativos ao meio ambiente, conforme a visão de diferentes autores (Sanchez, 2008; Glasson; Therivel; Chadwick, 1999; Wood, 1995; Maglio, 1991).

AVALIAÇÃO DE IMPACTO AMBIENTAL

A lei norte-americana *National Environmental Policy Act* (NEPA) de 1968 foi a primeira a estabelecer no mundo a obrigatoriedade da AIA para projetos, programas e atividades do governo federal dos Estados Unidos (Webb; Sigal, 1992).

Essa legislação estabeleceu a necessidade da apresentação perante órgãos governamentais competentes do relatório *Environmental Impact Statement*, contendo informações sobre o que se pretendia realizar, a metodologia de avaliação utilizada e as principais conclusões da AIA. Seguindo o exemplo norte-americano, muitos países, principalmente aqueles mais desenvolvidos, adotaram a AIA como instrumento de política ambiental.

Essas avaliações de impacto foram inicialmente realizadas sem que houvesse legislação específica sobre a matéria. É o caso, por exemplo, de Portugal, que a partir de 1987 passou a contar com uma política ambiental, definindo a AIA como instrumento de gestão ambiental (Barbieri, 1995).

A AIA, segundo Caldarelli (2011, p. 34), refere que,

se nos procedimentos de licenciamento ambiental instituídos anteriormente nos estados de São Paulo e do Rio de Janeiro os empreendimentos eram avaliados quanto ao seu desempenho ambiental pelo preenchimento de formulários, pela apresentação de documentos e por visitas técnicas, no procedimento instaurado pela Resolução Conama n. 1/86, essa avaliação passou a ser feita nos Estudos de Impacto Ambiental. Embora o novo procedimento não excluísse o preenchimento de formulários, a apresentação de documentos e as visitas técnicas, essas providências se apequenaram ante a centralidade conferida aos Estudos. Com o tempo, muitos desses técnicos de equipes destinadas a elaborar os Estudos de Impacto Ambiental – EIAs foram amealhando algum conhecimento acerca das outras áreas relevantes para a AIA e ganhando experiência nesse modo cooperativo e dialogado de trabalhar. O resultado disso foi a formação de equipes que se estabilizaram, congregando sempre os mesmos profissionais, que acabaram por formar empresas de pequeno porte especializadas na avaliação de impacto ambiental com profissionais autônomos e experiência na análise de impactos ambientais. A entrada desses novos atores iniciava o desdobramento de uma problemática que, dessa época à atualidade, jamais saiu da pauta nos debates acerca do licenciamento ambiental. Trata-se da questão referente à produção do conhecimento científico e técnico necessário para a realização da AIA.

O processo da AIA depende de um Estudo de Impacto Ambiental (EIA) com seu respectivo Relatório de Impacto Ambiental (Rima), análise técnica por órgão ambiental correspondente, análise do Conselho de Meio Ambiente e audiências públicas, respeitando-se as legislações competentes, federais, estaduais e municipais.

O EIA-Rima define um conjunto de procedimentos destinado a analisar os efeitos dos impactos ambientais de determinados projetos, tanto positivos como negativos, e sua interferência dentro da cidade como parte necessária para obtenção do licenciamento e suas respectivas licenças.

No Brasil, com a promulgação da Lei Federal n. 6.938/81 foi instituído o Sistema Nacional do Meio Ambiente (Sisnama), importante instrumento jurídico definindo a Política Nacional do Meio Ambiente. O Conselho Nacional do Meio Ambiente (Conama), por meio da Resolução Conama n. 1/86, em seu art. 1º, considera impacto ambiental:

> qualquer alteração das propriedades físicas, químicas e biológicas do meio ambiente, causada por qualquer forma de matéria ou energia resultante das atividades humanas que, direta ou indiretamente, afetam:
> I – a saúde, a segurança e o bem-estar da população;
> II – as atividades sociais e econômicas;
> III – a biota;
> IV – as condições estéticas e sanitárias do meio ambiente;
> V – a qualidade dos recursos ambientais (Brasil, 1986).

No art. 4º, estabelece definições e diretrizes gerais para a implementação da AIA:

> Art. 4º Os órgãos ambientais competentes e os órgãos setoriais do Sistema Nacional do Meio Ambiente (Sisnama) deverão compatibilizar os processos de licenciamento com as etapas de planejamento e implantação das atividades modificadoras do Meio Ambiente, respeitados os critérios e diretrizes estabelecidos por esta Resolução e tendo por base a natureza, o porte e as peculiaridades de cada atividade (Brasil, 1986).

Fortalecendo o Sisnama, o art. 20 da Resolução n. 237/97 do Conselho Nacional do Meio Ambiente corrobora, afirmando que

> Os entes federados, para exercerem suas competências licenciatórias, deverão ter implementados os conselhos de meio ambiente, com caráter deliberativo e participação social e, ainda, possuir em seus quadros ou à sua disposição profissionais legalmente habilitados.

A Lei Federal n. 9.605/98, que dispõe sobre os crimes ambientais, expressa também a responsabilidade do agente administrativo com relação ao dever legal de zelar pelos interesses ambientais, fazendo os representantes do poder público cumprirem as legislações e tomarem a iniciativa de fortalecer e aparelhar o órgão ambiental na defesa do meio ambiente.

O EIA, como um dos componentes do processo de AIA, deve ser elaborado por equipe multidisciplinar, em que os saberes deverão contribuir com informações advindas das diversas áreas do conhecimento. O EIA será acompanhado de respectivo Rima, o qual refletirá as conclusões do estudo realizado. Este deve ser apresentado de forma objetiva, traduzido em linguagem acessível, ilustrado por mapas, quadros e gráficos de fácil compreensão, bem como deve mostrar as vantagens e desvantagens do projeto e as consequências ambientais de sua implementação. O objetivo do Rima é tornar acessível para qualquer pessoa o teor do estudo realizado. O Rima deve ficar à disposição da comunidade, conforme diretrizes gerais estabelecidas pela Resolução Conama n. 1/86 e procedimentos adotados por cada órgão licenciador. Assim, a AIA constitui-se em um conjunto de etapas que compõe o procedimento administrativo, culminando com a decisão sobre a concessão das licenças ambientais.

O licenciamento ambiental deve ser exigido em relação a qualquer atividade que repercuta ou que possa repercutir na saúde da população ou na qualidade do meio ambiente (Oliveira, 2005, p. 300).

O licenciamento ambiental é uma obrigação legal expressa pela Lei Federal n. 6.938/81, Resolução Conama n. 1/86, Resolução Conama n. 237/97 e pela Lei Federal Complementar n. 140/2011, que disciplina as ações de cooperação entre a União, os Estados e os Municípios, e deve levar em conta também as legislações específicas de cada estado ou município. Essa obrigação é compartilhada pelos integrantes do Sisnama.

Trata-se de um longo processo que se dá em um único nível de competência e que passa por várias etapas, incluindo a elaboração de um termo de referência, o EIA, a análise técnica do órgão licenciador, e por pareceres dos respectivos conselhos de meio ambiente com base em suas câmaras técnicas, audiências públicas e, se aprovado pelo referido conselho, as competentes licenças ambientais: prévia de instalação e de operação.

A licença prévia (LP) deve ser solicitada na fase de planejamento da implantação, alteração ou ampliação do empreendimento e aprova sua viabilidade ambiental, mas é a licença de instalação (LI) que autoriza o início da obra ou empreendimento, a ser concedida após o atendimento das condicionantes estabelecidas na LP. A licença de operação (LO) autoriza o início do funcionamento do empreendimento ou obra e é concedida depois de atendidas e cumpridas as condicionantes da LI.

Contudo, o processo de licenciamento ambiental só se torna possível, legítimo e transparente se houver efetiva participação da sociedade civil, seja por meio de representação nos conselhos de meio ambiente, seja por outros espaços coletivos e até mesmo individualmente. Essa participação é aprendida e dinâmica. Só se aprende a participar na prática, tornando-se, portanto, evidente o papel da educação em todo o processo.

MECANISMOS LEGAIS DE REPRESENTAÇÃO E A PARTICIPAÇÃO DA SOCIEDADE

A Constituição Federal de 1988 (CF/88) propiciou a criação e a ampliação dos canais de diálogo entre o poder público e as organizações representativas da sociedade civil, numa perspectiva de democracia representativa e participativa, incorporando a participação da comunidade na gestão das políticas públicas (art. 194, VII; art. 198, III; art. 204, II; art. 206,VI; art. 227, § 7o).

Diversos mecanismos de participação da comunidade na gestão das políticas públicas vêm sendo implementados no Brasil. No entanto, a participação da sociedade nas funções de planejamento, monitoramento, acompanhamento e avaliação de resultados das políticas públicas requerem a constituição de órgãos colegiados representativos da sociedade, de caráter paritário e deliberativo: "para Arendt os conselhos são a única forma possível de um governo horizontal; um governo que tenha como condição de existência a participação e a cidadania" (Gohn, 2003, p. 18).

A gestão ambiental é função do Estado e, para exercê-la eficientemente, deve levar em conta a parcela de responsabilidade que cabe à sociedade. A União, os Estados, o Distrito Federal e os Municípios são os principais gestores do meio ambiente, desempenhando formalmente o papel de controladores. Na sociedade, embora fundamental para a defesa do meio ambiente, esse papel ainda é incipiente.

Os conflitos de interesses são inevitáveis, o que exige a atuação dos diversos segmentos da sociedade como força de pressão e cobrança de soluções. Os interesses são coleções de necessidades trazidas à discussão e são carregadas de preocupações, temores, esperanças e expectativas.

A iniciativa de abordar questões ambientais por meio de conselhos com participação da sociedade civil favorece a explicitação dos conflitos e possibilita a construção de convergências e consensos, revelando-se alternativa viável para a formulação e implementação de políticas públicas na área ambiental (Borges; Castro; Ceneviva, 2006), entendendo construção de consenso como o processo coletivo na busca de um entendimento comum e compartilhado.

O que viabiliza a política ambiental é o funcionamento efetivo, democrático e participativo, assim como o poder deliberativo dos conselhos de meio ambiente. As experiências existentes mostram que, apesar de todas as dificuldades inerentes ao tema e ao conflito com poderosos interesses econômicos, os conselhos têm tido um papel relevante e crescente, passando inclusive, em muitos casos, da marginalidade inicial à centralidade das decisões que afetam os interesses políticos e individuais (Philippi Jr. et al., 1999). Há que se considerar a necessidade de ajustar os interesses existentes, de um lado na qualidade de vida e de outro nos interesses políticos, econômicos e até mesmo partidários.

Os conselhos de meio ambiente são fóruns que permitem a participação da sociedade civil organizada e o consequente exercício do controle social sobre as políticas públicas relativas ao meio ambiente, por meio da formulação e proposição de diretrizes e estratégias, do estabelecimento de meios e prioridades de atuação voltadas para o atendimento às necessidades e aos interesses dos diversos segmentos sociais, da avaliação das ações e da negociação do direcionamento dos recursos financeiros necessários existentes.

O controle social coaduna-se à formulação e ao fortalecimento das políticas públicas e deve ser entendido como a participação, o monitoramento e a fiscalização por parte da sociedade civil sobre as ações da gestão pública.

Esses conselhos devem criar e desenvolver os mecanismos adequados ao cumprimento de sua missão constitucional, compatibilizando sua estrutura às necessidades do próprio sistema, com base na Política Nacional do Meio Ambiente. Precisam contar com pessoas preparadas para desempenhar suas funções, o que implica mais uma vez na qualificação e capacitação de seus membros.

PARTICIPAÇÃO DA SOCIEDADE NO PROCESSO DO LICENCIAMENTO AMBIENTAL

A CF/88, no seu art. 1º, determinou como um dos princípios fundamentais do Estado democrático a cidadania e dedicou o Capítulo VI ao meio ambiente, cujo art. 225 define que "compete não apenas ao poder público, mas também à coletividade o papel de responsáveis pela defesa e preservação do meio ambiente, para as presentes e futuras gerações".

A participação da sociedade na discussão e análise de EIA se inicia com a participação dos conselheiros nas câmaras técnicas, que devem, entre outras atribuições, apreciar e decidir sobre a aprovação desses estudos.

O processo de licenciamento ambiental, portanto, compreende a análise técnica pelo órgão ambiental correspondente, a análise do conselho de meio ambiente por meio das câmaras técnicas e de seu plenário, assim como as audiências públicas.

As câmaras técnicas podem ser assistidas pela equipe técnica do órgão ambiental que analisa o estudo, por convidados especialistas, pelo empreendedor e pela equipe que elaborou o EIA, com o objetivo de esclarecer e complementar aspectos que contribuirão para o aperfeiçoamento do projeto. O parecer técnico exarado pela respectiva câmara técnica será submetido à discussão e votação pelo plenário do conselho, que aprovará ou não a viabilidade ambiental e estabelecerá requisitos básicos e condicionantes a serem atendidos nas próximas fases.

A participação ampla da sociedade no processo de licenciamento se dá por meio das audiências públicas, estabelecidas pela Lei Federal n. 6.938/81, considerando o disposto no art. 11, § 2º, da Resolução Conama n. 1/86, e ainda considerando os arts. 3º e 10, V, da Resolução Conama n. 237/97, que dispõem sobre a necessária regulamentação da realização de audiências públicas para empreendimentos de significativo impacto ambiental e sobre a necessidade de realização de audiência pública para informação sobre projetos e seus impactos ambientais.

A realização de audiência pública é regulada pelo art. 2º da Resolução Conama n. 9/87: "Sempre que julgar necessário, ou quando for solicitado por entidade civil, pelo Ministério Público, ou por 50 (cinquenta) ou mais cidadãos, o Órgão de Meio Ambiente promoverá a realização de audiência pública" (Brasil, 1987). Há casos, como no Município de São Paulo, em que em todos os empreendimentos em processo de licenciamento são efetuadas audiências públicas, independente de solicitação (São Paulo, 2002).

O art. 3º da Resolução Conama n. 237/97 obriga o poder público a dar publicidade ao EIA/Rima, garantindo assim a realização de audiências públicas:

Art. 3º A licença ambiental para empreendimentos e atividades consideradas efetivas ou potencialmente causadoras de significativa degradação do meio dependerá de prévio estudo de impacto ambiental e respectivo relatório de impacto sobre o meio ambiente (EIA/Rima), ao qual dar-se-á publicidade, garantida a realização de audiências públicas, quando couber, de acordo com a regulamentação (Brasil, 1997).

A audiência pública, portanto, é uma das etapas importantes para o licenciamento ambiental e, como dito anteriormente, o principal canal de participação da comunidade. Na audiência pública, a comunidade tem a oportunidade de conhecer o EIA, que deverá ser apresentado pelo empreendedor (que pode ser público ou privado) e pela empresa responsável pela elaboração do EIA. Aqui, a comunidade tem então a oportunidade de debater, solicitar esclarecimentos e contribuir para o aperfeiçoamento do projeto, já que ninguém conhece melhor a rotina, os problemas e costumes do local do que os próprios moradores.

É também o momento em que o empreendedor, o elaborador do EIA, o órgão licenciador e o conselho do meio ambiente podem observar e sentir a percepção da comunidade sobre o EIA em análise. A audiência pública funciona como um "termômetro", em que se observam angústias, anseios, incertezas, certezas, pontos positivos e expectativas dos cidadãos envolvidos. O órgão licenciador tem o dever de levar em consideração as manifestações da sociedade, por intermédio do reexame em profundidade de todos os aspectos do empreendimento em que tenha havido discordância (Antunes, 2001).

Deve ser dada ampla divulgação para as audiências públicas, atingindo o maior número possível de pessoas e principalmente aquelas próximas ao empreendimento. As audiências públicas devem ser realizadas em local amplo, de fácil acesso e próximas ao empreendimento proposto.

Philippi Jr. e Maglio (2005) entendem que a finalidade da audiência pública é criar um procedimento democrático de participação das comunidades que poderão sofrer os impactos ambientais potenciais de determinado projeto para a discussão de suas características e em especial para aferir os impactos negativos ou positivos, de forma a permitir a definição de medidas mitigadoras para reduzir efeitos negativos, assim como medidas potencializadoras para ampliar os positivos, enfim, para verificar a viabilidade ambiental do projeto. Nesse aspecto, as relações entre as organizações representativas da sociedade civil e as instituições públicas têm de ser fortalecidas de modo a possibilitar a transparência e a descentralização das decisões, gerando um acréscimo de responsabilidade na gestão dos recursos e das ações do poder público de modo a garantir sua sustentabilidade.

É inegável, portanto, a relevância do papel da educação emancipatória durante todo esse percurso participativo. No entanto, é preciso que fique claro de que educação se está falando.

EDUCAÇÃO AMBIENTAL PARA PARTICIPAÇÃO EM PROCESSOS DECISÓRIOS

A Lei Federal n. 9.795/99, que institui a Política Nacional de Educação Ambiental, no art. 5º, estabelece entre seus objetivos fundamentais, "o incentivo à participação individual e coletiva, permanente e responsável na preservação do equilíbrio do meio ambiente, entendendo-se a defesa da qualidade ambiental como um valor inseparável do exercício da cidadania". Considera o fortalecimento da cidadania, a autodeterminação dos povos e a solidariedade como fundamentos para o futuro da humanidade.

O ser humano é um ser situado no mundo e com o mundo, capaz de refletir sobre ele, com o objetivo de transformá-lo por meio do trabalho e das ações políticas. A participação do homem como sujeito na sociedade, na cultura e na história se faz na medida em que se torna consciente da importância disso. O homem é sujeito da educação e esta é sempre um ato político transformador (Freire, 1975). Concordando com Paulo Freire, Pelicioni (2014) entende que a educação ambiental como processo de educação política procura fazer a cidadania ser exercida integralmente, podendo gerar uma ação transformadora, com a finalidade de melhorar a qualidade de vida da coletividade (Pelicioni, 2014, p. 827).

Nesse sentido, a participação da sociedade em processos decisórios como os conselhos de meio ambiente requer conhecimento, atuação e corresponsabilidade, a partir do que se amplia a capacidade do cidadão de exercer o controle social de seu destino.

CONSIDERAÇÕES FINAIS

Cabe à educação ambiental, enquanto processo político pedagógico, formar para a cidadania, desenvolvendo conhecimento interdisciplinar baseado em uma visão integrada de mundo, possibilitando que pessoas sejam capazes de relacionar causas e consequências dos problemas ambientais, discutir questões, estabelecer prioridades, tomar decisões e exercer sua representatividade, buscando a melhoria da qualidade de vida e a sustentabilidade das comunidades.

Educação para o desenvolvimento sustentável é um "conceito dinâmico que compreende uma nova visão da educação que busca empoderar pessoas para assumir a responsabilidade de criar e desfrutar um futuro sustentável" (Unesco, 2002).

"Empoderamento implica conquista, avanço e superação por parte daquele que se empodera (sujeito ativo do processo), e não simples doação ou transferência por benevolência, como denota o termo inglês *empowerment*, que transforma o sujeito em objeto passivo" (Schiavo; Moreira, 2005).

Para que o empoderamento ocorra é preciso que, tal como na educação, haja consentimento do sujeito, que aos poucos vai assumindo uma postura proativa no enfrentamento e solução de problemas da sua realidade.

A educação vai criar condições para isso, já que investe na formação de atitudes positivas que definem os comportamentos a serem adotados. Desse modo, educar não é mudar comportamentos, atuando apenas na área psico-motora, mas é principalmente atuar na área cognitiva e afetiva (ao mesmo tempo) a fim de mudar, resgatar ou formar valores que reflitam e se trans-formem em ações sustentáveis na busca por um mundo melhor. A educação deve atingir a todos os membros da sociedade, isto é, gestores e população, de modo a possibilitar um diálogo produtivo e respeitoso que privilegie o bem comum.

Pode-se mesmo reforçar a ideia de que sem o adequado desenvolvimen-to de processo educativo emancipatório da sociedade, levando-a a participar efetivamente nos processos de decisão que possam impactar sua qualidade de vida, torna-se impossível pensar em sustentabilidade urbana. Essa afirma-ção traz como consequência a visão clara de que o aperfeiçoamento de polí-ticas, planejamento e gestão das cidades depende de ações que privilegiem o respeito ao cidadão e a educação de qualidade da sociedade.

REFERÊNCIAS

ANTUNES, P. de B. *Direito ambiental.* 4.ed. Rio de Janeiro: Lumen Juris, 2001.

BARBIERI, J.C. Avaliação de impacto ambiental na legislação brasileira. *RAE. Revista de Administração de Empresas*, São Paulo, v. 35, n. 2, p. 78-85, 1995.

BORGES, R.; CASTRO, M.L.; CENEVIVA, L. A experiência do município de São Paulo na implementação do fundo especial do meio ambiente e desenvolvimento sustentável. *Revista Brasileira de Ciências Ambientais*, São Paulo, v. 4, ago. 2006.

BRASIL. Constituição da República Federativa do Brasil de 1988. Brasília, DF: Senado, 1988.

_____. Lei federal n. 6.938, de 31 de agosto de 1981. Dispõe sobre a Política Nacional do Meio Ambiente, seus fins e mecanismos de formulação e aplicação, e dá outras providências. *Diário Oficial da União*, Brasília, 2 set. 1981.

_____. Lei n. 9.605, de 12 de fevereiro de 1998. Dispõe sobre as sanções penais e admi-nistrativas derivadas de condutas e atividades lesivas ao meio ambiente, e dá outras providên-cias. *Diário Oficial da União*, Brasil, 12 fev. 1998.

_____. Lei n. 9.795, de 27 de abril de 1999. Dispõe sobre Educação Ambiental, Institui a política Nacional de Educação e dá outras providências. Brasília: Imprensa Oficial, 1999.

_____. Lei Complementar n. 140, de 8 de dezembro de 2011. Fixa normas para a coope-ração entre a União, os Estados, o Distrito Federal e os Municípios nas ações administrativas decorrentes do exercício da competência comum. Diário Oficial da União, Brasília, DF, 9 dez. 2011.

_____. Resolução Conama n. 1, de 23 de janeiro de 1986. *Diário Oficial da União*, Brasí-lia, 17 de fevereiro de 1986. Disponível em: <http://www.mma.gov.br/port/conama/res/res86/res0186.html>. Acesso em: 24 jan. 2016.

_____. Resolução Conama n. 9, de 3 de dezembro de 1987. Dispõe sobre a questão de audiências públicas. *Diário Oficial da União*, 5 jul. 1990. Seção I, p. 12.945. Disponível em: <http://www.mma.gov.br/port/conama/res/res87/res0987.html>. Acesso em: 25 fev. 2015.

_____. Resolução Conama n. 237, de 19 de dezembro de 1997b. Dispõe sobre a revisão e complementação dos procedimentos e critérios utilizados para o licenciamento ambiental. *Diário Oficial da União*, 22 dez. 1997. Seção 1, p. 30.841-30.843.

CALDARELLI, C.E. A avaliação de impactos ambientais e o licenciamento ambiental no Brasil: reflexões a partir do caso do Complexo Terrestre Cyclone 4. 2011. Dissertação (Mestrado profissional em bens culturais e projetos sociais). Fundação Getulio Vargas, Rio de Janeiro, 2011.

FREIRE, P. Pedagogia da autonomia: saberes necessários à prática educativa. 8.ed. Rio de Janeiro: Paz e Terra, 1998.

GLASSON, J.; THERIVEL, R.; CHADWICK, A. *Introduction to environmental assessment*. 2.ed. London: UCL Press, 1999.

GOHN, M.G. *Conselhos Gestores e Participação Sociopolítica*. São Paulo: Cortez Editora, 2003.

MAGLIO, I.C. Questões verificadas na aplicação do EIA/Rima: a experiência da Secretaria do Meio Ambiente de São Paulo. In: TAUK, S. (Org.). *Análise ambiental – uma visão multidisciplinar*. São Paulo: Editora Unesp, 1991. p. 64-70.

OLIVEIRA, A.I. de A. *Introdução à legislação ambiental brasileira e licenciamento ambiental*. Rio de Janeiro: Lumen Juris, 2005.

PELICIONI, M.C.F.; PHILIPPI Jr, A. (coord.) *Educação ambiental e sustentabilidade*. 2.ed. Barueri: Manole, 2014.

PHILIPPI Jr, A. et al. (Org.). *Municípios e meio ambiente – perspectivas para a municipalização da gestão ambiental no Brasil*. São Paulo: Anamma, 1999.

PHILIPPI Jr, A.; MAGLIO, I.C. Avaliação de impacto ambiental. In: PHILIPPI Jr, A.; ALVES, A. C. *Avaliação de impacto ambiental –Curso interdisciplinar de direito ambiental*. Barueri: Manole, 2005.

SANCHEZ, L.E. Os papéis da avaliação de impacto ambiental. In: SANCHEZ, L.E. (Org.). *Avaliação de impacto ambiental: situação atual e perspectivas*. São Paulo: Edusp, 2008.

SÃO PAULO (Município). Resolução n. 69, de 5 de julho de 2002. Regulamenta e torna públicos os procedimentos para convocação e realização de audiências públicas para empreendimentos ou atividades de impacto ambiental local e em processo de licenciamento ambiental. São Paulo: Secretaria Municipal do Verde e do Meio Ambiente, 2002. Disponível em: <http://www.prefeitura.sp.gov.br/cidade/secretarias/meio_ambiente/cades/resolucoes/index.php?p=10927>. Acesso em: 9 set. 2017.

SCHIAVO, M.R.; MOREIRA, E.N. *Glossário Social*. Rio de Janeiro: Comunicarte, 2005.

[ONU] ORGANIZAÇÃO DAS NAÇÕES UNIDAS. *Transformando Nosso Mundo: A Agenda 2030 para o Desenvolvimento Sustentável*. 2015. Disponível em: <https://nacoesunidas.org/pos2015/>. Acesso em: 20 set. 2017.

_____. *Perspectivas da Urbanização Mundial*. 2014. Disponível em: <http://www.unric.org/pt/actualidade/31537-relatorio-da-onu-mostra-populacao-mundial-cada-vez-mais-urbanizada-mais-de-metade-vive-em-zonas-urbanizadas-ao-que-se-podem-juntar-25-mil-milhoes--em-2050>. Acesso em: 25 set. 2017.

TUCCI, C.E.M. Águas urbanas. *Revista Estudos Avançados*, São Paulo, v. 22, n. 63, p. 97. 2008.

[UNESCO] ORGANIZAÇÃO DAS NAÇÕES UNIDAS PARA A EDUCAÇÃO, CIÊNCIA E CULTURA. *Education for Sustainability – from Rio to Johannesburg: Lessons Learnt from a Decade of Commitment*, 2002. Disponível em: <http://unesdoc.unesco.org/images/0012/001271/127100e.pdf>. Acesso em: 14 set. 2017.

WEBB, W.; SIGAL, L.L. *Strategic environmental assessment in the United States*. Project Appraisal, vol. 7, n. 3, set. 1992, p. 137-141.

WOOD, C. *Environmental impact assessment: a comparative review*. London: Longman, 1995.

22 | Política pública de desenvolvimento econômico regional: o *cluster* da maricultura de Florianópolis

Angela Regina Heinzen Amin Helou
Matemática, UFSC

Ana Cláudia Donner Abreu
Administradora, UFSC

INTRODUÇÃO

A consolidação da sociedade do conhecimento vem intensificando a competitividade provocada pelo fenômeno da globalização, o qual altera os papéis das organizações, bem como dos estados e municípios, sendo que nesse novo cenário, as cidades passam a ser o *locus* do desenvolvimento econômico e social.

O desenvolvimento econômico é um conceito qualitativo que visa obter a consequente melhoria dos padrões de vida de uma população. Deve ser acompanhado de investimento, tanto por parte do setor público como do setor privado e do terceiro setor.

Atualmente, dadas as novas funções assumidas pelos estados e municípios, torna-se necessária a elaboração de políticas públicas que levem ao crescimento acompanhado do desenvolvimento econômico regional (Senhoras, 2007; Cândido, 2002; Amaral Filho, 2001).

Nessa linha, a visão das políticas públicas voltadas ao desenvolvimento dos municípios deve concentrar-se especialmente no avanço econômico do território, com ações orientadas para a geração de empregos. Tais políticas buscam favorecer a inclusão social e diminuir as distorções provocadas pelo sistema de concentração de renda e sobretudo produzir resultados ou mudanças em aspectos sociais.

No entanto, as teorias de desenvolvimento regional sofreram transformações e, a partir da emergência de novos paradigmas teóricos, encontraram nas fontes internas de uma região as principais razões do seu desenvolvimento. Um dos novos modelos emergentes nesse contexto é o *cluster*, que favorece arranjos cooperativos entre empresas nas quais o efeito sinérgico incidente nas atividades produtivas ocorre simultaneamente, fortalecendo a cadeia dentro do seu setor de atuação.

A partir do exposto, o objetivo deste trabalho é descrever uma política pública de desenvolvimento econômico regional, consolidada pelo Programa de Desenvolvimento Sustentável da maricultura e do *cluster* da maricultura em Florianópolis, que foi concebida para favorecer o desenvolvimento de toda uma região nas esferas econômica, social, ambiental e cultural.

REFERENCIAL TEÓRICO

Políticas públicas de desenvolvimento econômico

O termo *política pública* possui diversos conceitos distintos. No entanto, mesmo dentro desses diferentes entendimentos, é constituído por dois elementos-chave: a ação e a intenção (Heidemann, 2009). Assim, nesse contexto, uma política pública pode ser definida como um conjunto de ações de governo que produzem efeitos específicos e influenciam a vida das pessoas (Souza, 2006). Para Gelinski e Seibel (2008), as políticas públicas são ações governamentais dirigidas para resolver determinadas necessidades públicas.

A formulação de políticas públicas caracteriza-se por ser o estágio em que os governos traduzem seus propósitos em programas e ações que pretendem realizar para produzir resultados ou mudanças na sociedade. Ou seja, depois de desenhadas e formuladas, políticas públicas desdobram-se em planos, programas e projetos (Souza, 2006).

Reis (2010) indica que política pública é um processo no qual o Estado, de forma isolada ou coletiva, toma uma série de decisões inter-relacionadas a uma matéria de interesse, desde o reconhecimento dessa matéria até a avaliação dos resultados advindos de sua atuação, passando pelo prévio diagnóstico de suas capacidades. Com isso concorda Heidemann (2009), para quem as políticas públicas desenvolvem-se em um ciclo que se inicia com a identificação do problema a ser resolvido, passando pela formulação, implantação e avaliação da solução proposta.

Todas as conceituações apresentadas até aqui sobre políticas públicas demonstram a emergência de uma nova visão sobre a Administração Pública Brasileira, qual seja, aquela que deixa de ter foco exclusivo sobre a gestão administrativa do Estado e passa a colocar foco sobre políticas de governo. Nessa perspectiva, o governo, com sua estrutura administrativa, não é a única instituição a servir à comunidade e promover as políticas públicas (Heidemann, 2009). Um conjunto de *stakeholders* se apresenta na arena política para esse fim (Salm; Menegasso, 2009).

Esse é o entendimento do papel da Administração Pública, denominado por Denhardt (2012) de Novo Serviço Público. Para o autor, nesse modelo, a Administração Pública é um elemento importante e catalisador da construção das políticas públicas, sendo ainda um ator entre os demais que participam da rede de construção dessas políticas. A tônica desse modelo é, portanto, a coprodução do serviço público (Abreu, 2016). Riege e Lindsay (2006) ratificaram essa colocação, ao aduzir que a parceria com os *stakeholders* é crítica para o sucesso das políticas públicas.

Um pouco além, Rashman, Withers e Hartley (2009) consideram que o conceito de rede de organizações é especialmente importante para a Administração Pública, que pode ser considerada um conjunto de redes de políticas públicas e estruturas de resolução de problemas por meio do qual o processo de aprendizagem coletiva ocorre. Nessas redes, a organização pública é um considerável incentivador da coprodução do conhecimento, do serviço público e da estrutura de governança.

Gelinski e Seibel (2008) classificam as políticas públicas em diferentes categorias, que podem ser sociais, compreendendo saúde, assistência, habitação, educação, emprego, renda ou previdência; macroeconômicas, ou seja, fiscal, monetária, cambial, industrial; ou ainda científica e tecnológica, cultural, agrícola e agrária. Uma dessas políticas é a de desenvolvimento econômico, conceito que inclui as alterações de composição do produto e a alocação dos recursos pelos diferentes setores da economia (Vasconcellos, 2002).

Crescimento e desenvolvimento econômico são conceitos que se referem ao acúmulo de riquezas ou de capital por um determinado local, seguido pela consequente melhoria dos padrões de vida de sua população. Para que isso possa acontecer, o desenvolvimento deve ser acompanhado de investimento, tanto por parte do setor público como do setor privado (Fonseca, 2006). Desenvolvimento econômico é geralmente definido como o aumento da produção *per capita* por meio da reorganização dos fatores de produção. Essa definição não distingue desenvolvimento de crescimento. Em certos casos, todavia, é de toda conveniência que tal distinção seja feita. Tanto desenvolvimento como crescimento envolveriam aumento da produtividade, da produção de bens e serviços por homem-hora. Desenvolvimento, porém, implicaria uma modificação de toda a estrutura econômica e social da região em foco, ao passo que para haver crescimento econômico bastaria que a renda *per capita* aumentasse (Bresser-Pereira, 1962).

No processo de desenvolvimento econômico atual, percebe-se que as diferenças entre os países desenvolvidos e em desenvolvimento estão cada vez mais acentuadas. Esse fator tem sido um dos responsáveis pelo crescimento da pobreza e exclusão social. Nesse aspecto, torna-se crucial a elaboração de políticas públicas que levem ao crescimento acompanhado do desenvolvimento econômico (Senhoras, 2007).

Desse modo, as políticas públicas voltadas ao desenvolvimento dos municípios devem concentrar-se principalmente no desenvolvimento econômico do território, com políticas orientadas em especial para a geração de empregos. Tal inovação nas políticas referidas tem por objetivo favorecer a inclusão social e diminuir as distorções provocadas pelo sistema de concentração de renda (Senhoras, 2007).

Um dos novos modelos que emerge para promover o desenvolvimento regional neste contexto é o *cluster*.

Cluster

Nos últimos anos, tem-se atribuído cada vez mais importância à consolidação de *clusters*, enquanto fator de incremento da competitividade das regiões. A literatura especializada sobre o tema ressalta que a inserção de empresas nesses arranjos favorece o acesso a recursos e competências especializadas disponíveis em escala local, bem como permite o aprofundamento de processos de aprendizado que possibilitam às empresas fortalecer sua posição competitiva nos respectivos setores de atuação (Britto, 2001).

A *clusterização* tem sido uma forma de alavancar economias com a exploração de uma característica específica de produção de uma região. As diversas sinergias advindas da cooperação entre os agentes de um mesmo *cluster* bem-sucedido acarretam menos custos e consequentemente mais receitas. Experiências satisfatórias demonstraram que a renda *per capita* da população também cresceu consideravelmente. Disso resulta uma forma de desenvolvimento sustentado que está sendo estudada por pesquisadores e implantada em regiões potenciais do Brasil, como forma de desenvolver a economia local e criar pontos de referência para determinados produtos (Britto, 2001).

Isso advém do fato de que as teorias de desenvolvimento econômico regional experimentaram também nesses últimos anos profunda transformação em virtude da reestruturação produtiva e espacial, resultante sobretudo do processo de globalização, assim como da emergência de novos paradigmas teóricos que hoje encontram nos aspectos internos de cada região as principais possibilidades de desenvolvimento (Amaral Filho, 2001).

Cândido (2002), referindo-se ao impacto global sobre o desenvolvimento local, relembra que as políticas de desenvolvimento regional funcionam hoje como um efetivo mecanismo utilizado para geração da competitividade local. Casarotto e Pires (2001) acreditam que o desenvolvimento de sistemas econômicos locais competitivos pode ser uma alternativa para o Brasil solucionar problemas relacionados com desemprego e desigualdades sociais. Para esses autores, a competitividade regional é criada por três fatores, quais sejam:

1. Ação conjunta do Estado, empresariado e outros atores para aperfeiçoar o tecido industrial.
2. Entrelaçamento entre empresas e instituições de suporte.
3. Competitividade no nível da empresa, que pode ser traduzida na agilidade, flexibilidade, qualidade e produtividade.

O investimento na criação de redes flexíveis de pequenas empresas, que tem sido o sustentáculo da competitividade regional de economias altamente desenvolvidas, como a da Emilia Romagna, na Itália (Casarotto; Pires, 2001), e do Vale do Silício, na Califórnia, reforça essa constatação.

Porter (1999) conceitua *cluster* como concentrações geográficas de companhias e instituições inter-relacionadas com um setor específico. Essas concentrações englobam uma gama de empresas e outras entidades importantes para a competição, incluindo, por exemplo, fornecedores de insumos sofisticados, tais como componentes, maquinário, serviços e fornecedores de infraestrutura especializada. Muitas vezes também se estendem para baixo da cadeia produtiva até os consumidores, lateralmente até manufaturas de produtos complementares e na direção de empresas com semelhantes habilidades, tecnologia ou insumos.

Kotler, por sua vez, define *cluster* da seguinte forma:

> Um *cluster* é definido como um grupo de organizações que têm encadeamentos verticais e horizontais entre si. Abrange a indústria central, as indústrias relacionadas e as de apoio. Encadeamentos verticais são tipicamente os relacionamentos entre a indústria central e as de apoio, e relacionamentos horizontais são os elos entre a indústria focal e outras indústrias que têm complementaridades com a indústria central em tecnologia e/ou *marketing* (1998, p. 26).

O termo *cluster* pode ser encontrado com outras denominações e, dependendo da sua configuração, pode também ser denominado Arranjos Produtivos Locais (APL), Sistemas Locais de Inovações, Sistemas Produtivos Locais, entre outros. Todas essas denominações têm em comum a ênfase na importância dos aspectos locais para o desenvolvimento e competitividade das empresas (Bndes, 2004).

Barbosa, Diniz e Santos (2004) elencam os seguintes fatores como pontos fundamentais para o desenvolvimento de um APL:

- Sedes administrativas das empresas no APL.
- Parte significativa das decisões de financiamento e investimento estarem no APL (com capital próprio ou de terceiros).
- Não pertencer a sistemas industriais periféricos.
- Propriedade de marcas e tecnologia de produtos serem principalmente de empresas cuja sede está no APL.
- Desenvolvimento de produtos ser realizado no APL.
- Desenvolvimento de máquinas e insumos especializados ser realizado no APL.
- Cooperação institucionalizada oferecendo serviços fundamentais.
- Sensibilidade de entidades governamentais às necessidades do APL e estreita cooperação entre essas entidades e o representante das empresas (raramente este item pode se desenvolver sem apoio do governo e de incentivos públicos ao livre acesso aos serviços prestados pela cooperação institucionalizada).
- Presença de instituições de desenvolvimento tecnológico no APL.
- Planejamento estratégico permanente e participativo no APL.
- Acesso à mão-de-obra especializada capacitada para atividades criativas ou estratégicas do setor.
- Grau de confiança mútua preexistente no local.

Cunha (2002) define duas categorias de vantagens competitivas dos *clusters*:

1. Economias passivas advindas de ganhos de redução de custos de transporte, da proximidade com o cliente e/ou fornecedor, de urbanização e da infraestrutura gerada pela urbanização.
2. Economias ativas resultantes de acúmulo e troca de conhecimento tácito ao longo do tempo em uma determinada localidade.

Assim, para um *cluster*, a vantagem competitiva alia o enfoque e a liderança de custos, uma vez que traz para uma região praticamente todo o processo de montagem, transformação, vendas e pesquisa e desenvolvimento (P&D) para um determinado produto. Nesse ponto, o custo mostra-se claro, o que tende a ser uma vantagem, e o enfoque é necessário para a melhoria contínua e a marcação territorial.

Segundo conceito da Federação das Indústrias do Estado de São Paulo (Fiesp, 2004), o *cluster* está cercado de cinco elementos principais em sua estruturação, sendo eles:

1. *Aglomeração:* ideia de conjunto inter-relacionado e espacialmente concentrado, ensejando a troca de sinergia e a prática de cooperação e de alianças estratégicas, inclusive para neutralizar limitações relacionadas com economias de escala, como processos tecnológicos, aquisições de insumos, assistência técnica, tratamento pós-colheita, comercialização, entre outros.
2. *Afinidade:* empresas voltadas para o mesmo ramo de negócio (atividade principal do *cluster*), embora cada uma (ou um conjunto) delas se especialize em tarefas específicas (fornecimento de insumos e serviços, produção, comercialização, pesquisa, desenvolvimento de novos mercados, entre outros).
3. *Articulação:* relacionamento próximo, intensivo e permanente entre as empresas, propiciando, por um lado, a troca de sinergia e a prática da colaboração e, por outro, estimulando a rivalidade e a competição.
4. *Ambiente de negócios positivo:* relações comerciais apoiadas na confiança recíproca, condição favorável à formação de parcerias e de alianças estratégicas, mediante as quais as partes envolvidas, até mesmo os concorrentes, unem-se para enfrentar problemas comuns de logística, de assistência técnica, comercialização, suprimento de matérias-primas e insumos, organizando-se para negociar com o governo e com instituições públicas e privadas ações consideradas importantes para o fortalecimento e a consolidação do *cluster*.
5. *Apoio institucional:* rede de instituições públicas, privadas e até ONG que atuam em torno do *cluster* como estimuladoras e catalisadoras da integração e da colaboração dos atores (governo em todos os níveis e iniciativa privada), inclusive mediando eventuais conflitos de interesses entre as firmas/instituições, tendo em vista a sustentabilidade do processo.

A organização operacional dos *clusters*, segundo Amorim (1998), deve incluir todos os produtores e parceiros que contribuem para uma plataforma competitiva de uma determinada atividade econômica. Em geral, os participantes são oriundos de empresas de diversos portes, associações de classe (indústria, trabalhadores, serviços), governo e instituições de suporte, envolvidos em todas as etapas da cadeia produtiva, desde a matéria-prima até o consumidor final.

ESTUDO DE CASO: O *CLUSTER* DA MARICULTURA DE FLORIANÓPOLIS

A maricultura em Florianópolis é desenvolvida desde a década de 1970 por pescadores e mergulhadores artesanais. Pelo fato de a cidade possuir condições favoráveis para o desenvolvimento da atividade, na década de 1980, a Universidade Federal de Santa Catarina (UFSC) passou a produzir sementes em um laboratório com o objetivo de incrementar as técnicas de cultivo nas comunidades litorâneas.

Segundo Molnar (2000), o mar é um dos principais fornecedores de alimentos no mundo. Para mais de 150 milhões de pessoas, além de uma fonte de alimentação, o mar representa uma fonte de renda e emprego e a aquicultura é consequentemente o setor de produção de alimentos que está crescendo mais rapidamente no mundo.

Para Vieira e Weber (2000), a aquicultura vem se tornando um recurso de suma importância para a instauração de padrões sociais ecologicamente mais equilibrados para a dinamização econômica dos ecossistemas litorâneos. Nesse sentido, a atividade aquícola envolve elementos econômicos, políticos, tecnológicos, sociais, educacionais, ecológicos e regulatórios.

Uma atividade desenvolvida dentro do setor aquícola é a maricultura. Rosso (2010) conceitua maricultura como o cultivo de organismos marinhos em seu habitat natural. Para Valentim (2005, p. 11), a maricultura é definida como a "arte de cultivar organismos marinhos (algas, crustáceos, peixes e moluscos)" e, ao contrário da pesca, é uma atividade que vem apresentando um crescimento exponencial nos últimos anos, principalmente no que se refere à cadeia produtiva de moluscos.

A formação da cadeia produtiva de moluscos, cultivados no mar, assumiu um papel de destaque no desenvolvimento econômico e social do estado de Santa Catarina. Segundo Souza (2007), o estado é o maior produtor de moluscos marinhos do Brasil, atingindo cerca de 90% da produção nacional.

O cultivo de moluscos, especificamente mexilhões e ostras, é praticado ao longo da faixa litorânea catarinense, entre os municípios de Garopaba, ao sul, e São Francisco do Sul, no norte do estado. Além de liderar nacionalmente a produção, Santa Catarina "destaca-se como o maior produtor de mexilhões de cultivo da América Latina" (Souza, 2007, p. 20).

As características geográficas do litoral catarinense, protegido da intensidade dos ventos e das marés, combinadas com o clima, principalmente no que diz respeito à temperatura da água, favorecem a instalação de estruturas produtivas de moluscos, tornando assim o litoral catarinense favorável ao cultivo de mexilhões e ostras (Gallon; Nascimento; Pfistcher, 2008).

Além desses fatores, soma-se a importância da balneabilidade das águas, já que os moluscos bivalves são filtradores em seu ambiente natural e, por essa razão, somente podem ser cultivados em uma faixa litorânea cujas águas não apresentem agentes poluidores que possam causar danos à saúde humana (Gallon; Nascimento; Pfistcher, 2008).

Considerando as características geográficas, o clima e a balneabilidade das águas, verifica-se a possibilidade de desenvolvimento e crescimento planejados em todos os elos da cadeia produtiva de moluscos catarinenses, fortalecendo esta área de atuação junto às comunidades maricultoras e promovendo ações que incentivem cada vez mais a produção no estado, como é o caso do *cluster* da maricultura de Florianópolis.

Ao compreender esse potencial, a fim de alavancar o desenvolvimento econômico regional, a Prefeitura Municipal de Florianópolis (PMF) definiu estrategicamente que essa seria uma oportunidade para proporcionar alternativas de geração de renda para a população pesqueira tradicional que carecia de meios para seu sustento. Assim, essa proposta, amparada tanto em requisitos técnicos como em necessidades socioeconômicas, foi formalizada para prover qualificação e renda para famílias que conviviam com a crescente escassez da pesca artesanal.

Por tudo isso, em 1997, a PMF lançou uma política pública denominada Programa de Desenvolvimento Sustentável da maricultura, com o objetivo de incentivar o cultivo de ostras e mexilhões. A proposta inicial previa a instalação de dois parques aquícolas localizados nas baías Norte e Sul, totalizando cinquenta áreas legalizadas para abrigar 155 maricultores, organizados em duas associações e uma cooperativa, que seriam estruturadas para funcionar com o apoio de dois extensionistas de maricultura, responsáveis por prestar atendimento direto aos maricultores.

Esse programa começou a ser implantado em 1999 por intermédio do Escritório Municipal de Agropecuária, Pesca e Abastecimento (Emapa), sendo posteriormente incorporado pelo Instituto de Geração de Oportunidades de Florianópolis (Igeof), estrutura criada para gerenciar o programa de forma direta e adequada, bem como para desenvolver novas oportunidades para o município.

Há que se destacar que o programa compreendeu ações que abrangeram desde a base social até o topo da cadeia produtiva, envolvendo inclusive crianças em idade escolar, como forma de disseminar a maricultura não apenas entre as famílias que até então viviam da pesca artesanal, mas também a toda a comunidade residente no município.

As ações desenvolvidas pelo programa foram:

- Criação do Fundo Municipal de Desenvolvimento Rural e Marinho (Funrumar).
- Incentivo à implantação da Cooperativa Aquícola da Ilha de Santa Catarina (Cooperilha).
- Promoção de intercâmbio técnico-científico entre produtores, técnicos e estudantes, especialmente com a França e também com o Chile.
- Criação e realização da Festa Nacional da Ostra e da Cultura Açoriana (Fenaostra).

Se o primeiro passo do processo de estruturação da cadeia produtiva foi a qualificação profissional, o segundo foi a instrumentalização desses profissionais, que necessitavam de equipamentos específicos para empreender no setor. Para isso, foi criado em dezembro de 1999 o Funrumar, que visava o acesso ao crédito, então praticamente inexistente para o pescador, mas que se apresenta como um fator essencial para a atividade.

A produção assegurada demandou a criação de um mercado para os produtos. Os polos gastronômicos no Ribeirão da Ilha e em Santo Antônio de Lisboa, que se tornaram centros da maricultura em Florianópolis e passaram a cumprir o papel de atrair turistas e gerar renda para a cidade durante o ano inteiro, contribuíram para garantir mercado em maior escala para o novo produto.

Assim surgiu a Cooperilha, constituída em abril de 2001 pelo interesse de produtores de moluscos da Ilha de Santa Catarina que tinham dificuldade de escoar a produção e buscavam melhores possibilidades de comercializar seus produtos, uma vez que, isoladamente, não poderiam processar, ou seja, sanitizar, congelar e embalar os alimentos cultivados. A Cooperilha facilitava aos cooperados comercializar os moluscos no mercado nacional, além de ajudar a elaborar um projeto de produção de sementes de marisco para ampliar a atividade de produção, sem praticar extração natural e também contribuir para encaminhar a certificação de qualidade dos moluscos produzidos em Florianópolis. Isso permitiu que a ostra catarinense se transformasse em ingrediente de pratos servidos em restaurantes de todo o País.

A cooperação técnica realizada com diversas entidades – entre elas a Ecole de La Mer Bourcefranc, a La Rochelle School of Tourism & Hospitality, o Governo de La Rochelle, Ifremer (Station La Tremblade), Lycée d'Hotellerie et de Tourisme de Saint-Quentin en Yvelines (em Versalhes), na França, além do Governo da Galícia, do Restaurante El Bulli (mais tarde transformado em Fundação) e o Governo do Chile – trouxe para os envolvidos (maricultores, corpo técnico, empresários do ramo da gastronomia e turismo) a possibilidade de intercâmbio de conhecimento de técnicas e do potencial de mercado e mecanização e de todas as etapas advindas desse processo. É importante destacar que há muitos anos a atividade da maricultura em Florianópolis era desenvolvida de maneira praticamente artesanal, sem o envolvimento de outros segmentos que possibilitariam o pleno desenvolvimento da atividade de forma sustentável.

Para enfrentar o desafio da ampliação do mercado da maricultura foi criada a Fenaostra, um evento formatado para reunir as atividades técnico-científicas, culturais, comerciais e gastronômicas abrangidas pelo ciclo produtivo. Mais do que unicamente divulgar a produção local, a Fenaostra oportunizava a prospecção e fechamento de negócios, além da troca de informações técnicas e científicas sobre a maricultura entre participantes vindos de todo o mundo. Os seminários promovidos durante as edições da Fenaostra ajudaram a fortalecer Florianópolis como a capital da ostra e tornar-se uma referência na maricultura nacional. Ou seja, a partir de todas as atividades desenvolvidas, a festa cumpria o objetivo de mobilizar o mercado local e divulgar a produção e o produto nos âmbitos nacional e internacional.

A partir da implantação dessas ações da política pública de desenvolvimento econômico com foco na maricultura, desenvolveu-se um *cluster* para gerar emprego e renda para o pescador artesanal consolidado, por ações voltadas a estruturar a cadeia produtiva de moluscos. Os resultados começaram a aparecer em pouco tempo. Já na safra de 2001, o Programa de Desenvolvimento Sustentável da maricultura gerou cerca de 250 empregos diretos e 1.200 indiretos, empregando os pescadores artesanais – para os quais a atividade foi criada como uma nova alternativa –, profissionais recém-formados nas universidades e pessoas que se encontravam fora do mercado de trabalho ou subempregados. Naquele ano, a receita bruta gerada para o produtor ultrapassou a marca de R$ 2,3 milhões.

Vale ressaltar a evolução produtiva e de geração de recursos obtida ao longo de 10 anos, demonstrada nas Figuras 1, 2 e 3.

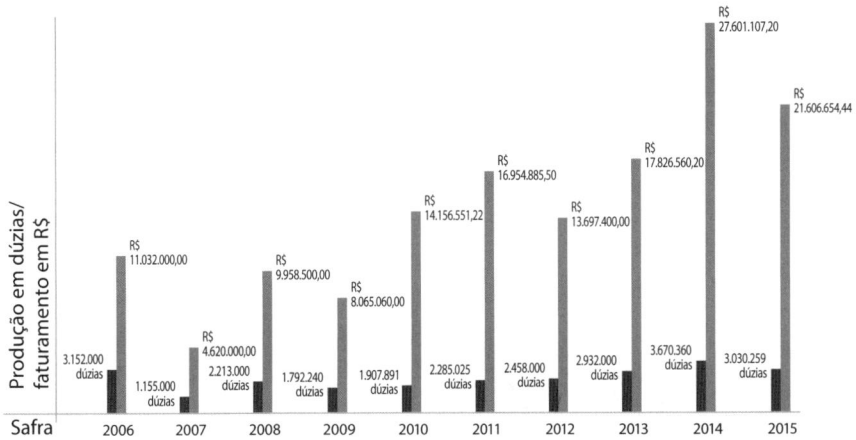

Figura 1 – Produção de ostras em Santa Catarina.

Fonte: adaptado de Santos, 2017.

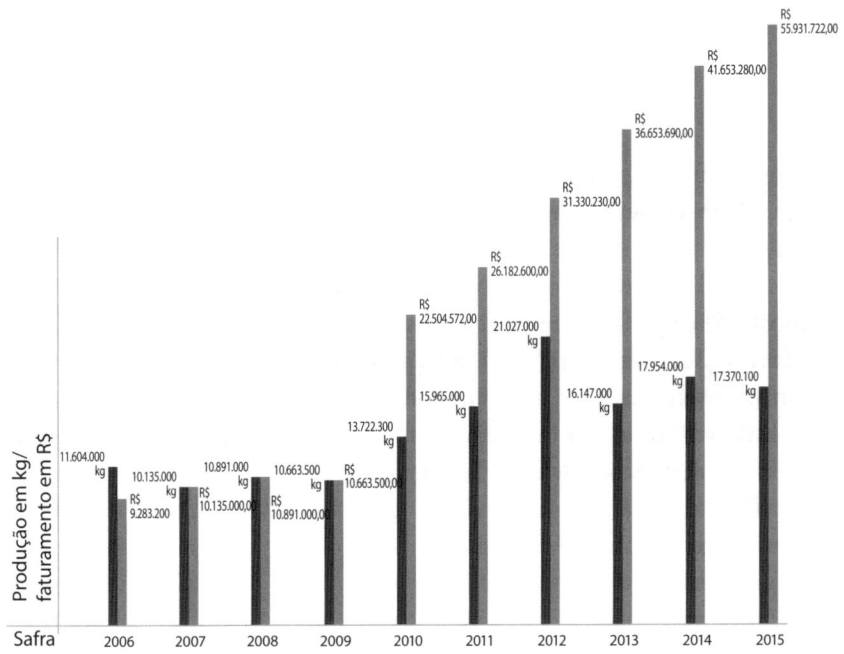

Figura 2 – Produção de mexilhões em Santa Catarina.

Fonte: adaptado de Santos, 2017.

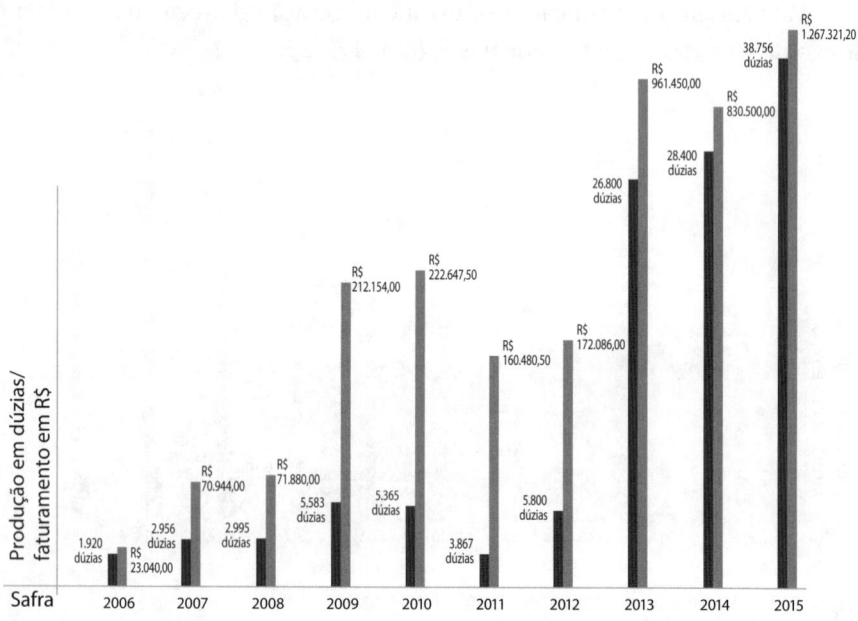

Figura 3 – Produção de vieiras em Santa Catarina.
Fonte: adaptado de Santos, 2017.

O *cluster* contou com ações do Programa de Desenvolvimento Sustentável da maricultura, com esforços de entidades públicas e privadas e de produtores pessoa física e jurídica para que pudesse crescer e se desenvolver.

A cadeia de produção do *cluster* para o cultivo de ostras e mexilhões é composta de diferentes segmentos: insumos, serviços, sistemas produtivos, transformação, comercialização, transporte e consumo. A esses segmentos somam-se os aspectos do ambiente organizacional e instituições de várias instâncias, que em maior ou menor intensidade possuem alguma influência no setor (Gallon; Nascimento; Pfistcher, 2008).

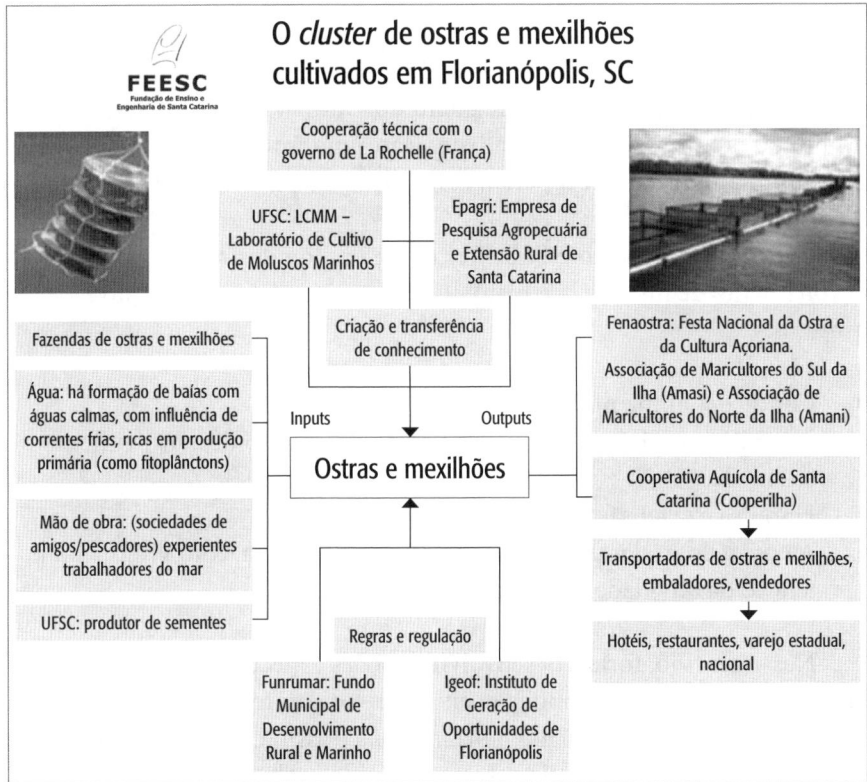

Figura 4 – O *cluster* de ostras e mexilhões cultivados em Florianópolis.
Fonte: Zancanaro et al. (2002).

No que se refere ao ambiente organizacional e aos principais agentes institucionais que atuaram junto à PMF para a consolidação do *cluster*, foram fundamentais o Escritório Municipal de Agricultura, Pesca e Abastecimento (Emapa) que se transformou em Instituto de Geração de Oportunidades de Florianópolis (Igeof), a Empresa de Pesquisa Agropecuária e Extensão Rural de Santa Catarina (Epagri), as Associações de Maricultores do Norte (Amani) e do Sul da Ilha (Amasi), a UFSC e a Universidade do Estado de Santa Catarina (Udesc). Todos esses agentes desenvolveram ações específicas e trabalharam em conjunto para viabilizar o crescimento e o desenvolvimento da atividade no município, estabelecendo em Florianópolis um modelo de Programa que se consolidou como exemplo no estado e no País por ter alcançado excelentes resultados.

Em abril de 2001, por exemplo, o Ministério da Ciência, Tecnologia e Inovação (MCTI), o Ministério da Agricultura (Mapa), o Governo Federal, a Fundação de Ciência e Tecnologia (Funcitec) e o Conselho Nacional de Desenvolvimento Científico e Tecnológico (CNPq) realizaram em Florianópolis a Plataforma do Agronegócio do Cultivo de Moluscos Bivalves, evento que reuniu 17 estados da federação, cujo interesse era colher subsídios junto ao projeto local para a construção do processo em seus estados de origem.

Gallon, Nascimento e Pfistcher (2008) ainda destacam que, além do envolvimento de instituições, o ato de produzir moluscos exige, entre outros aspectos:

- Condições ambientais favoráveis.
- Arranjos sociais que permitam a implantação e o desenvolvimento da atividade.
- Pesquisa e extensão.
- Atenção do poder público nas esferas em que atua, com vistas à manutenção da atividade aquícola.

Nesse sentido, foram desenvolvidas ações específicas que permitiram atender cada uma dessas condições citadas pelos autores. Por meio de estudos realizados, foi constatado que Florianópolis possui condições climáticas e balneabilidade da água ideais para a criação de moluscos. A partir de então foi elaborado um plano de gestão sustentável das baías da Ilha de Santa Catarina, definindo-se os locais para implantação dos parques aquícolas e estabelecendo os espaços em que as ostras poderiam ser cultivadas.

No quesito pesquisa e extensão, especialmente a UFSC e a Udesc vêm investindo em atividades voltadas à maricultura, focadas não apenas no cultivo de moluscos em si, mas também na implantação de um projeto de sanidade aquícola, iniciado com a construção de um laboratório para organismos aquáticos (com o objetivo de controle de enfermidades e pestes, bem como da proteção do ambiente e da biodiversidade), além da ampliação da capacidade de produção de sementes de ostra.

Por fim, o poder público, por meio da PMF, estruturou uma política pública para o desenvolvimento sustentável da maricultura no município, pensando e trabalhando a cadeia como um todo, abrangendo não apenas os pescadores/produtores e suas famílias, mas também toda a população residente, envolvida por meio da divulgação e dos resultados registrados pelo programa. Essa política constituiu-se em uma ação articulada entre várias instituições públicas, privadas e não governamentais, cabendo à PMF a coordenação dos trabalhos no âmbito municipal.

Os resultados obtidos pela política e inserção de novas organizações no cenário do desenvolvimento setorial, como o Ministério da Pesca e Aquicultura, geraram uma primeira iniciativa integradora setorial, que ocorreu em 2005, com um seminário realizado em Florianópolis envolvendo todos os agentes públicos e privados da região, com o objetivo de identificar os principais fatores limitantes para o desenvolvimento da atividade.

Os fatores foram registrados em um documento denominado "Carta do Campeche", que foi posteriormente associada à elaboração da Agenda de Desenvolvimento Regional da Região da Grande Florianópolis. O diagnóstico da Carta do Campeche apontou as seguintes necessidades:

- Necessidade de saneamento básico nas regiões produtoras e implantação do Plano de Sanidade Aquícola.
- Legalização imediata dos produtores e das áreas de cultivo.
- Criação de linhas de crédito específicas para a maricultura.
- Apoio à comercialização e *marketing*.
- Organização e profissionalização dos produtores.
- Reestruturação e funcionamento das unidades de beneficiamento de moluscos e das cooperativas.
- Incentivo à mecanização do sistema de cultivo dos produtores familiares.
- Pesquisa e desenvolvimento tecnológico para a atividade.
- Ampliação e requalificação do serviço de extensão.

Com base nesse documento, em 2006 foi concebido o Arranjo Produtivo Local da Ostra da Grande Florianópolis (APL Ostra) alinhado ao aglomerado de Malacocultura, que é resultado da cooperação entre o Governo Federal, por meio da Secretaria Especial de Aquicultura e Pesca (Seap), do Governo do Estado de Santa Catarina, por meio da Epagri/CEDAP e da Secretaria de Estado do Desenvolvimento Regional – Grande Florianópolis (SDR/Grande Florianópolis), da PMF, a partir do Igeof, tendo o Sebrae/SC como interveniente em todo o processo, visando desenvolver ações com dois focos principais:

1. Cadeia curta de comércio: organização da produção e comercialização de produtores informais, mediante estruturação de uma cooperativa de produção e processo de certificação da produção.

2. Cadeia longa de comercialização: amplo programa de divulgação e marketing voltado à ampliação dos mercados nos principais centros urbanos brasileiros.

A relação existente entre as organizações que fazem parte do APL-Ostra sugere uma prática organizacional denominada na literatura como rede. Com a formação dessa rede, as organizações buscaram atuar de forma conjunta e associada, compartilhando todos os tipos de recursos a partir das estratégias específicas, tendo como aspectos principais a flexibilidade e a busca contínua da inovação e tecnologia para suprir suas necessidades organizacionais. Ao estabelecerem essa formação, as organizações obtiveram um fluxo contínuo e rápido de troca de conhecimentos e apoio mútuo entre os componentes.

A rede APL Ostra tem como objetivo garantir à cadeia produtiva da ostra:

- Um produto final padronizado, de qualidade e com preços competitivos.
- Um processo produtivo e comercial organizado.
- A resolução gradativa dos problemas identificados na Carta do Campeche.

Com essas ações, a rede pretende conferir à ostra da Grande Florianópolis um *status* de grife, que será concretizado por um produto de alta qualidade, seguro para o consumidor e que alcance reconhecimento nacional e internacional. Há outros exemplos de diferentes produtos mundialmente reconhecidos, tais como o mexilhão da Galícia, na Espanha, a truta e o *cat-fish* americano, a *champagne* francesa e o salmão chileno, que ficaram famosos e ganharam os mercados mundiais porque criaram uma identidade e uma logomarca que os identificaram mundialmente como produtos especiais e de alta qualidade. Além desses, outro exemplo de sucesso na ostreicultura são as ostras de *Claire*, originárias da França, da região de Marennes-Oléron (em francês, *huîtres Marennes-Oléron*), que tem seu produto associado a uma qualidade superior frente a ostras de outras regiões francesas (Schulter, 2003).

Essa continuidade demonstra a consolidação da política de desenvolvimento econômico da maricultura em Florianópolis e reforça que o futuro é construído com intenção, trabalho e cooperação. Destarte, com a consolidação do *cluster* da maricultura de Florianópolis, os benefícios alcançados pelo programa podem ser classificados segundo sua natureza social, econômica, ambiental e cultural (Quadro 1):

Quadro 1 – Benefícios alcançados com o *cluster* da maricultura em Florianópolis.

SOCIAL
• Fixação dos pescadores artesanais e suas famílias nas comunidades pesqueiras com renda adequada. • Agregação da família no processo produtivo. • Geração de emprego e trabalho nas comunidades litorâneas. • Organização dos produtores em associações e em forma de cooperativa.
ECONÔMICA
• A elevação de renda nas comunidades litorâneas e na melhoria da qualidade de vida das comunidades tradicionais. • Formação de empresa pelos produtores para comercialização do próprio produto. • Surgimento de uma nova atividade econômica, a produção de insumos, produtos e máquinas específicas para cultivos marinhos. • Intercâmbio no setor tecnológico e gastronômico. • Divulgação do consumo de moluscos e consequente ampliação da comercialização, com forte influência pela realização da Fenaostra. • Criação de fundos de financiamento da atividade, como a Funrumar, em Florianópolis.
AMBIENTAL
• Atrator da biodiversidade marinha. Aumento na quantidade de espécies de peixes que vivem dentro e nas redondezas das áreas de cultivo de moluscos, com o ressurgimento de espécies que estavam desaparecendo. • Gerador de consciência ecológica. • Destinação adequada dos efluentes, impedindo que esses cheguem ao mar, pois sabem que da qualidade da água depende a qualidade de seu produto.
CULTURAL
• Valorização da cultura e do patrimônio histórico local das regiões tradicionais de Florianópolis, como Santo Antônio de Lisboa e Ribeirão da Ilha. • Incremento ao artesanato local, utilizando restos dos moluscos (cascas de ostra e marisco). • Valorização da gastronomia local.

Fonte: adaptado de Zancanaro et al. (2002).

Portanto, a partir da cooperação de diversas instituições, bem como pela aplicação das ações da Política Pública de Desenvolvimento Econômico, por meio do Programa de Desenvolvimento Sustentável da maricultura, que resultou na criação e consolidação do *cluster* da maricultura de Florianópolis, foram diversos os benefícios gerados. Em resumo:

- No aspecto social, houve desde a agregação da família no processo produtivo até a organização dos produtores em cooperativas e associações, gerando emprego e renda para diversas comunidades litorâneas.
- No âmbito econômico, foi constatado o surgimento de uma nova atividade econômica regional, com fundo de financiamento adequado, que

proporcionou a elevação de renda e a consequente melhoria de vida das comunidades litorâneas.

- No campo ambiental, verificou-se a conscientização da população maricultora sobre a importância de denunciar e cobrar do setor público e dos moradores o destino adequado dos efluentes domésticos, bem como a área de cultivo passou a ser percebida como um atrator natural da biodiversidade marinha.

- Na esfera cultural, ocorreu a valorização do patrimônio histórico local, inclusive o gastronômico, com as suas receitas açorianas e a criação de artesanatos com os resíduos dos moluscos. Cabe destacar a participação das crianças matriculadas na rede pública de ensino, as quais tiveram a oportunidade de participar de concursos de desenho e redação a respeito da produção de moluscos, tendo sido introduzidas no universo da gastronomia por meio da participação nos concursos gastronômicos infantis realizados durante as edições da Fenaostra. Reforça-se esse quesito em especial porque as crianças tiveram um papel determinante para a disseminação e consolidação do hábito de consumo dos produtos gerados pela maricultura junto à população local.

Ao analisar os resultados alcançados da implantação e consolidação do *cluster* da maricultura em Florianópolis, pode-se perceber que com planejamento e uma intenção clara de mudar a realidade, o papel dos municípios, o lócus do desenvolvimento, é de protagonismo na construção de políticas públicas que objetivem mudanças efetivas na sociedade.

É importante ressaltar que toda a política desenvolvida teve como suporte o conceito de desenvolvimento sustentável proposto por Sachs (1976), com a adoção dos seis pilares básicos propostos pelo autor: a satisfação das necessidades básicas; solidariedade com as gerações futuras; participação da população envolvida; preservação dos recursos naturais e do meio ambiente; elaboração de um sistema social que garantisse emprego, segurança social e respeito a outras culturas e programas de educação.

Convém destacar que, nas questões urbanas a complexidade das estruturas sociais, econômicas e ambientais – indissociabilidade da problemática social urbana e da problemática ambiental das cidades – transforma a busca pelo desenvolvimento sustentável em uma tarefa que exige que se combinem dinâmicas de promoção social com as dinâmicas de redução dos impactos ambientais no espaço urbano (Rossetto, 2003). A cooperação que existe entre as instituições que compõem o *cluster* procura superar essa limitação com a interação constante entre os agentes.

Nesse processo, a implantação do Plano Local de Desenvolvimento da Maricultura (PLDM), criado após o início da atividade instalada, apresentou-se como fundamental, objetivando promover o desenvolvimento sustentável da maricultura, bem como regular o ordenamento da cessão das áreas de cultivo em águas de domínio da União, o que até então não existia no Brasil.

Cabe ressaltar que a atividade era anteriormente regida por meio da Instrução Normativa Interministerial IN n. 9, de 11 de abril de 2001, que regulamentou o Decreto n. 2.869, de 9 de dezembro de 1998, publicada a partir da pressão exercida pela PMF e pelo Governo do Estado de Santa Catarina junto ao Governo Federal, buscando implementar uma regulamentação necessária para a prática da maricultura.

Até então, por falta de regulamentação, a atividade não era beneficiada com crédito federal do Programa de Fortalecimento da Agricultura Familiar (Pronaf), o que justificou a necessidade de se criar o Funrumar.

Conforme Oliveira Neto (2009), o Governo Federal disponibilizou recursos por meio de convênio com a Fundação de Apoio ao Desenvolvimento Rural Sustentável (Fundagro) para elaboração dos Planos Locais de Desenvolvimento da Maricultura (PLDM) de Santa Catarina, reunindo as diversas instituições envolvidas com o desenvolvimento da atividade e do setor produtivo. O documento contém as informações referentes aos PLDM de Santa Catarina, os quais foram submetidos às Audiências Públicas envolvendo as comunidades das áreas de abrangência para adequação, minimizando a probabilidade de conflitos com outros usuários dos recursos costeiros. Depois de ouvidas e analisadas as considerações apresentadas pela comunidade local, os planos foram readequados e apreciados pelo Comitê Estadual do PLDM e, em seguida, aprovados pela Secretaria Executiva de Aquicultura e Pesca da Presidência da República (Seap/PR).

Estavam previstas revisões peródicas dos PLDM após serem implantados, podendo receber emendas para garantir que fossem adaptados ao desenvolvimento local e a consequentes alterações circunstanciais.

A partir do crescimento da atividade, especialmente no estado de Santa Catarina, o Governo Federal percebeu a necessidade de regulamentar a atividade em todo o País, tomando como exemplo o trabalho desenvolvido pela Fundagro com o apoio técnico da Epagri.

Os planos levaram em consideração atividades de pesca e extrativismo, de navegação, esporte, segurança nacional, além de questões ambientais e de preservação cultural.

CONSIDERAÇÕES FINAIS

Neste trabalho, buscou-se demonstrar a implantação de uma política pública de desenvolvimento econômico com foco na maricultura em Florianópolis. Para tal, foi criado um programa de desenvolvimento sustentável da maricultura, no qual foram introduzidas diversas ações com o intuito de desenvolver economicamente a região de Florianópolis.

Desse modo, a partir das ações desenvolvidas pelo programa oportunizou-se crédito para o pescador; foi promovida a divulgação da produção local em âmbito nacional graças à Fenaostra; criou-se a possibilidade do conhecimento de técnicas de manejo e favoreceu-se a mecanização do processo por meio da cooperação técnica realizada com o governo de La Rochelle (França); e foi estimulada a criação da Cooperilha para potencializar a comercialização da produção.

Como resultado direto, observa-se que a maricultura vem promovendo o desenvolvimento sustentável das comunidades litorâneas do município, uma vez que, além dos relevantes aspectos socioeconômicos, como a geração de empregos e renda, o cultivo de moluscos atua também como atrator da biodiversidade marinha, uma vez que dentro das áreas de cultivo e nas redondezas a ampliação da quantidade de peixes é impressionante, inclusive no que diz respeito ao ressurgimento de espécies que estavam desaparecendo das Baías Norte e Sul, além de a atividade funcionar como forma de promover a consciência ecológica.

Em um sentido mais amplo, a estratégia de desenvolvimento sustentável visa promover a harmonia entre os seres humanos e entre a humanidade e a natureza, o que requer uma série de medidas, tanto por parte do poder público como da iniciativa privada. Entre essas medidas, cabe mencionar um sistema político que assegure a efetiva participação dos cidadãos no processo decisório; um sistema econômico capaz de gerar excedentes e conhecimento técnico em bases confiáveis e constantes; um sistema de produção que respeite a obrigação de preservar a base ecológica do desenvolvimento; e um sistema tecnológico que busque constantemente novas soluções (Rattner; Veiga, 2002).

No caso específico da política da maricultura em Florianópolis, essas condições também estiveram presentes, uma vez que o projeto foi concebido de forma participativa dentro de uma visão sistêmica, prevendo ações em todos os elos das cadeias produtivas de ostras e mexilhões. Em 1999, as atividades se iniciaram quando o Emapa realizou em parceria com a Epagri uma série de reuniões junto às comunidades litorâneas com o objetivo de discutir um projeto que promovesse o desenvolvimento sustentável da maricultura, prevendo inclusive o ordenamento legal da atividade. A partir de então, as ações compreenderam assistência técnica, capacitação dos produtores, cooperação técnica, viabilização de crédito, realização de eventos técnicos, gastronômicos, artísticos e culturais, sempre com a finalidade de divulgar o consumo de ostras, criando novos mercados e vinculando a ostra como símbolo da cidade, bem como a manutenção de convênios de extensão, consolidando parcerias com as universidades locais.

Por fim, essas ações decorrentes da política pública, implantadas com o fito de promover o desenvolvimento econômico regional, culminaram na estruturação do *cluster* da maricultura de Florianópolis. Assim, uma cadeia de atividades que eram desenvolvidas até então de maneira artesanal pôde se transformar em uma cadeia produtiva profissionalizada, impactando positivamente os aspectos sociais, econômicos, ambientais e culturais da região.

REFERÊNCIAS

ABREU, A. C. D. Capacidade de absorção de conhecimentos na administração pública. 182 p. Tese (Doutorado). Engenharia e Gestão do Conhecimento da Universidade Federal de Santa Catarina (UFSC). Florianópolis, 2016.

AMARAL FILHO, J. A endogeneização no desenvolvimento econômico regional e local. *Planejamento e Políticas Públicas*, n. 23, p. 261-286. Brasília: Ipea, 2001.

AMORIM, M. *Cluster como estratégia de desenvolvimento industrial do Ceará*. Fortaleza: Banco do Nordeste, 1998.

BARBOSA, E. K.; DINIZ, E. J.; SANTOS, G. A. G. *Aglomerações, arranjos produtivos locais e vantagens competitivas locacionais*. Rio de Janeiro: BNDES, 2004.

[BNDES] BANCO NACIONAL DE DESENVOLVIMENTO ECONÔMICO E SOCIAL. *Arranjos produtivos locais e desenvolvimento*. Rio de Janeiro: BNDES, 2004.

BRESSER-PEREIRA, L. C. The rise of middle class and middle management in Brazil. *Journal of Inter-American Studies*, v. 4, p. 313-26, 1962.

BRITTO, J. Cooperação tecnológica e aprendizado coletivo em redes de firmas: sistematização de conceitos e evidências empíricas. *XIX Encontro Nacional de Economia da ANPEC*, Salvador, 11-14 dez. 2001.

CÂNDIDO, G. A. A formação de redes interorganizacionais como mecanismos para geração de vantagem competitiva e para promoção do desenvolvimento regional: o papel do estado e das políticas públicas neste cenário. *Revista de Administração*, v. 28, n. 4, 2002.

CASAROTTO, N. F.; PIRES, L. H. *Redes de pequenas e médias empresas e desenvolvimento local*: estratégias para conquista de competitividade global com base na experiência italiana. São Paulo: Atlas, 2001.

CUNHA, I. J. *Modelo para classificação e caracterização de aglomerados industriais em economias em desenvolvimento*. 2002. Dissertação (Mestrado). Universidade Federal de Santa Catarina (UFSC). Florianópolis, 2002.

DENHARDT, R. *Teorias da administração pública*. São Paulo: Cengage Learning, 2012.

[FIESP] Federação da Indústria do Estado de São Paulo. *Cluster no Brasil.* São Paulo: Fiesp, 2004.

FONSECA, M. A. R. da. *Planejamento e desenvolvimento econômico.* São Paulo: Thomson Learning, 2006.

GALLON, A. V.; NASCIMENTO, C. do; PFISTSCHER, E. D. A gestão da cadeia produtiva de moluscos catarinense e suas limitações operacionais. *Anais... SIMPOI,* 2008.

GELINSKI, C. R. O. G; SEIBEL, E. J. Formulação de políticas públicas: questões metodológicas relevantes. *Revista de Ciências Humanas,* v. 42, ns. 1 e 2, p. 227-240, 2008.

HEIDEMANN, F. G. Ética de responsabilidade: sensibilidade e correspondência a promessas e expectativas contratadas. In: HEIDEMANN, F. G.; SALM, J. F. (Orgs.). *Políticas públicas e desenvolvimento:* bases epistemológicas e modelos de análise. Brasília: UnB, 2009, p. 301-9.

KOTLER, P. *Princípios de marketing.* 7. ed. Rio de Janeiro: Afiliada, 1998.

MOLNAR, J.J. Small-scale aquaculture as a sustainable rural livelihood: a global perspective. In: *X World Congress of Rural Sociology.* Rio de Janeiro, 2000.

OLIVEIRA NETO, F.M. et al. *Programa Nacional de Desenvolvimento da Maricultura em Águas da União:* planos locais de desenvolvimento da maricultura de Santa Catarina. Brasília: SEAP/BR, 2009.

PORTER, M. *Competição:* estratégias competitivas essenciais. 2. ed. Rio de Janeiro: Campus, 1999.

RASHMAN, L.; WITHERS, E.; HARTLEY, J. Organizational learning and knowledge in public service organizations: a systematic review of the literature. *International Journal of Management Reviews,* v. 11, n. 4, p. 463-494, 2009.

RATTNER, H.; VEIGA, J. E. Desenvolvimento sustentável. *Economianet.* 2002. Disponível em: <http://www.economiabr.net/economia/3_desenvolvimento_sustentavel_conceito.html>. Acesso em: 28 abr. 2017.

REIS, L. S. *Política pública de controle e transparência:* análise da implementação do sistema de controle interno no Município de Florianópolis e estratégias para sua efetivação. 2010, 33p. Relatório de Estágio Supervisionado I (Bacharelado em Administração Pública). Centro de Ciências da Administração e Socioeconômicas/Escola Superior de Administração e Gerência, Fundação Universidade do Estado de Santa Catarina. Florianópolis, 2010.

RIEGE, A.; LINDSAY, N. Knowledge management in the public sector: stakeholder partnerships in the public policy development. *Journal of Knowledge Management,* v. 10, n. 3, p. 24-39, 2006.

ROSSETTO, A. M. *Proposta de um sistema integrado de gestão do ambiente urbano (Sigau) para o desenvolvimento sustentável de cidades.* 2003, 404p. Tese (Doutorado). Engenharia de Produção e Sistemas, Universidade Federal de Santa Catarina (UFSC). Florianópolis, 2003.

ROSSO, K. G. Exclusão e acesso à água: observações a partir da maricultura. In: *V Encontro Nacional da Anppas.* Florianópolis, 2010.

SACHS, I. Environment and styles of development. In: MATTHEWS, J. (Org.). *Outer limits and human needs.* Uppsala (Suécia): DHF, 1976.

SALM, J. F.; MENEGASSO, M. E. Os modelos de administração pública como estratégias complementares para a coprodução do bem público. *Revista de Ciências da Administração,* v. 11, n. 25, p. 97-114, 2009.

SCHLUTER, R. G. *Gastronomia e turismo.* São Paulo: Aleph, 2003.

SENHORAS, E. M. Caminhos bifurcados do desenvolvimento local: as boas práticas de gestão pública das cidades entre a competição e a solidariedade. *Revista Brasileira de Gestão e Desenvolvimento Regional,* v. 3, n. 2, p. 3-26, 2007.

SANTOS, A. L. *Estimativa Econômica 2006 a 2016* (Planilha). Florianópolis: CEDAP/EPAGRI, 2017.

SOUZA, C. Políticas públicas: uma revisão de literatura. *Revista Sociologias,* ano VIII, n. 16, jul.-dez. 2006.

SOUZA, L. S. *Orientações básicas à FAMASC para organização de um empreendimento econômico solidário:* cooperativa central de beneficiamento e comercialização de moluscos bivalves. 2007, 64p. Monografia (Graduação). Curso de Economia, Universidade Federal de Santa Catarina (UFSC). Florianópolis, 2007.

VALENTIM, F. T. *Avaliação do crescimento da ostra* Crassostrea gigas *em dois tipos de berçário, na praia da Cerca.* 2005, 43p. Monografia (Graduação). Curso de Oceanografia, Universidade Federal do Espírito Santo (UFES). Vitória, 2005.

VASCONCELLOS, M. A. S. *Economia:* micro e macro. 3. ed., São Paulo: Atlas, 2002.

VIEIRA, P.; WEBER, J. Introdução geral: sociedades, naturezas e desenvolvimento viável. In: VIEIRA, P.; WEBER, J. (Orgs.). *Gestão de recursos naturais renováveis e desenvolvimento.* São Paulo: Cortez, 2000, p. 17-50.

ZANCANARO, D. S. et al. *Planejamento Emapa.* Florianópolis: PMF, 2002.

23 | Serviços ecossistêmicos no contexto periurbano

Alejandro Dorado
Biólogo, USP

O PROCESSO DE URBANIZAÇÃO E O CONTEXTO PERIURBANO

As mudanças no uso e na cobertura das terras nas regiões de transição entre as regiões urbanas e rurais (chamadas de áreas periurbanas) modificam o acesso aos serviços fornecidos pelos ecossistemas, denominados serviços ambientais (provisão, regulação, manutenção e culturais). As consequências dessas mudanças traduzem-se em impactos socioambientais, que precisam de métodos para sua detecção, avaliação (qualificação e quantificação) e mitigação. Neste capítulo são discutidas algumas ferramentas metodológicas e formas de produzir indicadores viáveis para a gestão desses serviços ecossistêmicos, no que concerne ao processo de urbanização crescente, em que os espaços de transição entre as áreas urbanas, agrícolas e naturais exercem papel cada vez mais importante.

Hoje, entender os assentamentos urbanos e sua estrutura de organização no território, assim como sua interferência no meio ambiente, se torna um desafio dentro da lógica da sustentabilidade. Nesse contexto, a compreensão dos processos de urbanização e os impactos que a cidade produz na região em que está inserida é de vital importância.

Cabe ressaltar que no Brasil, já na década de 1990, Milton Santos analisava o processo de concentração de pessoas nas cidades não como a urbanização da sociedade, e sim como a urbanização do território. Assim, é o território e sua leitura como paisagem,[1] cujo grande desafio é a análise das

---

[1] Paisagem para Forman e Godron (1986) refere-se a uma área heterogênea formada por agrupamentos de ecossistemas que se repetem de uma maneira similar de uma região a outra e interagem entre si.

correlações ou *trade-offs* entre o uso e a cobertura, suas mudanças e as análises espaciais e temporais.

Neste momento, novas alternativas de gestão ambiental tentando conciliar conservação com desenvolvimento ganham espaço e geram novos desafios para todas as partes interessadas (os chamados *stakeholders* ou atores sociais) nos usos de recursos naturais, principalmente nos serviços prestados pelo ambiente natural e na tomada de decisões.

Por outro lado, outorgar valores econômicos a essas variáveis e tentar inserir os serviços ambientais e a biodiversidade nesse contexto mudaram a abordagem da conservação dos recursos naturais e seu manejo.

Investimentos na conservação dos recursos naturais e na recuperação e uso sustentável dos ecossistemas[2] são vistos hoje como uma situação de ganha-ganha (*win-win*) entre todas as partes envolvidas (setores privado, público e terceiro setor), que gera benefícios ecológicos, sociais e econômicos, como será visto a seguir.

A pressão exercida sobre o ambiente, como espécie transformadora do *habitat* (*H. sapiens sapiens*) e dos recursos naturais, está intimamente relacionada com o crescimento populacional global, que hoje concentra mais de 54% da população do planeta habitando em cidades (ONU, 2014). Só no Brasil, 85% da população vive em áreas urbanas, como mostra o IBGE (2016). Os estudos da ONU apresentam dados que em 1950 mostravam que 70% da população mundial era rural e em 2050, se projeta 66% da população habitando em centros urbanos. Regionalmente, na América Latina, 80% já habitam em cidades (ONU, 2014). No Brasil, segundo a ONU, em 2014 esses valores superavam os 173 milhões de habitantes (mais de 85% da população do País) e até 2050 esperam-se mais 25 milhões de pessoas habitando em conglomerados urbanos diversos.

Na Figura 1 (ONU, 2014) observa-se que na década de 1960 o Brasil transformou-se em um país com predominância de população residente em centros urbanos (grandes e pequenos) e em 2050 atingirá 90% nessa condição. Nesse contexto, são esperados 200 milhões de pessoas habitando em áreas urbanas em 2050, das quais 75 milhões residirão em cidades menores com até 300 mil habitantes e 50 milhões em cidades com população entre 1 a 5 milhões de pessoas.

---

[2] Unidade natural constituída de parte não viva (água, gases atmosféricos, solos, sais minerais e radiação solar) e de parcela viva (plantas e animais, incluindo os microrganismos), que interagem ou se relacionam, formando um sistema estável.

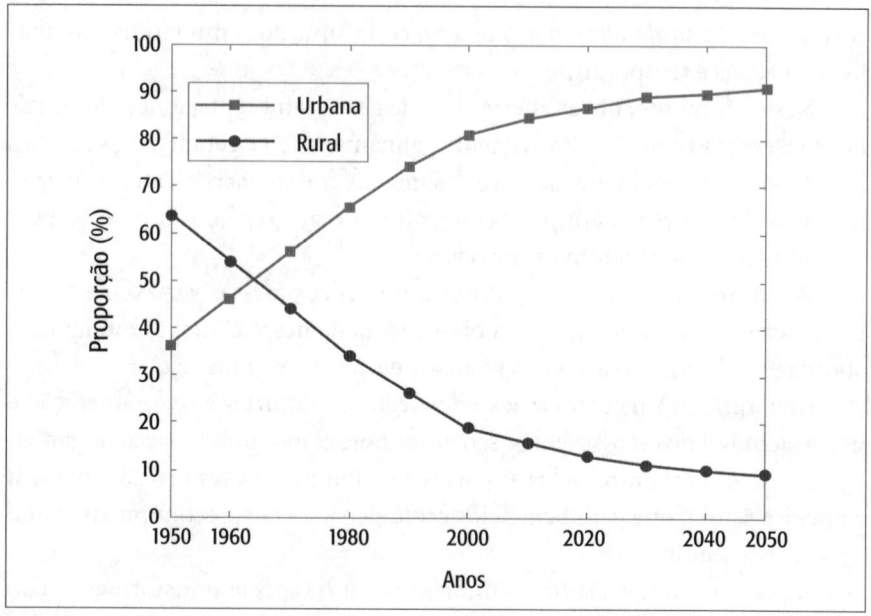

Figura 1 – Projeções da proporção da população urbana e rural no Brasil até 2050.
Fonte: adaptado de ONU (2014).

Assim, em uma abordagem política e econômica, o processo de urbanização é reflexo da relação direta que existe entre a cidade e a região onde está inserida. Esse processo traz consigo a consequente mudança nos usos do solo, impactos socioambientais e pressão por recursos naturais (Limonad, 2005). Já do ponto de vista ecológico, esse processo de urbanização produz mudanças na paisagem, altera a composição da diversidade biológica e aumenta a pressão sobre os serviços ambientais.

Nas últimas décadas, presenciou-se a diminuição das áreas de floresta no mundo, passando de pouco mais de 41 milhões de km² em 1990 para 40 milhões de km² em 2014. Já as áreas agrícolas, segundo dados do Banco Mundial (2014), totalizavam cerca de 49 milhões de km² e com valores mais ou menos estáveis desde 1992. Isso representa 37% das terras no planeta. Exemplos dessas mudanças no âmbito nacional são a conversão de 2.800 km² de áreas de floresta amazônica para áreas de pastagens (Imazon, 2017).

Em termos de urbanização e biodiversidade, a Convenção sobre Diversidade Biológica (CBD, do inglês Convention on Biological Diversity) publicou em 2012 o Panorama da Biodiversidade nas Cidades, em que apresentou cinco tendências dos processos de urbanização e suas implicações com a diversidade biológica:

1. Aumento da área e população urbanas.
2. Uso de recursos naturais (água, terras agrícolas).
3. Expansão urbana em áreas de baixa capacidade econômica e humana, com as consequentes limitações para a proteção da biodiversidade.
4. Expansão urbana em áreas adjacentes a *hotspots* de biodiversidade principalmente em regiões costeiras e terras baixas.
5. Taxas de urbanização em regiões do planeta sem capacidade de manter políticas de governança.

No Brasil, em 2010 as áreas agrícolas ocupavam 32% do território, com uma superfície de mais de 2,7 milhões de km², com um aumento de 300 mil km² entre 1990 e 2010 (ONU, 2014). Esse aumento de áreas agrícolas no País é um vetor de preocupação na apropriação de serviços ambientais (perda de biodiversidade, por exemplo) e a deterioração associada (perda de fontes de água e de regulação climática), embora a produção agrícola seja necessária para responder à demanda por grãos interna e também para exportação.

Sob uma perspectiva ambiental, o sucesso da agricultura para a alimentação ocasiona um enorme consumo e contaminação de recursos naturais (MA, 2005), tais como desmatamento, erosão dos solos, contaminação do ar e das águas, perda de biodiversidade e contribuições para as mudanças climáticas.

Nos campos de pesquisa, gestão e políticas públicas, muitos programas têm como objetivo um ou dois aspectos das questões acima enunciadas, como por exemplo o Painel Internacional de Mudanças Climáticos (IPCC, do inglês Intergovernmental Panel on Climate Change). Porém, seria mais lógica uma abordagem integrada de todas as partes interessadas, que incorpore as funções da paisagem e dos ecossistemas para o planejamento, gestão e tomada de decisões (Groot et al., 2010).

O ESPAÇO PERIURBANO

Inserido no âmbito da expansão de áreas agrícolas, diminuição de áreas naturais e aumento da urbanização, o tradicional binômio rural – urbano, com mais de 10 mil anos de interação (Gutman, 2007) e seu histórico intercâmbio de produtos, pessoas, serviços e governança, hoje não está dando resposta aos crescentes problemas dos impactos associados à demanda energética do crescente processo de urbanização. Nesse contexto rural *versus* urbano, existe um aumento da marginalização da população rural, com escasso acesso ao consumo e deterioração de recursos naturais.

No espaço delimitado entre as cidades e as áreas de produção energética, em seus vários tipos, há para seu sustento uma série de situações (p. ex., áreas naturais, reflorestamentos, áreas agrícolas intensivas e extensivas, pequenos assentamentos rurais e urbanos etc.), com diferentes usos e coberturas do solo, que pode ser definido como espaço periurbano. Nesse espaço a cidade torna-se difusa e fragmentada (suburbanização e periurbanização) e é onde hoje se observam os conflitos entre os usos do solo urbano e rural (Vale; Gerardi, 2006) e consumo da base de recursos naturais. Esses conflitos ficam evidentes na competição pelo uso de recursos naturais.

Porém, não se discute aqui o conflito urbano *versus* rural ou, no que Milton Santos (1993) chamou de regiões agrícolas, que contêm cidades e regiões urbanas com atividades agrícolas, e o que ocorre nesse território. Tampouco é objeto analisar a polêmica sobre a definição de limites geográficos entre esses usos das terras, nem a segregação social, que muitas vezes se associa ao processo urbano-rural (Pereira, 2012; Veiga, 2002; Abramovay, 2000).

Nesse espaço geográfico, o periurbano é onde se observam conflitos ambientais com mais intensidade, como consequência do consumo do solo, água, deterioração da qualidade do ar, da água, do solo, a perda de biodiversidade, o aumento da vulnerabilidade socioambiental a eventos extremos, principalmente mudanças climáticas locais e adensamento de áreas de risco, entre outros. Esse consumo de funções naturais está hoje no centro do debate, assim como a capacidade de provisão por parte do ambiente natural para seu uso e com o menor custo possível para sua reposição (seja ela natural ou antrópica).

Essas funções da natureza foram foco de atenção de vários trabalhos no final do século passado (Costanza et al., 1997; Daily, 1997; Groot, 1992) e forneceram o marco teórico para a avaliação dos chamados serviços ecossistêmicos ou ambientais (SE).

Um exemplo dessas questões às quais os SE estão vinculados ao cotidiano e são influenciados por vetores diretos e indiretos de mudanças ambientais diz respeito à Reserva da Biosfera do Cinturão Verde (RBCV) da Cidade de São Paulo, que abrange as Regiões Metropolitanas de São Paulo e da Baixada Santista e parcialmente as Regiões de Campinas, Registro, São José dos Campos e Sorocaba. Rodrigues et al. (2006) avaliaram como a aplicação do conceito de reserva da biosfera contribuiu para a conservação dos SE no contexto periurbano, assim como para o bem-estar humano. A metodologia utilizada por esses autores tem como base a investigação qualitativa dos indicadores de planejamento e gestão dessas áreas protegidas e a gestão integrada, com enfoque ecossistêmico, que parece ser o que melhor se adapta a essa difícil qualificação e quantificação que as mudanças ambientais exercem sobre os serviços ambientais.

Ao considerar esse enfoque, o espaço periurbano se revela como palco de conciliação entre conservação e desenvolvimento, onde as áreas urbanas mostram sua dependência pelos SE e sua manutenção depende de adequadas intervenções de manejo e investimentos para garantir sua permanência, assim como a implementação de ações de planejamento e gestão regionais se mostram como ferramentas que possibilitam a participação de todas as partes interessadas envolvidas no processo de tomada de decisão.

OS SERVIÇOS AMBIENTAIS

A capacidade de carga dos ecossistemas para dar resposta às demandas por recursos naturais para o consumo da sociedade está atingindo níveis que colocam os serviços ambientais no centro do debate sobre a sustentabilidade. Os diferentes tipos de impactos ambientais da espécie humana (urbano industrial, energético minerador e agrossilvopastoril) geram questionamentos sobre a irreversibilidade da deterioração socioambiental crescente neste final de segunda década do terceiro milênio (Dorado, 2017). Exemplo desses questionamentos são a deteriorização dos recursos naturais (água, ar, solo) e da biodiversidade.

Cabe salientar que não existe serviço (de qualquer natureza) se não há um receptor desse serviço. Quando se fala de um serviço deve-se falar também de um beneficiário. Assim, SE são definidos como as funções dos sistemas ecológicos que beneficiam o homem (Hueting et al., 1998).

Entretanto, para uma correta definição desses serviços também devem ser consideradas as escalas temporal e espacial. Obviamente, um serviço ambiental obtido, por exemplo a água, por uma propriedade rural deve ser avaliado no contexto da bacia hidrográfica e ao longo do tempo. Nesse sentido, os serviços ambientais se apresentam com um grau de dificuldade em termos de avaliação similar à sustentabilidade (Dorado, 2014). Serviços ambientais e de sustentabilidade devem ser analisados nas diferentes dimensões das escalas espacial e temporal para uma correta avaliação. Por exemplo, uma pequena propriedade rural, com atividades sustentáveis na sua escala espacial (agricultura, pecuária e piscicultura de subsistência), cujo sistema seja replicado por várias propriedades rurais na mesma bacia hidrográfica, tornam essa atividade altamente consumidora de serviços ambientais e eliminam a sustentabilidade observada na escala da propriedade.

Já é amplamente reconhecido (MA, 2003) que esses SE podem ser agrupados em um primeiro nível, em quatro categorias: 1) provisão; 2) regulação; 3) manutenção e 4) culturais (Tabela 1).

Os SE de provisão são aqueles vinculados aos produtos retirados diretamente do ambiente, como fibras, sementes, água, combustível, produtos químicos etc. Por outro lado, os serviços ambientais de controle ou regulação estão vinculados com os benefícios da regulação dos processos naturais, tais como a qualidade da água e do solo para seu uso, a prevenção de riscos naturais como inundações, a manutenção da polinização de áreas naturais e a regulação climática, entre outros. Já os SE culturais são mais difíceis de serem percebidos e estão vinculados a valores imateriais obtidos dos ecossistemas. A recreação, o turismo, questões religiosas e espirituais são alguns exemplos.

Finalmente, os serviços de suporte ou básicos são os que permitem a existência dos anteriores. A produção dos vegetais, os processos de formação dos solos, a manutenção dos ciclos biogeoquímicos e da água são a base para a produção e manutenção dos outros SE.

Tabela 1 — Classificação dos serviços ecossistêmicos.

Serviços de provisão	Serviços de regulação	Serviços culturais
Produtos obtidos dos ecossistemas	*Benefícios obtidos da regulação de processos naturais*	*Benefícios imateriais obtidos dos ecossistemas*
Ex.: alimentos, água potável, fibras, matérias-primas, recursos genéticos, combustíveis	Ex.: qualidade do ar, da água e do solo, clima, ciclo hidrológico, saúde, prevenção de riscos naturais, polinização	Ex.: recreação, turismo, valores éticos e espirituais, valores educacionais, religiosos e de inspiração, herança cultural
⇑	⇑	⇑
Serviços de suporte		
Base para a produção e manutenção dos outros serviços		
Ex.: *habitat*, ciclos biogeoquímicos, ciclo da água, produção primária, formação do solo		

Fonte: adaptado de MA (2003).

As pesquisas sobre os SE estão hoje no escopo de todos os processos de decisão com foco sustentável de ecologia e gestão socioambiental (Laterra et al., 2017). Muitos dos novos trabalhos na área dos SE estão orientados à tomada de decisão sobre os usos das terras, com a incorporação dos enfoques das partes interessadas.

Em termos de conservação dos SE, tradicionalmente as ações conservacionistas no Brasil não levam em consideração ecossistemas e sociedade. São enunciados programas isolados como conservação de espécies, de biomas, de ecossistemas para tentar preservá-los dos impactos ambientais das atividades humanas (Martín-López; Montes, 2015). Introduzir a sociedade como parte do ecossistema é primordial para dar início a uma perspectiva de análise integrada (Ostrom, 2009).

Pode ser o pagamento dos SE uma forma de compensar essas mudanças? Muitas tentativas têm sido feitas nesse sentido (Amazonas, 2006; Maia et al., 2004). Nos últimos anos, foram outorgados vários incentivos (incluindo várias formas de pagamentos, como incentivos fiscais para a preservação de nascentes dentro das propriedades rurais ou pela manutenção de matas ciliares) para a manutenção dos serviços ambientais em razão da mudança nos usos do solo e as consequentes perdas de biodiversidade.

Nesse sentido, instrumentos de mercado surgiram como alternativa para compensar e estimular os donos das terras no sentido de promover as práticas de manejo para a manutenção e provisão dos SE.

Obviamente que o tratamento do tema dentro dessa lógica apresenta limitações próprias do binômio capital e consumo, em que a visão do mercado prioriza o capital em função dos recursos naturais.

No Brasil, dentro de uma abordagem de valorização dos serviços ambientais, foram mapeados mais de 80 projetos para pagamento dos SE (Guedes; Seehusen, 2011) e a sua grande maioria está localizada no ecossistema da Mata Atlântica e nas Regiões Sul e Sudeste. A implementação dessas práticas acontece fundamentalmente nas áreas rurais.

As abordagens territoriais e integradas, com base em fatores ecológicos e socioeconômicos, passam a ser uma das alternativas para tentar conciliar sustentabilidade, práticas de manejo e uso das terras, assim como as questões financeiras nas propriedades rurais (Silva et al., 2017).

Observa-se aqui a interdependência dos SE e a sustentabilidade. A enorme utilização de recursos naturais (água, solos, expansão de terras) para produção de alimentos, energia e mineração geram deterioração e diminuição da biodiversidade, mudança nos ciclos biogeoquímicos e alteração de serviços culturais, sem falar sobre as mudanças nos processos regulatórios dos ecossistemas. Essas mudanças ainda não são totalmente compreendidas, já que essas relações de intercâmbio (*trade-offs*) entre impactos e serviços são complexas, não lineares e se retroalimentam.

Além disso, os objetivos dos beneficiários serão bem diferentes em função das realidades de cada parte interessada (*stakeholders*). Por exemplo, interesses de conservação de grupos ligados a organizações não governamentais (ONG) e de consumo ligados à agroindústria. Assim, as sociedades que têm como prioridade a redução de pobreza terão uma demanda maior por serviços ambientais ligados à provisão (ver Tabela 1), enquanto os grupos focados na sustentabilidade dos sistemas estarão mais preocupados com os serviços de manutenção e regulação.

Consequentemente, a valoração dos serviços ambientais configurará em última instância uma decisão política. Aqui está o início da abordagem equivocada dos métodos de precificação dos SE. Colocar valores para os SE (considerando-os estoque de capital natural) e determinar quanto custa (Daily et al., 2000; Blockstael et al., 2000) sua reposição, seu direito ao uso etc. significa adotar os princípios do mercado de consumo para resolver uma situação produzida pelo próprio mercado. Não interessa se são aplicados eufemismos tais como economia verde, ecológica, ambiental, sustentável ou qualquer outra definição para variações fundamentadas na mesma teoria econômica.

Entretanto, abordagens ecológicas, não econômicas ou socioculturais, que se contrapõem ao reducionismo anterior (Vaze et al., 2006; Maia et al., 2004), não respondem com eficiência à equação que se apresenta no *trade-off* selecionado, embora essa alternativa de análise leve em consideração a interação entre o desempenho econômico e os SE.

Cabe destacar o consenso geral da sociedade sobre a necessidade da valoração econômica dos SE para finalmente realizar escolhas no âmbito dos *trade-offs* anteriormente mencionados. Por exemplo, um *trade-off* entre produção de alimento e consumo de água para irrigação. Até que ponto o consumo de um SE vale a pena para atingir uma meta (benefício) da sociedade?

Modelos chamados de dinâmico-integrados (Andrade; Romeiro, 2009), tais como o Global Unified Metamodel of the Biosphere (Gumbo) e o Multiscale Integrated Models of Ecosystem Services (Mimes) para a valoração dos SE, levam em consideração as interações entre os sistemas socioeconômico e biofísico em escala planetária. O primeiro modelo é multiescalar e o segundo tem foco no bem-estar humano. O modelo Mimes também relaciona as mudanças nos usos das terras e os impactos das alterações nos fluxos dos SE na economia.

Sob outro ponto de vista, a autodenominada economia dos ecossistemas (Andrade; Romeiro, 2009; Sukhdev, 2008) teve como objetivo estudar as relações entre os ecossistemas, os serviços ambientais e suas relações com o bem-estar humano. Essa abordagem propõe a valoração além das preferências humanas e integra os princípios de sustentabilidade ecológica e equidade social, aproximando as ideias da economia ecológica.

Não obstante, as principais questões que precisam ser resolvidas para integrar os SE, o planejamento e a gestão territorial são (Figura 2):

- *Entender e qualificar como funcionam os SE*: qual é o estado atual do conhecimento e qual é a relação entre os serviços ambientais e as características da paisagem (uso e cobertura) e suas mudanças no tempo e no espaço? Quais são os indicadores e valores comparativos para mensurar a capacidade dos ecossistemas na provisão de serviços e quais são os limites máximos de uso?

- *Valorizar os SE*: quais são os melhores métodos de valorização dos SE que contemplem análises comparativas em termos socioeconômicos e ecossistêmicos?

- *Analisar o uso dos SE no contexto dos* trade-offs *e tomada de decisão*: conceituar como podem ser valorizados e comparados todos os custos e benefícios dos usos e mudanças dos SE (no tempo e no espaço) para escolhas adequadas.

- *Uso dos SE no planejamento e gestão*: quais são as principais deficiências de dados para a correta avaliação, quais medidas podem ser tomadas e quais são as relações entre o estado do manejo de ecossistemas e a provisão de SE?

- *Financiamento sustentável para o uso dos SE*: como comunicar a real importância dos SE e os serviços das funções da paisagem a todos os atores sociais (*stakeholders*) e como verificar se os atuais sistemas de financiamento são adequados à essa problemática?

Para abordar esse problema e dar resposta a essas questões, foram desenvolvidas algumas metodologias acadêmicas (SELS)[3] há mais de dez anos. O SELS, em termos da relação existente entre os SE e o bem-estar humano (matérias-primas básicas para saúde, segurança alimentar, relações sociais equilibradas e liberdade de escolha e ação) propõe que sejam as funções dos ecossistemas as que permitem essa existência. Assim, forças indiretas que afetam e são afetadas pelo bem-estar humano estão vinculadas às questões sociopolíticas, econômicas, demográficas, científicas, tecnológicas e aspectos culturais e religiosos.

---

[3] SELS: "Speerpunt" Ecosystem and Landscape Services. Projeto de pesquisa da Universidade Wageningen para aumentar o conhecimento sobre a capacidade dos ecossistemas e as paisagens na provisão de serviços e qualificação dos benefícios em várias escalas, para subsidiar o planejamento integrado, o manejo e os processos de tomada de decisão.

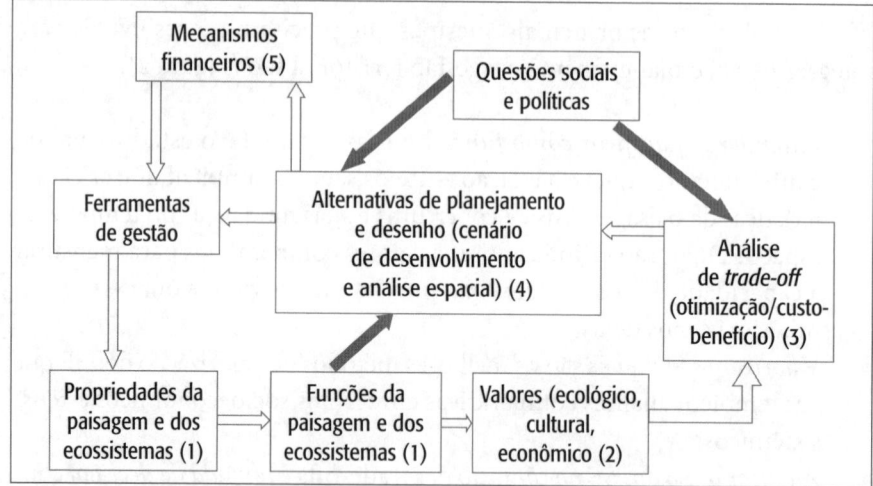

Figura 2 – Proposta de avaliação integrada dos serviços ambientais e da paisagem.

Legenda:

(1) Identificação e quantificação do funcionamento dos serviços ecossistêmicos.

(2) Valoração dos serviços ecossistêmicos.

(3) Uso dos serviços ecossistêmicos dentro da análise dos *trade-offs* e tomadores de decisão.

(4) Uso dos serviços ecossistêmicos em planejamento e gestão.

(5) Financiamento sustentável do uso dos serviços ecossistêmicos.

Nota: as **setas cheias** representam as funções relacionadas com os usos dos SE.

Fonte: adaptado de Groot et al. (2010).

São essas questões as que atuam sobre os vetores de mudança direta (mudança climática, mudança dos usos da terra, ciclos de nutrientes, introdução de espécies, exploração de recursos além da sua capacidade de recuperação). Esses vetores de mudança direta atuam sobre as funções dos ecossistemas e sobre a composição, número, abundância relativa e interações da biodiversidade, que por sua vez têm ação direta sobre as funções dos ecossistemas e sobre os SE (Figura 3).

METODOLOGIAS INTEGRADAS

Algumas metodologias aplicadas aos ambientes urbanos e periurbanos avaliam os SE no âmbito do manejo das paisagens, onde são incorporadas as visões econômica, ambiental e social e seus benefícios. Tudo deriva do ma-

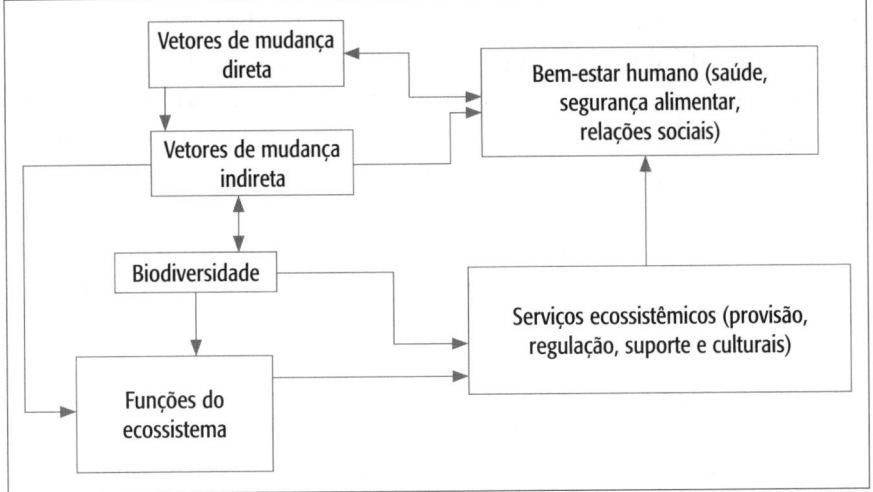

Figura 3 – Relação entre os serviços ecossistêmicos, biodiversidade e bem-estar humano.
Fonte: adaptado de CDB (2006).

nejo da paisagem com foco em sete serviços ambientais: oportunidades estético-recreacionais; qualidade da água; qualidade do ar; sequestro de carbono; controle climático local; retenção de água; e retenção de solo. Todos esses serviços podem ser quantificados e avaliados em termos econômicos, usando métodos consagrados. Porém, a incorporação de todas as partes interessadas nesse processo de avaliação é de difícil implementação.

Cabe aqui apresentar adaptações de métodos consagrados para diferentes objetivos (avaliação de impacto ambiental, desempenho socioambiental e gestão empresarial) e que podem ser utilizados individualmente ou combinados para a identificação, qualificação e quantificação dos serviços ambientais no contexto periurbano. A característica comum a todos é sua capacidade de integração, ou seja, podem ser utilizados em conjunto, como uma ferramenta para auxiliar no processo de decisão e gestão dos SE, além de incorporar aos *stakeholders*.

Passo a passo (*step-by-step*)

Uma das aproximações metodológicas mais utilizadas para a qualificação, quantificação e mitigação de impactos ambientais e bem-estar humano passa por uma abordagem em etapas (*step-by-step*) (Teeb, 2014; Landsberg et al., 2013). Com base nessa abordagem, pode ser pensada uma adaptação para métodos de avaliação dos SE e da biodiversidade (Tabela 2), em cinco passos, nos contextos de transição dos usos urbano, natural e agrícola.

O primeiro passo consiste na identificação dos recursos relevantes na situação geográfica analisada, os impactos socioambientais associados e a concordância (ou pelo menos a participação) de todos os *stakeholders* envolvidos no problema.

A segunda etapa está associada à definição de prioridades dos recursos relevantes, assim como quais serão as escalas espacial e temporal de abordagem do estudo.

Uma terceira etapa é a definição do tipo de informação necessária para a abordagem do problema e a seleção do método mais apropriado. Em seguida, deve ser elaborada uma linha de base do atual estado dos recursos para poder avaliar as futuras mudanças sobre a disponibilidade e distribuição dos SE e da biodiversidade.

A quarta etapa diz respeito à avaliação dos impactos das atividades humanas e suas dependências nos serviços ambientais.

E, finalmente a última etapa consiste em avaliar as opções de mitigação, gestão e manejo que permitam a conservação do serviço ambiental em foco.

Tabela 2 – Metodologia por etapas (*step-by-step*) para avaliação dos serviços ecossistêmicos

Definição do foco	Estudo de linha de base e análise de impactos			Mitigação
Etapa 1	Etapa 2	Etapa 3	Etapa 4	Etapa 5
Identificação dos SE relevantes	Priorização dos SE relevantes	Definição do enfoque e da informação necessária para avaliação dos SE	Avaliação dos impactos sobre os SE e definição de prioridades	Mitigação de impactos e gestão sobre os SE prioritários

Fonte: adaptado de Landsberg et al. (2013).

Essa metodologia pode ser usada para identificar e definir medidas de mitigação para os impactos produzidos pelas atividades humanas nos SE e para identificar medidas de gestão nos ecossistemas. Assim, podem ser detectados os SE prioritários e as partes interessadas que devem ser envolvidas para sua conservação. Entretanto, também ficam evidentes as medidas de mitigação que devem ser implementadas. Essa aproximação também pode ser utilizada como forma de complementar os estudos de avaliação de impacto ambiental, utilizados nos processos de licenciamento ambiental (Tabela 3).

Tabela 3 – Avaliação de impacto socioambiental complementado com estudos de serviços ecossistêmicos

Etapa de avaliação	Estudos de base e análise de impactos		Etapa de mitigação
Identificação de problemas socioambientais chave e SE relevantes	Elaboração de linha de base socioambiental para questões chave de SE prioritários	Avaliação de impactos sobre questões socioambientais chave, priorização de SE e dependência das atividades humanas nos SE	Mitigação dos impactos nas questões socioambientais chave, priorização dos SE e gestão das dependências sobre os SE prioritários

Fonte: adaptado de Landsberg et al. (2013).

Para a definição de prioridades de um serviço ambiental pode ser utilizada a metodologia de árvore de decisão (Figura 4).

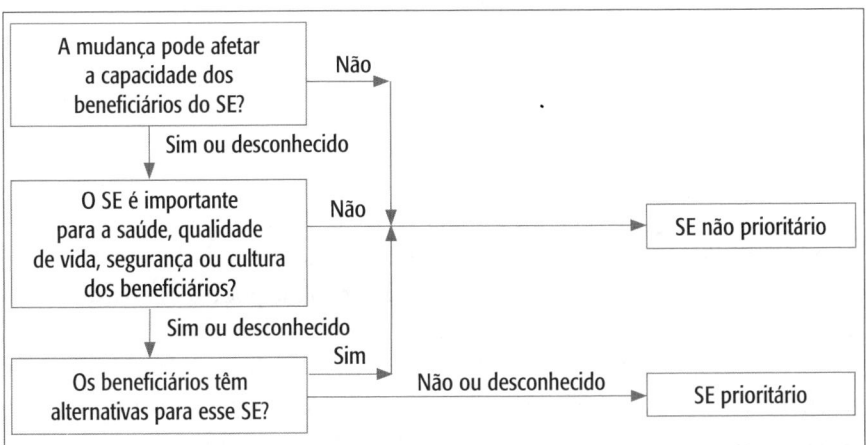

Figura 4 – Árvore de decisão para priorizar serviços ecossistêmicos relevantes em função do potencial impacto das mudanças nos usos do solo

Fonte: adaptado de Landsberg et al. (2013).

No contexto periurbano, este tipo de abordagem traz benefícios tanto para os agentes de mudanças nos usos do solo como para as partes interessadas.

Por um lado, há uma identificação dos serviços ambientais chave e que são sensíveis para os atores sociais que os utilizam. Também são identificados os riscos para esses serviços associados às mudanças e também um entendimento das consequências dessas mudanças, além de aumentar o alcance das medidas de mitigação e de gestão.

Por outro lado, o engajamento das partes interessadas é uma política de inclusão e de maior compreensão, que permite que todos os atores sociais participem do processo e assim as potenciais perdas de SE são minimizadas.

Padrões de desempenho (*performance standards*)

Outra alternativa metodológica que pode ser utilizada para avaliar os SE insere-se no contexto de análise de risco, no âmbito de avaliação de impacto socioambiental. Nesta abordagem assume-se que o SE no contexto periurbano deve ser estudado com base nos padrões de desempenho (*performance standards*) da Corporação Financeira Internacional (IFC, do inglês International Finance Corporation).

Essa alternativa com foco nos ecossistemas visa a relação entre seus componentes e processos e propõe que a biodiversidade controla o armazenamento e o fluxo de energia, água e nutrientes dentro dos sistemas ecológicos. Essa característica fornece resiliência às perturbações, além de proporcionar bens e serviços de importância socioeconômica.

A IFC, no seu Padrão de Desempenho 6, reconhece que a proteção e a conservação da biodiversidade, a manutenção dos SE e a gestão ambiental dos recursos naturais vivos são fundamentais para o desenvolvimento humano e a sustentabilidade ambiental. Nesse âmbito, a IFC segue as diretrizes da Convenção sobre a Diversidade Biológica (CDB, 2011), seu Plano Estratégico para Biodiversidade (2011-2030) e as Metas de Biodiversidade de Aichi. Nesse contexto se entende que a perda de biodiversidade pode ter consequências severas sobre a disponibilidade dos SE.

É importante notar que a gestão de SE tem como base a identificação dos serviços ambientais prioritários, que são: a) aqueles serviços sobre os quais haverá maior impacto produzido pela mudança que será implantada e os que afetarão as comunidades que usam esse recurso; e b) os serviços dos quais a mudança depende diretamente. Aqui, caso existam *stakeholders* afetados, eles deverão participar da determinação dos SE prioritários.

Em suas Notas de Orientação, a IFC (2012) reconhece que na prática existem *habitats* naturais e modificados em um contínuo variável, formando um mosaico da paisagem (Nota de Orientação 27, IFC, 2012), com níveis variados de perturbação antrópica e/ou natural. As intervenções no ambiente devem ser avaliadas dentro da matriz paisagística que domina a região.

As áreas de transição (p. ex., periurbanas) que contenham altos valores de biodiversidade podem ser consideradas *habitats* críticos modificados.

Assim, serão objeto de análises pormenorizadas para a conservação da sua importância socioambiental.

O método de avaliação da IFC também reconhece que os setores ligados à produção de recursos naturais vivos como *commodities* têm uma relação íntima com a gestão da biodiversidade e os SE.

A aplicação dessa análise é determinada durante o processo de identificação dos riscos e impactos socioambientais[4] e sua implantação é executada por um Sistema de Gestão Ambiental e Social (SGAS), que o interessado na mudança no uso do solo deverá implementar.

Em contrapartida, essa análise é aplicada nos casos nos quais as mudanças em análise têm controle direto de gestão ou influência significativa sobre os SE em foco. Além disso, o engajamento e a consulta com os *stakeholders* são vistos como uma etapa chave para entender os impactos sobre a biodiversidade e os SE.

Essa metodologia também leva em consideração as análises espacial e temporal. Assim, os valores de biodiversidade e SE associados a um determinado local deverão ser priorizados conforme a quantidade de opções espaciais remanescentes, ou seja, o limite espacial ou a incapacidade de substituir o recurso. Já a questão temporal relaciona-se com o tempo disponível para que ocorra a conservação, antes que o recurso seja perdido.

Em termos de compensações, o conceito de *set-aside*[5] é utilizado como medida de prevenção na hierarquia de mitigação. Um exemplo desse método está no Novo Código Florestal (2012) brasileiro, em que se estabelecem percentuais de conservação de áreas naturais nas propriedades agrícolas conforme o bioma no qual se inserem.

Finalmente, são incorporados os conceitos de *habitat* natural, modificado e crítico, sendo este último aquele que abriga espécies com alto grau de ameaça e/ou representa ecossistemas altamente ameaçados ou únicos.

De todas as formas, o método deve ser visto sob o prisma do mercado. A degradação e perda de SE e biodiversidade é tratada como um risco operacional, financeiro ou de reputação do projeto/mudança proposta. Em termos de risco, os SE são classificados como:

---

[4] O processo de identificação de riscos e impactos irá variar dependendo da natureza e dimensão do projeto. No mínimo, o cliente deve examinar e avaliar os riscos e possíveis impactos sobre a biodiversidade e os serviços de ecossistemas na área de influência do projeto.

[5] *Set-asides* são áreas dentro do local objeto onde há controle de gestão, que são excluídas do lugar da mudança e que são objeto de implantação de medidas de aprimoramento da conservação. Os *set-asides* devem ser definidos utilizando-se abordagens ou metodologias reconhecidas internacionalmente (p. ex., alto valor de conservação, planejamento sistemático de conservação etc.).

- Aqueles que podem representar riscos a empreendedores (clientes tomadores de empréstimo de instituição financeira) caso os SE sejam afetados.
- Aqueles que podem apresentar uma oportunidade para empreendedores devido às operações comerciais dependerem diretamente desses serviços (p. ex., água em projetos hidrelétricos).

Essa classificação se traduz na definição de dois tipos de SE e tem como base o processo denominado Revisão de Serviços de Ecossistemas (RSE):[6]

- Tipo I: SE de provisão, culturais, de apoio e regulamentação, sobre os quais o empreendedor tem controle de gestão direta e influência significativa, cujos impactos do projeto de intervenção podem afetar negativamente as comunidades.
- Tipo II: SE de provisão, culturais, de apoio e regulamentação, sobre os quais o empreendedor tem controle de gestão direta e influência significativa, do qual o projeto depende diretamente para sua operação.

Aqui, a prioridade dos SE afetados estará vinculada à probabilidade de o projeto ter impacto sobre o serviço ambiental, ao controle de gestão direta do projeto ou à influência direta sobre os SE. O Tipo I deve necessariamente ter um processo participativo das partes interessadas, seguindo um processo de RSE que deve considerar, conforme a NO140 (IFC, 2012):

- A análise da natureza e extensão dos SE no local do projeto e na área de influência.
- Identificação da condição, das tendências e das ameaças externas (não vinculadas ao projeto) a esses SE.
- Diferenciar os beneficiários desses SE.
- Avaliar a dependência do projeto nos SE ou se afetará esses serviços identificados.
- Avaliar a relevância dos SE, em termos de subsistência, saúde, segurança e patrimônio cultural.

---

[6] Avaliação Empresarial dos Serviços dos Ecossistemas (RSE): consiste em uma metodologia estruturada de apoio aos gestores no desenvolvimento proativo de estratégias de gestão de riscos e oportunidades para as empresas decorrentes da sua dependência e impacto nos ecossistemas. É uma ferramenta para o desenvolvimento de estratégias e não apenas avaliação ambiental.

■ Identificar os principais riscos sociais, operacionais, financeiros, regulatórios e de reputação associados.

■ Identificar procedimentos e medidas de mitigação que podem reduzir os riscos identificados.

Os serviços prioritários Tipo I estão mais relacionados com o grau de impacto, relevância para as comunidades afetadas e grau de controle da gestão. Os serviços prioritários Tipo II dependem do grau de impacto das operações produzidas pelas mudanças e do grau de controle da sua gestão.

A título de exemplo, apresentamos na Tabela 4 uma possível estrutura de identificação de SE, seu grau de impacto, dependência, relevância e controle da gestão. A valoração poderá ser definida em termos qualitativos ou quantitativos.

Tabela 4 – Revisão de serviços ecossistêmicos

Serviço ecossistêmico	Grau de impacto (Tipo I)	Grau de dependência (Tipo II)	Relevância para a comunidade afetada (Tipo I)	Grau de controle da gestão (Tipos I e II)
Provisão				
Manutenção				
Cultural				
Suporte				

Fonte: adaptado de IFC (2012).

Essa abordagem de análise, com base nos padrões de desempenho propostos pela IFC (2012) pode ser aplicada durante o processo de identificação dos riscos e impactos socioambientais das possíveis mudanças da paisagem no contexto periurbano e inclui uma série de critérios, em diferentes níveis e para diferentes partes interessadas.

Balanced Scorecard

O balanced scorecard (BSC) (Kaplan; Norton, 1997) é um modelo de gestão que pode ser utilizado para traduzir a estratégia de um planejamento em objetivos relacionados, medidos por meio de indicadores ligados a planos de ação. O BSC foi desenvolvido por professores da Harvard Business School no início da década de 1990 e hoje é muito utilizado na gestão de empresas, principalmente como um complemento do planejamento estratégico.

O BSC utiliza indicadores, estabelece relações de causa e efeito entre eles e descreve essas relações em mapas estratégicos ou no quadro de mando integral, estabelecendo a formulação da estratégia em quatro perspectivas: 1) financeira; 2) clientes; 3) processos internos; 4) aprendizado e crescimento. Todas essas perspectivas são integradas por relações de causa e efeito.

O uso do BSC para a gestão ambiental empresarial não é novo (Monteiro et al., 2003), porém existem poucos exemplos do seu uso para a gestão dos SE e biodiversidade (Repsol, 2015). Nesses casos, os indicadores de desempenho ambiental são distribuídos nas quatro perspectivas do BSC.

Assim, uma interpretação dessa metodologia aplicada à gestão e ao planejamento dos SE pode ser sintetizada como a definição de variáveis de controle (indicadores) e metas para obter resultados esperados no tempo e no espaço (desempenho). Ou seja, procura-se o equilíbrio entre os objetivos de curto e longo prazos, internos e externos.

Algumas aproximações sobre a Gestão Ambiental no BSC enumeram diferentes possibilidades:

- Distribuição dos indicadores ambientais pelas quatro perspectivas tradicionais do BSC (Johnson, 1998).
- Criação de uma quinta perspectiva para a gestão ambiental (Figge et al., 2002), em que os aspectos externos ao processo sejam tratados fora das quatro perspectivas do BSC.
- Inclusão dos indicadores ambientais na perspectiva dos processos internos (Kaplan; Norton, 2001).
- Tratamento da gestão ambiental com a construção de um BSC específico.

Obviamente, configurando um tipo de abordagem para os SE, a biodiversidade no âmbito do contexto periurbano não pode ser tratada sem a participação das partes interessadas, setores produtivos e Estado. Assim, nesse contexto podem ser tomadas ações organizadas sob a ótica do BSC.

A primeira ação a ser desenvolvida é a execução do mapa estratégico (Figura 5) para sintetizar os objetivos e conectá-los por meio de relações causais que permitam visualizar a estratégia de avaliação dos SE no contexto periurbano.

A primeira atividade está relacionada com os processos que colaboram para a melhoria do conhecimento dos ecossistemas presentes na área objeto de análise e no levantamento de informações, assim como no desenvolvimen-

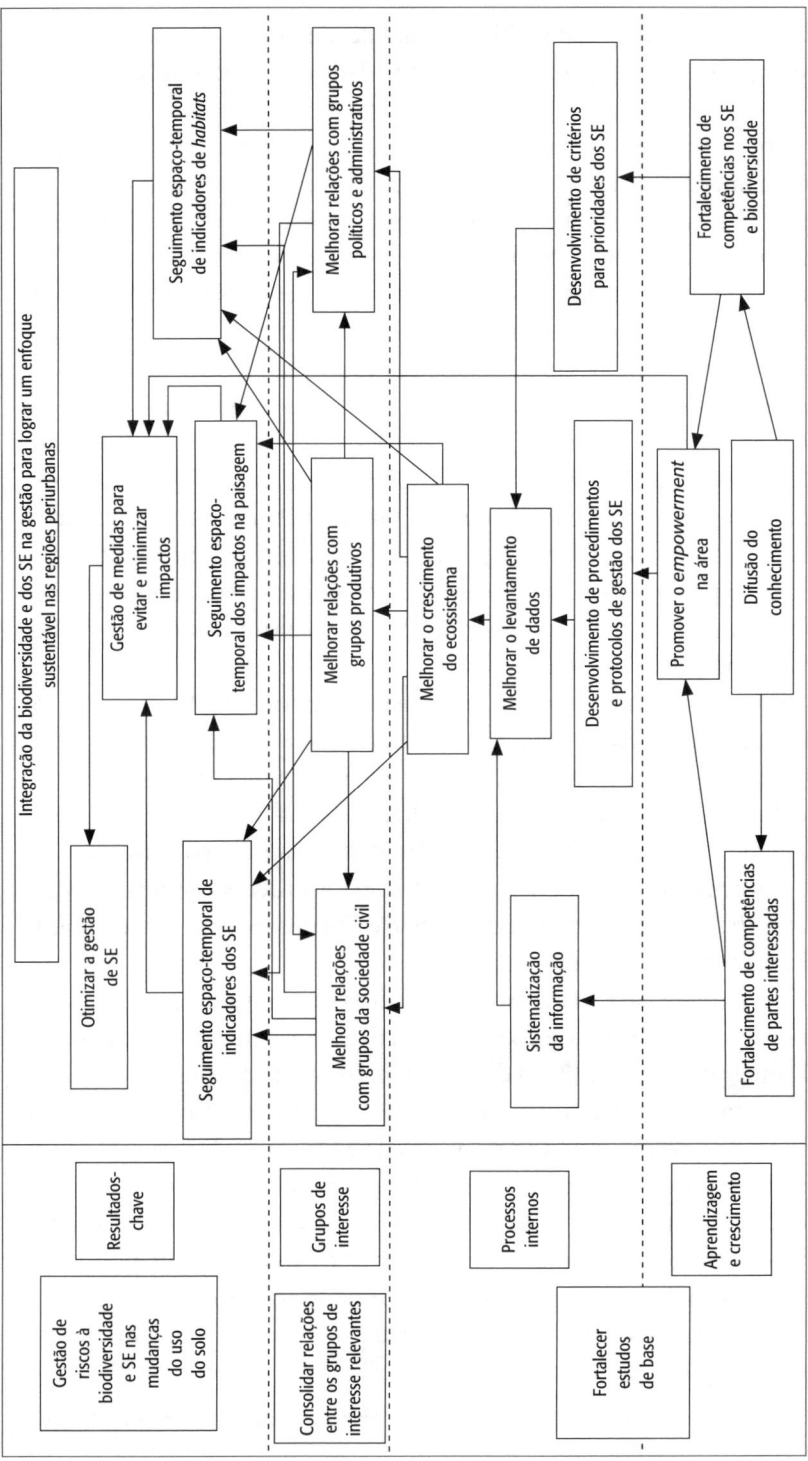

Figura 5 – Mapa estratégico para a integração dos SE e da biodiversidade na gestão sustentável em regiões periurbanas.

Fonte: adaptado de Repsol (2015).

to de critérios de priorização da biodiversidade, desenvolvimento de procedimentos e protocolos de gestão da biodiversidade e sistematização da informação.

Os processos internos, vinculados à aquisição de conhecimentos, levantamento de informações e sua sistematização (protocolos, processamento de dados etc.) buscam um melhor entendimento sobre a importância dos SE e da biodiversidade no contexto periurbano e darão suporte às relações das diferentes partes interessadas, assim como no seguimento espacial e temporal das mudanças dos usos das terras na região objeto.

Os grupos de interesse são fundamentais nessa abordagem. Identifica-se, em princípio, as comunidades que habitam a região periurbana como os principais atores sociais atuando sobre os SE de forma direta. Porém, uma segunda aproximação demonstra que devem ser acrescentados todos os setores que de alguma forma demandam direitos sobre o uso desses serviços ambientais, tais como agricultores, pecuaristas, silvicultores, mineradores e a administração pública local. Todos esses grupos, como vimos anteriormente, são potenciais origens dos impactos ambientais urbano-industriais, agrossilvipastoris e energético-mineradores.

Finalmente, no quadro de manejo intregral anteriormente apresentado, os resultados-chave estão vinculados à melhoria dos SE no âmbito periurbano, por meio do empoderamento (*empowerment*)[7], da melhoria do conhecimento e da gestão. Para atingir esses resultados, as diferentes partes interessadas devem participar do processo, assim como os processos internos de acesso à informação devem estar presentes. Esses processos internos estão vinculados às ações que tomam todas as partes interessadas para melhorar o conhecimento e o acesso à informação.

Os indicadores para as quatro perspectivas devem servir para avaliar e dar resposta aos objetivos de cada perspectiva apresentada no quadro de manejo integral. Assim, a título de exemplo, os indicadores para avaliar o processo de empoderamento na área objeto de análise devem servir para o desenvolvimento de processos e protocolos de gestão dos SE, que contribuirão na melhoria do conhecimento dos ecossistemas periurbanos.

Para citar alguns exemplos, a avaliação do uso atual do solo em uma determinada região periurbana, definida com critérios socioambientais, executada com o uso de ferramentas de sensoriamento remoto e sistemas georreferenciados, serve como linha base para detectar, qualificar e quantificar os

---

[7] Ação da gestão estratégica que visa o melhor aproveitamento do capital humano nas organizações por meio da delegação de poder.

serviços ambientais presentes na área. Assim, pode ser determinada a sensi-bilidade da paisagem que, junto com indicadores do uso de recursos naturais na região, podem determinar as unidades socioambientais da paisagem (Figura 6). Essas unidades e sua evolução podem ser indicadores para esta etapa.

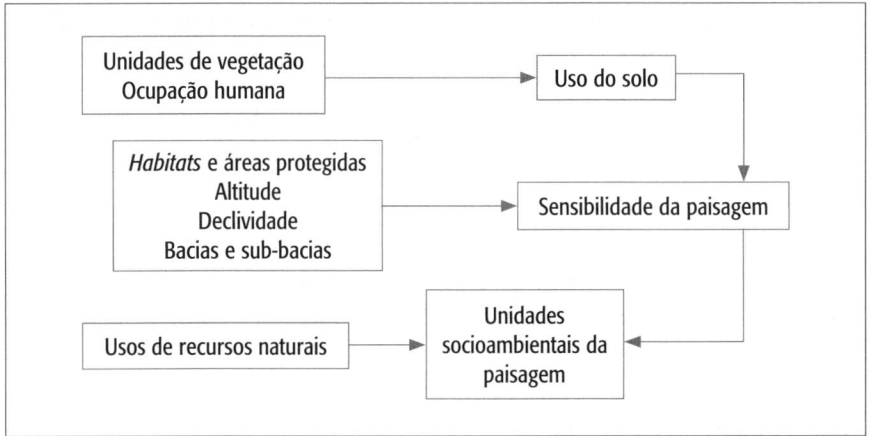

Figura 6 – Processo de geração de unidades de sensibilidade paisagística para geração de indicadores da evolução da paisagem

Fonte: adaptado de Repsol (2015).

A partir dessa fase, os estudos sobre os SE que devem ser monitorados serão acompanhados com a definição de novos indicadores a eles vinculados (quantidade e qualidade da água, qualidade do ar, habitats críticos, biodiversidade etc.).

A título de exemplo, podem ser definidos indicadores para a escala da paisagem, que contribuirão para a quantificação da evolução das áreas com cobertura vegetal florestal, como um indicador de fragmentação e de integridade biológica. Esse indicador poderá revelar a magnitude de distúrbios espaciais, a integridade dos ecossistemas e a capacidade de supervivência de espécies.

Esses indicadores podem estar relacionados com uma avaliação adequada de uma linha base para os SE definidos pelos beneficiários e a sua forma de avaliação ao longo do espaço e do tempo. Ou seja, em diferentes escalas espaciais (local, regional) e temporais. Dessa forma, os indicadores produzidos para a gestão de medidas que evitem ou minimizem os impactos das mudanças nos usos do solo nos SE terão fundamentos técnico e participativo que proporcionarão robustez e adequação a cada novo processo detectado no sistema.

CONSIDERAÇÕES FINAIS

O processo de decisão para detectar, qualificar, quantificar e priorizar os SE já é reconhecido como fundamental no atual contexto social, político e econômico. Esse processo é observado em diferentes espaços (áreas urbanas, rurais e naturais). Porém, no contexto periurbano ainda é pouco reconhecido. Muitas alternativas se limitam à manutenção de espaços verdes (cinturões verdes urbanos, áreas protegidas, parques).

Os benefícios que a natureza proporciona à sociedade são de difícil avaliação em razão de sua complexidade, pelas comentadas dinâmicas espaciais e temporais e suas consequências. Assim, modelos que sejam claros para os usuários e que possam ser adaptáveis às variações da disponibilidade de informações ainda não são muito divulgados. Incluir a complexa relação entre a sociedade e a natureza tornou-se um desafio. Integrar e compartilhar dados, gerar modelos e estabelecer redes de colaboração são as tendências que se apresentam para a conservação dos serviços ambientais nos diferentes espaços ocupados pelo homem.

As regiões periurbanas apresentam uma dinâmica espaço-temporal oscilante, em função dos vetores sociais, econômicos e políticos originados nos centros urbanos. Assim, as pressões exercidas sobre os SE são diferentes em função do tipo de conglomerado urbano (grandes, médios ou pequenos).

Recentemente tem-se questionado como as cidades impactam e são dependentes do capital natural e dos serviços ambientais e de que forma tais impactos podem ser medidos. Também surgem as questões vinculadas à aproximação analítica a ser implementada para sua análise e por quê. Essas questões também formam parte do leque de desafios que são enfrentados neste terceiro milênio.

Algumas das questões a serem respondidas são: Que indicadores devem ser medidos e analisados em uma aproximação de SE nos processos de urbanização? Podem ser aplicados em todos esses centros urbanos? As ferramentas são adequadas aos sistemas de gestão e medição de desempenho existentes? Quais são os custos e benefícios da aplicação dessas ferramentas?

Várias organizações não governamentais[8] já trabalham para responder a essas questões e desenvolveram ferramentas do tipo "faça você mesmo", derivadas de planilhas e disponibilizadas em páginas da *web*. Outra alternativa de aproximação, como já mencionado, é a análise da paisagem. Essa abordagem

---

[8] WRI: World Resources Institute; ESR: Corporate Ecosystem Services Review.

é adotada principalmente pelo setor acadêmico. Porém, é cada vez mais evidente a importância do engajamento dos *stakeholders* no processo. Finalmente, os modelos que conseguem contemplar todas as partes interessadas, gerando indicadores claros, baratos, replicáveis e de fácil geração e uso vão se impor no atual contexto e estado da arte na avaliação dos SE.

REFERÊNCIAS

ABRAMOVAY, R. *Funções e medidas da ruralidade no desenvolvimento contemporâneo.* Rio de Janeiro: Ipea, 2000.

AMAZONAS, M.C. Valor ambiental em uma perspectiva heterodoxa institucional-ecológica. *Anais do XXXIV Encontro Nacional de Economia* (Anpec). Salvador: Anpec, 5-8 dez. 2006.

ANDRADE, D.C.; ROMEIRO, A.R. *Serviços ecossistêmicos e sua importância para o sistema econômico e o bem-estar humano.* Campinas: IE/Unicamp, 2009. n. 155.

BANCO MUNDIAL. Data Bank. Grupo Banco Mundial. Disponível em: http://databank.bancomundial.org/data/home.aspx. Acesso em: ago. 2017.

BLOCKSTEL, N.E.; FREEMAN, A.M.; KOPP, R.J. et al. On measuring economic values for nature. In: *Environmental & Science Technology*, 2000, n. 34, p. 73-90.

[CDB] CONVENÇÃO SOBRE DIVERSIDADE BIOLÓGICA. Panorama da biodiversidade nas Cidades. Ações e Políticas. Avaliação global das conexões entre urbanização, biodiversidade e serviços ecossistêmicos. Montreal: MMA/CDB/SRC/SU/ICLEI, 2012. 70p.

_____. Panorama da biodiversidade Global 2. Montreal: UNEP. 2006. 81p.

[CDB] CONVENÇÃO SOBRE DIVERSIDADE BIOLÓGICA; PNUMA. *Plan estratégico para la diversidad biológica 2011-2020 y las metas de Aichi.* Montreal: CDB/PNUMA, 2011.

COSTANZA, R.; D'ARGE, R.; GROOT, R.S. et al. The value of world's ecosystem services and natural capital. *Nature*, 1997, v. 387, p. 253-60.

DAILY, G.C. *Nature's services societal dependence on natural ecosystem.* Washington (DC): Island Press, 1997.

DAILY, G.C.; SÖDERQVIST, T.; ANIYAR, S. et al. The value of nature and nature of value. *Science*, 2000, v. 289, p.395-6.

DORADO, A.J. Os Princípios do Equador e o desempenho socioambiental dos projetos energéticos na Região Amazônica. In: 66ª Reunião SBPC. Rio Branco: SBPC, 2014.

_____. Princípios do Equador e desempenho socioambiental do setor financeiro. In: PHILIPPI JR, A. et al. (Org.). *Gestão Empresarial e Sustentabilidade.* Barueri: Manole, 2017, p. 269-84.

[FAO] FOOD AND AGRICULTURE ORGANIZATION. Payments for ecosystem services and food security. Rome: FAO, 2011. 300p.

FIGGE, F.; HAHN, T.; SCHALTEGGER, S. et al. The sustainability balanced scorecard – linking sustainability management to business strategy. *Business Strategy and the Environment*, 2002, v. 11, p. 269-84. Disponível em: https://onlinelibrary.wiley.com/doi/abs/10.1002/bse.339.

GROOT, R.S. de. *Functions of nature: evaluation of nature of environmental planning, management and decision making.* Groningen: Wolters-Noordhoff BV, 1992.

GROOT, R.S. de; ALKEMADE, R.; BRAAT, L. et al. Challenges in integrating the concept of ecosystem services and values in landscape planning, management and decision making. *Biological Complexity*, 2010, v. 7, p. 260-73.

GUEDES, F.B.; SEEHUSEN, S.E. *Pagamento por serviços ambientais: lições aprendidas e desafios.* Brasília: MMA, 2011. 272p.

GUTMAN, P. Ecosystem services: foundations for a new rural-urban compact. Washington (DC): Elsevier, 2007. Disponível em: https://www.sciencedirect.com/science/article/pii/S1679007316301657.

HUETING, R.; REUNDERS, L.; DE BOER, B.; LAMBOOY, J.; JANSEN, H. The concept of environmental function and its valuation. *Ecological Economics*, 1998, n. 25, p. 31-5.

[IFC] CORPORAÇÃO FINANCEIRA INTERNACIONAL. Notas de Orientação do IFC: Padrões de desempenho sobre sustentabilidade socioambiental. Washington: World Bank/IFC, 2012. 300p.

[IMAZON] INSTITUTO DO HOMEM E O MEIO AMBIENTE DA AMAZÔNIA. 2017. Disponível em: http:www.imazon.org.br.

JOHNSON, S.D. Identification and Selection of Enviromental Performance Indicators: application of the Balanced Scorecard Approach. *Corporate Enviromental Strategy*, 1998, v. 5, n. 4.

LANDSBERG, F.; TREWEEK, J.O.; STICKER, M.M.; VENN, O. Weaving Ecosystem Services Into Impact Assessment: A Step-By-Step Method (Version 1.0). Washington, DC: World Resources Institute, 2013. Disponível em: http://www.wri.org/publication/ weaving-ecosystem--services-into-impact-assessment.

KAPLAN, R.S.; NORTON, D.P. *A Estratégia em Ação:* Balanced Scorecard. Trad. Luiz Euclides Frazão Filho. 15.ed. Rio de Janeiro: Campus, 1997.

_____. Organização orientada para a estratégia: como empresas que adotam o *Balanced Scorecard* prosperam no novo ambiente de negócios. Tradução de Afonso Celso da Cunha Serra. 4.ed. Rio de Janeiro: Campus, 2001.

LATERRA, P.; MARTÍN-LÓPEZ, B.; MASTRÁNGELO, M. et al. Servicios ecosistémicos en Latinoamérica. De la investigación a la acción. *Ecología Austral*, Sección Especial, abr. 2017. Asociación Argentina de Ecología, 2017, p.94-98.

LIMONAD, E. Entre a urbanização e a suburbanização do território. In: XI Encontro Nacional da Associação Nacional de Pós-graduação e Pesquisa em Planejamento Urbano e Regional (Anpur). Salvador (BA): Anpur, 2005.

MAIA, A.G.; ROMERO, A.R.; REYDON, B.P. Valoração de recursos ambientais – metodologias e recomendações. Texto para discussão. Campinas: IE/Unicamp, n. 116. 2004.

MARTIN-LÓPEZ, B.; MONTES, C. Restoring the human capacity for conservation biodiversity: a social-ecological approach. *Sustainability Science*, 2015, v. 10, p. 699-706.

[MA] MILLENIUM ECOSYSTEM ASSESSMENT. Ecosystem and human well-being: a framework for assessment. Washington (DC): Island Press, 2003.

_____. Ecosystem and human well-being: a framework for assessment. Washington (DC): Island Press, 2005.

MONTEIRO, P.R.A.; CASTRO, A.R; PROCHNIK, V. A mensuração do desempenho ambiental no *Balanced Scorecard* e o caso da Shell. In: VII Encontro Nacional sobre Gestão Empresarial e Meio Ambiente. São Paulo: FGV/USP, 2003.

[ONU] ORGANIZAÇÃO DAS NAÇÕES UNIDAS. World urbanization prospects. New York: ONU, 2014.

OSTROM, E. A general framework for analyzing sustainability of social-ecological systems. *Science*, 2009, v. 325, n. 5939, p. 419-22.

PEREIRA, A.S. Análise das tendências de aplicação do conceito periurbano. *Terra Plural*, 2012, v. 7, n. 2, p. 287-304.

REPSOL. Estudio de evaluación de potenciales impactos acumulativos a la biodiversidad. Lote 57 y formulación de indicadores de efectividad en programas de biodiversidad. Informe interno. Lima: Repsol/JGP, 2015. 176p.

RODRIGUES, E.A.; MORAES VICTOR, R.A.B.; CAMACHO PIRES, B.C. A reserva da biosfera do cinturão verde da cidade de São Paulo como marco para a gestão integrada da cidade, seus serviços ambientais e o bem-estar humano. *São Paulo em Perspectiva*. São Paulo: Fundação Seade, 2006, v. 20, n. 2, p.71-89.

SANTOS, M. *A urbanização brasileira*. São Paulo: Hucitec, 1993.

_____. *Técnica, espaço, tempo*. São Paulo: Hucitec, 1994.

SILVA, R.M.B.; RODRIGUES, M.D.A.; VIEIRA, S.A. et al. Perspectives for environmental conservation and ecosystem services on coupled rural-urban systems. *Perspectives in ecology and conservation*, 2017, 15, 2.

SUKHDEV, P. The economics of ecosystems and biodiversity. Interim Report of the Convention on Biological Diversity. Cambridge, UK: European Communities, 2008.

[TEEB] THE ECONOMICS OF ECOSYSTEMS AND BIODIVERSITY. *The economics of ecosystems and biodiversity: challenges and responses*. Oxford: Oxford University Press, 2014.

VALE, A.R.; GERARDI, L.H.O. Crescimento urbano e teorias sobre o espaço periurbano: analisando o caso do município de Araraquara(SP). In: GERARDI, L.H.O.; CARVALHO, P.F. (orgs.). *Geografia: ações e reflexões*. Rio Claro: Unesp/Ageteo, 2006. 434p.

VAZE, P.; DUNN, H.; PRICE, R. Quantifying and valuing ecosystem services: a note for discussion. United Kingdom: Department of Environmental Food and Rural Affairs, 2006.

VEIGA, J.E. *Cidades imaginárias: o Brasil é menos urbano do que se calcula*. Campinas: Autores Associados, 2002.

PARTE III

Metrópole Sustentável

Metropolização e gestão urbana sustentável | **24**

Pedro Roberto Jacobi
Cientista social, Instituto de Energia e Ambiente, USP

Gina Rizpah Besen
Psicóloga, Instituto de Energia e Ambiente, USP

INTRODUÇÃO

No contexto urbano metropolitano brasileiro, os problemas sociais, ambientais, econômicos e de saúde pública têm se avolumado e agravado, em especial pelos efeitos da falta de planejamento e infraestrutura diante dos impactos do aquecimento global e das mudanças climáticas.

A concentração de urbanização combinada com desigualdade social, decorrente da ausência de políticas públicas adequadas, agravada pela crítica situação financeira de municípios e estados, com receitas em queda, promove sérios entraves na saúde e no cotidiano da população.

No Brasil, em suas 27 regiões metropolitanas, a população varia de mais de 22 milhões de habitantes na Região Metropolitana de São Paulo para pouco mais de um milhão na Região Metropolitana de Londrina, Paraná (IBGE, 2016).

Um conjunto de problemas preexistentes como enchentes, déficits de saneamento e dificuldades na implementação da gestão integrada dos resíduos sólidos, uso excessivo de automóveis e problemas de mobilidade urbana, poluição do ar e degradação dos recursos hídricos, potencializados por eventos extremos são cada vez mais frequentes e provocam impactos na saúde da população e requerem novas formas de lidar com a sua complexidade.

A concentração urbana vem aumentando mundialmente e estima-se que em 2030 essa taxa de urbanização será de 60% e poderá atingir 70% em 2050 (World Bank, 2010). Nas últimas décadas, o Brasil se tornou um país essencialmente urbano, com 84% da população optando por viver nas cidades (IBGE, 2010). Essa concentração se deu especialmente nas regiões metropolitanas e nas cidades que se transformaram em polos regionais. A região metropolitana do Brasil inclui quase 450 municípios, onde vivem cerca de 70 milhões de habitantes (Observatório das Metrópoles, 2010).

Os desafios metropolitanos demandam dos gestores públicos a implementação de políticas e planejamento urbano e metropolitano que levem em conta as desigualdades sociais, as mudanças climáticas e que assegurem qualidade de vida aos moradores. Destacam-se a implantação de programas e projetos de recuperação de áreas degradadas pelas mudanças de uso e ocupação do solo, ampliação de áreas verdes, melhoria da qualidade do ar e da mobilidade urbana, universalização e qualificação dos serviços de saneamento, principalmente nas regiões habitadas pelos mais carentes.

Diante desses desafios, a governança ambiental do espaço urbano se configura como estratégica no alcance de uma condição de sustentabilidade e redução de vulnerabilidades aos desastres. O conceito de governança ambiental abre um estimulante espaço para pensar as formas inovadoras de gestão, que envolvem múltiplas categorias de atores, instituições, inter-relações e temas, cada um dos quais suscetível a expressar arranjos específicos entre interesses em jogo e possibilidades de negociação, expressando os interesses de coletividades, com ênfase na prevalência do bem comum (Jacobi, 2012).

A (IN)SUSTENTABILIDADE DO PADRÃO DE URBANIZAÇÃO METROPOLITANO

A (in)sustentabilidade do padrão de urbanização metropolitano se caracteriza pela prevalência de um processo de expansão e ocupação dos espaços intraurbanos que, na maior parte dos casos, configura baixa qualidade de vida para parcelas significativas da população. As cidades têm a marca da dualidade, sendo que as partes que abrigam a população mais carente relegada dos benefícios urbanos têm tido crescimento muito maior do que a denominada cidade formal. Assim se configura a expansão de partes da cidade nas quais se situam assentamentos em situação ilegal, marcados pela exclusão social e pelo acesso diferenciado aos investimentos públicos.

À medida que o processo de urbanização se intensifica para as áreas mais periféricas, o quadro se agrava. Encontra-se uma realidade de pobreza caracterizada por ocupações irregulares de áreas ambientalmente frágeis, como encostas e áreas alagáveis, problemas de saneamento ambiental decorrentes do baixo índice de coleta e tratamento de esgotos.

Até meados do século XX, os processos de ocupação de muitas metrópoles brasileiras evitaram os terrenos mais problemáticos e vulneráveis (altas declividades, solos frágeis e suscetíveis à erosão), que se encontravam mais distantes das áreas centrais, onde a pressão pela ocupação era menos intensa. Entretanto, a partir dos anos 1950, houve a exacerbação dos processos de "periferização" e, mais intensamente nos últimos 30 anos, a intensificação das intervenções na rede de drenagem, com obras de retificação e canalização dos rios, o aterramento das planícies de inundação (áreas de várzea) e sua incorporação à malha urbana e ainda a abertura de inúmeros loteamentos de periferia.

A falta de planejamento de uso e ocupação do solo leva às ocupações periféricas, em áreas de risco, aumentando o número de pessoas vulneráveis aos processos naturais (Maricato et al., 2010). A redução da capacidade de escoamento das águas, associada à impermeabilização e precária infraestrutura de drenagem urbana, potencializa transbordamentos, deslizamentos e outros efeitos erosivos. Esses problemas que poderiam ser evitados, neutralizados ou reduzidos potencializam as catástrofes. O uso inadequado do solo, com a construção de moradias em terrenos de encostas, em margens de cursos d'água, áreas de risco de deslizamento, enchentes e inundações, é reflexo dessa ocupação desordenada que indica a falta de uma lógica de governança colaborativa.

Para Beck (2010), na sociedade de risco, os desastres anunciados não podem ser vistos como fatalidades, mas podem ser previstos e evitados na maioria dos casos. Esse cenário torna-se potencialmente mais dramático com a multiplicação dos eventos extremos, que ampliam os riscos e as fatalidades urbanas. Esses eventos são registrados com maior frequência e estão associados principalmente ao descaso e à imprudência na forma de ocupação de terrenos, tanto em empreendimentos regulares como em assentamentos precários em áreas ocupadas. Portanto, amplia-se a necessidade de processos participativos de planejamento, que levem em consideração as variáveis climáticas e seus impactos.

Frente a esse cenário de riscos e agravos crescentes, faz-se necessário indagar quais os aspectos que devem ser enfatizados ao abordar o tema da sustentabilidade urbana. A construção da sustentabilidade implica uma necessária inter-relação entre justiça social, qualidade de vida, equilíbrio ambiental e desenvolvimento.

URBANIZAÇÃO NAS CIDADES DUAIS

No Brasil, a forma desordenada como as cidades cresceram nos últimos 50 anos é a principal causa das tragédias socioambientais e econômicas que têm ocorrido em diversas cidades e trazem à tona o custo social das catástrofes naturais.

A desigualdade urbana, funcional e social tem se aprofundado e resultado em metrópoles partidas e segregadas (Grostein, 2001; Bonduki, 2011). As manchas urbanas que se expandem horizontalmente e configuram grande parte das áreas periféricas são construídas basicamente a partir das ocupações de terras vazias realizadas por grupos de baixa renda, da implantação de loteamentos clandestinos construídos e comercializados irregularmente, dos conjuntos habitacionais para a população de baixa renda produzidos pelo poder público e de assentamentos precários e informais, como as favelas e muitos bairros populares que compõem as imensas periferias urbanas (Jacobi, 1999; Nakano, 2011).

A falta de infraestrutura de saneamento e de equipamentos comunitários de educação, saúde e lazer, entre outros, é o traço comum à maioria desses assentamentos, estigmatizados pela precariedade. A tônica dominante de produção desses espaços urbanos irregulares decorre de omissões históricas do poder público, tanto no tangente às ações regulatórias e de fiscalização como em relação à provisão de urbanização adequada e de serviços públicos de qualidade. A maioria desses assentamentos são construídos com pouco ou nenhum acompanhamento técnico, encontram-se em áreas ilegais, de ocupação irregular, são áreas com risco de deslizamento, várzeas inundáveis e áreas de proteção aos mananciais.

As periferias das cidades têm sido caracterizadas como espaços de precarização das condições de vida, observando-se uma superposição dos problemas de ordem ambiental e social – baixa renda, pouca escolaridade, congestionamento da ocupação domiciliar –, o que reflete um excesso de privações e de exclusão do acesso a melhores condições de urbanização. O padrão periférico de urbanização, marcado pela ocupação ilegal de áreas ambientalmente frágeis, tem provocado uma significativa degradação dos recursos hídricos, do solo, das condições de saúde, bem como tem ampliado o alcance dos problemas socioambientais concomitantemente com os conflitos.

Um dos atributos importantes para a sustentabilidade urbana é o da cobertura vegetal, que presta inúmeros serviços ambientais, tais como a redução da poluição do ar, a proteção da água dos rios, o controle de enchentes em áreas de proteção permanente e parques e a proteção de encostas de morros sujeitos a deslizamentos, além de propiciar espaços de lazer, esportivos e de recreação significativos para a qualidade de vida nas cidades. Em termos de áreas verdes, a Organização das Nações Unidas (ONU) sugere um índice de 12 m² por pessoa para promover qualidade de vida da população. No entanto, o avanço da especulação imobiliária e de favelas nas metrópoles coloca em risco a vegetação, cuja distribuição na região urbana não é igualitária.

O déficit de arborização das cidades está associado ao nível socioeconômico da população. O Censo 2010 (IBGE, 2014) mostra que o índice de domicílios urbanos sem árvores em seu entorno chega a 63,3%. A falta de áreas verdes é muito mais acentuada nos domicílios pobres. Nas moradias com renda *per capita* mensal de até 1/4 do salário mínimo, 43,2% não têm árvores em seu entorno. O índice nos domicílios de renda de mais de 2 salários mínimos por pessoa é de 21,5%, quase a metade.

A GESTÃO AMBIENTAL URBANA E OS RISCOS

As cidades brasileiras e notadamente as grandes metrópoles configuram uma realidade na qual os riscos contemporâneos explicitam os limites e as consequências das práticas sociais, trazendo consigo um novo elemento, a "reflexividade". A sociedade, produtora de riscos, se torna gradativamente reflexiva, o que significa dizer que ela se torna um tema e um problema para si (Beck, 2010). A sociedade global "reflexiva" se vê obrigada a autoconfrontar-se e isso implica um constante processo de pensar e refletir sobre uma sociedade que produz riscos, mas também precisa lidar com aqueles que são escamoteados ou negados (Irwin, 2001), apesar das evidências. Atualmente, além dos aspectos associados aos avanços da ciência e tecnologia, surgem novas situações de risco diferentes das existentes, muitas das quais imensuráveis. Entretanto, os riscos socioambientais urbanos configuram a produção de riscos que estão associados à pobreza, às desigualdades e à lógica de desenvolvimento urbano que ainda prevalece.

A população residente em assentamentos humanos precários está exposta a riscos socioambientais (inundações e deslizamentos) e, em virtude de situações climáticas severas, se confrontam com a necessidade de suportar os impactos do perigo em eventos como inundações, os desastres mais comuns e devastadores; os problemas gerados após um evento expõem a falta de planejamento de uso e ocupação do solo, o despreparo das autoridades e a falta de um *ethos* de prevenção na sociedade (Warner, 2010). Além disso, não se pode desconsiderar os agravantes associados com as desigualdades sociais e a precariedade da estrutura urbana, que se tornam vetores da multiplicação de tragédias urbanas recorrentes, causadas pelo descontrole do processo histórico de ocupação urbana não devidamente planejada pelos poderes competentes como componentes analíticos de uma realidade socioambiental caracterizada pela fragilidade na capacidade de respostas das sociedades com menos recursos, assim como pela falta de ações intersetoriais (Warner et al., 2002). Nobre et al. (2010), em estudo da Região Metropolitana de São Paulo, destacam projeções indicando que, se houver continuidade do padrão histórico de expansão, a mancha urbana será o dobro da atual em 2030. Disso decorrerá o aumento dos riscos de enchentes, inundações e deslizamentos e atingirá a população em geral, sobretudo os mais pobres. Os autores atribuem o fato à corrente da expansão que ocorrerá principalmente na periferia, em loteamentos e construções irregulares, bem como em áreas frágeis, como várzeas e terrenos instáveis, com grande pressão sobre os recursos naturais. Os autores destacam que os riscos serão potencializados pelo aumento de dias com fortes chuvas em razão das mudanças climáticas.

No Brasil, os desastres naturais provenientes das enchentes têm se tornado parte do cotidiano urbano metropolitano. As inundações e deslizamentos ocorridos nos grandes centros urbanos do País já são consequência das mudanças climáticas. Considerando o acelerado processo de expansão urbana em áreas de risco e o atraso na implantação de infraestrutura adequada ao ritmo de crescimento das cidades, estas não se encontram preparadas para os efeitos das mudanças climáticas. Os principais eventos relacionam-se com o aumento das chuvas, tendo como consequência enchentes, inundações e deslizamentos de terras em áreas de risco. As ilhas de calor provocadas pela impermeabilização do solo também favorecem o aumento das chuvas.

A incidência de chuvas severas que têm impactos socioambientais e agravos ameaçam cada vez mais a precária infraestrutura das cidades e a saúde da população, assim como causam perdas materiais e humanas. Ciclones tropicais, vendavais, enchentes, movimentos de massa e cheias relacionadas com o aumento das precipitações, redução e seca de rios navegáveis na Amazônia, assim como maior número de incêndios florestais são alguns dos fatos observáveis e com tendência a aumentar nos próximos anos (IPCC, 2007).

Os riscos socioambientais e as vulnerabilidades das populações e das moradias associados à multiplicação de eventos naturais de maior intensidade nas áreas urbanas ocorrem em razão da ocupação de áreas ribeirinhas e dos processos de urbanização, também responsáveis pelas inundações localizadas. A base da repetição desses problemas decorre da falta de planejamento concomitante com o desenvolvimento urbano, que acarretam o crescimento desordenado das cidades. A indevida ocupação do leito maior de rios e córregos pode estar relacionada com diversos fatores, dentre os quais podem ser destacados, além da falta de iniciativa do poder público, deficiências financeiras e de capacitação técnica, estrutural e humana para a elaboração, implementação e fiscalização de medidas de intervenção visando minimizar os impactos causados pelas enchentes e inundações (Jacobi et al., 2013).

Milhares de pessoas nas cidades brasileiras moram em áreas inapropriadas e de grande risco. A construção de moradias em terrenos de encostas, margens de cursos d'água, áreas de risco de deslizamentos e inundações é reflexo da ocupação desordenada decorrente de uma lógica de governança colaborativa inexistente. No Brasil, há mais de 12 milhões de pessoas morando em favelas (IBGE, 2015), o que corresponde a cerca de 6% da população, concentrada principalmente em áreas de risco de escorregamentos ou inundações. Essas pessoas sofrerão os impactos mais abruptos do aumento na intensidade das chuvas e a continuidade da expansão urbana no padrão atual poderá potencializar novas situações de risco.

As ocupações irregulares em áreas de mananciais e encostas refletem a falta de opções para os menos favorecidos. Em virtude da sobreposição dos interesses privados às demandas sociais na distribuição de terras nas grandes cidades, sem recursos para construir ou comprar imóveis em terrenos seguros e mais próximos do centro, a população mais pobre se vê obrigada a habitar regiões de difícil acesso, sem estrutura urbana consolidada e muitas vezes em áreas de risco.

O quadro mais grave afeta os assentamentos situados em encostas e áreas alagáveis, que não contam com serviços regulares de coleta de lixo. Nesses locais, grandes tempestades podem provocar sérios problemas, potencializados pelo acúmulo de lixo e pelo entupimento do sistema de drenagem pluvial. Isso poderá aumentar os deslizamentos com soterramentos de residências e pessoas nas encostas e alagamentos de bairros nas comunidades ribeirinhas e nas baixadas, caso não sejam tomadas medidas preventivas. Os alagamentos constantes afetam os sistemas de limpeza das cidades, pois provocam atrasos nos deslocamentos dos caminhões de coleta e de transferência de lixo, o que pode acarretar aumento da quantidade e do tempo de permanência de resíduos nas ruas, prejudicando a qualidade dos serviços e causando prejuízos financeiros. Entretanto, a maioria dos sistemas de drenagem apresentam problemas de concepção e de manutenção das infraestruturas instaladas, tornando-se vulneráveis em cenários de aumento das chuvas decorrentes de mudanças climáticas (Nobre et al., 2010). As cheias urbanas estão diretamente associadas a falhas nas várias etapas dos sistemas de drenagem, ou por erro de concepção, falta de manutenção, obsolescência ou pelo crescimento urbano desordenado. O aumento da ocorrência de fenômenos extremos provavelmente acarretará sobrecarga nos sistemas e falhas mais frequentes, uma vez que maiores precipitações aumentarão as vazões geradas pelo ambiente urbano impermeabilizado (Miguez et al., 2011).

Outros fatores que contribuem para o agravamento das inundações são o aumento da velocidade de escoamento da água das chuvas, que desce das encostas e se acumula nas áreas mais baixas da cidade, e o acúmulo de resíduos sólidos nos cursos de água, que contribui para o assoreamento dos rios, agravando as cheias na época das chuvas (Maricato et al., 2010; Miguez et al., 2011; Jacobi et al., 2013a). São considerados riscos evitáveis, mas requerem investimentos para remover comunidades, implementar monitoramento público das ocupações, fiscalizar o descarte de resíduos de forma irregular, proteger a mata da encosta de morros e preservação de rios.

Embora os eventos extremos tenham se ampliado, os problemas gerados pelas intensas chuvas resultam, segundo Ribeiro (2011), de um padrão muito comum de gestão das cidades, em que o planejamento, a regulação e a rotina das ações são substituídos por um padrão de operações por exceções, com os órgãos da administração pública fragilizados. No padrão de gestão urbana existente, os previsíveis problemas causados pelos igualmente previsíveis eventos climáticos somente podem ser respondidos por ações emergenciais. Isso contribui decisivamente para a reprodução da precariedade das cidades e perpetua um modelo equivocado de intervenções sobre o meio ambiente que potencializa os efeitos de eventos extremos.

Cabe destacar que, no contexto das metrópoles litorâneas e áreas costeiras, a vulnerabilidade está associada a dois aspectos interligados: a elevação do nível do mar e a ocorrência de eventos extremos, como ventos intensos, ondas de tempestade, chuvas torrenciais e períodos de seca mais prolongados. Cidades como o Rio de Janeiro têm sua vulnerabilidade ampliada em virtude das "marés meteorológicas", que provocam aumento do nível do mar e aproximação de grandes ondas e de ressacas, produzidas por ciclones no Atlântico Sul. Esse fenômeno somado a chuvas extremas causará inundações difíceis de escoar (Egler; Gusmão, 2013).

O crescimento urbano desordenado, a canalização de rios, a coleta de resíduos deficiente e a omissão das autoridades face à ocupação irregular de áreas, a ocupação das encostas e o seu desmatamento em larga escala têm sido fatores propulsores de enchentes e de efeitos dramáticos decorrentes, com perdas de vidas e danos materiais.

Diversos fenômenos afetam as águas urbanas e a sua gestão. A elevação das temperaturas aumenta a demanda por água e pode acarretar problemas na qualidade das águas disponíveis. Além disso, o aumento da frequência ou da intensidade das chuvas sobrecarrega o sistema de drenagem e coloca em risco as infraestruturas de abastecimento de água e coleta de esgotos, também podendo contaminar as águas subterrâneas e outros mananciais superficiais de abastecimento público. Por sua vez, alterações no nível do mar podem diminuir a água de abastecimento decorrente de intrusões salinas e levar à destruição ou ao comprometimento de redes de infraestrutura (Britto; Formiga-Johnsson, 2010).

Os impactos negativos do conjunto de problemas ambientais resultam principalmente da precariedade dos serviços e da omissão do poder público na prevenção das condições de vida da população, mas também são reflexos do descuido e da omissão dos próprios moradores, inclusive nos bairros mais carentes de infraestrutura, colocando em xeque aspectos de interesse coletivo. Isso também traz à tona a contraposição do significado dos problemas ambientais urbanos e as práticas de resistência dos que "têm" e dos que "não têm", representados sempre pela defesa de interesses particularizados que interferem significativamente na qualidade de vida da cidade como um todo (Jacobi et al., 2013b).

Ribeiro (2011) argumenta que mais do que um fenômeno natural, os desastres são consequência de décadas de descaso do poder público com o planejamento urbano e com as políticas setoriais relacionadas e as cidades brasileiras apresentam a marca da desigualdade até na distribuição social dos riscos decorrentes da precariedade urbana. Em relação à possibilidade de as tragédias serem minimizadas, existe certo consenso entre os especialistas de que muitas tragédias poderiam ser minimizadas ou mesmo evitadas se o Brasil tivesse um sistema de prevenção de catástrofes minimamente eficiente. Isso demanda a instalação e modernização de equipamentos meteorológicos, como radares e pluviômetros capazes de prever a ocorrência de chuvas intensas com precisão, mecanismos de alerta à população e um mapeamento geológico das áreas de risco. Após os múltiplos desastres ocorridos nos últimos anos, o governo federal decidiu federalizar a questão, chamando para si a responsabilidade de tomar a iniciativa quanto a ações preventivas, e anunciou a criação do Sistema Nacional de Prevenção e Alerta de Desastres Naturais (Ribeiro, 2011).

Entretanto, o que se observa quase sempre é que falta uma ação contínua, uma ação de defesa civil intergovernamental que atue de forma permanente nas regiões em que os desastres têm sido recorrentes. Face ao risco de perda do seu capital eleitoral, autoridades desencadeiam operações emergenciais, mobilizando engenheiros, bombeiros, policiais e profissionais técnicos de emergência para atenuar os impactos provocados e reduzir o sentimento de desamparo da população. Mas os desastres também mostram o despreparo das autoridades para, em situações de calamidade, alertar, remover e garantir abrigo à população diante de ameaças iminentes. As autoridades públicas geralmente atribuem às tragédias as consequências de eventos climáticos incomuns, fora dos padrões previstos e à suposta irracionalidade do comportamento da população que aceita morar em áreas sujeitas a evidentes riscos ambientais e não cuida adequadamente dos seus resíduos.

Os planos diretores das cidades preveem instrumentos para promover uma urbanização com mais justiça socioambiental, mas o que se observa são desvirtuamentos constantes. Os governos municipais, na sua maioria, cedem aos interesses econômicos e reforçam processos que estimulam a ocupação desordenada do solo. Cabe ainda destacar a incapacidade das políticas urbanas na adequada gestão do uso e ocupação do solo e a setorialização na aplicação das políticas ambientais com repercussão negativa no planejamento dos territórios. Diversos instrumentos permitiriam identificar áreas vulneráveis e estratégias para prevenção, mitigação e adaptação diante de eventos extremos em unidades tais como áreas costeiras e bacias hidrográficas (Steinberg, 2006; Schult et al., 2010).

MOBILIDADE URBANA E POLUIÇÃO DO AR

As metrópoles brasileiras têm enfrentado nos últimos anos uma crise de mobilidade urbana resultante sobretudo da opção pelo modo de transporte individual em detrimento das formas coletivas de deslocamento. O débito da mobilidade urbana se reflete na insuficiência da rede de transporte público expressa no quadro de imobilidade, que tem se acentuado apresentando claros sinais de colapso. O cidadão vivencia no dia a dia o aumento dos índices de congestionamentos e a diminuição progressiva das velocidades médias.

Relatório organizado pelo Observatório das Metrópoles aponta um aumento exponencial do número de automóveis e motocicletas nas metrópoles brasileiras. Entre 2001 e 2011, o número de automóveis nas doze metrópoles aumentou de 11,5 milhões para 20,5 milhões e as motocicletas passaram de 4,5 milhões para 18,3 milhões (Rodrigues, 2011). O transporte público caro e de má qualidade tem gerado um processo de exclusão social. A frota das doze principais capitais do Brasil praticamente dobrou em 10 anos e o crescimento médio no número de veículos foi de 77%, sem que a infraestrutura viária e os órgãos de controle do trânsito acompanhassem o ritmo.

As regiões metropolitanas, em virtude da intensificação da urbanização e notadamente do uso em escala desmedida dos automóveis, enfrentam um quadro de aumento das emissões de gases de efeito estufa, aliado ao fenômeno de lentidão do trânsito de veículos, com consequente comprometimento do fluxo de pessoas e de carga. Os crescentes índices de congestionamento nas grandes cidades configuram uma realidade na qual a crise de mobilidade é muito maior para os usuários de transporte coletivo, apesar do serviço existente e dos investimentos em curso.

Durante muitos anos, os prefeitos das grandes cidades investiram no sistema viário e apenas em conjunturas específicas houve inflexões com investimentos distributivos com foco nas populações dos bairros periféricos. Investiram em políticas da rede viária que adaptam a cidade para a convivência com um fluxo veicular motorizado crescente. Uma das causas para o crescimento do transporte individual no Brasil são as políticas públicas de incentivos ou subsídios desbalanceados entre os diferentes modais, priorizando frequentemente o transporte por automóveis e motocicletas (Ipea, 2011).

A disputa entre diferentes formas de circulação pelo uso do espaço viário gera congestionamentos, aos quais se associam a perda de tempo nas viagens, o consumo desnecessário de combustíveis e o aumento na emissão de poluentes.

A crise da mobilidade urbana instalada nas metrópoles brasileiras tem como uma das principais características a disseminação das formas precárias e inseguras de transporte coletivo, principalmente em horários de pico. Os sistemas de ônibus urbanos e metropolitanos são a modalidade de transporte público predominante no Brasil, operando em 85% dos municípios. Os sistemas de transportes alternativos por vans e mototáxis, que proliferaram nos últimos 15 anos no país, também apresentam altos níveis de ocorrência. Mais da metade dos municípios brasileiros têm essas modalidades.

O investimento atual em projetos para acelerar, nos próximos anos, a retirada de veículos das ruas representa menos de 1/5 do necessário (IBGE, 2010). As recentes manifestações relativas à qualidade dos serviços públicos e ao aumento da tarifa do transporte público, que mobilizou milhares de pessoas nas ruas do País em 2013, colocaram a mobilidade urbana no centro da agenda pública. Os sistemas de alta capacidade de trens e metrôs têm baixa ocorrência nas cidades, restritos a poucas regiões metropolitanas, assim como o transporte hidroviário, que tem certa importância nas cidades da região Norte (Ipea, 2011).

É preciso destacar que há hoje no Brasil uma Política Nacional de Mobilidade Urbana (Lei n. 12.587, de 3 de janeiro de 2012). Um dos seus princípios fundamentais é a segurança dos deslocamento, que incluiu, na prática, o direito de os usuários terem um ambiente seguro e acessível ao sistema de mobilidade. Entretanto, o uso crescente de combustíveis fósseis e o crescimento da demanda do transporte rodoviário aumenta muito as emissões de poluentes pelos veículos motorizados. O problema da poluição atmosférica é grave, principalmente nas regiões metropolitanas com grandes frotas de veículos automotores, e acarreta prejuízos à saúde da população em geral e de idosos e crianças em particular. A combinação de maiores deslocamentos com a falta de transporte público de qualidade e em quantidade levam a maior uso de transporte individual e ao consequente aumento das emissões de poluentes na atmosfera, com impactos associados a doenças respiratórias e cardiovasculares.

Nesse contexto, a Política Nacional sobre Mudança do Clima (PNMC) do Brasil (Lei n. 12.187/2009) define o compromisso voluntário de adoção de ações de mitigação, visando reduzir as emissões de gases de efeito estufa (GEE) entre 36,1% e 38,9% em relação às emissões projetadas até 2020 (Brasil, PNMC, 2010).

SANEAMENTO AMBIENTAL

A contaminação de fontes hídricas pela falta de saneamento e de tratamento de esgotos, a produção excessiva de resíduos sólidos e o despejo inadequado se configuram como graves problemas das cidades.

O déficit de moradias com coleta de esgoto é muito elevado, o que, juntamente com o baixo nível de tratamento, vem causando sérios problemas acerca da qualidade da água de muitas cidades brasileiras. O esgoto despejado *in natura* nos corpos d'água ou no solo comprometem a qualidade da água utilizada para abastecimento, irrigação e recreação. Na medida em que 1/3 dos municípios tratam o esgoto coletado e quase 2/3 não dão nenhum tipo de tratamento ao esgoto produzido, muitos recursos destinados à despoluição de rios nas cidades poderiam ser poupados (Trata Brasil, 2014).

O Relatório do Atlas do Saneamento 2011 mostrou que o país vem avançando na estruturação da rede de distribuição de água, no manejo de resíduos sólidos (coleta e disposição) e no manejo de águas pluviais (controle de enchentes) – serviços presentes, mesmo que parcialmente, em mais de 95% das cidades brasileiras. Apontou também que, entre 2000 e 2008, o número de municípios cobertos por saneamento básico no país aumentou, resultado da reestruturação dos investimentos no setor a partir de 2003. No entanto, ainda é preciso avançar na meta de universalização de um serviço sanitário adequado, já que pouco mais de 3 mil municípios brasileiros, o equivalente a 55,2% do total, contavam com coleta e tratamento de esgoto.

O atendimento em coleta de esgotos chega a 57% da população brasileira e os excluídos usam soluções alternativas (como o despejo em rios, fossas rudimentares etc.), tidas como inapropriadas (IBGE, 2010). Do esgoto gerado, apenas 37,5% recebem algum tipo de tratamento. Nos municípios com maior acesso à coleta de esgoto, é significativamente menor a incidência de infecções gastrintestinais, em especial entre crianças e jovens até 14 anos. De acordo com o Observatório das Metrópoles, o déficit em esgotamento sanitário tem relação direta com a falta de planejamento e de qualificação dos investimentos públicos.

Em 2015, segundo a Secretaria Nacional de Saneamento do Ministério das Cidades, apenas 1/3 dos municípios brasileiros possuía planos de saneamento. Esse dado revela que mais de 1.800 municípios não possuíam qualquer tipo de planejamento para o setor. Um estudo do Instituto Trata Brasil (2014), realizado nas 100 maiores cidades brasileiras (que representam 40% da população do país), baseado em dados de 2013, mostra que apesar da existência do plano de saneamento em 66 delas, na maior parte das cidades ele não abarcava os quatro serviços que deveria contemplar: abastecimento de água, esgotamento sanitário, limpeza urbana e manejo de resíduos sólidos e drenagem e manejo das águas pluviais urbanas. Apenas 34 municípios apresentaram o plano na sua abrangência completa.

A falta do plano de saneamento faz muitas obras se perderem, fora a ausência de controle social, que deveria ser responsável pelo acompanhamento e fiscalização do investimento público.

Em relação à gestão dos resíduos sólidos nas cidades brasileiras, observa-se que a produção excessiva e diversificada provoca gastos econômicos crescentes e impactos socioambientais negativos. Tal fato torna a gestão sustentável uma questão que requer políticas públicas e ações nos níveis institucional, socioambiental, econômico e de saúde humana. Os resíduos sólidos urbanos gerados aumentam em virtude do crescimento populacional, do acelerado processo de urbanização, do grau de industrialização, do clima local, de mudanças tecnológicas e da melhoria das condições socioeconômicas dos países e cidades (Besen, 2012; World Bank, 2010). A saúde humana e ambiental urbana pode ser afetada pela gestão de resíduos sólidos em todas as suas fases, na geração, na coleta, no tratamento e na disposição final.

Pesquisas governamentais e não governamentais dos últimos anos mostram que aumentaram os níveis de cobertura no serviço de limpeza urbana, bem como os percentuais de coleta e destinação de resíduos sólidos urbanos em aterros sanitários (IBGE, 2011; Brasil, 2013; Abrelpe, 2013). Entretanto, ainda existe nas cidades brasileiras uma quantidade significativa de resíduos que não são coletados e ainda outra quantidade que não é disposta de forma ambientalmente adequada. Persistem ainda em mais de 50% dos municípios a disposição final dos resíduos em lixões e aterros controlados,[1] o que representa um significativo impacto ambiental. A dificuldade em encontrar áreas para tratamento e disposição final de resíduos nas cidades leva a deslocamentos cada vez maiores no transporte e ao consequente aumento de emissões de CO_2, além do desgaste de vias públicas e desvalorização imobiliária do entorno das instalações (Besen et al., 2012).

As quantidades de resíduos sólidos urbanos geradas *per capita* e coletadas no país vêm aumentando ano a ano. Em 2010, foram coletados no Brasil 183.481 ton/dia de resíduos domiciliares e públicos, o que representa uma proporção *per capita* de 1,1 kg/dia (Brasil, 2011). A maior parte dos resíduos coletados nas cidades é formada por sobras de alimentos,[2] cuja decomposição nos aterros sanitários emite gás metano, agravando o aquecimento global e as mudanças do clima.

A Política Nacional de Resíduos Sólidos (PNRS) do país (Lei n. 12.305/2010) preconiza a seguinte hierarquia para os resíduos sólidos: não geração, redução de resíduos, reutilização, reciclagem e disposição final ambientalmente adequada dos resíduos sólidos. Isso demanda respostas urgentes que implicam mudanças dos padrões existentes de produção e consumo e a implantação de um gerenciamento de resíduos sólidos integrado, sustentável economicamente, socialmente justo e ambientalmente eficiente (Brasil, 2010). Metas importantes da PNRS, tais como erradicar os lixões até agosto de 2014, depositar apenas rejeitos em aterros sanitários a partir de agosto de 2014 e implantar e fortalecer a coleta seletiva com inclusão socioprodutiva de catadores de materiais recicláveis, não foram atingidas. Para que essas

---

[1] Os aterros controlados rapidamente se tornam lixões se mal operados ou com excesso de chuvas, o que está previsto no atual cenário de aquecimento global.

[2] Os resíduos sólidos urbanos coletados no Brasil têm a seguinte composição gravimétrica: 31,9% de material reciclável, 51,4 % de matéria orgânica e 16,7% de outros materiais (Brasil, 2011).

metas sejam cumpridas, são necessários grandes investimentos em capacitação de técnicos municipais, consorciamento de municípios, implantação da coleta seletiva em todos os municípios do País, investimentos em infraestrutura para as centrais de triagem operadas por catadores, formação em cooperativismo e empreendedorismo dos catadores e em campanhas de informação e comunicação efetivas para a população (Besen; Fracalanza, 2016). As autoras destacam ainda que:

> A existência desse marco regulatório para a gestão e manejo de resíduos sólidos direciona os esforços das municipalidades para a redução da geração, valorização dos resíduos e disposição final apenas de rejeitos, no entanto, observa-se que sua implementação ainda está ocorrendo lentamente e ainda se está distante de atingir as metas por ela definidas. Ainda existem mais de 3.000 lixões no país, os aterros sanitários continuam abarrotados de resíduos, a coleta seletiva municipal de resíduos secos está presente em 1/5 dos municípios e a de resíduos úmidos para a compostagem é quase inexistente. Grande parte dos municípios não elaboraram seus planos de gestão integrada de resíduos sólidos e não existem informações confiáveis sobre quantos daqueles que os elaboraram os estão implementando. (Besen; Fracalanza, 2016)

Enquanto a prestação de serviços de coleta seletiva está presente em apenas 20% das cidades brasileiras, o amplo e crescente mercado de reciclagem do país ainda é baseado no trabalho de catadores de materiais recicláveis que trabalham nas ruas das cidades em condições precárias e com riscos ambientais e à saúde. Estudo do Instituto de Pesquisa Econômica Aplicada (Ipea, 2013), com base em dados do Censo Demográfico de 2010, indicou que 387.910 pessoas se declararam catadores e catadoras, sendo que 41,6% concentram-se na Região Sudeste do País. Se considerado o cadastro do Programa Bolsa Família, mais de 1 milhão de pessoas cadastradas se definem como catadores de materiais recicláveis. Dentre elas, apenas 10% integram associações e cooperativas e trabalham em parceria com as prefeituras, sem remuneração pelos serviços prestados. A implementação da coleta seletiva com remuneração do serviço das organizações de catadores para as prefeituras e para o setor privado ainda é uma realidade distante (Besen et al., 2016).

Com relação à disposição final de resíduos em aterros sanitários, destaca-se a deposição da matéria orgânica e os impactos da sua decomposição, a emissão do gás metano, cuja impacto é 25 vezes maior do que o do CO_2 para o aquecimento global. Aterros de mais de 500 mil toneladas de resíduos sólidos têm potencial para projetos de captação de metano e de geração de energia elétrica, daí a importância dos consórcios de municípios. O Brasil tem potencial para produzir mais de 280 MW de energia a partir do biogás capturado em unidades de destinação de resíduos sólidos (Abrelpe, 2012). Esse volume poderia abastecer uma população de mais de 1,5 milhão de pessoas.

Torna-se necessário avançar na direção de um consumo e uma gestão sustentáveis que possibilitem a redução da geração e a sua valorização. Estudo recente do Ipea (2011), concluiu que mais de R$ 8 bilhões são enterrados anualmente no Brasil na forma de materiais recicláveis que poderiam ser recuperados, gerando empregos e renda. A implementação da PNRS deve criar novos mercados para o *ecodesign* de produtos, negócios inclusivos e oportunidades de trabalho na coleta seletiva, reutilização e reciclagem.

DESAFIOS DA GOVERNANÇA AMBIENTAL URBANA E CAPACIDADE ADAPTATIVA

A gestão do risco de desastres coloca uma questão relevante face ao aumento da ocorrência e da intensidade de eventos extremos à vulnerabilidade de populações em áreas sujeitas a deslizamentos e enchentes. Isso demanda que a gestão preventiva se torne cada vez mais presente na governança ambiental dos riscos de desastres naturais e que fortaleça a capacidade adaptativa das nossas cidades.

Segundo Jacobi e Sulaiman (2016), a governança é uma das dimensões importantes para o desenvolvimento da capacidade adaptativa, na medida em que abrange arranjos institucionais que potencializam o engajamento individual e comunitário, estendendo a participação pública na tomada de decisão e implementação das ações. Isso requer, segundo Adger et al. (2003), a interação entre pessoas e grupos, a troca de conhecimentos, ambiente de confiança, reciprocidade, cooperação e trabalho em rede, experimentação, inovação e aprendizagem constante, compartilhada e retroalimentada.

Cabe destacar que a 3ª Conferência Mundial sobre Redução de Desastres, em Sendai, Japão, em 2015, identificou a necessidade de centralizar as ações em processos de governança e explicitou a urgência do trabalho conjunto entre diferentes atores sociais, apoiado numa abordagem multirriscos, na troca de experiências, no compartilhamento de informações do campo da ciência complementadas pelo conhecimento tradicional, assim como na construção de conhecimento por meio de processos de formação e educação baseados em aprendizagem entre pares (Jacobi; Sulaiman, 2016).

No âmbito da comunicação e participação social, essa abordagem corretiva expressa-se na promoção de campanhas e distribuição de materiais, especialmente nos períodos de maior ocorrência de eventos extremos, direcionados a informar sobre o risco existente e sobre atitudes e comportamentos adequados para que indivíduos, grupos e comunidades saibam conviver com esse risco. Esse processo limita a participação social à adoção de medidas adequadas de adaptação e autoproteção, especialmente para moradores em áreas de risco (Sulaiman, 2014).

Entende-se que a contribuição da população na gestão preventiva dos riscos de desastres depende da compreensão de conhecimentos técnico-científicos e de uma percepção de risco racionalizada (Silva; Macedo, 2007) que permita diagnosticar os elementos e os territórios em risco.

CENÁRIOS DE FUTURO PARA A GOVERNANÇA AMBIENTAL

Diante do quadro urbano brasileiro apresentado, é inquestionável a urgência em implementar políticas públicas orientadas para tornar as cidades e as regiões metropolitanas social e ambientalmente sustentáveis como uma forma de se contrapor ao quadro de deterioração crescente das condições de vida. Nesse sentido, destacam-se os 17 Objetivos de Desenvolvimento Sustentável (ODS) das Nações Unidas e suas metas da Agenda 2030 (UNRIC, 2015), em especial o Objetivo 11, de tornar as cidades e os assentamentos humanos inclusivos, seguros, resilientes e sustentáveis, que deverão orientar as políticas nacionais e as atividades de cooperação internacional nos próximos 15 anos. São algumas metas:

- Até 2030, garantir o acesso de todos à habitação segura, adequada e a preço acessível, e aos serviços básicos e urbanizar as favelas.
- Até 2030, proporcionar o acesso a sistemas de transporte seguros, acessíveis, sustentáveis e a preço acessível para todos, melhorando a segurança rodoviária por meio da expansão dos transportes públicos, com especial atenção para as necessidades das pessoas em situação de vulnerabilidade, mulheres, crianças, pessoas com deficiência e idosos.

- Até 2030, aumentar a urbanização inclusiva e sustentável, e as capacidades para o planejamento e gestão de assentamentos humanos participativos, integrados e sustentáveis, em todos os países.
- Fortalecer esforços para proteger e salvaguardar o patrimônio cultural e natural do mundo.
- Até 2030, reduzir significativamente o número de mortes e o número de pessoas afetadas por catástrofes e substancialmente diminuir as perdas econômicas diretas causadas por elas em relação ao produto interno bruto global, incluindo os desastres relacionados à água, com o foco em proteger os pobres e as pessoas em situação de vulnerabilidade.
- Até 2030, reduzir o impacto ambiental negativo *per capita* das cidades, inclusive prestando especial atenção à qualidade do ar, gestão de resíduos municipais e outros.
- Até 2030, proporcionar o acesso universal a espaços públicos seguros, inclusivos, acessíveis e verdes, particularmente para as mulheres e crianças, pessoas idosas e pessoas com deficiência.
- Apoiar relações econômicas, sociais e ambientais positivas entre áreas urbanas, periurbanas e rurais, reforçando o planejamento nacional e regional de desenvolvimento.
- Até 2020, aumentar substancialmente o número de cidades e assentamentos humanos adotando e implementando políticas e planos integrados para a inclusão, a eficiência dos recursos, mitigação e adaptação às mudanças climáticas, a resiliência a desastres; e desenvolver e implementar, de acordo com o Marco de Sendai para a Redução do Risco de Desastres 2015-2030, o gerenciamento holístico do risco de desastres em todos os níveis.
- Apoiar os países menos desenvolvidos, inclusive por meio de assistência técnica e financeira, para construções sustentáveis e resilientes, utilizando materiais locais.

Essa agenda para a sustentabilidade urbana torna cada vez mais necessário ampliar o nível de consciência socioambiental estimulando a população a participar nos processos decisórios como um meio de fortalecer a sua corresponsabilização no monitoramento dos agentes responsáveis pela degradação socioambiental.

Avanços na governança ambiental precisam ser cada vez mais incorporados nos processos que envolvem os tomadores de decisão e os não tomadores de decisão, com objetivos comuns: maior consenso possível quanto à forma de enfrentar os problemas ambientais que se multiplicam e o desenho da gestão para a sustentabilidade, em que a participação descentralizada e corresponsável seja a tônica do processo. Pressupõe atuação em rede e integrada, com ganho de poder dos atores envolvidos na gestão, interagindo com os tomadores de decisões (Jacobi, 2013).

Trata-se, portanto, de reforçar políticas socioambientais que se articulem com as outras esferas governamentais e possibilitem a transversalidade, reforçando a necessidade de formular políticas ambientais pautadas pela dimensão dos problemas em nível metropolitano. Mas também cabe enfatizar a contribuição que a área ambiental deve ter na articulação com políticas de emprego, renda e desenvolvimento econômico, reforçando principalmente a importância de uma gestão compartilhada com ênfase na corresponsabilização na gestão do espaço público e na qualidade de vida urbana, o que se busca também por meio da constituição de consórcios públicos entre os municípios.

As consequências do desrespeito ao meio ambiente nas ocupações urbanas são notórias e os problemas tendem a se ampliar se medidas radicais não forem implementadas em torno de três questões, que consistem em moradia precária e com falta de infraestrutura, déficit de transporte público somado ao uso excessivo do transporte individual, além da falta de controle sobre uso e ocupação do solo pelas populações mais carentes.

Observa-se que eventos extremos têm se tornado mais frequentes, ameaçando cada vez mais a precária infraestrutura das cidades. A própria expansão das metrópoles e consequentemente das ilhas de calor provocadas pela impermeabilização do solo favorece o aumento das precipitações. As inundações e deslizamentos que têm ocorrido nos grandes centros urbanos do País já são consequência das mudanças climáticas. Segundo as previsões do IPCC, esses eventos extremos devem se tornar cada vez mais frequentes nas regiões Sul e Sudeste.

Os cenários de risco e as fatalidades urbanas criados pelas ações antrópicas estão predominantemente associados à forma de ocupação tanto de terrenos e empreendimentos regulares quanto de assentamentos habitados por população de baixa renda em áreas invadidas. Muitas pessoas nas cidades brasileiras moram em áreas inapropriadas e de grande risco, sendo que a ocupação inadequada do solo, com a construção de moradias em terrenos de encostas, em margens de cursos d'água, áreas de risco de deslizamentos e inundações, é reflexo dessa ocupação desordenada e da falta de uma lógica de governança colaborativa.

A governança ambiental urbana no Brasil se ressente ainda de uma maior cooperação e coordenação entre os agentes públicos e os agentes econômicos que realizam intervenções concretas como obras, habitação, transporte, setores, que estarão envolvidos diretamente com as medidas de adaptação às mudanças climáticas. Esse distanciamento só poderá ser modificado a partir de uma visão que articule e coordene ações de desenvolvimento urbano, meio ambiente e saúde pública como componentes de políticas transversais.

As cidades devem promover uma inflexão no modelo prevalecente de perpetuar intervenções equivocadas sobre o meio ambiente, que potencializa os efeitos de eventos extremos. As consequências do desrespeito ao meio ambiente nas ocupações urbanas são notórias. Os problemas tendem a se ampliar se medidas radicais não forem implementadas em torno das três questões anteriormente mencionadas, ou seja, moradia precária e com falta de infraestrutura, déficit de transporte público e uso excessivo do transporte individual e falta de controle sobre uso e ocupação do solo pelas populações mais carentes para reduzir riscos e agravos socioambientais. Isso demanda repensar a governança do espaço urbano tanto na prevenção e alerta de desastres como na sua atuação pós-desastre.

Também é necessário sobretudo se prevenir face às propostas que levem à degradação ainda mais intensa de áreas frágeis e de relevância ecológica para o equilíbrio dos sistemas naturais. Prevenção e ação responsáveis só poderão ser alcançadas em uma perspectiva de atuação compartilhada e interescalar entre os diferentes setores da sociedade, com a abertura de estimulantes espaços para implementar alternativas de democracia participativa, notadamente a garantia do acesso à informação e consolidação de canais para uma participação plural.

O caminho para uma sociedade sustentável se fortalece na medida em que se desenvolvam práticas educativas que, pautadas pelo paradigma da complexidade, aportem para os ambientes pedagógicos uma atitude reflexiva em torno da problemática ambiental, visando traduzir o conceito de ambiente e o pensamento da complexidade na formação de novas mentalidades, conhecimentos e comportamentos. Isso implica a necessidade de se multiplicarem as práticas sociais pautadas por uma visão com intuito de alterar gradualmente a lógica de insustentabilidade prevalecente. Trata-se de estimular e promover a ampliação de uma visão crítica sobre a lógica de insustentabilidade, expandindo o acesso aos canais que multiplicam ideias e práticas que apresentam visões alternativas e promovem a corresponsabilidade na sociedade.

Quando se analisam experiências locais que avançaram quanto à sustentabilidade, o que se observa é que os governos locais se convertem em incubadoras de inovação e implementação em escala e agentes de mudança e que a esfera de governo fica mais próxima das pessoas, podendo enfrentar os problemas globais com soluções sistêmicas localizadas (Iclei, 2012). Nesse sentido, as cidades podem ter um papel decisivo a partir do fortalecimento de modelos de cooperação descentralizada, do apoio à criação de apropriados quadros regulatórios locais que permitam soluções urbanas integradas que fortaleçam o desenvolvimento de ações pautadas pela resiliência e adaptação às mudanças climáticas; que criem novos mercados para economias urbanas verdes inclusivas; que promovam rupturas estruturais na lógica da mobilidade urbana, para o fortalecimento de redes e associações que conectam os líderes locais, de modo a facilitar o intercâmbio de conhecimentos, capacitar e promover a ação colaborativa; e que proporcionam oportunidades para conduzir a transição para uma economia urbana verde vigorosa e inclusiva, que reduza a pobreza e promova a justiça socioambiental.

A transformação cultural, necessária para superar o hiato existente entre o reconhecimento da crise social e ambiental e a construção real de práticas capazes de estruturar as bases de uma sociedade sustentável, alerta para a importância do fortalecimento de comunidades de prática[3] e da aprendizagem social[4] como processos e espaços/tempos que permitam ampliar o número de pessoas no exercício desse conhecimento e fortaleçam a comunicação entre essas pessoas de modo a potencializar interações que tragam avanços substanciais na produção de novos repertórios e práticas de mobilização social para a sustentabilidade (Glasser, 2007; Sterling, 2007; Wenger, 1998).

CONSIDERAÇÕES FINAIS

As cidades brasileiras se confrontam com o desafio de promover economias de baixo carbono e isso representa a adesão a um novo paradigma de gestão que promova mudanças nos padrões de produção e consumo, transporte coletivo, ampliação de áreas verdes, universalização de saneamento com qualidade e ainda a mitigação dos impactos do aquecimento global e a adaptação às mudanças climáticas.

---

[3] Conforme Wenger (1998): "Comunidades de prática são grupos de pessoas que desenvolvem um repertório compartilhado de recursos: experiências, histórias, ferramentas, modos de lidar com problemas recorrentes – em resumo, uma prática compartilhada".

[4] Glasser (2007) destaca a multiplicidade de abordagens de aprendizagem social. Nesse artigo, o termo indica os processos de aprendizagem de indivíduos e grupos que, por intermédio de interações sociais, permitem a aquisição de novas formas de compreender e agir sobre a realidade.

O que se observa é que os governos locais que conseguem promover ações sustentáveis, a partir de premissas que articulam a inovação com a superação das lógicas recorrentes, se tornam exemplos de como as cidades podem enfrentar questões estratégicas em direção à sustentabilidade local.

Após a Conferência de Johannesburgo, em 2002, os governos locais comprometeram-se em ir mais adiante, além do planejamento do desenvolvimento e abordar fatores específicos que impedem que muitas cidades e comunidades alcancem a sustentabilidade como a pobreza: a injustiça, a exclusão e o conflito; os ambientes insalubres; e a insegurança. As ênfases propostas para que as cidades avançassem na direção da sustentabilidade focaram nos conceitos de economias locais viáveis, cidades ecoeficientes e comunidades e cidades resilientes e culminaram recentemente nas metas dos ODS que englobaram e ampliaram esses conceitos.

Os temas urbanos que por excelência estão relacionados com o da sustentabilidade são as opções de transporte, o planejamento e uso do solo e o acesso aos serviços de saneamento e infraestrutura básica, todos eles vinculados com a potencialização de riscos ambientais. Isso impõe mudanças profundas na reorganização da agenda urbana quanto a controlar a ocupação indevida de áreas de risco, na priorização do transporte público e na inversão da lógica que prevalece nos sistemas de limpeza urbana de quanto mais lixo, mais dinheiro para a redução e valorização dos resíduos da reciclagem e da coleta seletiva, com inclusão dos catadores.

Pode-se afirmar que as cidades brasileiras atualmente precisam reduzir os riscos de desastres, especialmente provenientes de chuvas intensas. Torna-se necessário, portanto, repensar a governança do espaço urbano tanto na prevenção e alerta de desastres como na sua atuação pós-desastre. Também é necessário sobretudo evitar projetos que potencializem a degradação de áreas frágeis e de relevância para o funcionamento dos sistemas naturais. Essa prevenção e ação responsáveis só poderão ser alcançadas em uma perspectiva de atuação compartilhada e interescalar entre os diferentes setores da sociedade.

A palavra-chave "qualidade de vida", que tem sido mais internalizada pelas políticas públicas, tem como elemento determinante a intersetorialidade das ações para criar condições para implementar políticas orientadas para a sustentabilidade urbana, assim diminuindo os riscos ambientais e a pressão sobre os recursos naturais.

A governança do espaço urbano depende da integração intergovernamental, da criação de espaços inovadores e qualificados de interlocução com os diversos setores da sociedade e de administrações locais que tenham uma visão de longo prazo e uma gestão baseada mais na prevenção do que na ação emergencial e curativa.

REFERÊNCIAS

[ABRELPE] ASSOCIAÇÃO BRASILEIRA DE EMPRESAS DE LIMPEZA PÚBLICA E RESÍDUOS ESPECIAIS. *Panorama de Resíduos Sólidos no Brasil – 2012*. São Paulo: ABRELPE, 2013.

_____. *Atlas Brasileiro de Emissões de GEE e Potencial Energético na Destinação de Resíduos Sólidos*. São Paulo: ABRELPE, 2012.

ADGER, N. et al. Adaptation to climate change in developing world. *Progress in Development Studies*, 2003, v. 3, n. 3, p. 179.

BECK, U. *Sociedade de risco*. São Paulo: 34, 2010.

BESEN, G.R. A questão da coleta seletiva formal. In: JARDIM, A.; YOSHIDA, C.; MACHADO FILHO, J.V. (Orgs.). *Política Nacional, Gestão e Gerenciamento de Resíduos Sólidos*. 1.ed. Barueri: Manole, 2012, p. 389-414.

BESEN, G.R. et al. Coleta seletiva na Região Metropolitana de São Paulo: impactos da Política Nacional de Resíduos Sólidos. *Ambiente & Sociedade*, São Paulo, 2014, v. 17, n. 3, p. 259-278.

BESEN, G.R.; FRACALANZA, A.P. Challenges for the Sustainable Management of Municipal Solid Waste in Brazil. *disP – The Planning Review*, 2016, v. 52, n. 2, p. 45-52.

BESEN, G.R.; RIBEIRO, H.; GUNTHER, W.R. Coleta seletiva com inclusão de catadores no Brasil: construção participativa de indicadores de sustentabilidade. In: PHILIPPI JR, A.; MALHEIROS, T.F. (Orgs.). *Indicadores de Sustentabilidade e Gestão Ambiental*. 1.ed. Barueri: Manole, 2012, p. 677-704.

BONDUKI, N. O modelo de desenvolvimento urbano de São Paulo precisa ser revertido. *Estudos Avançados*, 2011, v. 25, n. 71, p. 23-36.

BRASIL. Lei n. 12.305, de 2 de agosto de 2010. Política Nacional de Resíduos Sólidos. Disponível em: <http://www.planalto.gov.br/ccivil_03/_Ato2007-2010/2010/Lei/L12305>.htm. Acesso em: 10 fev. 2013.

_____. Ministério do Meio Ambiente. Secretaria de Recursos Hídricos e Ambiente Urbano. Plano Nacional de Resíduos Sólidos – Versão Preliminar. Brasília, 2011. Disponível em: http://www.mma.gov.br/estruturas/253/_arquivos/versao_preliminar_pnrs_wm_253.pdf. Acesso em: 10 fev. 2013.

_____. Ministério do Meio Ambiente. *Política Nacional de Mudança do Clima*. Brasilia, 2010. Disponível em http://www.mma.gov.br/clima/politica-nacional-sobre-mudanca-do-clima.pdf. Acesso em: 18 de fevereiro de 2013.

BRITTO A.L.; FORMIGA-JOHNSSON, R.M. Mudanças climáticas, saneamento básico e governança da água na Região Metropolitana do Rio de Janeiro. V Encontro Nacional da Anppas, 4 a 7 de outubro de 2010. Florianópolis, 2010. Disponível em: http://www.anppas.org.br/encontro5/cd/artigos/GT11-532-488-20100903235031.pdf. Acesso em: 17 ago. 2013.

EGLER, C.A.G.; GUSMÃO, P.P. Gestão costeira e adaptação às mudanças climáticas: o caso da Região Metropolitana do Rio de Janeiro, Brasil. *Revista da Gestão Costeira Integrada*, 2014, 14(1):65-80. Disponível em: http://www.aprh.pt/rgci/pdf/rgci-370_Egler.pdf. Acesso em: 4 ago. 2015.

GLASSER, H. Minding the gap: the role of social learning in linking our stated desire for a more sustainable world to our everyday actions and policies. In: WALS, A. (Ed.). *Social learning: towards a sustainable world*. Wageningen: Wageningen Academic Publishers, 2007.

GROSTEIN, M.D. Metrópole e expansão urbana: a persistência de processos insustentáveis. *Revista Metrópoles: Transformações Urbanas*, 2001, v. 15, p. 13-19.

[IBGE] INSTITUTO BRASILEIRO DE GEOGRAFIA E ESTATÍSTICA. Pesquisa Nacional por Amostra de Domicílios (PNAD) – 2015. Rio de Janeiro. Disponível em: http://www.ibge.gov. br/home/estatistica/populacao/trabalhoerendimento/pnad2011/default_sintese.shtm. Acesso em: 20 ago. 2016.

_____. *Dados do Censo 2010*. Disponível em: http://www.censo2010.ibge.gov.br/. Acesso em: 20 ago. 2013.

[ICLEI] LOCAL GOVERNMENTS FOR SUSTAINABILITY. *Local Sustainability 2012:* Taking stock and moving over – Global Review. Bonn: ICLEI, 2012.

[IPCC] INTERGOVERNMENTAL PANEL ON CLIMATE CHANGE. Climate Change 2007: Synthesis Report. Disponível em: http://www.ipcc.ch/publications_and_data/publications_ipcc_fourth_assessment_report_synthesis_report.htm. Acesso em: 1 fev. 2011.

[IPEA] INSTITUTO DE PESQUISA ECONÔMICA APLICADA. *Situação social das catadoras e dos catadores de material reciclável e reutilizável.* Brasília: IPEA, 2013.

_____. *Infraestrutura social e urbana no Brasil subsídios para uma agenda de pesquisa e formulação de políticas públicas:* A mobilidade urbana no Brasil. Brasília: IPEA, 2011.

IRWIN, A. *Sociology and the environment.* London: Polity Press, 2001.

JACOBI, P.R. *Cidade e meio ambiente.* São Paulo: Annablume, 1999.

_____. Governança ambiental, participação social e educação para a sustentabilidade. In: PHILIPPI JR, A. et al. (Eds.) *Gestão da natureza pública e sustentabilidade.* Barueri: Manole, 2012, p. 343-361.

_____. São Paulo metrópole insustentável: como superar esta realidade? *Cadernos Metrópole*, 2013, v. 15, n. 29, p. 219-239.

JACOBI, P.R. et al. Ação e reação. Intervenções urbanas e a atuação das instituições no pós-desastre em Blumenau. *Revista Latinoamericana de Estudios Urbano Regionales* (EURE), 2013a, v. 39, n. 116, p. 243-261. Disponível em: http://www.scielo.cl/scielo.php?script=sci_arttext&pid=S0250-71612013000100010.

_____. Water governance and natural disasters in Metropolitan Region of São Paulo, Brazil. *International Journal of Urban Sustainable Development*, 2013b, v. 5, n. 1, p. 77-88.

JACOBI, P.R. SULAIMAN, S.N. Governança ambiental urbana face às mudanças climáticas. *Revista USP*, 2016, v. 109, p. 133-144.

MARICATO, E. et al. Crise urbana, produção do habitat e doença. In: SALDIVA, P. et al. *Meio ambiente e saúde: o desafio das metrópoles.* São Paulo: Instituto Saúde e Sustentabilidade, 2010.

MIGUEZ et al. Vulnerabilidades da infraestrutura de drenagem urbana e os efeitos das mudanças climáticas na Região Metropolitana do Rio de Janeiro. In: GUSMÃO et al. (Coord.). *Relatório Megacidades Vulnerabilidade e Mudanças Climáticas: Região Metropolitana do Rio de Janeiro.* Rio de Janeiro: UFRJ/INPE/UERJ/Fiocruz, 2011, p 125-144.

NAKANO, K. A produção social da vulnerabilidade urbana. *Le Monde Diplomatique*, 2011. Disponível em: http://www.diplomatique.org.br/artigo.php?id=907. Acesso em: 25 set. 2012.

NOBRE, C.A. et al. *Vulnerabilidade das megacidades brasileiras às mudanças climáticas:* Região Metropolitana de São Paulo. Sumário Executivo. São Paulo: Inpe/Unicamp/USP/IPT/Unesp, Rio Claro, 2010.

[ONU] ORGANIZAÇÃO DAS NAÇÕES UNIDAS. Sendai Framework for Disaster Risk Reduction 2015-2030. Disponível em: http://www.wcdrr.org/uploads/Sendai_Framework_for_Disaster_Risk_Reduction_2015-2030.pdf. Acesso em: 29 abr. 2015.

OBSERVATÓRIO DAS METRÓPOLES. *As metrópoles no Censo 2010:* novas tendências? Disponível em: http://www.observatoriodasmetropoles.net/download/texto_MetropolesDez2010. pdf. Acesso em: 18 ago. 2013.

RIBEIRO, L.C.Q. *Desastres urbanos:* que lição tirar? Rio de Janeiro: Observatório das Metrópoles, 2011. Disponível em: http://web.observatoriodasmetropoles.net/index.php?option=com_content&view= article&id=1555%3Adesastres-urbanos-que-licaotirar&catid=34%3Aartigos&Itemid=138&lang= pt. Acesso em: 17 set. 2013.

RODRIGUES, J.M. *Crescimento da frota de automóveis e motocicletas nas metrópoles brasileiras 2001/2011.* Rio de Janeiro: Observatório das Metrópoles, 2012. Disponível em: http://observatoriodasmetropoles.net/download/relatorio_automotos.pdf. Acesso em: 21 ago. 2013.

STEINBERG, M. (Org.). *Território, ambiente e políticas públicas ambientais.* Brasília: Paralelo 15/LGE, 2006.

SCHULT, S.I.M.; JACOBI, P.R.; GROSTEIN, M.D. Desafios da gestão integrada de recursos naturais: entre a gestão de recursos hídricos e a gestão do território na Bacia do Rio Itajaí-Santa Catarina. In: RIBEIRO, W.C. (Org). *Rumo ao pensamento crítico socioambiental.* São Paulo: Annablume, 2010.

SILVA, F.C.; MACEDO, E.S. Percepção ambiental e riscos naturais com enfoque em deslizamentos. In: Simpósio Brasileiro de Desastres Naturais e Tecnológicos (Sibraden II). *Anais...*, Santos, dez. 2007.

SULAIMAN, S.N. *De que adianta?* O papel da educação para prevenção de desastres naturais. Tese de Doutorado em Educação. São Paulo: Faculdade de Educação da Universidade de São Paulo, 2014.

STERLING, S. Riding the storm: towards a connective cultural consciousness. In: WALS, A.E.J. (Ed.). *Social learning towards a sustainable word:* principles, perspectives, and praxis. Wageningen: Wageningen Academic Publishers, 2007, p. 63-82.

TRATA BRASIL. *Benefícios econômicos da expansão do saneamento brasileiro.* Rio de Janeiro: FGV/Ibre, 2010. Disponível em: http://www.tratabrasil.org.br/novo_site/cms/files/trata_fgv. pdf. Acesso em: 6 jun. 2013.

_____. Diagnóstico da situação dos planos municipais de saneamento básico e da regulação de serviços nas 100 maiores cidades brasileiras. Rio de Janeiro, 2013. Disponível em: http://www.tratabrasil.org.br/datafiles/estudos/diagnostico/book.pdf. Acesso em: 1 out. 2016.

[UNRIC] UNITED NATIONS REGIONAL INFORMATION CENTRE OF WESTERN EUROPE. 17 goals to transform our world. Disponível em: http://www.unric.org/en/latest-un-buzz/30020-17-goals-to-transform-our-world. Acesso em: 22 dez. 2015.

[UNISDR] Estratégia Internacional das Nações Unidas para Redução de Desastres. Terminología em Redução de Riscos de Desastres. Genebra, 2009.

_____. Sendai Framework for Disaster Risk Reduction 2015-2030. Disponível em: http://www.preventionweb.net/files/43291_sendaiframeworkfordrren.pdf. Acesso em: 9 mar. 2016.

WARNER, J. *The politics of flood insecurity.* Wageningen: Wageningen University, 2010.

WARNER, J.; WAALEJIWN, P.; HILHORST, D. Public participation in disaster – prone watersheds: time for multi-stakeholder platforms. *Disaster Site Paper*, Wageningen University, 2002 n. 6.

WENGER, E. *Communities of practice:* learning, meaning, and identity. Nova York: Cambridge University Press, 1998.

WORLD BANK. Waste Generation. *Urban Development Series.* Washington, 2010. Disponível em: http://siteresources.worldbank.org/INTURBANDEVELOPMENT/Resources/ 336387-1334852610766/Chap3.pdf. Acesso em: 2 jun. 2013.

25 | Metrópoles brasileiras: abrangência em macrometrópole e desafios da gestão sustentável

Ana Paula Koury
Arquiteta, Universidade São Judas Tadeu

Cristina Kanya Caselli Cavalcanti
Arquiteta, Universidade Presbiteriana Mackenzie, UPM

Gilda Collet Bruna
Arquiteta e urbanista, Universidade Presbiteriana Mackenzie, UPM

A FORMAÇÃO DA SOCIEDADE URBANA BRASILEIRA

A passagem de uma sociedade rural para outra urbana e industrial no Brasil teve impulso com a expansão da economia de exportação do café, quando São Paulo reuniu os principais fatores que transformariam a modesta cidade imperial em um vibrante centro urbano. A ligação ferroviária do interior do estado com a capital e o porto de Santos através do ramal Santos-Jundiaí desempenhou um papel fundamental, ligando as regiões produtoras e o mercado exterior e permitindo a entrada de mão de obra dos imigrantes e a importação de materiais de contrução. Todos esses acontecimentos que ocorreram por volta de 1870 marcariam o período conhecido como a "segunda fundação da cidade". O termo foi cunhado pelo historiador Eurípedes Simões de Paula em 1954 para caracterizar a renovação urbana empreendida por João Teodoro Xavier de Matos entre 1872 e 1875 (Paula, 1954, p. 170).

João Teodoro fez um conjunto de melhoramentos viários e conexões entre os bairros da cidade que cresciam de modo isolado. Retificou o Rio Tamanduateí construindo um passeio público pitoresco em frente ao Mercado Municipal da rua 25 de Março, que ficou conhecido como "ilha dos amores", reformou o Jardim da Luz e fez a ligação entre o bairro e os vizinhos, o Brás e o centro da cidade. Melhorou o viário do Pari e do Gasômetro. Também ligou o Arouche, a Consolação e o Largo dos Curros.

Essas transformações intensificaram-se durante a década de 1890, início do período republicano, com a remodelação do Largo do Palácio (antigo Pátio do Colégio), com a abertura da Avenida Paulista (1891), a transposição do Vale do Anhangabaú através do Viaduto do Chá (1892), a construção da Escola Normal Caetano de Campos (1894) e finalmente com a construção do Teatro Municipal (1902) e a remodelação da Praça da República, antigo Largo dos Curros. Todas essas transformações intensificaram a ocupação do setor oeste da cidade, também conhecido como "centro novo", valorizando os terrenos e constituindo um pujante mercado imobiliário que ativou intensamente o setor de construções e marcou o avanço da engenharia em São Paulo (Reis, 2010, 99-106).

Mas foi apenas a partir da revolução de 1930 que a cidade tornou-se o centro da economia industrial brasileira, polarizando em sua estrutura espacial urbana um processo de crescimento econômico e demográfico concentrado que levaria à formação da macrometrópole paulista, que na primeira década do século XXI era responsável por 82,8% do produto interno bruto (PIB) estadual, abrigando uma população de mais de 33 milhões de habitantes, isto é, 74,6% da população estadual em uma área de 53,4 mil km², que representa 20% da área estadual[1] (Costa, 2013). O processo da urbanização acelerada que levou à metropolização territorial e à concentração demográfica também significou grandes problemas de ordem social, como a pobreza e a violência urbana, e de ordem ambiental, como a pressão sobre áreas de preservação e mananciais que ameaçam a segurança do abastecimento da cidade. Esses problemas constituem grandes desafios à gestão nas diferentes escalas espaciais da macrometrópole paulista (Rodrigues, s/d).

A polarização espacial da cidade de São Paulo é uma consequência do crescimento da indústria paulistana, conforme explica Singer (1968, p. 35-41), que diversificou-se em função da acumulação de capitais excedentes da economia cafeeira. A economia cafeeira desenvolveu-se baseada em mão de obra assalariada, mais intensiva no uso da terra e nos investimentos de capital e associada à expansão do mercado imobiliário. Portanto, é diferente do padrão colonial baseado na monocultura exportadora do açúcar, que associava o setor exportador ao de subsistência. Furtado (1957) explica que as tensões surgidas da crise da economia cafeeira no *crash* de 1929 mudaram todo o modelo de crescimento econômico social no Brasil. Inauguraram um sistema

---

[1] Dados da Emplasa. Disponível em: <https://www.emplasa.sp.gov.br/MMP>. Acesso em: 19 mai. 2018.

econômico e político autônomo baseado em uma rede de comércio entre as regiões, superando definitivamente o isolamento entre elas, que caracterizava a economia colonial e o modelo decorrente da monocultura exportadora do açúcar. A revolução de 1930 daria expressão política a um modelo econômico voltado ao mercado interno. A intensificação do sistema de trocas entre as cidades que dinamizou a rede urbana brasileira ativa pode ser associada a esse processo de formação desse sistema econômico. Getúlio Vargas (1882-1954) protegeu a economia doméstica e deu suporte ao setor industrial, que se organizou a partir do excedente de capital oriundo da economia cafeeira investido na substituição das importações.

Embora seja Furtado quem explique a grande transformação do modelo de desenvolvimento nacional, o papel das cidades nesse processo seria fartamente explorado uma década mais tarde por Singer, que aborda e descreve o papel da urbanização neste processo.

Mas a constituição do mercado interno para produtos industriais, que se processa neste período, toma principalmente a forma da urbanização. As cidades crescem em função do movimento exportador, pois elas são a sede de uma série de serviços – transporte, armazenamento, comercialização, embalagem. Estes serviços constituem um terceiro setor da economia, que se distingue do Setor de Mercado Externo, porque sua produção é consumida no próprio país e do Setor de Subsistência porque produz unicamente para o mercado, não havendo nele quase nenhum autoconsumo (Singer, 1968, p. 44).

O processo de urbanização se intensificou no país a partir dos anos 1940, refletindo as mudanças substanciais em sua estrutura produtiva, particularmente no processo de industrialização. De 1936 a 1939, novos investimentos ocorreram no setor manufatureiro, resultando em uma nova expansão e diversificação da indústria brasileira. Assim, esse último período representou a expansão significativa do mercado de trabalho em grandes cidades como Rio de Janeiro e São Paulo, desencadeando um gigantesco fluxo migratório das regiões mais pobres do país e da zona rural em direção principalmente a essas duas capitais.

O gigantesco processo migratório desencadeou a crise urbana dos anos 1940, sobretudo sentida pela escassez de moradias e surgimento das favelas nos grandes centros urbanos. O diagnóstico e as consequências da urbanização acelerada foram logo apontadas em 1946 no Relatório da Comissão de Investigação Econômica e Social da Assembleia Constituinte, que se reuniu em fevereiro de 1946 para preparar a Carta Magna que seria publicada em setembro do mesmo ano. As medidas identificadas para conter o fluxo migratório seriam transformadas na primeira política pública federal de habitação, a Fundação da Casa Popular, que seria lançada ainda em maio do mesmo ano. As medidas tinham o objetivo de enfrentar as desigualdades espaciais, promovendo ações para conter a migração campo-cidade e melhorar as condições de moradia da zona rural e dos pequenos municípios.

A campanha municipalista da Constituição de 1946 ampliou a autonomia e os recursos dos municípios e trouxe para o acordo de transição política após o Estado Novo as elites rurais organizadas em torno das administrações municipais. A manobra política também permitiria reorientar os investimentos do sistema social-previdenciário que haviam se concentrado no mercado imobiliário das grandes cidades, fortalecendo assim a rede urbana do interior e minimizando a atração do desenvolvimento econômico nas grandes capitais.

Esse foi o intuito da campanha municipalista promovida pela Constituição de 1946, que articulada à criação da Fundação da Casa Popular permitiria difundir melhores condições de habitação e urbanização no campo e em cidades pequenas e médias. Entretanto, tais objetivos não foram plenamente atingidos, apesar de as instituições terem sido criadas e de os recursos terem sido previstos na Constituição de 1946. Pelo menos dois fatores concorreram para o fracasso inicial da política de interiorização da provisão de infraestrutura urbana e habitacional para o campo e para as cidades pequenas e médias: dificuldades em efetivar um acordo entre os interesses das sub-elites alojadas nas administrações municipais e o projeto modernizador dos quadros técnicos que dirigiam o aparelho do Estado (Melo, 2002, 1998). Portanto, houve um relativo fracasso do projeto de interiorização dos investimentos em infraestrutura urbana. Os recursos que foram efetivamente repassados para a Fundação da Casa Popular ficaram muito aquém do ambicioso projeto para inverter a dinâmica de concentração espacial. Contudo, verificou-se que no mesmo período houve gradativa diminuição dos investimentos dos Institutos de Previdência em habitação urbana nas grandes capitais brasileiras a partir de 1946.

Juscelino Kubitscheck (1956-1961) ficou conhecido por ter construído e inaugurado uma nova capital no centro do País. A gigantesca tarefa da construção de Brasília era a última meta de seu plano, cujo objetivo central foi sintetizado em sua campanha presidencial "50 anos em 5", que associava ao seu mandato o salto modernizador gestado no ciclo industrial urbano que se aprofundou a partir de 1930.

O Plano de Metas de Juscelino Kubitscheck estabeleceu duas linhas de ações estratégicas. Enfrentar os pontos de estrangulamento da produção, ampliando a oferta dos fatores em cinco setores básicos: energia, transportes, indústria de base, alimentação e formação de recursos humanos, em que foram priorizados os três primeiros. O setor de energia (elétrica, nuclear, mineral, petróleo) abrangia 43% das metas de governo, o de transporte (ferrovias, rodovias, portos, marinha mercante e transporte aeroviário), 29,6%; e a indústria de base 20,4% (Lafer; Mindlin, 1973).

A engrenagem econômica por sua vez seria posta em funcionamento através da produção de um novo artefato urbano, um verdadeiro monumento nacional que expressava simbolicamente a força-tarefa de modernizar o Brasil. A construção de Brasília representava para o público nacional a autonomia prometida pelo binômio industrialização-progresso social. Conquistando para si o mercado interno e invertendo a lógica perpetrada desde a colônia de um desenvolvimento territorial pela borda oceânica, era ainda dependente dos mercados europeus para a exportação de produtos agrícolas e importação de bens manufaturados. Construída em apenas quatro anos, a nova capital despendeu cerca entre 250 bilhões de cruzeiros em valores de 1961, mobilizando 2,3% do Produto Nacional Bruto.

Contra a tendência de grandes concentrações urbanas na faixa litorânea, a construção de Brasília funcionaria como polo de atração para o desenvolvimento do interior, reproduzindo no centro geográfico do País a mesma dinâmica de valorização imobiliária, característica do desenvolvimento urbano concentrado brasileiro.

O fenômeno da urbanização de Brasília corresponde ao alto grau de urbanização da população brasileira, que passou a ser majoritariamente urbana depois da metade da década de 1960, como pode ser observado na Figura 1. Portanto, neste ponto da história política brasileira os efeitos da urbanização concentrada eram mais do que um prognóstico dos técnicos da burocracia varguista, mas uma grande força social no quadro político nacional em marcha a partir da década de 1960.

Não sem motivos, a grande transformação política viria do centro dinâmico da nação – a cidade de São Paulo foi a principal base eleitoral da meteórica trajetória de Jânio Quadros (1917-1992), comprovando o potencial político do Brasil urbano. Quadros foi um personagem conhecido da periferia paulistana, seu maior reduto eleitoral foi a Vila Maria, bairro ao norte do centro da cidade de São Paulo, que teve grande crescimento demográfico entre 1950 e 1980, coincidindo, portanto, com o período de intensa urbanização da cidade e com sua ascensão política.

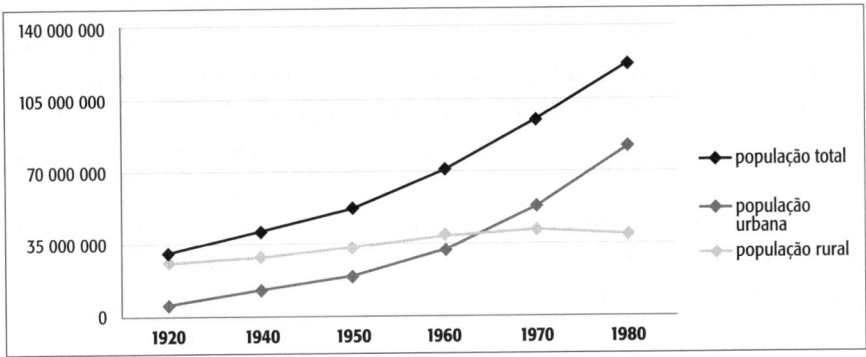

Figura 1 – População brasileira de 1920 a 1980.
Fonte: IBGE (2001).

Jânio Quadros foi um político sensível ao quadro urbano e menos de seis meses depois de eleito propôs a criação do Instituto Brasileiro de Habitação (Projeto de Lei n. 3.139/61) para fazer face ao agravamento da crise de moradia nas grandes cidades brasileiras. O Instituto não saiu do papel e a renúncia de Quadros sete meses depois de sua posse foi também marcada pelo retrocesso do tema urbano na agenda política brasileira. João Goulart, que era o vice-presidente, assumiu a presidência enfrentando grande resistência dos setores antivarguistas ao qual Quadros era ligado. Goulart, que havia sido Ministro do Trabalho de Vargas, acreditava que a extensão da política social e dos direitos trabalhistas aos trabalhadores rurais era o principal gargalo da modernização brasileira, concentrando portanto a sua agenda política na modernização das relações sociais no campo. Apenas em meados de 1963, com a pressão do Instituto de Arquitetos do Brasil, a bandeira da Reforma Urbana foi lançada nacionalmente durante o Seminário de Habitação e Reforma Urbana (Encontro de Quitandinha), organizado pelo Instituto de Arquitetos do Brasil e pelo Instituto de Previdência dos Servidores do Estado (Koury, 2013).

Sem dúvida, a Reforma Urbana está entre os temas mais polêmicos que marcaram o começo e o fim do ciclo autoritário brasileiro (1964-1985). O conturbado período político em que o debate sobre a Reforma Urbana foi lançado culminou com o golpe militar em 1964, interrompendo uma proposta fundamental para o planejamento urbano brasileiro, a limitação do direito individual de propriedade para fazer face ao intenso processo de urbanização. Apesar de o tema da Reforma Urbana ter sido abandonado logo depois do golpe de 1964, o potencial político da questão urbana e habitacional no Brasil dos anos 1960 não poderia ser ignorado nem mesmo pelo governo autocrático instalado (Azevedo, 1996).

A criação do Banco Nacional de Habitação (BNH), logo em agosto de 1964, demonstra a gravidade política dos temas urbanos, entre os quais a habitação e o saneamento básico eram da maior importância. Criado pela Lei n. 4380 e logo depois vinculado ao Ministério do Interior, o banco foi inaugurado com uma dotação inicial de 1 bilhão de cruzeiros e em seguida foram criados os mecanismos de financiamento através do Sistema Brasileiro de Poupança e Empréstimo, também criado em 1964 para o financiamento de habitações para as faixas de renda mais altas, e do Fundo de Garantia por Tempo de Serviço (FGTS), criado em 1966 para financiar os conjuntos populares.

O BNH foi um instrumento de planejamento econômico, político e social que priorizou o desenvolvimento regional e a desconcentração da rede urbana brasileira, atuando na zona rural, em cidades pequenas e médias e por isso mesmo esteve vinculado ao Ministério do Interior. Isso não impediu que também atuasse nas grandes cidades, onde se concentrava e ainda hoje se concentra, majoritariamente a carência de moradias. Entretanto, explica pelo menos em parte por que o BNH não teria implementado uma política intraurbana nas grandes cidades brasileiras.

Por outro lado, a política habitacional sustentada pelo Banco alijou um setor moderno ligado à inovação dos sistemas de construção civil através do desenho industrial, priorizando ao contrário as técnicas de trabalho intensivas como forma de sustentar uma política de empregos com pouca especialização. Portanto, perpetuou-se na produção da cidade financiada pelo poder público uma política majoritariamente caracterizada pela ausência de inovações ligadas à arquitetura, ao desenho industrial e ao desenho urbano.

O processo de urbanização concentrada no Brasil não foi acompanhado por políticas intraurbanas nem atendido pelas políticas públicas; o destino da população pobre urbanizada foi as periferias das grandes cidades. As áreas periféricas continuavam a crescer e, embora o atendimento através da expansão das infraestruturas urbanas tenha sido bastante ampliado, principalmente no final dos anos 1970, ainda assim ficou muito aquém da demanda.

A FORMAÇÃO E INSTITUIÇÃO DAS METRÓPOLES NO BRASIL

Em 1956 o geógrafo Pasquale Petrone (1955), referindo-se à cidade de São Paulo, já chamava a atenção para o fenômeno da conurbação, que caracterizava a evolução urbana da cidade na metade do século XX. Porém, o fenômeno da conurbação toma proporções maiores nas décadas seguintes, com a ampliação das periferias urbanas. Ainda em 1956 Petroni afirmava que o crescimento da cidade colocava em xeque a forma da administração municipal, apontando a necessidade de um órgão administrativo supramunicipal. O fenômeno da conurbação intensificava-se com o deslocamento da população para as metrópoles.

A população brasileira, como mostra a Tabela 1, urbanizava-se em uma velocidade surpreendente desde a década de 1940 e em meados dos anos 1960 passou a ser majoritariamente urbana e concentrada em grandes cidades, como mencionado anteriormente. Segundo Brito (2006, p. 222-224) a "grande novidade, quando se analisa o caso brasileiro, foi a velocidade do processo de urbanização, muito superior à dos países capitalistas mais avançados [...] em cada ano, em média, mais de 2,3 milhões de habitantes foram acrescidos à população urbana". E o principal vetor de crescimento foi a migração interna.

Essa maciça redistribuição da população modificou o perfil da própria população urbana. Em 1970, mais da metade da população urbana já residia em cidades com mais de cem mil habitantes, e um terço naquelas acima de quinhentas mil pessoas. Em 2000, cerca de 60% da população urbana residia em cidades com mais de cem mil habitantes, mostrando que urbanização e concentração da população em grandes cidades foram processos simultâneos no Brasil (Brito, 2006, p. 224).

Tabela 1 – Dados do IBGE

	1940	1950	1960	1970	1980
População urbana total (%)	31,2	36,2	44,7	55,9	67,6
População urbanizada (milhares por décadas)	–	590	1.252	2.038	2.839

Fonte: Rangel (1985, p. 59).

No início da década de 1970 os movimentos sociais urbanos protestavam pela melhoria das condições de habitação e saneamento e dos serviços públicos de saúde, educação e transporte, exercendo grande pressão política popular mesmo para um regime autoritário. Para responder ao desafio da gestão do fenômeno metropolitano em expansão, em 1973 foram instituídas oito regiões metropolitanas: São Paulo, Belo Horizonte, Porto Alegre, Recife, Salvador, Curitiba, Belém e Fortaleza. Cada região teria o seu Conselho Deliberativo presidido pelo governador do estado, contando ainda com um Conselho Consultivo, com um presidente e cinco membros que fossem técnicos capacitados, um dos quais seria o secretário geral (Lei n. 14/73; e Lei Complementar n. 27/73, criando o Conselho Consultivo e o Conselho Deliberativo). O Conselho Deliberativo era responsável pela elaboração de um plano de desenvolvimento integrado da região metropolitana, bem como da programação de serviços comuns a todos os municípios metropolitanos, coordenando e executando projetos de interesse da região.

Desse modo, identificam-se no País pela primeira vez, no início da década de 1970, aglomerações metropolitanas cujos interesses comuns a seus municípios deveriam ser objeto de um planejamento integrado do desenvolvimento econômico e social da região. As políticas públicas de saneamento básico; uso do solo; transportes e sistema viário; produção e distribuição de gás combustível canalizado; aproveitamento dos recursos hídricos e controle da poluição ambiental, bem como outros serviços de interesse regional, que como tal deveriam ser planejados.

A legislação da época reconhecia a necessidade estratégica de um investimento planejado e intensivo nas grandes regiões metropolitanas e afirmava que os municípios pertencentes a elas teriam preferência na obtenção de recursos federais e estaduais. No ano seguinte foi criada a Comissão Nacional de Política Urbana (CNPU) (Decreto n. 74.156/74), extinguindo no ano seguinte o Serviço Federal de Habitação e Urbanismo (Serfhau) (Decreto n. 76.149/75).

Com o final do regime militar e a redemocratização do País, a Constituição Federal de 1988 (CF/88) definiu uma nova agenda para a política urbana e metropolitana. Ela atribuiu aos estados a iniciativa de criação das regiões metropolitanas (Capítulo III, art. 25, § 3°) e as sua formas administrativas. Isso permitiu que fossem criadas várias regiões metropolitanas, existindo atualmente 70 no País. O Instituto Brasileiro de Geografia e Estatística (IBGE) atualmente reconhece doze regiões metropolitanas de influência nacional: Belém, Belo Horizonte, Curitiba, Fortaleza, Goiânia, Manaus, Porto Alegre, Recife, Rio de Janeiro, Salvador, São Paulo e Brasília.

Há ainda outras formas de identificação de região metropolitana, como aquelas formadas nas Regiões Integradas de Desenvolvimento (Ride), encontradas no Distrito Federal e entorno, na região do polo de Petrolina e Juazeiro em Pernambuco e na da região de Teresina, cada qual criada por lei federal específica (Lei Federal n. 11.445/2007 e as leis complementares específicas, do Distrito Federal, Lei n. 94/98; da grande Teresina, Lei n. 112/91; e de Petrolina e Juazeiro, Lei n. 113/2001).

O ESTATUTO DA METRÓPOLE

Os desafios de governança dos aglomerados urbanos foram equacionados pelo Estatuto da Metrópole (Lei Federal n. 13.089, de 12 de janeiro de 2015), que delimita as diretrizes da gestão das regiões metropolitanas e aglomerados urbanos definidos pelo estado de São Paulo, conforme o art. 25 da CF/88, como definido no art. 1° da Lei:

> Esta Lei, denominada Estatuto da Metrópole, estabelece diretrizes gerais para o planejamento, a gestão e a execução das funções públicas de interesse comum em regiões metropolitanas e em aglomerações urbanas instituídas pelos Estados, normas gerais sobre o plano de desenvolvimento urbano integrado e outros instrumentos de governança interfederativa, e critérios para o apoio da União a ações que envolvam governança interfederativa no campo do desenvolvimento urbano, com base nos incisos XX do art. 21, IX do art. 23 e 1 do art. 24, no § 3° do art. 25 e no art. 182 da Constituição Federal.

A Lei define o sistema de governança interfederativa, que busca compatibilizar o interesse comum dos vários municípios, compartilhar as responsabilidades da gestão e garantir o processo participativo de planejamento definido em 2001 pelo Estatuto da Cidade. Conforme o § 2°, a aplicação do Estatuto da Metrópole precisa "observar as normas gerais do direito urbanístico estabelecidas pela Lei n. 10.257, de 10 de julho de 2001 – Estatuto da Cidade, que regulamenta os arts. 182 e 183 da Constituição Federal, estabelece diretrizes gerais da política urbana e dá outras providências" [...], "bem como as regras que disciplinam a Política Nacional de Desenvolvimento Urbano, [agora incluindo] a Política Nacional de Desenvolvimento Urbano, a Política Nacional de Desenvolvimento Regional e as políticas setoriais de habitação, saneamento básico, mobilidade urbana e meio".

Portanto, o Estatuto da Metrópole está subordinado a toda legislação urbanística precedente, inclusive à política de desenvolvimento urbano definida pelo Plano Diretor. Sendo assim, cabe à lei metropolitana estabelecer as formas de relação entre os municípios integrantes do sistema metropolitano. Os eventuais conflitos da legislação urbanística municipal e metropolitana não foram previstos na Lei.

Os municípios devem considerar as *funções públicas de interesse comum da metrópole*. Essas funções são aquelas específicas que os municípios não podem realizar isoladamente ou que causam impacto em municípios limítrofes. Entre os serviços comuns aos municípios, destaca-se, por exemplo, os transportes públicos, o saneamento básico, entre outros. O desenvolvimento municipal continua sendo definido pelo Plano Diretor Municipal no caso das cidades com mais de 20 mil habitantes. Mas como município integrante da região metropolitana ou da aglomeração urbana, a lei metropolitana define um processo de Gestão que conta com "uma estrutura de governança interfederativa própria; e com um Plano de Desenvolvimento Urbano Integrado (PDUI) aprovado mediante lei estadual" (art. 2º, conforme a Lei n. 13.089/2015 Estatuto da Metrópole). Como região metropolitana ou aglomerado urbano, a lei garante o exercício de uma governança interfederativa, compartilhando as responsabilidades entre os municípios integrantes do sistema, em termos de organização, planejamento e execução das funções públicas de interesse comum. Desse modo, a lei obriga à elaboração de um PDUI, apoiado em um processo permanente e participativo de planejamento, cujas diretrizes tratam do desenvolvimento urbano da região metropolitana ou aglomeração urbana. A lei prevê a participação da sociedade civil na elaboração do planejamento, no processo de tomada de decisão e também no acompanhamento da prestação de serviços, bem como na realização de obras relativas às funções públicas de interesse comum, conforme o art. 7º, V e parágrafo único.

Observa-se que o Estatuto da Metrópole foi aprovado 14 anos depois do Estatuto da Cidade e vem justamente responder, por meio da regulação supramunicipal, aos problemas que se apresentam nos municípios metropolitanos, mas que resultam da interação entre eles e que, portanto, não podem ser resolvidos dentro dos limites do município. O projeto de lei apresentado estabelece como objetivo a elaboração de uma política de planejamento regional urbano, articulando o desenvolvimento dos munícipios, tendo em vista o funcionamento da rede urbana articulada por um polo metropolitano regional.

O curioso do aparecimento tardio da legislação metropolitana é que o padrão altamente concentrado que caracteriza a rede urbana brasileira através das suas grandes regiões metropolitanas, como visto, era bem conhecido por geógrafos, urbanistas e economistas pelo menos desde meados da década de 1950 e a legislação federal específica para a gestão metropolitana havia sido criada já na década de 1970.

A CONFORMAÇÃO DA MACROMETRÓPOLE PAULISTA

A polarização da economia industrial em São Paulo transformou a cidade na maior metrópole do País, reunindo 39 municípios[2] e 21,3 milhões

---

[2] São Paulo, Caieiras, Cajamar, Francisco Morato, Franco da Rocha, Mairiporã, Arujá, Biritiba-Mirim, Ferraz de Vasconcelos, Guararema, Guarulhos, Itaquaquecetuba, Mogi das Cruzes, Poá, Salesópolis, Santa Izabel, Suzano, Diadema, Mauá, Ribeirão Pires, Rio Grande da

de habitantes. A Região Metropolitana de São Paulo (RMSP) foi definida em 1973 e reorganizada em 2011 através da Lei Complementar Estadual n. 1.139, de 16 de junho de 2011. A metrópole paulista estimulou a formação de outras metrópoles, como Campinas e Baixada Santista, inicialmente, e depois a região metropolitana do Vale do Paraíba e do Litoral Norte do Estado (Lei Complementar n. 1.116, de 9 de janeiro de 2012) e mais recentemente a Região Metropolitana de Sorocaba (Lei Complementar n. 1.241, de 8 de maio de 2014) e as aglomerações urbanas de Jundiaí e Piracicaba (ambas criadas pelo estado de São Paulo: respectivamente, Lei n. 1.146, de 24 de agosto de 2011 e Lei n. 1.178, de 26 de junho de 2012). Desse modo, forma-se a Macrometrópole de São Paulo, constituída pela metrópole paulistana e mais quatro regiões metropolitanas (Campinas, Baixada Santista, Vale do Paraíba e Sorocaba) e duas aglomerações urbanas (Jundiaí e Piracicaba). A Macrometrópole Paulista engloba 173 municípios, 2 portos e 22 aeroportos, ocupando uma área territorial de 19.927,83 km² e com uma população de 33.652.991 habitantes.[3] Forma-se assim um arranjo populacional denso e com a maior produção econômica do País, fatores que determinam a competitividade nacional e internacional, do polo econômico, social e cultural da macrometrópole paulista.

A macrometrópole paulista tem o município como a unidade básica. A definição das regiões metropolitanas leva em conta critérios demográficos; critérios estruturais relativos à ocupação da população ativa em atividades industriais, o movimento pendular da população e também os critérios de integração, isto é, o deslocamento diário da população para outros municípios da área. No caso da macrometrópole paulista, 10% da população ativa está ocupada em atividades industriais; com um movimento pendular de aproximadamente 20%; e pelo menos 10% da população se desloca diariamente para outros municípios da área.

Estudos sobre a rede urbana paulista, realizados entre 2009 e 2010 pela Empresa Paulista de Planejamento Metropolitano S/A (Emplasa) e a Fundação Sistema Estadual de Análise de Dados (Seade), constataram a formação da Macrometrópole Paulista (MMP). De um modo geral, macrometrópoles são constituídas por arranjos populacionais, sendo assim um modo de contar

---

Serra, Santo André, São Bernardo do Campo, São Caetano do Sul, Cotia, Embu das Artes, Embu Guaçu, Itapecerica da Serra, Juquitiba, São Lourenço da Serra, Taboão da Serra, Vargem Grande Paulista, Barueri, Carapicuíba, Itapevi, Jandira, Osasco, Pirapora do Bom Jesus e Santana de Parnaíba.

[3] Dados da Emplasa. Disponível em: <https://www.emplasa.sp.gov.br/MMP>. Acesso em: 19 mai. 2018.

com um grupo de cidades que complementam entre si as atividades comerciais, culturais, educacionais, relacionando-se com cidades da região. Por exemplo, moradores da região estudam ou trabalham na capital e se deslocam diariamente.

Como visto, no território macrometropolitano paulista, vivem mais de 30 milhões de pessoas, 73,4% da população do estado de São Paulo, gerando uma riqueza equivalente a 27,7% do PIB brasileiro, segundo dados do Censo 2010 do IBGE. Esses números impressionantes da MMP evidenciam a complexidade desse conjunto de arranjos populacionais urbanos, gerando uma única rede de relações socioeconômicas. A integração entre as cidades que compõem o sistema da macrometrópole faz até mesmo as soluções terem que ser trabalhadas de forma integrada (Plano de Ação, 2014).

Na MMP destaca-se um fluxo de pessoas, serviços e mercadorias que exige coordenação entre todas as cidades desse arranjo populacional. A integração é uma qualidade importante, tendo em vista que problemas viários podem comprometer toda uma cadeia produtiva, resultando em prejuízo para muitos. Assim, todo o sistema que forma esse aglomerado urbano exige uma intrincada organização para que as funções sejam devidamente executadas.

A região de Sorocaba por exemplo, se beneficia da proximidade com a capital paulista, suprindo sua demanda por serviços. Naquela região, a indústria compõe 33,4% do total do PIB, diferentemente do que acontece nas outras concentrações urbanas, onde o setor de serviços geralmente representa mais de 60% do seu PIB. As regiões metropolitanas de Sorocaba e São Paulo funcionam de modo complementar, o que estimula a especialização e a diversificação das economias locais (IBGE, 2015).

Na primeira década do século XXI, houve uma mudança significativa no padrão demográfico, ou seja, as taxas de crescimento populacional decresceram no estado em função da redução da fecundidade e da migração (Emplasa, 2012). A "guerra fiscal" que permeou o período possibilitou uma desconcentração econômica, reduzindo a atratividade da metrópole paulista. Nos últimos anos registrou-se que 30 mil pessoas deixaram a RMSP anualmente. O Censo 2010 registrou o menor crescimento populacional da região no período, uma taxa de 0,97% (Emplasa, 2012).

São Paulo ainda é um polo importante de distribuição, as principais ligações rodoviárias do país cortam a região: sistema Anchieta-Imigrantes (ligação com o Porto de Santos); Anhanguera-Bandeirantes (ligação com o interior de São Paulo); rodovias Presidente Dutra (ligação com o Rio de Janeiro); Ayrton Senna; Carvalho Pinto; Castello Branco (ligação com o interior de São Paulo); Fernão Dias (ligação com o estado de Minas Gerais) e Régis Bittencourt (ligação com o Sul do País). As vias de acesso listadas são formas importantes de escoar o que é produzido na área ou receber alimentos e produtos para atender à demanda local.

A malha ferroviária no estado de São Paulo sofreu com a falta de investimentos até sua privatização no final da década de 1990. Atualmente cidades da RMSP, Campo Limpo Paulista, Várzea Paulista e Jundiaí têm transporte de passageiros sobre trilhos (Companhia Paulista de Trens Metropolitanos – CPTM), as demais cidades operam apenas transporte de carga ou estão desativadas (Ligações Ferroviárias, 2013). O Porto de Santos é o principal da América Latina, voltado ao transporte de cargas para comércio exterior; em 2015 foram movimentadas 119.931.880 de toneladas de carga pelo porto. As exportações consistiram em 50,43 milhões de toneladas embarcadas. Em julho de 2016, o Porto de Santos atingiu 28,9% (cerca de USD 53,4 bilhões) do total de todas as cargas movimentadas no país.[4]

Os Aeroportos Internacionais de Congonhas (São Paulo), André Franco Montoro (Guarulhos) e Viracopos (Campinas) concentram os mais expressivos volumes de passageiros e cargas transportadas do País. A demanda ainda é crescente por serviços aeroportuários, indicando a necessidade de ampliação da capacidade e infraestrutura para escoamento de produtos e passageiros (Emplasa, 2012).

Os aeroportos de Guarulhos e Campinas concentram o transporte de cargas no estado de São Paulo e ambos estão na MMP. No Aeroporto de Guarulhos predomina a exportação e no de Campinas a importação. No ano de 2005, o aeroporto de Guarulhos movimentou aproximadamente 60% do volume total de carga transportada no estado (Emplasa, 2012).

Já no transporte de carga por caminhão, com origem ou destino nos aeroportos, verificam-se movimentos opostos. O aeroporto que importa maior volume de cargas produz mais viagens de caminhão. Inversamente, aquele que exporta maior volume de cargas atrai mais viagens de caminhão.

Movimentação pendular na macrometrópole

Pode-se constatar que o vai e vem entre os municípios da MMP é muito intenso, gerando 1,9 milhão de deslocamentos diários; a cidade de São Paulo

---

[4] Informação disponível em: <http://www.portodesantos.com.br/pressRelease.php?idRelease=1033>. Acesso em: 30 ago. 2016.

recebe diariamente 671.116 pessoas para trabalhar ou estudar. A Figura 2 mostra a intensidade de fluxo entre os municípios do Arranjo Populacional Paulista; apenas a cidade de São Paulo recebe uma Frankfurt por dia (670.000 habitantes).[5]

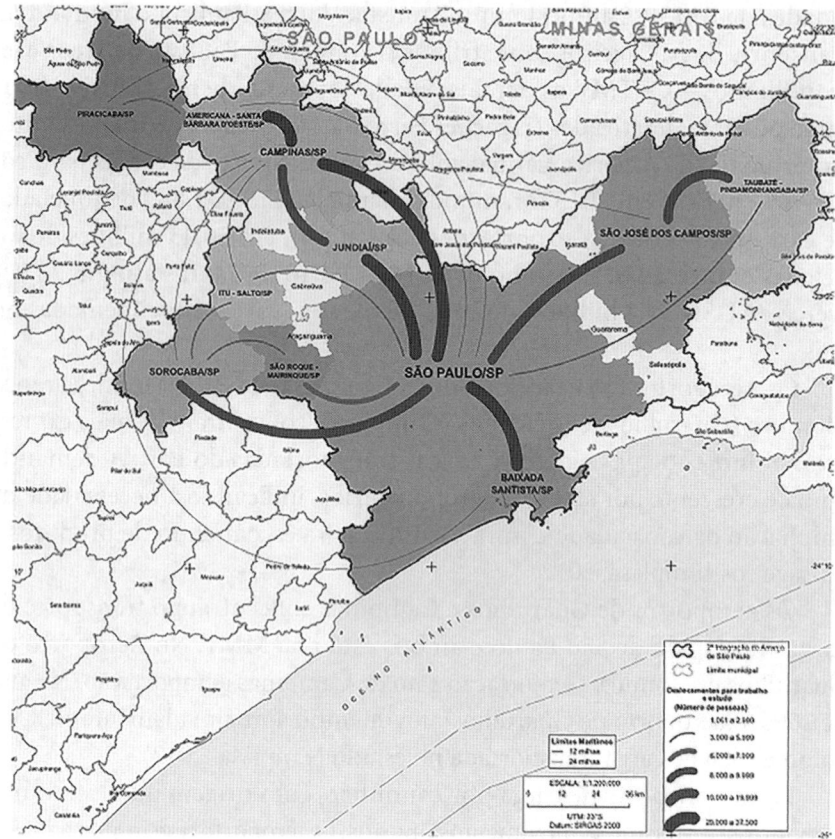

Figura 2 – Deslocamentos entre os municípios do arranjo populacional de São Paulo.
Fonte: IBGE (2015, p. 65).

---

[5] Dados disponível em: https://www.goethe.de/ins/de/pt/kur/ort/fra/sta.html Acesso em 11 ago. 2016

A Tabela 2 mostra o motivo principal dos deslocamentos para a capital paulista, que recebe em sua maioria trabalhadores oriundos de outras cidades, mas o número de pessoas que vem exclusivamente para estudar é bastante expressivo. A Baixada Santista envia 37.445 pessoas diariamente, das quais 19,1% vem apenas para estudar. A população de Piracicaba também vem majoritariamente para estudar, o que causa 46,7% do total das viagens de piracicabanos para São Paulo. Os municípios da MMP concentram os melhores hospitais e recebem mais da metade das autorizações de internação hospitalar ocorridas no estado (Emplasa, 2012), ou seja, esse é mais um polo de atração de população flutuante.

Tabela 2 – Deslocamento entre os municípios

Arranjo populacional A	Arranjo populacional B	Pessoas que trabalham e estudam na ligação	Percentual, por motivo do deslocamento (%)		
			Trabalho e estudo	Trabalho	Estudo
Baixada Santista/SP	São Paulo/SP	37.445	5,4	75,4	19,1
Jundiaí/SP	São Paulo/SP	36.582	5,6	80,0	14,4
Campinas/SP	São Paulo/SP	25.916	5,1	65,1	29,8
Americana-Santa Bárbara d'Oeste/SP	Campinas/SP	21.419	6,6	70,3	23,1
São José dos Campos/SP	São Paulo/SP	14.102	6,2	63,2	30,6
Campinas/SP	Jundiaí/SP	13.912	5,5	71,7	22,7
São José dos Campos/SP	Taubaté/Pindamonhangaba/SP	13.875	5,1	74,2	20,6
São Paulo/SP	Sorocaba/SP	12.565	6,4	67,3	26,3
São Paulo/SP	São Roque-Mairinque/SP	6.379	5,7	72,2	22,1
São Roque-Mairinque/SP	Sorocaba/SP	5.062	6,3	60,4	33,3
Itu-Salto/SP	Sorocaba/SP	4.970	3,6	64,5	31,9
Americana-Santa Bárbara d'Oeste/SP	Piracicaba/SP	4.451	7,5	63,2	29,3
São Paulo/SP	Taubaté-Pindamonhangaba/SP	3.893	5,2	68,2	26,6
Itu-Salto/SP	São Paulo/SP	3.670	7,5	70,2	22,2
Piracicaba/SP	São Paulo/SP	2.789	9,3	44,0	46,7
Americana-Santa Bárbara d'Oeste/SP	São Paulo/SP	2.691	7,0	58,8	34,2
Campinas/SP	Piracicaba/SP	2.449	7,1	50,8	42,1

Fonte: IBGE (2015, p. 62).

A Figura 2 mostra a MMP e as distintas intensidades dos fluxos de inter-relações socioeconômicas, sendo possível visualizar os maiores fluxos e outros de menor intensidade. A metrópole de São Paulo polariza a maioria dos deslocamentos da região.

A MMP desenvolveu um intrincado sistema econômico, que praticamente se retroalimenta. Ou seja, é um grande mercado produtivo e consumidor, desde o agronegócio, passando por comércio, serviços e indústria, todos os setores da economia estando interligados. Segundo o Plano de Ação da Macrometrópole (2014), a região favorece a competitividade, em parte pela alta concentração de infraestrutura de apoio e circulação da produção e da economia, mas que mesmo assim vem perdendo força diante de outras regiões do País.

Tem havido crescimento populacional menor nos últimos anos e essa mudança no perfil populacional tem gerado uma população mais velha, com predomínio de adultos, pressionando menos a demanda por habitação. Por isso, espera-se uma desaceleração da necessidade por serviços associados às faixas etárias mais jovens, com aumento da demanda por serviços para idosos.

O Plano de Ação da Macrometrópole (PAM) tem como objetivo assegurar as interconexões entre as cidades que compõem a MMP e manter a competitividade em alta, aproveitando as facilidades que a escala e a especialização do sítio proporcionam: una – integração, diminuir as distâncias físicas e sociais entre as áreas mais avançadas e as mais precárias; diversa – valorizar a identidade do território e estimular a competitividade; policêntrica – conexões mais eficientes; compacta – melhor acesso a serviços e infraestrutura que caracterizam a vida urbana; viva – integração com o meio ambiente e a paisagem (Plano de Ação, 2014).

Além disso, pode-se entender a formação das macrometrópoles pelas mudanças tecnológicas e de comunicações ocorridas no final do século XX e início do século XXI, que potencializaram a mobilidade das pessoas através de um sistema infiltrado de tecnologias de informação.

Questões ambientais: como solucionar?

As áreas de preservação ambiental representam aproximadamente 13% do território do estado de São Paulo e grande parte está nos domínios da MMP, formando um "Cinturão Verde", como se pode observar na Figura 3. As áreas verdes em questão têm inúmeros rios e nascentes e o comprometimento de tais localidades prejudica tanto a qualidade quanto a quantidade da água para fornecimento humano. Observa-se que o desmatamento está alterando os regimes de drenagem e até mesmo o regime de chuvas da região, resultando em longos períodos de seca e outros de inundações. Além das questões ambientais, o aumento da demanda e deficiência da oferta resulta em uma crise de abastecimento de água prejudicando tanto a qualidade de vida da população quanto a economia, pois não há água suficiente para irrigação das terras agricultáveis e tampouco para os processos industriais (Emplasa, 2012).

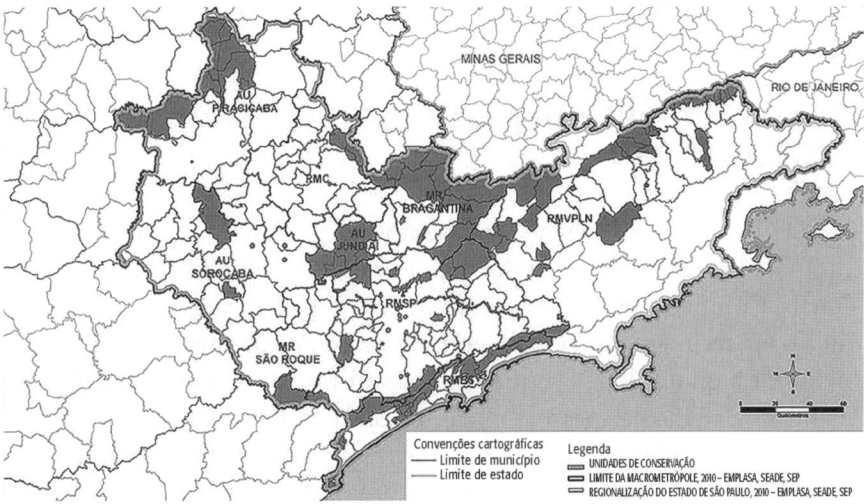

Figura 3 – Unidades de conservação ambiental na macrometrópole paulista.
Fonte: Emplasa (2012).

Destaca-se a necessidade de políticas públicas ambientais integradas às políticas de gestão da água e esgoto. A água vem sendo contaminada por efluentes lançados na natureza sem o devido tratamento, comprometendo ainda mais as reservas disponíveis. A situação geral dos sistemas de esgotamento sanitário não é das melhores, mais de 63% dos municípios da MMP registram o Índice de Coleta e Tratabilidade de Esgotos da População Urbana dos Municípios (ICTEM) inferior a 5 (em classificação de 1 a 10) (Emplasa, 2012). Nesse sentido, há uma diretriz para o uso dos recursos hídricos na MMP, o Decreto Estadual n. 52.748/2008, que busca conciliar políticas públicas de saneamento, recursos hídricos, meio ambiente, desenvolvimento regional e outras que interferem de forma prejudicial nos recursos hídricos.

Essa expansão urbana desordenada, aliada ao crescimento populacional, resulta em interferência na abrangência das áreas de patrimônio ambiental da macrometrópole, visto que os assentamentos irregulares têm alto impacto nas áreas de preservação permanente. Segundo o relatório da Emplasa (2012), as diferentes concessionárias que atuam na gestão da água e efluentes na região dificultam a integração das ações em prol da manutenção do recurso natural em questão. As intervenções de gestão de água e esgoto na MMP ainda são concebidas e implementadas de forma setorial e fragmentada. Não há planejamento integrado de todos os agentes que atuam na região, incluindo a sociedade civil (Emplasa, 2012).

CIDADES COMPETITIVAS: TRABALHO E CRESCIMENTO

São Paulo já é uma cidade competitiva por natureza; a grande concentração de pessoas exige cada dia maior grau de especialização dos profissionais. Competitividade não é um aspecto negativo, pelo contrário, estimula o aparecimento de novos negócios e consequentemente de empregos. Melhorar a quantidade e a qualidade de empregos tem reflexo direto na qualidade da vida das pessoas. Quanto mais dinheiro, maior é a possibilidade de investimentos em aprimoramento pessoal e na moradia, além do maior recolhimento de impostos, que retornam ao cidadão como melhorias urbanas.

O Banco Mundial publicou o relatório *Competitive Cities for Jobs and Growth: what, who, and How* (2015) com o intuito de promover a discussão sobre o que pode ser feito para melhorar o desempenho das cidades no quesito oferta de empregos, e quem deve agir. O Plano de Ação da Macrometrópole vai em direção semelhante, mas ainda não promove diretrizes de ação, apenas mostra a necessidade de ações integradas entre os diversos municípios da macrometrópole.

Em 2013, o PIB per capita da cidade de São Paulo era R$ 48.275,45[6] (aproximadamente US$ 15.325,54), ou seja, situava-se na faixa em que o Banco Mundial recomendava diversificar e sofisticar a indústria existente, oferecendo um parque industrial mais avançado, assim como disponibilizar

---

[6] Informação disponível em: <http://www.cidades.ibge.gov.br/painel/economia.php?lang=&codmun=355030&search=sao-paulo|sao-paulo|infogr%E1ficos:-despesas-e-receitas--or%E7ament%E1rias-e-pib>. Acesso em: 30 ago. 2016.

serviços de alto valor agregado para atrair novos negócios, como novos empregos e maior renda.

Áreas de grande concentração populacional como a MMP aglutinam empresas de serviços avançados. São Paulo concentra 35% de todos os serviços avançados do País, "exatamente por ter como clientes outras empresas, de diversas naturezas, que é fundamental estarem onde existam grandes quantidades de atividades econômicas distintas, cadeias produtivas, polos de atração de força de trabalho, fluxos monetários, pontos de operações de transações internacionais etc." (Figueiredo, 2016, p. 108).

São Paulo vem se caracterizando como uma importante centralidade de negócios no mundo atual; como toda cidade global, participa de uma intrincada rede de trocas, sejam comerciais ou de serviços. Outro fenômeno que vem acometendo os centros urbanos globais é a economia criativa, que gira em torno de profissionais que se utilizam primordialmente de novas tecnologias de transmissão de dados, gerenciamento de informação, entre outros (Sassen, 2008).

Mas para que isso aconteça, o local todo deve ser propício: desde terrenos com infraestrutura; mão de obra qualificada; facilidade de escoamento de produção ou da prestação do serviço; desburocratização; segurança; qualidade de vida para os funcionários. Nesses pontos, o poder público tem grande influência, podendo direcionar investimentos e priorizar o desenvolvimento econômico de forma sustentável, para que as empresas permaneçam em atividade nessas localidades.

Uma região como a MMP deve aproveitar a existência de uma legislação que promove ações integradas para que toda a região se beneficie de medidas em prol da economia e da infraestrutura, corrigindo as desigualdades principalmente com relação ao direito à cidade. O poder público deve criar um cenário propício para o investimento da iniciativa privada, tornar a cidade interessante para a instalação de empresas com potencial de empregar a população local e gerar receita capaz de fortalecer as políticas públicas, bem como universalizar o direito à cidade.

Uma grande concentração urbana facilita inúmeras conexões de negócios, gerando aumento do aproveitamento de infraestrutura instalada na região. Ao contrário do que foi a sociedade rural, atualmente o campo não absorve população porque as propriedades produtivas encontram-se altamente mecanizadas. O mercado é altamente competitivo e extrapola as possibilidades de concorrência que as pequenas propriedades propiciam. Os pequenos sítios acabam tendo apenas função de subsistência (Saunders, 2013).

CONSIDERAÇÕES FINAIS

As cidades cada vez mais se organizam através de um complexo sistema de trocas e complementaridades que definem uma rede urbana altamente concentrada e especializada. Os desafios da governança política, econômica e ambiental das cidades não podem mais ser resolvidos apenas na escala dos municípios. Todas essas dimensões dizem respeito a integrações que ocorrem em escalas extramunicipais. A legislação metropolitana foi aprovada em 2015, seguindo a linha da legislação urbana que regulamentou a CF/88 através do Estatuto da Cidade em 2001. Em 17 anos de aplicação dessa lei e dos Planos Diretores Municipais, um conjunto consistente de críticas reavaliou o modelo da política urbana da Nova República, em que o Estatuto da Metrópole se inspira. As críticas têm acentuado a dificuldade de aplicação dos princípios aprovados pelo Plano Diretor e pelos instrumentos da política urbana em geral. Por outro lado, o planejamento das regiões metropolitanas é imprescindível e urgente diante dos desafios como os da escassez de água, poluição ambiental, aumento da pobreza urbana, violência, entre outros. Como produzir efetiva e materialmente cidades mais justas e sustentáveis diante das necessidades de serem atendidos os direitos à cidade torna-se um questionamento que deverá estar presente em cada processo de planejamento e, consequentemente, de gestão das cidades, condições absolutamente indispensáveis para a obtenção de melhorias na qualidade de vida da sociedade.

REFERÊNCIAS

ASQUINO, M. A importância da macrometrópole paulista: Como Escala de Planejamento de. *Estudos Urbanos Regionais* – Anpur, mai. de 2010. V.12, p. 83-98. Disponível em: http://unuhospedagem.com.br/revista/rbeur/index.php/rbeur/article/view/233/217.

AZEVEDO, S. A crise da política habitacional: dilemas e perspectivas para o final dos anos 90. Em: AZEVEDO, S. D.; ANDRADE L. A. *A crise da moradia nas grandes cidades – da questão da habitação à reforma urbana*. Rio de Janeiro: Editora UFRJ, 1996.

BRITO, F. O deslocamento da população brasileira para as metrópoles. *Estudos Avançados, 20,* 2006.

COMPETITIVE CITIES FOR JOBS AND GROWTH: WHAT, WHO, AND HOW. Washington, DC: The World Bank Group, 2015. Disponível em: http://www.worldbank.org/en/events/2015/12/08/competitive-cities-jobs-growth. Acesso em: 11 ago. 2016.

COSTA, M. *Caracterização e Quadros de Análise Comparativa da Governança Metropolitana.* São Paulo: Ipea, 2013.

[CPTM] COMPANHIA PAULISTA DE TRENS METROPLOLITANOS. Ligações ferroviárias regionais na macrometrópole paulista. São Paulo: CPTM, 2012. Disponível em http://www.stm.sp.gov.br/images/stories/regionais23dez.pdf. Acesso em: 30 ago. 2016.

DI MÉO, G. Introdução ao debate sobre a metropolização. Uma chave de interpretação para compreender a organização contemporânea dos espaços geográficos. *Confins [Online]*, 4 nov. 2008. doi:10.4000/confins.5433.

[EMPLASA] EMPRESA PAULISTA DE PLANEJAMENTO METROPOLITANO. Macrometrópole Paulista 2012. São Paulo. 2012. Disponível em: http://www.emplasa.sp.gov.br/Cms_Data/Sites/Emplasa/Files/Documentos/Projetos/BrochuraMMPortuguesV2.pdf.

FIGUEIREDO, A. H. (Org.). *Brasil : uma visão geográfica e ambiental no início do século XXI.* Rio de Janeiro: IBGE, 2016. Disponível em http://biblioteca.ibge.gov.br/visualizacao/livros/liv97884.pdf. Acesso em: 30 ago. 2016.

FURTADO, C. *Formação econômica do Brasil.* 12. ed. São Paulo: Nacional, 1957.

[IBGE]. INSTITUTO BRASILEIRO DE GEOGRAFIA E ESTATÍSTICA. Rio de Janeiro: IBGE, v.7, 2001.

_____. *Arranjos Populacionais e Concentrações Urbanas do Brasil.* Rio de Janeiro. 2015.

KOURY, A. A política urbana e a questão social: Quitandinha, o que restou? *Vitruvius*, ano 14, ago. 2013. Disponível em: http://www.vitruvius.com.br/revistas/read/arquitextos/14.159/4846.

LAFER, C.; MINDLIN, B. *Planejamento no Brasil.* São Paulo: Perspectiva, 1973.

MELO, M. *Reformas Constitucionais no Brasil: Instituições Políticas e Processos Decisórios.* Rio de Janeiro: Revan, 2002.

MELO, M. A. B. C. A ideologia antiurbana e a modernização da gestão municipal no Brasil: 1900-1960. In: PADILHA, N. (Org.). Cidade e Urbanismo: história, teorias e práticas. Salvador: FAU/UFBA, 1998, p. 259-280.

PAULA, E. S. de. A segunda Fundação de São Paulo: da pequena cidade à grande metrópole de hoje. *Revista de História*, v.8, n. 17, 1954, p. 167-179.

PETRONE, P. A evolução urbana de São Paulo: a cidade de São Paulo no século XX. *Revista de História*, (10):127-170. São Paulo, 1955.

RANGEL, I. *Economia: Milagre e Anti-Milagre.* São Paulo: Editora Jorge Zahar, 1985, p. 59.

RODRIGUES, J. *O recente crescimento populacional nas metrópoles brasileiras.* Observatório das metrópolis (s.d.).

SASSEN, S. As Diferentes Especializações Das Cidades Globais. *LSE Cities.* Disponível em: https://lsecities.net/media/objects/articles/the-specialised-differences-of-global-cities/pt-br/. 2008.

SAUNDERS, D. *Cidade de chegada. A migração final e o futuro do mundo.* São Paulo: DVS Editora, 2013.

SINGER, P. *Desenvolvimento Econômico e Evolução Urbana.* São Paulo: Editora Nacional, 1968.

ULPIANO, B. Morfologia das cidades brasileiras. Introdução ao estudo histórico da iconografia urbana. *Revista USP*, 1996. Disponível em: http://www.revistas.usp.br/revusp/article/view/25914/27646.

26 | Política pública, planejamento e gestão urbano-ambiental: os desafios da integração

Angélica Tanus Benatti Alvim
Arquiteta e urbanista, Universidade Presbiteriana Mackenzie, UPM

INTRODUÇÃO

Este capítulo[1] tem por objetivo discutir as interfaces entre as políticas urbanas e ambientais instituídas depois da Constituição Federal de 1988 (CF/88), no bojo dos marcos legais do Brasil e do estado de São Paulo.

Nele, defende-se a integração entre instrumentos de planejamento e de gestão urbana e ambiental como condição necessária para a promoção do desenvolvimento sustentável das cidades. Têm-se como objeto empírico as áreas de proteção dos mananciais da Região Metropolitana de São Paulo (RMSP), com destaque para as leis específicas das Áreas de Proteção e Recuperação dos Mananciais (APRM) da Bacia Hidrográfica da Guarapiranga e Billings, instituídas ao longo da década de 2000, e os desafios da integração com o novo Plano Diretor Estratégico de São Paulo em vigor desde 2014.

Nas cidades brasileiras do século XXI, a ocupação desordenada e espraiada da mancha urbana em direção às áreas periféricas, ambientalmente frágeis no geral, trazem à tona conflitos entre o direito à moradia e o direito ao meio ambiente. Se por um lado, desde a CF/88, as cidades brasileiras experimentam importantes inovações nas políticas urbanas e ambientais associadas à de-

---

[1] Capítulo oriundo da pesquisa "Planos e projetos integrados e a recuperação urbano-ambiental de áreas protegidas: conflitos e desafios para a sustentabilidade da metrópole contemporânea", em curso no CNPq, Bolsa Produtividade em Pesquisa (2016-2019).

mocratização da sociedade; por outro, a complexidade e a gravidade dos problemas urbanos e ambientais, que se expressam de diversas formas no território neste início de século, indicam que ainda há um longo caminho a ser trilhado.

Emerge deste contexto o tema do direito à cidade, definido por Lefebvre (1968, p. 135):

> O direito à cidade se manifesta como forma superior dos direitos: direito à liberdade, à individualização na socialização, ao habitat e ao habitar. O direito à obra (à atividade participante) e o direito à apropriação (bem distinto do direito à propriedade) estão implicados no direito à cidade.

As áreas de mananciais da RMSP exemplificam os avanços e impasses entre políticas urbanas e ambientais; são territórios onde convivem natureza e sociedade, precariedade e conflitos. Nessas regiões, observa-se um padrão de urbanização extensivo aliado à ocupação de áreas impróprias à urbanização, nas quais a água, recurso natural finito, deve ter sua função social garantida para esta e para as futuras gerações.

Sem pretender esgotar a complexidade do tema, o capítulo pretende apontar limites e desafios de integração entre política urbana e ambiental, com destaque para o contexto de recuperação de áreas com predominância de assentamentos precários localizados em áreas de proteção dos mananciais no município de São Paulo.

Na primeira parte, busca-se entender os distintos conflitos existentes entre urbanização e meio ambiente, com ênfase nos assentamentos precários e seus impactos em áreas ambientalmente frágeis. Na segunda parte do capítulo, apresentam-se, de forma sintética, os marcos legais das políticas públicas, urbanas e ambientais, no bojo da CF/88. Em seguida, os princípios da legislação de proteção e recuperação dos mananciais do estado de São Paulo, instituída em 1997, suas leis especificas e os desafios de uma gestão integrada de bacias hidrográficas, com ênfase na articulação com as políticas urbanas, de responsabilidade dos municípios, são o tema central da terceira parte. Por fim, é apresentada uma análise crítica do novo Plano Diretor Estratégico (PDE) de São Paulo, aprovado em 2014, e os desafios para a recuperação dos mananciais em articulação com as diretrizes da política ambiental.

ASSENTAMENTOS PRECÁRIOS² EM ÁREAS AMBIENTALMENTE FRÁGEIS: OS DESAFIOS DAS POLÍTICAS PÚBLICAS

Na atualidade, mais da metade da população mundial vive em zonas urbanas. Tal número, entretanto, cresce, estimando-se que, até 2050, dois terços da população mundial residirão nas cidades.

O Programa das Nações Unidas para os Assentamentos Humanos (UN--Habitat) aponta que a mudança para uma população mundial predominantemente urbana é irreversível e traz com ela transformações impactantes na forma como se usa o território e os recursos naturais. No âmbito do Relatório Econômico Social da Organização das Nações Unidas (ONU) publicado em 2012, estima-se que até 2050 a população atingirá 9 bilhões de pessoas, das quais 6,2 bilhões viverão em cidades. O número de pessoas vivendo em situação de pobreza deverá triplicar e atingir a marca de três bilhões. O estudo indica ainda que, no ano de sua publicação, 1 bilhão de pessoas moravam em bairros sem qualquer infraestrutura, como água potável, saneamento, eletricidade, serviços básicos de saúde e educação.

Os reflexos das dinâmicas espaciais e as assimetrias sociais decorrentes do aumento das populações mais pobres se expressam pelo avanço ilegal da ocupação de áreas urbanas ambientalmente frágeis ou de áreas urbanas de preservação e conservação ambiental, caracterizadas pelo conflito entre a proteção dos recursos naturais e ambientais e a necessidade de sobrevivência de populações pobres que ali residem e que não possuem qualquer alternativa a outras formas de moradia nas grandes cidades.

Para Odum (1988), o processo de urbanização altera as condições naturais dos elementos que compõem a paisagem, ao impactar a geomorfologia, a hidrografia, a cobertura vegetal e, em um contexto mais amplo, o clima, contribuindo para a formação de novas paisagens e alteração de ecossistemas. O autor compreende a cidade a partir de um ecossistema incompleto ou heterotrófico, no qual há dependência de grandes espaços externos como fonte de energia, assim como de "alimentos, água e outros

---

² O termo "assentamento precário" remete a diversas modalidades de ocupação precária do território que, em geral, associam-se à insegurança, à efemeridade, à fragilidade, à vulnerabilidade e, na maioria das vezes, à pobreza. Em geral, são espaços que apresentam alguma inconformidade em relação ao aspecto da legalidade e da adequação na ocupação dos terrenos, segundo a legislação municipal, estadual e/ou nacional. Em geral, são favelas, loteamentos irregulares e/ ou clandestinos e cortiços (Brasil, Ministério das Cidades, 2007). Em áreas de mananciais predominam os três primeiros.

materiais, diferindo dos sistemas heterotóficos naturais por seu maior metabolismo, maior necessidade de entrada de materiais e maior fluxo de saída de resíduos" (p. 30).

Essa abordagem pode ser melhor compreendida no Quadro 1, que apresenta uma síntese dos impactos ambientais mais intensos resultantes do processo de urbanização.

Quadro 1 – Impactos ambientais da urbanização tradicional

ELEMENTOS DO MEIO	URBANIZAÇÃO TRADICIONAL – PRINCIPAIS PROCESSOS
SOLO	Impermeabilização Enchentes Erosão
RELEVO	Movimento de massa Subsidência
HIDROGRAFIA	Desregulação do ciclo hidrológico Enchentes Poluição de mananciais Contaminação de aquíferos
AR	Poluição (principais poluentes: SO_2, CO, material particulado)
CLIMA	Efeito estufa Ilhas de calor Desumidificação
VEGETAÇÃO	Desmatamento Redução da diversidade Plantio de espécies inadequadas
FAUNA	Redução da diversidade Proliferação de fauna urbana Zoonoses
HOMEM	Estresse Doenças urbanas (infecciosas, degenerativas, mentais) Violência urbana

Fonte: Tundisi, Braga, Rebouças (2003, p. 115).

O quadro evidencia os impactos sofridos em cada componente do meio natural, durante o processo de urbanização, que produz uma situação crescente de demandas de alta complexidade. Frente aos impactos resultantes do processo de urbanização, dos dados alarmantes relacionados com a ocupação irregular em áreas de fragilidade ambiental – protegidas legalmente, como os casos específicos dos mananciais – emergem adversidades ainda mais complexas, como os assentamentos precários instalados em áreas de risco e inseridos em contextos de alta vulnerabilidade.

A complexidade desses problemas é fruto de uma histórica defasagem das políticas setoriais, especialmente as de proteção e conservação ambiental, as habitacionais e as urbanas, de um modo geral. Se por um lado os problemas ambientais tendem a ser mais severos, colocando em risco a sustentabilidade do próprio desenvolvimento socioeconômico no futuro, por outro, a escassez e o preço do solo em áreas propícias à urbanização, quando aliados à ausência de políticas públicas habitacionais e de infraestrutura voltadas para a população mais pobre, ampliam a vulnerabilidade socioespacial e acirram os conflitos entre preservação ambiental e direito à moradia.

De acordo com Dubois-Maury e Chaline (2004), a vulnerabilidade socioespacial é uma noção complexa, na medida em que se encontram territorializados os problemas sociais e ambientais. Para os autores, cada local da cidade possui características próprias, que determinarão distintos graus de vulnerabilidade e guiarão as respostas de prevenção face aos seus riscos potenciais. A vulnerabilidade socioambiental é a evolução de um tema que abriga duas conceituações: 1) do ponto de vista social, refere-se às condições de vida de grupos mais pobres e à sua capacidade de reagir frente à exposição a riscos e a perturbações decorrentes de eventos ou mudanças econômicas; 2) do ponto de vista ambiental, especialmente sob uma abordagem geográfica, refere-se aos estudos sobre desastres naturais e avaliação de risco existente em um determinado lugar e às características e ao grau de exposição da população residente (Marques; Torres, 2005).

No Brasil, dados do Censo Demográfico do IBGE de 2010 acerca de aglomerados subnormais (assentamentos precários definidos pelo IBGE)[3] sinalizam alguns aspectos importantes dos impactos da urbanização em áreas protegidas. Em 2010, o país possuía 6.329 aglomerados subnormais distribuídos em 323 dos 5.565 municípios brasileiros. Esses aglomerados concentravam 6,0% da população brasileira (11.425.644 pessoas), distribuída em 3.224.529 domicílios particulares ocupados (5,6% do total). Vinte regiões metropolitanas concentravam 88,6% desses domicílios e quase metade (49,8%) dos domicílios de aglomerados estava na Região Sudeste. A RMSP, com 39 municípios, concentrava 18,9% do total de domicílios situados em aglomerados subnormais, sendo que 15,5% estavam no município de São Paulo. A

---

[3] É um conjunto constituído de, no mínimo, 51 unidades habitacionais (barracos, casas...) carentes em sua maioria de serviços públicos essenciais e que ocupa, ou tem ocupado, até período recente terreno de propriedade alheia (pública ou particular) e que estão geralmente dispostas de forma desordenada e densa. IBGE, Aglomerados Subnormais no Censo de 2010. Rio de Janeiro, 2011. Disponível em: <http://www.ibge.gov.br/home/presidencia/noticias/imprensa/ppts/00000006923512112011355415675088.pdf>. Acesso em: 20 out. 2016.

metrópole do Rio de Janeiro, com 21 municípios, concentrava 14,9% dos domicílios, sendo 8,9% no município do Rio de Janeiro (IBGE, 2010). Alves e Torres (2006, p. 45) assinalam que, apesar do incremento do padrão médio das populações das periferias das cidades brasileiras, a partir da melhoria das condições sociais médias e do forte aumento da presença de equipamentos, serviços urbanos e infraestrutura, principalmente saneamento básico – água e coleta de lixo –, persistem ainda "situações de extrema pobreza e péssimas condições sociais, assim como de exposição cumulativa a diversos tipos de risco", especialmente em assentamentos precários.

A maioria dos assentamentos precários das cidades brasileiras localiza-se em áreas caracterizadas por um conjunto de componentes ambientais, como recursos hídricos, biodiversidade, entre outros elementos fundamentais para o equilíbrio do ecossistema e bem-estar das populações. Apresentam graves problemas de contaminação dos corpos d'água, urbanização e saneamento incompletos e ocorrência de problemas de risco geotécnico e inundações, atingindo geralmente as populações mais vulneráveis. Os assentamentos instalados em áreas com alta declividade, sujeitas a escorregamentos, ou localizadas nas bordas dos cursos de água, se apropriam de Áreas de Preservação Permanente (APP), promovendo impactos ambientais de diversas dimensões, ao degradarem sobretudo a paisagem e os recursos naturais das cidades.

Bueno (2005, p. 4) aponta algumas consequências para os moradores de assentamentos precários localizados em APP e também para a população em geral, a saber: exposição dos moradores a vetores de doenças, devido ao contato direto com esgotos; contato direto com água contaminada, em decorrência de inundações; contaminação ou escorregamento de algumas áreas causado pelo lançamento de esgotos na rede de drenagem; disposição de lixo das encostas e córregos, inclusive com contaminantes químicos de produtos, como pilhas, restos de produtos de limpeza e higiene; dificuldades e até impossibilidade de limpeza e manutenção periódica de córregos e outros dispositivos de drenagem, sem remoção de moradores; dificuldade ou impossibilidade de instalar coletores-troncos de esgotos para complementar o sistema e conduzir os esgotos urbanos até as Estações de Tratamento de Esgotos (ETE), sem remoção de moradores.

Além disso, para a autora, o processo de degradação ambiental de um território em condições de risco além de aumentar a suscetibilidade de risco de morte para os ocupantes, apresenta ainda outros dois fatores: 1) a descaracterização da mata ciliar, que amplia a vulnerabilidade do solo, possibilitando deslizamentos e enchentes; e 2) a poluição em função do despejo direto de efluentes sanitários nos cursos de água, o que os transforma em vetores de carregamento de doenças de veiculação hídrica, entre outros fatores de maior impacto.

Para o poder público, a intervenção em assentamentos precários que ocupam áreas de preservação ambiental e são inseridas em trechos urbanos das cidades é parte de um permanente conflito. Por um lado, as áreas de preservação ambiental no meio urbano, cobertas ou não por vegetação nativa, são locais com função ambiental de preservação dos recursos hídricos, da paisagem, de estabilidade geológica e de biodiversidade, de facilitação do fluxo gênico de fauna e flora, de proteção do solo e garantia do bem-estar da sociedade (princípios que estão na base das legislações de proteção ambiental). Por outro lado, quando ocupadas por assentamentos precários, são lugares onde predomina a insalubridade e a precariedade, intensificando o processo de degradação ambiental. São considerados territórios com graves riscos para a população e são associados por diversos motivos ao desmatamento e à descaracterização da mata ciliar, que contribuem para a vulnerabilidade do solo, possibilitando deslizamentos e enchentes; poluição dos recursos hídricos em função do despejo direto de efluentes sanitários nos cursos d'água, que se transformam em vetores de carreamento de doenças, entre outros fatores de maior impacto (Alvim; Kato; Rosin, 2015).

A ocupação irregular de áreas preservadas é tão problemática quanto a remoção dessas populações. Em âmbito geral, são os únicos espaços da cidade acessíveis aos cidadãos em situação de extrema pobreza – pois em tese deveriam ser espaços preservados, não edificantes (*non aedificandi*), terras de propriedade pública, para as quais o valor de comercialização imobiliária é praticamente nulo. Enfim, são populações que vivem em situações de risco, sem condições urbanísticas e sanitárias, contribuindo para a degradação do ambiente e da paisagem, em um eterno círculo vicioso, ao promover um processo de descaracterização que pode ocasionar uma situação de colapso ambiental (Diamond, 2005).

Esse quadro de alta complexidade evidencia não somente a precariedade dos assentamentos irregulares localizados em áreas ambientalmente vulneráveis, mas também a complexidade das questões de ordem jurídica, social, econômica, cultural e principalmente urbanística, decorrentes da longa ausência do Estado frente à questão.

Em sua análise, Harvey (1996, p. 5), por meio de uma abordagem crítica, identifica o que produz as diferentes geografias, com suas respectivas condições ecológicas, sociais, econômicas, e aborda como avaliá-las em termos de valores de justiça/injustiça social. Para o autor, é a própria "natureza" que é produzida, a partir de diferentes condições socioecológicas, com respectivas concretizações de "permanências" e valores de justiça – social e ambiental (p. 8-10). Essa perspectiva mostra que um determinado conjunto de valores – tais como valores culturais, étnicos, ambientais e de justiça – está integrado aos conceitos fundamentais de espaço, tempo e natureza e à ação prática de políticas públicas e "permanências". O processo de configuração social liga-se ao processo de valorização em seus mais diversos parâmetros. Assim, conjuntos de valores socialmente dominantes que podem direcionar ações socioecológicas, como a ocupação de determinado território – determinam diferenças e justiças/injustiças sociais, econômicas e ambientais (p. 8-11).

A abordagem do antropólogo Tim Ingold (2000) apresenta-se compatível com a de Harvey. A partir da perspectiva do habitar (*dwelling perspective*), o território/paisagem é um registro duradouro e o testemunho das vidas e dos trabalhos das diversas gerações que nela habitaram. Em um ensaio, o autor trabalha com o termo *landscape*, normalmente traduzido como paisagem; no entanto, é possível que tal conceito também esteja de acordo com o uso do termo "território" no urbanismo, pois ambos possuem uma abrangência qualitativa: "para o arqueólogo e o morador nativo, a paisagem fala – ou melhor, é – uma história" (Ingold, 2000, p. 189, tradução da autora), o que se mantém na pesquisa do urbanista, do antropólogo, do geógrafo. Comprometidos com a compreensão real da história de um território, os nativos evocam o perpétuo engajamento da população com o ambiente e com seus elementos impregnados de seu passado. Tal abordagem chama a atenção para a distância perspectiva do habitante nativo e do pesquisador, por isso a importância de sua interação com o urbanismo e outras disciplinas ao levar em consideração as experiências e aprendizados específicos da associação da população com o ambiente, uma abordagem integrada.

Harvey (1996) compartilha dessa abordagem integrada entre espaço, tempo (história), natureza (ambiente) e os processos sociais e valorativos para que mudanças socioecológicas aconteçam em convergência com os esforços humanos no aprimoramento de um território. Para o autor, tal abordagem incorpora valores inerentes a processos socioespaciais e as lutas da sociedade. Em suas palavras:

> É precisamente neste ponto em que o imaginário humano tem que ser implantado com toda a sua força na busca de mudanças socioecológicas e político-econômicas progressivas. (Harvey, 1996, p. 12, tradução da autora)

Tais argumentações indicam que políticas públicas que incidem em áreas protegidas devem atuar em prol da recuperação das preexistências físicas e sociais, preservando os atributos ambientais para gerações futuras no âmbito de uma visão sistêmica e transversal. O comprometimento com os processos reais da sociedade é determinante para o sucesso de políticas públicas com abordagem integrada.

MARCOS LEGAIS DAS POLÍTICAS URBANA, REGIONAL E AMBIENTAL NO BRASIL

Embora a CF/88 seja considerada de modo geral bastante avançada quanto à definição de um conjunto de princípios que culminam em políticas públicas relacionadas com o desenvolvimento urbano, regional e de proteção aos recursos naturais – em especial do meio ambiente e de recursos hídricos –, o principal desafio diz respeito à forma de implementação de um caminho que busca a integração entre tais políticas, de tal modo, que seja possível equacionar conflitos ocorridos em especial em áreas intensamente urbanizadas (Alvim, 2010).

Alguns dos principais problemas são as lógicas diferentes e muitas vezes conflitantes a que se sujeitam tais políticas públicas. Enquanto as políticas de desenvolvimento urbano e regional orientam-se pelos critérios político-administrativos, as políticas públicas de meio ambiente (entre elas as de recursos hídricos) estão predominantemente sujeitas aos critérios físicos e ambientais. Tais padrões tendem a se contrapor, uma vez que essas políticas estão em instâncias distintas de governo e muitas vezes se encontram em campos de conflitos interinstitucionais, para os quais o cumprimento dos dispositivos constitucionais depende de uma ação conjunta, negociada e harmônica entre os poderes públicos federal, estadual e municipal (Alvim; Kato; Rosin, 2015).

A CF/88 caracteriza-se por ter colocado os municípios brasileiros em uma posição de destaque no conjunto de entes federativos, ampliando a autonomia municipal em três aspectos: político, administrativo e financeiro (arts. 1º, 18º e 25º). Ao mesmo tempo, possibilitou aos Estados, Distrito Federal e Municípios compartilharem com a União políticas, programas e prestação de serviços em assuntos, como: saúde, educação, cultura, meio ambiente, habitação, integração social, políticas de trânsito, combate à pobreza e exploração de recursos hídricos e minerais.

Sem aprofundar demasiadamente o assunto, é importante sintetizar o que define a CF/88 para cada tema, de modo a explicitar mais adequadamente os conflitos.

O art. 23 (Título III, Capítulo II) define que é de competência comum dos entes federativos (União, Estados, Distrito Federal e Municípios) promover a proteção do meio ambiente e dos recursos hídricos, criando programas voltados à moradia e melhoria das condições habitacionais e de saneamento básico etc. Indo ao encontro dessa premissa, o art. 225 (Do Meio Ambiente) determina que todos têm direito ao meio ambiente ecologicamente equilibrado, impondo-se ao poder público e à coletividade o dever de defendê-lo e preservá-lo para as presentes e futuras gerações. Nesse caso, os três entes federativos são responsáveis por proteger espaços territoriais caracterizados com atributos essenciais ao meio ambiente.

Para Compans (2007), a CF/88 estendeu aos municípios a competência concorrente com Estados e União de proteger o meio ambiente, delegando-lhes a definição de unidades de conservação da natureza, assim como os critérios para sua ocorrência. A única exigência foi a de que a alteração ou a supressão dos espaços protegidos fosse exclusivamente mediante lei, sendo "vedada qualquer utilização que comprometesse a integridade dos atributos que justifiquem sua proteção" (art. 225, III).

Espaços territoriais que envolvem áreas protegidas, cursos de água ou outros componentes ambientais essenciais ao equilíbrio ambiental são responsabilidade do ente federativo em que o componente está circunscrito. Um curso d'água que percorre dois ou mais municípios do mesmo Estado, por exemplo, sujeita-se ao Estado e, no caso de corresponder a municípios que estão em Estados diferentes ou se estendem a outro país, sujeita-se à União. Para Martins (2006, p. 32), sempre que houver uma atuação que extrapole os limites políticos-administrativos, há de se considerar o nível de governo hierarquicamente superior, uma vez que "no federalismo a cooperação entre o poder nacional e os poderes estaduais e locais resulta sempre de um processo de negociação, já que estatuariamente os entes são independentes".

No campo da política urbana, a descentralização definiu no âmbito dos municípios, uma série de novos desafios, entre eles a responsabilidade de formulação e implementação da política urbana, cujo principal instrumento é o Plano Diretor. Em seus artigos 182 e 183, a CF/88 define as diretrizes básicas para a política urbana brasileira e determina a obrigatoriedade de instituição de planos diretores para os municípios com mais de 20.000 habitantes, estabelecendo que a função social da propriedade urbana seja definida por meio de plano diretor.

Vale dizer que a Carta Magna reforçou o movimento municipalista que já havia no Brasil, ampliando a autonomia política, administrativa e financeira do Município, ao defini-lo como um dos entes federativos, em conjunto com o Estado e a União, que devem reger-se por uma Lei Orgânica própria. O art. 30 da CF/88 definiu competências e responsabilidades do município, expressando o que Carvalho (1999, p. 96) chamou de municipalização das políticas sociais e descentralização governamental.

Sob a ótica do desenvolvimento regional, o art. 25 da CF/88 (Título IV, Capítulo III) indica que os Estados, mediante lei complementar, podem instituir regiões metropolitanas, aglomerações urbanas e microrregiões, constituídas por agrupamentos de Municípios limítrofes, para integrar a organização, o planejamento e a execução de funções públicas de interesse comum (§ 3º).

Em se tratando de áreas intensamente urbanizadas – metrópoles ou aglomerados urbanos – é fato que a definição de competências distintas, comuns e concorrentes, como indicadas pela CF/88 delimitam políticas que pressupõem a necessidade de negociação entre os entes federativos e setores que atuam no território em prol do interesse coletivo.

Os Estatutos da Cidade (Lei Federal n. 10.527/2001) e da Metrópole (Lei Federal n. 13.089/2015) sinalizam aspectos fundamentais nesse âmbito.

Estatuto da cidade

A Lei Federal n. 10.257/2001, conhecida como Estatuto da Cidade, ao regulamentar os arts. 182 e 183 da CF/88, firmou-se como principal marco do novo quadro institucional da Política Urbana brasileira, reconhecendo a importância da cidade na articulação dos processos de desenvolvimento econômico e social e valorizando o processo de planejamento urbano na esfera da ação pública. Martins (2003, p. 23) afirma que "o Estatuto da Cidade atribui efetivamente um novo estatuto à cidade [...] uma vez que, atribui papel de maior relevância ao Município, esfera de poder que mais afeta à cidade". A partir daí, o Plano Diretor, elaborado com a participação dos diferentes setores da sociedade, passa a ser o principal instrumento de política urbana e se torna obrigatório em 2006.[4]

Os instrumentos do Estatuto da Cidade podem ser caracterizados como de indução do desenvolvimento urbano, de regularização fundiária, de financiamento das políticas urbanas e de democratização da gestão das cidades. A

---

[4] A obrigatoriedade do Plano Diretor, de acordo a nova lei federal, estende-se com o Estatuto da Cidade para outras categorias de cidade, particularmente as que se localizam em áreas metropolitanas, aglomerações urbanas, cidades turísticas, entre outras, independentemente do tamanho de sua população. No prazo de 5 anos a partir da aprovação do Estatuto da Cidade, o Plano Diretor, instrumento básico da política de desenvolvimento e expansão urbana (art. 40), deveria ser aprovado como lei para todos os municípios brasileiros enquadrados nas condições do Estatuto, sob a pena de o prefeito incorrer em improbidade administrativa (art. 41).

implementação desses instrumentos sugere a transformação da ordem urbanística tradicional e a atuação na lógica econômica da cidade. Trata-se, portanto, do estabelecimento de objetivos de justiça social e de qualidade de vida, por meio de estratégias de elaboração de políticas urbanas inclusivas e sustentáveis (Zioni et al., 2007).

Entre as importantes disposições do Estatuto da Cidade, incluem-se aquelas que buscam democratizar o processo de gestão democrático das cidades brasileiras, cujos principais instrumentos são: os órgãos colegiados de política urbana, nos níveis nacional, estadual e municipal; os debates, audiências e consultas públicas; as conferências sobre assuntos de interesse urbano, nos níveis nacional, estadual e municipal; a iniciativa popular de projeto de lei e de planos, programas e projetos de desenvolvimento urbano.

A promulgação do Estatuto da Cidade, embora enfatize a esfera local, indica que cabe ao município formular políticas que integrem o meio ambiente aos padrões de uso e ocupação do solo, principalmente definindo entre seus principais instrumentos o zoneamento ambiental e os estudos de impacto de vizinhança.

Oliveira e Souza (2013) destacam que é fundamental reconhecer o esforço transversal do Plano Diretor em integrar a política ambiental. No entanto, a especialização e a fragmentação das políticas públicas, na interface entre meio ambiente e cidade evidencia a não-integração entre políticas ambientais e urbanas. Os autores defendem que é necessário estabelecer a transversalidade da Política Ambiental com as demais políticas e, em especial, com a Urbana, em suas diversas secretarias:

> Os princípios fundamentais de uma Política Ambiental deve perpassar por três eixos estruturantes: Direito à cidadania; Gestão da Cidade e Função social da cidade e da propriedade. Esses princípios são defendidos pela Constituição de 1988 que significou uma nova configuração da política pública brasileira [...]. Houve neste período, uma redefinição dos instrumentos de controle do solo urbano que estabelecem normas visando tornar as cidades brasileiras mais democráticas [...].

Embora o Estatuto da Cidade represente um inegável avanço na luta em prol do desenvolvimento urbano, reconhecendo a função social da cidade e da propriedade, conflitos de cunho regional e ambiental não são devidamente tratados por esta legislação. Se por um lado, o Estatuto da Cidade enfatiza que é de competência municipal o controle do desenvolvimento urbano, por outro lado, quando o objetivo é a resolução de problemas comuns, especialmente daqueles que extrapolam os limites políticos-administrativos dos municípios, a CF/88 dispõe que a instância de decisão regional é o estado, sendo que é essa instância que tem atribuição para definir regiões. Ambrosis (2001) ressente-se de que não foi possível consolidar um corpo legal no âmbito do Estatuto da Cidade que respalde a ação do município no sentido de orientar a dissolução de conflitos entre a autonomia municipal e os interesses regionais ou intermunicipais, principalmente em áreas metropolitanas. Sendo assim, conflitos intermunicipais relacionados com o uso do solo, saneamento, transportes, habitação, meio ambiente, recursos hídricos etc. em áreas metropolitanas devem ser geridos pelo governo estadual por meio de um processo de coordenação e negociação das políticas urbanas setoriais e municipais, cuja eficácia em termos de desempenho depende da capacidade de articulação política e da disposição participativa dos diversos agentes envolvidos.

Estatuto da metrópole

O Estatuto da Metrópole, Lei Federal n. 13.089/2015, representa um avanço e sinaliza novas perspectivas para a questão interfederativa ao criar uma nova agenda urbana e regional integrada, a despeito de inúmeras críticas a sua efetividade.

O principal objetivo dessa lei, de acordo com o art. 1º, é estabelecer diretrizes gerais para o planejamento, a gestão e a execução das funções públicas de interesse comum em regiões metropolitanas e em aglomerações urbanas instituídas pelos Estados, definindo normas gerais de funcionamento do plano de desenvolvimento urbano integrado e outros instrumentos de governança interfederativa [5].

O Estatuto da Metrópole inova à medida que propõe a governança entre entes federativos e municípios que compõem regiões metropolitanas ou aglomerações urbanas (Art. 3º, parágrafo único) ou o compartilhamento de responsabilidades e ações entre entes da Federação. Em seu artigo 6º, o Estatuto da Metrópole dispõe que a governança interfederativa das regiões metropolitanas e das aglomerações urbanas respeitará os seguintes princípios: I) prevalência do interesse comum sobre o local; II) compartilhamento de

---

[5] As diretrizes definidas no artigo 1 do EM se apoia na CF/88, especialmente nos seguintes artigos (incisos ou parágrafos): art. 21 (XX), que trata das competências da União, com destaque ao desenvolvimento urbano; art. 23 (IX), que define as competências comuns da União, estados e municípios, especialmente em relação à promoção e melhorias de moradias e de saneamento básico; art. 24 (I), que determina que é competência dos três entes legislar sobre o direito urbanístico; art. 25 (§ 3o) que determina que é competência dos estados instituir a organização regional (regiões metropolitanas, aglomerações urbanas e micro-regiões); art. 182, que define que a política de desenvolvimento urbano é competência do município.

responsabilidades para a promoção do desenvolvimento urbano integrado; III) autonomia dos entes da Federação; IV) observância das peculiaridades regionais e locais; V) gestão democrática da cidade, consoante com os art. 43 a 45 da Lei n. 10.257/2001; VI) efetividade no uso dos recursos públicos; VII) busca do desenvolvimento sustentável.

Essa lei acrescenta os seguintes instrumentos aos já previstos no Estatuto da Cidade: Plano de Desenvolvimento Urbano Integrado (PDUI); planos setoriais interfederativos; fundos públicos; operações urbanas consorciadas interfederativa; zonas para aplicação compartilhada de instrumentos urbanísticos; consórcios públicos; convênios de cooperação; contratos de gestão; compensação por serviços ambientais; parcerias público-privadas (PPP) interfederativas (art. 9º).

Dentre os instrumentos do Estatuto da Metrópole, destaca-se o PDUI, que deverá ser instituído por lei estadual revista, pelo menos, a cada 10 anos (arts. 10 e 11), passando previamente pela aprovação da instância colegiada deliberativa da região metropolitana ou aglomeração urbana. O controle e acompanhamento da prestação de serviços e da realização de obras afetam as funções públicas de interesse comum e de responsabilidade do Ministério Público. No âmbito das diretrizes para as funções públicas de interesse comum que devem conter o PDUI, incluem-se os projetos estratégicos e ações prioritárias para investimentos; o macrozoneamento; as diretrizes quanto à articulação dos municípios no parcelamento, uso e ocupação no solo urbano; diretrizes estas que evidenciam a integração entre política urbana e regional. A questão ambiental é expressa nesses artigos, nos quais se destaca a necessidade de delimitação das áreas com restrições à urbanização visando à proteção do patrimônio ambiental ou cultural, bem como das áreas sujeitas a controle especial pelo risco de desastres naturais, se existirem. O Estatuto da Metrópole prevê que os planos diretores municipais estejam em conformidade com o PDUI.

O Estado tem três anos a partir da criação de uma nova região ou da data da regulamentação do Estatuto da Metrópole para implementar a gestão plena, que deve atender aos seguintes requisitos: 1) a região metropolitana ou aglomeração urbana deve ser instituída por meio de lei complementar estadual; 2) possuir estrutura de governança interfederativa, nos termos do Estatuto da Metrópole; e 3) ter PDUI, aprovado mediante lei estadual. A não elaboração do PDUI no prazo de três anos incide em improbidade administrativa do governador. Por sua vez, a pena também se aplica ao prefeito que deixar de tomar as providências para garantir a compatibilização do seu plano diretor com o PDUI no prazo de 3 anos de sua aprovação.

Para Gurgel (2015), a gestão interfederativa é um modelo de administração que transcende os limites e competências de um município, fazendo as políticas setoriais de interesse comum dos municípios poderem alcançar o conjunto de transformações urbanísticas necessárias para ampliar as potencialidades de realização de direitos fundamentais naquela área específica.

Apesar dos avanços que o Estatuto da Metrópole propõe em relação ao tratamento da questão regional, em especial às funções públicas de interesse comum, várias são as criticas, entre elas: ausência de critérios mais específicos que considerem as dinâmicas socioespaciais para definição de áreas-alvo; o veto realizado pelo Executivo Federal ao Fundo Nacional de Desenvolvimento Integrado e as lacunas que interferem na autonomia municipal, não ficando claro, para além do Estado, o responsável pela gestão metropolitana.

Finalmente, o Estatuto da Metrópole sinaliza importante avanço para a integração das políticas urbanas nas metrópoles e novas perspectivas para a integração de políticas ambientais, de recursos hídricos, de saneamento etc. A gestão interfederativa poderá contribuir para a integração das ações entre os municípios em parceria com os governos estadual e federal, com a gestão e a governança exercidas por uma entidade metropolitana e o compartilhamento de responsabilidades entre os entes no planejamento e execução das funções públicas de interesse comum entre elas.

Nesse contexto, devem-se considerar as políticas públicas que incidem sobre áreas de mananciais. A adoção da bacia hidrográfica como unidade de planejamento e gestão no âmbito das áreas de mananciais do estado de São Paulo impõe aos gestores públicos outro desafio: o de conciliar as políticas urbanas e metropolitanas a outras esferas e escalas, para além do território político-administrativo do município ou dos diversos municípios que compõem a região metropolitana. De certa forma, a experiência do estado de São Paulo indica os caminhos e desafios desse modelo e as perspectivas para a integração das políticas urbanas e ambientais.

POLÍTICAS AMBIENTAIS E URBANAS NO ESTADO DE SÃO PAULO: A LEGISLAÇÃO DE PROTEÇÃO E RECUPERAÇÃO DOS MANANCIAIS E OS INSTRUMENTOS DA POLÍTICA URBANA

A CF/88, em seu art. 21, definiu os princípios que fundamentam a gestão nacional de recursos hídricos e estabeleceu que a água é um bem público, considerando a necessidade de uma política integrada entre os corpos d' água e as terras que o circundam (Alvim; Ronca, 2007). A Política Estadual de Recursos Hídricos de São Paulo (Lei n. 7.663/91)[6] e a Lei Estadual de Proteção dos Mananciais (Lei n. 9.866/97), legislações que incidem sobre os recursos hídricos do estado de São Paulo e sobre as áreas que protegem os mananciais estaduais de abastecimento de água, são pioneiras no trato da questão ambiental e urbana. Ao adotar a bacia hidrográfica como unidade de planejamento e gestão, tais legislações definem a necessidade de negociação entre os distintos níveis de governo para a definição de ações que incidem em áreas protegidas, especialmente em áreas de mananciais.

Na Bacia do Alto Tietê, região que quase coincide com a RMSP, a instituição do fórum de gestão da água, o Comitê do Alto Tietê, por meio da Lei n. 7.633/91 e de suas instâncias descentralizadas – os cinco subcomitês de bacia (Cotia-Guarapiranga, Billings-Tamanduateí, Tietê-Cabeceiras, Juqueri-Cantareira e Pinheiros-Pirapora) – possibilitou, segundo Alvim (2003), aproximar a atuação dos principais organismos setoriais do Estado a dos municípios em área de proteção dos mananciais na busca de uma solução conjunta para os seus principais problemas. Especialmente a partir de 1997, com a aprovação da Lei n. 9.866/97, pela qual as diretrizes e normas para as áreas de proteção dos mananciais de todo o Estado foram definidas e associadas à exigência de instituir leis específicas para cada bacia hidrográfica, a partir de características locais.

Ao mesmo tempo, ao tentar atender as exigências do Estatuto da Cidade, os municípios instituiriam um processo de planejamento urbano e novos planos diretores que orientariam o desenvolvimento e estabeleceriam princípios de justiça social e de direito à cidade. Em alguns casos, um conjunto de planos locais associados a intervenções localizadas e à incorporação de novos instrumentos urbanísticos buscariam formas inovadoras de equacionar os conflitos entre a ocupação urbana e a necessidade de preservação ambiental do território.

---

[6] O estado de São Paulo precedeu a União, uma vez que a Constituição Paulista de 1989, além de aprofundar os princípios da Carta Magna, estabeleceu anteriormente as normas de orientação à Política Estadual de Recursos Hídricos, bem como a organização e implementação do Sistema Estadual de Gerenciamento dos Recursos Hídricos (SIGRH), regulamentados por meio da Lei n. 7.633/91 (Alvim; Ronca, 2007).

Legislação de proteção e recuperação dos mananciais e legislações específicas

Um dos principais avanços na concepção do marco legal da década de 1990, previsto para as áreas de mananciais do estado de São Paulo, foi a incorporação do modelo de gestão integrada de recursos hídricos advindo da Política Estadual de Recursos Hídricos, que tinha como objetivo implementar, no âmbito da bacia hidrográfica, uma gestão descentralizada, tripartite e paritária. Nessa concepção, o Comitê de Bacia ou os subcomitês são os organismos reponsáveis pela gestão das áreas de mananciais, com a participação de três instâncias – estado, municípios e sociedade civil –, votos paritários e que por meio de suas ações deveriam implementar possibilidades de integração de políticas regionais, setoriais e municipais. No entanto, em quase 20 anos de atuação muitas lacunas persistem e muitos desafios ainda precisam ser vencidos.

No âmbito dos mananciais da RMSP, o Comitê da Bacia Hidrográfica do Alto Tietê teve papel central ao liderar o processo de revisão da Legislação de Proteção dos Mananciais da Região Metropolitana de São Paulo (LPM)[7], vigente desde os anos de 1970. Na ocasião, havia um movimento crítico de vários setores da sociedade que aclamava a ineficácia da LPM para conter a crescente ocupação irregular da área de mananciais. Alguns aspectos críticos merecem menção, entre eles: índices extremamente restritivos em relação ao uso e ocupação do solo; definia de forma homogênea os mesmos índices para cada sub-bacia hidrográfica, sem considerar suas especificidades; ausência de instrumentos adequados de gestão e de fiscalização; falta de articulação entre municípios e estado; excessiva centralização do estado contribuindo para a pequena e insuficiente adesão à legislação por parte dos municípios e da população. (Ancona, 2002; Marcondes, 1999; Alvim, 2003).

Em 1997, a instituição da nova Lei estadual de Proteção e Recuperação dos Mananciais (Lei Estadual n. 9.866/97), de forma inovadora, passou a indicar normas flexíveis de planejamento e de gestão do uso e ocupação do solo tendo em vista a integração entre a qualidade hídrica, a preservação ambiental e a recuperação da ocupação urbana, de cada bacia ou sub-bacia hidrográfica.

---

[7] A LPM – Leis Estaduais ns. 898/75 e 1.172/76, regulamentada pelo Decreto Estadual n. 9.714/77 – demarcava uma área que ocupa cerca de 53% do território metropolitano (4.243 km²), abrangendo 27 municípios e envolvendo todos os reservatórios e rios que integram o sistema metropolitano de abastecimento de água.

A pouca eficácia dessa legislação culminou em um movimento crítico de vários setores da sociedade, que resultou na década de 1990 em propostas de aperfeiçoamento e modificações dessa legislação. Em meados da mesma década, a implementação de diretrizes definidas por uma nova lei de proteção e recuperação dos mananciais (Lei Estadual n. 9.866/97) passou a indicar formas flexíveis de planejamento e de gestão do uso e ocupação do solo, visando articular a qualidade hídrica à preservação ambiental e à recuperação da ocupação urbana, sem removê-la.

Entre as diretrizes definidas pela nova legislação, Ancona (2002) destaca as principais: 1) a delimitação e a gestão das áreas de proteção e recuperação dos mananciais devem abranger uma ou mais bacias hidrográficas consideradas de interesse regional para o abastecimento público, seguindo os limites adotados pelo SIGRH no âmbito do território estadual; 2) a delimitação da APRM deve ser proposta pelo comitê (e/ou subcomitê), com deliberação favorável do Conselho de Recursos Humanos (CRH), ouvidos o Conselho Estadual de Meio Ambiente (Consema) e o Conselho Estadual de Desenvolvimento Regional (CDR), para depois serem aprovadas por lei estadual específica; 3) cada APRM deve ter um sistema de gestão, constituído por: (i) órgão colegiado, os comitês e subcomitês das bacias hidrográfica; (ii) órgão técnico, a Agência de Bacia ou, na sua ausência, órgão indicado pelo comitê; (iii) órgãos da administração pública, responsáveis pelo licenciamento de atividades, fiscalização e implementação de programas setoriais; 4) deve ser elaborado um Plano de Desenvolvimento e Proteção Ambiental (PDPA) para cada APRM, contendo diretrizes para as políticas setoriais, programa de investimentos, metas para a obtenção de padrões de qualidade ambiental; 5) três tipos de Áreas de Intervenção devem ser estabelecidas em cada APRM – áreas de ocupação dirigida, áreas de restrição à ocupação e áreas de recuperação ambiental –, com normas e diretrizes ambientais e urbanísticas de interesse regional que passariam a ser as unidades básicas de controle e orientação do uso e ocupação do solo, no lugar de "um zoneamento rígido"; 6) as APRM devem contar com um sistema gerencial de informações, formado por um banco de dados destinado a monitorar e avaliar a qualidade ambiental da bacia; 7) os Comitês das Bacias Hidrográficas devem destinar uma parcela dos recursos de cobrança pelo uso da água para a fiscalização e recuperação dos mananciais; e, 8) o estado deve garantir compensação financeira aos municípios afetados por restrições impostas pelas leis específicas das APRM e também garantir, juntamente com os municípios, meios e recursos para a implementação dos planos e programas definidos pelo

PDPA e para a manutenção dos programas de fiscalização e monitoramento nas APRM.

Tais diretrizes indicam que as formas de gestão descentralizada das bacias hidrográficas dependem de uma articulação efetiva entre os diversos setores, atores e instituições atuantes no âmbito do território em questão. Nesse sentido, as leis específicas devem orientar as políticas municipais, de caráter local, as ambientais e as setoriais, de caráter regional, e vice-versa, em um processo negociado que busca atingir seus principais objetivos: preservar, conservar e recuperar as áreas de proteção dos mananciais, sem entretanto se descuidar das dinâmicas socioespaciais e econômicas de cada bacia hidrográfica.

A Lei Estadual de Proteção e Recuperação dos Mananciais (Lei n. 9.866/97)[8] deflagrou nos anos 2000 o processo de implementação de leis específicas para cada sub-bacia, considerando suas especificidades. A sub-bacia Guarapiranga, ou Área de Proteção e Recuperação dos Mananciais Guarapiranga (APRM-G), foi pioneira com a aprovação da Lei Estadual n. 12.233/2006, regulamentada pelo Decreto Estadual (n. 51.686/2007), seguida pela sub-bacia Billings (APRM-B), cuja Lei Estadual n. 13.579 foi aprovada em 2009 e regulamentada pelo Decreto Estadual n. 55.342/2010. Na década de 2010, iniciou-se o debate em torno da definição da legislação específica para a bacia do Alto Juquery, região norte da metrópole, que abriga a Serra da Cantareira, o que culminou em 2015 na instituição da Lei Estadual n. 15.790, (APRM-Alto Juquery). Tais legislações procuram de maneiras distintas equacionar os problemas relativos à degradação dos mananciais e às ocupações irregulares. As legislações específicas possibilitam de certo modo a implementação de instrumentos de recuperação ambiental de trechos degradados das áreas de mananciais do estado de São Paulo de forma descentralizada e participativa.

No âmbito de cada bacia ou sub-bacia hidrográfica do estado de São Paulo que possui APRM, devem ser definidas e detalhadas leis específicas que estabelecem diretrizes e instrumentos que considerem as seguintes áreas de intervenção, definidas pela Lei Estadual de 1997: 1) Área de Restrição à Ocupação (ARO) – aquela de especial interesse para a preservação, conservação e recuperação dos recursos naturais da bacia, que devem ser prioritariamen-

---

[8] A Lei Estadual n. 9.866/1997 estabelece diretrizes e normas para a proteção e a recuperação da qualidade ambiental das bacias hidrográficas dos mananciais de interesse regional para abastecimento das populações atuais e futuras do Estado de São Paulo, assegurados, desde que compatíveis, os demais usos múltiplos.

te destinadas à produção de água, mediante a realização de investimentos e a aplicação dos instrumentos econômicos e de compensação previstos; 2) Área de Ocupação Dirigida (AOD) – aquela que busca sustentabilidade entre questões sociais, econômicas e ambientais por meio da consolidação ou implantação de usos urbanos ou rurais, que atendam certos requisitos necessários para manter a qualidade e a quantidade de produção de água; 3) Área de Recuperação Ambiental (ARA) – ocorrências localizadas de usos ou ocupações que comprometem a quantidade e a qualidade das águas, exigindo intervenções urgentes de caráter corretivo e que podem ser transitórias (Alvim; Kato; Rosin, 2015).

As áreas de intervenção de cada APRM devem considerar as características de uso e ocupação do solo das sub-bacias, orientando os planos diretores municipais que por sua vez devem ser compatíveis com os parâmetros urbanísticos por elas definidos, ou seja, seus instrumentos devem estar em consonância com as diretrizes ambientais. São previstas formas de licenciamento de uso e ocupação do solo e de regularização em casos de desconformidade com os parâmetros urbanísticos e normas estabelecidas pelas respectivas leis ou pelas legislações municipais, desde que sejam implementadas medidas de compensação de natureza urbanística, sanitária ou ambiental. As legislações específicas buscam definir: 1) parâmetros para preservar, conservar ou recuperar os mananciais por meio de instrumentos e índices urbanísticos básicos determinados a partir da medição das cargas poluidoras definidas para cada sub-bacia; e 2) as condições de regime e produção hídrica do manancial, formalizados no conceito Meta de Qualidade da Água do Reservatório Guarapiranga (MQUAL). A ideia central é orientar e controlar o uso e a ocupação do solo com base na definição da carga de poluição real que os reservatórios podem suportar.

De forma diferenciada, essas legislações procuram apontar possibilidades de projetos de intervenção em áreas precárias, uma importante realidade a ser equacionada, e ao mesmo tempo orientar os planos diretores municipais a redefinirem seus instrumentos em consonância com as diretrizes ambientais. O Programa de Recuperação de Interesse Social (Pris) é um instrumento ambiental e urbanístico fundamental a ser utilizado em áreas degradadas, particularmente em ARA 1, conforme determina a lei específica. Tais instrumentos são demarcados pela municipalidade em Zonas Especiais de Interesse Social (Zeis), gravadas no Plano Diretor.

Por fim, a instituição dessas legislações representa hoje um avanço inegável para a realidade das áreas de mananciais não só por incorporar a dimensão urbana nas políticas ambientais, mas também por estabelecer referenciais para a redefinição das políticas locais e setoriais. Estas por sua vez devem considerar propostas para a regulação de usos, ocupações e parcelamentos do solo urbano, em consonância com as necessidades de preservação e proteção do ambiente natural e dos recursos hídricos dessas bacias hidrográficas e ao mesmo tempo possibilitar a implementação de projetos que recuperem as áreas degradadas.

A legislação de proteção dos mananciais na Bacia Metropolitana de São Paulo e as leis específicas da Guarapiranga e da Billings

A Bacia Hidrográfica do Alto Tietê corresponde à área drenada pelo rio Tietê,[9] desde sua nascente, no município de Salesópolis, até a montante da Barragem de Rasgão, em Santana do Parnaíba. A extensão territorial dessa bacia abrange uma área de 5.985 km², que abrange 34 municípios, todos inclusos na RMSP (CBH-AT/FUSP, 2001); daí a denominação "Bacia Metropolitana de São Paulo" (Alvim, 2003). No âmbito da Política Estadual de Recursos Hídricos, esta bacia corresponde à UGRHI Alto Tietê – ou UGRHI 06, sendo o Comitê da Bacia do Alto Tietê (CBH-Alto Tietê) o organismo gestor dos recursos hídricos, conforme definiu a Lei Estadual n. 7.633/91.

Sob o ponto de vista geomorfológico, a Bacia Hidrográfica do Alto Tietê situa-se no reverso da Serra do Mar, em unidade morfológica de relevo constituído principalmente por morros médios e altos, com topos convexos e altimetrias entre 700 e 1.000 m, salvo alguns sítios mais elevados (Ross; Moroz, 1997). Entre as elevações maiores, destacam-se as serras do Itapety e da

---

[9] O rio Tietê cruza o estado de São Paulo de leste a oeste, dividindo-o ao meio. Sua nascente localiza-se na cidade de Salesópolis, na RMSP, a 840 m de altitude e cerca de 22 km do Oceano Atlântico. Entretanto, a barreira física representada pela Serra do Mar impede-o de seguir um caminho mais curto em direção ao mar e o induz a percorrer cerca de 1.100 km rumo ao interior do estado até desaguar no rio Paraná. A Bacia Hidrográfica do rio Tietê, a maior do estado de São Paulo, possui uma área drenada de 71.381 km², incidindo sobre um espaço territorial de 282 municípios (SMA, 2002). Devido à sua extensão, a bacia é dividida em três bacias menores, com características geomorfológicas próprias e uma variação de 200 m de altitude entre os trechos que a compõem: Alto Tietê, que compreende as terras drenadas pelo trecho do rio desde sua nascente, no município de Salesópolis, até o município de Santana do Paranaíba já na RMSP; Médio Tietê, entre Santana do Paranaíba e Barra Bonita, a cerca de 200 km da capital, compreendendo parte de duas importantes regiões industriais do Estado – Campinas e Sorocaba; Baixo Tietê, de Barra Bonita à sua foz, no Rio Paraná, onde se desenvolve grande extensão da Hidrovia Tietê-Paraná e onde se localizam diversos municípios agroindustriais. No Alto Tietê, os principais rios que formam a bacia, além do rio Tietê, são seus afluentes Pinheiros, Tamanduateí, Cotia e Juqueri, além dos rios Embu-Mirim e Embu-Guaçu, que deságuam na represa de Guarapiranga, e outros rios e córregos menores. (Alvim, 2003)

Cantareira, recobertas com significativos remanescentes florestais, ambas sob proteção legal. Conforme Ab'Saber (2007), a bacia tem basicamente três níveis topográficos: as planícies das várzeas dos três maiores rios (Tietê, Pinheiros e Tamanduateí), a 720 m acima do nível do mar; os espigões, que funcionam como divisores de águas (como o espigão da Avenida Paulista, que separa as águas do Tietê das do rio Pinheiros e vai do ponto de encontro desses rios até a Serra do Mar) e níveis intermediários, de tabuleiros próximos às várzeas e de colinas pregadas aos espigões.

São Paulo é a principal cidade da "Bacia Metropolitana de São Paulo", com 11.244.369 habitantes, conforme dados do IBGE (2010).[10] Para Ab'Saber (2007), a bacia do Alto Tietê apresenta um favorecimento geográfico para a formação das grandes várzeas, com a drenagem dos principais rios sendo do tipo labiríntica, com formas de meandros lentos, lagos de meandros e ligeiras anastomoses nos canais fluviais. A posição geográfica de São Paulo é muito próxima das bordas do Planalto Atlântico, da Serra do Mar e da drenagem principal do rio Tietê.

Nessa bacia, os conflitos decorrentes da intensa ocupação urbana, principalmente por meio de habitações irregulares e desprovidas de infraestrutura básica, incidem de forma bastante perversa sobre o meio ambiente, em áreas que legalmente encontram-se protegidas desde os anos de 1970. O intenso crescimento urbano sem controle provoca diversos efeitos sobre o território e a sociedade. Entre esses efeitos encontra-se principalmente a degradação do meio ambiente e dos recursos hídricos, além da consequente redução da qualidade de vida das populações. Aos efeitos intensos do processo de urbanização impõem-se vários desafios à sustentabilidade e à gestão ambiental do território, sobretudo quando alguns recursos naturais começam a acabar, como por exemplo no caso dos recursos hídricos (Grisotto; Philippi Jr., 2004).

Por um lado, a impermeabilização do solo urbano, em especial das áreas de várzeas decorre do processo de uso e ocupação do solo, cujo padrão de adensamento e de verticalização dissocia-se das políticas de planejamento e controle, contribuindo para a ocorrência de inundações frequentes na metrópole. Por outro, o modelo de ocupação das áreas periféricas – disperso, fragmentado e sem planejamento – compromete os solos frágeis e as áreas que abrigam os principais mananciais de água para abastecimento público da população.

---

[10] A Região Metropolitana de São Paulo, que abriga 39 municípios, em 2010 possuía 19.672.582 habitantes (Censo Demográfico do IBGE).

No âmbito da nova política de mananciais, buscou-se aliar a preservação ambiental ao desenvolvimento urbano. A instituição da nova legislação de proteção e recuperação dos mananciais em 1997 (Lei Estadual n. 9.866) buscou introduzir uma postura distinta frente às possibilidades de regulação e de intervenção nas bacias protegidas da RMSP, reconhecendo as preexistências de ocupação urbana. Tal postura ganhou força com a publicação das leis específicas no âmbito das sub-bacias das represas Guarapiranga e Billings nos anos 2000, quando emergiu um novo quadro normativo, visando a regulamentação do uso, a ocupação do solo nessas áreas e a definição de instrumentos de recuperação e de regularização da ocupação irregular, com vistas a melhorar a condição ambiental da área e, com isso, ampliar a disponibilidade do recurso água para o abastecimento público (Alvim; Kato; Rosin, 2015).

A implementação e consolidação desses instrumentos depende, contudo, de uma articulação efetiva entre os diversos atores e as instâncias que ali atuam. A discussão das leis específicas em suas interfaces com o reconhecimento das preexistências ainda é, entretanto, um importante desafio.

Nessas duas sub-bacias, ao mesmo tempo em que se deflagrou o processo de aprovação das legislações, os municípios foram obrigados a elaborar seus novos planos diretores no contexto do Estatuto da Cidade. Evidentemente, a participação dos municípios e dos subcomitês para discutir a gestão das águas e a elaboração de uma nova legislação para a área de proteção dos mananciais acabou por influenciar a elaboração dos planos diretores e vice-versa, ainda que muitos deles tenham sido elaborados e aprovados em descompasso com a aprovação dessas regulamentações de legislação específica.

Ainda que de maneira diversificada, o reconhecimento das preexistências de ocupação urbana e ambiental, assim como da dinâmica urbana que hoje é realidade nessas áreas, passa a ser incorporado tanto nas políticas ambientais quanto nas urbanas. Por isso, no âmbito das duas sub-bacias, Guarapiranga e Billings, além de discutir a nova legislação, é essencial compreender o processo de ocupação e a atual situação dessas áreas.

Na APRM-Guarapiranga são definidas seis subáreas de ocupação: Subárea de Ocupação Urbana Consolidada (SUC); Subárea de Ocupação Urbana Controlada (SUCt): Subárea de Ocupação de Baixa Densidade (SBD); Subáreas Especiais Corredores (SEC); Subáreas de Ocupação Diferenciada (SOD); Subáreas Envoltórias da Represa (SER). Já na APRM-Billings são definidas cinco: Subárea de Ocupação Especial (SOE); Subárea de Ocupação Urbana Consolidada (SUC); Subárea de Ocupação Urbana Controlada (SUCt); Subárea de Ocupação de Baixa Densidade (SBD); Subárea de Conservação Ambiental (SCA); estas, no entanto, aparecem de forma mais recortada nos diversos compartimentos ambientais, obedecendo as diferenças físicas e de ocupação do território.

Apesar de ambas as APRM possuírem subáreas em comum – SUC, SUCt, SBD –, existem diferenças entre os conceitos e os respectivos parâmetros urbanísticos, já observadas em Alvim (2012).[11]

Em síntese, nota-se que as subáreas da lei da APRM-Billings apresentam maior especificação de diretrizes e usos, incorporando de maneira mais detalhada as ocupações existentes quando comparadas às subáreas da lei da APRM-Guarapiranga. Os parâmetros urbanísticos na Lei da Billings são definidos por área de intervenção e por compartimento ambiental; já na Guarapiranga, são considerados apenas parâmetros diferentes nas distintas áreas de intervenção. Em ambos os casos, eles foram estabelecidos a partir da realidade e das especificidades da respectiva sub-bacia, muito embora existam estudos que contestem a relação entre a realidade e os parâmetros definidos para cada área de intervenção. No caso do APRM-Guarapiranga, os parâmetros urbanísticos estabelecidos são o coeficiente de aproveitamento máximo, o índice de impermeabilização máximo e o lote mínimo. Para a APRM-Billings, são mantidos o coeficiente de aproveitamento, o lote mínimo e a taxa de permeabilidade, acrescido o índice de área vegetada.[12] O lote mínimo é um dos principais pontos de polêmicas das duas leis, dada a condição de intensa ocupação e de irregularidades em diversas áreas das sub-bacias. Quando se trata de aprovação de novos empreendimentos, ambas as legislações apresentam o lote mínimo de 250 m² (SUC, SUCt ou SOE, este último no caso da Billings). Entretanto, quando se trata de regularização fundiária, a situação é diferente, pois, no âmbito da APRM-Billings, é permitido o lote mínimo de 125 m² "nas SOE e SUC, em todos os compartimentos; e na SUCt, nos compartimentos Corpo Central I, Corpo Central II e Taquacetuba-Bororé" (Art. 75, parágrafo único), nos casos das ocupações existentes nessas subáreas até a data de aprovação da lei.

---

[11] Em Alvim (2012), são detalhadas as diferenças das duas legislações, inclusive as modificações entre os projetos de lei e legislações aprovadas.

[12] Importante ressaltar que, embora o índice de impermeabilização máximo e a taxa de permeabilidade sejam conceitos com enfoques contrários, seus objetivos são similares. Enquanto a Lei da Guarapiranga implementa uma visão voltada para obtenção do mínimo de área impermeável associado a um coeficiente máximo (coeficiente utilizado na LPM da década de 1970), a Lei da Billings busca definir um índice mínimo de área permeável, aproximando-se mais do índice utilizado pelas legislações municipais associado à exigência de um índice de área vegetada, índices estes não cumulativos entre si.

Em ambas as leis, os parâmetros urbanísticos das Subáreas de Ocupação Dirigida podem ser remanejados pelas leis municipais de parcelamento, uso e ocupação do solo. Na lei da Guarapiranga, tal alteração pode ocorrer desde que mantidas as Cargas Meta Total e Meta Referencial por Município e desde que se atenda a média ponderada definida para a APRM. No âmbito da APRM-Billings, a lei estabelece em seu art. 28 que as legislações municipais podem definir parâmetros diversos, com a condição de que sejam atendidas as diretrizes e metas referenciais estabelecidas por Compartimentos Ambientais.

Em se tratando de terras de particulares, embora haja enorme interesse público, os respectivos mapeamentos[13] indicam predominância de AOD, sendo as demais categorias consideradas sobreposições a esta. No âmbito da APRM-Guarapiranga estão demarcadas apenas as diversas categorias de AOD, associadas à sobreposição de ARO, localizadas ao longo dos cursos da água. Já na APRM-Billings, além das AOD, ocorre também a delimitação de algumas ARO.

A ARA merece especial atenção, uma vez que, de acordo com a lei n. 9.866/97, trata de ocorrências de uso e ocupação em ARO ou AOD que comprometem o índice de qualidade das águas, exigindo intervenções urgentes de caráter corretivo. A responsabilidade de demarcação das ARA é dos municípios, dados seu caráter transitório e a necessidade de ações de recuperação. Para isso, o Plano Diretor deve considerar os instrumentos urbanísticos em consonância com os definidos pelas legislações específicas (Alvim, 2012).

As ARA são subdivididas em dois tipos: 1) ARA 1, que têm ocorrência de assentamentos habitacionais de interesse social desprovidos de infraestrutura de saneamento ambiental e nas quais o Poder Público deve promover programas de recuperação urbana e ambiental; 2) ARA 2, ocorrências degradacionais previamente identificadas pelo Poder Público, que devem exigir dos responsáveis ações de recuperação imediata do dano ambiental, sendo estas objeto de Programas de Recuperação Ambiental (Pram).

A ARA 1 é objeto de Pris em ambas as legislações, o que indica parâmetros mais flexíveis e permite ao Poder Público municipal atuar em áreas degradadas a fim de recuperá-las. Os Pris devem corresponder às Zeis, instrumento urbanístico definido pelo Plano Diretor municipal para intervenção

---

[13] As bases cartográficas segundo as legislações estão depositadas em escala 1:10.000 na Secretaria Estadual do Meio Ambiente (SMA).

em áreas de interesse social. Ambas as leis exigem um "plano urbanístico"[14] para cada Pris e preveem ações de regularização dos parcelamentos do solo, empreendimentos, edificações e atividades, desde que comprovada a respectiva existência até as datas definidas no âmbito de cada uma.

Ademais, ambas as legislações preveem licenciamento, regularização, compensação e fiscalização dos empreendimentos, obras, usos e atividades a serem realizados pelos órgãos estaduais ou municipais para empreendimentos menores, desde que as leis municipais de planejamento e controle do uso, do parcelamento e da ocupação do solo urbano observem as diretrizes e normas ambientais e urbanísticas de interesse para a preservação, conservação e recuperação dos mananciais definidas na lei especifica. O estado deve apoiar os municípios que não estejam devidamente aparelhados para exercer plenamente as funções relativas ao licenciamento, regularização, compensação e fiscalização.

Márcia Nascimento, então responsável da SMA pela coordenação dos trabalhos da lei específica da Billings, destacou em entrevista,[15] os aspectos importantes das possiblidades de regularização contidas na lei: 1) o Poder Público pode requerer a regularização, em caso de ARA 1, desde que se enquadre em Pris, sem a anuência do subcomitê; 2) para casos que não se enquadram em Pris, a regularização pode ser feita por compensação ambiental conduzida pelo Poder Público municipal de modo normal; ou em caso de lotes de até 250 m², pode utilizar o índice de área vegetada de até 50% da área a ser compensada, diminuindo assim o custo da compensação e incentivando o aumento de áreas verdes mais densas.

Importante destacar que ambas as leis abrem novas possibilidades de ocupação urbana e verticalização nas duas sub-bacias, que antes não eram permitidas pela LPM da década de 1970. Além disso, admitem o uso misto em todas as subáreas, desde que obedecida a legislação municipal de uso e ocupação do solo e as disposições quanto a parâmetros urbanísticos, infraestrutura e saneamento ambiental definidas nas respectivas leis específicas.

---

[14] A Lei da Guarapiranga define os Pris como responsabilidade do Poder Público municipal, podendo ser implementado em parceria com a iniciativa privada quando houver interesse. Já a Lei da Billings define que a elaboração e a implantação do Pris, além de ser responsabilidade dos órgãos e entidades do Poder Público das três esferas de governo, deve ser compartilhada "com as comunidades residentes no local, organizadas em associação de moradores ou outras associações civis, bem como com o responsável pelo parcelamento e/ou proprietário da área" (art. 33).

[15] A arquiteta Márcia Nascimento concedeu entrevista à autora em julho de 2012.

Os Pris grafados em ARA 1 devem indicar parâmetros que permitam ao Poder Público municipal atuar em áreas degradadas a fim de recuperá-las. Apesar disso, a implementação de Pris não tem sido fácil. Inicialmente, ela esbarrava na falta de procedimentos claros por parte do órgão técnico, como a SMA.

Em 2013, com a Resolução SMA n. 25 foram estabelecidos critérios específicos de licenciamento ambiental do Pris no âmbito das bacias hidrográficas dos reservatórios Billings e Guarapiranga. Entretanto, o processo ainda é complexo e moroso, já que depende de um conjunto de procedimentos que se encontram no âmbito da emissão das licenças prévias, de instalação e de operação, todas de responsabilidade do agente promotor (na maioria das vezes a municipalidade) e que devem ser analisadas pela Cetesb, órgão técnico responsável pelo licenciamento do empreendimento. A exigência de averbação dos títulos de propriedade dos imóveis abrangidos no Pris quando implementados em áreas privadas é alvo de críticas dos agentes promotores, pois o domínio das propriedades é uma dificuldade no âmbito do cadastro municipal, visto que a maioria das áreas degradadas são loteamentos irregulares ou áreas invadidas, cujas titularidades são incertas que demanda procedimentos urbanísticos de regularização fundiária complexos e de longo prazo (Alvim; Kato; Rosin, 2015).

A compatibilização dos planos municipais às legislações específicas é uma exigência que consta na Lei de Proteção e Recuperação dos Mananciais de 1997 e está referendada nas leis específicas. Embora estudos contratados pela SMA (2005, 2006) apontem que os parâmetros urbanísticos das leis específicas foram definidos com base nos zoneamentos propostos pelos Planos Diretores dos municípios das duas sub-bacias, o processo de compatibilização dos instrumentos urbanos e ambientais está longe de se concretizar e evidencia inúmeras lacunas e desafios tanto para o Estado quanto para os municípios. De certa forma, as divergências implicam necessidade de revisão dos instrumentos tanto por parte do estado quanto dos municípios, visto que se trata de um processo complexo e moroso que atua sobre um território em plena transformação.

O olhar sobre o novo Plano Diretor de São Paulo a seguir é oportuno porque permite evidenciar convergências e conflitos decorrentes dos processos de formulação das políticas públicas – ambientais e urbanas – que, na maioria das vezes decorrem de processos e tempos distintos, parte de um processo em curso que deve ser constantemente aprimorado.

O PLANO DIRETOR ESTRATÉGICO DE SÃO PAULO E A LEGISLAÇÃO DE PROTEÇÃO E RECUPERAÇÃO DOS MANANCIAIS: AVANÇOS E DESAFIOS PARA A INTEGRAÇÃO

O município de São Paulo possui aproximadamente 15,32% da área total inserida na sub-bacia do Guarapiranga (37% da área da APRM-G) e 10,78% na sub-bacia Billings (28% da APRM-B), sendo que 4 subprefeituras possuem parte ou área total nessas sub-bacias: M'Boi Mirim, Capela do Socorro, Cidade Ademar e Parelheiros. Essas subprefeituras abrigam 1.708.674 pessoas, aproximadamente 15,0% da população total do município.

Diante desse cenário, é fundamental que a política urbana defina diretrizes e instrumentos para essas sub-bacias em consonância com os princípios da lei estadual de proteção e recuperação dos mananciais e vice-versa.

Sem pretender esgotar o tema, a análise a seguir busca verificar como o novo PDE de São Paulo incorpora a legislação ambiental, com destaque principalmente para os instrumentos voltados para a recuperação ambiental em áreas de mananciais, especialmente aquelas ocupadas por assentamentos precários.

Desde o Estatuto da Cidade em 2001, o município de São Paulo instituiu um processo de planejamento e gestão que tem entre seus principais resultados a aprovação de dois planos diretores: o PDE de São Paulo, instituído pela Lei Municipal n. 13.430/2002[16] e sua revisão, instituída pela Lei Municipal n. 16.050/2014.

O PDE de 2002 constituiu-se como um importante avanço, principalmente quanto à definição da política de desenvolvimento urbano e ambiental do município de São Paulo, reforçando a função social da propriedade urbana, as políticas públicas e a gestão democrática da cidade.

O novo PDE de 2014 traz uma série de diretrizes amplamente debatidas com a sociedade para orientar o desenvolvimento urbano. De modo geral, o processo de discussão e elaboração do PDE, conduzido pela Prefeitura Municipal de São Paulo (PMSP), durante o ano de 2013, foi participativo e principalmente inovador, na medida em que foi utilizado um conjunto de instrumentos de participação, que combinou ferramentas presenciais e tec-

---

[16] Em 2002, a aprovação de um novo plano diretor para o município de São Paulo colocou fim a um longo período de impasse e expectativa sem o instrumento, uma vez que o Plano Diretor então vigente (Lei n. 10.676/88) havia sido aprovado como lei pelo expediente autoritário do decurso de prazo.

nológicas, envolvendo audiências publicas, oficinas com a sociedade e consultas *on-line*.

Em termos gerais o PDE propõe a aplicação dos instrumentos do Estatuto da Cidade, caracterizados como de indução do desenvolvimento urbano, de regularização fundiária, de financiamento das políticas urbanas e de democratização da gestão das cidades (Alvim; Bogus, 2016).

O documento organiza-se em 5 (cinco) partes: 1) princípios e objetivos do plano diretor voltados para grandes temas, como função social da cidade e da propriedade urbana, equidade e inclusão social e territorial, direito à cidade; 2) Ordenação do território, que o divide de acordo com as políticas urbanas e de gestão ambiental; 3) Estruturação do sistema urbano e ambiental, que trata de estruturar os sistemas ambientais, de saneamento, de habitação etc.; 4) Ações e objetivos do sistema urbano e ambiental; 5) Elementos da gestão democrática da cidade, visando assegurar a participação da população e de associações representativas dos vários segmentos da comunidade na formulação, execução e acompanhamento de planos, programas e projetos de planejamento urbano.

Sem dúvida, a principal inovação do PDE foi a definição da estruturação da transformação urbana induzida, que privilegiou o adensamento da cidade em eixos urbanísticos, localizados ao longo da rede de transporte público coletivo de média e alta capacidade, planejados e existentes. Nesse âmbito, o PDE prevê a implantação de um sistema integrado de transporte público que tem como princípio aproximar as moradias dos locais de oferta de empregos. Com isso, o PDE pretende induzir o adensamento urbano e o uso misto residencial e não residencial para as áreas urbanizadas e dotadas de infraestrutura, contribuindo para minimizar a pressão nas áreas periféricas, em especial as ambientalmente frágeis. Nas áreas de mananciais e áreas periféricas da cidade, a política urbana volta-se para a definição de estratégias de contenção da expansão urbana, recuperação de assentamentos precários e preservação e conservação ambiental.

Em diversas partes, o texto da lei do PDE explicita a importância das APRM, mas poucos são os trechos que destacam a necessidade de articulação com a lei estadual, como será visto a seguir.

A menção às APRM aparece inicialmente no Capitulo II, que trata dos seus princípios, diretrizes e objetivos. Nele, os arts. 6º e 7º reforçam a necessidade de proteção da paisagem, dos recursos naturais e dos mananciais hídricos superficiais e subterrâneos de abastecimento de água do município; assim como a necessidade de conter o processo de expansão horizontal da aglomeração urbana, contribuindo para preservar o cinturão verde metropolitano e principalmente as APP, as Unidades de Conservação, as Áreas de Proteção dos Mananciais e a Biodiversidade.

Como estratégia fundamental, o macrozoneamento divide o território municipal em duas macrozonas: "Proteção e Recuperação Ambiental" e "Estruturação e Qualificação Urbana", cujas respectivas macroáreas são estabelecidas a partir de características físico-ambientais, bem como de suas potencialidades socioeconômicas. Para cada macroárea, são definidos os princípios de controle da urbanização ou de incentivo à mesma.

A Macrozona de Proteção e Recuperação Ambiental tem seus objetivos descritos no art. 17 (Título II, Capítulo I, Seção II) e envolve as áreas de preservação dos mananciais, parques municipais e estaduais, Unidades de Conservação e Zona Rural[17] do município. Os núcleos urbanizados, as edificações, os usos e a intensidade dos usos, bem como a regularização de assentamentos subordinam-se à necessidade de manter ou restaurar a qualidade do ambiente natural, respeitando a fragilidade de seus terrenos.

A necessidade de compatibilização dos usos e das tipologias de parcelamento do solo urbano aparece pela primeira vez citada no texto da lei em conjunto com outros objetivos específicos dessa macrozona, a saber: a necessidade de proteger, conservar ou recuperar os sistemas ambientais existentes e, em especial, aqueles relacionados com a produção da água, a biodiversidade, a proteção do solo e a regulação climática; a compatibilização dos usos e das tipologias de parcelamento do solo urbano com as condicionantes geológico-geotécnicas de relevo e com a legislação de proteção e recuperação dos mananciais; a promoção de atividades econômicas compatíveis com o desenvolvimento sustentável; e o respeito às legislações ambientais referentes à Mata Atlântica, à proteção e à recuperação dos mananciais e das Unidades de Conservação (art. 17).

No âmbito da Macrozona de Proteção e Recuperação Ambiental foram definidas quatro macroáreas, respeitadas as especificidades de cada uma, a saber: Macroárea de Redução da Vulnerabilidade e Recuperação Ambiental; Macroárea de Controle e Qualificação Urbana e Ambiental; Macroárea de Contenção Urbana e Uso Sustentável; e Macroárea de Preservação de Ecossistemas Naturais. Delas, as duas últimas possuem em seus territórios a zona

---

[17] O novo PDE demarca a Zona Rural da cidade com um nova concepção considerada multifuncional, ou seja, para além de produtora de alimentos e de água para abastecimento, é detentora de unidades de conservação, nas quais haverá incentivo a atividades voltadas a preservação, conservação e recuperação do território, como lazer, turismo, agroecologia etc. A novidade é o pagamento dos serviços ambientais.

rural. A Macroárea de Contenção Urbana e Uso Sustentável localiza-se integralmente na Área de Proteção de Mananciais definida na legislação estadual, abrangendo o território das Áreas de Proteção Ambiental Capivari-Monos e Bororé-Colônia.

Importante destacar que, apesar de as outras macroáreas envolverem parte das áreas de mananciais, a lei cita explicitamente apenas a necessidade de sua compatiblização com a Lei de Proteção e Recuperação dos Mananciais no âmbito das Macroáreas de Redução da Vulnerabilidade e Recuperação Ambiental e de Contenção Urbana e Uso Sustentável.[18] Para as demais macroáreas, o texto não menciona qualquer relação de proteção e recuperação de mananciais, mesmo diante da necessidade de recuperação dos assentamentos precários.

Curioso é o aparente engano apresentado no texto do PDE ilustrado, disponível no site Gestão Urbana da Secretaria Municipal de Desenvolvimento Urbano,[19] no qual há duas menções explícitas, em forma de notas adicionais, à necessidade de compatibilização da Lei de Proteção e Recuperação dos Mananciais, que faz referência à Lei Estadual n. 898/75,[20] já revogada pelas legislações especificas nas sub-bacias Guarapiranga, Billings e Cantareira.[21]

A necessidade de recuperação, promoção da urbanização e regularização fundiária dos assentamentos urbanos precários, dotando-os de serviços, equipamentos e infraestrutura urbana completa e garantindo a segurança na posse e na recuperação da qualidade urbana e ambiental, com a construção de Habitações de Interesse Social (HIS), são objetivos explícitos para as Macroáreas de Redução da Vulnerabilidade e Recuperação Ambiental e de Controle e Qualificação Urbana e Ambiental.

---

[18] No art. 20, § 1º, que trata da Macroárea de Contenção Urbana e Uso Sustentável, o texto cita que essa macroárea localiza-se integralmente na APRM definida na legislação estadual, abrangendo o território das Áreas de Proteção Ambiental Capivari-Monos e Bororé--Colônia.

[19] Disponível em: <http://gestaourbana.prefeitura.sp.gov.br/wp-content/uploads/2015/01/Plano-Diretor-Estratégico-Lei-nº-16.050-de-31-de-julho-de-2014-Texto-da-lei-ilustrado.pdf.>. Acesso em: 23 out. 2016.

[20] A menção explicita no art. 20, § 1º e inciso VI, é a seguinte: Lei Estadual n. 898, 1º de dezembro de 1975, disciplina o uso do solo para a proteção dos mananciais, reservatórios, cursos de água e demais recursos hídricos de interesse da Região Metropolitana de São Paulo.

[21] Não foi encontrada nenhuma menção explícita à Lei Estadual n. 9.866/97 ao longo do Título II que trate da Estruturação e Ordenação Territorial do município, dividindo-o em Macrozonas e Macroáreas.

Os objetivos da Macroárea de Contenção Urbana e Uso Sustentável, localizada integralmente em APRM, são a proteção e a conservação ambiental possibilitadas por uma ocupação de baixa densidade, com fragmentos significativos de vegetação nativa, entremeados por atividades agrícolas, sítios e chácaras de recreio. Essa Macroárea integra a zona rural, sendo vedado o parcelamento do solo para fins urbanos e, para ela, além da necessidade de compatibilização com a legislação de proteção e recuperação dos mananciais, o PDE prevê a compatibilização com a legislação referente à Mata Atlântica, com legislações de âmbitos federal, estadual e municipal, que tratam das Unidades de Conservação de Proteção Integral. A gestão integrada das Unidades de Conservação estaduais e municipais e de terras indígenas, além do incentivo à criação de Reservas Particulares do Patrimônio Natural (RPPN), são destaques importantes entre seus objetivos.

No âmbito da Macroárea de Preservação de Ecossistemas Naturais, localizada integralmente em zona rural, são valorizados os sistemas ambientais cujos elementos e processos ainda conservam suas características naturais. Entre seus objetivos específicos estão a manutenção das condições naturais dos elementos e dos processos que compõem os sistemas ambientais e a implementação e gestão das unidades de conservação existentes, além da criação de novas unidades de conservação de proteção integral.

No Capítulo II, Da Regulação do Parcelamento, Uso e Ocupação do Solo e da Paisagem Urbana, a Seção I, que define as Diretrizes para a Revisão da Lei de Parcelamento, Uso e Ocupação do Solo (LPUOS), destaca que esta deve ser simplificada, explicitando em seu art. 27, XXIII, que nas áreas de proteção dos mananciais, a legislação de uso e ocupação do solo deve ser compatibilizada com a legislação estadual.

As diretrizes para o zoneamento,[22] expressas nas macroáreas, estabelecem os parâmetros urbanísticos básicos para as áreas de proteção e recuperação dos mananciais, parques, unidades de conservação e áreas de preservação ambiental.

No âmbito do Zoneamento, a Macrozona de Proteção e Recuperação Ambiental integra em grande parte a Zona de Preservação e Desenvolvimento Sustentável (ZPDS), definida pela lei como porções do território destinadas à conservação da paisagem e à implantação de atividades econômicas compatíveis com a manutenção e recuperação dos serviços ambientais por elas prestados, em especial aqueles relacionados com as cadeias produtivas da

---

[22] Nas disposições finais e transitórias do PDE, as Zeis 4 deverão respeitar o gabarito de 9 m (nove metros) até a revisão da LPUOS, observados os gabaritos previstos nas leis estaduais de proteção dos mananciais.

agricultura e do turismo, com densidades demográficas e construtivas baixas. A Macrozona possui ainda significativas porções de Zonas Especiais, entre elas: Zeis, Zonas Especiais de Preservação Ambiental (Zepam) e Zona Especial de Preservação (ZEP).[23] Como é uma macroárea que possui um Sistema de Áreas Protegidas, Áreas Verdes e Espaços Livres, poderá ser exigida de proprietários de terras particulares a criação de RPPN municipal ou a doação para parque ou área verde pública municipal.

O PDE ainda destaca neste trecho que a Zeis[24] é um importante instrumento para recuperação dos assentamentos precários e construção de novas moradias, respeitadas as disposições da legislação ambiental. As Zeis são constituídas por porções do território destinadas, prioritariamente, à recuperação urbanística, à regularização fundiária e à produção de Habitações de Interesse Social (HIS) ou do Mercado Popular (HMP), incluindo a recuperação de imóveis degradados e a provisão de equipamentos sociais e culturais, de espaços públicos, de serviço e comércio de caráter local. Para as áreas de mananciais, são definidos dois tipos: 1) Zeis 1 – áreas ocupadas por população de baixa renda, abrangendo favelas, loteamentos precários e empreendimentos tipo HIS ou HMP, em que haja interesse público em promover recuperação urbanística, regularização fundiária, produção e manutenção de HIS; 2) Zeis 4 – são zonas destinadas apenas à ocupação de glebas ou lotes não edificados e adequados à urbanização e à edificação, situadas na APRM-Guarapiranga e APRM-Billings, exclusivamente nas Macroáreas de Redução da Vulnerabilidade e Recuperação Ambiental e de Controle e Recuperação Urbana e Ambiental, que servem à promoção de HIS para o atendimento de famílias residentes em assentamentos localizados na referida APRM, preferencialmente, em função de reassentamento resultante de plano de urbanização ou da desocupação de áreas de risco e de preservação permanente, com atendimento à legislação estadual.

---

[23] A revisão da LPUOS poderá incorporar, aos perímetros das ZPDS, as atuais Zonas de Lazer e Turismo (ZLT) e Zonas Especiais de Produção Agrícola e Extração Mineral (ZEPAG), quando as características dessas áreas e as diretrizes para sua ocupação forem correspondentes às das ZPDS.

[24] As Zeis classificam-se em 5 (cinco) categorias. Além das duas mencionadas neste capítulo, conforme o art. 45 do PDE, as demais são: Zeis 2 – áreas caracterizadas por glebas ou lotes não edificados ou subutilizados, adequados à urbanização e onde haja interesse público ou privado em produzir Empreendimentos de HIS; Zeis 3 – são áreas com ocorrência de imóveis ociosos, subutilizados, não utilizados, encortiçados ou deteriorados, localizados em regiões dotadas de serviços, equipamentos e infraestruturas urbanas, boa oferta de empregos, onde haja interesse público ou privado em promover Empreendimentos de HIS; Zeis 5 – são lotes ou conjunto de lotes, preferencialmente vazios ou subutilizados, situados em áreas dotadas de serviços, equipamentos e infraestruturas urbanas, onde haja interesse privado em produzir empreendimentos tipo HIS ou HMP

No âmbito da Lei de Proteção e Recuperação dos Mananciais, o principal instrumento de recuperação dos assentamentos precários é o Pris, no entanto, o texto do PDE não menciona o instrumento e sua relação direta com a Zeis nesse trecho da lei, mencionando-a apenas mais adiante, no Capítulo VII, Da Política de Habitação Social.

Para as Zeis 4, deve ser observado o atendimento às diretrizes e aos parâmetros da legislação estadual de proteção dos mananciais, sendo que as localizadas nas APA Bororé-Colônia e Capivari-Monos são destinadas exclusivamente ao reassentamento das famílias oriundas de Zeis 1 situadas no interior dessas áreas, desde que garantido o acompanhamento do processo pelo respectivo Conselho Gestor.

Segundo o PDE, não será admitida a demarcação de Zeis 2, 3, 4 e 5 em áreas totalmente ocupadas por vegetação remanescente de Mata Atlântica ou inseridas totalmente em APP. Em APRM se aplica essa restrição às Zeis 4. Permite-se a implementação de Zeis 1 em áreas nessas condições, o que pode ser crítico em alguns trechos, principalmente nos ocupados por APP mesmo que em condições de degradação.

Os empreendimentos em Zeis (Ezeis), aqueles que atendem à exigência de destinação obrigatória de área construída para HIS 1 e HIS 2, são permitidos para áreas de mananciais, desde que obedeçam aos parâmetros urbanísticos e às características de dimensionamento, ocupação e aproveitamento dos lotes conforme a legislação estadual.

Dentre os instrumentos de gestão ambiental do PDE de São Paulo, destacam-se o Termo de Ajustamento de Conduta Ambiental e o Pagamento por Serviços Ambientais.

O Termo de Ajustamento de Conduta Ambiental (art. 157) visa estabelecer medidas extrajudiciais para recuperar o meio ambiente, com destaque para as áreas degradadas e de risco.

Já o Pagamento por Serviços Ambientais pode ser considerado a grande novidade. É um instrumento previsto somente para as Zepam localizadas na Macrozona de Proteção e Recuperação Ambiental (art. 158), que se constitui em retribuição monetária ou não aos proprietários ou possuidores de áreas com ecossistemas provedores de serviços ambientais, que realizam ações para manter, restabelecer ou recuperar propriedades com características fundamentais para a sustentabilidade da cidade, tais como: produção de água remanescente da Mata Atlântica e da biodiversidade, produção de agricultura orgânica, animais silvestres etc. Os Pagamentos por Serviços Ambientais deverão ser implantados através de programas definidos pela Secretaria do Verde e do Meio Ambiente (SVMA), por meio do Fundo Municipal de Meio

Ambiente e Desenvolvimento Sustentável (Fema).[25] A SVMA, sempre que julgar conveniente, poderá realizar chamada pública para interessados em participar de programas de Pagamentos por Serviços Ambientais que envolvam remuneração monetária ou outras formas de incentivo. A ideia central é a valoração de serviços destinados à preservação e à conservação das áreas protegidas. A SVMA deverá realizar o Plano Municipal de Conservação e Recuperação das Áreas Prestadoras de Serviços Ambientais, no qual deverá definir objetivos e critérios de seleção detalhados.[26]

A Política Ambiental do Munícipio (art. 193), segundo a PMSP (2014), possui caráter transversal e se articula com as diversas políticas públicas, sistemas e estratégias de desenvolvimento econômico que integram a presente lei. Em seus objetivos, define que a implementação da Política Ambiental no território municipal deverá observar as diretrizes contidas em políticas de âmbito nacional[27] e estaduais, quando houver.

No entanto, ao detalhar quais políticas públicas são importantes, o texto não menciona políticas estaduais pioneiras (por exemplo, a Lei Estadual de Recursos Hídricos de 1991) ou estratégicas para a definição de usos e normas em áreas protegidas (como, por exemplo, a Lei Estadual de Proteção e Recuperação dos Mananciais, objeto deste artigo).

No âmbito das diretrizes da Política Ambiental, há a menção explícita da necessidade de articular, no âmbito dos Comitês de Bacias Hidrográficas, ações conjuntas de conservação, recuperação e fiscalização ambiental entre os municípios da RMSP e a SMA (art. 195, XIX). Observa-se ainda que o PDE reforça o papel dos Comitês de Bacia na gestão de áreas protegidas, com

---

[25] O percentual de recursos do Fema a ser destinado a programas de Pagamento por Serviços Ambientais será definido anualmente pelo Conselho do Fundo Especial de Meio Ambiente e Desenvolvimento Sustentável (Confema), mediante diretrizes a serem estabelecidas pelo Conselho de Meio Ambiente e Desenvolvimento Sustentável (Cades), não podendo ser inferior a 10% (dez por cento) dos recursos arrecadados no ano anterior pelo Fema (art.160, § 1º).

[26] Entre os arts. 158 e 163, são detalhados importantes aspectos do instrumento. Terão prioridade nos programas de Pagamento por Serviços Ambientais, os proprietários de imóveis que promoverem a criação de RPPN ou a atribuição de caráter de preservação permanente em parte da propriedade, conforme preconizado no art. 36 da Lei n. 14.933, de 5 de junho de 2009, bem como os proprietários de imóveis situados em Zepam, na Macrozona de Proteção e Recuperação Ambiental, em especial na APRM e aqueles inseridos nas APA Capivari--Monos e Bororé-Colônia.

[27] Política Nacional de Meio Ambiente, Política Nacional de Recursos Hídricos, Política Nacional de Saneamento Básico, Política Nacional de Resíduos Sólidos, Política Nacional e Municipal de Mudanças Climáticas, Lei Federal da Mata Atlântica, Sistema Nacional de Unidades de Conservação e demais normas e regulamentos federais e estaduais.

destaque para os mananciais, indicando que esse é um importante fórum articulador de políticas ambientais metropolitanas.

Ao longo do texto da lei, outros instrumentos terão papéis importantes para a recuperação dos mananciais, com enfoque nos assentamentos precários, a saber: Plano Municipal de Habitação, Plano Municipal de Saneamento Ambiental Integrado e Plano de Macrodrenagem.

O Plano Municipal de Saneamento Ambiental Integrado deve ser articulado aos Planos Municipais de Habitação e de Desenvolvimento Rural Sustentável, nos quais se destacam a definição e implantação de estratégias para o abastecimento de água potável nos assentamentos urbanos isolados e, em especial, nos localizados na Macroárea de Redução da Vulnerabilidade e Recuperação Ambiental; e a implantação de medidas voltadas à manutenção e à recuperação das águas utilizadas para abastecimento humano e para a atividade agrícola na Macroárea de Contenção Urbana e Uso Sustentável. Em articulação com os órgãos competentes, essa implantação de sistemas isolados de esgoto sanitário na Macroárea de Contenção Urbana e Uso Sustentável e nos assentamentos isolados na Macroárea de Redução da Vulnerabilidade Urbana e Recuperação Ambiental, com tecnologias adequadas a cada situação, inclusive com tratamento biológico e em conformidade com a legislação estadual de proteção e recuperação de mananciais e dos demais instrumentos previstos para a Macrozona, também é fundamental para a recuperação das áreas de mananciais.

De modo geral, o PDE estabelece princípios de sua articulação com os demais instrumentos de caráter estadual e federal no âmbito dos recursos hídricos, drenagem, meio ambiente, entre outros, estabelecendo parâmetros vigentes dessas leis como diretrizes do PDE. Por fim, pode-se concluir que o novo PDE traz princípios e estratégias importantes para a recuperação, preservação e conservação das áreas de mananciais. No entanto, apesar de considerar em diversos trechos a necessidade de compatibilização de seus instrumentos com as leis específicas, é no âmbito da nova LPUOS, aprovada em março de 2016,[28] que tais parâmetros se encontram de certa forma compatibilizados.

Para além da necessidade de compatibilização dessas legislações, exigência da política de mananciais, o principal desafio que se coloca é o reconhecimento da necessidade de maior agilidade dos sistemas de gestão urbana e ambiental, tendo em vista que processos que promovem a ocupação do es-

---

[28] A Lei Municipal n. 16.402, de 22 de março de 2016, disciplina o parcelamento, o uso e a ocupação do solo no Município de São Paulo, de acordo com a Lei n. 16.050, de 31 de julho de 2014, PDE.

paço nessas localidades ocorrem em velocidade e proporção muito acima da capacidade de resposta do Estado.

Destaca-se que, a partir de 2016, representantes do estado, dos municípios e da sociedade civil iniciaram a elaboração do PDUI, exigido pelo Estatuto da Metrópole. O município de São Paulo tem papel central na concepção do PDUI e as questões que envolvem este trabalho denotam a necessidade de integração do novo PDE com esse novo instrumento, considerando também as legislações que incidem em áreas de mananciais. Esse é um tema que exigirá maior aprofundamento em pesquisas e artigos futuros.

CONSIDERAÇÕES FINAIS

O impasse entre a recuperação urbana e a proteção de mananciais é um embate polêmico quando o assunto em questão é a água e o direto à moradia. Desde meados da década de 1950, a diversificação dos usos múltiplos agravados pelo aumento de demanda, em razão do crescimento demográfico e da expansão urbana desordenada, aliados à falta de uma política pública integrada e eficiente, afetou a qualidade e o volume desse recurso, particularmente nas cidades industrializadas e intensamente urbanizadas.

De modo geral, os danos ambientais decorrentes das ações humanas, causados pela ocupação imprópria de áreas protegidas, são enfatizados em diversas análises contextuais em que o comprometimento dos recursos ambientais se alia a situações de risco social. Se por um lado a urbanização tem alterado significativamente o ambiente, sobretudo pela forma de ocupação das áreas protegidas, por outro, a degradação ambiental associa-se diretamente ao processo de exclusão das camadas mais pobres, que ocupam áreas frágeis, por falta de acesso à moradia digna e consequente falta do exercício do direito à cidade.

Nesse sentido, ao quadro atual de extensa ocupação das áreas de mananciais, acrescentam-se os desafios ambientais contemporâneos e as "velhas questões urbanas" não equacionadas de déficits de habitação, saneamento básico, controle do uso da terra, transporte coletivo, entre outras, típicas de um momento histórico de ampliação dos direitos sociais desde o pós-guerra (Costa, 2000). Nessas considerações, definir e tratar conjuntamente os problemas urbanos e ambientais colocam-se hoje como necessidades inquestionáveis no caso da sociedade brasileira e presencia-se uma dolorosa queima de etapas, em que sequer houve acesso à regularização urbana de forma universal e já foram discutidos os efeitos do neoliberalismo desregularizador sobre a precária qualidade de vida urbana" (Costa, 2000, p. 59).

Na Bacia Metropolitana do Alto Tietê, a escassez da água e a poluição dos maiores reservatórios de abastecimento da população tendem a se agravar e as diversas formas de ocupação precária desse território, por loteamentos irregulares, clandestinos, favelas etc., colocam como desafio ao Estado a implementação de políticas públicas voltadas para recuperar essas áreas e de medidas sustentáveis de longo prazo. Tais políticas públicas devem envolver modelos de planejamento e gestão que garantam de modo permanente a disponibilidade de água em quantidade e qualidade necessárias às gerações futuras, considerando as populações que ali habitam.

Com o intuito de recuperar, preservar ou minimizar os impactos nessas áreas, a "nova política de mananciais", aprovada pela Lei Estadual n. 9.866/97, ancorou-se na Política Estadual de Recursos Hídricos (Lei Estadual n. 7.633/91), adotando a bacia hidrográfica como unidade de intervenção, sendo os comitês ou subcomitês de bacia os fóruns colegiados de gestão dessas unidades.

Tal legislação prevê a formulação e a implementação de legislações que considerem as especificidades de ocupação de cada bacia, com ações descentralizadas e participativas, que envolvem estado, municípios e diversos setores da sociedade, buscando assim implementar um novo modelo de gerenciamento dos recursos hídricos, articulado a outras políticas incidentes sobre o território da bacia hidrográfica. O desafio é grande quando se trata de integrar políticas ambientais e urbanas.

O processo inerente à formulação das políticas urbanas e ambientais atravessa as práticas consolidadas de gestão setorial e inaugura um novo patamar de debates e proposições legais entre entes políticos de diversas escalas de ingerência sobre o território na busca de consensos democráticos sobre o teor e os parâmetros técnicos de uso e ocupação do solo nas áreas de mananciais.

Ao mesmo tempo, em nível local, a partir dos princípios da CF/88 e do Estatuto da Cidade de 2001, os municípios vêm instituindo um processo de planejamento urbano e formulando novos planos diretores que orientem o desenvolvimento urbano de forma "sustentável", incorporando princípios de justiça social e de direito à cidade.

Na Bacia Metropolitana, as leis específicas de proteção e recuperação dos mananciais, ao prever instrumentos de recuperação ambiental em áreas degradadas por assentamentos precários, tentam promover uma visão articulada no âmbito do novo processo de gestão urbano-ambiental, consoante os pressupostos participativos delineados nos marcos da CF/88.

Essa visão permite uma abordagem em que a diversidade de planos e instrumentos urbanísticos encontra um campo fecundo, de modo a possibilitar que suas ações sejam caracterizadas pela capacidade de articulação e incorporação das diferentes dimensões e temporalidades específicas de cada produto no âmbito dos processos de planejamento.

É possível afirmar que, tanto as leis específicas de proteção e recuperação dos mananciais quanto os planos diretores municipais, abrigam princípios convergentes em relação à preservação, conservação e, principalmente a recuperação urbana e ambiental.

O breve olhar para o novo Plano Diretor Estratégico de São Paulo revela um significativo avanço em direção à instituição de princípios e diretrizes para as áreas de mananciais em consonância com as diretrizes e princípios da política estadual.

Sem pretender esgotar o tema, pode-se afirmar que o PDE incorpora os princípios adotados pela Lei Estadual n. 9.866/97 com enfoque na recuperação das áreas de mananciais. A relação direta com a nova Lei de Proteção e Recuperação dos Mananciais e também com a gestão integrada de certo modo está prevista como parte de suas políticas urbana e ambiental.

É evidente a necessidade de ações integradas para controle da ocupação irregular e da implementação de alternativas de recuperação e desenvolvimento socioeconômico, de preservação e conservação das áreas protegidas. Nessa vertente, o PDE prioriza a questão da moradia em áreas passíveis de recuperação, implantação de infraestrutura de saneamento ambiental, geração de emprego e renda para a população local, propondo em alguns casos instrumentos inovadores que visam à requalificação urbano-ambiental de áreas degradadas, bem como à preservação e à conservação de áreas pouco ocupadas.

O reconhecimento do processo de ocupação da área de mananciais por parte das políticas ambientais e urbanas em curso sinaliza novos caminhos para as prefeituras municipais, pois permite a implementação de instrumentos voltados à recuperação socioambiental de áreas degradadas, com vistas à regularização fundiária das ocupações existentes.

No entanto, tais instrumentos sinalizam a necessidade de um diálogo permanente e partilhado entre as distintas esferas político-administrativas, em prol da recuperação e sustentabilidade desse território e da sociedade que ali habita, conforme apontam Alvim, Bruna e Kato (2012). Em se tratando das áreas de preservação de mananciais, torna-se imprescindível realizar uma leitura interdisciplinar com a finalidade de buscar uma compreensão aprofundada de suas interfaces, a fim de tornar mais efetivas as ações governamentais tanto na escala temporal como espacial.

A aprovação recente do Estatuto da Metrópole coloca novos desafios para as áreas de mananciais, para além da compatibilização dos planos diretores às leis específicas. O atendimento às exigências do Estatuto da Metrópole, principalmente quanto à elaboração de um PDUI e à compatibilização dos planos diretores municipais no âmbito de um sistema de gestão interfederativo metropolitano, deve considerar as lógicas distintas das bacias hidrográficas e os processos políticos institucionais em curso.

A revisão dos instrumentos aliada à definição de consensos em uma gestão compartilhada e participativa são aspectos fundamentais que afloram nesse contexto; porém, são parte de um processo que exige contínuo aperfeiçoamento. Por isso mesmo e como parte de uma reflexão avaliativa das políticas públicas em sua convergência urbano-ambiental, a abordagem trazida por este texto deve ser compreendida no contexto da democracia contemporânea, no qual se destacam os conflitos nas relações entre Estado e sociedade civil, além de outras visões sobre as possibilidades de atuação no território metropolitano, para além das legislações vigentes.

Por fim, a recuperação de áreas protegidas, por meio da implementação de políticas públicas integradas e do reconhecimento das dinâmicas socioespaciais na metrópole, é condição fundamental para a garantia do direito à cidade e do meio ambiente, com vistas à promoção de cidades mais justas e sustentáveis.

REFERÊNCIAS

AB'SABER, A. N. *Geomorfologia do Sítio Urbano de São Paulo*. São Paulo: Atelie Editorial, 2007.

ALVES, H.; TORRES, E. Vulnerabilidade socioambiental na cidade de São Paulo: uma análise de famílias e domicílios em situação de pobreza e risco ambiental. *Revista São Paulo em Perspectiva*, v. 20. nº 1, jan./mar. 2006, pp. 44-60.

ALVIM, A. T. B. A contribuição do CBH-AT à gestão da Bacia Metropolitana, 1994 – 2001. Tese (Doutorado em Arquitetura e Urbanismo). Faculdade de Arquitetura e Urbanismo, Universidade de São Paulo. FAU-USP, São Paulo, 2003.

ALVIM, A. T. B. et. al. Meio ambiente, urbanização e assentamentos precários: desafios para os projetos urbanos contemporâneos no Brasil. In: II Seminário Internacional Investigación en Urbanismo, 2015, Montevideo. *Anais* do VII Seminário Internacional de Investigación en Urbanismo. Montevideo: Facultad de Arquitectura, Universidad de la República Montevideo, Uruguai, 2015. v. único. p. 1-23.

ALVIM, A. T. B.; BRUNA, G. B.; KATO, V. R. C. Políticas ambientais e urbanas em áreas de mananciais: interfaces e conflitos. *Cadernos Metrópole*, [S.l.], n. 19, fev. 2012. ISSN 2236-9996. Disponível em: <https://revistas.pucsp.br/index.php/metropole/article/view/8714>. Acesso em: 20 de março de 2018. doi: http://dx.doi.org/10.1590/8714.

_____. "Assentamentos irregulares e proteção ambiental: impasses e desafios da nova legislação estadual de proteção e recuperação dos mananciais na Região Metropolitana de São Paulo". IN: BOGUS, L,M. M. et. al. (org.) *Reconversão e reinserção urbana de loteamento de gênese ilegal*: análise comparativa Brasil-Portugal. São Paulo, Educ, 2010.

ALVIM, A. T. B.; KATO, V. R. C.; ROSIN, J. R. G. A urgência das águas: intervenções urbanas em áreas de mananciais. Cad. Metrópoles, São Paulo, v. 17, n. 33, p. 83-107, May 2015.Disponível em: <http://www.scielo.br/scielo.php?script=sci_arttext&pid=S2236-99962015000100083& lng=en&nrm=iso>. Acesso em 20 março 2016. http://dx.doi.org/10.1590/2236-9996.2015-3304.

ALVIM, A. T. B.; RONCA, J. L. C. Metodologia de avaliação qualitativa das ações dos Comitês de Bacias com ênfase na gestão integrada: o Comitê do Alto Tietê em São Paulo. Eng. Sanit. Ambient., Rio de Janeiro , v. 12, n. 3, p. 325-334, Sept. 2007 . Disponível em: <http://www. scielo.br/scielo.php?script=sci_arttext&pid=S1413-41522007000300012&lng=en&nrm=iso>. Acesso em: 03 Apr. 2018. http://dx.doi.org/10.1590/S1413-41522007000300012.

ANCONA, A. L. Direito Ambiental, direito de quem? Políticas Públicas do Meio Ambiente na Metrópole Paulista. São Paulo: FAU-USP, 2002. 362 p. Tese (Doutorado). Pós-Graduação em Arquitetura e Urbanismo da Faculdade de Arquitetura e Urbanismo, Universidade de São Paulo, 2002.

BRASIL. Constituição da República Federativa do Brasil. Brasília: DOU, Outubro de 1988.

_____. Lei Federal n. 13.089, de 12 de Janeiro de 2015. Institui o Estatuto da Metrópole, altera a Lei n. 10.257, de 10 de julho de 2001, e dá outras providências. Disponível em: http://www. planalto.gov.br/ccivil_03/_Ato2015-2018/2015/Lei/L13089.htm Acesso em: 20 out. 2016.

BUENO, L. M. M. "O tratamento especial de fundos de vale em projetos de urbanização de assentamentos precários como estratégia de recuperação das águas urbanas". ANAIS I: Seminário Nacional sobre regeneração ambiental das Cidades Águas Urbanas. Rio de Janeiro, 5 a 8 dezembro de 2005.

CARVALHO, A. W. B. Dificuldades do associativismo municipal em Minas Gerais: reflexões a partir de um estudo de caso. Pós. Revista do Programa de Pós-Graduação em Arquitetura e Urbanismo da FAU-USP, São Paulo, v. 7, n.1997/98, p. 16-36, 1999.

COMPANS, R. A cidade contra a favela: a nova ameaça ambiental. Revista Brasileira de Estudos Urbanos e Regionais. Disponível em: <http://unuhospedagem.com.br/revista/rbeur/index.php/ rbeur/article/view/172>. Acesso em: 10 Out. 2016.

COSTA, H. S. de M. Desenvolvimento Urbano Sustentável: uma contradição de termos? Revista Brasileira de Estudos Urbanos e Regionais, a1, n° 2. Recife: Associação Nacional de Pós- -Graduação e Pesquisa em Planejamento Urbano e Regional. Editora Norma Lacerda, 2000, pág. 55-71.

DIAMOND, J. Colapso – como as sociedades escolhem o fracasso ou o sucesso. São Paulo: Record, 2005.

DUBOIS-MAURY, J.; CHALINE, C. Les risques urbains. 2. ed. Paris: Armand Colin, 2004.

[FIBGE] FUNDAÇÃO INSTITUTO BRASILEIRO DE GEOGRAFIA E ESTATÍSTICA. Anuário Estatístico do Brasil. Rio de Janeiro: IBGE, 2000 e 2010.

_____. Aglomerados Subnormais no Censo de 2010. Rio de Janeiro, 2011. Disponível em: http://www.ibge.gov.br/home/presidencia/noticias/imprensa/pp ts/00000006923512112011355415675088.pdf. Acesso em 20 outubro 2016.

GRISOTTO, L. E. G.; PHILIPPI JR., A. A questão dos recursos hídricos. In: ROMÉRO, M. A.; PHILIPPI JR., A.; BRUNA, G. C. Panorama Ambiental da Metrópole de São Paulo. São Paulo: Signus Editora, 2004.

GURGEL, C. S. Breves Reflexões sobre o Estatuto da Metrópole (Lei n. 13.089/2015). 2016. Disponível em: https://csergiogurgel.jusbrasil.com.br/artigos/397352376/breves-reflexoes-so-bre-o-estatuto-da-metropole-lei-n-13089-2015?ref=topic_feed. Acesso em: 31 out. 2016.

HARVEY, D. Justice, nature and the geography of difference. Oxford: Blackwell, 1996.

HOUGH, M. Cities and Natural Process. London: Rotledge, 2004.

INGOLD, Tim. "The temporality of landscape". In: The Perception of the Environment. Essays on livelihood, dwelling and skill. Routledge, London; New York, 2000.

LEFEBVRE, Henri. O Direito à Cidade. São Paulo: Centauro, 2001.

MARCONDES, M. J. de A. *Cidade e natureza: proteção dos mananciais e exclusão social.* São Paulo: Studio Nobel; Editora USP; Fapesp, 1999.

MARQUES, E.; TORRES, H. (org). *São Paulo: segregação, pobreza e desigualdades sociais.* São Paulo: Editora Senac São Paulo, 2005.

MARTINS, M. L. R. *Moradia e Mananciais.* Tensão e diálogo na metrópole. São Paulo: FAU – USP; Fapesp, 2006.

_____. São Paulo: além do plano diretor. *Estud. av.*, São Paulo, v. 17, n. 47, p. 167-186, abr. 2003 . Disponível em <http://www.scielo.br/scielo.php?script=sci_arttext&pid=S0103-40142003000100010&lng=pt&nrm=iso>. Acesso em: 02 nov. 2016. http://dx.doi.org/10.1590/S0103-4014200

MINISTÉRIO DAS CIDADES. *Assentamentos Precários no Brasil Urbano.* Brasília: Centro de Estudos da Metrópole – CEBRAP; Secretaria Nacional de Habitação, 2008.

ODUM, E. P. *Ecologia.* Rio de Janeiro: Guanabara Koogan, 1988, 434 p.

OLIVEIRA, L. G. dos S.; SOUZA, C. R. A busca por uma política ambiental transversal: o plano diretor do município de Mossoró/RN e a relação com a sua agenda ambiental. *Revista Educação Ambiental*, 42, Ano XI (dez. 2012 – fev. 2013). Disponível em: http://revistaea.org/pf.php?idartigo=1345. Acesso em: 12 dez. de 2015.

SÃO PAULO (ESTADO). Lei Estadual n° 12.233 de 17 de janeiro de 2006. Define a Área de Proteção e Recuperação dos Mananciais da Bacia Hidrográfica do Guarapiranga, e dá outras providências correlatas. Disponível em: < http://homologa.ambiente.sp.gov.br/EA/adm/admarqs/LeiEst_12233.pdf>. Acesso em: 10 ago 2015.

_____. Lei Estadual n° 13.579 de 13 de julho de 2009. Define a Área de Proteção e Recuperação dos Mananciais da Bacia Hidrográfica da Billings, e dá outras providências correlatas. Disponível em: < http://www.jusbrasil.com.br/legislacao/818001/lei-13579-09-sao-paulo-sp>. Acesso em: 10 ago 2015.

_____. Lei Estadual n° 7.663, de 30 de dezembro de 1991. Institui a Política Estadual de Recursos Hídricos. *Legislação.* São Paulo. Secretaria Estadual de Recursos Hídricos, Saneamento e Obras, 2002. Disponível em: <ttp://www.recursoshidricos.sp.gov.br>. Acesso em: 25 mar. 2002.

_____. Lei Estadual n° 898/75. Disciplina o uso do solo para a proteção dos mananciais, cursos e reservatórios de água e demais recursos hídricos de interesse da Região Metropolitana da Grande São Paulo, em cumprimento ao disposto nos incisos II e III do artigo 2° e inciso VIII do artigo 3° da Lei Complementar 94, de 29 de Maio de 1974. Legislação de Recursos Hídricos. Disponível em: <http://www.sigrh.sp.gov.br/sigrh/basecon/lrh2000/lrh2000.htm>. Acesso em: 27 mai. de 2005.

_____. Lei Estadual n° 9.866/97. Dispõe sobre as diretrizes e normas para a proteção e recuperação das bacias hidrográficas dos mananciais de interesse regional do Estado de São Paulo. Disponível em http://www.ambiente.sp.gov.br/legislacao/estadual/leis/1997_Lei_Est_9866.pdf. Acesso em: 24 de Jun. 2003.

_____. Lei Estadual n° 1.172/76. Delimita as áreas de proteção relativa aos mananciais, cursos e reservatórios de água a que se refere o artigo 2° da lei n° 898/75, e estabelece normas de restrição de uso do solo em tais áreas. Legislação de Recursos Hídricos. Disponível em: <http://www.sigrh.sp.gov.br/sigrh/basecon/lrh2000/lrh2000.htm>. Acesso em: 27 mai. de 2005.

SÃO PAULO (MUNÍCIPIO). Lei n° 16.050, de 31 de julho de 2014. Plano diretor estratégico. Disponível em <http://gestaourbana.prefeitura.sp.gov.br/principal-pde/>. Acesso em: 24 set. 2014.

TUNDISI, J. G.; BRAGA, B.; REBOUÇAS, A. Os recursos hídricos e o futuro: síntese. In: REBOUÇAS, A; BRAGA, B.;TUNDISI, J. G. (orgs.) *Águas doces no Brasil:* capital ecológico, uso e conservação. 3 ed. São Paulo: Escrituras, 2006.

UN-HABITAT. *The Global Urban Economic Dialogue Series Community Land Trusts: Affordable Access to Land and Housing First.* Nairobi, Kenya: United Nations Human Settlements Programme, 2012. Disponível em: <http://www.unhabitat.org/pmss/listItemDetails.aspx?publicationID=3165>. Acesso em: nov. 2013.

ZIONI, S. et al. A questão das escalas na avaliação de políticas públicas urbanas. In: XII Encontro Nacional de Planejamento Urbano e Regional, 2007, Belém. *Anais...* Belém: Anpur, 2007. CD-ROM.

Governança metropolitana no contexto da saúde ambiental: a necessária construção do interesse comum

Leandro Luiz Giatti
Biólogo, USP

Paula Prado de Sousa Campos
Advogada autônoma

Juan Carlos Aneiros Fernandez
Cientista social, Unicamp

INTRODUÇÃO

Sob um modelo de urbanização concentrador de pobreza e com insuficientes investimentos sociais característicos de países em desenvolvimento (Santos, 2009), problemas ambientais que interferem na saúde humana ganham magnitude e complexidade, caracterizando a sobreposição de distintas categorias de riscos à saúde (Smith; Ezzati, 2005; McMichael, 2000). Além disso, a fragmentação administrativa evidencia a falta de integração entre ações de municípios componentes, quando ações de uns podem prejudicar outros em uma mesma metrópole. No Brasil, ações de âmbito metropolitano são raramente implementadas e quando ocorrem limitam-se a planos setoriais (Maricato, 2011).

De fato, questões pertinentes à gestão integrada das metrópoles são atuais e mundialmente relevantes, porém prevalece a lacuna da constituição de verdadeiros lugares políticos metropolitanos (Lefèvre, 2009). Na Região Metropolitana de São Paulo (RMSP), particularmente, um padrão de insustentabilidade social e ambiental se conjuga com baixa qualidade de vida para grandes parcelas da população e iniquidades no acesso a investimentos públicos (Jacobi, 2013).

O objetivo deste capítulo é promover reflexões sobre a saúde ambiental em áreas metropolitanas, considerando aspectos relacionados com governança, e explorar as dinâmicas socioambientais, que têm como foco a RMSP. Assim, este texto foi elaborado, a partir de levantamento documental e bibliográfico, e subsidiado pela realização do evento científico *Seminário Metrópoles – Política, Planejamento e Gestão em Saúde e Ambiente*, realizado pela Faculdade de Saúde Pública da Universidade de São Paulo, nos dias 31/5 e 1º/6/2011, com orientação dos debates para as questões de saúde ambiental na Região Metropolitana de São Paulo.

Esse seminário, aberto ao público, contou com a participação de especialistas acadêmicos e gestores públicos e tem todo seu conteúdo disponível on-line[1]. O evento precedeu a promulgação da Lei Complementar n. 1.139, de 16.6.2011, destacando a importância da retomada da governança metropolitana na agenda governamental, reorganizando a RMSP e criando o respectivo Conselho de Desenvolvimento (PMSP, 2011). Em 2013, o prefeito de São Paulo foi eleito presidente deste conselho e propôs a criação de um plano estratégico metropolitano (Baines et al., 2013); em seguida, a promulgação do Estatuto da Metrópole (Lei Federal n. 13.089/2015; Brasil, 2015) trouxe nova força à discussão e reafirmou elementos explorados no texto, desde o referido seminário, sobretudo no que diz respeito à necessidade da construção de um interesse comum que contemple questões de saúde ambiental na região metropolitana.

A PROBLEMATIZAÇÃO SOCIOAMBIENTAL E DA SAÚDE NA METRÓPOLE

Inicialmente, devemos destacar que a fragmentação das metrópoles em distintas unidades administrativas não segue a mesma espacialização dos ecossistemas e de suas áreas de transição, chamados na ecologia de ecótonos, o que reduz a resiliência dos ambientes urbanos para com os fenômenos de ordem ecológica (Steiner, 2004).

De grande interesse em saúde ambiental, os rios e suas áreas de várzea, por exemplo, ora constituem limites de municípios, ora podem adentrar de modo transversal em diferentes territórios municipais de uma mesma área urbana de conurbação. Outra situação de interesse para a RMSP são os fatores climáticos regionais: a proximidade com a área costeira, a topografia do platô em que se

---

[1] O conteúdo integral do seminário está disponível, através do sistema IPTV-USP, em: http://iptv.usp.br/portal/video.action?idItem=6069 e http://iptv.usp.br/portal/video.action?idItem= 6044. Acesso em: 22 maio 2018.

situa e também a ocorrência de ilhas de calor que interferem no aumento de episódios diários de chuvas extremas e incidem de modo mais intenso nas porções urbanas mais quentes, adensadas e com poucas áreas verdes, sob distribuição espacial alheia aos limites administrativos (Dias et al., 2012).

Em relação aos escassos recursos hídricos para abastecimento da RMSP, há um crescente conflito de interesses em torno da bacia hidrográfica do Alto Tietê, região de cabeceiras de rios, que abrange quase toda a região. A crescente demanda por terras e por água contrapõe-se à necessidade de conservação de áreas de proteção de mananciais onde são verificados maiores índices de crescimento populacional nos últimos anos (Silva; Porto, 2003). A recente e profunda crise hídrica que afetou o território metropolitano entre 2013 e 2015 coloca em destaque as fragilidades interconectadas que, por sua vez, evidenciam um quadro de ampla vulnerabilidade, iniquidades e, portanto, notável condição de precária transparência e frágil estrutura participativa, de representações da sociedade e corresponsabilizações. Ou seja, a situação crítica evidencia uma governança aquém daquilo que seria necessário diante da complexidade metropolitana (Jacobi et al., 2015).

Em um contexto metropolitano de interdependência, o município de São Paulo oferece pequeno provimento de água e apresenta maior demanda por esse recurso em razão de seu contingente populacional (Cutolo et al., 2011; Imperio-Favaro et al., 2016). Assim, quando se consideram os indicadores sociais, observa-se que os municípios com maiores áreas de mananciais e mais periféricos possuem as piores condições de vida (Cutolo; Giatti, 2014), já que as restrições ao uso e à ocupação do solo, impostas com o objetivo de proteger os mananciais, não são acompanhadas de medidas compensatórias para os municípios provedores desse serviço ambiental. De fato, é imprescindível uma análise focada na sustentabilidade do sistema metropolitano, capaz de identificar fluxos de serviços ambientais essenciais e de suporte à vida como a água. Entretanto, isso demanda novos olhares sobre a organização e a gestão do sistema metropolitano a se considerar por meio de elementares contingências territoriais de caráter interdependente (Imperio-Favaro et al., 2016).

Outra situação de destaque quando se considera a saúde ambiental metropolitana refere-se ao lançamento de poluentes atmosféricos, pois suas plumas de dispersão evidentemente não respeitam os limites municipais, indo na direção predominante dos ventos. Na RMSP, grande importância para a dispersão de poluentes é dada à circulação de brisas que se condicionam à topografia, influenciadas pelas ilhas de calor urbano, que intensificam as zonas de convergência em áreas densamente ocupadas, recirculando e concentrando poluentes (Freitas, 2003).

Quanto à produção científica sobre a poluição atmosférica relacionada à RMSP em periódicos internacionais, realizou-se uma busca na Web of Knowledge (06/07/2012) com os termos "*air pollution*", "*health*" e "*metropolitan*" em tópicos, mais o termo "São Paulo" em título de artigos, obtendo-se uma lista de sete artigos (Bravo et al., 2011; Sanchez-Ccoyllo et al., 2007; Miraglia, 2007; Guardani; Nascimento, 2004; Ribeiro; Assunção, 2001; Barone et al., 1995; Saldiva et al., 1994). Dentre esses estudos, prevaleceu a utilização de dados de poluição atmosférica produzidos pela Companhia de Tecnologia de Saneamento Ambiental (CETESB), provenientes de rede de monitoramento com unidades dispersas nas áreas mais densamente urbanizadas da metrópole, principalmente no município de São Paulo e áreas adjacentes (Bravo et al., 2011).

Entretanto, apenas três desses artigos tratam da relação dos poluentes com a saúde em termos de causalidade (Ribeiro; Assunção, 2001; Barone et al., 1995; Saldiva et al., 1994), utilizando dados de morbimortalidade referentes apenas ao município de São Paulo. Portanto, fazem uso do termo metrópole sem de fato efetivar uma abrangência metropolitana, já que a poluição atmosférica não é confinada apenas ao município sede.

Quanto a políticas públicas para o enfrentamento desse problema, inicialmente surgiu em 1986 a resolução do Conselho Nacional do Meio Ambiente que estabeleceu o Programa de Controle de Emissões Veiculares (Proconve) e repercutiu em progressivas limitações da emissão de poluentes por parte de veículos novos em âmbito nacional. Em seguida, ocorreu uma iniciativa voltada à RMSP, em que a Secretaria Estadual de Meio Ambiente estabeleceu o rodízio de veículos – restrição de circulação – para meses de inverno suscetíveis a concentrações de poluentes. Isso ocorreu em 1995 de modo experimental e posteriormente, entre 1996 e 1998, de modo compulsório. Essa intervenção foi considerada impopular, porém demonstrou redução de poluentes e melhoria do tráfego, em um recorte metropolitano que incluía dez municípios em 1996 (Jacobi et al., 1999).

Ribeiro e Assunção (2006) afirmam que essas e outras medidas de controle de poluição atmosférica contribuíram para que, apesar do constante crescimento de frota de veículos, alguns poluentes apresentassem redução significativa na RMSP no período de 1975 a 2000. Depois disso, o último avanço no controle da poluição atmosférica de origem veicular na região foi realizado apenas pela Prefeitura Municipal de São Paulo (PMSP). Tratava-se do estabelecido como obrigatório entre os anos de 2010 e 2013 para toda a frota da capital e instituído em 2009 (São Paulo, 2009). Entretanto, a suspensão dessa política e a falta de uma abordagem metropolitana para o problema mantêm uma situação de retrocesso.

Esse contexto requer a capacidade de incorporar as dimensões e a transversalidade dos fenômenos ambientais da metrópole. Mas observa-se que a governança metropolitana atual no Brasil é marcantemente perpassada por dinâmicas transescalares e frequentemente alheia a questões ambientais. Por isso, deve-se considerar o avanço político e democrático na recente história do país quanto às novas funções administrativas dos municípios.

Porém, se de um lado há a clara orientação constitucional inerente ao pacto federativo, que fortalece a autonomia local por intermédio da descentralização e da municipalização, por outro, as questões orçamentárias e legislativas criam impedimentos, ao manterem a tutela da União e dos Estados sobre os municípios. Adiciona-se a isso, a competitividade entre municípios, sob a lógica do capital e da privatização do território, que transcende os níveis de administração pública, conectando-se a forças de natureza global (Kornin; Moura, 2004).

Acirrada competitividade configura-se no contexto econômico neoliberal e projeta suas influências nos processos políticos, incidindo nas novas formas de governança metropolitana (Brenner, 2003). Quanto às evidências desse processo competitivo na RMSP, Lencioni (2011) assinala uma metamorfose na desconcentração industrial e na industrialização do entorno, possibilitadas pelo desenvolvimento de redes de circulação e de redes imateriais de informação e comunicação.

Temos então nesse contexto o desafio de fortalecer a autonomia municipal e tratar concomitantemente de problemas metropolitanos que requerem intervenções integradas para a escala metropolitana, pois as questões socioambientais frequentemente trasbordam ou simplesmente desconsideram os limites municipais.

A INOVAÇÃO NO CONTEXTO LEGAL E DESAFIOS DE IMPLANTAÇÃO

No Brasil, a forma de organização em estado federado, de modo geral, comporta uma diversidade de arranjos possíveis, a partir da conjugação de um Estado unitário e soberano, com outros centros de poder autônomos, todos portadores de autogoverno. Portanto, na forma de estado federado, há multiplicação dos círculos de decisões e de poder político, sendo que, no caso brasileiro, essa característica ganha destaque uma vez que se admite o município como entidade federativa, com todas as garantias decorrentes da autonomia adquirida.

Há de se reconhecer a virtude do modelo federativo, capaz de proporcionar o fortalecimento da democracia, à medida que, em âmbito local, ele aproxima governantes e governados, em contraposição ao modelo centralizador de poder estatal, que dificulta a participação e o controle popular sobre o poder. A descentralização e a regionalização empreendidas por tal modelo decorrem do processo de redemocratização do País intensificado a partir dos anos de 1980.

Se por um lado não se questiona a importância das populações locais poderem escolher os governantes responsáveis pela gestão das políticas nos respectivos territórios, por outro, há muita polêmica em torno das vantagens e desvantagens da gestão centralizada ou descentralizada das políticas públicas (Souza, 1997; Arretche, 1999; Rolnik; Somekh, 2000). Os argumentos em favor da centralização ou (re)centralização encontram legitimidade, por exemplo, quando se consideram as precárias condições estruturais ou as fragilidades de parte dos municípios brasileiros, assim como a existência ou a persistência de iniquidades em âmbito regional.

A tensão entre descentralização e centralização/regionalização ganha destaque no desafio que enfrentam as metrópoles quanto à necessidade de articulação entre os municípios que compõem seu território, para o enfrentamento também de uma problemática ambiental.

Essa tensão alcança o plano institucional, por exemplo, a partir do artigo 25, § 3º, da Constituição Federal (CF) (Brasil, 1988), que atribuiu aos estados o poder de instituir, mediante lei complementar, regiões metropolitanas, aglomerações urbanas e microrregiões para integrar o planejamento e a execução de funções públicas de interesses comuns. Como, entretanto, a CF não definiu como se daria o planejamento e a gestão das políticas públicas de interesse comum na esfera metropolitana, essa lacuna deverá ser preenchida pelo Estatuto da Metrópole e sua futura regulamentação.

Sancionado em 2015 pelo governo federal, depois de quase dez anos em tramitação no Congresso Nacional, o Estatuto da Metrópole (Brasil, 2015) estabeleceu prazo de três anos para a elaboração de plano de desenvolvimento urbano integrado em todas as regiões metropolitanas e aglomerações urbanas do País. No caso do estado de São Paulo, o plano está em fase de construção, pela Empresa Paulista de Planejamento Metropolitano (Emplasa).

Alguns avanços foram trazidos pelo Estatuto da Metrópole, que estabeleceu normas gerais sobre o plano de desenvolvimento urbano integrado e previu instrumentos para a governança interfederativa. Segundo o documento, a governança interfederativa deverá contar com uma instância executiva, com representantes do Poder Executivo; uma instância colegiada deliberativa, com representação da sociedade civil; uma entidade pública, com funções técnico-consultivas e um sistema integrado de alocação de recursos e prestação de contas.

Evidentemente, parece mais fácil reconhecer problemas e/ou necessidades comuns a municípios componentes de uma metrópole do que imaginar uma comunhão de interesses na forma de enfrentá-los e/ou supri-los, isto é, o interesse comum deve ser construído e acordado pelos sujeitos políticos em questão e não ser meramente pressuposto.

O novo Estatuto da Metrópole define como função pública de interesse comum (FPIC), a "política pública ou ação nela inserida cuja realização, por parte de um Município isolado, seja inviável ou cause impacto em Municípios limítrofes" (Brasil, 2015). Para a realização dessas funções, a lei mencionada institui a gestão interfederativa, que estabelece o "compartilhamento de responsabilidades e ações entre entes da Federação em termos de organização, planejamento e execução" (Brasil, 2015). Portanto, o primeiro desafio será a necessária construção do interesse comum entre os municípios integrantes da região metropolitana, em torno da qual acontecerá a gestão interfederativa.

Para obter êxito na construção dos interesses comuns entre municípios pertencentes à região metropolitana, faz-se necessário considerar as demandas de cada um desses territórios, não apenas somando-as, mas também identificando seus pontos comuns e a forma de lidar com elas em cooperação. Ao desafio do atendimento soma-se às múltiplas demandas entre municípios heterogêneos, a superação da competição e da fragmentação política e institucional existente nesses territórios, onde atuam os diversos setores da sociedade carentes de estruturas para a governabilidade ou para a gestão interfederativa. O surgimento dessa organização é fundamental e carece de incentivo não somente legal, mas também de ordem financeira.

Além desses desafios político-institucionais para a cooperação interfederativa, há também um baixo reconhecimento do papel e do peso da dinâmica metropolitana entre os municípios, o que tende para a desconsideração ou sub-representação de algum deles nas estruturas de governança metropolitana, além da dificuldade para implantar mecanismos e instrumentos que ampliem a participação do setor privado no financiamento de projetos e ações, aspecto que pode inviabilizar o sucesso do planejamento da dimensão territorial (Ipea, 2017).

Já existem alternativas legais para a gestão interfederativa, como os consórcios públicos, parcerias público-privadas e convênios entre os entes federativos. A essas alternativas, o bem-intencionado Estatuto da Metrópole acrescenta a utilização de novos instrumentos para a gestão territorial em nível metropolitano, como o plano de desenvolvimento urbano integrado, os planos setoriais interfederativos e as operações urbanas consorciadas interfederativas. A nova lei prevê que o plano de desenvolvimento urbano integrado deverá ser revisto a cada dez anos e estabelece que o instrumento deverá contemplar minimamente, além do macrozoneamento da metrópole, a "delimitação das áreas com restrição à urbanização, visando à proteção do patrimônio ambiental ou cultural, bem como das áreas sujeitas a controle especial pelo risco de desastres naturais, se existirem", devendo ser garantido nesse processo a promoção de audiências públicas, a publicidade e o acompanhamento do Ministério Público (Brasil, 2015).

Embora a elaboração e a implementação de um plano possa representar um promissor processo de junção de forças políticas e sociais das metrópoles em torno de objetivos comuns, capazes de desencadear um mecanismo de transformação de território funcional em um território político, destaca-se a ausência da exigência de criação do Conselho Metropolitano, para participação em Plano de Desenvolvimento Urbano Integrado (PDUI) e acompanhamento do trabalho de implantação dos princípios e diretrizes do planejamento urbano. A única exigência é que o plano seja aprovado pela instância deliberativa colegiada da governança interfederativa da metrópole, que deve prever a participação de representantes da sociedade civil (art. 8, inciso II). Destaca-se ainda que grande parte das leis complementares estaduais, que instituiu as regiões metropolitanas existentes, já conta com muitas das exigências do Estatuto, a exemplo do PDUI; contudo, essa previsão não tem garantido nenhuma grande experiência satisfatória de planejamento metropolitano (Ribeiro et al., 2015).

No caso da RMSP, a Lei Complementar estadual n. 1.139/2011 (São Paulo, 2011), que formalizou a organização institucional da região através da criação de sua estrutura organizacional, previu a criação do Conselho Deliberativo da Grande São Paulo (Codegran) e o Conselho Consultivo Metropolitano de Desenvolvimento Integrado (Consulti), estabelecendo também os mecanismos de coordenação do planejamento e de gestão dos interesses comuns metropolitanos, definindo prioridades e formas de financiamentos dos serviços e projetos de interesse metropolitano, elencando os serviços considerados de interesse comum.

Com pouco mais de dois anos de funcionamento, deu-se nova alteração no quadro de gestão metropolitana em São Paulo, pois a edição de Decreto Estadual n. 59.866, de 2.12.2013 (São Paulo, 2013), desativou a Secretaria de Desenvolvimento Metropolitano e transferiu suas atribuições para a Secretaria da Casa Civil. Atualmente, a organização da gestão metropolitana mostra-se conforme a Figura 1.

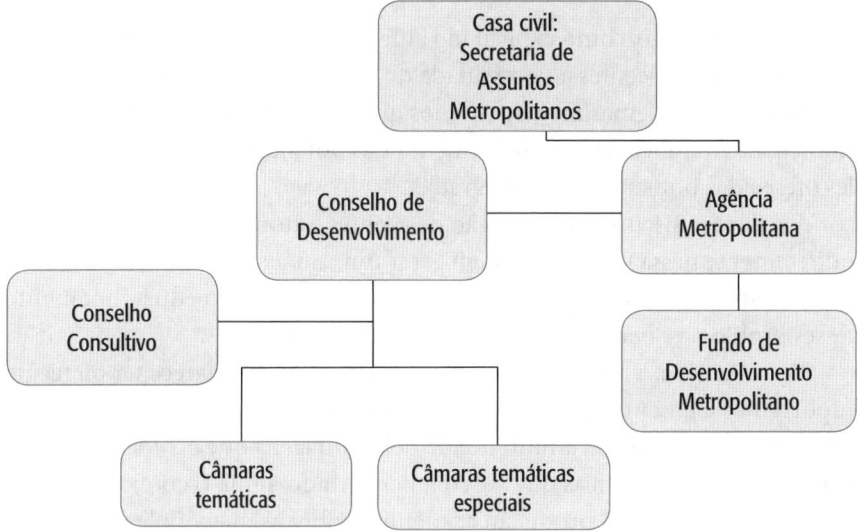

Figura 1 – Organização da Gestão Metropolitana.
Fonte: Emplasa, 2017.

A discussão atual sobre a governança metropolitana, portanto, remete para o desafio de implantação da nova ordem jurídica institucional que, ao mesmo tempo, deve superar conflitos de integração entre os diversos níveis do planejamento e da gestão de políticas públicas nas metrópole, e garantir as conquistas democráticas da história recente do País. Como assinala Dias, o risco a evitar "é que esquemas formalmente tidos como cooperativos eventualmente revelem, *em sua essência, relações caracterizadas pela imposição dos interesses de uns sobre os outros*". (2010, p. 204, grifo nosso)

Afinal, a inovação no enfrentamento dos problemas ambientais que atingem as metrópoles, como qualquer ação instituinte em contexto democrático, requer o exercício da autonomia, isto é, o exame permanente do que já está dado e sua manutenção ou transformação por decisão livre e esclarecida. Nesse sentido, ao se considerar a orientação deste capítulo para as questões ambientais, resta o desenvolvimento de premissas que contemplem a natureza territorial e as interdependências das questões de saúde ambiental como elemento intrínseco à sustentabilidade e à qualidade de vida nas metrópoles.

ABORDAGENS SOBRE "COMO PROSSEGUIR": AS DISCUSSÕES NO SEMINÁRIO *METRÓPOLES*

Existe, portanto, como explicitado anteriormente, um conjunto de razões e evidências conducentes à necessidade do desenvolvimento de mecanismos de gestão dos problemas metropolitanos que extrapolam em escala os limites municipais e também de aproveitamento das potencialidades e oportunidades oferecidas por suas ações integradas.

A reflexão, discussão e interação de agentes e atores envolvidos direta ou indiretamente nessa temática podem gerar um conhecimento mais adequado à instrução de novos passos ou de iniciativas dirigidas ao equacionamento desses problemas, bem como das oportunidades inerentes.

Nesse sentido, a realização do Seminário Metrópoles parece ter oferecido importantes elementos para o aprofundamento do tema, ao revelar a complexidade que o envolve, a pluralidade de abordagens que acolhe e as divergências teóricas e políticas que suscita, permitindo ainda o cotejo e a crítica de parte importante da produção acadêmica sobre as metrópoles.

Os resultados ou reflexões produzidos nesse evento, que são apresentados a seguir, convidam a um exame crítico e autocrítico das tendências e, por que não, dos modismos e das "verdades do dia" em torno da questão metropolitana. Relações entre a ciência e a cultura, a técnica e a ética, a autonomia e o controle, ou seja, envolvendo todo um emaranhado complexo de saberes e posturas que autoriza o recurso a um dito popular: "um olho no peixe, e outro no gato". Senão, vejamos:

Na primeira mesa do seminário, na qual se discutiam "Políticas Públicas e Governança para Metrópoles", destaca-se um pluralismo de abordagens da problemática composto por quatro perspectivas: a *da gestão dos processos e problemas, a da crítica social e axiológica, a institucionalista e acadêmica e a científica*. Tal pluralismo, uma vez confrontado com a questão da governança, reproduz-se na definição dos objetos/problemas e nos esboços de soluções propostas, isto é, mais do que a convergência decorrente de um debate/diálogo, persistiu uma descrição da problemática complexa que envolve a metrópole.

No Quadro 1, apresenta-se uma caracterização das perspectivas para abordagem metropolitanas de saúde ambiental e dos correspondentes olhares para a questão da governança, conforme se discute à seguir.

Na *perspectiva da gestão dos processos e problemas*, ainda que se considere a problemática ambiental e a questão da pobreza, a lógica inerente à argumentação do gestor parece passar pela definição de uma forma particular e integrada de conduzir ações e processos geradores de desenvolvimento metropolitano. Assim, para o gestor, a participação de organizações sociais que podem contribuir tecnicamente é indispensável ao processo, isto é, a governança, nesse caso, parece ater-se a uma dimensão de *expertise* mais administrativa que política.

Quadro 1 – Perspectivas de abordagem para problemas metropolitanos de saúde ambiental e respectivos olhares sobre a governança.

Perspectiva	Caracterização	Olhar sobre a governança
Gestão dos processos e problemas	É marcante a noção de competitividade, isto é, a orientação de investimentos capazes de atrair novos investimentos. Esse discurso é incisivo na fala do gestor público estadual, representante dessa primeira perspectiva.	A governança parece aproximada da capacidade de gestão, ou de uma "boa e eficaz" gestão. "Boa e eficaz" por ser capaz de articular, pactuar e, em suma, mover-se de modo adequado dentro das constrições dadas pela estrutura político-administrativa da forma federativa.
Crítica social e axiológica	A tarefa principal, inicial e insubstituível consiste no enfrentamento da desigualdade social.	A governança apareceria ameaçada pela ausência do Estado ou por sua convivência com os interesses do capital e, de modo particular, das grandes construtoras. A governança necessária seria a montagem de um processo decisório que tem por referência a promoção de justiça e da participação social.
Institucionalista	Para essa perspectiva, a problemática reduz-se a conflitos nas relações de poder e é determinada em última instância por essas relações no âmbito do "capital *versus* trabalho".	A governança encontra obstáculos no aspecto formal/instituído da ordem vigente, sendo orientada pelo pacto federativo. Não haveria espaço legal para um governo metropolitano, da mesma forma que não há um sujeito político metropolitano.
Acadêmica e científica	Tratar-se-ia de aproximar as evidências científicas de seu efetivo uso por parte dos gestores na definição das políticas públicas.	A boa informação científica parece ser a chave para a governança, já que informar a população pode contribuir para a mudança. A produção de evidências científicas seria então o substrato para uma desejável gestão por indicadores, situação bastante diferente da atual que conta com pouca interação entre gestão e universidade.

Fonte: elaborado pelos autores.

A questão da boa escolha de tecnologias torna-se tema recorrente também em outras mesas do Seminário, validando, por assim dizer, as considerações de Castoriadis e Cohn (1981, p. 13), segundo o qual "o imaginário social dominante de nossa época" repousa "na criação e no desenvolvimento de um tipo de saber e de um tipo de tecnologia" que "colocou estas atividades no centro da vida social e atribui-lhes uma importância que não tiveram nem outrora nem alhures".

Uma expositora relata as percepções dos sujeitos de sua pesquisa em relação às mudanças climáticas que apresentam um sentido positivo, ou até uma esperança, em soluções tecnológicas para os problemas delas decorrentes. Outro expositor destaca a necessidade de se "considerar os diagnósticos" que resultam da existência de um "caminhão de tecnologia" para a gestão e a solucão dos problemas. Um terceiro proclama a necessidade de "romper certa lógica de produção de tecnologia que interessaria apenas à empresa e que não melhoraria nossas vidas". Nesses casos, propõe-se a escolha de tecnologias, mas também uma escolha social de valores alternativos aos que predominam no presente.

Diferentemente, na *perspectiva da crítica social e axiológica*, mesmo que nessa abordagem também sejam considerados elementos de um *bom* planejamento – pensado sistemicamente –, o foco recai sobre o fortalecimento dos processos participativos locais, com forte apelo à descentralização, uma vez que o conhecimento local seria vital para a garantia da qualidade de vida. Tem-se assim a outra face da problemática da metropolização e da governança representada pelo binômio política-descentralização.

Corrobora para essa abordagem uma argumentação desenvolvida em outra mesa do Seminário, na qual se reconhece o enfraquecimento dos processos de participação e a dificuldade de envolver a sociedade em seus processos de gestão. A Secretaria Estadual de Desenvolvimento Metropolitano, criada em janeiro de 2011 e extinta em 2013, trouxe em sua organização o Conselho de Desenvolvimento da RMSP, que não contemplava movimentos sociais em sua composição. Entretanto, diante da necessidade de se superar um passado colonialista, coronelista e populista, no qual predominava a naturalização das relações de dominação, a expositora pergunta: "será possível garantir sucesso sem essa participação?".

Na *perspectiva institucionalista*, ao se destacar esse espaço vago de sentido político-institucional – governo/cidadania –, as relações de poder instituídas internamente no próprio Estado e os conflitos entre uma possível normatividade dos conselhos e a função legislativa dos parlamentares estaduais, registra-se a dificuldade de imaginar como se articulariam essas autonomias para a governança.

A ausência de um sujeito político metropolitano, a que se refere um expositor, pode ser explorada também a partir das considerações de outra expositora sobre certo dinamismo das metrópoles, que mudariam constantemente suas configurações. A implicação desse destaque é, ao que parece, uma tensão entre o "projeto de uma região metropolitana" e a "região metropolitana que se faz, fazendo". Acrescenta-se a isso uma conceituação sobre as megametrópoles, segundo a qual elas não seriam apenas uma expansão da metrópole, mas sim o resultado da relação entre territórios que têm funções complementares, para se chegar ao entendimento de que contexto metropolitano atual apresentaria já os limites de seu alcance.

Quanto ao obstáculo relativo ao aspecto formal/instituído da ordem vigente referido por essa abordagem, caberia considerar que se trata de um contexto aplicável a qualquer situação, uma vez que não apenas as propostas de mudanças ou inovação na gestão tencionam o instituído, mas a experiência humana, de modo geral, realiza sempre o enfrentamento das instituições dadas, seja para validá-las seja para transformá-las mediante ações instituintes (Fernandez, 2012; Castoriadis, 1987).

Para esse mesmo expositor, é também a força dessa ordem vigente que assegura a permanência de um conflito central para problemática metropolitana: as relações capital-trabalho. Tal conflito foi frisado por outros expositores, sobretudo, por referência aos interesses de empreiteiras ou grandes construtoras que desejavam prevalecer sobre os interesses socioambientais.

Por fim, a *perspectiva acadêmica e científica*, na qual prevalece a ideia de conhecimentos que, por si só, validariam um conjunto de recomendações, está presente, também, nas abordagens com foco em gestão, como indicado mais acima, porém caberia registrar uma ocorrência destoante. A mesma expositora que tratou do dinamismo das metrópoles, já referido, desenvolveu um argumento que indica a aglomeração ou região metropolitana como decisão política, ainda que os indicadores sejam uma referência para isso.

Quando se concentra em compreender quais seriam os sujeitos dessa governança para o enfrentamento dos problemas na escala metropolitana, as considerações dos palestrantes parecem indicar que, na primeira perspectiva, há um enfrentamento da base técnica ou do *expertise*, que inclui um sujeito genérico – as organizações da sociedade civil – e que pouco inova no sentido de democratizar mediante ampla inclusão de atores sociais nesse processo. Inversamente, um apelo por inovar, de modo que a *expertise* obtida em processos participativos locais e significativos encontre lugar em uma proposta de gestão ampliada – metropolitana – parece resultar da segunda perspectiva: a da crítica social e axiológica. Já certa desconfiança em relação ao arcabouço jurídico-institucional presente e/ou proposto parece obnubilar a hipótese de um enfrentamento nessa escala na terceira perspectiva. E, na última perspectiva, não obstante a exceção apresentada, as evidências tomariam o lugar dos sujeitos, parecendo ser suficiente o fato de serem consideradas pelos gestores.

Essas inferências em torno dos atores dialogam, em grande medida, com as considerações de Lefèvre (2009) quanto às dificuldades verificadas nacional e internacionalmente em torno da constituição de territórios políticos metropolitanos. Os entendimentos acerca do lugar e do papel desenvolvidos pelos sujeitos nos processos de metropolização ou gestão metropolitana parecem de fato orientar as análises e os rumos reconhecidos e/ou propostos pelos debatedores.

CONSIDERAÇÕES FINAIS

Como assinala Ferreira Filho, a criação de aglomerados municipais "decorre da impossibilidade de se resolverem certos problemas próprios às metrópoles, no âmbito restrito e exclusivo de um dos Municípios que a conurbação recobre" (2009, p. 202). A norma constitucional – art. 25, § 3º, da CF – cria nesse sentido as condições para a gestão metropolitana de políticas públicas voltadas para a resolução de diversos problemas estruturais que assolam a realidade urbana brasileira, tais como abastecimento de água, saneamento básico, sistema público de saúde e transporte, segurança pública etc. Da mesma forma, a Lei n. 11.107/2005, que dispõe sobre os consórcios públicos, permite a gestão de serviços públicos em diferentes escalas territoriais. A recente promulgação do Estatuto da Metrópole corrobora objetivamente com uma proposta de governança interfederativa, obviamente deixando o desafio de sua eficiente implementação, algo que, apesar dos avanços anteriores, por exemplo quanto à RMSP, evidencia a necessidade de compor uma instância deliberativa com a sociedade civil.

Contudo, uma vez criados os mecanismos para integrar a organização, o planejamento e a execução das ditas funções públicas de interesse comum, subsistem os interesses locais, que podem ou não convergir na construção de um interesse comum metropolitano. Além disso, embora dentre essas FPIC a questão do meio ambiente já se encontre contemplada no estado de São Paulo, desde 2011 (Lei n. 1.139/2011), deve-se desenvolver e aprofundar análises sistêmicas sobre as regiões metropolitanas, de modo a subsidiar ações dirigidas às questões de saúde ambiental, considerando-se suas peculiaridades enquanto elementos de suporte à vida e de fenomenologia territorial incompatível com as divisões administrativas (Steiner, 2004; Imperio-Favaro et al., 2016).

Da mesma forma que não se pode simplesmente pressupor o interesse comum metropolitano, o interesse regional não corresponde à mera extensão de um interesse local particular (Alves, 2001). Portanto, um dos maiores desafios da gestão metropolitana deve ser possibilitar a construção do interesse comum em seu território, o que é permitido pelo modelo federativo brasileiro, que tem por base a autonomia dos entes.

O avanço, nesse sentido, pode não residir na criação de aparato institucional, ainda que isso favoreça amplamente sua construção, mas sim na própria percepção dos problemas metropolitanos, ou seja, na compreensão que munícipes e gestores têm dos problemas das diversas cidades que compõem a metrópole e para os quais a ideia de compatibilizar medidas administrativas com a espacialização dos ecótonos, entre outras, parece potente. De fato, explorando esse contexto de problematização e os diversos discursos identificados no seminário, deve-se enaltecer o importante papel de aspectos de saúde ambiental dentro da construção da governança metropolitana.

Além disso, deveria ser promovida e estimulada a participação social na construção da gestão metropolitana de modo integral, para que os significados atribuídos pelos sujeitos aos problemas e soluções possam, mediante concerto (Arendt, 2007), tender à constituição do interesse comum metropolitano. Entretanto, a vigente estrutura para a gestão da RMSP, que não reserva espaço para uma participação efetiva de movimentos e organizações em seu âmbito, pouco pode contribuir nesse sentido.

Assim, para ampliar as bases de legitimidade dessa questão e a adesão social à temática, segue em pauta a tarefa de se criarem, tanto em âmbito local quanto regional, condições para que munícipes e gestores identifiquem e relacionem os problemas comuns, com os quais se deparam em sua experiência local com o contexto da metrópole e para, além disso, visualizem na gestão metropolitana a melhor oportunidade para enfrentá-los.

De modo mais particular, do ponto de vista do gestor municipal, caberia considerar a experiência acumulada no País relativa aos processos de descentralização das políticas públicas – nos quais parece ter sido evidenciado que a adesão às inovações soa precedida por um *cálculo* de ônus/bônus – para propor também medidas de estímulo e de compensação entre as esferas de governo, de modo a reforçar as iniciativas de gestão em âmbito regional.

REFERÊNCIAS

ALVES, A.C. Regiões Metropolitanas, Aglomerados Urbanos e Microrregiões: novas dimensões constitucionais da organização do Estado brasileiro. *Revista de Direito Ambiental,* ano 6, n.21, p. 57-82, 2001.

ARENDT, H. *A Condição humana.* 10ª ed. Rio de Janeiro: Forense Universitária, 2007.

ARRETCHE, M.T.S. Políticas sociais no Brasil: descentralização em um Estado federativo. *Revista Brasileira de Ciências Sociais,* v. 12, n. 40, p. 11-41, 1999.

BAINES, C.; SOUZA, E.G.C.; GIALDI, O.C.; SCHURGELIES, V. *Fortalecimento das relações metropolitanas: o caso de São Paulo* [dissertação de mestrado]. São Paulo: Escola de Administração de Empresas de São Paulo da Fundação Getúlio Vargas; 2013.

BARONE, I.; BOHM, G.M.; DOCKERY, D.W.; LICHTENFELS, A.J.; POPE, C.A.; SALDIVA, P.H.N.; et al. Air-pollution and mortality in elderly people - a time-series study in Sao Paulo, Brazil. *Archives of Environmental Health,* v. 50, p. 159-63, 1995.

BRASIL. Constituição Federal (1988). *Constituição da República Federativa do Brasil.* Brasília, DF: Senado, 1988.

_____. Lei nº 13.089/2015. Estatuto da Metrópole. Disponível em: <http://www.planalto.gov.br/ccivil_03/_Ato2015-2018/2015/Lei/L13089.htm>. Acesso em 18 de julho de 2016.

BRAVO, M.A.; BELL, M.L. Spatial Heterogeneity of PM10 and O-3 in Sao Paulo, Brazil, and Implications for Human Health Studies. *Journal of the Air & Waste Management Association,* v. 61, p. 69-77, 2011.

BRENNER, N. Metropolitan institutional reform and the rescaling of state in contemporary Western Europe. *European Urban and Regional Studies,* v. 10, n. 4, p. 297-324, 2003.

CASTORIADIS, C. *Encruzilhadas do labirinto II: domínios do homem.* Rio de Janeiro: Paz e Terra, 1987.

CATORIADIS, C.; COHN-BENDIT, D. *Da ecologia à autonomia.* São Paulo: Editora Brasiliense, 1981.

CUTOLO, S.A.; GIATTI, L.L. A different look at environmental health: social and environmental inequities in the Metropolitan Region of São Paulo, Brazil. In: Martínez, C.I.P.; Poveda, A.C. (Org.). *Health, violence, environment and human development in developing countries.* 1ed. New York: Nova Science Publishers, Inc.; 2014, p. 1-14.

CUTOLO, S.A.; TALAMINI, G.C.; GAVIOLLI, J.; GIATTI, L.L. Contribuição ao estudo interdisciplinar de situações e conflitos na bacia do Alto Tietê. *Anais do Terceiro Encontro Internacional da Governança da Água, desafios Interdisciplinares.* São Paulo: Universidade de São Paulo, 2011.

DIAS, M.A.F.S.; DIAS, J.; CARVALHO, L.M.V.; FREITAS, E.D.; DIAS, P.S. Changes in extreme daily rainfall for São Paulo, Brazil. *Climatic Change,* 2012; online DOI 10.1007/s10584-012-0504-11.

DIAS, S. Considerações acerca dos consórcios públicos regulamentados pela Lei 11.107/2005. In: KLINK, J. organizador. *Governança das metrópoles: conceitos, experiências e perspectivas.* São Paulo: Annablume; 2010. p. 201-28.

[EMPLASA] EMPRESA PAULISTA DE PLANEJAMENTO METROPOLITANO S/A. Conselho de Desenvolvimento. Região Metropolitana de São Paulo Disponível em https://www.emplasa.sp.gov.br/RMSP/ConselhoDesenvolvimento. Acesso em 12/03/2018.

FERNANDEZ, J.C.A. Autonomia e promoção da saúde. In: PELICIONI, M.C.F.; MIALHE, F.L. editores. *Educação e promoção da saúde: teoria e prática.* São Paulo: Santos; 2012. p. 499-512.

FERREIRA FILHO, M.G. *Curso de Direito Constitucional.* 35. ed. São Paulo: Saraiva, 2009.

FREITAS, E.D. Circulações locais em São Paulo e sua influência sobre a dispersão de poluentes [Tese de Doutorado]. São Paulo: Instituto de Astronomia, Geofísica e Ciências Atmosféricas, Universidade de São Paulo; 2003.

GUARDANI, R.; NASCIMENTO, C.A.O. Neural network-based study for predicting groundlevel ozone concentration in large urban areas, applied to the Sao Paulo Metropolitan Area. *International Journal of Environment and Pollution*, v. 22, p. 441-59 2004.

IMPERIO-FAVARO, A.K.M.; MARIA, N.C.; CUTOLO, S.A.; TOLEDO, R.F.; LANDIN, R., TOLFFO, F.A., BAPTISTA, A.C.S.; GIATTI, L.L. Inequities and Challenges for a Metropolitan Region to Improve Climate Resilience. In: LEAL FILHO, W. *et al.* (eds.). *Climate Change and Health, Improving Resilience and Reducing Risks.* 1. ed. *Springer International Publishing,* 2016, p.419-432.

[IPEA] INSTITUTO DE PESQUISA ECONÔMICA APLICADA. *A implantação do Estatuto da Metrópole na Região Metropolitana de São Paulo.* Relatório de Pesquisa. IPEA, Rio de Janeiro, 2017.

JACOBI, P.R.; SEGURA, D.B.; KJELLÉN, M. Governmental responses to air pollution: summary of a study of the implementation of rodízio in São Paulo. *Environment and Urbanization,* v. 11, n. 1, p. 79-88, 1999.

JACOBI, P.R. São Paulo metrópole insustentável – como superar esta realidade? *Cadernos Metrópole,* v. 15, n. 29, p. 219-39, 2013.

JACOBI, P.R.; CIBIM, J.; LEÃO, R.S. Crise hídrica na Macrometrópole Paulista e respostas da sociedade civil. *Estudos Avançados,* v. 29, n. 84, p. 27-42, 2015.

KORNIN, T.; MOURA, R. Metropolização e governança urbana: relações transescalares em oposição às práticas municipalistas. *GEOUSP – Espaço e Tempo,* v. 16, p. 17-30, 2004.

LEFÈVRE, C. Governar as metrópoles: questões, desafios e limitações para a constituição de novos territórios políticos. *Cadernos Metrópole,* v. 11, n. 22, p. 299-317, 2009.

LENCIONI, S. A metamorfose de São Paulo: O anúncio de um novo mundo de aglomerações difusas. *Revista Paranaense de Desenvolvimento,* v. 120, p.133-148, 2011.

MARICATO, E. Metrópoles desgovernadas. *Estudos Avançados,* v. 25, n. 71, p. 7-22, 2011.

MCMICHAEL AJ. The urban environment and health in world of increasing globalization: issues for developing countries. *Bulletin of the World Health Organization,* v. 78, n.9, p. 1117-26, 2000.

MIRAGLIA, S.G.E.K. Health, environmental, and economic costs from the use of a stabilized diesel/ethanol mixture in the city of São Paulo, Brazil. *Cad. Saúde Pública,* v. 23, supl.4, p. S559-69, 2007.

RIBEIRO, H.; ASSUNÇÃO, J.V. de. Transport air pollution in São Paulo, Brazil: advances in control programs in the last 15 years. In: BASBAS S, editor. *Advances in City Transport: case studies.* Massachusetts: WIT Press, 2006. p. 107-125.

RIBEIRO, H.; ASSUNÇÃO, J.V. Historical overview of air pollution in São Paulo metropolitan area, Brazil: influence of mobile sources and related health effects. In: SUCHAROV LJ, BREBBIA CA, editors. *Urban transport and the environment in the 21st century.* Boston: Wit Press, 2001. p. 351-360.

RIBEIRO, L.C.Q.; SANTOS Jr, O.A.; RODRIGUES, J.M. *Estatuto da Metrópole: avanços, limites e desafios.* Observatório das Metrópoles. Disponível em http://www.observatoriodasmetropoles.net/index.php?option=com_k2&view=item&id=1148%3Aestatuto-da-metr%C3%B3pole-avan%C3%A7os-limites-e-desafios&Itemid=180#

ROLNICK, R.; SOMEKH, N. Governar as metrópoles: dilemas da recentralização. *São Paulo em Perspectiva,* v. 14, n. 4, p. 83-90, 2000.

SALDIVA, P.H.N.; LICHTENFELS, A.J.F.C.; PAIVA, P.S.O.; BARONE, I.A.; MARTINS, M.A.; MASSAD, E.; PEREIRA, J.C.R.; XAVIER, V.P.; SINGER, J.M.; BÖHM, G.M. Association between air-pollution and mortality due to respiratory-diseases in children in Sao Paulo, Brazil - a preliminary-report. *Environmental Research,* v. 65, p. 218-25, 1994.

SANCHEZ-CCOYLLO, O.R.; MARTINS, L.D.; YNOUE. R.Y.; ANDRADE, M.F. The impact on tropospheric ozone formation on the implementation of a program for mobile emissions control: a case study in Sao Paulo, Brazil. *Environmental Fluid Mechanics*, v. 7, p. 95-119, 2007.

SANTOS, M. *A urbanização brasileira*. 5a.ed. São Paulo: EDUSP, 2009.

SÃO PAULO (Estado). Lei Complementar n° 1.139, de 16/06/2011, a qual reorganiza a Região Metropolitana da Grande São Paulo e cria o respectivo Conselho de Desenvolvimento. São Paulo; 2011.

_____. Decreto 59.866, de 02 de dezembro de 2013. Dispõe sobre a desativação da Secretaria de Desenvolvimento Metropolitano e dá providências correlatas. Diário Oficial do Estado de São Paulo, SP, 02/12/2013, Seção I, p.1.

SÃO PAULO [Prefeitura Municipal]. Portaria n° 147/SVMA-G/2009 Publicada no Diário Oficial da Cidade de 18/11/2009, fls. 25.

SILVA, R.T.; PORTO, M.F.A. Gestão urbana e gestão das águas: caminhos da integração. *Estudos Avançados*, v. 17, n. 47, p. 129-45, 2003.

SMITH, K.R.; EZZATI, M. How environmental health risks change with development: The epidemiologic environmental risk transitions revisited. *Annual Review of Environment and Resources*, v. 30, p. 291-333, 2005.

SOUZA, M.T.A. Argumentos em Torno de um "Velho" Tema: A Descentralização. *Dados*, v. 40 n. 3, 1997: online http://dx.doi.org/10.1590/S0011-52581997000300004.

STEINER, F. Urban human ecology. *Urban Ecossystems*, v. 7, p. 179-197, 2004.

Planejamento urbano e políticas ambientais para construção da sustentabilidade | 28

Maria do Carmo Sobral
Engenheira civil, Universidade Federal de Pernambuco

Renata Maria Caminha Carvalho
*Engenheira agrônoma, Instituto Federal de Educação,
Ciência e Tecnologia de Pernambuco*

Maiara Gabrielle de Souza Melo
*Tecnóloga em gestão ambiental, Instituto Federal de Educação,
Ciência e Tecnologia da Paraíba*

Ubirajara Ferreira da Paz
Arquiteto, Prefeitura do Recife

Janaina Maria Oliveira de Assis
Geógrafa, Universidade Federal de Pernambuco

INTRODUÇÃO

A maioria dos centros urbanos por todo o planeta enfrentam sérios problemas de sustentabilidade, sobretudo e de forma mais acentuada nas grandes cidades dos países considerados emergentes, como é o caso do Brasil. Para essas cidades, o processo de urbanização pode ser considerado irreversível. Assim, o que pode ser feito é empreender iniciativas de controle ambiental e manutenção de ecossistemas infringentes, de maneira que o desenvolvimento econômico e social local seja respeitado.

A cidade moderna vem sendo palco de um processo intenso e descontrolado de urbanização, provocando diversas transformações no ambiente natural. De acordo com Phillippi Jr. et al., "o homem é o grande agente transformador desse ambiente e vem, pelo menos há doze milênios, promovendo adaptações nas mais variadas localizações climáticas, geográficas e topográficas" (2004, p. 5). Nesse contexto, portanto, o ambiente urbano é o produto dessas atividades transformadoras e ainda "é resultado de aglomerações localizadas em ambientes naturais transformados, e que para sua sobrevivência e desenvolvimento necessitam dos recursos do ambiente natural" (p. 5).

O Brasil, assim como muitos outros países, possui a maior parte de sua população vivendo em áreas urbanas. O processo de urbanização culminou em cidades segregadas e fragmentadas do ponto de vista social e territorial. A pressão da expansão urbana sobre áreas protegidas ou em áreas de risco, ou seja, áreas suscetíveis à inundação ou instabilidade geológica, aliada à falta de infraestrutura, sobretudo em áreas pobres, acentuando a disparidade entre áreas ricas e pobres, exemplifica o resultado da realidade urbana.

A proporção de pessoas morando em cidades vem aumentando significativamente nas últimas décadas e particularmente nos países em desenvolvimento, como é o caso do Brasil, passou de 31,3% de população urbana em 1940 para 81,2% em 2000 e 85,1% em 2014. Esse processo de crescimento descontrolado das áreas urbanas tem provocado degradação do ambiente natural e do patrimônio cultural, levando à redução da qualidade de vida. Para reverter esse quadro, faz-se necessário desenvolver novas formas de planejamento urbano que levem em consideração a proteção do meio ambiente, contando com a participação e o compromisso de todos os agentes envolvidos.

O meio ambiente compreende a relação entre os diversos espaços e seres vivos, abrangendo todo o ambiente natural e construído, assim como os bens culturais correlatos. Ou seja, de um lado, há o meio ambiente natural, constituído por água, ar, solo, energia, fauna e flora e, de outro lado, há o meio ambiente artificial, formado por edificações, equipamentos e alterações produzidos pelo homem, além dos assentamentos de natureza urbanística e demais construções (Milaré, 2007).

Na visão de Sirkis (2005), cidades são espaços de natureza transformada, não sendo totalmente naturais nem totalmente construídas. A desnaturalização dos ambientes selvagens que ocorre nas cidades não pode automaticamente classificá-las como "desnaturais", mas sim entendê-las como natureza adaptada para servir às necessidades humanas. Elas exercem e sofrem influência do ambiente natural e, por si só, já constituem seu próprio ecossistema.

A expansão das áreas urbanas provocada pelo crescimento econômico e demográfico vem provocando uma série de impactos negativos no meio ambiente natural, ressaltando-se impermeabilização e ocupação desordenada do solo, destruição de matas ciliares, poluição de rios e mananciais com despejo de resíduos sólidos e esgoto sanitário não tratado, entre outros.

SUSTENTABILIDADE EM ÁREAS URBANAS

O conceito de desenvolvimento sustentável remete à necessária redefinição das relações entre sociedade humana e natureza, e, portanto, a uma mudança substancial do próprio processo civilizatório. Dessa forma, é necessário repensar o estilo de vida e consequentemente planejar as cidades em congruência com as necessidades ambientais, como parte fundamental do processo econômico, social e cultural do desenvolvimento (Jacobi, 2005).

Assim, o desenvolvimento sustentável em áreas urbanas mostra-se como forma de combater o contexto histórico de crescente exploração dos recursos naturais para manutenção da sociedade, apontando um declínio da resiliência dos ecossistemas na medida em que aumenta a necessidade humana de bens de consumo, causada pela necessidade de espaço para estabelecimento de moradias, transporte, entre outros.

Para Leff (2004), a cidade sustentável só existe quando há congruência entre a eficiência energética, equilíbrio entre sua população e a base ecológica-territorial, bem como responsabilidade ecológica, uso de tecnologias brandas, alteração dos padrões de consumo, além da recuperação de áreas degradadas e manutenção da biodiversidade existente. De acordo com o autor, para que haja desenvolvimento de forma sustentável, é necessária uma mudança radical no sistema de conhecimento atual, seus valores e comportamentos, que se refletem na racionalidade existente baseada no progresso a todo custo e no lucro econômico.

Para a Organização das Nações Unidas (ONU), a urbanização sustentável é um processo que promove uma abordagem integrada, considerando os pilares sociais, econômicos e ambientais da sustentabilidade. É baseada em planejamento participativo e nos processos de decisão, incluindo governança. Os princípios de urbanização sustentável envolvem a garantia de infraestrutura, serviços, mobilidade e habitação acessível para todos; ambiente saudável e eficiente em termos de carbono; processos de planejamento e tomada de decisão participativos; capacitação de cidades e comunidades para planejar e administrar eficazmente adversidades; e mudança para construir resiliência, entre outros (UNISDR, 2012).

O conceito de meio ambiente urbano poderia então englobar toda a complexidade urbana para perceber além dos equipamentos construídos, atingindo aquelas áreas especialmente protegidas e alcançando um sistema complexo, que envolve o social e o natural, a denominada *socionatureza*:

a cidade e o processo urbanos são uma rede de processos entrelaçados a um só tempo humanos e naturais, reais e ficcionais, mecânicos e orgânicos. Não há nada "puramente social" ou natural na cidade, e ainda menos antissocial ou antinatural: a cidade é, ao mesmo tempo, natural e social, real e fictícia. Na cidade, sociedade e natureza, representação e ser são inseparáveis, mutuamente integradas, infinitamente ligadas e simultâneas; essa "coisa" híbrida socionatural chamada cidade é cheia de contradições, tensões e conflitos. (Swyngedouw, 2001, p. 84)

Referindo-se a essa transformação é que Moreno (2002, p. 87) enfatiza a cidade como "uma complexa e mutante matriz de atividades humanas e efeitos ambientais". O autor afirma ainda que a problemática ambiental é agravada pela urbanização desenfreada, fazendo as cidades serem, incessantemente sugadoras dos recursos naturais, uma vez que consomem três quartos de energia do planeta e concomitantemente geram poluição.

Sirkis, no mesmo raciocínio, dentro desta questão do crescimento urbano, elucida que a relação entre o construído e o natural sempre foi conflituosa: "A ideia da separação, do confronto, da subjugação do ambiente natural frente à vontade criadora e construtora foi uma constante" (2005, p. 215). Por conta disso, o autor aponta que a ecologia urbana é um tema fundamental para o debate da evolução da população urbana.

Entre as principais limitações para a construção da sustentabilidade em áreas urbanas ressalta-se, entre outras:

- Uso e ocupação desordenada do solo, provocando a ocupação de áreas de especial interesse ambiental, bem como áreas de risco ambiental.
- Degradação dos corpos d'água por meio do lançamento de esgotos não tratados e de resíduos sólidos.
- Destruição da biodiversidade, com índices insatisfatórios de áreas verdes.
- Déficit dos serviços de saneamento ambiental, incluindo o abastecimento de água potável, esgotamento sanitário, limpeza urbana e manejo de resíduos sólidos e drenagem e manejo das águas pluviais urbanas.
- Pouca articulação entre as instituições responsáveis pela implementação das políticas, bem como entre os atores envolvidos.

A garantia de infraestrutura dos serviços de saneamento ambiental representa um aspecto relevante para a sustentabilidade urbana. O Quadro 1 apresenta alguns problemas relacionados com a deficiência do saneamento ambiental na grande maioria das cidades brasileiras.

Quadro 1 – Aspectos relacionados com a deficiência do saneamento ambiental.

Abastecimento de água potável e esgotamento sanitário	A universalização dos serviços de saneamento é uma meta não atingida na grande maioria das cidades brasileiras. Em 2013, 82,5% da população brasileira era abastecida com água potável, o que corresponde a mais de 35 milhões de pessoas sem acesso a esse serviço. No que se refere ao serviço de esgotamento sanitário, apenas 48,6% da população possui coleta de esgotos, totalizando quase 100 milhões de pessoas sem esse serviço. Ao analisar essa realidade para as 100 maiores cidades do país, onde vive 40% da população brasileira, nota-se que as situações mais críticas permanecem em cidades do Norte e Nordeste, com várias capitais ocupando as piores colocações. O Sudeste é a região que concentra a maior parte das melhores cidades em saneamento (Brasil, 2013). Além do alto índice de perdas do sistema de abastecimento de água no valor de 37%, verifica-se também que muitos mananciais de abastecimento de água vêm sendo poluídos com desmatamento da vegetação nativa nas respectivas bacias hidrográficas.
Limpeza urbana e manejo de resíduos sólidos	Apesar de 91% da população urbana brasileira contar com serviço de coleta de resíduos sólidos, apenas 58% possui destinação final adequada, sendo 33% lançado a céu aberto ou diretamente nos corpos d'água. O déficit desse serviço se concentra na população de baixa renda, que mora em assentamentos subnormais de áreas urbanas. Uma quantidade significativa de materiais continuam sendo transformados em resíduos quando poderiam ser reciclados e/ou reutilizados. A quantidade de resíduos sólidos provenientes da construção civil em áreas urbanas é relevante, chegando a atingir 46% da produção total em algumas cidades.
Drenagem e manejo das águas pluviais urbanas	As características ambientais das cidades requerem atuação diferenciada para dar conta de uma drenagem urbana satisfatória. Particularmente, as metrópoles vêm sofrendo constantes enchentes e deslizamentos de terra, provocando perdas econômicas e, em muitos casos, perdas humanas. As mudanças climáticas em curso vêm aumentando esse quadro de eventos climáticos extremos. Poucas áreas são reservadas para escoamento das águas de chuva. Os aterros de áreas que antes eram espaços de rios e canais vêm contribuindo para ampliar os efeitos de chuvas intensas em áreas urbanas.
Saúde e saneamento ambiental	A grave deficiência dos serviços de saneamento tem contribuído para o aumento de doenças de veiculação hídrica, provocando aumento no número de internações em hospitais. Doenças consideradas endêmicas, como a esquistossomose, bem como a dengue e recentemente o zika, que são transmitidos por mosquitos, continuam ameaçando a saúde da população.

Fonte: adaptado de Brasil, 2013.

Para o controle e a busca de alternativas para resolução desses problemas ambientais em áreas urbanas foi consolidado um sistema de gestão ambiental no Brasil, que na última década obteve um avanço significativo. A seguir, o sistema de gestão ambiental em questão é relatado nos termos das suas principais políticas públicas para o estudo da sustentabilidade urbana.

PLANEJAMENTO URBANO E AMBIENTAL

A evolução do planejamento e do desenvolvimento urbano leva em consideração a gestão e o planejamento ambiental, uma vez que a urbanização em maior ou menor escala provoca alterações no ambiente das cidades.

Santos (2004, p. 27) chama a atenção para o termo "ambiental", cujo significado ainda está se consolidando. Por força de sua amplitude, uma vez que agrega tanto as questões humanas como as físicas e bióticas, ainda não existe uma definição precisa, coexistindo diversas abordagens sobre o termo. Por exemplo, ao planejamento ambiental atribui-se o significado de "planejamento físico, planejamento geoecológico, planejamento estético da paisagem, plano de manejo, zoneamento ambiental, planejamento agroambiental ou planejamento de produção". A confusão se faz também entre o termo planejamento, gerenciamento e gestão ambiental. Segundo a autora, a ideia é que a "gestão ambiental seja interpretada como a integração entre o planejamento, o gerenciamento e a política ambiental", entendendo-se o planejamento como "o estudo que visa à adequação do uso, controle e proteção ao ambiente, além do atendimento das aspirações sociais e governamentais expressas ou não em uma política ambiental"; e o gerenciamento está ligado àquelas etapas de "aplicação, administração, controle e monitoramento" das definições elaboradas no planejamento (Figura 1).

A gestão e o planejamento em áreas urbanas na perspectiva do desenvolvimento sustentável devem levar em conta, segundo Barton (2006 apud Xolocotzi, 2012), os aspectos sociais, como cultura de grupos sociais, equidade no acesso a espaços e participação cidadã; os aspectos econômicos, demonstrando a eficiência do uso de materiais e energia, assim como indicadores monetários para análise de custo-benefício; e os aspectos ambientais, tais como a conservação da vida silvestre e a provisão de oxigênio nos ecossistemas urbanos.

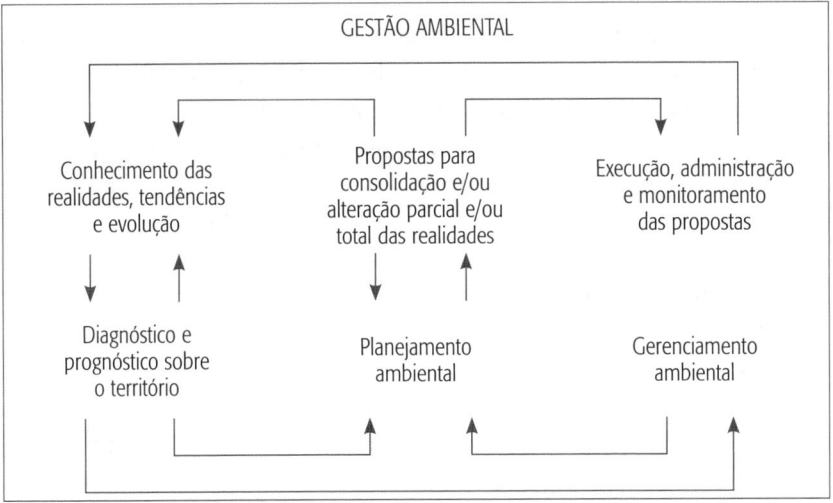

Figura 1 – Interação entre planejamento e gestão ambiental.
Fonte: adaptado de Santos (2004).

POLÍTICAS URBANAS E AMBIENTAIS

Em meados dos anos 1970 e início dos anos 1980, a conservação e a preservação dos recursos naturais e o papel do homem integrado ao meio ambiente passaram a ter função muito importante na discussão da qualidade de vida da população. Nesse período, surgiu a tendência de elaborar planejamentos regionais integrados, que se resumiam na formalização do sistema de planejamento já existente, com elementos provenientes do meio natural ou antropizado analisados de forma interativa. Os gestores, que buscavam obter um resultado intrinsecamente ambiental, começaram a recuperar e a integrar as experiências baseadas no planejamento de recursos hídricos, dos estudos de impacto ambiental e das avaliações de paisagens utilizando-se das sistemáticas desenvolvidas. Associadas a isso, foram integradas estruturas de planejamento urbano, regionais e ecossistêmicas, que passaram a representar a gênese de conhecimentos holísticos com perspectiva interdisciplinar. O planejamento ambiental passou a ser considerado um caminho para o desenvolvimento social, econômico, ambiental e tecnológico, representado como um instrumento viável de melhoria da qualidade de vida, manutenção, proteção dos recursos naturais e mitigação de impactos (Santos, 2004).

Em 1981, a gestão ambiental no Brasil sofreu um avanço significativo por meio da promulgação da Lei n. 6.938, que instituiu a Política Nacional de Meio Ambiente (PNMA), pela qual foi criado o Sistema Nacional do Meio

Ambiente (Sisnama). Segundo Carvalho (2003), essa lei foi uma iniciativa profundamente transformadora no que diz respeito ao papel do Estado, uma vez que pela primeira vez no Brasil foram introduzidos mecanismos de gestão colegiada e participativa, por meio da criação do Conselho Nacional de Meio Ambiente (Conama), cuja composição teve a participação da sociedade civil.

Com a PNMA, surgem dois conceitos – meio ambiente e recursos ambientais –, que começam a fazer parte do referencial institucional para o planejamento das cidades. O primeiro refere-se ao meio ambiente como o conjunto de condições, leis, influências e interações de ordem física, química e biológica que permite, abriga e rege a vida em todas as suas formas. O segundo engloba a atmosfera, as águas interiores, superficiais e subterrâneas, os estuários, o mar territorial, o solo e o subsolo, os elementos da biosfera, a fauna e a flora (Malheiros, 2014, p. 4).

Mas não só as definições foram importantes com a PNMA, como também o estabelecimento de diversos instrumentos de gestão que impulsionaram o início da implementação das políticas ambientais, compondo o rol instrumental das políticas públicas do meio ambiente com interface no planejamento municipal. Esses instrumentos podem ser agrupados em duas classes: os instrumentos de comando-controle e os instrumentos de apoio. Os primeiros têm uma ação ativa, incorporando o princípio da prevenção e possibilitando o envolvimento dos atores envolvidos na gestão. Já os instrumentos de apoio funcionam como subsídios para a execução dos instrumentos de comando-controle ou atuam na recuperação dos danos ambientais causados. Entre os instrumentos de comando-controle destacam-se: a avaliação de impactos ambientais; o licenciamento e monitoramento ambiental; a fiscalização de atividades potencialmente poluidoras e aplicação de penalidades; e a criação de áreas protegidas. No que se refere aos instrumentos de apoio, destaca-se o estabelecimento de padrões, o zoneamento ambiental, o sistema de informações ambientais, o cadastro técnico de atividades e o relatório de qualidade ambiental.

A PNMA também previu a participação, inovando na exigência de realização de audiências públicas para discussão de projetos de grande impacto ambiental, em que deve ser feito Estudo de Impacto Ambiental/Relatório do Impacto Ambiental (EIA/Rima) previamente ao processo de licenciamento. Os conselhos de meio ambiente em nível federal, estadual e municipal são fóruns de exercício de uma gestão participativa.

O delineamento do arcabouço legal brasileiro atualmente aplicável às cidades surgiu com a Constituição Federal de 1988 (CF/88), com o capítulo da política, representando o início de uma mudança em relação às formas de se considerar o planejamento e a gestão urbana. Conforme Peres e Silva (2013), a CF/88 enfatizou os ordenamentos territorial e regional como instrumentos de planejamento, elementos de organização e de ampliação da racionalidade espacial de ações e políticas públicas.

Embora algumas legislações sejam anteriores à CF/88, a exemplo da PNMA, apenas após a instituição da Carta Magna estas puderam ser articuladas, melhor entendidas e aplicadas a partir da integração em busca de um princípio comum.

O marco legal que dispõe sobre o parcelamento do solo urbano, a Lei Federal n. 6.766/79, em seu propósito urbanístico, impôs restrições de ocupação visando prioritariamente garantir a segurança humana ao impedir o parcelamento do solo em terrenos (Sepe et al., 2014):

- Alagadiços e sujeitos a inundações, antes de tomadas as providências para assegurar o escoamento das águas.
- Que tenham sido aterrados com material nocivo à saúde pública, sem que sejam previamente saneados.
- Com declividade igual ou superior a 30% (trinta por cento), salvo se atendidas exigências específicas das autoridades competentes.
- Onde as condições geológicas não aconselham a edificação.
- Em áreas de preservação ecológica ou naquelas em que a poluição impeça condições sanitárias suportáveis, até a sua correção.

De acordo com as autoras, entre os requisitos para implantação de loteamentos destaca-se a obrigatoriedade em reservar faixa não edificável de 15 m de cada lado ao longo das águas correntes e dormentes e das faixas de domínio das rodovias e ferrovias, salvo maiores exigências da legislação específica.

Nos anos de 1990, o planejamento ambiental foi associado aos planos diretores nos diversos níveis, incluindo os municipais, considerando o desenvolvimento sustentável, promovendo a manutenção dos estoques de recursos naturais, contemplando os aspectos de conservação e preservação, uso e ocupação racional do solo e promovendo a melhoria da qualidade de vida (Santos, 2004). O planejamento ambiental exige uma visão sistêmica, holística e dialética em relação à natureza-sociedade, baseada na ideia da existência de sistemas ambientais inter-relacionados, que se formam em uma totalidade (Lopes de Souza, 1992).

A gestão ambiental em áreas urbanas se fortalece com a promulgação da CF/88, em que a descentralização se torna realidade, ainda que a autonomia municipal não esteja em sua plenitude, cujo caminho é recheado de altos e baixos, frente à diversidade de modos de agir adotados pelos governos locais. É possível identificar os avanços e os retrocessos com a nítida evolução do papel do município a partir da Carta Magna, que encampou mais autonomia e mais responsabilidades.

Surgiram então diversos instrumentos de planejamento e gestão, frutos de regulamentações da CF/88 como, por exemplo, a criação do Sistema Nacional de Unidades de Conservação (Snuc) pela Lei n. 9.985/2000, a Lei de Crimes Ambientais, n. 9.605/98, e o Estatuto da Cidade, pela Lei n. 10.257/2001, que influenciaram em legislações de interesse local e que subsidiaram ações nos municípios. É o que argumenta Philippi Jr. et al., quando do início da vigência da Carta Magna: "o papel dos municípios em termos federativos nacionais foi fortalecido. Ao mesmo tempo, a presença do capítulo sobre meio ambiente na Constituição reforça o papel do poder local nas responsabilidades sobre questões ambientais" (1999, p. 19).

O Estatuto da Cidade foi um importante avanço na gestão de áreas urbanas, uma vez que trata de uma política pública reduzindo o distanciamento entre as questões ambientais e urbanas que historicamente foram trabalhadas em modelos de gestão pouco articulados. Esse novo marco legal reafirmou a participação social como fundamento normativo da política urbana e determinou que os poderes executivo e legislativo municipais garantissem no processo de elaboração e implementação do Plano Diretor ampla discussão com a sociedade e garantindo a publicidade de informações que favoreçam a compreensão dos parâmetros norteadores do planejamento local (Lima, 2012).

O Estatuto da Cidade define como diretriz básica da política urbana a "[...] garantia do direito a cidades sustentáveis, entendido como o direito à terra urbana, à moradia, ao saneamento ambiental, à infraestrutura urbana, ao transporte e aos serviços públicos, ao trabalho e ao lazer, para as presentes e futuras gerações" (Brasil, 2001).

Sepe et al. (2014) ressaltam que se por um lado a política urbana instituída pelo Estatuto da Cidade reconhece o direito a cidades sustentáveis, num conceito urbanístico que não chega a contemplar uma visão ecológica, por outro, ela explicitamente considera diretrizes para o pleno desenvolvimento das funções sociais da cidade e da propriedade urbana:

- O planejamento de medidas para evitar e corrigir as distorções do crescimento urbano e seus efeitos negativos sobre o meio ambiente.
- A ordenação e controle do uso do solo, de forma a evitar a poluição e a degradação ambiental e a exposição da população a riscos de desastre.

- A adoção de padrões de produção e consumo de bens e serviços e de expansão urbana compatíveis com os limites da sustentabilidade ambiental, social e econômica do município e do território sob sua área de influência.
- A proteção, preservação e recuperação do meio ambiente natural e construído, do patrimônio cultural, histórico, artístico, paisagístico e arqueológico.

Para as autoras citadas, tanto o Estatuto da Cidade como as disposições legais dele decorrentes e a implementação da política urbana explicitam objetivos e diretrizes que vão ao encontro de um conceito amplo de meio ambiente e dos direitos preconizados pelo art. 225 da CF/88, ressaltando-se o direito ao meio ambiente ecologicamente equilibrado. Os planos diretores municipais devem ter subsídio de análise ambiental no território, que pode ser realizada por meio do zoneamento ambiental, previsto na PNMA e no Estatuto da Cidade.

A gestão ambiental municipal é pautada por um sistema estruturado na CF/88, no qual se definiram os deveres e obrigações dos entes federados e especialmente pelo que estabelece o art. 225, que obriga o poder público "o dever de defender e preservar o meio ambiente para as presentes e futuras gerações", dispositivo pelo qual a Constituição expressa a intenção de o Brasil seguir pelo caminho do desenvolvimento sustentável. A gestão ambiental em áreas urbanas não só se deve respaldar pela descentralização e competência estabelecidas pela lei maior, como também estar em consonância com as premissas da sustentabilidade.

Segundo Malheiros (2014), foi a partir da CF/88 que se estabeleceu a necessária integração entre as políticas ambientais e as políticas de desenvolvimento urbano, consolidando aqueles instrumentos da PNMA, enquanto se estabeleceu a instituição de diretrizes para o desenvolvimento urbano, envolvendo habitação, saneamento básico e transportes; a instituição do sistema nacional de gerenciamento de recursos hídricos e a definição de critérios de outorga de direitos de seu uso, estabelecendo de uma vez por todas a cidade associada ao meio ambiente. A autora lembra ainda que a CF/88, introduzindo princípios norteadores como "a função social da cidade" e o "desenvolvimento sustentável", indica a busca pelo equilíbrio entre as formas de desenvolvimento econômico e o desenvolvimento social e humano da cidade.

O princípio do desenvolvimento sustentável passou a ser um componente fundamental do desenvolvimento urbano, pelo qual as pessoas são o centro das preocupações e têm o direito a uma vida saudável e produtiva, em harmonia com a natureza. Nesse sentido, o desenvolvimento na cidade somente poderá ser considerado sustentável se estiver voltado para minimizar os problemas ambientais e as desigualdades sociais. A incorporação da função social das cidades como preceito que deve balizar a política de desenvolvimento urbano, à luz do desenvolvimento sustentável, aponta para a construção de uma nova ética urbana que incorpore os valores ambientais e culturais. A melhoria do meio ambiente das cidades está diretamente vinculada ao atendimento destes objetivos (Malheiros, 2014, p. 5).

Concordando com essas afirmações, Abreu e Silva ressaltam que a proposta de desenvolvimento trazida na Constituição é o desenvolvimento sustentável e complementa que a Carta Magna considera os recursos ambientais como bens de uso comum, destacando a distinção ao recurso hídrico, uma vez que essa dominialidade é definida como pública, fazendo parte do conjunto de bens constitucionais da União e dos Estados. Para eles, a "gestão pública sustentável pode ser definida como uma referência do Estado cuja missão é promover a percepção socioambiental profunda" (2010, p. 23).

A gestão deve visar à mobilização da sociedade para implantação do Desenvolvimento Sustentável e do Ecodesenvolvimento. Deve adotar atitudes mais otimistas em relação ao uso sustentável. Utilizar a educação e programas de esclarecimento, como publicidade positiva de produtos e serviços que promovam tecnologias ambientalmente saudáveis e socialmente responsáveis ou estimular a adoção de padrões sustentáveis de produção e consumo, incorporados à justiça social, em constante harmonia e equilíbrio com os processos ecológicos e com a conservação. (Agenda 21, 1997, apud Abreu e Silva, 2010, p. 23)

Por outro lado, Burnett (2009) chama a atenção de que a reforma urbana proposta pela CF não vem sendo efetivamente implantada, pois para fazer frente ao processo histórico de degradação ambiental nas cidades há a complexidade da problemática ambiental urbana e os desafios dos governos em produzir cidades sustentáveis. Para as autoras, os esforços desenvolvidos na esfera da gestão pública têm sido insuficientes no sentido de contribuir para a sustentabilidade das cidades brasileiras, que devem atender aos seguintes princípios:

A gestão da questão ambiental traduzida para a realidade brasileira considera, dentre outros, a observância dos seguintes princípios: participação na gestão dos recursos naturais buscando sua integridade e benefícios coletivos; garantia do acesso à informação a todos os interessados nas questões de desenvolvimento e meio ambiente; observação dos princípios de descentralização com a incorporação da gestão municipal, sempre que possível; desenvolvimento da capacidade institucional com vistas a possibilitar a construção democrática; e interdisciplinaridade na abordagem dos recursos naturais promovendo a inserção ambiental nas políticas setoriais em geral. (Brasil, 2000, apud Santana e Souza, 2012, p. 117)

Vale destacar, conforme anuncia Prestes (2006), que a gestão ambiental no âmbito municipal não se resume unicamente à instância do controle ou do licenciamento, embora sejam fundamentais para o seu bom desempenho, dada a corresponsabilidade estabelecida pela Constituição para cada um dos componentes da Federação:

> Por isso, o problema não parece ser licenciar ou não, pois a Constituição é clara na inexistência de hierarquia entre os entes federativos, mas sim definir objetivamente o âmbito dessa atuação, tendo como parâmetro o sistema de fontes, ou seja, em qual matéria cada ente deve atuar. (Prestes, 2006, p. 21)

Na garantia do desenvolvimento sustentável em áreas urbanas, o planejamento urbano é um instrumento importante para promover equilíbrio entre desenvolvimento econômico e social com respeito ao meio ambiente, com resgate das relações do homem com o meio natural.

Para proteção dos recursos hídricos, em 1997 foi promulgada a Lei Federal n. 9.433, que instituiu a Política Nacional de Recursos Hídricos (PNRH) e criou o Sistema Nacional de Gerenciamento de Recursos Hídricos (SINGREH). Ao lado do Sisnama, o SINGREH completou o arcabouço institucional do Estado brasileiro destinado a aparelhar o Poder Executivo nos três níveis de poder para promover, a partir de marcos regulatórios preestabelecidos: a conservação do patrimônio natural do País; a melhoria da qualidade ambiental nas políticas setoriais; e o desenvolvimento sustentável (Carvalho, 2003).

O estabelecimento da PNRH representou um avanço tanto no sentido conceitual como também na institucionalização da gestão integrada, interdisciplinar e participativa com a integração entre os órgãos gestores, usuários e outras instituições. Essa lei estabeleceu que a gestão de recursos hídricos deve ser descentralizada e contar com a participação do poder público, dos usuários e das comunidades, com os seguintes instrumentos de gestão: planos de recursos hídricos; enquadramento dos corpos d'água em classes; outorga de direito de uso dos recursos hídricos; cobrança pelo uso dos recursos hídricos; e sistema de informações sobre recursos hídricos.

Entre os seus instrumentos da PNRH, destacam-se: os Planos de Bacias Hidrográficas, o enquadramento dos corpos de água, a outorga dos direitos de uso, a cobrança pelo uso de recursos hídricos, o Sistema Nacional de Informações sobre Recursos Hídricos e a compensação aos municípios. Esta lei, conforme Peres e Silva (2013), induziu o surgimento de uma nova instância de gestão territorial: os Comitês de Bacias Hidrográficas, que trouxeram, desde sua origem, a característica da participação daqueles que também produzem, usam e habitam áreas urbanas e rurais.

A Política de Gestão de Recursos Hídricos prevê que os comitês de bacia hidrográfica, juntamente com os Conselhos Estaduais e Nacional de Recursos Hídricos atuem como fóruns participativos, uma vez que congrega representantes dos diversos setores da sociedade.

Para proteção da biodiversidade, as unidades de conservação compreendem o espaço territorial e seus recursos ambientais, incluindo as águas jurisdicionais, com características naturais relevantes. Legalmente instituído pelo Poder Público, com objetivos de conservação e limites definidos, sob regime especial de administração, ao qual se aplicam garantias adequadas de proteção, foi instituído no ano 2000 o SNUC por meio da Lei n. 9.985, estabelecendo critérios e normas para a criação, implantação e gestão das unidades de conservação.

O Código Florestal, instituído pela Lei Federal n. 4.775/65, bem como o novo Código Florestal, promulgado pela Lei Federal n. 12.651/2012, com alterações dadas pela Lei Federal n. 12.727/2012, estabelecem critérios de proteção da vegetação e das Áreas de Preservação Permanente (APP), incluindo as áreas urbanas. A Medida Provisória n. 2.166-67/2001 determinou a abrangência da APP sobre "área coberta ou não por vegetação nativa, com a função ambiental de preservar os recursos hídricos, a paisagem, a estabilidade geológica, a biodiversidade, o fluxo gênico de fauna e flora, proteger o solo e assegurar o bem-estar das populações humanas", reforçando a aplicabilidade na área urbana, e flexibilizou a intervenção em APP em casos de utilidade pública ou de interesse social.

As principais mudanças trazidas pelo novo Código Florestal para as áreas urbanas em relação ao Código Florestal de 1965, segundo Sepe et al. (2014), referem-se a:

- Delimitação das APP de curso hídrico: consideram-se APP, em zonas rurais ou urbanas, as faixas marginais de qualquer curso d'água natural perene e intermitente, excluídos os efêmeros, desde a borda da calha do leito regular, em largura mínima diferenciada a partir da largura do curso hídrico, enquanto o Código de 1965 preconizava a medida a partir do nível mais alto do curso hídrico.

- Delimitação das APP no entorno dos lagos e lagoas naturais: na área urbana é exigida faixa de APP com largura de 30 m.

- Delimitação das APP no entorno de reservatórios d'água artificiais: não prevê APP no entorno de reservatório artificial que não decorra de barramento de curso d'água e a largura da faixa é a definida na licença ambiental. Nos reservatórios para abastecimento público e geração de energia, o empreendedor deve adquirir a faixa de APP, observando-se a largura mínima de 15 m e a máxima de 30 m na área urbana. No Código de 1965, era exigida a faixa mínima de APP de 30 m em área urbana consolidada e 100 m em áreas rurais.

- Delimitação das APP das nascentes e dos olhos d'água: a faixa de APP deve ter um raio mínimo de 50 m, abrangendo apenas as nascentes e olhos d'água perenes que dão origem a um curso d'água, enquanto o Código de 1965 incluía nascentes e olhos d'água intermitentes e não definia que estes deveriam dar origem a cursos d'água.

- Intervenção ou supressão de vegetação nativa em APP por utilidade pública ou interesse social: não é exigida comprovação da inexistência de alternativa técnica e locacional para todas as situações enquadradas como de utilidade pública e de interesse social.

Embora com propósitos diferentes, a Lei de Parcelamento do Solo Urbano (Lei Federal n. 6.766/79) não confrontava com o Código Florestal de 1965 quanto aos limites de faixa não edificável de 15 m e de faixa de preservação permanente para cursos hídricos com largura de até 10 m, já que a faixa a ser preservada deveria ter o limite mínimo de 5 m até a edição da Lei Federal n. 7.511/86, que ampliou o limite para 30 m (Sepe et al., 2014).

A Política Nacional de Saneamento Básico, instituída pela Lei n. 11.445, de 5 de janeiro de 2007 e pelo Decreto n. 7.217 de 21 de junho de 2010, tem por objetivo contribuir para a transparência das ações, baseadas em sistemas de informações, e possibilitar que entes da Federação possam se organizar administrativamente sob forma de consórcios públicos, contribuindo para a implementação dessa política no interior do país, principalmente naqueles municípios de pequeno porte e de poucos recursos financeiros. Agregada a esses objetivos, destaca-se também a necessidade de aperfeiçoar o funcionamento das cidades, uma vez que existem ainda muitas regiões e municípios com dificuldades de acesso aos bens e serviços públicos de saneamento. O fortalecimento da política urbana, principalmente no que diz respeito à implantação e/ou implementação de planos diretores, da política de habitação e de saneamento, constituem ferramentas que se articulam aos esforços governamentais para a universalização das ações de saneamento. O Estatuto da Cidade e o arcabouço legal do setor de saneamento trazem a possibilidade de introduzir mudanças no cenário urbano, definindo sua função social e de propriedade.

Nesse sentido, Sepe et al. (2014) afirmam que a divulgação em escala cada vez mais ampla dos direitos e deveres dos cidadãos e do Estado constitui por certo um dos alicerces mais sólidos para a democratização cada vez maior do País e consequentemente a reafirmação da cidadania. Daí a preocupação do Ministério das Cidades com uma publicação estruturada e atualizada da legislação brasileira sobre a política urbana e de saneamento básico para orientar e fundamentar os profissionais ligados à área, bem como informar os demais cidadãos, a fim de que possam obter os equacionamentos jurídicos para as dúvidas que podem chegar a todos. Espera-se que os objetivos da Política Nacional de Saneamento Básicos sejam alcançados e estimulem os entes federados estaduais e municipais, as organizações não governamentais (ONGs) e o cidadão em geral a conhecer mais sobre a legislação urbana.

Para o controle das atividades potencialmente danosas ao meio ambiente, em 1999 foi promulgada a Lei n. 9.605 (Lei de Crimes Ambientais), que dispõe sobre as sanções penais e administrativas derivadas de condutas e atividades lesivas ao meio ambiente. Além desses instrumentos legais, foram também instituídas mais recentemente a Política Nacional sobre Mudança do Clima (PNMC), por meio da Lei n. 12.187/2009, e a Política Nacional de Resíduos Sólidos (PNRS), estabelecida pela Lei n. 12.305/2010. Essas políticas constituíram mais dois importantes pilares no conjunto de políticas brasileiras, que visam orientar cada vez mais a economia e a sociedade brasileira para o desenvolvimento sustentável.

As consequências dos desastres naturais divergem bastante em relação ao ambiente em que ocorrem, às condições econômicas e ao tipo de habitação existente no local. Todos de alguma maneira são vulneráveis aos impactos ambientais, porém a capacidade das pessoas e da sociedade de se adaptar às mudanças e lidar com elas é muito variável. A carência de uma política habitacional com capacidade de suprir as demandas por habitação adequada e segura facilita em grande parte os desastres, visto que a ocupação desordenada e irregular favorece o aumento dos riscos de desastres e da vulnerabilidade da população, sobretudo a mais pobre.

Sendo o risco de desastres uma realidade presente nos grandes centros urbanos, é importante que haja planejamento, com a adoção de estratégias adequadas, visando à mitigação dos impactos decorrentes desses fenômenos e sobretudo trabalhando a resiliência, que é a capacidade da população em lidar com esses problemas, especialmente a mais carente, e superar cada recorrência de eventos extremos.

O PNMC visa orientar iniciativas para a gestão e diminuição do risco climático no longo prazo, visando promover a organização entre os governos locais, regionais e nacional, visto que os impactos da mudança do clima acontecem em escala local, mas as medidas de enfrentamento dependem de ações coordenadas e implementadas em diferentes estratégias setoriais ou temáticas (Brasil, 2016).

Essas políticas estabelecem princípios modernos de descentralização e coordenação das ações, mas não se pode ainda afirmar que exista no país uma política ambiental explícita, articulada em planos e programas que organizem as ações requeridas para execução dessas políticas de forma eficaz. Vários são os órgãos e instituições governamentais, nos três âmbitos do governo, que atuam na proteção dos recursos ambientais, mas registra-se ainda pouca coordenação de suas atividades de modo a resultar na reversão e consequente melhoria da qualidade de vida da população.

Os órgãos ambientais precisam de fortalecimento em termos de ampliação do quadro do pessoal, aparelhamento e condições técnicas para monitoramento e diagnósticos ambientais, bem como para formulação e execução de políticas e programas de gestão ambiental. Outro aspecto a ser destacado é o pouco envolvimento do poder público municipal nas fases de planejamento, licenciamento e fiscalização ambiental. Tanto o sistema de gestão ambiental como o de recursos hídricos têm dado pouca atenção ao fortalecimento do poder local.

A implementação do licenciamento e da avaliação de impactos ambientais de grandes projetos associados à implantação das modalidades de unidades de conservação representa um avanço significativo para o uso sustentável dos recursos ambientais. Entretanto, esses instrumentos, juntamente com os demais instrumentos de gestão, precisam ser aprimorados para atingir o objetivo do controle ambiental eficiente das atividades econômicas e proteção dos recursos ambientais.

GOVERNANÇA EM ÁREAS URBANAS

Os problemas socioambientais das grandes cidades têm evidenciado a necessidade do debate sobre novas formas de gestão e governança nas áreas urbanas, sobretudo a partir de 1988, quando a CF definiu que a política de desenvolvimento urbano deve garantir o pleno desenvolvimento das funções sociais da cidade e garantir o bem-estar de seus habitantes.

Apesar de os conceitos teóricos de governança serem multifacetados (Hirst, 2000; Rhodes, 2000), não há dúvida alguma sobre uma mudança substancial dos conceitos tradicionais, baseados no princípio da autoridade estatal para abordagens de governança, frisando novas tendências de uma gestão compartilhada e interinstitucional que envolve o setor público, o setor produtivo e o terceiro setor (Frey, 2004). Esses avanços podem ser observados sobretudo nas aplicações relativas à gestão das áreas urbanas que paulatinamente vêm se adaptando para se tornarem mais descentralizadas e participativas.

O termo *governança* é proveniente da expressão *governance*, originária de discussões internacionais conduzidas pelo Banco Mundial na perspectiva de ampliar conhecimentos com o foco de criar condições para a garantia do Estado eficiente (Diniz, 1995). Para o Banco Mundial, essa era a abordagem que ampliava a visão das ações do Estado, restrita à questão econômica, para as questões sociais e políticas da gestão pública, isto é, a capacidade a partir de então seria aferida também pela "forma pela qual o governo exerce o seu poder" (World Bank, 1992, apud Gonçalves, 2010, p. 2). Nessa perspectiva, governança foi definido como "o exercício da autoridade, controle, administração, poder de governo" ou "a capacidade dos governos de planejar, formular e implementar políticas e cumprir funções".

Ainda nisso, para McFarland (2007), governança consiste em: distribuição de poder entre instituições de governo; legitimidade e autoridade dessas instituições; regras e normas que determinam quem detém poder e como são tomadas as decisões sobre o exercício da autoridade; relações de responsabilização entre representantes, cidadãos e agências do Estado; habilidade do governo em fazer políticas, gerir os assuntos administrativos e fiscais do Estado e prover bens e serviços; e gerir o impacto das instituições e políticas sobre o bem-estar público.

Frey (2007) ressalta que é possível distinguir entre versões de governança que enfatizam como objetivo principal o aumento da eficiência e efetividade governamental, como as demonstradas acima, e outros que focalizam primordialmente o potencial democrático e emancipatório de novas abordagens de governança, que serão tratadas a partir deste tópico.

Para Jacobi (2012), ao enfatizar o conceito de governança, abre-se espaço para repensar formas inovadoras de gestão, tendo em vista que fazem parte do sistema de governança o elemento político, que consiste em balancear os vários interesses e realidades políticas; o fator credibilidade, com instrumentos que apoiem as políticas, fazendo as pessoas acreditarem nelas; e a dimensão ambiental. A governança está relacionada com a implementação socialmente aceitável de políticas públicas, um termo mais inclusivo que governo, por abranger as relações entre sociedade, Estado, instituições, políticas e ações governamentais associadas à qualidade de vida. Isso implica no estabelecimento de um sistema de regras, normas e condutas que refletem valores e visões de mundo daqueles indivíduos sujeitos a esse marco normativo. Na visão da complementaridade entre governo e sociedade, promove compartilhamento de responsabilidade e *accountability* entre atores públicos e privados.

A integração entre a governança e a desejada participação social se dá sobretudo a partir da ideia de territorialidade, agregando os indivíduos e seus valores ao espaço em que vivem e desenvolvem suas ações. Nessa perspectiva, Bacellar (2016) destaca a criação de um novo conceito de planejamento urbano, que exige uma participação popular cada vez mais presente como forma de contraposição à dominação mercadológica dos espaços urbanos. Esses espaços de exercício da governança nas cidades vêm sendo fortalecidos a partir de 2001, com o Estatuto das Cidades. Contudo, é necessário ampliar e qualificar a participação popular.

Frey (2004) defende que o fomento da participação se torna uma tarefa fundamental do governo. Embora conselhos gestores setoriais tenham sido criados mais frequentemente a partir da CF/88, reconhece-se a limitação dessas estruturas, que muitas vezes não são capazes de garantir participação efetiva da população.

Segundo Sachs (1995), deve ser fortalecida a capacidade das populações de se responsabilizarem por boa parte das decisões que lhes dizem respeito, harmonizando-se as políticas públicas e as ações ligadas à prática da cidadania. Nessa mesma perspectiva, Evans (2003) acredita que estratégias participativas podem expandir o desenvolvimento ao fornecer aos cidadãos a oportunidade de exercer a capacidade humana fundamental de fazer escolhas.

A participação popular de qualidade é um desafio que se apresenta nas várias experiências de comitês e conselhos gestores. Nessa perspectiva, a Organização das Nações Unidas (ONU, 2012) destacou entre os principais fatores responsáveis pelo estado de risco da cidade a governança local fragilizada e a participação insuficiente dos públicos de interesse local no planejamento e na gestão urbana. Além disso, outro grande desafio é a governança urbana quando o foco são as áreas metropolitanas. A convergência de interesses de municípios diversos na gestão de área comum é imperativa e desafiadora nessa realidade, mas poucas são as experiências de gestão compartilhada.

Apesar das deficiências observadas e dos desafios que se apresentam, como afirma Lima (2012), é inegável o avanço democrático representado pela introdução de meios que viabilizam a participação da gestão pública e contribuem para elevar a crítica e manter o controle social sobre as ações dos governantes, tendo como efeito positivo o aumento da responsabilidade dos governos com os negócios públicos.

CONSIDERAÇÕES FINAIS

O conceito de meio ambiente urbano parece melhor se adaptar às questões urbanas e de proteção ambiental, na medida em que não separam as relações sociais daquelas realizadas entre o homem e a natureza como objeto de proteção em si.

A CF/88 trouxe relevância à resolução dos problemas ambientais enfrentados no Brasil, dando maior competência aos municípios para as necessárias políticas públicas que promovam a construção de uma consciência ecológica que, aliada aos instrumentos de gestão urbana, possa contribuir de tal forma que o meio ambiente seja preservado na presente e nas futuras gerações.

O processo de planejamento e gestão urbana e ambiental é inerente ao poder público municipal, conforme recomendado pela CF/88 e suas regulamentações. Um importante desafio para as cidades brasileiras é articular a gestão urbana com a gestão ambiental, integrando a política de planejamento urbano com a política de proteção ambiental, de recursos hídricos, de proteção da biodiversidade, de saneamento ambiental, entre outras.

A cidade é palco de diversas pressões sobre os recursos naturais. Isso requer o envolvimento de diversos atores, em diversas escalas e interesses. Nesse contexto, a implementação da legislação referente ao planejamento e gestão sustentável das cidades demanda normas urbanísticas que denotam uma reorientação de instrumentos e regras que visem o adequado parcelamento do solo e um maior disciplinamento quando da sua implantação e respectiva conservação.

A ampliação, a estruturação e a conservação da biodiversidade que compõe a paisagem urbana devem refletir os aspectos ambientais e socioculturais. O envolvimento da sociedade é fundamental para o controle social, a sensibilização e a educação ambiental, considerando tratar-se de uma questão transversal a ser incorporada em todo o processo de planejamento urbano e ambiental. O aumento do nível de conscientização e educação ambiental é essencial para incorporação de novos hábitos e comportamentos que promovam o uso e a conservação dos recursos naturais.

A regulação do uso e da ocupação do solo urbano e o ordenamento do território são fundamentais para a melhoria das condições de vida da população e da qualidade ambiental. O fortalecimento da dimensão territorial no planejamento governamental deverá promover a articulação e integração das políticas, programas e ações dos diversos órgãos que atuam na temática ambiental, cujas decisões afetam a organização territorial e urbana, com ênfase nos zoneamentos definidos nos planos diretores.

Os órgãos responsáveis pelo planejamento e controle urbano e ambiental, particularmente em nível municipal, precisam de ampliação do quadro de especialistas em diversas áreas de conhecimento, aparelhamento técnico para monitoramento e diagnósticos ambientais, bem como para formulação e execução de políticas e programas de gestão ambiental.

Os sistemas de gestão ambiental urbanos devem ser integrados, devendo contemplar a descentralização e construção de parcerias, de modo a melhorar a qualidade e a eficiência dos serviços prestados à população. A implementação de políticas de reúso e controle de perdas dos sistemas de saneamento, juntamente com redução do volume e reutilização/reciclagem dos resíduos sólidos gerados nas cidades, contribuirão para diminuição dos custos e melhoria da qualidade desses serviços essenciais, ao mesmo tempo promovendo o uso sustentável e a conservação dos recursos naturais.

O cenário de mudanças climáticas aponta para o aumento de eventos extremos, que demandam medidas de adaptação e mitigação nas áreas urbanas. O desenvolvimento de resiliência climática e a redução de riscos de ocorrência de desastres estão diretamente ligados às ações cooperativas, coordenadas entre as diferentes esferas do poder público, dos setores econômicos e da sociedade civil, de modo a garantir a integração de políticas públicas voltadas à diminuição dos efeitos adversos das mudanças climáticas.

A construção da sustentabilidade urbana passa pela integração entre as políticas urbanas e ambientais que remetam ao equilíbrio nas relações entre sociedade e natureza, de modo a promover o uso sustentável dos recursos naturais.

A efetiva articulação entre as diversas políticas públicas de planejamento e controle urbano e ambiental é fundamental para promover a sustentabilidade das áreas urbanas. Os conflitos oriundos dessa compatibilização entre as diversas políticas devem ser resolvidos por meio de uma governança urbana. Uma boa governança só pode ocorrer a partir do desenvolvimento institucional e do fortalecimento da capacidade de planejamento e gestão democrática da cidade, incorporando no processo a dimensão ambiental e assegurando a efetiva participação da sociedade nas tomadas de decisão.

Na promoção de cidades sustentáveis, o planejamento urbano tem um papel relevante. Os gestores têm de incorporar no processo de tomada de decisão os impactos da atividade humana ao meio ambiente e suas relações com o crescimento e desenvolvimento das cidades, cuidando para que os recursos renováveis se mantenham resilientes e os não renováveis, protegidos.

REFERÊNCIAS

ABREU, D. Q.; SILVA, J. J. M. C. *A gestão pública sustentável do ambiente e a perícia ambiental*. 2010. Disponível em: <http://www.gespublica.gov.br/biblioteca/pasta.2010-12 08.2954571235/ GESTaO%20PUBLICA%20SUSTENTAVEL.pdf/view>. Acesso em: 25 out. 2015.

BACELLAR, G. B. *Estudo de impacto de vizinhança e avaliação ambiental urbana:* o caso de Salvador. 2016, 167p. Dissertação (Mestrado). , Centro de Artes e Comunicação, Universidade Federal de Pernambuco (UFPE). Pernambuco, 2016.

BRASIL. Lei n. 10.257, de 10 de julho de 2001. Regulamenta os arts. 182 e 183 da Constituição Federal, estabelece diretrizes gerais da política urbana e dá outras providências. Brasília: Planalto, 2001. Disponível em: <http://www.planalto.gov.br/ccivil_03/leis/LEIS_2001/L10257. htm>. Acesso em: 23 ago. 2016.

_____. Ministério do Meio Ambiente. *Plano Nacional de Adaptação à Mudança do Clima (PNAMC)*. Volume 2: estratégias setoriais e temáticas. Portaria MMA n. 150, de 10 de maio de 2016. Brasília: MMA, 2016. Disponível em: <http://www.mma.gov.br/images/arquivo/80182/ LIVRO_PNA_Plano%20Nacional_V2.pdf>. Acesso em: 24 ago. 2016.

_____. Ministério das Cidades. Secretaria Nacional de Saneamento Ambiental (SNSA). Sistema Nacional de Informações de Saneamento (SNIS). 2013. Disponível em: <http://engineering. columbia.edu/files/engineering/design-water-resource07.pdf>. Acesso em: 31 ago. 2016.

BURNETT, C. F. L. *Da tragédia urbana à farsa do urbanismo reformista:* a fetichização dos planos diretores participativos. 2009. Tese (Doutorado em Políticas Públicas). Universidade Federal do Maranhão (UFMA). São Luís (Maranhão), 2009.

CARVALHO, C. G. *O que é direito ambiental:* dos descaminhos da casa à harmonia da nave. Florianópolis: Habitus, 2003.

DINIZ, E. Governabilidade, democracia e reforma do Estado: os desafios da construção de uma nova ordem no Brasil dos anos 90. *DADOS – Revista de Ciências Sociais*, v. 38, n. 3, p. 385-415, 1995.

EVANS, P. Além da monocultura institucional: instituições, capacidades e o desenvolvimento deliberativo. *Sociologias*, n. 9, p. 20-63, 2003.

FREY, K. Governança interativa: uma concepção para entender a gestão pública participativa? *Política e Sociedade*, n. 5, p. 119-138, out. 2004.

_____. Governança urbana e participação pública. *Revista de Administração Contemporânea Eletrônica (RAC-e)*, v. 1, n. 1, art. 9, p. 136-150, 2007.

HIRST, P. Democracy and governance. In: PIERRE, J. (Org.). *Debating governance:* authority, steering and democracy. New York: Oxford University Press: 2000, p. 13-35.

JACOBI, P.R. Governança institucional de problemas ambientais. *Política & Sociedade*, v. 4, n. 7, p. 119-137, 2005.

_____. Governança ambiental, participação social e educação para a sustentabilidade. In: PHILIPPI JR., A.; SAMPAIO, C. A. C.; FERNANDES, V. [Eds.]. *Gestão de natureza pública e sustentabilidade*. Barueri: Manole, 2012.

LEFF, E. *Aventuras da epistemologia ambiental:* da articulação das ciências ao diálogo de saberes. Rio de Janeiro: Garamond, 2004. 85p.

LIMA, A. J. Planos diretores e os dilemas da governança urbana no Brasil. *Textos & Contextos*, v. 11, n. 2, p. 362-375, 2012.

LOPES DE SOUZA, M. J. Planejamento integrado de desenvolvimento. Natureza, validade e limites. Geografia, Espaço & Memória. *Terra Livre*, n. 10, 1992.

MALHEIROS, D. G. L. *Desenvolvimento urbano e meio ambiente bases legais:* uma necessária integração. Belém-: APP Urbana-UFPA, 2014.

MCFARLAND, A. Neopluralism. *Annual Review of Political Science*, v. 10, p. 45-66, 2007.

MILARÉ, E. *Direito do ambiente:* doutrina, jurisprudência, glossário. 5.ed. São Paulo: Revista dos Tribunais, 2007.

MORENO, J. *O futuro das cidades*. São Paulo: Senac, 2002. 146 p.

[ONU] ORGANIZAÇÃO DAS NAÇÕES UNIDAS. *Como construir cidades mais resilientes:* um guia para gestores públicos locais. Genebra: Escritório das Nações Unidas para Redução de Riscos de Desastres, 2012.

PERES, R. B.; SILVA, R. S. Interfaces da gestão ambiental urbana e gestão regional: análise da relação entre Planos Diretores Municipais e Planos de Bacia Hidrográfica. *Urbe – Revista Brasileira de Gestão Urbana*, v. 5, n. 2, p. 13-25, 2013.

PHILLIPPI JR., A.; ROMÉRO, M. A.; COLLET, G. (Orgs.). *Curso de Gestão Ambiental*. Barueri: Manole, 2004, p. 213-255.

PHILIPPI JR, A. et al. (Eds.). *Municípios e meio ambiente:* perspectivas para a municipalização da gestão ambiental no Brasil. São Paulo: Associação Nacional de Municípios e Meio Ambiente, 1999.

PRESTES, V. B. Municípios e meio ambiente: a necessidade de uma gestão urbano-ambiental. In: PRESTES, V.B. (Org.). *Temas de direito urbano-ambiental*. Belo Horizonte: Fórum, 2006.

RHODES, R. A. W. Governance and public administration. In: PIERRE, J. (Ed.). *Debating governance:* authority, steering and democracy. New York: Oxford University, 2000, p. 54-90.

SACHS, I. Em busca de novas estratégias de desenvolvimento. *Estudos Avançados*. São Paulo, v. 9, n. 25, 1995.

SANTANA, R. N. N; SOUZA, S. M. P. S. Gestão pública da questão ambiental e tessituras das cidades brasileiras: notas preliminares. *Katálysis*, v. 15, n. 1, p. 112-121, 2012.

SANTOS, R. *Planejamento ambiental:* teoria e prática. 1. ed. São Paulo: Oficina de Textos, 2004, 184p.

SEPE, P. M.; PEREIRA, H. M. S. B.; BELLENZANI, M. L. O novo Código Florestal e sua aplicação em áreas urbanas: uma tentativa de superação de conflitos? In: III Seminário Nacional sobre o Tratamento de Áreas de Preservação Permanente em Meio Urbano e Restrições Ambientais ao Parcelamento do Solo. *Anais...* Belém, 2014.

SIRKIS, A. Cidade. In: TRIGUEIRO, A. *Meio ambiente no século 21:* 21 especialistas falam da questão ambiental nas suas áreas de conhecimento. 4. ed. Campinas: Autores Associados, 2005, p. 215- 229.

SWYNGEDOUW, E. A cidade como um híbrido: natureza, sociedade e "urbanização-cyborg". In: ACSELRAD, H. (Org.). *A duração das cidades:* sustentabilidade e risco nas políticas urbanas. Rio de Janeiro: DP&A, 2001.

WORLD BANK. *Governance and development*. Washington: World Bank, 1992.

XOLOCOTZI, R.F. Incorporando desarollo sustentable y governanza a la gestión y planificación de áreas verdes urbanas. *Frontera Norte*, México, v. 24, n. 48, 36, p. 165-190, jul-dez. 2012.

29 | Evolução da situação de favelas na metrópole paulista e desigualdade socioespacial

Suzana Pasternak
Arquiteta, USP

Lucia Maria Machado Bógus
Socióloga, PUC-SP

INTRODUÇÃO

Aspectos históricos da evolução do tecido metropolitano

O grande crescimento dos centros urbanos no Brasil e especialmente das regiões metropolitanas foi fortemente marcado pela substituição do papel das indústrias na geração de riqueza e de empregos pelas atividades terciárias de comércio e serviços ligados em grande parte ao capital financeiro e a modernas tecnologias de informação e comunicação.

A Região Metropolitana de São Paulo (RMSP) é um bom exemplo desse processo: consolidou em seu território as feições típicas de centros globalizados de países em desenvolvimento, com a presença hegemônica do capital financeiro e suas interações com o mercado imobiliário, protagonista importante, para o qual uma parcela significativa do excedente financeiro da economia é canalizada. A profunda reestruturação da economia urbana, reconfigurada no espaço regional de entorno da cidade-sede, ultrapassou em muitos casos os limites metropolitanos, seguindo rumo ao interior do estado ao longo dos eixos rodoviários, cuja expansão foi importante para a interiorização da indústria e o desenvolvimento dos demais setores da economia.

Constituída por 38 municípios que se agrupam em torno da capital e são por ela polarizados, a RMSP ocupa 3,24% do total do território do estado, com uma área de 8.051 km^2, concentrando cerca de 48% da população de todo o estado em 2010.

Considerando a história da região pode-se identificar quatro fases em sua configuração. E em cada uma das quatro fases, é possível observar a formação e a consolidação dos fatores responsáveis pela expansão de sua economia.

A primeira fase, que se inicia nos anos de 1930 e se estende até o final da Segunda Guerra Mundial, é conhecida como a fase de expansão ferroviária ou pré-metropolitana. É nesse período que se constituem alguns dos elementos estruturantes da futura metrópole, com a instalação de indústrias ao longo das estradas de ferro Santos-Jundiaí e Sorocabana e a integração com os municípios vizinhos de Osasco, São Caetano do Sul e Santo André, que ainda apresentavam características rurais, mas que já abrigavam parte da população operária. Também nessa primeira fase ocorreu a ocupação dos bairros situados a leste do município de São Paulo para onde depois se expandiram, ao longo do eixo ferroviário da Central do Brasil, os municípios-dormitório da região leste metropolitana.

A segunda fase, que pode ser considerada a de maior expansão da metrópole paulista, iniciou-se no segundo pós-guerra e estendeu-se ao início dos anos de 1960, época em que houve a grande aceleração do processo de localização industrial. Tal processo vinculou-se diretamente à expansão rodoviária no estado de São Paulo, que viabilizou a instalação de novas indústrias na RMSP, tal como ocorreu ao longo da Via Anchieta, nos municípios do ABC (Santo André, São Bernardo e São Caetano), que assistiram também a importantes alterações demográficas.

A terceira fase, de 1960 a 1980, foi marcada pela formação de grandes blocos de atividades industriais, sobretudo nos anos 1960, que assistiram ao grande desenvolvimento da indústria automobilística na região do ABC e a consequente ampliação das áreas ocupadas pelos usos urbanos. O crescimento das atividades secundárias favoreceu o surgimento de vários tipos de serviços e demandou maior espaço para a localização de estabelecimentos industriais e comerciais. As taxas de crescimento populacional na região metropolitana acompanharam o processo de expansão econômica, atraindo migrantes de várias partes do país e do mundo.

A quarta fase da expansão metropolitana paulista iniciou-se nos anos 1980, assinalando um período de grandes mudanças, cujos efeitos perduram até os dias de hoje. É a fase na qual a RMSP assistiu à desconcentração das atividades industriais e da população – já iniciada em meados dos anos 1970 –, à reestruturação das atividades econômicas, à inserção do país no contexto da globalização e ao grande incremento das atividades terciárias, que se tornaram em muitos casos o reduto dos desempregados do setor secundário da economia (Bógus; Pasternak, 2015, p. 15-16).

São Paulo passou a ser conhecida a partir daí como a metrópole dos serviços, em virtude do papel desempenhado por essas atividades neste município-polo. No município concentraram-se de maneira crescente as atividades financeiras de natureza global, as sedes dos maiores bancos nacionais e internacionais, as grandes empresas multinacionais, concedendo à cidade a primazia entre as metrópoles nacionais e transformando-a na metrópole global.

O crescimento e a diversificação das atividades econômicas foram acompanhados pela elevada taxa de urbanização da população – hoje da ordem de 98% – e pela extensão da área urbanizada. Esse processo acentuou a extensão de áreas ocupadas pelos usos urbanos, uma vez que o crescimento das atividades industriais exigiu a alocação espacial das indústrias e a RMSP continuou a apresentar uma oferta de emprego superior às demais regiões do estado e do país.

São Paulo no limiar do século XXI

As características socioeconômicas e demográficas apresentadas a seguir permitem compreender em grande parte a lógica que perpassa o conjunto dos processos metropolitanos e transforma a RMSP ao mesmo tempo em área de atração e expulsão populacional, com mercado de trabalho dinâmico e extremas desigualdades sociais.

Na última década do século XX e nas primeiras décadas do século XXI, como parte das transformações econômicas iniciadas nos períodos anteriores, as taxas de crescimento populacional reduziram-se gradualmente, sobretudo no município de São Paulo. Os municípios do entorno metropolitano continuaram, no entanto, a apresentar taxas mais elevadas, indicando o dinamismo econômico da região e seu papel de área de atração populacional e de atividades econômicas.

Ao longo das etapas de sua expansão recente, um conjunto de processos produziu alterações na estrutura de empregos dos diferentes setores de atividade econômica na RMSP, reduzindo os empregos industriais, mas impulsionando o crescimento dos empregos no terciário (Montali, ,2009). Assim, ao mesmo tempo em que ocorreu o processo de desconcentração industrial e a redução do emprego na indústria, diversificaram-se as atividades do setor terciário na região metropolitana, que passou a sediar atividades altamente sofisticadas. Nos anos de 1990, a região metropolitana paulista assumiu definitivamente o papel de "cidade mundial", tendo a reestruturação produtiva contribuído de modo efetivo para essa mudança, que teve, no entanto, efeitos deletérios para o mercado de trabalho e o emprego.

Em termos gerais, pode-se afirmar que a década de 1990 foi o ponto de inflexão na trajetória dos principais indicadores da situação dos trabalhadores no que diz respeito ao assalariamento e à formalização das relações de trabalho. Ocorreu nessa década uma retração do mercado de trabalho, com o aumento do desemprego e o crescimento de vínculos de trabalho precários, bem como a queda de rendimentos reais e da concentração de renda. Esse processo acentuou as desigualdades sociais e contribuiu para a redistribuição espacial da população no tecido metropolitano. Os municípios da região do ABC, que concentravam maiores proporções de trabalhadores ocupados no setor industrial, apresentaram a redução mais acentuada no período considerado. Mas as proporções mais baixas de trabalhadores residentes ocupados na indústria foram encontradas no município de São Paulo, onde, em 1985, pouco menos que um terço dos ocupados estava inserido em atividades industriais.

A reestruturação produtiva implicou também a crescente precarização das relações de trabalho, já que a flexibilização da produção foi acompanhada pela terceirização e pela subcontratação da produção e de serviços, resultando no surgimento dos chamados setores informais modernos. A flexibilização provocou ainda, especialmente na RMSP, a contratação da mão de obra pelas empresas sem carteira de trabalho assinada, seja como trabalhadores autônomos, seja por meio de empresas terceirizadas. O auge desse tipo de contratação foi registrado em 1999 e também foi verificado em outras metrópoles nacionais, como Porto Alegre, Belo Horizonte e Distrito Federal.

Esse quadro de mudanças causou impactos na dinâmica metropolitana brasileira, alternando etapas de expansão e crise, em um processo de urbanização que concentrou atividades econômicas e culturais em territórios marcados pelas desigualdades sociais e pela má distribuição da renda. Tal situação foi particularmente acentuada em São Paulo, a maior região metropolitana do País. Nesse caso, é importante considerar as características do aglomerado que a constitui e que é capaz de polarizar as atividades econômicas e o mercado de trabalho em escala regional e nacional. Entre as características dos municípios metropolitanos, com seus diferentes graus de integração ao tecido metropolitano, destacam-se a organização funcional dos espaços, a distribuição populacional, os fluxos de mercadorias e as condições de infraestrutura.

Este capítulo analisa a configuração e a dinâmica interna da RMSP *vis à vis* a dinâmica metropolitana nacional, ao longo das últimas décadas e suas fases de formação, expansão, consolidação e reestruturação. Aborda as características socioespaciais derivadas da configuração do aglomerado urbano que constitui São Paulo. Ênfase especial é dada à análise dos assentamentos favelados metropolitanos e à espacialização da desigualdade socioeconômica vigente.

METODOLOGIA

A metrópole é constituída a partir de aglomerados distintos, com características e tamanhos diferentes. Não raro esses aglomerados não apresentam correspondência com a institucionalização político-administrativa das regiões metropolitanas pelos órgãos de poder, o que gera dificuldade na sua análise. Entretanto, a delimitação territorial da chamada RMSP, feita nos anos 1970 tem sido aceita e os dados da metrópole têm sido levantados para os 39 municípios. Pesquisadores do Observatório das Metrópoles (2012) elaboraram uma metodologia que permite avaliar a natureza da inserção dos municípios componentes das regiões metropolitanas brasileiras. Por meio de estatística que utiliza indicadores relativos ao porte populacional, econômico e funcional, grau de urbanização, densidade, ocupação e mobilidade populacional, foi possível agrupar os municípios conforme níveis de integração à dinâmica da metropolização que vão desde a identificação dos polos das metrópoles e municípios com nível de integração elevada até municípios com integração muito baixa.

A relação dos distintos municípios da metrópole com a cidade de São Paulo como município polo variou nas últimas décadas, configurando diferentes níveis de integração metropolitana. Para o estudo de 2010 foram selecionadas as seguintes variáveis na composição dos níveis de integração: população residente total de cada município em 2010; taxa de crescimento geométrico anual no período de 2000-2010; grau de urbanização em 2010; percentual dos ocupados em atividades não agrícolas no município em 2010; densidade demográfica dos setores censitário urbanos; PIB do município em 2009; total de rendimentos das pessoas residentes nos municípios em 2010; somatória de entradas e saídas por movimento pendular no município em 2010; percentual de pessoas que entraram ou saíram do município para trabalhar ou estudar em 2010. A classificação foi feita por meio de análise fatorial por componentes principais e análise de *clusters* (Observatório das Metrópoles, 2012). Resolveu-se utilizar os resultados de 2010 para categorização dos municípios da metrópole de São Paulo e proceder tanto à análise demográfica como à análise das favelas pelas distintas categorizações de municípios por níveis de integração. Esse recurso analítico possibilitou o agrupamento dos 39 municípios em 6 categorias: polo; municípios de extensão do polo (em avançado processo de metropolização com uma dinâmica de integração altíssima, tanto na escala regional como na nacional); muito alto, alto, médio, baixo e muito baixo. Os dois últimos níveis de integração adequam-se a municípios que não poderiam em princípio ser identificados como de natureza metropolitana, embora o sejam em termos institucionais. No caso da RMSP, o único município com baixo nível de integração foi São Lourenço da Serra e não existem municípios com muito baixo nível de integração. O polo é o município de São Paulo e, como extensão do polo, têm-se: Carapicuíba, Diadema, Ferraz de Vasconcelos, Guarulhos, Mauá, Osasco, Santo André, São Bernardo do Campo, São Caetano, e Taboão da Serra. Entre os municípios com nível de integração muito alto estão: Barueri, Caieiras, Embu, Francisco Morato, Franco da Rocha, Itapecerica da Serra, Itapevi, Itaquaquecetuba, Jandira, Mogi das Cruzes, Poá, Ribeirão Pires, e Suzano. Os municípios de alto nível de integração são: Arujá, Cajamar, Cotia, Mairiporã, Pirapora do Bom Jesus, Rio Grande da Serra, Santana de Parnaíba, e Vargem Grande Paulista. Entre os municípios de integração média contam-se: Biritiba Mirim, Embu-Guaçu, Guararema, Juquitiba, Salesópolis, e Santa Isabel.

A vantagem da utilização dessas categorias é que elas "exprimem com fidedignidade as distinções em termos de nível de integração dos municípios no processo de metropolização e, ao mesmo tempo, avaliam a natureza em termos de dinâmica urbana dessas diferentes unidades" (Observatório da Metrópoles, 2012, Resumo Executivo, p. 3). Essas categorias agrupam municípios de mesma natureza na análise da dinâmica populacional e das favelas, permitindo uma leitura metropolitana agregada, mas que não coloca em uma mesma categoria aglomerados urbanos distintos.

Para a RMSP configurou-se o mapa apresentado na Figura 1.

Na análise das transformações demográficas e sócio-ocupacionais e sua espacialização, foram utilizadas as informações dos censos demográficos do IBGE, realizando as devidas compatibilizações conceituais e das bases geográficas para as diferentes décadas, de 1980 a 2010. Para a análise das transformações sócio-ocupacionais ao longo desse período, foi utilizada a metodologia do Observatório das Metrópoles, que permite ademais a comparação com outras regiões metropolitanas brasileiras. Essa metodologia tem por base uma tipologia socioespacial que classifica de forma hierárquica as diversas áreas que compõem o espaço metropolitano, permitindo comparar o que foi observado em 1991 e 2000 com as mudanças que ocorreram no período de 2000 a 2010.[1]

---

[1] A tipologia sócio ocupacional foi construída com base nos dados censitários sobre a ocupação da população economicamente ativa, considerando a distribuição das categorias ocupacionais no espaço de cada metrópole, utilizando como recorte territorial áreas definidas por uma agregação dos setores censitários utilizados no Censo de 2000 pelo IBGE: as Áreas de Expansão Domiciliar (AEDS). Para 2010, em razão de mudanças na configuração das AEDS, passou-se a utilizar como base espacial os distritos tanto do município de São Paulo como dos demais municípios da região metropolitana.

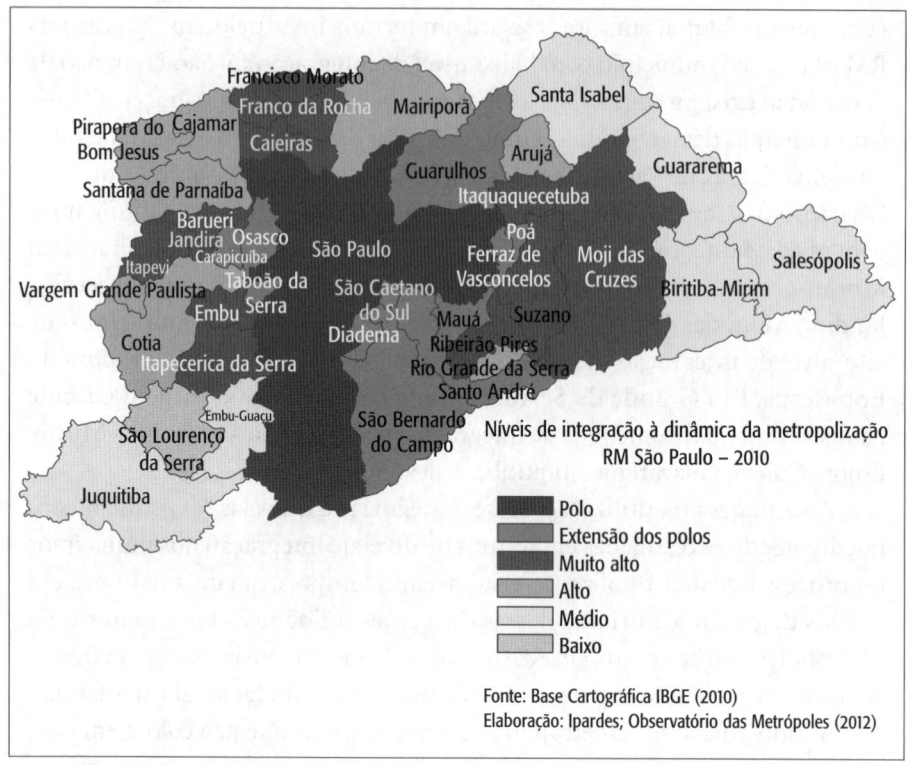

Figura 1 Região Metropolitana de São Paulo: municípios por nível de integração, 2010.

Para a análise dos assentamentos favelados na metrópole foram usados tanto dados dos Censos Demográficos como da Leitura Territorial.

ALGUNS ASPECTOS DA DINÂMICA POPULACIONAL

A região metropolitana possuía em 1991 cerca de 16 milhões de habitantes. Seu crescimento entre 1991 e 2000 foi de 1,58% ao ano, sendo que a periferia cresceu 3,05 vezes o polo. A taxa de crescimento na década seguinte caiu bastante, registrando 0,92% anuais. O município capital, São Paulo, representava quase 82% da população da metrópole em 1950 (Tabela 1). Seu peso relativo na população metropolitana foi decrescendo no tempo, chegando a 57,15% em 2010. Essas taxas de crescimento populacional decrescentes foram resultantes tanto da queda da fecundidade como da diminuição da migração, tendo se mantido baixas, da ordem de 0,7% ao ano ao longo dos últimos 20 anos. Entretanto, as taxas de crescimento da população dos outros municípios também declinaram a cada década, como se pode observar pela Tabela 2. Se na década de 1950 a taxa de crescimento atingia mais de 8% ao ano, no início do século XXI decaiu para 1,25%. Cabe destacar que as taxas dos outros municípios metropolitanos têm sido sempre mais elevadas que as do município polo, numa razão sempre superior a 1,5. Nos anos 1980, a taxa de crescimento dos municípios metropolitanos chegaram a ser 2,72 vezes maiores que a da capital e podem ser consideradas uma consequência direta dos momentos econômicos pelos quais passou o país.

Nos anos 1950, a política de substituição de importações associou-se a uma enorme migração rural urbana (estima-se que entre 1940 e 1980 saíram de zonas rurais cerca de 40 milhões de pessoas), que se concentrou preferencialmente em um número reduzido de metrópoles, como Rio de Janeiro e São Paulo. E no interior dessas metrópoles, como os postos de trabalho gerados foram geralmente pouco qualificados, a falta de política de moradia aliada aos elevados preços da terra forçaram os migrantes a fixar residência nas franjas metropolitanas.

A partir dos anos 1970, as tendências de desenvolvimento econômico modificaram-se (CANO, 2008), com uma redução significativa na participação do estado de São Paulo, e em especial de sua capital, na economia do País. Isso refletiu na diminuição expressiva da taxa de crescimento metropolitanas e sobretudo da taxa do município de São Paulo, aliada à grande diminuição da natalidade e da fecundidade. A década de 1980 se anuncia com o fim da era industrial e da concentração das plantas em São Paulo. No Brasil, a inflação atingia picos elevados e a estagnação econômica era visível. As metrópoles sofriam com falta de investimentos e com a precarização e a informalização do trabalho, resultando em um aumento da periferização e da pobreza urbana.

Se, de um lado, problemas no mercado de trabalho e o aumento da pobreza desenhavam o tecido metropolitano paulista, de outro lado, a queda da mortalidade e da fecundidade mudava o perfil etário da metrópole e da capital. A população metropolitana envelheceu: em 2000, 8,09% da população metropolitana tinha 60 anos ou mais, enquanto em 2010 esse percentual subiu para 10,66% do total populacional.

A participação da chamada "periferia" das metrópoles, ou seja, os outros municípios que compõem a região metropolitana, além do núcleo, têm aumentado. A Tabela 1 mostra o peso crescente dos outros municípios no total populacional.

Tabela 1 – RMSP: evolução da população metropolitana de São Paulo e do município de capital (1950 a 2000).

Ano	Polo	Outros municípios	Total	Polo	Outros municípios	Total
1950	2.198.096	497.935	2.696.031	81,53%	18,47%	100,00%
1960	3.824.102	1.081.319	4.905.421	77,96%	22,04%	100,00%
1970	5.978.977	2.193.565	8.172.542	73,16%	26,84%	100,00%
1980	8.475.380	4.100.275	12.575.655	67,40%	32,60%	100,00%
1991	9.646.185	5.806.352	15.452.537	62,42%	37,58%	100,00%
2000	10.434.252	7.444.451	17.878.703	58,36%	41,64%	100,00%
2010	11.244.369	8.432.211	19.676.580	57,15%	42,85%	100,00%

Fonte: IBGE – Censos demográficos de 1950 a 2010.

Na década de 1980 ocorreu melhoria nas condições de acesso aos serviços de infraestrutura sanitária, o que se refletiu na diminuição dos coeficientes de mortalidade infantil. Nos anos 1990, para cada 1.000 nascidos vivos, o coeficiente de mortalidade infantil da região metropolitana regrediu de 55,17 óbitos para 33,51, uma queda de mais de 60%. Na década seguinte, entre 1990 e 2000, esse coeficiente caiu ainda mais, para 16,90, atingindo 11,80 no ano 2000, com uma redução de quase 500% em 30 anos.

O início dos anos 1990 continuou com a instabilidade econômica dos anos 1980, mas diferenciou-se desses pela adoção de políticas liberalizantes e pela abertura econômica. Em 1994, com a estabilização trazida pelo Plano Real, a pobreza diminuiu, o PIB teve aumento considerável e a renda média aumentou. Mesmo com as grandes metrópoles apresentando perda migratória, seu tamanho permaneceu elevado, embora o segmento das cidades médias seja o que apresentou maior crescimento no período. A redução do crescimento das áreas metropolitanas aparece na Tabela 2, exemplificada pela metrópole paulista, onde a taxa de crescimento populacional caiu de 1,47% ao ano na década de 1990 para 0,96% na década de 2000. Há redução do crescimento vegetativo o da imigração e aumento da emigração. Mesmo assim, há que se considerar que a RMSP aumentou em quase 2 milhões de pessoas a sua população (1.790.877) entre 2000 e 2010, representando uma taxa de 0,96% anuais, enquanto a população brasileira cresceu à taxa de 1,17% no mesmo período. A metrópole paulista cresceu menos do que o Brasil como um todo, menos que o estado de São Paulo (1,09% ao ano), mas mais que seu núcleo. Sua periferia apresentou taxa maior que a brasileira e que a estadual (1,25% ao ano). Os municípios da metrópole paulista cresceram de forma diferenciada nas últimas décadas, conforme mostra a Tabela 3.

Tabela 2 – RMSP: taxas de crescimento populacional anual, município da capital e outros municípios metropolitanos (1950 a 2010).

Taxas	Polo	Outros municípios	RMSP
1950-1960	5,69%	8,06%	6,17%
1960-1970	4,57%	7,33%	5,24%
1970-1980	3,55%	6,46%	4,40%
1980-1991	1,30%	3,54%	2,08%
1991-2000	0,79%	2,52%	1,47%
2000-2010	0,75%	1,25%	0,96%

Fonte: IBGE – Censos demográficos de 1950 a 2010.

As maiores taxas de crescimento, tanto na década de 1990 como na primeira década de 2000 ocorreram nos municípios com alto nível de integração bastante distantes da capital, a saber, Cotia, Vargem Grande, Cajamar, Santana de Parnaíba, Pirapora do Bom Jesus, Mairiporã, Arujá e Rio Grande da Serra. Mesmo nesses municípios, a redução da taxa foi de 40%. Os municípios de nível muito alto de integração vêm logo a seguir, tanto na década de 1990 como na década de 2000. Tanto o polo como os municípios de extensão do polo apresentaram taxas de crescimento pequenas nos dois intervalos estudados. O polo já mostrava nível baixo, mas reduziu-se ainda mais entre 2000 e 2010 (redução de 14%). Os municípios de extensão do polo tiveram as taxas diminuídas de 1,87% para 0,77% anuais (redução de quase 60%). Os municípios com nível médio de integração (Caieiras, Embu-Guaçu, Guararema, Juquitiba, Salesópolis e Santa Isabel) tiveram seu crescimento bastante reduzido na década de 2010, passando de 3,32% para 1,10% anuais.

A tendência nítida para toda a RMSP é a de diminuição da taxa de crescimento, que ainda se mantém em níveis elevados nos chamados municípios com alto e muito alto nível de integração. Acredita-se que duas dinâmicas sejam responsáveis por esse comportamento:

- A expansão para algumas dessas áreas dos condomínios fechados de alta e média renda, por exemplo Cotia e Santana de Parnaíba. Nos municípios de alto nível de integração, o percentual de profissionais dirigentes corresponde a 2,70% dos ocupados, maior até mesmo que a taxa do município polo, onde atingia 2,23% em 2010.

Tabela 3 – População, área, taxas de crescimento e densidades demográficas brutas dos municípios por níveis de integração.

Nível de integração	População						Taxas		Área	Densidades hab/ha		
	1991		2000		2010		1991-2000	2000-2010		1991	2000	2010
Polo	9.649.596	61,93%	10.435.546	58,16%	11.244.369	57,17%	0,87	0,75	152.703.703,00	63,19	68,34	73,64
Extensão do polo	3.962.026	25,43%	4.682.065	26,09%	5.053.751	25,69%	1,87	0,77	146.921,21	26,97	31,87	34,4
Muito alto	1.520.974	9,76%	2.147.132	11,97%	2.507.866	12,75%	3,91	1,57	257.729,70	5,90	8,33	9,73
Alto	310.910	2,00%	478.043	2,66%	638.514	3,25%	4,90	2,94	124.159,21	2,50	3,85	5,14
Médio	143.154	0,92%	192.029	1,07%	214.125	1,09%	3,32	1,10	205.749,36	0,70	0,93	1,04
Baixo			12.199	0,07%	13.985	0,07%		1,38	18.726,73		0,65	0,75
RMSP	15.580.723	100,00%	17.943.014	100,00%	1.668.590	100,00%	1,58	0,92	905.989,21	17,20	19,80	21,71

Fonte: IBGE – Censos demográficos de 1991, 2000 e 2010.

■ A expansão da residência de camadas populares para municípios periféricos, com muito alto nível de integração, por exemplo Francisco Morato, Franco da Rocha, Itaquaquecetuba, Jandira, Itapevi e Mogi das Cruzes. Nos municípios de muito alto nível de integração, as camadas populares urbanas representavam em 2010 mais de 67% da população residente ocupada. No município-polo, essas camadas somavam 52% dos ocupados. Nesses municípios ainda existe mais terra disponível a preços acessíveis, possibilitando tanto a produção doméstica de moradias como a oferta de unidades para aluguel.

Nos municípios de extensão do polo (Guarulhos, Poá, Ferraz de Vasconcelos, Mauá, São Caetano do Sul, Diadema, São Bernardo do Campo, Santo André, Taboão da Serra, Osasco e Carapicuíba), ainda existe um percentual elevado de trabalhadores do setor secundário da economia (mais de 25% dos ocupados). O perfil, em relação às outras categorias ocupacionais, aproxima-se do polo, com menor proporção de dirigentes e de profissionais de nível superior.

A análise da área efetivamente ocupada pela urbanização mostra que as densidades do polo têm aumentado continuamente desde 1991, de 125 habitantes para 132 habitantes por hectare em 2010, um aumento de 5,61% nos últimos 20 anos. Pela Tabela 4 nota-se também que o aumento relativo das densidades da área ocupada foi maior nos municípios de extensão do polo (incremento de 11,14% em duas décadas) e nos municípios com nível alto de integração (incremento de 13,10% no período), que foram os que apresentaram maiores taxas de crescimento populacional. Entretanto, nos municípios de muito alto, médio e baixo nível de integração nota-se a dispersão, em razão de uma diminuição da densidade da área ocupada entre 1991 e 2010. São os municípios de Barueri, Caieiras, Embu, Francisco Morato, Franco da Rocha, Itapecerica da Serra, Itapevi, Itaquaquecetuba, Jandira, Mogi das Cruzes, Poá, Ribeirão Pires e Suzano os de nível de integração muito alto; Biritiba Mirim, Embu-Guaçu, Guararema, Juquitiba, Salesópolis e Santa Isabel entre os municípios de nível de integração média; e São Lourenço da Serra, com nível de integração baixo. Conclui-se pela evidência empírica de uma dispersão urbana, tanto nos espaços ocupados por população de alta renda, como em Barueri, como em espaços populares.

Tabela 4 – RMSP: densidade demográfica da área ocupada, para 1991, 2000 e 2010, por nível de integração.

Nível de integração	Densidade por área ocupada (hab/ha)		
	1991	2000	2010
Polo	124,56	126,34	131,55
Extensão polo	100,76	109,54	111,22
Muito alto	63,25	73,41	71,66
Alto	30,08	32,76	34,62
Médio	30,64	30,27	27,74
Baixo	18,35	20,78	18,29
RMSP	99,86	101,96	102,21

Fonte: Silva (2013). Elaboração por níveis de integração das autoras.

ESTRUTURA SOCIAL E SOCIOESPACIAL NA REGIÃO METROPOLITANA DE SÃO PAULO

Questões colocadas

As transformações econômicas, produzidas sob o efeito combinado da reestruturação produtiva e das novas tecnologias de comunicação, provocaram mudanças significativa no mercado de trabalho. Essa tendência, segundo muitos autores, resultaria em uma estrutura de trabalho tipo ampulheta, com redução dos setores intermediários. Sassen (1991) explica essa tendência em função de uma demanda crescente por pessoal altamente qualificado, com alta remuneração, ao mesmo tempo em que aumentaria a procura por serviços pessoais complementares, como limpeza, segurança, manutenção, expandida a demanda por empregos pouco qualificados, com baixos salários. Aceitando-se a hipótese de que novas tecnologias geram segmentação no mercado de trabalho, seria lógico prever que a modernização produtiva intensificasse a tendência à maior dualização social e a uma cidade espacialmente mais polarizada. O que se tem percebido na metrópole paulista é uma tendência acentuada à expansão territorial, com um tipo de configuração suburbanizada, com limites difusos e estrutura policêntrica. Carlos de Mattos comenta que, se a cidade compacta europeia era a referência dominante até o século XX, agora o modelo se assemelha mais a Los Angeles. "A imagem de mancha de óleo perde pertinência para descrever o fenômeno urbano, ao passo que a imagem de um arquipélago urbano parece ser mais adequada" (Mattos, 2005, p. 351). Assim, as questões que se colocaram no presente texto são:

- Quais têm sido as transformações na estrutura social metropolitana na última década?
- Qual é a relação entre as transformações na estrutura social e o padrão de organização socioespacial?
- O modelo histórico centro-periferia ainda organiza o espaço metropolitano, com camadas pobres se alocando longe do núcleo urbano? Como se comportam as favelas, expressão espacial mais contundente da pobreza?

Estruturas social e socioespacial na metrópole de São Paulo nas últimas décadas

A análise da estrutura social do território metropolitano de São Paulo entre 1980 e 2010, embora com diferentes movimentos por década, aponta resumidamente para cinco grandes tendências:

1. Elitização relativa e profissionalização, com aumento dos profissionais de nível superior, mas diminuição dos dirigentes.
2. Terceirização, com aumento da proporção de trabalhadores do setor terciário.
3. Diminuição dos trabalhadores do setor secundário, sobretudo os ligados à indústria de transformação.
4. Manutenção relativa das camadas médias.
5. Ligeira diminuição do setor terciário não especializado, sobretudo após 1991.

A reorganização da estrutura social reflete as transformações na estrutura produtiva, com salto no padrão de terceirização da metrópole, que não reflete mais sua base industrial. A indústria se locomove para o interior do estado, com retração do peso da metrópole na geração do produto industrial estadual. Conforme Caiado (2002), a Região da Grande São Paulo passa de 26,8% para 25% da produção industrial entre 1985 e 1998 e de 29,2% para 26,0% na indústria de transformação. A Grande São Paulo se terciariza e políticas de expansão do ensino superior explicam a enorme proporção de profissionais de nível superior no tecido metropolitano. Esta profissionalização, entretanto, nem sempre resulta em salários melhores. A violência urbana talvez auxilie como fator explicativo para a saída das elites dirigentes, aliada à ida das indústrias para o interior do estado e para outros locais do País.

As camadas superiores têm sua proporção dobrada entre 1980 e 2010, passando de 8,46% dos ocupados para 15,74%. Esse aumento se deu sobretudo pelo aumento dos profissionais de nível superior. Houve perda no topo da pirâmide, com diminuição de dirigentes e forte aumento desses profissionais de nível superior. A enorme expansão das universidades privadas, o Prouni e outras formas de financiamento educacional colaboraram para esse crescimento: em 1980, a proporção de profissionais de nível superior entre os ocupados metropolitanos foi de 4,65%. Em 2010, essa proporção alcançou 12,64%.

As camadas médias representam grande percentual em São Paulo. Não se percebe evidência de redução de seu peso relativo ao longo do período estudado, como tem afirmado a literatura sobre globalização. Na metrópole paulista, a reestruturação produtiva é notada pela redução dos trabalhadores do setor secundário e aumento do setor terciário e dos empregos em serviços. Mas os dados das Pesquisas Nacionais por Amostras de Domicílios (PNADs) desmentem a hipótese de uma polarização crescente, pois não se percebeu aumento na base da pirâmide social e nem no seu topo.

As camadas populares mudaram seu perfil: a proporção de trabalhadores secundários vem diminuindo fortemente entre 1980 (31,32% do total de ocupados) e 2010 (21,68% do total de ocupados), enquanto os trabalhadores do terciário aumentam de 15,13% do total de ocupados em 1980 para 19% em 2010. Entre os trabalhadores do terciário não especializado, embora tenha havido aumento entre 1980 e 2000, entre 2000 e 2010 esse percentual se manteve em torno de 16%.

A organização social se expressa no território metropolitano por uma tipologia socioespacial, cabendo indagar como esses segmentos sociais estão se alocando no espaço. O modelo núcleo-periferia, com o núcleo concentrando as camadas superiores e a periferia abrangendo as demais camadas, ainda persiste?

Embora morar na periferia nos anos 2000 seja diferente de fazê-lo nos anos 1970, já que água, esgoto, energia elétrica e coleta de lixo são praticamente universais na metrópole, o que se percebe na análise das três décadas é que os grupos sociais melhor posicionados na hierarquia social residem sobretudo no município polo, enquanto os municípios periféricos são classificados como populares ou operários populares. Além disso, os distritos que melhoraram sua posição estão quase todos no polo, enquanto uma grande proporção de distritos que caíram na hierarquia concentram-se na periferia.

Os espaços da elite se concentram no setor sudoeste do município central, com alguns enclaves nas Zonas Norte e Leste. Mas a mancha de óleo, *grosso modo*, ainda persiste como modelo de localização das camadas sociais, na maior região metropolitana do País. Assim, embora com modificações, o modelo centro-periferia ainda estrutura o espaço da metrópole. O desenvolvimento das periferias de São Paulo é uma história de deslocamentos constantes, em que velhas periferias se mimetizam às áreas urbanizadas e novas periferias vão se construindo. O perfil dessas periferias também mudou: empobreceu em relação às áreas centrais de residência das elites. Mas apresentam atualmente uma diversidade perceptível a olho nu: nas ruas principais, como observa Holston (2013), observam-se casas de dois andares, com madeiras entalhadas, vidros fumê e garagem para vários carros. Fora das ruas principais, tudo parece inacabado, um canteiro de obras com casas de tijolo aparente, paredes sem pintura, pilhas de materiais de construção aguardando utilização sob lonas plásticas. E o perfil da população dessas periferias, segundo Feltran (2014), também está em mudança: o operário da unidade produtiva fordista, católico, migrante, com projeto de mobilidade social familiar baseado em emprego formal duradouro está sendo substituído por trabalhador no setor de serviços, não migrante recente, pentecostal, com grande mobilidade laboral, inclusive alternando períodos de trabalho formal com informal, famílias menores, em que o cônjuge também contribui para a renda familiar.

A distribuição socioespacial reflete por sua vez as mudanças observadas na estrutura social: ao longo das décadas estudadas, houve aumento de profissionais de nível superior, terciarização dos empregos, perda nos contingentes do proletariado tradicional e moderno, além do aumento do pessoal do setor terciário não especializado. Houve também diminuição relativa e em números absolutos da elite que, embora menor, se concentrou fortemente no espaço, seja nas áreas mais centrais do município de São Paulo, seja em alguns enclaves metropolitanos, representados pelos condomínios fechados para os grupos de alta renda. Mas foi essa a única categoria sócio-ocupacional mais segregada no espaço. Em todas as outras, ocorreu uma maior mistura em termos dos locais de residência.

Nesse sentido, a localização residencial das classes sociais no espaço variou pouco entre 1991 e 2010, consolidando algumas tendências que já se anunciavam em 1980, como a conservação das áreas centrais habitadas pela população de maior renda e das camadas populares morando na periferia metropolitana. Como mudanças significativas da última década, pode-se destacar:

- A expansão das áreas médias para oeste e sudoeste, com a maior presença de loteamentos de alta e média renda no eixo oeste.
- A popularização do eixo norte, mostrando a expansão da residência de camadas populares para áreas mais distantes da região norte da metrópole, no eixo rodoferroviário da Serra da Cantareira.

- A transformação de parte das áreas agrícolas em populares, indicando também sua ocupação por camadas populares que se alojam na periferia mais longínqua e de difícil acesso.

- Considerando especificamente o município de São Paulo, ocorreu principalmente entre 2000 e 2010 uma transformação importante em alguns distritos da região norte mais próximos do centro, que se transformaram em áreas de tipo superior e que têm atraído cada vez mais moradores de alta renda.

- Um aumento significativo das favelas na metrópole, tanto por adensamento das já existentes como pela criação de novos assentamentos favelados em municípios com maior nível de integração, assim como em outros mais distantes do núcleo e menos integrados à metrópole.

Em São Paulo, as áreas superiores têm se consolidado como uma grande "mancha" no centro da metrópole, assinalando uma hierarquia descendente dos tipos socioespaciais conforme a distância em relação a essa mancha, quebrada apenas por algumas áreas superiores menores tanto na Zona Oeste como na Zona Leste do município. As áreas superiores estão geralmente circundadas por áreas médias, também localizadas principalmente na capital. Essa organização do espaço corresponde ao modelo tradicional de segregação espacial, que é a de círculos concêntricos, com as camadas de alta renda residindo nos círculos mais centrais e as camadas de menor renda nos círculos contíguos, em direção à periferia.

Apesar da tendência à elitização observada nas áreas superiores, a maior dispersão das camadas médias e superiores no território metropolitano vem ampliando a sua diversificação social. Embora não se possa dizer que o padrão centro-periferia esteja superado, diversas metrópoles brasileiras, como é o caso de São Paulo, tornaram-se mais segmentadas e de certa forma um pouco menos segregadas em termos espaciais, ainda que a proximidade física entre as diversas classes possa estar associada a uma maior distância social, como no caso de alguns condomínios fechados incrustados em periferias pobres. A esse quadro somam-se algumas outras mudanças, já observadas em outras metrópoles da América Latina, com destaque para:

- O decréscimo e o esvaziamento de antigas áreas centrais, como ocorreu em São Paulo, com o deslocamento de áreas tradicionais de negócios e a constituição de novas centralidades com impactos na estruturação do espaço urbano e o surgimento de complexos empresariais, como se observa nas avenidas Faria Lima e Berrini, na zona sul de São Paulo. Esse esvaziamento populacional, forte nos anos 1980-2000, quando as taxas de crescimento populacional nos três anéis mais centrais eram negativas, se reverte na década 2000-2010, quando as taxas de crescimento de todos os segmentos populacionais foram positivas e a maior taxa se deu no anel central, de 1,24% anuais. O anel periférico ainda cresce, mas com taxa menor, de 0,96% anuais. Recentemente, o centro da capital está sendo alvo de inúmeros lançamentos imobiliários, voltados a parcelas populacionais específicas: solteiros, casais jovens, idosos, enfim, pessoas para as quais a proximidade de equipamentos e a minimização de tempo de transporte é importante.

- A difusão de novos padrões habitacionais e investimentos imobiliários destinados às camadas de alta e média renda, reforçando a exclusividade de áreas nobres e produzindo o enobrecimento de outras, geralmente próximas das primeiras. Merecem também destaque os condomínios horizontais fechados que continuam se expandindo em algumas áreas da RMSP. Tais condomínios implantados quase sempre em áreas afastadas do centro e antes ocupadas pelas camadas populares ou por atividades agrícolas produziram uma segmentação acentuada, que se expressa por meio de dispositivos explícitos de separação física e simbólica, como cercas, muros e sofisticados aparatos de segurança.

- A expansão das metrópoles para as franjas da cidade, com o deslocamento da moradia das camadas de mais baixa renda para áreas cada vez mais afastadas, associada não apenas ao crescimento da população como às transformações do mercado de trabalho, que tem levado os trabalhadores da base da pirâmide à busca de menores custos com habitação.

- A afirmação crescente da lógica e dos interesses do capital imobiliário na produção e reprodução metropolitanas, alterando a paisagem e as condições urbanas, entre outros motivos, pela incorporação de um modelo urbanístico próprio das cidades globais e do empreendedorismo urbano a ele associado.

- O aumento e a densificação das favelas na metrópole.

São Paulo, a maior e mais rica metrópole brasileira, foi intensamente atingida tanto pelos efeitos adversos das transformações econômicas da última década do século XX como pela recuperação dos anos 2000. Com uma estrutura produtiva bastante complexa, um mercado consumidor ampliado pela dimensão e renda da sua população e uma grande disponibilidade de serviços produtivos, São Paulo tem se beneficiado da referida recuperação, persistindo como um importante centro industrial e concentrando crescentemente os serviços superiores. Em 2008, por exemplo, 41,6% das sedes das 100 maiores empresas do Brasil e 61% das sedes dos cem maiores bancos estavam ali localizadas.

Se as mudanças na estrutura ocupacional foram diferenciadas e complexas, a estrutura socioespacial apresentou maior inércia. Mas na trajetória recente de São Paulo houve avanço em alguns processos, como o esvaziamento dos centros históricos, maior isolamento das elites (em São Paulo, 70% dos dirigentes concentravam-se nas áreas superiores no ano 2000) e a manutenção de um padrão de crescimento periférico, com camadas populares residindo cada vez mais longe e as favelas crescendo por porção cada vez maior do tecido metropolitano. Entretanto, apesar do isolamento das elites e da localização cada vez mais longínqua das camadas pobres, percebe-se maior mistura social nas demais áreas. Como se vê, o paradigma das cidades globais, marcadas pela maior polarização social e uma crescente dualização do espaço, parece muito pouco adequado para analisar e compreender as transformações atuais das metrópoles brasileiras.

RETRATO DE UM SEGMENTO SOCIOESPACIAL: AS FAVELAS DA REGIÃO METROPOLITANA DE SÃO PAULO

Introdução

Este item procura analisar a evolução das favelas na metrópole de São Paulo entre 2000 e 2010, respondendo a algumas questões: houve aumento da população favelada na primeira década dos anos 2000 no tecido intrametropolitano? Onde esse aumento foi mais expressivo? Como se deu esse aumento: a partir do surgimento de novos aglomerados ou no adensamento das favelas existentes? Houve melhora dos indicadores de infraestrutura? Quais as características dos domicílios favelados?

Essas indagações são respondidas por meio do uso de dados censitários. De acordo com o Manual de Delimitações dos Setores, o Censo de 2010 classifica como aglomerado subnormal "cada conjunto de, no mínimo, 51 unidades habitacionais carentes, na sua maioria, de serviços públicos essenciais, ocupando ou tendo ocupado até período recente terreno de propriedade alheia (pública ou particular) e estando dispostas, em geral, de forma desordenada e densa". O próprio critério utilizado já mostra que pode haver subestimação, já que aglomerados pequenos ficarão fora do cômputo. Essa subestimação varia com a estrutura urbana do município, sendo função dos terrenos vazios passíveis de ocupação. Marques (2013), assim como outros autores, comenta que a classificação dos setores subnormais pelo IBGE, embora obedeça a critérios estabelecidos nacionalmente, difere, para diferentes regiões metropolitanas, de resultados obtidos de outra maneira. Mas o fato de os resultados serem oficiais e coletados por método claro, constante e replicável faz de seu uso cientificamente apropriado. Este capítulo representa também um esforço inédito de análise da base de dados da Leitura Territorial dos domicílios favelados, pesquisa do IBGE conjunta com o Censo de 2010, reunindo informações dos agentes de campo e das fotos de satélite e procurando maior entendimento dos arranjos urbanísticos dos aglomerados favelados. Em 2010, o número total de setores censitários na RMSP alcançava 29.375, com população total de 19.456.376 pessoas residentes em 6.048.199 domicílios e 3.305 setores subnormais (11,25% do total), com 2.169.502 moradores (11,15% do total) em 598.324 domicílios (9,89% do total).

Crescimento das favelas na Região Metropolitana de São Paulo

A proporção de favelados na metrópole tem aumentado continuamente: se em 1991, a proporção era de 5,72% dos domicílios totais, em 2000 já alcançava 8,14% e, em 2010, chegava a 9,79%, num total de 596.479 unidades de moradia. Na sua distribuição pelo tecido metropolitano, nota-se uma diferença proporcional: se em 1991, 61% localizavam-se no município de São Paulo, essa proporção cai para 54% no ano 2000, tornando a subir para 59% em 2010. O incremento de favelização na capital foi de 24% do crescimento absoluto de moradias, ou seja, um quarto do crescimento das unidades habitacionais foi de moradias faveladas. A RMSP apresenta a maior concentração de favelas do Brasil, com 1.703 aglomerados (27% das favelas brasileiras) e população favelada de mais de 2 milhões (19% da população favelada brasileira). Apenas as cidades de São Paulo, Guarulhos, Osasco e Diadema tinham, em 2000, 938 favelas – cerca de um quarto das favelas do País. Em 2010, esses quatro municípios contavam com 1.348 aglomerações, 21% do total de aglomerados do Brasil. Nos municípios periféricos, o crescimento de unidades faveladas foi de 52.503 casas, o que representa 11% do crescimento do parque domiciliar.

A Tabela 5 mostra que a relação entre taxas de crescimento dos domicílios favelados entre polo e periferia se inverteu na última década. As taxas de crescimento da população favelada na periferia, de mais de 8% ao ano entre 1991-2000, arrefeceram para 2,49% anuais na primeira década de 2000. Costumavam ser quase o dobro da taxa do polo e agora representam pouco mais do que a metade. Abramo (2016, p. 363) já comentava "o fator crescimento, nas duas últimas décadas, dos custos de transporte, em particular o aumento dos gastos de transporte no orçamento familiar dos setores populares". Uma resposta pode ser a decisão de mudar o seu domicílio para área com maior acessibilidade, o que, para setores pauperizados, pode significar a entrada (ou retorno) no mercado informal.

Tabela 5 – RMSP: proporção de favelados e taxas de crescimento domiciliares totais e faveladas (1991 a 2010).

Unidade geográfica	Proporção de favelados			Taxas dom. totais		Taxas dom. favelados	
	1991	2000	2010	1991-2000	2000-2010	1991-2000	2000-2010
Município de São Paulo	5,58%	7,41%	9,95%	1,62%	1,64%	4,86%	4,68%
Outros municípios	5,95%	9,23%	9,58%	2,88%	2,11%	8,02%	2,49%
Região metropolitana	5,72%	8,14%	9,79%	2,11%	1,83%	6,18%	3,74%

Fonte: IBGE – Censos demográficos de 1991, 2000 e 2010. In: Pasternak; D'Ottaviano (2016, p. 88).

Os municípios com baixo e médio níveis de integração não apresentam favelas, nem em 2000 nem em 2010. Em 2000, 18 municípios metropolitanos não apresentavam favelas. No ano de 2010, esse número cai para 14, já que Caieiras, Francisco Morato, Jandira e Suzano mostraram início de favelização, com 2,95%, 5,82%, 1,91% e 2,38% de população favelada, respectivamente. Nota-se que todos esses municípios apresentam nível de integração muito alto. Chama a atenção o incremento em Francisco Morato, com 2.470 domicílios favelados em 2010. Alguns municípios metropolitanos mostram mais de 10% da população total morando em favelas em 2010: Diadema (22,95%), Embu (14,25%), Guarulhos (17,78%), Mauá (20,24%), Osasco (12,13%), Santo André (12,70%), São Bernardo do Campo (20,39%), São Paulo (11,50%), e Taboão da Serra (10,66%). Entre os mencionados, apenas Embu não é classificado como extensão do polo. Entre os dez municípios classificados como extensão do polo, apenas São Caetano não apresenta favelas. Os municípios com nível de integração muito alto, a saber: Barueri, Caieiras, Embu, Francisco Morato, Franco da Rocha, Itapevi, Itapecerica da Serra, Jandira, Ribeirão Pires e Suzano têm favelas no seu tecido urbano. Entre os treze municípios com nível de integração muito alto, apenas Itaquaquecetuba, Mogi das Cruzes e Poá são desprovidos desses assentamentos. Finalmente, entre os oito municípios com alto nível de integração, foram constatadas favelas em Arujá, Cotia e Santana de Parnaíba.

Tabela 6 – Municípios da RMSP por nível de integração: proporção de domicílios favelados e taxas de crescimento da população total e favelada.

Nível de integração	Proporção				Taxas de crescimento 2000-2010			
	Domicílios		População		Domicílios		População	
	2000	2010	2000	2010	Total	Favelados	Total	Favelada
Baixo	0,00%	0,00%	0,00%	0,00%	1,71%	0,00%	0,37%	0,00%
Médio	0,00%	0,00%	0,00%	0,00%	0,66%	0,00%	-0,50%	0,00%
Alto	0,73%	1,28%	0,70%	1,40%	3,83%	9,82%	2,61%	9,94%
Muito alto	2,00%	3,78%	2,10%	4,13%	2,65%	9,39%	1,36%	8,48%
Extensão do polo	17,21%	13,83%	15,48%	15,40%	4,04%	1,79%	0,85%	0,80%
Polo	8,18%	10,02%	8,75%	11,50%	2,52%	4,63%	0,68%	3,47%
Total RMSP	9,05%	9,89%	9,38%	11,15%	2,76%	3,69%	0,85%	2,61%

Fonte: IBGE – Censos demográficos de 2000 e 2010.

Percebe-se que as taxas de crescimento dos domicílios favelados são maiores do que as dos domicílios totais nos municípios polo, com alta e muito alta integração. Nos municípios de extensão do polo, o parque domiciliar total cresceu mais do que o favelado, embora a proporção se mantenha elevada e as taxas de crescimento das populações total e favelada se equiparem. Nota-se também o adensamento das favelas remanescentes nos municípios de extensão do polo, dado que em 2000 a proporção de domicílios favelados foi de 17%, servindo de moradia para 5,5% da população e, em 2010, a proporção caiu para 14%, servindo de moradia para praticamente a mesma porcentagem populacional. Entre os municípios metropolitanos com maiores taxas de crescimento da população favelada entre 2000 e 2010 figuram Cajamar (2,14%), Cotia (2,99%), Itapevi (2,13%), Pirapora do Bom Jesus (2,39%), Santana de Parnaíba (3,81%) e Taboão da Serra (2,14%).

A existência de cada vez mais favelas nos municípios com muito alta e alta integração e o adensamento das favelas nos municípios de extensão do polo e no polo mostram um duplo processo de crescimento, por meio do espraiamento do fenômeno e do seu adensamento onde já era significativo. Entre os onze municípios de extensão do polo, apenas São Caetano do Sul não tem favelas; entre os treze municípios com nível de integração muito alto, onze apresentam favelas (com exceção de Poá e Mogi das Cruzes); e entre os oito municípios com nível de integração alto, três deles apresentam domicílios favelados (Cajamar, Cotia e Santana de Parnaíba).

Características da população e da infraestrutura nas favelas metropolitanas

A Tabela 7 mostra que a média de domicílios por aglomerado é bem maior nas favelas dos municípios de extensão do polo. O número de pessoas por domicílio se mantém próxima, sendo maior nos municípios com níveis altos e muito altos de integração, provavelmente com aglomerados mais recentes e maior precariedade.

Tabela 7 – RMSP: algumas características das favelas por nível de integração dos municípios (2010).

Nível de integração	Aglomerados subnormais	Domicílios	Pessoas	Domicílios/ aglomerados	Pessoas/ domicílios
Polo	1.020	355.756	1.280.400	208,9	3,60
Extensão do polo	543	211.723	773.265	389,9	3,65
Muito alto	132	26.752	100.365	202,7	3,75
Alto	8	2.248	8.338	281,0	3,71
RMSP	1.703	596.479	2.162.368	350,3	3,63

Fonte: IBGE – Censo demográfico de 2010.

A razão de sexo entre os favelados na metrópole mostra um total de 1.10.463 mulheres em um total populacional de 2.162.368 favelados, com proporção de 96 homens para cada 100 mulheres. A proporção difere do total para a região, de 92 homens para cada 100 mulheres. O que se nota na população favelada é que a razão de sexo se modifica à medida que mudam os níveis de integração: assim, 0,96 no polo, 0,97 nos municípios de extensão do polo, 0,99 nos de nível muito alto de integração e se inverte nos municípios com alto nível de integração, com 102 homens para cada 100 mulheres. Talvez caiba aqui a hipótese de que em assentamentos irregulares com maior migração – e, portanto, mais recentes, nos municípios menos integrados – exista proporção maior de pessoas do sexo masculino.

A Tabela 8 mostra alguns indicadores sobre a população favelada da metrópole em 2010. A renda média domiciliar nas favelas representa 37%

da renda média domiciliar metropolitana, sendo que quase 95% dos responsáveis pelo domicílio na favela usufruem de menos de 3 salários mínimos, 32% a mais do que entre os responsáveis da população metropolitana total. Em relação à escolaridade, os indicadores dos chefes de família favelados são também piores do que os dos chefes da população total: o dobro de analfabetos, 50% a mais de responsáveis com menos de 8 anos de estudo e escolaridade medida em anos de estudo 53% menor.

Tabela 8 – RMSP: alguns indicadores socioeconômicos dos responsáveis favelados e totais (2010).

Indicador	Favelados	Total
Renda média 1/7/2010	660,44	1.800,48
Anos de estudo do responsável	5,41	8,28
% responsáveis não alfabetizados	10,17%	4,28%
% responsáveis com menos de 8 anos de estudo	53,97%	36,11%
% responsável com renda até 3 salários mínimos	95,03%	72,08%

Fonte: Marques (2013).

Os indicadores domiciliares das unidades habitacionais nas favelas metropolitanas mostram a resultante de uma política contínua de melhoramentos e urbanização nos assentamentos subnormais: a moradia da favela é precária, sem dúvida, mas em geral possui banheiro, água encanada de rede pública, conta com coleta de lixo e energia elétrica. O maior diferencial está no destino dos dejetos: quase 25% das casas nas favelas apresentam destino inadequado, enquanto para os domicílios totais esse percentual é menor que 9%. Isso sem dúvida representa um sério problema de saúde pública. Para a metrópole como um todo, são 1.845 unidades faveladas sem banheiro ou sanitário, 106 mil jogando esgoto em rios ou lagos, 16 mil com fossas negras, 36 mil com destino dos dejetos em valas e quase 20 mil com outro – mas inadequado – destino dos dejetos, num total de mais de 146 mil domicílios ou mais de 532 mil pessoas em situação sanitária precária. A Tabela 9 mostra que a situação sanitária nos municípios polo e de extensão do polo são semelhantes, com cerca de 70% das moradias ligadas à rede pública ou à fossa séptica. Nos municípios com nível de integração muito alto, essa proporção se reduz a 55% e, nos municípios com alto nível de integração, a 22%.

Tabela 9 – RMSP: alguns indicadores domiciliares das unidades faveladas e totais (2010).

Indicador	Favelados	Total
Pessoas por domicílio	3,63	3,22
Banheiros por habitante	1,18	1,15
% domicílios sem água	2,48%	0,78%
% domicílios sem esgoto/fossa séptica	29,84%	8,59%
% domicílios sem banheiro	0,12%	0,05%
% domicílios sem coleta de lixo	1,37%	0,38%

Fonte: Marques (2013).

Tabela 10 – RMSP: tipo de esgotamento sanitário nos domicílios favelados (2010).

Níveis de integração	Tipo de esgotamento sanitário							Total
	Rede geral	Fossa séptica	Fossa negra	Vala	Rio, lago, mar	Outro	Não tem sanitário	
Polo	67,38%	2,64%	2,24%	6,46%	17,91%	3,26%	0,12%	100,00%
Extensão do polo	70,19%	2,76%	2,59%	5,37%	15,77%	3,19%	0,13%	100,00%
Muito alto	48,22%	7,33%	7,36%	6,65%	28,62%	1,67%	0,15%	100,00%
Alto	19,84%	2,18%	28,29%	14,68%	24,02%	10,81%	0,18%	100,00%
Total RMSP	67,34%	8,07%	2,69%	6,11%	17,65%	3,19%	0,31%	100,00%

Fonte: IBGE – Censo demográfico de 2010.

Em relação ao abastecimento de água, 580.156 moradias faveladas contam com rede pública (97,35% do total de unidades habitacionais em favelas no tecido metropolitano). Mesmo nas favelas com alto e muito alto nível de integração, em geral mais precárias, a proporção de unidades servidas pela rede pública é grande, de 96%. Apenas 15.796 moradias faveladas do total metropolitano não são abastecidas adequadamente (o que resulta em mais de 57 mil pessoas).

A coleta de lixo também existe, embora dados censitários não citem a sua frequência. A proporção das unidades de moradia com coleta direta é de 79,38%. As condições de arruamento nos assentamentos torna obrigatória a coleta em caçambas, dado que o caminhão coletor não consegue transitar pelas estreitas vielas presentes nesse tipo de assentamento. Outros destinos, como lixo queimado, enterrado e jogado são raros (em todos os domicílios, apenas em cerca de 6.000 unidades habitacionais). Há pouca variabilidade na proporção de lixo em caçamba nos municípios dos diversos tipos de integração (variando entre 19% e 22% dos domicílios).

Praticamente todos os domicílios têm acesso à energia elétrica (de um total de 595.952, apenas 812 não apresentam ligação a algum tipo de energia). Há também bastante semelhança entre os percentuais de domicílios servidos por medidor exclusivo entre os municípios dos diversos níveis de integração: entre 62 e 67% das unidades habitacionais. A proporção das unidades de moradia com medidor comum é de 11,86% para o total dos domicílios, variando de 10,96% para o polo a 16,06% para os municípios de nível alto de integração. A proporção dos domicílios que têm energia sem medidor nenhum é maior nas favelas dos municípios de extensão do polo, com 18%, e mais baixa entre os de nível de integração alto, com 14,86%.

Pode-se concluir que os domicílios das favelas da metrópole paulista são razoavelmente servidos pela infraestrutura pública, com exceção da rede pública de esgotos.

Aspectos urbanísticos das favelas metropolitanas

A densidade demográfica média nas favelas da metrópole apresenta-se bastante alta, com 244,8 habitantes por hectare. Para a Região Sudeste como um todo, a densidade é de 99,2 habitantes por hectare. No polo a densidade demográfica é maior, mostrando tanto um uso maior do terreno como a verticalização das moradias. A média de domicílios por hectare atinge mais de 80. Esse dado reforça a hipótese de maior densidade demográfica nas favelas. Quanto mais centrais e acessíveis, maior a probabilidade de sofrerem adensamento. Percebe-se que as favelas nos municípios de extensão do polo são também bastante densas e com grande número de unidades de moradia por hectare. Os assentamentos em municípios com muito alto e alto nível de integração já apresentam uma média de domicílios por superfície bem menor, o que vai corresponder a uma densidade demográfica mais baixa. Alguns municípios da metrópole, entretanto, apresentam densidades demográficas muito altas nas favelas, como Diadema (458,9 hab/ha), Cotia (355,8 hab/ha), Caieiras (340,5 hab/ha) e Itapevi (326,8 hab/ha).

A Tabela 12 mostra a grande verticalização das moradias faveladas, uma das responsáveis pela densidade demográfica elevada, embora se deva lembrar que é possível verificar altas densidades mesmo sem verticalização, sobretudo em assentamentos favelados, onde o espaçamento entre unidades, quando existe, costuma ser pequeno. Chama a atenção que 62,29% das habitações faveladas na metrópole tenham mais de um andar. Essa proporção é influenciada pela quantidade de unidades no polo, onde a verticalização é mais evidente: no município de São Paulo, apenas 30,5% das casas faveladas tinham apenas um andar. A Tabela 12 mostra claramente o aumento da porcentagem de unidades térreas à medida que o nível de integração torna-se menor. A mudança nos materiais de construção, com a introdução de lajes de concreto e alvenaria de bloco, aliada à falta de espaços vagos mesmo nas favelas, resultou num tecido verticalizado, distinto das favelas dos anos 1960, horizontais e de madeira.

Tabela 11 – RMSP: densidade demográfica e de domicílios, aglomerados subnormais verificados em 2010.

Nível de inte-gração	Setores censitários em aglomerados subnormais					
	Total	Número de domicílios particulares ocupados	População residente em domicílios particulares	Área (ha)	Densidade demográfica (hab./ha)	Densidade de domicílios particulares ocupados (dom./ha)
Polo	1.998	355.756	1.280.400	4.304,60	297,4	82,6
Extensão do polo	1.062	211.723	773.265	3.403	227,3	62,2
Muito alto	178	26.752	100.365	1.060	94,7	25,2
Alto	8	2.248	8.338	67	123,7	33,3
Total	3.246	596.479	2.162.368	8.835	244,8	67,5

Fonte: IBGE – Censo demográfico de 2010. Leitura Territorial.

Tabela 12 – RMSP: porcentagem de domicílios em aglomerados subnormais por número de pavimentos.

Níveis de integração	Número de domicílios particulares ocupados em favelas			
	Um pavimento	Dois pavimentos	Três pavimentos ou mais	Total
Polo	30,48%	65,28%	4,24%	100,00%
Extensão do polo	46,14%	49,90%	3,95%	100,00%
Muito alto	62,54%	28,84%	8,62%	100,00%
Alto	92,66%	7,34%	0,00%	100,00%
Total RMSP	37,71%	57,97%	4,32%	100,00%

Fonte: IBGE – Censo demográfico de 2010. Leitura Territorial.

A falta de espaço entre as unidades domiciliares é evidenciada pela Tabela 13: em 85% dos domicílios não há nenhum espaçamento entre eles.

Essa proporção é surpreendentemente maior nos municípios de nível de integração alto, onde a verticalização é menor (93% das casas térreas) e a densidade de domicílios por hectare é de 33 unidades. Nos municípios com nível de integração muito alto, onde a densidade é baixa, de apenas 25 moradias por hectare, a proporção de casas térreas é de 62%. Nesses municípios a proporção de espaçamentos grandes é maior. O tecido dos aglomerados subnormais é denso, sem espaços vazios, com pouca área livre e pouca superfície para expansão das unidades, que acabam por se verticalizar.

Tabela 13 – RMSP: presença de espaçamento entre domicílios (2010).

Níveis de integração	Número de domicílios particulares ocupados em setores censitários de aglomerados subnormais			
	Sem espaçamento	Espaçamento médio	Espaçamento grande	Total
Polo	84,26%	15,56%	0,19%	100,00%
Extensão do polo	87,15%	12,85%	0,00%	100,00%
Muito alto	81,87%	16,59%	1,54%	100,00%
Alto	94,31%	5,69%	0,00%	100,00%
Total RMSP	85,21%	14,61%	0,18%	100,00%

Fonte: IBGE – Censo demográfico de 2010. Leitura Territorial.

A maior parte dos domicílios favelados da metrópole em 2010 localizava-se em margens de rios, córregos e lagos (25,37%). Há variação por nível de integração: entre os domicílios favelados nos municípios com nível alto de integração, essa proporção chega a 56,27%, ou seja, 1.265 domicílios em favelas nos municípios de Cajamar, Cotia e Santana de Parnaíba estão em margens de córregos. No município de São Paulo, esse percentual alcança 24,69% (quase 90 mil domicílios), são mais de 300 mil pessoas morando em margens de rios, sujeitas a enchentes, solapamento e contaminando cursos de água. Nos municípios de extensão do polo, a proporção de domicílios favelados em margens de cursos d'água atinge 23,83% (50,5 mil domicílios). Nesses municípios, 52 mil unidades habitacionais estão em encostas, sujeitas de alguma forma a deslizamentos. Quase 2 mil domicílios situam-se em áreas contaminadas (aterros, lixões, terra contaminada) e devem forçosamente ser removidos. Esses municípios concentram-se no polo e em municípios de extensão do polo. Mais de 9 mil alocam-se em unidades de conservação, devendo sua permanência ser objeto de discussão. Menos de 50% (45,19% dos domicílios favelados metropolitanos) estão em terrenos planos ou colinas suaves, passíveis de urbanização (se houver possiblidade) e sem problemas de relevo.

Tabela 14 – RMSP: localização dos domicílios nos assentamentos subnormais (2010).

Nível de integração	Domicílios favelados por tipo de localização									
	Margem de córrego	Pala-fita	Unidade de conser-vação	Aterro, lixão, terra conta-minada	Faixa de domí-nio	Encosta	Colina suave	Plano	Outro	Total
Polo	87.846	6.224	8.646	1.176	10.644	67.824	78.460	82.468	12.468	355.756
Extensão de polo	50.456	2.138	1.011	808	9.716	52.169	60.720	31.123	3.582	211.723
Muito alto	9.041	713	556		2.351	877	8.345	2.667	2.202	26.752
Alto	1.265	59					257	667		2.248
Total	148.608	9.134	10.213	1.984	12.067	120.870	147.782	116.925	18.252	585.835

Fonte: IBGE – Censo demográfico de 2010.

O arruamento nos aglomerados metropolitanos é deficiente: apenas 13% dos domicílios são servidos por ruas em todo o setor e 32,3% contam com arruamento na maior parte do setor onde se localizam. Muitos domicílios (112 mil) localizam-se em setores censitários em que apenas metade da área apresenta ruas e outros 161 mil domicílios localizam-se em setores em que o arruamento não chega a metade da área. Ainda, mais de 50 mil domicílios localizam-se em setores completamente desprovidos de arruamento regular. Esses emaranhados urbanos sem acessibilidade se traduzem na Tabela 15. Analisando os dados, é possível perceber que apenas 33,80% dos domicílios favelados metropolitanos são lindeiros a uma rua. Mais de 58% dão para becos ou travessas, dificultando seu acesso. A situação na capital é mais precária, com 64% dos domicílios se abrindo para becos e 3,3% para escadarias. Nas favelas dos municípios com nível alto e muito alto de integração, a situação parece um pouco melhor, com menos de 50% dos domicílios dando para becos. É provável que nesses locais os terrenos estejam com menor ocupação, facilitando uma possível intervenção.

O arruamento deficiente leva a problemas de acessibilidade: na metrópole, apenas 11,65% dos domicílios podem ser acessados por caminhão e outros 22,15% por automóvel. A situação é ainda mais drástica na capital, onde 61% só podem ser acessados a pé. Nota-se que tanto no polo como nos municípios de extensão do polo a proporção das casas com acesso reduzido (a pé ou bicicleta) é bastante alta. Já nos municípios com nível de integração alto e muito alto a acessibilidade aumenta, embora a moto seja bastante importante nas favelas com alto nível de integração.

Tabela 15 – RMSP: Existência e tipo de acesso, aglomerados subnormais (2010).

Nível de integração	Domicílios em aglomerados subnormais							
	Rua	Travessa	Escadaria	Rampa	Pinguela	Trilha	Sem Circulação interna	Total
Polo	26,71%	64,53%	3,27%	0,11%	0,34%	1,37%	3,67%	100,00%
Extensão do polo	42,46%	50,99%	3,63%	0,19%	0,07%	2,58%	0,08%	100,00%
Muito alto	57,86%	38,82%	1,33%	-	0,28%	1,55%	0,17%	100,00%
Alto	54,63%	45,37%	-	-	-	-	0,00%	100,00%
Total	33,80%	58,50%	3,30%	0,13%	0,24%	1,80%	2,23%	100,00%

Fonte: IBGE – Censo demográfico de 2010. Leitura Territorial.

CONSIDERAÇÕES FINAIS

A leitura dos dados dos assentamentos subnormais – *proxy* das favelas – mostra um forte aumento da população favelada na metrópole, com o número de domicílios favelados se multiplicando por 2,5 em 20 anos (1991-2010). O percentual de casas faveladas no total de casas passou de 5,72% em 1991 (240.865 unidades habitacionais) para 9,79% em 2010, o que representava 596.549 unidades habitacionais. As taxas de crescimento da população favelada foram consistentemente superiores às taxas da população total (quase 3 vezes entre 1991 e 2000 e pouco mais de 2 vezes entre 2000 e 2010).

As favelas estão presentes no polo, em quase todos os municípios de extensão do polo, em 76% dos municípios com muito alto nível de integração e em 37% dos municípios com alto nível de integração. Não aparecem nos municípios com médio e baixo nível de integração. No período de 1991 a 2000, a taxa de crescimento dos domicílios favelados na periferia da metrópole era superior à taxa no polo. Esse quadro se inverteu no decênio seguinte, ligado provavelmente ao custo e ao tempo de transporte. A favelização da capital chama a atenção, já que um quarto do crescimento do seu parque domiciliar na primeira década de 2000 se deu pelo aumento das unidades faveladas. A ocupação de terras é ainda uma das principais formas de acesso à moradia da população pobre. O modelo de cidade formal das elites latino--americanas impõe um conjunto de regras normativas que geralmente impede a provisão de moradias para populações pauperizadas, induzindo a presença de loteamentos irregulares e/ou clandestinos (Maricato, 2001), ocupações irregulares de terras e casas e aluguel de unidades inadequadas.

Tem-se observado dois movimentos simultâneos na favelização na metrópole paulista: a expansão das favelas, sobretudo no tecido urbano dos municípios periféricos, e o seu adensamento em algumas cidades com grande número de assentamentos. Para a capital, a densidade demográfica média das favelas em 2010 foi de 244,8 hab/ha. Nos municípios de extensão do polo alcançou 227 hab/ha. Como dito anteriormente, as altas densidades domiciliares são reflexo de um uso intenso do solo, dado que 85% dos domicílios nas favelas metropolitanas não apresentam espaçamento entre eles e seus vizinhos, além de evidenciar a verticalização dos domicílios, pois 62% das unidades de moradia têm mais de um andar. A situação é menos grave nas favelas dos municípios com nível de integração muito alto e alto, porém seria necessária uma ação de urbanização antes que se adensem demasiado.

Em relação à infraestrutura básica, morar em favela na metrópole nos anos 2000 não é mais o mesmo que fazê-lo no século passado: 97% das unidades habitacionais são servidas por rede pública de água, o acesso à energia elétrica é universal e a coleta de lixo é realizada em 80% dos domicílios. Deve-se notar que um percentual grande das casas, embora tenha energia, não conta com medidor individual e a coleta de lixo muitas vezes se dá por caçamba, dada a impossibilidade de acesso à casa. O maior problema sanitário é o destino dos dejetos: apenas 75% das unidades de moradia tem destino adequado (rede pública ou fossa séptica). Nas favelas dos municípios com nível de integração muito alto e alto, a proporção de domicílios ligados à rede pública de esgotamento sanitário é muito baixa, com 48% e 20% de ligações domiciliares, respectivamente.

Cerca de 149 mil domicílios favelados situam-se às margens de córregos ou lagos e 20 mil em unidades de conservação. Isso representa cerca de 150 mil casas, com quase 600 mil pessoas. É provável que, em inúmeros casos, esses domicílios estejam sujeitos a alagamento e solapamento. Além disso, só a metade dos domicílios tem algum acesso à rua, percentual que diminui à medida que o nível de integração aumenta.

A população favelada metropolitana apresenta uma pequena superioridade de mulheres, é pobre (renda média de 37% da renda média total metropolitana) e pouco escolarizada (65% dos anos de estudo da população metropolitana total).

A análise dos dados sobre aglomerados subnormais por nível de integração, tanto no Censo como na Leitura Territorial, mostra a urgência de intervenção nos aglomerados dos municípios com níveis de integração muito alto e alto, com favelas ainda pouco densas e algum espaço livre que permitiria projetos de urbanização com maior folga. Demonstra também o sucesso das políticas públicas de provisão de infraestrutura vigentes no país desde os anos 1980, que aceitaram o fenômeno favela como um componente da cidade brasileira e procuraram integrá-lo no tecido urbano. Não há como deixar 2 milhões de pessoas na metrópole paulista sem condições básicas de sobrevivência. Considerando os reflexos dessa situação sobre o ambiente e sobre a saúde dessas comunidades, com profundas implicações sanitárias e econômicas sobre o orçamento da cidade, verifica-se a exigência de ações e intervenções com participação social no enfrentamento efetivo das questões habitacionais, ambientais e urbanas identificadas. Como referência relacionada com o necessário investimento para equacionar e reverter esse quadro, cabe mencionar que "a cada R$ 1,00 investido no setor de saneamento, o governo economiza R$ 4,00 no sistema de saúde, de acordo com cálculos do mercado" (OESP, 2010, p. B8).

A análise da evolução da situação de favelas na metrópole paulista e sua representação em termos de desigualdade socioespacial revela um profundo alheamento de instâncias governamentais com o quadro de iniquidade social encontrado, devendo ser base para a adoção responsável de políticas públicas orientadas para seu equacionamento e solução, compatíveis com um Estado minimamente interessado no bem-estar de seu povo.

Uma atuação enérgica e comprometida dos poderes públicos é mais do que urgente, é também emergencial. Diagnósticos e comprovações dessas situações estão demonstradas à exaustão, não havendo mais o que justifique a omissão ou a falta de ação.

REFERÊNCIAS

ABRAMO, P. A cidade com-fusa. In: ROLNIK, R.; FERNANDES, A. (Orgs.). *Cidades Rio de Janeiro*. Funarte, 2016, p. 345-382.

BÓGUS, L.; PASTERNAK, S. (Eds.). *São Paulo: transformações na ordem urbana*. Rio de Janeiro: Letra Capital/Observatório das Metrópoles, 2015.

CAIADO, A. S. C. *Desconcentração industrial regional no Brasil (1985-1998):* pausa ou retrocesso? 2002. 275f. Tese (Doutorado). Instituto de Economia, Universidade Estadual de Campinas, Campinas, 2002.

CANO, W. *Desconcentração produtiva regional do Brasil 1970-2005*. São Paulo: Editora da Unesp, 2008.

DE MATTOS, C. Crescimento metropolitano na América Latina. In: CAMPOLINA, C. et al. (Orgs.). *Economia e território*. Belo Horizonte: Editora da UFMG, 2005.

FELTRAN, G. Notas da conferência proferida no Seminário de área de concentração Habitat, FAU-USP, set. 2014.

HOLSTON, J. *A cidade insurgente:* disjunções da democracia e da modernidade no Brasil. São Paulo: Cia. das Letras, 2013.

[IBGE] *Instituto Brasileiro de Geografia e Estatística. Censo Demográfico de 1991.* IBGE, 1991.

_____. *Censo Demográfico de 2000.* IBGE, 2000.

_____. *Censo Demográfico de 2010.* IBGE, 2010.

MARICATO, E. *Brasil cidades:* alternativas para a crise urbana. Petrópolis: Vozes, 2001.

MARQUES, E. (Org.). *Diagnóstico dos assentamentos precários nos municípios da macrometrópole paulista.* Primeiro relatório. CEM/Fundap, 2013.

MONTALI, L. Os impactos da precarização do trabalho e do desemprego sobre as famílias. In: BOGUS, L.; PASTERNAK, S. (Orgs.). *Como anda São Paulo.* Rio de Janeiro: Letra Capital/ Observatório das Metrópoles, 2009, p. 175-202.

O ESTADO DE SÃO PAULO. *Economia,* B8, 7 jun. 2017.

OBSERVATÓRIO DAS METRÓPOLES. *Níveis de integração dos municípios brasileiros em Regiões Metropolitanas, RIDES e AUs à dinâmica da metropolização.* Rio de Janeiro: Observatório das Metrópoles, mimeo, 2012.

PASTERNAK, S.; D'OTTAVIANO, C. Favelas no Brasil e em São Paulo: avanços nas análises a partir da leitura territorial do Censo de 2010. *Cadernos Metrópole,* v. 18, n. 35, p. 75-99, 2014.

SILVA, L. S. *A cidade e a floresta.* 2013. Tese (Doutorado). Programa de Pós-Graduação em Ciência Ambiental, Universidade de São Paulo (Procam-USP), 2013.

Contribuição da gestão de projetos de intervenções urbanas à sustentabilidade ambiental da cidade

30

Maria do Carmo Lima Bezerra
Arquiteta e urbanista, UnB

A NOÇÃO DE SUSTENTABILIDADE APLICADA AO ESPAÇO URBANO

Recentemente, poucos conceitos têm sido tão utilizados e debatidos como o da sustentabilidade. Ao contrário dos conceitos analíticos voltados para a explicação do real, a noção de sustentabilidade está submetida à lógica das práticas: articula-se majoritariamente aos efeitos socioambientais desejados pela sociedade e às práticas que o discurso pretende tornar realidade objetiva. Tal consideração nos remete a processos de legitimação ou deslegitimação de práticas e atores sociais. Se a sustentabilidade é vista como algo bom, desejável, consensual, a definição que prevalecer vai construir autoridade para que se discriminem em seu nome as boas práticas, distinguindo-as das ruins.

Para se afirmar, porém, que algo – uma coisa ou uma prática social – é sustentável, será preciso recorrer a uma comparação de atributos entre dois momentos situados no tempo: entre passado e presente, entre presente e futuro. Como a comparação entre passado e presente no horizonte do atual modelo de desenvolvimento é expressiva do que se pretende insustentável, parte-se para a comparação entre presente e futuro. Serão ditas então sustentáveis as práticas que se pretendam compatíveis com a qualidade futura postulada como desejável.

Essa noção aplicada às cidades traz consigo alguns conflitos teóricos de difícil reconciliação, porém não impossível. Tudela apud Alva (1996) afirma que a emergência do paradigma do desenvolvimento sustentável equivale a uma ampliação das concepções tradicionais acerca do processo de urbanização que inclua relações de maior alcance em três planos: conceitual, espacial e temporal.

No plano conceitual, a avaliação dos avanços para um desenvolvimento sustentável pode remeter à análise das condições estruturais de estabilidade, vulnerabilidade e resistência de um sistema histórico, inconstante, de relações entre componentes que pertençam a diversos domínios da realidade: física, ecológica, produtiva e sociocultural. Na complexidade dessa análise encontra-se o desafio da transdisciplinaridade dos enfoques urbanos, ainda não resolvidos nas instituições de educação superior e pesquisa nem nas diversas instituições governamentais.

No plano espacial, o metabolismo urbano consiste no intercâmbio de matéria, energia e informação que a cidade estabelece com territórios por vezes bastante distantes. O processo de globalização contribuiu para ampliar esse alcance espacial, a ponto de chegar em alguns casos a dimensões planetárias. Da perspectiva da análise dessas relações metabólicas, perde relevância a delimitação física convencional do fato urbano (a mancha urbana). Muitos dos processos produtivos que o conhecimento convencional catalogaria como rural apenas se explicam por sua sensibilidade ante uma demanda urbana e pelos intercâmbios que a partir daí são gerados.[1] A mesma lógica de análise do metabolismo deve ser aplicada ao intraurbano, em que o balanço de intercâmbio de energia também está em desequilíbrio no processo de urbanização tradicional.

A consideração da sustentabilidade do desenvolvimento urbano implica, ainda uma ampliação da dimensão temporal de análise, ao considerar os interesses incertos das futuras gerações, afetadas decerto por uma impossibilidade para se manifestar nos mercados atuais. O longo prazo transcende os alcances habituais dos paradigmas estabelecidos em diversos âmbitos do conhecimento do fato urbano, incluindo o planejamento urbano.

Assim, diante das dimensões da sustentabilidade urbana, deve-se destacar que aqui se tratará da sustentabilidade ambiental que, na análise urbana, fica aparentemente restrita a alguns redutos, tais como as vertentes legais ou sanitárias (resíduos, poluição da água, do solo e do ar), ou ainda as práticas, políticas e análises de movimentos sociais em torno de conflitos no uso de recursos naturais nas áreas urbanas ou na discussão de proteção de áreas verdes. Mais recentemente surgiu o tema das mudanças climáticas, impondo uma resposta das cidades aos seus efeitos.

---

[1] As pressões geradas pela impermeabilização e excesso de consumo de água nas cidades geram alterações do ciclo hidrológico que se fazem sentir não só na mancha urbana mas tem lugar em toda sua bacia hidrográfica e/ou em espaços geográficos de grande extensão – como exemplo, alterações em um manancial como o Aquífero Guarani que envolve quase a totalidade da Região Centro-Sul Brasileira, pode advir de pressões urbanas em sua área de influência. Da mesma forma, as emissões residuais da zona urbana determinam contaminações que podem se manifestar em territórios rurais.

Outro desafio ainda pesa sobre o tema ambiental urbano, pois enquanto o campo dos estudos ambientais vem experimentando o alargamento de suas bases conceituais e metodológicas no que tange à dimensão espacial e urbana, essas análises permanecem subestimadas. Um exemplo pode ser visto no que se refere à gestão ambiental dos espaços urbanos e na dificuldade de se estabelecer critérios para o licenciamento ambiental de intervenções urbanas. São limitados os estudos sobre as especificidades da dinâmica urbana (impactos dos tipos de desenho do parcelamento do solo e de tecnologias de infraestrutura etc.) e suas relações sobre o ambiente natural. A lógica dos regulamentos do licenciamento ambiental[2] continua a dialogar com empreendimentos industriais e não com processos de organização territorial.

Esta dualidade de visões é apontada por Harvey, ao argumentar que:

> se o pensamento biocêntrico estiver correto e as fronteiras entre atividades humanas e do ecossistema tiverem que ser destruídas, isso significa não somente que processos ecológicos devam ser incorporados em nossa compreensão da vida social: significa também que fluxos de moeda e mercadorias e as ações transformadoras dos seres humanos (na construção de sistemas urbanos, por exemplo) têm que ser entendidos como processos fundamentalmente ecológicos (1996, p. 392).

Assim, Harvey identifica a existência de um ponto cego (*blindspot*) causado pela hostilidade de longa data do movimento ambientalista para com a própria existência das cidades.

COMO ABORDAR OS PROBLEMAS AMBIENTAIS URBANOS SOB O PONTO DE VISTA DA SUSTENTABILIDADE?

A análise do conceito de sustentabilidade no meio urbano requer uma tradução em termos operacionais, que reconheça que a incorporação desse conceito na gestão urbana só ocorrerá a partir de recortes setorizados da realidade, sem a qual incorreria em um vazio conceitual.

O principal eixo desses recortes estaria na relação entre as práticas sociais e o ambiente urbano. Isto é, a grande questão seria na verdade a identificação do que sustentar, definindo-se o que deve permanecer, o que será transformado e os limites dessa transformação. Esse exercício depende de uma fase prévia

---

[2] Resolução Conama n. 237/97.

de caráter técnico, que apresente aos agentes sociais o conjunto de atributos capazes de viabilizar a transição para níveis progressivos de sustentabilidade do espaço urbano (cidade desejável por determinada comunidade urbana).

Sendo a cidade um ambiente construído, há uma tendência de priorizar o conjunto físico e material desse ambiente no momento de definição das políticas de intervenção. Pensar concretamente qual é o tipo de cidade que determinada comunidade deseja, com suas especificidades, potenciais e limitações parece ser um caminho mais fácil do que definir padrões abstratos de "cidades sustentáveis".

Conceitualmente, o ambiente urbano pode ser entendido como um "organismo" em permanente transformação, sujeito e regido por interesses diversos, os quais buscam tanto oportunidades para o desenvolvimento econômico como para o ajuste socioambiental. Nesse sentido, a cidade pode ser caracterizada como um cenário de atividades conflituosas que a seu modo desenvolvem relações em cadeia, constituindo o que se denomina ecossistema urbano.

Isso possibilita observar ao final de processos isolados externalidades que se manifestam por meio de impactos, e estes por sua vez geram desequilíbrios econômicos, sociais, espaciais e ambientais denominados problemas ambientais urbanos.

Portanto, não existe um conjunto abstrato de problemas ambientais urbanos, assim como não existe um modelo de cidade sustentável, sendo ambas noções derivadas do contexto de urbanização. No caso do Brasil, esse processo causou profundas distorções na estrutura espacial urbana que contribuíram para o agravamento das condições ambientais nas áreas urbanas. A marca desse processo reside na desigualdade de distribuição da infraestrutura e de serviços urbanos. Situação que coloca um desafiante conjunto de projetos necessários à requalificação da urbanização brasileira.

Como considerar a sustentabilidade urbana e ambiental em projetos urbanos contemporâneos? Ou seja, aqueles moldados por projetos de operações urbanas com objetivo de requalificação de frações da cidade ou projetos de regularização fundiária, apenas para destacar duas formas de reciclar o espaço da cidade.

Os objetivos de todos os processos de planejamento urbano, desde os mais tradicionais até os que incorporam conceitos e bases metodológicas fundamentados na ideia de sustentabilidade, são a promoção da melhoria da qualidade de vida da população e, mais recentemente, da melhoria da qualidade ambiental da cidade.

Assim, a convergência entre essas qualidades contribuiria para apoiar as decisões e ações rumo à construção de uma cidade sustentável. Quanto mais objetividade houver em relação ao entendimento dessas qualidades e de seus atributos, mais objetivas poderão ser as discussões com a população, bem como o mecanismo de gestão urbana e ambiental da cidade.

DISCUSSÃO DE CONCEITOS E ATRIBUTOS DE QUALIDADE DE VIDA E QUALIDADE AMBIENTAL NAS CIDADES

Mesmo considerando relevante a revisão conceitual sobre qualidade de vida e qualidade ambiental urbana para uma definição mais objetiva de atributos a serem perseguidos no alcance da cidade sustentável, deve-se destacar que existe sobre os temas certa fluidez do ponto de vista teórico, tanto nas discussões acadêmicas e em marcos legais como no cotidiano, quando as expressões são usadas em frases de efeito.

Para sintetizar as abordagens existentes, foram consideradas as análises históricas e a apresentação de definições e conceitos em tratados teóricos realizados por quatro autores principais: Gomes e Soares (2004), Guimarães (2005) e Morato (2004), embora outros também sejam referenciados. O objetivo é mostrar semelhanças, dificuldades e desafios para se chegar a um patamar em que se possa dizer que, a partir de uma ação de planejamento urbano, há condições de alcançar a qualidade espacial urbana que envolva equilíbrio ambiental entre meio físico e usos urbanos e que resulte em qualidade de vida expressa por condições de acesso aos serviços, à salubridade dos espaços e às interações sociais entre as pessoas. Essas condições seriam aquelas promotoras da sustentabilidade urbana.

Diante do exposto, cabe apresentar as diferentes abordagens, considerando que elas se alteram de acordo com contextos socioeconômicos e temporais e que, em determinado momento o conceito de qualidade de vida passa também a englobar a qualidade ambiental. Assim, o debate teórico sobre o tema procurará estabelecer as transições por que passam o conceito, bem como estabelecer uma distinção entre qualidade de vida e qualidade ambiental para objetivar seu alcance em ações de planejamento e gestão urbana.

O conceito de qualidade de vida e ambiental: avanços e limitações

As reflexões sobre o conceito de qualidade de vida possuem como principais marcos literários Max von Pettenkoffer, com *The value of Health to a*

City, de 1873, e Benjamin W. Richarson, com *Hygea: A City of Health*, de 1876. Esses estudos iniciaram as discussões sobre qualidade de vida e influenciaram e contribuíram para a elaboração e implementação de programas de planejamento urbano, habitacional, paisagístico e de saneamento no século XX.

Morato (2004) por sua vez destaca não existir um consenso quanto à datação das primeiras tentativas de definir qualidade de vida. Há autores que sugerem a Antiguidade, como Guimarães (2005); outros os anos de 1930, como Ülgengin et al. (2001); outros a década de 1960, com Booz-Allen (1973); e outros os anos de 1970, com Santos e Martins (2001).

Entretanto, a maioria dos autores que estuda o tema entende que, dentro da visão moderna de mundo, o termo se popularizou logo após a Segunda Guerra Mundial (Faquhr, 1995 apud Guimarães, 2005), no contexto da reconstrução de espaços urbanos destruídos pela guerra.

É fundamental ter em mente que qualidade de vida se insere em um estudo multidisciplinar, portanto, é de interesse de diferentes áreas do conhecimento: economia, estatística, ciências sociais, urbanismo, psicologia, medicina, saúde pública e geografia, entre outras. Justamente por isso, e em razão da visão compartimentada da ciência moderna, possui múltiplos significados.

Assim, afirmam Ülgengin et al. (2001, apud Morato, 2004) que diferentes resultados são obtidos nos estudos de qualidade de vida em razão das diferenças na escolha dos conjuntos de variáveis, na atribuição de pesos a essas variáveis, na abordagem adotada, nas metodologias usadas e nas unidades geográficas de análise em que as pesquisas são baseadas.

Antes da década de 1970, ou seja, antes das preocupações com a escassez dos recursos naturais e da importância dada à manutenção do equilíbrio dos ecossistemas, a qualidade de vida comparece nas estratégias de planejamento e desenvolvimento como um conceito associado à teoria das necessidades básicas das populações (Maslow, 1954). São comuns descrições associadas às:

- Necessidades fisiológicas: fome e sono.
- Necessidades de segurança: estabilidade e ordem.
- Necessidades de amor e pertinência: família e amigos.
- Necessidades de estima: respeito e aceitação.
- Necessidades de educação/atualização: capacitação.
- Necessidade de salubridade.

Com maior ênfase de 1950 a 1970, há a inserção do conceito de qualidade de vida nas metodologias de planejamento urbano e regional. Elaboraram-se quadros, formulários, tabelas, entre outros para mensurar e alcançar parâmetros subjetivos como capacidade de consumo, salubridade da habitação, atendimento por serviços públicos, expectativa de vida, nível educacional etc. No final da década de 1970 e início da década de 1980, emergem estudos considerando os aspectos subjetivos, qualitativos e apreciativos com base na percepção dos indivíduos e dos grupos em relação à sua qualidade de vida.

Nos anos de 1980, aspectos relativos à qualidade ambiental ganham força, ampliando o conceito de qualidade de vida. Esses aspectos, entretanto, não fazem tanta referência ao equilíbrio ambiental, mas ostentam enfoque social e econômico, ou seja, qualidade do ar, das águas etc. O foco permanece no que é melhor para a população. Nota-se um gradativo aumento do grau de subjetividade nos defensores do conceito, na busca de uma definição ideal para qualidade de vida, refletindo a crescente preocupação com os impactos ambientais negativos e a poluição.

Uma conceituação abrangente é dada por Smith (1980, apud Guimarães, 2005) quando expõe o conceito de qualidade de vida como a satisfação das necessidades e desejos humanos. Enfatiza as relações interativas de cooperação entre as pessoas, entendendo que a necessidade é imperativa e o desejo é induzido, sendo determinados por fatores socioculturais, em que o grau de satisfação encontra-se estreitamente ligado às relações de consumo, serviços e poder socioeconômico. Ainda, trabalha categorias de necessidades superiores e inferiores que distinguem as necessidades básicas de validação universal e aquelas pertinentes às necessidades percebidas, referentes aos desejos e aspirações, em dependência de contextos culturais diversificados e específicos.

Vale destacar que, seja qual for o aspecto analisado, o conceito de qualidade de vida possui um viés antropocêntrico. O meio é valorado para se chegar ao melhor padrão para o ser humano, não pelo entendimento de que se vive em um sistema único e interdependente. Assim, existe uma gama de aspectos que tem sido deixada de lado na mensuração de qualidade de vida sobre o tratamento do meio e que cabe melhor quando se incorpora o conceito de qualidade ambiental.

O que se agrega quando se aborda a qualidade ambiental? Segundo Guimarães (2005), qualidade ambiental é um conceito que trata das dimensões materiais e imateriais do meio ambiente e se relaciona à mediação entre as formas de vida associadas ao equilíbrio das relações ecológicas e à evolução dos ecossistemas naturais, com a formação de paisagens não naturais e uso de recursos naturais.

Quando se tenta objetivar a diferenciação entre os conceitos por meio de atributos que possam ser alvo de ações concretas para qualificar o espaço da cidade, depara-se com uma falta de consenso quanto à utilização de fatores que definam a qualidade ambiental urbana, assim como há diferenciações nas proposições sobre o que compõe a qualidade de vida.

Sobre atributos de qualidade de vida e ambiental

Em paralelo às discussões sobre os diferentes aspectos que envolvem a qualidade de vida, foram desenvolvidos indicadores para expressar os aspectos mais recorrentes entre as diferentes concepções, tudo no sentido de dar concretude ao conceito e criar mecanismos de avaliação da efetividade de ações de planejamento empreendidas com esse objetivo.

Entre 1950 e 1970 predominavam indicadores que procuravam refletir a ideia vigente de qualidade de vida associada à salubridade, infraestrutura, segurança, moradias adequadas, boa mobilidade e serviços de educação e saúde. Todas essas garantias se centram no interesse das sociedades (Quadro 1).

Quadro 1 – Indicadores e seus atributos espaciais predominantes no conceito de qualidade de vida entre as décadas de 1950 e 1970.

Indicadores	Espacialização no âmbito do urbanismo e do ordenamento territorial urbano
Renda	Uso do solo (atividades econômicas e industriais)
Habitação/Salubridade	Infraestrutura (moradia, água, esgotamento sanitário, drenagem)
Longevidade/Saúde	Equipamentos públicos (hospitais, postos de saúde)
Educação	Equipamentos públicos (escolas)
Mobilidade/Acessibilidade	Infraestrutura (rodovias, ruas, avenidas, pavimentação, passeios, ciclovias etc.)

Fonte: da autora.

Coerente com a base conceitual em vigor, o meio físico que provinha recursos para o funcionamento da cidade e os impactos negativos a ele causados não eram considerados nessa base de indicadores.

Ocorre um movimento nas décadas de 1990 e 2000 para definição de indicadores sobre qualidade ambiental. Nucci (2001, apud Gomes; Soares, 2004) propõe que a qualidade ambiental seja avaliada a partir de aspectos como uso do solo, poluição, espaços livres, verticalidade das edificações, enchentes, densidade populacional e cobertura vegetal que deveriam ser espacializados e integrados.

Esse método tem como base geral os estudos realizados em Ecologia e Planejamento da Paisagem, que pode ser entendido como uma contribuição ecológica ao ordenamento territorial, em que se procura definir usos do solo e dos recursos ambientais, salvaguardando a capacidade dos ecossistemas para obtenção de uma paisagem urbana na qual a vegetação possui um papel central na obtenção da qualidade ambiental (Gomes; Soares, 2004).

Outra abordagem é verificada em Guimarães (2005), que trabalha com o que se chama de necessidades superiores e inferiores, distinguindo-as como necessidades básicas de validação universal e aquelas referentes aos desejos e aspirações que dependem de contextos culturais diversificados e específicos. Trabalha com indicadores qualitativos relacionados a percepção e interpretação ambiental por diferenciados grupos de pessoas e utiliza faculdades cognitivas e perceptivas nos processos de interação de experiência e interpretação ambiental: sistema sensorial (informações auditivas, visuais, olfativas, táteis); sistemas não sensoriais (experiências, cultura, memória). Isso leva à construção das imagens e mapas mentais sobre o meio ambiente e traduz visões e graus de compreensão que se têm dos níveis de sua qualidade, dos estados, influenciando na percepção da qualidade ambiental e de vida etc. Mais uma vez, verifica-se uma visão de qualidade ambiental antropocêntrica.

Essa diferenciação de visões, mesmo tratando apenas do tema da qualidade ambiental, leva Monteiro (1987) a afirmar que "Executar um trabalho de espacialização da qualidade ambiental é um verdadeiro desafio, visto que não existe uma receita técnica calcada numa concepção teórico-metodológica pronta" (apud Nucci, 2001).

Recentemente, os estudos de Santos e Hardt (2013) definem qualidade ambiental como aquela relacionada com os ambientes naturais e antrópicos, ou seja: sob o "guarda-chuva" de qualidade ambiental trata-se do que antes também se entendia como qualidade de vida. Pode-se dizer que, a partir da ênfase no tema da qualidade ambiental, são abordadas as mesmas questões que antes ocupavam os estudiosos da qualidade de vida, mas com uma visão ambiental mais associada ao equilíbrio ecossistêmico e uma preocupação em agregar concretude ao conceito.

Nisso, o sistema natural englobaria aspectos relativos ao estado de equilíbrio da natureza, formado por componentes como: clima, ar, água, solo, subsolo, fauna e flora. Já o sistema antrópico remeteria aos níveis de adequação de atendimento aos cidadãos com fatores de ordenamento dos espaços das cidades, como uso do solo, infraestrutura e serviços urbanos e ainda fatores socioeconômicos. Tendo em conta que ambos os sistemas estão associados aos processos de planejamento e gestão urbana, pode-se entender que essa abordagem é a que mais se aproxima de aspectos a serem considerados em seus atributos para definir a qualidade espacial urbana, que por sua vez emprestaria sustentabilidade ambiental à cidade (Quadros 2 e 3).

Quadro 2 – Principais fatores de análise dos meios físico e biológico (sistema natural) e parâmetros para planejamento e gestão das cidades.

Componentes	Variáveis	Parâmetros
Clima/Ar	Conforto microclimático	Insolação/temperatura/umidade/pluviosidade/ventilação
Água	Quantidade e qualidade hídrica	Mananciais superficiais e aquíferos subterrâneos/fontes localizadas e difusas (poluição das águas superficiais e subterrâneas)
Solo/Subsolo	Qualidade edáfica	Fontes localizadas e difusas (poluição do solo)
Flora/Fauna	Biodiversidade	Remanescentes vegetais nativos e demais *habitats* animais
		Índices de áreas verdes públicas e privadas
		Unidades de conservação
		Sinatropismo

Fonte: Santos e Hardt (2013).

Quadro 3 – Principais fatores de análise do contexto territorial (sistema antrópico), respectivas chaves de controle e parâmetros para planejamento e gestão das cidades.

Componentes	Variáveis	Parâmetros
Uso e ocupação do solo	Desenho urbano e planejamento	Morfologia Densidade de ocupação Ocupações irregulares
Infraestrutura e serviços urbanos		
Sistema de circulação	Subsistema viário	Mobilidade e acessibilidade
	Subsistema de transportes	Públicos, privados, cargas (logística)
Sistema de saneamento	Subsistema de abastecimento de água	Distribuição e consumo de mananciais (proteção)
	Subsistema de esgotamento sanitário	Coleta e tratamento de sistemas alternativos
	Sistema de drenagem urbana	Processos de inundação
	Subsistema de resíduos sólidos	Produção e tratamento

(continua)

Quadro 3 – Principais fatores de análise do contexto territorial (sistema antrópico), respectivas chaves de controle e parâmetros para planejamento e gestão das cidades. (*continuação*)

Componentes	Variáveis	Parâmetros
Sistema de energia e comunicações	Subsistema de energia	Distribuição e consumo de fontes renováveis
	Subsistema de comunicação	Abrangência e atendimento

Fonte: Santos e Hardt (2013).

Santos e Hardt (2013) seguem apontando os aspectos socioeconômicos do sistema antrópico cujos parâmetros contribuem para ações de gestão e planejamento, conforme ilustra o Quadro 4.

Quadro 4 – Principais fatores de análise de contexto socioeconômico (sistema antrópico) e parâmetros para planejamento e gestão das cidades.

Componentes	Variáveis	Parâmetros
Condições socioculturais e demográficas		
População (inclusive PEA); emprego e respectiva evolução	Tamanho, estrutura, crescimento e distribuição da população; perfil qualitativo da capacitação profissional	Distribuição socioespacial da população (inclusive densidade demográfica); disponibilidade e adequação do emprego; mobilidade ocupacional; inclusão socioeconômica e espacial
População (inclusive PEA); emprego e respectiva evolução	Demandas coletivas e individuais por equipamentos e serviços	Disponibilidade, qualidade e acessibilidade a equipamentos e serviços
Condições econômicas		
Atividades primárias, secundárias e terciárias	Desenvolvimento dos setores; modernidade tecnológica; gestão e inovação	Produtividade e competitividade; produção e demanda externa; renda e consumo (níveis, crescimento e distribuição)

Fonte: Santos e Hardt (2013). PEA: população economicamente ativa.

Como síntese, a Figura 1 ilustra as relações entre o sistema natural e o sistema antrópico e apresenta um esquema sobre a interação dos diferentes atributos para consecução da qualidade ambiental urbana.

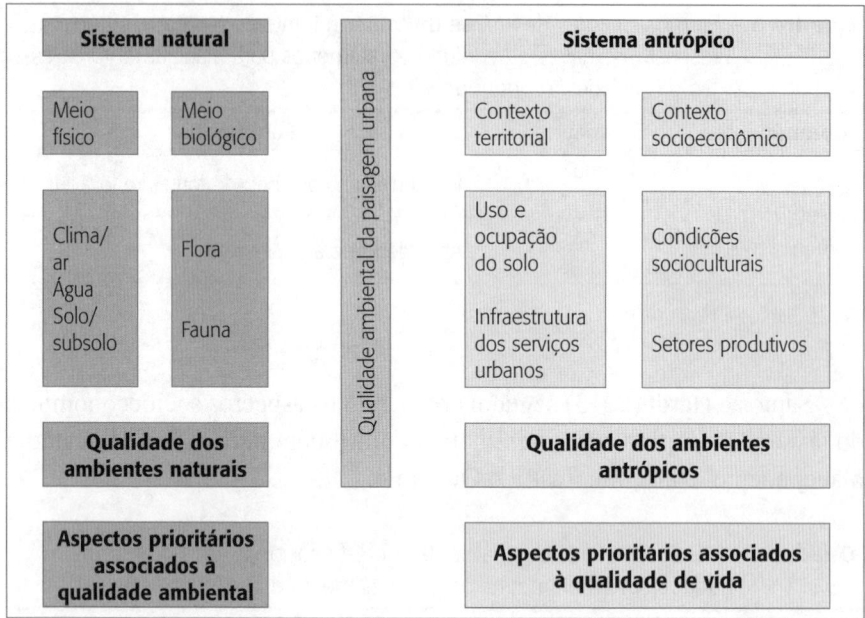

Figura 1 – Esquema de análise da qualidade da paisagem urbana.
Fonte: da autora, adaptado de Santos e Hardt (2013).

Partindo da ideia de que a sustentabilidade ambiental urbana seria uma conjunção de atributos de qualidade de vida e qualidade ambiental, o equilíbrio entre fatores dos sistemas natural e antrópico garantiria seu alcance. Esses fatores possuem maior ou menor presença em diferentes áreas do território das cidades e seu peso deveria ser considerado nas análises de diferentes projetos urbanos, sejam eles de expansão urbana, em que os aspectos do sistema natural possuem mais relevância, ou em casos de projetos de requalificação urbana, em que predominam os aspectos do sistema antrópico.

Por fim, há de se considerar quais instrumentos de gestão urbana estão disponíveis para que o processo de urbanização resulte na qualidade desejável.

INSTRUMENTOS DE GESTÃO URBANA E AMBIENTAL COM POTENCIAL PARA PROMOVER A SUSTENTABILIDADE URBANA

A gestão do espaço urbano para alcançar sustentabilidade será feita com a definição de políticas e instrumentos fundamentados nas peculiaridades do território, nas demandas sociais e nos pactos sociais que se firmarem em determinada cidade.

O modelo de gestão pública vigente no Brasil tem mostrado dificuldade para garantir às cidades qualidade de vida e ambiental, menos em termos de base legal e instrumentos, que tem capacidade executiva para implementação das medidas de avaliação e ajustes das intervenções urbanas que interferem no ordenamento do uso e ocupação do solo, bem como na dotação de infraestrutura e prestação de serviços urbanos.

As diretrizes gerais de política urbana estão contidas tanto no Estatuto da Cidade, instituído pela Lei n. 10.257/2001, como no Estatuto da Metrópole, instituído pela Lei n. 13.089/2015, que tratam das normas gerais de direito urbanístico para municípios e regiões metropolitanas e se expressam por meio de um conjunto de instrumentos que se aplicam para diferentes situações de qualidade do espaço urbano pactuadas no plano local. Esses instrumentos devem constar do Plano Diretor municipal ou no plano de desenvolvimento urbano integrado e em tese devem ser utilizados com objetivo de atender as diretrizes gerais restabelecidas nas respectivas leis.

Em uma rápida avaliação dos instrumentos que constam dos Estatutos, pode-se dizer que hoje o planejamento urbano conta com instrumentos que evoluem dos tradicionais mecanismos de regulação físico-territorial de caráter morfológico para inclusão de instrumentos gerenciais de caráter estratégico (Ribas, 2013).

Diante disso, são inúmeras as possibilidades de aplicação dos instrumentos disponíveis para uma efetiva construção da sustentabilidade das cidades, apesar de, segundo Ribas (2013), ainda se constatar uma primazia da eficiência econômica e do interesse social em detrimento da proteção do meio ambiente natural.

Entre os diversos instrumentos, dois despontam com alto grau de aderência à promoção dos atributos da qualidade ambiental urbana: os Estudos de Impacto Ambiental (EIA), advindos da legislação ambiental (Lei n. 6.938/81) e constantes do Estatuto, e o Estudo de Impacto de Vizinhança (EIV). São instrumentos, cada um com seu foco de análise, que visam mediar os interesses dos diferentes agentes urbanos sobre o uso do espaço da cidade.

Em que pese todas as intervenções urbanas corroborarem para a qualificação do espaço das cidades e sempre resultarem em melhorias, seja de áreas históricas, deterioradas ou de assentamentos informais, tais intervenções também têm potencial para produzir impactos socioeconômicos e ambientais e por isso, em seus licenciamentos, devem contar com a aplicação desses dois tipos de instrumentos. O que resta saber é se existe uma clara definição de objetivos de qualidade espacial a serem alcançados por esses instrumentos ou se a legislação norteia apenas procedimentos administrativos.

Sobre o EIA e o EIV e suas relações com qualidade de vida e ambiental das cidades

A Resolução do Conselho Nacional do Meio Ambiente (Conama) n. 1/86 estabeleceu as definições, responsabilidades, critérios básicos e diretrizes gerais para aplicação do EIA e considera no art. 1º que

> impacto ambiental é toda alteração das propriedades físicas, químicas e biológicas do meio ambiente causada por matéria ou energia resultante das atividades humanas envolvendo direta ou indiretamente a saúde, a segurança e o bem-estar da população, das atividades sociais econômicas, da biota, das condições estéticas e sanitárias do meio ambiente e a qualidade dos recursos ambientais.

Está claro que o estudo decorrente do EIA parte de uma análise dos fatores do meio físico biótico e de como os possíveis impactos das ações que se deseja implantar podem causar seu desequilíbrio. O estudo do meio antrópico visa verificar os benefícios que as intervenções podem de fato proporcionar para estabelecer os contrapontos entre os tipos de impactos decorrentes da intervenção. Trata-se de uma abordagem que visa prioritariamente o interesse do equilíbrio do meio natural.

No que tange às áreas urbanas, está prevista em normativa federal sua obrigação para parcelamentos do solo em áreas de expansão urbana com mais de 100 ha, ficando a cargo de legislações locais sua adoção para outras escalas.

Apesar de diversos estudos demonstrarem a inadequabilidade da lógica do licenciamento ambiental subsidiado pelo EIA para áreas urbanas, sendo necessária uma normativa para sua adequação à lógica da ocupação do solo, o Estatuto contemplou o instrumento na forma como está na legislação ambiental, ficando qualquer ajuste sob encargo dos órgãos gestores ambientais responsáveis pelo licenciamento das atividades. Perdeu-se uma grande oportunidade de fazer os ajustes necessários sobre os aspectos a serem contemplados pelo EIA para fins urbanos, sua metodologia para análise de ocupação territorial, a sequência das etapas do licenciamento e em especial sua articulação com os demais instrumentos urbanísticos, tanto em termos de objetivos como no âmbito do tempo de adoção dos ajustes.

Apesar dessas dificuldades, não restam dúvidas de que sua aplicação em projetos de expansão urbana, que implicam uma avaliação das pressões sobre os recursos naturais do território, visa prevenir e mitigar os impactos ambientais nas decisões de política urbana.

No que se refere ao EIV, o Estatuto estabeleceu como seu objetivo apoiar os licenciamentos de empreendimentos complexos, aqueles que não se enquadram nos parâmetros de uso e ocupação do solo da zona em que será implantada a intervenção urbana pretendida, geralmente sobre uma área a ser inserida na dinâmica da cidade e que se encontra deteriorada. O art. 37 define que o EIV deve verificar os efeitos positivos e negativos de um empreendimento ou a qualidade de vida da população residente na área e nas proximidades de tal empreendimento. Entre os requisitos mínimos a serem explorados no estudo estão as análises de:

- Adensamento populacional.
- Equipamentos urbanos e comunitários.
- Uso e ocupação do solo.
- Valorização imobiliária.
- Geração de tráfego e demanda por transporte público.
- Ventilação e iluminação.
- Paisagem urbana e patrimônio natural e cultural.

O EIV tem como foco garantir a harmonia entre as necessidades sociais e envolve a maioria dos fatores anteriormente apontados como pertencentes ao sistema antrópico. Sua referência a aspectos do meio natural como ventilação, iluminação e paisagem natural diz respeito ao conforto que tais aspectos podem prestar à população urbana. Em essência, este instrumento visa garantir o direito de construir, conciliando o interesse dos proprietários e dos vizinhos com o que dispõe o Código Civil (David, 2005).

Existem críticas de que os instrumentos de avaliação como EIV e EIA se constituem em meros viabilizadores de interesses econômicos na cidade. É o caso de Reis (2006) quando se refere ao EIV: "é na verdade um estudo de impacto ambiental, ou seja, da repercussão do empreendimento no ambiente urbano em que será inserido; daí que se preferiu chamá-lo de impacto de vizinhança".

Essa posição não é compartilhada pelo presente estudo, pois os instrumentos existem exatamente para mediar os interesses dos diferentes atores sociais presentes no jogo urbano e a forma como eles se apropriam do espaço da cidade, tanto em termos técnicos como políticos. Assim, a forma de sua aplicação é que poderá ou não promover uma gestão mais equilibrada e equitativa.

Pelo exposto, EIA e EIV são instrumentos de gestão urbana de subsídio no processo de licenciamento de atividades urbanas e, se implementados de forma complementar no que tange ao objetivo e potencial de cada um, podem promover qualidade de vida e qualidade ambiental nas cidades.

A aplicação de EIA e de EIV em empreendimentos urbanos tem sido diferenciada e com graus de êxito diversos no alcance da qualidade do espaço urbano, podendo-se dizer que com mais conflitos do que complementaridade, o que se atribui à falta de entendimento sobre seu foco e métodos de análise, aspectos que têm comprometido a extensão de seu potencial.

Será apresentada a seguir a utilização dos instrumentos no que se denominam projetos urbanos complexos com uso de operações urbanas, que se referem à requalificação de grandes áreas deterioradas visando sua dinamização e integração à cidade.

ESTUDO DE IMPACTO DE VIZINHANÇA E AVALIAÇÃO DA SUSTENTABILIDADE AMBIENTAL NAS OPERAÇÕES URBANAS

A denominação "grandes projetos urbanos" está associada a um conjunto de ações que envolvem obras de infraestrutura e melhorias urbanas, bem como alterações de zoneamento com previsão de financiamento das obras por meio da venda do direito de construir. A esse conjunto de ações chamamos operações urbanas consorciadas (OUC), previstas na legislação urbana federal desde 2001, apesar de existirem experiências no Brasil desde 1990.

Por sua vez, uma operação urbana demanda uma lei específica local ou sua previsão no Plano Diretor. Apesar de mais de 15 anos de previsão legal, a adoção das OUC no Brasil tem sido tímida, com iniciativas pontuais em cidades como Belo Horizonte, Rio de Janeiro, Curitiba, Recife, Natal e São Paulo, onde já é aplicada desde 1991.

O objetivo do instrumento é a indução ao desenvolvimento urbano por meio de requalificação do tecido urbano, com participação pública e privada nesse processo. A venda de potencial construtivo visa a recuperação à coletividade da valorização imobiliária propiciada pelos investimentos e o uso de áreas com grande centralidade. A OUC dispõe de potencial para promover transformações urbanísticas estruturais, possibilitando ainda a promoção de benefícios sociais, valorização econômica e melhorias ambientais.

Seu êxito em termos de equidade social dependerá não somente da proposta urbanística, mas sobretudo da gestão dos diferentes interesses envolvidos, utilizando outros dispositivos da legislação urbana. É importante registrar que os arts. 32 a 34 da Lei Federal n. 10.257/2001 – Estatuto da Cidade –, definem instrumentos que complementam a ideia da operação urbana que por sua vez envolve múltiplos aspectos inter-relacionados: jurídicos, econômicos, ambientais e sociais. Destaca-se o aspecto relacionado com a previsão de participação social e garantias socioambientais, como o que dita o art. 33, V, quanto à exigência de elaboração do EIV.

O EIV foi contemplado pelo Estatuto da Cidade inspirado no EIA, com o objetivo de apoiar a tomada de decisões na implantação de grandes empreendimentos na cidade. A partir desse estudo é que os empreendimentos são licenciados, mediante recomendações e condicionalidades. No EIV será levantado o aumento da população, a existência de equipamentos urbanos e comunitários, as compatibilidades com o uso e a ocupação do solo no entorno, o tráfego decorrente dessas alterações e a demanda de transporte público para a região.

Ao contrário do EIA, que possui ampla base normativa sobre sua aplicação, tanto no que se refere à categoria de projetos em que devem ser exigidos os ritos de seu apoio no processo de licenciamento ambiental, os aspectos que devem ser analisados e as metodologias de análise que devem ser abordadas nos estudos, bem como seus desdobramentos futuros relacionados com o monitoramento da intervenção avaliada, o EIV não conta com os mesmos mecanismos. Se o excesso de amarrações do EIA o tornam um instrumento que agrega dificuldade em sua aplicação para casos de intervenções menores, o EIV por sua vez carece de rotinas para casos opostos, já que o instrumento está associado à avaliação de projetos complexos.

Tanto o Estatuto da Cidade como a maioria dos Planos Diretores que preveem o EIV como instrumento de gestão urbana não dispõem de maiores explicações sobre sua operacionalização, ou seja, se cabe a ele indicar ajustes ao projeto analisado, estabelecer medidas compensatórias ou potencializadoras de impactos identificados ou mesmo sugerir modificação dos projetos, chegando ao indeferimento da licença ou autorização para o empreendimento pretendido quando esse demonstrar incompatibilidade entre a promoção do desenvolvimento urbano e as garantias socioambientais.

Além de não se encontrarem estabelecidos em norma, tais aspectos são de difícil definição, porque não está claro o que se entende por *objetivo de qualidade de vida*, constante do Estatuto. No caso do EIA, pretende-se o equilíbrio ecossistêmico dos fatores do meio natural, possíveis de mensurar mesmo que envolva algum nível de complexidade. Mas o que se espera quando se avalia os fatores a que se refere o Estatuto: uso do solo, densidade, tráfego, paisagem? Nesse caso, faltam atributos que qualifiquem o que se deve perseguir como objetivo.

Assim, no intuito de demonstrar o papel que o EIV tem desempenhado nas operações urbanas no que se refere ao tratamento da qualidade espacial urbana, apresentam-se dois casos emblemáticos no País. Nas duas situações não foram adotados o EIA, e os temas referentes à qualidade dos recursos do meio físico e biótico foram tratados no âmbito do EIV. A ideia é verificar o que se pode aprender com essa experiência no sentido de melhor aplicar o EIV como instrumento que agregue aos projetos subsídios para sua retroalimentação, garantindo melhor qualidade urbana.

Porto Maravilha: projeto urbanístico de requalificação da área portuária da cidade do Rio de Janeiro

O Município do Rio de Janeiro não possui previsão legal em seu Plano Diretor de instrumentos urbanísticos como a OUC ou o EIV. No caso de sua adoção no projeto intitulado Porto Maravilha, foi necessária a edição de uma Lei Municipal, no caso a Lei Complementar n. 101/2009, que criou a OUC na Área de Especial Interesse Urbanístico (AEIU) e previu a elaboração do EIV com os seguintes aspectos a serem avaliados:

- Adensamento populacional.
- Equipamentos urbanos e comunitários.
- Uso e ocupação do solo.
- Valorização imobiliária.
- Geração de tráfego e demanda por transporte público.
- Ventilação e iluminação.
- Poluição sonora e visual.
- Paisagem urbana e patrimônio natural e cultural.

No que se refere à previsão de impactos, a referida lei reza que o EIV da OUC Porto Maravilha deverá contemplar os efeitos cumulativos e sinérgicos dos diversos empreendimentos e intervenções quanto à:

- Qualidade de vida da população residente na área e suas proximidades.
- Sua relação com a rede estrutural de transportes e demais infraestruturas na cidade do Rio de Janeiro.
- Sua relação com as demandas por transporte público, sistema viário e demais serviços na Região Metropolitana do Rio de Janeiro.

O EIV foi desenvolvido em 2010, com atualização realizada em 2013, e subsidiou o licenciamento ambiental e urbanístico do projeto. Como decorrência do EIV foi emitida a Licença Prévia Ambiental, que determinou a obrigatoriedade de um plano de mitigação específico para cada intervenção, inclusive apresentando cronograma para resolver cada um dos desafios apontados na avaliação. A Operação não contou com um EIA, pois os órgãos licenciadores entenderam que não era cabível e que o EIV seria o instrumento suficiente.

Características da área objeto da requalificação por meio da Operação Urbana Porto Maravilha

A Zona Portuária localizada na área central da cidade do Rio de Janeiro foi criada na década de 1870, a partir de um aterro que modificou a linha da costa para viabilizar as atividades portuárias que, em função da evolução das técnicas desse tipo de operação, tornou obsoleto o trecho do porto entre a Praça Mauá e a Avenida Francisco Bicalho. Na ocasião do projeto, poucas atividades se desenvolviam no local, constituindo-se uma grande área dotada de boa acessibilidade e infraestrutura, mas formando vazios urbanos e deixando edificações subutilizadas ou abandonadas.

A OUC foi concebida para integrar várias proposições, entre elas a alteração de usos e de parâmetros edilícios, novos sistemas viários e de transporte público, além de um plano urbano e paisagístico. A Operação previu a construção de um aquário, de uma pinacoteca e de um museu e o processo foi ancorado em nova legislação urbana, que tornou os terrenos atraentes à iniciativa privada.

Considerações sobre a elaboração do EIV do Porto Maravilha

O documento do EIV consolida um trabalho de descrição do projeto, com vasta informação elogiosa sobre as intervenções e suas melhorias urbanas. No cumprimento dos aspectos acima referidos, que estão definidos pelas normas municipais, consta uma descrição de como se caracteriza a situação atual e como as intervenções propostas vão melhorar essa situação, mas sem discutir as alternativas, a forma de fazê-las ou acrescentar nenhuma avaliação propriamente dita.

Figura 2 – Vista do novo parque e substituição do Elevado por nova via expressa, novos empreendimentos e o terminal marítimo de passageiros ao fundo.
Fonte: Prefeitura do Rio de Janeiro, 2010.

Figura 3 – Área abrangida pela Operação Urbana Consorciada da região do Porto do Rio.
Fonte: Prefeitura do Rio de Janeiro, 2010.

O EIV ainda faz referências à inclusão social que o projeto pode propiciar por meio de geração de empregos, melhoria nas condições de moradia da população residente no local e maior acesso à cultura, disponibilidade de infraestrutura e rompimento do isolamento dos bairros.

Sobre o tema da gentrificação no Morro da Providência, assunto de ampla discussão acadêmica e na mídia, o EIV se refere apenas ao fato de o morro estar localizado na área de influência e abrigar a mais antiga favela do

Rio de Janeiro. Destaca as dificuldades de acessibilidade, saneamento e ocupações de áreas de risco na favela e faz referência às melhorias a serem feitas na infraestrutura.

Quanto aos aspectos ambientais destacam-se: o aumento da cobertura vegetal, a implantação de novas praças e de exigência de área permeável dentro dos lotes. O EIV destaca que o projeto promoverá a implantação de infraestrutura de drenagem, melhorando o escoamento de águas pluviais e evitando o acúmulo de águas e inundações, bem como a implementação de novo sistema de esgotos, contribuindo para a redução de lançamentos de efluentes domésticos *in natura* na baía de Guanabara. Ainda faz referência à maior proteção da APA do Sagas[3], localizada na área de influência da Operação e que abrange parte dos bairros da Saúde, Santo Cristo, Gamboa e Centro.

Na análise dos impactos sobre os transportes, é dito que a situação atual constitui a "principal fonte de emissão de ruídos e gases poluentes" e que o crescimento do número de viagens a ser gerado pelo projeto deverá ter seus efeitos mitigados pela implantação de um sistema de transportes sustentável. Esse sistema se refere à implantação do serviço de média capacidade (VLT e VLP) e pela racionalização das linhas de ônibus que passam pela região. São enfatizadas as vantagens do projeto quanto à mobilidade e ao "estímulo ao uso de modos não poluentes, como o passeio de pedestres e de bicicletas, por meio da recuperação dos passeios, da implantação de ciclovias e do plantio de árvores nos logradouros, que permitirão o uso desses espaços de modo confortável e com segurança".

Nessa linha descritiva das intervenções, é patente a ausência de uma metodologia de identificação, mensuração ou hierarquização de possíveis impactos e de como reduzir riscos ou potencializar resultados.

No relatório do EIV, as únicas metodologias referidas dizem respeito à viabilidade financeira da operação urbana e aos aspectos de transportes, não desenvolvidas pelo EIV, mas sim pelo Projeto e por ele apenas mencionadas. Mesmo diante dos estudos de transportes, que possuem pouca ênfase no tema mobilidade, não foi feita uma análise que poderia levar a um ajuste ou uma maximização dos efeitos com uma abordagem de outros aspectos da mobilidade e suas relações com o uso do solo. Constitui um estudo nos moldes tradicionais de carregamento viário.

---

[3] APA do Sagas (abreviatura usada para se referir aos bairros envolvidos) – Criada pelo Decreto n. 7.351, de 14 de janeiro de 1988 e envolve logradouros dos bairros da Saúde, Santo Cristo, Gamboa e Centro, nas Regiões Administrativas I e II.

O Quadro 5 apresenta uma tentativa de relacionar os aspectos estudados na elaboração do EIV e as correlações com o que dele se espera quanto à avaliação da intervenção e as recomendações ao licenciamento.

Quadro 5 – Relação dos aspectos analisados no EIV do Porto Maravilha com a base conceitual, os possíveis impactos, as recomendações de medidas atenuantes e o tipo de análise do estudo.

Relação com a base conceitual estudada	Aspectos analisados pelo EIV	Possíveis impactos	Medidas para mitigar ou incrementar os impactos	Tipo de análise do estudo (*)
Aspectos relativos ao meio antrópico: qualidade de vida	Adensamento populacional	Não identificados no estudo	Não identificadas no estudo	No perímetro da Operação Urbana há grande diversidade, do ponto de vista social e econômico. A Operação Urbana trará especial contribuição ao incentivar atividades geradoras de emprego e de renda, cumprindo o papel de inserção social e cidadania.
	Infraestrutura: equipamentos urbanos e comunitários	Não identificados no estudo	Não identificadas no estudo	
	Uso e ocupação do solo	Não identificados no estudo	Não identificadas no estudo	A melhoria da situação de infraestrutura na região propiciará a melhoria de qualidade de moradia e de vida, além de diminuir os impactos ambientais, como falta de saneamento básico e outros fatores decorrentes.
	Valorização imobiliária	Não identificados no estudo	Não identificadas no estudo	Não identificado no estudo.
	Transporte: tráfego viário e demanda por transporte	Não identificados no estudo	Não identificadas no estudo	A abertura de novas vias na região permitirá a reestruturação do sistema viário previsto na operação, direcionando fluxos de tráfego e melhorando a sua fluidez. A implementação de transportes coletivos alternativos melhorará a acessibilidade na região.

(continua)

Quadro 5 – Relação dos aspectos analisados no EIV do Porto Maravilha com a base conceitual, os possíveis impactos, as recomendações de medidas atenuantes e o tipo de análise do estudo. (*continuação*)

Relação com a base conceitual estudada	Aspectos analisados pelo EIV	Possíveis impactos	Medidas para mitigar ou incrementar os impactos	Tipo de análise do estudo (*)
Aspectos relativos ao meio antrópico: qualidade de vida	Paisagem urbana: patrimônio cultural e arqueológico	Não identificados no estudo	Não identificadas no estudo	A Lei Complementar n. 101/2009 determina que pelo menos 3% dos valores arrecadados com a venda dos Certificados de Potencial Adicional de Construção (Cepac) sejam destinados à valorização do patrimônio material e imaterial da área.
Aspectos relativos ao meio físico biótico: qualidade ambiental	Caracterização do solo (geologia: aspectos geológicos, geotécnicos e geomorfológicos)	Não identificados no estudo	Não identificadas no estudo	Não identificado no estudo.
	Contaminação e potencial contaminação na área da operação urbana	Não identificados no estudo	Não identificadas no estudo	Com a ligação do coletor de esgotos na Av. Rodrigues Alves às redes a serem implementadas, haverá sensível melhora na qualidade das águas.
	Ventilação e iluminação	Não identificados no estudo	Não identificadas no estudo	Não identificado no estudo.
	Qualidade do ar e poluição atmosférica	Não identificados no estudo	Não identificadas no estudo	A maior fluidez do tráfego de veículos permitirá melhora no quadro de poluição do ar, tendo em vista a minimização dos congestionamentos hoje existentes.

(continua)

Quadro 5 – Relação dos aspectos analisados no EIV do Porto Maravilha com a base conceitual, os possíveis impactos, as recomendações de medidas atenuantes e o tipo de análise do estudo. (*continuação*)

Relação com a base conceitual estudada	Aspectos analisados pelo EIV	Possíveis impactos	Medidas para mitigar ou incrementar os impactos	Tipo de análise do estudo (*)
Aspectos relativos ao meio físico biótico: qualidade ambiental	Ruído e poluição sonora e visual	Não identificados no estudo	Não identificadas no estudo	Carente de áreas verdes, a região será beneficiada por expressivo aumento de áreas verdes públicas, e consequente aumento de permeabilidade do solo. O aumento dessas áreas verdes também trará contribuições para a avifauna, pelo aumento da massa arbórea. Por essa mesma razão, o fenômeno de geração de ilhas de calor terá seus efeitos reduzidos nessa região.
	Paisagem urbana: patrimônio natural (flora e avifauna)	Não identificados no estudo	Não identificadas no estudo	

(*) Retirado na íntegra das conclusões do EIV do Porto Maravilha.
Fonte: da autora, a partir da leitura do EIV.

Por fim, as conclusões do EIV são as que se encontram na última coluna do Quadro 5, que reafirmam, de forma genérica, as soluções do projeto, sem apresentar nenhum insumo que possa auxiliar o licenciamento urbanístico do projeto urbano ou mesmo indicar um plano de monitoramento de seus resultados para garantir a qualidade urbana.

Assim, mesmo considerando o Porto Maravilha um bom projeto de requalificação urbana, a aplicação do EIV não contribuiu para ressaltar essas qualidades, uma vez que foi genérico e não submeteu de fato o projeto a uma avaliação. O caso não apresenta um aprendizado no sentido de uma contribuição ao aperfeiçoamento do instrumento, a não ser como um caso não exitoso de sua aplicação por não agregar subsídios à melhoria do projeto.

Operação Urbana Consorciada do Corredor Antônio Carlos e Pedro I e do Eixo Leste-Oeste, em Belo Horizonte

O instrumento urbanístico das OUC foi instituído em Belo Horizonte pelo Plano Diretor Municipal de 2010, que adota o instrumento numa perspectiva de indução do desenvolvimento urbano e da requalificação urbana tanto social como ambiental. Além das OUC aqui estudadas, o Plano Diretor indica diversas áreas no município com potencial para aplicação do instrumento, num total de 65,015 km², o que equivale a 19,67% do território municipal.

O eixo formado pelas avenidas Antônio Carlos, Pedro I e o Corredor Leste-Oeste, constituído pelas avenidas dos Andradas, Tereza Cristina e Via Expressa, foi considerado prioritário para a implantação de OUC em função das alterações na estrutura urbana em curso, uma vez que as avenidas Antônio Carlos e Pedro I encontravam-se então em processo final de alargamento viário e de implantação de sistema de transporte por ônibus de alto desempenho, e o eixo Leste-Oeste era objeto de intervenções para aumento da sua capacidade viária, além de contemplar melhorias na linha do metrô.

Essas avenidas formam dois importantes corredores de transporte de Belo Horizonte, ligando a área central da cidade às Administrações Regionais Norte, Pampulha e Venda Nova pelo eixo norte da Região Metropolitana e ligando também a Área Central à Administração Regional Leste e às Administrações Regionais Oeste e Noroeste pelo Eixo Leste-Oeste. Os corredores em análise atravessam vários bairros do município e apresentam um entorno com grande heterogeneidade de condições sociais e ambientais, padrões de uso e ocupação do solo, tipologias e adensamentos.

Assim, a partir de investimentos que já estavam sendo realizados, definiram-se as diretrizes urbanísticas para a OUC do Corredor:

- Estimular um adensamento orientado preferencialmente aos usuários de transporte coletivo, por meio de inserções urbanas com padrões de ocupação diferenciados.
- Fortalecer centralidades econômicas, sociais e culturais ao longo de corredores, incentivando a formação de polos de concentração de atividades e de pessoas por meio da implantação de projetos âncoras e de equipamentos, de maneira a conformar referências funcionais e visuais, como ilustram as Figuras 4 e 5.

Papel do EIV na configuração das OUC

No início de 2013, os estudos preliminares para o Plano Urbanístico da Operação dos dois eixos estavam prontos, iniciando-se a elaboração dos EIV para avaliar os impactos das propostas e promover a discussão com os diferentes segmentos sociais da cidade.

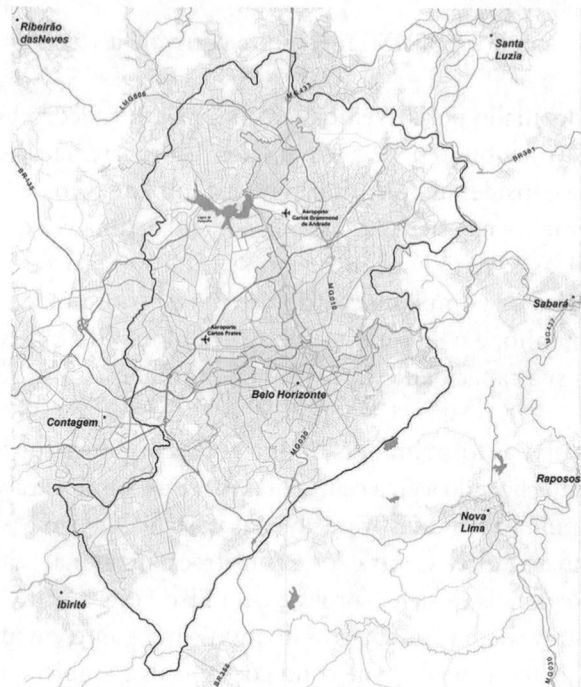

Figura 4 – As OUC no contexto do Município.

Fonte: Prefeitura de Belo Horizonte, 2013.

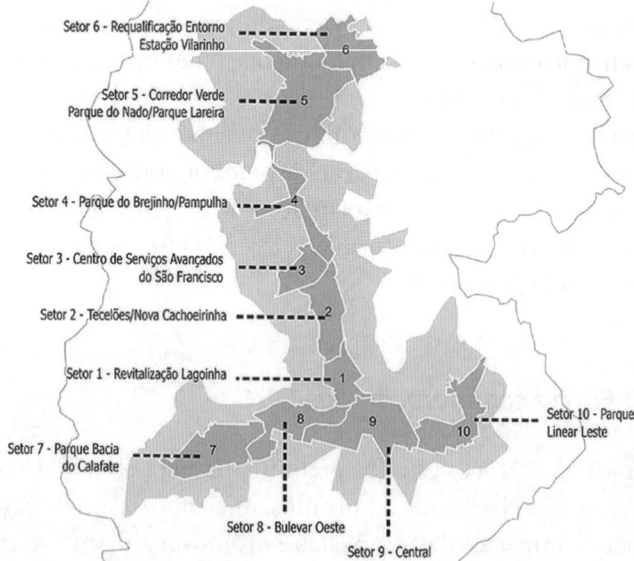

Figura 5 – Bairros envolvidos nas OUC.

Fonte: Prefeitura de Belo Horizonte, 2013.

Assim, em que pese a relevância dos estudos técnicos de viabilidade econômica para captação de recursos no mercado, decorrentes de alterações de parâmetros urbanísticos e dos estudos de transporte dos corredores viários, o foco das discussões de política de ordenamento territorial urbano e de participação social gravitou em torno do EIV.

A área a ser objeto de intervenção por uma OUC estava definida no Plano Diretor, mas o projeto que foi avaliado pelo EIV e discutido com a população era uma proposta aberta, ou seja, ainda não integrava a lei de criação da OUC específica para os corredores. Esse fato deu oportunidade para ajustes em função das avaliações e discussões do processo do EIV.

O Termo de Referência para elaboração do EIV definiu os temas a serem abordados em função dos objetivos estabelecidos para os corredores, a metodologia de avaliação e a necessidade de medidas mitigadoras. De certa forma, foram adotados procedimentos semelhantes aos do EIA, em que não bastam descrições das atividades a serem realizadas, mas sim a identificação dos impactos a partir de prognósticos sobre as pressões exercidas pelas atividades que integraram a OUC, com medidas de controle e um plano de gestão a ser monitorado.

Esse tipo de abordagem gerou as oportunidades de identificação de ajustes no plano inicial da OUC, com recebimento de contribuições de diferentes segmentos da sociedade. O EIV atinge seu objetivo de garantir a qualidade do espaço urbano ao não desempenhar apenas o papel de referendar decisões já tomadas.

Aspectos metodológicos da elaboração do EIV

A metodologia de elaboração do EIV de Belo Horizonte não se restringiu a fazer uma descrição das intervenções previstas nas OUC, mas avançou para um prognóstico dos possíveis impactos (sejam negativos ou positivos) decorrentes das intervenções, identificando e quantificando tais impactos quando possível. Também apontou medidas compensatórias e mitigadoras para os impactos negativos e potencializadoras para os positivos, indicando de que forma deverão ser contempladas no Plano Urbanístico das OUC ou no Plano de Gestão de sua implantação. A correlação entre fatores de análise, impactos e medidas é apresentada em uma matriz que visa embasar um Plano de Gestão.

Assim, de forma resumida, a estrutura lógica do EIV seguiu os seguintes passos:

- Aspecto analisado referente a cada impacto integrado por focos distintos.
- Fatores geradores de potenciais impactos ambientais.

- Indicação dos impactos ambientais.
- Indicação dos setores em que o impacto ocorre com maior intensidade.
- Classificação de acordo com atributos de avaliação dos potenciais impactos ambientais.
- Medidas propostas e indicação da forma de atendimento às medidas propostas.

No Quadro 6 é apresentada uma síntese dos aspectos estudados, dos impactos, da classificação e das medidas adotadas constantes do Plano de Gestão que subsidiaram as alterações do Plano Urbanístico e nortearam o licenciamento e a implantação das OUC.

Quadro 6 – Síntese dos aspectos estudados, impactos, classificação e medidas adotadas.

Relação com a base conceitual estudada	Aspectos analisados pelo EIV	Impactos	Classificação	Mitigação	Compensação	Potencialização
Aspectos relativos ao meio antrópico: qualidade de vida	Uso e ocupação do solo	Desenvolvimento de centralidade regional nos corredores, como expansão da centralidade principal do município	+			X
		Substituição de comércios locais	-	X		
		Aumento do adensamento construtivo	+/-	X		X
		Desenvolvimento de centralidades intermediárias e locais nos bairros	+			X
		Implantação de comércios locais em áreas predominantemente residenciais	+			X
		Aumento da diversidade e complementaridade de usos	+			X
		Racionalização da infraestrutura instalada	+			X
		Substituição e renovação das edificações	+/-	X		X
		Ocupação de lotes vagos e subutilizados	+			X
		Agrupamento de lotes com conformação de terrenos maiores	+/-	X		
		Maior verticalização e modificação do *skyline* atual	+/-	X		X
		Impermeabilização do solo pelas novas edificações	-	X	X	
		Aumento de espaços livres de uso público (quadras, praças e galerias)	+			X

(continua)

Quadro 6 – Síntese dos aspectos estudados, impactos, classificação e medidas adotadas. (*continuação*)

Relação com a base conceitual estudada	Aspectos analisados pelo EIV	Impactos	Classificação	Mitigação	Compensação	Potencialização
Aspectos relativos ao meio antrópico: qualidade de vida	S. econômico	Aumento do adensamento populacional	+/-	X	X	X
		Geração de novos postos de trabalho	+			X
		Valorização dos imóveis da área de influência direta e indireta das intervenções propostas	+/-	X	X	X
		Desvalorização dos imóveis na área de influência direta e indireta das intervenções propostas	+/-	X	X	X
		Atração de empreendimentos comerciais em áreas prioritariamente residenciais	+			X
		Aumento da atratividade mercadológica e da consequente implementação de novos empreendimentos	+			X
	Política habitacional	Aumento do valor de aluguéis	-	X		
		Aumento do déficit habitacional referente ao comprometimento de mais de 30% da renda familiar com aluguel	-	X		
		Gentrificação (expulsão das populações de renda mais baixa)	-	X	X	
		Realocação de famílias em decorrência de remoções necessárias para execução das obras	-	X	X	
		Pressão imobiliária em vilas e favelas e loteamentos irregulares existentes	-	X		
		Implantação de habitação de interesse social em áreas com predominância de população de renda média	+			X
	Patrimônio cultural	Valorização dos conjuntos protegidos e potencialização da identidade cultural	+			X
		Pressão sobre os conjuntos urbanos e bens tombados	-	X	X	
		Pressão sobre as áreas de interesse cultural ainda não protegidas	-	X	X	
	Marcos visuais	Obstrução de visadas	-	X		
		Criação de novos marcos visuais	+			X

(*continua*)

Quadro 6 – Síntese dos aspectos estudados, impactos, classificação e medidas adotadas. (*continuação*)

Relação com a base conceitual estudada	Aspectos analisados pelo EIV	Impactos	Classificação	Mitigação	Compensação	Potencialização
Aspectos relativos ao meio antrópico: qualidade de vida	Equip. públicos	Aumento da demanda por equipamentos públicos urbanos e comunitários	-	X		
		Descentralização da demanda de equipamentos públicos associados a políticas sociais específicas	-	X		
		Melhoria da distribuição territorial e otimização do uso dos equipamentos comunitários e urbanos	+			X
		Maior atratividade de pessoas e uso do logradouro público	+			X
	Infra. e serviços	Aumento do consumo de água e produção de esgotos; acréscimo no consumo de energia elétrica	-	X		
		Aumento da geração de resíduos sólidos urbanos	-	X	X	
Aspectos relativos ao meio físico biótico: qualidade ambiental	Meio físico	Desmoronamentos, escorregamentos e surgimento de processos erosivos	-	X		
		Carreamento de sedimentos e resíduos para drenagem natural, aumentando as áreas com potencial de inundação	-	X		
		Interferência na ventilação e iluminação das novas edificações e das áreas vizinhas	-	X		
		Alteração da qualidade do ar	-	X		
		Alteração dos níveis de ruído	-	X		
		Redução dos alagamentos e inundações nas bacias hidrográficas	+			X
		Melhoria da qualidade do ar e diminuição do nível de ruído	+			X

(*continua*)

Quadro 6 – Síntese dos aspectos estudados, impactos, classificação e medidas adotadas. (*continuação*)

Relação com a base conceitual estudada	Aspectos analisados pelo EIV	Impactos	Classificação	Mitigação	Compensação	Potencialização
Aspectos relativos ao meio físico biótico: qualidade ambiental	Meio físico	Piora do microclima: aumento das temperaturas médias e diminuição da umidade relativa do ar	-	X		
		Melhoria do microclima: atenuação das temperaturas médias e aumento da umidade relativa do ar	+			X
	Meio biótico	Aumento da biodiversidade, do percentual de vegetação, da taxa de infiltração e diminuição do escoamento superficial	+			X
		Eliminação de fragmentos de vegetação, remoção de indivíduos arbóreos e deposição de partículas nas superfícies vegetais	-		X	
	Circulação e transportes	Melhoria nas condições de circulação de pedestres e estímulo aos deslocamentos a pé	+			X
		Saturação viária em diversos trechos, com piora nas condições e aumento do tempo de deslocamento em transporte motorizado	-	X	X	
		Melhoria nas condições de circulação e estímulo aos deslocamentos de bicicleta.	+			X
		Melhoria nas condições de acesso e de circulação ao transporte coletivo e estímulo ao seu uso.	+			X
		Desestímulo ao uso de modos individuais de transporte	+			X

Fonte: da autora, adaptado de Prefeitura de Belo Horizonte (2018).

Destaques das alterações urbanísticas e de gestão como decorrência do EIV

O primeiro relatório foi apresentado e aprovado pelo Conselho Municipal de Políticas Urbanas (Compur) em 30 de janeiro de 2014 e após diversas discussões e questionamentos por parte de membros da sociedade civil, pelo Ministério Público e pela própria equipe da Prefeitura foram procedidas alterações e uma nova rodada de discussões ocorreu entre setembro de 2014 e maio de 2015, até seu envio ao Compur para aprovação.

Uma alteração essencial foi que o foco da OUC deixou de ser prioritariamente as intervenções e as obras e passou a ser o fortalecimento das políticas públicas para atingir os objetivos propostos, como foi o caso das estratégias de tipologias incentivadas e a política de habitação social para garantir mais usuários de transportes coletivos junto aos corredores.

De acordo com as súmulas das discussões públicas, as propostas de modelos de ocupação visando o alcance dos resultados urbanísticos pretendidos foram as mais discutidas, até mais do que o tema da venda de potencial construtivo que costuma monopolizar as atenções. Assim, a reestruturação proposta para o Plano Urbanístico ocorreu não apenas no que se refere às intervenções físicas, mas principalmente em relação à mudança nas regras de gestão urbana. Em todos os casos, o EIV desempenhou papel central.

Outra alteração estrutural no Plano Urbanístico das OUC foi a proposta de realização de diversos leilões de Certificados de Potencial Adicional de Construção (Cepac) associados às etapas de execução. A sugestão advém da crença de que essa estratégia possibilita maior recuperação da mais-valia fundiária, incorporando na arrecadação parte da valorização decorrente das próprias obras das OUC das etapas anteriores.

No que se refere diretamente ao Plano Urbanístico, as alterações podem ser sintetizadas nos tópicos a seguir:

- **Habitação:** inclusão no plano urbanístico de tipologia habitacional voltada para usuários potenciais de transporte coletivo com no máximo uma vaga para veículo e apenas um banheiro, chamada tipologia incentivada; definição do programa de aluguel social (previsão de investimento de cerca de 15% dos recursos das OUC).
- **Mobilidade:** inclusão de propostas de sistema de transporte coletivo de capacidade média e alta nas extremidades Leste e Oeste, não atendidas nem pelo metrô nem pelo BRT; inclusão das propostas de requalificação dos corredores principais e dos terminais de transporte Niquelina e Carlos Prates entre as intervenções prioritárias.
- **Meio ambiente:** inclusão de possibilidade de Transferência do Direito de Construir para viabilizar implantação de parques indicados pelo Plano Urbanístico em terrenos particulares; inclusão de incentivo à cria-

ção de Reservas Particulares Permanentes na área das OUC; inclusão de exigência de mecanismos de sustentabilidade nos empreendimentos na área de adensamento.

- **Equipamentos e Áreas Especiais de Interesse Social (AEIS):** definição de Parâmetros de Desenho Urbano que são definidos em função da situação de cada terreno com relação a seu entorno (conjunto de quadras, vias e terrenos vizinhos); definição de grande trecho do bairro São Francisco como área passível de Plano de Estruturação Futuro (assim como já estava definido para trecho do Programa Requalificação do Entorno da Estação Vilarinho).

CONSIDERAÇÕES FINAIS

A análise do potencial de promoção da sustentabilidade ambiental de intervenções urbanas é um tema subestimado num contexto em que o campo dos estudos ambientais vem experimentando o alargamento de suas bases conceituais e metodológicas. Essa condição se justifica, em parte, pela visão ainda dominante entre os estudiosos da área, na maioria oriundos das ciências naturais, de que intervenções urbanas são em si promotoras de impactos ambientais negativos e que devem ser evitadas.

Esquecem que a cidade sustentável pode ser entendida como aquela que continuamente sabe se renovar. O desafio de refazer a cidade existente, recuperando-a por meio da diversidade de usos e qualificação dos espaços urbanos é uma forma de reciclagem e redução das pressões de expansão sobre os espaços naturais.

Entretanto, os objetivos de todos os processos de planejamento urbano, desde os mais tradicionais até os que incorporam conceitos e bases metodológicas de sustentabilidade se propõem à promoção da qualidade de vida da população e mais recentemente à qualidade ambiental.

O estudo realizado na tentativa de compreender essa aparente contradição contribuiu para estabelecer os fatores do meio físico biótico e antrópico que respondem pelos conceitos de qualidade de vida e ambiental, de modo a melhor subsidiar a análise de intervenções urbanas e objetivar seus resultados avançando para além do discurso.

Verificou-se ainda que os fatores identificados possuem maior ou menor presença em diferentes áreas do território das cidades e seu peso deverá ser considerado nas análises de diferentes projetos urbanos, sejam eles de expansão urbana, nos quais os aspectos do sistema natural têm mais relevância, ou em casos de projetos de requalificação urbana em que predominam os aspectos do sistema antrópico.

Em outra abordagem do estudo considerou-se quais instrumentos de gestão urbana estão disponíveis para internalizar as avaliações sobre o alcance de qualidade de vida e ambiental nos projetos urbanos, quando foram identificados o EIA e o EIV. A análise do escopo legal e da prática de aplicação leva a sugerir que o EIA é mais afeito aos casos de expansão urbana e o EIV é mais adequado para avaliar os impactos e os objetivos de qualidade do espaço urbano decorrentes de projetos de requalificação ou melhorias urbanas.

Como contribuição direta à análise de grandes intervenções urbanas, utilizou-se como exemplo as Operações Urbanas do Rio de Janeiro e Belo Horizonte, em que foi aplicado o EIV.

O fato de o EIV possuir, por definição legal no Estatuto da Cidade a obrigação de contemplar em sua elaboração vários aspectos característicos da dinâmica urbana e alguns do meio físico biótico, resulta mais apropriado para avaliação de intervenções inseridas nas áreas já urbanizadas.

Entretanto, verificou-se que o EIV não possui maiores definições conceituais ou metodológicas para sua elaboração, ficando a cargo do discernimento de equipes que muitas vezes não possuem maior familiaridade com o tema, o que leva a documentos descritivos sem contribuição analítica sobre o real papel da intervenção em avaliação para melhoria da qualidade de vida e ambiental da cidade. Nesses casos, acabam se restringindo a um cumprimento burocrático de licenciamento urbanístico, como no caso das OUC do Rio de Janeiro.

O caso de Belo Horizonte apresenta uma aplicação do EIV com a incorporação de procedimentos e metodologias advindos das boas práticas do EIA, que possuem maior tradição de avaliação de projetos, contando com base normativa mais consolidada, e pode de fato desempenhar um papel relevante de aglutinador da participação social e da revisão do Projeto Urbanístico das OUC.

Por fim, o aprendizado a ser retirado diz respeito à necessidade de definição de norma para aplicação do EIV, a exemplo do que existe para o EIA quanto à metodologia, processo participativo, etapa da proposta urbanística a ser avaliada e necessidade de um plano de gestão com medidas de controle para a fase de implantação do projeto urbano submetido à avaliação.

Assim, o EIV poderá se impor como o instrumento facilitador de avaliação de projetos, tornando mais objetiva a construção da sustentabilidade ambiental urbana, em que pese não serem os instrumentos os motores dos processos de transformação, mas sempre as pessoas.

REFERÊNCIAS

ALVA, E. *El desarrollo sustentable y las metrópolis latinoamericanas.* Colégio de México,1996.

BRASIL. Estatuto da Cidade: guia para implementação pelos municípios e cidadãos: Lei n. 10.257 de 10 de julho de 2001, que estabelece diretrizes gerais da política urbana. 2. ed. Brasília: Câmara dos Deputados, 2001.

BOOZ-ALLEN PUBLIC ADMISTRATION SERVICES. *The quality of life concept: a potential new tool for decision-makers.* Washington: Environmental Protection Agency, 1973.

DAVID, M.A. Estudo prévio de impacto de vizinhança e seus limites, no caso referência do município do Rio de Janeiro. 2005. Dissertação (Mestrado). Programa de Pós-Graduação em Ciência Ambiental do Instituto de Geociências da Universidade Federal Fluminense (UFF), Rio de Janeiro, 2005.

GOMES, M. A. S.; SOARES, B. R. Reflexões sobre qualidade ambiental urbana. *Estudos Geográficos,* v. 2, n. 2, p. 21-30, jul.-dez. 2004. Disponível em: <www.rc.unesp.br/igce/grad/geografia/revista.htm>. Acessado em: 9 maio 2014.

GONZALES, S. F. N. et al. *Planejamento & urbanismo na atualidade brasileira: objeto, teoria e prática.* São Paulo/Rio de Janeiro: Livre Expressão, 2013.

GUIMARÃES, S. T. L. Nas trilhas da qualidade: algumas ideias, visões e conceitos sobre qualidade ambiental e qualidade de vida. *Geosul,* v. 20, p. 7-26, jul./dez. 2005. Disponível em: <https://periodicos.ufsc.br/index.php/geosul/article/view/13233>. Acesso em: 22 ago. 2014.

HARVEY, D. Justice, nature and the geography of difference. Blackwell,1996.

MASLOW, A. *A theory of motivation.* Toronto: York University, 2000. Disponível em: <http://psychclassics.yorku.ca/Maslow/motivation.htm>. Acesso em: 6 abr. 2015.

MORATO, R. G. *A natureza multidimensional da qualidade de vida.* São Paulo. 2004, 108 f. Dissertação (Mestrado). Programa de Pós-Graduação em Geografia Física do Departamento de Geografia da Faculdade de Filosofia, Letras e Ciências Humanas da Universidade de São Paulo (USP), São Paulo, 2004.

[PBH] PREFEITURA DE BELO HORIZONTE. Operação Urbana Consorciada Antônio Carlos/Pedro I + Leste-Oeste. Plano Urbanístico e Estudo de Impacto de Vizinhança. Caderno de Textos. Belo Horizonte, set. 2015.

_____. Operação Urbana Consorciada Antonio Carlos/Pedro I. Apresentação Compur, Plano Urbanístico e EIV. Disponível em: https://prefeitura.pbh.gov.br/politica-urbana/planejamento--urbano/operacoes-urbanas/consorciadas. Acesso em 22 jul. 2018.

PREFEITURA DO RIO DE JANEIRO. Estudo de impacto de vizinhança da OUC Porto Maravilha. [s.d] Disponível em: <http://www.portomaravilha.com.br/estudos_vizinhanca>. Acesso em: 31 maio 2016.

REIS, M. G. Estudo de impacto de vizinhança – EIV. *Cadernos da EJEF.* Série Estudos Jurídicos n. 2, Direito Ambiental II. Belo Horizonte: TJMG/Escola Judicial Des. Edésio Fernandes, 2006.

RIBAS, O. *A sustentabilidade das cidades:* os instrumentos da gestão urbana e a construção da qualidade ambiental. 2003. Tese (Doutorado). Centro de Desenvolvimento Sustentável, Universidade de Brasília, Brasília, 2003.

SANTOS, C. R; HARDT, L. P. A. Qualidade ambiental e de vida nas cidades. In: GONZALES, S. F. N. et al. *Planejamento & urbanismo na atualidade brasileira: objeto, teoria e prática.* São Paulo/Rio de Janeiro: Livre Expressão, 2013.

SANTOS, L. D.; MARTINS, I. A qualidade de vida urbana: o caso da cidade do Porto. *Working Papers da FEP,* n. 116, 24p., maio 2002. Disponível em: <http://www.fepup.pt/investigacao/workingpapers/wp116.pdf>. Acesso em: 31 maio. 2018.

ÜLENGIN, B.; ÜLENGIN, F.; GÜVENÇ, Ü. A multidimensional approach to urban quality of life: the case of Istanbul. *European Journal of Operational Research,* n. 130, p. 361-374. 2001.

31 | Patrimônio ambiental, preservação e desenvolvimento: conflitos nos bairros-jardim de São Paulo

José Geraldo Simões Junior
Arquiteto, Universidade Presbiteriana Mackenzie, UPM

BREVE CARACTERIZAÇÃO DAS ÁREAS DE INTERESSE AMBIENTAL NA CIDADE: PARQUES, PRAÇAS, ESPAÇOS LIVRES E OS BAIRROS-JARDIM

Diversas são as áreas de interesse ambiental existentes dentro de uma zona urbana, assim como distintos são os instrumentos de proteção e garantia da manutenção dessas áreas em face do desenvolvimento da cidade.

O crescimento urbano acontece sempre procurando encontrar soluções que amenizem as tensões existentes entre dois aspectos: o da preservação ambiental e o do desenvolvimento. Preservacionistas e moradores em geral ocupam o lado da defesa da qualidade ambiental, opondo-se a grupos desenvolvimentistas que preconizam a modernização, a verticalização e o crescente adensamento do solo urbano. Estes últimos são representados por agentes do mercado imobiliário e financeiro, segmentos do setor público, parlamentares e também parte dos moradores.

Basicamente, em uma cidade existem dois tipos de área: aquelas de uso público e as de propriedade particular. As áreas públicas são aquelas definidas pelo Código Civil, constituídas pelos rios, pelas vias públicas, praças, parques urbanos, lagos e represas, edifícios e terrenos pertencentes ao poder público. As áreas privadas são normalmente os lotes decorrentes de parcelamento ou glebas ainda não loteadas, áreas objeto de comercialização no mercado fundiário. Nessas duas categorias existem elementos de interesse ambiental que estão presentes e que precisam de proteção, como as nascentes, a vegetação significativa, as áreas permeáveis, os fundos de vale, as áreas frágeis como encostas, topos de morros, sítios arqueológicos, áreas de interesse cultural e paisagístico, sítios indígenas etc.

No espaço urbano há, também, as áreas construídas e as áreas livres. No sistema de espaços livres da cidade (como praças, parques, rios e córregos superficiais), as áreas verdes podem ser definidas como aqueles espaços em que predomina a vegetação. Além disso, para que possa ser considerada área verde, esses espaços devem atender a três requisitos básicos: estético, ecológico-ambiental e de lazer, servindo à população e permitindo a recreação. Com esse entendimento, podem ser consideradas áreas verdes, além de parques e praças, os bosques, os *playgrounds*, as áreas de *camping* e balneários, margens de rios e lagos que sirvam de recreação (Cavalheiro et al., 1999, apud Londe; Mendes, 2014, p.267).

As instâncias que legislam e gerenciam esses distintos espaços públicos são de diversos níveis e os instrumentos utilizados são inúmeros. Por exemplo, o Código Florestal (Lei n. 12.651/2012) regulamenta as áreas ambientalmente frágeis e vulneráveis, cuja proteção auxilia na manutenção da qualidade ambiental da cidade. Além disso, essa Lei objetiva contribuir para a manutenção de espaços verdes e de áreas de lazer, bem como a conservação da fauna e da flora, permitindo a manutenção de significativas áreas permeáveis e de recarga de aquíferos, diminuindo dessa forma o risco de acidentes como enchentes e deslizamentos de encostas.

No *âmbito federal*, perpassando o estadual e o municipal, há um importante instrumento de gestão ambiental, o Sistema Nacional de Unidades de Conservação (SNUC), instituído pela Lei n. 9.985, de 18 de julho de 2000, dedicado à conservação de biomas, espécies vegetais e animais, paisagens naturais e incentivos à educação ambiental. Entre os instrumentos de gestão adotados podemos citar os Corredores Ecológicos e os Sítios do Patrimônio, esses últimos representando as áreas naturais protegidas pela Convenção do Patrimônio Mundial da Unesco.

Há também *instâncias estaduais* que atuam no espaço urbano. No caso da cidade de São Paulo, objeto de análise de nosso estudo, e pensando mais nas áreas livres e com grande cobertura vegetal, a principal entidade do Governo do Estado a geri-las é a Secretaria do Meio Ambiente (Sema).

Por meio do Instituto Florestal, um dos braços de atuação da Sema, definem-se diversas categorias de áreas objeto de preservação: as Estações Ecológicas, Estações Experimentais, Florestas, Hortos, Parques Estaduais e Viveiros Florestais. Entre eles, apenas o Parque Estadual Alberto Löfgren (Horto Florestal) se situa na capital paulista. Ele é também parte integrante do SNUC.

Ainda no âmbito da Sema, há as Unidades de Conservação, constituídas por parques com significativo valor natural, paisagístico ou geológico e que podem ter seu uso associado a atividades de pesquisa, educação, recreação e turismo. A cidade de São Paulo abrange parcial ou totalmente algumas dessas áreas: Parque da Cantareira, Parque do Jaraguá, Parque Fontes do Ipiranga (onde se situa o Jardim Botânico e o Zoológico), Parque da Serra do Mar e outras mais.

Em outra categoria, a dos Parques Urbanos, a Sema gerencia áreas de menor porte, como os parques Villa-Lobos, Água Branca, Guarapiranga, da Juventude, entre outros.

Todas essas áreas elencadas possuem algum tipo de proteção e monitoramento exercido pelos órgãos públicos do Meio Ambiente Estadual.

Em relação à *esfera municipal*, o controle é exercido por diversas secretarias, como Verde e Meio Ambiente, Desenvolvimento Urbano, Infraestrutura Urbana e pelas subprefeituras. Há um sistema gerenciador que integra essas ações, chamado Sistema Municipal de Áreas Protegidas, Áreas Verdes e Espaços Livres (Sapavel).

No âmbito da Secretaria do Verde e Meio Ambiente (SVMA), é o Departamento de Parques e Áreas Verdes (Depave) que gerencia dezenas de parques espalhados pela cidade com áreas superiores a 5.000 m², como Jardim da Luz, Parque da Aclimação, Bosque do Morumbi, Trianon, Parque do Ibirapuera, Burle Marx, Parques da Independência, Jacques Cousteau, Cemucan, Carmo, Piqueri, diversos parques lineares, entre muitos outros.

As áreas verdes com menos de 5.000 m² (praças, parques, canteiros viários centrais etc.) são administradas pelas subprefeituras.

Além dos parques, há as Unidades de Conservação, que podem ser gerenciadas tanto pelo município como pelo governo do estado ou pela federação. Nessa categoria incluem-se as Reservas Biológicas, as Áreas de Proteção Ambiental (APA) e as Reservas Particulares do Patrimônio Natural (RPPN). Em São Paulo, são relevantes a APA Capivari-Monos, o Parque Natural da Cratera de Colônia, o Parque Natural Itaim e a RPPN Mutinga.

Na esfera de atuação da Secretaria Municipal de Urbanismo e Licenciamento (SMUL), a proteção se dá pelo instrumento de controle do uso e ocupação do solo, estabelecido pelo Plano Diretor Estratégico (PDE, 2014) e pela nova Lei de Uso e Ocupação do Solo (Luos, 2016), também conhecida como Lei de Zoneamento, principalmente por meio das Zonas Especiais de Proteção Ambiental (Zepam).

No novo zoneamento, essas Zepam acabaram incorporando os parques urbanos, o que faz a gestão dessas importantes áreas ambientais sair do âmbito exclusivo da SVMA e passar a ser compartilhada entre esta e a SMUL.

Além disso, nas áreas verdes públicas, o PDE 2014, em seus arts. 275 e 276, passa a permitir a instalação de equipamentos públicos e sociais no interior dessas áreas, o que tende a reduzir a área permeável e de verdura de alguns locais.

Ainda no âmbito da legislação de uso e ocupação do solo, o zoneamento define outra zona que possui grande interesse na esfera da preservação ambiental, paisagística, histórica e cultural. Trata-se das Zonas Especiais de Preservação Cultural (Zepec).

Zonas Especiais de Preservação Cultural são porções do território destinadas à preservação, valorização e salvaguarda dos bens de valor histórico, artístico, arquitetônico, arqueológico e paisagístico, doravante definidos como patrimônio cultural, podendo se configurar como elementos construídos, edificações e suas respectivas áreas ou lotes; conjuntos arquitetônicos, sítios urbanos ou rurais; sítios arqueológicos, áreas indígenas, espaços públicos; templos religiosos, elementos paisagísticos; conjuntos urbanos, espaços e estruturas que dão suporte ao patrimônio imaterial e/ou a usos de valor socialmente atribuído.[1]

Com esse entendimento, é possível constatar que áreas de interesse paisagístico e cultural que sejam formadas por conjuntos urbanos podem ser incluídas nessa categoria de Zepec. Essas zonas possuem uma conexão direta com outro instrumento de proteção gerenciado pela Secretaria Municipal da Cultura (SMC): o tombamento. Como explicado na página da SMUL na internet:

A origem da Zepec está no tombamento de imóveis e conjuntos urbanos, podendo ter novos perímetros criados durante a vigência da lei de zoneamento na medida em que são instituídos novos tombamentos nos níveis federal, estadual e municipal. A Zepec depende de outra zona para viabilizar a aprovação de reformas e licenças de instalação uma vez que a Zepec apresenta apenas parâmetros e restrições de ocupação, não dispondo de parâmetros de uso, de incomodidade e de condições de instalação dos usos. A Zepec talvez seja a zona que mais contribui para a preservação de bairros, pois o tombamento restringe a transformação.[2]

[1] Disponível em: http://www.prefeitura.sp.gov.br/cidade/secretarias/upload/chamadas/glossario_1459538258.pdf. Acesso em: 3 ago. de 2018.
[2] Idem.

Dessa forma, chegamos ao objetivo principal deste texto, que consiste na compreensão do significado ambiental de determinados conjuntos urbanos – no caso os bairros-jardim, que são grandes espaços urbanos decorrentes de loteamentos realizados no início do século passado que tiveram em sua concepção original a valorização da paisagem, das áreas verdes e da baixa densidade de ocupação e hoje constituem patrimônio fundamental para a garantia da qualidade do meio ambiente para toda a cidade.

Esses bairros-jardim são hoje preservados não pelos órgãos de proteção ao meio ambiente, mas pelos órgãos ligados às secretarias de cultura – estadual e municipal – que gerenciam o tombamento, instrumento urbanístico de proteção ao patrimônio cultural e que pode abranger determinados sítios de interesse ambiental, como é o caso de alguns parques e também desses bairros.

O Conselho de Defesa do Patrimônio Histórico, Arqueológico, Artístico e Turístico (Condephaat) é o conselho estadual que, vinculado à Secretaria do Estado da Cultura, promove a proteção de bens culturais de relevância para a história e memória do estado de São Paulo. Na capital paulista, o Condephaat tem tombado inúmeros bens: obras arquitetônicas, obras de arte, edifícios públicos e até mesmo parques e unidades de conservação. São dezenas de bens tombados no município de São Paulo, mas dentre eles alguns se destacam pelo caráter urbanístico-ambiental, como a Cratera da Colônia, os parques da Aclimação, da Independência, da Água Branca e Trianon, assim como pequenos conjuntos urbanos de valor histórico, como as vilas Economizadora, Itororó, Maria Zelia e finalmente os bairros-jardim, do Pacaembu e dos Jardins.

De forma similar, a instância municipal possui o Conselho Municipal de Preservação do Patrimônio, Histórico, Cultural e Ambiental da Cidade de São Paulo (Conpresp), atrelado à Secretaria Municipal da Cultura, que promove estudos e tombamentos de interesse municipal. Muitos parques também são tombados pelo Conpresp, como o Ibirapuera, o da Independência, o Jardim da Luz, da Água Branca e outros, mas os bairros ambientais também são tombados, em especial aqueles que foram concebidos e implantados pela Companhia City, como Pacaembu, Jardim América e Alto da Lapa, além de outros que seguem o mesmo padrão urbanístico, como Sumaré, Jardim Europa, Jardim Paulistano e Jardim da Saúde.

Portanto, as áreas urbanas formadas por esses bairros-jardins possuem atributos ambientais tão positivos para a cidade que justificaram essa proteção. Como não se tratam de unidades de conservação nem parques públicos, a proteção precisou ser feita por um instrumento urbanístico associado ao patrimônio cultural, que nesses casos adquire conotação de proteção ambiental urbana.

PATRIMÔNIO CULTURAL E MEIO AMBIENTE: OS BAIRROS-JARDIM NA CIDADE DE SÃO PAULO

A origem dos bairros-jardins em São Paulo está associada à presença da Companhia City na cidade[3].

A City of São Paulo Improvements and Freehold Land Company Limited foi uma empresa fundada em Londres em 1911, tendo como objetivo realizar operações imobiliárias no Brasil. Contando com a intermediação do empresário paulista Horácio Belford Sabino para a aquisição de terras, foram comprados pela City 12.280.098 m² de terrenos na capital paulista, um montante extraordinário em uma operação imobiliária sem precedentes, totalizando uma área equivalente a 37% da então área urbanizada da cidade (Souza, 1988, p. 65).

Boa parte dessas glebas se situava na zona oeste da cidade e deu origem aos loteamentos do Pacaembu, Jardim América, Alto da Lapa, Bela Aliança, entre outros, como mostra a Figura 1.

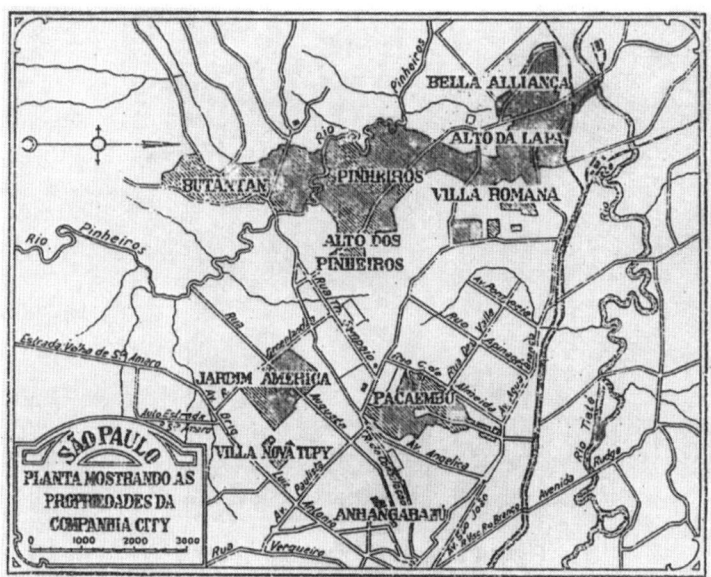

Figura 1 – Planta dos terrenos de propriedade da Cia. City.
Fonte: arquivo da Cia. City, extraído de Schneider, 2013.

---

[3] A Companhia City de Desenvolvimento é a única titular do direito de uso e propriedade das marcas compostas pelas expressões CITY e CIA CITY.

A vinda de Richard Barry Parker para o Brasil em 1917 para trabalhar na Companhia City em São Paulo trouxe grande impulso para as atividades da empresa na cidade.

Parker era um notório urbanista inglês, que tinha trabalhado junto aos pioneiros do movimento Garden-Cities daquele país, o empreendedor Ebenezer Howard e o arquiteto Raymond Unwin. Ajudou a projetar a primeira cidade-jardim inglesa – Letchworth – em 1904 e desenvolveu em parceria com Unwin diversos projetos de residências e *cottages*. Com o advento da Primeira Guerra Mundial, migrou para Portugal, onde realizou projetos para a cidade do Porto antes de se mudar para o Brasil.

A sua vivência com um novo modo de pensar e projetar a cidade – valorizando os espaços públicos generosos, o verde abundante e lotes amplos com casas implantadas em boa distância das divisas – trouxe para São Paulo a concepção de um modelo urbanístico bastante distinto de nossa tradição lusitana, em que dominavam os lotes estreitos e profundos e as construções alinhadas às divisas.

Figura 2 – Barry Parker, em foto dos anos 1920.

Fonte: arquivo do autor.

Na época, um modelo semelhante ao de Parker já começava a adquirir certa ressonância entre as abastadas classes de cafeicultores e industriais paulistas. Tratava-se dos bairros higiênicos, mais segregados e portanto distantes das áreas mais densamente povoadas, onde se concentravam os focos das epidemias na época. Eram conhecidos como bairros salubres, destinados às elites, e que já se implantavam na cidade desde o final do século XIX: Campos Elíseos, Paulista e Higienópolis. Eram loteamentos em que predominavam lotes de grandes dimensões e com normativas de uso e ocupação, que definiam recuos frontais e laterais e uso exclusivamente residencial e unifamiliar. Dessa forma, esses locais eram dominados por amplas áreas livres nos lotes que abrigavam vegetação de porte, que se somava à arborização pública ao longo das alamedas onde se localizavam.

Ao chegar ao Brasil em 1917, Barry Parker veio para solucionar problemas que a City estava enfrentando. A empresa já tinha amargado o fracasso da reprovação do primeiro projeto para o Pacaembu, recusado no ano anterior. Apostava então no loteamento do Jardim América, uma área igualmente distante do centro da cidade, mas que se mostrava mais promissora em razão de sua proximidade com o então recente bairro da Vila América (situado entre as atuais avenida Paulista e a rua Estados Unidos) e também pelo fato de ser uma área plana.

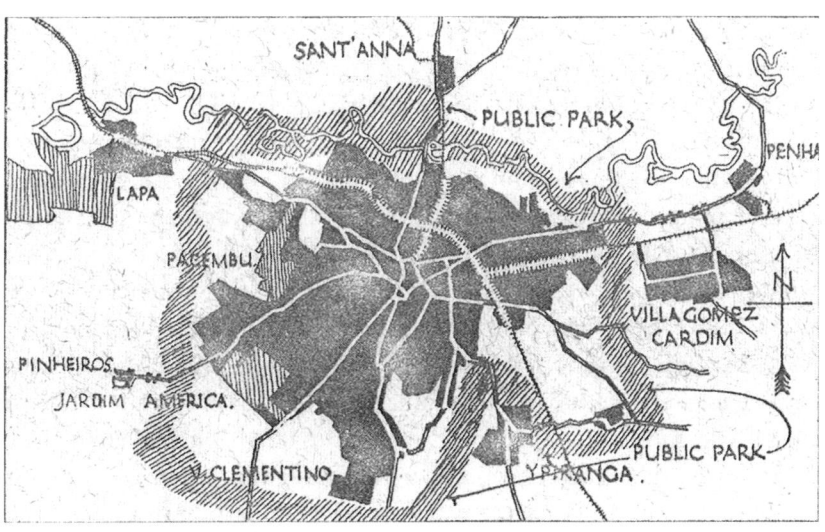

Figura 3 – Projeto de parque urbano circundando a cidade, elaborado por Barry Parker em 1917.

Fonte: arquivo da Cia. City.

Barry Parker passou então a se dedicar a esse empreendimento, detalhando aspectos do projeto urbanístico e de sua implantação. Projetou e construiu casas em pontos focais na entrada do empreendimento, causando grande impacto nos interessados e alavancando as vendas da companhia. Essa boa estratégia de *marketing*, associada à ampla divulgação pela imprensa, fez Parker constatar nos dois anos que permaneceu em São Paulo, um incremento de 100% no valor dos lotes nesse empreendimento. Ao mesmo tempo, a sua ilustre presença na cidade atraiu o interesse da municipalidade, que por diversas vezes solicitou os seus serviços em projetos e melhorias. Dentre esses projetos destaca-se o projeto paisagístico do Parque Trianon, na Avenida Paulista, que ensejou um estudo mais amplo, o de um grande parque urbano (*green belt* ou *park ring*) circundando a cidade.

Parker também analisou a legislação de loteamentos vigente, que era muito restritiva e que obrigava os novos empreendimentos a terem ruas com largura mínima de 16 m, quadras com face de pelo menos 60 m e declividade máxima de 8%. Com esses critérios, a ocupação de uma área de vale como a do Pacaembu ficava inviável do ponto de vista econômico e ecológico.

Segundo ele, as ruas de 16 m abertas em relevo acidentado, como nas encostas do vale do Pacaembu, implicariam enorme movimentação de terra, altos custos de urbanização, aproveitamento dos lotes ineficiente e grande desnível entre as cotas de um mesmo lote. Propôs então uma solução inovadora para o projeto do bairro: em encostas com grande declividade, implantar ruas de 8 m traçadas seguindo as curvas de nível, com implantação de residências em um só lado das vias, a montante do lote, permitindo assim extensos jardins ao fundo do lote (jusante) e vista desimpedida dos moradores para os atrativos do vale. Ao mesmo tempo em que permitia descortinar um belo cenário para aqueles que estão entrando no bairro, advindos da Avenida Paulista. Além disso, preconizava a adoção de praças de retorno, reentrâncias para alargamento de vias, servidões/passagens para pedestres em locais de forte declividade, pequenos jardins no remate de ruas e *culs de sac* (ou ruas sem saída), desde que complementadas com passagem para pedestres em comunicação com o lado oposto. Foi o que em grande parte acabou acontecendo na década seguinte, quando já vigorava nova legislação mais adequada a esses parâmetros, permitindo ao engenheiro George Dodd, da Companhia City, concluir a versão definitiva do plano do bairro.

Dessa forma, o bairro foi implantado, adquirindo a configuração final segundo a Figura 5. Nota-se a grande distinção entre o traçado viário do bairro (orgânico e adequado ao relevo) com o das áreas circundantes (bairros de Higienópolis e Perdizes), implantados conforme a lei dos arruamentos anteriormente vigente.

Figura 4 – Desenho de Parker em que é exemplificada a utilização de ruas com 8 m de largura e ocupação de um dos lados da rua.

Fonte: arquivo da Cia. City.

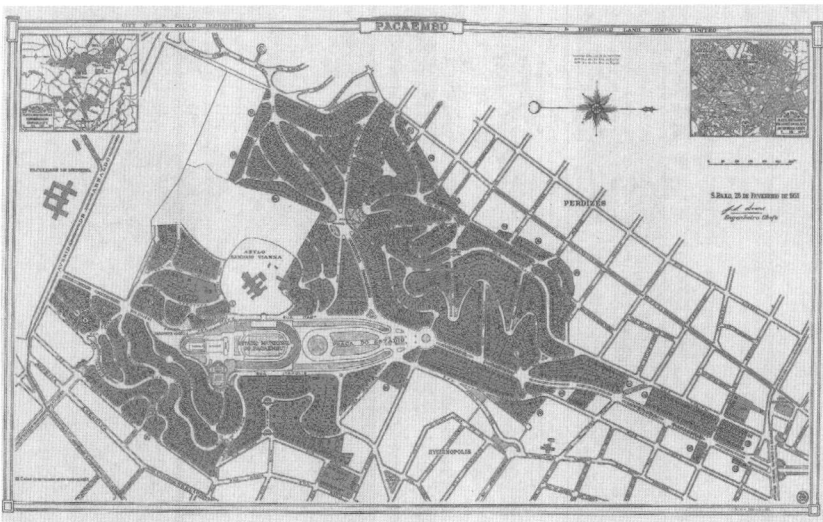

Figura 5 – Planta do bairro do Pacaembu, mostrando o inovador projeto de seu traçado viário em relação ao bairros lindeiros (1951).

Fonte: arquivo da Cia. City.

Em relação ao bairro do Jardim América, já extensamente estudado por Bacelli (1982) e Wolf (2001), a concepção final foi também de autoria de Barry Parker e o projeto aprovado é anterior à versão definitiva do Pacaembu. As obras de terraplenagem tiveram início em 1913 e a concepção do bairro estava ainda limitada aos parâmetros da legislação da época. Como a área era plana e pantanosa, foram necessárias obras de aterro e o padrão viário adotado foi o de ruas retas nas artérias principais e ruas curvas nas secundárias, de forma que o traçado ganhasse organicidade e alguns pontos focais. As principais artérias do empreendimento, com traçado retilíneo, eram as ruas Colômbia e Brasil. Além delas, havia outras duas expressivas, que Parker denominou de bulevares (Bacelli, 1982, p. 53) e que possuíam larguras avantajadas de 22 m e lotes com o dobro da testada usual. Eram as ruas Guadalupe e Canadá, que cortavam a artéria principal da avenida Brasil.

Figura 6 – Projeto original do bairro do Jardim América.
Fonte: arquivo da Cia. City.

Além dos bairros-jardim projetados pela City, podemos citar outros que seguiram o mesmo padrão urbanístico: Jardim Europa (projetado por Hipólito Gustavo Pujol Junior em 1922 para o proprietário da chácara, Manuel Garcia da Silva, em parceria com a família Klabin-Lafer), Jardim Paulistano (projeto de 1925, do empreendedor Jorge Mahfuz), Sumaré (projeto de 1928 da Sociedade Paulista de Terrenos e Construções Sumaré Ltda.), Jardim da Saúde (projeto de 1938 do engenheiro Jorge de Macedo Vieira, que tinha trabalhado na City) e outros semelhantes, como Chácara Flora (projeto de 1924, do engenheiro inglês Louis Romero Sanson), Interlagos (projeto de Sanson e do arquiteto francês Donat-Alfred Agache, de 1928), locais com grande área de cobertura vegetal em seus projetos originais.

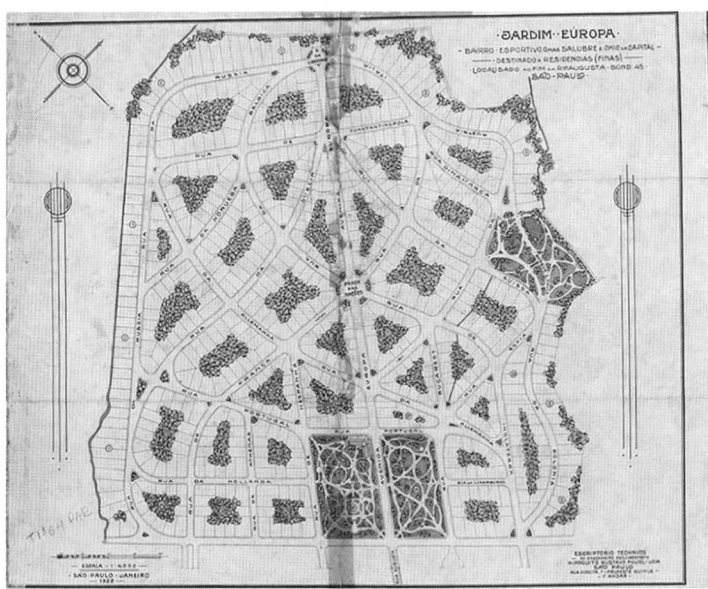

Figura 7 – Projeto do loteamento do bairro do jardim Europa, de autoria do engenheiro Pujol Junior (1922).

Fonte: arquivo do autor.

OS BAIRROS-JARDIM E SEUS ATRIBUTOS PARA A PRESERVAÇÃO AMBIENTAL

Os bairros-jardim na cidade de São Paulo tornaram-se com o decorrer do tempo locais com excepcional qualidade ambiental. Esse fato foi possível por conta de diversos fatores.

O primeiro fator se deve à concepção urbanística e ao projeto de desenho urbano, que adotava novos paradigmas para o parcelamento das quadras, traçado das ruas e concepção dos espaços públicos. Como já vimos, desde a década de 1910, esses paradigmas adotados, provenientes do modelo *garden--cities* inglês, eram muito mais generosos do que a nossa legislação tradicional de parcelamento do solo, fundamentada no Padrão Municipal de 1886, que recomendava ruas retas e praças retangulares, sem especificar as porcentagens mínimas necessárias para os espaços livres, sistema viário e áreas verdes. O modelo das cidades-jardim procurava trazer a ambiência do campo para as áreas urbanas, por meio de lotes amplos com extensas áreas livres e de verdura, como exposto na propaganda da época.

Figura 8 – Propaganda dos empreendimentos da City. Essa companhia inovou ao introduzir a publicidade em jornais e revistas de grande circulação, para a divulgação e venda de seus empreendimentos. E inovou também ao oferecer ampla infraestrutura urbana instalada e projetos para as residências. O público era a classe emergente de profissionais liberais e a elite paulistana.

Fonte: arquivo da Cia. City.

Além disso, no caso do Pacaembu, outra inovação foi o cuidado em adequar o traçado viário às difíceis condições topográficas do sítio, evitando grandes movimentações de terra em cortes e aterros e valorizando a vegetação no espaço público. A Figura 9, do período inaugural do loteamento, mostra claramente essa preocupação por parte do projetista, deixando a área do fundo do vale, a mais delicada do ponto de vista ambiental, para a construção de um grande equipamento público, que depois se consolidou com o estádio e a área esportiva.

O segundo fator se dá por esse projeto urbanístico ter sido implementado por um arquiteto inglês, que realizou um importante trabalho político de difusão e defesa desses novos parâmetros ambientais, que mais tarde acabaram sendo copiados em outros bairros por urbanistas locais.

Como terceiro fator, temos o fato de os projetos pioneiros concebidos por Barry Parker, como Pacaembu, Alto de Pinheiros e Bela Aliança, terem adotado coeficientes de aproveitamento do solo muito generosos no que se refere à promoção de espaços livres, que se expressavam de variadas formas:

- Pela largura do sistema viário, permitindo a existência nos passeios de canteiros e faixas arborizadas em frente aos lotes.
- Pela criação de amplas áreas destinadas a praças e instalação de equipamentos públicos.

Figura 9 – Foto do bairro do Pacaembu logo após a inauguração.
Fonte: arquivo da Cia. City.

- Pela adoção de engenhosas soluções para melhorar a ambiência nos pontos de encontro de ruas – como aqueles resultantes da criação de pequenas áreas ajardinadas para amenizar a concordância entre ruas de traçado côncavo com ruas de traçado convexo, seja para fazer praças de retorno em ruas sem saída ou ainda para a concordância de traçado viário em situações de grande declividade, como exposto na Figura 10 do bairro do Alto da Lapa e Bela Aliança, projetado por Parker.

- Pela adoção de reduzidas taxas de ocupação e coeficientes de aproveitamento dentro do lote, de forma a garantir a existência de cerca de 50% da área privativa dos lotes para espaços livres (em grande parte destinadas a áreas permeáveis e com cobertura vegetal). Requisitadas essas constantes na escritura dos lotes, tornando-as de aplicação obrigatória, eram expressas também na forma de recuos da edificação em relação às divisas, pela impossibilidade de desmembramento e obrigatoriedade de uso estritamente residencial.

Há também outros fatores associados a esses empreendimentos, como a oferta desde o lançamento do empreendimento de completa infraestrutura de apoio (ruas pavimentadas, iluminação pública, arborização, rede de abas-

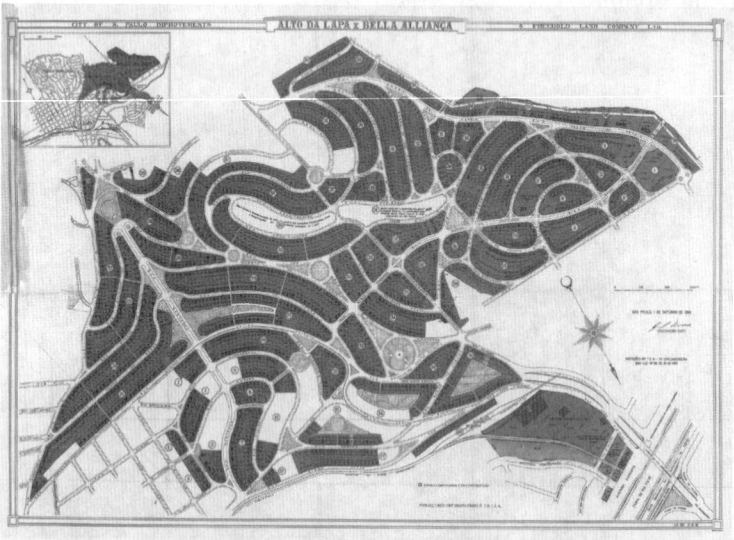

Figura 10 – Planta do Alto da Lapa e Bela Aliança, bairros projetados e implantados na zona oeste da cidade, a partir da década de 1930.

Fonte: arquivos da Cia. City.

tecimento de água e gás, drenagem e linhas de ônibus), assim como apoio e financiamento para a construção da residência e compra de materiais.

Tais motivos fizeram esses bairros-jardim se tornarem com o decorrer dos anos os locais com melhor qualidade ambiental da cidade, sendo considerados por muitos os *pulmões verdes* da capital. Nos anos de 1970, o zoneamento implantado (Lei n. 7.805, de 1º.11.1972) corroborou esse fato, transformando esses locais em zonas exclusivamente residenciais, onde em cada lote seria permitido somente uma construção destinada à moradia unifamiliar, com permissão de área máxima construída igual à área do lote. Eram as zonas de uso estritamente residencial de densidade demográfica baixa (Z1). Essa exclusividade e seus atributos, aliados à boa localização, reforçaram a vocação dessas áreas para abrigar usos exclusivos, mantendo as características de bairros elitizados. No bojo desse processo, como nos explica Villaça (1998), tais bairros de alta renda acabaram atraindo para suas proximidades as atividades relacionadas com a nova centralidade paulistana – dominada pelo setor de comércio e serviços –, valorizando ainda mais as propriedades ali localizadas.

Figura 11 – Exemplo de implantação em lote de forma a assegurar recuos frontal e lateral e grande área livre, permeável e verde.
Foto: Simões Jr., 2015.

Consequentemente, outros fatores começam a ameaçar essas ilhas de tranquilidade, como a pressão do mercado imobiliário pela verticalização, a instalação discreta de usos não conformes nas residências (como escritórios de profissionais liberais), assim como o aumento da circulação de veículos cortando o interior dos bairros para fugir dos congestionamentos nas principais avenidas do entorno. Tais fatos mobilizaram grupos de moradores desses locais que, aliados a ambientalistas, procuraram encontrar alternativas para o estancamento do processo.

TENSÕES ENTRE PRESERVAÇÃO AMBIENTAL E DESENVOLVIMENTO

O vertiginoso crescimento registrado pela capital paulista entre os anos 1950 e 1980 exerceu forte pressão nas áreas mais centrais da cidade no sentido de liberá-las para a verticalização. Os agentes imobiliários (incorporadores construtoras) mobilizavam-se, sobretudo a partir dos anos 1970, para que o executivo alterasse o zoneamento recém-instituído de forma a liberar mais os coeficientes e gabaritos em bairros de perfil residencial e de alta renda, como já se tinha observado anteriormente no caso de Higienópolis e Jardim América. A instituição dos corredores de uso com o zoneamento de 1972 abriu brechas para que os usos não residenciais adentrassem nos perímetros, bem como no interior dos bairros-jardim.

Na área dos Jardins

Em 1980 quando eu, como Secretário de Planejamento da Prefeitura de São Paulo e os técnicos que me assessoravam, discutíamos o que viria a ser a Lei dos Corredores de Serviços, criando as Z8-CR1, que dentre inúmeros outros, criaram esses corredores em zonas então estritamente residenciais (Z1), dentre eles o da Alameda Gabriel Monteiro da Silva, o da Avenida Brasil, o da Rua Colômbia e o da Rua Estados Unidos, nos Jardins Paulistano, América, Europa e Paulista, indagávamos se valeria a pena ceder à pressão de alguns poucos serviços instalados, criando o corredor de serviços ou mais valia a pena resistir a ela, mantendo a zona estritamente residencial.

O argumento central daqueles que advogavam a mudança do zoneamento era o de que o aumento do tráfego de veículos não mais justificava a manutenção dessas vias como estritamente residenciais, já que tal tráfego inviabilizaria a moradia nesses locais. Obviamente, havia também o interesse especulativo dos proprietários em querer aumentar sua renda imobiliária com a instalação de usos não residenciais, como os de serviços.

Muito ponderamos essas opções naquela ocasião, pois o debate era público e as Sociedades Amigos de Bairro dos bairros de classe média onde tais corredores eram demandados se levantaram contra. Tais serviços queriam se instalar no meio de bairros residenciais pelo atrativo ambiente que oferecem, por serem bairros arborizados onde o estacionamento era mais fácil, com casas bonitas e constituindo uma possível clientela.

Entendi naquela ocasião que se cedêssemos apenas para selecionados serviços, os que gerassem o menor tráfego de clientela e de fornecedores, estaríamos estabelecendo um padrão de convivência civilizada entre interesses conflitantes, um exemplo de proximidade entre usos diversificados.[4]

Este depoimento do arquiteto Candido Malta Campos Filho gerou a aprovação da Lei n. 9.049 de 1980, criando na região os corredores de uso CR-1, em que seriam permitidas atividades pouco incômodas ao uso residencial, como escritórios diversos de serviços (imobiliárias, bancos, consultorias, consultórios, consulados etc.), sem venda de mercadorias, museus e estacionamentos.

Mas a partir dos anos 1990, essa lei passou a ser desrespeitada. Na gestão Pitta, as lojas de *showroom* de automóveis começaram a se instalar, incrementando sua presença nos corredores Colômbia/Europa, enquanto a Gabriel Monteiro da Silva foi dominada pelas lojas de decoração. Ou seja, as atividades comerciais associadas à compra e venda de mercadorias originalmente impedidas de se localizar nesses logradouros pelo transtorno que causam à vizinhança, acabaram se instalando ilegalmente, com base em promessas de anistia por parte da prefeitura. A pressão do mercado é forte e crescente e a Sociedade dos Amigos dos Jardins América, Europa, Paulista e Paulistano (Sajep). tem procurado mobilizar a opinião pública com artigos denunciando o fato na grande imprensa, assim como em ações junto ao Ministério Público e a Câmara Municipal, além de discussões nos fóruns dos planos locais junto à subprefeitura de Pinheiros. Mas os resultados obtidos são ainda muito reduzidos.

Outro fato histórico que merece ser mencionado foi o ocorrido no começo dos anos de 1980. O processo especulativo já instalado ensejou a proposta da construção de um *shopping center* no coração do Jardim Europa, no cruzamento da Avenida Europa com a Rua Alemanha, onde hoje se localiza

---

[4] Depoimento do presidente da Sajep, Candido Malta Campos Filho, em dezembro de 2000. Disponível em: http://www.sajep.org.br. Acessado em: 4 jul. 2016.

o Museu Brasileiro da Escultura (Mube), uma das vias classificadas como corredor de uso especial (Z8-CR1).

O projeto mobilizou a população moradora local que para evitar o incômodo da presença de tal empreendimento, elaborou junto com a Sajep um estudo propondo o tombamento de extensa área representativa do perímetro dos dois loteamentos. A petição foi entregue ao Condephaat, organismo estadual que na época era a instância responsável pelos tombamentos, uma vez que o município ainda não oferecia essa alternativa de proteção para grandes ambiências urbanas. Na ocasião, o município só dispunha da zona de proteção de imóveis de interesse cultural (Z8-200), um instrumento urbanístico similar atrelado ao zoneamento, que não poderia ser aplicado a um bairro inteiro.

A petição, após extensiva análise e debates, acabou levando ao tombamento de uma área maior do que a prevista, conhecida como "Jardins" e incluindo também os loteamentos vizinhos do Jardim Paulistano e parte do Jardim Paulista. Tal instrumento foi oficializado por meio da Resolução n. 2, da Secretaria do Estado da Cultura, em 23 de janeiro de 1986.

Nela consta o descritivo do que deveria ser protegido:

- O traçado urbano original (sistema viário, quadras, subdivisão de lotes e espaço público).
- A vegetação significativa, presente tanto nos espaços de uso comum quanto no interior dos lotes, assim como as áreas permeáveis dos lotes. Incentivava-se a produção de calçadas verdes, com amplo ajardinamento nos passeios, assim como obrigava os lotes a terem 60% de suas áreas livres ocupadas com vegetação de alta densidade arbórea.
- A manutenção da baixa densidade de ocupação, a partir da proibição de desmembramento dos lotes.
- A volumetria existente das construções (definindo parâmetros para as taxas de ocupação, coeficientes de aproveitamento e altura das edificações, sem preservar as arquiteturas). Para os casos de novas construções, a altura máxima permitida seria de 10 m. Para os lotes ainda desocupados, as novas construções deveriam observar os seguintes parâmetros: a) taxa de ocupação máxima de 1/3 da área do lote; b) recuos de 6 m de frente, 3 m laterais e 8 m de fundo; c) altura máxima da construção de 10 m (altura do telhado).

Tal medida é o que se convencionou chamar de "tombamento urbanístico-ambiental", pois não recai sobre um bem ou imóvel de valor histórico ou artístico, mas sobre uma área. Essa possibilidade de proteção consta do primeiro documento legal brasileiro a respeito do assunto, o Decreto-lei n. 25 de 1937, que diz:

> Art. 1º Constitui o patrimônio histórico e artístico nacional o conjunto dos bens móveis e imóveis existentes no país e cuja conservação seja de interesse público, quer por sua vinculação a fatos memoráveis da história do Brasil, quer por seu excepcional valor arqueológico ou etnográfico, bibliográfico ou artístico.
>
> § 1º Os bens a que se refere o presente artigo só serão considerados parte integrante do patrimônio histórico ou artístico nacional, depois de inscritos separada ou agrupadamente num dos quatro Livros do Tombo, de que trata o art. 4º desta lei.
>
> § 2º Equiparam-se aos bens a que se refere o presente artigo e são também sujeitos a tombamento os monumentos naturais, *bem como os sítios e paisagens que importe conservar e proteger pela feição notável com que tenham sido dotados pela natureza ou agenciados pela indústria humana.* (grifo nosso)

Ou seja, podem ser tombados sítios de relevância notável em suas feições e que tenham sido objeto de agenciamento humano, como é o caso da implantação desses bairros-jardim. O tombamento dos Jardins abriu precedentes para outras demandas de áreas consideradas de valor histórico, paisagístico e ambiental, como os bairros do Pacaembu, Jardim da Saúde e Alto da Lapa, que posteriormente obtiveram o mesmo *status* de proteção por conta dos organismos de preservação.

No Pacaembu

Em 1985, os moradores do Pacaembu, organizados em torno da Sociedade Amigos de Higienópolis e Pacaembu, enviaram ao Condephaat petição solicitando tombamento do bairro, a exemplo do que tinha ocorrido com os Jardins. A alegação era a de que o local estava sendo ameaçado por "uma selvagem especulação imobiliária",[5] segundo termo utilizado pelos moradores.

Na verdade, a preocupação dos moradores do bairro do Pacaembu estava fundamentada no temor de observar os processos de verticalização existentes em áreas limítrofes do bairro, num claro movimento de pressão polí-

---

[5] V. relato sobre este processo apresentado em: https://raquelrolnik.files.wordpress.com/2010/12/condephaat-resolucao-tombamento-pacaembu-jardins.pdf. Acessado em: 16 nov. 2017.

tica para a alteração do zoneamento. A instituição das Z1 não garantia essa preservação, pois ela poderia a qualquer momento ser alterada, fato que já acontecera em 1981, quando a Lei n. 9.411 transformou parte das Z1 do bairro em Z13-004, abrindo as portas para a rápida verticalização. Esse processo se acentuava, pois em 1984 já era possível observar a construção de edifícios residenciais altos nas proximidades das ruas Traipu, Tupi e Ceará, mais especificamente ao longo da rua Edgar Egydio de Souza, que já vinha sendo verticalizada com construções sem alvará de aprovação da prefeitura.[6]

A solicitação dos moradores, depois de muitas demandas complementares, acabou sendo acolhida pelo Condephaat, sobretudo pelo reconhecimento da especial importância ambiental e histórica do bairro, bem como de seu estádio esportivo. Os argumentos apresentados foram os de que o projeto urbanístico desenvolvido pela City, conciliando o traçado das ruas e a geometria de quadras e lotes era um primor do ponto de vista técnico, pela perfeita sintonia com a topografia acidentada do sítio original. Foi um projeto realizado com o mínimo de cortes e aterros e, portanto, conservando as condições naturais de relevo daquele vale e de suas encostas.

Figura 12 – Foto das obras durante a implantação do bairro do Pacaembu, mostrando o partido adotado, valorizando a topografia e criando belvederes em muitos pontos.

Foto: arquivo da Cia. City.

---

[6] Essa observação foi fruto de constatação deste autor em pesquisa acadêmica em 1984, realizada junto aos jornais da grande imprensa paulistana, juntamente ao prof. Candido Malta Campos Filho e coligida em dossiê apontando tais ilegalidades.

Em termos da geometria dos lotes e traçado viário, o projeto do Pacaembu mantém parâmetros similares aos do Jardim América, com essas prescrições gravadas em escritura, denominadas "Contracto-Typo de Compromisso de Compra e Venda", conforme consta em documento do Condephaat.[7]

a) Residência Unifamiliar: no lote comprometido não será construída mais de uma casa que, com suas respectivas dependências, se destinará exclusivamente à moradia de uma única família e seus criados, não sendo permitida a construção de prédio para habitação coletiva;

b) Recuos: essa casa obedecerá aos seguintes recuos mínimos – 6 metros do alinhamento da rua (ou ruas), 2 metros das divisas laterais do lote e 9 metros da divisa dos fundos. Entretanto, janelas salientes, pórticos, chaminés, terraços, etc., cuja área não exceda de 10 metros quadrados, poderão observar um recuo mínimo de 4 metros do alinhamento da rua (ou ruas), se a Prefeitura Municipal assim o consentir;

c) Ocupação: o pavimento térreo da construção principal não poderá ocupar área superior a 1/4 da área total do lote, e nas dependências externas (parte térrea) constantes da garagem, quartos, W.C. para empregados, que não poderão ocupar mais de 1/10 da área do lote, ficarão recuadas 15 metros, no mínimo, do alinhamento da rua. Quando o lote tiver grande corte, a garagem poderá ser construída no alinhamento da rua, desde que tenha parte superior completada por um terraço descoberto;

d) Muros: os fechos da rua, com a altura máxima de 1,5 m, serão de gradil sobre mureta de alvenaria, não podendo a altura da mureta exceder de 50 cms. Havendo necessidade, a juízo da Companhia City, da construção de muros de arrimo, estas poderão ser erigidas até a altura do nível do lote, desde que sejam cobertos com trepadeiras vivas, que o Compromissário os obriga a manter bem tratadas. Quando tais muros forem de alvenaria de pedra de primeira, com juntas tomadas, são dispensados os sebos referidos;

e) Passeios: os passeios obedecerão ao tipo oficial adaptado para o bairro do Pacaembu, isto é, constarão de uma faixa dimontada, ladeada por duas outras gramadas. As larguras dessas faixas serão indicadas pela Companhia City ao tempo de feito os passeios;

f) Remembramento: dois ou mais lotes contíguos dos referidos na letra "j" desta cláusula, sendo adquiridos pelo mesmo compromissário, poder-se-ão unir, de modo a formar um ou mais novos lotes, contanto que os novos lotes, assim

---

[7] https://raquelrolnik.files.wordpress.com/2010/12/condephaat-resolucao-tombamento--pacaembu-jardins.pdf, p. 49-51.

formados, tenham, cada um, uma frente não inferior a 12 metros para qualquer rua ou ruas, uma profundidade mínima de 24 metros e uma mínima de 400 metros quadrados. Todas as obrigações pactuadas nesta cláusula continuarão a ser aplicadas a esses novos lotes;

g) Cláusulas Abertas para obrigações adicionais: os lotes submetidos às obrigações nesta cláusula, pactuadas, são os seguintes, além daquilo que é de objeto do presente contrato:_____.

As condições constantes desta cláusula e que serão inscritas no Registro Geral e de Hipotecas, quando for outorgada a escritura definitiva de venda e compra, poderão ser alteradas, por acordo escrito da Companhia City do Compromissário e dos Compromissórios ou proprietários dos lotes acima referidos, procedendo-se à alteração no referido registro.

Essas prescrições foram uma inovação no mercado imobiliário paulistano e brasileiro e davam garantias ao comprador e à empresa loteadora de que o uso residencial perpétuo estava assegurado, assim como a qualidade ambiental, com extensas áreas permeáveis e de vegetação no interior dos lotes. Parâmetros que até então não eram considerados na legislação urbanística municipal.

Tais prescrições possibilitaram que esses atributos permanecessem sem alteração ao longo das décadas, tornando esses bairros redutos especiais, em razão de suas áreas verdes fundamentais para a qualidade ambiental da cidade, bem como pelo fato de serem únicas e exclusivas – e bem localizadas –, consolidando-se áreas de grande valor imobiliário.

A partir de 1985, com a instituição do tombamento municipal pelo Conpresp, os tombamentos dos bairros-jardim realizados pelo Condephaat foram validados *ex-officio*, por meio da Resolução n. 5, de 1991.[8]

Dessa forma, o tombamento do bairro do Pacaembu, que acabou acontecendo somente em 1991, por meio da Resolução n. 8 do Condephaat, foi no ano seguinte referendado pelo Conpresp (Resolução n. 42/1992).

POLÊMICAS PÓS-TOMBAMENTO NOS BAIRROS-JARDIM

O tombamento do Pacaembu e dos Jardins serviu para manter íntegros nos últimos vinte anos muitos dos aspectos do projeto urbanístico original

---

[8] Disponível em: http://www.prefeitura.sp.gov.br/cidade/upload/d833c_05_TEO_89_itens.pdf. Acessado em: 16 nov. 2017.

desses bairros, como o traçado viário, os espaços verdes públicos e a volumetria das construções.

No entanto, as forças de desenvolvimento imobiliário, associadas à dinâmica de crescimento urbano e de expansão do setor residencial e terciário na região sudoeste da cidade, continuam exercendo pressão progressivamente para alterar as características ambientais dessas áreas.

No caso dos Jardins, o aumento da circulação de trânsito de passagem pelas ruas arborizadas e tranquilas, associado ao ruído e à insegurança, acabou promovendo uma mudança substancial nas áreas privativas desses bairros, expressa na elevação dos muros e na instalação de vigilância privada em muitas das casas.

Apesar dos inconvenientes, os atributos da boa localização, preservados pelo tombamento, permitiram que essas áreas sofressem um processo de elitização ainda maior, transformando suas ruas em redutos de mansões exclusivas da alta elite paulista. Isso pode ser observado claramente pelos processos de remembramentos de lotes, demolições de residências antigas e substituição por outras muito mais portentosas, construção de garagens subterrâneas no interior dos lotes, instalação de quadras de tênis e piscinas e extensos muros contínuos de 5 m de altura. Essas constatações podem ser observadas especialmente na área de tombamento dos Jardins, incrementada pela sua excelente localização, próxima à nova centralidade paulistana do eixo Faria Lima-Berrini-Marginal Pinheiros.

Dessa forma, embora o tombamento não incida especificamente sobre os usos nem sobre as construções existentes, esse instrumento não está sendo suficiente para evitar um processo de descaracterização, que muitas vezes é amparado por outros dispositivos legais, como o Código de Obras. A fotografia aérea do bairro mostra os impactos na ambiência original do bairro causado pelo processo de renovação das arquiteturas e ampliação das áreas dos lotes, que em alguns casos podem passar dos 800 a 1.200 m^2 originais para até 7.000 m^2.

No Pacaembu, observa-se algo bem distinto. O tombamento acabou ampliando um efeito de estagnação que já se observava no bairro desde os anos de 1970. Pela sua proximidade a Higienópolis e Perdizes, bairros já altamente verticalizados, o Pacaembu apresenta perfil para abrigar uso misto e não mais uso exclusivamente residencial. Com isso, o interesse pela reciclagem do bairro quase inexiste e o que se observa hoje é uma grande quantidade de casas vazias à venda ou abandonadas, sem compradores potenciais. Tal fato ensejou que em 2010 o Condephaat propusesse uma adequação na resolução de tombamento, de forma a flexibilizar as operações de remembra-

Figura 13 – Aspecto de muro alto e contínuo gerado a partir de remembramento de lotes no Jardim Europa. Tal fato altera profundamente o conceito de integração entre os jardins privativos no interior dos lotes e o espaço público, tão valorizado na concepção dos bairros-jardim. Além disso, transforma o espaço das ruas em ambientes segregados que só não são inseguros pela existência de severa vigilância particular contratada pelos moradores.

Foto: Simões Jr., 2015.

mentos e desmembramentos. Mas tal fato gerou forte reação dos moradores, estampada na grande imprensa na época. Até hoje, a área apresenta dificuldade para viabilizar projetos de reciclagem das moradias lá existentes. Soma-se a esse fato as restrições contratuais da Cia. City, presentes nas escrituras dos lotes de seus empreendimentos, que impedem a mudança do uso residencial unifamiliar previsto no projeto original desses bairros. Dessa forma, embora o tombamento não proíba a alteração para o uso comercial ou de serviços nas casas, tal gravame contratual impede, dificultando a adequação do Pacaembu a um novo papel funcional na dinâmica paulistana atual.

Mais recentemente, outro debate se deu entre moradores, ambientalistas e mercado imobiliário por ocasião da discussão do novo Plano Diretor e Zoneamento da Cidade, entre 2013 e 2016. A proposta da prefeitura de incluir novos corredores e novos usos nos corredores já existentes acarretou intensa mobilização e discussão, levando centenas de moradores a colocaram faixas de protesto em frente às suas residências.

Além da mudança de uso nos corredores, de forma a permitir atividades comerciais, em muitas partes do bairro o zoneamento propunha a transformação de parte da atual zona estritamente residencial para zona predominantemente residencial, porque abriria a possiblidade de outros usos que trariam muito incômodo aos moradores, pelo acréscimo de circulação de veículos e pessoas pelas ruas, aumentando o ruído e a poluição do ar.

As ruas que sofreriam com essa mudança de uso seriam Estados Unidos, Groenlândia, Brasil, Gabriel Monteiro da Silva, Europa, Colômbia e Sampaio Vidal. A proposta também previa que os estabelecimentos comerciais nesses corredores poderiam suprimir a vegetação do lote para construção de vagas para estacionamento.

Ao final, a lei aprovada, de n. 16.402/2016, propôs poucas mudanças substanciais nos corredores já existentes, mas criou novas áreas em que o uso de serviços passa a ser permitido, como a rua Canadá e a Praça das Guianas.

CONSIDERAÇÕES FINAIS

Assim, o que se observa de todo o processo é que, como afirmam Villaça (1998) e Campos (1999), a cidade é um território de disputas políticas constantes, visando à apropriação de seus melhores espaços. Segmentos organizados como o setor imobiliário (incorporadoras, construtoras e especuladores fundiários) representam em geral os agentes que se utilizam do argumento do desenvolvimento e da necessidade de atender às demandas geradas pelo crescimento urbano para justificar seus negócios e lucros. No entanto, a população que se vê afetada pelos projetos imobiliários – que geram verticalização, adensamento e gentrificação – se opõem muitas vezes a essas forças de mudança, sobretudo se seus locais de moradia apresentam atributos ambientais significativos, como é o caso dos moradores dos bairros-jardim. O poder público, que deveria zelar pela manutenção da qualidade da ambiência urbana, nem sempre age motivado por esses argumentos, ficando muitas vezes refém das pressões exercidas pelo capital imobiliário. Esse processo é constante e está presente ao longo de todo o período estudado, ou seja, os últimos 30 anos, desde que a área dos bairros-jardim passou a ser objeto de disputa.

Ambientalistas, desenvolvimentistas e moradores constroem seus argumentos e fortalecem essas disputas naqueles territórios que oferecem mais atributos ambientais e de localização: bairros-jardim, áreas lindeiras a praças e parques, locais com vista panorâmica privilegiada, enfim, os sítios de maior valor imobiliário. E esse valor está diretamente associado a bons condicionantes ambientais. É uma longa contenda, na qual somente a consciência da população e sua participação podem ajudar a reverter o quadro de constantes perdas ambientais registradas nos últimos tempos. De toda forma, tal processo está avançando e lentamente o conhecimento do funcionamento da cidade e dos princípios norteadores do bom urbanismo parecem começar a motivar a participação de mais atores no debate. As centenas de audiências públicas realizadas por ocasião da discussão do último plano diretor e da lei de zoneamento já apontaram nesse sentido.

Por fim, cabe ainda mencionar outro aspecto importante: a relevância ambiental dessa imensa área que foi produzida pela Cia. City e outros empreendedores na região oeste da cidade, cujo principal atributo – alta densidade arbórea – até hoje se mantém bastante íntegro. Em estudo produzido pela SMVA, em 2002, a respeito das "ilhas de calor" na cidade de São Paulo, constata-se que essa região dos Jardins possui um microclima com temperatura até 5º C menor do que em bairros mais adensados e mais áridos, como aqueles da zona leste. Assim, a região contribui significativamente para o equilíbrio térmico em toda a cidade.

Um forte argumento, portanto, para a sua preservação nos moldes originalmente concebidos – o de bairros-jardim – hoje representando as melhores áreas residenciais com cobertura vegetal de toda a cidade de São Paulo.

REFERÊNCIAS

ANDRADE, C. R. M. *Barry Parker:* um arquiteto inglês na cidade de São Paulo. 1998. Tese (Doutorado). Faculdade de Arquitetura e Urbanismo, Universidade de São Paulo (FAU-USP). São Paulo, 1998.

ANDRADE, C. et al. *Horácio Sabino: urbanização e histórias de São Paulo.* São Paulo: A&A Comunicações, 2008.

ANDRADE FILHO, R. C. A. *O crescimento de São Paulo e sua administração.* São Paulo: Cogep/PMSP, 1978.

BACELLI, R. *Jardim América.* São Paulo: SMC, 1982.

CAMPOS FILHO, C. M. *Cidades brasileiras:* seu controle ou o caos. São Paulo: Nobel, 1999.

CAMPOS NETO, C. *Os rumos da cidade*: urbanismo e modernização em São Paulo. São Paulo: Senac, 2002.

CIA CITY. Arquivo. *Pasta GG 092.* Documentos técnicos de Barry Parker.

COSTA. O. A. F. *Presença e permanência do ideário da cidade-jardim em São Paulo:* o bairro do Pacaembu. 2014. Dissertação (Mestrado). Faculdade de Arquitetura e Urbanismo, Universidade Presbiteriana Mackenzie (FAU-Mackenzie). São Paulo, 2014.

FREIRE, V. S. Códigos sanitários e posturas municipais sobre habitações: um capítulo de urbanismo e de economia nacional. *Boletim do Instituto de Engenharia,* São Paulo, v. 1, n. 3, p. 229-427, 1918.

LONDE, P.; MENDES, P. A influência das áreas verdes na qualidade de vida urbana. *Hygeia: Revista Brasileira de Geografia Médica e da Saúde,* v. 10, n. 18, p. 264-272, 2014.

PARKER, B. Two Years in Brazil. *Garden Cities and Town Planning Magazine,* v. 9, n. 8, p. 143-151, 1919.

SCHNEIDER, C. *Estádio do Pacaembu e suas instalações:* novos usos a partir de antigos ideais. 2013. Trabalho Final de Graduação. Faculdade de Arquitetura e Urbanismo, Universidade Presbiteriana Mackenzie (FAU-Mackenzie). São Paulo, 2013.

SOUZA, M. C. P. *O capital imobiliário e a produção do espaço urbano:* o caso da Companhia City. 1988. Dissertação (Mestrado). Fundação Getúlio Vargas (FGV/SP). São Paulo, 1988.

VILLAÇA, F. *Espaço intra-urbano no Brasil.* São Paulo: Nobel/Fapesp/Lincoln, 1998.

WOLF, S. F. S. *Jardim América:* o primeiro bairro-jardim de São Paulo e sua arquitetura. São Paulo: Edusp/Fapesp/Imprensa Oficial, 2001.

PARTE IV

Infraestrutura, Serviços e Equipamentos Urbanos

Energia na gestão urbana sustentável | **32**

Lineu Belico dos Reis
Engenheiro eletricista, USP

José Sidnei Colombo Martini
Engenheiro eletricista, USP

José Aquiles Baesso Grimoni
Engenheiro eletricista, USP

INTRODUÇÃO

Uma investigação mais aprofundada de diversos aspectos embutidos na complexidade da construção de uma gestão urbana sustentável faz aflorar, volta e meia, questões associadas à energia.

Essas questões são na maioria das vezes tratadas apenas como questões pontuais, principalmente em razão de uma visão parcial da sustentabilidade energética, abordada por apenas dois de seus diferentes aspectos: eficiência energética e mais recentemente pequenas fontes de energia renovável e geração distribuída (GD).

Entendemos que essa postura, que acolhe não só a energia, mas diversas áreas do saber envolvidas na questão da gestão urbana, de certa forma omite aspectos fundamentais de um enfoque adequado da construção da sustentabilidade: a interdisciplinaridade, a multidisciplinaridade e uma abordagem holística.

Instigados por essa questão, consideramos que o objetivo básico a ser perseguido consiste em apresentar outros aspectos importantes relacionados com a energia na gestão urbana sustentável que, além da eficiência e das fontes renováveis, contribuam para o enfoque holístico e para reflexões e debates mais amplos e participativos.

Para essa reflexão, tomamos como base resultados, indagações e incentivos colhidos de experiências recentemente vividas em temas de grande importância no cenário da energia e sustentabilidade: energia e desenvolvimento; aspectos tecnológicos e ambientais; aspectos sistêmicos; e planejamento, gestão e políticas energéticas para a sustentabilidade.

Com esse procedimento, foram selecionados oito conjuntos temáticos para orientar o enfoque interdisciplinar, multidisciplinar e holístico necessário para a inserção adequada da energia no contexto da gestão urbana sustentável.[1]

Finalmente, buscamos abordar cada tópico da forma mais sucinta e objetiva possível, alicerçados principalmente nos seguintes fatos e preocupações: a energia é mais uma dentre as diversas áreas do saber inseridas na gestão urbana sustentável. Nesse contexto, é preciso ressaltar os aspectos e conexões interdisciplinares e multidisciplinares, bem como é fundamental que as estratégias de desenvolvimento e os processos de gestão estejam assentados nas características típicas diferenciadas de cada conglomerado urbano enfocado, tais como dimensões (número de habitantes, área de abrangência), distribuição da população (na área urbana e na área rural, por exemplo), contexto econômico (todos os aspectos relacionados, incluindo distribuição de renda), infraestrutura básica, impacto da população flutuante (no caso de turismo, por exemplo), entre outras.

É necessário resumir objetivamente os tópicos estudados, todos portadores de indagações e reflexões, bem como acompanhar a cada momento as alterações nos ordenamentos jurídicos e regulatórios da questão no cenário atual, de grandes modificações e avanços tecnológicos.

INDICADORES RELACIONADOS COM ENERGIA E SUSTENTABILIDADE

A escolha de indicadores adequados que permitam captar a situação da energia no cenário da gestão urbana e do desenvolvimento sustentável é uma necessidade fundamental para acompanhamento da evolução do conjunto rumo à sustentabilidade. No contexto global da gestão urbana, tais indicadores certamente formarão um subgrupo ao qual deve ser dada a devida importância.

A conceituação, os exemplos e as aplicações de indicadores relacionados com energia e sustentabilidade aparecem em diversas referências den-

---

[1] Indicadores relacionados com energia e sustentabilidade; energia no setor de transportes; energia elétrica, constando de duas partes: 1) conservação, eficiência e sistemas de distribuição e perdas e 2) fontes renováveis, cogeração e resíduos; incentivos, programas, normas e certificações; tecnologia da informação (TI) e a energia no futuro; iluminação pública; energia, urbanização sustentável e compactação do território urbano; planejamento, gestão e avaliação socioambiental.

tre as consideradas na elaboração deste capítulo. Algumas delas, no entanto, foram utilizadas na elaboração do resumo que se segue e são sugeridas como preferenciais para maior aprofundamento no tema (Bianchi et al., 2016, p. 123-155).

Do ponto de vista conceitual, um indicador relacionado com energia ou qualquer outro aspecto de um sistema sendo monitorado pode ser considerado uma forma de mensurar em grandeza quantitativa uma qualidade desejada. Nesse contexto, o estabelecimento de um conjunto adequado de indicadores pode permitir a monitoração e o gerenciamento de um sistema ou processo evolutivo.

No processo dinâmico de planejamento e gestão, esses indicadores são usados para avaliação da situação em um dado momento e eventual correção de rumos orientada por metas estabelecidas em função dos resultados desejados, como esquematizado na Figura 1.

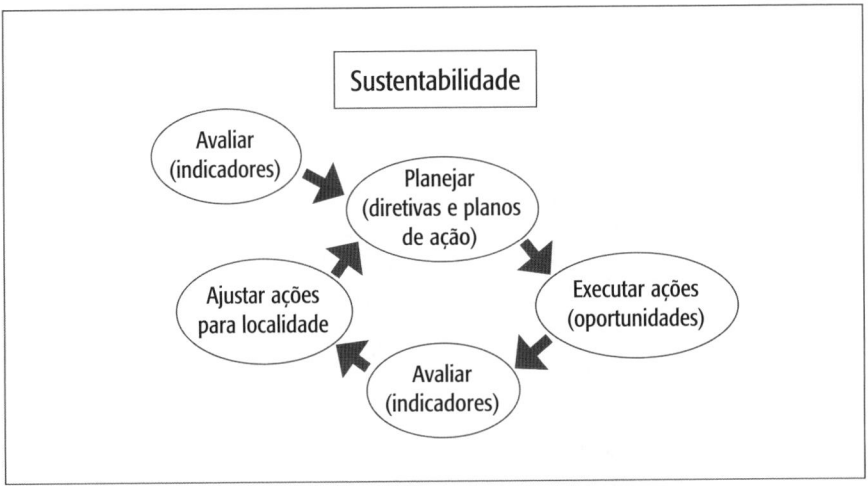

Figura 1 – Processo de planejamento e gestão orientado por indicadores.
Fonte: Bianchi et al., 2016, p. 123-55.

No caso, tais metas deverão ser orientadas à sustentabilidade e os resultados e projeções associados aos indicadores servirão para orientar o processo decisório e o estabelecimento de políticas públicas.

Na avaliação do grau de sustentabilidade, um enfoque bastante utilizado é o de considerar quatro dimensões básicas (ou pilares) para determinação dos indicadores: sociais, ambientais, econômicas e culturais, como mostra a Figura 2.

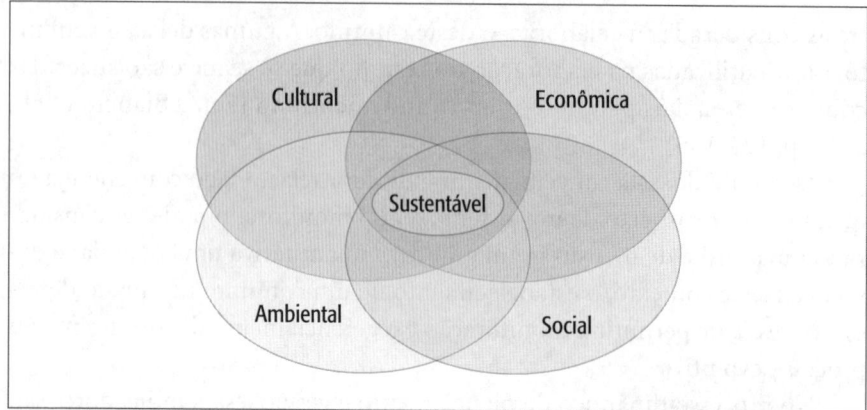

Figura 2 – As quatro dimensões básicas (pilares) da sustentabilidade.
Fonte: Elaborada por Reis, L. B., baseado em Bianchi et al., 2016, p. 123-155.

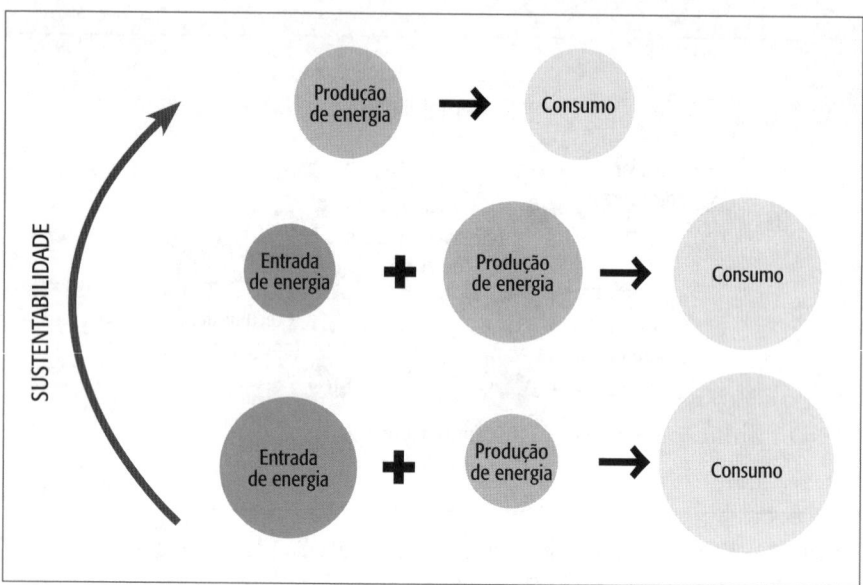

Figura 3 – Sustentabilidade energética ao longo do tempo.
Fonte: Elaborada por Reis, L. B., baseado em Bianchi at al., 2016, p. 123-155.

Com relação aos indicadores energéticos, ressalta-se que a orientação à sustentabilidade abarca, além do aumento do uso de fontes renováveis e da eficiência, a busca de autossuficiência, ou seja, produzir localmente a energia consumida, buscando minimizar a necessidade de importação de energia ou até mesmo exportar energia excedente. A Figura 3 apresenta um diagrama esquemático da evolução desejada.

Uma base bem simples, de certa forma clássica, de indicadores energéticos considera as seguintes dimensões e indicadores:

- Ambiental: emissão de carbono *per capita* no setor energético; emissão de gases do efeito estufa (GEE) *per capita*; nível de poluentes locais mais significativos relacionados com energia.
- Social: percentual de domicílios com acesso à eletricidade; percentual do investimento em energia limpa no contexto do cenário energético; geração de empregos por tipo de fonte energética.
- Econômica: grau de exposição a impactos externos relacionados com importação e exportação de energia; investimento do setor público em energia não renovável como porcentagem do PIB.
- Tecnológica: intensidade energética (consumo de energia primária como porcentagem do PIB); participação percentual de fontes renováveis na oferta de energia.

Um conjunto de indicadores sugerido para a mobilidade sustentável, apresentado a seguir, é exemplo de aplicação no setor de transportes, que pode servir de base para o estabelecimento de indicadores de gestão urbana sustentável.

Tal conjunto de indicadores, que inclui indicadores energéticos, se assenta nas seguintes ações estratégicas aplicadas ao setor de transportes:

- Garantia de que emissões de poluentes convencionais não constituam um problema significativo de saúde pública.
- Limitação das emissões de "gases estufa" em níveis sustentáveis.
- Diminuição do tempo médio (ou aumento da velocidade média) de deslocamento do transporte de massa público.
- Redução significativa do número de mortes ou danos graves causados por veículos.
- Aumento da frota com veículos que utilizam combustíveis mais limpos ou com menor emissão de poluentes.
- Aumento de frota com veículos mais eficientes (selo de eficiência de veículos – ANP – e de combustíveis).
- Redução do ruído causado pelos meios de transporte.
- Mitigação dos congestionamentos de trânsito.
- Estreitamento da lacuna relacionada com as oportunidades de acesso à mobilidade.
- Preservação e aumento das possibilidades e oportunidades de mobilidade para a população em geral.

Nesse contexto, os principais indicadores sugeridos são: acessibilidade; requisitos financeiros impostos aos usuários; tempo de viagem; confiabilidade; segurança quanto a danos físicos e de vida; segurança quanto a danos morais e de posse; emissão de gases estufa, gases poluentes e material particulado; impactos ao meio ambiente e no bem-estar público; uso de recursos naturais; implicações quanto à equidade; impacto nos gastos e retornos públicos; perspectivas da taxa de retorno ao investimento público e privado.

ENERGIA NO SETOR DE TRANSPORTES

A principal referência usada para este tópico engloba especificamente os sistemas de transporte (Reis, 2016, p. 623-668).

Os seguintes aspectos do setor de transportes serão observados: estrutura e variáveis básicas do setor de transportes; visão geral sobre o transporte no Brasil; consumo energético do setor de transportes no Brasil (para os diferentes modais de transporte); os modais de transporte, o meio ambiente e a energia de tração; o setor de transportes e a sustentabilidade energética; energia de tração e as estratégias e indicadores para a mobilidade sustentável.

Os modais de transporte considerados são: ferroviário, rodoviário, aquaviário (marítimo e fluvial) e de forma mais específica os transportes urbanos e alternativos, entre os quais se destaca atualmente o modal cicloviário.

No tópico referente ao *setor de transportes e a sustentabilidade energética*, são ressaltados os principais aspectos para análise da gestão urbana sustentável: mitigação dos impactos ambientais atmosféricos; uso eficiente da energia; aumento da utilização de combustíveis renováveis e de fontes alternativas de energia (biocombustíveis e fontes alternativas de energia no setor de transportes); logística, redução e racionalização do uso de transportes motorizados e transferência para meios de transporte mais eficientes e menos impactantes (redução e/ou racionalização do uso dos transportes motorizados e transferência das viagens para equipamentos ou modos de maior eficiência energética).

Nesse contexto, é muito importante lembrar que a escolha dos modais de transporte apresenta vínculo direto com as diferentes condições socioeconômicas da população, que determinam os hábitos e as possibilidades de acesso aos diferentes meios de transporte. A utilização dos diversos modais apresenta características completamente diversas nas diferentes classes de renda. O poder aquisitivo e o nível educacional, além de outras variáveis, criam cenários muitas vezes antagônicos nos usos mais comuns das alternativas de transporte, tais como ida e volta de casa para o trabalho, para a escola, para atividades de lazer, entre outros. É preciso sempre considerar que para boa parte da população de baixa renda as únicas opções de transporte são andar a pé e/ou de bicicleta.

No tópico sobre energia de tração e as estratégias e indicadores para a mobilidade sustentável são enfocados os indicadores para mobilidade sustentável abordados anteriormente.

ALGUNS ASPECTOS IMPORTANTES A SE RESSALTAR

É necessário ressaltar a caracterização do setor de transportes, ou seja, o conjunto dos diversos modais de locomoção de mercadorias e de pessoas, compreendendo o meio (elemento transportador), a via (trajetória percorrida), as instalações complementares (terminais) e a forma de controle (logística).

Há aqui uma diferença básica: entre cidades, estados ou países, predomina a movimentação de cargas. Nas cidades, predomina o deslocamento de pessoas, sendo importante considerar também o transporte para suprir a população de bens de consumo, como por exemplo o transporte de distribuição para centros de venda, tais como mercados de bairro e supermercados, entre outros. Nesse caso, é importante avaliar as experiências de grandes centros urbanos com centros de distribuição na periferia das cidades em que, por meio de veículos urbanos de carga (VUC), as cargas são transportadas para as regiões mais centrais das cidades.

O cenário do transporte urbano é preenchido pelos mais diversos tipos de transporte, tais como ônibus, metrôs, barcos, trens suburbanos e automóveis, helicópteros, caminhões, motos, bicicletas, animais e até mesmo o caminhar humano. A complexidade maior ou menor desse cenário depende largamente das dimensões e populações das cidades. No geral, cabe ao poder público a determinação do melhor conjunto de modais, com base em análises técnicas e socioeconômicas, expectativas sobre as cargas ou dos passageiros a serem transportados e consideração das condições urbanas e regionais. Fatores importantes nessas análises são custos, impactos na saúde e no ambiente, consumo energético, capacidade ofertada, flexibilidade, produtividade, velocidade, regularidade, segurança etc.

Com relação à *eficiência no uso da energia no setor de transportes*, há algum tempo são feitos grandes esforços em busca de soluções mais eficientes e com menos emissões. Boa parte desses esforços tem sido replicada no país. Todavia, mais recentemente, tem-se destacado no cenário mundial a utilização de sistemas híbridos (com componentes elétricos) ou puramente elétricos, o que também resulta em redução de emissões atmosféricas. Além das baterias elétricas, em contínua evolução, há diversos sistemas de armazenamento baseados em armazenamento de energia durante a frenagem para uso posterior, como propulsora do veículo. Tais sistemas apresentam grandes perspectivas de utilização em sistemas coletivos de transporte, tais como ônibus, metrô etc. Em nosso país, o uso dessas tecnologias está ocorrendo de forma vagarosa, praticamente pontual. Sua utilização massiva, até mesmo no cenário mundial, ainda levará tempo razoável, como será apresentado mais adiante.

No cenário do *uso de combustíveis renováveis e de fontes alternativas de energia para transportes*, usualmente preenchido por biocombustíveis e outras fontes, compreendendo o gás natural veicular, o hidrogênio (célula a combustível) e a energia elétrica (veículos híbridos ou elétricos), o Brasil se destaca na área dos biocombustíveis. Além do uso direto do etanol no País, há mistura do etanol na gasolina e do biodiesel nos motores a diesel. Há também a possibilidade da utilização de biogás de biomassa, de resíduos sólidos urbanos (lixo e tratamento de esgoto) e de origem animal e biomassa vegetal (com mais perspectivas de aplicação em áreas rurais e cidades de pequeno porte).

A utilização de sistemas híbridos (com componentes elétricos) ou puramente elétricos tem se destacado no cenário mundial dos transportes, mais recentemente.

Os veículos elétricos apresentam diversas vantagens com relação aos tradicionais, como grandes ganhos de eficiência, redução de ruído, redução da necessidade de manutenção e custo por quilômetro rodado de combustível bem inferior. No entanto, embora não emitam poluentes atmosféricos, tais veículos ainda enfrentam barreiras à entrada em massa no mercado, principalmente em razão do custo, do peso, da infraestrutura e logística de recarga (e tempo de recarga) ou reposição das baterias.

ENERGIA ELÉTRICA

Neste item, consideramos dois aspectos principais:

1. Conservação, eficiência, gestão energética e perdas.
2. Fontes renováveis, cogeração e resíduos.

Conservação, eficiência e sistemas de distribuição e perdas

Embora temas relacionados com conservação, eficiência, gestão energética e com sistemas de distribuição e perdas se encontrem em todas as referências deste capítulo, o texto a seguir se baseia principalmente naquelas consideradas mais importantes (Bruna; Barbosa, 2016, p. 725-778; Leite; Tello, 2016, p. 697-724; Martini, 2016, p. 547-585).

Conservação de energia, eficiência energética e uso racional da energia

Ações de conservação de energia elétrica, eficiência energética e uso racional de energia podem se dar em toda cadeia da energia elétrica, desde a geração, passando pela conexão com o consumidor (transmissão e distribuição) e também em instalações dos próprios consumidores.

São aspectos básicos para que uma efetiva conservação de energia não comprometa o crescimento econômico:

- Produção e/ou incentivo ao uso de equipamentos mais eficientes.
- Conscientização e educação da população e dos setores produtivos para utilização correta das novas tecnologias, o que abrange as duas vertentes básicas da eficiência: a tecnológica e os hábitos de consumo.
- Garantia da necessária proteção ambiental.
- Conscientização dos atores do próprio setor energético das vantagens da conservação.

Esse cenário da conservação de energia é influenciado diretamente por mudanças estruturais na economia, alterações nos padrões tecnológicos e no conteúdo energético do sistema produtivo como um todo, hábitos de consumo e pelo padrão de vida das populações. A conservação de energia requer significativa mudança de estruturas e hábitos arraigados na sociedade em geral.

Consequentemente, as áreas de atuação no campo da conservação energética são extremamente vastas, abrangendo desde a informação dos consumidores, por intermédio de campanhas publicitárias, até a modificação de estruturas tarifárias, de modo a induzir consumidores e concessionárias a investirem na conservação de energia. Todos esses aspectos devem ser considerados na elaboração do processo da gestão urbana sustentável, envolvendo tecnologias, ações e atores dos mais diversos tipos.

A complexidade e as dimensões dessas questões no cenário urbano, crescente em função de suas dimensões e características territoriais, de suas populações e do grau de heterogeneidade social, tornam a busca de soluções um problema crucial, fortemente dependente de ações interdisciplinares, multidisciplinares e participativas.

Embora direcionado para um cenário bem mais simples e delimitado, um sistema de gestão energética pode ser usado para orientar discussões e reflexões sobre o assunto.

Um sistema de gestão energética é formado basicamente por ações de comunicação, diagnóstico e controle, que abrange as seguintes medidas principais:

- Levantamento e conhecimento das informações associadas aos fluxos de energia, às variáveis que influenciam os mesmos fluxos e aos processos que utilizam a energia, direcionando-a a diversos usos finais. Um diagnóstico energético.

- Estabelecimento e acompanhamento de conjuntos de indicadores que possam permitir o acompanhamento da evolução energética e sua orientação para a sustentabilidade. Montagem de bancos de dados e informações confiáveis, dinâmicos, flexíveis e transparentes.

- Uso de um processo de modelagem como o apresentado na Figura 1, no qual o acompanhamento da evolução do sistema comanda a atuação, com vistas a modificar os indicadores e reduzir o consumo energético.

Eficiência energética e o ambiente construído

A relação do ambiente construído com a eficiência energética vem se tornando cada vez mais importante, principalmente pelo aumento dos processos de urbanização, que tem levado à formação de megalópoles e grandes conglomerados urbanos.

É assunto que tem sido preocupação constante das áreas de urbanização, arquitetura, engenharia e diversas outras, que se inserem no cenário multi e interdisciplinar que envolve esta complexa questão.

A energia é um dos cinco aspectos mais importantes a serem considerado, a saber: localização, água, energia, qualidade do ambiente interior e questão dos materiais.

Eficiência no âmbito do consumo de energia elétrica

No âmbito do consumo, ressalta-se a importância do enfoque dos usos finais energéticos (serviços de energia utilizados pelos diversos componentes do setor de consumo: residencial, comercial, industrial, público, entre outros). Projetos de eficiência do lado do consumo usualmente consideram os seguintes passos:

- Análise da utilização de energia elétrica.
- Determinação dos principais usos finais a serem considerados no projeto de eficiência.
- Diagnóstico e análise de viabilidade de ações de eficiência nos diversos usos finais enfocados: iluminação, climatização, refrigeração, força motriz, aquecimento, entre outros.
- Implementação do projeto.
- Acompanhamento do andamento do projeto (medição e verificação).

Alguns exemplos e aplicações de projetos de eficiência energética apresentados nas referências

Na indústria

Segundo especialistas, as intervenções mais comuns de eficiência na indústria são: troca das instalações de iluminação; utilização de sistemas de automação para operação de motores; limitação da iluminação artificial para casos necessários; troca da energia elétrica pela térmica solar para aquecimento de água e reutilização de energia; troca dos diversos motores elétricos em operação por outros mais modernos e eficientes, já que estes são responsáveis por 68% de toda a energia consumida na indústria; melhoria nos processos de combustão; recuperação de calor; melhoria da eficiência dos sistemas de ar comprimido, de vapor e de bombeamento, além de outras medidas de eficiência energética.

Em edifícios

Algumas tecnologias promotoras de eficiência energética, cuja aplicação é crescente no país são: diminuição do consumo de bombas de calor e dos condicionadores de ar por geração de parte da energia por sistema solar fotovoltaico; aquecedores solares de água; condicionadores de ar mais eficientes; chuveiros com água aquecida por gás ou energia solar em vez de eletricidade; bomba de calor; lâmpadas LED; teto verde; vidros eficientes: duplo com gás, de baixa emissão, reflexivo; sistema de recuperação de calor; redução das perdas relativas à distribuição de água quente; redução do consumo energético associado à iluminação do interior e exterior dos edifícios por melhor aproveitamento da iluminação natural; uso de sistemas de automação e de gestão predial inteligentes.

Em iluminação pública

No âmbito da iluminação pública, podemos citar a modernização para um sistema de iluminação com lâmpadas LED; telegestão do sistema de iluminação a LED; luminárias com autoalimentação fotoelétrica; gestão adequada da operação e manutenção (O&M) do sistema.

Sistemas de distribuição e perdas

Geralmente, a maior parte dos consumidores recebe energia elétrica dos sistemas de distribuição, embora em alguns casos específicos existam consumidores conectados aos sistemas de transmissão. Nas áreas urbanas, os dois tipos de sistema usualmente apresentam problemas socioambientais similares, sendo as principais diferenças relacionadas com as dimensões das populações envolvidas e com a necessidade de convivência com as áreas densamente povoadas e construídas das megalópoles e grandes cidades. Nesse contexto, as áreas rurais e os municípios de pequeno porte apresentam características bem diversas, pois os problemas de convivência das linhas elétricas com a vegetação são mais críticos nos grandes centros, nos quais a poda de árvores apresenta complicadores não encontrados nas pequenas cidades e áreas rurais.

Assim, muitas vezes os projetos de distribuição (e transmissão, em menor grau) devem conviver num contexto que envolve outras questões sociais e ambientais e sofrem forte impacto das legislações ambientais estaduais e municipais. Isso resulta na necessidade de adoção de ações específicas e proativas relacionadas com a poda de árvores, informação e conscientização de consumidores e até mesmo ações preventivas de problemas sociais, não deixando de fornecer energia a locais não regularizados legalmente. Nesse contexto se evidencia a necessidade de cuidados especiais quanto à segurança e qualidade de vida dos cidadãos (ruído, impacto visual e ocupação do solo), bem como em relação ao projeto e à operação. A segurança da população e das instalações é uma questão de grande importância. Muitos acidentes ocorrem também em razão das dificuldades para atender às ocorrências durante emergências, como alagamentos, congestionamentos etc.

Um aspecto extremamente importante do ponto de vista ambiental é a arborização, porque torna necessária a prática da poda das árvores para a manutenção do sistema elétrico aéreo, a fim de diminuir riscos de defeitos durante ventanias e tempestades. Assim, muitas empresas do setor de energia elétrica precisam interagir e atuar em conjunto com instituições públicas, lideranças comunitárias e instituições sociais, entre outros, em programas de arborização e atividades de conscientização e educação ambiental relacionados com o tema.

A gestão das perdas é outra questão importante diretamente relacionada com eficiência e envolve aspectos técnicos e outros, que ultrapassam os aspectos socioambientais. Seu enfoque, em áreas urbanas ou não, deve considerar a existência de dois tipos básicos de perdas:

1. As técnicas, diretamente dependentes de características do sistema elétrico, cujo controle e gestão dependem sensivelmente da qualidade tanto do projeto como do processo de O&M.
2. As comerciais, em razão de desvios ilegais de energia elétrica, conhecidos como "gatos" (quando os desvios são efetuados por moradores, principalmente de áreas pobres) e "macacos" (quando resultam de fraude nas medições do consumo elétrico). Esses tipos de contravenção aumentam os riscos de acidentes nas áreas pobres da periferia dos grandes centros e configuram um sério problema para as empresas elétricas, inserindo-as como parte de uma questão maior, que requer envolvimento multidisciplinar e abordagem integrada de todos os aspectos técnicos, econômicos, ambientais, sociais e talvez primeiramente políticos. Em diversos municípios, as perdas comerciais são significativamente maiores do que as perdas técnicas. E o custo disso recai sobre a parte da sociedade que paga energia elétrica.

FONTES RENOVÁVEIS, COGERAÇÃO E RESÍDUOS

Embora temas relacionados com fontes renováveis, cogeração e resíduos se encontrem na grande maioria das referências deste capítulo, o texto a seguir se baseia principalmente naquelas consideradas mais importantes (Coelho Suani; Cortez, 2016, p. 307-374; Bruna; Barbosa, 2016, p. 725-778; Leite; Tello, 2016, p. 697-724; Martini, 2016, p. 547-585; Reis et al., 2016, p. 811-844; Reis; Fadigas, 2016, p. 779-807; Reis; Filipini, 2016, p. 157-206; Rose, 2016, p. 669-696).

Fontes renováveis, geração distribuída, cogeração e resíduos

Um dos preceitos básicos da sustentabilidade relacionados com energia é o incentivo ao aumento de produção energética a partir de recursos naturais renováveis com o objetivo de construir a longo prazo uma matriz energética com predominância de fontes renováveis e, portanto, com drástica redução das emissões atmosféricas. Nesse contexto, o gás natural, que apresenta menores impactos atmosféricos que os derivados de petróleo e o carvão mineral, é considerado o combustível não renovável que deve servir de ponte para a transição à futura matriz sustentável. As principais fontes renováveis no setor de energia elétrica no momento são as fontes hídrica, solar, eólica e a biomassa. Outras fontes renováveis, tais como a geotérmica e a advinda dos oceanos, por exemplo, ainda não apresentam um papel de peso nesse contexto, principalmente no Brasil, a curto prazo. As formas de geração de energia elétrica a partir de fontes renováveis com maior participação atual e com tendências de crescimento no Brasil são hidrelétrica, geração a partir da biomassa, eólica e solar.

Tais formas de geração podem ser encontradas tanto no grande sistema interligado brasileiro como nos sistemas regionais ou locais, quer sejam conectados e alimentados pelo grande sistema central, ou não, no caso dos sistemas isolados. Geração elétrica de grande porte e até mesmo de médio porte encontra-se normalmente conectada de forma direta ao grande sistema, no qual a conexão se dá com predominância das linhas de transmissão. Geração de pequeno porte pode eventualmente estar conectada ao grande sistema, mas em geral se conecta aos sistemas locais, sendo predominante nos sistemas isolados da rede (na Amazônia ou em ilhas, por exemplo).

Quanto menores os projetos de geração, mais eles atuam localmente e conectam as tensões mais baixas, típicas dos sistemas de distribuição. É a esse tipo de pequena geração conectada em nível de distribuição que se dá o nome de geração distribuída (GD).

A GD é aquela que se adequa na maioria dos casos à aplicação em áreas urbanas, com características que obviamente deverão depender muito das dimensões e características das referidas áreas. No que se poderia denominar um extremo inferior das dimensões da GD se localizam as mini e micro gerações, que podem ser implantadas por consumidores individualmente ou em grupos consumidores incrustados em áreas urbanas. A GD formada por esses tipos de geração de energia ou combinados entre si tem sido incentivada no país, até um limite em que uma residência possa produzir energia para uso próprio ou mesmo negociar parte com a rede elétrica. Esses sistemas locais baseados principalmente na utilização de energia renovável podem ser visualizados como sementes do sistema elétrico do futuro (a rede inteligente, *smart grid*), que será analisado mais adiante. Pequenas gerações eólicas, solares, usinas movidas a biomassa, mini e micro hidrelétricas, assim como as pequenas centrais hidrelétricas (PCH, com potência na faixa de 750 kW até 30 MW) são exemplos dessa aplicação. Os principais atrativos da GD são o aumento da eficiência energética, a aceleração do uso de fontes renováveis e/ou com menores impactos ambientais, o aumento da flexibilidade operativa e da confiabilidade do sistema elétrico e a redução potencial dos custos do sistema.

A cogeração, definida como a produção de duas formas de energia a partir de um único combustível, é uma forma de aumentar significativamente a eficiência da utilização de centrais termelétricas, por meio da produção de energia elétrica e energia térmica. No Brasil, exemplos típicos de sistemas de cogeração de grande porte são encontrados nos setores sucroalcooleiro e de papel e celulose, utilizando resíduos do processo, por exemplo.

Sistemas de cogeração de pequeno porte, com uso de gás natural combinado ou não com outras formas de geração estão em fase de expansão no País, a fim de produzir energia elétrica e energia térmica para aquecimento e/ou refrigeração de edifícios comerciais, *shopping centers* e hospitais ou ainda utilizando outra fonte de energia térmica disponível localmente (como os resíduos de biomassa ou resíduos sólidos urbanos – RSU) em vez do gás natural.

Tais aplicações enfatizam a importância da utilização de resíduos, que também podem ser empregados para gerar apenas energia elétrica em pequenas usinas localizadas dentro ou próximo às áreas urbanas, áreas rurais e sistemas isolados. Diversas aplicações já existem, utilizando biomassa animal (porcos, frangos e em menor escala bovinos), agrícola (casca de arroz, palha de milho), florestal, resíduos de estações de tratamento de esgoto (ETE), entre outras.

Há também os RSU, cuja utilização para produção de energia tem aumentado, considerando tecnologias baseadas no aproveitamento de gases de aterros sanitários ou na tecnologia de incineração.

Boa parte destas aplicações energéticas de resíduos apresentam características que vão muito além da simples geração de eletricidade, envolvendo aspectos socioambientais e políticos, reforçando o ponto de vista de um enfoque integrado multidisciplinar.

Alguns exemplos e aplicações de projetos

Na indústria

Nos últimos anos, tem ocorrido de forma geral na indústria um aumento do número de projetos e estudos considerando cogeração de energia, maior uso de energia renovável, reciclagem e uso eficiente de materiais. Alguns exemplos de cogeração já foram citados neste item. Maior uso de energia renovável tem sido buscado principalmente por meio de substituição de combustíveis fósseis por biomassa e energia solar térmica.

A reciclagem e o uso eficiente de materiais em indústrias como siderurgia, alumínio, papel, vidro e cimento se dá por meio do emprego de sucata na produção de aço e de alumínio, aumento do uso de aparas de papel oriundas da indústria papeleira, uso de cacos na produção de vidro e uso de aditivos na produção de cimento.

O aproveitamento desses materiais em processos produtivos permite economizar energia e matéria-prima, trazendo benefícios ambientais para a empresa e para a sociedade, como a redução da geração de resíduos ou efluentes. A Figura 4 mostra os percentuais de reciclagem de diversos materiais no Brasil:

Figura 4 – Percentuais de reciclagem de diversos materiais no Brasil.

Fonte: Rose, 2016.

No setor de transportes

Ver o item específico dedicado ao setor de transportes neste capítulo.

Em áreas rurais e sistemas isolados

A geração de energia no contexto de áreas rurais e sistemas isolados, na grande maioria dos casos, está inserida nas questões da equidade e da universalização do atendimento, num contexto que vai muito além da energia e no qual aspectos sociais, econômicos e políticos precisam também ser revistos.

É um cenário atrativo, adequado e conveniente para fontes renováveis. A biomassa já é tradicionalmente muito usada nessas regiões, embora não para geração de eletricidade. Pequenos sistemas renováveis são atraentes, como tecnologia solar fotovoltaica, mini-hidrelétricas, micro-hidrelétricas, eólicas de pequeno porte, usinas movidas a biogás, aquecimento solar, fornos solares, biomassa para fornos eficientes, bombas eólicas, entre outros. Tais sistemas geram serviço com menor custo em áreas rurais isoladas distantes da rede de energia elétrica.

Alguns benefícios associados a essas fontes renováveis de pequeno porte são: criação de empregos locais; acesso à educação (por meio de provisão de iluminação e TV); acesso a água potável (bombeamento de água, destilarias solares, dessalinização); aumento das oportunidades para produção agrícola (bombeamento de água, irrigação); diminuição do trabalho relacionado com coleta de combustível (fornos avançados e fornos solares); crescimento da oferta de serviços de saúde (eletricidade e refrigeração fotovoltaica, aquecedores solares de água, destilarias solares).

Incentivos, programas, normas e certificações

Neste tópico, apresentamos uma visão sucinta do cenário de incentivos, programas, normas e certificações relacionados com energia e gestão urbana no Brasil. Considerando que os assuntos são profícuos em sua evolução e apresentam alto grau de dinamismo ao longo do tempo, é importante ressaltar a importância de um acompanhamento bem próximo para se estar sempre a par do cenário atual.

Maiores detalhes sobre as informações apresentadas a seguir podem ser encontrados em Bruna e Barbosa (2016); Leite e Tello (2016); Reis e Filipini (2016); Roméro (2016).

Incentivos e programas de conservação de energia, eficiência energética e uso racional de energia no Brasil

Os mais importantes programas institucionais relacionados com conservação de energia, eficiência energética e uso racional de energia no Brasil são o Programa Nacional da Racionalização do Uso dos Derivados do Petróleo e do Gás Natural (Conpet) e o Programa Nacional de Conservação de Energia Elétrica (Procel).

O Conpet é formado pelos seguintes componentes principais: Programa Brasileiro de Etiquetagem, que indica aos consumidores os aparelhos a gás mais eficientes, enfocando fogões e aquecedores de água; Selo Conpet de Eficiência Energética, um incentivo aos fabricantes de equipamentos domésticos a gás; Conpet na Escola, que apresenta para professores e alunos a importância do uso racional da energia; TransportAR, que fornece apoio técnico para redução do consumo de combustível e da emissão de fumaça preta no setor de transportes.

O Procel é formado pelos seguintes componentes principais: Programas de Conservação de Energia Elétrica nos setores de comércio, saneamento, indústrias, edificações, prédios públicos, gestão energética municipal e iluminação pública; Selo Procel, que objetiva orientar o consumidor na hora da compra, indicando os produtos com maior nível de eficiência energética, assim como estimular a fabricação e comercialização de produtos mais eficientes; Procel Educação, que visa a dar suporte à atuação dos professores da Educação Básica como multiplicadores e orientadores de atitudes para evitar desperdício de energia elétrica junto aos seus alunos.

Além desses programas, há os incentivos associados a políticas gerenciadas pela Agência Nacional de Energia Elétrica (Aneel), advindos da obrigação das empresas concessionárias do serviço público de energia elétrica de aplicarem anualmente uma porcentagem mínima de sua receita operacional líquida nos seguintes tipos de projetos (incluída no contrato de concessão com a Aneel): Incentivos a Projetos de Eficiência Energética e Combate ao Desperdício de Energia Elétrica, desenvolvidos pelas empresas distribuidoras para combater o desperdício de energia elétrica junto aos consumidores; Incentivos a Projetos de Pesquisa e Desenvolvimento (P&D) das empresas do setor elétrico (geradoras, transmissoras ou distribuidoras), visando incentivar pesquisas e desenvolvimento tecnológico enfocando, entre outros temas, o aumento da eficiência, a geração renovável e o futuro do sistema elétrico.

Há ainda outros incentivos mais específicos, muitos voltados à habitação social, como por exemplo as linhas de financiamento da Caixa Econômica Federal acopladas à certificação Selo Azul, também da Caixa.

Normas e certificações

Com relação a normas e certificações, é importante citar aqui, principalmente por seu impacto direto nas áreas urbanas, as diferentes certificações voluntárias de edifícios, com características e origens diferentes, que têm sido contempladas no Brasil. Muitas dessas certificações, que se estruturam principalmente em métodos, ferramentas de modelagem e indicadores específicos, apresentam similaridades, mas pode-se ressaltar nesse conjunto uma falta de consenso quanto ao conceito de sustentabilidade dos edifícios, que difere em função do país de origem.

Podem ser citadas:

- Building Research Establishment (BRE), fundado em 1921 no Reino Unido.
- Building Research Establishment Environmental Assessment Method (Breeam), Reino Unido.
- Sustainable Building Assessment Tool (SBTA), África do Sul.
- Alta Qualidade Ambiental (Acqua), Brasil.
- Haute Qualité Environnementale (HQE), França.
- Leadership in Energy and Environmental Design (Leed), Estados Unidos.
- Green Star, Austrália.
- The Building Environmental Assessment Method (Beam), Hong Kong.
- Comprehensive Assessment System for Building Environmental Efficiency (Casbee), Japão.
- The Energy and Resources Institute, Green Rating for Integrated Habitat Assessment (Teri-Griha), Índia.
- German Sustainable Building Council (DGNB), Alemanha.
- Sistema Voluntário para a Avaliação da Construção Sustentável (Lidera), Portugal.

Destas, as normas e certificações com maior aplicação no Brasil são a AQUA, LEED, BREEAM e HQE.

Há outros aspectos importantes a serem ressaltados. Em sua origem, a arquitetura floresceu com princípios de sustentabilidade, adotados naturalmente, sem que tenha havido *a priori* um direcionamento para a arquitetura sustentável, o que prevaleceu enquanto a escala da produção arquitetônica era baixa e não suficiente para impactar significativamente o meio ambiente imediato. O fator *escala* foi e continua sendo um divisor de águas na questão da arquitetura sustentável e a sustentabilidade é diretamente proporcional à escala.

No âmbito dos edifícios, a questão da sustentabilidade, mais especificamente a relação arquitetura *versus* clima foi um pouco mais preservada do que nas cidades. Por ser o local do abrigo, da permanência transitória e da permanência prolongada, houve maior cuidado com os materiais da sua envoltória externa e a relação com as estações do ano e o clima. Mas com o aumento desordenado da urbanização, no início dos anos de 1990, a arquitetura no contexto urbano havia perdido muito das caraterísticas da sustentabilidade. O movimento da arquitetura sustentável devolveu a ela o seu caminho e acrescentou outras preocupações também importantes, tais como a preocupação com os elevados consumos de água e energia e a preocupação com a cadeia produtiva dos materiais de construção e o seu impacto no interior dos edifícios.

Tecnologia da Informação (TI) e a Energia no Futuro

A revolução causada pelo grande avanço da TI e seus impactos, atuais e em desenvolvimento, na reestruturação da organização humana na terra é algo que deve ser considerado em profundidade no debate da gestão urbana, no mínimo para evitar a inclusão deliberada de uma barreira considerável aos rumos da sustentabilidade. Obviamente, tal postura deverá considerar, além dos aspectos já citados das dimensões da população urbana e seus extratos econômicos, sua inserção no atual mundo da TI. O acesso e a utilização adequada dos benefícios da TI pela população considerada são hoje aspectos fundamentais a serem observados no contexto da sustentabilidade, tão importantes quanto ou até mais importantes do que os aspectos econômicos.

Nesse contexto, obviamente, é importante considerar também o impacto da TI nos sistemas energéticos, no delineamento dos sistemas energéticos no futuro, assunto explorado, em maior ou menor profundidade, em Bruna e Barbosa (2016, p. 725-778); Leite e Tello (2016, p. 697-724); Martini (2016, p. 547-585); Reis (2016, p. 623-668; 811-844); Reis e Fadigas (2016, p. 779-807).

Sistemas elétricos e energéticos do futuro: redes inteligentes e energia inteligente

Em sua conceituação básica, a energia inteligente (*smart power*) configura uma revolução orientada pela necessidade de responder a dois desafios impostos em nível global: a necessidade de adoção de políticas adequadas para reduzir os impactos das mudanças climáticas e a necessidade de maior segurança energética, envolvendo os desequilíbrios entre o suprimento, a demanda e a confiabilidade.

Para enfrentar tais desafios, modificando a escolha das fontes de suprimento, construindo projetos de transmissão e distribuição tecnologicamente avançados e aumentando os esforços para obter maior eficiência energética, os sistemas de energia elétrica estão passando por significativas mudanças tecnológicas. Nas próximas décadas, a indústria da energia deverá avançar no conceito de rede inteligente (*smart grid*) e a arquitetura do sistema irá mudar de um modelo baseado em controle central e predomínio de grandes fontes geradoras para um modelo com número bem maior de pequenas fontes e inteligência descentralizada.

O sistema elétrico do futuro deverá integrar quatro diferentes infraestruturas físicas: a geração com baixo teor de carbono (de grande e pequeno porte); o transporte da energia elétrica (transmissão e distribuição); as redes locais de energia; e as redes inteligentes.

Os principais atributos desse sistema serão: confiabilidade *total* de suprimento; melhor uso possível da geração centralizada e de tecnologias de armazenamento em combinação com recursos distribuídos e cargas consumidoras controláveis e despacháveis de forma a assegurar o menor custo; mínimo impacto ambiental da produção e entrega de eletricidade; redução da energia elétrica gerada de maneira centralizada e aumento da eficiência do sistema de suprimento, bem como eficiência e eficácia dos usos finais; robustez do sistema de suprimento de eletricidade quanto aos ataques físicos e cibernéticos e aos grandes fenômenos naturais; garantia de energia de alta qualidade aos consumidores; monitoramento dos componentes críticos do sistema de potência para permitir manutenção automatizada e prevenção de desligamentos.

O sistema deverá contar com cinco funcionalidades básicas: visualização em tempo real; aumento da capacidade; eliminação de gargalos aos fluxos elétricos; capacidade própria de se ajustar às diferentes situações operativas; e aumento da conectividade dos consumidores. Tais funcionalidades deverão levar a um sistema integrado e flexível, conectando todos os participantes do cenário, como ilustrado na Figura 5.

Figura 5 – Modelo conceitual da rede inteligente.
Fonte: Reis, 2016.

Na medida em que a indústria se ajustar a essas mudanças tecnológicas e de paradigma, mudanças nos arcabouços financeiros e regulatórios serão necessárias para garantir sua viabilidade. Tecnologia, economia e considerações ambientais tornarão obsoletas diversas práticas atuais do setor elétrico. O suprimento e o controle massivos darão lugar ao controle individual, orientado a buscar mais produtividade e sustentabilidade e a grandes alterações regulatórias.

A futura indústria elétrica estará assentada em três metas principais: a criação de um paradigma de controle descentralizado; a transição para um sistema com predomínio de fontes geradoras com baixo teor de carbono; e a construção de um modelo de negócio que promova muito mais eficiência.

Nesse contexto, cada consumidor, inclusive residencial, por meio da geração distribuída, passará a ser elemento ativo do sistema energético, negociando energia, tanto vendendo como comprando, em função de seu consumo e de seus equipamentos de geração e armazenamento energético, contínuos ou interruptivos, entre os quais se inserem os veículos elétricos.

Um exemplo bastante significativo de aplicação já orientada ao futuro é o das minirredes elétricas (MR), formadas por tecnologias de GD e sistemas avançados de comando e controle. Utilizadas principalmente para alimentação de pequenos sistemas isolados da rede elétrica nas últimas décadas, tais formas de suprimento de energia possuem hoje uma atratividade econômica em várias aplicações.

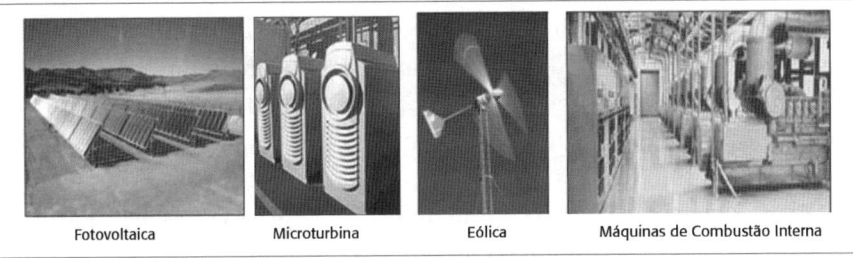

| Fotovoltaica | Microturbina | Eólica | Máquinas de Combustão Interna |

Figura 6 – Exemplos de tecnologias de geração utilizadas em DG e MR.
Fonte: Reis e Fadigas, 2016.

Cidades inteligentes

Em intensa interação com o conceito das redes inteligentes (*smart grids*), surgiu e tem sido disseminado a idéia das chamadas cidades inteligentes (*smart cities*), com a incorporação da gestão inteligente e integrada das informações, sendo possível medir, captar e monitorar as condições de uma infinidade de coisas, por meio de câmeras, sensores e telefones celulares, tornando-se factível estabelecer comunicação e interação entre pessoas, sistemas e objetos nas cidades, criando uma enorme rede de informação e contendo um número ainda maior de dispositivos conectados, a denominada "internet das coisas" (IoT, do inglês *internet of things*). As cidades inteligentes atuarão como um sistema de redes inteligentes conectadas, em que os habitantes serão usuários dos diversos sistemas presentes na cidade, com acesso imediato aos serviços urbanos, incluindo fornecimento de água e energia, escolha do sistema de transporte e do posto de saúde, compartilhamento de veículos inteligentes (*smart cars*) movidos a energia limpa e de unidades residenciais e comerciais, com uso sob demanda. No âmbito das cidades, tais sistemas já se encontram espalhados por diversos países, em níveis mais ou menos avançados, delineando uma tendência a ser orientada para a sustentabilidade. As boas práticas num planeta urbano e globalizado replicam-se rapidamente, como os veículos leves sobre pneus (BRT, do inglês *bus rapid transit*), veículos leves sobre trilhos (VLT), prédios verdes, parques lineares, entre outros.

Sistemas elétricos urbanos inteligentes

Um exemplo típico de sistema urbano inteligente pode ser encontrado nos sistemas modernos de iluminação pública. Tais sistemas integram em geral ações de eficiência e de autoalimentação elétrica com telegestão.

O próximo tópico apresenta um estudo de caso de iluminação pública em um grande *campus* universitário, configurando um exemplo típico e bastante interessante desse tipo de sistema, por se tratar de aplicação em grande área imersa em ambiente urbano, movimentação e estadia (fixa e transitória) de população significativa (dezenas de milhares de pessoas diariamente) e dotada dos mais diversos componentes da vida urbana (escolas, parques, museus, hospitais, restaurantes, bibliotecas, entre outros).

Iluminação pública

É apresentado a seguir uma espécie de estudo de caso da energia na gestão urbana sustentável, apresentando seus resultados em um *campus* universitário de grandes proporções, o *campus* da Universidade de São Paulo (USP), na Cidade Universitária de São Paulo. Maiores detalhes podem ser encontrados em Martini (2016, p. 547-585).

O estudo de caso tem como objeto um projeto de iluminação pública típico dos dias atuais: troca de luminárias com lâmpadas a vapor metálico por modernas luminárias a light emitting diode (LED), aumentando a eficiência da iluminação com melhor efeito luminoso e menor consumo da energia elétrica, reduzido praticamente à metade. Alguns tópicos específicos do estudo devem ser aqui ressaltados, com vistas a considerações na gestão urbana: a necessidade de uma nova infraestrutura para um *campus* inteligente; a telegestão de um sistema de iluminação a LED; luminárias com autoalimentação fotoelétrica (painéis solares fotovoltaicos); operação e manutenção de um sistema de iluminação a LED; a nova iluminação pública e a sustentabilidade.

É apresentado um cenário bastante completo da questão, incluindo a relação da iluminação pública com a sustentabilidade, aspectos conceituais e de gestão e aspectos técnicos específicos, além de apresentar uma visão de futuro, ao abordar diversos aspectos da introdução cada vez mais acelerada de processos e produtos de TI na gestão energética.

Além disso, como a aplicação se dá na Cidade Universitária, um cenário com características bem mais complexas e população mais diversificada e maior do que a grande maioria dos municípios brasileiros, é um exemplo valioso e prático das mais diversas relações da energia, em especial a elétrica, com grande parte dos temas abordados neste livro voltados à gestão urbana.

O estudo de caso ressalta diversos aspectos que podem servir de exemplo e assuntos para reflexão na gestão urbana em geral, tais como a ilustração da importância da energia elétrica como sinal de desenvolvimento e qualidade de vida. Essa importância fica bastante evidente, por exemplo, nas situações de queda de energia causadas por distúrbios na rede, impactando diversas atividades essenciais à vida moderna, como: trens, metrôs, centros cirúrgicos, elevadores, sinalização de trânsito e tantas outras. Ademais, o conforto de se dispor de acessos iluminados, a segurança percebida pela população, o aumento do tempo de vida social nas cidades (dentre eles a expansão da educação no período noturno) são outros exemplos que corroboram a importância da energia elétrica para a qualidade de vida nos centros urbanos.

O *campus* universitário, dotado de infraestrutura para as principais necessidades da vida, pode ser visto como uma verdadeira cidade com algumas características especiais, contendo edifícios dos mais diversos tipos, como edifícios das faculdades, residências estudantis e mesmo de professores; lanchonetes e restaurantes, bibliotecas, centros de pesquisa, museus, centros hospitalares e centros de esportes; áreas de convívio, jardins, estacionamentos, ruas e calçadas; redes de água e esgotos; redes de transmissão de dados, de energia elétrica e de iluminação pública. Além do movimento normal de alunos, professores, servidores e pesquisadores que estão presentes diariamente, o *campus* universitário também é naturalmente área de visitação que, em razão do adensamento das cidades, acabou se transformando em uma ilha verde, com urbanismo de aspecto paisagístico atraente, na qual a iluminação pública é fundamental.

ENERGIA, URBANIZAÇÃO SUSTENTÁVEL E COMPACTAÇÃO DO TERRITÓRIO URBANO

Um tema debatido com muita ênfase recentemente no cenário mundial da urbanização é o das vantagens (necessidades para alguns) da urbanização compacta (ou adensamento urbano). A redução significativa do consumo de energia obtida em territórios urbanos compactos tem sido usada como uma das argumentações básicas para justificar a decisão pela compactação urbana.

Os autores consideram importante, porém, que esse assunto seja melhor abordado e apresentam no texto que segue algumas questões para reflexão sobre o assunto da compactação urbana com um viés energético, tendo como base os trabalhos de Bruna e Barbosa (2016, p. 725-778); Leite e Tello (2016, p. 697-724); Martini (2016, p. 547-585); Reis e Moya (2016, p. 845-885); e Roméro (2016, p. 535-546), que enfocam mais diretamente as relações entre energia e urbanização.

Para estabelecer uma base mais sólida para melhor esclarecimento do tema, ressaltam-se a seguir trechos relevantes de duas das quatro referências específicas deste capítulo, as quais abordam mais diretamente as relações entre energia, urbanização sustentável e compactação do território urbano. Assim, Leite e Tello afirmam:

São muitos os desafios a serem enfrentados por cidades e edificações, *como o aumento da sua eficiência energética, do consumo de energia gerada de fontes renováveis e, até mesmo, o apoio à geração distribuída de energia*. [...] Para que efetivamente desenvolvam-se meios para a superação dos desafios, *os processos de planejamento urbano* e de *design* de construções vigentes no Brasil precisam de profundas mudanças, entre as quais: maior tempo para estágios de concepção e planejamento; envolvimento de diversos profissionais já no estágio de concepção para inclusão de diferentes visões sobre problemas e suas soluções possíveis; eficaz integração de projetos; realização de simulações de desempenho para diferentes cenários; e análise de custos no ciclo de vida para a tomada de decisões. [...] A *dinâmica de como um determinado território urbano compacto* pode apresentar melhores indicadores ambientais se *comparado a configurações espaciais dispersas*, seja no meio rural, seja no modelo dos subúrbios. *Dois fatores decisivos são a otimização dos recursos consumidos na cidade, incluindo-se a redução do consumo de energia associado a edifícios* – otimiza-se a infraestrutura geral quando se têm edificações que concentram o uso e ocupação do solo, via verticalização e maior densidade construída, por exemplo – *e transportes* – sistemas de transportes coletivos que incentivam modais com nenhuma ou pouca emissão de gases de efeito estufa contribuem para redução do consumo de combustíveis. Territórios compactos geram maiores níveis de acessibilidade e permitem a redução da intensidade de viagens. [...] Se neste *modelo de cidade compacta* são promovidas densidades qualificadas – com uso misto do solo e multicentralidades ligadas por uma eficiente rede de transportes (transportes públicos eficientes, ciclovias e áreas adequadas ao pedestre) –, têm-se os ingredientes básicos para uma *cidade sustentável*. [...] *O crescimento ordenado do território é pré-requisito básico* para uma cidade mais sustentável. (2016, p. 697-724, grifo nosso)

Segundo Bruna e Barbosa:

As *urbanizações compactas* oferecem uma série de intervenções que permitem otimizar sua eficiência, aumentando a convivência entre moradores; reduzindo a necessidade de translado por automóvel; diminuindo os congestionamentos e, com isso, a poluição do ar. Esses tipos de urbanização compacta *reduzem o desperdício de energia*. [...] Hoje, por outro lado, procura-se considerar as cidades mais densas concebidas por *um urbanismo que desenhe uma urbanização socialmente diversificada, menos poluída e com predominância de usos mistos do solo. Nada se menciona do habitat em que se insere a habitação, nem da necessidade de sustentabilidade, tanto para esta como para a urbanização.* [...] O *urbanismo sustentável* é aquele que inclui os princípios de urbanização com qualidade de vida, serviços públicos e de transporte e que permite que a população tenha mobilidade e acesso a serviços sociais e à infraestrutura. [...] Com essa definição, o *urbanismo sustentável* precisa focalizar soluções para os problemas de uma *urbanização que precisa ser mais compacta que dispersa*; é necessário que sua forma e densidade cooperem na geração desse espaço urbano e permitam ao morador vivenciar com segurança uma urbanização com espaços de qualidade, que trate da paisagem urbana, do acesso por transportes públicos e da facilidade para transitar a pé ou de bicicleta e que contenha espaços livres de poluição e que permitam preservar os recursos naturais. (2016, p. 725-78, grifo nosso)

Os trechos expõem claramente um sumário das importantes questões associadas à compactação urbana e de aspectos gerais do cenário que envolvem a mesma compactação, mas que permitem reconhecer um enfoque voltado primordialmente a megalópoles e cidades de grande porte.

Uma visão mais abrangente da utilização de energia nas áreas urbanas em geral, considerando os estudos dos autores citados e a problematização exposta neste capítulo, permite antever que as propaladas vantagens do adensamento urbano devem ser encaradas com muito cuidado, principalmente quando se consideram as características diferenciadas de cada conglomerado urbano enfocado, tais como dimensões (número de habitantes, área de abrangência), distribuição da população (na área urbana e na área rural, por exemplo), contexto econômico (todos os aspectos relacionados, incluindo distribuição de renda), infraestrutura básica, impacto da população flutuante, entre outras.

Nesse contexto geral, conclusões baseadas na consideração isolada das vantagens da compactação não se sustentam automaticamente na grande maioria (ou eventualmente na totalidade) das áreas urbanas do país, nas quais as melhores soluções deverão ser buscadas sim num contexto de coexistência de áreas compactadas com áreas menos adensadas ou até mesmo sem áreas compactadas.

Importante ressaltar aqui que a coexistência entre áreas compactadas com áreas menos adensadas conceitualmente é similar à que deve existir na grande maioria dos sistemas cujas características requerem análise integrada de componentes "satélites", havendo convivência com e em torno de núcleos centrais ou, de forma adequada entre um núcleo central e núcleos regionais ou locais, que orientam o planejamento e gestão de um sistema elétrico de grande porte como o do Brasil, explorado no próximo tópico, que contém diversos conceitos que podem ser aplicados à questão da compactação.

No contexto da energia sustentável, a universalização do acesso à energia elétrica é uma questão básica relacionada com equidade. A questão de como levar eletricidade a mais de um bilhão de pessoas no mundo que ainda não estão conectadas se reflete em termos regionais e locais. Como levar a eletricidade a uma parcela das pessoas que estão conectadas de forma irregular, principalmente nas grandes metrópoles e megalópoles?

Considerando a necessidade de convivência harmônica entre sistemas energéticos centralizados, de maior porte, com sistemas energéticos locais, de pequeno porte, é possível afirmar peremptoriamente as vantagens do adensamento urbano? Como as certificações voluntárias existentes para edificações tratam dos impactos no entorno? Qual a melhor política para edificações sociais? Em que dimensões (área, população, população por unidade de área) se situaria um limite para privilegiar vantagens de políticas de adensamento ou não, se é que tal limite existe?

PLANEJAMENTO, GESTÃO E AVALIAÇÃO SOCIOAMBIENTAL

Questões associadas a planejamento, gestão e avaliação socioambiental no cenário energético têm sido abordadas numa vasta bibliografia nacional e internacional, em razão da importância dos temas. De uma forma ou de outra, tais questões também podem ser encontradas em todas as referências deste capítulo, porém, de forma mais aprofundada, em Bajay et al. (2016, p. 811-844; 885-920; 921-952); Reis e Moya (2016, p. 845-885); Philippi Jr. e Reis (2016, p. 983-996).

Entre os diversos tópicos apresentados nas referências, relativos ao arcabouço do planejamento do sistema elétrico brasileiro, no qual devem conviver harmonicamente um núcleo central com núcleos regionais e locais e que se baseiam em princípios, metodologias e modelos de ferramental de análise aplicáveis a qualquer sistema similar (como o relacionado com a coexistência de áreas urbanas compactadas com áreas não adensadas, citado no tópico anterior), alguns aspectos devem ser ressaltados a seguir.

Em primeiro lugar, a necessidade de enfoque sistêmico da energia, bem como de um processo de planejamento estratégico associado a políticas energéticas orientadas à sustentabilidade, como apresentado no primeiro tópico desse capítulo e ilustrado pela Figura 1, que apresenta o processo de planejamento e gestão orientado por indicadores. Um processo contínuo mais conhecido internacionalmente como *Plan, Do, Check, Adjust* (PDCA), ou seja, planejar, executar, avaliar e ajustar) utiliza técnicas de cenários bem construídos e verossímeis, que consideram questões como:

- O que é necessário para frear o que está se encaminhando de forma equivocada?
- O que deve ser priorizado num curto ou curtíssimo prazo?
- Quais serão as restrições de curto e longo prazo (econômicas, socioambientais, políticas, tecnológicas e de disponibilidade)?
- Até quando existirão?
- Como usar de forma positiva para a sustentabilidade, não só energética, as condições de momento?
- Como evitar a lassidão com as questões socioambientais nos momentos eufóricos de desenvolvimento econômico e a preocupação aumentada com a questão energética nos momentos de crise?

Em segundo lugar, menciona-se a avaliação ambiental estratégica como uma ferramenta característica da etapa de planejamento, em contraposição, mas também correlação com a avaliação de impacto ambiental, mais voltada à etapa de implantação de projetos específicos.

A metodologia do planejamento integrado de recursos, que considera num mesmo leque de alternativas ações de produção de energia e ações de economia energética, permite inclusão dos aspectos socioambientais e se orienta para soluções abertas e com participação dos envolvidos e afetados.

CONSIDERAÇÕES FINAIS

Ao final desta reflexão, é possível elencar algumas conclusões:

- A escolha de indicadores adequados que permitam captar a situação da energia no cenário da gestão urbana e do desenvolvimento sustentável é uma necessidade fundamental para acompanhamento da evolução do conjunto rumo à sustentabilidade. No contexto global da gestão urbana, tais indicadores certamente formarão um subgrupo ao qual deve ser dada a devida importância. O estabelecimento de um conjunto adequado de indicadores é fundamental para o andamento adequado do processo dinâmico de planejamento e gestão. É importante definir metas de curto, médio e longo prazo e ações associadas a essas metas, com avaliações e ações de correção cujos ciclos devem ser muito bem estabelecidos.

- A complexidade do cenário do transporte urbano, preenchido pelos mais diversos tipos de modais, tais como ônibus, metrôs, barcos, trens suburbanos e automóveis, helicópteros, caminhões, motos, bicicletas, animais e até mesmo o caminhar humano, depende largamente das dimensões e populações das cidades. Nesse contexto, é importante desenvolver estudos e levantamentos relacionados com as diversas origens e destinos, para obter o perfil de uso dos modais de transporte pela população, o que fornecerá subsídios valiosos para o estabelecimento de políticas públicas e de planos de investimento de recursos, visando tornar o transporte mais eficiente e com menos impactos sociais e ambientais negativos. No geral, cabe ao poder público a determinação do melhor conjunto com base em análises técnicas e socioeconômicas, expectativas das cargas ou dos passageiros a serem transportados e consideração das condições urbanas e regionais. Deve-se avaliar o uso do biogás de diversas fontes como opção de combustível para transporte. Existem há algum tempo grandes esforços em busca de soluções mais eficientes e com menos emissões no setor de transportes. Recentemente, tem-se destacado no cenário mundial a utilização de sistemas híbridos (com componentes elétricos) ou puramente elétricos, cuja introdução no Brasil tem ocorrido de forma vagarosa, praticamente pontual. No cenário do uso de combustíveis renováveis e de fontes alternativas de energia para transportes, o Brasil se destaca na área dos biocombustíveis. Além do uso direto do etanol no país, há mistura do etanol na gasolina e do biodiesel nos motores a diesel.

- No setor de energia elétrica, o cenário brasileiro relacionado com conservação de energia, eficiência energética, uso racional da energia, fontes renováveis e geração distribuída continua a apresentar grandes desafios e idas e vindas, que vêm consumindo há décadas os esforços e expectativas dos especialistas. Pode-se dizer que o cenário se encontra razoavelmente desenvolvido, embora ainda padeça de diversas necessidades, tais como: maior divulgação e facilidade de acesso aos incentivos; maior disseminação pelas diferentes áreas e camadas econômicas do país; redução de preços; incorporação de novas tecnologias e processos inovadores; esforços definitivos para inserção elétrica de grande parte da população, que não se encontra atendida ou que se conecta à rede por meios fraudulentos; e melhoria no sistema educacional, que, entre diversas outras metas, atue na conscientização e alteração de hábitos de consumo. Não é pouca coisa, sendo fundamental a estabilidade das ações e regras ao longo do tempo.

- As características do cenário dos incentivos, programas, normas e certificações relacionados com energia e gestão urbana no Brasil de uma forma geral são consistentes com as dos cenários de transporte e energia elétrica apresentados acima. Nas áreas urbanas, devem ser ressaltadas as certificações voluntárias de edifícios.

- A revolução devida ao avanço da TI deve ser considerada em profundidade no debate da gestão urbana, no mínimo para evitar a inclusão deliberada de uma barreira considerável aos rumos da sustentabilidade. Nesse contexto, é importante considerar a orientação dos sistemas energéticos no futuro para a formação de redes inteligentes (*smart grid*), energia inteligente (*smart power*) e cidades inteligentes (*smart cities*).

- A descrição do projeto de modernização da iluminação pública num *campus* universitário de grandes proporções, o da Universidade de São Paulo (USP), na Cidade Universitária de São Paulo, configura uma espécie de estudo de caso da energia na gestão urbana sustentável, uma vez que o *campus* apresenta dimensões comparáveis a cidades de grande porte e contém uma significativa diversidade de aparatos de uso público. Consequentemente, deve ser considerado para balizamento e reflexões sobre energia e gestão urbana sustentável.

- Uma visão abrangente da utilização de energia nas áreas urbanas demonstra que as propaladas vantagens do adensamento urbano (compactação urbana) devem ser encaradas com muita cautela, principalmente quanto às características diferenciadas de cada conglomerado urbano analisado. Verifica-se que as melhores soluções deverão ser buscadas num contexto de coexistência de áreas compactadas com áreas menos adensadas ou até mesmo só de áreas não adensadas. Afirma-se que o arcabouço necessário para análise da coexistência de áreas compactadas com áreas menos adensadas é conceitualmente similar ao do planejamento de um sistema elétrico de grande porte como o brasileiro, cujas características e experiências podem colaborar muito na gestão urbana. Nesse contexto, diversas questões e aspectos para reflexão são apresentados.

- São ressaltados aspectos importantes relativos ao arcabouço do planejamento do sistema elétrico brasileiro, que podem ser adaptados e utilizados nos sistemas que enfocam a coexistência de áreas urbanas compactadas com áreas não adensadas.

Com base nesse resumo, os autores consideram ter atingido seu objetivo inicial e se sentem encorajados a recomendar que os outros aspectos importantes relacionados com energia na gestão urbana sustentável aqui apresentados, além da eficiência energética e das fontes renováveis, sejam considerados para o enfoque holístico e para reflexões e debates mais amplos e participativos da questão.

REFERÊNCIAS

BAJAY, S. V.; OLIVEIRA ANDRADE, M. T.; DESTER, M. Políticas, planejamento energético e regulação de mercados de energia no Brasil. In: PHILIPPI JR., A.; REIS, L. B. (Eds.). *Energia e sustentabilidade*. Barueri: Manole, 2016, p. 811-844.

BIANCHI, A. L.; MARTINS DE LIMA, A. A.; SOUZA DIAS, S. Indicadores energéticos e sustentabilidade. In: PHILIPPI JR., A.; REIS, L. B. (Eds.). *Energia e sustentabilidade*. Barueri: Manole, 2016, p. 123-155.

COELHO SUANI, T.; CORTEZ, C. L. et al. Biomassa e bioenergia. In: PHILIPPI JR., A.; REIS, L.B. (Eds.). *Energia e sustentabilidade*. Barueri: Manole, 2016, p. 307-374.

COLLET BRUNA, G.; BARBOSA, A. S. No mundo da urbanização. In: PHILIPPI JR., A.; REIS, L. B. (Eds.). *Energia e sustentabilidade*. Barueri: Manole, 2016, p. 725-778.

DESTER, M.; OLIVEIRA ANDRADE, M. T.; BAJAY, S. V. Planejamento com base na matriz de energia elétrica. In: PHILIPPI JR., A.; REIS, L. B. (Eds.). *Energia e sustentabilidade*. Barueri: Manole, 2016, p. 885-920.

_____. Planejamento, gestão e política de energia elétrica e sustentabilidade. In: PHILIPPI JR., A.; REIS, L. B. (Eds.). *Energia e sustentabilidade*. Barueri: Manole, 2016, p. 921-952.

LEITE, C.; TELLO, R. Nas cidades e edificações. In: PHILIPPI JR., A.; REIS, L. B. (Eds.). *Energia e sustentabilidade*. Barueri: Manole, 2016, p. 697-724.

MARTINI, J. S. C. A iluminação pública em um campus universitário. In: PHILIPPI JR., A.; REIS, L. B. (Eds.). *Energia e sustentabilidade*. Barueri: Manole, 2016, p. 547-585.

PHILIPPI JR., A.; REIS, L. B. (Eds.). *Energia e sustentabilidade*. Barueri: Manole, 2016.

REIS, L. B. Nos sistemas elétricos. In: PHILIPPI JR., A.; REIS, L. B. (Eds.). *Energia e sustentabilidade*. Barueri: Manole, 2016, p. 589-622.

REIS, L. B.; Nos transportes. In: PHILIPPI JR., A.; REIS, L. B. (Eds.). *Energia e sustentabilidade*. Barueri: Manole, 2016, p. 623-668.

REIS, L. B.; Infraestrutura básica como fundamento do turismo sustentável. In: PHILIPPI JR., A.; RUSCHMANN, D. V. M. (Eds.). *Gestão ambiental e sustentabilidade no turismo*. Barueri: Manole, 2010, p. 633-658.

REIS, L. B.; CASELATO, D.; SANTOS, E. C. Energia hídrica. In: PHILIPPI JR., A.; REIS, L. B. (Eds.). *Energia e sustentabilidade*. Barueri: Manole, 2016, p. 811-844.

REIS, L. B.; FADIGAS, E. A. F. A. Na universalização do acesso. In: PHILIPPI JR., A.; REIS, L. B. (Eds.). *Energia e sustentabilidade*. Barueri: Manole, 2016, p. 779-807.

REIS, L. B.; FILIPINI, F. Eficiência energética. In: PHILIPPI JR., A.; REIS, L. B. (Eds.). *Energia e sustentabilidade*. Barueri: Manole, 2016, p. 157-206.

REIS, L. B.; MOYA, C. Ferramentas de avaliação ambiental no planejamento e na gestão energética. In: PHILIPPI JR., A.; REIS, L. B. (Eds.). *Energia e sustentabilidade*. Barueri: Manole, 2016, p. 845-885.

REIS, L. B.; PHILIPPI JR., A. Uma agenda para reflexões, posicionamento e ação. In: PHILIPPI JR., A.; REIS, L. B. (Eds.). *Energia e sustentabilidade*. Barueri: Manole, 2016, p. 983-996.

ROMÉRO, M.A. É possível uma arquitetura sustentável? In: PHILIPPI JR., A.; REIS, L. B. (Eds.). *Energia e sustentabilidade*. Barueri: Manole, 2016, p. 535-546.

_____; REIS, L. B. *Eficiência energética em edifícios*. Barueri: Manole, 2012.

ROSE, R. E. Na indústria. In: PHILIPPI JR., A.; REIS, L. B. (Eds.). *Energia e sustentabilidade*. Barueri: Manole, 2016, p. 669-696.

33 | Fragilidades ambientais e urbanas do desenvolvimento sustentável: Calama, Chile[1]

Eunice Helena Sguizzardi Abascal
Arquiteta, Universidade Presbiteriana Mackenzie, UPM

INTRODUÇÃO

As experiências latino-americanas em planejamento urbano e regional e respectivas ações implementadoras contribuem significativamente para os estudos brasileiros da matéria. Essas experiências iluminam a proposição e a prática de planos e projetos complexos na realidade brasileira, os denominados *projetos urbanos*, por meio da comparação e da elucidação de instrumentos, objetivos, perdas e ganhos socioterritoriais dessa modalidade de intervenção transformadora do território.

Embora diferenças importantes subsistam às definições de plano, projeto e planejamento, pode-se dizer que a relação desses instrumentais técnicos se fundamenta na ação complementar, pois dizem respeito a diferentes aspectos da organização da ação (Silva, 2015). Se o planejamento é o processo dessa organização, os objetivos a serem alcançados dependem da elaboração do plano e dos projetos.

A experiência de Calama, ao norte do Chile, desperta interesse prático e acadêmico por ser uma iniciativa do governo chileno e do Governo Regional de Antofagasta para a transformação da cidade e de seu meio ambiente, enfrentando o acúmulo de negatividades e processos de degradação do ambiente natural causados pela mineração cúprea, a principal atividade econômica local.

---

[1] O presente texto é parte das reflexões realizadas no âmbito da pesquisa Projetos Urbanos na América Latina: Critérios Qualitativos e Indicadores. Os Casos de Recife, Rio de Janeiro, Santiago do Chile e Calama, partes I e II, realizadas em 2015 e 2016 com recursos do Fundo Mackpesquisa.

O plano municipal Calama Plus, integrado a outros instrumentos dessa natureza, que visam ao desenvolvimento regional e seu processo de implementação, demonstra de que maneira o planejamento, em perspectiva regional e municipal, ao incluir em seu escopo projetos urbanos, propõe-se como um meio para alcançar um novo patamar para a cidade. O plano é fundamentado no princípio de preservação ambiental e manutenção da vida ao pautar a fixação humana no território, de maneira a atender às necessidades da geração atual e das futuras.

A história de Calama, de suas dificuldades ambientais e da premência de um planejamento que alcance o desenvolvimento, entendendo-se por este último como um desenvolvimento integral – uma expressão genérica para o conjunto de políticas que agem de maneira articulada para promover o desenvolvimento sustentável (OEA, 2016) –, é um exemplo de ação transformadora e ao mesmo tempo de busca da reversão de um agudo quadro predatório imposto pelos processos relativos à indústria da mineração.

Este plano revela ainda a importância da dimensão territorial, ao articular a regulação do município (nível local) a outras escalas do poder do Estado (Dowbor, 2006). Se a regulação global dos processos econômicos prevê uma articulação com um poder transnacional e uma expansão das relações sociais, econômicas e políticas, que não têm fronteiras definidas, um sistema regulatório que emana da própria sociedade implica processos de planejamento que são manejados localmente.

No Chile, em especial em Calama, um planejamento multiescalar embasado na articulação de planos de natureza regional e municipal, em parceria com empresas e atores diversos do mercado, é hoje a base para o enfrentamento de problemas socioterritoriais e ambientais.

Dowbor (2006) pondera que a tradicional imagem verticalizada, em que o município se coloca na base da pirâmide institucional da gestão, vem sendo substituída por outras possibilidades de integração de territórios e esferas institucionais. Embora o município constitua a unidade básica de organização do território e nele incida o conjunto de demandas materiais da população em nível local, a concepção enraizada de uma estrutura vertical rígida, em que um poder central do Estado (nacional) subsume as demais esferas, pode ser relativizada.

Novas orientações e arranjos institucionais podem estar na base da gestão pública do ordenamento territorial na forma de gestões intermunicipais, consórcios intermunicipais, comitês de bacia, conselhos de desenvolvimento regional e redes de cidades.

No Brasil, essas possibilidades de arranjos institucionais começaram a ser vislumbradas com a aprovação da Lei Federal n. 13.089/2015, que promulga o Estatuto da Metrópole e dispõe sobre as diretrizes gerais para planejamento, gestão e execução das funções públicas de interesse coletivo. A figura das regiões metropolitanas e aglomerações urbanas instituídas pelos estados possibilita normas gerais sobre planos de desenvolvimento urbano integrado e instrumentos de governança interfederativa (Brasil, 2015).

Esse instituto legal prevê a formação de novos arranjos territoriais, a exemplo das aglomerações urbanas, definidas como unidades territoriais formadas por agrupamentos de dois ou mais municípios limítrofes, uma vez expressa a complementaridade funcional e a existência de dinâmicas geográficas, ambientais, políticas e socioeconômicas integradas. O fundamento da presença de uma função pública de interesse comum ou a elaboração de uma política pública conjunta pelos municípios em rede caracterizam o que a lei denomina *gestão plena.*

Dowbor (2006) argumenta que o espaço deixa de ser *espaço morto* quando observada a sua interconectividade multiescalar. Em um mundo em que a informação está disponível em tempo real, a perspectiva dos municípios muda drasticamente, por menores que sejam os acossados por um possível anonimato e desintegração socioterritorial. O autor pondera que hoje não se espera o desenvolvimento chegar, mas se elaboram condições e instrumentos para uma abordagem racional do território, que envolve as dimensões econômica, social e política no arcabouço da gestão.

Embora uma abordagem completa da legislação brasileira de articulação regional não seja objeto deste trabalho, o caso de Calama e a forma integrada de gestão assumida para o enfrentamento da transformação das bases qualitativas de vida em seu território, bem como a maneira como se compreende esse desafio no que toca a uma proximidade com a Região de Antofagasta, assumem papel significativo para uma reflexão sobre as potencialidades de planos e projetos urbanos em nosso País, tendo em vista o desenvolvimento de cidades e regiões.

CONSIDERAÇÕES INICIAIS

Calama é uma cidade cuja história e cultura remontam à mineração de ouro e cobre. Localiza-se ao norte de Santiago, capital do Chile, a aproximadamente 240 km de distância. Situada na região de Antofagasta, na província de El Loa, sua história é inseparável do deserto do Atacama, ao integrar a principal zona de exploração mineralógica do país, nas terras ao longo do Rio Loa.

Em 27 de outubro de 1957, o Decreto-lei n. 1.230 (Calama, 2016) criou a província de El Loa e Calama se tornou então sua capital. Além da mineração, a província conta hoje com uma significativa estrutura turística, incluindo balneários, como em Mejillones, Hormito e Juan López, a fim de estimular a atividade turística já consolidada, com roteiros turísticos realizados principalmente em San Pedro do Atacama.

A região de Antofagasta inclui três províncias, totalizando nove comunas,[2] sendo a capital do Governo Regional a cidade de Antofagasta. A província de Tocopilla subdivide-se nas comunas de Tocopilla e María Elena; El Loa divide-se nas comunas de Calama, Ollagüe e San Pedro de Atacama; e Antofagasta, por sua vez, é composta pelas comunas de Antofagasta, Mejillones, Sierra Gorda e Taltal (Figura 1, Quadro 1).

Quadro 1 – Divisões administrativas da Região de Antofagasta

Província	Capital	Comuna
Antofagasta	Antofagasta	1 Antofagasta
		2 Mejillones
		3 Sierra Gorda
		4 Taltal
El Loa	Calama	5 Calama
		6 Ollagüe
		7 San Pedro de Atacama
		8 Maria Elena
	Tocopilla	9 Tocopilla

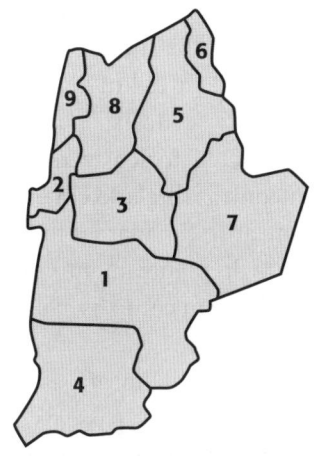

Figura 1 – Subdivisões administrativas da Região de Antofagasta, Chile.

Fonte: discente Nathalia da Mata (2016).

A região é o centro da indústria de mineração chilena e essa atividade é ainda hoje a principal fonte de receita de exportação, representando 53% da

---

[2] Comuna é a menor subdivisão administrativa no Chile e pode incluir cidades, vilas, aldeias e *hamlets*, assim como área rural (Fonte: iSignificado, Comuna Enciclopédia. Disponível em: <http://isignificado.com/significado/Comuna>. Acesso em: 1º jan. 2018).

economia extrativista daquele país. A região desempenha, portanto, um importante papel frente à economia nacional chilena, desenhando um complexo quadro de contradições, clivado entre as dificuldades existentes nas escalas nacional, regional e local.

A comuna de Calama, capital da província de El Loa, conta com superfície total de 15.597 km² (Antofagasta, 2016). Dessa área, 19,71 km² integram atualmente a área urbana, conforme o Plano Regulador vigente, representando 12,3% do território regional (Calama, 2016). Conta ainda com 148.784 habitantes (2016) e densidade de 9,16 hab/km², sendo que 145.864 habitantes vivem na área urbana e apenas 1.802 residem nas áreas rurais.

O município de Calama é integrado por territórios de origem quéchua, revelando grande riqueza sociocultural: Estación San Pedro, Toconce e Cupo e as comunidades de Lickanantai de Taira, Conchi Viejo, Lasana, Chiuchiu, Ayquina, Turi e Caspana. É a capital da mineração chilena, que assiste a uma estreita dependência estabelecida entre o cobre produzido naquele território e a sobrevivência da população local, caracterizando a expressão da produção cúprea em 3,5% do PIB nacional (Calama, 2016).

Situado a 16 km de Calama encontra-se Chuquicamata, antigo povoado em que se localiza a mais importante mina ativa de exploração de ouro e cobre. O histórico acampamento mineiro, inaugurado em 1915, não mais se encontra instalado em Chuquicamata, tendo sido trasladada sua população de aproximadamente 12 mil pessoas para Calama em 2004. A história recente do planejamento urbano e regional envolvendo Calama inclui esse traslado, bem como as causas ambientais e sociais que levaram à sua transferência.

A região de Antofagasta oferece hoje vários circuitos turísticos, compostos por cavalgadas, passeios e visitas ao seu epicentro, a San Pedro de Atacama e El Vale da Lua, entre outros centros urbanos. Essas atividades têm como objetivo conferir à região outra imagem e dotá-la de atividades capazes de materializá-la, voltadas a amenidades e ao turismo, e assim contribuir para reverter graves problemas relacionados com a qualidade ambiental resultantes da mineração, que desde a origem caracteriza esse território.

Na região são desempenhadas importantes e tradicionais atividades econômicas, com a presença de empresas salitreiras e antigos povoados denominados *company towns*: ocupações originais, postos de exploração de sal e vilas-acampamento para mineiros e operários. Hoje, muitas dessas vilas estão abandonadas por suas péssimas condições de habitabilidade e degradação ambiental, decorrentes da exploração das minas e contaminação do solo, a exemplo de Povoado Pampa, Unión, Chacabuco e Chuquicamata, a cidade mineira desmobilizada com evasão realizada em 2004, o que impactou a densidade de Calama, para onde seus antigos moradores foram deslocados.

Apesar das dificuldades ambientais de toda a região, partindo de Calama pode-se visitar San Pedro de Atacama, Chiu Chiu e Caspana, importantes rotas turísticas que se valem dos atrativos naturais do deserto do Atacama. A visita à mina de cobre a céu aberto em Chuquicamata, origem de Calama, é uma das principais atrações turísticas. Lá é possível observar o diâmetro superior da cratera da mina, de 5 km, e seus 100 m de profundidade. Além da mina, a região abriga o Centro Astronômico Paranal, com seu observatório de estrelas e, perto de Valparaíso, na zona central chilena, localiza-se o procurado Parque Nacional La Campana. Ao sul, encontram-se altas araucárias e o Parque Nacional Torres del Paine, com seus caminhos para a prática de *trekking*.[3]

Calama é um portal para os atrativos geológicos e arqueológicos do Chile, pois está próxima aos Gêiseres de El Tatio, a 129 km ao leste, contando com acesso à Reserva Nacional Los Flamengos, às Termas de Águas Quentes (*salt flat*) e à Lagoa Tuyajto, de San Pedro do Atacama, bem como à vila Chiu Chiu, situada em um oásis formado pelos rios Loa e Salado.

As condições do clima são extremas, a despeito da presença de um oásis junto à bacia hidrográfica do rio Loa, apresentando escassa umidade do ar e raras precipitações chuvosas, com tempestades de areia constantes (Comisión Nacional del Medio Ambiente, 2006). Por suas peculiaridades, o deserto do Atacama é o mais seco do mundo, embora integre a leste, parcialmente, a Área Andina Central, de clima mais ameno. A situação climática e ambiental faz praticamente toda a região de Antofagasta ser desprovida de cobertura vegetal, exceto às margens do rio Loa (e do oásis) e de San Pedro de Atacama, atrativo ponto turístico para quem deseja conhecer a região.

A cidade de Calama apresenta temperatura média de 16 ºC; em Antofagasta, coração das atividades mineiras de cobre chilenas, o índice pluviométrico variou, de 2000 a 2013, de 0,0 a 7,7 mm anuais (INE, 2016). Definida como "tierra de sol y cobre", Calama se situa junto ao "Caminho do Inca", importante rota do sistema viário andino pré-hispânico, ponto de partida para a exploração do interior do país. Localiza-se próxima às estradas que cruzam a costa do altiplano andino, tendo se tornado o principal ponto de parada para quem percorre o despovoado ambiente do Atacama.

---

[3] *Trekking* (enduro): significa seguir trilha. Trata-se de percurso pedestre como prática desportiva; forma de pedestrianismo competitivo, com caminhada longa e pernoite em abrigos temporários variados. Definição disponível em: <http://www.trekkingbrasil.com/>.

Em suas terras originalmente eram cultivados milho e alfafa, tendo se tornado um importante cruzamento de rotas comerciais. Sua bonança agrícola se deveu à exploração intensiva do solo e às boas condições das terras férteis de orla fluvial e do oásis, bem como do plantio de sementes, emulando uma antiga técnica desenvolvida pelos conquistadores incas. Para além da prioridade originalmente legada à produção das minas de ouro e cobre, a colonização espanhola estimulou o controle das rotas comerciais. Estas cruzavam o deserto comunicando-se com o porto de Cobija, interligando-se às minas de prata de Potosí e fazendas de gado de Salta e Tucumán, fazendo de Calama um importante ponto das rotas de comércio.

A palavra *calama* significa "cidade no meio de água", alcunha que se deve à fertilidade e umidade do solo proporcionadas pela bacia formada pelo Rio Loa e afluentes (a sul e a leste), cujos benefícios se fizeram sentir sobretudo até meados do século XX. Até então, a área urbana era costeada pelo rio, formando o oásis quase integralmente preservado, e a cidade era conhecida como "o lugar onde há muitas perdizes vivendo no pântano", frisando a diversidade ecológica presente (Comisión Nacional del Medio Ambiente, 2006) (Figura 2, Quadro 1).

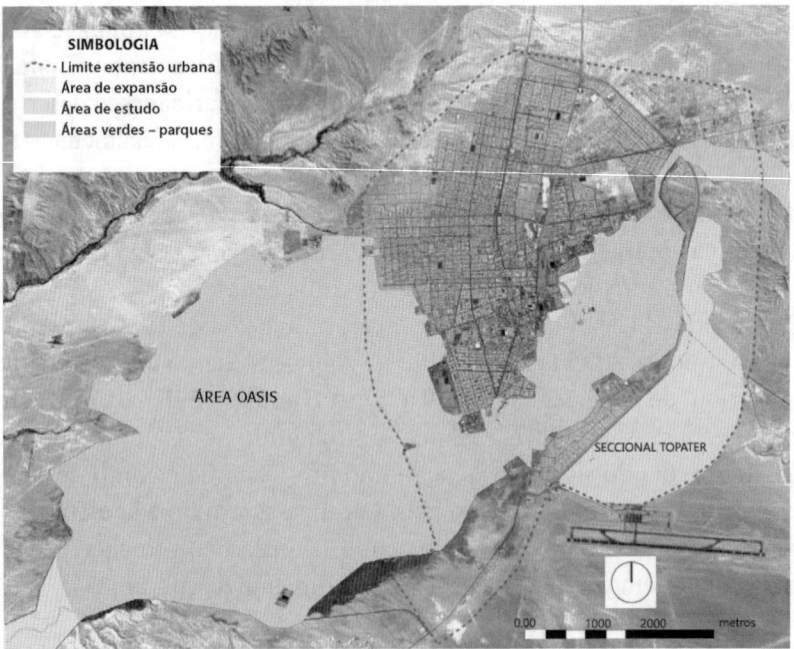

Figura 2 — Limites urbanos, uso do solo e oásis calamenho.
Fonte: Gobierno de Chile, ASTIBA (2005).

A história da ocupação progressiva das margens do rio Loa e os problemas ambientais decorrentes são o fundamento para ações recentes de recuperação ambiental implementadas pela Municipalidade e pelo Governo Regional de Antióquia, bem como fonte para a elaboração de planos articulados em nível nacional, regional e municipal para o enfrentamento dos problemas emergentes que afetam a organização socioterritorial de Calama.

Pode-se dizer que a degradação do oásis calamenho, aprofundada desde os anos de 1950 com a intensificação da ocupação urbana, recrudesceu com o traslado da população da vila de Chuquicamata, que veio a ocupar suas terras em busca de moradia. Calama enfrenta hoje problemas sociais decorrentes da progressiva e histórica predação do oásis, da carência de equipamentos e moradia e da falta de empregos urbanos qualificados, ansiando por transformações capazes de reverter o quadro presente, herança de seu passado (Figuras 3 a 7 do Quadro 1).

A indústria de exportação de minérios, juntamente com a indústria do turismo, do sal e de águas quentes (*hot springs*) integram as principais atividades econômicas calamenhas, não esquecendo os observatórios astronômicos presentes na região, hoje pontos turísticos de interesse.

Figura 3 — Avanço da ocupação urbana do Oásis, expresso pela área na cor branca.
Fonte: Gobierno de Chile (2005).

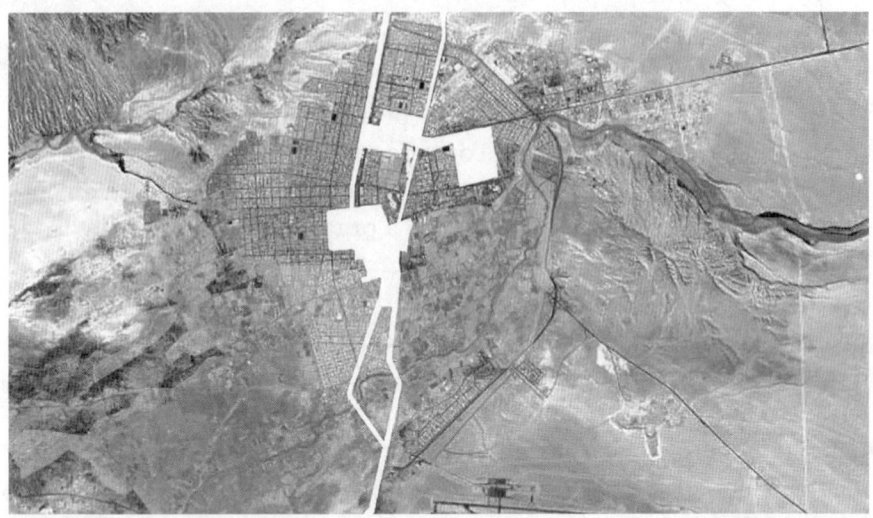

Figura 4 – Evolução da ocupação urbana do Oásis.
Fonte: Gobierno de Chile (2005).

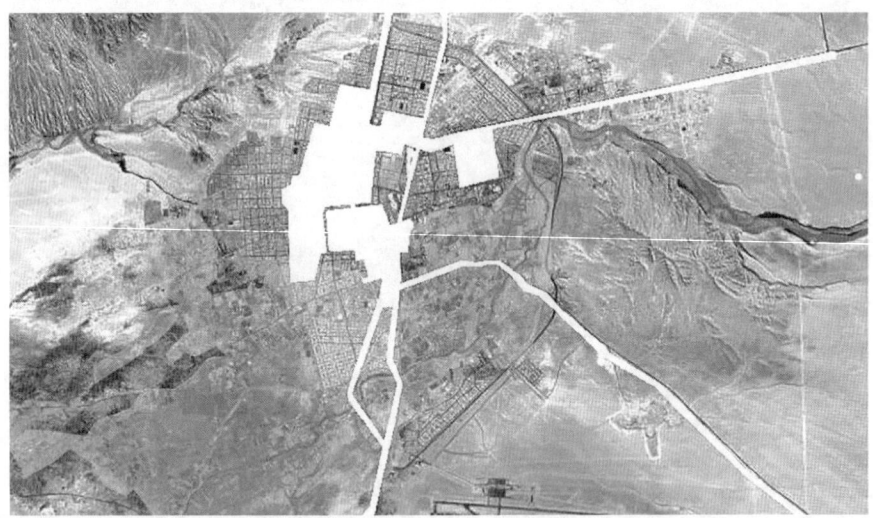

Figuras 5 – Avanço da urbanização na área do oásis, representada pelo contorno em branco.
Fonte: Gobierno de Chile (2005).

É possível dizer que a

produção de minério alcançou o auge com a consolidação da independência e se transformou num dos principais suportes da economia chilena, pois [...] a produ-

ção e exportação do cobre se tornou mais importante que a da prata (Fermandois; Couyoumdjian, 2010, p. 155)

Figura 6 – Ocupação da área urbanizada pós-traslado.
Fonte: Gobierno de Chile (2005).

Figura 7 – Área urbanizada e os bairros criados pós-traslado da população, desde Chuquicamata, em 2004, com consequente ocupação do Oásis.
Fonte: Gobierno de Chile (2005).

As principais minas chilenas ativas são as de Chuquicamata, Radomiro Tomic, Ministro Hales e Gabriela Mistral, todas elas pertencentes à estatal Codelco (Companhia do Cobre). O conglomerado nacional formado por essa empresa e a Freeport, denominado El Abra, atua na área de exploração e domina a extração e transformação do cobre. El Abra é uma propriedade compartilhada entre Freeport McMoRan e Codelco. Os investimentos são sistematicamente realizados por essas empresas em diferentes minas, a exemplo de Chuquicamata Subterrânea e Quetena.

Com sede em Santiago, a Codelco é a maior empresa de exploração mineira de cobre do mundo, operando em diversos centros mineradores em Antofagasta. A empresa concentra 7% das riquezas mundiais de cobre, sendo a que mais contribui para a economia do Chile.

O crescimento urbano que aprofundou a depredação do oásis calamenho foi condicionado pela expansão das vilas e assentamentos mineiros no decurso do processo histórico dessa região do Chile, cujo principal exemplo é o de Chuquicamata, cuja proximidade e aporte de população condicionou o crescimento de Calama de forma ambientalmente inadequada, ao ocupar com intensidade crescente a orla da bacia hidrográfica do rio Loa.

A expansão do tecido urbano em direção leste, predando o ambiente natural, deu-se pela necessidade de solo, com o surgimento de novos povoados, construções, ruas e estradas que englobaram parte das terras agrícolas e do oásis de Calama. O mesmo processo ocorreu também a oeste, porém em menor escala e de forma mais lenta, premido pela necessidade de expandir a construção de moradias para a população menos favorecida.

Tal ocupação indevida do território de orla fluvial e do oásis é a principal responsável pela degradação da paisagem local e das condições de habitabilidade urbana. A cobertura original contava com prados e *wetlands*,[4] indevidamente ocupados em razão do crescimento urbano e de uma sistemática desertificação causada pela destruição da cobertura vegetal verificada ao longo de décadas. Essa situação predatória pode ser indicada como uma das causas para deflagrar a elaboração tanto do Plan Regional do Alto El Loa como do Plano Calama Plus, no âmbito do Plan Regional de Antofagasta, detalhados adiante, como uma tentativa de promover o desenvolvimento econômico e social, a regeneração urbana e a preservação ambiental necessária à qualidade de vida e à expansão das atividades econômicas.

---

[4] *Wetland* é um ecossistema natural, parcialmente ou totalmente inundado durante determinadas épocas do ano. *Wetlands* naturais são os pântanos, as várzeas de um rio e os manguezais (Salati, 2016).

É alarmante a perda de cobertura vegetal deflagrada nos anos de industrialização, intensificada sobretudo na década de 1960. Hoje, a extensão de cobertura vegetal não ultrapassa 201 ha, relativamente a 973,6 ha de superfície total de território urbanizado, o que expressa o processo de desertificação e progressiva e indevida ocupação do solo.

As águas do rio Loa são de difícil utilização para a agricultura local, em razão da má qualidade e insalubridade atuais. Para os padrões nacionais chilenos, essa água somente pode ser utilizada com restrições, compreendendo consumo animal e irrigação. Vários são os fatores que levaram ao aprofundamento dessas más condições, além das práticas predatórias, tanto dos rios como de suas orlas.

Uma análise das formas regulatórias para posse e exploração dos recursos hídricos e da legislação vigente permitem verificar alterações das condições ambientais ao longo de todo o território calamenho, como decorrência da diminuição de umidade relativa do ar e perda de terrenos agricultáveis do oásis.

Um novo Código de Águas foi regulamentado em 29 de outubro de 1981 e diversas conquistas legais permitiram aos agricultores a exploração e posse das águas. Direitos de posse e uso das águas começaram a ser dotados aos agricultores em 1984.

A legislação referente à utilização das águas subterrâneas, aprovada entre 1993 e 2002, concedeu direitos de uso, mas não estabeleceu formas de regulação para a exploração dos aquíferos. Isso acarretou em maior dilapidação dos recursos hídricos de superfície e determinou uma dependência mais intensa das águas fluviais. Assim, a exploração intensiva dessas águas impactou na qualidade desse recurso nos rios do oásis.

O investimento recente em turismo, uma das principais atividades econômicas previstas e desejadas, bem como a reversão do quadro dos agudos problemas gerados pela ocupação do oásis e o descenso da qualidade das águas contam com um amplo programa de articulação do município à região como meio e estímulo para que a Municipalidade de Calama esteja à frente da implementação de um plano municipal de abrangência regional, o Plano Calama Plus.

O Plano Calama Plus não é uma ação exclusivamente municipal, pois está articulado aos planos regionais de Antofagasta e ao Plano de Desenvolvimento do Alto El Loa (em nível provincial). Calama Plus é um plano de grande interesse, pois não se constitui em uma reunião de ações pontuais, mas abrange o município como um todo, expressando motivações e princípios de recuperação, preservação e planejamento de natureza e meio ambiente

(Calama Plus, 2015). Interessa também a forma pela qual o plano municipal é amparado institucionalmente pelo Governo Regional, bem como as questões que afetam o desenvolvimento local, procurando caminhos por meio da relação com outras escalas e instrumentos de planejamento.

A Região de Antofagasta tem como estratégia de desenvolvimento potencializar a diversidade produtiva e fortalecer os sistemas produtivos locais com uso de recursos endógenos. Entre esses recursos de menor escala encontram-se a pequena mineração e as atividades que envolvem produção de energia, agricultura e turismo (Sernatur, 2016). Quanto a essa última atividade, o plano de ação regional identifica como objetivos desenvolver novos polos de atração, com alternativas tais como etnoturismo, turismo cultural, científico, entre outras. De acordo com alinhamentos nacionais, define-se como um planejamento ambientalmente responsável, ambicionando níveis de certificação turística com o fortalecimento da colaboração entre os municípios.

O Plano de Governo da Região de Antofagasta (Antofagasta, 2009) assinala o papel fundamental desempenhado pelo Plano Regional de Ordenamento Territorial, que deve abordar o sistema de orlas costeiras, o sistema urbano, rural, as bacias hidrográficas, a identificação e a mitigação de ameaças naturais. A valorização do território visa contribuir com a elaboração de políticas públicas de desenvolvimento para priorizar as infraestruturas indispensáveis nos campos de saúde, habitação, meio ambiente, integração e conectividade.

No âmbito dessa perspectiva regional, o Plano de Desenvolvimento do Alto El Loa (provincial) vem sendo implementado pelo município de Calama a fim de consolidar as atividades econômicas previstas em escala regional, com ênfase no turismo. Essa atividade vem sendo considerada um meio para desenvolver o setor de serviços, que poderia complementar a mineração. Esta última, no entanto, segue sendo realizada em Chuquicamata Subterrânea, Quetena e outras minas importantes.

O Plano de Desenvolvimento de El Loa integra a Estratégia 2010-2020 de Desenvolvimento Regional de Antofagasta (Ministério de Economía, Fomento y Turismo, 2016), que tem como suas principais metas o Desenvolvimento Sustentável e a proteção ao meio ambiente com o desenvolvimento territorial integrado, visando à equidade de oportunidades. Esse plano reconhece três ecossistemas regionais fundamentais: a bacia do rio de mesmo nome, a rede lacustre altoandina e as regiões costeiras. O Plano Regional do Alto El Loa e o Plano Calama Plus são propostas de planejamento participativo e integrado pautados por gestão compartilhada e ações mitigadoras da aguda problemática ambiental existente na região.

Além disso, o plano busca fortalecer a atividade econômica múltipla da província de mesmo nome, estimulando a implementação turística como forma de consolidar e expandir a Calama o setor terciário e a agregação de serviços relacionados com o turismo. Com essa integração de instrumentos de planejamento procura-se superar a atávica exclusividade da exploração mineira, multiplicando outras formas de ocupação e empregos e desenvolvendo novas frentes econômicas, sobretudo o comércio local e redes de serviços. Assim, uma economia criativa em que o capital social assume grande protagonismo está na base dessa visão, para a qual a participação social no processo de gestão e planejamento do território se tornam fundamentais.

O conjunto de iniciativas que integram o Plano de El Loa soma em torno de 25 milhões de pesos chilenos e contempla sua integração a Calama Plus a partir de quatro eixos estruturais: conectividade, saneamento, serviços básicos, tais como recuperação e provisão de espaços públicos e elementos patrimoniais, e o investimento na preservação do circuito turístico arqueológico (Lo Actual, 2013). Os quatro eixos temáticos não se desvinculam de ações frente ao patrimônio cultural e ambiental e, por fim, valorizam a reativação do circuito turístico e arqueológico (Municipalidad de Calama, 2016). O propósito é impulsionar todas as comunidades andinas que integram Calama com a promoção de seu potencial turístico, fundamentando a ação no patrimônio cultural existente e na economia criativa.

O Plano de Desenvolvimento do Alto Loa prevê a regularização de serviços básicos em diversos povoados, envolvendo o passeio da orla em Chiu Chiu, a recuperação de centros com valor patrimonial e histórico, tais como a Praça Pukará, em Lasana, a Praça Chiu Chiu, a recuperação do centro histórico de Ayquina e a recuperação do antigo povoado mineiro de Caspana, com investimentos no projeto Kapac-Ñan, associado à recuperação e preservação do Caminho do Inca.[5] Esse plano é um dos instrumentos que possibilitará que intervenções na região de Antofagasta se integrem a planos municipais, atendendo a um objetivo de transformação das vocações da região e de seus municípios. Os recursos são do Governo Regional, conjuntamente com a estatal Codelco. Os demais recursos provêm das principais empresas

---

[5] Caminho do Inca é a porção chilena da trilha andina conhecida por Caminhos Incas – nome do extenso sistema de caminhos construído durante o Império Inca. Essas estradas, desenvolvidas com apurada técnica de calçamento, presentes na América do Sul, levavam a Cusco, que em quéchua quer dizer "Umbigo do Mundo". Esses caminhos foram amplamente usados pelos conquistadores espanhóis para entrar na Bolívia, no Chile e nos pampas cordilheiranos argentinos.

presentes na zona: Associação de Empresários de El Loa; Minera El Abra; Águas Antofagasta; Enaex; Câmara Chilena da Construção – Delegação El Loa; Mall Plaza Calama; Xstrata Lomas Bayas; Aramak; e da Codelco, que participa representada por suas divisões, Chuquicamata, Radomiro Tomic, Ministro Hales e sua filial Mineira Gaby (Codelco, 2016).

O Plano de El Loa visa aportar programas e ações para consolidar o turismo em escala regional, como segunda atividade econômica mais importante depois da exploração mineira e promover um fluxo de visitas guiadas às comunidades andinas que integram a comuna. Trata-se de um ambicioso intento para reconverter o interior da comuna em um centro turístico e diversificar a atividade econômica em escala regional (Lo Actual, 2016).

A implementação dessas novas atividades consiste, no entanto, em um conjunto de ações cujo impacto socioambiental vem recebendo cuidadosa atenção dos diversos níveis de governo envolvidos, bem como o planejamento integrado de meios sustentáveis para a sua realização, considerando-se a atual situação das águas fluviais, sobretudo da orla ribeira do sistema hídrico em escala regional, procurando reverter a degradação da bacia do Rio Loa. Os trabalhos de Ignacy Sachs para a consolidação de um desenvolvimento sustentável, que inclui o meio ambiente e formas alternativas de economia, com a utilização de recursos e potencialidades subutilizadas (Dowbor, 2006), sustentam esse objetivo do Plano de El Loa.

O desenvolvimento do plano municipal Calama Plus é a materialização em nível local dessa articulação de planos encadeados, pois conta, para a sua implementação, com um consórcio de entes e organizações diversas, tais como Governo Regional de Antofagasta; Águas Antofagasta; a estatal mineradora Codelco; e a Câmara Chilena da Construção para o Conselho Consultivo. O Conselho Executivo conta com Governo da Região de Antofagasta, Codelco e a Corporação de Desenvolvimento da Província de El Loa (ProLoa, 2015).

O ProLoa é uma entidade privada sem fins lucrativos, que elabora, executa e gere projetos sociais para o desenvolvimento sustentável das comunas de Calama, San Pedro de Atacama, Ollagüe y Sierra Gorda.

Atualmente, a ProLoa é uma entidade de impacto positivo para o desenvolvimento sustentável da província de El Loa, trabalhando de forma integrada com empresas, entidades públicas e municípios. É uma entidade consolidada e reconhecida em âmbito nacional e regional, sendo apoiadora e complementar ao Governo de Antofagasta e aos municípios da província de El Loa, entre eles, Calama (ProLoa, Proloacción, 2015).

Para alcançar seus propósitos socioeconômicos com base na transformação territorial, a municipalidade vem se beneficiando da integração de instrumentos e entidades de planejamento regional a fim de consolidar a visão que ampara o planejamento municipal em instrumentos e recursos de outros níveis. Esse fundamento de âmbito regional possibilita desenvolver o plano municipal de acordo com as necessidades e potencialidades dos demais níveis e expressar a ação municipal por diversos projetos urbanos reunidos no Plano Calama Plus.

CALAMA NA ATUALIDADE: EM BUSCA DE UMA CIDADE E UMA REGIÃO SUSTENTÁVEIS

A população de Calama é ainda hoje eminentemente masculina (70.832 homens e 67.570 mulheres), identificando-se uma composição social afeita à conservação da atividade mineradora, indicando um desequilíbrio herdado de sua ocupação original. O crescente descenso da população rural (Ministério de Economía, Fomento y Turismo, 2016) expressa a ausência de políticas de fixação populacional em terras agrícolas e de atendimento às etnias indígenas, acossadas pela falta e precariedade de equipamentos rurais e de serviços ao produtor.

A redução dos investimentos em produção rural e o descenso populacional nas áreas de exploração agrícola fez a população urbana aumentar. A elaboração do Plan Regional de El Loa e sua integração ao Plano do Governo Regional de Antofagasta, com os quais se relaciona o Plano Calama Plus, detalhado adiante, e os vários projetos urbanos e intervenções para permitir a Calama outra configuração e dinamismo econômico decorreram da mudança na prioridade de investimentos e do crescimento populacional urbano.

Como importante capital mineira ainda nos dias de hoje, Calama segue impulsionando a exploração das minas de cobre e salitre como parte das atividades contempladas pelo Plano de Desenvolvimento do Alto El Loa, com ênfase em tornar o turismo a segunda atividade econômica mais importante depois da mineração. Há uma clara intenção governamental de desenvolver um circuito turístico na região, incluindo Calama, cujos principais atrativos estão distribuídos entre as várias cidades e comunidades andinas de Antofagasta.

A cidade enfrenta atualmente o aprofundamento de problemas socioambientais que levaram à necessidade de uma nova abordagem do desenvolvimento urbano e regional, em que se questiona como é possível resgatar a agricultura nas condições ambientais de fragilidade e degradação, e como obter a água necessária à sociedade e à urbanização. Impõe-se ainda a questão sobre o tipo de regulação necessária para manter esse indispensável recurso escasso e promover sua exploração, como a agenda de planejamento. A mineração consome expressiva quantidade de água na região: 68% em 2007, projetando-se 74% para 2032 (Chile, 2009). Como consequência, a previsão é de problemas futuros no abastecimento de água para consumo humano, além de conflitos gerados pela exploração ilegal e aproveitamento ineficiente desse importante recurso natural.

O aprofundamento dos problemas de desertificação e predação ambiental é também pressentido como resultado das atividades antrópicas e de contaminação das águas. A contaminação do ar atingiu níveis de saturação associada à atividade mineira em Calama e região, o que levou a prever que os níveis de contaminação gerados pelas plantas que aportam energia à atividade mineira deverão ser mitigados pelo uso de energias renováveis, o que necessariamente depende de um planejamento regional, a médio e longo prazo. Deve-se salientar que o Chile tem governos regionais, entre estes o Governo Regional de Antofagasta, ente responsável pela Estratégia 2010-2020 para orientar o planejamento regional integrador da escala provincial e municipal.

Evidenciando o processo participativo da gestão regional e municipal, os cidadãos de Calama assinalaram a necessidade e a vontade de proteger seus recursos hídricos para assegurar a salvaguarda do oásis, assim como de todo o sistema de assentamentos da província de El Loa, manifestação que pauta a Estratégia 2010-2020 e o planejamento regional. A ampliação das oportunidades laborais, sobretudo da população feminina, é também uma das metas desse planejamento. Com uma visão que abrange o regional e o urbano, o planejamento enfatiza um necessário aporte de investimentos para a transformação de Calama, fazendo valer o pronunciamento cidadão de que o município contribui para com o nível nacional de governo com importante aporte de recursos e pressupostos.

É possível dizer que a urbanização em toda a região mineradora de Antofagasta reproduziu padrões de ocupação muito distintos do que hoje caracteriza o planejamento participativo, que vem sendo desenvolvido contemporaneamente. Hoje, as decisões e transformações do território são compartilhadas pela população local e vêm sendo implementadas pelo plano Calama Plus, instrumento que complementa o Plano de Desenvolvimento do Alto El Loa.

Ambos os planos convergem na busca de uma cidade sustentável, que estimule a diversificação de atividades econômicas complementares à mineração – com alvos no turismo e no resgate da agricultura –, ao prover ampla infraestrutura e projetos urbanos diversos para alcançar esse fim.

O PLANO CALAMA PLUS

Calama Plus é um plano que procura responder às demandas de cidadania em torno de uma melhor qualidade de vida em uma localização em que o atual estágio de desenvolvimento não explora o potencial de riqueza do território nem as possíveis ofertas de recursos e benefícios. É um esforço conjunto entre o setor público e privado de Calama para elaborar uma visão coletiva e integral, bem como orientar o desenvolvimento da cidade (Codelco, 2016).

A iniciativa reúne o Governo Regional de Antofagasta, a província de El Loa e o município calamenho e conta com o envolvimento das principais empresas da região de Calama. Tem como principal promotor a Codelco, primeira produtora de cobre do mundo, uma empresa de desenvolvimento e exploração de recursos minerais de cobre e subprodutos, autônoma e de propriedade do Estado chileno, detendo aproximadamente a exploração de 9% das reservas de cobre do mundo.

Como principal objetivo, o Plano Calama Plus busca requalificar e redesenhar a cidade, fundamentando-se em proposta de desenvolvimento urbano sustentável para melhoria da qualidade de vida e da qualidade espacial.

Integrado por diversos projetos urbanos e prevendo uma gama de intervenções urbanísticas e obras de infraestrutura capazes de transformar a totalidade da área urbanizada, Calama Plus foi inicialmente proposto em 2011 e na atualidade encontra-se em fase de implementação. O plano foi elaborado a partir da pressão da sociedade, que enfatizou a dívida ambiental da Codelco para com a cidade, dando início a um Plano de Urbanização Sustentável (Plus) que foi concedido em licitação ao escritório Elemental e à Consultoria Tironi Associados, com o objetivo de restaurar as condições originais ao oásis.

Os recursos para sua realização são obtidos da parceria entre os setores público e privado municipais, com o suporte do Governo Regional de Antofagasta e sob fiscalização e consulta pública constantes. Calama Plus é considerado por seus mentores uma iniciativa que desde a origem incluiu a participação da sociedade como um de seus eixos estruturantes, visando ao trabalho colaborativo e envolvendo diversos atores (Calama Plus, 2016). Vários níveis institucionais de caráter público e privado são parceiros para transformar a cidade.

Há um rol de projetos que integram o Plus, iniciativas formuladas e financiadas com recursos de diversos agentes, como o mencionado Governo Regional, o município de Calama e empresas públicas e privadas. Esses parceiros formam uma associação, o Consórcio Calama Plus, que tem por objetivo impulsionar em conjunto a transformação de Calama. Após muitas reuniões que incentivaram a participação popular, foi apresentada a proposta central de desenvolver um conjunto de intervenções urbanas em grande escala e outras menores, de execução a curto prazo.

A intervenção infraestrutural de maior impacto foi a de retirar a ferrovia da área central (Ferrocarril de Antofagasta), que cruza a Avenida Balmaceda, a principal via de ligação da cidade, e assim transformar o uso de toda linha para espaço público.

Outras intervenções importantes envolvem a construção de colégios em bairros degradados para fins educacionais e uso como centros comunitários e desportivos em outros horários. Projeta-se também edifícios e espaços públicos no centro da cidade.

O Consórcio do Plus é uma entidade integrada por atores públicos e privados diversos, que de maneira conjunta decidem sobre a formulação, gestão, financiamento e implementação dos projetos (Calama Plus, 2016). Todos os projetos são coordenados pelo plano e atendem aos interesses afins ao desenvolvimento e elevação da qualidade de vida.

O Consórcio Calama Plus apresenta uma direção executiva para coordenar as demandas de ordem técnica, administrativa e de participação social, a fim de consolidar a implementação do Plus. Tem por finalidade uma ação técnica independente para implantar os projetos, considerando suas várias etapas, com um horizonte de longo prazo (2025).

A coordenação de interesses e visões distintas é enfrentada por uma busca de consenso, que se guia pela principal meta de consolidar a cidade como moderna e sustentável. Para alcançar essa missão, o Plano Calama Plus fundamenta projetos de infraestrutura e desenvolvimento urbano. Para isso, a proteção e a expansão do oásis, considerado um patrimônio natural, torna-se basilar, bem como o fortalecimento da educação, sobretudo para se alcançar uma sociedade sustentável.

A aprovação dos projetos se submete à participação cidadã com o intuito de enfrentar o *déficit* de qualidade ambiental e escassez de equipamentos na cidade, propondo uma visão integradora de ações orientadas por investimentos públicos de curto, médio e longo prazo.

O plano, como uma visão de futuro, considera fundamental a integração entre organismos públicos e instâncias técnicas, a identificação de oportunidades locais e das limitações para a implementação de projetos com fundamento no desenho urbano. A execução do plano estratégico se baseia em um consórcio formado pela "mesa política", responsável pelos recursos permanentes locais, de 5% dos recursos totais, e que representa a nacionalização de recursos hídricos e de exploração do cobre, e a "mesa técnica", definidora de uma visão de cidade, dos projetos e de coordenação do processo. Considera-se esse consórcio como o espaço de mediação e diálogo entre a cidade, os organismos públicos, técnicos, agentes sociais e comunidade local.

O plano está estruturado em três grandes tópicos: projetos estruturantes, projetos prioritários e projetos de desenvolvimento sustentável, eixos temáticos em torno dos quais se organiza. Os projetos estruturantes foram formulados, impulsionados e financiados por atores diversos e têm grande envergadura por se apresentarem como ações estratégicas para o desenvolvimento e transformação urbanos (Figuras 8 e 9, Quadro 1).

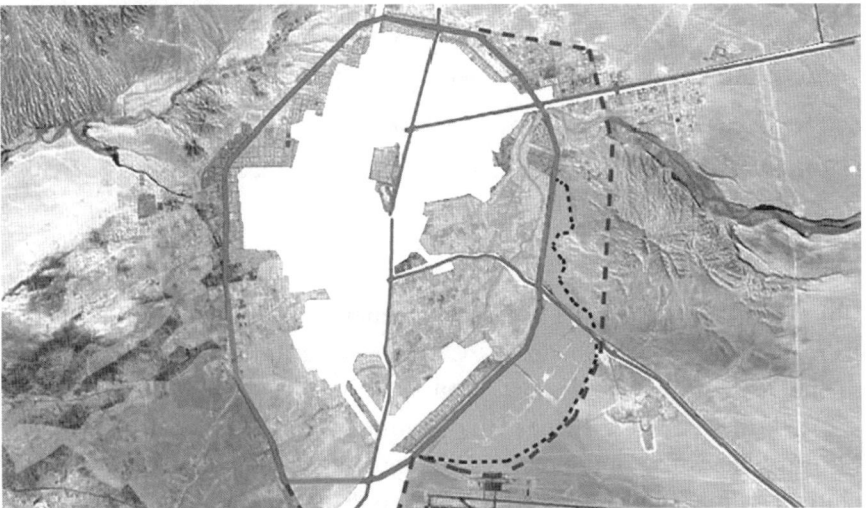

Figura 8 – Plano Calama Plus, 2012. Note-se o anel viário previsto e em implementação, denominado Avenida de Circunvalación.
Fonte: Gobierno de Chile (2016).

Foi o Governo Regional que sugeriu ao consórcio a iniciativa de investimento em grandes infraestruturas de mobilidade, tais como a ampliação e reforma do Aeroporto El Loa, que recebeu recursos provenientes da Área de Concessões do Ministério de Obras Públicas.

Na mesma linha, o Projeto Avenida Balmaceda custou 9 milhões de pesos chilenos, com financiamento do Ministério da Habitação e Urbanismo do

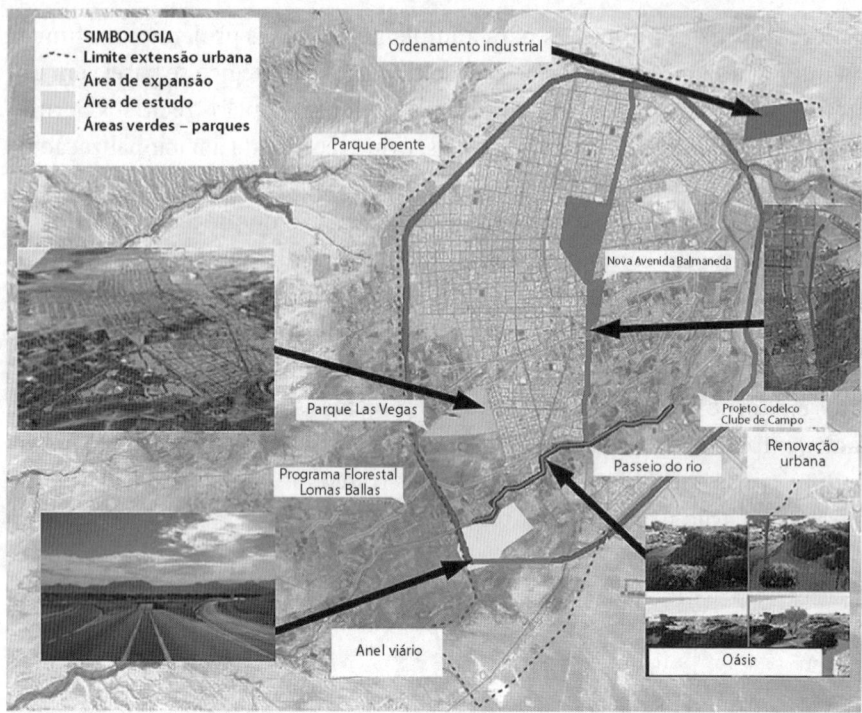

Figura 9 – Plano Calama Plus, 2012. Avenida de Circunvalación e projetos previstos.
Fonte: Gobierno de Chile (2016).

Chile e do Fundo Nacional de Desenvolvimento Regional (FNDR). Trata-se da reabilitação e melhoria dos eixos urbanos estruturadores da cidade para melhor escoar o tráfego de norte a sul.

O Projeto By Pass Tucnar Huasi é uma parceria da Codelco – Divisão Ministro Hales, da comunidade e com apoio de todas as entidades técnicas, tanto da Municipalidade como do Governo Regional. O objetivo é o aprimoramento da acessibilidade e a integração das Villas Tucnar Huasi e Huaytiquina, com um novo traçado para a Rota 24.

O agudo processo de desertificação de Calama e a progressiva escassez de água no território foram os principais eventos que exigiram ações de regulação do uso de água na região do rio Loa, evitando a evasão desse recurso com destinação agrícola para a mineração. Fomentou-se ainda a provisão de recursos hídricos para sustentar o eminente crescimento da cidade e futuras explorações de minérios.

As ações públicas que podem ser destacadas diante das condições geográficas e climáticas adversas e que estão previstas nos diversos projetos que integram o plano são preventivas e de higienização da cidade, para controle da areia depositada por meio de tempestades advindas de ventos diários, provisão de áreas de recreação e construção de espaços públicos, incentivo a áreas verdes, melhoria da infraestrutura viária e pedestre, promoção de uma identidade cultural e coesão social, educação, infraestrutura de serviços gerais e incentivo ao desenvolvimento esportivo.

O plano se pauta na amplificação da qualidade ambiental para amenizar a desertificação, associada à escassez de água. Para refrear a desertificação, o plano visa regulamentar os direitos de exploração da água do rio Loa para reverter impactos regionais, propondo novas soluções para a geração de recursos hídricos, necessários para suprir a demanda gerada pela expansão populacional urbana. Caracteriza-se pela recuperação do altiplano andino e do seu centro urbano estratégico e pela regulamentação da exploração mineira realizada em seu território, apostando em obras de aprofundamento das minas, revertendo a condição de exploração a céu aberto, como vem sendo implementado em Chuquicamata.

Em 2011, a Codelco fez uma licitação a convite do poder público, que resultou na participação em parceria com o escritório chileno Elemental, dirigido pelo arquiteto Alejandro Aravena, e o grupo de consultores Titony e Associados, resultando na proposta de um conjunto de 25 intervenções ao longo do território de Calama, caracterizando a implementação no período de 2012 a 2025, definindo:

- Uma *nova imagem* de Calama, mais amena e apta a atrair população e turismo, com base em um Plus de longo prazo, demarcando entre suas possibilidades a realização de um plano regulador e processos de intervenção decorrentes.
- Ordenamento e aperfeiçoamento dos projetos já definidos em outras instâncias, seja pelo Governo Regional, seja pela Codelco, por outras empresas e o município em função do Plus.
- Um conjunto de obras emblemáticas que identifiquem, tanto interna como externamente a nova imagem de Calama.
- As iniciativas em curso para enriquecer o capital social de Calama, tais como ações nas áreas da educação, organização social, festas, rituais, entre outros, realizando-as de acordo com uma ordem de prioridades, determinando suas necessidades de infraestrutura e definindo critérios básicos para sua implementação.
- A criação e operacionalização de um "Governo Corporativo" público-privado, que permita levar adiante a gestão do projeto Calama Plus.

A estruturação do projeto pautou-se por categorias, que visam ao enunciado de normativas, competências e agentes (Calama Plus, 2015):

- Participação: com e para a população
  - Sociedade e atores públicos e privados.
  - Instâncias de articulação: municípios, governos regionais e governo central.
  - Atores com participação política e social.
  - Empresas e agentes privados.
  - Recursos e fontes de financiamento.

- Viabilidade: sentido de realidade
  - Identificação de problemas e carências da cidade.
  - Elaboração de projetos estruturais.
  - Reorientação e adequação de projetos preexistentes.
  - Articulação de recursos públicos e privados.
  - Identificação de instrumentos e recursos públicos disponíveis.
  - Recursos estimados e modelo de financiamento.

Os objetivos do Plano Calama Plus são enfrentar a complexidade e a diversidade de variáveis que afetam o desenvolvimento socioambiental da cidade, bem como a identificação crítica da capacidade de transformação do território calamenho, identificando os principais problemas e dificuldades de ação. O principal eixo estratégico consiste na reversão do processo de desertificação local, com ênfase na expansão de recursos e infraestrutura para elevar a qualidade ambiental, com ênfase na realização do oásis calamenho, caracterizado como melhoria do meio ambiente, com novas áreas de sombreamento, retenção do pó do deserto e proteção contra os ventos.

A estrutura do plano organizou a partir desse direcionamento as Zonas de Estándar Urbano Superior (Zeus), estabelecidas de maneira estratégica no território para promover a intensificação de atividades tanto no centro urbano como nas periferias, bastante degradadas do ponto de vista socioambiental.

Entre suas principais diretrizes, encontra-se a elaboração de Visões de Futuro (Integral + Estratégica = Sintética), fundamentadas em:

- Desenho urbano integral.
- Interação entre arquitetura, engenharia e orçamento.
- Identificação de especialistas para trabalhar em temas específicos relativos à execução do plano.

- Comunicação estratégica.
- Recomendação de normativas.
- Integração entre conhecimento local e boas práticas globais.
- Coordenação entre ministérios.

A ação de revalorização territorial prevista é, no caso de Calama, de extrema importância na requalificação urbana. Para isso, o reconhecimento da área de estudo como oásis foi fundamental, envolvendo a agricultura urbana como uma cultura de base e para isso foram definidos dois eixos temáticos:

1. No atual contexto de escassez de água, deve ser regulamentada e proibida a venda dos direitos de exploração do Rio Loa.
2. Futuras explorações mineiras não sustentáveis envolvendo os recursos hídricos do rio Loa devem ser impedidas, devendo-se prever fontes alternativas.

Os projetos propostos atendem às demandas público-privadas apontadas pela estrutura do plano urbano, divididas em três temas:

1. Espaços Públicos:
   - Projeto Parque Balmaceda.
   - Projeto Parque Las Vegas.
   - Projeto Parque Periurbano.
   - Projeto Paseo Borde Río.
   - Projeto Remodelação Parque El Loa.

2. Infraestrutura:
   - Projeto Aeroporto El Loa.
   - Projeto Avenida Balmaceda.
   - Projeto Avenida Granaderos.
   - Projeto By Pass Tucnar Huasi.
   - Projeto Doble Via Calama – Antofagasta.
   - Projeto Edificio Consistorial.
   - Projeto Eje Prat-Grau.
   - Projeto Estadio Municipal.
   - Projeto Estadio Techado.
   - Projeto Finca San Juan.
   - Projeto Paseo Granaderos.
   - Projeto Paseo Peatonal Ramírez.

- Projeto Planz Regulador.
- Projeto Remodelación y Mejoramiento Mercado Central.

3. Educação:
- Projeto Central de Formación Técnica Minería Subterránea.
- Projeto Colegio Don Bosco.
- Projeto Parque Cultural.
- Projeto Zeus Esc. Valentín Letelier.
- Projeto Zeus Liceo Minero América.

CONSIDERAÇÕES FINAIS

Calama enfrenta os graves problemas urbanos e regionais por meio de uma ação integrada, que considera aspectos econômicos, sociais e ambientais para recuperar uma posição de centro urbano estratégico no altiplano andino. Essa tarefa foi logo compreendida como um esforço coletivo que envolve toda a comunidade, organizações sociais e atores múltiplos em torno do Plano Calama Plus.

Esse plano vem sendo implementado por meio do aperfeiçoamento dos projetos, pela ação articulada entre o Governo Regional, a Codelco e outras empresas em torno de um consórcio que embasa o município como expressão do Plus.

Todas as iniciativas visam fortalecer o capital social de Calama, proporcionando meios territoriais para a promoção da educação, saúde e fortalecimento da cultura local por meio do estabelecimento de prioridades, determinando as necessidades de infraestrutura e critérios para responder a essas necessidades.

Trata-se de uma ação integrada de planejamento para criar um governo fundamentado na parceria público-privada como fundamento para a gestão de Calama Plus. Para alcançar seus objetivos, a transformação da imagem urbana é um ponto estratégico, o que explica o conjunto de obras emblemáticas que alicerçam o plano.

É preciso destacar a participação da comunidade, pois Calama Plus tem o diferencial de ter nascido de uma demanda cidadã por uma melhor qualidade de vida urbana, por uma elevação do padrão de vida. Esses anseios foram traduzidos pelo imaginário social de ter uma cidade sustentável, com o compromisso de todos os atores institucionais, o município, o governo regional e as empresas em torno de um programa de Estado para resgatar Calama e promover a cidadania.

Para recuperar a cidade integralmente e reverter um quadro de degradação de sua infraestrutura e também dos recursos de habitação, cultura e de seus espaços públicos, Calama apostou na valorização de seu espaço como meio por excelência para a realização de seus desígnios urbanos. Enfrentando movimentos e ciclos da economia mineradora, apostando no turismo como uma atividade de futuro, a cidade e a região se impõem como espaços fundamentais à realização do movimento socioeconômico próprio à urbanização.

As riquezas minerais extraídas incessantemente ao longo de um período considerável sinalizam uma crise urbana decorrente dessa oscilação. A cidade surge como parte ativa nesse processo de recuperação, em meio ao desenvolvimento regional. O urbano deixa assim de ser apenas um meio inerte, para consistir no próprio processo da economia e da sociedade, o que é evidenciado pelo Plano Calama Plus.

REFERÊNCIAS

AGUILAR, A. G. (coord.). Procesos metropolitanos y grandes ciudades. Dinámicas recientes en México y en otros países. México/DF, UNAM/Cámara de Diputados, 2004.

BORJA, J. *La ciudad conquistada.* Madrid, Alianza Editorial, 2003.

_____. La ciudad mundial. In: Memória do Encontro Centro XXI. São Paulo, Associação Viva o Centro, 1995.

BUSQUETS, Joan. Cities: 10 Lines – A New Lens for the Urbanistic Project. Harvard Graduate School of Design, 2007.

CALAMAPLUS. Plan Calama PLUS. Plan de Desarrollo Urbano, Calama Oásis, Moderno e Sustentável. Disponível em: http://www.calamaplus.cl/. Acesso em: 12 fev. 2018.

CODELCO. Sustentabilidad. Disponível em: https://www.codelco.com/calama-plus/prontus_codelco/2012-09-25/105421.html. Acesso em: 17 out. 2016.

COMISIÓN NACIONAL DEL MEDIO AMBIENTE. Santiago, Gobierno de Chile, Conama, 2006. Disponível em: http://www.memoriachilena.cl/602/w3-article-9951.html. Acesso em: 31 out. 2016.

DOWBOR, L. P desenvolvimento local e a racionalidade econômica. Fevereiro de 2006. Disponível em: https://docs.google.com/viewerng/viewer?url=http://dowbor.org/blog/wp-content/uploads/2006/10/06deslocalcurto4pb_rev.doc&hl=pt_BR. Acesso em: 12 fev. 2018.

FERMANDOIS, J.; COUYOUMDJIAN, R. et al. Chile: la historia contemporánea através de la fotografía, 1847-2010. Madrid Fundación MAPFRE, 2010.

GOBIERNO DE CHILE. Ministério de la Vivienda. Caso cinco. Ciudad de Calama. PDF. 2005.

_____. Estrátegia Regional de Desarrollo 2010-2020. Gobierno Regional de Antofagasta, 2009. Disponível em: http://www.goreantofagasta.cl/attachments/article/17/Estrategia%202010-2020.pdf. Acesso em: 12 fev. 2018.

_____. Plan de Gobierno Región de Antofagasta. Disponível em: http://www.goreantofagasta.cl/attachments/article/2773/Plan%20Regional%20de%20Gobierno%202014-2018.pdf. Acesso em: 12 fev. 2018.

GOBIERNO DE ANTOFAGASTA. Información Regional. Disponível em: http://www.territorioregional.cl/index.php/es/informacion-regional. Acesso em: 30 out. 2016.

[INE] INSTITUTO NACIONAL DE ESTADÍSTICA. Precipitación anual, según estación meteorológica. Disponível em: http://www.ine.cl/canales/chile_estadistico/estadisticas_medio_ambiente/medio_ambiente.php. Acesso em: 14 out. 2016.

LOACTUAL. Município de Calama reactiva plan para consolidar el Alto Loa como circuito turístico. 24 jan. 2013. Disponível em: http: www.loactual.cl . Acesso em: 4 fev. 2016.

MUNICIPALIDAD DE CALAMA. PLAN "NUEVOS TIEMPOS PARA CALAMA". Disponível em: http://calamatransparencia.insico.cl/clientes/1/datos/PLAN%20CALAMA2.0%20FINAL. pdf. Acesso em: 12 fev. 2018.

[OEA] ORGANIZAÇÃO DOS ESTADOS AMERICANOS. Desenvolvimento integral. Disponível em: http://www.oas.org/pt/topicos/desenvolvimento_integral.asp. Acesso em: 16 out. 2017.

PRESIDÊNCIA DA REPÚBLICA. Casa Civil. Lei n. 13.089, de 12 de janeiro de 2015. Estatuto da Metrópole. Disponível em: http://www.planalto.gov.br/ccivil_03/_Ato2015-2018/2015/Lei/ L13089.htm. Acesso em: 12 fev. 2018.

PROLOACCIÓN. Organizaciones de la zona culminan proyectos sociales con positivos resultados. Edição n. 5, maio 2016. Disponível em: http://proloa.cl/wp-content/uploads/2016/07/ Proloaccion-5.pdf. Acesso em: 10 de novembro de 2017.

SALATI, E. Controle de qualidade de água através de sistemas *wetlands* construídos. Rio de Janeiro: FBDS – Fundação Brasileira para o Desenvolvimento Sustentável. Disponível em: http://www.fbds.org.br/Apresentacoes/Controle_Qualid_Agua_Wetlands_ES_out06.pdf. Acesso em: 12 fev. 2018.

SERNATUR. Región de Antofagasta. Ministério de Economía, Fomento y Turismo. Plan de Acción Región de Antofagasta Sector Turismo 2014-2018. Disponível em: http://www.sernatur. cl/que-hacemos/. Acesso em: 10 out. 2016.

SILVA, M. S. P. da. Planejamento e práticas da Gestão Escolar. A relação entre planejamento – plano – projeto. DF, Ministério da Educação e Cultura (MEC), 2015. Disponível em: http:// escoladegestores.mec.gov.br/site/5-sala_planejamento_praticas_gestao_escolar/pdf/u1_1.pdf. Acesso em: 14 de outubro de 2016.

Anexo

CALAMA – PASSADO, PRESENTE E O FUTURO DAS PRÓXIMAS GERAÇÕES

Não se sabe ao certo a data exata da fundação de Calama mas, por volta de 1825, já era conhecida como ponto de passagem e de circulação comercial, premida entre Cobija e as povoações que ocupavam o interior. De 1825 a 1879, Calama e toda a região de Antofagasta pertenceram à Bolívia, sendo a região então conhecida como Vicecantón de la Província de Atacama, com capital em Cobija.

Um entreposto ao longo do antigo "Caminho do Inca", junto ao entroncamento das rotas que levam a Cobija e Potosí e ao caminho entre Arequipa e Copiapó, Calama se caracterizou desde sua origem por ser um pequeno povoado pobre, de grande insalubridade.

O Chile conquistou a independência da Espanha em 1818. No entanto, Calama esteve sob a posse da Bolívia até 1879, esse território tendo sido resgatado pelo General Simón Bolívar. Em 23 de março de 1879, Calama foi ocupada por tropas chilenas, travando-se a primeira batalha contra os invasores bolivianos, episódio conhecido como Guerra do Pacífico.

O conflito pela posse das terras findou com o término da Guerra do Pacífico, quando a região de Antofagasta passou à administração do Chile (Chile, 2005). Nessa época, o assentamento humano era pobre e a população escassa. O rio Loa encontrava-se então poluído pelas águas do rio Salado, sendo por essa razão um agravo para a produção agrícola. Mas desde 1840 Calama era o centro administrativo da região de Antofagasta, na medida em que o prefeito boliviano instalou-se na cidade, antes mesmo desta se tornar chilena.

Ainda no século XIX, o governo boliviano nomeou um inspetor de caminhos, o sargento do exército Gregorio Michel, responsável pela cessão e regulamentação das terras resgatadas aos povoadores de Calama, e deu-se início à ocupação que se tornou ponto de partida para o surgimento da povoação, com residências, comércios e hospedarias.

A povoação consistia em um oásis em meio ao deserto do Atacama e pouco a pouco ganhou importância: em 1870, Calama atingiu 800 habitantes e surgiram pousadas, hotéis e armazéns que contavam com produtos provenientes de Cobija (Calama, 2015).

A ferrovia se instalou em 1886 e em 13 de outubro de 1888 foi criada a Municipalidade de Calama, tendo como primeiro prefeito José R. Lira. Em 1911 instalaram-se as minas de cobre em Chuquicamata, sítio próximo a Calama. Sua principal atividade econômica foi a partir de então a mineração de cobre, o que atribuiu a Calama o nome de Capital Mineira do Chile. Encontram-se em Calama importantes jazidas cupríferas, a principal delas localizada em Chuquicamata, a qual permite a exploração do cobre em veios subterrâneos e a céu aberto. Também merecem destaque as minas de Radomiro Tomic, Ministro Hales e Gabriela Mistral.

Desde o início, a atividade mineradora se deu de modo intenso junto à Chuquicamata, onde se iniciou. Trata-se de povoado originado de um acampamento mineiro hoje desativado, cuja história culminou no deslocamento da população no ano de 2004, em razão do alto grau de comprometimento ambiental por particulados em suspensão e contaminação de solo. Os antigos habitantes deixaram de residir ali, migrando a Calama e povoados adjacentes, reforçando o papel já desempenhado pela cidade ao amparar os domicílios dos trabalhadores da mina de Chuquicamata.

Em Chuquicamata, a exploração mineral teve início com os indígenas, os primeiros mineradores. Extraía-se o cobre entre as rochas, em escavações de pouca profundidade e, para o processamento do minério extraído, utilizava-se as águas do rio Salado e do rio Grande, contribuindo para a degradação da qualidade da bacia hídrica formada pelos principais rios da região.

O processo de exploração industrial do cobre e do ouro tomou impulso a partir de 1882, a cargo da empresa norte-americana Guggenheim and Bros., que assumiu posteriormente os nomes de Chile Copper Co., Anaconda Copper Mining Co. e Chile Exploration Co. Sua presença acarretou a chegada de milhares de trabalhadores, que deixavam uma dilapidada exploração de salitre.

Em 1910, Albert C. Burrage em parceria com Duncan Fox y Cia. ganhou a concessão para explorar a mina de Chuquicamata. Em 3 de abril de 1911, Burrage obteve autorização do governo chileno para construir o centro metalúrgico em Chuquicamata onde, sem nenhuma permissão, os irmãos Guggenheim (financistas de Nova York) já haviam realizado prospecções. Essa situação deflagrou uma acirrada competição para obter o direito de explorar o cobre e, em 1912, realizou-se um acordo entre esses exploradores.

Em 3 de abril de 1913, foi aprovado o Decreto n. 878, que entregou à sociedade estabelecida concessão para explorar a mina. Em 1915, ao iniciarem a exploração, os irmãos Guggenheim mudaram o nome da empresa para Chile Exploration Co., equivocadamente identificada durante muito tempo como Chilex. Quatorze anos depois, a Chile Exploration Co. vendeu os direitos à Anaconda Copper Mining Co.

No início do século XX, a organização sindical chilena estabeleceu-se naquela área e o Chile continuava a depender economicamente tanto da extração industrial de nitrato de sódio (salitre) como das minas de cobre e ouro. Apesar de duas das maiores minas a céu aberto do mundo se localizarem em Antofagasta – Escondida e Chuquicamata –, o desenvolvimento agrário só foi "[...] favorecido após o desvio das águas do rio Salado que impedia o progresso dessas terras do oásis" (Chile, 2005).

Os negócios de exploração mineira prosperaram com o aporte tecnológico dos britânicos, destacando-se o processo de calcinação, transformando calcário em cal virgem, uma substância importante para a indústria de mineração obtida por decomposição térmica de calcário. A cidade, até então economicamente dependente da extração do nitrato de sódio (salitre), substituiu paulatinamente essa fonte de recursos pela mineração de cobre.

A fixação da população urbana em cidades e povoações capitaneadas pela mineração cúprea se consolidou já nas primeiras décadas do século XX, a partir do complexo industrial instalado para extração de cobre e outros minerais. A produção mineradora nasceu junto às *Company Towns*, ou cidades-acampamento. De modo semelhante ao que ocorreu na Europa e nos Estados Unidos, as *Company Towns*, as vilas de mineradores, estruturaram o espaço urbano, fundamentalmente provendo habitação para operários, técnicos e executivos da mineração. Desse modo, na medida em que se desencadeou a ocupação urbana, deu-se também o desenvolvimento de vários setores produtivos e de serviços.

Calama, que sob domínio chileno tornou-se um importante centro administrativo e de produção industrial, consiste ainda no principal filão de exploração cúprea do Chile. A maior mina de cobre e ouro a céu aberto, em

Chuquicamata, teve suas instalações construídas entre 1911 e 1915. Seu funcionamento foi possível pela aplicação do modelo das *Company Towns*, as cidades especializadas e planejadas, originadas de acampamentos, com o objetivo de intensificar a exploração das minas locais.

A reprodução das *Company Towns*, no entanto, baseada na exploração intensiva e no esgotamento do veio mineiro levou à precarização do meio ambiente, contradizendo o anseio por um desenvolvimento sustentável que o planejamento das cidades nortenhas do Chile almejavam implementar.

Ao adentrar a área em que se localiza a antiga mina de Chuquicamata, a primeira coisa que se avista ainda são os remanescentes do modelo norte--americano da *Company Town* construída há 89 anos, pois os Estados Unidos se tornaram donos da mina em 1915. Esta se organizou a partir de um grupo de casas de madeira de grandes dimensões, que atualmente abrigam oficinas. Pode-se dizer que o urbanismo local em toda a região mineira chilena foi originado com as *Company Towns*, com os assentamentos de Chuquicamata para operários, técnicos e suas famílias, que começaram a estruturar o espaço urbano.

O impacto da principal atividade econômica regional exerceu, ao longo do tempo, nefastos resultados sobre o meio ambiente: enormes crateras a céu aberto são ainda encontradas próximas à mina de Chuquicamata, sendo considerável a relação entre a expansão das minas e a elevação da poluição atmosférica e de solo, o que fez as residências de operários e executivos originalmente situadas no acampamento original serem abandonadas em 2004.

As cidades mineradoras chilenas ainda se ressentem da antiga prática de assentar populações inspirada por essas vilas de acampamento. Herdaram a cultura predatória enraizada de exploração mineira em conflito com a urbanização e o meio ambiente, como estímulo a um planejamento verdadeiramente sustentável, promotor de desenvolvimento local e regional.

Os efeitos predatórios da cultura mineradora e da cidade-acampamento são propriamente uma das maiores, senão a principal causa da migração de população desses centros, contrariando uma identidade vinculada aos laços de comunidade com o território original urbanizado e estabelecendo nas cidades atingidas o declínio e a degradação ambiental que urgem planos e ações para não se transformarem em lugares inativos e despovoados.

Em 1911 iniciou-se a construção do acampamento de Chuquicamata (*Company Town*) por engenheiros norte-americanos, tendo sido finalizada em 1915. Foram planejados dois núcleos, um deles para os chefes e técnicos e o segundo para operários, denominados respectivamente de "acampamento americano" e "acampamento operário". No início as casas foram destinadas tão somente aos trabalhadores da mina e logo chegariam às famílias dos mineiros. Chuquicamata foi aos poucos desenvolvendo um espaço urbano com seu tecido habitacional singular, com clubes, hospital e escolas. De início, a urbanização estava conectada a dois núcleos próximos, Placilla e Punta de Rieles, hoje desaparecidos e soterrados, estabelecendo entre eles o comércio de bens e víveres, e dispondo de equipamentos e atividades de recreação.

Pouco a pouco, Placilla e Punta de Rieles foram se despovoando e a partir do Decreto n. 1.892, de 29 de abril de 1905, o governo chileno autorizou o engenheiro William Braden a construir a nova cidade. Sob a hegemonia da empresa Guggenheim and Bros., a mina começou a ser explorada intensamente em 1915, chegando a retirar 10.000 toneladas de minério por dia.

A empresa recebeu então permissão para construir um edifício para lixiviação de minério e um acampamento para os operários, obtendo também concessão para desenvolver ramais ferroviários, bem como linhas de transmissão elétrica. A construção das casas propriamente se deu a partir de 1917, localizando-se os dois grandes complexos residenciais a 3 km das cercas que demarcavam a fronteira da área de trabalho.

No assentamento de moldes norte-americanos (conhecido como acampamento americano) viviam engenheiros e estrangeiros. As habitações destinadas ao corpo técnico distavam 3 km do segundo núcleo de construções, ou acampamento operário, e ambos se conectavam pela Avenida Tocopilla. Esse núcleo perdurou até 1984, ano em que foi desativado e demolido. Com um total de 280 residências, o desenho diferenciado revelava a diferença hierárquica dos moradores do acampamento americano, cujas residências eram construídas com materiais importados dos Estados Unidos. A arquitetura apresentava grandes aberturas, fachadas e interiores de boa madeira (pinho), chaminé, cozinha, sala, contando com até cinco dormitórios.

O acampamento operário jamais revelou essa opulência. Ali moravam capatazes, que ocupavam as melhores casas, além de famílias de operários. Conhecidas como "latas", as casas operárias apresentavam pilares de madeira e cobertura de esteiras ou chapas, às quais se recobria com cimento granulado. Na parte oeste de Calama foram construídas casas de tijolos de adobe, levados ao local das obras em mulas. Essa forma de transporte muitas vezes danificava as peças e então se passou a produzir o adobe no local, usando terra e palha. A cada doze casas atribuía-se uma instalação sanitária para banhos.

Em 1923, a empresa Chilean Exploration Company cedeu direitos de exploração à norte-americana Anaconda Copper Minning Co., que logo se dedicou à construção de importantes infraestruturas e à aplicação de novas tecnologias. O primeiro gesto do complexo industrial foi a construção de uma usina elétrica para gerar energia para Chuquicamata.

A parceria permaneceu ativa com aporte de capitais estrangeiros até 1969. A partir do final dos anos de 1960, o estado chileno adquiriu 51% das ações da empresa concessionária. Com a promulgação da nova Constituição, em 1971 e o impulso à nacionalização da exploração do minério de cobre, a empresa exploradora passou à propriedade do Estado chileno, que obteve total controle das minas da região. Criou-se então a Corporación del Cobre (Codelco), a mais importante empresa estatal do Chile e que atualmente é uma das cem mais importantes do mundo, especialista em mineração de produtos metálicos (Carjaval, 2008).

Os maiores conjuntos habitacionais, denominados "Los Hundidos", "Las Latas" e "Los adobes", foram demolidos ou renovados entre 1970 e 1990. Já em 1992, a zona mineira de Chuquicamata foi considerada imprópria à moradia, em razão da poluição atmosférica de anidrido sulfúrico e altos níveis de arsênico.

O urbanismo das *Company Towns* veio a aprofundar uma rasa consciência social nas regiões mineradoras em relação às possibilidades democráticas e cívicas da cidade, que sequer puderam estimular preocupações com o meio ambiente, a sustentabilidade e o desenvolvimento socioterritorial visando às gerações presentes e futuras.

Os maus impactos sobre o ambiente e a ingerência verificada no processo de expansão das minas levaram à progressiva degradação do patrimônio ambiental e cultural relativo à mineração. No entanto, os assentamentos mineiros em muito contribuíram para a organização do território na região de Antofagasta e para o seu desenvolvimento socioeconômico durante todo o século XX, destacando-se Chuquicamata. A severa poluição ambiental acabou por tornar a região vulnerável, pois os fortes ventos e tempestades de areia colocam em suspensão materiais metálicos particulados, ocorrendo também circulação de gases tóxicos gerados pela extração do cobre. Além disso, verifica-se uma precariedade intrínseca às relações laborais e escassez de condições de segurança e normas para o trabalho seguro, tornando a vida cotidiana difícil e sujeita a doenças, como silicose e outras de natureza respiratória.

A desativação do complexo de Chuquicamata iniciou-se na década de 1990, em razão da degradação ambiental incontornável causada pela expansão da mina. Em 1994 foi proposto que os moradores de Chuquicamata se mudassem para Calama, longe das habitações da antiga *Company Town* (Idem, s/d).

Os moradores de Chuquicamata foram por fim trasladados para Calama em 2004, em ação promovida pela Codelco, ao realocar a população mineira para habitações sob a proteção do governo, e Calama assim continuou a ocupar a primazia da atividade mineradora na região do Atacama. Esse plano, associando empresa e governo, levou a uma disjunção entre o espaço laboral e o da vida cotidiana, impulsionando a urbanização.

Tais problemas ambientais e a dificuldade de expandir a mina em razão do alto custo dos terrenos do entorno levaram a Codelco a decidir por trasladar a população a Calama, lá construindo casas equipadas e modernas, que não foram cedidas em comodato, mas dotadas como propriedades vitalícias dos operários. As causas da mudança de sítio se deveram à expansão da extração mineral e à falta de espaço adequado inclusive para estocagem de resíduos, bem como para evitar elevados custos de transporte. A segunda causa do fechamento alegado pela empresa foi o impacto deletério da concentração de resíduos e contaminação de solo e água, ocasionando más condições de saúde às famílias residentes e levando à operação de traslado de 2004.

O traslado da população se iniciou com a construção de novas residências em Calama, implicando em uma mudança física e cultural. O deslocamento de aproximadamente 12 mil pessoas para uma cidade que não estava preparada para isso foi contundente. Deve-se considerar ainda a ausência de políticas nacionais de provimento de recursos, desconsiderando as necessidades sociais e ambientais da região.

Dessa experiência foram geradas consequências sociais importantes, ocasionadas por um esgarçamento da identidade cultural (Chile, 2005). Houve também a necessidade de provisão de novos equipamentos para usos diversos, como o Hospital do Cobre Salvador Allende Gossens, o Mall Calama e o Edifício Corporativo da Codelco. Ainda assim surgiram novos assentamentos e bairros, como Túcnar Huassi, Villa Los Volcanes, Villa Las Leyendas, Villa Los Solares etc.

34 | Ecossocioeconomia urbana: logística de carga fracionada sustentável

Manon Garcia
Administradora, PUCPR

Carlos Alberto Cioce Sampaio
Administrador, UP e Furb

Alejandro Daniel González
Físico, Conicet

Fabio Teodoro de Souza
Engenheiro civil, PUCPR

Valdir Fernandes
Cientista social, UTFPR

Mario Procopiuck
Administrador, PUCPR

INTRODUÇÃO

A cidade é o cenário das mudanças e dos acontecimentos decorrentes da dinâmica da urbanização, na qual o paradigma do desenvolvimento sustentável está em voga, sugerindo alternativas que busquem responder satisfatoriamente às demandas da tríade eco-sócio-economia nos níveis local, territorial, regional, nacional e global. Entretanto, na organização das cidades, questões envolvendo a gestão sustentável do espaço urbano tornaram-se motivos de confronto entre diversas forças políticas, sociais e ambientais.

Deixando em segundo plano esse jogo de forças sociopolíticas, sob um olhar mais simplista, cidades sustentáveis não são por si só o problema, pois é até possível conceber um planejamento teórico acerca da sustentabilidade urbana. Contudo, quando se coloca em evidência as interferências humanas nesse cenário sociopolítico, a sua dinâmica de atuação – permeada por uma miríade de interesses e necessidades, por concepções teóricas muitas vezes idealizadas e confrontadas por realidades não necessariamente harmônicas –, coloca-se como o desafio principal.

No caso específico, no *locus* de interação entre variáveis sociais, econômicas e ambientais no contexto de convivência chamado cidade, as demandas de seus planejadores e gestores estão em grande parte na necessidade de melhor compreender seus problemas de forma objetiva e sistemática. O grande desafio para isso está em encontrar meios que consigam captar variações no cotidiano do espaço urbano, nem sempre devidamente mensuradas, o que traz limitações para retroalimentar a formulação e implementação de políticas públicas urbanas.

Se por um lado são evidentes os desafios para compreender as cidades a partir de referenciais mensuráveis, por outro está a necessidade de construção de intencionalidades coletivas de ação que enlacem o desafio do desenvolvimento sustentável aos modos de vida na cidade. Há, pois, a emergência de um contexto que reflete uma pluralidade temática, em que urge encontrar meios para associar a prudência ambiental, o crescimento econômico e melhores condições sociais, mas de maneira equilibrada como um sistema, não de forma justaposta.

Nesse sentido, há certo consenso de que encontrar novas propostas que respondam aos grandes e complexos problemas da cidade é sempre uma tarefa desafiadora e necessária. Porém, quando se consideram possibilidades de transição para o desenvolvimento sustentável a partir de ações práticas do cotidiano urbano, há inúmeras experiências, apresentadas em pequena escala, com as quais é possível obter respostas satisfatórias para a tríade do desenvolvimento sustentável, pautadas nas perspectivas social, econômica e ambiental em seu território, de forma inter-relacionada.

Dessa forma, são importantes os estudos que ofereçam base científica sobre questões estruturais do sistema urbano, em todos os seus eixos e escalas, para a formulação de políticas públicas voltadas ao enfrentamento da crise ambiental, resultado da degradação que ameaça os recursos naturais e a qualidade de vida. Nessa linha, apresenta-se uma alternativa ecossocioeconômica de mobilidade urbana, com o uso da bicicleta, como uma experiência em curso em Curitiba – PR, pautada no levantamento dos indicadores da atividade de logística urbana de cargas fracionadas. Nessa experiência de ecossocioeconomia, há utilização do veículo bicicleta para realizar entrega de carga (*bike messenger*), a fim de demonstrar sua efetividade extraorganizacional em território urbano, promovendo sustentabilidade.

Essa experiência converge para uma nova ação social norteada para o desenvolvimento sustentável, conduzida e pautada por critérios extraorganizacionais,[1] formais e informais, que viabilizam a organização efetiva no entorno territorial, superando e mediando a contradição entre interesses públicos e privados, inclinações individuais e deveres coletivos e ainda incorporam à organização demandas sociais oriundas do território, privilegiando as dimensões sociais, econômicas e ambientais (sustentáveis), traduzidas por critérios extraorganizacionais efetivos. Com isso, é possível trazer contribuições para estudos de ecossocioeconomia urbana associadas à logística urbana de carga fracionada, por meio da análise de indicadores de sustentabilidade a partir de dados empíricos coletados e analisados ao longo da pesquisa realizada.

Como resultado, tem-se valiosa contribuição para a melhor compreensão da mobilidade urbana e de seus eixos transversais, com fins de desenvolvimento, implementação e avaliação de políticas públicas que possam estimular programas de governo a adotar estratégias que privilegiem o fortalecimento do uso de bicicleta como veículo para transporte de cargas e não só como veículo de deslocamento ou lazer.

ECOSSOCIOECONOMIA

Entre o final dos anos 1960 e início dos anos 1970, período pós-industrialização, os países desenvolvidos começam a questionar os impactos decorrentes da industrialização e do desenvolvimento, dando início ao movimento ambientalista (Oliveira, 2013).

Em 1973, em âmbito político global, o canadense Maurice Strong (Secretário-Geral de Conferências das Organizações das Nações Unidas – ONU) passa a utilizar o termo *ecodesenvolvimento* como um conceito para caracterizar uma nova concepção de política desenvolvimentista. A seguir, o economista Ignacy Sachs inicia a difusão de tal conceito, formulando as premissas básicas dessa nova visão de desenvolvimento, que associa prudência ecológica, eficiência econômica e justiça social, aliadas à satisfação das necessidades básicas do ser humano, com preservação do meio ambiente e atenção especial às gerações futuras (Veiga, 2010; Sachs, 2007). Para Sampaio et al.:

> O ecodesenvolvimento foi apontado como um paradigma sistêmico, compreendendo princípios da ecologia profunda como proposta de repensar os atuais

---

[1] Diz respeito à incorporação da necessidade de responder às demandas procedentes do território onde o arranjo interorganizacional está instalado.

estilos de vida, da socioeconomia, no sentido de ponderar as consequências sociais na ação econômica, da economia ecológica, quando esta calcula custos ambientais na ação econômica, e da ecologia humana, principalmente a premissa da inseparabilidade dos sistemas sociais e ecológicos. (2012, p. 156)

Resumidamente, o ecodesenvolvimento passa a representar um modelo estratégico com pretensões de responder aos conflitos gerados pelo desenvolvimento, alicerçado na construção de processos igualitários, participativos, frugais e pluralistas, assegurando as diversidades biológicas e culturais existentes.

Nos anos 1980, pesquisadores anglo-saxões renomeiam o termo como *desenvolvimento sustentável*, conceituado no Relatório Brundtland – Nosso Futuro Comum (*Our Common Future*), de 1987: "o desenvolvimento que satisfaz as necessidades presentes, sem comprometer a capacidade das gerações futuras de suprir suas próprias necessidades" (ONU, 1991, p. 46).

De modo geral, os termos *ecodesenvolvimento* e *desenvolvimento sustentável* são consensuais em seus aspectos essenciais, como: "as dimensões ambiental, social e econômica, fazendo parte do processo de desenvolvimento em uma visão de longo prazo, preocupada com o bem-estar social e a solidariedade com as gerações futuras" (Montibeller Filho, 1993, p. 137). Sob essas perspectivas, o desenvolvimento não deve e não pode ser compreendido e conduzido de maneira linear, mas como uma rede de codesenvolvimentos interdependentes, com novas alternativas que produzam independência, sustentação e participação. A finalidade dessa rede é proporcionar condições básicas para a inter-relação entre seres humanos, natureza e tecnologia. Nesse sentido, é pressuposta a possibilidade de um desenvolvimento sustentável baseado em valores sociopolíticos para novas alternativas de projetos da sociedade (Max-Neff, 2012; Veiga, 2010; Sachs, 2007). Em síntese, é preciso buscar uma economia, com alternativas (ecos)socioeconômicas que convirjam para outra economia, uma socioeconomia que integre as diferentes disciplinas do saber (Sachs, 2007).

A ecossocioeconomia trata da estruturação do desenvolvimento na qual se integram as diferentes disciplinas do saber e está imbricada na discussão sobre o ecodesenvolvimento, composta pelos princípios da ecologia profunda, quando repensa os atuais estilos de vida; da economia social, quando pondera as consequências sociais na ação econômica; da economia ecológica, quando pondera os custos ambientais na ação econômica; da ecologia humana, que tem como premissa a inseparabilidade dos sistemas sociais e ecológicos (Sampaio et al., 2010). Nessa perspectiva, a sustentabilidade pressupõe atitudes ou ações que busquem solução para os problemas reais, territoriais, sem assistencialismo e que privilegiem alternativas apropriadas ao local, que atendam, ao mesmo tempo, à grande diversidade dos problemas (Veiga, 2010).

A ecossocioeconomia é uma teoria que parte das experimentações e da complexidade do cotidiano, que permite o desenvolvimento e a possibilidade de busca por aspectos qualitativos essenciais (Sampaio et al., 2010). É uma proposta que procura sistematizar alternativas a problemas reais e que se constituem em seu conjunto, como Sachs (2007) aponta, uma enciclopédia do conhecimento sobre experiências em curso, pautadas por elementos da proposta ecodesenvolvimentista.

Nesse enfoque, o ecodesenvolvimento propõe que a exploração e a utilização dos recursos do ecossistema (cidade) ocorram de forma consciente e adequada, promovendo um desenvolvimento com melhorias ambientais, em que se considerem a diversidade e a especificidade de cada lugar, como fatores sociopolíticos, culturais e naturais (Sachs, 2007; Odum, 1985).

LOGÍSTICA URBANA

As cidades são o resultado de um processo social, no qual o espaço produzido somente pode ser compreendido à luz das sociedades que o habitam, nunca ao contrário; têm sua construção por meio das exigências de cada um de seus habitantes; são definidas a partir da participação de todos os que nela habitam (Santos, 2012; Kon; Duarte, 2008). A cidade é constituída de pessoas que se associam por meio de organizações formais ou informais, para atingir objetivos comuns (Maximiano, 2009; Santos, 2012); logo, a cidade é reflexo e ao mesmo tempo consequência do homem urbano (Kon; Duarte, 2008).

Entre outros problemas enfrentados pelas cidades atualmente, a complexidade dos problemas urbanos de mobilidade provoca impactos ambientais, sociais e econômicos que necessitam ser avaliados, sob o risco de se incorrer em reducionismo quanto ao objeto do planejamento, bem como à implantação de planos de ação. Nesse sentido, a ecossocioeconomia urbana é uma abordagem que considera a complexidade dos subsistemas vinculados ao território urbano e ao mesmo tempo busca atender às demandas do ecodesenvolvimento na sua acepção urbana, por meio da efetividade dos critérios extraorganizacionais (Garcia et al., 2014).

A mobilidade urbana vem elevando a sua importância na proporção em que as pessoas, físicas e jurídicas, estão dispersas pela cidade e seus arredores, ocasionando o distanciamento físico entre as áreas e os diversos pontos distribuídos geograficamente no espaço urbano, como os que provêm acesso ao consumo, aos serviços, à residência, às matérias-primas, à deposição de seus resíduos (Santos; Aguiar, 2013; Dutra, 2004). Uma das consequências disso está na necessidade de transposição das distâncias físicas entre diversos pontos de localização, originando a movimentação de pessoas e cargas pelo espaço urbano.

Como meio de otimizar fluxos dentro da cidade, é por conseguinte necessário o gerenciamento da movimentação e de todo o processo que o envolve, da origem ao destino, e sua relação com as partes envolvidas. Tal processo de gestão recebe a denominação de distribuição física, que é parte integrante da cadeia de suprimentos (*supply chain*). Nessa cadeia, o suprimento diz respeito a tudo que integra o processo e tem por função prover, abastecer e fornecer, a partir do seu encadeamento com as funções de transporte, armazenagem, inventário, movimentação, localização, embalagem, processamento de dados e retorno de carga ao fabricante (Panitz, 2007).

Nas cadeias de suprimento, a movimentação de bens e serviços de um ponto a outro, realizada por meio de um modal,[2] intitula-se transporte de carga (Panitz, 2007; Ballou, 2006). Logo, a compreensão da distribuição física e do transporte de cargas está relacionada com os diferentes tipos de carga e de transportes associados à sua movimentação, cujo valor atribuído (preço) é calculado de acordo com os atributos volume, demanda e distância (Oliveira; Dutra; Pereira Neto, 2012).

A determinação dos procedimentos empregados para a distribuição física está por sua vez diretamente associada à classificação da carga. As diversas combinações entre tais atributos dividem a carga em quatro características: peso-volume, valor-peso, substituibilidade e característica de risco. Assim, para a atribuição peso-volume, é compreensível que haja cargas fracionadas, que possuem pequeno volume e pouco peso e que por si só não possam lotar um veículo para seu transporte, com uma consequente elevação do custo (Comi; Rosati, 2013).

Carga fracionada é a composição de várias cargas movimentadas a diversos destinos, em tempos compartilhados, para múltiplos clientes, com heterogeneidade de necessidades, e pode ou não ocorrer em um mesmo veículo. Nesse caso, o fracionamento é o termo usado quando ocorre o compartilhamento em um único veículo de transporte de diversas cargas consolidadas para sua movimentação até seu ponto de destino (Panitz, 2007).

---

[2] Veículo e meio de locomoção que circulam sobre vias (Panitz, 2007).

Dessa forma, o conceito de carga fracionada engloba toda carga transportada em sua própria embalagem de origem, cujo volume (fardo ou pacote) não tenha características físicas que permitam lotar (preencher) sozinha um veículo de carga; assim, para ser transportada, poderá compartilhar espaço com demais cargas (Santos; Aguiar, 2013; Panitz, 2007).

O termo *consolidação da carga fracionada urbana*, por outro lado, trata do processo de gestão da demanda das viagens, a partir da necessidade de distribuição das cargas na cidade (Ballou, 2006). O procedimento de gerenciamento da distribuição de cada uma das cargas é realizado de acordo com a capacidade de transporte do veículo, distância e localização física dos pontos de entrega e coleta distribuídos pela cidade. Assim, o espaço urbano é o local de maior incidência de carga fracionada, pois é onde está a maior concentração de residências, indústrias, comércios e serviços (Santos; Aguiar, 2013). A movimentação de bens ou serviços de um lugar para outro, em condicionantes espaciais distintos, pela área urbana, denomina-se movimento de carga urbana (Ballou, 2006). Ela integra o sistema da logística urbana, que é responsável pelo fluxo de cargas, de um lugar para outro, utilizando diversos modais (Panitz, 2007).

A logística urbana é o segmento logístico que trata da atividade de movimentação, transporte e armazenagem de bens e serviços realizados nas áreas urbanas (Prata et al., 2012). Portanto, a logística urbana é uma atividade que está associada ao desenvolvimento econômico regional e local, visto que o transporte de cargas, bens e serviços é necessário para sustentar o estilo de vida da população e para atender às atividades industriais, comerciais e de prestação de serviços, responsáveis pelo crescimento econômico das cidades (Anand et al., 2012; Correia et al., 2012; Oliveira; Dutra; Pereira Neto, 2012; Allen et al., 2000).

Em operações de logística urbana, "os fluxos de mercadorias transportadas por veículos de carga são a manifestação física de operações no mercado econômico" (Holguín-Vera et al., 2014, p. 41); a geração de valor ocorre pela transferência da carga de um lugar para outro, a fim de atender a uma demanda, sua movimentação da origem ao destino, realizando o processo econômico de produção e consumo (Santos; Aguiar, 2013; Anand et al., 2012).

O adequado gerenciamento da logística urbana deve assegurar condições ideais para o sistema de transporte e abastecimento, de forma a proporcionar boas condições dos bens urbanos, redução dos custos de transporte e impactos sociais para a comunidade e sobretudo deve contribuir para a sustentabilidade da cidade (Anand et al., 2012; Bestufs, 2008). A atenção à logística urbana justifica-se por essa atividade estar inter-relacionada e abranger todo o fluxo de abastecimento e reabastecimento da cidade e seus usuários (Sanches Jr.; Rutkwoski; Lima Jr., 2008), o que torna necessário o desenvolvimento de soluções para os problemas decorrentes, as quais em conjunto resguardem o desenvolvimento e a sustentabilidade da cidade.

Por esse motivo, a logística é uma atividade que precisa ser planejada por meio de instrumentos orientados à sinergia entre todas as dimensões da sustentabilidade, em todos os níveis da cidade. Sua aplicação deve ser respaldada por meio de políticas que assegurem uma melhor acessibilidade nos locais de movimentação de cargas e eficiência do transporte (Bestufs, 2008). Para tanto, convém o desenvolvimento de soluções inovadoras que também possibilitem melhorias nas relações dos multiatores (clientes, embarcadores e recebedores), os quais demandam necessidades específicas de transporte, notadamente em relação à origem e ao destino das cargas que transitam no espaço urbano (Bestufs II, 2006). Nesse sentido, no âmbito brasileiro, destacam-se os projetos de sistemas cooperativos de frete de transporte, terminais de logística pública, gestão e controle do fator de carga, sistemas de transporte subterrâneos, sistemas inteligentes de transporte, distribuição noturna, sistemas de roteamento de veículos, logística reversa, modelagem de pontos de distribuição e veículos e centros logísticos de distribuição (*city logistics*) (Prata et al., 2012). Apesar dessas iniciativas, a complexidade da logística urbana demanda estudos e pesquisas para novos projetos que respondam às suas necessidades operacionais e funcionais, assim como reduzam os impactos, colaborem para o desenvolvimento econômico e contribuam para a sustentabilidade da cidade.

DESAFIOS E ALTERNATIVAS PARA A LOGÍSTICA URBANA

As alterações dos sistemas de distribuição e logística decorrentes da descentralização do processo produtivo, das alterações nos padrões de armazenagem e das entregas de produtos promoveram maior incidência de cargas fracionadas a serem transportadas. Consequentemente, houve aumento da frequência de veículos de carga de menor porte circulando no espaço urbano para atender à demanda de cada usuário localizado no ponto final de entrega, que configura o último ponto da cadeia de suprimentos: o consumidor final (Allen et al., 2000).

Outro fator que tem intensificado o fluxo em sistemas de logística urbana diz respeito à utilização do comércio eletrônico (*e-commerce*)[3], com elevados níveis de negociações e crescente quantidade e frequência de fluxo de transporte de mercadorias, impactando no trânsito dos centros urbanos (Antún, 2013; Dutra, 2004). As negociações via internet permitem que qualquer pessoa em algum lugar do mundo, realize uma compra por meio eletrônico, até mesmo de uma única unidade, e a receba no local que indicar (Antún, 2013). Isso implica geração de cargas de pequeno volume, ocasionalmente compostas de um único item, acondicionadas em pequenos pacotes de embrulho para um endereço individual (Edwards; Mckinnon; Cullinane, 2010). Essas cargas fracionadas são distribuídas a partir de um depósito de armazenamento local, determinado pela empresa que realiza a venda, por meio de veículos de entrega (vans,[4] motocicletas, veículos dos Correios, bicicletas) que irão trafegar pelo espaço urbano em algum ou em todos os momentos.

As mudanças de consumo também podem ser percebidas nas negociações remotas de bens e serviços, com entrega em domicílio (*delivery*), que cresce rapidamente em volume e popularidade (Browne et al., 2010). No campo dos serviços, a demanda por serviços terceirizados (*outsourcing*)[5] aumenta o movimento de veículos de serviços em áreas urbanas para o fluxo de movimentação de cargas, a fim de abastecer os suprimentos necessários a esses serviços (Allen et al., 2000). Esse aumento também impacta no aumento da quantidade de viagens de veículos em áreas urbanas para prestar esses ou outros serviços. Um exemplo são os serviços de reparos em equipamentos de informática que, além de frequentes, tendem a ser urgentes e imprevisíveis, ocasionando a locomoção de bens e pessoas na cidade de forma não programada, prejudicando qualquer mensuração para fins de planejamento logístico (Browne et al., 2010).

O resultado dessas mudanças é percebido na última etapa da logística de cargas, na última milha (*last mile*)[6] de deslocamento, que consiste no último ponto da cadeia logística, o momento da entrega da carga ao consumidor, ao

---

[3] *E-commerce*: vendas pela Internet.

[4] Van: veículo furgão utilizado para a entrega de cargas, que podem ser comerciais ou não.

[5] *Outsourcing*: serviços realizados por uma empresa contratada para outra empresa que a contrata.

[6] Recebe esse nome por ser o último trecho (uma milha corresponde a aproximadamente 1,6 quilômetros) da distância percorrida pela carga movimentada, da partida ao destino (Panitz, 2007).

final, depois de todas as outras etapas que compõem a cadeia de suprimentos desde a produção (Panitz, 2007). Considera-se a última milha a parte mais cara, ineficiente e poluente da cadeia de suprimentos da logística urbana. É quando incorrem um pequeno volume de carga e uma grande quantidade de entregas; consequentemente, carregam-se poucas ou pequenas cargas várias vezes, aumentando o número de viagens no espaço urbano (Gevaers; Voordea; Vanelslander, 2014; Ballou, 2006).

A mudança no modelo de produção que as indústrias adotaram, com a aplicação da metodologia *just-in-time*,[7] surgiu como um facilitador com reflexos positivos na regularidade do fluxo urbano de caminhões de transporte de carga (Ballou, 2006; Lima Jr., 2003). Ainda que os operadores logísticos e as transportadoras empreguem técnicas de processamento de pedidos em lotes, ou seja, consolidem as cargas fracionadas de acordo com as regiões de entrega, a distribuição física de cada um dos pedidos demanda uma pulverização de fluxos no espaço urbano para alcançar cada um dos pontos de entrega final (Antún, 2013, p. ii). Assim, o cenário urbano da última milha, em que o fluxo da movimentação de carga transita pelo espaço urbano do seu ponto de destino até o consumo, é um espaço de *trade-off* para a gestão urbana, que necessita de planejamento de logística de carga fracionada, de maneira a contribuir para o crescimento econômico e o desenvolvimento sustentável da cidade.

A BICICLETA E A LOGÍSTICA URBANA

Em resposta ao aumento do movimento de transporte de cargas fracionadas na última milha, a logística urbana deve enfatizar a realização de suas entregas no uso de veículos pequenos, a fim de reduzir gastos e tempo (Browne et al., 2010). Essa forma de transporte também é defendida pela Associação Brasileira dos Fabricantes de Motocicletas, Ciclomotores, Motonetas, Bicicletas e Similares (Abraciclo), quando afirma que:

> Muitas organizações já descobriram que nas atividades que exigem deslocamento nos centros urbanos é possível ganhar duplamente em uma só tarefa, ou seja, conseguem reduzir preciosos minutos na realização do trabalho e ainda economizar no custeio da operação. Esses benefícios são conquistados com

---

[7] Redução ou eliminação de estoques que direta ou indiretamente impactam na logística urbana.

utilização de veículos de duas rodas. Tanto as motocicletas quanto as bicicletas são usadas para dar maior produtividade e celeridade ao processo de entrega. (2014, p. 36)

A redução do tamanho dos veículos de carga é vantajosa em relação à agilidade e à eficiência, associada ao trânsito urbano; a utilização da bicicleta e da motocicleta para transporte de carga pode ser uma alternativa importante (Lima Jr., 2003). O emprego de veículos de duas rodas para transporte de cargas fracionadas reflete-se em benefícios em duas condições: o tempo – a maior agilidade no deslocamento no trânsito congestionado das grandes cidades, – e o dinheiro – menor consumo de combustível.

O uso da bicicleta como meio de transporte urbano é anterior ao surgimento do automóvel. As bicicletas eram utilizadas normalmente como veículos de carga, além de suas outras finalidades para deslocamento, passeio e lazer. Portanto, mais que uma novidade para realizar o transporte de cargas, a utilização de bicicletas passou a ser intensificada pela conscientização do seu uso como solução criativa para os problemas de mobilidade urbana, incluindo o transporte de carga urbana (Ecobike, 2013).

Assim, a bicicleta e a motocicleta são veículos de transporte de cargas com resultados vantajosos, ágeis e eficientes quando têm seu uso associado ao trânsito urbano (Lima Jr., 2003). A bicicleta, de acordo com a Abraciclo (2014), apresenta vantagens em relação à motocicleta por não poluir, não utilizar combustível fóssil (ambientalmente correto) e apresentar um baixo custo com serviços de manutenção (economicamente adequado). Nessa linha, o Instituto de Energia e Meio Ambiente (Iema, 2009) há quase uma década apontava para a necessidade de se priorizar a bicicleta como prática de melhoria de condições ambientais, beneficiando a população e também enfatizando seu uso como veículo de transporte de cargas.

Os benefícios sociais da bicicleta estão associados aos bons resultados, da agilidade ao tamanho: elas reduzem o congestionamento e ocupam menor espaço nas vias, contribuindo para a mobilidade nas cidades. Entretanto, esse modal apresenta inconvenientes para utilização em condições meteorológicas desfavoráveis (chuva, calor e frio), que restringem, mas não inibem o uso. Estudos mostram que na Suécia e no Brasil as viagens de bicicleta são realizadas mesmo com mau tempo; porém, em dias de chuva, seu uso diminui. Na Austrália, os fatores meteorológicos são determinantes na decisão quanto ao uso da bicicleta (Bacchieri; Gigante; Assunção, 2005).

Holanda, Dinamarca e Alemanha são os países pioneiros no emprego de *bike messengers* de forma mais enfática, embora não haja um registro específico que marque o início dessa atividade (Browne, 2003). *Bike messengers* são mensageiros urbanos que executam o serviço de entrega de carga urbana utilizando a bicicleta como veículo. No caso, pode ser um profissional autônomo ou um funcionário de empresa privada de serviços de entrega (*courrier*),[8] utilizando a bicicleta comum ou caracterizada como bicicleta de carga para esse transporte (Gevaers; Voordea; Vanelslander, 2014; Quak; Balma; Posthumusa, 2014; Browne, 2003). O que se espera é que o uso de *bike messengers* seja uma proposta para substituição ou redução de veículos comerciais para transporte de carga urbana em resposta à necessidade de reduzir os impactos do uso de veículos motorizados, que trazem externalidades ambientais para a mobilidade urbana. Segundo Quak, Balma e Posthumusa (2014), embora a bicicleta leve menos carga que uma van ou furgão,[9] seus resultados são melhores, pois apresenta redução de emissão de poluentes, redução de consumo de combustível fóssil, facilidade na coleta e entrega da carga e agilidade nos congestionamentos dos centros urbanos.

No Brasil, as iniciativas do governo para a inclusão da bicicleta como meio de transporte urbano começam com o Programa Brasileiro de Mobilidade Bicicleta (PBMB) ou, como também é conhecido, o Programa Brasil Bicicleta (PBB), criado em 2007, por iniciativa da Secretaria Nacional de Transporte e da Mobilidade Urbana do Ministério das Cidades (Brasil, 2007). O documento propõe uma "nova dimensão" para o uso da bicicleta, ou seja, um novo olhar para esse meio de locomoção — um veículo não motorizado, simples, com baixo impacto ambiental, baixa emissão de ruídos e gases poluentes, que demanda pouco espaço e não necessita de grande infraestrutura para a circulação e estacionamento.

No PBB (Brasil, 2007), a bicicleta é considerada veículo para passeio, lazer e esporte e, no meio urbano, veículo de transporte de pessoas e mercadorias (*bike messenger*). O uso da bicicleta para transporte de cargas é considerado como implementação de melhorias em resposta a questões ambientais. Esse é o caso da empresa estatal Correios,[10] que participa do Sistema de Mo-

---

[8] *Courrier*: serviço de correio ou de entrega.

[9] Um furgão é um tipo de veículo utilizado no transporte de carga ou grupo de pessoas.

[10] Empresa Brasileira de Correios e Telégrafos ou, simplesmente, Correios, é uma empresa pública federal responsável pela execução do sistema de envio e entrega de correspondências no Brasil.

nitoramento e Mensuração Ambiental – International Post Corporation (IPC), com o compromisso de reduzir em 20% a emissão de carbono gerada por suas atividades até 2020. Para tanto, a empresa também adotou a bicicleta como veículo de transporte de cargas (Abraciclo, 2014).

Nesse contexto, em perspectiva ampla, a mobilidade se apresenta como tema relevante nos estudos do cotidiano da cidade e da logística urbana, como um subsistema de mobilidade urbana, pelo potencial de interferência de sua adequada gestão nos fluxos da cidade. Especificamente, conhecer de forma mais profunda os efeitos da utilização da bicicleta para transporte urbano de cargas é plenamente justificável, por oferecer baixo impacto ambiental, operar com custos relativamente baixos e representar baixos impactos negativos na mobilidade urbana.

O CASO DA ECOBIKE

O empreendimento Ecobike surgiu do interesse do seu idealizador de se inserir no setor de logística urbana de carga fracionada (entrega de pequenas cargas) em Curitiba, utilizando a bicicleta como veículo, a exemplo do que ocorre nas cidades de Tóquio (Japão) e Nova York (Estados Unidos). Essas cidades utilizam prioritariamente a bicicleta para os serviços de logística de pequenas cargas.

Na visão do diretor, a logística de carga com o uso da bicicleta, além de atender à demanda do mercado consumidor de serviços de entrega (*delivery*), proporciona benefícios à sustentabilidade da cidade. Portanto, a proposta de implantar a empresa Ecobike com o uso da bicicleta, que está em ascensão como transporte sustentável, viria ao encontro do apelo de Curitiba como "Capital Ecológica".

Em relação à atuação e às operações da empresa Ecobike, ainda não há produção científica. As informações e os dados utilizados são empíricos, como resultado de pesquisas realizadas com objetivos específicos, de caráter mercadológico – para a atuação comercial e operacional – para delimitar as áreas atendidas.

Operações da empresa Ecobike

A atuação da empresa Ecobike abrange bairros da cidade de Curitiba, que foram delimitados com base na distância em relação à capacidade física do profissional que faz a entrega (*ecobiker*),[11] pois os limites diários de quilometragem não podem afetar negativamente a saúde do trabalhador. Com esses parâmetros, a decisão da empresa foi delimitar em 75 quilômetros diários a distância percorrida pelo *ecobiker*. Portanto, em relação à região metropolitana, em função da distância, poucos pontos são atendidos.

Em relação ao meio ambiente, estima-se que em cada quilômetro percorrido em entrega por bicicleta deixa-se de emitir 0,7 kg CO_2 (Brasil, 2007). Diariamente, um *ecobiker* pedala em média 75 quilômetros, o que proporciona uma economia de 52,50 kg CO_2 em favor do meio ambiente. Além da redução de emissão de CO_2, segundo o empreendedor, a contribuição para a sustentabilidade socioambiental pode ser percebida em alguns pontos: na minimização da poluição sonora, pois uma bicicleta em atividade praticamente não emite sons; na ausência do consumo de combustível fóssil (Gases de Efeito Estufa – GEE); e no tamanho da bicicleta, que ocupa menos espaço físico que os demais veículos nas vias urbanas.

Em relação ao trânsito, a bicicleta apresenta maior condição de mobilidade, sem ocasionar aumento de tráfego e sem interferir negativamente no volume dos congestionamentos dos centros urbanos.

No aspecto econômico, o custo operacional do quilômetro rodado da bicicleta é bastante reduzido; como não há gasto com combustível, considera-se apenas o custo de depreciação e de manutenção do equipamento. Ainda no aspecto de benefícios econômicos, o custo do investimento para iniciar as atividades como *ecobiker*, com a compra da bicicleta e equipamentos de segurança, é bem menor em relação aos outros veículos.

Os *ecobikers* são monitorados por rastreador GPS.[12] Além de ser uma ferramenta de gestão empresarial, o equipamento localiza o trabalhador no caso de eventuais problemas, como acidentes, furto ou roubo e dificuldades na rota de entrega.

Relações entre a empresa e os ecobikers

Por ter custos reduzidos, a atividade de *ecobiker* impacta positivamente o aspecto social. É uma oportunidade acessível de inserção do profissional no

---

[11] Como são chamados os ciclistas que trabalham na empresa realizando entregas por bicicleta.

[12] *Global Positioning System*, sistema de posicionamento global que permite identificar a localização do usuário em mapas da cidade.

mercado de trabalho, refletindo na geração de renda e dignidade social. No caso da Ecobike, todos os seus funcionários são contratados. Além dos direitos garantidos pela legislação trabalhista e por acordo sindical, possuem plano de saúde e seguro de vida, ambos pagos pela empresa. Até a data da pesquisa, a empresa não tinha enfrentado ação trabalhista impetrada por ex-funcionários. Não são aceitos para trabalhar funcionários *freelancers*.[13]

Os *ecobikers* da empresa se definem como sendo todos ciclistas por opção e estilo de vida. Gostam de pedalar e fazem disso a sua profissão. Recebem incentivos para participar de eventos, campeonatos e competições de ciclismo com patrocínio do empregador. Esses estímulos têm por objetivo proporcionar aos ciclistas mais experiência na atividade de pedalar e assim impactar positivamente no desempenho profissional diário.

Os profissionais também recebem orientação em relação a estudo e carreira, sendo orientados a frequentar um curso e obter diploma de graduação. Mensalmente, participam de treinamentos, cursos de capacitação profissional, de prevenção de acidentes e eventos sociais promovidos pela empresa ou nos quais há algum envolvimento dela. A empresa se destaca pelo elevado número de funcionários que possuem diploma de graduação ou que estejam cursando.

Os benefícios sociais visam a agregar qualidade de vida. Os *ecobikers* praticam exercícios físicos diariamente nas suas pedaladas pela cidade. Segundo a Organização Mundial da Saúde (OMS), são exercícios benéficos à promoção da saúde e do bem-estar.

Indicadores de logística de cargas fracionadas

Em relação aos indicadores, estão identificados os impactos da logística urbana, conforme os estudos mais recentes no Brasil, classificados e distribuídos nas dimensões da sustentabilidade (Prata et al., 2012). As análises que se seguem são realizadas com base na matriz de indicadores trazida na Tabela 1.

---

[13] Profissional que realiza serviços temporários, sem contrato de trabalho.

Tabela 1 – Matriz de indicadores

Indicador	Variável dependente (Vd)	Dados primários	Dados secundários	Unidade de medida
Acidente		Questionário	Relatório do Corpo de Bombeiros e do Detran	Número
Quilômetros rodados			Manual do fabricante e preço do combustível	R$
Manutenção	Custo de óleo de motor e mão de obra	Questionário	Manual do fabricante e preço de mercado	R$
Veículo	Custo		Tabela de preço do ponto de venda	R$
Equipamento de segurança			Legislação Detran/PR	R$
Documentação			Legislação Detran/PR	R$
Capacidade de carga		Questionário	Não utilizados	kg
Emissão de poluentes	CO		Manual do fabricante e IPCC	g/km
Emissão de poluentes	Hidrocarbonetos		Manual do fabricante e IPCC	g/km
Emissão de poluentes	NOx		Manual do fabricante e IPCC	g/km
Emissão de poluentes	CO_2		Manual do fabricante e IPCC	g/km

Fonte: adaptado de Dallabrida (2004).

Condições de segurança

O indicador *acidente* trata dos acontecimentos decorrentes de colisão ou choque entre dois ou mais veículos ou entre um veículo e uma pessoa, animal ou objeto – em movimento ou estático. Como resultado, os acidentes geram danos às partes, integral ou parcialmente. Segundo o relatório de Danos Pessoais Causados por Veículos Automotores de Via Terrestre (DPVAT) de 2014[14] acidentes de trânsito que resultam em morte, invalidez ou ferimentos

---

[14] Seguro DPVAT: trata-se de um seguro que indeniza vítimas de acidentes causados por veículos que têm motor próprio (automotores) e circulam por vias terrestres de qualquer natureza.

recebem assistência médica que implica Despesas de Assistência Médica e Suplementar (Dams), com evidente impacto na saúde pública.

A pesquisa considera a coleta de dados de acidentes, disponibilizados pelo Departamento Estadual de Trânsito (Detran) em seu Boletim Estatístico DPVAT (Detran, 2014). O documento apresenta dados, nacionais e estaduais, referentes ao primeiro semestre de 2014 (de janeiro a junho).

Não foi possível levantar informações específicas sobre a frota de bicicletas nesse Boletim. A ausência de dados ocorre porque os proprietários de bicicletas não precisam realizar registro de propriedade e de licença de veículo junto ao Detran.

No Brasil, o DPVAT[15] é um seguro social de vida, responsável pelo reembolso das despesas de indenização decorrentes de acidentes de trânsito sob a gestão de um consórcio de seguradoras. O consórcio divulga relatórios semestrais, com o balanço dos acidentes. As indenizações pagas por acidentes no primeiro semestre de 2014 cresceram 14% em relação às indenizações do mesmo período no ano de 2013. Os casos de invalidez representaram a maioria das reparações, com um crescimento de 21% em relação ao ano de 2013. Em relação ao gênero dos indenizados, o gênero masculino representa 75% e o feminino, 25%. A faixa etária mais representativa é a de 25 a 34 anos (96.615 de um total de 340.539 indenizados). Nesse relatório, não há identificação de indenizações pagas a condutores de bicicletas, porque bicicletas não são tributadas. Os acidentes envolvendo ciclistas não constam do Boletim Estatístico DPVAT.

Outras informações sobre acidentes de trânsito são originadas a partir das operações do Corpo de Bombeiros (CB), uma corporação que presta atividades de defesa civil, prevenção e combate a incêndios e integra o Sistema de Segurança Pública e Defesa Social do Brasil. No Paraná, está inserido no âmbito da Secretaria de Estado da Segurança Pública (SESP-PR). O Corpo de Bombeiros, por meio do Serviço Integrado de Atendimento ao Trauma em Emergência (Siate), mantém um banco de dados relativo aos acidentes que atende, envolvendo todo tipo de veículo, inclusive bicicletas.

Todas as solicitações da comunidade relativas a acidentes de trânsito (colisão, capotamento e atropelamentos) são repassadas imediatamente ao médico coordenador do Siate. Este realiza uma triagem médica do caso, em relação às peculiaridades do ocorrido e das vítimas, utilizando-

---

[15] Lei n. 6.194/74, modificada pelas Leis ns. 8.441/92, 11.482/2007 e 11.945/2009. Disponível em: <http://www.dpvatsegurodotransito.com.br/>. Acesso em: 13 out. 2014.

-se de um questionário padrão e, em conjunto com o chefe de operações do CB, adota as medidas necessárias para o atendimento do caso. Chegando ao local, os socorristas do Siate executam seu protocolo de atendimento para a estabilização do quadro clínico no interior da ambulância e, com base nos dados vitais e principais lesões das vítimas, levam-nas para o hospital de referência conveniado (pronto socorro e unidade de tratamento intensivo – UTI) que tenha disponibilidade de atendimento imediato.

Sobre o número de vítimas atendidas pelo SIATE, as ocorrências com bicicletas têm incidência significativamente menor em relação àquelas com outros veículos. Esses acidentes tendem a ser menos graves quanto a ferimentos, lesões e óbito. A justificativa para isso estaria na velocidade inferior das bicicletas em relação aos outros veículos. Os registros sobre acidentes resultam dos atendimentos realizados em todo o estado do Paraná, devidamente tabulados e dispostos em um relatório estatístico. As informações estão disponíveis no site do CB. Com base no relatório, verificou-se um total de 3.317 ocorrências de atendimentos do Siate em 2014, sendo que em Curitiba a bicicleta representou 8,44% (280) das ocorrências por veículo em acidentes no período de janeiro a junho de 2014. Dessas 280 ocorrências, foram classificados os meios de transportes associados, conforme disposto na Tabela 2 a seguir.

Tabela 2 – Acidentes atendidos envolvendo bicicleta (2014)

Tipo de ocorrência: bicicleta	Curitiba
Acidente em meio de transporte – Colisão automóvel x bicicleta	128
Acidente em meio de transporte – Queda de bicicleta	112
Acidente em meio de transporte – Colisão moto x bicicleta	17
Acidente em meio de transporte – Colisão ônibus x bicicleta	16
Acidente em meio de transporte – Colisão caminhão x bicicleta	5
Acidente em meio de transporte – Colisão bicicleta x bicicleta	2
Total de acidentes	**280**

Fonte: adaptado de Paraná (2014).

De janeiro a junho de 2014, existiam 41 trabalhadores regularizados que atuavam por meio da bicicleta (*bike messenger*) na prestação de serviços de carga fracionada em Curitiba (Sintramotos, 2014).

Segundo dados da Ecobike, em 30 meses, com 18 funcionários ativos, houve um único acidente, sem necessidade de internação.

Indicadores econômicos

Foram verificados os indicadores de questões econômicas que são associados a custos com quilômetros rodados, manutenção, veículo e equipamento de segurança.

Do serviço de transporte decorrem custos fixos e variáveis, os quais incluem combustível, manutenção, equipamentos e valores referentes ao veículo (Ballou, 2006). Esses custos variam conforme a metodologia adotada em cada empresa e relacionam-se também com o volume de atividades de transporte que realizam. Por exemplo, no caso do *bike messenger*, as despesas com o veículo de transporte são de responsabilidade do profissional (Grisci; Scalco; Janovik, 2007). Para outros segmentos logísticos, essas podem ser de responsabilidade da empresa.

Os dados a seguir foram levantados na empresa Bike Portella (2014). A bicicleta recomendada para uso de *bike messenger* é do tipo *mountain bike*, cujo desempenho foi analisado.

O indicador *custo de quilômetro rodado* refere-se ao valor despendido, em moeda corrente (R$) com combustível e outros gastos para percorrer cada quilômetro. Visto que a bicicleta usada em fretes, segundo dados da Abraciclo (2014), é um veículo de tração humana, obviamente não há gastos com combustível.

Para calcular o indicador *manutenção*, foram utilizadas as variáveis *mão de obra* e *peças*. Nesse caso, a mão de obra para serviços de manutenção da bicicleta é de R$ 160,00 para cada 10 mil quilômetros em concessionária especializada (Bike, 2014), ou seja, a manutenção por cada quilômetro rodado é de R$ 0.016, considerando-se que o *bike messenger* percorre 75 quilômetros por dia durante 22 dias ao mês. Assim, o valor gasto com a manutenção em um ano será de aproximadamente R$ 320,00.

O indicador *custo do veículo* refere-se ao preço para a aquisição de um modelo novo, ano 2014. Segundo dados da Bike Portella (2014), esse valor é de R$ 626,00.

Quanto ao indicador *equipamento de segurança* para o exercício da profissão de *bike messenger*, a Resolução do Conselho de Trânsito (Contran) determina que uma bicicleta com aro[16] superior a 20" tenha espelho retrovisor, campainha e sinalização noturna, composta de retrorrefletores (dianteiro, traseiro, laterais e nos pedais). O condutor também tem a obrigatoriedade

---

[16] Diâmetro da roda da bicicleta.

de usar capacete de proteção específico para bicicletas (Detran, 2014). Os valores dos itens obrigatórios para bicicleta estão demonstrados na Tabela 3.

Tabela 3 – Itens de uso obrigatório na profissão de *bike messenger*

Equipamento de segurança	Custo
Capacete	R$ 60,00
Espelho retrovisor	R$ 39,00
Campainha	R$ 27,00
Retrorrefletores (D/T)	R$ 60,00
Total	R$ 186,00

O indicador *documentação* engloba os valores desembolsados para o exercício da profissão, ou seja, relacionados com o veículo e o condutor. No caso da bicicleta, segundo dados do Detran (2014), não há obrigatoriedade de pagamento de taxas e afins.

Considerando os indicadores de custos associados à bicicleta, bem como o custo da aquisição do veículo, a profissão de *bike messenger* torna-se mais atraente para novos adeptos do que a de motofretista, por exemplo. Nesse sentido, prestar serviços de transporte de cargas urbanas utilizando a bicicleta é economicamente mais vantajoso.

A seguir, o indicador *capacidade de carga* apresenta a avaliação da quantidade de peso (em kg) que cada um dos veículos consegue movimentar por viagem realizada. Segundo dados da Ecobike (2014), cada *bike messenger* pode carregar 7 kg de carga por viagem. Portanto, a bicicleta apresenta reduzida capacidade de carga em comparação a outros veículos de pequeno porte.

Por fim, tomando-se por base dados e informações a partir do IPCC, o levantamento de indicadores ambientais tratou unicamente de *emissão de poluentes*. Quanto à bicicleta, segundo dados da Abraciclo (2014), não há emissão de substâncias decorrentes da queima de combustível; logo, o uso de *bike messenger* para transporte de cargas fracionadas na última milha é uma resposta positiva à necessidade de se reduzir os impactos do uso de veículos motorizados, que trazem externalidades ambientais para a mobilidade urbana, tais como a emissão de poluentes nocivos (GEE). Esses poluentes impactam no aquecimento global e prejudicam a saúde da população que vive e trabalha na área urbana, ficando exposta às significativas emissões de poluentes (Taniguchi; Thompson; Yamada, 2014).

CONSIDERAÇÕES FINAIS

A caracterização da Ecobike como experiência de ecossocioeconomia demonstrou que, apesar de muitas vezes incluir em seu processo de tomada de decisão uma racionalidade lógica, padronizada e instrumental para atender às prerrogativas necessárias para inserção na economia de mercado, é possível aliar substantividade em ação mais pragmática. É possível que uma ação, ainda que instrumental, como a constituição de uma empresa na economia de mercado, maximize impactos positivos para a sociedade, promova saúde e contribua para a exclusão de dióxido de carbono e outros resíduos, o que se denomina nas ecossocioeconomias de efetividade extraorganizacional, ou seja, quando ações extrapolam os limites do ambiente interno da organização, com boas práticas que beneficiam o território no qual estão inseridas, respondendo positivamente às demandas do desenvolvimento sustentável, em sua tríade.

No caso estudado, mesmo que a iniciativa da Ecobike se caracterize por tratar de organização com fins lucrativos (empresa), há indicativos de incidência de boas práticas que beneficiam a empresa e seus funcionários, refletindo positivamente no seu território. Afinal, ser uma experiência de ecossocioeconomia não exclui a possibilidade de coexistência de práticas empresariais de lucratividade.

Na experiência de ecossocioeconomia da Ecobike, fica clara a presença dos três princípios da ecossocioeconomia:

1. Extrarracionalidade, ao utilizar o conhecimento tácito referente à bicicleta, considerando o cálculo de consequências coletivas – nesse caso, a cidade e seus habitantes.
2. A interorganizacionalidade, por ser uma empresa inovadora e assim com melhor inserção no mercado, com a venda de seus serviços a empresas que desejem contratar serviços ambientalmente corretos.
3. Extraorganizacionalidade, quando se considera que a cidade e seus habitantes são beneficiados pela utilização de um veículo sustentável.

Os indicadores levantados no cenário da logística urbana de carga fracionada demonstram no seu conjunto resultados positivos de efetividade extraorganizacional para a Ecobike em seu território. Apesar de não existirem dados relativos à frota de bicicletas, a Ecobike apresenta um bom indicador de acidentes de trânsito, considerando que houve apenas um acidente em 30 meses.

Os indicadores da dimensão econômica confirmaram que o caso estudado demanda um gasto menor no desempenho da atividade da logística de carga fracionada urbana. O investimento para o início da atividade profissional e sua manutenção durante um ano de trabalho garante à bicicleta um custo baixo. Ambas as constatações demonstram ser uma promissora oportunidade de inclusão profissional.

Visto não existir emissão de poluentes do veículo bicicleta, reafirma-se o que já foi constatado: a bicicleta é um veículo de transporte sustentável (Iema, 2009; Brasil, 2007). Dessa forma, ressalta-se a importância do tema ecossocioeconomia urbana para a formulação de políticas públicas.

Por fim, o mais significativo resultado é a comprovação de que as pequenas práticas de sustentabilidade que acontecem no cotidiano, como experiências de ecossocioeconomias, podem responder com efetividade extraorganizacional aos problemas urbanos – mesmo aqueles de pequena escala –, de forma socialmente includente, economicamente viável e ecologicamente prudente, dando sua contribuição para a construção de cidades e sociedades sustentáveis.

Observações

Este capítulo é extrato da dissertação de mestrado, defendida em 15 de dezembro de 2014, no Programa de Pós-graduação em Gestão Urbana na Pontifícia Universidade Católica do Paraná. Para acesso na íntegra: <http://www.biblioteca.pucpr.br/tede/tde_busca/arquivo. php?codArquivo=2989>.

REFERÊNCIAS

[ABRACICLO] ASSOCIAÇÃO BRASILEIRA DOS FABRICANTES DE MOTOCICLETAS, CICLOMOTORES, MOTONETAS, BICICLETAS E SIMILARES. *Anuário da indústria brasileira de duas rodas – 2014*. Disponível em: http://abraciclo.com.br/anuario-2014. Acesso em: 8 out. 2014.

ALLEN, J. et al. A framework for considering policies to encourage sustainable urban freight traffic and goods/service flows. *Summary Report*. Transport Studies Group, University of Westminister, UK, 2000. Disponível em: http://home.wmin.ac.uk/transport/projects/u-d-summ. htm. Acesso em: 11 maio 2014.

ANAND, N. et al. City logistics modeling efforts: trends and gaps – a review. In: 7th International Conference on City Logistic. *Procedia – Social and Behavioral Sciences*, 2012, v. 39, p. 101-115. Disponível em: www.sciencedirect.com. Acesso em: 16 mar. 2013.

ANTÚN, J.P. *Distribución urbana de mercancías*: estrategias con centros logísticos. Banco Interamericano de Desarrollo, 2013.

BACCHIERI, G.; GIGANTE, D.P.; ASSUNÇÃO, M.C. Determinantes e padrões de utilização da bicicleta e acidentes de trânsito sofridos por ciclistas trabalhadores da cidade de Pelotas, Rio Grande do Sul, Brasil. *Caderno Saúde Pública*, Rio de Janeiro, 2005, v. 21, ano 5, p. 1.499-1.508.

BALLOU, R.H. *Gerenciamento da cadeia de suprimentos/logística empresarial*. 5. ed. Porto Alegre: Bookman, 2006.

[BESTUFS] Best Urban Freight Solutions. *Best practice in data collection, modeling approaches, and application fields for urban commercial transport models*. BESTUFS II Project (Best Urban Freight Solutions). In: 6th Framework Programme, 2008. Disponível em: http://www.bestufs. net/. Acesso em: 6 jun. 2014.

[BESTUFS II] Best Urban Freight Solutions II. *Quantification of urban freight transport effects I*. Projeto concluído. 2006. Disponível em: http://www.bestufs. net/. Acesso em: 6 jun. 2014.

BIKE Portella. 2014. Disponível em: http://www.bikeportella.com.br/. Acesso em: 6 jun. 2014.

BRASIL. Ministério das Cidades. Caderno referência para elaboração de Plano de Mobilidade por Bicicletas nas Cidades – PBB (Programa Brasil Bicicleta). Brasília: Semob, 2007.

BROWNE, M. Analyzing the potential impacts of sustentainable distribuition measures in UK Urban Areas. In: 3th International Conference on City Logistics. Logistics Systems for Sustainable Cities. Madeira: Elsevier, 2003. p. 251-262.

BROWNE, M. et al. Light goods vehicles in urban areas. 6th International Conference on City Logistics. *Procedia – Social and Behavioral Sciences*, v. 2, n. 3, p. 5.911-5.919, 2010. Disponível em: www.sciencedirect.com. Acesso em: 31 maio 2014.

COMI, A.; ROSATI, L. Class: A city logistics analysis and simulation support system. SIDT Scientific Seminar 2012. *Procedia – Social and Behavioral Sciences*, v. 87, p. 321-337, 2013. Disponível em: www.sciencedirect.com. Acesso em: 31 maio 2014.

DALLABRIDA, I.S. Novas formas de atuação empresarial na construção do desenvolvimento sustentável: contribuições de um estudo comparativo entre experiências de responsabilidade social empresarial e de economia de comunhão. Dissertação (Mestrado). Programa de Pós--Graduação em Desenvolvimento Regional – PPGDR do Centro de Ciências Humanas e da Comunicação da Universidade Regional de Blumenau. Blumenau, 2004.

[DETRAN – PR] DEPARTAMENTO ESTADUAL DE TRÂNSITO DO PARANÁ. *Anuário estatístico 2014*. Curitiba, 2014. Disponível em: www.detran.pr.gov.br. Acesso em: 12 dez. 2016.

DUTRA, N.G.S. Enfoque de "city logistics" na distribuição urbana de encomendas. Tese (Doutorado). Programa de Pós-graduação em Engenharia de Produção da Universidade Federal de Santa Catarina. Florianópolis: UFSC, 2004. Disponível em: https://repositorio.ufsc.br/bitstream/handle/123456789/87149/ 206932.pdf?sequ. Acesso em: 15 dez. 2013.

ECOBIKE Courrier. 2014. Disponível em: http://ecobikecourrier.com.br. Acesso em: 20 fev. 2013.

EDWARDS, J.B.; MCKINNON, A.C.; CULLINANE, S.L. Comparative analysis of the carbon footprints of conventional and online retailing: a "last mile" perspective. *International Journal of Physical Distribution & Logistics Management*, v. 40, n. 1/2, p. 103-123, 2010. Disponível em: http://www.sciencedirect.com. Acesso em: 25 abr. 2014.

GARCIA, M. et al. Ecosocioeconomics and logistics of urban delivery: sustainability indicators. *Espacios*, v. 36, n. 16, p.18-29 , 2015.

GARCIA, M. Ecossocioeconomia urbana: indicadores da logística sustentável de cargas fracionadas em Curitiba. Dissertação (Mestrado). Pontifícia Universidade Católica do Paraná. Disponível em: http://www.biblioteca.pucpr.br/tede/tde_busca/arquivo. php?codArquivo=2989.

GEVAERS, R.; VOORDEA, E.V.; VANELSLANDER, T. Cost modelling and simulation of last-mile: characteristics in an innovative B2C supply chain environment with implications on urban areas and cities. In: 8th International Conference on City Logistics. *Procedia – Social and Behavioral*

Sciences, v. 125, p. 398-411, 2014. Disponível em: http://www.sciencedirect.com. Acesso em: 9 jun. 2014.

GRISCI, C.L.L.; SCALCO, P.D.; JANOVIK, M.S. Modos de trabalhar e de ser de motoboys: a vivência espaço-temporal contemporânea. *Psicologia: Ciência e Profissão*, v. 27, n. 3, p. 446-461, 2007. Disponível em: http://www.scielo.br. Acesso em: 1 jun. 2014.

HOLGUÍN-VERA, S.A.J. et al. The New York City off-hour delivery project: lessons for city logistics. In: 8th International Conference on City Logistics. *Procedia – Social and Behavioral Sciences*, v. 125, p. 36-48, 2014. Disponível em: http://www.sciencedirect.com. Acesso em: 14 maio 2014.

[IEMA] INSTITUTO DE ENERGIA E MEIO AMBIENTE. *A bicicleta e as cidades: como inserir a bicicleta na política de mobilidade urbana*. São Paulo, 2009.

KON, S.; DUARTE, F. *A (des)construção do caos: propostas urbanas para São Paulo*. São Paulo: Perspectiva, 2008.

LIMA JR, O.F. A carga na cidade: hoje e amanhã. *Revista dos Transportes Públicos*, ano 25, 2003. Disponível em: http://www.antp.org.br. Acesso em: 10 dez. 2013.

MAXIMIANO, A.C.A. *Teoria geral da administração*. São Paulo: Atlas, 2009.

MAX-NEEF, M.A. et al. *Desenvolvimento à escala humana: concepção, aplicação, reflexos posteriores*. Blumenau: Edifurb, 2012.

MONTIBELLER FILHO, G. Ecodesenvolvimento e desenvolvimento sustentável: conceitos e princípios. *Textos de Economia*, v. 4, n. 1, p. 131-142, 1993.

ODUM, E.P. *Ecologia*. Rio de Janeiro: Guanabara, 1985.

OLIVEIRA, J.A.P. *Empresas na sociedade: sustentabilidade e responsabilidade social*. 2.ed. Rio de Janeiro: Elsevier, 2013.

OLIVEIRA, L.K.; DUTRA, N.G.S.; PEREIRA NETO, W.A. Distribuição urbana de mercadorias. In: PRATA, B.A. et al. *Logística urbana: fundamentos e aplicações*. Curitiba: CRV, 2012. p. 9-34.

[ONU] ORGANIZAÇÃO DAS NAÇÕES UNIDAS. *Relatório Brundtland. Nosso futuro comum*. Rio de Janeiro: 1991.

PANITZ, M.A. *Dicionário de engenharia rodoviária e de logística: português – inglês*. Porto Alegre: Alternativa, 2007.

PARANÁ. Secretaria de Estado da Segurança Pública. Comando do Corpo de Bombeiros do Paraná. Disponível em: http://www.bombeiros.pr.gov.br/. Acesso em: 13 maio 2014.

PRATA, B.A. et al. *Logística urbana: fundamentos e aplicações*. Curitiba: CRV, 2012.

QUAK, H.; BALMA, S.; POSTHUMUSA, B. Evaluation of city logistics solutions with business model analysis. In: 8th International Conference on City Logistics. *Procedia – Social and Behavioral Sciences*, v. 125, p. 111-124, 2014. Disponível em <http://www.scielo.br>. Acesso em: 26 mar. 2014.

SACHS, I. *Rumo à ecossocioeconomia: Teoria e prática do desenvolvimento*. São Paulo: Cortez, 2007.

SAMPAIO, C.A.C. et al. *Gestão que privilegia uma outra economia: ecossocioeconomia das organizações*. Blumenau: Edifurb, 2010.

_____. Revisitando a experiência de cooperativismo de Mondragón a partir da perspectiva da ecossocioeconomia. *Desenvolvimento e Meio Ambiente*, v. 25, jul. 2012. Disponível em: <http://ojs.c3sl.ufpr.br>. Acesso em: 31 jul. 2014.

SANCHES JR, P.F.J.; RUTKWOSKI, E.W.; LIMA JR, O.F. Análise crítica das políticas públicas para carga urbana nas metrópoles brasileiras. In: XXVIII Encontro Nacional de Engenharia da Produção, 2008, Rio de Janeiro. Anais... Rio de Janeiro, 2008.

SANTOS, E.C.; AGUIAR, E.M. Transporte de cargas em áreas urbanas. In: CAIXETA FILHO, J.V.; MARTINS, R.S. (Org.). *Gestão logística do transporte de cargas.* São Paulo: Atlas, 2013. p. 182-209.

SANTOS, M. *A natureza do espaço: técnica e tempo, razão e emoção.* 4.ed. São Paulo: USP, 2012.

SINTRAMOTOS. Sindicato dos trabalhadores condutores de veículos motonetas, motocicletas e similares de Curitiba e Região Metropolitana. Disponível em: http://www.sintramotos.org. br. Acesso em: 13 mar. 2017.

TANIGUCHI, E.; THOMPSON, R.G.; YAMADA, T. Recent trends and innovations in modelling city logistics. 8th International Conference on City Logistics. *Procedia – Social and Behavioral Sciences*, v. 125, p. 4-14, 2014. Disponível em: http://www.scielo.br. Acesso em: 10 fev. 2014.

VEIGA, J.E. *Desenvolvimento sustentável: O desafio do Século XXI.* São Paulo: Garamond, 2010.

Sustentabilidade urbana: logística, modais e redes de carga | 35

Fabio Ytoshi Shibao
Administrador, Universidade Nove de Julho, Uninove

Mario Roberto dos Santos
Engenheiro, Universidade Nove de Julho, Uninove

David Costa Monteiro
Administrador, Universidade Nove de Julho, Uninove

INTRODUÇÃO

A sustentabilidade urbana é uma das tarefas mais urgentes e desafiadoras que a humanidade enfrenta, já que as cidades são as principais fontes de problemas ambientais. Centros de desenvolvimento econômico e social, elas são o lar de mais da metade da população mundial e apresentam impactos ambientais intensos localmente e que podem ir muito além dos limites da cidade, com consequências regionais e globais (Wu, 2008).

Em apenas algumas décadas, as áreas urbanas, tanto nos países desenvolvidos como nos países em desenvolvimento, tornaram-se cada vez mais dominadas pelos automóveis. Nos países em desenvolvimento em particular, as cidades têm experimentado um crescimento rápido dos desafios relacionados com os transportes, entre eles: poluição, congestionamentos, acidentes, declínio na qualidade dos transportes públicos, degradação ambiental, alterações climáticas, esgotamento de energia, poluição visual, e falta de acessibilidade para a população urbana de menor poder aquisitivo, conforme relatado por Pojani e Stead (2015).

Diante da urbanização, os ecossistemas e as paisagens ao redor do mundo tornaram-se cada vez mais domesticados. Além disso, numerosos estudos têm mostrado em uma trajetória para a insustentabilidade. Porém, a sustentabilidade global depende decisivamente das cidades e a ecologia urbana pode desempenhar um papel fundamental nessa transição (Wu, 2014).

O mundo se urbanizou em um ritmo acelerado durante o século passado, tornou-se predominantemente urbano, pois mais de 50% da população mundial vive em áreas urbanas e essa transição demográfica trouxe enormes consequências ambientais, econômicas e sociais que precisarão ainda ser plenamente compreendidas (Wu, 2014). O quadro brasileiro se apresenta mais alarmante do que a média mundial citada por Wu, pois, segundo estudo das Nações Unidas (ONU, 2014), o Brasil apresentava em 1990 uma concentração de 74% de sua população em zonas urbanas; número que aumentou para 85% em 2014 e que deverá chegar a 91% até 2050.

Um dos principais objetivos da ecologia urbana é compreender a relação entre os padrões espaço-temporais de urbanização e os processos ecológicos. Cidades podem diferir drasticamente em sua aparência arquitetônica e configurações ambientais, mas em todas a diversidade e o arranjo espacial de sua paisagem são elementos que afetam e são afetados por processos físicos, ecológicos e socioeconômicos dentro e fora de suas fronteiras (Wu, 2008).

Sob a ótica econômica, a concentração urbana têm efeitos positivos quando gera aumento da demanda de produtos e serviços, alavancando o crescimento econômico. Por outro lado, ela cria problemas de mobilidade urbana, queda na qualidade de vida e dificuldade para o suprimento dos estabelecimentos comerciais, o que ocasiona atraso nas entregas e elevação dos custos operacionais.

Esse cenário torna-se mais preocupante quando se considera o impacto que essas falhas na operação logística exercem nos custos das empresas, que, sem alternativas imediatas e diante dos desafios, repassam ao consumidor, impactando diretamente os preços. Para o consumidor, restam apenas os preços elevados e a baixa qualidade dos serviços causados pela indisponibilidade da mercadoria e pela menor variedade de produtos disponíveis.

Assim, para planejar a logística de transporte no Brasil é preciso entender o cenário nacional, a matriz de transporte e os modais disponíveis, considerando-se também os investimentos que serão feitos pela iniciativa pública e privada como, por exemplo, o Programa de Aceleração do Crescimento (PAC) e a Participação Público-Privada (PPP) para os próximos anos, além do caminho da oferta futura dos modais disponíveis, uma vez que o país acumula atraso histórico e necessita de investimentos em infraestrutura logística em todos os modais (rodoviário, ferroviário, hidroviário, aeroportuário e portos).

Segundo pesquisa realizada pela Fundação Dom Cabral em 2015, com 142 empresas, de 22 segmentos industriais, sobre o meio de transporte utilizado em suas entregas, elas declararam que utilizam preferencialmente rodovias (80%), ferrovias (8%), aerovias (5%), cabotagem (4%) e hidrovias (3%). O estudo mostrou também que a estrutura dos custos logísticos das empresas é fortemente afetada pelo transporte de longa distância, que representa 50% do custo total, seguido pelos custos de distribuição urbana (curta distância, 20%) e, na sequência, pelos custos de armazenagem (15%), administrativos (8%) e portuários (7%) (Resende; Souza; Oliveira, 2015).

Nesse cenário, a ecologia urbana e suas teorias estão cada vez mais preparadas para contribuir para a sustentabilidade urbana, tanto por meio da compreensão básica, quanto por intermédio de ações apropriadas. Um desafio específico voltado para ciência da sustentabilidade é o aumento global da urbanização. Segundo Childers et. al. (2014), cidades em todo o mundo enfrentam atualmente muitos desafios, incluindo a explosão populacional, com ou sem infraestrutura adequada, bem como perturbações econômicas e ambientais

Estudar a ecologia das cidades é geralmente uma abordagem holística em que a própria cidade é o ecossistema examinado e o *Homo sapiens* é reconhecido não só como parte do sistema, mas também como espécie dominante dele. A ciência por trás da sustentabilidade é um esforço intrinsecamente interdisciplinar, que busca soluções para os problemas socioecológicos, de acordo com Childers et al. (2014).

Os países em desenvolvimento estão implantando a urbanização como estratégia nacional para impulsionar o desenvolvimento econômico e, em particular, para prosseguir com um desenvolvimento equilibrado entre as zonas urbanas e rurais. No entanto, as pessoas continuam se movendo para cidades em busca de melhores condições de vida e de oportunidades econômicas. Portanto, a prática de urbanização sustentável desempenha um papel importante na consecução das metas globais de sustentabilidade, pois os governos enfrentam desafios cada vez complexos no provimento de serviços públicos aos habitantes, partindo das expectativas dos princípios da boa qualidade de vida em suas cidades. Muitas cidades ao redor do mundo têm planos de desenvolvimento urbano sustentável para conduzir seu processo de urbanização para um estado desejado de sustentabilidade urbana (Shen et al., 2011).

Outro aspecto a ser considerado é quanto a movimentação da carga em ambiente urbano, um elemento fundamental de desenvolvimento econômico nacional, regional e local. Além disso, esse é um tema pouco abordado, tanto por pesquisadores quanto pelo poder público, sendo na maioria das vezes tratado como um assunto secundário nos planos de mobilidade urbana.

Por um lado, poucas prefeituras detêm informações sobre carga urbana, tais como: rotas preferenciais de caminhões, densidade de carregamento e mapeamento dos principais locais de geração de viagens de veículos de carga.

Portanto, o tema carece de estudos aprofundados e de dados que possam subsidiar ações de planejamento e de gestão da mobilidade urbana pelos municípios.

O desempenho do varejo é muitas vezes prejudicado em razão das dificuldades de movimentação de carga causadas pelo congestionamento; dificuldade de entrega e aumento dos custos logísticos no suprimento de produtos amplamente sentidos pelos varejistas, que encontram fortes restrições para o repasse integral dos custos. De outro lado, a necessidade de redução de custos quase sempre está associada à entrega fora do prazo, inadequação no atendimento do pedido, formação de estoques, falta de produtos, insatisfação do cliente, perda de vendas e, por fim, redução do lucro (Gunasekaran; Patel; Tirtiroglu, 2001).

Ainda que a satisfação dos clientes venha sendo discutida intensamente na área empresarial sob o conceito de gestão de cadeia de suprimentos, o entendimento das expectativas dos clientes e a descoberta dos direcionadores de escolhas desses agentes ainda se revelam um terreno desconhecido para a maioria das organizações, segundo Power, Moosa e Bhakoo (2007). Logo, conhecer os atributos de desempenho mais valorizados pelos varejistas constitui uma excelente oportunidade para os operadores de serviços logísticos conhecerem as necessidades dos clientes e assim atendê-los de maneira proativa, incentivando o processo de melhoria contínua na operação de logística (Gunasekaran; Patel; Tirtiroglu, 2001).

Uma logística eficiente conecta empresas aos mercados nacionais e internacionais por meio de redes de cadeia de suprimentos confiáveis, conforme Arvis et al. (2016). Por outro lado, os países caracterizados por baixo desempenho logístico e elevados custos, não apenas por causa dos custos de transporte, mas também por causa de cadeias de suprimentos não confiáveis, apresentam grande desvantagem ao integrar e competir em cadeias globais. As cadeias de suprimentos são complexas e o seu desempenho é dependente em grande parte das características do país, especialmente de infraestrutura lógica e física e de instituições das quais a logística necessita para operar, como importações, regulamentos, procedimentos e comportamentos.

Porém, a eficiência da produtividade das atividades econômicas depende do desempenho dos serviços de transporte, armazenagem e logística e repercute positivamente no meio ambiente e na qualidade de vida das pessoas (Zioni, 2009). No entanto, existe um consenso entre os especialistas da área de que é difícil a coleta de dados estatísticos sobre a movimentação de carga urbana em razão dos inúmeros elementos individuais envolvidos e da numerosa quantidade de origens e destinos, segundo Sanches Junior (2008).

A complexidade vivenciada pelas organizações no cotidiano envolve os desafios de atender os clientes com uma qualidade de serviço compatível com suas expectativas e, ao mesmo tempo, atendê-los com baixo custo, o que exige maior capacidade de planejamento da logística. Esse planejamento encontra no conceito de *city logistics* a base teórica para que os problemas da baixa mobilidade urbana sejam atenuados.

O objetivo deste capítulo é apresentar a logística urbana de transportes com foco na movimentação de cargas. A seguir serão conceituados a logística urbana, o transporte urbano de cargas e seus modais.

LOGÍSTICA URBANA

A gestão de transporte envolve uma série de ações na esfera estratégica, tática e operacional, que englobam decisões com relação ao transporte de cargas e pessoas em operações de curta, média e longa distância, sendo que distância e tempo são os parâmetros que influenciam as atividades de transporte. A primeira corresponde ao trajeto percorrido entre os pontos de produção e de consumo e a segunda refere-se ao tempo necessário para percorrer a distância e disponibilizar os produtos para o consumidor.

Logística urbana é um conceito moderno que visa a integração dos recursos existentes, a fim de resolver os problemas decorrentes do aumento do índice de motorização nas cidades (Witkowskia; Kiba-Janiak, 2014). Na literatura existem muitas definições de logística urbana e cada uma enfatiza diferentes fatores. Há uma série de áreas destacadas que se relacionam direta ou indiretamente com a logística da cidade, o que inclui o transporte de mercadorias, o transporte de passageiros, a qualidade de vida e o desenvolvimento sustentável.

O termo "logística urbana" também é conhecido por distribuição urbana de mercadorias (DUM) na literatura em português, outros termos utilizados são *city logistics*, *urban freight distribution* e *urban goods movement*. Algumas vezes, o termo *city logistics* também é tratado como sinônimo das estratégias relacionadas com as operações físicas como separação de pedidos, consolidação de cargas, transporte, armazenamento de curto e médio prazos, gerenciamento de estruturas de entrega e coleta e devolução de *pallets* e embalagens vazias conforme o Transportation Research Board (TRB, 2013).

Pode-se definir a estratégia de logística urbana como uma visão de longo prazo de decisões e ações coordenadas interna e externamente para o fluxo eficiente e eficaz de pessoas, bens e informações nas áreas urbanas a fim de melhorar a qualidade de vida dos moradores (Witkowskia; Kiba--Janiak, 2014).

Logística urbana é um conceito moderno que busca, entre outras coisas, a integração dos recursos existentes, a fim de resolver os problemas decorrentes do aumento do congestionamento e do crescimento da população em áreas urbanas. Para conseguir isso, no entanto, é necessário envolver muitas pessoas físicas e jurídicas para apoiar a atividade, tais como embarcadores (*shippers*), transportadoras de carga (*freight carriers*), residentes (*residents*), administradores e operadores de transportes públicos (*administrators*), segundo Taniguchi et al. (2001) e conforme apresentado no Quadro 1.

Quadro 1 – Descrição dos stakeholders.

Stakeholders	Descrição	Objetivos
Embarcadores (*shippers*)	Contratantes dos serviços de transporte, clientes das transportadoras.	Maximizar níveis de serviço, como custos, horários de coletas e entregas, confiabilidade do transporte e informações de rastreamento.
Transportadoras de cargas (*freight carriers*)	Empresas que realizam os serviços de transporte e/ou armazenagem das mercadorias.	Minimizar custos associados à coleta e entrega de mercadorias para os clientes, no intuito de maximizar lucros.
Residentes (*residents*)	Pessoas que vivem, trabalham ou compram na cidade.	Minimizar congestionamentos, ruído, poluição e acidentes de trânsito, próximos às zonas onde convivem.
Administração pública (*administrators*)	Autoridades locais (geralmente prefeituras).	Ampliar o desenvolvimento econômico da cidade e aumentar as oportunidades de emprego.

Fonte: adaptado de Taniguchi et al. (2001).

Os *stakeholders* influenciam em diferentes níveis na formulação de projetos de logística urbana que englobam uma ou mais das iniciativas referentes aos sistemas avançados de informação, sistemas cooperados de transporte de cargas, terminais logísticos públicos, controles de fator de carga e sistemas de transporte de cargas subterrâneas, conforme Taniguchi et al. (2001).

As questões importantes são compartilhadas por todas as cidades e os *stakeholders* envolvidos nos transportes de cargas (Dablanc, 2009):

1. O transporte de mercadorias urbano é ineficiente: o número de veículos e quilômetros percorridos pode ser reduzido e a qualidade do serviço melhorado.

2. O transporte urbano de mercadorias por meios não motorizados de transporte está perdendo terreno para vans e caminhões.

3. A *expansão logística* é uma tendência de mudar os armazéns e terminais de *cross-docking* das áreas urbanas para as zonas suburbanas com alguns impactos positivos (terminais modernos substituindo os terminais antigos), mas também negativos (mais veículos rodando por quilômetro).

4. Questões trabalhistas são importantes no transporte urbano: muitos operadores pequenos fazem entregas urbanas com caminhões antigos e enfrentam difíceis condições de trabalho, falta de treinamento e pequenas receitas operacionais.

5. Muitas grandes cidades do mundo são cidades portuárias e servem de entradas para os fluxos internacionais de bens, gerando oportunidades e impactos para as comunidades locais.

6. O transporte rodoviário continua dominante e abastecer cidades com o transporte ferroviário e infraestrutura hidroviária requer investimentos dispendiosos, além do enfrentamento de forte oposição dos moradores locais.

Semelhante a qualquer outro projeto de investimentos, os projetos de logística urbana (infraestrutura, manuseio, transporte, e-sistemas) precisam de estudos de viabilidade técnica, financeira e econômica. A viabilidade técnica considera a eficiência dos diferentes tipos de engenharia e soluções logísticas (compras, distribuição, interna, reversa) ou de logística integrada (cadeia de suprimentos). Os estudos de viabilidade financeira precisam convencer os investidores de que vão recuperar seus investimentos e obter lucro. A viabilidade econômica contribui para as consequências financeiras do impacto sobre os clientes, residentes, sociedade, geralmente sem valor monetário e por isso não interessa ao investidor privado, conforme relatado por Raicu et al. (2012). Geralmente não são encontradas maiores dificuldades quando se trata de classificar as várias soluções técnicas, mas no caso da avaliação financeira e mais ainda da econômica dos projetos de investimentos, as controvérsias continuam e estimulam o debate entre especialistas de diferentes áreas (engenheiros, economistas, sociólogos, ecologistas, advogados etc.).

As transportadoras de carga, principalmente, prestam serviços para a movimentação e armazenagem de mercadorias nas cidades. Manufatura, serviços e empresas de comércio enviam ou encomendam produtos. Esses atores também têm de lidar com a gestão de resíduos. Moradores desempenham papéis principalmente como consumidores comprando diversos produtos, mas também estão envolvidos no tráfego e esperam ter uma elevada qualidade de vida na cidade. As empresas que prestam serviços na área dos transportes públicos devem fornecer transporte eficiente, rápido e seguro para os habitantes das cidades (Witkowskia; Kiba-Janiak, 2014).

Simultaneamente, o número de veículos nos grandes centros brasileiros aumentou 77,8% entre 2001 e 2011, quando o número de automóveis nas metrópoles brasileiras atingiu a marca de 20.525.124 veículos, que representa aproximadamente 44% de toda a frota brasileira, com destaque para a cidade de Manaus, que cresceu 141,9%; Belo Horizonte, 108,5%; Distrito Federal, 103,6%; Salvador, 94,3%; Curitiba, 91,7%; São Paulo, 68,7% e Rio de Janeiro, 62,0%, conforme divulgado pelos Institutos Nacionais de Ciência e Tecnologia (INCT, 2012). O descompasso entre o crescimento de veículos em circulação e os investimentos em vias de tráfego teve como consequência a piora na mobilidade urbana, que passou a ser um problema cada vez mais recorrente e que onera o transporte de cargas nos centros urbanos, causando vultuosas perdas monetárias (Crespo, 2008).

Prejudicadas pela ineficiência nas atividades logísticas, os varejistas localizados em centros urbanos se veem obrigados a alterarem seus processos de negócio e repassam os custos dessa ineficiência aos consumidores, que já são prejudicados pelo nível de serviço aquém do desejado. Assim, a troca de fornecedores se torna uma prática comum para melhorar o processo logístico e reter clientes.

O papel mais importante no sistema de logística urbana é desempenhado pelas autoridades locais, cujo principal objetivo é resolver os conflitos entre os *stakeholders* na logística urbana e assegurar simultaneamente o desenvolvimento sustentável da cidade. As autoridades locais devem se esforçar para assegurar altos padrões de vida nas questões sociais, econômicas e ambientais. Elas devem ser iniciadoras, motivadoras e coordenadoras de soluções de logística, a fim de melhorar a circulação de pessoas e bens dentro da cidade (Witkowskia; Kiba-Janiak, 2014).

TRANSPORTE URBANO DE CARGAS

O tema transporte urbano de cargas tem adquirido relevância tanto para o desenvolvimento econômico quanto para o bem-estar da população (Silva; Marins, 2014). Nesse sentido, durante os anos 1990, países europeus como Alemanha, Bélgica, Dinamarca, Holanda e Suíça iniciaram projetos piloto de modelos alternativos para a distribuição nos centros urbanos, conhecidos como *city logistics* (Petri; Nielsen, 2002).

Inicialmente o caminhão surgiu como um equipamento transportador de cargas pesadas, lento e ruidoso, que mais tarde passou a ser considerado rápido, flexível e de baixo custo, porque altera o ambiente construído, ajuda a determinar a localização, a planejar e a aumentar a eficiência de muitas instalações comerciais. As fábricas e armazéns passaram a disponibilizar estruturas eficientes de carga e descarga de caminhão e as empresas iniciaram a mudança das áreas mais adensadas da cidade para terrenos de menor valor comercial; assim, o uso do caminhão contribuiu para a degradação das áreas urbanas (Hesse, 2008).

Ainda hoje, o transporte de cargas pelo modo rodoviário é fundamental para as atividades econômicas e sociais que ocorrem em áreas urbanas, porque abastece lojas, locais de trabalho ou lazer, entrega de mercadorias nas residências, transporta o lixo e assim por diante. Para as empresas estabelecidas dentro dos limites da cidade, ele é um elemento de ligação entre fornecedores e consumidores, sendo poucas as atividades que não necessitam do transporte de cargas (Crainic; Ricciardi; Storchi, 2009).

Em relação aos veículos cadastrados para o transporte de cargas no Brasil, conforme a Agência Nacional de Transportes Terrestres (ANTT, 2016), em 31.12.2015, havia no Registro Nacional de Transportadores Rodoviários de Cargas (RNTC) 2.339.703 veículos de cargas no País, classificados em três categorias de transportadores: Empresas de Transporte Rodoviário de Cargas (ETC), com 1.252.811 veículos; Cooperativas de Transporte Rodoviário de Cargas (CTC), com 18.800 veículos; e Transportadores Autônomos de Cargas (TAC), com 1.068.092 veículos. Esse número apresentou um crescimento de praticamente 10% em relação aos registros de 31.12.2010, que consistia em 2.127.126 veículos.

Além disso, o transporte de carga compete pelo mesmo espaço com veículos de transporte de pessoas, tornando-se um fator perturbador para a vida urbana. Verificou-se, por exemplo, que os veículos de carga consomem em média 30% da capacidade da infraestrutura viária da cidade e ocupam dois terços de toda a área destinada a estacionamento quando realiza as operações de carga e descarga (Patier; Browne, 2010).

O transporte urbano de mercadorias é uma atividade necessária, mas perturbadora do meio ambiente. Para lidar com as principais perturbações com ele relacionadas, sobretudo congestionamentos, ruídos, aquecimento global e poluição local, agentes públicos e privados têm estudado e desenvolvido métodos e soluções de diferentes naturezas e dimensões. Nas pesquisas sobre transportes, observa-se centenas de obras que tratam do assunto de mercadorias em zona urbana, mas o número de pesquisas sobre sistemas operacionais de logística urbana ainda é muito pequeno (Gonzalez-Feliu; Basck: Morganti, 2013).

As cidades têm historicamente uma forte dependência de sistemas de transporte de mercadorias para garantir de forma eficaz a entrada dessas mercadorias e assegurar a disponibilidade dos recursos necessários para alimentar o crescimento econômico e urbano. Os decisores de políticas locais têm intervindo nas relações contratuais articuladas entre os agentes, de modo a alcançar os objetivos desejados dessas políticas. Os mais importantes tipos de agentes envolvidos no movimento urbano de mercadorias são os varejistas, as empresas transportadoras e os transportadores por conta própria (Marcucci; Gatta, 2014).

Os tomadores de decisão em movimento urbano de cargas normalmente precisam avaliar o impacto que as novas políticas de intervenção urbana podem ter na distribuição de mercadorias. Os efeitos das mudanças dessas políticas estão intimamente relacionados com o quadro regulamentar existente, que também influencia nas relações entre os diversos atores, que interagem ao longo da cadeia de suprimentos, segundo Marcucci e Gatta (2014).

Nesse contexto, o transporte urbano e, em particular, o transporte de mercadorias assumem grande importância. Um sistema de transporte de mercadorias eficaz é necessário, uma vez que desempenha um papel significativo na competitividade de uma área urbana e é um elemento importante em sua economia, tanto em termos de rendimentos gerados quanto nos níveis de emprego que suporta. O transporte urbano de mercadorias e a logística estão relacionados principalmente com as últimas milhas das cadeias de suprimentos e as estratégias das empresas devem ser confrontadas com os interesses coletivos relacionados com esses temas. Os impactos do transporte urbano de cargas podem ser reduzidos por meio da implementação de diferentes medidas de logística urbana, mas é necessário verificar se isso penalizaria os centros urbanos e as atividades comerciais ali localizadas. Todas as medidas de logística urbana implementáveis têm de apontar os impactos gerados sobre os regimes de distribuição existentes usados pelas atividades comerciais urbanas (Russo; Comi, 2012).

O transporte urbano de mercadorias é geralmente reconhecido por seus impactos insustentáveis sobre a qualidade de vida nas cidades. Ele acrescenta incômodos congestionamentos, má qualidade do ar e emissões de CO_2. Embora seja amplamente reconhecido que as atividades de logística urbana são cruciais para uma cidade funcionar, pois é um local onde pessoas, bens e serviços estão juntos, acredita-se que um sistema de transporte urbano de mercadorias mais eficiente possa reduzir os impactos negativos (Quak; Balm; Posthumus, 2014).

Os problemas na logística urbana não são novos e soluções têm sido mostradas e experimentadas em muitas iniciativas nas áreas urbanas, mas as implementações em grande escala e em longo prazo são escassas (Quak; Balm; Posthumus, 2014). Um exemplo é a União Europeia, que desenvolve trabalhos de pesquisa e desenvolvimento tecnológico na tentativa de melhorar o desempenho do transporte de carga e reduzir seus impactos nas cidades, formando equipes multidisciplinares internacionais, tais como: *Urban Transport: Options for Propulsion Systems and Instruments of Analysis* (Utopia), *Research on Freight Platforms and Freight Organization* (Reform), *Innovative distribution with intermodal freight operation in metropolitan areas* (Idioma), *Best Urban Freight Solution* (Bestufs), *City, Vitality and Sustainability* (Civitas) e *Innovation & Environment Regions of Europe Sharing Solutions* (Interreg), conforme Sanches Junior (2008).

O objetivo da empresa Utopia foi pesquisar sistemas alternativos de propulsão para o transporte urbano em Alemanha, Bélgica, Espanha, Finlândia, França, Holanda, Itália, Suécia e Suíça, enquanto o consórcio Reform estudou a organização da logística de carga urbana em Bélgica, Dinamarca e Itália. A finalidade da Idioma foi conhecer a distribuição intermodal da carga nos centros urbanos em Alemanha, França, Grécia Holanda, Suécia e Suíça. Já o Bestufs foi criado para estabelecer e manter uma rede de especialistas com projetos em transporte de carga urbana e representantes dos transportes para identificar, descrever e disseminar as melhores práticas e subsidiar pesquisas futuras na Europa (Sanches Junior, 2008).

O Programa Civitas, por sua vez, abrange diversas cidades europeias com enfoque integrado do sistema de transporte e visa promover o "transporte urbano limpo", por intermédio da combinação do uso de combustíveis renováveis, veículos eficientes energeticamente e adoção de indicadores de desempenho nas políticas de transporte urbano. Enquanto o projeto Interreg tem como objetivo a cooperação transnacional dos países da União Europeia para promover estudos e desenvolvimento de modelos de ferramentas telemáticas para gerenciamento e controle da mobilidade e logística nos centros urbanos, integrando autoridades nacionais, regionais, locais e organizações não governamentais (Sanches Junior, 2008).

Apesar dos esforços práticos para resolução das questões apresentadas, a análise e a proposição de formas para integração entre carga e planejamento urbano ainda se encontram como um tema incipiente, não somente no âmbito nacional, mas também internacionalmente. Assim, as estratégias municipais e os planos de transportes ainda pouco consideram a logística da carga na gestão dos sistemas de circulação urbana e as rotinas logísticas dificilmente são resultantes do planejamento urbano, o que gera, portanto, diversos conflitos no cotidiano da cidade, conforme demonstram Silva e Marins (2014).

Soluções e reações políticas muitas vezes se concentram em diminuir os impactos negativos do transporte urbano de mercadorias, em vez de desenvolver um sistema mais eficiente. Uma vez que muitos desses efeitos são sentidos pela cidade, muitas soluções e regulamentos que têm sido experimentados e demonstrados só se concentram em escala regional limitada. Como resultado, consideram-se as soluções apropriadas para cada cidade, mas não aplicáveis a outras cidades ou regiões, o que tornam escassas, as implementações de soluções de logística urbana em larga escala segundo Quak, Balm e Posthumus (2014).

Nas áreas urbanas, as entregas de bens para os clientes geram um importante fluxo de veículos, desde pequenas vans (para entregas expressas) até caminhões (para abastecer as maiores lojas). Entretanto, os serviços de entrega encarecem em virtude da gestão *just-in-time*, do desenvolvimento do comércio eletrônico e de novos comportamentos dos clientes (como as entregas a domicílio). O serviço *just-in-time* garante que cada cliente receba o que pediu, quando precisa e na quantidade exata. Porém, tudo isso faz o tráfego de cargas se tornar complicado nos centros das cidades, com efeitos negativos sobre o tráfego de veículos e transportes públicos e consequentes engarrafamentos (Patier et al., 2014).

Embora o transporte urbano de mercadorias desempenhe um papel essencial na satisfação das necessidades dos cidadãos, ele também contribui significativamente para efeitos insustentáveis sobre o meio ambiente, a economia e a sociedade. Daí que um processo de planejamento para melhorar a atratividade urbana e a qualidade de vida não pode ignorar o papel do transporte de mercadorias, como acontece hoje, quando a maioria dos recursos estão focados no transporte de pessoas (Nuzzolo; Comi, 2014).

O transporte urbano de mercadorias tornou-se uma questão crítica no planejamento das cidades. Há anos, economistas de transporte e urbanistas estudam os muitos desafios relacionados com a organização eficaz de movimentos de mercadorias dentro de um ambiente urbano. A complexidade do problema, juntamente com os potenciais conflitos entre as principais partes interessadas (clientes, governo local, prestadores de serviços de logística, habitantes, varejistas etc.), requer um planejamento de soluções com tudo incluído (Stathopoulos; Valeri; Marcucci, 2012).

As características das áreas urbanas podem diferir substancialmente, fazendo as medidas de logística urbana terem que ser especificamente concebidas e avaliadas, a fim de que se implemente a mais eficaz. A escolha de um conjunto de medidas de logística urbana, isto é, um novo cenário, deve ser baseada na metodologia de avaliação que consiste em várias etapas capazes de destacar diferentes tipos de efeitos (Nuzzolo; Comi, 2014).

A eficiência na distribuição de mercadorias desempenha um papel importante na competitividade das zonas urbanas em termos de rendimento gerado e emprego. Ao mesmo tempo, o aumento de veículos de transporte de mercadorias nas cidades contribui para o congestionamento, a poluição do ar, ruído, aumentos nos custos de logística e, consequentemente, nos preços dos produtos. A logística urbana está preocupada em minimizar esses impactos negativos e assegurar a circulação eficiente de mercadorias dentro de áreas urbanas. No entanto, as políticas urbanas de logística de transporte tendem a ignorar os objetivos e interesses das diferentes partes em conflito (Stathopoulos; Valeri; Marcucci, 2012).

MODAIS

O planejamento urbano adequado requer uma gestão otimizada do sistema de transportes que supra as constantes mudanças das necessidades de deslocamentos e das diversas atividades desempenhadas pela população na área urbana. Destaca-se aqui, entretanto, a necessidade de estudar os aspectos que influenciam a demanda por transportes, como, por exemplo, aqueles que determinam a tomada de decisão dos indivíduos em relação à escolha do modo de transporte.

Os desejos e necessidades dos indivíduos estão intrinsecamente relacionados com o planejamento de transportes para viagens realizadas na área urbana. Nesse contexto, os estudos da demanda por transportes e a seleção do modal tendem a considerar como influenciadores do processo de tomada de decisão relacionado com as viagens um conjunto de aspectos características socioeconômicas dos usuários de transporte e o sistema de transporte e meio urbano, segundo Ortúzar e Willumsen (2001).

A cadeia logística intermodal é projetada para transportar mercadorias a partir do ponto de produção até o ponto de consumo da forma mais rápida e barata possível. A capacidade de alcançar esse objetivo tem permitido a realocação geográfica de atacadistas e de fabricantes e montadoras (Jaffee, 2016).

Conforme Erhart e Palmeira:

As dificuldades encontradas para o maior crescimento estão atreladas diretamente a entraves internos, que há muitos governos se reproduzem sem solução, entre elas a burocracia excessiva, a falta de tecnologia, a carência de educação e principalmente a infraestrutura inadequada e insuficiente. A falta de infraestrutura para quem trabalha diariamente com o comércio exterior é a maior dificuldade, sobretudo no que se refere à infraestrutura de transportes. (2006, p. 123)

No que concerne à infraestrutura de transportes, no país, nos três últimos decênios, o investimento foi insuficiente. Atualmente, a situação é marcada pela falta de linhas aéreas, linhas férreas, contêineres; perdas decorrentes de avarias no transporte, gastos demasiados para movimentar o que é produzido, "além da sobrecarga da malha rodoviária" (Erhart; Palmeira, 2006, p. 78). Ainda conforme Erhart e Palmeira (2006), tal fato ocorre em função da falta de infraestrutura de alguns modais importantes, como se dá com o modal ferroviário e os altos preços praticados no modal aéreo, que os tornam meios pouco procurados.

De acordo com Wanke e Fleury:

"[...] são cinco os modais de transporte de cargas: rodoviário, ferroviário, aquaviário, dutoviário e aéreo. Cada um possui estrutura de custos e características operacionais específicas que os tornam mais adequados para determinados tipos de produtos e de operações". (2006, p. 409)

Segundo a Confederação Nacional do Transporte (CNT, 2016), a matriz brasileira de transporte de cargas é predominantemente rodoviária, com a participação de 61% desse segmento na citada matriz. A Tabela 1 mostra a distribuição da participação dos modais na movimentação de cargas em milhões de tonelada quilômetro útil (TKU) e as respectivas percentagens.

Tabela 1 – Participação dos modais na matriz de transporte brasileira.

Modal	Carga (Milhões TKU)	Participação (%)
Rodoviário	485.625	61,1
Ferroviário	164.809	20,7
Aquaviário	108.000	13,6
Dutoviário	33.300	4,2
Aeroviário	3.169	0,4
Total	794.903	100

Fonte: CNT (2016).

A seguir, apresenta-se uma visão resumida dos modais brasileiros citados na Tabela 1, abordando também o mais novo modal, o infoviário, ainda não abordado nas estatísticas da CNT, e, além disso, os portos secos, intermodalidade e multimodalidade.

Modal rodoviário

A industrialização brasileira priorizou o modal rodoviário, opção esta que explica o desmonte dos sistemas de bondes em boa parte das maiores cidades entre 1930 e 1960 (Benedet, 2015).

A malha rodoviária apresenta uma infraestrutura de 1.563.604,8 km de extensão e uma rede planejada de 157.309,3 km, totalizando 1.720.914,1 km, conforme mostrado na Tabela 2.

Tabela 2 – Extensão da malha rodoviária brasileira.

Administração	Pavimentada (km)	Não pavimentada (km)	Total (km)
Federal	65.328,9	11.183,3	76.512,2
Estadual	119.747,0	105.600,6	225.347,6
Municipal	26.826,7	1.234.918,3	1.261.745,0
Sub-total	–	–	1.563.604,8
Planejada	–	–	157.309,3
Total	211.902,6	1.351.702,2	1.720.914,1

Fonte: CNT (2016).

Embora seja a modalidade de menor capacidade e de mais baixa velocidade, o transporte rodoviário feito em ônibus apresenta maior flexibilidade para cobrir diferentes itinerários. Já o transporte rodoviário de cargas é classificado pelo Departamento de Pesquisas e Estudos Econômicos (Depec, 2016) nas seguintes categorias: carga comum; carga líquida; carga de produtos perecíveis; carga sob temperatura controlada; carga aquecida; carga de concreto em execução (betoneira); carga de veículos automotores (cegonheira); carga de valores (unidades blindadas); carga de produtos perigosos e inflamáveis (produtos químicos, combustíveis).

Modal ferroviário

Historicamente, a malha ferroviária acompanhou a expansão da produção cafeeira até o oeste paulista desde o século XIX até o início do século XX. Porém, os principais eixos ferroviários atualmente são usados para o transporte de *commodities*, como minério de ferro e grãos provenientes da agroindústria, segundo o Instituto Brasileiro de Geografia e Estatística (IBGE, 2014).

O modal ferroviário é caracterizado pela capacidade de transportar grandes volumes, notadamente para médias e grandes distâncias, com foco no transporte de adubos e fertilizantes; calcário; carvão mineral e clínquer; cimento e cal; contêineres; derivados de petróleo; grãos; minério de ferro; produtos siderúrgicos (ANTT, 2016). Ainda segundo a ANTT (2016a), em 1922, existia no País um sistema ferroviário com aproximadamente 29 mil Km de extensão e, em 2015, possuía 30.576 km, sendo 29.165 km com operadoras reguladas pela agência e 1.411 km das demais operadoras. Isto é, pouco se evoluiu em termos de ferrovias em cem anos no País. A distribuição entre concessionárias é ALL do Brasil S. A. com 12.018 km, Ferrovia Centro-Atlântica S.A. (FCA) 7.215 km, MRS Logística S.A. 1.799 km e outras com 8.133 km (CNT, 2016).

As principais ferrovias brasileiras são a Ferrovia Norte-Sul, que liga a região de Anápolis (GO) ao Porto de Itaqui em São Luís (MA) e transporta predominantemente soja e farelo de soja; a Estrada de Ferro Carajás que liga a Serra dos Carajás ao Terminal Ponta da Madeira em São Luís (MA), levando minério de ferro e manganês; e a Estrada de Ferro Vitória-Minas, que transporta minério de ferro para o Porto de Tubarão (ES).

O modal ferroviário é o mais indicado para transporte de longa distância, sobretudo quando a relação origem-destino for superior a 800 km e com grandes volumes a serem transportados. Essas características estão presentes em grande parte dos produtos que compõem a carteira de exportação brasileira (Mello; Silva, 2013).

O transporte ferroviário urbano exerce um papel secundário porque não oferece alternativas suficientes e eficientes aos ônibus no caso brasileiro (Benedet, 2015).

Modal aquaviário

O transporte aquaviário, embora relevante na região Norte, por causa das grandes bacias hidrográficas ali existentes, mostra-se inexpressivo no restante do País, restringindo-se a breves travessias marítimas interurbanas (Benedet, 2015).

O Brasil conta com um grande sistema de rios e lagos, cuja extensão total é de 63.000 km, segundo o Ministério dos Transportes, Portos e Aviação Civil (MT, 2012). Dessa extensão, 41.635 km são de vias navegáveis, mas somente 22.037 km são de vias economicamente navegadas, conforme o CNT (2016). Essa extensão não é, portanto, refletida na distribuição modal de transporte de carga atual do País, conforme mostrado na Tabela 1.

O transporte hidroviário de carga no Brasil possui como características: grande capacidade de carga; baixo custo de transporte; baixo custo de manutenção; baixa flexibilidade; lentidão; influência das condições climáticas; baixo custo de implantação, quando se analisa uma via de leito natural que pode ser elevado se existir necessidade de construção de infraestruturas especiais como: eclusas, barragens, canais etc. (MT, 2017).

Modal dutoviário

O transporte efetuado por tubos ou dutos tem como principais vantagens a segurança, a dispensa de local de armazenamento, a simplificação das atividades de carga e descarga, o custo reduzido de transporte, menor índice de perdas e roubos; mas apresenta como desvantagens a maior possibilidade de ocasionar acidentes ambientais, limitada capacidade de serviço e os custos fixos elevados.

Segundo a ANTT (2018), o transporte dutoviário pode ser dividido em três categorias: (i) oleodutos, cujos produtos transportados são em sua grande maioria: petróleo, óleo combustível, gasolina, diesel, álcool, gás liquefeito de petróleo (GLP), querosene, nafta e outros; (ii) minerodutos para o transporte de: sal-gema, minério de ferro e concentrado fosfático; além dos (iii) gasodutos, que transportam o gás natural.

Apesar de possuir menores tarifas de transporte de carga e ser considerado um dos mais seguros, o modal dutoviário ainda é pouco explorado no Brasil. Atualmente, são apenas 22 mil km de dutos, ocupando o 16° lugar no ranking internacional, quando comparado com México, que possui 40 mil km, Argentina, com 38 mil km, e Austrália, com 32 mil km. Logo, o modal dutoviário nacional, se bem planejado e favorecido nos planos do governo brasileiro, tem uma enorme possibilidade de implantação.

Nas regiões Sul, Sudeste e Centro-oeste, grandes produtoras de alimentos e minérios, as cadeias produtivas desses produtos podem ser apoiadas por dutovias, tanto para o transporte do próprio produto, quanto para itens de apoio como, por exemplo, a água.

Motivos não faltam para que a malha dutoviária seja incluída no rol de prioridade dos projetos governamentais, já que diversos fatores, tal como a pauta de exportação brasileira, sustentam essa afirmativa, em que os produtos do setor primário, em muitos casos com baixo valor agregado, estão entre os principais itens de exportação. Outro fator a ser considerado é a grande quantidade de petróleo existente no Brasil e no continente sul-americano que, junto com a América Central, chega a produzir 325,4 bilhões de barris, grandes usuários do transporte dutoviário (Mello; Silva, 2013).

Modal aéreo

A movimentação de cargas por via aérea é utilizada para produtos com alto valor agregado ou com maior perecibilidade porque exigem rapidez e segurança no transporte, devido ao elevado custo.

O País conta com uma infraestrutura aeroviária constituída de 37 aeroportos internacionais, 29 domésticos, 649 públicos e 1.901 privados, segundo a CNT (2016). O número de aeronaves registradas é de 24.582 com a seguinte distribuição: transporte aéreo público regular, doméstico ou internacional 1.166, transporte público não regular (taxi aéreo) 1.677, privado 10.859, outros 10.880 (CNT, 2016).

No Brasil, esse modal é utilizado em poucos trajetos, com mais da metade do tráfego centralizado em dez pares de ligações entre cidades, sendo que a ligação São Paulo-Manaus compreendia mais de 20% do total de carga transportada em 2010 (IBGE, 2014). A representatividade desse modal é de aproximadamente 0,05% quando comparado aos modais rodoviário, ferroviário, aquaviário e dutoviário, enquanto nos Estados Unidos essa participação é de quase 1%. Para incentivar o uso desse modal, é preciso descentralizar as regiões produtivas ainda concentradas no Sul e Sudeste.

São Paulo também retém a maior parte do transporte aéreo de passageiros, com 26,9 milhões de passageiros em voos domésticos e 10,4 milhões em voos internacionais em 2010. Em segundo lugar ficou o Rio de Janeiro, com 14,5 milhões e 3,1 milhões, respectivamente, conforme IBGE (2014).

Entretanto, as carências em infraestrutura afetam a eficiência da operação nos acessos aos complexos aeroportuários, mas, além disso, a falta de informatização e de integração dos processos tem igual impacto negativo, dando margem à ineficiência. Portanto, é preciso adaptar a tecnologia ao setor de cargas aéreas.

O *E-freight* reduz significativamente o manuseio de papéis e sua consequente redução de custo para toda a cadeia logística, faz o *E-freight* já ter mundialmente penetração expressiva. No Brasil, há avanços nesse processo, com o desenvolvimento do *E-freight* para importação e exportação. A integração de dados entre todos os elos da cadeia, incluindo autoridades aduaneiras e aeroportuárias, é a chave para o ganho de eficiência.

Modal infoviário

Esse modal não é citado em alguns trabalhos, pois é o mais novo que surgiu com o advento da Tecnologia da Informação (TI) e permite o tráfego de uma enorme quantidade de dados que facilitam os processos no transporte de cargas. Além de informações, transporta-se pelas infovias mercadorias como jornais, livros, projetos gráficos, fotos, músicas, filmes, serviços em educação a distância e outros produtos de informação que podem ser entregues quase instantaneamente em qualquer lugar do planeta (Mello; Silva, 2013).

O Governo Federal efetivou medidas importantes relacionadas com o modal infoviário, como o Programa Nacional de Banda Larga (PNBL), criado pelo Decreto n. 7.175 de 12.05.2010 (Brasil, 2010), com o objetivo de fomentar a expansão da infraestrutura e os serviços de telecomunicações e massificar o acesso à internet com qualidade, dando condições para que cerca de 40 milhões de domicílios brasileiros tenham banda larga a uma velocidade mínima de um megabit por segundo (Mbps). Ao atingir essa meta, espera-se que o ambiente de negócio do País seja beneficiado por possibilitar o acesso rápido a produtos e serviços dos mais diversos tipos e promover o desenvolvimento socioeconômico.

A infovia é parte integrante do sucesso econômico, social e tecnológico de qualquer País. Na sociedade da informação, a produção, o tratamento e a distribuição dos dados e informações devem ser pauta prioritária de qualquer governo, bem como das organizações privadas e universidades, e devem ser parte de seus planos de ação. No caso específico da sociedade brasileira, observa-se uma consciência sedimentada quanto à importância das infovias para o desenvolvimento, mas falta conduzir esse processo de forma mais integrada, visando à maximização dos resultados (Mello; Silva, 2013).

Portos secos

Os portos secos ou Centros Logísticos e Industriais Aduaneiros (Clias) são instalados próximos às áreas de produção e consumo para agilizar as operações de exportação e importação de mercadorias e têm como principal função servir como plataforma logística para as operações de comércio exterior, principalmente nas importações, além de operar todos os regimes aduaneiros em vigor, o que confere agilidade incomparável em operações logísticas de comércio internacional.

O estado de São Paulo concentra 27 das 63 estruturas de portos secos de todo o Brasil, em cidades da Região Metropolitana e em seu entorno, e a região Sul possui em 11 cidades, em contraste com as regiões Nordeste, que possui apenas nas cidades de Recife e Salvador e Norte, nas cidades de Belém e Manaus, e uma no Distrito Federal (Araujo; Coelho, 2011).

Na fronteira com Argentina, Paraguai e Uruguai se intensificam as interações, havendo, portanto, maior ocorrência de postos da Receita Federal e de cidades-gêmeas, que constituem adensamentos populacionais transfronteiriços, nos quais os fluxos de mercadorias e pessoas são maiores de acordo com os investimentos realizados pelos países limítrofes (IBGE, 2014).

O porto seco exerce um papel importante na simplificação do processo de importação e exportação, trazendo agilidade e ganhos econômicos em escala, ao oferecer serviços de armazenagem, movimentação, despacho aduaneiro de mercadorias importadas ou exportadas, de tal maneira que o controle aduaneiro seja realizado desde a entrada até a nacionalização e entrega dos produtos ao importador ou até seu embarque em transporte internacional no caso de exportação, sempre delimitada pela Secretaria da Receita Federal (Araujo; Coelho, 2011).

Intermodalidade e multimodalidade

A intermodalidade de transporte de cargas refere-se a uma mesma operação que envolve dois ou mais modais, em que cada condutor emite um documento e responde individualmente pelo serviço prestado. No segundo caso, a multimodalidade, o transporte de cargas é feito por dois ou mais modais, sob a responsabilidade única de um operador de transporte multimodal, desde a origem até o destino (Mello; Silva, 2013).

A intermodalidade é muito utilizada no Brasil e permite a mobilidade de produtos entre as regiões brasileiras, favorecendo o desenvolvimento socioeconômico, uma vez que a produção nacional é colocada em novos mercados de forma mais competitiva. Essa interligação proporciona ganhos tanto para o consumidor, que é beneficiado com a ampliação de opções de produtos e serviços, quanto para as empresas, que poderão acessar novos mercados. Porém, isso só é possível com a construção de terminais de integração entre os modais: rodoviário, ferroviário, aquaviário, aeroviário, dutoviário e infoviário.

CONSIDERAÇÕES FINAIS

É realidade que com a globalização e o desenvolvimento da economia mundial, investimentos na área de infraestrutura tornaram-se necessários para que o Brasil pudesse se adequar às novas demandas, ser competitivo e abrir novos mercados. Infraestrutura eficiente é sinônimo de baixo custo, de produção fortalecida, de maior competitividade dos produtos e consequente desenvolvimento econômico do País. É nesse ponto que a logística de transportes se faz necessária, com melhores condições e comprometimento governamental em priorizar políticas que promovam benfeitorias para cada modal.

Em se tratando da malha ferroviária, o presente estudo apontou que é pequena e há pouca integração, ocasionando pontos isolados do País. Entretanto, o potencial de desenvolvimento do setor e as vantagens pontuadas anteriormente mostram a importância de mais investimentos para o crescimento dessa modalidade de transporte.

Com relação aos investimentos, sabe-se que grande parte é oriunda do setor privado, pelo seu interesse próprio. Contudo, o modal ferroviário deveria receber maior ênfase do governo brasileiro, visto que alavancaria a competitividade do País por representar um dos menores custos de transporte existentes. Visto que o Brasil está entre os 25 maiores importadores e exportadores do mundo, precisará adequar cada vez mais a sua infraestrutura às exigências desses mercados se quiser galgar novas posições e se tornar mais competitivo.

As quatro recomendações de Dablanc (2009) para um sistema de transporte de mercadorias eficiente e amigável ambientalmente têm como princípio subjacente que o transporte de mercadorias deve servir à economia local e acompanhar as transformações econômicas urbanas, quais sejam:

1. As cidades têm de criar uma estrutura de governança realista para mercadorias na zona urbana, com uma avaliação das necessidades (por meio de realização de pesquisas), criação de um fórum para negociar com os *stakeholders* privados e organizar um portal de carga na *web* para fornecer informações básicas para os motoristas de caminhões. Estas poderão ser ações de baixo custo com grandes benefícios para as empresas.

2. Visando ao crescimento urbano, melhorar a qualidade e o valor adicionado na distribuição de bens devem ser objetivos importantes para os decisores políticos: fornecer instalações modernas de logística e programas de formação para os trabalhadores no transporte de mercadorias, introduzir espaços e serviços de logística urbana são as principais prioridades.

3. Deixar o transporte urbano de mercadorias em algo mais sustentável e cidades mais segura e habitáveis significa que o uso da terra e políticas de ordenamento têm de integrar as atividades de logística. Modos mais limpos e mais silenciosos de transporte devem ser (re)introduzidos nas vias de transportes da cidade. Normas ambientais para o acesso de caminhões devem contribuir para reduzir as emissões de partículas, óxidos de nitrogênio e ozônio prejudiciais para a saúde dos residentes urbanos.

4. Os governos locais e nacionais podem tomar medidas decisivas para melhorar as condições e as habilidades de trabalho no setor do transporte urbano, às vezes não considerado pela indústria de caminhões. Garantias devem ser exigidas para todas as empresas de transporte (incluindo as pequenas) sobre suas capacidades financeiras e profissionais. Na rua, áreas de entrega com *design* ergonômico devem ser projetadas para que as entregas urbanas sejam mais fáceis e mais rápidas. Medidas contra roubo e corrupção devem ser reforçadas.

Uma das soluções adotadas para combater o crescimento populacional desorganizado, que prejudica o planejamento urbano e causa a deterioração da mobilidade urbana devido a problemas no sistema de transporte das grandes cidades brasileiras, como São Paulo, Rio de Janeiro e Belo Horizonte, impôs restrições quanto à circulação de automóveis e veículos de carga. Dentre as principais medidas restritivas destacam-se o rodízio de veículos, como o implantado na cidade de São Paulo, que proíbe a circulação de veículos pesados em horário de pico, a redução do tamanho dos veículos de carga, a pesagem de veículos autorizados a circular livremente nos grandes corredores urbanos e a definição de áreas em que os veículos de carga não devem circular, conforme Gatti Junior (2011).

Essa política foi adotada por países mais desenvolvidos de forma mais radical, conforme relatado por Pojani e Stead (2015), particularmente no norte da Europa, onde algumas cidades testemunharam uma tendência de recuperar o espaço urbano do automóvel, proibindo os carros de circular nas principais áreas do centro da cidade e/ou confinando-os de outras formas.

Esses locais são considerados exemplos importantes de desenvolvimento urbano sustentável, uma vez que as cidades em todo o mundo se esforçam para cumprir os padrões de sustentabilidade urbana, ao melhorar o transporte público, incentivar modos não motorizados, criar zonas específicas para pedestres, limitar o uso de carros particulares e tentar desfazer a transformação das cidades causada pelo domínio do automóvel.

Uma das soluções para a melhoria do desenvolvimento urbano seria aumentar os investimentos em todos os tipos de transporte público, conforme citado por Pojani e Stead (2015), pois isso pode ajudar a impulsionar a economia urbana dos países em desenvolvimento. Os autores citaram o Japão como exemplo, pois no período pós-Segunda Guerra Mundial o governo japonês desempenhou papel fundamental no transporte urbano, ao adotar políticas públicas que desencorajavam o uso do automóvel e canalizavam o investimento para o transporte público.

REFERÊNCIAS

[ANTT] AGÊNCIA NACIONAL DE TRANSPORTES TERRESTRES. *Registro Nacional de Transportadores Rodoviários de Cargas (RNTRC)*. Transportadores e Frota Registrados – 2010 a 2015. 2017. Disponível em: <http://www.antt.gov.br/index.php/content/view/4929.html#lista>. Acesso em: 20 out. 2016.

_____. *Ferroviário – Características*. 2016. Disponível em: <http://www.antt.gov.br/index. php/content/view/4971/Caracteristicas.html>. Acesso em: 15 set. 2016.

_____. Histórico. 2016a. Disponível em: http://www.antt.gov.br/ferrovias/arquivos/Historico. html>.Acesso em 15 set. 2016.

_____. Dutovia. 2018. Disponível em: http://www.antt.gov.br/textogeral/dutovias.html>. Acesso em 15 fev. 2018.

ARAÚJO, C.; COELHO, L. C. *A importância dos portos secos na logística aduaneira do Brasil*. 2011. Disponível em: <http://www.comexblog.com.br/logistica/a-importancia-dos-portos-secos-na-logistica-aduaneira-do-brasil---uma-visao-geral/>. Acesso em: 15 set. 2016.

ARVIS, J. F. et al. *Connecting to compete 2016*: trade logistics in the global economy. The Logistics Performance Index and its indicators. Washington: IBRD/The World Bank, 2016.

BENEDET, R. *O desafio da mobilidade urbana*. Brasília: Edições Câmara, 2015.

BRASIL. Decreto n. 7.175, de 12 de maio de 2010. Institui o Programa Nacional de Banda Larga (PNBL); dispõe sobre remanejamento de cargos em comissão; altera o Anexo II ao Decreto no 6.188, de 17 de agosto de 2007; altera e acresce dispositivos ao Decreto no 6.948, de 25 de agosto de 2009; e dá outras providências. 2010. Disponível em: <http://www.planalto.gov.br/ccivil_03/_Ato2007-2010/2010/Decreto/D7175.htm>. Acesso em: 30 out. 2016.

_____. Ministério dos Transportes, Portos e Aviação Civil. *PHE Plano Hidroviário Estratégico*. Relatório do Plano de Trabalho. 2012. Disponível em: <http://www.transportes.gov.br/images/TRANSPORTE_HIDROVIARIO/PHE/PHE.pdf.>. Acesso em: 20 out. 2016.

_____. Ministério dos Transportes, Portos e Aviação Civil. *Transporte Aquaviário*. Características do transporte hidroviário de carga no Brasil. 2017. Disponível em: <http://www.transportes.gov.br/editoria-d.html.>. Acesso em: 20 out. 2017.

CHILDERS, D. L et al. Advancing urban sustainability theory and action: challenges and opportunities. *Landscape and Urban Planning*, v. 125, p. 320-328, 2014.

[CNT] CONFEDERAÇÃO NACIONAL DO TRANSPORTE. *Boletim Estatístico, 07/2016*. 2016. Disponível em: < http://www.cnt.org.br/Boletim/boletim-estatistico-cnt>. Acesso em: 28 out. 2016.

CRAINIC, T. G.; RICCIARDI, N.; STORCHI, G. Models for evaluating and planning city logistics systems. *Transportation Science*, v. 43, n. 4, p. 432-454, 2009.

CRESPO, S. Trânsito faz perder bilhões de reais, mas cálculos variam muito. *UOL – Especial Trânsito*, 2008. Disponível em: <http://noticias.uol.com.br/ultnot/especial/2008/transito/2008/05/12/ult5848u24.jhtm>. Acesso em: 10 out. 2016.

DABLANC, L. *Freight transport:* a key for the new urban economy. Washington: IBRD/The World Bank, 2009. Disponível em <http://siteresources.worldbank.org/INTTRANSPORT/Resources/336291-1239112757744/5997693-1266940498535/urban.pdf>. Acesso em: 23 out. 2016.

[DEPEC] DEPARTAMENTO DE PESQUISAS E ESTUDOS ECONÔMICOS. *Transporte Rodoviário de Cargas*. 2016. Disponível em: <https://www.economiaemdia.com.br/EconomiaEmDia/pdf/infset_transporte_rodoviario_de_cargas.pdf>. Acesso em: 23 out. 2016.

ERHART, S.; PALMEIRA, E. M. Análise do setor de transportes. *Revista Académica de Economia*, n. 71, p. 1-6, 2006.

GONZÁLEZ-FELIU; J. BASCK, P.; MORGANTI, E. Urban logistics solutions and financing mechanisms: a scenario assessment analysis. *European Transport/Trasporti Europei*, n. 54, p. 1-16, 2013.

GUNASEKARAN, A.; PATEL, C.; TIRTIROGLU, E. Performance measures and metrics in a supply chain environment. *International Journal of Operations & Production Management*, v. 21, n. 1/2, p. 71-87, 2001.

HESSE, M. *The city as a terminal*. Logistics and freight distribution in an urban context. Farnham (Inglaterra): Ashgate Publishing, 2008.

[IBGE] INSTITUTO BRASILEIRO DE GEOGRAFIA E ESTATÍSTICA. *IBGE mapeia a infraestrutura dos transportes no Brasil*. 2014. Disponível em: <http://www.brasil.gov.br/infraestrutura/2014/11/ibge-mapeia-a-infraestrutura-dos-transportes-no-brasil>. Acesso em: 25 nov. 2016.

[INCT] INSTITUTOS NACIONAIS DE CIÊNCIA E TECNOLOGIA. *Crescimento da frota de automóveis e motocicletas nas metrópoles brasileiras 2001/2011*. 2012. Disponível em: <http://observatoriodasmetropoles.net/download/relatorio_automotos.pdf>. Acesso em: 8 out. 2016.

JAFFEE, D. Kink in the intermodal supply chain: interorganizational relations in the port economy. *Journal Transportation Planning and Technology*, v. 39, n. 7, p. 730-746, 2016.

MARCUCCI, E.; GATTA, V. Behavioral modeling of urban freight transport testing non-linear policy effects for retailers. In: GONZÁLEZ-FELIU, J; SEMET, F.; ROUTHIER J.-L. (Eds.) *Sustainable urban logistics:* concepts, methods and information systems, EcoProduction. Berlin/Heidelberg: Springer-Verlag, 2014, p. 227-243.

MELLO, S. L.; SILVA, A. L. *Plano Brasil de infraestrutura logística:* uma abordagem sistêmica. Brasília: Sistema CFA/CRAs, 2013.

NUZZOLO, A.; COMI, A. Direct effects of city logistics measures and urban freight demand models. In: GONZÁLEZ-FELIU, J; SEMET, F.; ROUTHIER J.-L. (Eds.) *Sustainable urban logistics:* concepts, methods and information systems, EcoProduction. Berlin/Heidelberg: Springer-Verlag, 2014, p.211-226.

ORTÚZAR, J. D. S.; WILLUMSEN, L. G. *Modelling transport*. 3. ed. New York: John Wiley & Sons, 2001.

PATIER, D.; BROWNE, M. A methodology for the evaluation of urban logistics innovations. *Procedia – Social and Behavioral Sciences*, v. 2, n. 3, p. 6.229-6.241, 2010.

_____. et al. A new concept for urban logistics delivery area booking. *Procedia – Social and Behavioral Sciences*, v. 125, p. 99-110, 2014.

PETRI, G.; NIELSEN, G. B. *Forum for city logistik.* 2002. Disponível em: <www2.city-logistik. dk>. Acesso em: 10 out. 2016.

POJANI, D.; STEAD, D. Sustainable urban transport in the developing world: beyond megacities. *Sustainability*, v. 7, n. 6, p. 7.784-7.805, 2015.

POWER, D.; MOOSA, S.; BHAKOO, V. The role of alliances in 3PL service provision. *5th International Business Research Conference.* Dubai: Research Collection Lee Kong Chian School of Business, 2007.

QUAK, H.; BALM, S.; POSTHUMUS, B. Evaluation of city logistics solutions with business model analysis. *Procedia – Social and Behavioral Sciences*, v. 125, p. 111-124, 2014.

RAICU, R ET AL. On the evaluation of urban logistics intermodal terminal projects. *Procedia – Social and Behavioral Sciences*, v. 39, p. 726-738, 2012.

RESENDE, P. T. V.; SOUSA, P. R.; OLIVEIRA, P. *Pesquisa custos logísticos no Brasil.* Fundação Dom Cabral – Núcleo de Logística, Supply Chain e Infraestrutura. 2015. Disponível em: <https://www.fdc.org.br/blogespacodialogo/Documents/2016/pesquisa_custos_logisticos2015. pdf>. Acesso em: 1 out. 2016.

RUSSO, F.; COMI, A. City characteristics and urban goods movements: A way to environmental transportation system in a sustainable city. *Procedia – Social and Behavioral Sciences*, v. 39, p. 61-73, 2012.

SANCHES JUNIOR, P. F. *Logística de carga urbana:* uma análise da realidade brasileira. 2008, 238p. Tese (Doutorado em Engenharia Civil). Faculdade de Engenharia Civil, Arquitetura e Urbanismo, Universidade Estadual de Campinas (FEC-Unicamp). Campinas, 2008.

SHEN, L. Y.et al. The application of urban sustainability indicators: a comparison between various practices. *Habitat International*, v. 35, p. 17-29, 2011.

SILVA, T. C. M.; MARINS, K. R. C. C. Discutindo o papel do transporte de carga no planejamento urbano: contextualização e comparativo conceitual. In: Congresso Nacional de Pesquisa e Ensino em Transportes, 28, 2014. *Anais...* Curitiba, Anpet, 2014.

STATHOPOULOS, A.; VALERI, E.; MARCUCCI, E. Stakeholder reactions to urban freight policy innovation. *Journal of Transport Geography*, v. 22, p. 34-45, 2012.

TANIGUCHI, E. et al. *City logistics:* network modeling and intelligent transport systems. London: Pergamon. 2001.

[TRB] TRANSPORTATION RESEARCH BOARD. Synthesis of freight research in urban transportation planning. *NCFRP Report 23.* Washington: National Academy of Sciences, 2013.

[UN] UNITED NATIONS. *World urbanization prospects.* the 2014 revision. New York: United Nations, 2014.

WANKE, P.; FLEURY, P. F. Transporte de cargas no Brasil: Estudo exploratório das principais variáveis relacionadas aos diferentes modais e às suas estruturas de custos. In: NEGRI, J. A.; KUBOTA, L. C. (Orgs). *Estrutura e dinâmica do setor de serviços no Brasil.* Brasília: Ipea, 2006.

WITKOWSKIA, J.; KIBA-JANIAK, M. The role of local governments in the development of city logistics. *Procedia – Social and Behavioral Sciences*, v. 125, p. 373-385, 2014.

WU, J. Making the case for landscape ecology an effective approach to urban sustainability. *Landscape Journal*, v. 27, n. 1, p. 41-50, 2008.

_____. Urban ecology and sustainability: the state-of-the-science and future directions. *Landscape and Urban Planning*, v. 125, p. 209-221, 2014.

ZIONI, S. M. *Espaços de carga na região metropolitana de São Paulo.* 2009, 296 p. Tese (Doutorado em Arquitetura). Faculdade de Arquitetura e Urbanismo, Universidade de São Paulo (FAU-USP). São Paulo, 2009.

36 | Água e a infraestrutura urbana

Pedro Luiz Côrtes
Geólogo, USP

UM BREVE HISTÓRICO

Até meados do século XIX, a cidade de São Paulo concentrava não mais do que 20 mil habitantes e sua área urbana não havia se modificado muito desde a fundação da cidade em 1554 (Campos, 2005). Era uma pequena vila localizada nas adjacências do Pátio do Colégio, com um cinturão de pequenas propriedades rurais e chácaras (Araújo, 2004) e que se abastecia das águas de fontes naturais e chafarizes públicos (Sabesp, 2003a). A partir dessa época, a expansão da cultura cafeeira geraria recursos para uma industrialização, ainda que incipiente, mas capaz para modificar esse cenário de vila interiorana. O primeiro censo realizado em 1872 já indicava uma população de 31.385 habitantes (PMSP, 2016). Esse crescimento foi se acentuando nos anos posteriores em razão da posição estratégica da cidade, especialmente entre as culturas cafeeiras do interior e o Porto de Santos.

Em que pese o desmatamento ocorrido para o desenvolvimento de pequenas propriedades, foi a necessidade de escoar a produção de café que levou à primeira intervenção ambiental mais significativa. Em 1860, foi efetuada a retificação de parte do Rio Tamanduateí para a implantação da São Paulo Railway, estrada de ferro que facilitaria a exportação de café ao ligar a capital ao Porto de Santos (Côrtes, 2010). Nessa época, o rio já cumpria diferentes funções. Era meio de transporte de produtos agrícolas, servia às lavadeiras e do local de deposição de lixo. Mas também fornecia água para consumo, a qual era vendida por aguadeiros à razão de até 80 réis o barril de 20 litros (Sabesp, 2003b). Com a ferrovia margeando parte de seu leito, nas suas margens houve a implantação de indústrias que se serviam de suas águas e o utilizavam para deposição de efluentes. Ao longo dos anos, muitos de seus afluentes foram canalizados, constituindo-se em córregos ocultos (Ramalho, 2007).

Com o crescimento da cidade, a situação do saneamento básico preocupava cada vez mais. O abastecimento de água nessa época era feito por meio de chafarizes públicos, ligados aos córregos do Anhangabaú e Saracura, na atual Avenida Nove de Julho (Zmitrowicz; Borghetti, 2009). Muitas casas também utilizavam cacimbas (poços de pequena profundidade) e não contavam com sistemas de coleta de esgotos. Essa situação não era condizente com as teorias médicas que surgiam e explicavam a transmissão de doenças. Além de propiciar melhores condições sanitárias para a cidade, o saneamento permitiria o desenvolvimento de atividades que antes estavam restritas ao ambiente doméstico, como bares e restaurantes, conforme recorda Campos (2005).

Embora a necessidade de implantação de um sistema de saneamento básico fosse amplamente reconhecida, não havia recursos públicos suficientes para tanto. Campos (2005) comenta que em suas últimas décadas, o Império atuava mais como um promotor de serviços de infraestrutura, outorgando licenças de operação a grupos privados interessados em oferecer serviços públicos. Uma primeira tentativa de concessão foi efetuada em 1864 para exploração das vertentes do morro Caaguaçu (atual região do Paraíso, próxima à Av. Paulista) e que já abasteciam um tanque municipal (Sabesp, 2003a). Mas o empreendimento não obteve êxito e foi encerrado poucos anos depois, pois a quantidade de água gerada era insuficiente. Optou-se pela captação na Serra da Cantareira, mas não apareceram interessados em desenvolver o empreendimento (Campos, 2005). O termo "Cantareira" foi utilizado para denominar a região serrana que, em razão da abundância de nascentes e córregos, era utilizada pelos produtores rurais para abastecer seus cântaros. Cantareira, originalmente, é o substantivo que designa o local em que esses recipientes eram armazenados e passou também a designar a região em que eram abastecidos (Saito, 2002).

Somente em 1877 surgiria a Companhia Cantareira de Água e Esgotos, empreendimento privado que se propunha a captar água na Serra da Cantareira e distribuí-la para a cidade de São Paulo, além de implantar uma rede de esgotos. No ano seguinte, o governo associou-se aos investidores privados, formando uma empresa de capital misto. Embora tenha obtido importantes êxitos, a Cia. Cantareira ficou aquém do que se esperava para uma cidade que passara de 50 mil habitantes em 1877 para quase 65 mil em 1890 (PMSP,

2016). Isso fez com que o governo da Província de São Paulo estatizasse a empresa em 1890, criando a Repartição de Água e Esgotos. Nessa época, São Paulo era abastecida por duas adutoras (Ipiranga e Cantareira) que forneciam três mil litros por dia cada uma. Em 1894, esse valor já havia passado para 27 mil litros por dia (Sabesp, 2003b). Mas a população continuava a crescer em ritmo acentuado, passando para 239.820 em 1900 (PMSP, 2016) e os investimentos em saneamento não acompanhavam essa cadência.

Esse descompasso entre o crescimento populacional e a oferta de água, pode-se dizer, foi uma constante. Em que pesem os investimentos realizados para ampliação da captação e da capacidade de tratamento de água, os levantamentos censitários entre 1900 e 1970 mostravam taxas de crescimento geométrico anual sempre superiores a 4%, tendo superado os 5% entre 1940 e 1970 (PMSP, 2016). Entre 1900 e 1960, a população crescera mais de nove vezes e as soluções de saneamento não podiam mais se restringir à cidade de São Paulo. Era necessário pensar em termos metropolitanos, pois os municípios vizinhos também apresentavam crescimento acelerado. Em 1954, o Departamento de Águas e Esgotos (DAE) sucedeu a Repartição de Água e Esgotos (RAE). O DAE era uma autarquia subordinada à Secretaria de Viação e Obras Públicas e sua jurisdição administrativa abrangia os municípios de São Paulo, Guarulhos, São Caetano, Santo André e São Bernardo do Campo, indicando uma importante mudança de foco na gestão de recursos hídricos.

Em 1964, o Departamento de Águas e Energia Elétrica (Daee) buscou o desenvolvimento de um Plano Diretor para São Paulo e municípios vizinhos, visando obter soluções para o abastecimento até o final do século (Sabesp, 2003c). Os anos seguintes foram de mudanças importantes, procurando unificar as estratégias e sistemas de saneamento básico dos municípios da chamada Grande São Paulo, com uma perspectiva de macrometrópole. Em 1968, foi criada a Companhia Metropolitana de Água de São Paulo (Comasp) para prover água aos 37 municípios da então chamada Grande São Paulo. Dois anos depois foi criada a Companhia Metropolitana de Saneamento de São Paulo (Sanesp), com o encargo de coletar, tratar e dar disposição final aos esgotos da mesma região (Sabesp, 2003c). Na década seguinte, a criação da Companhia de Saneamento Básico do Estado de São Paulo (Sabesp), reunindo a Comasp e a Sanesp e outras companhias regionais, buscou intensificar uma ação coordenada em todo o estado (Sabesp, 2003d). Antes de avançar para as décadas seguintes e formalizar o cenário atual de abastecimento da Região Metropolitana de São Paulo é necessário tecer algumas considerações sobre os rios que cruzam a região.

A MORTE DOS RIOS

Com a industrialização ocorrida no século XX, as fábricas foram ocupando as várzeas e terrenos ao longo das ferrovias que transportavam matérias-primas, produtos manufaturados e operários. Com a ocupação dos terrenos mais centrais, novas fábricas foram implantadas nos limites municipais, no que foram acompanhadas por loteamentos ou ocupações que não contavam, no mais das vezes, com infraestrutura de saneamento. Esse crescimento desordenado não conseguia ser acompanhado pelas linhas de bondes elétricos e a infraestrutura de transporte público foi complementada pelos ônibus, operados por empresas particulares a partir de 1910. Com o aumento do tráfego, resultante do aumento populacional e da atividade econômica, intervenções mais intensas foram realizadas, procurando desenvolver uma infraestrutura que agilizasse o transporte. O adensamento populacional, entretanto, reduzia as possibilidades de construção de novas ruas e avenidas sem a consumação de grandes desapropriações (Côrtes, 2010).

A alternativa vislumbrada foi a utilização dos fundos de vale, onde havia riscos de inundações, situação que naturalmente restringira a sua ocupação. Acreditava-se que vários problemas poderiam ser solucionados com a canalização de rios e córregos e o uso dessas áreas para a construção de ruas e avenidas. Os defensores dessa solução, segundo Zmitrowicz e Borghetti (2009), argumentavam que, além de melhorar o trânsito, isso evitaria o uso dos rios para descarte de lixo, reduzindo o mau cheiro e a quantidade de insetos e ratos. Essa canalização também criaria condições para que as áreas adjacentes fossem ocupadas, pois se acreditava que as enchentes poderiam ser reduzidas com a regularização dos leitos dos rios. Alguns exemplos são os vales do Pacaembu, Tamanduateí e Saracura, utilizados para a construção das avenidas Pacaembu, do Estado e Nove de Julho. Todos eles e muitos outros constituíram-se em córregos ocultos (Ramalho, 2007).

Essa solução esteve longe de resolver alguns dos problemas pretendidos. Em diversos casos, a canalização era feita com galerias fechadas para uso da parte superior para a construção de ruas ou avenidas. Com a impermeabilização dos solos e a consequente redução da capacidade de absorção, as águas passaram a fluir com muito mais rapidez e em maior volume para os fundos de vale. Os córregos canalizados passaram a não comportar o volume das chuvas, provocando enchentes. Soluções mal planejadas que ampliaram a impermeabilização dos solos e tiraram dos córregos e rios suas características morfológicas acabaram por prejudicar sua função natural. Para contornar o problema das enchentes, a prefeitura optou pela construção de piscinões, buscando reter o excedente das águas para diminuir a ocorrência e a intensidade das enchentes. Outro problema que acabou se acentuando com a canalização foi o do lançamento de esgotos, pois isso facilitou a ligação clandestina de esgotos e os mais diversos tipos de efluentes (Côrtes, 2010).

Aos poucos, o cenário que se estabeleceu em relação à infraestrutura de saneamento não difere muito do que pode ser chamado "modelo romano". Na Antiguidade, Roma captava água a grandes distâncias e utilizava sistemas de aquedutos para seu transporte. Uma rede de canais cobertos por rochas recolhia os esgotos e os lançava em algum rio mais próximo. Isso, obviamente, inviabilizava o uso desses rios para o abastecimento humano, reforçando a busca pela água de melhor qualidade em locais distantes. Em Roma também se utilizou canais específicos para dar vazão às águas pluviais, evitando a erosão dos solos. Essa descrição poderia ser utilizada com bastante adequação para o sistema de saneamento da Região Metropolitana de São Paulo (RMSP). Essa aproximação se justifica, pois apesar da existência de sistemas de tratamento de esgotos, nem todos os efluentes passam por esse processo. Como resultado, os rios da RMSP contêm boa dose de poluentes, o que impossibilita o seu aproveitamento, situação evidente nos rios Tamanduateí, Pinheiros e Tietê.

A INFRAESTRUTURA DE ABASTECIMENTO DE ÁGUA PARA A RMSP

A Região Metropolitana de São Paulo (RMSP) foi criada pela Lei Complementar n. 14, de 8 de junho de 1973, e é constituída por 39 municípios (Figura 1) que formam um conglomerado com mais de 20 milhões de habitantes e apresenta uma taxa de crescimento próxima de 1% ao ano, considerando-se o período entre os anos 2000 e 2016 (Figura 2). A evolução do número de habitantes entre 1980 e 2016 resulta em uma correlação de Pearson praticamente linear (0,9949), considerada muito forte (Hair Jr. et al., 2013; Dancey; Reidy, 2006). A cada seis anos aproximadamente há o acréscimo de mais um milhão de habitantes na RMSP, mesmo considerando a média de crescimento anual entre 2012 e 2016 (0,76% ao ano), que é mais baixa do que em períodos anteriores. Essa população ainda em crescimento gera desafios constantes relacionados com a ampliação da infraestrutura urbana e de serviços públicos. Há uma demanda cada vez maior por água, energia elétrica, serviços de transporte, saúde e educação, criando desafios que em muitos casos somente podem ser resolvidos adequadamente com a cooperação entre os diversos municípios (Pape et al., 2011; Ribeiro, 2011; Meyers, 2007).

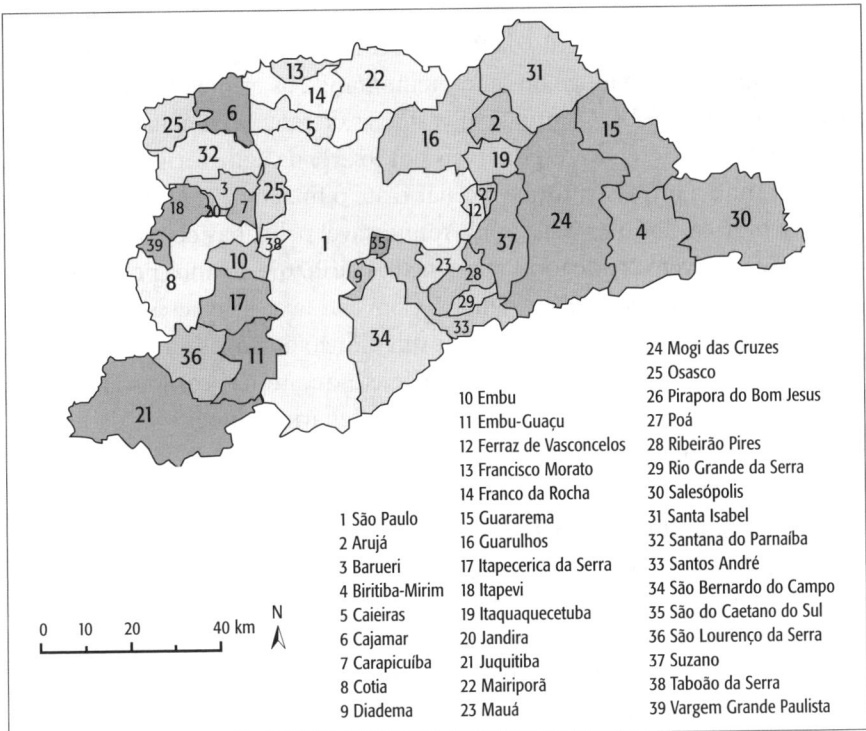

Figura 1 – Municípios que compõem a Região Metropolitana de São Paulo.
Fonte: adaptado da Secretaria de Transportes Metropolitanos de São Paulo (2010).

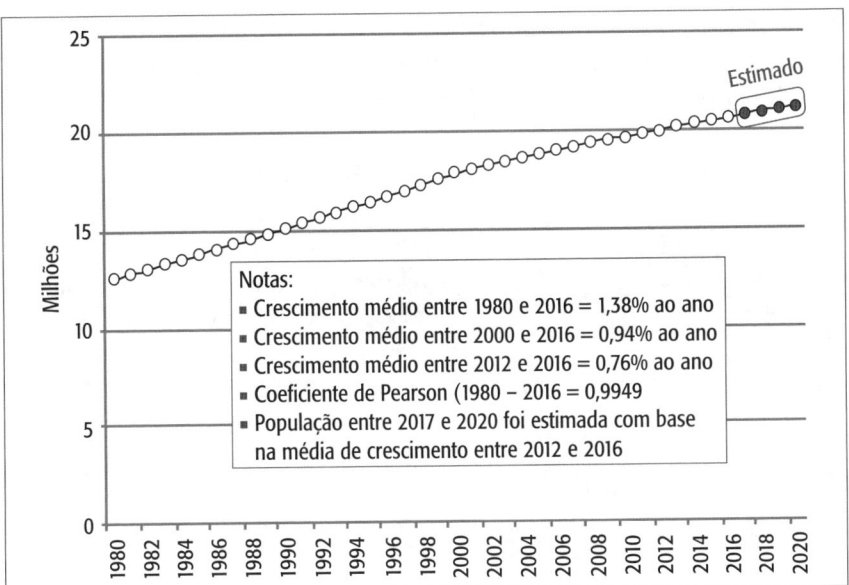

Figura 2 – População da RMSP entre 1980-2016 e estimativa entre 2017 e 2020.
Fonte: adaptado de Seade (2016).

Para atender a população da RMSP, um conjunto de represas e reservatórios foi construído ao longo dos anos, remontando às primeiras iniciativas em meados do século XIX. Os principais sistemas de reserva de água estão disponíveis na Figura 3, sendo responsáveis por 91,5% da água fornecida à RMSP, considerando a infraestrutura e o cenário até o final de 2012, portanto antes da crise hídrica. Todo esse sistema é responsável pelo abastecimento de uma população que vem crescendo a taxas médias de 0,76% ao ano (período 2012-2016), conforme disponível na Figura 2. Com essa taxa, há o acréscimo de mais de 150 mil pessoas por ano ou cerca de um milhão de novos habitantes a cada seis anos. Diante desse cenário, parece correto questionar como o sistema de abastecimento tem se comportado diante do cenário demográfico da RMSP.

Há um total de oito estações de tratamento de água (Tabela 1), sendo a do Guaraú responsável pelo abastecimento de nove milhões de pessoas e 45,08% da água consumida. Essa estação trata a água do Sistema Cantareira. A estação de Taiaçupeba recebe as águas do Alto Tietê e fica em segundo lugar, com 20,49% da água consumida na RMSP. De todos, o Cantareira é o sistema mais complexo, com quatro represas interligadas. A primeira delas fica entre os municípios de Bragança Paulista e Joanópolis, sendo alimentada pelos rios Jaguari e Jacareí, com nascentes no Estado de Minas Gerais. A segunda represa armazena as águas do Rio Cachoeira do Piracaia e a terceira, em Nazaré Paulista, recebe águas do Rio Atibainha. A quarta represa, Eng. Paiva Castro, está localizada entre os municípios de Mairiporã e Franco da Rocha na barra do Rio Juqueri, sendo mais um reservatório de transposição das águas das outras represas para o sistema elevatório da estação do Guaraú (Chiodi et al., 2013; Ribeiro, 2011; Pereira; Filho, 2009; Meyers, 2007).

Tabela 1 – Estações de tratamento de água na Região Metropolitana de São Paulo, respectiva produção e população atendida.*

Sistema produtor	Reservatório	Produção (m³/s)	Participação no sistema	População atendida (milhões de habitantes)
Guaraú	Sistema Cantareira	33,0	45,08%	9,00
Taiaçupeba	Alto Tietê	15,0	20,49%	3,30
Alto da Boa Vista	Represa Guarapiranga	14,0	19,13%	3,70
Rio Grande	Represa Billings	5,0	6,83%	1,20

(continua)

Tabela 1 – Estações de tratamento de água na Região Metropolitana de São Paulo, respectiva produção e população atendida.* (*continuação*)

Sistema produtor	Reservatório	Produção (m³/s)	Participação no sistema	População atendida (milhões de habitantes)
Casa Grande	Rio Ribeirão do Campo	4,0	5,46%	2,06
Alto Cotia	Represa da Graça	1,2	1,64%	0,41
Baixo Cotia	Barragem do Rio Cotia	0,9	1,23%	0,42
Ribeirão da Estiva	Rio Ribeirão da Estiva	0,1	0,14%	0,04
	Totais	**73,2**	**100,00%**	**20,13**

* Situação pré-crise hídrica de 2013-2015.

Fonte: elaborado a partir de Sabesp (2006, 2007, 2008, 2009, 2010, 2011, 2012).

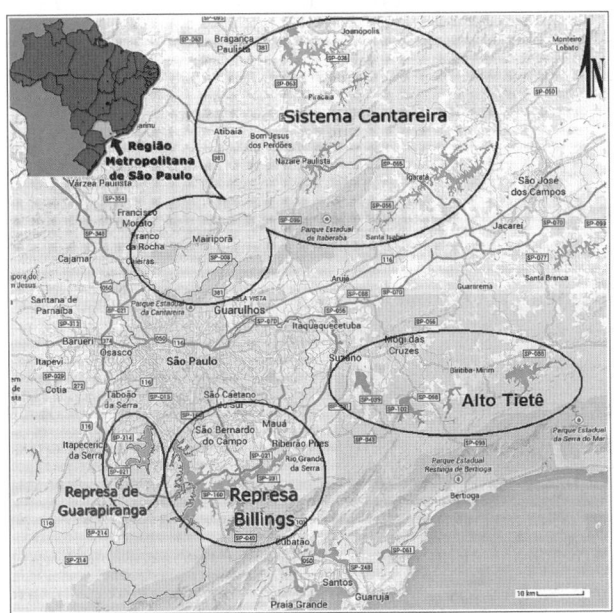

Figura 3 – Principais sistemas de reserva de água para a Região Metropolitana de São Paulo.

Fonte: elaborado a partir de Sabesp (2006, 2007, 2008, 2009, 2010, 2011, 2012).

Tomando o período de janeiro 2005, após a crise hídrica de 2004 (MUG, 2004) a dezembro de 2012, ano imediatamente anterior a mais recente crise hídrica, verifica-se que o sistema operou 18,86% dos dias acima de sua capacidade operacional declarada. Em 97,36% dos dias, o sistema operou com carga igual ou superior a 90% de sua capacidade operacional (Figura 4). Isso mostra que o sistema tem trabalhado, na grande maioria dos dias, sem uma margem de segurança capaz de superar situações mais críticas, como uma estiagem mais prolongada. A grande dependência dos sistemas Cantareira e Alto Tietê, responsáveis pelo fornecimento de mais de 65% da água para a RMSP, agrava essa situação. Em caso de um problema mais significativo com algum desses sistemas, não há como redistribuir adequadamente isso para outras represas e estações de tratamento.

A título de exemplo, caso a Represa Guarapiranga (com 19,13% da água produzida na RMSP) apresentasse algum problema e não pudesse ser utilizada, o restante do sistema teria dificuldade de compensar a produção diante do fato de o sistema operar muito próximo do limite ou mesmo acima dele. Não bastasse o crescimento populacional pressionar constantemente a demanda direta, há outros usos que precisam ser contemplados, como o industrial e o agrícola. Isso reforça a importância dos comitês de bacias que potencialmente podem compatibilizar os diferentes usos dos recursos hídricos em uma bacia hidrográfica, conforme discutido a seguir.

COMITÊS DE BACIAS HIDROGRÁFICAS

O comitê de bacia é uma solução baseada no modelo francês que, em 1964, instituiu a figura do "*comité de bassin*" em sua "*Loi des Eaux*" ou Lei das Águas (França, 1964), promovendo uma gestão descentralizada dos recursos hídricos. Diferentemente de outras formas de participação em que representantes da sociedade civil são apenas consultados sobre determinadas ações, um comitê de bacia tem poder deliberativo ao definir as regras que devem ser seguidas com relação ao uso das águas. Esses comitês têm como principal encargo a aprovação do Plano de Recursos Hídricos da Bacia, que consiste no plano diretor para os usos da água onde são definidos os critérios e prioridades para a outorga do uso da água e determinar as premissas de operação dos reservatórios (ANA, 2011).

No Brasil, a Lei n. 9.433, de 8 de janeiro de 1997, conhecida como Lei das Águas, determina que a composição desses comitês deve considerar representantes do poder público, representantes dos usuários e organizações

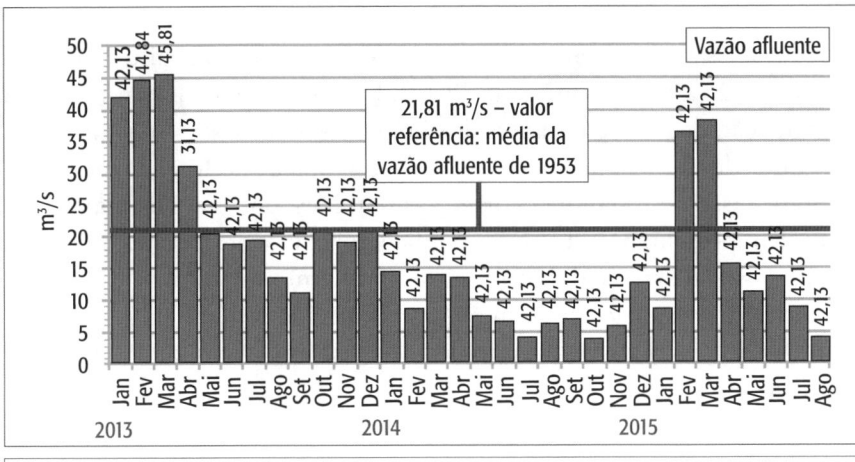

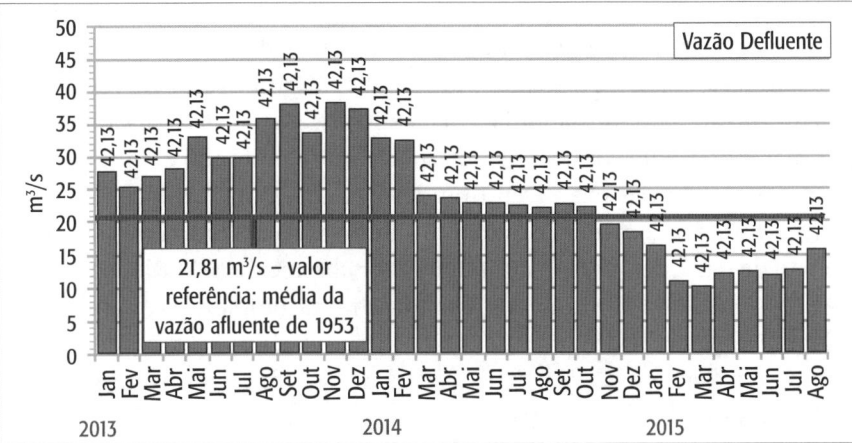

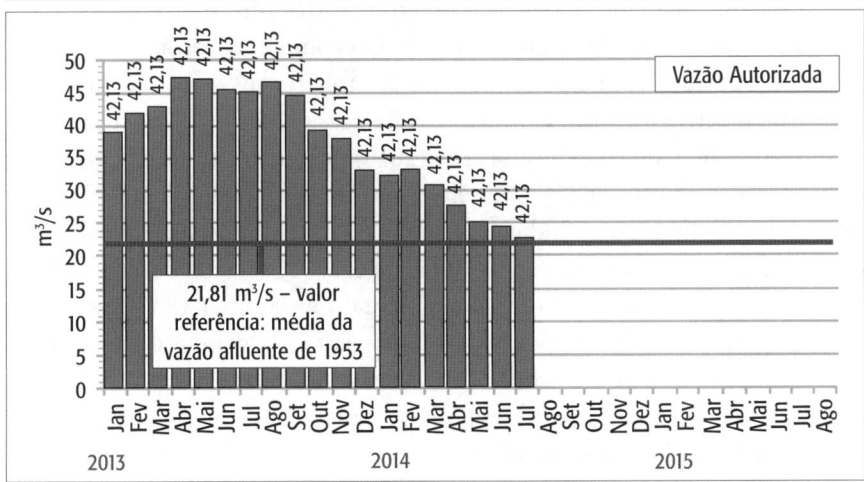

Figura 4 – Sistema Cantareira: vazões afluente, defluente e autorizada (jan. 2013-ago. 2015).

Fonte: adaptado de ANA (2014a a 2014l; 2013a a 2013l).

civis que possam representar interesses coletivos e por vezes difusos (Watanabe et al., 2015; Watanabe et al., 2014). Embora essa lei determine que a participação dos representantes dos poderes executivos (União, Estados, Distrito Federal e Municípios) deve ater-se à metade do total de membros, na prática isso nem sempre ocorre. Nas reuniões, por vezes há maior presença de representantes do poder público, tornando as decisões desbalanceadas. Isso decorre de diversos fatores, tais como dificuldade dos representantes dos usuários em conciliar suas atividades com as agendas de reuniões dos comitês ou mesmo desinteresse em atuar constantemente nesses comitês.

Estudo desenvolvido por Van Den Brandeler et al. (2014) avalia que, apesar dos avanços propiciados pelos comitês de bacias, as desigualdades de poder entre os participantes ainda estão presentes e decisões importantes são tomadas fora desses novos órgãos deliberativos. Para eles, os representantes do governo adotam uma abordagem tecnocrática, exercendo sua autoridade por meio do uso de conhecimento especializado, inibindo e influenciando outros participantes (Van Den Brandeler et al., 2014). Um problema que atinge o Sistema Cantareira e é comum a diversas bacias hidrográficas no País é o fato de parte de o Sistema Cantareira ser abastecido pelo Rio Jaguari que nasce no Estado de Minas Gerais. Isso torna mais complexa a composição do "Comitê de Bacia Hidrográfica dos rios Piracicaba, Capivari e Jundiaí", pois envolve também a jurisdição federal, situação estudada por Amorim (2016) no Nordeste do país.

A participação e o poder de voto em comitês multiparticipativos são estudados por Zaporozhets (2015), que analisa como a composição e as regras de votação influenciam o poder de voto dos tomadores de decisão. Embora haja a perspectiva de que o comitê de bacia possa atuar na compatibilização de interesses antagônicos, Oliveira et al. (2016) propõem a criação de tribunais de arbitragem especializados para solucionar conflitos em uma mesma bacia. Os autores avaliam que o Judiciário deve adotar métodos alternativos, buscando maior eficácia nas suas ações (Oliveira et al., 2016). Hoeffel et al. (2008), tendo estudado a Área de Proteção Ambiental Cantareira (APA Cantareira), constataram que há grupos sociais com diferentes demandas e perspectivas em relação a essa área. De acordo com o trabalho, isso tem gerado conflitos pelo uso dos recursos naturais, sem que haja planos que mitiguem as dissensões existentes (Hoeffel et al., 2008).

Conflitos como os mencionados por Hoeffel et al. (2008) poderiam ser mais facilmente resolvidos com uma maior participação da população e seus representantes nos comitês de bacia. Malheiros et al. (2013), entretanto, ao avaliarem a eficácia do modelo participativo dos comitês de bacia em estudo desenvolvido no estado de São Paulo, ponderam sobre a existência de distorções na forma de funcionamento, decorrentes de divergências entre a legislação estadual e a federal. Os autores julgam necessária maior divulgação dos temas abordados, empreendendo esforços para ampliar a representatividade dentro dos comitês (Malheiros et al., 2013). Se o conceito de comitês de bacia é muito interessante, sua operacionalização precisa ser revista, incentivando a participação das pessoas e aumentando o fluxo de informações, inclusive ambientais, como preconizado por Côrtes et al. (2014) e Côrtes (2010), que entra em consonância com as recomendações de Malheiros et al. (2013) já mencionadas.

É importante ressaltar, entretanto, que os esforços devem ser empreendidos para evitar que surjam conflitos. Essa atuação preventiva pode ter nos serviços ambientais uma perspectiva muito promissora (Gjorup et al., 2016). Tendo isso em perspectiva, Silva e Folegatti (2009) propõem que a adoção de práticas sustentáveis de manejo do solo para o uso agrícola seja revertida em redução nas taxas cobradas pelo uso da água no Comitê das Bacias Hidrográficas dos Rios Piracicaba, Capivari e Jundiaí (que abrange o Sistema Cantareira).

UM USO INTENSIVO E INDEVIDO

O Sistema Cantareira, conforme mencionado, passou por uma estiagem entre 2003 e 2004 que fez seu nível se aproximar do zero (Sabesp, 2003). A outorga inicial de utilização desse sistema, válida por 30 anos, foi assinada em 1974 e especificava que a vazão máxima para captação era de 33 m^3/s (MME, 1974), sem que qualquer orientação sobre a gestão do Cantareira fizesse parte do documento de apenas uma página. Quando da renovação dessa outorga, em 2004, estabeleceram-se regras de operação para evitar que o Sistema Cantareira enfrentasse uma situação semelhante àquela de 2003-2004. Utilizou-se do conceito da Curva de Aversão ao Risco (CAR), que resumidamente indica o comportamento provável desse sistema com base em dados históricos.

Como pior cenário de referência, *aquele que não se deseja atingir*, foi adotado o biênio 1953-1954, que foi um período de forte estiagem em São Paulo e arredores como referência. Em termos práticos, verifica-se o nível atual e, com base nos dados históricos, tem-se o montante de água que poderá ser retirado do sistema, sempre buscando evitar que o pior cenário referência seja atingido. É uma boa proposta, mas ela peca ao não utilizar os prognósticos climáticos para os meses subsequentes ao do momento em que o cálculo do que pode ser retirado é feito. Historicamente, o período de chuvas na RMSP começa em outubro e vai até março. A estiagem começa em abril e prolonga-se até o final de setembro (Côrtes et al., 2015). A tendência é que, ao longo do período mais seco, o nível dos reservatórios fique cada vez mais reduzido. Isso em geral não impede que seja feita uma captação normal de água, pois com as chuvas da primavera-verão o nível dos reservatórios será recomposto.

No período de estiagem, entretanto, seria prudente verificar se os prognósticos climáticos para a primavera-verão subsequente indicam chuvas dentro ou acima da normalidade. Caso isso se confirme, seria possível captar água normalmente entre os meses de abril e setembro, pois os prognósticos de recomposição seriam favoráveis. Essa avaliação complementaria de maneira ampla o retrospecto histórico proporcionado pela CAR e a gestão do Sistema Cantareira poderia ser efetuada com muito mais segurança. Junto com a retrospectiva histórica, é necessário ponderar sobre as mudanças climáticas naturais ou antrópicas. Um prognóstico para as próximas estações pode promover os ajustes necessários ao que é indicado pelo conjunto de dados históricos, detectando eventuais variações decorrentes das mudanças climáticas (Feliciani et al., 2013; Santos et al., 2012; Kwon et al., 2012).

Em maio de 2013, a quantidade de água que entrava (vazão afluente) no Sistema Cantareira foi inferior à média de 1953, o pior ano do biênio considerado como referência (Figura 4). Em termos numéricos, enquanto a vazão afluente média em 1953 havia sido de 21,81 m³/s, em abril de 2013 a vazão média foi de 19,86 m³/s. A quantidade média captada (vazão defluente) em maio de 2013 foi de 33,12 m³/s. Ou seja, na média mensal, captou-se 13,26 m³/s a mais do que entrou no Cantareira. Considerando a metodologia da CAR, a vazão autorizada (o máximo que poderia ser captado) era de 45,90 m³/s em maio e 45,40 m³/s em junho. Aí reside um problema, pois como a CAR utilizava a referência de 1953-1954, ela já não poderia ser aplicada diante de um cenário ainda pior, demandando uma revisão que não ocorreu. Essa metodologia só seria desconsiderada em julho de 2014 (Figura 4), quando a vazão autorizada se aproximou da média de 1953.

Esse maior consumo foi praticamente uma constante, fazendo o nível consolidado do Sistema Cantareira ser rapidamente reduzido. E isso ocorreu apesar da existência do Comitê de Bacia Hidrográfica dos rios Piracicaba, Capivari e Jundiaí. A decisão de manter elevada a retirada de água do Sistema Cantareira foi tomada mesmo considerando que os prognósticos para o segundo semestre de 2013 indicavam que o Sistema Cantareira não conseguiria recompor o seu nível no segundo semestre desse mesmo ano (Côrtes et al., 2015), prognóstico esse que muito provavelmente não foi levado em consideração. Com um sistema metropolitano operando muito próximo do limite ou por vezes acima dele (Figura 5), não havia como compensar essa redução do volume afluente, aumentando a produção para outros sistemas produtores. Mas havia algumas alternativas que poderiam mitigar esse problema, fazendo a passagem pelo período de estiagem ser mais tranquila. Uma delas foi apresentada pela Sabesp (2015a; 2015b) quando solicitou a renovação da outorga de uso do sistema, indicando um novo modelo de operação que, se houvesse sido adotado, o volume morto teria sido muito menos utilizado.

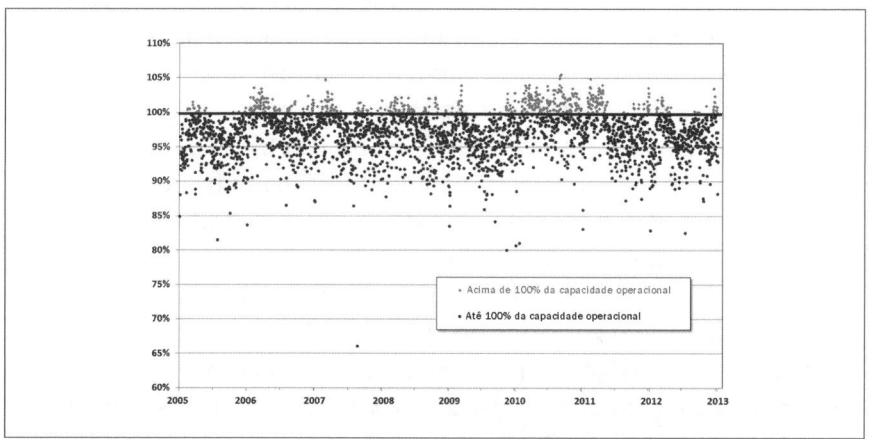

Figura 5 – Nível de utilização da capacidade operacional de fornecimento de água tratada, consolidada a partir dos diversos sistemas produtores, para a RMSP entre 2005 e 2012.

Fonte: elaborado pelo autor a partir de Sabesp (2006, 2007, 2008, 2009, 2010, 2011, 2012, 2013a, 2013b).

A proposta da Sabesp (2015a; 2015b), entretanto, esbarrou em um problema. Como a estiagem 2013-2015 foi pior do que o biênio referência (1953-1954), seria correto supor que a utilização da CAR passasse a utilizar o ano de 2014 como parâmetro. A Sabesp (2015a) alega, contudo, que isso levaria a uma subutilização do Sistema Cantareira em boa parte do tempo, pois a probabilidade de uma estiagem como essa ocorrer novamente seria muito reduzida (Sabesp, 2015a). Uma questão a ser considerada é que, nos documentos de outorga, não há referência ao uso de prognósticos climáticos. Essas informações poderiam, conforme mencionado, ajudar no balizamento da

CAR, pois indicaria se as estações subsequentes atenderiam às expectativas de uso do Sistema Cantareira que a CAR apresenta para um determinado mês. Além dessa solução, há outras iniciativas que podem ser desenvolvidas, conforme discutido a seguir.

CONSIDERAÇÕES FINAIS

Com uma população de mais de 20 milhões de habitantes e que continua crescendo, embora em um ritmo menor, a RMSP apresenta uma demanda que não tem sido atendida adequadamente pelo sistema de captação, tratamento e distribuição. O sistema vem operando sem flexibilidade para suportar problemas climáticos. O "modelo romano" não poderá ser utilizado indefinidamente, pois a expansão do consumo da RMSP não pode avançar sobre novas áreas sem que isso cause conflitos com outros municípios ou mesmo estados. É interessante notar, entretanto, que há ainda quem defenda que a interconexão e a transferência de água entre bacias é a solução mais eficiente, comparativamente aos projetos de economia de água, aumento da eficiência em seu uso, dessalinização e reúso, como é o caso de Molina e Melgarejo (2016), ao avaliarem a situação da Espanha.

Mesmo diante de eventuais críticas às soluções não convencionais, considera-se necessário o investimento em alternativas que apontem para um uso mais sustentável da água, procurando reduzir a dependência climática e mitigando os problemas de escassez na RMSP. Uma das possibilidades é o reúso da água, sendo que Chang et al. (2017) avaliaram que a melhor alternativa em relação ao consumo de energia é o uso de sistemas descentralizados para sistemas não potáveis (como água para sanitários, lavagem de áreas externas ou rega de jardins). Quando avaliado o reúso para fins potáveis, o trabalho de Pintilie et al. (2016) mostra que o consumo de energia é elevado, mas eles consideram que o impacto ambiental pode ser reduzido com o uso de energias renováveis. E mesmo diante de um consumo elevado de energia, o reúso é justificável em áreas de escassez, pois preserva água da natureza (Pintilie et al., 2016).

Com uma busca mais intensiva pelo desenvolvimento de soluções para o reúso, inovações importantes estão surgindo. Zhang et al. (2016) discorrem sobre uma solução automatizada para reúso potável de água testado na estação de Davis, na Antártida, durante nove meses. Os autores constataram que a estação de tratamento pode ser utilizada em áreas remotas, pois conta com elevado nível de automação, baixo consumo de produtos químicos, gerando água com ótimo nível de potabilidade. Mas para induzir a inovação nesse segmento, com soluções mais acessíveis financeira e operacionalmente, Wilcox et al. (2016) comentam sobre a importância de políticas públicas que promovam o reúso de água, induzindo o desenvolvimento de soluções e tecnologias apropriadas a uma maior variedade de situações.

A ausência de padrões ou orientações internacionalmente aceitos tem se configurado como obstáculo para o incremento dessas iniciativas. Chhipi-Shrestha et al. (2017) discorrem sobre a água de reúso para fins não potáveis no Canadá, comentando sobre a ausência de orientações internacionalmente aceitas e que sirvam de guia. Os autores explicam que somente há orientação sobre a água de reúso para sanitários (Chhipi-Shrestha et al., 2017). Fawell et al. (2016), por sua vez, avaliam como necessária a criação de uma legislação europeia que gradualmente organize as iniciativas de reúso existentes e crie um cenário favorável ao fomento desse mercado. Sanchez-Flores et al. (2016), avaliando a situação nos Estados Unidos, de maneira similar às considerações de Fawell et al. (2016), ponderam que o aumento das operações envolvendo reúso de água tem exposto as limitações do arcabouço regulatório naquele país.

Fica clara a necessidade de uma participação dos formadores de políticas públicas na orientação, normatização e regulação do reúso de água, seja para fins potáveis ou não. Isso daria segurança aos usuários e serviria como orientação às empresas que desejem fornecer esse tipo de solução. Paralelamente ao reúso, a captação de água de chuva também é uma alternativa para evitar o uso de água tratada para fins não nobres. Moruzzi et al. (2016), por exemplo, relatam o uso de água de chuva no Aeroporto de Guarulhos, com um *payback* de 7 a 10 anos. Embora esse tipo de captação seja realizado habitualmente em cada imóvel de maneira independente, há sistemas centralizados de captação de água pluvial, como em Cingapura. Zhang et al. (2017), comparando a solução centralizada de Cingapura com a descentralizada de Berlim, constataram que a alternativa alemã apresenta maior eficiência econômica quando considerados usos não potáveis.

Mas um obstáculo que pode refrear o interesse pela captação de água de chuva é a legislação fragmentada nos diferentes níveis governamentais, conforme identificado por Pacheco et al. (2017). Construtoras que poderiam considerar esse tipo de solução em seus projetos podem ficar desestimuladas em decorrência de lacunas na legislação. Por sua vez, Fricano e Grass (2014) avaliaram que o principal obstáculo nos Estados Unidos é o custo de implantação de sistemas de captação. Jones e Hunt (2010), avaliando o uso desse tipo de solução nos Estados Unidos, verificaram que os reservatórios estavam subdimensionados em sua maioria. A água armazenada era rapidamente esgotada quando utilizada na irrigação de jardins, mas apresentava rápido extravasamento em dias de chuva.

Stahn e Tomini (2016) consideram que a captação de água de chuva pode reduzir o uso de água subterrânea, que pode ser muito intenso em determinadas regiões. Considerando, entretanto, que a água subterrânea é no mais das vezes utilizada para consumo humano, considerar a água de chuva como potencial substituta pode gerar problemas de saúde. Abdulla e Al-Shareef (2009) avaliaram o uso da água de chuva, captada diretamente de telhados, como alternativa para o consumo humano na Jordânia. Eles constataram que o índice de coliformes fecais excedia os padrões de potabilidade, situação também verificada por Yaziz et al. (1989). A recomendação mais usual, em decorrência desses problemas, é utilizar a água de chuva onde ela habitualmente poderia passar sem causar problemas, como na irrigação de jardins ou lavagem de áreas externas às edificações. Mesmo assim, é necessário ponderar que essa é uma solução que também pode sofrer os impactos das mudanças e dos ciclos climáticos (Haque et al., 2016).

O fomento ao reúso da água e à coleta de água da chuva pode reduzir a pressão pelo consumo de água tratada, a qual deve ser reservada para finalidades nobres. Políticas informativas e educativas mais intensivas poderão levar a um maior engajamento da população em programas de uso racional da água. Isso pode ser potencializado por um programa tarifário que privilegie o uso mais comedido. O modelo de abastecimento utilizado até hoje tem mostrado claros sinais de esgotamento, sendo fundamental desenvolver políticas públicas que apontem para um futuro mais sustentável.

REFERÊNCIAS

ABDULLA, F. A.; AL-SHAREEF, A. W. Roof rainwater harvesting systems for household water supply in Jordan. *Desalination*, v. 243, n. 1-3, p. 195-207, 2009.

AMORIM, A. L. D.; RIBEIRO, M. M. R.; BRAGA, C. F. C. Conflitos em bacias hidrográficas compartilhadas: o caso da bacia do rio Piranhas-Açu/PB-RN. *RBRH*, v. 21, n. 1, 2016.

[ANA] AGÊNCIA NACIONAL DE ÁGUAS. *O comitê de bacia hidrográfica:* o que é e o que faz? Brasília: Agência Nacional de Águas, 2011.

_____. Boletim de Monitoramento dos Reservatórios do Sistema Cantareira – Janeiro. Brasília, 2013a.

_____. Boletim de Monitoramento dos Reservatórios do Sistema Cantareira – Fevereiro. Brasília, 2013b.

_____. Boletim de Monitoramento dos Reservatórios do Sistema Cantareira – Março. Brasília, 2013c.

_____. Boletim de Monitoramento dos Reservatórios do Sistema Cantareira – Abril. Brasília, 2013d.

_____. Boletim de Monitoramento dos Reservatórios do Sistema Cantareira – Maio. Brasília, 2013e.

_____. Boletim de Monitoramento dos Reservatórios do Sistema Cantareira – Junho. Brasília, 2013f.

_____. Boletim de Monitoramento dos Reservatórios do Sistema Cantareira – Julho. Brasília, 2013g.

_____. Boletim de Monitoramento dos Reservatórios do Sistema Cantareira – Agosto. Brasília, 2013h.

_____. Boletim de Monitoramento dos Reservatórios do Sistema Cantareira – Setembro. Brasília, 2013i.

_____. Boletim de Monitoramento dos Reservatórios do Sistema Cantareira – Outubro. Brasília, 2013j.

_____. Boletim de Monitoramento dos Reservatórios do Sistema Cantareira – Novembro. Brasília, 2013k.

_____. Boletim de Monitoramento dos Reservatórios do Sistema Cantareira – Dezembro. Brasília, 2013l.

_____. Boletim de Monitoramento dos Reservatórios do Sistema Cantareira – Brasília, v. 9, n. 5, 2014.

_____. Boletim de Monitoramento dos Reservatórios do Sistema Cantareira – Janeiro. Brasília, 2014a.

_____. Boletim de Monitoramento dos Reservatórios do Sistema Cantareira – Fevereiro. Brasília, 2014b.

_____. Boletim de Monitoramento dos Reservatórios do Sistema Cantareira – Março. Brasília, 2014c.

_____. Boletim de Monitoramento dos Reservatórios do Sistema Cantareira – Abril. Brasília, 2014d.

_____. Boletim de Monitoramento dos Reservatórios do Sistema Cantareira – Maio. Brasília, 2014e.

_____. Boletim de Monitoramento dos Reservatórios do Sistema Cantareira – Junho. Brasília, 2014f.

_____. Boletim de Monitoramento dos Reservatórios do Sistema Cantareira – Julho. Brasília, 2014g.

_____. Boletim de Monitoramento dos Reservatórios do Sistema Cantareira – Agosto. Brasília, 2014h.

_____. Boletim de Monitoramento dos Reservatórios do Sistema Cantareira – Setembro. Brasília, 2014i.

_____. Boletim de Monitoramento dos Reservatórios do Sistema Cantareira – Outubro. Brasília, 2014j.

_____. Boletim de Monitoramento dos Reservatórios do Sistema Cantareira – Novembro. Brasília, 2014k.

_____. Boletim de Monitoramento dos Reservatórios do Sistema Cantareira – Dezembro. Brasília, 2014l.

[ANA/DAEE] Agência Nacional de Águas, Departamento de Águas e Energia Elétrica. Brasília, 2014.

ARAÚJO, M. L. V. Os interiores domésticos após a expansão. *Anais do Museu Paulista*, São Paulo, v. 12, n. 1, p. 32, jan./dez. 2004.

CAMPOS, C. D. A promoção e a produção das redes de águas e esgotos na cidade de São Paulo, 1875-1892. *Anais do Museu Paulista: História e Cultura Material*, São Paulo, v. 13, n. 2, p. 44, 2005.

CHANG, J.; LEE, W.; YOON, S. Energy consumptions and associated greenhouse gas emissions in operation phases of urban water reuse systems in Korea. *Journal of Cleaner Production*, v. 141, p. 728-736, 2017.

CHHIPI-SHRESTHA, G.; HEWAGE, K.; SADIQ, R. Microbial quality of reclaimed water for urban reuses: Probabilistic risk-based investigation and recommendations. *Science of the Total Environment*, n. 576, p. 738-751, 2017.

CHIODI, R. E.; SARCINELLE, O.; UEZU, A. Management of water resources in the Cantareira water producer system area: A look at the rural context. *Ambiente e Água*, v. 8, p. 151-165, 2013.

CÔRTES, P. L. *Proposta de um portal de informações ambientais para o estado de São Paulo e sua importância para a proteção da qualidade dos solos e das águas e para o gerenciamento de áreas contaminadas.* 2010. Tese (Livre-Docência). Escola de Comunicações e Artes, Universidade de São Paulo (USP), São Paulo, 2010.

_____ et al. Crise de abastecimento de água em São Paulo e falta de planejamento estratégico. *Revista de Estudos Avançados*, v. 29, n. 84, 2015.

CÔRTES, P. L.; AGUIAR, A. D. O. E.; RUIZ, M.S. Informações ambientais públicas do estado de São Paulo: diagnóstico dos problemas de acesso e proposta de solução. *TAC*, v. 4, n. 1, p. 1-13, 2014.

DANCEY, C. P.; REIDY, J. *Estatística sem matemática para psicologia.* Porto Alegre: Artmed, 2006.

FAWELL, J.; LE CORRE, K.; JEFFREY, P. Common or independent? The debate over regulations and standards for water reuse in Europe. *International Journal of Water Resources Development*, v. 32, n. 4, p. 559-572, 2016.

FELICIANI, A. V. et al. Analysis of the flow regime of the Jaguari river by means of stochastic models. *Espacios*, v. 34, 2013.

FRANÇA. *Loi 64-1245*. Paris: França, 1964.

FRICANO, R. J.; GRASS, A. K. Evaluating american rainwater harvesting policy: a case study of three U.S. cities. *Journal of Sustainable Development*, v. 7, n. 6, p. 133-149, 2014.

GJORUP, A. F. et al. Análise de procedimentos para seleção de áreas prioritárias em programas de pagamento por serviços ambientais hídricos. *Ambiente & Água*, v. 11, n. 1, p. 225-238, 2016.

HAIR JR., J. F.; BLACK, W. C.; BABIN, B. J. et al. *Multivariate Data Analysis.* [S.l.]: Pearson, 2013.

HAQUE, M. M.; RAHMAN, A.; SAMALI, B. Evaluation of climate change impacts on rainwater harvesting. *Journal of Cleaner Production*, n. 137, p. 60-69, 2016.

HOEFFEL, J. L. et al. Trajetórias do Jaguary: unidades de conservação, percepção ambiental e turismo: um estudo na APA do Sistema Cantareira, São Paulo. *Ambiente & Sociedade*, v. 11, n. 1, p. 131-148, 2008.

[IAG-USP] INSTITUTO DE ASTRONOMIA, GEOFÍSICA E CIÊNCIAS ATMOSFÉRICAS DA UNIVERSIDADE DE SÃO PAULO. Boletim Climatológico Trimestral da Estação Meteorológica do IAG/USP – DJF 2013/2014 – Verão. São Paulo: Universidade de São Paulo, 2014.

[IBGE] INSTITUTO BRASILEIRO DE GEOGRAFIA E ESTATÍSTICA. Estimativas da população residente nos municípios brasileiros com data de referência de 1º de julho de 2013. Brasília, 2013.

JONES, M. P.; HUNT, W. F. Performance of rainwater harvesting systems in the southeastern United States. *Resources, Conservation and Recycling*, v. 54, n. 10, p. 623-629, 2010.

KWON, H. et al. Uncertainty assessment of hydrologic and climate forecast models in Northeastern Brazil. *Hydrological Processes*, v. 26, p. 3.875-3.885, 2012.

MALHEIROS, T. F.; PROTA, M. G.; PEREZ RINCÓN, M. A. Participação comunitária e implementação dos instrumentos de gestão da água em bacias hidrográficas. *Ambiente & Água*, v. 8, n. 1, 2013.

MEYERS, L. Brazilian water utility keeps up with fast-growing population demands. *Water and Wastewater International*, v. 22, p. 42-43, 2007.

[MME] MINISTÉRIO DE MINAS E ENERGIA. Portaria n. 750/1974. Brasília: Ministério das Minas e Energia, 1974.

MOLINA, A.; MELGAREJO, J. Water policy in Spain: seeking a balance between transfers, desalination and wastewater reuse. *International Journal of Water Resources Development*, v. 32, n. 5, p. 781-798, 2016.

MORUZZI, R. B. et al. Rainwater harvesting evaluation for non-potable use at São Paulo International Airport/Guarulhos. *Engenharia Sanitária e Ambiental*, v. 21, n. 1, p. 17-28, 2016.

MUG, M. Não chove. Volta a ameaça de racionamento. *O Estado de São Paulo*, São Paulo, 27 mar. 2004, p. 1.

OLIVEIRA, C. M. D.; JUNIOR, J. W. Z.; ESPÍNDOLA, I. B. The arbitral tribunal as an alternative legal instrument for solving water conflicts in Brazil. *Ambiente e Sociedade*, v. 19, n. 1, p. 145-162, 2016.

PACHECO, P. R. D. C. et al. A view of the legislative scenario for rainwater harvesting in Brazil. *Journal of Cleaner Production*, v. 141, p. 290-294, 2017.

PAPE, J.; RAU, H.; FAHY, F. et al. Developing Policies and instruments for sustainable household consumption: Irish experiences and futures. *Journal of Consumer Policy*, v. 34, p. 25-42, 2011.

PEREIRA, V. R.; FILHO, J. T. Identifying susceptible areas to erosive processes in the Cantareira System, based on different scenarios. *Acta Scientiarum – Agronomy*, v. 31, p. 155-163, 2009.

PINTILIE, L.; TORRES, C. M.; TEODOSIU, C. et al. Urban wastewater reclamation for industrial reuse: an LCA case study. *Journal of Cleaner Production*, n. 139, p. 1-14, 2016.

[PMSP] PREFEITURA MUNICIPAL DE SÃO PAULO. Histórico Demográfico do Município de São Paulo. São Paulo: Secretaria Municipal de Desenvolvimento Urbano, 2016. Disponível em: <http://smdu.prefeitura.sp.gov.br/historico_demografico/introducao.php>. Acesso em: 28 nov. 2016.

RAMALHO, D. Rio Tamanduateí: nascente à foz: percepções da paisagem e processos participativos. *Paisagem Ambiente: ensaios*, São Paulo, n. 24, p. 15, 2007.

RIBEIRO, W. C. Water supply and water stress in the Metropolitan Region of São Paulo. *Estudos Avançados*, v. 25, n. 71, p. 119-133, 2011.

[SABESP] COMPANHIA DE SANEAMENTO BÁSICO DO ESTADO DE SÃO PAULO. Situação dos Mananciais. Sabesp, 1 dez. 2003. Disponivel em: <http://www2.sabesp.com.br/mananciais/DivulgacaoSite Sabesp.aspx>. Acessado em: 30 nov. 2016.

_____. Curso d'**água** – encarte 1. São Paulo, p. 16, 2003a.

_____. Curso d'**água** – encarte 3. São Paulo, p. 16, 2003b.

_____. Curso d'**água** – encarte 4. São Paulo, p. 16, 2003c.

_____. Curso d'**água** – encarte 5. São Paulo, 2003d.

_____. Formulário 20F 2005. São Paulo, 2006.

_____. Formulário 20F 2006. São Paulo, 2007.

_____. Formulário 20F 2007. São Paulo, 2008.

_____. IAN – Informações anuais à Comissão de Valores Mobiliários. São Paulo, 2007.

_____. Informações Anuais 2007. São Paulo, 2008.

_____. Avaliação do Sistema Pinheiros-Billings com o Protótipo de Flotação Volume 1 – Sumário Executivo. São Paulo, 2009.

_____. Formulário 20-F 2008. Relatório anual de acordo com o art. 13 ou 15(d) da Lei de Valores Imobiliários de 1934 referente ao exercício social encerrado em 31 de dezembro de 2008. São Paulo, 2009.

_____. Financial Statement 2009-CVM Fillings. Management report: 3rd quarter financial information. São Paulo, 2009a.

_____. Formulário 20-F 2008. São Paulo, 2009b.

_____. Formulário 20-F 2009. Relatório anual de acordo com o art. 13 ou 15(d) da Lei de Valores Imobiliários de 1934 referente ao exercício social encerrado em 31 de dezembro de 2009. São Paulo, 2010.

_____. Formulário 20-F 2010. Relatório anual de acordo com o art. 13 ou 15(d) da Lei de Valores Imobiliários de 1934, referente ao exercício encerrado em 31 de dezembro de 2010. São Paulo, 2011.

_____. Formulário 20-F 2011. Relatório anual de acordo com o art. 13 ou 15(d) da Lei de Valores Imobiliários de 1934 referente ao exercício social encerrado em 31 de dezembro de 2011. São Paulo, 2012.

_____. Formulário 20-F 2012. Relatório anual de acordo com o art. 13 ou 15(d) da Lei de Valores Imobiliários de 1934 referente ao exercício social encerrado em 31 de dezembro de 2012. São Paulo, 2013.

_____. Formulário 20-F 2012. Relatório anual de acordo com o art. 13 ou 15(d) da Lei de Valores Imobiliários de 1934 referente ao exercício social encerrado em 31 de dezembro de 2012. São Paulo, 2013a.

_____. Formulário 20-F 2012. Relatório anual de acordo com o art. 13 ou 15(d) da Lei de Valores Imobiliários de 1934 referente ao exercício social encerrado em 31 de dezembro de 2012. São Paulo, 2013b.

_____. Formulário 20-F 2012. Relatório anual de acordo com o art. 13 ou 15(d) da Lei de Valores Imobiliários de 1934 referente ao exercício social encerrado em 31 de dezembro de 2012. São Paulo, 2014.

_____. Ofício SABESP P-0260/2015. São Paulo, p. 5, 2015a.

_____. Relatório interno sobre produção diária de água entre 2004 e 2012 para a Região Metropolitana de São Paulo. São Paulo, 2013.

_____. Requerimento de Outorga de Direito de Uso de Recursos Hídricos. São Paulo, p. 39, 2015b.

SAITO, M .I. Fatos da história do abastecimento de água de São Paulo. *Saneas*, v. 45, p. 46-47, jan. 2002.

SANCHEZ-FLORES, R.; CONNER, A.; KAISER, R. A. The regulatory framework of reclaimed wastewater for potable reuse in the United States. *International Journal of Water Resources Development*, v. 32, n. 4, p. 536-558, 2016.

SANTOS, C. A. C. D. et al. Variability of extreme climate indices at Rio Claro, São Paulo, Brazil. *Revista Brasileira de Meteorologia*, v. 27, n. 4, p. 395-400, 2012.

SEADE. *Informações dos municípios paulistas*. São Paulo, 2016.

[STM] SECRETARIA DOS TRANSPORTES METROPOLITANOS DO ESTADO DE SÃO PAULO. 2010. Disponível em: <http://www2.stm.sp.gov.br/ppm/RP_RMSP.html>. Acessado em: 9 fev. 2015.

SILVA, R. T. D.; FOLEGATTI, M. V. Raw water use charge reduction for the rural sector in the PCJ Watershed. *Engenharia Agrícola*, v. 29, n. 3, p. 492-500, 2009.

STAHN, H.; TOMINI, A. On the environmental efficiency of water storage: the case of a conjunctive use of ground and rainwater. *Environmental Modeling and Assessment*, v. 21, n. 6, p. 691-706, 2016.

VAN DEN BRANDELER, F.; HORDIJK, M.; SCHÖNFELD, K. et al. Decentralization, participation and deliberation in water governance: a case study of the implications for Guarulhos, Brazil. *Environment and Urbanization*, v. 26, n. 2, p. 489-504, 2014.

WATANABE, M. et al. Decision making and social learning: the case of watershed committee of the State of Rio Grande do Sul, Brazil. *Water Resources Management*, v. 28, n. 11, p. 3.815-3.828, 2014.

_____. Decision making in integrated participatory management: a study in the River Basin Committee Araranguá/SC, Brazil. *Espacios*, v. 36, n. 12, 2015.

WILCOX, et al. Urban water reuse: a triple bottom line assessment framework and review. *Sustainable Cities and Society*, n. 27, p. 448-456, 2016.

YAZIZ, et al. Variations in rainwater quality from roof catchments. *Water Research*, v. 23, n. 6, 1989, p. 761-765, 1989.

ZAPOROZHETS, V. Voting power and decision making in environmental committees: the case of French water agencies. *Water Resources and Economics*, n. 12, p. 40-51, 2015.

ZHANG, J. et al. A new integrated potable reuse process for a small remote community in Antarctica. *Process Safety and Environmental Protection*, n. 104, p. 196-208, 2016.

_____. Conventional and decentralized urban stormwater management: a comparison through case studies of Singapore and Berlin, Germany. *Urban Water Journal*, v. 14, n. 2, p. 113-124, 2017.

ZMITROWICZ, W.; BORGHETTI, G. *Avenidas 1950-2000:* 50 Anos de planejamento da cidade de São Paulo. São Paulo: EDUSP, 2009, 196 p.

37 | Gestão de resíduos sólidos e sustentabilidade

Ana Paula Rattis Alipio
Arquiteta, A-Arquitetura

Atualmente, a sociedade moderna vive as consequências de descasos ambientais. A transformação da cidade originalmente agrária para urbana traz mudanças para o meio ambiente. Grande parte das cidades brasileiras não teve o crescimento concomitante com a infraestrutura de serviços públicos ou com o saneamento básico e por esse motivo encontra problemas relacionados com a destinação do grande volume de Resíduos Sólidos Urbanos (RSU) gerados pelas atividades cotidianas. A disposição de lixo em lugares inadequados em razão da ausência de planejamento ou da carência de sistemas de gestão e manejo de resíduos sólidos gera inúmeros danos ao meio ambiente urbano, como proliferação de vetores de doenças (moscas, ratos, baratas etc.); poluição do ar causada por fumaça proveniente do lixo exposto; gases de efeito estufa (GEE) e poluição do ar; contaminação do solo pelo chorume; e enchentes. Tais danos concorrem para a destruição da qualidade de vida dos centros urbanos.

Diante dessa situação, tornou-se necessário o desenvolvimento de tecnologias voltadas para a reciclagem dos RSU descartados. A criação de uma legislação específica para a gestão de resíduos foi fundamental para alavancar a mudança desse cenário. Tanto a Lei n. 11.445/2007 como a Lei n. 12.305/2010 consagram um amadurecimento de conceitos no que se refere aos princípios da prevenção, do poluidor-pagador e da responsabilidade compartilhada pelo ciclo de vida do produto. Neste capítulo serão analisadas as leis pertinentes e o sistema de gestão, buscando aplicá-los em outras áreas, representadas por bairros e comunidades que sofrem com a falta de gerenciamento do RSU.

Em relação aos desafios da gestão de resíduos sólidos (GRS), é pertinente ressaltar que "o desafio para a gestão dos resíduos diz respeito tanto à redução da quantidade de geração do resíduo sólido urbano gerado quanto à viabilização da reciclagem desses resíduos, propondo um fim para o descarte dos resíduos sem qualquer tratamento" (Alipio, 2014, p.19).

Há diversas vantagens para a população no manejo adequado do RSU, como é o caso do evidente aumento do reúso e da reciclagem dos resíduos, apartando os úteis do descarte inadequado sem desperdiçá-los. Porém, a dificuldade em se organizar o bairro ou a cidade envolvida para que o processo se sustente é eminente, já que abrange uma série de atores e fatores, tais como a infraestrutura e o envolvimento de diversos segmentos, desde o cidadão individualmente até as iniciativas públicas, privadas e a União.

O Plano Nacional de Resíduos Sólidos (PNRS), criado pela gestão municipal juntamente com a União, deve ser obedecido pelos municípios, bem como pelas empresas geradoras de resíduos, de modo que as responsabilidades pelos resíduos sejam compartilhadas.[1]

Evidentemente, tornou-se necessário definir os resíduos para dar-lhes então a destinação correta. Dessa forma, são várias as maneiras de classificação existentes para os resíduos sólidos. A ABNT 10.004 classifica os resíduos sólidos quanto aos riscos potenciais ao meio ambiente da seguinte maneira:

Classe I ou perigosos – São aqueles que, em função de suas características intrínsecas de inflamabilidade, corrosividade, reatividade, toxicidade ou patogenicidade, apresentam riscos à saúde pública através do aumento da mortalidade ou da morbidade, ou ainda provocam efeitos adversos ao meio ambiente quando manuseados ou dispostos de forma inadequada. *Classe II ou Não inertes* – São resíduos que podem apresentar características de combustibilidade, biodegradabilidade ou solubilidade, com possibilidade de acarretar riscos à saúde ou ao meio ambiente, não se enquadrando nas classificações de resíduos de Classe I ou Perigosos e Classe III inertes. E, por fim, os de *Classe III* – São aqueles que, por suas características intrínsecas, não oferecem riscos à saúde e ao meio ambiente e que, quando amostrados de forma representativa, segundo a norma NBR 10.007, e submetidos a um contato estático ou dinâmico com água destilada ou deionizada, à temperatura ambiente, conforme teste de solubilização segundo a norma NBR 10.006, não tiverem nenhum de seus constituintes solubilizados a concentrações superiores a número 8 (anexo H na NBR 10.004), executando-se os padrões de aspecto, cor, turbidez e sabor. O rejeito é encaminhado a aterros privados de resíduos perigosos. Os resíduos do grupo C abrangem os resíduos radioativos ou

---

[1] Fonte: <http://www.ablp.org.br/conteudo/legislacao.php?pag=integra&cod=175>. Acesso em: 19 jul. 2010.

contaminados com radionuclídeos, provenientes de laboratórios de análises clínicas, serviços de medicina nuclear e radioterapia, seguem normas federais. Já animais mortos são incinerados. ABNT define lixo como "os restos das atividades humanas, considerados pelos geradores como inúteis, indesejáveis ou descartáveis, podendo-se apresentar no estado sólido, semissólido ou líquido, desde que não seja passível de tratamento convencional.[2]

O Plano Estadual de Resíduos Sólidos (PERS), para fins de gestão e gerenciamento, define os resíduos quanto à sua natureza ou origem, nas seguintes categorias:

I. Resíduos urbanos: os provenientes de residências, estabelecimentos comerciais e prestadores de serviços, da varrição, de podas e da limpeza de vias, logradouros públicos e sistemas de drenagem urbana passíveis de contratação ou delegação a particular, nos termos de lei municipal; *II. Resíduos industriais:* os provenientes de atividades de pesquisa e de transformação de matérias-primas e substâncias orgânicas ou inorgânicas em novos produtos, por processos específicos, bem como os provenientes das atividades de mineração e extração, de montagem e manipulação de produtos acabados e aqueles gerados em áreas de utilidade, apoio, depósito e de administração das indústrias e similares, inclusive resíduos provenientes de Estações de Tratamento de Água (ETA) e Estações de Tratamento de Esgoto (ETE); *III. Resíduos de serviços de saúde:* os provenientes de qualquer unidade que execute atividades de natureza médico-assistencial humana ou animal; os provenientes de centros de pesquisa, desenvolvimento ou experimentação na área de farmacologia e saúde; medicamentos e imunoterápicos vencidos ou deteriorados; os provenientes de necrotérios, funerárias e serviços de medicina legal; e os provenientes de barreiras sanitárias; *IV. Resíduos de atividades rurais:* os provenientes da atividade agropecuária, inclusive os resíduos dos insumos utilizados; (São Paulo, 2006). O tratamento e a disposição final dos Resíduos Sólidos de Saúde, na cidade de São Paulo, dispõem de uma unidade de tratamento realizado pelo Processo de Desativação Eletrotérmica (ETD) para o grupo A, que abrange os resíduos que apresentam riscos à saúde pública e ao meio ambiente pela presença de agentes biológicos (resíduos hospitalares). Após esse tratamento, os resíduos passam a ter as mesmas características dos domiciliares e são dispostos em aterros sanitários.[3]

---

[2] Fonte: <http://www.resol.com.br/cartilha4/residuossolidos/residuossolidos_2.php>. Acesso em: 15 maio 2016.

[3] Fonte: <http://www.mma.gov.br/estruturas/srhu_urbano/_arquivos/pers_orientacoes-mma_28_06_11_125.pdf>. Acesso em: 22 maio 2016.

Assim sendo, é necessário haver um sistema de resíduos sólidos nas cidades por força da PNRS, instituída pela Lei n. 12, de 2 agosto de 2010. Para resolver esse desafio e pelo fato de tanto o poder público como a coletividade serem responsáveis pelos resíduos sólidos gerados, é essencial a conscientização da população em relação à quantidade desses resíduos e às demandas atuais de RSU em cada cidade para então gerenciar esse montante, dando-lhe a destinação mais adequada. Importante destacar que os resíduos devem ser compostados e destinados à reciclagem sem que prejudiquem a natureza.[4]

A Lei n. 12.305/2010, já mencionada, contém orientações que visam a solucionar os problemas resultantes do manejo inadequado dos resíduos sólidos, pois prevê a redução da geração de resíduos, o avanço da reciclagem e o aumento da reutilização dos resíduos sólidos, além de prever a destinação adequada, incluindo a logística reversa. A política reversa prevê a restituição dos resíduos sólidos para sua origem e cada produto tem um tipo de reciclagem ou logística reversa adequada.

LIXO URBANO

O lixo urbano é um dos problemas decorrentes do aumento populacional, aliado a uma sociedade altamente consumista. Esse tipo de lixo pode ser domiciliar, composto por sobras de alimentos, papéis, plásticos, vidros ou papelão; industrial, cuja constituição é variada, gasosa, líquida ou sólida; hospitalar, composto por seringas, agulhas, curativos, gazes, ataduras, peças atômicas etc.; e tecnológico, o lixo deste século, composto por pilhas e aparelhos eletrônicos em geral.[5]

LIXO RURAL

Entre as famílias residentes nas áreas rurais, 60,6% não contam com serviços de abastecimento de água e cerca de 80% informam não dispor de serviços de coleta de lixo. No início desta década, 52,5% do lixo produzido

---

[4] Fonte: <http://www.cidadessustentaveis.org.br/sites/default/files/arquivos/guia_pnrs_pwc.pdf>. Acesso: 2 mar. 2013.

[5] Fonte: <http://mundoeducacao.bol.uol.com.br/geografia/lixo-urbano.htm>. Acesso em: 14 mai. 2016.

no meio rural era enterrado ou queimado. Mediante essa realidade, entende--se que o lixo rural tem coleta cara e difícil, o que leva os agricultores a opta-rem por enterrá-lo ou queimá-lo.[6]

No início da formação das cidades, os resíduos eram consumidos pelos próprios animais ou se decompunham naturalmente, segundo Mumford (1961):

> Os restos eram comidos pelos cães, pelas galinhas e pelos porcos, que agiam como os almotacés da limpeza geral da cidade. A proscrição dos porcos e a in-trodução generalizada da pavimentação surgiram mais ou menos ao mesmo tempo [...]. Mas nos primeiros tempos o porco foi um elemento ativo da Junta de Saúde local. Os restos não aproveitáveis eram, sem dúvida, de disposição mais difícil: cinzas, restos dos curtumes, a purga da lã certamente existiam em menor quantidade do que na sociedade moderna [...], os dejetos eram de natureza orgânica, que se decompunham e se misturavam com terra, e naqueles difusos focos de edificações, particularmente nos primeiros séculos, costumavam acen-der-se fogueiras, famosas nos anais de todas as cidades, que sujeitavam ruas inteiras ao mais poderoso dos agentes germicidas.

Atualmente, a quantidade de resíduos gerada, além de ser prejudicial à natureza, muitas vezes demora anos para se decompor, sendo essa a razão pela qual tal quantidade deve ser reduzida ou a coleta e a reutilização desses resíduos deve passar a ser responsabilidade de seu gerador.

A Lei n. 12.305/2010 institui também a responsabilidade compartilhada dos geradores de resíduos: fabricantes, importadores, distribuidores, comer-ciantes, cidadãos e titulares de serviços de manejo dos resíduos sólidos urba-nos na logística reversa dos resíduos e embalagens pós-consumo.[7] Tal lei apresenta ainda um mecanismo que envolve a participação social, os gerado-res de resíduos em geral, o público e a iniciativa privada, responsabilizando--os pelo ciclo de vida do produto produzido, conforme o disposto a seguir:

> CAPÍTULO II – Definições. Art. 3º Para os efeitos desta Lei, entende-se por:
> I – acordo setorial: ato de natureza contratual firmado entre o poder público e os fabricantes, importadores, distribuidores ou comerciantes, tendo em vista a

---

[6] Fonte: <http://www.hortaviva.com.br/midiateca/bg_artigos/msg_ler.asp?ID_MSG=169>. Acesso em: 21 mai. 2016.

[7] Fonte: <http://www.mma.gov.br/pol%C3%ADtica-de-res%C3%ADduos-sólidos>. Aces-so em: 4 fev. 2013.

implantação da responsabilidade compartilhada pelo ciclo de vida do produto (Lei n. 12.305, de 2 de agosto de 2010).[8]

A logística reversa é outra maneira de reciclagem, aplicada pelo fabricante. Atualmente no Brasil, o fabricante é o responsável por destinar adequadamente o resíduo eletrônico utilizado decorrente dos produtos por ele fabricados. Dessa maneira, a empresa que fabrica é a responsável pelo destino adequado do resíduo gerado a partir de seu produto. A PNRS estabelece as responsabilidades dos geradores, do poder público e dos consumidores. A responsabilidade compartilhada faz dos fabricantes, importadores, distribuidores, comerciantes, consumidores e titulares dos serviços públicos de limpeza urbana os responsáveis pelo ciclo de vida dos produtos.[9]

As empresas de bens de consumo têm o dever de controlar os resíduos por elas gerados e diminuir a quantidade de resíduos encaminhados para o aterro.[10] Para que essas ações sejam levadas a efeito, o papel dos catadores é de extrema importância. Para que se cumpra a lei, as empresas têm o dever de recolher as embalagens de seus produtos, que anteriormente eram destinadas para os aterros para posteriormente serem encaminhadas para a reciclagem. Para ampliar o alcance dos catadores, as empresas têm colaborado com as cooperativas, visando à venda direta do material coletado para a indústria recicladora. Algumas cooperativas têm aumentado a meta quantitativa para os catadores, como no caso da Ambev. De acordo com a reportagem, a estratégia adotada por essa empresa foi a de reforçar a coleta nas ruas da capital paulista e instalar pontos de entrega voluntária. Tais medidas também resultaram no aumento do faturamento do cooperado.

Atualmente, as empresas em conjunto com os catadores ajudam a lei a se concretizar com a implementação da PNRS, em que centenas de empresas de bens de consumo, assim como fabricantes de embalagens, assinaram um acordo com o governo federal, comprometendo-se a reduzir em 22% o volume de resíduo sólido a ser depositado em aterros até 2018, em comparação com o ano de 2012. Para que essa estimativa se concretize, calcula-se que todas as companhias devem coletar 3.815 toneladas de embalagens por dia nos próximos dois anos. Segundo o Instituto de Pesquisa Econômica Aplica-

---

[8] Fonte: <http://www.planalto.gov.br/ccivil_03/_ato2007-2010/2010/lei/l12305.htm>. Acesso em: 12 fev. 2013.

[9] Fonte: Guia para Elaboração dos Planos de Gestão de Resíduos Sólidos, 2011. Acesso em: 28 mai. 2016.

[10] Fonte: *Revista Época*, edição n. 1.115, ano 50, n. 11, 8 jun. 2016, p. 56-59.

da (Ipea), existem hoje no país aproximadamente 800 mil catadores, sendo que apenas 10% fazem parte de uma cooperativa.[11]

A PNRS não estabelece prazo para a implantação dos sistemas de logística reversa e visa a regulamentar as atividades de coleta e retorno dos produtos descartados aos fabricantes e importadores (por meio dos comerciantes e distribuidores) para a reintrodução na cadeia produtiva ou sua destinação e reutilização final ambientalmente adequada. Levando em consideração a responsabilidade compartilhada, a Lei n. 12.305/2010:

> institui a responsabilidade compartilhada dos geradores de resíduos: dos fabricantes, importadores, distribuidores, comerciantes, do cidadão e titulares de serviços de manejo dos resíduos sólidos urbanos na Logística Reversa dos resíduos e embalagens pós-consumo.[12]

Outros objetivos da PNRS são: a proteção da saúde pública e da qualidade ambiental; o incentivo a não geração de resíduos; a redução, reutilização, reciclagem e tratamento dos resíduos sólidos, bem como a disposição final ambientalmente adequada dos rejeitos; o estímulo à adoção de padrões sustentáveis de produção e consumo de bens e serviços; o desenvolvimento e a adoção de tecnologias limpas como forma de minimizar impactos ambientais; a redução do volume e da periculosidade dos resíduos perigosos; o incentivo à indústria da reciclagem, tendo em vista fomentar o uso de matérias-primas e insumos derivados de materiais recicláveis e reciclados; incentivar a gestão integrada de resíduos sólidos; a articulação entre as diferentes esferas do poder público e destas com o setor empresarial, com vistas à cooperação técnica e financeira para a gestão integrada de resíduos sólidos; e por fim a capacitação técnica continuada na área de resíduos sólidos.

Entre 2010 e 2014, o PNRS produziu resultados significativos, já que pouco mais da metade dos resíduos sólidos urbanos coletados no Brasil têm atualmente a disposição final ambientalmente adequada em aterros sanitários. O Governo Federal, por meio do Ministério do Meio Ambiente (MMA) do Ministério das Cidades e da Fundação Nacional de Saúde (Funasa), trabalha para implantar a PNRS, aumentando o número de municípios atendidos.[13]

---

[11] Fonte: <http://www.gvpar.com.br/2016/11/09/empresas-e-catadores-se-ajudam-para--seguir-lei-do-lixo/> Acesso em: 5 set. 2017.

[12] Fonte: <http://www.mma.gov.br/pol%C3%ADtica-de-res%C3%ADduos-sólidos>. Acesso em: 4 fev. 2013.

[13] Fonte: <http://www.mma.gov.br/informma/item/10272-pol%C3%ADtica-de-res%-C3%ADduos-sólidos-apresenta-resultados-em-4-anos>. Acesso em: 27 mai. 2016.

De acordo com a Pesquisa Nacional de Saneamento Básico (PNSB) do Instituto Brasileiro de Geografia e Estatística (IBGE) realizada em 2008, a disposição final ambientalmente adequada era aplicada em 1.092 dos 5.564 municípios então existentes. No final de 2013, conforme as informações divulgadas pelo MMA, esse número subiu para 2.200 municípios brasileiros a dispor seus resíduos sólidos urbanos coletados em aterros sanitários, individuais ou compartilhados por mais de um município. No entanto, estima-se que aproximadamente 59% dos municípios brasileiros ainda disponham seus resíduos de forma ambientalmente inadequada, em lixões ou aterros controlados (lixões com cobertura precária).

O prazo estabelecido em lei, prevendo o fim dos lixões no quarto ano de PNRS, não é o mais relevante para as autoridades ambientais. De acordo com a ministra do Meio Ambiente no ano de 2014, Izabella Teixeira, em declaração colhida no site do Ministério, "o governo não vai propor prorrogação dos prazos, mas é favorável a abrir debates sobre o aperfeiçoamento da Lei". Segundo ela, a política não levou em conta, por exemplo, as dificuldades enfrentadas por municípios pequenos, muitas vezes remotos, que além de exigirem tratamento específico dos resíduos, nem sempre estão em situação econômica de implantar as ações necessárias ou de obter o financiamento do governo federal.[14]

De acordo com a Pesquisa de Informações Básicas Municipais (Munic), ano base 2013 (IBGE, 2014), 1.865 municípios declararam possuir planos de gestão integrada de resíduos sólidos nos termos da PNRS.

Além da Política Nacional de Saneamento Básico (PNSB) e da PNRS outras legislações devem ser analisadas em conjunto para a implementação dessas políticas, tais como a Lei n. 8.666, de 21 de junho de 1993, que institui normas gerais de licitação e contratos administrativos. Tal análise se mostra extremamente necessária pelo fato de infelizmente serem aprovados os projetos que apresentam o preço menor, em detrimento da qualidade das demais propostas, nem sempre privilegiando o melhor plano.

A cidade de São Paulo produz cerca de 12 mil toneladas de lixo diariamente, sendo que 35% desse total é composto por materiais recicláveis, 1% é reaproveitável e o restante é despejado em aterros sanitários que por sua vez não são muitos.

Espinosa e Silvas (2014 , apud Alipio, 2014, p. 43) relatam que, dos 5.564 municípios brasileiros, 114 não fazem destinação dos resíduos sólidos

---

[14] Fonte: <http://www.mma.gov.br/informma/item/10272-pol%C3%ADtica-de-res%-C3%ADduos-sólidos-apresenta-resultados-em-4-anos>. Acesso em: 21 mai. 2016.

e dois não possuem manejos desses resíduos. Em 2008, 50,8% das unidades de resíduos urbanos eram lixões, o que destaca a precariedade no sistema da política ambiental no Brasil. De acordo com a PNSB 63,6% dos municípios brasileiros utilizam lixões, 13,8% utilizam aterros sanitários, 18,4% utilizam aterros controlados e 5% não informam o destino de seus resíduos (PNSB, 2000).

No que se refere a vazadouros e lixões, houve uma queda de 37,4% na quantidade de vazadouros a céu aberto. Essa diminuição de disposição em lixões pode ocorrer pelo fato de as treze maiores cidades brasileiras coletarem mais de 35% de seu RSU e terem locais definidos para a sua disposição (Espinosa; Silvas, 2014, apud Alipio, 2014, p. 43).

No Brasil, em 2012, foram coletadas 64 milhões de toneladas de resíduos sólidos urbanos, estimativa esta com base em dados do Sistema Nacional de Informações sobre Saneamento (SNIS), publicados em 2014, cuja coordenação é do Ministério das Cidades.[15] O SNIS disponibiliza uma tabela contendo informações sobre a regularidade dos municípios em relação ao serviço de resíduos sólidos urbanos.[16] Essa tabela traz informações advindas dos próprios municípios sobre as unidades de lixões e aterros, permitindo que se comparem os sistemas de destinação utilizados em cada município. Para se chegar a esses resultados, foram levantados os seguintes dados: o tipo de licença obtida no local, a frequência de cobertura dos resíduos, as características de disposição do solo, a presença ou não de catadores no local e a quantificação dos equipamentos utilizados por disposição do solo. A partir dos dados explicitados na tabela, pode-se analisar e quantificar quais municípios ainda mantêm o lixão, hoje proibido por lei, quais os que estão se estruturando para atender às exigências da lei e com qual frequência o resíduo é recolhido.

A Tabela 1 destaca um trecho da tabela elaborada pelo Ministério das Cidades juntamente com a Secretaria Nacional de Saneamento Ambiental (SNSA) e com o SNIS. Essa porção da tabela destaca os municípios e suas características de unidades de processamento de disposição no solo. As primeiras colunas trazem os municípios, o ano de referência do levantamento, o tipo da unidade em que são despejados os resíduos domiciliares e sua nomenclatura.

---

[15] Fonte: <http://www.mma.gov.br/informma/item/10272-pol%C3%ADtica-de-res%-C3%ADduos-sólidos-apresenta-resultados-em-4-anos>. Acesso em: 21 mai. 2016.

[16] Fonte: <http://www.snis.gov.br/diagnostico-residuos-solidos/diagnostico-rs-2014>. Acesso em: 5 mai. 2016.

Nota-se que entre municípios como Araçatuba, Barretos, Boraceia, Botucatu, Brumadinho, Cabreúva, Cabrobó, Cascavel, Guarulhos, Fátima e Leme, entre outros, existem diversos tipos de destinação do lixo. O levantamento demonstra as mais variadas denominações aos destinos, dadas por cada município, tais como lixão, aterros controlados, aterros em valas, depósito de resíduos, entre outros.

Segundo a classificação, efetivada pelos próprios órgãos gestores municipais que responderam ao SNIS 2014, é possível inferir o destino final de 81,7% da massa coletada no País. Assim, da massa total coletada, estimada em 64,4 milhões de toneladas, e desprezando-se para efeito de segurança a parcela que é recuperada, apurou-se que 52,4% são dispostas em aterros sanitários; 13,1%, em aterros controlados; 12,3%, em lixões; e 3,9% são encaminhadas para unidades de triagem e compostagem, restando então a parcela de 18,3% sem informação, a qual se refere sobretudo aos pequenos municípios de até 30 mil habitantes. Embora ciente das restrições impostas por tal lacuna, o Sistema Nacional de Informações sobre Saneamento – Resíduo Sólido (SNIS-RS) julga pertinente, a título de exercício, admitir que dois terços dessa massa sem informação seja encaminhada para lixões. Sob essa hipótese, pode-se dizer que 58,5% da massa total coletada no país é disposta de forma adequada, sendo o restante distribuído por destinações a lixões, aterros controlados e, em menor escala, unidades de triagem e de compostagem.[17]

De acordo com a ABNT, o aterro sanitário de RSU consiste na técnica de disposição desse tipo de resíduo no solo, sem causar danos ou riscos à saúde pública e à segurança, minimizando os impactos ambientais (Espinosa; Silvas, 2014 , apud Alipio, 2014). Destacam-se a seguir as destinações possíveis para o RSU:

- **Aterro não controlado:** área de disposição final onde não há nenhuma preparação ou infraestrutura para receber o resíduo, conhecido como lixão. Usualmente, não contém controle de acesso, permitindo assim a entrada de deposição de lixo sem monitoramento e também de catadores. Nesse processo não há controle sobre a constituição do resíduo recebido, não há controle do lançamento e da compactação e também não possui impermeabilização de suas bases, drenagem de gases e drenagem de percolados.

---

[17] Fonte: Planilha do Ministério das Cidades/ Secretaria de Saneamento Ambiental Sistema Nacional de Informacoes sobre Saneamento – SNIA – Diagnóstico do Manejo de Resíduos Sólidos Urbanos – 2014

Tabela 1 – Municípios: unidades de processamento e de disposição no solo

Observação: esta tabela engloba apenas as unidades classificadas pelo informante como lixão ou aterro no ano de referência.

Tabela Upo4 – Informações sobre a quantidade de equipamentos das unidades de processamento por disposição no solo

Município de localização		UF	Ano de referência	Código da unidade	Nome da unidade	Quantidade de equipamentos públicos usados rotineiramente na unidade de disposição							Quantidade de equipamentos privados usados rotineiramente na unidade de disposição						
						Trator de esteiras	Retro-escavadeira	Pá carregadeira	Caminhão basculante	Caminhão pipa	Trator com rolo compactador	Outros	Trator de esteiras	Retro-escavadeira	Pá carregadeira	Caminhão basculante	Caminhão pipa	Trator com rolo compactador	Outros
						unidade	unidade	unidade	unidade	unidade	unidade	unidade	unidade	unidade	unidade	unidade	unidade	unidade	unidade
Código	Nome	UF	Ano	UndCod	Upo01	Upo15	Upo16	Upo17	Upo18	Upo71	Upo69	Upo19	Upo20	Upo21	Upo22	Upo23	Upo75	Upo73	Upo24
250050	Alagoinha	PB	2014	4775	Lixão	0	1	0	0	0	0	0	0	0	0	0	0	0	0
350280	Araçatuba	SP	2014	3502804001	Aterro de Araçatuba	0	0	0	0	0	0	0	1	1	1	4	0	0	1
350400	Assis	SP	2014	3504004001	Aterro sanitário de rejeitos	1	0	1	1	0	0	0	0	0	0	0	0	0	0
350550	Barretos	SP	2014	3505504000	Aterro sanitário municipal														
350730	Boraceia	SP	2014	397	Aterro sanitário														
350750	Botucatu	SP	2014	3507504000	Aterro sanitário de Botucatu	0	0	0	0	0	0	0	1	0	1	1	1	1	0
310900	Brumadinho	MG	2014	1462	Aterro sanitário	2	1	1	2	1	0	1	0	0	0	1	1	0	0
350840	Cabreúva	SP	2014	3508404000	Aterro sanitário municipal	1	0	1	0	0	0	0				0	0	0	
260300	Cabrobó	PE	2014	2603004000	Lixão de Cabrobó		1	1	1				1	1					
410480	Cascavel	PR	2014	4104804001	Aterro sanitário								2	1	0	1	1	0	0
351500	Embu das Artes	SP	2014	3515004000	Aterro sanitário	0	0	0	0	0	0	0	2	1	1	3	1	0	0
291075	Fátima	BA	2014	1141	Estradas e acessos a povoados, distritos e sub-distritos														
351880	Guarulhos	SP	2014	3518804000	Aterro sanitário de Guarulhos - Cabuçu											1			62
291640	Itapetinga	BA	2014	1273	Aterro sanitário controlado	1	1	1	2	1	0	0	0	0	0	0	0	0	0

(continua)

Tabela 1 – Municípios: unidades de processamento e de disposição no solo (*continuação*)

Observação: esta tabela engloba apenas as unidades classificadas pelo informante como lixão ou aterro no ano de referência.

Município de localização		UF	Ano de referência	Código da unidade	Nome da unidade	Tabela Up04 – Informações sobre a quantidade de equipamentos das unidades de processamento por disposição no solo													
						Quantidade de equipamentos públicos usados rotineiramente na unidade de disposição							Quantidade de equipamentos privados usados rotineiramente na unidade de disposição						
						Trator de esteiras	Retro-escavadeira	Pá carregadeira	Caminhão basculante	Caminhão pipa	Trator com rolo compactador	Outros	Trator de esteiras	Retro-escavadeira	Pá carregadeira	Caminhão basculante	Caminhão pipa	Trator com rolo compactador	Outros
						unidade	unidade	unidade	unidade	unidade	unidade	unidade	unidade	unidade	unidade	unidade	unidade	unidade	unidade
Código	Nome	UF	Ano	UndCod	Up001	Up015	Up016	Up017	Up018	Up071	Up069	Up019	Up020	Up021	Up022	Up023	Up075	Up073	Up024
330227	Japeri	RJ	2014	3302274000	Vazadouro de resíduos sólidos urbanos				0	0	0	0	1	1	0	0	0	0	0
352670	Leme	SP	2014	3526704000	Centro de disposição de resíduos Santa Ignácia														
352910	Marinópolis	SP	2014	4211	Aterro em valas	0	1	1	1	0	0	0	0	0	0	0	0	0	0
411727	Nova Tebas	PR	2014	3782	Cooperambiental	1	1	1	1	0	1	0	0	0	0	0	0	0	0
354850	Santos	SP	2014	3548504004	Aterro sanitário Sítio das Neves	0	0	0	0	0	0	0	6	1	1	6	1	1	2

Fonte: modificada a partir de tabela fornecida pelo Sistema Nacional de Informações sobre Saneamento (SNIS). [*]
Ministério das Cidades/Secretaria Nacional de Saneamento Ambiental. Sistema Nacional de Informações sobre Saneamento (SNIS). Diagnóstico do Manejo de Resíduos Sólidos Urbanos (2014). Tabela de Informações sobre unidades de lixões e aterros. Data de geração: 15 fev. 2016.

---

* Fonte: <http://www.snis.gov.br/diagnostico-residuos-solidos/diagnostico-rs-2014>. Acesso em: 5 maio 2016.

- **Aterro controlado:** forma inadequada de disposição final de resíduos e rejeitos, no qual o único cuidado realizado é o recobrimento da massa de resíduos e rejeitos com terra.[18] O aterro controlado possui acesso restrito à área de lançamento, controla a composição de seus resíduos recebidos, o lançamento e a deposição. Possui o sistema de impermeabilização de base, cobertura diária final, drenagem de percolados, drenagem e queima de gases e tratamento dos percolados (ABNT, 1992).

- **Aterro sanitário:** técnica de disposição de RSU no solo, sem causar danos à saúde pública e à sua segurança, minimizando os impactos ambientais, método esse que utiliza os princípios de engenharia para confinar os resíduos sólidos à menor área possível e reduzi-los ao menor volume permissível (ABNT, 1992).

- **Aterros biorreatores:** apresentam as características de um aterro sanitário, porém contam com monitoramento e intervenção no processo de biodegradação, controle da umidade da pilha de resíduos, ajuste do pH, além do aumento da atividade bacteriana. As vantagens desse sistema são a aceleração do processo de geração de biogás, o desenvolvimento de sistemas eficientes de captação, a possibilidade de comercialização do gás e de créditos de carbono.[19]

- **Central de compostagem:** processo de reciclagem da parte orgânica do resíduo sólido. "A separação na origem possibilita a obtenção de uma matéria-prima pura e de elevada qualidade para a produção de um composto não contaminado"[20] (Alipio, 2014).

COLETA DE LIXO NA CIDADE DE SÃO PAULO

A cidade de São Paulo gera em média 20 mil toneladas de lixo diariamente (entre resíduos domiciliares, hospitalares, restos de feiras livres, podas

---

[18] Fonte: Plano Nacional de Resíduos Sólidos. Brasília, fev. 2012, p. 14.

[19] "Cada tonelada de CO_2 e (equivalente) não emitida ou retirada da atmosfera por um país em desenvolvimento pode ser negociada no mercado mundial. Mercado criado desde o Protocolo de Kyoto. Essa lei criou o Mecanismo de Desenvolvimento Limpo (MDL), que prevê a redução certificada das emissões. "Uma vez conquistada essa certificação, quem promove a redução da emissão de gases poluentes tem direito a créditos de carbono e pode comercializá-los com os países que têm metas a cumprir." Fonte: <http://www.brasil.gov.br/meio-ambiente/2012/04/entenda-como-funciona-o-mercado-de-credito-de-carbono>. Acesso em: 18 set. 2014.

[20] Fonte: <http://ec.europa.eu/environment/waste/publications/pdf/compost.pt.pdf>. Acesso em: 18 set. 2014.

de árvores, entulho etc.). Se forem considerados apenas os resíduos domiciliares, são coletadas aproximadamente 12 mil toneladas por dia.[21]

Os trabalhos de coleta de resíduos domiciliares, seletivos e hospitalares são executados por duas concessionárias, a Ecourbis e a Loga. O trabalho desempenhado diariamente cobre uma área de 1.523 km² e estima-se que mais de 11 milhões de pessoas são beneficiadas pela coleta. Aproximadamente 3,2 mil pessoas trabalham no recolhimento dos resíduos e são utilizados 500 veículos (caminhões compactadores e outros específicos para o recolhimento dos resíduos de serviços de saúde).[22]

Atualmente, o município utiliza três aterros para dispor os resíduos domiciliares e de varrição coletados, dois privados e um funcionando como objeto de concessão, denominados respectivamente: Aterro Sanitário Caieiras; Aterro Sanitário Centro de Disposição de Resíduos (CDR) Pedreira; e Aterro Sanitário Central de Tratamento de Resíduos Leste (CTL), localizado na Estrada de Sapopemba. Este último recebe os resíduos coletados pela Ecourbis, que atende as regiões Leste e Sul da capital. Os coletados pela Logística Ambiental (Loga) são encaminhados ao Aterro Caieiras.

Há também os aterros com as atividades encerradas e que se encontram em fase de monitoramento, como o Aterro São João, localizado na Avenida Sapopemba, n. 23.325, que recebeu os resíduos coletados pela Ecourbis até outubro de 2009; e o Aterro Bandeirantes, localizado na Rodovia dos Bandeirantes, km 26, em Perus, que recebeu resíduos coletados pela Loga até março de 2007. Entre estes estão os aterros Vila Albertina, São Mateus e Santo Amaro.

Os entulhos coletados pela prefeitura e os deixados em Ecopontos vão para os aterros chamados de Aterros de Inertes, que atualmente são três. Assim como os aterros mencionados no parágrafo anterior, estes possuem especificações que evitam o impacto ao meio ambiente. Portanto, é importante que esses resíduos também sejam descartados corretamente, seja em Ecopontos ou contratando empresas cadastradas na administração municipal. Dessa forma, a proteção ao meio ambiente estará garantida.

---

[21] Fonte: <http://www.prefeitura.sp.gov.br/cidade/secretarias/servicos/coleta_de_lixo/index.php?p=4634>. Acesso em: 2 jul. 2016.

[22] Fonte: <http://www.prefeitura.sp.gov.br/cidade/secretarias/servicos/coleta_de_lixo/index.php?p=4634>. Acesso em: 4 jun. 2016.

Condutas a serem adotadas pelo município para sua estruturação

O município pode se estruturar a partir do levantamento do seu diagnóstico operacional, de modo que atenda à PNRS, conforme suas informações de demanda relativas à população, ao volume de resíduos descartados e à estrutura operacional; e também analisando o seu diagnóstico financeiro, por meio de sua estrutura operacional atual, informando o sistema de destinação do lixo. Esse diagnóstico deve abranger a sustentabilidade financeira em longo prazo e, para atingir esse objetivo, é preciso que se faça uma análise dos valores atuais, em reais (R$), dos recursos aplicados nos Sistema de Lixo Urbano (orçamento municipal + taxa) e também uma análise das formas de arrecadação atual (orçamento + taxa).[23]

O aspecto legal do município também necessita de análise, como a obrigatoriedade de cumprimento à lei, de acordo com o Decreto-lei n. 201/1967, que dispõe sobre a responsabilidade dos prefeitos e vereadores e dá outras providências: "Art. 1º São crimes de responsabilidade dos Prefeitos Municipais, sujeitos ao julgamento do Poder Judiciário, independentemente do pronunciamento da Câmara dos Vereadores".[24] A PNRS aponta as obrigações da União, dos Estados, dos Municípios, do setor empresarial e da sociedade. De acordo com o Decreto n. 7.404/2010, que a regulamenta, diz o art. 1º "que estão sujeitas à observância da lei as pessoas físicas ou jurídicas, de direito público ou privado, responsáveis direta ou indiretamente pela geração de resíduos sólidos, e as que desenvolvam ações relacionadas à gestão integrada ou ao gerenciamento de resíduos sólidos".

Nesse contexto, entende-se necessário que os gestores compreendam as responsabilidades de cada parte envolvida. A PNRS determina que, para acessar recursos financeiros da União para serviços de resíduos sólidos, os municípios devem obrigatoriamente possuir o Plano Municipal de Gestão de Resíduos Sólidos (PMGIRS).[25]

As obrigações impostas pela PNRS são de igual importância, tais como modelos tecnológicos de custo-benefício, aterros, incineração, reciclagem etc.

---

[23] Fonte: <http://www.cidadessustentaveis.org.br/sites/default/files/arquivos/guia_pnrs_pwc.pdf>. Acesso em: 2 jun. 2016.

[24] Fonte: <http://www.jusbrasil.com.br/topicos/11732063/artigo-1-do-decreto-lei-n-201-de--27-de-fevereiro-de-1967>. Acesso em: 14 jun. 2016.

[25] Fonte: <http://nardes.jusbrasil.com.br/noticias/193427340/a-pnrs-e-a-determinacao-das-obrigacoes>. Acesso em: 4 jul. 2016.

Após essa etapa, procede-se à seleção de modelos operacionais da gestão de resíduos, como é o caso da infraestrutura, da manutenção e da inovação.

No escopo dessa infraestrutura, existem alguns modelos de prestação de serviços a serem considerados para a realização dessa gestão, tais como a parceria público-privada (PPP), a concessão, o consórcio intermunicipal, as formas possíveis de arrecadação (taxa, tarifa etc.), as formas de regularização, bem como outros incentivos, como o Programa de Aceleração do Crescimento (PAC) e o Banco Nacional de Desenvolvimento Econômico e Social (BNDES).

O que o governo pode fazer para estabelecer a logística reversa?

De acordo com o MMA,[26] podem ser citadas como principais obrigações do Município a criação de metas para a destinação final ambientalmente adequada, a implantação de aterros sanitários para a disposição de rejeitos, a elaboração do PMGIRS, a organização e a manutenção, em parceria com a União, com o Estado e com o Distrito Federal, do Sistema Nacional de Informações sobre a Gestão dos Resíduos Sólidos (Sinir).

Os resíduos sólidos depositados em lixões não sofrem nenhum tratamento prévio. São apenas dispostos em áreas afastadas da cidade, mas que não representam locais ambientalmente adequados. Por essa razão, o município deve estabelecer metas para deixar de destinar os seus resíduos a essa forma precária de deposição, buscando novas modalidades para a destinação final ambientalmente adequada, sem deixar de adotar medidas para sanear os passivos ambientais originados desses lixões.

O Quadro 1 destaca a forte queda do déficit de coleta a partir da faixa 3 (municípios acima de 100 mil habitantes). Contudo, tais números parecem não se mostrar tão surpreendentes, à medida que é precisamente a partir dessa terceira faixa que o índice de população rural do país notadamente decresce. Para o ano de 2014, alocada na primeira faixa (até 30 mil habitantes), encontra-se 57% da população rural do país; na segunda (de 30 a 100 mil habitantes), 31%; e na terceira, 7%.

---

[26] Fonte: <http://mma.gov.br/cidades-sustentaveis/residuos-perigosos/logistica-reversa>. Acesso em: 27 mai. 2016.

Quadro 1 – População total deficitária de serviço regular de coleta de RDO segundo região geográfica – SNIS-RS (2014).

Faixa popula-cional	População total 2014 – IBGE	Taxa de cobertura do serviço de coleta domiciliar em relação à população total (indicador médio: INO16)	População total atendida declarada pelos municípios	Déficit de atendimento do serviço regular de coleta RDO		
				População total não atendida	Percentual em relação à faixa popula-cional	Percentual em relação à população total deficitária
	(hab.)	(%)	(hab.)	(hab.)		
1	47.208.421	79,8	37.675.688	9.532.733	20,2	55,1
2	42.437.965	86,9	36.868.306	5.569.659	13,1	32,2
3	28.626.024	96,0	27.471.642	1.154.382	4,0	6,7
4	39.980.101	98,7	39.448.162	531.939	1,3	3,1
5	26.197.432	98,1	25.697.352	500.080	1,9	2,9
6	18.349.575	100,0	18.349.575	0	0,0	0,0
Brasil – 2014	202.799.518	91,5	185.510.725	17.288.793	8,5	100,0
Brasil – 2013	201.062.789	91,1	183.069.867	17.992.922	8,9	100,0
Brasil – 2012	193.976.530	91,3	177.110.635	16.885.895	8,7	100,0

RDO: resíduos domiciliares.

Fonte: DiagRS 2014, p. 37. Secretaria Nacional de Saneamento Ambiental.

O primeiro passo para que uma cidade se apoie em um sistema de recicla-gem de lixo urbano é poder contar com um setor de gerenciamento de resíduos. No Brasil, atualmente há alguns exemplos, tais como as cidades de São José do Rio Preto, Americana e Santa Bárbara do Oeste. Essas são cidades que praticam o gerenciamento de resíduos (Pinto, 2008). Porém, esses casos são praticamen-te raridades no país. No Brasil infelizmente a infraestrutura urbana ainda não atende à demanda de descarte de resíduos. Entende-se que resíduos sólidos urbanos englobem os resíduos domiciliares, originários de atividades domésti-cas e residências urbanas, bem como os resíduos de limpeza urbana, originários da varrição, limpeza de logradouros e de vias públicas (SMA-Cetesb-Abes, 2011).

Para exemplificar um sistema de gestão de sucesso, será detalhada uma proposta de metodologia de avaliação de processo de gestão ambiental, uma avaliação estratégica contínua, aplicada a processos participativos. Trata-se do registro da experiência realizada na cidade de Bertioga, em São Paulo, que resultou em um sistema de gestão de resíduos sólidos (SGRSU) eficiente.

Na cidade de Bertioga há um bairro que, juntamente com a iniciativa privada e em parceria com uma associação de amigos do bairro, conseguiu fazer do bairro um precursor da lei, servindo de exemplo para que futuros bairros e cidades deem início a um gerenciamento de resíduos sólidos de sucesso. Para tanto, são destacadas urbanizações existentes no litoral do estado de São Paulo, focalizando um sistema de resíduos sólidos já existente e sua eficiência como sistema patrocinado e alimentado pela iniciativa privada.

A análise desse bairro exemplifica o que tem sido aplicado em alguns locais, evidenciando a destinação do RSU adotada por cada cidade, além de estudos para reciclagem e utilização de materiais alternativos, da importância da educação ambiental e do incentivo à utilização de materiais recicláveis e da organização do sistema de coletas, minimizando o problema de depósitos clandestinos e incentivando a deposição regular.

Para a análise proposta neste capítulo, toma-se o estudo de caso da Riviera de São Lourenço, um bairro de Bertioga, SP.[27] Esse bairro litorâneo conta com um SGRSU eficiente, conforme demonstram os indicadores de sustentabilidade da Riviera de São Lourenço.[28]

Para se proceder a essa análise, é fundamental que se relacionem as leis que tratam dessa problemática de indicadores, com destaque para a Lei n. 12.305/2010, que institui a PNRS; altera a Lei n. 9.605, de 12 de fevereiro de 1998 e dá outras providências.[29] Em seu art. 9º, destaca que "na gestão e gerenciamento de resíduos sólidos, deve ser observada a seguinte ordem de prioridade: não geração, redução, reutilização, reciclagem, tratamento dos resíduos sólidos e disposição final ambientalmente adequada dos rejeitos". A Lei n. 11.445, de 5 de janeiro de 2007 (Lei de Saneamento Básico)[30], estabelece diretrizes nacionais para o saneamento básico; altera as Leis ns. 6.766, de 19 de dezembro de 1979; 8.036, de 11 de maio de 1990; 8.666, de 21 de junho de 1993; 8.987, de 3 de fevereiro de 1995; revoga a Lei n. 6.528, de 11 de maio de 1978; e dá outras providências. Essa lei, em seu art. 1º, "estabelece as diretrizes nacionais para o saneamento básico e para a política federal de saneamento básico" e, em seu art. 2º, define que "os serviços públicos de saneamento básico serão prestados com base em [...] princípios fundamentais". Essa lei, no inciso I do art. 3º considera saneamento básico o "conjunto de serviços, infraestruturas e instalações operacionais". Na alínea c, descreve o tratamen-

---

[27] Governo do Estado de São Paulo. Agência Metropolitana da Baixada Santista (AGEM). Região Metropolitana da Baixada Santista. Padrões Socioespaciais. Bertioga. UITs 2004, 2005.

[28] Indicadores de Sustentabilidade da Riviera de São Lourenço. Disponível em: <http://www.rivieradesaolourenco.com/indicadores-de-sustentabilidade-da-riviera-de-sao-lourenco/>. Acesso em: 6 out. 2013.

[29] Fonte: <http://www.planalto.gov.br/ccivil_03/_ato2007-2010/2010/lei/l12305.htm>. Acesso em: 6 out. 2012.

[30] Fonte: <http://www.planalto.gov.br/ccivil_03/_ato2007-2010/2007/lei/l11445.htm>. Acesso em: 6 out. 2013.

to que se deve dar aos resíduos sólidos urbanos, mencionando a "limpeza urbana e o manejo de resíduos sólidos, como um conjunto de atividades, infraestruturas e instalações operacionais de coleta, transporte, transbordo, tratamento e destino final do lixo doméstico e do lixo originário da varrição e da limpeza de logradouros e vias públicas".

Desse modo, a partir das legislações nacionais é que se pode verificar a aplicabilidade dessas leis sobre o bairro estudado. Assim, propõe-se investigar como a GRS funciona no local. O foco desta investigação volta-se para a tecnologia e para a organização utilizadas nesse bairro. Espera-se que esse estudo possa resultar em recomendações a serem executadas em bairros de baixa renda, como é o caso do bairro vizinho, de Indaiá, que tem crescido de maneira desordenada, sem planejamento e já acumula entulho em seus terrenos baldios, como acontece na maioria dos bairros de baixa renda do país.

GESTÃO DE RESÍDUOS NO LITORAL DO ESTADO DE SÃO PAULO

A GRS no litoral recebe maiores pressões na época de temporada, pois a quantidade de pessoas no bairro nesses meses se multiplica e consequentemente, a quantidade de resíduo urbano produzido. Assim, agravam-se os problemas com as empresas responsáveis pelo recolhimento e pelo processamento do lixo, entendido como uma questão de saneamento básico.

De acordo com o diretor da Sobloco,[31] Luiz Augusto Pereira de Almeida, além dos problemas relacionados com a vida urbana, o "esgoto é o que mais impacta o meio ambiente das estâncias turísticas e o que recebe menos atenção por parte da administração pública". Consequentemente, a ausência de serviços como esses leva ao aumento de doenças e, como resultado, também há um aumento da necessidade de serviços básicos de saúde, como hospitais e leitos, os mesmos locais em que é premente levar o saneamento.

Pode-se observar que a grande fonte de doença está na insalubridade ambiental, conforme explicitado pela matéria veiculada pelo jornal *O Estado de São Paulo*,[32] transcrita a seguir:

---

[31] Fonte: <http://www.sobloco.com.br/site/interno.asp?keyword=realizacoes.desenvolvimento>. Acesso em: 1 set. 2013.
[32] Fonte: <http://www.estadao.com.br/noticias/geral,metade-do-esgoto-do-litoral-de-sao--paulo-vai-para-o-mar,484134>. Acesso em: 4 jul. 2016.

em matéria de *O Estado de S. Paulo*, divulgou-se que quase a metade do esgoto produzido nas 13 cidades do litoral paulista era despejada no mar ou no lençol freático, por fossas sépticas. Os números eram reveladores: 1,5 mil litros de esgoto por segundo, o suficiente para encher em uma hora duas piscinas olímpicas de 2,5 milhões de litros cada. É mais do que lógico que, com o lançamento de esgotos a céu aberto, contaminando rios, mares, lençóis freáticos, praias e o meio ambiente, a população do entorno seja diretamente afetada e os problemas de saúde proliferem. (Almeida, 2013)

Nesse tema, a situação do litoral norte é precária, pois não há condições adequadas para a coleta de resíduos na maior parte de sua área, acarretando cada vez mais depósitos em locais impróprios, gerando mais poluição. A grande maioria desses resíduos sólidos acaba sendo depositada em lixões ou em terrenos vazios.

Em 1991, o IBGE inicia um levantamento sobre o "lixo coletado" e "outros destinos". A Tabela 2 evidencia em porcentagens a quantidade de domicílios particulares permanentes por municípios do litoral norte do estado de São Paulo (Panizza, 2004).

Tabela 2 – Destino do lixo.

		Caragua-tatuba	%	Ubatuba	%	São Sebastião	%	Ilhabela	%
1991	Domicílios particulares permanentes	13.075 (38,0%)*	100	11.460 (37,4%)*	100	8.363 (42,6%)*	100	3.393 (52,7%)*	100
	Lixo coletado	11.997	91,8	10.068	87,9	7.609	91,0	2.836	83,6
	Outro destino	1.078	8,2	1.392	12,1	754	9,0	557	16,4
2000	Domicílios particulares permanentes	22.164 (42,5%)*	100	18.150 (39,2%)*	100	16.271 (49,2%)*	100	5.736 (58,5%)*	100
	Lixo coletado	21.601	97,5	17.700	97,5	15.990	98,3	5.442	94,9
	Outro destino	563	2,5	450	2,5	281	1,7	294	5,1

* Porcentagem de domicílios particulares permanentes segundo o total de domicílios.
Fonte: IBGE, Censos demográficos anos 1980, 1991, 2000.

A Tabela 2 demonstra que o lixo é coletado pelo serviço do município, por suas prefeituras ou a população se encarrega de descartá-lo e normalmente o faz de maneira precária.

Panizza (2004) declara que nenhum dos municípios do litoral norte paulista possui aterro sanitário, sendo assim, mesmo que os resíduos sejam coletados pelos serviços das prefeituras municipais, acabam tendo o seu destino final em um lixão. O depósito de lixo em áreas de preservação ambiental é inapropriado, assim como o depósito em áreas de proteção aos mananciais, como em Áreas de Preservação Permanente (APP).[33] A lei n. 4.435, de 5 de dezembro de 1984, bloqueia a instalação de depósito de lixo, usinas de beneficiamento de resíduos sólidos e aterros sanitários em um raio de 2,5 km do ponto em que localiza a fonte dos Jesuítas, no município de Embu.[34]

Desse modo, pode-se inferir que a formação da urbanização da área do entorno da praia de São Lourenço é uma exceção, pois, ao se constituir o bairro Riviera de São Lourenço e o respectivo SGRSU, ao mesmo tempo se está inovando e protegendo ambientalmente a população.

Segundo Gomes, Aquino e Colturato (2012), a prática costumeira em todo o litoral é a deposição de resíduos em lixões ou lugares inadequados, aumentando a emissão dos gases. Para minimizar essa prática, alguns municípios optam pela utilização dos aterros sanitários, embora não utilizados em países desenvolvidos.

O Quadro 2 aponta o município de Santos como precursor, em 1990, com a criação de coleta seletiva, pois nessa época a cidade de Bertioga e a Riviera de São Lourenço eram bairros pertencentes à cidade de Santos. Assim, o precursor, no caso dos bairros, foi o da Riviera de São Lourenço, que será objeto deste estudo (Alipio, 2013).

Quadro 2 – Criação do programa de coleta seletiva nos municípios do litoral paulista

Município	População em 2010	Criação do programa de coleta seletiva	Desenho adotado
Bertioga	45.572	Dez/2011	52 LEV porta a porta (parcial)
Cubatão	118.797	Jun/2012	28 PEV
Guarujá	290.607	Out/2006	170 PEV
Itanhaém	87.053	Mar/2005	PEV porta a porta (parcial, com início em 2009)
Mongaguá	46.301	Não institucionalizada	Projeto piloto com a Coopemar
Peruíbe	59.793	2010	PEVs porta a porta
Praia Grande	260.769	s.i.	Porta a porta
Santos	419.757	1990	Porta a porta
São Vicente	332.424	Mai/1997	PEVs porta a porta

Fonte: Dias (2013). LEV: locais de entrega voluntária; PEV: postos de entrega voluntária.

---

[33] APP são as áreas que compreendem as florestas e demais formas de vegetação natural, conforme definidas no art. 2º da Lei Federal n. 4.771, de 15 de setembro de 1965 – Código Florestal. Fonte: <http://www3.prefeitura.sp.gov.br/cadlem/secretarias/negocios_juridicos/cadlem/integra.asp?alt=11102007PL006712007CAMARA>. Acesso em: 7 out. 2013.

[34] Fonte: <http://governo-sp.jusbrasil.com.br/legislacao/195850/lei-4435-84?ref=home>. Acesso em: 7 out. 2013.

Gerenciamento de resíduos sólidos da Riviera de São Lourenço

A coleta seletiva deverá ser implementada mediante a separação prévia dos resíduos sólidos (nos locais em que são gerados), conforme sua constituição ou composição (úmidos, secos, industriais, da saúde, da construção civil etc.). A implantação do sistema de coleta seletiva é instrumento essencial para se atingir a meta de disposição final ambientalmente adequada dos diversos tipos de rejeitos (MMA, 2012, p. 23).

O projeto de urbanização da Riviera de São Lourenço iniciou-se em 1979. A partir de então um grupo de investidores, diretores das empresas Praias Paulistas S/A e Cia. Fazenda Acaraú, em parceria com a Sobloco construtora S/A, planejaram o projeto urbano para uma área de 9 milhões m², que se antecipou às leis de urbanização e leis ligadas ao meio ambiente, integrando uma comunidade em um modelo sustentável de ocupação urbana. Esse projeto foi partilhado pela Sobloco e pelas empresas proprietárias das terras, a Praias Paulistas e a Cia. Fazenda Acaraú e, mais tarde, pelas empresas que se originaram das cisões entre elas (Mazzolenis, 2008, p. 9). A Riviera de São Lourenço tem em seu planejamento a preocupação com as águas, o solo, os resíduos sólidos, o planejamento ambiental, a fiscalização ambiental, a vida animal, a licença ambiental e a educação ambiental.

Figura 1 – Foto aérea da Riviera de São Lourenço
Fonte: <http://www.rivieradesaolourenco.com/sobre/o-projeto/>. Acesso em: 29 set. 2013.

Figura 2 – Coleta seletiva de lixo na Riviera de São Lourenço.
Fotos: Alipio (2008). Montagem de fotos tiradas em visita aos postos de coleta e ao centro de gerenciamento dos resíduos.

O sistema de gestão de resíduos existente no bairro, assim como todo o saneamento básico e esgotos, o seu próprio planejamento urbano, além do planejamento na construção, funcionam de modo exemplar, de forma a cumprir diversos requisitos ligados à sustentabilidade, inclusive nas obras, antes mesmo de terem surgido leis, como a Resolução Conama n. 305, a Lei n. 12.305/2010 ou a Lei n. 11.445/2007.

Sobre a gestão dos RSU, a Construtora Sobloco, juntamente com a Associação dos Amigos da Riviera de São Lourenço (AARSL), desenvolve um programa completo de gerenciamento desde 1983. Os objetivos desse gerenciamento são: reduzir o volume de resíduos gerados na Riviera, destinados ao aterro controlado do município; reaproveitar os resíduos, diminuindo o desperdício de materiais; e envolver a comunidade no equacionamento do problema do lixo e da manutenção da qualidade ambiental (Sobloco, 2006).

Figura 3 – Riviera de São Lourenço.
Foto: Alipio (2015).

A separação dos resíduos é feita pelos moradores, que são incentivados pela própria infraestrutura existente. Após essa separação, os moradores das residências descartam o lixo nos pontos de coleta espalhados em toda a zona residencial. Na área denominada zona turística, onde se localizam os prédios, a coleta seletiva é feita nos andares dos edifícios, em que os resíduos são separados pelos moradores, recolhidos pelo condomínio e entregues ao caminhão coletor.

Figura 4 – Ponto de coleta de resíduos da área residencial, em que o morador faz uma separação prévia.
Foto: Alipio (2008).

Após a separação, os resíduos são encaminhados para o destino correto, de acordo com sua categoria. A venda dos materiais é feita pela AARSL e o lucro vai para a Fundação 10 de Agosto.[35] A quantidade média de entulho gerenciado é de 11 toneladas/mês.

Para a implantação desse programa, no que se refere aos funcionários dos condomínios, foram necessários significativos investimentos na área de educação ambiental. Por meio de palestras, *workshops*, encontros, folhetos e outras ações, os organizadores foram conquistando a adesão e a participação ao programa, tanto da população fixa como da flutuante da Riviera de São Lourenço.

A GRS gera toneladas de resíduos mensalmente. Até o mês de agosto de 2012, conforme demonstra a Tabela 3, a coleta seletiva gerou 3.800 toneladas de resíduos que foram encaminhadas para a reciclagem. O gerenciamento do lixo vem sendo implantado desde 1992. A Tabela 4 traz uma relação das pesagens de materiais recicláveis entre os anos de 1993 e 2011.

Tabela 3 – Resíduos coletados pela Riviera de São Lourenço.

Materiais coletados até agosto de 2012	Peso (kg)
Papelão	1.821.176
Papéis mistos	261.107
Alumínio	54.933
Ferro	396.588
PET	65.364
Plástico	414.261
Vidro	831.485
Total	3.844.914

Fonte: Revista Hyypocampos (2013).

---

[35] A Fundação 10 de Agosto, entidade social e educativa sem fins lucrativos, com sede na Riviera de São Lourenço (Bertioga, SP), tem como visão para sua existência proporcionar educação e qualificação profissional para a população de Bertioga. Oferece cursos gratuitos, seja por meio da música, dos esportes e das artes manuais para jovens e crianças, seja por meio de cursos técnicos profissionalizantes para jovens e adultos. Fonte: <http://www.rivieradesaolourenco.com/wp-content/uploads/ApresentacaoFundacao10deagosto2012.pdf>. Acesso em: 7 out. 2013.

Tabela 4 – Pesagens de materiais recicláveis (1993 a 2011).

	Pesagens recicláveis (comercializados) até agosto de 2013							
	Papelão	Papéis mistos	Alumínio	Ferro	PET	Plástico	Vidro	Totais
1993	1.940	-	195	583	-	-	-	2.718
1994	35.090	-	572	4.937	-	3.358	-	43.957
1995	45.415	-	1.083	5.918	-	3.870	16.800	73.086
1996	75.285	-	2.324	24.178	-	8.146	8.500	118.433
1997	115.450	-	5.445	46.585	-	14.242	27.740	209.462
1998	115.510	-	2.854	21.380	-	5.083	34.280	179.107
1999	109.775	4.528	4.515	34.430	-	15.269	8.985	177.502
2000	104.614	11.390	1.906	23.180	-	22.417	23.065	186.572
2001	121.079	11.530	1.041	23.427	-	24.454	36.100	217.631
2002	109.132	16.532	1.279	31.466	800	25.370	33.900	218.479
2003	72.450	14.780	808	18.569	3.550	25.768	27.669	163.594
2004	55.949	10.025	1.220	22.653	4.074	26.029	40.150	160.100
2005	57.191	13.776	1.439	18.396	2.960	26.781	42.800	163.343
2006	102.527	34.040	2.684	9.351	5.010	25.079	70.567	249.258
2007	133.020	50.303	3.259	29.064	9.534	35.045	79.000	339.225
2008	136.841	17.894	3.336	10.298	7.922	42.509	78.880	297.680
2009	136.187	21.623	5.238	24.292	10.669	29.906	54.820	282.735
2010	112.245	12.583	6.494	19.395	5.641	37.043	62.560	255.961
2011	91.258	28.755	5.102	16.077	6.644	31.940	99.500	279.276
2012	130.198	20.448	6.779	21.472	9.226	19.644	103.669	311.436
2013	56.696	11.280	4.276	10.972	12.515	12.313	94.200	202.252
TT	*1.917.852*	*279.487*	*61.849*	*416.623*	*78.545*	*434.266*	*943.185*	*4.131.807*

Fonte: Associação Amigos da Riviera de São Lourenço (AARSL) em entrevista e visita na ocasião, pelo arquiteto Fernando Cezar de Sanctis.

Esse programa, levado a efeito pela iniciativa privada, atingiu proporções significativas em relação ao gerenciamento de resíduos. A Riviera de São Lourenço tem programa pioneiro em gerenciamento de resíduos e é considerada a melhor experiência brasileira no campo de coleta seletiva, de acordo com pesquisa realizada na Universidade Federal Fluminense (UFF/CIRS).[24]

As Tabelas 5 e 6, cedidas pela AARSL, demonstram levantamento feito entre 1993 e 2011, relacionando características dos resíduos coletados nesse bairro, tais como tipo de resíduo, responsável pela coleta, destinação, receptor e quantidade em kg, na Tabela 5; e destinação de resíduos potencialmente perigosos, na Tabela 6.

De acordo com o Arquiteto Fernando Cezar de Sanctis, "os resíduos, durante esse período, foram gradativamente sendo incorporados à coleta".

Tabela 5 – Características dos resíduos coletados na Riviera de São Lourenço.

Resíduos	Responsáveis	Destinação	Receptor	Quant.	Ref.
Resíduos recicláveis					
Plásticos/misto/pead/pet	Manutenção	Reciclagem	Sucateiros	505.365	kg
Papéis/papelão/revistas	Manutenção	Reciclagem	Sucateiros	1.903.286	kg
Vidros	Manutenção	Reciclagem	Mazzeto Vidros	921.185	kg
Alumínio	Manutenção	Reciclagem	Sucateiros	61.285	kg
Sucata de ferro	Manutenção	Reciclagem	Sucateiros	414.133	kg
Resíduos volumosos					
Pneus	Administração	Reaproveitamento	Renovadora de Pneus Presidente Guarulhos Ltda. ME	3.293	unidades
Madeira/Reciclatec	Manutenção	Reprocessamento	Reciclatec Reciclagem e Comércio de Resíduos Industriais Ltda.	7.074	m³
Podas de árvores	Manutenção	Compostagem	Compostagem local	160.057	m³
Resíduos perigosos/classe I					
Pilhas/baterias/lixo tecnológico	Administração	Reprocessamento	Suzaquim Indústrias Químicas Ltda.	28.491	kg
Lâmpadas fluorescentes	Administração	Reprocessamento	Apliquim Equipamentos e Produtos Químicos Ltda.	71.019	unidades
Mix-sobras de tintas, areia contaminada, filtros de óleo	Manutenção	Coprocessamento	Resicontrol Soluções Ambientais Ltda.	57.092	kg
Óleo lubrificante usado	Manutenção	Reprocessamento	Lwart Lubrificantes Ltda.	44.800	litros
Toalhas com resíduos	Administração	Lavagem	Atmosfera Gestão e Higienização de Têxteis S/A	4.758	kg
Lodo de esgoto	Administração	Aterro	Terrestre Ambiental Ltda.	2.236	ton.
Outros resíduos					
Óleo vegetal usado	Manutenção	Reprocessamento	Giglio S/A Indústria e Comércio Ltda.	61.435	litros
Cartuchos de impressora	Administração	Recondicionamento	Apae de Bertioga	5.000	unidades

Fonte: Associação Amigos da Riviera de São Lourenço (AARSL) em entrevista e visita na ocasião, pelo arquiteto Fernando Cezar de Sanctis.

Em 2014, os funcionários da AARSL triaram e encaminharam para a reciclagem mais de 450 kg de plástico, 25 toneladas de papelão, 2.800 toneladas de papéis mistos, 1,3 tonelada de ferro e 1,8 tonelada de alumínio.[36]

Tabela 6 – Destinação de resíduos potencialmente perigosos na Riviera de São Lourenço.

Resíduos potencialmente perigosos			
Pilhas/baterias/lixo tecnológico	Reprocessamento	Suzaquim Indústrias Químicas Ltda.	MTR/Certificado de Reprocessamento e destinação de pilhas, baterias e tecnológicos 3399 – 10/05/2011
Lâmpadas fluorescentes	Reprocessamento	Apliquim Equipamentos e Produtos Químicos Ltda.	MTR/Certificado de Descontaminação e Reciclagem de Lâmpadas Fluorescentes 1464 – 05/06/2013
Mix-sobras de tintas, areia contaminada, filtros de óleo	Coprocessamento	Resicontrol Soluções Ambientais Ltda.	Cadri 25001526 09/09/2013 – Validade 09/09/2018 – Cadastro Cetesb 669000858-0
Óleo lubrificante usado	Reprocessamento	Lwart Lubrificantes Ltda.	Cadri 188000315 12/02/2004 Cadastro Cetesb 41600051-3
Toalhas com resíduos	Lavagem	Atmosfera Gestão e Higienização de Têxteis S/A	Cadri 188000188 18/11/2002 – Validade 30/11/2016 – ref. Licença de Operação de empresa receptora – Cadastro Cetesb 40736556-3
Lodo de esgoto	Aterro	Terrestre Ambiental Ltda.	Cadri 25001142 01/12/2010 – Validade 01/12/2015 Cadastro Cetesb 633001995-2

Fonte: Associação Amigos da Riviera de São Lourenço (AARSL) em entrevista e visita na ocasião, pelo arquiteto Fernando Cezar de Sanctis..

A Sobloco demonstrou que a iniciativa privada pode e deve se unir ao poder público e à população em busca de soluções para uma melhor qualidade de vida. Esse programa tornou-se atualmente um dos maiores trabalhos desse gênero desenvolvido pela iniciativa privada no Brasil.[37] A empresa tem demonstrado ter consciência tanto dos danos que o resíduo pode causar ao meio ambiente, como das limitações técnicas, financeiras e operacionais do poder público para efetuar uma adequada coleta e tratamento desse resíduo, contribuindo assim para um melhor entendimento de suas responsabilidades socioambientais.

---

[36] Fonte: Página na rede social Instagram: @rivierasaolourencooficial. Acesso em: 13 abr. 2015.

[37] Fonte: <http://www.rivieradesaolourenco.com/web/site/Educacao.Coleta.asp>. Acesso em: 26 mai. 2016.

CONSIDERAÇÕES FINAIS

A GRS depende de diversos fatores para sua plena realização, fatores oriundos não apenas do serviço municipal, como provedor de saneamento e de infraestrutura para o recolhimento de lixo, mas também da população em si, que muitas vezes apresenta valores ligados ao nível educacional, ao poder aquisitivo, a hábitos e costumes próprios de cada região, além de fatores climáticos e demográficos. Um programa bem elaborado de reeducação da população, voltado à geração e à deposição dos resíduos sólidos poderá contribuir para minimizar os impactos negativos ao meio ambiente.

Um meio ambiente equilibrado evidencia-se pela qualidade de vida das pessoas que dele usufruem. Para que se atinja esse equilíbrio é fundamental um planejamento urbano eficiente, que se traduza em água potável, esgoto tratado, lixo coletado, pela presença de parques e de áreas verdes, de ciclovias, segurança, educação, saúde, transporte, energia e mobilidade, entre outros relevantes fatores.

No caso relatado da cidade de Bertioga, pode-se perceber que a lei se aplica em algumas áreas, principalmente em uma área controlada pela iniciativa privada, o bairro da Riviera de São Lourenço, comprovando que a GRS é possível e apresenta grande resultado quando há a integração dessa gestão, partindo a iniciativa quer do poder público, quer do privado.

REFERÊNCIAS

[ABLP] ASSOCIAÇÃO BRASILEIRA DE RESÍDUOS SÓLIDOS E LIMPEZA PÚBLICA. Guia de orientação para adequação dos Municípios à Política Nacional Resíduos Sólidos. São Paulo. 2011. 138p. Disponível: <http://www.cidadessustentaveis.org.br/sites/default/files/arquivos/guia_pnrs_pwc.pdf>. Acesso: 2 mar. 2013.

[ABRELPE] ASSOCIAÇÃO BRASILEIRA DE EMPRESAS DE LIMPEZA PÚBLICA E RESÍDUOS ESPECIAIS; PLASTIVIDA. Caderno Informativo de recuperação energética. 2010-2011. Disponível em: http://www.abrelpe.org.br/_download/informativo_recuperacao_energetica.pdf. Acesso em: 3 jun. 2016.

ALIPIO, A.P.R. Reciclagem do entulho da indústria da construção. Dissertação (Mestrado em Arquitetura e Urbanismo). Universidade Presbiteriana Mackenzie, São Paulo, 2010.

_____. Seminário de Tese III e IV – Gestão de Resíduos Sólidos – Caso no Litoral do Estado de São Paulo. Universidade Presbiteriana Mackenzie, São Paulo, 2013.

[ABNT] ASSOCIAÇÃO BRASILEIRA DE NORMAS TÉCNICAS. NBR ISO 14001: Sistemas de gestão ambiental – Especificação e diretrizes para uso. Rio de Janeiro, 1996.

ALMEIDA, J.R. Planejamento Ambiental, Rio de Janeiro, Thex, 1993. Disponível em: https://www.estadao.com.br/noticias/geral,metade-do-esgoto-do-litoral-de-sao-paulo-vai-para-o--mar,484134. Acesso em: 4 jul. 2016.

BRASIL. Ministério do Meio Ambiente. Conselho Nacional do Meio Ambiente (Conama). Resolução n. 307, de 5 de julho de 2002. Estabelece diretrizes, critérios e procedimentos para gestão dos resíduos da construção civil.

DIAS, S.G. Impactos Ambientais e Sociais do tratamento e disposição de Resíduos Sólidos Urbanos. Estudo dos Aspectos Sociais Envolvidos. Autor – Curso de gestão Ambiental- EACH-USP. Procam USA. 2013.

[IBGE] INSTITUTO BRASILEIRO DE GEOGRAFIA E ESTATÍSTICA. Disponível em: http://www.ibge.gov.br/cidadesat/xtras/perfil.php?codmun=350635. Acesso em: 1 set. 2013.

_____. Disponível em: http://www.ibge.gov.br/cidadesat/painel/painel.php?codmun=350635&-search=sao- paulo|bertioga#historico. 2013. Acesso em: 20 maio 2016.

_____. Disponível em: http://www.mma.gov.br/informma/item/10272-pol%C3%ADtica--de-res%C3%ADduos-sólidos-apresenta-resultados-em-4-anos.

[ICLEI] CONSELHO INTERNACIONAL PARA INICIATIVAS AMBIENTAIS LOCAIS. Brasil. *Planos de Gestão de Resíduos Sólidos: Manual de Orientação. Apoiando a implementação da Política Nacional de Resíduos Sólidos: do nacional ao local*. Brasília: Ministério do Meio Ambiente, 2012.

GOMES, F.C.S.P.; AQUINO, S.F.; COLTURATO, L.F.D.B. Biometanização seca de resíduos sólidos urbanos: estado da arte e análise crítica das principais tecnologias. *Revista Eng. Sanit Ambient*, v. 17, n. 3, jul./set. 2012, p. 296. Disponível em: http://www.scielo.br/pdf/esa/v17n3/v17n3a06.pdf/. Acesso em: 2 maio 2016.

MANUAL GERENCIAMENTO INTEGRADO DE RESÍDUOS SÓLIDOS. Fonte: http://www.resol.com.br/cartilha4/residuossolidos/residuossolidos_2.php. Acesso em: 15 mai. 2016.

MAZZOLENIS, S. *Riviera de São Lourenço ontem, hoje... registros*. São Paulo, 2008.

MUMFORD, L. *A cultura das cidades*. Belo Horizonte: Itatiaia, 1961. p. 56.

PANIZZA, A.C. Imagens orbitais, cartas e coremas: uma proposta metodológica para o estudo da organização e dinâmica espacial. Aplicação ao Município de Ubatuba, Litoral Norte, Estado de São Paulo, Brasil. Tese [Doutorado]. Universidade de São Paulo, 2004.

PINTO, T.P. Metodologia para a gestão diferenciada de resíduos sólidos da construção urbana. Tese. [Doutorado]. Escola Politécnica – USP, 2008.

RIVIERA DE SÃO LOURENÇO. Causas ambientais de doenças. Disponível em: http://www.rivieradesaolourenco.com/planejamento-urbano-para-um-meio-ambiente-equilibrado/. Acesso em: 16 maio 2016.

[SMA/CETESB/ABES] SECRETARIA DO MEIO AMBIENTE/ COMPANHIA AMBIENTAL DO ESTADO DE SÃO PAULO/ ASSOCIAÇÃO BRASILEIRA DE ENGENHARIA SANITÁRIA E AMBIENTAL. Aproveitamento energético dos Resíduos Sólidos, set. 2011. Disponível em: http://cenbio.iee.usp.br/download/documentos/apresentacoes/cetesb2011_suani.pdf Acesso em: 14 abr. 2013.

SOBLOCO. Princípio básico: qualidade de vida. Disponível em: http://www.sobloco.com.br/site/interno.asp?keyword=realizacoes.desenvolvimento. Acesso em: 10 maio 2016.

38 | Desafios do gerenciamento sustentável de resíduos sólidos na cidade de São Paulo

Verônica Polzer
Arquiteta, Universidade Presbiteriana Mackenzie, UPM

INTRODUÇÃO

Este capítulo tem como objetivo compreender a situação atual dos resíduos sólidos na cidade de São Paulo, bem como avaliar os desafios e as oportunidades no gerenciamento sustentável desses resíduos, articulado com outras políticas públicas, principalmente no setor de saneamento básico e energia. Tendo em vista as características da forma de ocupação por diversas tipologias habitacionais no território, foram consideradas, para efeito de estudo do fluxo de resíduos, desde o armazenamento até a coleta, bairros com unidades habitacionais unifamiliares, edifícios multifamiliares e assentamentos precários. Cada uma dessas tipologias representa diferentes desafios e soluções para otimizar a coleta fracionada dos resíduos orgânicos, recicláveis e rejeitos. Com as três frações devidamente separadas, estas poderão ser encaminhadas para os pré-tratamentos, desviando os resíduos sólidos urbanos (RSU) dos aterros sanitários, gerando emprego e renda ao longo de toda a cadeia e protegendo a saúde pública e ambiental.

A geração de resíduos no Brasil cresce em ritmo acelerado, superior ao crescimento populacional. No período de 2014 a 2015, a população cresceu 0,8%, ao passo que a taxa de resíduos foi de 1,7%, mesmo com retração de 3,8% no PIB (IBGE, 2016). Em 2015, foram geradas 79,9 milhões de toneladas de resíduos, das quais 41,3% tiveram destino inadequado em lixões e aterros controlados e 58,7% foram destinados aos aterros sanitários (Abrelpe, 2016).

Embora a Política Nacional de Resíduos Sólidos (PNRS) tenha determinado a hierarquia na gestão de RSU, conforme a seguinte ordem de prioridade: não geração, redução, reciclagem, valorização energética e por último a disposição final em aterros, o Brasil enterra diariamente em seus aterros sanitários e lixões materiais que poderiam ter sido desviados para níveis anteriores de tratamento, como a reciclagem e a compostagem (Brasil, 2010). Apenas 18% dos municípios possuem alguma iniciativa de coleta seletiva para os materiais recicláveis (Cempre, 2016), representando menos de 3% de todos os RSU gerados no país. O desvio dos materiais orgânicos é ainda menor, apenas 0,4% é encaminhado para 72 usinas de compostagem no país (SNSA, 2016).

O Plano de Gerenciamento Integrado de Resíduos Sólidos (PGIRS) é um instrumento essencial para garantir o manejo adequado dos resíduos na cidade, porém, apenas 41% dos municípios brasileiros elaboraram seus planos (Sinir, 2018). A ausência de uma gestão sustentável dos RSU direcionada a redução, recuperação e valorização fazem os municípios brasileiros adotarem a destinação final dos resíduos em aterros sanitários ou vazadouros a céu aberto como única alternativa de tratamento para os RSU.

A lentidão na implantação dos programas de coleta seletiva para os resíduos recicláveis e orgânicos acarreta sérios impactos ambientais. Somados a isso, o atraso na promulgação da PNRS e a falta de prioridade política produziram um passivo ambiental de vazadouros a céu aberto e aterros controlados, causando a necessidade de se iniciar novos aterros sanitários em detrimento do esgotamento dos aterros existentes (Jacobi; Besen, 2011).

O desafio das cidades brasileiras é promover a redução dos resíduos na fonte e integrar todas as políticas públicas, solucionando problemas comuns e assim poupando recursos naturais e financeiros. Neste cenário, os programas de coleta seletiva, logística reversa e tratamento de resíduos orgânicos, por meio da compostagem ou biodigestão anaeróbica; são ferramentas indispensáveis, pois além de expandir a vida útil dos aterros sanitários, ainda geram emprego e renda e protegem o meio ambiente e a saúde pública.

RESÍDUOS SÓLIDOS NA CIDADE DE SÃO PAULO

A cidade de São Paulo produz em média 18 mil toneladas de resíduos diários; destes, 10 mil são domiciliares. O município possui três estações de transbordo (Vergueiro, Ponte Pequena e Santo Amaro), dois aterros sanitários (CTL e Caieiras, privados), 98 ecopontos, 1.500 pontos de entrega voluntária de recicláveis e 20 cooperativas de triagem de material reciclável. Com a infraestrutura existente, a cidade destinava para a reciclagem cerca de 2% dos materiais coletados, passando para 6,5% em 2016, e o restante é encaminhado para os dois aterros sanitários (PMSP, 2017; 2014).

A responsabilidade sobre a gestão dos resíduos sólidos é compartilhada entre a prefeitura, que é responsável pelas campanhas de conscientização, divulgação de dados, estabelecimento e acompanhamento de metas a longo prazo; a Autoridade Municipal de Limpeza Urbana (AMLURB), pela administração das concessionárias que realizam a operação de coleta e destino dos resíduos e pela inclusão dos catadores; o setor privado, por reduzir a produção de resíduos na origem, pela simplificação e otimização das embalagens e por contratar as cooperativas para destinar os materiais recicláveis gerados na sua produção e nas embalagens pós-consumo por meio dos programas de logística reversa; e os cidadãos, por separar os resíduos adequadamente, entregar os especiais e os que fazem parte da logística reversa nos pontos de coleta, reduzir e reutilizar os resíduos antes de reciclá-los (PMSP, 2014).

O Plano de Gerenciamento Integrado de Resíduos Sólidos (PGIRS) de São Paulo segue os mesmos princípios e objetivos da PNRS, como a prevenção e a precaução; a responsabilidade compartilhada pelo ciclo de vida dos produtos; o resíduo como um recurso a ser incorporado no ciclo econômico; a proteção da saúde pública e ambiental; a hierarquia na gestão dos RSU; a inclusão dos catadores; o consumo sustentável e outros (PMSP, 2014; BRASIL, 2010).

A coleta domiciliar é realizada por duas concessionárias, a Ecourbis e a Loga. Além dos resíduos domiciliares, há também os chamados indivisíveis, que são os resíduos misturados nos coletores públicos distribuídos em toda a cidade, que somam cerca de 3.500 toneladas diárias (São Paulo, 2002).

Em relação aos recicláveis, eles representam 35% em média do material presente nos resíduos domésticos de um paulistano típico, o que representaria cerca de 4.000 toneladas diárias. A produção dessa fração dos RSU varia de acordo com o bairro, sendo maior em bairros de alta renda e menor em bairros de baixa renda (PMSP, 2017a; Cempre, 2016).

GERENCIAMENTO INTEGRADO DE RESÍDUOS SÓLIDOS NA CIDADE DE SÃO PAULO

Cada bairro ou região de São Paulo possui características diferentes e demanda soluções específicas no gerenciamento dos RSU. Portanto, para o desenvolvimento do estudo foi estabelecida a divisão das áreas por tipo de ocupação e zoneamento. Para fins metodológicos, as áreas domiciliares podem ser identificadas da seguinte forma: habitações unifamiliares; edifícios residenciais e assentamentos precários (favelas).

Para cada tipo de resíduo foi proposto um conjunto de alternativas considerando o plano de gerenciamento de resíduos sólidos existente (PMSP, 2014). Para promover o gerenciamento dos RSU de forma sustentável e com menor impacto possível, é necessário seguir os seguintes passos: primeiro, garantir a infraestrutura mínima na separação dos resíduos na origem; segundo, realizar coletas separadas por tipo de material, assegurando o destino adequado; terceiro, implantar os pré-tratamentos necessários por tipo de resíduo e, por último, garantir a disposição final dos materiais que não podem ser reciclados ou incinerados (Figura 1).

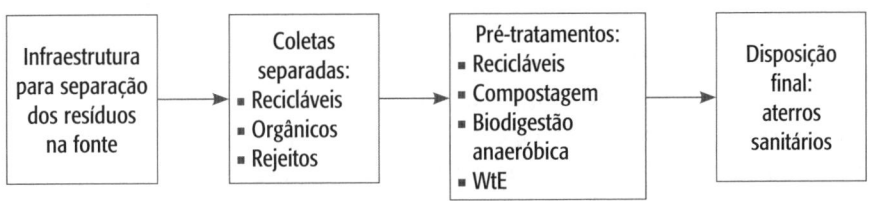

Figura 1 – Fluxograma inicial para o gerenciamento de RSU na cidade de São Paulo. *Fonte:* Polzer, 2018.

O gerenciamento integrado dos RSU deveria ser desenvolvido juntamente com as demais políticas públicas, como planejamento urbano, saneamento básico, energia e transporte. A tipologia dos edifícios e o uso dos espaços poderia considerar os equipamentos necessários para a gestão dos RSU, como containers para a segregação dos materiais e armazenamento; estações de entrega voluntária, como ecopontos e outros e as próprias instalações de pré-tratamento (usinas de compostagem, biodigestão anaeróbica, reciclagem, *waste-to-energy* (WtE) e outros). Uma vez integrados ao traçado urbano, todos os equipamentos facilitarão o acesso, a coleta e o tratamento dos RSU nas cidades.

Os resíduos provenientes da coleta e do tratamento de água e esgoto podem ser utilizados na biodigestão anaeróbica gerando biogás, que possui diversos usos, como combustível de veículos, produção de eletricidade ou até mesmo sua distribuição na rede pública para o abastecimento dos fogões domiciliares. Tanto o tratamento de água e esgoto como a incineração podem gerar energia. Essa energia é considerada renovável e o impacto ambiental é menor se comparado com outras fontes de energia, como a queima de combustíveis fósseis, por exemplo (Abiogás, 2015).

Em relação à mobilidade, os acessos precisam permitir a coleta e o fluxo dos resíduos pela cidade de forma eficiente e com menor impacto ambiental possível. Cada área tem suas particularidades e deve ser estudada individualmente, considerando a melhor alternativa para implantação dos coletores e acesso para realizar a coleta.

Infraestrutura para a separação dos RSU na origem

Garantir a separação na fonte é a chave para que o material tenha o destino adequado e seja enviado para os pré-tratamentos seguindo a hierarquia na gestão dos RSU, estipulada pela PNRS (Brasil, 2010), evitando assim o aterramento de um material que poderia ser reciclado ou ser utilizado para gerar energia.

Com a infraestrutura adequada e a população conscientizada sobre como separar os resíduos em casa, os materiais poderão ser desviados dos aterros sanitários para reciclagem e recuperação energética. Para que isso ocorra, o recomendado seria que o munícipe não percorresse mais de 300 m para depositar seu resíduo no local da separação. Além disso, a população poderia ser atendida pelas três coletas principais: orgânicos, recicláveis e rejeitos.

O sistema precisa ser prático e fácil de ser operado para que o munícipe não tenha dúvidas em como separar corretamente os materiais, uma vez que isso também facilita a coleta. Para tanto, é recomendado que cada área seja estudada individualmente, considerando a densidade do local, o tipo de resíduo produzido e as condições físicas e espaciais para realizar a separação, o armazenamento e a coleta por tipo de material.

Para os resíduos misturados e rejeitos, o objetivo é diminuir gradualmente essa fração conforme o aumento da conscientização ambiental por parte da população. Assim que os habitantes iniciarem a separação de resíduos na fonte, fazendo-a corretamente entre orgânicos e recicláveis, a quantidade de rejeitos tende a cair sensivelmente.

O resíduo orgânico é o material que representa o maior desafio, em razão da alta umidade, decomposição e formação de líquido. Para que o material tenha o seu destino correto, este não pode estar contaminado com outros tipos de resíduos, como rejeitos, recicláveis ou outros. O material deverá ser acondicionado em sacos de papel, não em plástico, para que não prejudique a compostagem ou outro tratamento biológico.

O sistema mais eficiente para os resíduos recicláveis é aquele que permite a separação por tipo de material. Quanto mais segregados os materiais estiverem, mais produtivas serão as próximas fases, de coleta, triagem e destino. Locais que permitam a implantação de *containers* por tipo de material devem tentar separá-los em pelo menos seis *containers*:

- Papel e papelão.
- Metais.
- Plásticos rígidos.
- Plásticos leves.
- Vidros incolores.
- Vidros coloridos.

Caso não seja possível essa divisão por falta de espaço e outros aspectos, os *containers* podem ser reduzidos para quatro tipos (papel, metal, vidro e plásticos) ou ainda para um único *container*.

Para que a meta de reciclagem seja atingida, a população local precisa ser instruída em como separar, limpar as embalagens e levar até o local de armazenamento. O material precisa estar limpo e seco para que possa ser armazenado e não gerar incômodo aos moradores, como mau cheiro ou ainda atrair insetos e outros animais.

Os resíduos de construção e demolição gerados em pequenas reformas domiciliares podem ser entregues pelos munícipes nos ecopontos, assim como sobras de tinta, vernizes, colas, eletrodutos e outros resíduos de construção (PMSP, 2017). Atualmente, esses locais são insuficientes para atender toda a população. Como os ecopontos são normalmente acessados por automóveis, a sugestão é que haja um ecoponto a cada 2,5 km de raio, de forma que os ecopontos possam cobrir toda a área da cidade.

Os resíduos identificados como especiais requerem pontos de entrega específicos. Alguns desses materiais podem ser entregues nos ecopontos e outros em lojas e locais determinados. Cada tipo de resíduo precisa ser avaliado separadamente, pois o grau de contaminação, tratamento e outras necessidades variam de material para material. São considerados materiais especiais medicamentos, pilhas e baterias, lâmpadas, roupas e tecidos, mobiliários, colchões e outros.

Em relação aos demais resíduos especiais, seria recomendável que os ecopontos recebessem também esses materiais, e que esses fossem separados em *containers* específicos. O munícipe poderia também ter a opção de agendar uma coleta específica, mediante o pagamento de uma taxa para a retirada de um móvel, colchão ou outro material caso não pudesse levar até os ecopontos ou aguardar a operação cata-bagulho realizada pela Prefeitura de São Paulo.

Em relação aos resíduos eletroeletrônicos, é necessário criar mais pontos de entrega na cidade. Atualmente há poucos pontos disponíveis, sendo o maior deles a própria empresa que faz o tratamento deste material, a Cooperativa de Resíduos Eletroeletrônicos (Coopermiti), que recebe os resíduos, faz a triagem, o tratamento e o destino final dos componentes (Coopermiti, 2018). O recomendado seria que todos os ecopontos pudessem disponibilizar um *container* para a entrega desse material, diminuindo o descarte ilegal de eletroeletrônicos nos resíduos domésticos. Dos ecopontos, o material seguiria para a Coopermiti e receberia o tratamento adequado.

Dessa forma, serão propostas algumas alternativas para as três principais tipologias habitacionais identificadas para esse estudo. Algumas das sugestões já existem em pequena escala ou estão indicadas no PGIRS de São Paulo.

Residências unifamiliares

Para residências unifamiliares, considerando-se a distância das casas e a forma de ocupação horizontal, as possibilidades seriam: inserção de *containers* de superfície na calçada; inserção de *containers* subterrâneos; e, se houver disponibilidade de área pública, a construção de um abrigo de resíduos a cada 300 m de raio. Esse abrigo é na verdade um conjunto de *containers* onde os munícipes poderiam separar adequadamente seus resíduos.

A Figura 2 ilustra as possibilidades de inserção dos *containers* nas calçadas, podendo ser de superfície ou subterrâneos. Os *containers* têm a vantagem de armazenar o resíduo até a sua coleta e também proteger os materiais do acesso de animais. Portanto, os munícipes colocariam os resíduos dentro dos *containers*, não na calçada, como ocorre atualmente. Essa prática também facilitaria a coleta, pois o coletor recolheria apenas o conteúdo dos *containers*. Já os subterrâneos têm ainda mais benefícios: podem ser maiores, diminuindo a frequência das coletas, bem como podem ser inseridos em locais de grande movimento, ruas estreitas e pouco espaço público. Já o abrigo facilita a separação dos resíduos em mais frações. A quantidade de *containers* e a separação em várias frações dependerá também do espaço disponível e das condições do local para armazenar os materiais separados.

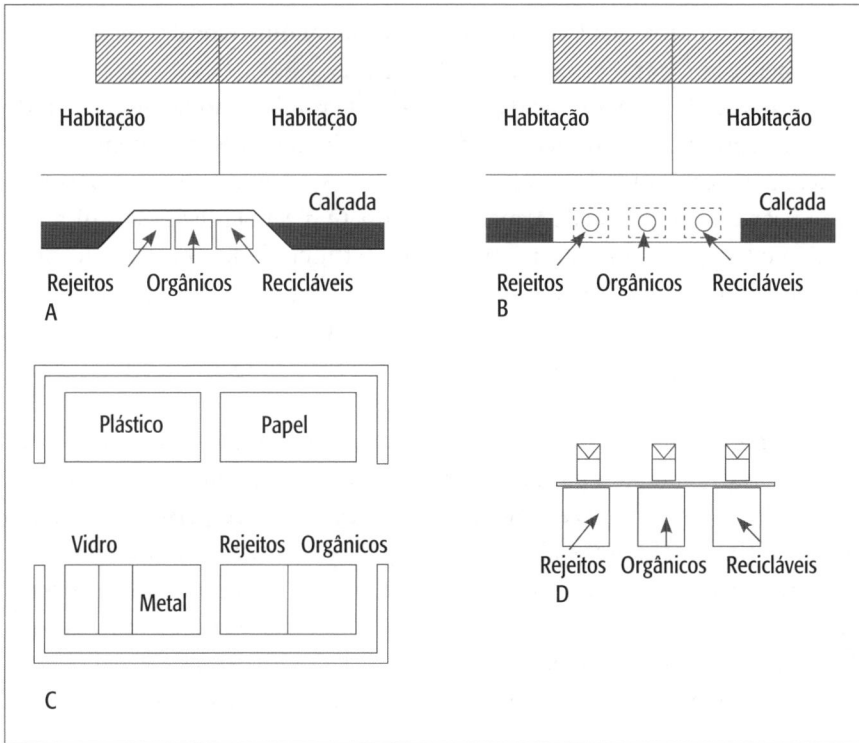

Figura 2 – Modelos de separação de RSU para residências unifamiliares.
A: Containers de superfície na calçada; B: *Containers* subterrâneos; C: Depósito para
RSU; D: Corte dos *containers* subterrâneos.
Fonte: Polzer, 2018.

Edifícios multifamiliares

Em relação aos edifícios multifamiliares, os projetos novos já estão contemplando uma área para separação e armazenamento de resíduos. O ideal
seria prever duas semanas de armazenamento de acordo com a produção do
local e também como prevenção no caso de falhas na coleta ou ainda na diminuição da frequência, aumentando a eficiência e diminuindo custos no
sistema todo. O local também deve estar próximo à divisa do terreno com a
calçada e deve ser acessível pelas empresas que realizam as coletas.

Para os edifícios multifamiliares existentes, deve ser avaliada a disponibilidade de espaço para a construção de uma central de triagem e armazenamento de resíduos compatível com as características dos resíduos produzidos
no local, de maneira a facilitar a coleta. Caso não seja possível construir esse
local dentro dos limites do edifício, é necessário estudar a possibilidade de

inserção de *containers* subterrâneos na calçada ou outro local público e posteriormente aprovar o projeto na prefeitura.

A central de triagem e armazenamento de resíduos pode ser construída para um conjunto de edifícios, de forma a reduzir custos e aumentar a eficiência da coleta. Em todas as alternativas, deve-se estudar o fluxo de resíduos da sua origem até o local de armazenamento. O sistema precisa ser simples e prático para que os moradores não tenham dificuldade e possam destinar corretamente todos os seus resíduos.

Assentamentos precários e favelas

Em relação aos assentamentos precários, como favelas e áreas não urbanizadas, as dificuldades para realizar a coleta vão além da implantação dos pontos de entrega e armazenamento. As ruas estreitas não permitem o acesso dos caminhões coletores e algumas passagens permitem o acesso apenas de pedestres. Fatores como a alta densidade, a falta de mobilidade e acessos adequados somados à falta de consciência ambiental levam os moradores a descartarem seus resíduos em locais inapropriados. O descarte ilegal de resíduos traz ainda outros problemas, como a contaminação do solo e da água e representa um risco à saúde pública.

Atualmente foram identificadas 1.631 favelas na cidade de São Paulo, com 386.806 moradias e 1,5 milhão de habitantes (Infocidade, 2017). Segundo o IBGE (2010), a Região Metropolitana de São Paulo concentra a maior quantidade de pessoas em situação de favela no país, atingindo 2,1 milhões. Como agravante, parte dos domicílios encontra-se em áreas contaminadas pelo descarte ilegal de resíduos.

Para cada favela ou assentamento precário de difícil acesso, é necessário estudar pontualmente as características e necessidades do local, de forma a desenvolver um plano de gerenciamento de RSU específico. Para áreas como essas, sugere-se a implantação de sistemas híbridos que possam garantir a infraestrutura necessária para a separação de RSU na origem e também combater o descarte ilegal de RSU.

Com o objetivo de combater o despejo de resíduos em locais inapropriados nas áreas de favela, é necessário ampliar os pontos de entrega voluntária de recicláveis, resíduos de demolição e construção e resíduos especiais. Atualmente, a coleta ocorre porta a porta e não há coleta seletiva, todos os resíduos são entregues misturados.

Para toda tipologia, o gerenciamento de RSU deve ser desenvolvido junto com as demais políticas públicas. Porém, em relação às áreas de favela, o desenvolvimento conjunto de toda a infraestrutura é mandatório para que o gerenciamento de RSU seja realizado de forma eficiente e sustentável.

Portanto, ao se abrir novas vias de acesso, pode-se prever no projeto, além da rede de drenagem, esgoto e abastecimento de água potável, infraestrutura subterrânea para a coleta de resíduos em locais de difícil acesso. Durante a abertura das vias, é possível enterrar todas as instalações, inclusive a distribuição de energia elétrica e demais fiações, assim como o sistema enterrado de resíduos, o que facilitará depois na separação e coleta dos materiais. Trata-se de uma oportunidade para redução de custos aproveitando a abertura das vias para a instalação subterrânea.

O armazenamento subterrâneo de resíduos poderia ser instalado sempre que houvesse a abertura de novas vias, aproveitando para desenvolver as demais instalações necessárias e reduzindo custos. As tubulações correm por baixo das vias até os terminais onde ficam os *containers*. Ao atingirem a sua capacidade, os *containers* emitem um sinal para que sejam trocados por *containers* vazios e o material é então destinado para o pré-tratamento adequado. O custo do sistema é mais alto do que o convencional de superfície, mas deve ser avaliado junto com a eliminação das coletas porta a porta e outros benefícios.

Coletas separadas

Para promover a reciclagem, é necessário que as coletas sejam feitas por tipo de material. Se os materiais forem coletados misturados, não será possível realizar a separação de forma eficiente e o destino dos resíduos será inadequado.

Uma vez que as instalações de tratamento de RSU estão construídas e funcionando, a coleta é um dos procedimentos mais onerosos do gerenciamento de RSU (Ipea, 2012). Portanto, otimizar a coleta e torná-la eficiente é prioridade no sistema.

A fase inicial de infraestrutura deverá garantir que todo resíduo seja coletado de forma separada. Para isso ocorrer, é necessário também modificar os caminhões coletores adaptando-os à cada fração. No caso do rejeito e do material orgânico, estes podem ser coletados por caminhões compactadores, mas os recicláveis necessitam ter as divisões internas que permitem manter a separação dos materiais. Há caminhões com dois compartimentos separados, podendo coletar ao mesmo tempo duas frações, por exemplo, orgânicos e rejeitos. Com isso, diminui-se uma das coletas (Mcneilus, 2017).

Esses caminhões podem também ter o mecanismo de compactação, permitindo aumentar a sua capacidade reduzindo o volume do material coletado.

Em relação aos *containers* subterrâneos e de grande capacidade, é possível trocar o *container* cheio por um vazio ou ainda aspirar o conteúdo para um caminhão *container*. Esse mecanismo permite que o funcionário não tenha nenhum contato com o material coletado, além de ser mais eficiente e econômico, pois pode diminuir a frequência das coletas.

Em relação às coletas de recicláveis, orgânicos e rejeitos em áreas de favela, elas devem ocorrer de porta a porta, quando possível, com *container* específico. Nas áreas recém-urbanizadas, se possível, recomenda-se a utilização de *containers* subterrâneos, otimizando o sistema, podendo armazenar os resíduos por mais tempo e diminuindo a frequência das coletas.

A coleta de orgânicos e rejeitos deve ter uma frequência maior do que a coleta de materiais recicláveis em razão da periculosidade e nível de degradação. Em países de clima frio, é possível estabelecer coletas quinzenais para esse material (SYSAV, 2015), mas para o clima de São Paulo não é possível armazenar os resíduos orgânicos por tanto tempo. Portanto, o ideal seriam coletas a cada dois ou três dias para rejeitos e orgânicos. Já os materiais reciclados podem ser coletados uma vez ao mês, duas vezes por mês ou uma vez por semana. A frequência dos recicláveis irá depender da capacidade de armazenamento do material no local de origem.

Pré-tratamento

Após coletados, os resíduos são encaminhados para pré-tratamento. Os materiais recicláveis coletados dos ecopontos, pontos de entrega voluntária e coletores dos edifícios e residências unifamiliares são enviados para as cooperativas para triagem, beneficiamento, armazenamento e comercialização nas indústrias. Quanto mais segregados os materiais estiverem, mais eficientes serão os processos de triagem e beneficiamento. O beneficiamento consiste em organizar o material prensado em fardos, permitindo a redução do seu volume e o armazenamento até a sua comercialização. O material pode ser acumulado para que possa ser vendido em quantidade suficiente e diretamente para as indústrias, sem intermediários, obtendo assim mais lucro para a cooperativa.

Atualmente, há vinte cooperativas que realizam a triagem e o beneficiamento dos materiais recicláveis na cidade de São Paulo (PMSP, 2018b). A infraestrutura existente não é suficiente para atender toda a demanda do município. Além disso, as cooperativas existentes necessitam de reformas e de novos equipamentos para torná-las mais eficientes. Também devem ser implantadas novas cooperativas de forma a absorver toda a produção de material reciclável presente nos RSU.

Considerando que cerca de 35% do material presente nos resíduos domésticos são recicláveis (Cempre, 2016), isso representa cerca de 3.500 toneladas diárias de recicláveis produzidas na cidade (PMSP, 2014). Para garantir que todos os recicláveis produzidos sejam destinados para a reciclagem, a rede de cooperativas deve ter capacidade suficiente para absorver essa demanda. Para fins de cálculo e projeto, foi considerado que cada habitante de São Paulo produz 1 kg/dia de RSU, o que totalizaria 3.900 toneladas diárias de recicláveis, valor acima do estipulado pela PMSP (2014).

Desta forma, as cooperativas teriam de incrementar a sua linha de triagem e beneficiamento de materiais recicláveis com a inclusão de equipamentos que realizam a separação mecânica dos materiais, ganhando em eficiência. Conforme sugerido no PGIRS-SP (PMSP, 2014), cada subprefeitura deveria contar com uma cooperativa, o que resultaria na capacidade de triar e armazenar em média 75 a 150 toneladas diárias de materiais recicláveis, dependendo da subprefeitura (Tabela 1). As 32 cooperativas devem também prever um aumento na produção durante os feriados e no período de férias, portanto a capacidade deve ser maior que o calculado na Tabela 1. Também se deve considerar que a produção de material reciclável possa aumentar a longo prazo, por isso as cooperativas devem prever uma área de expansão para absorver esse possível aumento na demanda.

Tabela 1 – População de São Paulo por subprefeitura e produção de RSU.

Subprefeituras	Área (km²)	População (2010)	Orgânico (51%) t	Recicláveis (35%) t	Outros (14%) t
Aricanduva	21,5	267.702	137	94	37
Butantã	56,1	428.217	218	150	60
Campo Limpo	36,7	607.105	310	212	85
Capela do Socorro	134	594.930	303	208	83
Casa Verde	26,7	309.376	158	108	43
Cidade Ademar	30,7	410.998	210	144	58
Cidade Tiradentes	15	211.501	108	74	30
Ermelino Matarazzo	15,1	207.509	106	73	29
Freguesia do Ó	31,5	407.245	208	143	57
Guaianases	17,8	268.508	137	94	38

(continua)

Tabela 1 – População de São Paulo por subprefeitura e produção de RSU.
(*continuação*)

Subprefeituras	Área (km²)	População (2010)	Orgânico (51%) t	Recicláveis (35%) t	Outros (14%) t
Ipiranga	37,5	463.804	237	162	65
Itaim Paulista	21,7	373.127	190	131	52
Itaquera	54,3	523.848	267	183	73
Jabaquara	14,1	223.780	114	78	31
Jaçanã	64,1	291.867	149	102	41
Lapa	40,1	305.526	156	107	43
M'Boi Mirim	62,1	563.305	287	197	79
Mooca	35,2	343.980	175	120	48
Parelheiros	354	139.441	71	49	20
Penha	42,8	474.659	242	166	66
Perus	57,2	164.046	84	57	23
Pinheiros	31,7	289.743	148	101	41
Pirituba	54,7	437.592	223	153	61
Santana	34,7	324.815	166	114	45
Santo Amaro	37,5	238.025	121	83	33
São Mateus	45,8	426.794	218	149	60
São Miguel	24,3	369.496	188	129	52
Sapopemba	13,5	284.524	145	100	40
Sé	26,2	431.106	220	151	60
Vila Maria/ Vila Guilherme	26,4	297.713	152	104	42
Vila Mariana	26,5	344.632	176	121	48
Vila Prudente	19,8	246.589	126	86	35
Total			**5.748**	**3.945**	**1.578**
Média			**180**	**123**	**49**

Fonte: Adaptado pela autora de PMSP, 2018a; IBGE, 2010.

Os resíduos orgânicos podem ser encaminhados para dois sistemas principais: a compostagem e a biodigestão anaeróbica. O recomendado é instalar esses equipamentos próximos ao local de geração. Em média, são produzidas 5.700 toneladas de resíduos orgânicos por dia (Tabela 1) (PMSP, 2018a; IBGE, 2010). Desviar esse material dos aterros sanitários significa evitar o aterramento de pelo menos metade dos RSU gerados no município. Consequentemente, essa medida iria também dobrar a vida útil dos aterros.

Em razão da escassez de espaços para instalação de equipamentos que atendam o gerenciamento de RSU na cidade, deve-se considerar soluções que sejam eficientes e que ocupem menos espaço possível, portanto a biodigestão anaeróbica para locais de alta densidade e produção de material orgânico é a solução mais adequada para os resíduos orgânicos. O ideal seria instalar uma usina em cada estação de transbordo, conforme indicado na Figura 3. Como a degradação do resíduo biológico ocorre em local fechado e sem oxigênio, não há produção de odor, o que permite instalar a usina nos centros urbanos (Abiogás, 2015). A instalação pode ser vertical, ocupando o mínimo possível do terreno. A usina pode receber também esterco e carcaças de animais, além

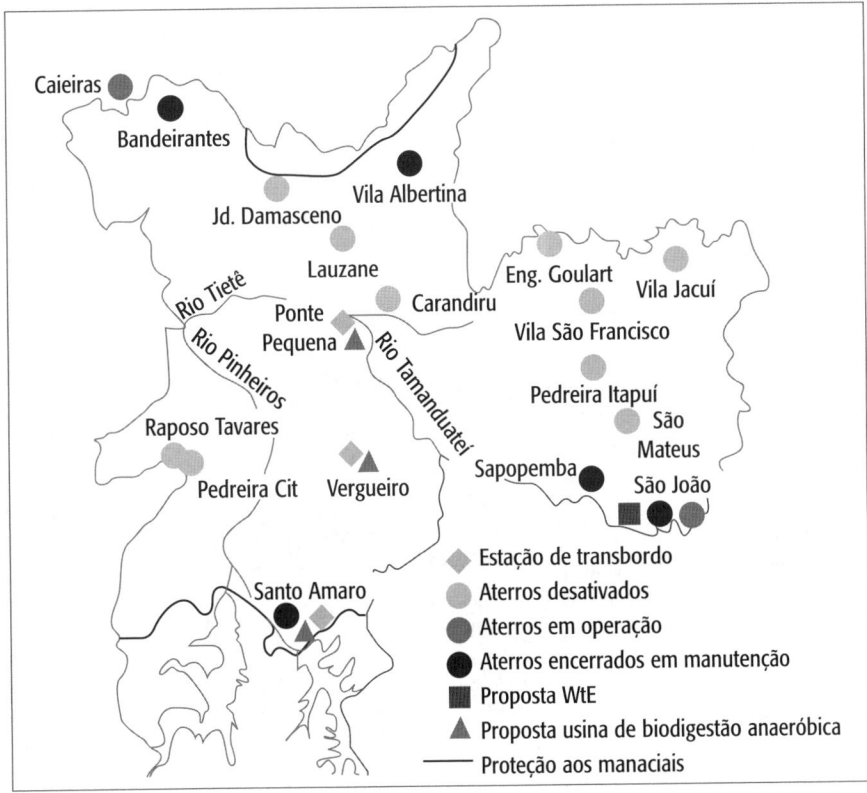

Figura 3 – Mapa da cidade de São Paulo com a localização dos aterros, estações de transbordo e proposta para instalação das usinas de biodigestão anaeróbica e do WtE.

Fonte: Adaptado pela autora Polzer, 2012, p. 155; de De Léo, 2006.

dos resíduos orgânicos domésticos e comerciais. O produto final é o biogás e o biofertilizante (material que pode substituir o fertilizante químico na agricultura e jardinagem).

Em relação à compostagem para os centros urbanos, ela deve ser acelerada de forma que o composto fique pronto em poucas semanas. Para essa alternativa, deve-se considerar mecanismos que impeçam o desprendimento de odor para o ambiente. A compostagem não produz biogás, mas a instalação é mais econômica. Recomenda-se incluir no sistema enzimas ou outros componentes que acelerem a degradação da matéria orgânica. O produto final será o composto (adubo), que pode ser utilizado na agricultura, no controle de erosão, jardinagem e outros usos. O adubo pode ser comercializado mantendo os custos do sistema e gerando emprego e renda para a população local.

A instalação de equipamentos como as usinas de compostagem e biodigestão anaeróbica nas três estações de transbordo diminuem os custos com o transporte, considerando que a matéria orgânica já estava sendo enviada para esses locais, mas misturada aos rejeitos. Neste novo cenário, a matéria orgânica estará separada dos rejeitos e será encaminhada para os biodigestores. As três estações de transbordo atuais receberiam somente rejeitos e matéria orgânica. A quantidade de resíduos encaminhada para esses locais diminuiria, pois os recicláveis estariam sendo encaminhados para as cooperativas, conforme fluxograma da Figura 4.

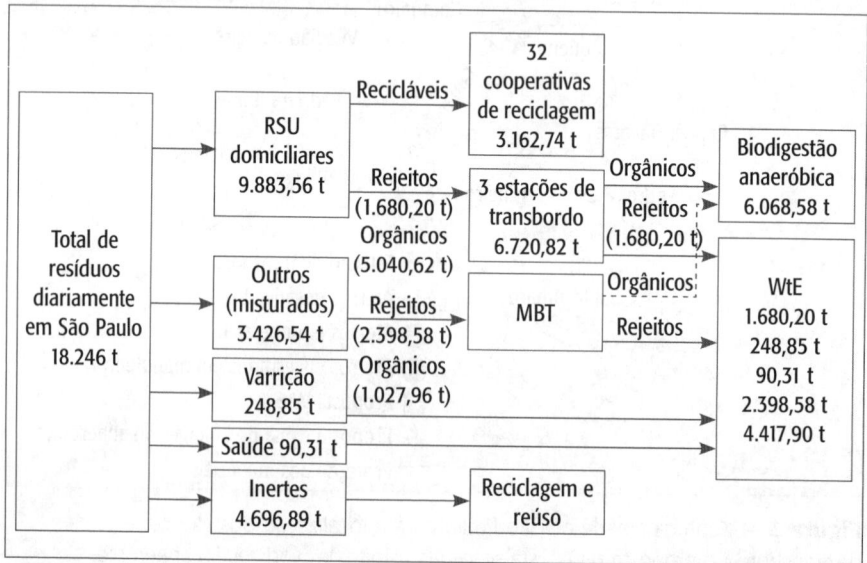

Figura 4 – Fluxograma do pré-tratamento dos RSU na cidade de São Paulo.
Fonte: Polzer, 2018.

Disposição final

Os resíduos dos pré-tratamentos, como escória, cinzas volantes e outros e também aqueles resíduos que não podem ser reciclados, poderiam ser estocados nos aterros sanitários. A tendência é diminuir o envio dos resíduos para esses locais conforme novas tecnologias vão surgindo e permitindo a reciclagem de mais materiais.

O aterro sanitário não deveria receber materiais biodegradáveis, recicláveis e combustíveis. Para esses materiais, há os pré-tratamentos, conforme fluxograma da Figura 4. Os pré-tratamentos diminuem o impacto ambiental, geram eletricidade, biogás, emprego e renda.

Para os aterros encerrados, ou seja, que não produzem mais metano e lixiviados, a sugestão é estudar cada uma das áreas, transformando-as em áreas de lazer e parques públicos.

No cenário de longo prazo, com o gerenciamento integrado de RSU implantado de forma integral, com a taxa de reciclagem acima de 50% e envio de resíduos para os aterros próximo a zero, é possível estudar a viabilidade de se utilizar a mineração de aterros encerrados no Brasil. Essa técnica permitiria recuperar os materiais enterrados, enviando-os para reciclagem e valorização energética (Leysen; Preillon, 2014).

A mineração dos aterros encerrados só faz sentido se o País não mais envia resíduos para esses locais, ou seja, todo o resíduo produzido é reciclado ou incinerado. Portanto, desenterrar esse material para a reciclagem e recuperação energética permitiria reutilizar a área para outros fins necessários à população local. Cada aterro teria de ser estudado individualmente, avaliando as condições técnicas, ambientais e financeiras para realizar essa operação.

Instrumentos econômicos e regulatórios

Para que o plano seja colocado em prática e obtenha sucesso, é necessária a implantação de instrumentos econômicos que incentivem a redução da produção de resíduos na origem e o desvio dos materiais dos aterros para reciclagem e recuperação energética.

Os instrumentos econômicos podem variar desde taxas mais altas para o aterramento e a incineração até a isenção de taxas para a reciclagem e compostagem, de forma a desestimular o envio dos resíduos em primeiro lugar para o aterro e em segundo para o incinerador. A aplicação de multa para os que não separarem de forma correta os resíduos ou outra penalidade, como deixar de coletar o resíduo até que o gerador proceda de forma correta, são mecanismos já utilizados nos países desenvolvidos e que poderiam ser adaptados para a realidade brasileira.

Por outro lado, as penalidades não terão valor se os geradores não entenderem os motivos pelos quais estão sendo penalizados e se não souberem como corrigir a situação. Por isso, junto com as penalidades, devem ocorrer campanhas de educação ambiental em massa e também setorizadas, principalmente nos locais em que há maior ocorrência de casos de descumprimento da lei. O estágio inicial é o mais problemático, pois são necessárias muitas mudanças, inclusive de comportamento em relação aos RSU. Deve-se considerar um período de adaptação e de investimento em treinamentos, palestras e seminários em escolas, associações de bairros, subprefeituras e outros locais.

O conjunto de instrumentos regulatórios e econômicos irá alavancar o sistema e torná-lo mais factível, lembrando que a cidade de São Paulo, assim como outros municípios brasileiros, tem dificuldade de encontrar espaços disponíveis para a abertura de novos aterros sanitários próximos aos centros urbanos. Somado a isso, há ainda o custo dessas instalações, que é muito alto considerando todo o ciclo de vida do aterro, desde o início até o seu encerramento e manutenção por décadas. Consequentemente, somado ao custo de instalação e manutenção do aterro, há ainda o passivo ambiental, que será deixado para as próximas gerações.

Portanto, ao se considerar o resíduo como um recurso que pode ser aproveitado novamente, voltando ao ciclo econômico e gerando emprego e renda, desviá-lo dos aterros sanitários é a principal prioridade. Dessa forma, os pré-tratamentos como reciclagem, compostagem, biodigestão anaeróbica e incineração com geração de energia (WtE) devem apresentar custos menores do que o aterramento para se configurarem sempre como opções prioritárias.

Para que isso ocorra, deverá ser implantada uma série de incentivos econômicos seguindo a hierarquia na gestão de resíduos, que consiste primeiramente em evitar a geração de resíduos, depois incentivar o reúso, a reciclagem e a recuperação energética.

Como incentivos à não geração de resíduos na fonte, o princípio da precaução visa promover técnicas de redução e minimização de impactos ambientais produzidos pelos RSU (Brasil, 2010). Deixar de gerar o resíduo representa um ganho econômico não só para os produtores, que economizariam matéria-prima, energia e água, mas também para as prefeituras que economizariam indiretamente na coleta, nos pré-tratamentos e na disposição final.

Por isso, a primeira prioridade é a busca por alternativas que evitem a produção de resíduos na origem. Todas as atividades urbanas podem ser repensadas e avaliadas de forma a se encontrar soluções viáveis que minimizem ou evitem a produção de mais resíduos.

Para o reúso e a reciclagem atingirem taxas cada vez mais altas, devem ser colocados em prática instrumentos que viabilizem o retorno financeiro, de forma que seja economicamente mais viável enviar os resíduos para a reciclagem do que para os aterros sanitários.

A fim de manter a constante comercialização dos materiais recicláveis, o governo poderia estimular esse ciclo econômico, evitando flutuações nos valores dos materiais e também utilizando incentivos fiscais para as indústrias recicladoras. Com o valor mínimo do material pré-fixado, será possível garantir a estabilidade do mercado de recicláveis e permitir a expansão do setor conforme o aumento da demanda pelos materiais.

A reciclagem será naturalmente escolhida como sistema de tratamento por todos os segmentos sociais se for mais econômica que o envio dos materiais para os incineradores e aterros sanitários. Portanto, otimizar a coleta e garantir que o material seja devidamente separado na origem permitirá que o sistema seja mais lucrativo. Além disso, o governo pode também promover produtos com conteúdo reciclado e mais sustentáveis, para que estes sejam mais competitivos que os produtos que não possuem sistemas de produção menos impactantes.

ANÁLISE DOS RESULTADOS

O gerenciamento integrado dos RSU constitui uma das políticas públicas mais complexas a serem enfrentadas pelos municípios e, todavia, não tem recebido a devida atenção. Segundo a UN-Habitat (2010), é possível identificar como uma população vive analisando os tipos de resíduos que são gerados e descartados.

A ausência de um plano de gerenciamento integrado de resíduos nas cidades brasileiras, considerando questões ainda não solucionadas, como universalização dos programas de coleta seletiva, pré-tratamentos como reciclagem, compostagem e biodigestão anaeróbica, esquemas de logística reversa e inclusão de catadores, agravam ainda mais o problema.

O PGIRS de São Paulo identifica os objetivos e diretrizes necessários para uma gestão de resíduos eficiente, porém nem todas as diretrizes foram colocadas em prática ou estão adequadamente detalhadas. Ainda se faz necessário o desenvolvimento de um plano de ação, ou seja, cada objetivo deve ter cronograma, acompanhamento e monitoramento para que se determine quando e como cada objetivo do plano será alcançado.

A cidade precisa investir também em infraestrutura na área de gestão de resíduos. Embora algumas ações tenham sido identificadas no PGIRS, como o aumento dos *containers* de coleta seletiva e pontos de entrega voluntária, o aumento no número de caminhões para a coleta seletiva e outras metas (PMSP, 2014), ainda assim é necessário o investimento nas centrais de triagem de resíduos recicláveis existentes, pois faltam equipamentos para a coleta e o beneficiamento do material, bem como capacitação profissional e aumento das áreas de estoque para que as cooperativas possam armazenar os materiais enfardados, negociando quantidades maiores e obtendo um retorno financeiro também maior. Por último, é igualmente necessário aumentar o número de centrais de triagem, designando pelo menos uma central para cada subprefeitura, como o próprio PGIRS sugere. É necessário o aumento de área construída e de equipamentos para que as centrais consigam absorver a demanda de todo o material reciclado a elas destinado.

De qualquer forma, cada bairro ou subprefeitura de São Paulo impõe diferentes aspectos e desafios a serem considerados na implantação de coleta, como a possibilidade de armazenamento de materiais, a frequência de coleta, a quantidade e os tipos de materiais produzidos etc.

Em relação aos resíduos orgânicos, diversas pesquisas indicam o potencial dos municípios brasileiros se direcionassem esses resíduos para a biodigestão anaeróbica, em conjunto com o lodo de esgotos, para geração de energia (Abiogás, 2015; Arcadis, 2010; Figueiredo, 2012; Zanette, 2009). No Brasil, apenas 40% do esgoto coletado é tratado (Brasil, 2016), e as novas estações de tratamento de esgoto poderiam ser projetadas contemplando geração de energia utilizando biometano.

CONSIDERAÇÕES FINAIS

Para a implantação do Plano de Gerenciamento Integrado de Resíduos Sólidos (PGIRS) foi selecionada a cidade de São Paulo, considerando as quantidades atuais de produção de resíduo por tipo de material. Dessa forma, foram calculadas as necessidades de instalações para atender pré-tratamentos como reciclagem e recuperação energética antes da disposição final. Foi considerado reformar as instalações existentes, como as cooperativas de materiais recicláveis, e aproveitar a infraestrutura das estações de transbordo para a implantação, nesses locais, das usinas de biodigestão anaeróbica, assim como a sugestão de um incinerador com recuperação energética no aterro sanitário público de São Paulo.

Ao considerar o resíduo como recurso, o município de São Paulo tem a oportunidade de desviar esse resíduo do aterro sanitário para os pré-tratamentos, retornando os materiais para o ciclo econômico e reduzindo a quantidade de resíduos, além de gerar emprego e renda.

REFERÊNCIAS

[ABIOGÁS] ASSOCIAÇÃO BRASILEIRA DE BIOGÁS E DE BIOMETANO. Proposta de Programa Nacional do Biogás e do Biometano (PNBB). Versão 1. São Paulo: Abiogás, 2015.

[ABRELPE] ASSOCIAÇÃO BRASILEIRA DE EMPRESAS DE LIMPEZA PÚBLICA E RESÍDUOS ESPECIAIS. Panorama dos Resíduos Sólidos no Brasil, 2015, publ. 4 out. 2016. Disponível em: www.abrelpe.org.br/. Acessado em: 5 maio 2017.

ARCADIS. Estudo sobre o Potencial de Geração de Energia a partir de Resíduos de Saneamento (lixo, esgoto), visando incrementar o uso de biogás como fonte alternativa de energia renovável. Programa das Nações Unidas para o Desenvolvimento (PNUD). Ministério do Meio Ambiente. São Paulo: Arcadis Tetraplan, 2010.

BRASIL. Lei n. 12.305, de 2 de agosto de 2010. Institui a Política Nacional de Resíduos Sólidos; altera a Lei n. 9.605, de 12 de fevereiro de 1998; e dá outras providências. Disponível em http://www.planalto.gov.br/ccivil_03/_ato2007-2010/2010/lei/l12305.htm. Acesso: 23 jul. 2018.

_____. Ministério das Cidades. Secretaria Nacional de Saneamento Ambiental (SNSA). Sistema Nacional de Informações sobre Saneamento: Diagnóstico dos Serviços de Água e Esgotos – 2014. Brasília: SNSA/MCIDADES, 2016.

[CEMPRE] COMPROMISSO EMPRESARIAL PARA RECICLAGEM. Cempre Ciclosoft 2016: radiografando a coleta seletiva. Disponível em: http://cempre.org.br/ciclosoft/id/8/. Acessado em: 27 jun. 2016.

[COOPERMITI] COOPERATIVA DE RESÍDUOS ELETROELETRÔNICOS. Disponível em: www.coopermiti.com.br. Acessado em: 10 jan. 2018.

DE LÉO, O.C. O lugar do lixo na cidade de São Paulo, a gestão territorial e a contribuição geográfica. Dissertação de Mestrado. São Paulo: USP, 2006.

FIGUEIREDO, J.C. Estimativa de produção de biogás e potencial energético dos resíduos sólidos urbanos em Minas Gerais. Dissertação de Mestrado. Belo Horizonte: UFMG, 2012.

[IBGE] INSTITUTO BRASILEIRO DE GEOGRAFIA E ESTATÍSTICA. Censo demográfico de 2010. Rio de Janeiro: IBGE, 2010.

_____. Contas nacionais trimestrais. Indicadores de volume e valores correntes. 4º Trimestre de 2015. Disponível em: http://www.ibge.gov.br/home/presidencia/noticias/imprensa/ppts/00000025365003112016502503588543.pdf. Acessado em: 10 jan. 2018.

INFOCIDADE. Prefeitura de São Paulo em números. Disponível em: infocidade.prefeitura.sp.gov.br. Acessado em: 21 maio 2017.

[IPEA] INSTITUTO DE PESQUISA ECONÔMICA APLICADA. Diagnóstico dos instrumentos econômicos e sistemas de informação para gestão de resíduos sólidos. Relatório de Pesquisa. Brasília: Ipea, 2012.

JACOBI, P.R.; BESEN, G.R. Gestão de resíduos sólidos em São Paulo: desafios da sustentabilidade. *Estudos Avançados*, 2011, v. 25, n. 71, p. 135-158.

LEYSEN, A.; PREILLON, N. Belgian Recycling Waste & Solutions. Bruxelas: Belgian Foreign Trade Agency (BFTA), 2014.

MCNEILUS. Mcneilus sells fleet of CNG split body rear loaders to Canada's Emterra Group. Disponível em: www.mcneiluscompanies.com/mcneilus-sells-fleet-cng-split-body-rear-loaders-canadas-emterra-group. Acessado em: 30 maio 2017.

[PMSP] PREFEITURA MUNICIPAL DE SÃO PAULO. Plano de Gestão Integrada de Resíduos Sólidos do Município de São Paulo, 2014. Disponível em: http://www.prefeitura.sp.gov.br/cidade/secretarias/upload/servicos/arquivos/PGIRS-2014.pdf. Acessado em: 18 abr. 2017.

_____. Ecoponto: estação de entrega voluntária de inservíveis. Disponível em: http://www.prefeitura.sp.gov.br/cidade/secretarias/regionais/amlurb/ecopontos/index.php?p=4626. Acessado em: 10 jan. 2018.

_____. Secretaria Municipal de Coordenação das Subprefeituras. Dados demográficos dos distritos pertencentes às subprefeituras. Disponível em: http://www.prefeitura.sp.gov.br/cidade/secretarias/regionais/subprefeituras/dados_demograficos/index.php?p=12758. Acessado em: 10 jan. 2018a.

_____. Programa de coleta seletiva. Disponível em: http://www.prefeitura.sp.gov.br/cidade/secretarias/regionais/amlurb/coleta_seletiva/index.php?p=4623. Acessado em: 10 jan. 2018b.

POLZER, V.R. Gestão dos resíduos sólidos urbanos domiciliares em São Paulo e Vancouver. Dissertação de Mestrado. São Paulo: Universidade Presbiteriana Mackenzie, 2012.

[SNSA] SECRETARIA NACIONAL DE SANEAMENTO AMBIENTAL. Sistema Nacional de Informações sobre Saneamento: diagnóstico do manejo de resíduos sólidos urbanos, 2014. Brasília: MCIDADES/SNSA, 2016.

SÃO PAULO (Cidade). Lei n. 13.478 de 30 de dezembro de 2002. Dispõe sobre a organização do Sistema de Limpeza Urbana do Município de São Paulo; cria e estrutura seu órgão regulador; autoriza o Poder Público a delegar a execução dos serviços públicos mediante concessão ou permissão; institui a Taxa de Resíduos Sólidos Domiciliares - TRSD, a Taxa de Resíduos Sólidos de Serviços de Saúde - TRSS e a Taxa de Fiscalização dos Serviços de Limpeza Urbana - FISLURB; cria o Fundo Municipal de Limpeza Urbana - FMLU, e dá outras providências. São Paulo, SP, dez. 2002. Disponível em: https://leismunicipais.com.br/a/sp/s/sao-paulo/lei-ordinaria/2002/1347/13478/lei-ordinaria-n-13478-2002-dispoe-sobre-a-organizacao-do-sistema-de-limpeza-urbana-do-municipio-de-sao-paulo-cria-e-estrutura-seu-orgao-regulador-autoriza-o-poder-publico-a-delegar-a-execucao-dos-servicos-publicos-mediante-concessao-ou-permissao-institui-a-taxa-de-residuos-solidos-domiciliares-trsd-a-taxa-de-residuos-solidos-de-servicos-de-saude-trss-e-a-taxa-de-fiscalizacao-dos-servicos-de-limpeza-urbana-fislurb-cria-o-fundo-municipal-de-limpeza-urbana-fmlu-e-da-outras-providencias. Acesso: 23 jul. 2018.

[SINIR] SISTEMA NACIONAL DE INFORMAÇÕES SOBRE A GESTÃO DOS RESÍDUOS SÓLIDOS. Planos Municipais de Gestão Integrada de Resíduos Sólidos. Disponível em: http://sinir.gov.br/web/guest/2.5-planos-municipais-de-gestao-integrada-de-residuos-solidos. Acessado em: 10 jan. 2018.

SYSAV. Annual report 2015. Malmö (Suécia): Sysav, 2015.

UN-HABITAT. *Solid waste management in the world's cities*. Water and sanitation in the world's cities 2010. Londres; Earthscan (UN-HABITAT) 2010.

ZANETTE, A.L. Potencial de aproveitamento energético do biogás no Brasil. Dissertação de Mestrado. Rio de Janeiro: UFRJ/Coppe, 2009.

Cidade para as pessoas: da acessibilidade, do desenho urbano e universal

39

Renata Lima de Mello
Arquiteta e urbanista

INTRODUÇÃO

O conceito da acessibilidade[1] e suas aplicações na arquitetura e urbanismo tem sido nos últimos anos um tema muito debatido entre os arquitetos e engenheiros no Brasil, em razão das legislações e normas técnicas que obrigam sua implantação nos espaços públicos e coletivos como forma de assegurar condições mais equitativas de uso dos locais, beneficiando principalmente às pessoas com deficiência ou com restrições de mobilidade, que por vezes encontram barreiras físicas e atitudinais que as impedem de circular livremente pelos edifícios e/ou cidades.

Como referencial, os profissionais da construção adotam a NBR 9050:2015[2] da Associação Brasileira de Normas Técnicas (ABNT) para a obtenção dos parâmetros técnicos pertinentes às propostas projetuais que objetivam o atendimento à diversidade dos usuários, respeitando os referenciais antropométricos tanto estáticos como dinâmicos de pessoas adultas brasileiras nas posições em pé e sentada, com ou sem ajudas técnicas.[3]

---

[1] *Acessibilidade*: "possibilidade e condição de alcance, percepção e entendimento para utilização, com segurança e autonomia, de espaços, mobiliários, equipamentos urbanos, edificações, transportes, informação e comunicação, inclusive seus sistemas e tecnologias, bem como outros serviços e instalações abertos ao público, de uso público ou privado de uso coletivo, tanto na zona urbana como na rural, por pessoa com deficiência ou mobilidade reduzida" (ABNT, 2015 p. 2).

[2] NBR 9050:2005 – Acessibilidade a edificações, mobiliário, espaços e equipamentos urbanos.

[3] *Ajuda técnica*: "produtos, equipamentos, dispositivos, recursos, metodologias, estratégias, práticas e serviços que objetivem promover a funcionalidade, relacionada à atividade e à

Busca-se com essa normativa a construção de ambientes mais inclusivos, seguros e que permitam a autonomia de uso e percepção dos espaços à maior quantidade possível de pessoas, sem a necessidade de um projeto especial.

Essa lógica de conceber o projeto é oriunda dos Estados Unidos e é conhecida como *universal design* ou desenho universal.[4] Esse conceito se estruturou da forma como o conhecemos atualmente por um grupo de pesquisadores e docentes da North Carolina State University, como: Bettye Rose Connell, Mike Jones, Ronald L. Mace[5] (Ron Mace), Jim Mueller, Abir Mullick, Elaine Ostroff, Jon Sanford, Ed Steinfeld, Molly Story e Gregg Vanderheiden. Esses profissionais propuseram sete princípios que se constituem como denominadores comuns em projetos de produtos, edifícios e cidades que objetivam soluções mais universais, conforme se observa abaixo:

> De 1994 a 1997, o Centro para o Projeto Universal realizou um projeto de pesquisa e demonstração financiado pelo Departamento de Educação do Instituto Nacional de Pesquisa sobre Deficiência e Reabilitação dos EUA (NIDRR) [Departament of Education's National Institute on Disability and Rehabilitation Research (NIDRR)]. O projeto foi intitulado "Estudos para promover o desenvolvimento do Desenho Universal" (projeto n. H133A40006). Uma das atividades do projeto foi desenvolver um conjunto de diretrizes de projetos universais. Os princípios decorrentes do Desenho Universal foram os seguintes:
>
> Princípio 1. Uso igualitário.
> Princípio 2. Flexibilidade no uso.
> Princípio 3. Uso simples e intuitivo.
> Princípio 4. Informação perceptível.
> Princípio 5. Tolerância ao erro.

---

participação da pessoa com deficiência ou mobilidade reduzida, visando a sua autonomia, independência, qualidade de vida e inclusão social" (ABNT, 2015, p. 3).

[4] *Desenho universal:* "concepção de espaços, artefatos e produtos que visam atender simultaneamente todas as pessoas, com diferentes características antropométricas e sensoriais de forma autônoma, segura e confortável, constituindo-se nos elementos ou soluções que compõem a acessibilidade" (Brasil, 2004, art. 8, IX).

[5] Ron Mace foi fundador e diretor do The Center for Universal Design da Escola de Design da North Carolina State University. Disponível em: <http://www.ncsu.edu/ncsu/design/cud/about_us/usronmace.htm>. Acesso em: 17 jun. 2013.

Princípio 6. Baixo esforço físico.

Princípio 7. Tamanho e espaço para aproximação e uso. (Story, 2011, p. 4.4, tradução livre da autora).[6]

Esses princípios constituem as bases para a implantação da acessibilidade, norteando a concepção de cidades e edifícios inclusivos, possibilitando o uso dos espaços por pessoas com características antropométricas e sensoriais diversas.

A introdução desses conceitos na idealização das áreas urbanas, das construções públicas, coletivas e das habitações não é exclusividade brasileira. Países como Estados Unidos, Canadá, Japão, Irlanda, Espanha, Inglaterra, entre outros, também têm buscado soluções com mais equidade nas condições de uso das pessoas, propondo projetos arquitetônicos e urbanísticos que melhoram as condições de acesso e circulação e que estimulam a convivência de todos os usuários. Essa prática tem se demonstrado um caminho viável e promissor.

Com essa mudança de paradigma, a escala da cidade antes concebida para os veículos passa a ser repensada e o foco voltado às necessidades dos pedestres. Busca-se um planejamento urbano que atenda a velocidade de 5 km/h, própria dos deslocamentos a pé. Nesse ritmo, as pessoas são capazes de perceber melhor as construções, de usufruir dos espaços públicos e de tecer novas relações sociais. Como desafio, os arquitetos e urbanistas precisam criar paisagens mais humanizadas, que atendam às demandas sensoriais, físicas e de mobilidade.

O arquiteto Jan Gehl, autor do livro *Cidade para Pessoas* (2013), discute amplamente sobre o planejamento urbano na escala do pedestre, em que a dimensão humana deve ser respeitada desde a elaboração do desenho das vias, dos locais de convívio e permanência até os mobiliários urbanos, com bancos ergonômicos bem posicionados que estimulem o diálogo, a contemplação e o descanso. Todos esses aspectos são relevantes para que os espaços

---

[6] "From 1994 to 1997, the Center for Universal Design conducted a research and demonstration project funded by the U.S. Department of Education's National Institute on Disability and Rehabilitation Research (NIDRR). The project was titled 'Studies to Further the Development of Universal Design' (project no. H133A40006). One of the activities of the project was to develop a set of universal design guidelines. The resulting Principles of Universal Design were as follows: Principle 1: Equitable Use; Principle 2: Flexibility in Use; Principle 3: Simple and Intuitive Use; Principle 4: Perceptible Information; Principle 5: Tolerance for Error; Principle 6: Low Physical Effort; Principle 7: Size and Space for Approach and Use" (Story, 2011, p.4.4).

sejam mais atraentes para os usuários, proporcionando mais conforto, segurança e novas experiências, como ilustrado na Figura 1, que apresenta a cena urbana de Veneza, na Itália.

Figura 1 – Cena urbana de Veneza (Itália).
Foto: Renata Mello (2007).

Gehl reflete também sobre a necessidade das cidades serem multifuncionais e compactas, com habitações apoiadas por diversos comércios e serviços próximos, de forma que as pessoas consigam desempenhar as atividades do dia a dia a pé ou utilizando bicicleta. Essa organização da cidade permite que haja novos encontros entre os moradores locais, reforçando o sentimento de comunidade e de pertencimento.

Dentro desses contextos, a cidade deve permitir também o deslocamento com segurança e autonomia dos indivíduos, possibilitando condições de uso, inclusive por pessoas com deficiência e idosos, que são grupos crescentes e expressivos na maior parte dos países.

O presente capítulo tem por objetivo levantar questões pertinentes ao planejamento urbano na escala do pedestre a partir da acessibilidade e do desenho universal, destacando a importância do desenho urbano para a concepção dos espaços inclusivos na cidade. Para tanto, o trabalho está organizado da seguinte forma: Introdução; Contexto mundial; O corpo humano, seus sentidos e a mobilidade; O desenho urbano e universal; Estudo de caso no Brasil; e Considerações finais. Como resultado, almeja-se que as reflexões levantadas apoiem futuras pesquisas focadas nesta temática e contribuam para as discussões de espaços urbanos mais inclusivos e humanizados.

CONTEXTO MUNDIAL

O mundo vem enfrentando desafios globais sem precedentes e que se acentuarão nas próximas décadas, como o envelhecimento crescente da população, a redução das taxas de natalidade, o aumento do número de pessoas com deficiência e a migração da população do campo para as áreas urbanizadas. Isso implica em novos cenários e oportunidades para a sociedade na busca por um desenvolvimento sustentável. Compreender as mudanças demográficas pode auxiliar na definição de políticas públicas, capazes de corroborar para o atendimento dessas novas demandas apresentadas pelo quadro populacional.

Segundo o documento "Perspectivas da população mundial: a revisão de 2015" da Organização das Nações Unidas (ONU), a população mundial atingiu a marca de 7,3 bilhões de pessoas em julho de 2015, entre elas, "9,1% da população mundial possuia menos de 5 anos, 26,1% estava abaixo de 15 anos de idade, 12,3% com 60 anos ou mais e 1,7% com 80 ou mais" (ONU, 2015, p. 2).

Estima-se que em 2050 a população global atingirá a marca de 9,7 bilhões, em que o número de pessoas idosas representará um total semelhante a de crianças com idade inferior a 15 anos. A taxa de fertilidade tem diminuído na maior parte dos países, enquanto o número de pessoas idosas vem aumentando (ONU, 2015, p. 2).

Outro grupo representativo corresponde às pessoas com deficiência. Segundo o Centro Regional de Informações das Nações Unidas (2016), cerca de 10% da população mundial apresenta algum tipo de deficiência e esse valor tende a aumentar com o envelhecimento da população, o aumento demográfico e conquistas da medicina. Estima-se que nos países com expectativa de vida acima de 70 anos, um indivíduo tende a passar 8 anos com algum tipo de deficiência, ou seja, 11,5% da sua vida.

Frente a esses desafios, diversos debates, encontros e assembleias têm ocorrido em todas as escalas governamentais em âmbito local e global para a troca de experiências e disseminação de boas práticas, como foi o caso da Segunda Assembleia Mundial das Nações Unidas sobre Envelhecimento, que ocorreu na cidade de Madri em 2002, envolvendo 21 nações. Esse encontro deu origem ao documento "Envelhecimento ativo: uma política de saúde", que aponta para a necessidade de promover qualidade de vida às pessoas a partir de oportunidades de saúde, participação e segurança no decorrer dos anos, buscando manter ao máximo a autonomia e a independência. Destacam também que:

O envelhecimento ativo aplica-se tanto a indivíduos quanto a grupos populacionais. Permite que as pessoas percebam o seu potencial para o bem-estar físico, social e mental ao longo do curso da vida, e que essas pessoas participem da sociedade de acordo com suas necessidades, desejos e capacidades; ao mesmo tempo, propicia proteção, segurança e cuidados adequados, quando necessários. (OMS, 2005, p. 13)

O foco não é só manter o desempenho físico, mas também promover saúde mental e estimular as relações sociais, como nas trocas entre gerações dentro da família e nos demais contextos comunitários, contribuindo para apoios mútuos quando necessários. Afirma-se inclusive que as políticas e programas dentro dessa lógica do envelhecimento ativo devem estimular a prática de cuidados pessoais ao longo da vida, promover ambientes que atendam às demandas espaciais desse grupo e reforçar as práticas solidárias entre as pessoas de faixas etárias distintas.

Existem muitas variáveis que impactam sobre o processo de envelhecimento ativo, como gênero, cultura, determinantes pessoais, físicos, ambientais, econômicos, comportamentais, serviços sociais e de saúde, como aponta o documento. Entre eles, destaca-se que os "ambientes físicos adequados à idade podem representar a diferença entre a independência e a dependência para todos os indivíduos, mas especialmente para aqueles em processo de envelhecimento" (OMS, 2005, p. 27).

Nesse sentido, os espaços arquitetônicos e urbanos podem tanto convidar as pessoas para as trocas sociais, como também são capazes de intimidá-las ou até mesmo lhes causar acidentes independentemente da idade. Por isso, as moradias, os espaços e as edificações de usos públicos e coletivos devem ser livres de barreiras físicas, permitindo o desempenho das atividades pessoais, sociais, culturais e de lazer com segurança a todos os usuários.

O desafio é criar produtos, espaços, construções e cidades com propostas inclusivas, que não estejam focadas em atender somente determinados grupos populacionais, mas que adotem as premissas do desenho universal.

O CORPO HUMANO, SEUS SENTIDOS E MOBILIDADE

O **corpo humano, seus sentidos e mobilidade** são a chave do bom planejamento urbano para todos. Todas as respostas estão aí, encapsuladas em nosso corpo. O desafio é construir cidades esplêndidas ao nível dos olhos, com grandes edifícios erguendo-se acima de belos andares inferiores (Gehl, 2013, p. 59, grifo nosso).

Ao longo da história, o corpo humano foi utilizado como referência dimensional para a concepção de templos e edifícios públicos em escala monumental, adotando-se as referências de um homem jovem hipotético. No século I, o arquiteto e escritor romano Marcus Vitruvius Pollio, criador da obra *Dez livros sobre a Arquitetura*, recomendava a utilização das dimensões e proporções do corpo humano ideal para a concepção de templos grandiosos. Nessa obra, observa que: "a altura de um homem bem formado é igual ao alcance de seus braços estendidos. Essas duas medidas formam um quadrado que encerra o corpo inteiro, enquanto que as mãos e os pés tocam o círculo que tem seu centro no umbigo" (Doczi, 2004, p. 93).

Esse arquiteto não estava somente interessado nas proporções do corpo humano, mas nas suas implicações dimensionais para a arquitetura. As construções dos templos gregos, por exemplo, apresentavam relações metrológicas associadas aos membros do corpo humano como "o dedo ou polegada, o palmo, o pé, o cúbito", referências adequadas às diversas construções (Panero; Zelnik, 2002, p. 15).

Por volta de 1490, Leonardo da Vinci desenvolve um trabalho retratando o Homem Vitruviano,[7] circundado por duas figuras geométricas, o círculo e o quadrado, reforçando as proporções matemáticas do corpo humano. Nesse período, conhecido como Renascimento, há uma revalorização da cultura clássica antiga, com uma visão antropocentrista e racionalista do mundo, em que foram resgatadas as métricas humanas aplicadas à construção dos edifícios. Um exemplo desse uso pode ser encontrado na Catedral de Milão projetada pelo pintor, arquiteto e engenheiro Cesare Cesariano (1483-1543), que utilizou triângulos para determinar a forma do edifício.

Segundo Gympel, "Cesare Cesariano e Leonardo da Vinci desenvolvem em paralelo a relação entre as proporções do corpo humano, o cosmos e a arquitetura" (1996, p. 41, tradução nossa).

Já no século XX, o arquiteto, pintor e urbanista Charles-Edouard Jeanneret, conhecido profissionalmente como Le Corbusier e considerado um dos mais renomados profissionais da arquitetura moderna, também se empenhou em diversos estudos com o intuito de desenvolver uma relação metrológica que pudesse ser aplicada à arquitetura a partir das proporções humanas de um homem idealizado.

Com o advento da indústria e a necessidade da reconstrução do pós-guerra, Le Corbusier reconhece a necessidade de um sistema único de medidas que pudesse ser aplicado universalmente. Em 1943, o arquiteto esboça

---

[7] *Uomo di Vitruvio.*

e aprimora suas ideias. Depois de algumas tentativas, chega a uma série de medidas modulares oriundas da matemática e das proporções de um indivíduo imaginário, inicialmente com estatura de 1,75 m, média de um francês, e depois passando a ter estatura de 1,83 m, média de um inglês (Possebon, 2004). Essa régua de proporções foi denominada *Modulor*.

> O traçado definitivo contou com a colaboração de dois jovens, o uruguaio Justino Serralta e o francês Maisonnier [...]. Esse traçado produz duas séries de valores baseados na proporção áurea, então chamadas série vermelha e série azul, esta última correspondendo aos valores referidos ao duplo quadrado. (Possebon, 2004, p. 72)

Durante o modernismo, essas escalas métricas foram amplamente difundidas como base recomendada para a concepção de edifícios e cidades. Segundo Okamoto (1997, p. 161), Le Corbusier utilizou o Modulor em obras como Unité d'Habitation de Marseille, Capela de Ronchamp e Convento de La Tourette. No entanto, a aplicação de um referencial métrico a partir das características antropométricas da média de um determinado grupo de pessoas não se mostrou muito eficiente para criar ambientes cômodos e seguros para todos.

Após a Segunda Guerra Mundial, a necessidade de minimizar os erros humanos no uso dos equipamentos militares tornou evidente outra necessidade, a de oferecer maior integração entre o espaço e as atividades humanas, dando origem à área da Ergonomia, que contempla estudos de fisiologia, antropometria e medicina.

Para Cambiaghi (2007, p. 42), "a ergonomia analisa as interações entre o ser humano e os outros elementos de determinado sistema, visando obter melhorias quanto a respostas motoras, conforto, fadiga, esforço e bem-estar". A antropometria está inserida nessa grande área, agregando informações sobre as medidas estáticas e dinâmicas do corpo humano, com o intuito de estabelecer referenciais dimensionais entre indivíduos e grupos sociais, por idade, sexo e posturas que podem ser aplicados na elaboração de produtos e espaços.

Lopes e Burjato (2010, p. 69) afirmam que "a abordagem ergonômica, associada aos dados obtidos a partir da antropometria estática, dinâmica e funcional, torna-se fundamental para a definição dos parâmetros antropométricos e dos indicadores técnicos de acessibilidade".

Além das grandezas como estatura, força e estrutura física, devem ser considerados também as ajudas técnicas, como cadeira de rodas, muletas, bengalas, andadores e cães-guia que dão suporte às pessoas com deficiência e mobilidade reduzida no desempenho de suas atividades.

A pessoa com deficiência visual que utiliza cão-guia para se deslocar ou uma pessoa com mobilidade reduzida que faça uso de muletas demanda 0,90 m de largura em passagens para que possam se movimentar com segurança e autonomia. No caso dos usuários de bengala, essa medida é reduzida em 0,15 m. Já as pessoas em cadeiras de rodas demandam maior espaço, pois o equipamento projetado no piso corresponde no Brasil às dimensões padrão de 0,80 × 1,20 m, impactando no dimensionamento de corredores, portas e áreas livres para manobras (ABNT, 2015).

Como existem grandes variações antropométricas, busca-se analisar e adotar os referenciais dimensionais que atendam ao maior número possível de pessoas, objetivando proporcionar condições adequadas de uso e alcance com conforto e segurança aos usuários. Esses parâmetros técnicos são essenciais na produção de edifícios e cidades inclusivas.

Conceber os espaços a partir de métricas humanas mais abrangentes contribui para que crianças, jovens, adultos, idosos, gestantes e pessoas com deficiência possam usufruir das possibilidades propostas pelos locais. No entanto, fatores ambientais como som, temperatura, iluminação e ventilação também exercem papel fundamental para o conforto e o uso dos espaços e são captados pelos órgãos dos sentidos. Segundo Abrahão (2009, p. 123), "os fatores ambientais, ou o espaço de trabalho, influenciam diretamente a qualidade do desenvolvimento da atividade".

A forma como o ser humano capta as informações do meio ambiente pode tanto estimulá-lo a permanecer em um determinado local como pode retraí-lo. Atividades ao ar livre em condições de baixas temperaturas são evitadas em razão do desconforto gerado no corpo. Em contrapartida, caminhadas podem ser incentivadas em regiões tropicais quando a paisagem é trabalhada para proporcionar áreas de sombra, por meio da colocação estratégica de vegetação.

É importante aplicar soluções técnicas que trabalhem com as questões térmicas e acústicas das construções e das cidades, respeitando as tolerâncias sonoras e ajustando as temperaturas adequadas à permanência humana.

Outro aspecto relevante trata-se da iluminação. Quando projetada para proporcionar uma luz uniforme nas calçadas, melhora a visualização dos mobiliários urbanos e dos possíveis obstáculos. Além disso, permite maior legibilidade da face dos pedestres, ampliando a sensação de segurança e facilitando a comunicação das pessoas com deficiência auditiva que interagem pela linguagem dos sinais e/ou fazem leitura labial.

Lopes e Burjato afirmam que:

> Em geral, ambientes que atendam a padrões de audibilidade, visibilidade, legibilidade, iluminação, conforto térmico e qualidade de informações, constituem-se em espaços mais acessíveis, pois embora não mudem o grau da deficiência sensorial, a inobservância desses parâmetros pode aumentar o grau de dificuldade. (2010, p. 74)

No que tange à qualidade das informações, vale citar o exemplo dos pisos táteis de alerta, que são cromo-diferenciados e possuem textura distinta à área adjacente. Essa sinalização adota recursos visuais e táteis que favorecem a demarcação de uma área de risco, como nas zonas de travessia da via (Figura 2), chamando a atenção dos transeuntes que por ali circulam. Sem essa informação, o reconhecimento do perigo seria prejudicado, ampliando as possibilidades de acidentes principalmente das pessoas com deficiência visual.

Figura 2 – Travessia de pedestres (Madri, Espanha).
Foto: Renata Mello (2007).

Somada às dimensões humanas e às características sensoriais, o arquiteto Jan Gehl menciona a mobilidade[8] como um importante aspecto a ser considerado na concepção de um planejamento urbano focado na escala do pedestre, em que se deve priorizar o deslocamento a pé e por bicicleta. Defende também "rotas diretas, lógicas e compactas; espaços de modestas dimensões; e uma clara hierarquia" (Gehl, 2013, p. 67), que explicite a relevância dos espaços.

---

[8] Compreende-se por mobilidade a facilidade das pessoas em se mover e estar diretamente ligada com a relação espaço-tempo (Mello; Bruna, 2012).

Sobre mobilidade, Marandola (2008) afirma que:

> envolve uma série de fatores e processos distintos que estão, ao mesmo tempo, na base estrutural do sistema produtivo e no cotidiano vivido das pessoas, englobando todo o sistema de transportes e a gestão pública desses espaços, passando pela forma urbana, as interações espaciais até as dinâmicas demográficas específicas (estrutura familiar, migração, ciclo vital).

A mobilidade urbana envolve, portanto, os sistemas de transporte, mas também as praças, as calçadas e as ruas que devem possibilitar os meios para o deslocamento humano às instalações culturais, educacionais, assistenciais e comerciais. Quando se trata de proporcionar a mobilidade com acessibilidade, possibilitando a circulação e o uso dos espaços a um maior número de pessoas, independentemente das condições físicas e sensoriais, deve-se prever uma rota articulada acessível.

Essa rota precisa ser planejada sem barreiras arquitetônicas, criando um trajeto que conecte as habitações às vias públicas, aos sistemas de transporte, aos mobiliários e equipamentos urbanos, conforme ilustra a Figura 3.

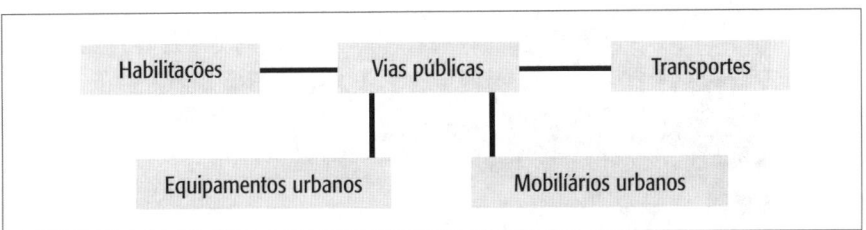

Figura 3 – Rota articulada acessível.
Fonte: Renata Mello (2013).

Segundo a NBR 9050:2015 da ABNT, as áreas comuns das construções habitacionais e dos equipamentos urbanos[9] devem apresentar soluções espaciais que contemplem, por exemplo, áreas de passagem com largura mínima livre de 0,90 m conectados às circulações verticais compostas por escadas implantadas junto às rampas ou equipamentos eletromecânicos, entre outras

---

[9] *Equipamento urbano*: todos os bens públicos e privados, de utilidade pública, destinados à prestação de serviços necessários ao funcionamento da cidade, em espaços públicos e privados (ABNT, 2015, p. 4).

resoluções, para que os usuários possam ir das instalações internas dos edifícios às calçadas e leito carroçável.

As calçadas, segundo essa normativa, também precisam atender às pessoas, assegurando-lhes maior segurança e autonomia no movimento de ir e vir. Para tanto, se estabelece uma organização espacial a partir de faixas de uso, que podem ser até três, conforme a largura dos passeios. Próximo ao leito carroçável, a faixa é destinada à colocação de árvores, floreiras, postes, sinalização, iluminação e outros mobiliários urbanos que servem como barreiras de proteção aos transeuntes.

Ao lado dessa faixa, encontra-se a zona destinada à movimentação segura dos pedestres, que deve possuir 1,20 m de largura com 2,10 m de altura mínima, livres de interferências, apresentando pavimentação antiderrapante, estável e regular sob qualquer condição de uso. No caso de calçadas com largura acima de 2 m, admite-se uma terceira divisão para acomodar interferências de acesso aos imóveis, conforme ilustra a Figura 4.

Figura 4 – Organização do Passeio (Bruges, Bélgica).
Foto: Renata Mello (2010).

Os mobiliários urbanos, por sua vez, devem respeitar as condições ergonômicas de alcance e uso, estando localizados de forma a permitir a aproximação também às pessoas com restrições sensoriais e de mobilidade.

No que tange à acessibilidade nos transportes, deve-se atender às legislações e normas técnicas específicas. No Brasil, adota-se a NBR 14021:2005 da ABNT para os sistemas de trem urbano ou metropolitano, a NBR 14022:2011 da ABNT para os veículos de características urbanas para o transporte coletivo de passageiros e a NBR 14273:1999 da ABNT para o transporte aéreo.

Esses referenciais técnicos são relevantes para a concepção dos projetos inclusivos, mas é necessário que durante o processo de criação de áreas urbanas, bem como após sua implantação, sejam realizadas pesquisas com usuários diversos, para compreensão do atendimento ou não de suas necessidades.

Esse trabalho não tem por finalidade fazer uma pesquisa junto às pessoas, mas destaca que a prática é válida e recorrente em muitos países. A Irlanda, por exemplo, desenvolveu um documento intitulado "Espaço compartilhado, superfícies compartilhadas e zonas residenciais a partir de uma abordagem do Desenho Universal no ambiente urbano na Irlanda – constatações e recomendações" (Trinity, 2011) para melhorar a usabilidade de áreas urbanas compartilhadas entre pedestres e veículos a partir de pesquisas bibliográficas e avaliações diretas envolvendo as pessoas mais vulneráveis no uso dos espaços.

Para isso, eles avaliaram separadamente as características e dificuldades enfrentadas por pessoas com deficiências visuais, físicas, auditivas, intelectuais e com dificuldades cognitivas, além dos indivíduos com baixa estatura, idosos, crianças, ciclistas, motoristas e empreendedores. Os aspectos mais relevantes são destacados no Quadro 1:

Quadro 1 – Constatações e recomendações para o desenho urbano e universal.

TIPO DE USUÁRIO	CARACTERÍSTICAS/PROBLEMAS ENFRENTADOS	SUPORTE ESPACIAL
Pessoas com deficiência visual parcial	Tendem a confiar na visão residual que possuem; no som; na memória da paisagem ou espaço urbano.	O contraste tonal entre calçada e leito carroçável é importante. No entanto, a aplicação de cor deve ser usada com critério, evitando mudanças bruscas sem indicação.
Pessoas com deficiência visual total (usuárias de bengala)	Tendem a usar a linha guia formada pelo encontro do piso com a edificação. Buscam se distanciar da referência criada pelo meio-fio devido ao risco eminente dos veículos próximos. Amplos espaços abertos sem boas pistas de navegação podem causar desorientação. Calçadas no mesmo nível do leito carroçável podem ser perigosas a esse grupo de pessoas, pela dificuldade de entender o limite entre as vias.	Dependem do piso tátil, informação sonora do movimento do tráfego e semáforos sonoros.

(continua)

Quadro 1 – Constatações e recomendações para o desenho urbano e universal. (*continuação*)

TIPO DE USUÁRIO	CARACTERÍSTICAS/PROBLEMAS ENFRENTADOS	SUPORTE ESPACIAL
Pessoas com deficiência visual total (usuárias de cão-guia)	Espaços muito amplos em que se perde a referência do meio-fio e a linha da edificação podem ser perigosos para esses usuários.	Dependem do piso tátil, sinais emitidos pelos cães e informações sonoras emitidas pelo tráfego.
Pessoas com mobilidade reduzida (usuárias de cadeira de rodas)	Enfrentam dificuldades ao percorrerem longas distâncias. Pisos táteis metálicos tornam-se um problema, na medida em que ficam escorregadios nos dias de chuva, podendo causar acidentes. Outro obstáculo enfrentado são os curtos espaços de tempo despendidos nas travessias de pedestres em locais de superlotação.	Precisam de assentos posicionados a cada 100 m, em média, em rotas estratégicas de pedestres posicionados em pontos seguros, para que sejam feitos momentos de descanso ao longo do trajeto.
Pessoas com deficiência auditiva	Incapacidade de ouvir os ruídos do trânsito ou veículos de emergência que estão trafegando no sentido contrário, fora do alcance visual ou que se aproximam por trás.	Relatam a importância de calçadas largas, que permitam duas pessoas caminharem lado a lado, facilitando a leitura labial ou a comunicação por meio da linguagem gestual.
Pessoas com deficiência intelectual ou cognitiva	Pessoas com autismo têm dificuldade em processar sinais usuais de comunicação, podendo apresentar desconforto durante o deslocamento nos espaços públicos e com grande aglomeração de pessoas. Podem apresentar hiper ou hipossensibilidade, interferindo no processo de captação das informações locais, comprometendo a interpretação dos semáforos de pedestres, sirenes de emergência ou mesmo avisos públicos.	A paisagem urbana legível e clara melhora muito o conforto, a utilização e a percepção de segurança.
Pessoas de baixa estatura	Enfrentam dificuldades para utilizar telefones públicos, caixas eletrônicos ou outros equipamentos que se encontrem em alturas inacessíveis. Longas caminhadas também são difíceis em razão do tamanho dos membros. Outro risco eminente é que, em razão da baixa estatura, os motoristas e ciclistas podem não visualizá-los, principalmente em vias sem controle de travessia ou áreas compartilhadas por pedestres e veículos.	Prever locais de descanso e controles de travessia.

(*continua*)

Quadro 1 – Constatações e recomendações para o desenho urbano e universal. (*continuação*)

TIPO DE USUÁRIO	CARACTERÍSTICAS/PROBLEMAS ENFRENTADOS	SUPORTE ESPACIAL
Idosos	Enfrentam barreiras físicas no uso do espaço, por perda de força física e estado de saúde eventualmente debilitado. Os pisos táteis geram para eles sensação de insegurança, pois temem torcer o tornozelo. Alguns apresentam declínio cognitivo e demência, necessitando de ambientes urbanos com rotas claras e bem definidas para apoiá-los.	Caminhos organizados, sem obstáculos. Os semáforos e faixas de pedestres são mais indicados do que ruas compartilhadas livremente entre pedestres e veículos ou travessias sem controles formais. Assentos posicionados estrategicamente são úteis para pequenas pausas ao longo do trajeto.
Crianças	Os espaços construídos urbanos não focam muito em atender as necessidades das crianças. As vias próximas às residências de uma criança são os locais mais importantes para brincadeiras ao ar livre. A mobilidade infantil tem sido reduzida pelo medo dos pais e pela percepção do risco de acidentes.	Zonas residenciais mais protegidas do tráfego podem estimular as atividades infantis ao ar livre.
Ciclistas	São considerados usuários vulneráveis no uso das vias, principalmente nas avenidas ou ruas de grande tráfego de veículos automotores. Preferem rotas claras e contínuas, que permitam o movimento sem ter que efetuar paradas.	Trajetos com pavimentação contínua, com traçado claro e segregado, nos casos de vias de alto tráfego, para ampliar a segurança. Os cruzamentos devem receber atenção especial para evitar as colisões entre ciclistas e veículos.
Motoristas	O relatório menciona que as calçadas e passeios públicos desempenham a função de permitir o deslocamento e a interação social. Ao utilizar veículos com velocidades elevadas, essas relações são comprometidas. Salienta-se que a consciência dos condutores, o comportamento em determinados locais e a educação são cruciais para a segurança rodoviária e para a integração entre pedestres e condutores.	Adotar vias com velocidades mais baixas para ampliar a interação entre os condutores e os pedestres, ampliando a segurança de todos.

(*continua*)

Quadro 1 – Constatações e recomendações para o desenho urbano e universal. (*continuação*)

TIPO DE USUÁRIO	CARACTERÍSTICAS/PROBLEMAS ENFRENTADOS	SUPORTE ESPACIAL
Empreendedores	Dependem das características do espaço urbano para manter suas atividades comerciais e de serviço ativas. A partir de estudos realizados, afirmam que as ruas mais amigáveis aumentam o valor comercial dos imóveis de propriedade varejista, bem como das unidades residenciais.	O investimento para produzir espaços urbanos de qualidade aponta para retornos financeiros significativos, pois valorizam a permanência das pessoas nas ruas e passeios públicos.

Fonte: baseado nas informações de Trinity (2011, p. 97-104).

O conhecimento dos perfis de usuários mais vulneráveis contribui no processo de elaboração de cidades inclusivas, em que se buscam soluções seguras, com uma rota de circulação clara e desobstruída e que facilite a mobilidade diária e estimule as relações sociais e comerciais.

O DESENHO URBANO E UNIVERSAL

Almeja-se que as cidades apresentem condições adequadas para a livre circulação e uso dos pedestres, independentemente das suas características antropométricas e sensoriais, garantindo segurança e conforto, mas nem sempre isso é uma realidade. O que ocorre na maioria das urbes são: "espaço limitado, obstáculos, ruído, poluição, risco de acidentes e condições geralmente vergonhosas [...] para os habitantes" (Gehl, 2013, p. 3).

O descaso com as calçadas é um exemplo a ser citado, pois são muito recorrentes e impactam na qualidade do espaço urbano. Durante visita feita pela autora à cidade brasileira de Florianópolis em 2015, foram registradas algumas situações, entre elas, vias para pedestres sem largura mínima para o deslocamento protegido do transeunte (Figura 5) ou pavimentação danificada pelas raízes das árvores, comprometendo a segurança (Figura 6). Em ambos os casos, o automóvel foi privilegiado em detrimento das pessoas, que são forçadas a caminhar pelo leito carroçável, estando mais sujeitas a sofrer acidentes de trânsito.

Para o arquiteto Gehl (2013, p. 195), a concepção de cidades voltadas aos pedestres deve passar por três grandezas que englobam o urbanismo, o planejamento urbano e a paisagem humana concebida por um desenho urbano bem detalhado. A macroescala, aquela vista do alto, contempla a estruturação das vias de tráfego, setorizações e bairros. A partir disso, busca-se trabalhar em uma escala intermediária, em que são definidos os traçados dos bairros com seus edifícios e espaços públicos. Por último, a escala mais detalhada a partir de um desenho urbano, que concebe as paisagens que serão vivenciadas pelas pessoas, devendo gerar cenários convidativos que estimulem a permanência e as trocas sociais.

Quando a menor escala é negligenciada, podem surgir barreiras arquitetônicas intransponíveis, como as apresentadas nos espaços urbanos de Florianópolis, impedindo o uso por crianças, pessoas com deficiência ou mobilidade reduzida.

Figuras 5 e 6 – Calçadas inadequadas (Florianópolis, Brasil).
Fotos: Renata Mello (2015).

Se as cidades e os edifícios pretendem atrair as pessoas para virem e permanecerem em seus espaços, a escala humana vai exigir nova e consistente abordagem. Trabalhar com tal escala é a mais sensível e difícil disciplina de planejamento urbano. Se tal trabalho for negligenciado ou falhar, a vida na cidade nunca terá uma chance. A difundida prática de planejar do alto e de fora deve ser substituída por novos procedimentos de planejamento de dentro e de baixo, seguindo o princípio: primeiro a vida, depois o espaço e só então os edifícios (Gehl, 2013, p. 198).

O desafio lançado para os arquitetos e urbanistas é o de criar paisagens mais humanas, respeitando os limites da marcha e as necessidades e demandas de diversos públicos. Os profissionais devem proporcionar ambientes externos com pisos antiderrapantes nas vias de circulação de pedestres; iluminação geral e localizada, melhorando a visualização das áreas de maior risco, como escadas e rampas; mobiliários urbanos ergonômicos posicionados estrategicamente em vias de grande fluxo de pessoas, permitindo pausas ao longo do trajeto, entre outras resoluções.

Gehl acredita que para conceber cidades a partir da escala mais detalhada é necessário ter em mente que:

> Os pontos centrais são respeito pelas pessoas, dignidade, entusiasmo pela vida e pela cidade como lugar de encontro. Nesses quesitos, não existem grandes diferenças entre os sonhos e desejos das pessoas nas várias partes do mundo. Os métodos para tratar essas questões também são surpreendentemente similares, porque tudo se resume às pessoas, que têm os mesmos pontos básicos de partida. Todas as pessoas têm em comum os aparelhos locomotor e sensorial, opções de movimento e padrões básicos de comportamento. Em mais larga medida do que conhecemos hoje, no futuro o planejamento urbano deve começar com as pessoas. É barato, simples, saudável e sustentável construir cidades para as pessoas – bem como é uma política óbvia para atender aos desafios do século XXI. Já está mais do que na hora de redescobrirmos a dimensão humana no planejamento urbano – no mundo todo. (2013, p. 229)

Dentro desse contexto, o desenho universal, com seus princípios, pode contribuir nesse processo, quando propõe que os projetos de ambientes internos e externos precisam atender a qualificações essenciais, que passam pela equidade no uso; segurança e conforto; ser simples, comunicativo e de fácil percepção; eficiência, usabilidade e interatividade. Para Preiser (2010, p. 23), "os princípios constituem ideias 'guarda-chuva', acompanhados de diretrizes e de recomendações para projetos, bastante genérica e não quantificáveis. Assim, eles são úteis, pois apontam a direção certa a ser tomada pelo projetista".

Para tanto, cabe uma reflexão sobre os princípios do desenho universal no contexto da cidade. O primeiro, **uso igualitário**, definido pelos pesquisadores da Carolina do Norte como "útil e comercializável para pessoas com diferentes habilidades", deve atender a quatro diretrizes:

> 1a. Fornecer os mesmos meios de uso para todos os usuários: idêntico quando possível, equivalente quando não.

1b. Evitar segregar ou estigmatizar quaisquer usuários.

1c. Tornar os mecanismos de privacidade, proteção e segurança igualmente disponíveis para todos os usuários.

1d. Fazer o desenho atraente para todos os usuários. (Story, 1998, p. 35, tradução livre da autora)[10]

O uso equitativo do espaço pode ser ilustrado por esse trecho urbano de Saint Tropez, conforme indica a Figura 7. O local apresenta uma calçada de dimensões amplas, que permite as pessoas caminharem lado a lado, acomodando também as que utilizam tecnologias assistivas para a mobilidade. A pavimentação é contínua, com material antiderrapante, conferindo maior segurança no deslocamento.

Outro detalhe desse ambiente, refere-se aos elementos verticais conectados por correntes, que estão estrategicamente posicionados para inibir o acesso de veículos na zona de circulação dos pedestres. Ademais, os toldos das lojas proporcionam sombras em dias de sol intenso, conferindo maior conforto aos transeuntes. Por sua vez, os mobiliários urbanos, como as lixeiras e placas de sinalização, dão suporte para melhor uso do espaço.

Figura 7 – Calçada em Saint Tropez (França).
Foto: Renata Mello (2010).

---

[10] "Principle One: Equitable Use. The design is useful and marketable to people with diverse abilities. Guidelines: 1a. Provide the same means of use for all users: identical whenever possible; equivalent when not; 1b. Avoid segregating or stigmatizing any users; 1c. Make provisions for privacy, security, and safety equally available to all users; 1d. Make the design appealing to all users".

O segundo princípio, **flexibilidade de uso**, deve "acomodar uma ampla variedade de preferências e habilidades individuais". Para tanto, é necessário acatar as indicações apresentadas a seguir:

2a. Fornecer escolha nos métodos de utilização.

2b. Acomodar acesso e utilização por destros e canhotos.

2c. Facilitar a exatidão e precisão do usuário.

2d. Fornecer adaptabilidade ao ritmo do usuário. (Story, 1998, p. 35, tradução livre da autora)[11]

Em Montevidéu é possível encontrar um exemplo de espaço urbano associado ao segundo princípio. A entrada do Teatro Solís (Figura 8) possui duas opções de acesso, uma por escada e outra por rampa, permitindo o frequentador escolher pelo recurso vertical mais adequado às suas necessidades e habilidades. A implantação do plano inclinado veio posteriormente, mas garantiu a acessibilidade nesse edifício histórico.

Figura 8 – Entrada do Teatro Sólis em Montevidéu (Uruguai).
Foto: Renata Mello (2012).

O terceiro aspecto a ser observado a partir do desenho universal é o **uso simples e intuitivo**, garantindo projetos e produtos que assegurem fácil entendimento "independentemente da experiência do usuário, conhecimento,

---

[11] "Principle two: Flexibility in Use. The design accommodates a wide range of individual preferences and abilities. Guidelines: 2a. Provide choice in methods of use; 2b. Accommodate right- or left-handed access and use; 2c. Facilitate the user's accuracy and precision; 2d. Provide adaptability to the user's pace".

habilidades de linguagem, ou nível de concentração atual". Sendo assim, deve-se atentar aos seguintes itens:

3a. Eliminar a complexidade que for desnecessária.

3b. Ser consistente com as expectativas e intuição do usuário.

3c. Ajustar-se a uma ampla gama de níveis de conhecimento e habilidades de linguagem.

3d. Organizar as informações de acordo com a sua importância.

3e. Fornecer orientação e *feedback* eficazes durante e após a conclusão da tarefa. (Story, 1998, p. 35, tradução livre da autora)[12]

A Figura 9 retrata uma aplicação desse princípio, em que o morador de Lyon encontra nesta travessia de pedestres, uma rota clara, desobstruída e sinalizada. As calçadas, o leito carroçável e as zonas de transposição da via de carros estão bem demarcadas permitindo um deslocamento intuitivo tanto dos que circulam a pé como por bicicleta. O desenho do semáforo de pedestres e sua localização também facilitam o reconhecimento das informações relevantes, reforçando os aspectos de segurança.

Figura 9 – Travessia de pedestres em Lyon (França).
Foto: Renata Mello (2010).

---

[12] "Principle Three: Simple and Intuitive Use. Use of the design is easy to understand, regardless of the user's experience, knowledge, language skills, or current concentration level. Guidelines: 3a. Eliminate unnecessary complexity; 3b. Be consistent with user expectations and intuition; 3c. Accommodate a wide range of literacy and language skills; 3d. Arrange information consistent with its importance. 3e. Provide effective prompting and feedback during and after task completion".

O quarto item relevante no processo de pensar o projeto arquitetônico ou urbanístico inclusivo é a **informação perceptível**, que deve comunicar "eficazmente a informação necessária para o usuário, independentemente das condições ambientais ou habilidades sensoriais do mesmo". Para tanto é importante:

4a. Usar diferentes modos (pictórico, verbal, tátil) para apresentação redundante de informação essencial.

4b. Maximizar a "legibilidade" da informação essencial.

4c. Diferenciar elementos de maneira que possam ser descritos (ou seja, tornar fácil de dar instruções ou direções).

4d. Proporcionar a compatibilidade com uma variedade de técnicas ou aparelhos usados por pessoas com limitações sensoriais. (Story, 1998, p. 35, tradução livre da autora)[13].

Dentro dessa proposta, o espaço urbano precisa apresentar elementos e sinais que apoiem no processo de entendimento das áreas de risco em potencial, como no caso do cruzamento apresentado na Figura 10. O piso tátil de alerta se destaca da pavimentação adjacente por sua cor e textura, chamando a atenção tanto dos videntes como das pessoas com deficiência visual, de que a partir daquele limite a atenção deve ser ampliada, por haver um grande fluxo de veículos automotores circulando no local.

Outros recursos adotados nesse exemplo são os semáforos de pedestres, bem como os dispositivos sonoros instalados nos postes, que emitem um sinal que orienta sobre o período apropriado para uma travessia segura do leito carroçável. Cabe mencionar que o recurso sonoro é fundamental às pessoas com deficiência visual, pois através dele é possível captar o momento mais conveniente para se transitar sobre a faixa de pedestres.

---

[13] "Principle four: Perceptible Information. The design communicates necessary information effectively to the user, regardless of ambient conditions or the user's sensory abilities. Guidelines: 4a. Use different modes (pictorial, verbal, tactile) for redundant presentation of essential information; 4b. Maximize 'legibility' of essential information; 4c. Differentiate elements in ways that can be described (i. e., make it easy to give instructions or directions); 4d. Provide compatibility with a variety of techniques or devices used by people with sensory limitations".

Figura 10 – Travessia de pedestres em Paris (França).
Foto: Renata Mello (2010).

Dentro da proposta difundida para o desenho universal é necessário também conceber soluções que tenham **tolerância ao erro**, entendido como criar formas de "minimizar os riscos e as consequências adversas de ações acidentais ou involuntárias" e que devem:

5a. Organizar os elementos para minimizar os riscos e erros: os elementos mais utilizados devem ser os mais acessíveis; os elementos perigosos devem ser eliminados, isolados ou protegidos.

5b. Fornecer avisos de perigos e erros.

5c. Fornecer recursos seguros às falhas.

5d. Desencorajar a ação inconsciente em tarefas que exigem atenção. (Story, 1998, p. 36, tradução livre da autora)[14]

Para consolidar as ideias desse princípio, cabe observar a paisagem urbana encontrada na Cidade do México (Figura 11). Nesse local foram previstos elementos balizadores de diferentes formatos para segregar os diversos

---

[14] "Principle five: Tolerance for Error. The design minimizes hazards and the adverse consequences of accidental or unintended actions. Guidelines: 5a. Arrange elements to minimize hazards and errors: most used elements, most accessible; hazardous elements eliminated, isolated, or shielded; 5b. Provide warnings of hazards and errors; 5c. Provide fail safe features; 5d. Discourage unconscious action in tasks that require vigilance".

modais de transporte conforme as velocidades, reforçando a segurança dos cidadãos. A zona de circulação de pedestres encontra-se ainda mais protegida, não só pelos objetos limitadores, mas também por árvores e mobiliários urbanos, que servem indiretamente como uma barreira física, inibindo o acesso de veículos à calçada por qualquer razão.

Figura 11 – Paisagem urbana, Cidade do México (México).
Foto: Renata Mello (2014).

Já o sexto princípio, **baixo esforço físico**, estabelece que o projeto deve "ser utilizado de forma eficiente e confortável e com um mínimo de fadiga", necessitando atender às seguintes premissas:

6a. Permitir ao usuário manter uma posição corporal neutra.
6b. Usar forças operacionais razoáveis.
6c. Minimizar ações repetitivas.
6d. Minimizar o esforço físico sustentado. (Story, 1998, p. 36, tradução livre da autora)[15]

Para tanto, os profissionais de arquitetura e urbanismo podem prever bancos para descanso ao longo de extensos passeios públicos, como os adotados na cidade de Nice (Figura 12), que favoreçam inclusive as pessoas com mobilidade reduzida. Esses assentos localizados em áreas sombreadas se tornam convidativos para o descanso e a permanência das pessoas, propiciando o lazer e a interação social no espaço público.

---

[15] "Principle six: Low Physical Effort. The design can be used efficiently and comfortably and with a minimum of fatigue. Guidelines: 6a. Allow user to maintain a neutral body position; 6b. Use reasonable operating forces; 6c. Minimize repetitive actions; 6d. Minimize sustained physical effort".

Figura 12 – Bancos no passeio público em Nice (França).
Foto: Renata Mello (2014).

O último princípio, **tamanho e espaço para aproximação e uso** considera que o projeto deve apresentar "tamanho e espaço apropriado para a aproximação, alcance, manipulação e uso, independentemente do tamanho do corpo do usuário, postura ou mobilidade", sendo necessário seguir estas diretrizes:

7a. Fornecer uma linha clara de visão para elementos importantes para qualquer usuário sentado ou em pé.
7b. Tornar confortável o acesso a todos os componentes para qualquer usuário sentado ou em pé.
7c. Acomodar variações no tamanho da mão e da empunhadura.
7d. Proporcionar um espaço adequado para o uso de dispositivos de auxílio ou de assistência pessoal. (Story, 1998, p. 36, tradução livre da autora)[16]

Um exemplo desse princípio encontra-se nos abrigos de ônibus da cidade de Nimes, na França (Figura 13). Tanto a implantação como o desenho desses mobiliários urbanos permitem o fácil acesso e a permanência de pessoas em pé ou sentadas, durante o tempo de espera dos coletivos. Desta forma

---

[16] "Principle seven: Size and Space for Approach and Use. Appropriate size and space is provided for approach, reach, manipulation, and use regardless of user's body size, posture, or mobility. Guidelines: 7a. Provide a clear line of sight to important elements for any seated or standing user; 7b. Make reach to all components comfortable for any seated or standing user; 7c. Accommodate variations in hand and grip size; 7d. Provide adequate space for the use of assistive devices or personal assistance".

é assegurada as condições adequadas também às pessoas que se utilizam de tecnologias assistivas para a mobilidade. Além disso, o estratégico posicionamento dos abrigos facilita a visualização das informações expressas nos ônibus por parte dos pedestres.

Após a apresentação dos princípios do desenho universal pode-se dizer que servem como norteadores aos profissionais que buscam criar cidades mais humanas e inclusivas. Em todas as referências expostas existe uma preocupação com a escala do pedestre e com a paisagem urbana adequada à convivência dos mais variados públicos e necessidades.

Figura 13 – Espaço público com abrigo de ônibus em Nimes (França).
Foto: Renata Mello (2010).

ESTUDOS DE CASO NO BRASIL

Planejar as cidades a partir da microescala para criar ambientes seguros, atraentes, inclusivos, que estimulem o uso do espaço público e assegure a permanência das pessoas nessas áreas é o desafio proposto a muitos arquitetos e urbanistas de diversas partes do mundo. No Brasil é possível localizar alguns projetos que já incorporaram soluções concebidas a partir do desenho urbano detalhado, buscando construir áreas externas convidativas à convivência ao ar livre.

A concepção dos locais varia muito conforme o uso. Em áreas exclusivamente residenciais, as propostas voltam-se para calçadas mais largas, ruas sem saída adotando o *cul-de-sac*, mobiliários urbanos estrategicamente posicionados para dar suporte aos moradores ou mesmo vias locais com controle de acesso de veículos, possibilitando a permanência segura para as brincadeiras das crianças e demais atividades sociais, criando ruas de convivência.

Nas áreas comerciais reformuladas, encontram-se leitos carroçáveis mais estreitos para priorizar a zona de pedestres. A pavimentação das calçadas tem sido feita com blocos intertravados, concreto moldado *in loco*, ladrilho hidráulico ou pedras como granito tratadas para serem antiderrapantes e estáveis sob qualquer condição de uso. Tais reformulações do traçado urbano próximo das lojas visam estimular o comércio de rua e o passeio ao ar livre.

Para elucidar a aplicação do desenho urbano e universal nos contextos anteriormente mencionados, serão expostos dois estudos de caso: o conjunto residencial Rubens Lara, localizado em Cubatão e a rua comercial Avanhandava, em São Paulo.

Conjunto Rubens Lara, Cubatão (SP)

O Conjunto Rubens Lara é um residencial de habitação de interesse social produzido pela Companhia de Desenvolvimento Habitacional e Urbano (CDHU) e faz parte do Programa de Recuperação Socioambiental da Serra do Mar.[17] Ao todo, são 1.840 unidades habitacionais implantadas em sobrados, casas sobrepostas e edifícios de 5 e 9 pavimentos, predominando construções de até 15 m de altura. Esse empreendimento "se destaca no contexto nacional, pelas melhorias do entorno, acessibilidade, infraestrutura, impactos, projeto, eficiência energética e gestão da água" (Mello, 2013, p. 27).

O planejamento urbanístico desse conjunto buscou atender aos parâmetros técnicos da acessibilidade e os princípios do desenho universal, seguindo as indicações apontadas pelo manual *Diretrizes do Desenho Universal na Habitação de Interesse Social no Estado de São Paulo* (São Paulo, 2010), associado às normas técnicas pertinentes.

Vale mencionar que esse projeto de habitação de interesse social foi objeto de estudo da autora em sua dissertação (Mello, 2013), que buscou avaliar se as propostas implantadas no residencial atendiam às legislações vigentes de acessibilidade, além de destacar boas práticas projetuais. Parte desses resultados estão expostos nesse trabalho.

Os desenhos técnicos do conjunto indicam que os passeios públicos foram elaborados a partir de um projeto executivo pormenorizado, contendo 19 detalhes, nos quais foram especificadas: as inclinações transversais e longitudinais da via de pedestres; o tratamento dos pisos para essas áreas; o

---

[17] Promovido pelo Governo do Estado de São Paulo.

posicionamento dos mobiliários urbanos associado às sinalizações táteis; as alternativas de rebaixamento de guias conforme largura da calçada e localização. A Figura 14 ilustra um trecho do residencial construído, onde foram seguidas as especificações técnicas previamente detalhadas.

Figura 14 – Calçada, Conjunto Rubens Lara (Cubatão, SP).
Foto: Renata Mello (2013).

Outro destaque do conjunto relaciona-se com os condomínios formados pelos sobrados e casas sobrepostas (Figura 15). O acesso de veículo é controlado por um portão onde está afixada uma placa de sinalização que indica o limite máximo de velocidade de 10 km/h aos veículos automotores, procurando dessa forma controlar o acesso e informar ao condutor que está entrando em uma zona em que deve ser ampliada sua atenção. Essas medidas visam, por exemplo, estimular a apropriação do espaço pelas crianças, que podem brincar mais livremente.

Além disso, no interior dessas ruas é possível encontrar um desenho urbano convidativo à convivência, com áreas abertas ao lazer, apoiadas por estruturas como churrasqueira e salão de festas. O espaço é concebido para estimular as relações sociais entre os moradores. O próprio gabarito de altura baixo das construções permite uma boa integração visual entre o indivíduo que está circulando no espaço público e o que se encontra no interior da residência.

Mais um detalhe a ser observado na Figura 15 são os pisos diferenciados, que informam visualmente aos frequentadores sobre os locais de estacionamento, áreas de pedestres e zonas compartilhadas entre pessoas e veículos, facilitando o uso desse espaço. Nota-se também uma preocupação com a iluminação pública, concebida para destacar as calçadas a partir de postes mais baixos e adequados à escala humana.

Figura 15 – Sobrados e casas sobrepostas, Conjunto Rubens Lara (Cubatão, SP). *Foto:* Renata Mello (2013).

Nas outras áreas do conjunto identificam-se mais práticas projetuais pensadas na microescala urbana. Tais ações ampliam a segurança dos moradores, incentivando-os para a mobilidade a pé ou por bicicleta através de calçadas e ciclovias segregadas do leito carroçável. Nas vias locais, próximas dos edifícios de 5 ou 9 pavimentos, foi implantado o *cul-de-sac*, inibindo o fluxo contante de veículo, objetivando reduzir o número de acidentes.

O residencial conta ainda com mesas de jogos, parques infantis, praça pública com áreas sombreadas por pergolado e árvores plantadas entre bancos, quadras esportivas, entre outros. Tais opções favorecem o uso dos espaços por crianças, idosos, gestantes, jovens, enfim, todos os moradores e visitantes, estimulando as trocas sociais de forma inclusiva.

Nota-se que o projeto urbano do Conjunto Rubens Lara foi concebido a partir de um desenho urbano e universal, respeitando a escala humana da diversidade. Como resultado, é possível encontrar áreas qualificadas às atividades culturais, sociais e de lazer.

Rua Avanhandava, São Paulo

A rua Avanhandava, localizada no Centro de São Paulo, apresenta comércios e residências ao longo de sua extensão. No entanto, é mais conhecida pelo trecho entre as ruas Martins Fontes e Martinho Prado, em que estão concentrados estabelecimentos gastronômicos e culturais como Família Mancini, Pizzaria Família Mancini, Walter Mancini Ristorante, Calligraphia Galleria e Central 22.

Pelo interesse em atrair mais clientes para a região, os donos dos restaurantes e outros comerciantes se organizaram para reformar essa área, em uma parceria público-privada.[18] O objetivo foi melhorar a paisagem urbana, qualificando o espaço para o uso e a permanência das pessoas e, como consequência, aumentar o lucro nos negócios. Para tanto, foram redimensionadas as zonas de circulação de carros e pedestres, como indica o texto da Prefeitura de São Paulo e a Figura 16 a seguir:

> A entrada da rua Avanhandava, antes com 38 metros de largura, foi reduzida para 6, e o piso foi erguido ao mesmo nível da calçada, ou seja, é mais alto que o da pista da rua Martins Fontes. Com isso, logo ao entrar na rua, o veículo é obrigado a reduzir sua velocidade. A consequência é o aumento de segurança para os pedestres. Em vários pontos da rua, o desnível entre a calçada e a rua é mínimo, em outros é inexistente, o que facilita a vida das pessoas com deficiência visual e dificuldade de locomoção. (São Paulo, 2007)

A largura de 6 m para a circulação dos veículos associada às faixas de pedestre elevadas, tanto no início como ao final do quarteirão, passaram a indicar para os condutores que essa área é uma zona especial, devendo-se reduzir a velocidade. Com isso, a sensação de segurança foi ampliada para os frequentadores da região.

Figura 16 – Acesso à rua Avanhandava, São Paulo (Brasil).
Foto: Renata Mello (2012).

---

[18] Projeto desenvolvido em parceria da Subprefeitura da Sé com a Associação dos Restaurantes da rua Avanhandava, presidida pelo empresário Walter Mancini, com apoio da Visanet (São Paulo, 2007).

O projeto contempla também outros recursos que inibem os acidentes, como o uso de vegetação nas esquinas para proteção dos transeuntes ou mesmo postes balizadores apresentados na Figura 17, que servem como barreiras para que os carros não avancem na calçada. A própria faixa de pedestres elevada e claramente sinalizada reforça o trecho protegido a ser percorrido pelas pessoas.

Figura 17 – Faixa de pedestres elevada da rua Avanhandava, São Paulo (Brasil).
Foto: Renata Mello (2012).

Além do mais, ao circular por essa região é possível notar uma forte preocupação com os materiais de acabamento do piso, que variam conforme os usos do espaço (Figura 18). O bloco intertravado foi aplicado no leito carroçável e na faixa da calçada voltada à colocação dos mobiliários urbanos (faixa de serviço). Já o ladrilho hidráulico estampado foi destinado para indicar a zona segura de circulação dos pedestres, classificada pela NBR 9050:2015 da ABNT como faixa livre. Adotou-se também a pintura de uma faixa contínua para demarcar o limite entre a rua e a calçada. O uso de inúmeros materiais buscou informar aos frequentadores da rua sobre as distintas funções da via e indicar zonas de risco.

Figura 18 – Organização da calçada, rua Avanhandava, São Paulo (Brasil).
Foto: Renata Mello (2012).

Como resultado dessa reforma, os frequentadores da rua Avanhandava passaram a contar com áreas seguras e confortáveis ao pedestre e com estabelecimentos comerciais mais integrados com a cidade, conforme identificado na Figura 19. Houve maior articulação entre os restaurantes e a área externa, criando uma atmosfera convidativa para o encontro entre amigos e familiares. Com esse novo desenho urbano a via se transformou em um espaço mais democrático, seguro e inclusivo.

Figura 19 – Mesas ao ar livre, rua Avanhandava, São Paulo (Brasil).
Foto: Renata Mello (2012).

CONSIDERAÇÕES FINAIS

Diversos países desenvolvidos e em desenvolvimento vêm enfrentando desafios comuns, como o envelhecimento crescente da população, o aumento do número de pessoas com deficiência e a redução das taxas de natalidade. Tais transformações exigem políticas públicas que deem suporte às novas demandas desses grupos, respeitando-os como cidadãos de direito.

Nesse contexto, o desenho das cidades e dos edifícios possui um papel ativo para assegurar a autonomia e a independência dos indivíduos no desempenho das atividades pessoais, familiares ou laborais, possibilitando a vida na comunidade. Para tanto, os projetos arquitetônicos e urbanísticos precisam ser concebidos para atender às necessidades e habilidades de usuários com distintas características antropométricas, sensoriais e de mobilidade.

No Brasil, os profissionais ligados à construção utilizam legislações e normas técnicas como a NBR 9050:2015 da ABNT para apoiá-los nesse desafio de conceber projetos mais inclusivos e universais, mas como discutido neste trabalho, vale observar também os princípios do desenho universal, a fim de identificar outras soluções em potencial.

Destaca-se também a importância do planejamento das cidades a partir da escala do pedestre, quando as paisagens urbanas devem ser concebidas a partir de um desenho pormenorizado, no qual são definidos os acabamentos de piso, o tratamento dos desníveis, a organização das calçadas, o posicionamento e a linguagem dos mobiliários urbanos, entre outros detalhes que devem compor um ambiente externo mais humanizado e inclusivo, que estimule o uso e a permanência das pessoas nas mais variadas situações culturais, comerciais ou de lazer, como apontam os estudos de caso do Conjunto Residencial Rubens Lara e da comercial rua Avanhandava.

REFERÊNCIAS

ABRAHÃO, J.; SZNELWAR, L.; SILVINO, A. et al. *Introdução à Ergonomia*. São Paulo: Blucher, 2009. 240p.

[ABNT] ASSOCIAÇÃO BRASILEIRA DE NORMAS TÉCNICAS. *NBR 14021*: Transporte – Acessibilidade no sistema de trem urbano ou metropolitano. Rio de Janeiro, 2005.

_____. *NBR 14022*: Acessibilidade em veículos de características urbanas para o transporte coletivo de passageiros. Rio de Janeiro, 2011.

_____. *NBR 14273*: Acessibilidade da pessoa portadora de deficiência no transporte aéreo comercial. Rio de Janeiro, 1999.

_____. *NBR 9050*: Acessibilidade a edificações, mobiliário, espaços e equipamentos urbanos. Rio de Janeiro, 2015.

BRASIL. Decreto n. 5.296, de 2 de Dezembro de 2004. Regulamenta as Leis ns. 10.048, de 8 de novembro de 2000, que dá prioridade de atendimento às pessoas que especifica, e 10.098, de 19 de dezembro de 2000, que estabelece normas gerais e critérios básicos para a promoção da acessibilidade das pessoas portadoras de deficiência ou com mobilidade reduzida, e dá outras providências. *Diário Oficial [da] República Federativa do Brasil*, Brasília/DF, 3 dez. 2004. Disponível em: <http://www.planalto.gov.br/ccivil_03/_ato2004-2006/2004/decreto/d5296.htm>. Acesso em: 25 mai. 2013.

CAMBIAGHI, S. *Desenho Universal: métodos e técnicas para arquitetos e urbanistas.* São Paulo: Editora Senac São Paulo, 2007, v. 1, 269 p.

CENTRO REGIONAL DE INFORMAÇÃO DAS NAÇÕES UNIDAS. *Alguns factos e números sobre as pessoas com deficiência.* Disponível em: <https://www.unric.org/pt/pessoas-com-deficiencia/5459>. Acesso em: 19 iul. 2016.

DOCZI, G. *O poder dos limites: harmonias e proporções na natureza, arte & arquitetura.* São Paulo: Mercuryo, 2004, 149p.

GEHL, J. *Cidade para pessoas.* Tradução: Anita Di Marco. 2.ed. São Paulo: Perspectiva, 2013. 262p.

GYMPEL, J. *The story of architecture: from antiquity to the present.* Köln: Könemann Verlagsgesellschaft mbH,1996, 120p.

LOPES, M.E.; BURJATO, A.L.P.F. Ergonomia e Acessibilidade. In: ORNSTEIN, S.W.; PRADO, A.R.A.; LOPES, M.E. (Orgs.). *Desenho Universal: caminhos da acessibilidade no Brasil.* São Paulo: Annablume, 2010, v. 1, p.69-79.

MARANDOLA JR, E. Novos significados da mobilidade. *Rev. Bras. Est. Pop.*, São Paulo, v. 25, n. 1, p. 199-200, jan./jun. 2008. Disponível em: <http://www.abep.nepo.unicamp.br/docs/rev_inf/vol25_n1_2008/vol25_n1_2008_14resenha_p199a200.pdf>. Acesso em: 28 mar. 2012.

MELLO, R.L.; BRUNA, G.C. Mobilidade para o pedestre: avaliação das condições das calçadas acessíveis em ruas comerciais de São Paulo. In: II Encontro da Associação Nacional de Pesquisa e Pós-Graduação em Arquitetura e Urbanismo, 2012, Natal/RN. *Anais eletrônicos...* Natal: ENANPARQ, 2012. CD-ROM.

MELLO, R. *Qualidade da Habitação de Interesse Social: Análises a partir da Acessibilidade e Desenho Universal. Estudo de caso do Conjunto Residencial Rubens Lara, Cubatão/SP.* 2013. Dissertação (Mestrado em Arquitetura). Universidade Presbiteriana Mackenzie, São Paulo, 2013. 304p.

OKAMOTO, J. *Percepção Ambiental e Comportamento.* 2.ed. São Paulo: Ipsis gráfica e editora, 1997, 200p.

[OMS] ORGANIZAÇÃO MUNDIAL DA SAÚDE. *Envelhecimento ativo: uma política de saúde.* 2002. Tradução: Suzana Gontijo. Brasília, 2005. Disponível em: <http://bvsms.saude.gov.br/bvs/publicacoes/envelhecimento_ativo.pdf>. Acesso em: 19 jul. 2016.

PANERO, J.; ZELNIK, M. *Dimensionamento humano para espaços interiores.* Tradução: Anita Regina Di Marco.Barcelona: Editorial Gustavo Gili, S.L, 2002.

POSSEBON, E. O Modulor de Le Corbusier: Forma, Proporção e Medida na Arquitetura. *R. Cult.; R. IMAE*, São Paulo, a. 5, n. 11, p. 68-76, jan./jun. 2004. Disponível em: <http://fmu.br/pdf/p68a76.pdf>. Acesso em: 05 dez. 2012.

PREISER, W.F.E. Das políticas públicas à prática profissional e à pesquisa de avaliação de desempenho voltadas para o Desenho Universal. Tradução: Sheila Walbe Ornstein, Maria Elisabete Lopes, Adriana Romeiro de Almeida Prado. In: ORNSTEIN, S.W.; PRADO, A.R.A.; LOPES, M.E. (Orgs.). *Desenho universal: caminhos da acessibilidade no Brasil.* São Paulo: Annablume, 2010, v. 1, p. 19-32.

SÃO PAULO (Estado). Secretaria do Estado da Habitação (SH) e Companhia de Desenvolvimento Habitacional e Urbano (CDHU). *Diretrizes do Desenho Universal na Habitação de Interesse Social no Estado de São Paulo*. São Paulo, 2010, v. 1, 97 p.

SÃO PAULO (Município). *Nova Avanhandava ajuda na revitalização do Centro*. Disponível em: <http://www.prefeitura.sp.gov.br/cidade/secretarias/subprefeituras/se/noticias/index.php?p=1921>. Acesso em: 9 abr. 2012.

STORY, M.F. The Principles of Universal Design. In: PREISER, W.F.E.; SMITH, K.H. (Orgs.). *Universal Design Handbook*. New York: McGraw-Hill, 2011, v. 1,p. 4.3-4.12.

STORY, M.F.; MUELLER, J.L.; MACE, R.L. The Universal Design File: Designing for People of All Ages and Abilities. *Center for Universal Design*: NC State University [SI], 1998. Disponível em: <http://design-dev.ncsu.edu/openjournal/index.php/redlab/article/viewFile/102/56.pdf>. Acesso em: 25 maio 2013.

THE CENTER FOR UNIVERSAL DESIGN. *About The Center: Universal Ronald L. Mace*, 2008. Disponível em: <http://www.ncsu.edu/ncsu/design/cud/about_us/usronmace.htm>. Acesso em: 17 jun. 2013.

TRINITY, H. *Shared Space, Shared Surfaces and Home Zones from a Universal Design Approach for the Urban Environment in Ireland – Key Findings & Recommendations*. Dublin, 2011. Disponível em: <http://universaldesign.ie/Built-Environment/Shared-Space/Shared-Space-Full-Report.pdf>. Acesso em: 1 jun. 2016.

[UN] UNITED NATIONS. Departament of Economic and social affairs population division. *World Population Prospects: The 2015 Revision*. Estados Unidos, 2015. Disponível em: <https://esa.un.org/unpd/wpp/Publications/Files/World_Population_2015_Wallchart.pdf>. Acesso em: 19 jul.2016.

40 | Mobilidade em cidades

Cristina Kanya Caselli Cavalcanti
Arquiteta, Universidade Presbiteriana Mackenzie, UPM

Larissa Ferrer Branco
Arquiteta e urbanista, Universidade Presbiteriana Mackenzie, UPM

Gilda Collet Bruna
Arquiteta e urbanista, Universidade Presbiteriana Mackenzie, UPM

MITOS URBANOS, MOBILIDADE E O FUTURO

Viver em uma cidade faz se esbarrar em questões referentes à circulação: como ir para determinado local? Há transporte eficiente para o destino? Quanto tempo demora para chegar lá? Qual o meio mais adequado? Se for de carro, onde estacionar? É seguro pegar táxi no local? E ônibus?

Observa-se que de modo geral as pessoas estão sob o domínio dos carros e parece que as cidades foram colonizadas por eles (Arup, 2016), uma vez que as obras viárias normalmente visam colocar ainda mais veículos nas ruas, deixando as pessoas em segundo plano.

"Banir os carros das ruas", seria essa a solução? Esse tema vem sendo amplamente discutido por arquitetos urbanistas, engenheiros de tráfego, agentes públicos, bem como dentro e fora das universidades, ou seja, por toda a população. A conclusão de uma simples conversa sobre mobilidade pode acabar, de forma mais ou menos elegante, chegando nesse ponto: a exclusão dos carros da cidade. Mas será que seu uso não está sendo superestimado, tanto quanto a sua condenação? Os planejadores urbanos estão conseguindo equacionar a necessidade de mais veículos nas ruas com as necessidades espaciais de seus habitantes?

Por sua vez, a ideia de abolir carros particulares será a solução para os problemas de mobilidade urbana do cidadão? Haveria melhorias para a saúde? A "grande" solução precisa se coadunar com medidas radicais como essa ou se pautar por outras alternativas, visto que as pessoas precisam se locomover e nem tudo está próximo o bastante para ser alcançado a pé e a um custo conveniente.

É importante mencionar que essa discussão pode ser muito mais ampla e complexa, a começar pelo fato de que, ao se falar em mobilidade urbana, não se pensa em veículos apenas, mas se objetiva abranger um conjunto maior, ou seja, um grande sistema que envolve diversas modalidades de locomoção e não somente o transporte motorizado individual.

O tema mobilidade é cada vez mais necessário no conjunto das questões urbanas contemporâneas, principalmente porque os seus impactos são muito relevantes. As cidades refletem os efeitos negativos de um planejamento pensado para o automóvel. Tais efeitos podem ser observados, por exemplo, na qualidade espacial urbana, em que grandes viadutos e rodovias transformam-se em barreiras no tecido urbano e nos espaços públicos ou em calçadas que acabam sendo suprimidas pelo sistema viário e pelos veículos estacionados. Em termos de qualidade ambiental, em razão dos poluentes emitidos pelos automóveis, o ar da cidade pode ficar irrespirável. A impermeabilização do solo pela pavimentação contribui para o aumento da incidência de enchentes, interferindo na qualidade de vida cotidiana urbana (Arup, 2016, p. 17).

Há de fato urgência em se encontrar novas soluções que sejam sustentáveis para os deslocamentos de pessoas e cargas nas cidades.

PANORAMA ATUAL: AS DIFICULDADES DO AGORA

Muitas são as teses e artigos que contam como foi implantado o modelo rodoviarista nos processos de urbanização no Brasil. Sabe-se que desde a década de 1950 as políticas de transporte nas três esferas de governo privilegiavam o uso de veículos particulares para a mobilidade. Investiu-se em obras de grandes vias expressas, túneis e viadutos para auxiliar no escoamento do tráfego, tudo isso em detrimento da infraestrutura existente de transportes coletivos.[1] O ponto central dessa reflexão, contudo, não é apresentar um contexto histórico e possíveis explicações para que se possa compreender por que as coisas são como são. A provocação que se faz aqui está num campo mais prospectivo.

A cidade de São Paulo, por exemplo, desde meados do século XIX (Villaça, 1996), tem um crescimento voltado ao quadrante sudoeste, talvez em razão das vias de deslocamento, como a Marginal Pinheiros, ou novas centralidades, como a Avenida Faria Lima e a Avenida Engenheiro Luiz Carlos

---

[1] Disponível em: <http://www.prefeitura.sp.gov.br/cidade/secretarias/upload/chamadas/planmobsp_v072__1455546429.pdf> Acesso em: 2 set. 2016.

Berrini. De qualquer forma, como ressalta Villaça (1996), a mobilidade direciona o desenvolvimento, mudando o desenho da cidade e suas características socioeconômicas. Com uma grande concentração de atividades econômicas e oferta de infraestruturas num setor específico da cidade, São Paulo possui um desequilíbrio estrutural, em que a maior parte da oferta de empregos se encontra distante das moradias de grande parte das pessoas, refletindo na pendularidade diária, ou seja, muitas pessoas se deslocando dos extremos da cidade para ir e vir do trabalho.

> Nossas metrópoles foram se estruturando sob o impacto da força mais poderosa (mas não única) atuante sobre a estrutura urbana: as condições de deslocamento. Como parte de uma interação de forças, de um movimento fruto de interação de forças, o centro principal se deslocou e se transformou, os subcentros se formaram em função da inacessibilidade socioeconômica das camadas populares ao centro principal; certas regiões das metrópoles se tornaram maciçamente populares, o centro principal "decaiu"; o sistema viário se aprimorou em determinada região, [...] enfim foi-se definindo o que era "bom ponto" e o que era "fora de mão" em todo o espaço urbano. (Villaça, 1996, p. 2)

As cidades têm se tornado cada vez menos saudáveis, enquanto veículos se avolumam diariamente em congestionamentos, aumentando a poluição atmosférica com o acelera-desacelera dos motores. Esses congestionamentos atingem toda a população, mas se pode verificar especialmente casos de trabalhadores que residem distantes do trabalho e desperdiçam 4 ou 5 horas do seu dia no trânsito, amontoados nos precários meios de transporte, reduzindo assim consideravelmente sua qualidade de vida.

> Pensar a mobilidade urbana é, portanto, pensar sobre como se organizam os usos e a ocupação da cidade e a melhor forma de garantir o acesso das pessoas e bens ao que a cidade oferece (locais de emprego, escolas, hospitais, praças e áreas de lazer) não apenas pensar os meios de transporte e o trânsito. (Ministério das Cidades, 2005, p. 3)

A baixa qualidade do transporte coletivo, principalmente nos percursos feitos com ônibus, está relacionada com a pouca oferta na frota e nas linhas, a idade dos veículos, seu estado de conservação e a má estrutura de sua rede. Mesmo havendo regras contratuais sobre a obrigatoriedade de renovação da frota em períodos de 5 anos, qualquer veículo que não passa por manutenções periódicas acaba representando um risco à segurança das pessoas, seja provocando acidentes por falta de manutenção de itens de segurança, como freios ou motores desregulados, seja intensificando o volume de emissões de gases de efeito estufa na atmosfera.

A questão se agrava com a morosidade na ampliação da rede de transportes de alta capacidade, como o metrô e o trem. A restrita quantidade de linhas em cidades como São Paulo acaba criando um gargalo em algumas estações, visto que o transporte sobre trilhos tem qualidade melhor, levando muita gente a procurar esse modal para distâncias mais longas. O trem ainda tem a função de trazer pessoas que residem na região metropolitana, fora da cidade de São Paulo, para trabalhar ou estudar, trazendo milhares de pessoas para as estações.

Os trajetos dos ônibus são muito tortuosos, em vias estreitas, com ausência de sincronização dos semáforos, horários de extrema lotação e outros praticamente vazios. Toda essa ineficiência em se tratando de transporte coletivo leva a uma divisão modal em que 55% das viagens são feitas de modo coletivo e 45% com uso de transporte individual (RMSP, 2008, Pesquisa Origem e Destino 2007). Ou seja, o passageiro descontente com o serviço de transporte busca a alternativa que melhor convém, que muitas vezes acaba sendo a aquisição de um automóvel, estimulado por políticas tributárias, até com redução de impostos. Cria-se assim um círculo vicioso, em que predomina o congestionamento e a consequente poluição atmosférica, além do aumento do tempo de viagem, principalmente durante trajetos residência-trabalho ou residência-instituição de educação.

No caso de São Paulo, torna-se notório que muitos de seus habitantes optam pelo transporte individual para se locomover, frente à ineficiência e a baixa qualidade do transporte coletivo. No País, vive-se um paradoxo em que figuram de um lado uma indústria automobilística com alta capacidade de produção aliada a programas econômicos de estímulo ao consumo e, de outro, cidades com sistemas viários ultrapassados, assim como transporte coletivo ineficiente, gerando altos índices de congestionamentos. As grandes obras viárias parecem já surgir subdimensionadas diante do aumento contínuo da frota de veículos. Consequentemente, o tráfego é caótico nas grandes cidades brasileiras, como corrobora pesquisa feita pela empresa holandesa Tom Tom. Entre as dez cidades com o pior tráfego no Brasil estão Rio de Janeiro (4º colocada), Salvador (7º colocada) e Recife (8º colocada).[2]

---

[2] Informações da pesquisa disponíveis em: <https://www.tomtom.com/en_gb/trafficindex/list>. Acesso em: 22 set. 2016.

O trânsito está diretamente ligado ao número de veículos e à falta de alternativas viáveis de transporte público para servir uma população numa região metropolitana de grande abrangência como São Paulo. Como mostra o relatório "How to make a city great" da McKinsey & Company (2013), metade da população mundial vivia em cidades em 2013, ou seja, 3,6 bilhões de pessoas. Em 2030, essa proporção deve passar para 60%, algo em torno de 6 bilhões de pessoas vivendo em cidades (Bouton et al., 2013). O Brasil, antecipando essa tendência, já é primordialmente urbano, pois 160.925.792[3] de brasileiros vivem em cidades, ou seja, 81% da população. Apenas no estado de São Paulo, a população urbana já supera a marca de 95%. Como atender a esse número de pessoas de maneira eficiente?

O QUE SE ESTÁ PERDENDO OU DEIXANDO DE GANHAR?

Essa concentração de pessoas vivendo em cidades gera milhares de deslocamentos, seja como transporte de carga, seja de passageiros. No entanto, a infraestrutura viária é restrita e os investimentos em transporte coletivo não acompanharam a demanda. Ou seja, há um desequilíbrio entre oferta e demanda, o que resulta em tempo perdido no trânsito, representando perda de produtividade. Marcos Cintra (2014), da Fundação Getulio Vargas (FGV), estimou os custos dos congestionamentos na cidade de São Paulo e constatou duas importantes variáveis: uma relativa ao custo de oportunidade,[4] ou seja, o tempo produtivo perdido no trânsito; e os dispêndios monetários causados pela lentidão, como custos adicionais de combustíveis, transporte de mercadorias e emissão de poluentes. Esses não são os únicos fatores que devem ser levados em conta em uma quantificação das perdas financeiras relativas aos congestionamentos. Não se pode esquecer que aspectos como o desgaste de

---

[3] Informações disponíveis em: <http://www.censo2010.ibge.gov.br/sinopse/index.php?-dados=8>. Acesso em: 1 set. 2016.

[4] O custo de oportunidade é um conceito econômico que faz referência ao valor da melhor opção não realizada ou ao custo do investimento dos recursos disponíveis em detrimento dos investimentos alternativos disponíveis. É caso para dizer que o custo de oportunidade está associado àquilo a que um agente econômico renuncia na hora de tomar uma decisão. Disponível em: <http://conceito.de/custo-de-oportunidade>. Acesso em: 16 set. 2016. Mais informações no artigo "Conceito de custo de oportunidade – O que é, definição e significado", disponível em: <http://conceito.de/custo-de-oportunidade#ixzz4KRqhx8Pt>. Acesso em: 30 mar. 2018.

materiais, acidentes, manutenção viária, entre outros, podem ser relevantes e precisam ser considerados.

O transporte individual tem suas vantagens, como a liberdade, o conforto e a facilidade de chegar exatamente na porta do seu destino. Esse conforto, porém, tem alto custo para as cidades. Por exemplo, segundo estudo da Companhia de Engenharia de Tráfego de São Paulo (CET), a redução dos congestionamentos ocorreu mesmo com a frota de veículos da cidade de São Paulo aumentando de 7,8 milhões no final de 2014 para 8,1 milhões em dezembro de 2015, crescimento de quase 3,4% em um ano. A taxa de motorização também subiu no período, de 49 para 50 veículos por 100 mil habitantes em 2015 (CET, 2016). Mais ainda, os picos de congestionamento na cidade de São Paulo no ano de 2015 foram de 95 km, em média, na parte da manhã e de 70 km à tarde. Nesse contexto, a frota de veículos da cidade de São Paulo ainda cresce.

Toda essa dificuldade em transitar pela cidade de São Paulo faz perder, anualmente 103 horas no trânsito lento ou parado, prejudicando a qualidade de vida de seus moradores e ocasionando prejuízos financeiros. O valor de perdas econômicas resultantes dos congestionamentos na cidade de São Paulo quantificado por Marcos Cintra (2014, p. 24) totaliza R$ 40 bilhões anuais. Ou seja, R$ 30 bilhões relativos à produção e R$ 10 bilhões relacionados com o consumo de combustíveis, aumento da poluição e do custo do transporte de cargas. Em razão da grande importância comercial de cidades com características semelhantes a São Paulo, o comprometimento do trânsito dessas cidades tem impacto no custo do País, como é o caso do impacto da cidade de São Paulo no custo Brasil, visto que os valores de frete são elevados e acabam sendo repassados para produtos que passam pelas regiões. Segundo dados da pesquisa "Urban mobility at a tipping point" da McKinsey & Company, os prejuízos causados pelo trânsito podem representar de 2 a 4% do produto interno bruto (PIB) do país (Bouton et al., 2015).

Além de reduzirem diretamente a qualidade de vida das pessoas, os congestionamentos têm impacto na saúde de toda a população. A poluição está relacionada com cinco das doenças que mais matam no mundo: isquemia (doença cardíaca); derrame; doença pulmonar crônica; câncer de pulmão; e infecções respiratórias em crianças (2016). Para ilustrar, a cidade de São Paulo tem uma frota de 49.822.708[5] veículos, que são responsáveis por cerca de 80% da poluição do ar, ou seja, os veículos – carros e ônibus –, acabam

---

[5] Dados disponíveis em: <http://cidades.ibge.gov.br/painel/frota.php>. Acesso em: 29 ago. 2016.

por levar milhares de pessoas a serviços de saúde, hospitais e consultórios médicos, sobrecarregando ainda mais o sistema público de saúde.

Além de questões relacionadas com a qualidade do ar, o número de mortes prematuras em consequência de acidentes de trânsito envolvendo ciclistas e pedestres corresponde a 26% das vítimas em todo o mundo. Nas dez cidades onde mais morrem pedestres no mundo, seis são brasileiras, sendo Fortaleza a campeã em mortes no trânsito. A cidade de São Paulo tem uma taxa de mortalidade no trânsito de 11,6 por 100.000 habitantes (Welle et al., 2015, p. 159).

A CET elaborou em 2015 um relatório com detalhes sobre os acidentes fatais no trânsito na cidade de São Paulo (CET, 2015). Entre os números apresentados, 407 pessoas morreram atropeladas na cidade, 271 morreram em decorrência de choques entre veículos e 164 morreram devido a batidas em objetos fixos. Em 2015, 953 pessoas morreram no trânsito da cidade, sendo que esses números não contam pessoas feridas. Morreram prematuramente 2,7 pessoas por dia nas ruas de São Paulo. Pode-se questionar fortemente por que essas estatísticas e números, conhecidos e comprovados que são, parecem não sensibilizar seus governantes?

Não há dúvida quanto aos problemas inerentes ao uso massificado do transporte individual. Contudo, há que se ter em mente que o cidadão comum não enfrenta tantas horas de trânsito e perde sua saúde e dinheiro porque quer, mas porque as outras alternativas não lhe são viáveis ou possíveis.

Quais desses dados podem ajudar a reverter a situação atual? A CET recolheu dados sobre os locais de mortes e mostra as situações mais carentes que necessitam de mudanças de estratégia. Por exemplo, a via expressa Marginal Tietê é campeã em mortes na cidade: foram 30 apenas no ano de 2015. No universo dos acidentes fatais na Marginal Tietê, 9 foram pedestres, 13 motociclistas e 8 motoristas ou passageiros. Mas pode-se perguntar o que pedestres fazem em uma via expressa, sem semáforos, sem calçadas? E por que morrem tantos motociclistas na mesma via?

A Organização Mundial da Saúde (OMS) apresentou o relatório "World report on road traffic injury prevention" (2004), em que descreve riscos e consequências do trânsito ao redor do mundo. Segundo esse relatório, existe risco de acidentes em função de quatro aspectos:

1. Exposição: número de viagens e densidade populacional da cidade aumentam a exposição.
2. Probabilidade subjacente de sofrer um acidente: quanto maior a exposição maior a possibilidade de se envolver em acidentes.

3. Probabilidade de ferimentos em um acidente: a chance matemática de haver feridos.
4. Os resultados dos ferimentos, ou seja, qual o prejuízo do resultado do acidente.

Os riscos de sofrer um acidente aumentam de acordo com alguns fatores:

- Erro humano.
- Tamanho ou natureza da energia cinética do impacto.
- Tolerância da pessoa atingida no impacto.
- Qualidade e rapidez do serviço de socorro.

Na grande maioria dos acidentes com vítimas, observa-se que as lesões são provocadas pelo excesso de velocidade e resistência ao impacto. Por exemplo, o risco de morte de um pedestre atingido por um veículo a 50 km/h aumenta 80%, enquanto o mesmo acidente com um carro a 30 km/h tem 10% de chance de ser fatal. Velocidades superiores a 30 km/h aumentam a chance de motoristas e ciclistas cometerem erros, que podem ter consequências fatais (Peden et al., 2004).

Provavelmente baseada nesses fatos e números, a Prefeitura Municipal de São Paulo (PMSP) criou em 2013 o Programa Proteção à Vida, que consiste em um conjunto de medidas voltadas à segurança viária. O cerne do projeto é aumentar a conscientização dos usuários do trânsito sobre o respeito às leis e sobre a necessidade do compartilhamento do espaço viário. Com o intuito de proteger os agentes mais vulneráveis, como pedestres e ciclistas, foram reduzidas as velocidades em diversos corredores de trânsito, objetivando reduzir o número de mortos e feridos, entre outras medidas.[6]

E O PAPEL DAS TRÊS ESFERAS DE GOVERNO?

A cidade depende da acessibilidade de como as pessoas e os produtos circulam por suas vias, tanto em relação à economia como à qualidade de vida. Ricos e pobres perdem horas no trânsito, tempo que poderia ser investido em educação, lazer e atividades econômicas. Quem pode escolher, pro-

---

[6] Informações disponíveis em: <http://planejasampa.prefeitura.sp.gov.br/metas/projeto/ 2235/>. Acesso em: 22 set. 2016.

cura morar o mais próximo possível do trabalho, mas são relativamente poucos os que têm esse benefício.

Segundo dados da pesquisa Origem-Destino (O/D) do Metrô de São Paulo feita em 2007, a grande diferença é que quem tem carro tem a possibilidade de viagens mais curtas. Independentemente da faixa de renda, o transporte individual é 50% mais rápido. De modo geral, tem-se que 65,1% da população utiliza transporte motorizado, enquanto 34,9% opta por transporte não motorizado (RMSP, 2008; Pesquisa Origem e Destino 2007).

Essa pesquisa mostra que mais de 44% das viagens diárias têm como objetivo o trabalho e 34% a educação, portanto a concentração do emprego e de instituições de ensino influenciam os trajetos. Acredita-se que duas grandes providências então precisariam ser implementadas. Uma dependeria do espraiamento da capacidade da cidade em promover geração de emprego, desconcentrando a localização das empresas e, por consequência, dos postos de trabalho. Outro eixo de solução é a expansão dos sistemas de transporte coletivo pela cidade, ampliando a oferta em quantidade, qualidade e abrangência geográfica. A intermodalidade de trens, metrô e ônibus é indispensável, uma vez que todos os sistemas de transporte não conseguirão chegar ao mesmo tempo em todos os lugares e cada um cumpre um papel diferente na cidade para fortalecer o sistema de transporte como um todo.

Como se pode perceber nas Figuras 1a e 1b, a primeira com a distribuição dos empregos no ano 2000 e a segunda em 2010, houve um alargamento da área de concentração dos empregos em todos os pontos cardeais da cidade, mas ainda é notável que nas áreas periféricas a oferta de trabalho é menor. Naturalmente, a saturação do centro permite que áreas cada vez mais distantes dele se desenvolvam e gerem mais empregos, podendo vir a reduzir parte dos deslocamentos diários. Observa-se que a concentração de empregos aumentou nas zonas mais centrais, além da formação de um vetor leste e outro para o sul.

Ou seja, do ponto de vista do objetivo de mobilidade eficiente, a expansão da oferta de empregos deveria ser combinada com a expansão de alternativas de transporte público por toda a cidade. Sabe-se, entretanto, que medidas como essas vêm sendo pensadas, por exemplo, pelo novo Plano Diretor Estratégico (PDE) de São Paulo, promulgado pela Lei Municipal n. 16.050, de 31.7.2014. O plano se apoia em *eixos de estruturação da transformação urbana*, que buscam atrair a produção imobiliária para perto de eixos de transporte coletivo público. Essa é uma estratégia de otimização da infraestrutura de transporte coletivo, aproximando a população das oportunidades de emprego junto aos corredores de transporte. Trata-se de medidas de médio e longo prazo, pois a cidade já não dá conta do altíssimo número de veículos motorizados e da ineficiência dos serviços públicos. Desse modo, continua-se a oferecer possibilidades para um futuro não próximo como alternativa para o cidadão que, apesar do plano, continua usando veículo individual como meio de transporte para poder se deslocar na cidade desprovida de alternativas adequadas.

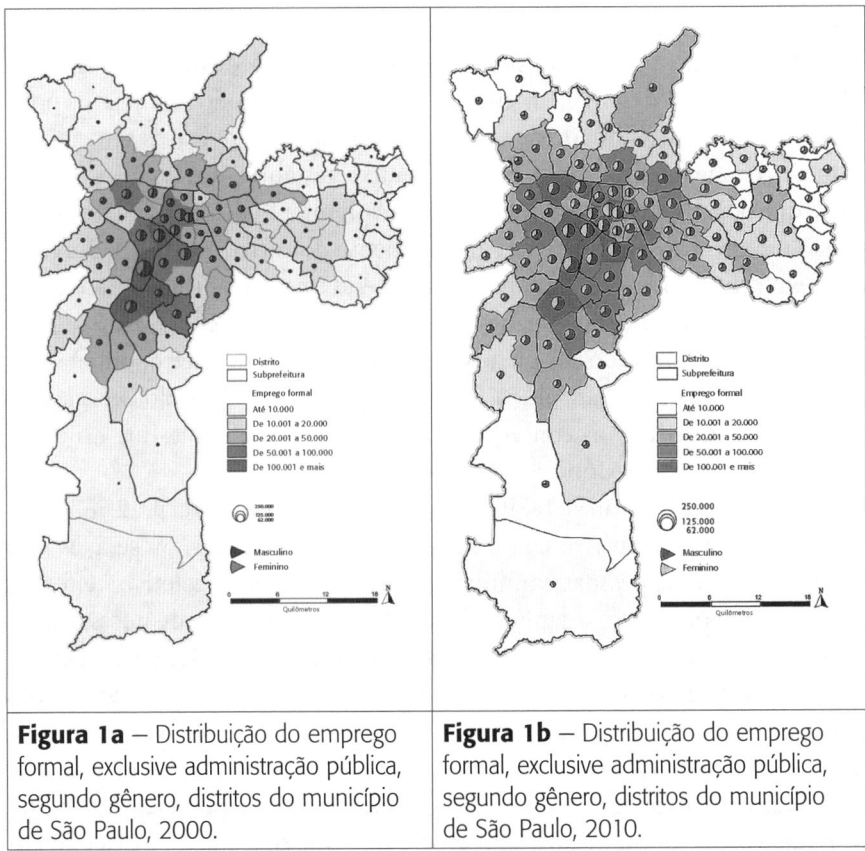

Figura 1a – Distribuição do emprego formal, exclusive administração pública, segundo gênero, distritos do município de São Paulo, 2000.

Figura 1b – Distribuição do emprego formal, exclusive administração pública, segundo gênero, distritos do município de São Paulo, 2010.

Fonte: Ministério do Trabalho e Emprego. Relação Anual de Informações Sociais (RAIS), 2000. Elaboração: Secretaria Municipal de Desenvolvimento Urbano (SMDU). Depto. de Estatística e Produção de Informação (Dipro).

Nas condições apontadas, o transporte individual ainda é fundamental em São Paulo, sendo mesmo essencial para a economia da cidade, porém é também um problema em razão da ineficiência e do alto custo da infraestrutura urbana. Mas é igualmente um enorme problema para as três esferas de governo, seja porque está relacionado com a questão ambiental de emissões de poluição, com expressivos reflexos na saúde pública, seja pela segregação urbana gerada pelo uso do transporte individual frente à ineficiência do transporte público. O Ministério das Cidades criou a Lei n. 12.587/2012, que institui a Política Nacional de Mobilidade Urbana, com o intuito de exigir que municípios com população acima de 20 mil habitantes tenham um plano de mobilidade urbana, buscando melhor planejar o crescimento das cidades e priorizando transporte não motorizado e transporte coletivo (Política Nacional de Mobilidade Urbana, 2013).

O fato de existir uma política nacional de mobilidade direciona as ações e busca integrar o desenvolvimento urbano como um todo. Ou seja, as políticas voltadas à mobilidade devem estar integradas às políticas setoriais de habitação, saneamento básico, planejamento e gestão do uso do solo. Pretende-se que haja um maior estímulo ao desenvolvimento de meios de transporte não motorizados ou coletivos em detrimento do carro individual. Busca-se também criar modais de transporte que atendam a toda uma região, e não apenas um município, ou seja, o plano de transportes da cidade de São Paulo tem de estar integrado aos planos das cidades da região metropolitana. Por último, trata-se de buscar soluções menos poluentes, utilizando energias renováveis, para reduzir as consequências dos gases de efeito estufa no clima (Política Nacional de Mobilidade Urbana, 2013).

A PMSP criou o PlanMob/SP2015 para atender à Lei Federal n. 12.587/2012. Esse plano busca universalizar o acesso às oportunidades, ou seja, as vias devem permitir às pessoas caminhar e usar o transporte coletivo de forma segura, bem como estar adaptadas para receber portadores de necessidades especiais de qualquer tipo. A prioridade é o transporte coletivo, principalmente de alta capacidade, buscando atender ao maior número de pessoas com qualidade. A criação de modais de transporte deve ser planejada para que a rede de serviços seja interligada e se estimule, por exemplo, o uso de bicicletas com a construção de ciclovias, bicicletários e paraciclos. Por fim, um outro aspecto importante do plano é ter também uma logística eficiente para o transporte de cargas (PlanMob/SP, 2015).

Seria possível dizer que o grande desafio reside no passivo de infraestrutura, uma vez que não recebeu novas estruturas, nem mesmo ampliações. As cidades cresceram e continuam a crescer mais rapidamente do que os sistemas de transporte e as finanças públicas e estas têm dificuldades de suprir em termos de investimentos necessários para que sistemas de transporte coletivo de alta capacidade sejam implantados. Obras dessa natureza no Brasil costumeiramente demoram a se implantar ou não se tornam realidade, pois os montantes investidos geralmente se perdem em desvios de recursos nas mais variadas formas: erros de projeto, de financiamento, corrupção, entre outros descaminhos. O fato é que aparentemente muito se investiu, porém pouco se tem à disposição da população, seja em termos de quantidade, seja em termos de qualidade.

Num cenário de ineficiência da prestação de serviço público de transporte coletivo, sejam quais forem os motivos que impediram a implantação adequada de rede de infraestrutura de transporte, o fato é que na realidade essa infraestrutura não é suficiente. Experimenta-se atualmente, em grandes cidades como São Paulo, o que se poderia chamar de "imobilidade urbana", algo inverso ao conceito de mobilidade urbana descrito pelo Ministério das Cidades em conjunto com o Instituto Polis:[7]

> A mobilidade urbana é um atributo das cidades e se refere à facilidade de deslocamentos de pessoas e bens no espaço urbano. Tais deslocamentos são feitos através de veículos, vias e toda a infraestrutura (vias, calçadas etc.) que possibilitam esse ir e vir cotidiano. Isso significa que a mobilidade urbana é mais do que o que chamamos de transporte urbano, ou seja, mais do que o conjunto de serviços e meios de deslocamento de pessoas e bens. É o resultado da interação entre os deslocamentos de pessoas e bens com a cidade.

Visto que a economia e a mobilidade andam juntas, para redesenhar as cidades é necessário manter o raciocínio de que os postos de trabalho precisam se espalhar pela cidade e a rede de transporte se expandir. Pode-se questionar quando a infraestrutura urbana será eficiente ou ainda se o poder público é capaz de oferecer uma solução na forma e no tempo que a população precisa para dinamizar o sistema econômico, atender necessidades sociais e melhorar suas condições de vida.

Aparentemente, ações mitigadoras não estão conseguindo resolver a questão da infraestrutura urbana. Mesmo com a implantação de políticas de restrição de circulação de automóveis (rodízio municipal de veículos de São Paulo), restrições de estacionamento e de circulação de carga, a cidade continua a mostrar prejuízos e perda de competitividade de produtos e serviços em decorrência de milhares de quilômetros de congestionamentos e de perda de tempo diários. Observa-se ainda que os indicadores de qualidade dos serviços de transporte não se movem favoravelmente, refletindo a ineficiência de governos em atender às demandas de sua sociedade.

---

[7] Disponível em: <http://www.polis.org.br/uploads/922/922.pdf> Acesso em: 10 set. 2016

As tentativas do cidadão proprietário de veículos de reduzir o uso do automóvel particular mostram-se frustradas, como já mencionado, pela baixa qualidade dos serviços públicos de transporte, aliada à sensação de insegurança que os altos índices de violência na cidade acabam gerando. As tentativas de descentralização da instalação de empresas e geração de empregos, pelo menos até então, não saíram do campo das ideias.

A MOBILIDADE NO SÉCULO XXI: UM PRELÚDIO DO FUTURO

Nos anos que se passaram, a sociedade tem cobrado obras de infraestrutura para minimizar os efeitos do trânsito nas cidades brasileiras, sejam grandes obras viárias ou de transporte coletivo de alta capacidade como metrô, trens e veículos leves sobre trilhos, entre outros. Essas são obras que necessitam de altos investimentos e exigem tempo para ficar prontas, além dos inconvenientes de obras que provocam interdições e desvios nas ruas de um trânsito já caótico.

Muitos projetos de infraestrutura ao redor do globo têm problemas semelhantes, como atraso e aumento dos custos durante a execução. Erros de planejamento, termos e condições de contratos em desacordo, erros grosseiros de gerenciamento de riscos e falta de controle social fazem a produtividade do setor da construção civil não ser maximizada, principalmente no tocante aos montantes de recursos despendidos nas obras (McManus, 2016). Será que a mobilidade urbana no século XXI dependerá de grandes obras ou pequenas iniciativas com muita inteligência e pouco investimento?

Atualmente, a mobilidade de dados e informações é extremamente eficiente, pois a internet permite que um universo de conhecimento seja acessível de dentro de casa ou do escritório. E essa tecnologia pode e vem auxiliando a mobilidade urbana, não apenas com sistemas de gerenciamento de trânsito, mas também com aplicativos como Waze, Google Maps, Uber, entre outros, acessíveis a qualquer pessoa com um *smartphone*.

Aplicativos como o Waze e o Google Maps auxiliam na escolha de rotas melhores para se chegar ao destino e, em alguns casos, localizam acidentes e possíveis focos de congestionamentos, possibilitando uma melhor fruição do tráfego. Já o aplicativo da Uber otimiza o uso do automóvel por meio da geolocalização de celulares e tem oferecido viagens a preços mais acessíveis e serviço de qualidade aos passageiros. Entre as alternativas oferecidas pela empresa, o UberPOOL funciona como uma carona compartilhada, em que o aplicativo identifica pessoas em uma mesma região que desejam chegar em destinos próximos e assim atende mais de um passageiro em uma única corrida.

Essas inúmeras conexões do mundo virtual vêm auxiliando a mudança de mentalidade da população em prol da mobilidade na cidade. Vale destacar que a informação pode alterar a decisão de comprar ou se desfazer de um carro; usar carona compartilhada ou transporte coletivo de alta capacidade; usar bicicleta, bicicleta motorizada, entre outros. Antes de sair de casa, verifica-se no aplicativo qual o modo mais adequado à necessidade do usuário. A tecnologia pode trabalhar para otimizar deslocamentos, alterar tempo de semáforos, frequência de trens de metrô, VLT, entre outros.

Para melhorar a mobilidade em uma cidade é preciso otimizar deslocamentos. Uma forma de otimização é usar os serviços de entrega por meio de motoboys – muitas vezes considerados vilões do trânsito, em razão dos acidentes que os envolvem –, agilizando a troca de documentos e pequenos pacotes. A título de ilustração, a empresa Loggi criou um aplicativo em que o motoboy atende a chamadas próximas de sua posição na cidade, ou seja, ele não precisa retornar à empresa onde trabalha para pegar um novo serviço, pois recebe a chamada por meio do aplicativo no celular, possibilitando ao funcionário executar mais entregas diariamente com um número menor de deslocamentos.

A Loggi poderia ser considerada o Uber das entregas, uma vez que o prestador de serviços disponível mais próximo é que atenderá o cliente, reduzindo a necessidade de deslocamentos pela cidade ou retornando para uma central para receber chamados. Essa é uma das maneiras que aplicativos com *global positioning system* (GPS) permitem auxiliar na redução do trânsito.

VEÍCULOS AUTÔNOMOS

Automóveis foram por muito tempo símbolos de liberdade, identidade e *status*, mas as coisas têm mudado rapidamente. Nos Estados Unidos, a emissão de carteiras de motorista para jovens vem caindo a cada ano. Em 1983, 92% dos jovens entre 20 e 24 anos tinham habilitação, mas em 2014 apenas 77% dos jovens tiraram a carteira de motorista. Atualmente, na faixa etária dos 16 anos, apenas 24% tem habilitação para dirigir, contra 46% dos jovens de 16 anos de 1983. A geração conhecida como *millennials* ou geração Y[8] é 30% menos propensa a comprar um carro do que jovens de gerações anteriores (Zimmer, 2016).

---

[8] Os *millennials* ou geração Y são jovens nascidos no início da década de 1980 até meados dos anos 1990.

A posse de um veículo automotor representa gastos anuais de USD 9 mil nos EUA (Ferenstein, 2015). São gastos com seguros, manutenção e gasolina, além da responsabilidade de manter o carro funcionando adequadamente. O compartilhamento de veículos já tem libertado muitas pessoas dos automóveis, sendo crescente o número de pessoas que passou a usar Uber e outros aplicativos do gênero.

John Zimmer, cofundador do Lift (2016), serviço de carro compartilhado semelhante ao Uber, aponta que a média de uso dos veículos privados é de 4%, contra 96% do tempo estacionado (Zimmer, 2016). A subutilização do carro, com longos períodos estacionado, é prejudicial às finanças de seu proprietário, visto que não se trata de um bem que valoriza, pelo contrário, o grau de depreciação dos veículos é alto. Quanto mais velho um automóvel, mais cara é sua manutenção e sua frequência de manutenção.

As cidades foram crescendo em função dos veículos. São Paulo, por exemplo, desapropriou áreas para construir as marginais, vias cada vez mais largas, sempre privilegiando o transporte rodoviário. Os meios de transporte fazem uma cidade mudar seu aspecto. Inúmeras vias expressas e a ausência de pedestres nas ruas fazem desaparecer pequenos comércios e as pessoas não interagirem socialmente e a insegurança aumentar.

Veículos ocupam espaço, sejam estacionados, sejam trafegando pelas vias. Imagine se fosse possível ter menos veículos circulando pela cidade e muito menos deles estacionados? Muitos estacionamentos poderiam se transformar em praças ou parques; as calçadas poderiam ficar mais largas, ou seja, as cidades voltariam a pertencer às pessoas, aos pedestres.

Na realidade, não são os veículos os culpados, e sim a maneira pela qual são utilizados, ou seja, subutilizados, pois ficam estacionados na maior parte de sua vida útil. Uma rede inteligente de veículos compartilhados pode resolver a mobilidade de cidades pequenas, sem que seja necessário um sistema de transporte público convencional (Ferenstein, 2015).

O desenho das cidades tem implicações diretas na economia global, saúde, igualdade social, meio ambiente e qualidade de vida (Zimmer, 2016). Priorizar o ser humano no desenho das cidades pode ter um impacto deveras positivo, trazendo benefícios a todos.

Por sua vez, pode-se observar que carros autônomos são uma nova tecnologia que permite maior eficiência do transporte individual. Consistem em um veículo tripulado e controlado por meio de *softwares* que recebem informações de GPS e sensores que são capazes de perceber obstáculos, pedestres e outros veículos. A grande questão que ainda dificulta o lançamento comercial desse tipo de carro é a questão da informação sobre o percurso, ou seja, sinais de GPS ainda não são confiáveis, por exemplo, em dias chuvosos, pois para as leituras de superfícies molhadas há necessidade de filtros no equipamento de infravermelho. Todos os tipos de dados devem ser sobrepostos, por exemplo: dados sobre as vias; as faixas que dividem as ruas; obstáculos fixos e móveis; outros carros. Esses dados acabam formando uma realidade virtual desse caminho a ser percorrido, mas todos esses dados devem ter uma precisão de 5 cm, ou seja, exigindo grande capacidade de armazenamento de dados (200 GB para 20.000 milhas de dados), além de velocidade de processamento das informações (Levinson; Montemerlo; Thru, 2007).

Um veículo que se move sem a interferência direta de quem está em seu interior também é uma possibilidade de locomoção que permite a um deficiente visual aumentar sua autonomia, assim como idosos, deficientes físicos e crianças. Além de alterar a forma de encarar o transporte individual, o carro autônomo pode otimizar o uso do veículo, ao contrário do que acontece atualmente, situação em que carros particulares permanecem a maior parte do tempo estacionados. Carros autônomos podem ficar circulando pela cidade e sendo utilizados de acordo com a demanda. Essa tecnologia, além de reduzir a quantidade de carros nas ruas, consequentemente diminui o trânsito e a emissão de CO_2. O fato de não ter que dirigir permitirá que o usuário do carro autônomo trabalhe ou estude em seu interior no percurso para casa ou para o trabalho, aumentando sua produtividade.

CONSIDERAÇÕES FINAIS

A tecnologia pode ser uma grande aliada dos habitantes das grandes cidades. Em termos de tecnologia, qualquer pessoa pode usar aplicativos para mapear o trânsito e programar suas viagens ou até mesmo abrir mão do carro particular para utilizar outras formas confortáveis de se deslocar, sem ter que dirigir ou se preocupar onde estacionar o carro, por exemplo, ao chamar um Uber pelo celular.

Será que as soluções para o trânsito caótico das grandes cidades ainda residem nas grandes obras e infraestrutura? É lógico que, no campo ideal, não se pode parar de pensar no transporte público de massa como a melhor alternativa de locomoção das pessoas nas cidades. Contudo, não seria também lógico render-se aos fatos concretos, priorizando a otimização de veículos privados já existentes? Carros compartilhados podem ser também uma alternativa de geração de renda para o motorista.

Em todas essas possibilidades, destaca-se que o ser humano é resiliente na medida em que busca soluções para se adaptar ao meio e de preferência sem comprometer o seu conforto. Mas cabe ao poder público conhecer, acompanhar, avaliar e antecipar as necessidades da população, criando espaços, virtuais ou físicos, favoráveis aos costumes e possibilidades de mobilidade no século XXI: partilhar cenários diversificados, com novas ciclovias, leis que promovam o transporte compartilhado, tragam segurança, promovam parques e praças, garantam calçadas com maior acessibilidade, propiciando diferentes modais de transporte e conexões entre eles, ampliando o uso das novas tecnologias. Urge disponibilizar informações seguras e confiáveis à sociedade, apresentando e discutindo com seriedade, em conjunto com a população os diferentes cenários, caminhos e alternativas de enfrentamento da problemática, para que a tomada de decisões seja embasada em princípios de sustentabilidade e observe os Objetivos de Desenvolvimento Sustentável (ODS).

> el ejercicio del derecho a la conexión, a la movilidad de las personas y al transporte de bienes implica la atención a todas las formas de desplazamiento, lo que significa un cuidado preferente de las formas que consumen menos energía y crean menos dependencia, y obliga a poner el acento en el tipo de infraestructuras que se ofrecen, en sus características y efectos, y en la gestión del espacio publico urbano. (Herce, 2009, p. 23)

REFERÊNCIAS

ARUP. *Cities Alive: towards a walking world*. Londres, 2016.

BOUTON, S.; CIS, D.; MENDONCA, L. et al. *How to make a city great*. McKinsey & Company, 2013. Disponível em: http://www.mckinsey.com/global-themes/urbanization/how-to-make--a-city-great.Acesso em: 1 abr. 2018.

BOUTON, S.; KNUPFER, S.; MIHOV, I. et al. *Urban mobility at a tipping point*. Disponível em: McKinsey & Company: http://www.mckinsey.com/business-functions/sustainability-and-resource-productivity/our-insights/urban-mobility-at-a-tipping-point. Acesso em: 1 abr. 2018.

[CET] COMPANHIA DE ENGENHARIA DE TRÁFEGO. Acidentes de Trânsito Fatais – relatório anual 2015. São Paulo, 2015.

_____. Ações da Prefeitura fazem congestionamentos caírem 16,6% no pico da tarde e 6,6% no pico da manhã. Disponível em: http://www.cetsp.com.br/noticias/2016/04/12/acoes-da--prefeitura-fazem-congestionamentos-cairem-16,6-no-pico-da-tarde-e-6,6-no-pico-da-manha.aspx. Acesso em: 12 abr. 2016.

CINTRA, M. Os custos dos congestionamentos na cidade de São Paulo. *Working Paper*. Disponível em: http://bibliotecadigital.fgv.br/dspace/bitstream/handle/10438/11576/TD+356+-+Marcos+Cintra.pdf;jsessionid=DC3283E964EEA4DA9A42BC65EEE00638?sequence=1. Acesso em: 1 abr. 2018.

FERENSTEIN, G. *Futuristic Simulation Finds Self-Driving "Taxibots" Will Eliminate 90% Of Cars, Open Acres Of Public Space.* Disponível em: https://medium.com/the-ferenstein-wire/futuristic-simulation-finds-self-driving-taxibots-will-eliminate-90-of-cars-open-acres-of-618a8aeff01#. xstrsawzr. Acesso em: 1 abr. 2018.

HERCE, M. Sobre la movilidad em la ciudad: propuestas para recuperar um derecho ciudadano. Barcelona: Revertè, 2009.

LEVINSON, J.; MONTEMERLO, M.; THRU, S. Map-Based Precision Vehicle Localization in Urban Environments. *Robotics: Science and Systems (RSS)*, 2007. Disponível em: http://driving. stanford.edu/papers/RSS2007.pdf. Acesso em: 1 abr. 2018.

MCMANUS, T. Managing big projects: The lessons of experience. *Voices on Infrastructure: Novel solutions*, 9-12. Disponível em: http://www.mckinsey.com/industries/capital-projects-and-infrastructure/our-insights/voices-on-infrastructure-number-3. Acesso em: 1 abr. 2018.

MINISTÉRIO DAS CIDADES. *Política Nacional de Mobilidade Urbana.* 2013. Disponível em: Ministério das Cidades: http://www.cidades.gov.br/images/stories/ArquivosSEMOB/cartilha_lei_12587.pdf. Acesso em: 1 abr. 2018.

PEDEN, M.; SCURFIELD, R.; SLEET, D. et al. *World report on road traffic injury prevention.* Genebra: World Health Organization. Disponível em: http://apps.who.int/iris/bitstream/10665/42871/1/9241562609.pdf. Acesso em: 1 abr. 2018.

PREFEITURA DE SÃO PAULO. *PlanMob/SP.* Prefeitura de São Paulo, Secretaria Municipal de Transportes, São Paulo, 2015. Disponível em: http://www.prefeitura.sp.gov.br/cidade/secretarias/upload/chamadas/planmobsp_v072__1455546429.pdf. Acesso em: 1 abr. 2018.

RAMALHO, S. Rio de Janeiro tem o terceiro pior trânsito entre 146 cidades do mundo, diz levantamento. *O Globo*, 31 mar. 2016. Disponível em: http://oglobo.globo.com/rio/rio-de-janeiro-tem-terceiro-pior-transito-entre-146-cidades-do-mundo-diz-levantamento-15742464. Acesso em: 1 abr. 2018.

SECRETARIA DOS TRANSPORTES METROPOLITANOS. *Pesquisa Origem e Destino 2007 Região Metropolitana de São Paulo.* São Paulo, 2008. Disponível em: http://www.metro.sp.gov. br/metro/arquivos/OD2007/sintese-od2007.pdf. Acesso em: 1 abr. 2018.

VILLAÇA, F. A segregação e a estruturação do espaço intra-urbano: o caso de Recife. *II Seminário da Rede de Dinâmica Imobiliária e Estruturação Intra-urbana.* Pirenópolis: Anpur; Neur/ UnB, 1996.

WELLE, B.; LIU, Q.; LI, W. et al. Guidance and Examples to Promote Traffic Safety. *Cities safer by design.* Washington, DC. Disponível em: http://www.wri.org/sites/default/files/CitiesSafer-ByDesign_final.pdf. Acesso em: 1 abr. 2018.

[WHO] WORLD HEALTH ORGANIZATION. Global Report on Urban Health: equitable, healthier cities for sustainable development. Kobe, Japão, 2016. Disponível em: http://www. who.int/kobe_centre/measuring/urban-global-report/ugr_full_report.pdf?ua=1. Acesso em:1 abr. 2018.

ZIMMER, J. The Third Transportation Revolution. Disponível em: https://medium.com/@ johnzimmer/the-third-transportation-revolution-27860f05fa91#.poonp59aj. Acesso em: 1 abr. 2018.

Índice Remissivo

ANEXO

Dos Editores
e Autores

Dos Editores

Arlindo Philippi Jr – Engenheiro civil pela UFSC, sanitarista e de seguran-ça do Trabalho pela USP, mestre em Saúde Ambiental e doutor em Saúde Pública pela USP. Pós-doutorado em Estudos Urbanos e Regionais pelo MIT-EUA. Livre-docente em Política e Gestão Ambiental pela USP. Na Capes, foi membro do Conselho Técnico Científico do Ensino Superior, membro do Conselho Superior, coordenador da Área Interdisciplinar e da Área de Ciências Ambientais, bem como diretor de avaliação. Exerceu funções de direção na Cetesb, no Ibama e na Secretaria do Verde e Meio Ambiente da Cidade de São Paulo. É professor titular e chefe do departamento de Saúde Ambiental, tendo sido presidente da comissão de pós-graduação da Faculdade de Saúde Pública. Também foi pró-reitor adjunto de pós-graduação e pre-feito (Campus Capital) da USP.

Gilda Collet Bruna – Arquiteta e urbanista pela USP, doutora em Arquitetura e Urbanismo pela USP. Livre-docente pela USP, com especialização em City Planning em Tóquio, Japão, pela Japan International Cooperation Agency (Jica). Foi professora visitante na Universidade do Novo México e coordena-dora do curso de Arquitetura e Urbanismo da Universidade de Mogi das Cruzes. Aposentou-se como professora titular, tendo sido diretora da Faculdade de Arquitetura e Urbanismo da USP. Foi presidente da Emplasa e atualmen-te é professora associada plena da Universidade Presbiteriana Mackenzie, tendo sido coordenadora do programa de pós-graduação em Arquitetura e Urbanismo.

Dos Autores

Alberto Matenhauer Urbinatti – Graduado e mestre em Sociologia pelo Instituto de Filosofia e Ciências Humanas da Unicamp, tendo realizado intercâmbio acadêmico para o Instituto Superior de Ciências Sociais e Políticas da Universidade Técnica de Lisboa. Atualmente é doutorando em Saúde Pública na Faculdade de Saúde Pública da USP. É bolsista da Fundação de Amparo à Pesquisa do Estado de São Paulo (Fapesp).

Alejandro Daniel González – Pesquisador do Conselho Nacional de Pesquisas Científicas e Técnicas e do Instituto Andino-Patagônico de Tecnologias Biológicas e Geoambientais. Especialista em Eficiência Energética e Mitigação da Mudança do Clima, no qual desenvolveu diversas linhas de pesquisa nos últimos 10 anos.

Alejandro Dorado – Formado em Biologia e Ecologia na Argentina e no Brasil. Possui doutorado e pós-doutorado em Saúde Pública pela USP. Foi consultor da FAO, Comunidade Europeia, Embrapa e perito do Ministério Público Federal. Foi coordenador de pesquisas ambientais em diversas ONGs e atuou como coordenador e professor em várias instituições de ensino (Senac, Senai, Mackenzie, Uninove, Ipog).

Alex Kenya Abiko – Engenheiro civil, professor titular da Escola Politécnica da USP, coordenador do Grupo de Ensino e Pesquisa "Engenharia e Planejamento Urbanos" do Departamento de Engenharia de Construção Civil da Escola Politécnica, e do Poli-Integra, Programa de Cursos de Extensão da Politécnica. Coordenador da ABNT/CEE-268 – Comissão de Estudo Especial de Desenvolvimento Sustentável em Comunidades.

Aline Doria de Santi – Bacharel em Gestão e Análise Ambiental pela Universidade Federal de São Carlos e mestranda no programa de pós-graduação em Ciências da Engenharia Ambiental (PPG-SEA) da Escola de Engenharia de São Carlos (EESC) da USP. Atua em projetos na área de saneamento, com foco no controle de perdas de água em sistemas de distribuição e universalização dos serviços de água e esgotamento sanitário.

Ana Carla Bliacheriene – Advogada. Graduada em Direito pela Universidade Federal de Sergipe. Mestre e doutora em Direito Social pela PUC-SP. Professora de Direito da USP nos cursos de pós-graduação em Gestão de Políticas Públicas na EACH-USP e Gestão das Organizações de Saúde na FMRP-USP. Professora docurso de Gestão de Políticas Públicas (EACH-USP). Livre-docente em Direito Financeiro pela Faculdade de Direito-USP.

Ana Claudia Donner Abreu – Graduação em Administração, mestrado em Administração e doutorado em Engenharia e Gestão do Conhecimento pela Universidade Federal de Santa Catarina. Professora da Universidade Federal de Santa Catarina, e no Curso de Especialização em Gestão do Conhecimento e Inovação para as Organizações Públicas na Universidade do Vale do Itajaí.

Ana Luiza Silva Spínola – Graduada em Direito pela Faculdade de Direito de São Bernardo do Campo; especialista em Direito Ambiental, Direito do Consumidor e Ações Coletivas pela Escola Superior de Advocacia; especialista em Direito Ambiental. Mestre e doutora em Saúde Ambiental pela Faculdade de Saúde Pública da USP, tendo realizado parte da pesquisa de doutorado na Alemanha (Fachhochschule Trier).

Ana Maria Bedran Martins – Advogada e administradora de empresa. Especialista em Administração de Serviços de Saúde – Administração Hospitalar; mestre e doutora em Ciências pela USP, pós-doutorado, em andamento, no projeto ResNexus – Resilience and vulnerability at the urban Nexus of food, water, energy and the environment (USP), com apoio Fapesp.

Ana Paula Koury – Arquiteta e urbanista pela Escola de Engenharia de São Carlos-USP, mestre pela mesma instituição e doutora pela FAU-USP. Professora do programa de pós-graduação em Arquitetura e Urbanismo da Universidade São Judas. Pós-doutora pelo Instituto de Estudos Brasileiros da Universidade de São Paulo. Fulbright Visiting Professor Cátedra CUNY Global Cities (Bernard and Anne Spitzer Scholl of Architecture, Fall- 2016).

Ana Paula Rattis Alipio – Graduada em Arquitetura e Urbanismo pela Faculdade de Belas Artes de São Paulo. Mestre e doutora em Arquitetura e Urbanismo pela Universidade Presbiteriana Mackenzie, com dissertação sobre reciclagem de resíduos na construção civil e tese sobre os resíduos sólidos urbanos. Atua há 17 anos no mercado de arquitetura de interiores.

Ângela Freitas – Geógrafa. Doutoranda em Geografia pela Universidade de Coimbra. Pesquisadora no Centro de Estudos de Geografia e Ordenamento do Território. Bolsista de Pesquisa Científica nos Projetos: Euro-Healthy (*Shaping European policies to promote health equity*), e GeoHealthS (*Geografia do Estado de Saúde – Uma aplicação do Índice de Saúde da População nos últimos 20 anos*).

Angela Regina Heinzen Amin Helou – Graduada em Matemática, mestre e doutora em Engenharia e Gestão do Conhecimento pela Universidade Federal de Santa Catarina. Professora da Universidade do Vale do Itajaí. Atuou durante mais de 25 anos na Companhia de Desenvolvimento do Estado de Santa Catarina, foi vereadora por Florianópolis e prefeita municipal por duas legislaturas. Foi deputada federal por Santa Catarina por dois mandatos.

Angélica Tanus Benatti Alvim – Arquiteta e urbanista pela Faculdade de Belas Artes. Mestre e doutora em Estruturas Ambientais e Urbanas pela FAU-USP. Docente da faculdade e do programa de pós-graduação em Arquitetura e Urbanismo da Universidade Presbiteriana Mackenzie. Atual Diretora da FAU-Mackenzie. Foi presidente da Anparq (gestão 2015/2016).

Arlindo Philippi Jr – Engenheiro civil pela UFSC, sanitarista e de segurança do Trabalho pela USP, mestre em Saúde Ambiental e doutor em Saúde Pública pela USP. Pós-doutorado em Estudos Urbanos e Regionais pelo MIT-EUA. Livre-docente em Política e Gestão Ambiental pela USP. Na Capes, foi membro do Conselho Técnico Científico do Ensino Superior, membro do Conselho Superior, coordenador da Área Interdisciplinar e da Área de Ciências Ambientais, bem como diretor de avaliação. Exerceu funções de direção na Cetesb, no Ibama e na Secretaria do Verde e Meio Ambiente da

Cidade de São Paulo. É professor titular e chefe do departamento de Saúde Ambiental, tendo sido presidente da comissão de pós-graduação da Faculdade de Saúde Pública. Também foi pró-reitor adjunto de pós-graduação e prefeito (Campus Capital) da USP.

Carlos Alberto Cioce Sampaio – Administrador pela PUC-SP, mestre e doutor em Planejamento e Gestão Organizacional para o Desenvolvimento Sustentável pela UFSC, e pós-doutorado em Ecossocioeconomia pela UACH, em Cooperativismo Empresarial pela U.Mondragon e em Ciências Ambientais pela Washington State University (WSU). É professor do programa de pós-graduação em Desenvolvimento Regional da Furb, Gestão Ambiental da UP e Meio Ambiente e Desenvolvimento da UFPR.

Cláudia Costa – Geógrafa. Doutoranda em Geografia pela Universidade de Coimbra. Pesquisadora no Centro de Estudos de Geografia e Ordenamento do Território. Bolsista de pesquisa científica nos projetos: Euro-Healthy (*Shaping European policies to promote health*) e GeoHealthS (*Geografia do Estado de Saúde – Uma aplicação do Índice de Saúde da População nos últimos 20 anos*).

Cleverson V. Andreoli – Engenheiro agrônomo, mestre em Ciências do Solo e doutor em Meio Ambiente e Desenvolvimento. É professor do programa de mestrado em Governança e Sustentabilidade do Isae. Assessor científico do Senar–PR. Foi professor na UFPR; trabalhou na Companhia de Saneamento do Paraná; foi superintendente da Surehma; presidente da Associação Brasileira de Entidades de Meio Ambiente e consultor do Pnuma, Pnud e da OMS.

Cristina Kanya Caselli Cavalcanti – Graduada em Arquitetura e Urbanismo pelo Centro Universitário Belas Artes de São Paulo. Mestre e doutora em Arquitetura e Urbanismo pela Universidade Presbiteriana Mackenzie. Pós-doutoranda em Arquitetura e Urbanismo pela Universidade Presbiteriana Mackenzie.

David Costa Monteiro – Bacharelado em Administração de Empresas e mestre em Cidades Inteligentes e Sustentáveis (PPG-CIS) pela Uninove. Ex-bolsista do programa de suporte à pós-graduação de Instituições de Ensino Particulares (Prosup) da Capes. Tem experiência na área de Administração de Empresas, com ênfase em Gestão Operacional e Treinamento. Atualmente é sócio-gerente da empresa Amplifone - Aparelhos Auditivos Ltda.

Debora Sotto – Doutora em Direito Urbanístico pela PUC-SP. Bacharel em Direito pela USP. Mestre em Direito do Estado – Direito Tributário pela PUC-SP. Mestre profissional em Direito Internacional do Meio Ambiente pela Universidade de Limoges. Procuradora do município de São Paulo.

Eduardo Krüger – Graduado em Engenharia Civil pela Universidade Católica de Petrópolis, com mestrado em Planejamento Energético pela Coppe/UFRJ, doutorado em Arquitetura pela Universität Hannover, pós-doutorado na Ben-Gurion University of the Negev, estágio sênior (Capes) junto à Glasgow Caledonian University e estágio sênior junto ao Karslruher Institut für Technologia. Atualmente é professor da Universidade Tecnológica Federal do Paraná (UTFPR).

Eliane Monetti – Graduada em Engenharia Civil, mestre, doutora e livre-docente pela Escola Politécnica da USP. Atualmente é professora da Escola Politécnica da USP, pesquisadora do Núcleo de Real Estate e coordenadora dos cursos de especialização em Real Estate: Economia Setorial & Mercados MBA-USP. Foi presidente da Lares e da Ires. Membro convidado do Fórum Econômico Mundial, Real Estate and Urban Development Council.

Elma Nunes Lins Teixeira – Graduada em Direito pela Unip, especialista em Direito Ambiental com atuação prática na Divisão de Assuntos de Meio Ambiente do Departamento Jurídico da Cetesb. Atualmente é palestrante e consultora.

Eunice Helena Sguizzardi Abascal – Professora da Faculdade de Arquitetura e Urbanismo da Universidade Presbiteriana Mackenzie. Coordenadora do programa de pós-graduação em Arquitetura e Urbanismo (PPGAU-FAU-UPM).

Fabiana De Nadai Andreoli – Graduada em Engenharia Civil e mestre em Engenharia Ambiental pela Universidade Federal do Espírito Santo, doutora em Educação pela PUCPR. É professora da PUCPR, onde coordena o curso de especialização em Sistema de Gestão Ambiental, e pesquisadora dos grupos de pesquisas em Engenharia Ambiental e Educação em Engenharia da PUCPR/CNPq.

Fabio Teodoro de Souza – Graduado em Engenharia Civil pela Universidade Estadual de Ponta Grossa (UEPG), com mestrado em Recursos Hídricos e doutorado em Sistemas Computacionais pela Coppe/UFRJ. Pós-doutorado na Tsinghua University. Foi professor do departamento de Hidráulica e Saneamento da UFPR e atualmente é professor da PUCPR.

Fabio Ytoshi Shibao – Bacharel em Administração de Empresas pela Faculdades Associadas de São Paulo, com especialização em Métodos Quantitativos e Informática pela Ceag/FGV. Mestre em Ciências Contábeis pela Fecap e doutor em Administração de Empresas pela Universidade Presbiteriana Mackenzie. Professor do programa de mestrado profissional em Administração - Gestão Ambiental e Sustentabilidade (GeAS) e do mestrado em Cidades Inteligentes e Sustentáveis (CIS) da Uninove.

Flávia Cristina Osaku Minella – Arquiteta e urbanista pela PUCPR, mestre e doutora em Tecnologia pela Universidade Tecnológica Federal do Paraná. Realizou estágio doutoral na Universidade de Genebra, o qual incluiu medições microclimáticas em campo nas cidades de Genebra e Paris. Pós-doutorado em Engenharia Civil (PPGEC/UTFPR).

Gilda Collet Bruna – Arquiteta e urbanista pela USP, doutora em Arquitetura e Urbanismo pela USP. Livre-docente pela USP, com especialização em City Planning em Tóquio, Japão, pela Japan International Cooperation Agency (Jica). Foi professora visitante na Universidade do Novo México e coordenadora do curso de Arquitetura e Urbanismo da Universidade de Mogi das Cruzes. Aposentou-se como professora titular, tendo sido diretora da Faculdade de Arquitetura e Urbanismo da USP. Foi presidente da Emplasa e atualmente é professora associada plena da Universidade Presbiteriana Mackenzie, tendo sido coordenadora do programa de pós-graduação em Arquitetura e Urbanismo.

Gina Rizpah Besen – Psicóloga, mestre em Saúde Pública, doutora em Ciências da Saúde e pós-doutora pelo Instituto de Energia e Ambiente – Programa de Pós-Graduação em Ciência Ambiental da USP. Pesquisadora em gestão socioambiental urbana de resíduos sólidos, produção de materiais pedagógicos e, em especial, de indicadores de sustentabilidade para a coleta seletiva e para organizações de catadores de materiais recicláveis.

Helena Ribeiro – Graduada em Geografia pela PUC-SP, mestre em Geografia pela University of California Berkeley e doutora em Geografia pela USP. Realizou pós-doutorado na Académie International de l'Environnement, em Genebra, Suíça. Foi chefe do departamento de Saúde Ambiental, coordenadora do doutorado em Saúde Global e Sustentabilidade, vice-diretora e diretora da Faculdade de Saúde Pública da USP. Atualmente é professora titular da USP e coordenadora do Laboratório de Geoprocessamento e Saúde.

Helena Rodi Neumann – Graduada em Arquitetura e Urbanismo pela Associação Escola da Cidade, com pós-graduação em Engenharia Acústica de Edifícios e Engenharia Ambiental pela Fundação para o Desenvolvimento Tecnológico da Engenharia – Escola Politécnica, USP. Mestre e doutora em Arquitetura e Urbanismo pela Universidade Presbiteriana Mackenzie. Pesquisadora na Universidade de Aachen, Alemanha. Atualmente é professora titular e coordenadora do curso de pós-graduação em Arquitetura e Urbanismo do Centro Universitário 7 de Setembro (UNI7).

Henri Acselrad – Doutor em Economia pela Universidade de Paris I, professor titular do IPPUR-UFRJ, pesquisador do CNPq e membro do Coletivo de Pesquisadores da Desigualdade Ambiental. É organizador dos livros *A Duração das Cidades – Sustentabilidade e risco nas políticas urbanas*, 2ed, e *Conflitos Ambientais no Brasil*.

Iara Negreiros – Engenheira civil, doutoranda da Escola Politécnica da USP, professora da Unip-Sorocaba. Secretária da ABNT/CEE-268 – Comissão de Estudo Especial de Desenvolvimento Sustentável em Comunidades. Atua em linhas de pesquisa voltadas a cidades sustentáveis, métodos e indicadores de avaliação ambiental urbana e *retrofit* urbano.

Ivan Carlos Maglio – Consultor. Graduado em Engenharia Civil, com especialização em Planejamento e Gestão Ambiental. Possui mestrado e doutorado em Saúde Ambiental pela Faculdade de Saúde Pública da USP. Áreas de atuação: planejamento e projetos urbanos; estudos urbanísticos; planos diretores municipais e regionais; legislação urbanística; pesquisas sobre gestão ambiental e desenvolvimento urbano; entre outras.

Janaina Maria Oliveira de Assis – Graduada em Geografia, mestre em Desenvolvimento e Meio Ambiente e doutora em Engenharia Civil, todos pela UFPE. Pós-doutorada pelo programa de pós-graduação em Engenharia Civil, área de concentração em Tecnologia Ambiental e Recursos Hídricos da UFPE. Atua nas áreas de análise de tendências de mudanças climáticas e análise ambiental.

José Aquiles Baesso Grimoni – Engenheiro eletricista; mestre e doutor em Engenharia Elétrica e livre-docente pela Escola Politécnica da USP. Desde 1989 atua como professor da Escola Politécnica da USP. Foi vice-diretor e diretor do Instituto de Eletrotécnica e Energia. É coordenador do curso de graduação de Engenharia Elétrica do Programa Permanente para o Uso Eficiente dos Recursos Hídricos e Energéticos na USP e diretor adjunto da Fundação de Apoio à Universidade de São Paulo.

Jose Geraldo Simões Junior – Graduado pela Faculdade de Arquitetura e Urbanismo da USP, com pós-doutorado pela Technische Universität Wien. Foi diretor do Patrimônio Histórico de São Paulo e presidente de seu conselho de preservação. É professor-adjunto da FAU da Universidade Presbiteriana Mackenzie.

José Henrique de Faria – Graduado em Ciências Econômicas pela FAE-PR, com especialização em Política Científica e Tecnológica pelo Ipea/CNPq; mestrado em Administração pela PPGA-UFRGS; doutorado em Administração pela FEA-USP e pós-doutorado em Labor Relations pela University of Michigan. Professor titular sênior da UFPR/PPGADM (mestrado e doutorado). Coordenador do PPGGS/ISAE-PR. Foi pró-reitor de Planejamento, Orçamento e Finanças e reitor da UFPR.

José Sidnei Colombo Martini – Graduado em Engenharia Elétrica; mestre, doutor e livre-docente pela Escola Politécnica da USP. É professor titular no departamento de Engenharia de Computação e Sistemas Digitais da Poli-USP. Foi prefeito do campus da Capital da USP, presidiu as principais empresas de transmissão de energia elétrica no Estado de São Paulo e foi chefe do Departamento de Controle do Abastecimento de Água da Região Metropolitana de São Paulo.

Juan Carlos Aneiros Fernandez – Graduado em Ciências Sociais com doutorado em Ciências pela Faculdade de Saúde Pública da USP. Professor do departamento de Saúde Coletiva e do programa de pós-graduação em Saúde Coletiva da Faculdade de Ciências Médicas da Unicamp. Editor Associado da Revista *Saúde e Sociedade* e pesquisador colaborador do Cepedoc Cidades Saudáveis (WHO Collaborating Centre).

Juliana Cavalaro Camilo – Graduada em Arquitetura e Urbanismo e mestre em Engenharia Urbana pela Universidade Estadual de Maringá. Doutoranda em Arquitetura e Urbanismo pelo IAU-USP e participa do Grupo de Estudos de Linguagem em Arquitetura e Cidade. Atualmente é docente do ensino básico, técnico e tecnológico do Instituto Federal do Paraná (IFPR). Tem experiência na área de projetos e na área de Arquitetura e Urbanismo com ênfase em Cidade, Arte e Cultura.

Larissa Ferrer Branco – Graduada em Arquitetura e Urbanismo pela Universidade Presbiteriana Mackenzie (UPM) e e em Desenho Industrial pela Fundação Armando Álvares Penteado (Faap). Mestre em Arquitetura e Urbanismo pela UPM e professora dessa mesma instituição. É membro do núcleo docente estruturante e pesquisadora da FAU Mackenzie. É sócia da B&B – Bricks&Bytes Negócios e Projetos Ltda.

Leandro Luiz Giatti – Possui graduação em Ciências Biológicas, mestrado e doutorado em Saúde Pública. É professor no departamento de Saúde Ambiental da Faculdade de Saúde Pública da USP; editor adjunto da revista *Ambiente & Sociedade*; pesquisador do Interdisciplinary Climate Investigation Center (Incline) e colaborador no grupo de pesquisa Meio Ambiente e Sociedade do Instituto de Estudos Avançados (IEA-USP).

Letícia Nerone Gadens – Graduada em Arquitetura e Urbanismo, mestre e doutora em Gestão Urbana pela PUCPR, com período sanduíche realizado na Universitat Politécnica de Catalunya (BarcelonaTech). Possui especialização em Direito Urbanístico e Ambiental pela PUC-MG. É professora e pesquisadora na UFPR e pesquisadora visitante na Universitat Politénica de Catalunya (BarcelonaTech).

Letícia Peret Antunes Hardt – Graduada em Arquitetura e Urbanismo pela UFPR, mestre e doutora em Engenharia Florestal. Professora titular (Arquitetura e Urbanismo), pesquisadora (programa de pós-graduação em Gestão Urbana) e coordenadora de especialização (Arquitetura da Paisagem) da PUCPR. Professora aposentada da UFPR. Líder do Grupo de Pesquisa sobre Planejamento e Projeto em Espaços Urbanos e Regionais (CNPq/PUCPR/PPGTU).

Lineu Belico Dos Reis – Engenheiro eletricista, doutor em engenharia elétrica e livre docente pela Poli-USP. Professor de Engenharia Elétrica e Engenharia Ambiental. Consultor no setor energético brasileiro e internacional desde 1968. Atua como consultor, coordena e dá aulas em cursos multidisciplinares de especialização, extensão e educação à distância (USP – Poli, IEE, FIA – e outras instituições), nas áreas de energia, meio ambiente, desenvolvimento sustentável e infraestrutura.

Lucia Maria Machado Bógus – Graduada e mestre em Ciências Sociais pela PUC-SP, doutora em Arquitetura pela FAU-USP. Professora titular do departamento de Sociologia e do programa de estudos pós-graduados em Ciências Sociais da PUC-SP. Coordena o Observatório das Metrópoles de São Paulo, vinculado aos Institutos Nacionais de Ciência e Tecnologia, INCT-CNPQ-MCTI. É editora dos *Cadernos Metrópole*.

Maiara Gabrielle de Souza Melo – Graduada em Gestão Ambiental pelo Instituto Federal de Educação, Ciência e Tecnologia de Pernambuco. Mestre em Desenvolvimento e Meio Ambiente pela UFPE. Doutora em Engenharia Civil, com ênfase em tecnologia ambiental e recursos hídricos. Professora do Instituto Federal de Educação, Ciência e Tecnologia da Paraíba.

Manon Garcia – Bacharel em Administração pela Unibrasil, mestre em Gestão Urbana pela PUC-PR, MBA em Logística e especialização em Metodologia pela UTP. Doutoranda em Gestão Urbana pela PUCPR. Linhas de pesquisa: gestão urbana, políticas públicas, ecossocioeconomia urbana, bem viver, indicadores, desenvolvimento territorial, logística urbana e metodologia.

Maria Augusta Justi Pisani – Graduada em Arquitetura e Urbanismo pela Faculdade de Arquitetura e Urbanismo Farias Brito, com licenciatura em Construção Civil pela Universidade Estadual Paulista Júlio de Mesquita Filho. Especialista em patrimônio Histórico e em obras de restauro pela FAU-USP, com mestrado e doutorado em Engenharia Civil e Urbana pela Poli-USP. Foi professora no Centro Federal de Educação Tecnológica de São Paulo e na FAU-Belas Artes de São Paulo. Atualmente pertence ao programa de pós-fraduação da FAU-Mackenzie.

Maria Cecília Focesi Pelicioni – Assistente social. Educadora de Saúde Pública e Ambiental. Mestre e doutora em Saúde dública. Livre-docente em Saúde Pública. Professora do Departamento de Prática de Saúde Pública da Faculdade de Saúde Pública da USP.

Maria do Carmo Lima Bezerra – Graduada em Arquitetura e Urbanismo, mestre em Planejamento Urbano pela FAU-UnB e doutora em Estruturas Ambientais Urbanas pela FAU-USP, com pós-doutorado na AAP pela Cornell University, EUA, e Politécnico de Madri. Professora da FAU-UnB e do PPGFAU. Membro do Conselho de Planejamento Territorial e Urbano do Distrito Federal.

Maria do Carmo Sobral – Graduada em Engenharia Civil pela UFPE, mestre em Engenharia Civil pela Universidade de Waterloo, Canadá, e doutora em Planejamento Ambiental pela Universidade Técnica de Berlim. Professora visitante do Instituto de Educação para Água-IHE-Unesco, Delft. Professora titular do departamento de Engenharia Civil da UFPE. Docente permanente dos programas de pós-graduação: Engenharia Civil; Desenvolvimento e Meio Ambiente – Rede Prodema e Gestão e Regulação de Recursos Hídricos. Vice-Presidente da Rebralint (Rede Brasil Alemanha para Internacionalização do Ensino Superior).

Maria Paula Cardoso Yoshii – Tecnóloga em Gestão Ambiental pelo Centro Universitário Senac, mestre em Ciências da Engenharia Ambiental pela Escola de Engenharia de São Carlos (EESC-USP) onde trabalhou com o tema "Saneamento e Pobreza". Atualmente é doutoranda no programa de pós-graduação em Ciências da Engenharia Ambiental (EESC-USP).

Mario Procopiuck – Administrador pela UFPR. Mestre em Gestão Urbana e doutor em Administração pela PUCPR. Professor permanente do programa de pós-graduação em Gestão Urbana da PUCPR.

Mario Roberto dos Santos – Engenheiro com graduação em Engenharia Eletrônica pelo Instituto Mauá de Tecnologia. Mestre em Ciências Contábeis pela Fecap. MBA em Gestão de Projetos pela FGV. Doutor em Administração pela Uninove. Professor com especialização profissional em telecomunicações. Desenvolve pesquisas nas áreas de gestão da cadeia de suprimentos verde (GCSV), logística reversa, avaliação de ciclo de vida (ACV), ecoeficiência e mobilidade urbana.

Mary Lobas de Castro – Bióloga, doutoranda do Programa de Saúde Pública da Faculdade de Saúde Pública da USP. Mestre em Educação, Arte e História da Cultura pela Universidade Presbiteriana Mackenzie, com especialização em Educação Ambiental pela Faculdade de Saúde Pública da USP. Professora da Universidade de Mogi das Cruzes, Campus Villa Lobos. Foi secretária executiva do Conselho Municipal do Meio Ambiente e Desenvolvimento Sustentável da Secretaria do Verde e do Meio Ambiente – PMSP.

Paula Prado de Sousa Campos – Advogada, graduada em Direito pela PUC-SP, com doutorado em Ciências pela Faculdade de Saúde Pública da USP. Professora e coordenadora do Núcleo de Prática Jurídica da Unipe/IIES, em Itapetininga, SP. Presidente da Comissão de Defesa do Consumidor da OAB 43ª Subseção de Itapetininga. Pesquisadora da Rede e do Núcleo de Apoio à Pesquisa em Mudanças Climáticas.

Paula Santana – Geógrafa. Professora catedrática do departamento de Geografia e Turismo na Universidade de Coimbra. Pesquisadora no Centro de Estudos de Geografia e Ordenamento do Território. Co-chair da Commission on Health and Environment da International Geographical Union. Coordenou diversos projetos de investigação. Foi vice-presidente da Comissão de Coordenação e Desenvolvimento Regional de Lisboa e Vale do Tejo.

Paulo Tadeu Leite Arantes – Arquiteto pela EA-UFMG. Especialista em Planejamento Urbano e Regional pela Universidade de Dortmund, Alemanha. Mestre e doutor em Estruturas Ambientais Urbanas pela FAU-USP. É professor titular da Universidade Federal de Viçosa (UFV). Foi diretor do Centro Tecnológico de Desenvolvimento Regional da UFV e autor do projeto arquitetônico e urbanístico do Parque Tecnológico de Viçosa (TecnoParq).

Pedro Luiz Côrtes – Graduação em Geologia pela USP, mestrado em Administração pela Fecap, doutorado em Ciências da Comunicação pela USP, pós-doutorado em Ciência da Informação pela USP e em Ciência e Tecnologias do Ambiente na Universidade do Porto. Livre-docência pela USP. Professor do programa de pós-graduação em Ciência Ambiental do Instituto de Energia e Ambiente e do programa de pós-graduação em Ciência da Informação da Escola de Comunicações e Artes da USP. Professor convidado da Universidade do Porto (Portugal).

Pedro Roberto Jacobi – Sociólogo, mestre em Planejamento Urbano, doutor em Sociologia e livre-docente em Educação. Professor titular do programa de pós-graduação em Ciência Ambiental do Instituto de Energia e Ambiente da USP. Pesquisador do Instituto de Energia e Ambiente e Coordenador do Grupo de Acompanhamento e Estudos de Governança Ambiental/IEE/USP-GovAmb. Editor da revista *Ambiente & Sociedade*. Presidente do Conselho do Iclei Brasil desde 2011. Coordenador do Grupo de Estudos Meio Ambiente e Sociedade do Instituto de Estudos Avançados da USP (IEA).

Renata Lima de Mello – Graduada e mestre em Arquitetura e Urbanismo pela Universidade Presbiteriana Mackenzie. Desde 2000, estuda sobre o envelhecimento, a acessibilidade e o desenho universal aplicados aos espaços arquitetônicos e urbanísticos. Contribuiu por 5 anos no desenvolvimento de normas técnicas voltadas a acessibilidade, dentre elas, a NBR 9050:2015. É professora em faculdades de Arquitetura, Design de Interiores e Educação. Autora do blog www.renatamello.blog.

Renata Maria Caminha Carvalho – Graduada em Engenharia Agrônoma pela Universidade Federal Rural de Pernambuco. Mestre em Gestão e Políticas Ambientais, com especialização em Gestão e Controle Ambiental pela UFPE. Doutora em Engenharia Civil pela UFPE. Coordenadora do programa de pós-graduação em Gestão Ambiental e professora do curso de mestrado profissional em Gestão Ambiental e do curso superior de tecnologia em Gestão Ambiental do Instituto Federal de Educação, Ciência e Tecnologia de Pernambuco, campus Recife.

Renato Luiz Sobral Anelli – Arquiteto e urbanista pela FAU-PUCC, mestre em História pela Unicamp, doutor em História da Arquitetura pela FAU-USP e livre-docente pela EESC-USP. Professor titular do Instituto de Arquitetura e Urbanismo da USP. Professor visitante do Department of Art History and Archaelogy, Columbia University. Conselheiro do Instituto Lina Bo e P. M. Bardi. Coordena o polo de São Carlos do Instituto de Estudos Avançados da USP. Foi secretário municipal de Obras, Transportes e Serviços Públicos da cidade de São Carlos.

Ricardo Almendra – Geógrafo. Doutorando em Geografia na Universidade de Coimbra. Pesquisador no Centro de Estudos de Geografia e Ordenamento do Território. Bolsista de pesquisa científica nos projetos: GeoHealthS (*Geografia do Estado de Saúde – Uma aplicação do Índice de Saúde da População* *nos últimos 20 anos*) e Climahabs (*Clima & Habitação: condicionantes para uma vida saudável*).

Rui Cunha Marques – Professor catedrático na Universidade de Lisboa, Portugal. Tem lecionado em diversas universidades nos EUA, Austrália e Brasil. É pesquisador da Universidade de Lisboa, da Universidade da Flórida e da Universidade de Nova Inglaterra, na Austrália, onde é professor convidado na Business School.

Simone Helena Tanoue Vizioli – Graduada em Arquitetura e Urbanismo, mestre e doutora pela FAU-USP. Atualmente é professora do Instituto de Arquitetura e Urbanismo da USP-São Carlos. É atualmente membro da Comissão de Cultura e Extensão do IAU-USP e coordenadora do Acordo de Cooperação Internacional entre o IAU-USP e a Faculdade de Arquitectura da Universidade do Porto.

Suzana Pasternak – Arquiteta e urbanista pela Faculdade de Arquitetura e Urbanismo da Universidade Presbiteriana Mackenzie. Arquiteta sanitarista, mestre e doutora pela Faculdade de Saúde Pública da USP. Livre-docente pela FAU-USP. Professora titular aposentada da FAU-USP. Penn Institute for Urban Research Scholar desde maio de 2013. Pesquisadora do Observatório das Metrópoles.

Tadeu Fabrício Malheiros – Engenheiro civil e ambiental pela USP, mestre em Resources Engineering pela Universität Karlsruhe, doutor em Saúde Pública pela USP. É professor na Escola de Engenharia de São Carlos-USP. É coordenador do programa de pós-graduação mestrado profissional em Rede Nacional para Ensino das Ciências Ambientais, com apoio da Capes e Agência Nacional de Águas. Foi diretor de meio ambiente nas prefeituras dos municípios de Jacareí e de São Paulo.

Tania Regina Sano Sugawara – Analista ambiental da Companhia Ambiental do Estado de São Paulo, com 10 anos de atuação em avaliação de impacto ambiental para licenciamento ambiental de indústrias, agroindústrias, gasodutos, termelétricas e linhas de transmissão, inclusive fases de implantação e operação. Atua também nas áreas de avaliação de vegetação nativa e recuperação ambiental compensatória.

Tiago Balieiro Cetrulo – Graduado em Engenharia Agronômica e mestre em Ciências, ambos pela USP. Doutorando no programa de Ciências da Engenharia Ambiental da USP, com sanduíche no Instituto Superior Técnico da Universidade de Lisboa. Professor da Universidade Estadual de Mato Grosso. Foi professor no Instituto Federal do Amazonas e coordenador no curso de Engenharia Ambiental das Faculdades Integradas de Cacoal.

Ubirajara Ferreira da Paz – Arquiteto urbanista pela UFPE e mestre em Gestão Ambiental pelo IFPE. Analista de Desenvolvimento Urbano da Prefeitura do Recife e coordenador do Plano de Arborização Urbana do Recife. Professor da Faculdade de Ciências Humanas do Recife. Foi membro do Conselho Nacional das Cidades; coordenador do Plano de Habitação de Pernambuco; diretor geral de Urbanismo da Prefeitura do Recife, coordenador geral da Agenda 21 de Olinda e secretário de Planejamento e Meio Ambiente da Prefeitura da Cidade de Moreno.

Valdir Fernandes – Cientista Social, mestre e doutor em Engenharia Ambiental pela UFSC. Pós-doutor em Saúde Ambiental pela Faculdade de Saúde Pública da USP. Foi coordenador adjunto da área de Ciências Ambientais para mestrados profissionais e exerceu o cargo de coordenador geral de avaliação e acompanhamento da Capes. Na UTFPR, é professor titular-livre, docente permanente do programa de pós-graduação em Tecnologia e Sociedade e, atualmente, ocupa a função de pró-reitor de pesquisa e pós-graduação.

Verônica Polzer – Arquiteta e consultora ambiental, mestre e doutora em Gerenciamento de Resíduos Sólidos Urbanos. Parte da pesquisa de doutorado foi realizada na universidade de Lund, na Suécia. Possui experiência no desenvolvimento e gerenciamento de projetos de grande complexidade no setor de construção civil. É professora e pesquisadora na área de gerenciamento de resíduos sólidos, meio ambiente e políticas públicas.

Títulos Coleção Ambiental

Curso de Gestão Ambiental (2.ed. atualizada e ampliada)
Arlindo Philippi Jr, Marcelo de Andrade Roméro e Gilda Collet Bruna

Indicadores de Sustentabilidade e Gestão Ambiental
Arlindo Philippi Jr e Tadeu Fabrício Malheiros

Gestão de Natureza Pública e Sustentabilidade
Arlindo Philippi Jr, Carlos Alberto Cioce Sampaio e Valdir Fernandes

Política Nacional, Gestão e Gerenciamento de Resíduos Sólidos
Arnaldo Jardim, Consuelo Yoshida, José Valverde Machado Filho

**Gestão do Saneamento Básico: Abastecimento de Água
e Esgotamento Sanitário**
Arlindo Philippi Jr, Alceu de Castro Galvão Jr

**Energia, Recursos Naturais e a Prática do
Desenvolvimento Sustentável (2.ed. revisada e atualizada)**
Lineu Belico dos Reis, Eliane A. F. Amaral Fadigas, Cláudio Elias Carvalho

Reúso de Água
Pedro Caetano Sanches Mancuso e Hilton Felício dos Santos

Gestão Ambiental e Sustentabilidade no Turismo
Arlindo Philippi Jr e Doris van de Meene Ruschmann